JN494164

Conversion Factors

Length

1 in = 2.54 cm
1 cm = 0.394 in
1 ft = 30.5 cm
1 m = 39.4 in = 3.281 ft
1 km = 0.621 mi
1 mi = 5,280 ft = 1.609 km
1 light-year = 9.461×10^{15} m

Mass

1 lb = 453.6 g (where $g = 9.8\ m/s^2$)
1 kg = 2.205 lb (where $g = 9.8\ m/s^2$)
1 atomic mass unit u = 1.66061×10^{-27} kg

Volume

1 liter = 1.057 quarts
1 in^3 = 16.39 cm^3
1 gallon = 3.786 liters
1 ft^3 = 0.02832 m^3

Energy

1 cal = 4.184 J
1 J = 0.738 ft·lb = .0239 cal
1 ft·lb = 1.356 J
1 Btu = 252 cal = 778 ft·lb
1 kWh = 3.60 = 10^6 J = 860 kcal
1 hp = 550 ft·lb/s = 746 W
1 W = 0.738 ft·lb/s
1 Btu/h = 0.293 W
Absolute zero (0K) = −273.15°C
1 J = 6.24×10^{18} eV
1 eV = 1.6022×10^{-19} J

Speed

1 km/h = 0.2778 m/s = 0.6214 mi/h
1 m/s = 3.60 km/h = 2.237 mi/h = 3.281 ft/s
1 mi/h = 1.61 km/h = 0.447 m/s = 1.47 ft/s
1 ft/s = 0.3048 m/s = 0.6818 mi/h

Force

1 N = 0.2248 lb
1 lb = 4.448 N

Pressure

1 atm = 1.013 bar = $1.013 \times 10^5\ N/m^2$ = 14.7 lb/in^2
1 lb/in^2 = $6.90 \times 10^3\ N/m^2$

Powers of Ten

10^{-10} = 0.000.000.000.1	10^0 = 1
10^{-9} = 0.000.000.001	10^1 = 10
10^{-8} = 0.000.000.01	10^2 = 100
10^{-7} = 0.000.000.1	10^3 = 1000
10^{-6} = 0.000.001	10^4 = 10,000
10^{-5} = 0.000.01	10^5 = 100,000
10^{-4} = 0.000.1	10^6 = 1,000,000
10^{-3} = 0.001	10^7 = 10,000,000
10^{-2} = 0.01	10^8 = 100,000,000
10^{-1} = 0.1	10^9 = 1,000,000,000
10^0 = 1	10^{10} = 10,000,000,000

Multipliers for Metric Units

a	atto-	10^{-18}	da	deka-	10^1
f	femto-	10^{-15}	h	hecto-	10^2
p	pico-	10^{-12}	k	kilo-	10^3
n	nano-	10^{-9}	M	mega-	10^6
μ	micro-	10^{-6}	G	giga-	10^9
m	milli-	10^{-3}	T	tera-	10^{12}
c	centi-	10^{-2}	P	peta-	10^{15}
d	deci-	10^{-1}	E	exa-	10^{18}

Physical Constants

Quantity	Approximate Value
Gravity (Earth)	$g = 9.8\ m/s^2$
Gravitational law constant	$G = 6.67 \times 10^{-11}\ N \cdot m^2/kg^2$
Earth radius (mean)	6.38×10^6 m
Earth mass	5.98×10^{24} kg
Earth-Sun distance (mean)	1.50×10^{11} m
Earth-Moon distance (mean)	3.84×10^8 m
Fundamental charge	1.60×10^{-19} C
Coulomb law constant	$k = 9.00 \times 10^9\ N \cdot m^2/C^2$
Electron rest mass	9.11×10^{-31} kg
Proton rest mass	1.6726×10^{-27} kg
Neutron rest mass	1.6750×10^{-27} kg
Bohr radius	5.29×10^{-11} m
Avogadro's number	6.02×10^{23}/mol
Planck's constant	6.62×10^{-34} J·s
Speed of light (vacuum)	3.00×10^8 m/s
Pi	$\pi = 3.1415926536$

자연과학개론

양성렬 · 안병권
최충석 · 황한열 공역

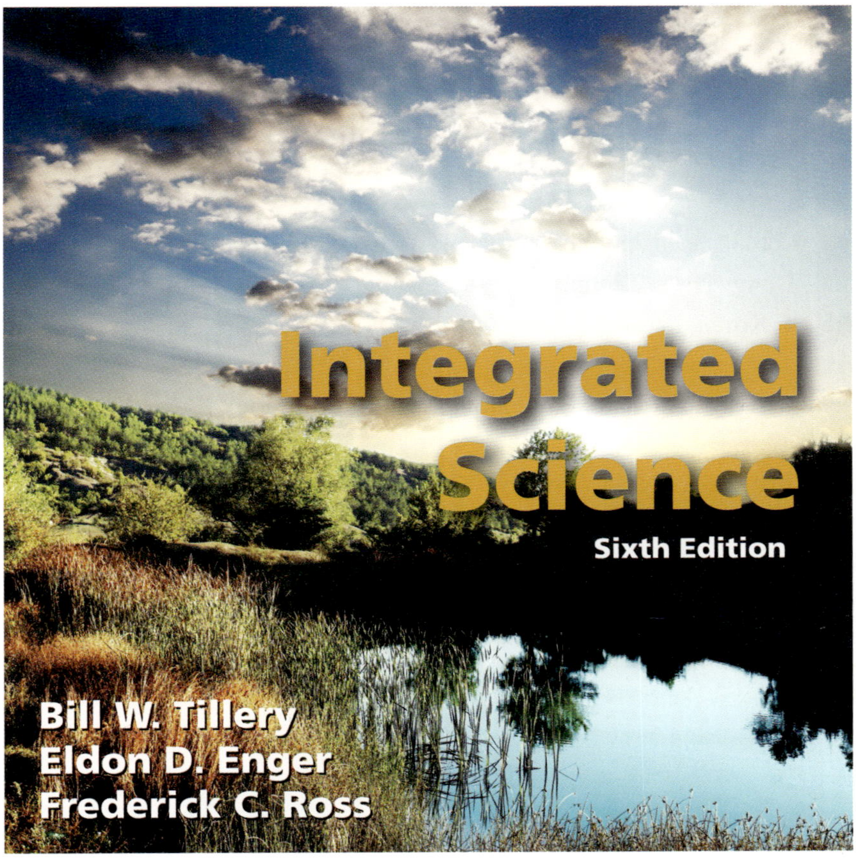

McGraw Hill Education

도서출판 동화기술

Integrated Science, 6th Edition.

Korean Language Edition Copyright © 2013 by McGraw-Hill Education Korea, Ltd. and Dong Hwa Technology Publishing Co. All rights reserved. No part of this publication may be reproduced or distributed in any form or by any means, or stored in a database or retrieval system, without prior written permission of the publisher.

2 3 4 5 6 7 8 9 10 DHT 20 15

Original: Integrated Science, 6th Edition. © 2012
By Bill Tillery, Eldon Enger, Frederick Ross
ISBN 978-0-07-351225-9

This authorized Korean translation edition is jointly published by McGraw-Hill Education Korea, Ltd. and Dong Hwa Technology Publishing Co. This edition is authorized for sale in the Republic of Korea.

This book is exclusively distributed by Dong Hwa Technology Publishing Co.

When ordering this title, please use ISBN 978-89-425-1752-7

Printed in Korea

머리말 | Preface

자연과학개론의 목적

1. 과학 비전공 학생을 위한 자연과학개론 강좌의 창조

이 책은 과학전공 학생들의 개론 수준의 교육을 위한 관심에 기초하여 저술되었다. 지금까지 과학 비전공 학생들은 과학이나 의예과, 건축, 또는 공학 등 과학 관련 학생들을 위한 강좌를 수강해야 했다. 그러한 강좌는 전공자에게는 의미가 있지만 과학 비전공 학생들의 개론 수준의 강의로는 적절하지 않다.

과학 비전공 학생들이 이러한 강의를 수강하는 것은 잘못이다. 논리에 대한 통찰력과 기본적인 이해에 필요한 사실(facts), 공식(equations), 그리고 전문화된 언어를 돌파할 시간이나 배경 지식을 가진 학생은 거의 없다. 대신 그들은 강의가 끝나면 과학에 대해 혐오감을 가지게 될 것이다. 오늘날 사회는 소수의 기술적으로 숙련된 인력을 많이 요구하긴 하지만, 과학의 과정과 핵심 개념을 이해하는 인력에 대한 요구는 훨씬 크다.

2. 학제간 접근(interdisciplinary approach)을 통하여 모든 과학 분야에 대하여 일관성 있고 분명히 이해할 수 있도록 과목을 소개한다.

최근의 연구와 의견서에 의하면 비전공자에게 과학을 교육할 때 학제간 접근을 할 것을 요구한다. 예를 들어, 이러한 요구는 Science for All Americans－Project 2061 (American Association for the Advancement of Science), National Science Education Standards (National Research Council, 1994), 그리고 Science in the National Interest (White House, 1994) 등에서 논의되었다. 학제간 과학은 별개의 주제로서의 전통적인 과학 분야의 장벽을 낮추거나 무너뜨려서 과학 교육을 확대하고 인간화하는 시도이다.

> "자연의 상호연결성을 강조하는 이유는 모든 과학을 논리적이고 이해할 수 있는 사실, 개념, 그리고 해석으로 통합하여 학생들이 우주를 새롭고 계몽된 관점에서 볼 수 있도록 하기 위함이라고 저자들은 분명하게 느끼고 있다. 이러한 철학은 과학을 정식으로 공부할 기회가 다시없는 비전공자의 교육에 특히 중요하다."
>
> — Jay R. Yett, Orange Coast 대학

3. 교사들이 서술적이고 분석적인 과학의 관점에서 자신만의 조합(mix)을 만들어, 학생들이 교과목에서 교육 목적을 달성할 수 있도록 도와 학생들의 흥미와 감정을 고취시킬 수 있도록 한다.

이러한 학제간 과학의 정신은 “일반 과학(General Science)”, “결합 과학(Combined Science)”, 또는 “통합 과학(Integrated Science)” 등으로 불린다. 이러한 강좌들은 전통적인 과학 분야의 넓은 범위에서 개념을 도출하지만 특정한 문제나 질문에 집중하지 않는다. 예를 들어, 학제간 접근은 에너지의 문제만 다루는 것이 아니라, 에너지 위기의 잠재적인 문제와 같은 사회적 윤리적 문제를 포함하는 광범위한 관점으로 에너지를 고려할 수 있다. 학제간 과학에서는 사회적, 역사적, 철학적, 또는 문제해결 상황 등의 과학교육을 포함하는 다양한 접근 방법을 사용하며, 단 한 가지의 최선의 접근 방법이란 없다. 학제간 과학의 특징 중 하나는 특정한 사실을 가르치는 필연성이나 전통에 강요되지 않는다는 것이다. 더욱이 학제간 과학은 특정한 사실을 배워야 한다는 틀에 박힌 학문으로 부과될 수 없다. 학제간 과학은 학생들의 관심과 흥미를 이끌고 유지할 수 있기 때문에 정당화되며, 학생들이 다양한 경력과 직업으로 진출하는데 더욱 현명하게 이끌어 준다.

4. 과학 비전공학생들에게 과학을 인간화(교화; humanize)시켜준다.

각 장은 적절한 곳에서 역사적인 배경을 제공하며, 개념을 이해하는데 일상적인 예를 사용하고, 설명에 논리적인 흐름을 따른다. 과학적 개념의 발달에 관련된 인물과 사건에 대한 토론에서는 사진을 활용한다. 일상생활의 예를 사용하여 일반적으로 비과학적이고 비기술적 문장을 읽는데 익숙한 과학 비전공 학생들에게 도움을 주며, 또한 제시되는 자료와의 관련성을 이끌어 준다. 자료의 논리적 흐름은 익숙하지 않은 학생들이 현재 배우고 있는 과학 관련 내용과 과거에 배운 지식 사이의 연관성을 이해하는데 도움이 된다.

목차 Contents

CHAPTER 1

과학이란 무엇인가?

CHAPTER 2

운 동

CHAPTER
3

에너지

CHAPTER
4
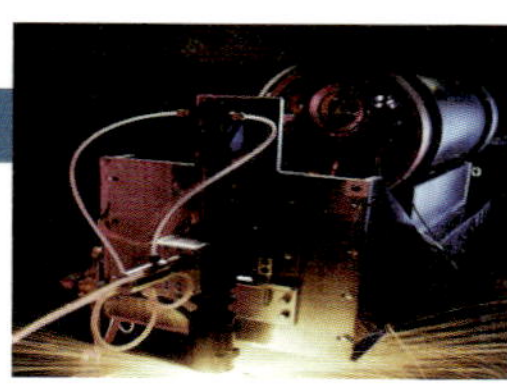

열과 온도

CHAPTER
5

파동과 소리

CHAPTER 6

원자와 주기적 성질

CHAPTER 7

화학반응

CHAPTER 8

물과 용액

CHAPTER 9

유기화학과 생화학

CHAPTER 10

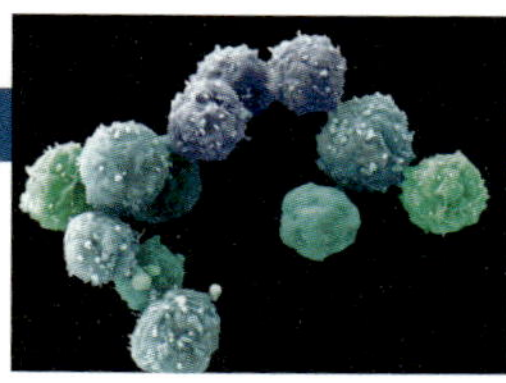

생명체의 본질

CHAPTER 11

생명의 기원과 진화

CHAPTER

12

생태학과 환경

CHAPTER 13

멘델유전학과 분자유전학

1 과학이란 무엇인가?

과학은 우리 주위(surroundings)에 대해 생각하고 이해하는 방식이다.

당신이 사고하고 있는 것과 알고 있는 것에 대해 생각해 본 적이 있는가? 단순히 생각하면, 우리가 알고 있는 모든 것들은 감각을 통해서 이루어진다고 말할 수 있다. 우리는 주변의 것들을 보고, 듣고, 느끼고 냄새를 맡고 맛을 보게 된다. 그러면 오감을 통해서 취합된 정보들은 감각기관에 의해서 뇌로 전달된다. 그러면 우리의 뇌는 전달된 모든 정보를 분석하고 어떤 질서를 찾아서 이해하려 한다. 발견한 질서는 우주와 또한 특정한 장소와 시간에서 발생할 수 있는 사건들을 이해할 수 있도록 할 뿐만 아니라, 매우 중요한 상황들의 발생 가능성을 예측할 수 있도록 도와준다.

본 교재는 우리 주위의 것들을 이해하고 사고하는 내용들을 수록하고 있다. 이러한 주위의 것들은 풍경과 그날의 날씨와 같은 분명한 것에서부터 어떻게 원자들이 함께 결합하는지와 같은 분명하지 않는 것 까지 포함한다. 또한 자연적인 것뿐만 아니라 인간이 만들고 사용한 것을 포함한다(그림 1.1). 당신의 사고가 요구되었던 이전의 경험이 무엇이든, 당신은 당신의 주위 것들에 대해 사고하는 법을 배울 것이다. 첫 장은 당신이 사고 과정에서 사용할 "도구와 규칙(tools and rules)"에 관한 것이다.

1.1 물체와 속성(Objects and Properties)

과학은 환경을 이해하는 것으로 시작한다. "감각의 탐구"의 초기 단계는 물체(object)를 일상적으로 보고 만질 수 있는 환경이다. 물 한잔, 움직이는 자동차, 혹은 뛰어다니는 동물과 같이 당신이 매일 보는 것들은 물체가 될 수 있다. 태양이나 달 혹은 심지어 태양계와 같은 대단히 거대한 것들, 혹은 사람의 눈으로는 볼 수 없는 것들도 물체가 될 수 있다. 물체는 어떠한 크기도 가질 수 있지만 사람들은 핀 대가리보다는 크고 집보다는 작은 물체에만 관심이 있다. 이러한 범위의 크기를 넘어서는 물체는 사람들이 그 크기를 가늠하기 어렵다.

당신은 성장하면서 사물(object)을 보고 "개념(concept)"이라고 불리는 보편화된 정신적 이미지(심상)가 형성되는 것을 배웠다. 당신의 사물에 대한 개념은 그것이 무엇인가 하는 당신의 생각이다. 당신의 마음속에는 대개 개념을 나타내는 함축된 단어를 가지고 있다. 예를 들어, "의자" 라는 단어는 "무엇인가 앉는 것" 이라는 생각을 떠오르게 한다. 단어 의자에 대해 떠오르는 일반적인 상상은 아마 등받이가 있고 다리가 네 개 있는 사물을 포함할 것이다. 세밀한 조사에 따르면, 당신들 대부분(그리고 모든 사람들)의 개념들은 명료하지 않고 모호한 것으로 조사되었다. 만약에 의자라는 단어가 네 개의 다리와 한 개의 등받이(개념)를 가진 어떤 사물의 이미지를 만들게 한다면, "높은 의자"와 "식당용 높은 의자"의 차이는 무엇인가? 의자가 언제 의자이고 스툴(등받이가 없는 의자)은 아닐까? 이러한 종류의 질문은 많은 사람들에게 골치 거리가 될 수 있다.

그림 1.1 당신의 주위는 자연적으로 발생한 것과 보도, 건물과 같이 만들어진 것으로 이루어져 있다.

당신의 모든 개념이 물질로서의 사물에 관한 것만은 아니다. 당신은 시간, 운동, 사건간의 관계와 같은 무형의 것에 대해서도 개념을 갖고 있다. 즉 물체의 물질적인 개념처럼 단어들은 무형의 개념들을 담고 있다. 예를 들어 초, 시간, 하루, 그리고 한 달은 시간의 개념을 나타낸다. 비행 도중 운동의 변화를 야기하는 밀고 당기는 것의 개념은 가속과 낙하와 같은 단어로 표현될 수 있을 것이다. 무형의 개념들은 물질적인 사물을 표현하지 않기 때문에 아마 더 추상적으로 보일 것이다.

당신이 성인이 될 때까지, 그야말로 수천 개의 개념(concept)들을 표현해 낼 수 있는 수천 개의 단어들을 알게 된다. 그러나 대부분, 당신은 개념들이 다소 모호하고 명백하지 않다는 것을 발견할 것이다. 이런 이유로 다른 사람들이 그 단어에 대해 당신과 같은 개념인지 알아보기 위해서 특정한 개념들에 대해 대화할 필요가 있다. 어떤 사람이 "어, 화끈한데! (Boy, was it hot!)"라 말하면, 다른 사람이 "얼마나 더웠어? (How hot was it?)" 라고 반응하는 이유이다. "hot"의 의미는 두 사람들에게 모두 다를 수 있다. 특히, 한 사람은 아리조나에서 오고 다른 사람은 알레스카에서 온 경우에는 말이다!

그림 1.2 당신이 생각하는 의자란? 어떤 사물이 일반적으로 어떤 모습이어야 한다는 개념들은 모호하게 정의된 것이다. 의자의 개념은 모호하게 정의된 개념 중 하나이다.

그림 1.3 당신은 전화로 다른 사람에게 사진의 바위를 정확하게 설명할 수 있는가? 이것은 함축된 비교들, 가정들, 그리고 정확하지 않은 서술들로 가득 차있어 일상 언어와 같지는 않을 것이다.

단어들, 개념들 그리고 심상들은 당신과 다른 사람이 있는 상황을 추측해 봄으로써 더 명확히 보일 수 있다. 당신이 아주 훌륭한 책꽂이가 될 수 있는 바위를 발견했다고 가정해보자. 더욱이 당신이 다른 사람과 전화를 하고 있고 당신은 바위가 책꽂이로서 적절함을 말하고 싶지만, 당신은 그 바위의 이름을 모른다고 가정해 보자. 당신이 만약에 이름을 알았다면, 간단하게 "………" 를 찾았다고 말하면 될 것이다. 이럴 경우 당신은 잠시 동안 그 바위에 대해 이야기를 하고 상대방이 정말 당신이 말하는 것에 대해 이해를 했는지 확인하면 된다. 그러나 바위의 이름을 모르고 책꽂이로서의 적절성에 대해 이야기를 하고 싶어 한다면, 당신은 무엇을 할 것인가? 당신은 아마 바위의 특징 또는 **특성**(properties)들을 묘사할 것이다. 특성들은 물체에게 부여된 특별한 성질이다. 당신은 흔히 당신의 감각들(후각, 시각, 청각, 촉각, 미각)로 물체의 특성을 판단하기 때문에, 물체의 특성은 당신의 감각에 의한 결과라고 말할 수 있다. 예를 들어, 당신은 그림 1.3의 바위를 "한쪽 면에 빛나는 황금색의 정육면체가 있는 크고 노랗고 부드러운 바위" 라고 말할 수 있다. 그러나 당신이 이러한 특성들을 묘사할 때 다른 사람들의 머릿속 이미지가 전화상으로 형성되는 것임을 고려해야 한다. 다른 사람들은 당신이 설명하는 것과 매우 다르게 생각할 수도 있다.

당신이 알다시피 일상용어를 사용하여 제시된 책꽂이의 특성들을 묘사하는 것은 아쉬운 점이 많다. 묘사는 다른 사람들이 바위의 정확한 이미지를 머릿속에 담는데 별로 도움이 안 된다. 소통에서의 문제는 모든 특성의 묘사가 어떤 종류의 기준을 내포한다는 것이다. **기준**(referent)이란 단어는 더 친숙한 물체의 관점에서 주어진 특성을 언급하고 혹은 생각하는 것을 의미한다. 예를 들어 색깔들은 기준대상으로 언급되기도 한다. 예를 들어 "하늘색", "연두색" 혹은 "담황색"이 있다. 파란색, 초록색 그리고 노란색에 대한 기준대상은 각각 하늘, 살아있는 풀, 익은 레몬이다.

특성에 대한 기준은 색깔처럼 항상 명료하진 않지만 항상 비교가 내포되어 있기 때문에, 의사소통에서 종종 말로 언급되지 않고 가정으로 나타나기도 한다. 예를 들면 당신이 그 바위가 "크다"고 언급했을 때, 다른 사람들은 그 바위가 집이나 자전거만큼 크지는 않다는 것을 의미함을 알고 있다고 당신은 추측한다. 다른 사람들은 바위가 거의 책이나 혹은 그것보다 약간 클 것으로 생각한다고 당신은 가정했다.

제시된 바위의 특성에 관한 또 다른 문제는 "부드럽다" 라는 단어의 사용이다. 다른 사람들은 당신이 의미한 바위가 부드러워 보이는 것인지 촉감이 부드러운 것인지 알지 못할 것이다. 어떤 사물들은 보기에는 부드러워 보이지만 촉감은 거칠 수 있으며 또 어떤 것은 보기에는 거칠어 보이지만 촉감은 부드러울 수 있다. 그러므로 또 다른 가정이 존재하게 되는데 아마 모든 특성들은 암시된 비교, 가정, 그리고 그렇게 정확하지 않은 의사소통으로 이어지게 된다는 것이다. 이것이 당신의 일상 언어의 본질이고 의사소통시 대부분 이와 같이 시도된다.

1.2 특성의 정량화(Quantifying Properties)

전형적인 일상의 의사소통은 종종 모호하고 많은 것을 가정하게 한다. 두 사람 사이의 의사소통이란 예를 들어 한 사람이 어떤 인물, 사물 혹은 사건을 상대방에게 설명하는 것이다. 상대방이 마음속으로 생각을 하든지 하지 않든지 설명하는 사람은 어떤 기준과 비교하여 묘사한다. 그러므로 "긴" 손톱이나 "짧은" 머리와 같은 특성들은 의사소통에서 다른 사람들에게는 완전히 다른 의미를 갖고 있을 수 있다. 묘사에서 가정과 모호함은 **측정**(measurement)을 사용함으로써 제거할 수 있다. 측정은 한 특성을 잘 정의되고 합의된 기준과 비교하는 과정이다. 잘 정의되고 합의된 기준을 "**단위**(unit)" 라는 표준으로 사용한다. 측정 과정은 세 단계를 포함하고 있다. (1) 기준 단위(referent unit)를 묘사할 성질과 비교한다. (2) 특성화된 절차에 따른다. 그리고 (3) 기준 단위들이 특성을

CONCEPTS APPLIED 측정값을 사용한 의사소통

1. 사람들이 물체의 특성에 관해 어떻게 의사소통 하는지 찾아보자. 몇몇의 친구들에게 그들의 손을 등 뒤로 하고 종이집게를 묘사해 보라고 요청해 보자. 아마 그들은 염소 묘사를 더 잘 하겠지요? 묘사한 것을 스케치를 하여 나타내보자.
2. 두 동료들에게 등을 맞대어 앉아보라고 한다. 그들 중 한명에게 물체를 자세하게 보여주는 스케치나 사진을 준다. 아마 기타나 비행기일 것이다. 이 사람은 물체의 특성을 이것의 이름을 말하지 않고 설명하게 된다. 다른 사람은 묘사를 듣고 눈금이 있는 스케치를 한다. 그 스케치가 묘사한 데로 되었는지 비교해 본다. 그러면, 측정값을 사용하는 것이 의사소통을 얼마만큼 향상시키는지 알 수 있다.

묘사하는데 얼마나 많이 사용되는 지를 계수한다.

그러므로 측정하는 특성을 나타내는 정의된 기준 단위를 사용한다. 특성을 나타내는 값은 기준 단위의 수를 계수한 것이다. 단위는 그 수가 나오게 된 과정을 함축하고 있다. 측정값은 숫자와 그 기준 단위의 명칭으로 나타낸다. 그 숫자는 "얼마나 많은가" 라는 질문에 답을 하고 그 명칭은 "무엇의?" 라는 질문에 답을 한다. 그러므로 수치는 항상 당신에게 "무엇이 얼마나 많은지를" 알려준다. 측정값을 사용하는 것이 당신의 의사소통을 더 분명하게 한다는 사실을 발견할 것이다. 당신은 또한 측정값을 사용하는 것이 당신의 물리적인 환경을 이해하는 첫 번째 단계 중 하나라는 사실을 발견할 것이다.

1.3 측정 시스템(Measurement Systems)

측정은 특수한 상황에서 특성이 "얼마나 많은가"와 "무엇의 것인가?" 를 구체화하여 서술을 더욱 정밀하게 하는 과정이다. 숫자는 특성의 값을 표현하고 있으며 단위의 명칭은 기준이 무엇이고 특성 값을 얻기 위해 필요한 과정이 무엇인지를 알려준다. 측정을 이해하고 재현하기 위해서는 기준 단위들이 잘 정립되어야 한다. 그러나 만약, 예를 들어 다른 사람과의 대화에서 길이를 핀 단위로 말을 하면 다른 사람들은 "핀"의 단위가 무엇을 의미하는지를 알지 못해 무의미할 것이다. 표준이 설립되면, 기준 단위는 "**표준 단위** (standard unit)" (그림 1.4)라고 말한다. 표준 단위의 사용으로 의사소통과 측정을 재현하는 것이 가능해 진다. 표준 단위들은 흔히 정부와 그 목적을 위해 설립된 단체에 의해 설정된다. 국내에서, 측정 표준과 관련된 단체는 "한국표준과학연구원"이다. 미국은 "National Institute of Standards and Technology" 이다.

오늘날 사용되는 중요한 표준 단위가 두 개 있는데, 영국계와 미터법이다. 미터법은 미국(영국계와 미터법 모두가 사용)을 제외한 모든 산업화된 나라에서 사용하고 있다. 미국에서 계속 영국계를 사용하는 것은 국제적 무역에서 문제점으로 나타나고 있어 완전히 미터법으로 전환시키려는 압력이 가해지고 있다. 더 많은 미터법들이 일상적인 측정에 사용되고 있지만 완전히 전환하는 데는 막대한 비용이 필요하다. 어떤 미터단위를 다른 미터단위로 전환하거나 영국계를 미터단위로 전환하거나 그 반대로 하려는 경우, 전환 인자들이 앞 표지 안쪽에 수록되어 있다.

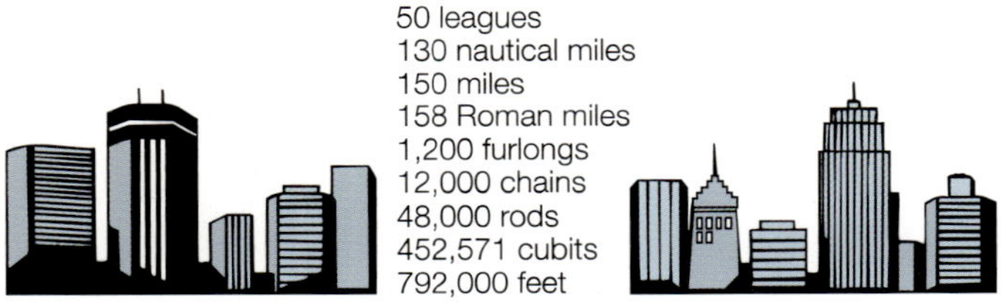

그림 1.4 이러한 단위들과 값들은 마을 사이의 거리를 기술하는데 언제나 사용될 수 있다. 특정한 단위가 공식적으로 채택되면 이것은 표준 단위가 된다.

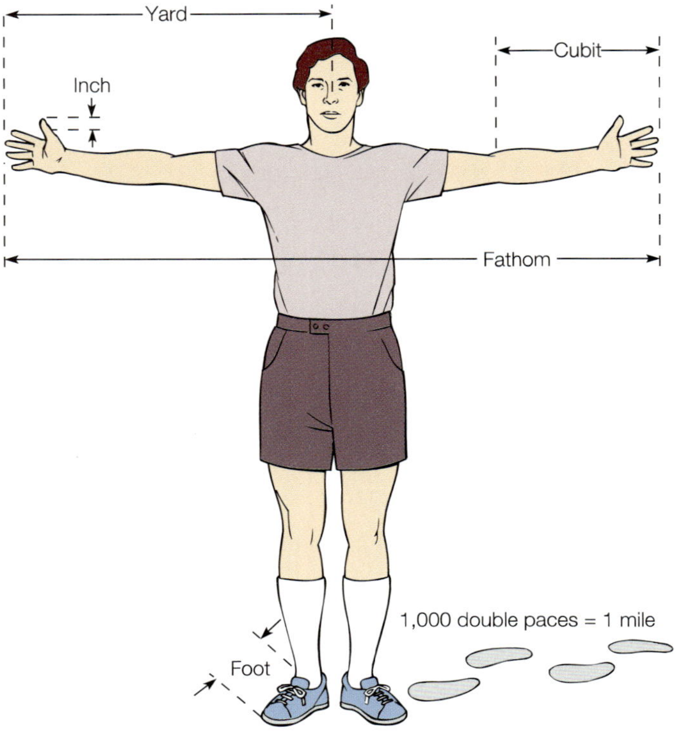

그림 1.5 초기의 많은 측정 단위들은 인체에 기초한 것이었다. 훗날에 일부 단위들은 영국계의 측정 표준 단위가 되었다.

역사적으로 인간은 사물의 특성들에 관해 의사소통하기 위해 기준들을 사용해왔다. 예를 들어, 고대 그리스 문명은 "stadia"라는 단위를 거리와 고도를 표현하기 위해 사용했었다. "stadium"(stadia는 복수형)은 125 보폭의 길이에 근거하여 지역 경기장에 있는 경마장의 길이의 단위였다. 고대 로마와 같은 후기 문명들은 고대 그리스의 stadia와 그리고 다른 기준 단위들을 채택했었다. 이러한 기준 단위 중 몇 개는 후에 초기 영국 문명에 채택되었고 결국 영국계로 이어지게 되었다. 영국계에서 채택한 몇 개의 단위들은 인체의 일부분에 근거하고 있다. 아마 당신이 항상 이러한 기준을 가지고 있기 때문일 것이다(그림 1.5). 예를 들어, inch는 엄지의 끝 관절 부분의 기준으로 사용되었다. foot은 물론 발의 길이였고 yard는 코끝에서 뻗은 한 팔에 있는 손가락까지의 거리였다. 이러한 초기 단위들은 모든 사람이 동일한 크기가 아니었기 때문에 문제들이 있었다. 1300년대 초에는 영국의 여러 왕들에 의해 단위의 크기들이 점차적으로 표준화 되었다. 1879년에는 미국이 16개의 다른 나라들과 함께 영국계를 대신하여 미터법의 사용을 분명하게 밝힌 "미터법 조약"에 서명하였다.

미터법은 1791년 French Academy of Science에서 제정되었다. 그 학계는 사람 몸이 아닌 사실상 변하지 않는 기준에 근거하여 측정 체계를 제정하였다. 이러한 기준들은 표준 단위들을 더 생산적으로 만들기 위하여 시간을 거듭하여 재정의 되었다. 1960년에는 여섯 가지의 표준 미터 단위들이 국제 협정에 의해 정립되었다. 축약하여 SI라 하는 International System of Units은 미터법의 최신 버전이다. 오늘날, SI계에는 길이, 질량, 시간, 전류, 온도, 물질의 양 그리고 조도(표 1.1)의 특성들을 나타내는 표준 단위가 있다. 길이, 질량, 그리고 시간의 특성들에 대한 표준 단위들은 이 장에 소개된다. 나머지 단위들은 다음 장들에서 특성들이 취급될 때 소개될 것이다.

표 1.1 SI 표준 단위

성질	단위	기호
길이	meter	m
질량	kilogram	kg
시간	second	s
전류	ampere	A
온도	kelvin	K
물질의 양	mole	mol
조도	candela	cd

1.4 미터법의 표준 단위 (Standard Units for the Metric System)

만약 당신 주위에 있는 모든 사물들과 상황들의 특성들은 수적으로 너무나 많다. 그러나 어떻게 특성들이 측정되는지를 세밀히 관찰하면 어떤 특성들은 다른 특성들의 조합이라는 것을 알 수 있다(그림 1.6). 예를 들어 부피는 길이, 폭, 높이의 세 길이 측정 단위에 의해 구해진다. 반면 면적은 길이와 넓이의 두 길이 측정 단위에 의해 묘사된다. 그러나 길이는 더 간단한 다른 특성으로 정의될 수 없다. 이렇게 더 간단한 성질로 설명될 수 없는 네 가지 속성들이 있으며, 모든 속성들은 이 네 가지의 조합들 이다. 이러한 이유로 이 네 가지는 기본적인 특성이라고 한다. 이러한 네 가지의 속성들은 (1) 길이, (2) 질량, (3) 시간, 그리고 (4) 전하이다. 독립적으로 또는 조합되어 사용되는 이들 네 가지 특성들은 자연에서 관찰된 것을 묘사하거나 측정한다. 길이, 질량 그리고 시간의 기본적인 특성들을 측정하는 미터 단위들은 다음에 설명할 것이다. 네 번째 기본적인 특성인 전하는 전기와 관련이 있다.

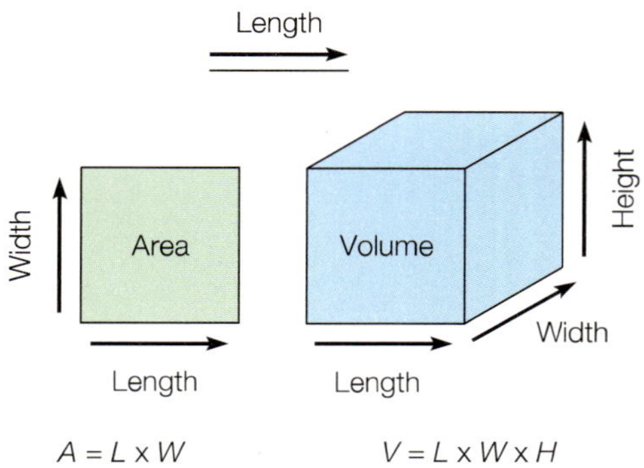

그림 1.6 면적은 두 길이를 측정하면 구할 수 있다. 사물이 차지하는 부피는 세 길이의 측정으로 구할 수 있다. 그러나 길이는 측정방법으로만 묘사할 수가 있는데, 이것을 기본적인 특성이라고 부른다.

길이(length)

미터법에서 길이에 관한 표준 단위는 "미터" 이다(기호는 m이다). 1 미터는 빛이 진공에서 1/299,792,458초 동안 진행한 거리로 정의된다. 그러나 기억해야 할 가장 중요한 사실은 미터는 길이에 대한 미터계의 표준 단위라는 것이다. 1 미터는 39.3 인치로 1 야드보다 조금 더 길다. 1 야드는 팔을 쭉 폈을 때, 약 당신의 왼쪽 어깨에서 오른쪽 손끝의 거리이다. 많은 손잡이들은 바닥에서 약 1미터 위에 위치한다. 1 미터 길이를 시각화를 시도하며 이들 거리에 대해 생각해 보자.

질량(mass)

미터법에서 질량에 대한 표준 단위는 킬로그램(kg) 이다. 킬로그램은 프랑스에 있는 국제도량형국에 있는 어떤 금속 원기둥의 질량으로 정의된다. 이것은 물체의 관점에서 정의된 유일한 표준 단위이다. 질량의 특성은 가끔 무게의 특성과 혼동되기도 하는데 이는 지표의 한 위치에서 둘은 서로 정비례하기 때문이다. 그러나 둘은 완전히 다른 특성들이며 다른 단위들로 측정된다. 모든 사물들은 정지상태를 유지하거나 직선 운동 상태를 유지하려 하는데 이런 특성을 "관성"이라고 한다. 물체의 질량은 물체의 관성의 단위이며, 물체의 무게는 중력이 물체에 작용하는 힘의 단위 이다. 무게와 질량의 차이는 제2장에서 자세히 다뤄질 것이다. 지금은, 무게와 질량이 같은 특성이 아니라는 것을 기억하자.

시간(time)

시간에 관한 표준 단위는 초(s)이다. 초는 원래 태양일의 1/86,400 (1/60 × 1/60 × 1/24)으로 정의된다. 지구의 자전은 생각한 것처럼 일정하지 않기 때문에 초도 세슘 원자의 진동수 주기로 재정의 되었다. "원자시계"라고 불리는 특별한 분광계는 이러한 진동들을 측정하고 연간 수백만 분의 일초의 정확도로 시간을 유지한다.

1.5 미터법 접두사(Metric Prefixes)

미터법은 접두사를 사용하여 10의 인자에 의해 더 크고 작은 양을 표현한다. 자주 사용하는 몇 개의 접두사와 약어 그리고 의미들은 표 1.2에 수록되어 있다. 당신이 길이의 표준 단위인 미터보다 더 작은 어떤 것을 측정한다고 가정해 보시오. 미터는 10개의 동등한 크기의 하위단위로 세분화 되고 이를 데시미터라 부른다. 접두사 "deci"는 "십 분의 일" 이라는 의미를 가지고 있고 10 데시미터는 1 미터의 길이와 같다. 더 작은 단위들이 있는데, 각 데시미터는 10개의 동등한 크기인 센티미터라 불리는 하위 단위로 세분화된다. 10 센티미터는 1 데시미터와 같으며 100 센티미터는 1미터와 같다. 비슷한 방식으로, 미터 단계를 높이고 낮추는 각 접두사는 10씩(그림 1.7) 증가와 감소를 간단히 나타낸다.

표 1.2 미터계의 접두어

접두어	기호	의미
tera –	T	10^{12}
giga –	G	10^{9}
mega –	M	10^{6}
kilo –	k	10^{3}
hecto –	h	10^{2}
deka –	da	10^{1}
Unit		
deci –	d	10^{-1}
centi –	c	10^{-2}
milli –	m	10^{-3}
micro –	μ	10^{-6}
nano –	n	10^{-9}
pico –	p	10^{-12}

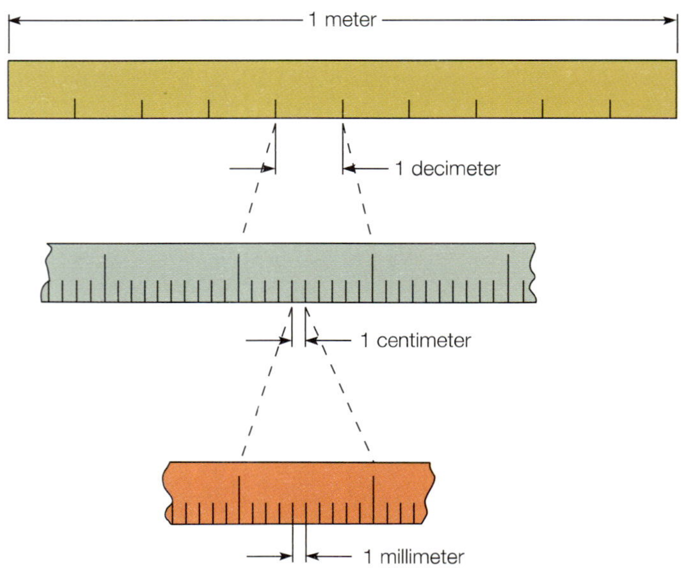

그림 1.7 그림에 제시된 단위들을 비교해 보자. 얼마나 많은 밀리미터들이 1 센티미터 공간을 채울 수 있는가? 얼마나 많은 밀리미터들이 1 데시미터 공간을 채울 수 있는가? 당신은 이것을 10의 배수로 표현할 수 있는가?

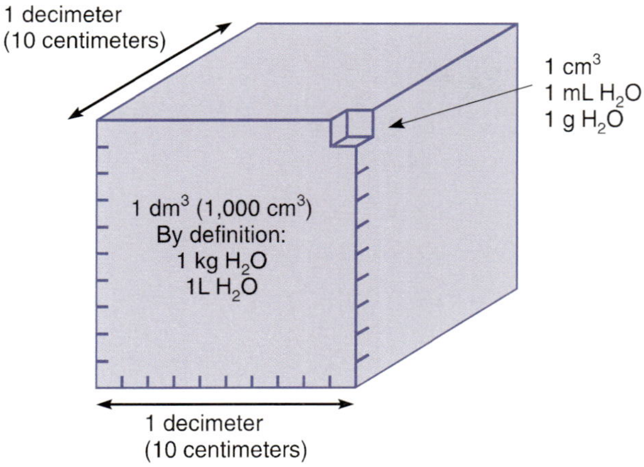

그림 1.8 물 세제곱 데시미터(1000 cm^3)는 1L (1000 mL)의 액체 부피이고 질량은 1 kg (1,000 g) 이다. 그러므로 물 1 cm^3는 1 mL의 액체 부피로 질량은 1 g 이다.

미터법이 1791년에 재정되었을 때, 질량의 표준 단위는 특정한 부피의 물의 질량으로 정의되었다. 섭씨 4도의 깨끗한 물 1 dm^3 부피의 질량을 1 kg으로 정의했었다. 이 정의는 길이, 질량, 그리고 부피의 사이의 관계들을 만들기 때문에 편리했다. 그림 1.8에 명시된 것처럼, 1 dm^3는 가로, 세로, 높이가 10 cm이다. 그러므로 이 입방체의 부피는 10cm × 10 cm × 10cm 혹은 1000 세제곱센티미터이다(cc 혹은 cm^3) 그러므로 물 1000 cm^3의 부피는 1 kg의 질량을 가지고 있다. 1 kg은 1,000 g이기 때문에 물 1 cm^3의 질량은 1 g이다.

또한 1,000 cm^3의 부피는 액체의 부피를 측정하는데 흔히 사용되는 리터(L)라는 미터 단위를 정의한다. 액체 부피의 더 작은 양으로 밀리리터(mL)가 사용된다. 따라서 액체 부피, 부피, 그리고 물의 질량 사이의 관계는 아래와 같다.

$$1.0\,\text{L} \rightarrow 1.0\,\text{dm}^3 \text{ 이며 질량은 } 1.0\,\text{kg이다.}$$

$$1.0\,\text{mL} \rightarrow 1.0\,\text{cm}^3 \text{ 이며 질량은 } 1.0\,\text{g이다.}$$

1.6 측정값의 이해 (Understandings from Measurements)

측정값을 사용하는 보다 근본적 이유는 모든 사람들이 이해할 수 있게 정확한 방법으로 기술하기 위해서이다. 예를 들어, 다른 도시에 있는 친구가 날씨가 "따뜻"해 졌다고 말한다면, 당신은 온도가 몇 도인지를 알지 못할 것이다. 공기 온도가 70°F라는 말에는 두 가지 중요한 개념이 포함되어 있다 : (1) 70의 수치와 (2) 화씨 기본단위이다. 수치와 단위 모두는 정확하게 의사소통 하는데 필요하다는 것을 주목하라. 그러므로 기상 리포터는 날씨 상황을 숫자와 구체화된 단위로 알려준다. 예를 들어, 공기 온도는 화씨 70도, 풍속은 시간 당 5마일이고 강수량은 0.26 인치이다(그림 1.9). 이렇게 수치와 단위들을 보고 모든 사람들이 상황을 정확하게 이해하게 된다.

Weather Report

Friday (24 hours ended at 5 P.M.)
Highs—airport 73°F, downtown 76°F
Lows—airport 68°F, downtown 70°F
Rainfall .... 0.26 in
Average wind speed .... 5.2 mph
Relative humidity .... High 85%
Low 75%
Rainfall ± normal to date.....+0.94 in

그림 1.9 기상리포터는 각 경우에 대해 특수한 단위의 수치로 기술한 자료를 사용해서 정확한 정보를 제시하고 있다.

자료(data)

측정 정보를 **자료**(data)라 하는데, 자료는 대상체, 조건들, 사건들 혹은 발생 가능한 변화들을 서술하는데 사용된다. 당신이 한 해의 기상 자료를 비교해 본다면 매년의 기온 변화를 실제로 알 수 있다. 자료는 당신에게 예를 들어 날씨가 뜨거워지는지 건조해지는지 혹은 매년마다 같은지를 알려준다.

자료가 어떻게 사물을 서술하고 더 자세한 이해를 위해 어떻게 분석되는지를 보자. 그림 1.10에 제시된 정육면체를 예로 들어 보자. 각 정육면체의 측정된 크기와 표면적이 묘사되어 있다.

먼저, 각 정육면체의 크기를 생각하자. 크기는 얼마나 많은 공간을 물체가 차지하는가를 의미하는 부피에 의해 묘사될 수 있다. 정육면체의 부피는 길이, 폭, 높이를 측정하고 곱함으로써 알 수 있다. 자료는

정육면체 a의 부피	1 cm^3
정육면체 b의 부피	8 cm^3
정육면체 c의 부피	27 cm^3

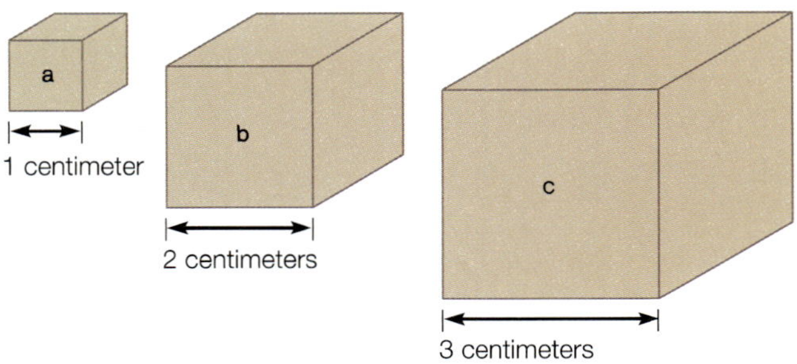

그림 1.10 각 변의 길이는 정육면체 a는 1 cm이며 정육면체 b는 2 cm이고 정육면체 c는 3 cm이다. 이들 세 입방체는 자료나 측정정보에 의해 묘사되고 비교되지만 어떤 형식이나 혹은 자료가 의미하고 있는 것을 찾기 위해서는 분석이 필요하다.

이제 각 정육면체의 표면적을 생각해 보자. 면은 표면의 범위를 의미하며 각 정육면체는 여섯 개의 표면 혹은 면(윗면, 아랫면, 그리고 4개의 옆면)을 가지고 있다. 모든 면의 부분은 길이와 폭을 측정해서 곱함으로써 구할 수 있다. 세 정육면체에 관한 자료는 아래와 같다.

	부피	표면적
정육면체 a	1 cm^3	6 cm^2
정육면체 b	8 cm^3	24 cm^2
정육면체 c	27 cm^3	54 cm^2

비율과 일반화(ratios and generations)

그림 1.10에 있는 세 개의 정육면체의 부피와 표면적에 대한 자료로 부피와 표면적 사이의 관계는 알기 어렵다. 자연은 관계들을 위장하여 원래의 자료에서 확실한 의미를 얻기 어렵게 하는 것 같다. 위장을 간파하기 위해서는 일정한 형식을 나타내는 수학적인 기술이 필요하다. 어떻게 기술들이 세 개의 정육면체에 관한 자료에 적용되는지와 일정한 형식이 무엇을 의미하는 지를 봅시다.

용이하게 취급할 수 있는 형태로 자료를 줄여주는 수학적인 한 가지 방법은 비율을 통해 일정한 형식으로 나타내는 것이다. 비율은 한 숫자가 다른 숫자로 나눠져서 얻어진 두 숫자들 간의 관계를 의미한다. 예를 들어, 한 강사가 25명 학생의 실험 그룹을 위해 50장의 모눈종이를 가지고 있다고 가정해보자. 종이의 수와 학생의 수 사이의 관계, 혹은 비율은 (50장의 종이) 대 (25명의 학생)이고 50장의 종이/25명의 학생으로 쓸 수 있다. 비율은

25를 50으로 나눔으로써 간략화 될 수 있고 비율은 2장의 종이/1명의 학생이 된다. 숫자 1은 기술하지 않고 비율은 2장의 종이/학생으로 기술된다. 이것은 한 학생 당 2장의 종이라고 읽을 수 있다. 비율로 간략화하는 개념은 중요하며 모든 과학에서 계속해서 볼 것이다. 숫자와 단위가 사용되어 질 때, "각"과 "1인당"의 의미를 이해하는 것이 중요한다.

그림 1.10에 있는 세 개의 정육면체에 비율의 개념을 적용해 보자. 가장 작은 정육면체의 부피에 대한 표면적의 비율은, 정육면체 a인 경우 6 cm^2 대 1 cm^3 혹은

$$\frac{6\ \text{cm}^2}{1\ \text{cm}^3} = 6\ \frac{\text{cm}^2}{\text{cm}^3}$$

로 나타내는데 이는 각 부피의 세제곱센티미터 마다 6 제곱센티미터의 면적이 해당된다는 뜻이다.

중간 크기의 정육면체인 정육면체 b는 24 cm^2의 표면적과 8 cm^3의 부피를 가지고 있다. 이 정육면체의 표면적 대 부피의 비율은 즉,

$$\frac{24\ \text{cm}^2}{8\ \text{cm}^3} = 3\ \frac{\text{cm}^2}{\text{cm}^3}$$

각 부피의 세제곱센티미터 당 3 제곱센티미터의 면적이 해당되는 것을 의미한다. 가장 큰 정육면체인 정육면체 c는 54 cm^2의 표면적과 27 cm^3의 부피를 가지고 있다. 비율은

$$\frac{54\ \text{cm}^2}{27\ \text{cm}^3} = 2\ \frac{\text{cm}^2}{\text{cm}^3}$$

혹은 각 부피의 세제곱센티미터 당 2 제곱센티미터의 면적에 해당된다. 세 개의 정육면체의 표면적 대 부피의 비율을 요약하면,

가장 작은 정육면체	a	6 : 1
중간 크기 정육면체	b	3 : 1
가장 큰 정육면체	c	2 : 1

비율을 통해서 자료를 단순화 시켰으니, 정보가 무엇을 의미하는지 일반화시켜 보자. 정육면체의 표면적 대 부피의 비율은 정육면체의 부피가 커짐에 따라 감소한다고 일반화 시킬 수 있다. 이 일반화의 추론은 관련된 많은 관찰 대상물에 대해 설명해 줄 것이다. 예를 들어, 왜 부서진 얼음이 같은 부피의 한 개의 큰 덩어리의 얼음보다 더 빨리 녹을까? 부서진 얼음이 큰 덩어리의 얼음보다 표면적 대 부피의 비율이 더 크기 때문에 더 많은 표면적이 따뜻한 공기에 노출되기 때문이다. 만약 이러한 일반화가 정육면체 외에 다른 형태에도 적용이 된다면 당신은 작은 조각으로 잘라진 통나무가 전체 통나무 보다 더 잘 타는지 설명할 수 있다. 추가해서, 큰 감자들이 같은 무게의 작은 감자들보다 약 얼마나 껍질을 벗겨야 되는지를 예상할 수 있게 한다. 일반화된 설명으로 실험을 통해 증명될 수 있다고 예측될 때, 설명(explanation)하는데 자신감을 얻을 수 있다.

밀도비(the density ratio)

표 1.3 물질의 밀도

물질	밀도 (g/cm^3)
알루미늄	2.70
구리	8.96
철	7.87
납	11.4
물	1.00
해수	1.03
수은	13.6
가솔린	0.680

비율 6 : 3 : 2와 뒤죽박죽된 숫자들을 비교했을 때 단순화된 비율을 사용하면 설명이 좀 더 설득력 있다. 또한 비율을 사용하면 물질의 다른 특성도 잘 나타낼 수 있다. 부피는 가끔 질량과 혼동되어지는 특성이다. 더 큰 물체들은 작은 물체들보다 반드시 더 많은 물질들을 포함하지는 않는다. 예를 들어, 큰 풍선은 이 책보다 크기는 더 크지만 책은 풍선보다 훨씬 더 무겁다. 특정 부피에서의 질량을 비교하는 간략한 방법은 질량 대 부피의 비율을 찾는 것이다. 이 비율을 밀도라고 하며 단위부피 당 질량으로 정의한다. "per"의 뜻은 "각각"을 의미하며, "unit"은 "하나"를 의미한다. 그러므로 "단위 부피 당 질량"의 의미는 "한 부피의 질량"(그림 1.11)이다. 이 관계는 다음과 같이 기술할 수 있다.

$$\text{밀도} = \frac{\text{질량}}{\text{부피}}$$

$$\rho = \frac{m}{V} \tag{1.1}$$

(ρ는 그리스 문자 rho의 기호이다)

다른 비율에 관해서는, 밀도는 (한 숫자와 단위)를 (다른 숫자와 단위)로 나눔으로써 알 수 있다. 즉, 부피 5 cm^3와 질량 10 g인 물체의 밀도는

$$\text{밀도} = \frac{10\text{ g}}{5\text{ cm}^3} = 2\,\frac{\text{g}}{\text{cm}^3}$$

예시에 있는 밀도는 10 g 대 5 cm^3 혹은 10g / 5cm^3, 혹은 2 g 대 1 cm^3의 비율이다. 즉, 물체의 밀도는 한 부피(단위 부피)의 질량으로 각 cm^3 당 2 g의 질량인 것이다.

모든 질량의 단위와 부피의 단위는 밀도를 표현하는데 사용될 수 있다. 고체, 액체 그

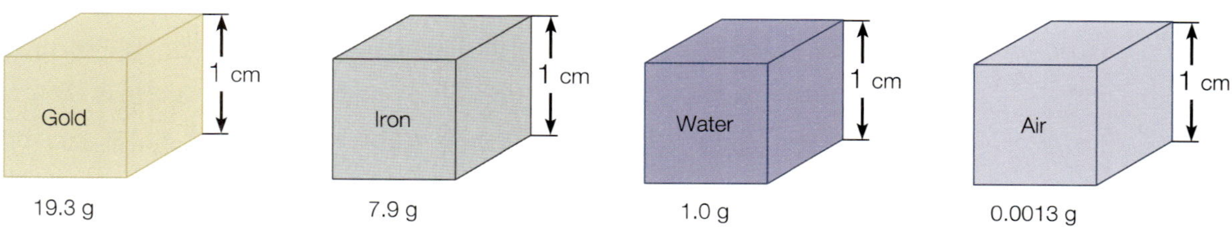

그림 1.11 부피가 동일한 다른 물질들의 질량은 같지 않다. g/cm^3의 단위로 밀도를 계산하라. 부피가 동일한 다른 물질들의 밀도는 같은가? 설명해보자.

CONCEPTS APPLIED 밀도의 예들

1. 책의 밀도는 얼마인가? 책의 길이, 폭, 높이를 cm로 측정해 보고, cm^3로 부피를 구하기 위해 곱해 보자. 저울을 사용해 책의 질량을 그램으로 구해보자. 질량을 부피로 나누어 책의 밀도를 구해 보자. 밀도(g/cm^3)를 표 1.3에 제시된 다른 물질들과 비교해 보자.
2. 일반 액체들의 밀도들을 비교해 보자. 식초를 큰 병에 붓고 조심스럽게 옥수수 시럽 한 컵을 부은 다음 식용유를 한 컵 부으세요. 알루미늄 포일로 감싼 동전 하나와 이쑤시개들을 병에 넣어보자. 밀도에 관해 관찰한 것을 설명해보자. 물질의 조밀함을 의미하는 밀도의 특성과 유체가 정상상태에서 흐르는 것을 얼마나 저항하는 지를 의미하는 점도를 혼동하지 않도록 주의하세요.(옥수수 시럽은 물보다 점성이 더 큰데 밀도 또한 그런가요?)

캔을 두드리기?

어떤 사람들은 탄산음료의 캔의 옆면을 치면 캔이 따질 때 거품이 일어나는 것을 막을 수 있다고 믿는다. 이것이 사실일까요? 차가운 탄산음료를 두드린 것과 두드리지 않은 것으로 비교실험 장치를 준비하세요. 그 밖의 다른 변수들은 확실히 통제했습니까?

Connections . . .
어류의 밀도

상어와 가오리는 속뼈가 모두 연골인 해양 동물이다. 이러한 동물들은 물에서 위치를 유지하기 위한 체밀도를 조절하는 부레를 가지고 있지 않다. 그러므로 그들은 꾸준히 헤엄치지 않는 이상 가라앉을 것이다. 반면, 경골어류는 뼈로 구성된 골격을 가지고 있고 대부분 부레를 가지고 있다. 이러한 물고기들 밀도를 조정하기 위해 부레에 있는 기체의 양을 조절한다. 즉, 물고기는 많은 양의 에너지를 소비하지 않고서도 물속에 있을 수 있다.

리고 기체의 밀도들은 주로 세제곱센티미터 당 그램(g/cm^3)으로 표현되지만, 액체의 밀도는 가끔 밀리리터 당 그램(g/mL)으로 표현되기도 한다. SI 표준 단위를 사용하면, 밀도들은 kg/m^3으로 표현된다(표 1.3).

만약 물질이 부피 전체에 균일하게 분포되었다면, 질량 대 부피의 비율은 질량과 부피가 어떻게 측정되는지와 관계없이 똑같을 것이다. 즉, 깨끗한 물을 담고 있는 컵이든 호수든 같은 온도에서 밀도는 모두 약 1 g/cm^3 혹은 1 kg/L 일 것이다.

예시 1.1 두 개의 블록이 책상 위에 있다. 블록 A의 부피는 30.0 cm^3이고 질량은 81.0 g 이다. 블록 B의 부피는 50.0 cm^3이고 질량은 135 g 이다. 어떤 블록이 더 큰 밀도를 가지고 있는가? 만약 두 블록의 밀도가 똑같다면, 그것들의 소재는 무엇인가? (표 1.3을 보자)

밀도는 단위 부피 당 물질의 질량의 비율로 정의된다. 전체 부피에 질량이 균일하게 분포되었다고 가정하면, 질량 대 부피의 비율은 측정방법과는 상관없이 같다는 것을 예측할 수 있다. 농도를 결정하는데 식 (1.1)을 이용할 수 있다.

블록 A

질량(m) = 81.0 g
부피(V) = 30.0 cm^3
밀도(ρ) = ?

$$\rho = \frac{m}{V} = \frac{81.0\ \text{g}}{30.0\ \text{cm}^3} = 2.70\ \frac{\text{g}}{\text{cm}^3}$$

블록 B

질량(m) = 135 g
부피(V) = 50.0 cm^3
밀도(ρ) = ?

$$\rho = \frac{m}{V} = \frac{135\ \text{g}}{50.0\ \text{cm}^3} = 2.70\ \frac{\text{g}}{\text{cm}^3}$$

보는 바와 같이, 두 블록의 밀도는 같다. 표 1.3을 참고하면, 알루미늄의 밀도가 2.70 g/cm^3이라는 것을 알 수 있기 때문에 두 블록은 분명 알루미늄 일 것이다.

예제 1.2 4.50 cm^3의 부피를 가지고 있는 바위의 질량은 15.0 g이다. 바위의 밀도는 얼마인가? (답 : 3.33 g/cm^3)

기호와 방정식(symbols and equations)

앞에서, 밀도, 질량 그리고 부피의 관계를 기호로 표기했다. 밀도는 ρ, 그리스 알파벳의 소문자 rho로 표기하였고 질량은 m, 부피는 V로 표기하였다. 이러한 기호들은 편의상 습관적으로 사용되고 있으며, 이들 기호는 외국어의 단어와 같다. 당신은 각 기호들이 매우 특별한 특성이나 개념을 의미하고 있다는 이해를 바탕으로 기호들을 실제로 활용하는 것을 배울 것이다. 그 기호들은 **양**(quantities)이나 측정된 특성을 의미한다. 기호 m은 즉 숫자와 단위에 의해 명시된 질량의 양을 의미하는데 16 g이 예가 될 수 있다. 기호 V는 17 cm^3와 같이 숫자와 단위에 의해 명시된 부피의 양을 의미한다.

기호(symbols)

m이 질량을 의미하고 V가 부피를 의미하는 것처럼, 기호들은 어떤 양을 의미하는지에 대한 정보를 제공한다. 그러나 어떤 경우에는, 부피와 속도와 같이 두 개의 양이 같은 문자로 시작하는 경우, 대문자 V는 부피를 의미하고 소문자 v는 속도를 의미한다. ρ가 밀도를 의미하는 것처럼 그리스 알파벳 문자들도 사용된다. 가끔 아래 첨자로 특별한 상황에 있는 양을 표기하기도 한다. 예를 들어 v_i가 최초 혹은 처음의 속도를 나타내고, v_f는 마지막 속도를 나타낸다. 어떤 기호들은 의미를 전달하는데 사용되기도 하는데, 예를 들어, 그리스 문자 델타(Δ)는 "~에서의 변화"의 양을 의미한다. 다른 의미를 가진 기호들에는 기호 ($\therefore$)가 있는데, "즉"을 의미하며 기호 ($\propto$)는 "~에 비례하다"를 의미한다.

방정식(equations)

기호들은 **방정식**(equation)에서 사용되는데, 등호의 기호는 등호의 한 쪽에 있는 수량과 다른 쪽에 있는 수량이 동일하다는 것을 의미한다. 이는 숫자들과 단위들 모두에 적용된다. 즉, 밀도의 특성을 설명하는 식 $\rho = m/V$에서 등호의 양쪽에 있는 숫자는 동일하다(예로 $5 = 10/2$). 등호의 양쪽에 있는 단위들도 또한 동일하다(예. $g/cm^3 = g/cm^3$)

등호는 (1) 특성을 설명하기 위해, (2) 개념을 정의하기 위해 혹은 (3) 수량이 상대적으로 얼마나 변하는지를 설명하는데 사용된다. 어떻게 등호들이 이러한 세 가지 종류에서 사용되는 지를 이해하는 것이 물리 과학을 이해하는데 기본이 된다. 각 종류의 활용에 대해서는 이후에 취급할 것이다.

특성을 설명해 보자. 당신은 이미 물질의 조밀성이 밀도라는 특성에 의해 기술된다고 배웠다. 밀도는 질량 대 단위 부피의 비율이고, 혹은 $\rho = m/V$라고 한다. 이 특성을 이해하기 위한 요점은 비율의 의미와 "당"이나 "각각"의 의미를 이해하는 것이다. 비율에 의해 정의되는 특성의 다른 예로써, 얼마나 물체가 빨리 움직이는지(속력)와 얼마나 빠르게 속력이 변하는지(가속화)에 관한 것이다.

개념을 정의하라. 자연 과학 개념은 가끔 측정 방법에 의해서도 정의되곤 한다. 이는 "실무적 정의"라 한다. 왜냐하면 개념을 정의할 뿐만 아니라 어떻게 측정하는지에 대해서도 말해주고 있기 때문이다. 힘, 역학적 일, 역학적 동력에 관련된 개념과 전자기적 상호작용에 관한 개념들은 측정과정으로도 정의가 가능하다.

수량이 상대적으로 얼마나 변하는지 기술한다. 자연은 다른 물질의 양의 변화에 반응하여 하나 혹은 그 이상의 양이 변하거나 크기가 변하는 상황이 빈번히 발생한다. 변하는 양을 **변수**(variables)라고 한다. 몸무게는 다른 변수의 변화에 따라 크기가 달라지는 변수이다: 예를 들면 먹는 음식양이다. 당신은 이미 이들 두 변수 사이의 형태와 관계를 알고 있다. 다른 모든 변수들이 동일하다면, 음식을 많이 먹으면 무게는 증가할 것이다. 두 변수가 같은 비율로 증가(혹은 감소)하면 두 변수는 정비례한다고 말한다. 두 변수가 정비례 관계에 있으면 한 변수의 값이 증가하거나 감소하면 두 번째 변수도 같은 비율로 증가하거나 감소한다.

변수들은 항상 정비례하며 증가나 감소를 하지는 않는다. 때로는 한 변수는 증가하는데 다른 변수는 같은 비율로 감소한다면 이것은 반비례 관계이다. 다른 일반적인 관계로는, 한 변수의 증가가 두 번째 변수의 제곱 혹은 제곱의 역수에 비례하는 경우이다. 여기에 언급한 4개의 다른 형태의 비례 관계 형태가 있다:

정비례	$a \propto b$
반비례	$a \propto 1/b$
제곱에 비례	$a \propto b^2$
제곱에 반비례	$a \propto 1/b^2$

비례성(proportionality statements)

비례성은 일반적으로 두 변수가 서로에 대해 어떻게 변하는지를 묘사하지만 비례성은 방정식이 아니다. 예를 들어 당신이 주유소에서 연료 탱크를 채울 때를 생각해 보자(그림 1.12). 비어 있는 탱크에 채워지고 있는 휘발유의 양은 연료 공급용 펌프가 작동하는 시간과 비례한다. 즉 ;

$$\text{부피} \propto \text{시간}$$

그러나 양쪽의 수치나 단위가 동일하지 않기 때문에 이것은 방정식이 아니다. 예를 들어 단위를 고려해보면, 시간(분)은 휘발유와 같지 않다는 것은 명백하다; 이들은 다른 양들이다. 비례성을 방정식으으

CONCEPTS APPLIED 제곱에 반비례 관계

에너지는 이동거리의 제곱에 반비례하는데 빛, 음파, 중력, 전기장, 방사선 그리고 에너지원으로부터 모든 방향으로 균일하게 퍼져나가는 현상들에서 발견할 수 있다. 박스그림 1.1의 상자는 제곱에 반비례하는 현상을 보여 줄 수 있는데 점 A를 광원으로 가정하고 거리 d, 거리가 두 배($2d$), 세 배($3d$)일 때 빛이 어떻게 퍼져나가는지를 보이고 있다. 그림에서 보듯이 거리가 광원에서 두 배가 되면
네 배의 면적에 퍼지게 되어 강도는 4분의 1로 줄어들 것이다. 이것은 $\frac{1}{2^2}$ 혹은 $\frac{1}{4}$과 같다.
거리가 광원에서 3배가 되면 9배의 면적에 퍼지게 되어 강도는 9분의 1로 줄어들 것이다. 이것은 $\frac{1}{3^2}$ 혹은 $\frac{1}{9}$과 같아 제곱에 반비례하는 관계를 나타낸다.

당신은 벽에 빛을 비추고 이동이 가능한 오버헤드 프로젝트를 사용해서 제곱에 반비례하는 관계를 측정할 수 있다. 광도계나 혹은 조도를 측정하는 다른 기구를 사용하시오, 이제 프로젝트를 벽에서 두 배 거리인 곳으로 이동하시오, 빛이 투영되어 증가한 벽의 면적을 측정하고 다시 조도를 측정하시오. 빛의 조도와 거리 사이에 어떤 관계를 발견했는가?

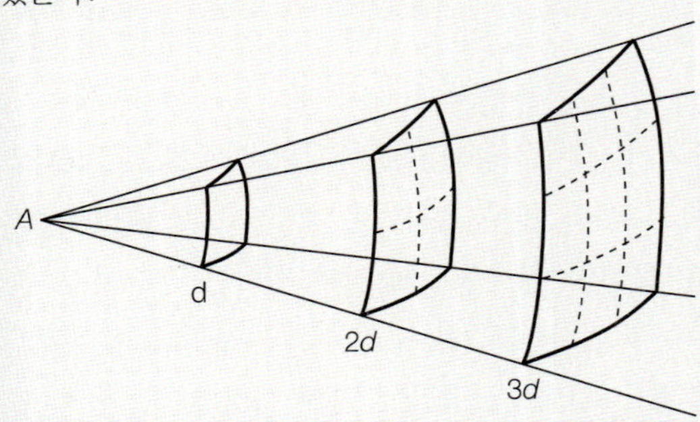

박스그림 1.1 A지점에서 거리가 2배(2d) 혹은 3배(3d)가 되는 곳에서 빛은 얼마나 분산되는가? 빛의 명도는 어떻게 되는가?

그림 1.12 연료 탱크에 보충하는 연료의 부피는 펌프가 작동하는 시간에 정비례한다. 이 관계는 비례상수를 사용해서 방정식화 할 수 있다.

로 만들기 위해서는 종종 기호 k라는 비례상수의 적용이 필요하다. 연료 펌프의 예에서 방정식은 다음과 같다;

$$\text{부피} = (\text{시간})(\text{비례상수})$$

혹은 $$V = tk$$

여기서 비례상수 k의 단위는 L/min으로 펌프에서 휘발유의 흐르는 비율을 나타낸다. 비례상수(비율)을 10 L/min으로 가정하면 이제는 비례성이 동일해진 것을 볼 수 있다.

$$\mathrm{L} = (\cancel{\mathrm{min}})\left(\frac{\mathrm{L}}{\cancel{\mathrm{min}}}\right)$$

만약 선생님이 문제풀기를 하면 방정식을 한 세트의 설명서로 생각할 수 있어야 한다. 예를 들어, 밀도 방정식은 $\rho = m/V$이다. 이 방정식은 질량 밀도가 질량 대 부피의 비율이며 질량을 부피로 나누어주면 밀도를 구할 수 있다는 것을 알려준다. 만약 문제가 있다면, 설명을 모르거나 그 설명들을 어떻게 따르는지를 모르는 것이다. (대수의 법칙)

1.7 과학의 본질(The Nature of Science)

사람들은 적어도 젊을 때는 호기심이 많고 주변을 것을 이해하고 싶다는 자극을 받는다. 오래전부터 존재해 온 이러 특성들이 아주 강한 동기부여로 이어진다. 최근에는, "세상 밖"에는 무엇이 있는지 알고 싶다는 욕망이 우주선의 발사를 자극시켰으며 달에 착륙하여 궁금증을 해결하기 위해 달에 착륙하였다. 자연을 이해하기 위한 호기심과 동기는 결코 과거만 못하지 않다. 2000여 년 전에는, 고대 그리스인들은 오늘날의 도구와 기술이 부족했기 때문에 자연에 대해 단지 추측만 할 수 있었다. 이런 초기에 이해를 추구하던 사람은 자연 철학자로 알려져 있다. 그들은 모든 자연의 현상에 대해 관찰하고 생각하고 기록하였다. 그들의 이해는 실험적인 증거가 없는 그들의 추론에서만 나왔기 때문에 철학자라고 불린 것이다. 그럼에도 불구하고, 그들의 일부 생각들은 본질적으로 옳았고 현재에도 여전히 사용되고 있다. 예를 들어, 물질이 원자로 구성되어 있다는 생각은 기원전 5세기에 어떤 고대 그리스 인에 의해 추론되었다. 물질을 구성하는 기본 원소에 대한 생각은 훨씬 전에 정립되었지만, 기원전 4세기 그리스 사람들에 의해 재정의되었다. 원소가 무엇인지와 원자의 본질에 대한 개념은 시간을 거듭하며 변했지만, 그 생각은 고대 자연 철학자들에 의해 처음 다루어졌다.

과학적 방법(the scientific method)

어떤 역사가들은 약 300년 전인 갈릴레오와 뉴튼의 시대가 현대 과학의 시작이라고 한다. 고대 그리스인들과 같이 갈릴레오와 뉴튼은 자연의 모든 것을 연구하는데 관심이 있었다. 갈릴레오와 뉴튼의 시대 이후로, 물리 과학의 내용은 범위와 전문화 부분에서 증가하였지만, 이해를 구하는 기본 수단인 과학적 조사는 조금씩 변화되어 왔다. 과학적 조사는 실험적인 증거를 통해서 이해하는데, 이는 고대 자연 철학자들의 오직 사고에 기반한 추측과는 상반되는 것이다. 2장에서는, 예를 들어, 물체들이 지구를 향해 어떻게 떨어지는지에 대한 고대 그리스인들의 통찰과 추론에 관해서 배울 것이다. 반면에 갈릴레오는 창조적 사고와 실험적 증거를 제공하는 물리적인 양들의 정밀한 측정을 통해서 낙하하는 물체에 대한 사람들의 생각을 바꾸었다. 갈릴레오가 그랬듯이 오늘날 정밀하게 측정한 물리량으로부터 발견한 관계성을 실험적인 증거로 설명할 수 있다. 즉, 측정과 연구가 이해를 낳고 더욱 확장된 측정과 연구로 이어지면서 자연에 관한 과학적 지식은 성장해 왔다.

과학적 연구는 무엇이며 이것을 실행하기 위해 어떤 방법들이 있을까? 과학적 방법을 설명하기 위한 시도로 일련의 단계들(문제정의, 자료수집, 가설수립, 검증, 결론 도출)이 있지만 어떤 한 가지 설명으로는 관련된 모든 것을 만족시키지 못했다. 과학자들은 연구 시 유사한 절차를 거치지만 다양한 접근과 여러 방법으로 평가한다. 전반적으로, 유사한 절차들은 이런 모습일 것이다.

1. 자연의 양상을 관찰하자.
2. 관찰된 것에 관해 설명해보자.
3. 예측한 것을 설명해 보자.
4. 실험을 하거나 더 많은 관찰을 통해서 예측한 것들을 시험해 보자.
5. 필요하면 설명들을 변경해보자.
6. 3단계로 돌아가자.

과학자가 사용하는 정확한 접근방법은 연구자 본인뿐만 아니라 연구 분야에 따라 달라진다.

과학적 연구에서 발견한 현상과 결과를 기술하기 위해서는 어떤 것이 일반화될 수 있는지를 고려하는 것이다. 적어도 세 개의 개별적 활동들은 어떤 분야에서든 연구중인 과학자들에게 공통적인 것 같다. 이들 일반화된 활동은

- 관찰을 수집한다.
- 설명을 개발한다.
- 설명을 시험해 본다.

어떤 특정한 순서나 방법이 이러한 공통의 요소들로 일반화될 수 없다. 사실, 각각의 과

학자들은 심지어 세 개의 모든 활동을 하지 않을 수도 있다. 예를 들어, 몇몇 과학자는 자연에서 시간을 보내는데, "현장에서(in the field)" 자료를 수집하고 발견한 것들을 일반화 한다. 이것은 어떤 분야의 과학에서는 인정받은 과학적 연구법이다. 다른 과학자들은 컴퓨터 단말기에서 다른 사람들이 만든 일반성을 설명하는 이론적인 방정식을 개발하는데 힘쓴다. 컴퓨터 단말기에서의 작업은 인정받은 과학적 연구법이다. 즉, 오늘날의 전문화된 과학자들에게는 다섯 가지 단계의 순서란 없다. 이것은 많은 과학철학자들이 이런 과학적 방법을 부정하며 논쟁하는 하나의 이유이다. 타 분야의 연구를 관찰하고 설명하고 검증하는 공통된 활동이 있는데 이러한 활동들은 다음에 이야기할 것이다.

설명과 조사(explanations and investigations)

자연 과학에서의 설명(explanation)은 물체나 사건을 관찰하는 것과 관련 있으며, 여러 방법에 의해 설명을 전개하거나 창조한다. 일반적으로, 설명은 실험의 결과, 경험에서 우러난 추측, 혹은 단순한 상상력에서 나올 수 있다. 사실, 과학의 역사에서 몇몇 경우는 꿈에서부터 전개한 명료한 설명들이 있다.

설명은 다양한 이름들이 있는데 각각 의도된 용도나 발전의 단계에 따라 다르다. 예를 들어, 발전의 초기단계에 있는 설명은 가끔 "가설"이라고 불린다. **가설**(hypothesis)은 설명에서 유도된 임시적인 생각 혹은 실험이다. 가설은 관찰과 양립할 수 있어야 하며 자연의 어떤 분야라도 이해가 가도록 해야 하지만, 여기서 키워드는 "잠정적인" 이다. 가설은 실험에 의해 검증되며 관찰이나 검증과 일치하지 않은 경우에는 받아들이지 않거나 수정되기도 한다.

가설의 성공적인 검증은 실험을 기획하는 단계로 이어지거나 혹은 더 많은 실험들의 기획을 이끌어낼 수 있는 다른 가설로 발전된다. 보다시피 가설은 여러 갈래로 진행되는 과정으로 특정한 용어로 설명하기 매우 어렵다. 게다가, 과정의 종점인 결말을 확인하기 어렵다. 실험 증거를 설명하기 위해 새로운 개념을 모색하다 보면 새로운 이론이 만들어지는데, 이 이론에서 새로운 가설들이 더 많이 유도된다. 이러한 이유로 과학적 방법을 이해하는 좋은 방법 중 하나가 과학의 역사를 공부하는 것이다. 아니면, 스스로 연구를 하는 방법도 있다.

가설의 검증(testing a hypothesis)

어떤 경우에, 가설은 단순히 추가적인 관찰만으로 검증되기도 한다. 예를 들어 특정한 종류의 새가 둥지를 만들기 위한 공간으로 나무에 있는 구멍을 사용한다고 가설을 세우면, 당신은 몇몇 종류의 새들을 관찰하고 새들이 만드는 둥지의 종류와 장소를 기록할 수 있다.

가정을 검증하기 위한 다른 일반적인 방법은 실험을 고안하는 것이다. 실험은 어떤 면에서 과학자들이 가설을 지지하거나 반증을 가능하게 하는 사건의 재창조물 이다. 특정한 사건들은 개별 요소들에 의해 영향을 받기 때문에 실험이 어려울 수 있다. 예를 들어, 옥수수와 같은 농작물의 성장은 햇빛, 토양 습도, 공기와 토양 온도, 토양의 영양분, 다른 식물과의 경쟁과 곤충과 질병에 의해 기인하는 손상과 같은 많은 요인에 의해 영향을 받는다. 옥수수의 성장에 영향을 주는 요소를 알아내는 일이 불가능할 수도 있다. 이러한 상황들을 정리하기 위해서, 과학자들은 대조 실험과 같은 방법을 고안해냈다. **대조 실험(controlled experiment)**은 한 가지를 제외한 모든 조건을 동일하게 하여 비교하는 것이다. 비교시 기본으로 사용되는 조건은 대조군이라 명명하고 다른 것들은 실험군이라고 한다. 실험군에서 다르게 허용된 단일 영향 인자를 실험 변수라고 한다.

옥수수의 다양한 성장 요인의 중요성은 전에 언급한 것과 같은 많은 수의 다양한 질문들로 나누어져야 한다. 각각의 질문들은 어떤 실험을 할 것인지에 관한 기초를 제공한다. 각 실험은 옥수수 성장에 관계된 하나의 인자에 관한 정보를 제공해 준다. 예를 들어, 질소가 옥수수 성장에 중요한 토양 영양분이라는 가설을 입증하기 위해, 동일한 두 개의 밭이 준비되어 있어야 하며 옥수수를 심은 상태에서 실행되어야 한다. 두 개의 밭은 토양의 종류가 동일하고 태양에 노출되어야 하며, 수분과 병충해 방제 조치와 이전 농작물에 관한 정보가 필요하다. 실제로, 실험에서 두 밭은 전형적으로 나란히 있다. 한 옥수수 밭은 토양에 일정량의 질소를 함유하고 있는 비료(실험군)가 뿌려져 있는 반면 다른 밭(대조군)은 질소를 함유하지 않은 비료로 재배된다. 성장에 관한 자료는 표준적인 방법으로 수집되는데, 그 중 한 가지가 모든 옥수수를 수확하고 무게를 재는 것이다. 다른 방법은 농작물의 표준 길이를 정하는 것이다. 실험 후에는 수집된 새로운 자료들을 분석한다. 두 군 사이에 다른 점이 없다면, 과학자들은 토양 안에 있는 질소의 양이 뚜렷하게 옥수수 성장에 영향을 미치지 않는다고 결론을 내게 된다. 그러나 차이점이 존재한다면, 변수가 대조군과 실험군 사이에 차이를 준다고 할 수 있다. 옥수수 성장과 같은 종류의 실험에서 질소 비료는 성장을 촉진시킨다.

결과의 수용?(accept results?)

과학자들은 실험을 설계하고 수행하는 과정에서 변수들이 간과될 수 있기 때문에 개별 실험의 결과를 수용하지는 않을 것이다. 예를 들어, 곰팡이류 해충이 다른 밭보다 한 밭에 크게 영향을 주었을 수도 있고, 해충을 통제하기 위해 약품을 분사하는 기계가 한 밭에서만 작동했을 수도 있거나, 소낙비가 한 개의 밭에 더 많은 비를 뿌렸을 수도 있다. 그러므로 과학자들은 똑같은 조건에서 실험을 반복하며 몇몇의 반복한 실험의 결과를 비교하여 결론에 이른다.

실험변수가 하나이고 반복된 동일한 실험의 결과들이 일치하는 경우에만 실험 결과는 설득력이 있다. 더 나아가, 얻어진 결과들이 타당하고(다른 지식과도 일치), 신뢰할 수 있으며(결과의 재현성) 그리고 원인에 따른 결과를 보여주거나 무작위적인 상황에서 얻어진 결과일 때 과학자들은 좀 더 공정한 방법에서 결정하기 위해 통계적 시험을 결과에 적용한다.

Science and Society

기초와 응용 연구

과학은 환경을 이해하는 과정이다. 과학은 관찰 하고, 설명을 창조하고, 연구 실험을 실행하는 것에서 부터 시작한다. 새로운 정보와 결론은 연구의 결과에 기초한다. 과학적 연구에는 두 종류가 있다: 기초 연구와 응용 연구 이다. 기초 연구는 실용성이 있고 없고를 떠나 이해를 탐구하는 것으로 시작한다. 기초 연구의 예는 태양계가 어떻게 창조되었는지에 관한 이해를 추구하고, 연구실에서 새로운 원소를 만들어 물질에 대해 새로운 정보를 발견한다든지 혹은 체서피크만의 바닥의 온도 변화를 지도화하는 것들이다. 이러한 기초 연구는 우리의 지식을 넓혀주지만 실용적인 결과를 도출해내지는 않는다.

응용 연구는 단지 답을 찾기 보다는 실용적인 문제들을 해결하는데 목표를 두고 있다. 예를 들면 수소 연료로 운행하는 자동차를 위한 고효율 연료전지의 개발과 시험, 냉장고의 에너지 효율을 향상시키는 것 혹은 새로운 물질로 더 빠른 컴퓨터 칩을 개발하는 것들일 것이다.

연구가 기초적인 것인가 응용적인 것인가는 시간에 의해 결정된다. 미래에 실용성이 없다면, 이는 명백하게 기초 연구이다. 만약 실용적인 활용이 즉시 가능하다면, 이는 명백하게 응용연구이다. 만약 실용적인 활용 방법이 미래에 개발된다면, 연구는 부분적으로 기초적이고 부분적으로는 실용적일 것이다. 예를 들어, 레이저가 발명되었을 때, 실질적인 용도가 없었다. 이는 "질문을 기다리는 답"이라고 부른다. 오늘날, 레이저는 아주 많은 실용적 용도로 쓰이고 있다.

기초 연구에 의해 얻어지는 지식은 기술적인 돌파구의 발전을 야기하기도 한다. 반면 태양계가 어떻게 형성되었는지 것과 같은 연구는 우리의 궁금증을 충족시켜주는 것 외에 어떠한 실용적인 가치는 없다.

논제

1. 연구 기금의 우선권은 기초연구에 있나 응용연구에 있나 혹은 둘 모두인가?
2. 대학은 기초 연구에 전념해야 하고 산업계는 응용연구에 전념해야 할까? 두 분야를 연구해야 할까?
3. 연구에 기금을 제공하는 기관이 어떤 종류의 연구에는 반드시 기금을 제공해야 한다고 특정지어야 할까?

실험을 하는 동안, 과학자들은 새로운 정보를 얻고 새로운 의문들을 만들어내면서 더 많은 실험을 도출해 낸다. 하나의 좋은 실험은 수백 개의 새로운 질문들과 실험들을 도출해 낼 수 있다. 왓슨과 크릭의 DNA분자의 구조에 대한 발견은 수천 가지의 실험을 이끌어 냈으며, 분자생물학 분야의 발전을 자극하였다. 유사하게, 식물의 성장을 통제하는 분자의 발견은 어떻게 분자가 작용하고 농업적 목적을 위해 어떤 분자가 사용될 수 있는지에 대한 많은 연구를 이끌어냈다.

질문과 실험의 과정이 계속되고 과학적 증거가 지속적이고 끊임없이 기존의 가설을 뒷받침 한다면, 과학 공동체는 이런 가설들과 사실을 여러 형태로 맞추는 법을 알게 될 것이다.

과학적 법칙(scientific laws)

가끔 반복적으로 일어나는 일련의 관계들을 관찰하게 될 때가 있다. 예를 들어, "잘될 수도 있고 잘 안될 수도 있을 땐 꼭 안 된다" 라는 유명한 말이 있는데 이는 머피의 법칙이라 불린다. 이 법칙은 계속 발생하는 것처럼 보이는 상황들의 관계를 규정하고 있다. 예를 들어, 당신이 버터가 발라진 빵의 한 조각을 떨어뜨린다면 두 가지 상황이 발생할 수 있는데 버터가 발라진 쪽이 위쪽이 되거나, 아래쪽이 된다. 머피의 법칙에 따르면, 이는 버터 바른 쪽이 아래쪽이 되게 된다. 예시를 통해, 당신은 머피의 법칙의 타당성을 시험하는 한 가지 방법을 알았다.

또 다른 "잘 알려진 속담"은 실내 화분의 가격과 화분의 생존기간 사이에 존재하는 관계이다. 이는 "화분 수명의 법칙"이라 불릴 수 있다. 화분의 수명은 이것의 구매가격과 반비례한다는 관계라는 것이다. 이 "법칙"은 10달러의 화분은 한 달 내에 시들고 죽을 것이지만 50센트의 화분은 몇 년 동안 살 것임을 예측한다. (1) 가격과 (2) 수명의 변수 사이의 역관계는 당신이 화분을 위해 더 많은 돈을 낼수록, 화분의 수명은 적어진다는 것이다. 이는 저렴한 화분들이 더 오래 산다는 것을 의미한다. 시간마다 관계가 발생하는 것처럼 보이기 때문에 이를 법칙이라 부른다.

과학적 법칙(scientific law)은 자연에서 시시각각으로 관찰되는 중요한 관계를 설명한다. 기본적으로, 과학적 법칙은 자연에서 무엇이 발생할 지를 설명한다. 법칙은 종종 법칙의 공식화와 관련된 사람의 이름으로 명명된다. 예를 들어, 다른 요소들이 모두 같다면 온도의 증가는 풍선의 부피를 증가시키는 결과를 초래할 것이다. 마찬가지로, 온도가 감소하면 풍선의 부피는 감소한다.

풍선의 부피는 공기의 온도와 직접적인 관련이 있으며 시시각각 관찰될 수 있다. 이 관계는 18세기 후반에 두 명의 프랑스 과학자 A. C. 찰스와 조셉 게이 루삭에 의해 처음 발견되었다. 오늘날 이런 관계는 가끔 찰스의 법칙이라고 불린다. 과학적 법칙은 자연에서 시시각각으로 관찰할 수 있는 관계가 의미하는 것을 서술하고 있다.

어떤 사람이 과학적 법칙 때문에 어떤 것은 특정한 방식으로 행동한다는 말을 들어본 적이 있는가? 예를 들어, 큰 트럭은 뉴튼의 운동의 법칙 때문에 천천히 가속된다. 아마, 이 사람은 과학적 법칙의 본질을 잘못 이해했을 것이다. 과학적 법칙은 사물의 행동을 지시하지 않고 단지 설명할 뿐이다. 과학적 법칙은 어떤 것이 어떤 행동을 해야만 한다고 규정하기보다 어떻게 그것들이 작용하는지를 설명한다. 과학적 법칙은 묘사적이다; 어떻게 사물이 작용하는지를 설명한다.

모형과 이론(models and theories)

종종 자연의 어떤 부분은 사람이 보기에 너무 작거나 혹은 커서 모형이 필요할 때가 있다. **모형**(model)(그림 1.13)은 알려진 모든 지식을 설명하는 이론 혹은 생각을 묘사하는 것이다. 이러한 묘사는 실제적인 물리적인 모형, 컴퓨터 모형, 스케치, 비유 혹은 방정식처럼 다양한 형태로 나타날 수 있다. 예를 들어, 태양계 전체는 볼 수가 없고 실제 세계에서 우리가 볼 수 있는 것은 태양, 달, 그리고 행성의 움직임이다. 그러나 태양계의 물리적 모형이나 스케치는 태양계가 어떻게 생겼는지 알 수 있게 해 준다. 태양계의 실체를 알려주기 때문에, 물리적 모형과 스케치는 모두 좋은 모형들이다.

A

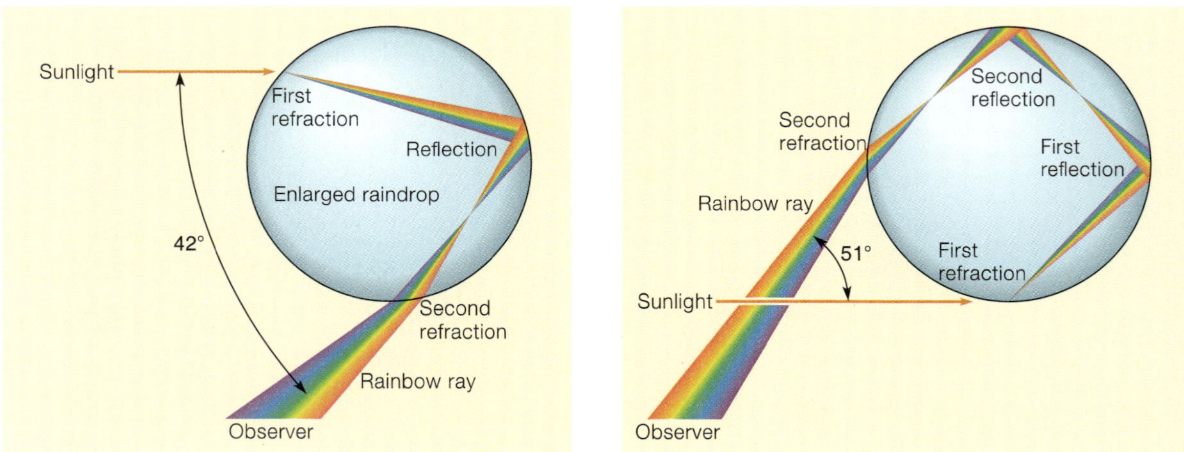

B

그림 1.13 모형은 관찰할 수 없는 것을 볼 수 있도록 도와준다. 예를 들어, 무엇이 쌍무지개를 만드는지 관찰할 수 없다. 그러나 빗방울의 위와 아래 표면에 입사하는 빛의 모형은 어떤 일이 발생하고 있는지 볼 수 있도록 도와준다. 그림(B)는 쌍무지개가 어떻게 형성되는지를 설명하는 모형이다.

크기가 대단히 작은 원자와 분자에 대한 모형은 우리가 볼 수 없는 세계를 이해할 수 있도록 도와준다. 또한 작고 튀겨지는 공은 찰스의 법칙의 관계를 설명하는 모형으로 사용될 수 있다. 이 모형은 온도, 부피, 그리고 기체 변화의 압력과 같은 보이지 않는 입자들에게 어떤 일이 생기는 지를 볼 수 있도록 도와준다. 어떤 모형들은 다른 것들보다 좋고 자연에 관한 우리의 이해에 따라 지속적으로 변한다. 예를 들어 20세기 초반 원자의 모형들은 태양 역할을 하는 핵의 주변을 도는 행성 역할의 전자를 가진 "행성의 모형"에 기초하였다. 오늘날, 모형은 원자 본질에 관한 이해가 변함에 따라 달라졌다. 전자는 핵에서 부터 특정 거리에서만 정상파를 만들 수 있는 특정 파장의 진동으로 그려지고 있다. 즉, 원자의 모형은 전자를 고체의 입자로 표현했던 것에서 지금은 줄 위에서의 진동으로 표현한다.

가장 최근에 발전된 과학적 이론은 1970년대 동안 수정되고 확장되었다. 이 이론은 지구의 표면에 대해 다루고 있고 지구가 어떤 모습인지에 대한 우리의 생각을 바꾸었다. 그러나 처음에는 오늘날 수용되는 이론의 기본적 생각은 순수하고 단순한 추측이었다. 추측이란 용어는 짐작에 근거한 설명이나 생각, 혹은 실질적인 증거가 결여된 사소한 근거에 기초한 것을 의미한다. 예를 들어, 과학자들은 아프리카와 남아메리카의 지도를 바라보고 어떻게 두 대륙이 그림의 조각에서 떨어져나간 퍼즐처럼 보이는지 숙고할 것이다. 대륙들의 움직임에 대한 모든 이야기는 어떠한 수용할 수 있는 실질적인 증거에 기반하고 있지 않기 때문에 추측일 뿐이다.

대륙의 이동에 관한 초기의 사색 후 많은 시간이 지나고, 심해 굴착기로 채집한 해양층이 아프리카와 남미 대륙을 향해 점차적으로 오래 되었다는 증거들을 수집하였다. 이는 두 대륙이 분리되었다는 사실을 설명하는 "해저 확장설(seafloor spreading)"을 성립시키는 좋은 증거가 되었다.

만약 가설이 많은 실험의 검증을 거쳐서 성립하면 새로운 실험이 고안되는데 여기서 새로운 가설이 실험된다. 그럼 당신은 이제 일하고 있는 이론을 만든 것이다. **이론(theory)**

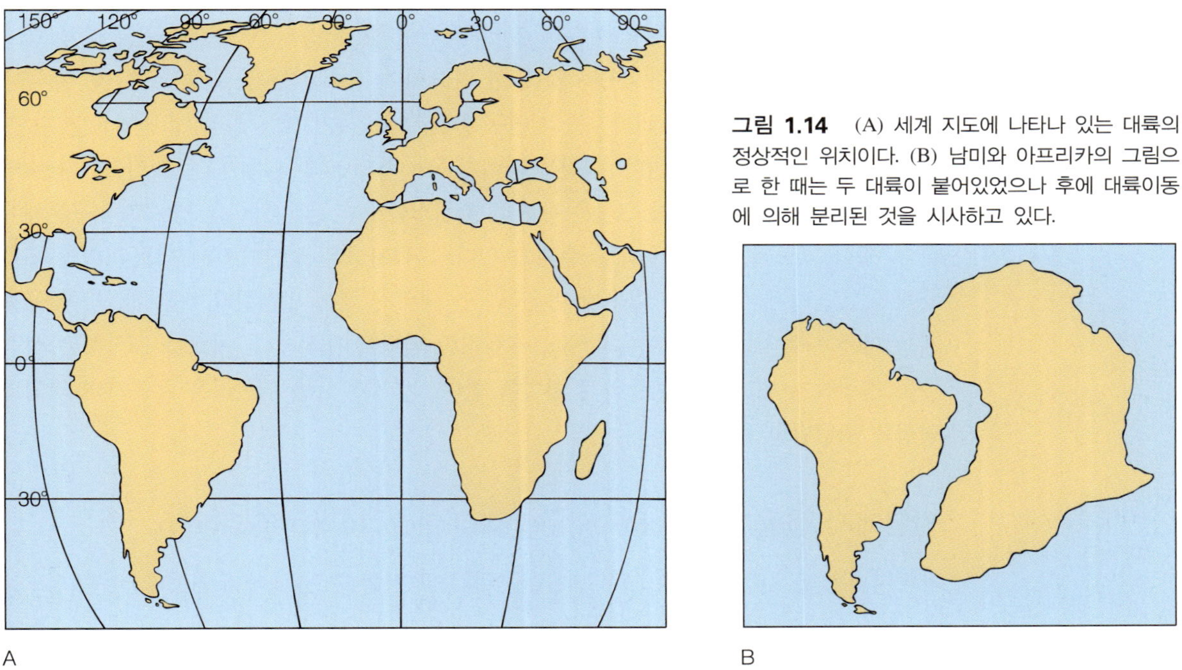

그림 1.14 (A) 세계 지도에 나타나 있는 대륙의 정상적인 위치이다. (B) 남미와 아프리카의 그림으로 한 때는 두 대륙이 붙어있었으나 후에 대륙이동에 의해 분리된 것을 시사하고 있다.

은 광범위한 실험적 증거에 근거한 폭 넓고 유용한 가설로 정의된다. 과학적 이론은 왜 어떠한 일이 발생하는지를 알려주는 잘 검증된 가설이다. 예를 들어, "해양확장설"은 필수적인 실험적 검증을 거쳤고 다른 이론들처럼 오늘날 판 구조론의 한 부분을 이룬다. 판 구조론은 얼마나 많은 대륙들이 그림 퍼즐의 조각처럼 갈라졌는지를 설명한다. 이것은 한때 추측되었던 것과 같은 생각인가? 부분적으론 그러하며 지금은 실험적 증거에 의해 설명된다.

과학적 이론이라는 용어는 오랜 기간 동안의 상세한 검증을 거친 역사성을 갖는다. 예를 들어, 원자 이론은 1800년대 후반에 발전되었으며 지난 세기에 걸쳐 폭넓은 조사와 실험의 대상이었다. 원자 이론과 다른 과학적 이론들은 오늘날의 과학적 사고와 실험의 틀을 형성하고 있다. 과학적 이론은 자연의 행동에 관한 새로운 생각들로 향하고, 이러한 생각들은 더 많은 실험, 자료 그리고 설명들을 남겼다. 이러한 결과물들은 현존하는 이론을 약간, 대폭적 혹은 완전히 수정할 수 있는 모든 경우로 이어질 수 있다. 이러한 활동들은 자연을 이해하려는 사람들의 호기심을 충족시키기 위한 멈출 수 없는 도전이다.

1.8 과학, 비과학 그리고 사이비과학 (Science, Nonscience, and Pseudoscience)

과학의 본질에 대한 논의에서 알 수 있듯이, 과학적 접근은 특정한 사고 방법을 요구한다. 강경하게 주장되는 의견을 수용하는 것보다 많은 연구로 충분히 증거를 제시해야 한다는 주장이 있다. 과학자들은 사실의 진술과 주장을 구분해야만 한다. 과학자는 건전한 회의론자이다.

구체적인 것에 주의를 기울이는 것 또한 중요하다. 과학자들은 그들이 발견한 것들을 발표하고 그들의 동료들은 과학자들의 연구결과를 검토하기 때문에, 쉽게 받아드릴 수 있고 사려 깊은 결과들을 원한다. 이것은 과학자들이 사려 깊지 않게 의견을 진술한다는 의미가 아니다. 만약 그렇다면 그들은 대단히 조심스럽게 의견과 사실을 명백하게 구분해야 한다. 또한 고도의 정직성에 대한 윤리가 있다. 과학자들은 성인이 아니지만 과학이 동료들에게 개방되어 실행되기 때문에 비윤리적인 행위가 적게 발생한다. 게다가, 과학 공동체는 다른 사람의 생각을 도용하거나, 부정직한 과학을 행하거나, 자료를 조작하는 사람들을 강력하게 비난하며 엄중하게 처벌을 한다. 이러한 모든 위반들은 누군가의 직업과 명성을 박탈당할 수 있다.

실험에서 응용까지(from experimentation to application)

과학적 방법은 자연 세계의 여러 면들을 이해하고 다룰 수 있도록 도와준다. 어떤 정보들은 우리 세계에 있는 사물들의 구조와 기능을 이해하는데 매우 중요하지만 언뜻 보기에는 큰 실용적인 가치를 지닌 것 같지 않았다. 예를 들어, 별의 생명 주기를 이해하는 것은 어떻게 우주가 변하는지의 질문에 답을 구하려하는 사람에게는 중요할 것이지만 일반 시민들에게는 큰 실용적 가치를 지니고 있지 않은 것처럼 보일 것이다. 그러나 우리의 지식이 증가함에 따라, 첫 발견과 실용적 응용 사이의 시간은 상당히 감소하였다.

예를 들어, 유전 공학자라고 알려진 과학자들은 작은 생물체(미생물체)들의 화학적 부호방식을 변경하여 항생제, 호르몬, 그리고 효소와 같은 많은 새로운 약들을 생산해낼 수 있었다. 이러한 복잡한 화학물질들의 생산은 미생물학, 분자생물학 그리고 유전학의 기본적이며 이론적인 과학에서 얻어진 정보가 아니면 불가능했다. 어떻게 생물체들이 유전적으로 단백질이 제조되는 것을 통제할 수 있는지에 대한 이해가 대규모의 효소 생산을 이끌어냈다. 이러한 화학물질 중 어떤 것들은 옷에 묻은 얼룩을 지울 수 있고, 악취를 없앨 수 있고, 렌즈를 깨끗이 할 수 있고, 화상을 입은 환자들의 손상된 피부를 제거할 수 있고, 청바지의 물빠짐을 줄일 수 있다.

과학과 비과학(science and nonscience)

과학과 비과학의 차이점은 여러 가정과 정보의 수집과 구성 방법, 그리고 가장 중요한 가정의 검증에 있다. 과학자와 비과학자의 차이점은 과학자들은 계속적으로 원인과 결과 관계를 규명하기 위해 지속적으로 원리와 가정에 도전하고 검증하는 반면, 비과학자들은 이런 과정은 중요하다고 느끼지 않을 것이다.

과학의 본질을 이해하게 되면, 천문학, 화학, 물리학 그리고 생물학을 과학으로 인지하는데 어려움을 겪지 않을 것이다. 그러나 경제학, 사회학, 인류학, 역사학, 철학, 그리고 문학은 어떤가? 이런 모든 분야들은 철학적 방법에서 도출된 어떤 중심적인 생각들을 활용할 수 있겠지만 어떤 부분에서는 비과학적이다. 과학적 방법으로 접근할 수 없는 것도 있다. 예술, 문학, 신학 그리고 철학은 과학이라고 거의 생각되지 않는다. 이것들은 사실과 증명할 수 있는 법칙보다는 아름다움, 인간의 감정, 그리고 추측에 근거한 생각과 더 관련이 있다. 반면, 물리학, 화학, 지질학 그리고 생물학은 항상 과학으로 여겨진다.

음악은 과학적 접근이 어느 정도의 범위 내에서 시도될 수 있는 중간 지점에 있는 분야이다. "좋은" 음악은 확실히 과학과 관련이 없지만 어떻게 인간의 후두가 노래 소리를 내는지에 대한 연구는 과학적 원리에 기초해 있다. 음악을 진지하게 공부하는 모든 학생들은 소리의 물리학을 공부하고 음파를 생산하기 위해 어떻게 성대가 진동하는 지를 공부할 것이다.

유사하게, 경제학자들은 수학적인 모형과 정립된 경제 법칙들을 미래 경제적 상황들에 대해 예측하기 위해서 사용한다. 그러나 예측되지 않은 경제적 변화의 일반적인 발생은 경제학이 과학과 거리가 있다는 것으로 지적되는데 예측은 과학의 가장 중추적인 것이기 때문이다. 인류학과 사회학도 또한 많은 측면에서 본질적으로 과학적이지만, 많은 부분들이 반복된 실험으로 검증될 수 없기 때문에 진정한 과학으로 여겨질 수 없다.

사이비과학(pseudoscience)

사이비과학(pseudoscience)은 과학의 겉모습이나 언어를 사용하여 과학적 타당성이 없는 것을 있는 것처럼 생각하도록 확신시키고, 혼동시키고 오도시키는 기만적인 관습이다. 사이비과학 주장을 자세히 검토하다보면, 공정한 검증이 뒷받침하고 있다는 것을 발견할 수 없을 것이다. 예를 들어, 영양학이 높이 평가받는 과학분야라 하더라도, 많은 개인과 단체들은 도움이 되지 않는 영양상품들과 영양식품들을 원한다. 영양에 대한 연구로 우리는 우리가 먹는 음식으로부터 아미노산, 비타민 그리고 미네랄과 같은 특정한 영양분들을 얻어야 하고 그렇지 않을 경우 병에 걸린다는 것을 알고 있다. 많은 과학적 실험은 이 정보의 타당성을 확실하게 보여주고 있다. 그러나 대부분의 경우에, 격렬하게 촉진된 영양 보충제는 실용적이거나 광고된 것처럼 바람직하다는 것은 증명되지 않았다. 그보다 선별된 과학적 정보(아미노산, 비타민, 그리고 미네랄이 건강에 필수적이다)는 이런 영양 보충제가 추가적으로 필요하다거나 보충제가 건강을 향상시킬 것이라는 기분을 만든다. 사실상 다양한 식사를 하는 평범한 사람은 적절한 양의 모든 영양분들을 얻을 것이며 영양 보충제는 필요 없을 것이다.

또 다른 관련 있는 예는 제품을 유기농 혹은 자연적인 것으로 표시하는 경우이다. 판매자들은 유기농이나 자연적인 제품들이 유기농으로 재배되거나 (살충제나 합성 비료 없이 재배되었다) 자연으로부터 왔기 때문에 더 큰 영양적 효과를 지니고 있다고 한다. 음식에 있는 소량의 살충제가 건강에 미치는 영향에 관해 의문이 있다 해도, 자연적인 혹은 유기농의 제품들의 음식이 다른 음식에 비해 어떠한 좋은 효과가 있다는 것을 보여준 과학적 연구는 없었다. 큐라레, 스트리크닌, 그리고 니코틴은 자연에서 유기적으로 재배된 식물에서 얻은 분자들이다. 그러나 우리는 그것들을 우리 음식에 포함시키고 싶지 않다.

Science and Society

약초학, 법률의 제정 그리고 사이비과학

1994년의 식이 보충제 건강과 교육 조항은 FDA에 의해 한방약을 규정에서 제외했다. FDA를 개정했던 법은 "식이보충제"를 매우 적은 규범의 개별적인 규제범주로 정의했다. 식이보충제 건강과 교육 조항의 처리에 따르면

- 제조업자들은 신상품이 아닌 경우엔 FDA로부터 상품을 만들고 분배하기 위한 허가를 받을 필요가 없다. "신제품"에 대한 정의는 의미가 없다. 한방약이 오랫동안 사용되어졌기 때문에, 제조업자들은 그들이 시장에 내놓은 상품들의 대부분이 전에 어디선가 사용되었고 새 상품이 아니라는 것을 보여줄 수 있다.
- 제조업자들은 상품의 안전성을 결정하는데 책임이 있다. FDA는 상품이 불안전할 때만 효력이 있다.
- 제조업자들은 제공하는 크기나 수량을 결정한다.
- 제조업자들은 한방 상품이 실제 효력이 있는지 증명할 필요가 없다. 일반 국민들은 해로운 상품을 제외하고는 판매로부터 보호되지 않다.
- 제조업자들은 특정한 질병 상황들을 치료한다고 주장을 하진 않겠지만 "기분을 좋게 한다" "면역 체계를 향상시킨다" 혹은 "간 기능을 도와준다" 와 같은 애매한 주장을 할 수 있다.
- 제조업자가 상품이 신체의 구조나 기능에 어떻게 영향을 주는지 주장을 한다면, 다음을 명시해야 한다.

이 진술은 FDA에 의해 평가된 것이 아니다. 이 제품은 어떠한 질병을 진단하거나, 고치거나 예방하는데 사용되지 않는다.

박스그림 1.2 Saint-John 풀. 우울증 치료 효과가 주장됨

법률상의 변화에 의한 결과 중 하나는 과학적 진술이라는 구실로 한방약의 판매자에 의한 오보가 계속적으로 증가했다는 것이다－사이비과학. 이러한 오보의 한 예를 조사해 보자. 아래는 Saint-John 풀의 우울증 치료를 위한 사용을 지지하는 전형적인 정보 진술이다.

▶ 긍정적인 기분 균형에 도움을 준다.
▶ 몸의 상태 개선에 도움을 준다.
▶ 유럽과 미국에서 재배된다.
▶ 식물학적 종은 정교화된 TLC 기술에 의해 분명하게 확인된다.
▶ TLC 검증 방법은 인간의 지문처럼 진짜 약초들을 확인하는데 정확하고 믿을 만하다.
▶ 분말 약초는 최소량으로 가공처리되고, 건조되며 분쇄된다.
▶ 각 캡슐은 500 mg의 Saint-John 풀 약초를 함유하고 있다.

이 진술은 FDA에 의해 평가된 것이 아니다. 이 제품은 어떠한 질병을 진단하거나, 고치거나 예방하는데 사용되지 않는다.

어떻게 이 정보가 사이비과학의 예일까?

1. 첫 번째 두 진술은 정신건강에 관한 모호한 진술을 제공하고 있다. 이 진술들은 이것이 우울증을 치료하는데 사용된다고 제시되어 있진 않지만 연결이 대부분 과학자들이 만족하게끔 과학적으로 성립되지 않았기 때문이다. 제조업자들은 제품의 판매를 위해 유명한 문학과 인터넷에서 그리고 입소문으로 퍼져있는 과학적으로 입증되지 않은 진술에 의존한다.
2. 박층크로마토크래피(TLC)에 관한 두 진술은 정확성과 순수성을 강조한다. 사실, TLC는 식물을 확인하기에는 부족한 방법이다. 이는 간단히 식물에 나타나있는 재료만 보고만 있는 것이다. Saint-John 풀은 쉽게 비전문가에 의해서도 식별될 수 있기 때문에, 기술의 활용은 불필요하다.
3. 약초가 "최소량으로 가공되었다"는 진술은 캡슐화 과정에서 식물에서 잃게 되는 것은 없으며 높은 질의 통제와 순수성을 뜻하고 있다. 이 진술이 사실이라 해도, 수집된 식물 재료가 먼지, 곤충 그리고 다른 오염물질들을 함유할 가능성이 있다. 또한 개별의 식물들이 함유하고 있는 특정한 화학물의 양이 다를 수도 있다.

논제

1. 한방약을 선택하고 약초에 관한 주장들을 조사해보자. 실험적으로 이런 주장들을 검증하는 방법을 고안해보자. 팀과 함께 수용할 수 있는 혹은 수용할 수 없는 증거가 무엇이 있는지 결정해보자.
2. 왜 사람들이 실험적으로 검증된 주장을 무시하는 경향이 있는지 얘기해보자.
3. 어떤 주장을 강하게 믿으면, 이것이 현실화 된다는 "플라시보 효과"의 가능성에 대해 이야기해 보자.

약초와 그 효능

식물명	식물의 학명	효능
Saint-John's-wort	*Hypericum perforatum*	마음을 안정되게 다스려줌
Gingko	*Ginkgo biloba*	기억력 증가
Garlic	*Allium sativum*	면역력 증가 ; 동맥경화증 방지
Ginseng	*Panax quinquefolius* or *P.ginseng*	에너지 증가
Green tea	*Camellia sinensis*	암, 동맥경화증, 충치 예방
Echinacea(purple coneflower)	*Echinacea pupurea*	면역체계 향상
Black cohosh	*Cimicifuga racemosa* or *Actaea racemosa*	갱년기, 생리통 완화

명백히 사이비과학인 터무니없는 주장들이 언론의 선전 때문에 가끔 대중들의 인정을 받는다. 즉, 어떤 사람은 계속적으로 심령연구가 정말로 풀리지 않는 범죄들을 해결해 준다고 믿으며, 영원한 에너지 기계가 존재한다고 믿거나 수원이 앞이 갈라진 막대기로 발견될 수 있다고 믿는다. 이러한 주장들은 과학적 검증을 받으면 검증에 실패하지만 이런 과정들은 일반적으로 무시되고는 한다. 사이비과학처럼 보이는 이런 주장들을 실험적으로 검증하는 것뿐만 아니라, 사이비과학이라고 의심되는 경우 고려해야 할 몇 가지의 질문들이 있다.

1. 그 주장을 하는 사람의 배경과 과학적 경험은 어떠한가?
2. 동일 연구 분야의 사람이 평가하는 과학잡지에 얼마나 많은 연구논문을 발행했는가?
3. 그 사람이 대학과 국제 과학 전문 학술회의의 강연회에 초대를 받은 적이 있는가?
4. 그 주장이 같은 분야의 과학리뷰잡지에 발행되었으며 다른 과학자들이 독립적으로 그 주장의 타당성을 증명했는가?
5. 그 사람이 그 주장을 통하여 얻게 되는 이득이 있는가?

과학의 한계(limitation of science)

정의에 따르면, 과학은 문제를 해결하기 위해 생각하고 정보를 찾는 것이다. 그러므로 과학적 방법은 사실에 기반을 두고 있는 문제들에만 적용될 수 있다. 도덕, 가치판단, 사회적 문제 그리고 태도에 관한 질문들은 과학적 방법을 사용하여 답을 구할 수 없다. 어떤 것이 그림을 훌륭하게 하는가? 최고의 음악 종류는 무엇인가? 어떤 와인이 가장 좋은가? 어떤 색깔로 내 차에 색을 칠해야 하는가? 이런 질문들은 가치, 신념 그리고 기호와 관련이 있기 때문에 과학적 방법으로는 이것들에 대한 답을 찾을 수 없다.

과학은 또한 자연 세계로부터 이해를 탐색하려는 사람들의 능력에 따라 제한된다. 정보가 부족하거나 잘못 해석되어 사람들은 실수할 수 있고 항상 옳은 결론만을 도출하지 않지만 과학은 자기 수정적이다. 새로운 정보가 모이면, 오래된 잘못된 사고는 변화되거나 사라진다. 예를 들어, 일찍이 사람들은 태양이 지구 주위를 회전한다고 확신하였다. 그들은 태양이 동쪽에서 뜨고 하늘을 가로질러 서쪽으로 가서 진다고 관찰하였다. 그들은 지구가 이동하고 있는 것을 느끼지 못했기 때문에, 태양이 지구 주위를 회전하는 것은 완벽한 논리처럼 보였다. 그들이 지구가 지구의 축에서 자전하는 것을 이해하자, 사람들은 태양이 뜨고 지는 것은 다른 방법으로 설명될 수 있다고 이해하기 시작했다. 태양과 지구의 관계에 관한 완전히 새로운 개념이 발전되었다.

오늘날 이런 종류의 연구는 오히려 원초적인 것처럼 보이지만, 태양과 지구에 관한 사고의 변화는 우주를 이해하게 된 가장 중요한 시작이었으며 여러 부분들이 서로에게 어떻게 관계하는 지를 이해하게 되었다. 이런 배경 정보는 많은 세대의 천문학자들과 우주과학자들에 의해 견고하게 구축되었으며 결국 우주탐험을 가능하게 하였다.

People Behind the Science

Florence Bascom (1862 – 1945)

미국의 지질학자인 Florence Bascom은 암석과 광물 연구에 있어서 전문가였고 펜실베니아에 있는 Bryn Mawr 대학에 지질학부를 설립하였다. 이 부서는 20세기 초의 가장 중요한 여성 지질학자의 훈련을 책임지고 있었다.

Bascom의 지질학분야에 대한 관심은 그녀의 아버지인 오하이오 주립대학의 지질학자 교수 Edward Orton과 함께 운전 여행을 하면서 유발되었다. 지질학자들에게 항상 새로운 곳을 가는 것은 흥미로운 시간이다. Bascom은 또한 새로운 변성학과 결정학의 전문가인 위스콘신과 존스 홉킨스 대학에서 일하는 선생님들에 의해 자극을 받았었다. Bacon의 박사학위 논문은 침전물로 여겼던 암석을 변성된 화산유암으로 증명했던 연구였다.

그녀는 박사학위를 연구하는 동안, Bascom은 인기 있는 선생님이 되었고 그녀의 열정과 근엄함을 학생들에게 전해 주었다. 그녀는 Hampton 기관에서 흑인과 아메리칸 인디언을 가르쳤고 1892년에서 1895년까지 오하이오 주립대학에서 지질학 강사와 부교수로 있기 전에 Rockford 대학에서도 강의했다. 지질학을 다른 과학의 종속 분야로 평가하던 Bryn Mawr대학으로 옮기고 상당수의 화석, 암석 그리고 광물을 수집하면서 이년동안 창고에서 학생들을 지도했다. Bryn Mawr에 재직하는 동안, 그녀는 전망 밝은 여성 세대에게 그녀의 지식을 전해주고 지도하는 것에 대해 큰 자부심을 가졌다. Bryn Mawr에서, 그녀는 급부상하여 영국대학의 부교수(1898), 미국대학의 부교수(1903), 정교수가 되었고(1906) 결국 1928년부터 그녀가 사망한 1945년까지 매사추세츠 노르담턴에서 명예교수로 재직했다.

Bascom은 1896년에 미국 지질학 조사에서 지질학자로 일한 첫 번째 여성이 되었으며 여름에는 펜실베니아, 메릴랜드 그리고 뉴저지에서 지형지도를 작성하며(mapping formations) 보내고 겨울에는 파편들을 분석하며 보냈다. 그녀의 결과는 미국지리학 협회에 단신뉴스로 발표되었다. 1924년에는 지리학 협회의 첫 번째 여성 회원이 되었으며 1930년에는 첫 번째 여성 부회장이 되었다. 그녀는 "American Geologist" (1896 – 1905)의 부편집장이었으며 "American Men and Woman of Science"(1906)의 초판에서 4성급을 성취했으며 이는 그녀의 분야에서 얼마나 높게 평가되는지를 나타내준다.

Bascom은 40편이 넘는 연구논문의 저자로 Appalachian Piedmont(미국대서양 연안과 애팔래치아 산맥 사이의 고원)의 결정암석에 관한 전문가였으며 산록지대 지형학에 관한 연구를 발표했다. Piedmont의 지질학자들은 그녀의 공헌을 여전히 가치 있게 생각하며 오늘날 지질학 분야의 여성들에게 여전히 영향력 있는 모델이다.

CONCEPTS APPLIED 사이비과학의 추종자들

직접적인 과학적 검증에 위배될 수도 있는 최근의 일부 주장들에 대해 조사해 보자. 상온핵융합, 인간복제, 물을 찾기 위해 앞이 갈라진 나무막대기를 갖고 있는 점쟁이, 경찰에 의해 고용된 심령술사들, 빅풋, 버뮤다 삼각지대, 그리고 당신이 조사하고 싶은 것들과 관련된 주장을 뒷받침하는 과학적 검증을 조사해야 한다.
출처 중 하나는 www. randi.org/jr/archive.html 이다.

사람들은 또한 과학이 우리 시대의 모든 문제들에 대해 답을 해줄 수 없다는 것을 이해해야 한다. 비록 과학은 강력한 도구이지만, 답할 수 없는 질문들과 해결될 수 없는 문제들이 많이 있다. 사람들의 행동과 욕망은 사회가 직면하고 있는 문제들 대부분을 만들어 낸다. 기근, 마약남용, 그리고 오염은 인간이 야기한 것이고 인간에 의해 해결되어야만 한다. 과학은 사회 개발자들, 정치인들 그리고 윤리적 사상가들에게 몇 가지의 방법을 제공해 줄 수 있지만, 과학은 인간의 모든 문제들에 대한 답을 가지고 있지도, 제공하려 시도하지도 않는다. 과학은 우리의 의지대로 이용할 수 있는 도구 중 하나일 뿐이다.

요약

과학은 우리 주위에서 일어나는 현상에서 질서를 찾는 것이다. 사람들은 물질적 대상과 그들의 주변에 있는 무형의 사건에 관해 개념이나 심상을 갖고 있다. 개념들은 사고와 의사소통을 위해 사용된다. 개념은 사물이나 사건을 설명하는 속성이나 특성에 근거하고 있다. 모든 특성은 특성을 기술하는 기준이 있다. 기준은 항상 간단명료하지는 않아서 대부분 의사소통은 가정을 필요로 한다.

측정은 표준 단위를 기술하기 위해 잘 정의되고 합의된 비교물을 사용하는 절차이다. 단위는 작동법으로 정의된 성질로 단위 가치를 세어 결정한다. 측정은 항상 숫자와 단위명으로 보고된다.

표준 단위의 두 개의 중요한 체계는 영국계와 미터계 이다. 영국식은 본래 사람 신체 부분에 기초하고 있는 표준 단위를 사용하고 미터식은 자연에서 발견되는 표준에 근거한 단위를 사용한다. 미터식은 또한 단위의 더 크거나 작은 양을 표현하기 위해 접두사를 사용한다. 길이, 질량 그리고 시간에 대한 미터식 표준 단위는 미터, 킬로그램, 그리고 초이다.

물체를 설명하는데 사용되는 측정 정보를 자료라고 한다. 자료에서 의미와 일반화를 나타내는 한 가지 방법은 비율을 사용하는 것으로 두 숫자 사이를 간단화 시킨다. 밀도는 질량 대 부피의 비율이다. 혹은 $\rho = m/V$ 이다.

기호는 수량 혹은 측정된 특성을 표현하는데 사용된다. 기호는 방정식에 사용되는 것으로, 이는 수량(수치와 단위 모두)이 등호 양 쪽 모두 동일한 관계임을 의미한다. 방정식은 (1) 특성을 설명하고 (2) 개념을 정의하고 혹은 (3) 어떻게 양이 함께 변하는지 설명하는데 사용된다.

시간에 따라 다른 값을 가지는 양을 변수라고 부른다. 같은 비율로 증가하거나 감소하는 변수를 정비례한다고 말한다. 한 변수가 증가할 때 다른 것이 같은 비율로 감소한다면, 그 변수는 반비례 관계에 있다.

비례를 방정식에 직접 사용하지 않아도 비례 상수로 방정식을 표현할 수 있다. 비례 상수는 단지 수적인 가치만 가지고 단위를 갖고 있지 않거나 혹은 가치와 단위 모두 가지고 있을 수 있다.

현대 과학은 갈릴레오와 뉴튼 시대인 약 삼백년 전에 시작되었다. 그 시대 이후로, 자연에 관해 실험적인 증거를 제공해 주는데 과학적 조사가 사용되어 왔다. 조사는 설명을 발전시키고 검증하는데 사용되는 정확하고 구체적이며 신뢰할 수 있는 자료를 제공해준다. 가설은 실험적 자료에 의해 수용되거나 혹은 거절되는 임시적인 설명이다. 수용된 가설은 과학 법칙과 중요한 현상과 관련된 설명을 이끌어 낼 것이다. 법칙은 가끔 과학자의 이름으로 정의되고 언어, 방정식 혹은 그래프로 표현될 수 있다.

모형은 직접적으로 관찰될 수 없는 대상의 이해를 돕고 이미 이해가 된 사물에 관하여 알려지지 않은 것을 설명하는데 사용된다. 물리적 모형, 심적 모형 그리고 방정식들은 모두 어떻게 자연이 행동하는지 설명하기 위한 모형의 예시이다. 이론은 연구 분야에서 실험의 발전과 해석을 이끌어 주는 광범위하고 상세한 설명이다.

과학과 비과학은 지식의 체계를 일원화하기 위해 고안된 법칙과 규칙에 의해서 구별된다. 과학은 새로운 사실을 수집하여 법칙과 원리의 끊임없는 검증을 포함한다. 만약 법칙이 검증될 수 없다면, 혹은 사용가능한 법칙이 없다면, 이는 과학이 아니다. 사이비과학은 과학이라는 모습으로 잘못된 방향으로 이끈다.

1.1 밀도 = 질량/부피 $(\rho = m/V)$

개념 적용 (추가적인 복수 답안과 전환 연습 문제는 인터넷 사이트 www.mhhe.com/tillery에 있다.)

1. 물체의 특성을 잘 정의되고 합의된 기준과 비교하는 과정을 무엇이라 하는가?
- a. 일반화
- b. 측정
- c. 그래프로 만들기
- d. 과학 조사

2. 보통 사람의 키와 가장 가까운 것은?
- a. 1.0m
- b. 1.5m
- c. 2.5m
- d. 3.5m

3. 다음의 표준 단위 중에서 행위와는 관련없고 사물의 관점에서만 정의되는 것은?
- a. 킬로그램
- b. 미터
- c. 초
- d. 해당 사항 없음

4. 물 1/2 리터의 질량은?

a. 0.5 g
b. 5 g
c. 50 g
d. 500 g

5. 세제곱센티미터(cm^3)의 물의 질량은?
a. mL
b. kg
c. g
d. dm

6. 어떤 것을 설명하는데 사용되는 측정 정보는 무엇인가?
a. 기준
b. 특성
c. 자료
d. 과학 조사

7. 부피의 특성은 무엇인가?
a. 물체가 얼마나 많은 질량을 갖고 있는가?
b. 물체가 얼마나 많은 공간을 차지하고 있는가?
c. 특정한 크기에 있는 물질의 빽빽함
d. 바깥 표면에 있는 면적

8. 상자의 부피가 커질수록, 표면적 대 부피 비율은 어떻게 되는가?
a. 증가한다.
b 감소한다.
c. 동일하다.
d. 가끔 증가하거나 감소한다.

9. 균일한 물질의 매우 작은 부분을 고려했을 때, 작은 부분의 밀도는?
a. 더 작을 것이다.
b. 조금 작을 것이다.
c. 같을 것이다.
d. 더 클 것이다.

10. 과학적 법칙은 무엇으로 표현될 수 있는가?
a. 글로 표현된 개념
b. 방정식
c. 그래프
d. 모두 정답이다.

답 : 1.b 2.b 3.a 4.d 5.c 6.c 7.b 8.b 9.c 10.d

생각을 위한 질문

1. 개념은 무엇인가?
2. 측정의 두 가지 구성요소는 무엇인가? 각 구성요소는 당신에게 무엇을 말해 주는가?
3. 영국계 측정체계의 이점은 무엇인가?
4. 길이, 질량 그리고 시간에 대한 미터법 표준 단위를 정의해 보자.
5. 액체의 밀도가 용기의 모양에 따라 달라지는가?
6. 납작한 팬케익 반죽과 둥그렇게 만들어진 반죽의 밀도는 같은가? 설명해보자.
7. 과학적 가설과 과학적 법칙을 비교해 보고 대조해보자.
8. 모형은 무엇인가? 어떻게 모형들이 사용되는가?
9. 모든 이론들은 항상 완전하게 허용되거나 혹은 완전히 거절되는가? 설명해보자.
10. 사이비과학이 무엇이며 어떻게 알아볼 수 있는가?

심층 분석

1. 당신이 느끼기에 사이비과학을 표현하는 것 같은 진술을 골라보자. 각각 다른 입장을 지지하는 사실에 주의하며 당신의 선택을 지지하고 반박하는 글을 써 보자.
2. 과학은 오염과 같이 인간이 초래한 문제들을 해결할 수 없다는 진술을 평가해보자. 오염이 인간에 의해 초래되었으니 인간에 의해서만 해결될 수 있다는 진술은 어떤 의미인가? 당신의 의견에 대한 증거를 제공해보자.
3. 부피가 더욱 커질 때 물질의 밀도는 어떻게 되는지 실험적으로 평가해보자.
4. 만약 당신의 임금이 근무시간의 제곱에 비례한다면, 근무시간이 2배가 될 때 임금은 어떻게 되는가?
5. Merriam-Webster 대학생용 사전 11판은 부분적으로 과학을 "일반적인 사실 혹은 특히 과학적 방법에 의해 얻어지고 검증된 일반적 법칙이 작용된 지식이나 지식체계" 로 정의하고 있다. 당신은 과학을 어떻게 정의하는가?
6. 과학적 방법이 상식적인 추론방법과 어떻게 다른가?
7. 미국은 세계에서 미터법을 이용하고 있지 않은 유일한 국가이다. 이런 이해를 참고하여, 미터법을 도입하는데 이익과 불이익이 무엇이 있는지 리스트를 작성해보자.

탐구 초대

종이 헬리콥터

종이 헬리콥터를 설계하고 비행기에 작용하는 다양한 변수들의 효과를 연구해보자. 당신이 시험해볼 크기를 정한 후에, 그림 1.15A의 일정한 형태를 복사하자. 실선은 잘라내고 점선은 접는다는 것을 주의하자. 실선 세 곳을 가위로 자르고 A를 당신이 있는 방향으로 접고 B는 날개를 만들기 위해 당신 반대방향으로 접자. 그리고 C와 D를 포개지게 한쪽으로 접어서 몸통을 만들자. 마지막으로, 밑 부분을 점선까지 접어올리고 클립으로 고정시킨다. 완성된 제품은 그림 1.15B처럼 헬리콥터로 보일 것이다. 의자나 계단위에서서 헬리콥터를 떨어뜨려서 예비 비행을 시도해 보자.

변수들이 총 비행시간에 어떻게 영향을 주는지 찾아내기 위해 어떤 변수를 연구할 지를 결정한다. 한 개의 변수만 변화시키고 다른 것들은 어떻게 일정하게 유지시킬 지를 고려해보자. 당신은 A와 B날개에 있는 면적으로 새로운 헬리콥터를 만들어서 날개를 바꿀 수도 있다. 더 많은 클립을 추가하여 무게를 변화시킬 수도 있다. 공중에서 가장 오래 지속할 수 있는 헬리콥터를 누가 설계할 수 있는지를 찾아내기 위해 다른 변수들을 연구해 보자. 누가 설계한 헬리콥터가 과녁을 맞히는데 가장 정확한가?

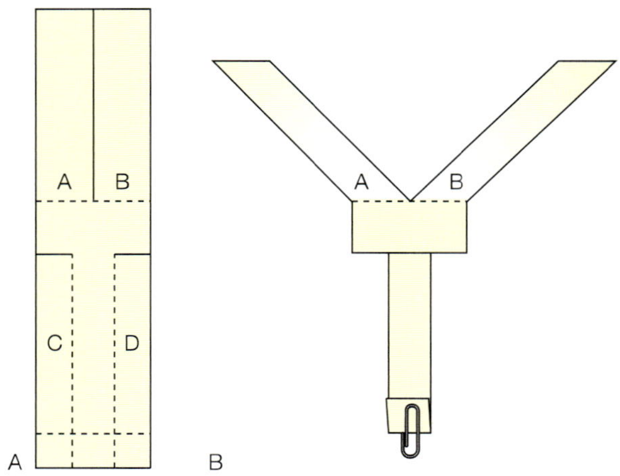

그림 1.15 종이 헬리콥터

유사 연습문제

그룹 A

1. 당신의 키는 미터로 얼마인가? 센티미터로는?
2. 만약 수은 20.0 cm^3가 272 g의 질량을 갖고 있다면 수은의 질량 밀도는 얼마인가?
3. 부피 10.0 cm^3의 납 상자의 질량은 얼마인가?
4. 질량 밀도 3.00 g/cm^3와 질량 600 g을 가진 바위의 부피는 얼마인가?
5. 표 1.3에 제시된 물질들 중 하나가 50.0 cm^3의 부피일 때 질량이 34.0 g이라면, 이것은 어떤 것인가?
6. 40 L 어항에 있는 물의 질량은 얼마인가?
7. 알루미늄 캔 2.1 kg 더미가 녹은 다음 딱딱한 정육면체로 굳혀졌다. 정육면체의 부피는 얼마인가?
8. 정육면체 물탱크에 물이 1000 kg 담겨 있다. 미터로 상자의 한 면의 길이는 얼마인가?
9. 밀도가 0.2 g/cm^3인 빵 한 덩어리(3000 cm^3의 부피)가 장바구니 밑바닥에 뭉개져서 1,500 cm^3의 부피가 되었다. 부서진 빵의 밀도는 얼마인가?
10. 표 1.3에 의하면, 1.00 cm^3의 납과 실험 저울에서 평형을 이루려면 철의 부피는 얼마나 되어야 하는가?

그룹 B

1. 당신의 질량은 킬로그램으로 얼마인가? 그램으로는?
2. 만약 부피 5.0 cm^3인 철의 질량이 39.5g이면 철의 밀도는 얼마인가?
3. 부피 10.0 cm^3인 구리의 질량은 얼마인가?
4. 만약 얼음의 밀도가 0.92 g/cm^3이면, 5000 g의 얼음의 부피는 얼마인가?
5. 표 1.3에 제시된 물질들 중 하나가 50.0 cm^3의 부피일 때 질량이 51.5 g이라면, 이것은 어떤 것인가?
6. 94.6 L 탱크에 있는 휘발유($\rho = 0.680\ g/cm^3$)의 질량은?
7. 녹여졌다가 정육면체로 굳혀진 2.00 kg 캔 더미인 철의 부피는 얼마인가?
8. 정육면체의 탱크는 1000 kg의 물을 담을 수 있다. 미터로 탱크의 길이는 얼마인가?
9. 밀도가 0.15 g/cm^3인 핫도그 번(부피 240 cm^3)이 피크닉 냉장박스에 의해 부서져서 부피가 195 cm^3가 되었다. 새로운 번의 밀도는 얼마인가?
10. 표 1.3에 의하면, 1.00 cm^3의 납과 실험 저울에서 평형을 이루려면 철의 부피는 얼마나 되어야 하는가?

2
운동

데워진 공기로 채워진 풍선의 질량과 풍선에 작용하는 힘에 관한 정보를 통해서 풍선이 부상할지 혹은 하강할지 혹은 강을 가로질러 표류할지 등을 예측할 수 있다. 본 장에서는 힘과 질량과 운동의 변화에 대한 관계성을 취급한다.

제1장에서 우리 주변에서 일어나는 현상들의 질서를 찾아내는 원칙과 기법에 대해 배웠다. 질서는 때때로 도안된 형태로 혹은 물리적 양들의 관계를 기술하는 방정식으로 구해진다. 방정식은 (1) 물리적 특성의 기술 (2) 개념의 정의와 (3) 물리적 양들이 어떻게 변하는지를 기술하는데 사용된다. 이들 3가지 요소는, 운동의 형태를 정량화하고 개념화하여 자연에서 발생하는 현상들을 이해하는데 응용된다.

과학의 연구에서는, 편의상 자연의 일정 부분들을 고려하고 연구한다. 명백한 것 중 하나가 운동(movement)이다. 우리 주변에 있는 대부분의 물체들은 매우 오랜 시간동안 운동하지 않고 조용히 머물러 있다. 건물, 바위, 전신주와 나무들은 한 장소에서 다른 장소로 거의 이동하지 않는다. 자주 움직이는 물체들일지라도 매우 많은 시간동안 제자리에 머물러 있다. 여기에는 여러분과 자동차, 자전거가 포함된다. 반면에, 태양, 달과 별이 총총한 하늘은 결코 정지하지 않고 움직이는 것처럼 보인다. 왜 물체들은 제자리에 그대로 있는가? 왜 물체들은 운동을 하는가?

운동에 관한 의문은 수천 년 동안 사람들의 관심의 대상이었다. 그러나 고대인들은 신비주의나 물체와 함께 거주했던 영혼에 대한 이야기를 통해서 운동에 대한 답을 찾으려 했다. 이런 현

그림 2.1 스노우보드 등 이동하는 물체들의 운동은 어떤 시간동안 이동한 거리를 통해서 기술할 수 있다.

상은 신비주의를 극복하고 자연을 관찰하기 시작했던 고대 그리스 문명시기 (B.C. 600 – B.C. 300) 동안 지속되었다. 그리스의 위대한 철학자인 아리스토텔레스는 우주에 관한 이론을 발표했다. 그의 이론은 물체의 운동에 대한 설명뿐만 아니라 "아름다움, 질서와 완성"에 대한 것도 제공하고 있다. 그의 이론은 사람들이 가졌던 생각들에 잘 적용되는 것처럼 보였고 그래서 2000년 가까이 옳은 이론으로 평가되었다. 그러나 1600년대에 갈릴레오와 뉴튼은 운동에 대한 새롭고 정확한 사고를 전개했으며, 그들의 사고는 대단히 놀랍고 매력적이었다. 본 장에서 우리는 운동을 기술하는 방법과 운동의 특성들을 사용하는 방법들을 배우게 된다. 이는 운동에 대한 기본적인 이해를 제공하고, 천문학, 지구과학과 생체의 이동 등에서의 중요한 사실을 이해하는 데 있어서 매우 유용하게 사용된다.

핵심개념 물체의 운동상태가 변화하기 위해서는 물체에 알짜 힘(net force)이 반드시 작용해야 한다.

2.1 운동의 설명 (Describing Motion)

운동은 우리 주변에서 일어나는 평범한 사건들 중의 하나이다. 구름의 이동, 떨어지는 비와 눈 그리고 유수와 같이 자연에서 지속적으로 발생하는 운동을 볼 수 있다. 또한, 걷고 이야기하거나 다양한 기구들을 운전하는 사람들의 활동에서도 운동을 볼 수 있다. 모든 사람들이 운동의 개념을 직관적으로 이해할 수 있을 거라고 여기듯 운동은 매우 일반적이다. 그러나 사람들이 운동을 올바르게 이해하기 시작한 것은 불과 300년 전부터이다. 올바른 개념은 포착되기 어렵고 상식과는 정반대일 수 있는데, 복잡한 상황들이 아니라면 개념은 간단하고 명료해야 한다. 취합한 다수의 측정 자료들로부터 질서를 찾고 발생한 현상들을 묘사하는 개념들을 고안해내는 과정을 소위 과학이라 한다. 이제 이런 과정을 운동에 적용할 것이다.

운동이란 무엇인가? 어느 날 아침에 잔디밭 중앙에 있는 공을 보았는데, 오후에는 잔디밭 펜스 모서리에 공이 있다면, 우리는 바람 혹은 누군가 공을 이동했다고 생각하게 된다. 그러나 순풍이 공에 불었는지 혹은 수차례의 돌풍에 의해 공이 이동했는지 또는 어린 아이들이 공을 운동장에서 차고 놀았는지 알 수는 없다. 우리가 확신할 수 있는 것은, 시간이 경과한 후에 공이 다른 위치에 있기 때문에, 공이 이동했다는 것이다. 여기서 운동은 (1) 위치 변화와 (2) 시간 경과라는 두 가지 중요한 측면을 갖는다.

만약 바람으로 인해 잔디 위를 구르고 있는 공을 보게 되면 둘 이상의 지점에서 관찰되는데, 공이 연속적으로 운동하는 것을 볼 수 있다. 연속적인 운동 상태란, 미소시간 동안에 공이 개별적인 지점에 있는 일련의 운동으로 생각할 수 있다. 운동이 발생하면 경과된 시간 동안 위치의 변화가 일어난다. 운동은 위치가 변하는 과정이다.

물체의 운동은 움직이지 않는다고 생각되는 것들과 비교되어 기술된다. 친구와 자동차를 타고 여행하는 경우를 상상해보자. 자동차 밖의 지면을 보면 우리가 있는 장소가 매순간 바뀌기 때문에 우리는 운동하고 있다는 것을 알게 된다. 그러나 동승한 친구의 위치는 변하지 않았다는 사실도 알 수 있다. 우리는 자동차 밖의 지면에 대해 상대적인 운동을 하고 있지만 동승한 친구에 대해서는 운동하지 않고 있다. 운동이란 어떤 기준 물체 혹은 기준 장소에 대해 상대적으로 위치가 변화하는 과정이다. 따라서 운동은 경과된 시간동안에 기준 물체에 대해 상대적으로 위치가 변화하는 과정으로 정의할 수 있다.

2.2 운동의 측정(Measuring Motion)

물체는 질량과 길이 등과 같은 기본적인 특성을 측정함으로써 기술된다는 것을 배웠다. 운동은 (1) 위치 변화와 (2) 시간 경과를 포함하기 때문에, 물체의 운동은 길이와 시간의 조합을 통해서 기술될 수 있다. 이들 측정량들의 조합으로 운동의 3가지 특성인 속력, 속도 그리고 가속도를 기술한다.

속력(speed)

당신이 직선도로 위를 달리고 있는 차를 타고 있다고 가정했을 때, 당신의 운동을 어떻게 기술할 수 있을까? 우리는 최소한 두 가지 양의 측정이 필요하다; (1) 당신이 여행한 이동 거리와 (2) 이동거리 동안 경과된 시간이다. 거리와 시간은 비율로 표시될 수 있는데, 이 비율이 **속력**이라고 하는 운동의 한 특성으로, 당신이 얼마나 빨리 움직이는지를 나타낸다. 속력은 단위 시간동안 이동거리로 나타낸다. 즉;

$$속력 = \frac{거리}{시간}$$

속력의 단위로는 일반적으로 km/h 또는 m/s 등을 사용한다.

CONCEPTS APPLIED 속력의 형태

걷는 형태들이 얼마나 다양한 지를 관측하려면 교정에서 학생들의 보행을 보면 식별할 수 있다. 각각의 형태를 묘사 가능한 단어나 문장으로 식별해두자.

어떤 특별한 보행형태와 보행속력 사이에는 어떤 관계성이 있는가? 이동거리를 측정해서, 예를 들어 두 나무사이의 거리, 소요시간을 측정하라. 10명의 평균 보행속력으로부터 각각의 보행형태에 따른 평균속력을 구하라.

각 사람들의 보행형태와 평균속력 사이의 관계성에 대해 보고서를 작성하라. 보고서에는 자료의 측정과 수집 그리고 결론에 도달할 때 겪은 어려움들도 기록하라.

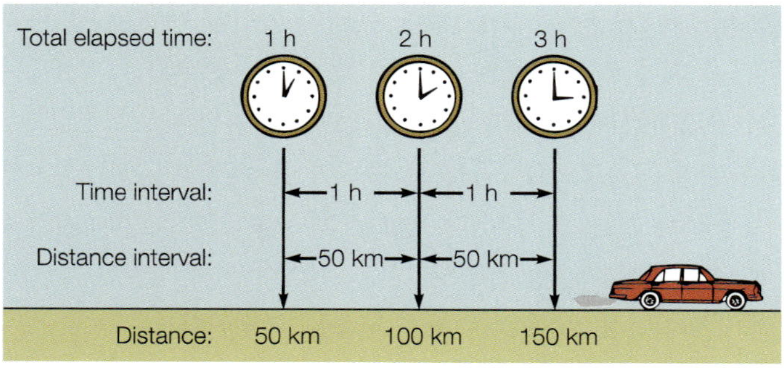

그림 2.2 거리, 시간과 속력의 세 변수 중에 두 변수의 값을 알게 되면 나머지 변수의 값을 구할 수 있다. 자동차의 평균속력은 얼마인가?

CONCEPTS APPLIED 유수의 속력은?

유수의 속력을 당신은 어떻게 측정할 수 있는가? 표류하는 나뭇잎이 측정 거리를 이동할 때 걸린 시간을 측정하는 것이 도움이 될까?

유수의 속력과 최근의 강우량 사이에는 어떤 관계성이 있는지 예측해 보겠는가? 직접적인 관계성이 있다고 예측하는가? 유수의 속력을 측정해서 최근의 강우량과 비교해보라.

고가도로 위를 달리고 있는 자동차로 다시 돌아가서, 당신은 같은 시간 구간에서 같은 거리를 이동하도록 운전하고 있다고 상상해보자(그림 2.2). 고가도로의 마일 표시선 사이의 일정 거리를 이동할 때 소요된 시간을 스톱워치를 가지고 측정하면 모두 같을 것이다. 이와 같이 동일한 시간 동안에 동일한 거리를 이동하는 일정한 직선운동은 운동의 가장 단순한 예다.

자동차가 동일한 시간 동안에 동일한 거리를 이동했다면 속력은 일정할 것이다. 다시 말해서 당신은 자동차의 속력을 높이지도 낮추지도 않았다. 하지만 대부분의 경우 속력을 일정하게 유지하기는 어렵다. 주위의 차들이나 또는 흥미로운 광경으로 인해 주위가 산만해지면 속력을 감소하게 되고, 다른 경우에는 속력을 증가시킨다. 전체 여행에 대해 속력을 계산하려면 두 장소간의 거리와 전체 경과시간을 고려하는데, 속력의 증가와 감소는 평균화되었을 것이다. 그러므로 속력의 계산은 대개의 경우 평균속력을 구하게 된다. 어느 특별한 순간의 속력을 순간속력이라고 한다. 순간속력을 계산하는 경우에는 영(zero)에 근접하는 매우 짧은 시간 구간을 고려할 필요가 있기 때문에 순간의 속력을 나타내는 속력 측정기를 사용하는 것이 용이한 방법일 수 있다.

단어를 쓰는 대신에 기호를 사용하면 양들 간의 관계를 보다 쉽게 이해할 수 있다. 기호 v는 직선운동을 다루는 경우 속력을 표기하는데 사용된다. $\bar{v}$는 평균속력을 나타내는 기호이다. 문자 d는 거리를 그리고 문자 t는 시간을 나타내는 기호로 각각 사용할 수 있다. 따라서 평균속력, 거리와 시간의 관계는 다음과 같다;

$$\bar{v} = \frac{d}{t} \tag{2.1}$$

이 식은 이미 언급한 세 형태의 방정식 중 하나로 운동의 특성을 정의한다.

일정속력, 순간속력 또는 평균속력은 거리와 시간 단위로 측정된다. 영국계(English system)에서는 보편적으로 mi/h와 ft/s를 사용한다. 미터법에서 속력의 단위는 km/h와 m/s를 보편적으로 사용한다. 거리/시간의 비는 단위시간 당 거리 혹은 시간당 마일로 읽는다.

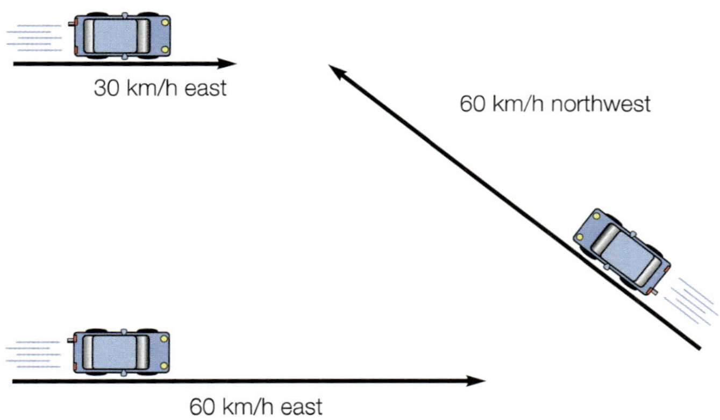

그림 2.3 속도는 화살 표시로 나타낼 수 있다. 세 개의 다른 속도들을 각각 세 개의 다른 화살표로 나타내고 있다. 각 화살의 길이는 속력에 비례하고 화살의 머리는 이동 방향을 나타낸다.

속도(velocity)

속도란 단어는 때때로 속력으로 교체할 수 있으나 차이는 있다. **속도**는 운동하는 물체의 속력과 운동 방향을 기술한다. 예를 들어, 속력은 60 km/h로 기술하는데, 속도는 서쪽으로 60 km/h로 기술한다. 속도의 변화를 유도하기 위해서는 속력이나 운동 방향의 변화 혹은 둘 다 변화시키면 된다. 인공위성은 지구주위를 일정한 속력으로 원운동을 하지만, 운동방향은 연속적으로 변하기 때문에 속도는 일정하지 않다. 속도는 도면에 화살표로 나타낼 수 있는데, 화살표의 길이는 속도에 비례하고 꼭지는 운동방향을 표시한다(그림 2.3).

예제 2.1 시속 72.0 km/h로 달리는 자동차에서 운전자가 도로지도를 바닥에 떨어뜨렸다. 지도를 집어 올려놓는데 3초가 걸렸다. 그동안 자동차는 얼마나 멀리 이동했는가?

자동차의 속력은 72.0 km/h이고 시간은 3초이므로, km/h 단위를 m/s로 환산해야 한다. 본 교재의 앞면에 수록된 변환인자를 참고하면 1 km/h = 0.2778 m/s가 된다.

따라서 $\bar{v} = \dfrac{0.2778\ \mathrm{m/s}}{1\ \mathrm{km/h}} \times 72.0\ \mathrm{km/h} = 20.0\ \mathrm{m/s}$

식 (2.1)에서 $\bar{v}$, t, d의 관계식은 $\bar{v} = d/t$

$$\bar{v} = 20.0\frac{\mathrm{m}}{\mathrm{s}} \qquad t = 3.00\ \mathrm{s} \qquad d = ?$$

$$\begin{aligned} d &= \bar{v}t \\ &= \left(20.0\ \frac{\mathrm{m}}{\mathrm{s}}\right)(3.00\ \mathrm{s}) \\ &= 60.0\ \mathrm{m} \end{aligned}$$

예제 2.2 자전거가 8 km/h의 평균속력으로 운동하고 있다. 10초 동안 이동한 거리는 얼마인가? (정답 : 22.2 m)

가속도(acceleration)

운동은 다음 세 가지에 의해 변화될 수 있다; (1) 속력의 변화 (2) 운동 방향의 변화 혹은 (3) 속력과 운동 방향이 모두 변화. 운동의 변화를 기술하기 위해서는 운동의 변화가 일어나는 동안 경과된 시간의 측정이 필요하다. 속도의 변화량과 그동안 경과한 시간의 조합을 통해서 운동의 변화된 비를 정의하며 이 비율을 **가속도**(acceleration)라고 한다.

가속도는 단위 시간동안 속도의 변화량으로 정의한다; 즉

$$\text{가속도} = \frac{\text{속도의 변화량}}{\text{경과시간}}$$

속도의 변화량이란 최종속도와 처음속도의 차이 값이기 때문에 아래와 같이 쓸 수 있다.

$$\text{가속도} = \frac{\text{최종속도} - \text{초기속도}}{\text{경과시간}}$$

단순히 속력만 변한 경우에 가속도는 다음과 같이 계산할 수 있다. 시속 60 km/h의 일정한 속도로 직선 도로를 달리는 자동차 운전자가 시속 80 km/h로 가속한 경우를 고려해보자. 자동차의 속도가 60 km/h에서 80 km/h로 가속되는 동안 시간은 4.00초가 경과되었다고 가정하자. 속도의 변화량은 20 km/h이므로 가속도는;

$$\text{가속도} = \frac{80\ \text{km/h} - 60\ \text{km/h}}{4\,\text{s}}$$

$$= 5\ \frac{\text{km/h}}{\text{s}} \quad \text{or} \quad 5\ \text{km/h/s}$$

평균가속도는 매초 5 km/h이다. 또는 속도는 매초 평균 5 km/h로 증가했다고 말할 수 있다. 가속을 시작할 때 자동차의 초기속도는 60 km/h였다. 1초 후 자동차의 속도는 65 km/h, 2초 후에는 70 km/h, 3초 후에는 75 km/h 그리고 4초 후에는 80 km/h가 되었다. 요약하면,

초기속도	60 km/h
1초 경과후 속도	65 km/h
2초 경과후 속도	70 km/h
3초 경과후 속도	75 km/h
4초 경과후 속도(최종속도)	80 km/h

여기서 보듯이 가속도는 속도가 얼마나 빠르게 변하고 있는가를 나타낸다; 이 경우는 매초 5 km/h임.

동일한 단위를 사용하기 위해 km/h 단위를 m/s 단위로 환산해서 기술한다. 매초 5 km/h의 속도 변화를 환산하면 매초 1.4 m/s이며, 따라서 가속도는 1.4 m/s/s 이다. 단위 "m/s per s"는 매초 발생하고 있는 속도의 변화량을 의미한다. "m/s/s"의 표현은 다소 어색해서 수학적으로 간략하게 표현한다(즉 $\text{m/s} \times 1/\text{s} = \text{m/s}^2$). 따라서 상기할 것은, 1.4 m/s^2는 1.4 m/s/s와 같은 의미로 정해진 시간 동안 속도의 변화량을 나타낸다는 것이다. 기호 a를 평균가속도,

CONCEPTS APPLIED　가속 형태들

라디에이터(방열판)에 균열이 생겨서 매초마다 냉각수가 떨어진다고 가정해보자. 정지신호에서 출발해서 가속할 때 방울은 도로위에 어떤 형태인가? 등속도로 달릴 때는 어떤 형태인가? 자동차가 정치할 때는 어떤 형태를 관측할 수 있는가? 종이 위에 점을 그려서 (1) 가속 (2) 등속 (3) 감속 등에 대해 설명해보라. 각 상황에서 가속도를 말로 기술해보라.

Connections . . .
Travel

초고속 자기부상 열차(maglev, magnetic levitation)는 기차를 모노레일 위 3~10 cm에 자기적으로 유지시키는 것을 기본으로 하는 완전한 신기술로서, 기차는 모노레일을 통해 작용하는 자기장을 따라서 이동한다.

자기부상 열차에는 바퀴가 없기 때문에 바퀴와 철로사이의 마찰이 없다. 저항이 없고 자기장의 조작이 용이해서 극단거리도 가속이 가능하다. 예를 들어 독일의 자기부상 열차는 5 km 거리를 0에서 300 km/h까지 가속이 가능하다. 바퀴가 달린 일반적인 열차의 경우 출발해서 일정한 속력에 이르려면 약 30 km 거리를 달려야 한다. 자기부상 열차는 뛰어난 가속으로 인해 단거리 운영에 매력적이다. 또한 최고 속력이 500 km/h나 되기 때문에 장거리 운영에도 매력적이다. 현재는 이런 속력은 항공기만이 가능하다.

기호 v_f를 최종속도, 기호 v_i를 처음속도 그리고 시간을 기호 t로 놓으면, 가속도는 다음과 같이 표기된다;

$$a = \frac{v_f - v_i}{t} \tag{2.2}$$

가속과 관계되는 물체의 운동에는 또한 다른 변화들이 있는데, 쉬운 예로 속도를 감소시키는 변화가 있다. 예를 들어 자동차의 브레이크를 밟아서 자동차의 속도를 감소시키거나 완전히 정지시킬 수 있다. 이것은 "−" 가속으로서 감속이라고 불리기도 한다. 운동 방향의 변화도 또다른 물체의 운동의 변화이다. 속도는 운동의 변화뿐만 아니라 방향의 변화도 포함하기 때문에 방향의 변화도 가속에 해당된다. 일정한 속도로 지구 주위의 원궤도를 회전하는 인공위성은 연속적으로 운동 방향을 바꾼다. 운동 방향이 연속적으로 변하고 있기 때문에 인공위성은 연속해서 가속 운동을 하고 있다. 자동차에는 운동의 방향을 변화시킬 수 있는 세 개의 장치 즉, 가속 장치가 있다 − 가스페달(속도를 증가시키는 장치), 브레이크(속도를 감소시키는 장치)와 핸들(속도의 방향을 변화시키는 장치) (그림 2.4 참조). 운동하고 있는 물체의 어떤 변화도 가속을 야기한다는 사실을 기억하는 것이 중요하다.

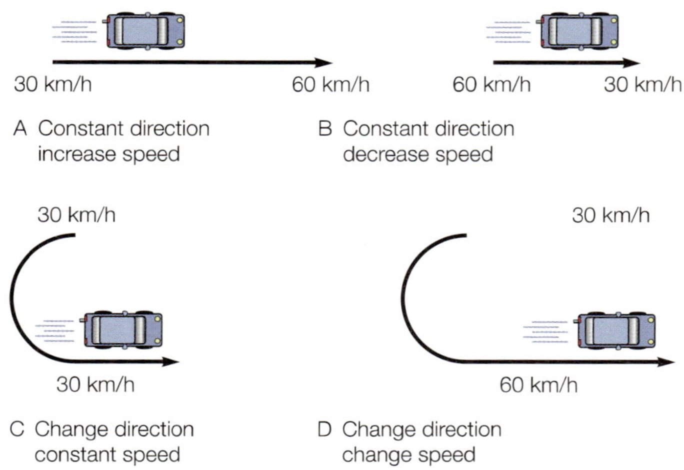

그림 2.4 자동차를 가속시키는 4가지 방법(A–D)

예제 2.3 정지해 있던 자전거의 속도가 5초 후에 5 m/s가 되었다. 가속도는 얼마인가?

$$v_i = 0 \text{ m/s} \qquad a = \frac{v_f - v_i}{t}$$

$$v_f = 5 \text{ m/s} \qquad = \frac{5\text{ m/s} - 0\text{ m/s}}{5\text{ s}}$$

$$t = 5\text{ s}$$

$$a = ? \qquad = 1\ \frac{\text{m}}{\text{s}^2}$$

예제 2.4 처음에 정지해 있는 자동차가 5 m/s^{2}으로 일정하게 6초 동안 가속이 되었다. 최종속도는 몇 m/s 인가? (답 : 30 m/s)

2.3 힘 (Forces)

아리스토텔레스는 기원전 4세기에 운동의 원인에 대해서 처음으로 고찰한 그리스 철학자이다. 그러나 낙하하는 물체는 일정한 속도로 떨어지며 낙하체의 무게에 의해 결정된다는 그의 생각들은 모두 잘못된 것들이었다. 또한 물체가 지상에서 연속적으로 운동하기 위해서는 계속적으로 힘이 가해져야 한다는 것도 잘못된 생각이다. 이런 생각들은 측정이 아닌 관찰과 사고에만 의지했기 때문에 사실 여부를 누구도 검증하지 않았다. 사람들이 운동을 올바르게 이해하기 까지는 그 후로 약 2천 년이 걸렸다.

아리스토텔레스는 힘과 운동 사이의 관계성에 대해 충분히 납득할 정도로 인지하였다. 앞으로 설명하겠지만, 힘은 운동의 임의의 변화들과 밀접하게 관계하므로 부분적으로는 옳은 생각이다. 본 장은 힘의 개념을 소개하고, 힘과 운동의 관계성에 대해 고려한 후에 힘의 개념을 충분히 설명할 것이다.

힘(forces)은 물체의 운동 상태의 변화를 가능하게 하는 밀고 당김이다. 예를 들어 두 대의 예인선이 밀고 있는 배의 운동을 생각해보자(그림 2.5). 예인선들은 다양한 세기의 힘을 배에 작용할 수 있을 뿐만 아니라 서로 다른 방향으로도 힘을 가할 수도 있다. 한 물체에 두 힘이 작용하고 있을 때 힘의 방향은 어떤 결과를 보여 줄까? 만약 예인선이 나란히 서서 서로 같은 방향으로 끌게 되면, 전체 힘은 두 힘을 합한 값이 된다. 만약 예인선이 정확히 반대 방향에서 각각 밀고 있다면, 배에 작용하는 전체 힘은 두 힘의 세기의 차가 된다. 만약 힘의 세기가 같으면 전체적으로는 서로 상쇄되기 때문에 어떤 운동도 제공하지 못한다. 물체에 작용하고 있는 모든 힘을 합한 것을 **알짜 힘**(net force) 이라고 한다. 알짜 힘이란 모든 힘들을 합한 최종의 힘을 의미한다(그림 2.6).

만약 평행한 두 힘이 같은 방향으로 작용하면 알짜 힘은 두 힘을 합해준 값과 동일하다. 만약 평행한 두 힘이 반대 방향으로 작용하면 알짜 힘은 두 힘의 차이가 되고, 크기가 큰 힘의 방향이 알짜 힘의 방향이 된다. 만약 두 힘이 정확히 같은 방향도 아니고 반대 방향도 아닌 경우라면, 결과는 새로운 방향과 크기를 갖는다. 힘은 크기와 방향을 가지기 때문에 화살표시로 나타낼 수 있다. 화살의 꼬리는 힘을 받고 있는 물체 위에 위치한다.

그림 2.5 배의 이동율(rate of movement)과 방향은 각각의 배에 작용하는 힘의 크기와 방향의 조합으로부터 결정된다. 두 배를 끌고 있는 것은 어느 방향인가? 한 예인선이 더 큰 힘으로 밀고 있는 것을 알 수 있게 하는 증거는 무엇인가? 만약 규칙에 따라 예안선이 더 큰 힘으로 밀고 뒤에 있는 예안선이 배의 뒷부분을 움직이지 않게 저지한다면 어떤 일이 발생할까?

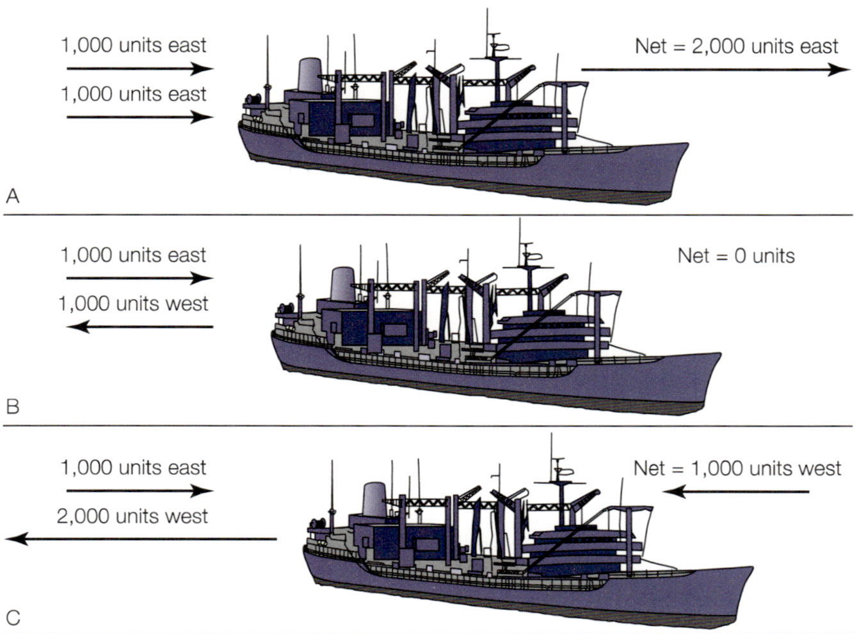

그림 2.6 (A) 두 평행한 힘들이 같은 방향으로 작용하면 알짜 힘은 두 힘을 합해준 것이다. (B) 힘의 크기는 같고 방향이 반대라면 알짜 힘은 0이다. (C) 크기가 다른 두 힘이 평행하게 작용하면 알짜 힘의 크기는 두 힘의 차이이며 방향은 더 큰 힘의 방향이다.

Connections . . .

날 씨

분류도는 물체와 사건의 유사성과 차이점을 보이기 위해 사용된다. 예를 들어 다음은 폭풍우를 분류하는데 도움을 주는 두 가지 방식을 기술하고 있다.

열대성 저기압, 열대성 폭풍과 허리케인의 차이점은 무엇인가? 이들은 지속적인 최대 표면 풍속에 의해 분류한다. 미국에서는 지속적인 최대 표면 풍속은 1분마다 측정한 풍속의 평균값으로 측정한다. 여기에 분류도가 있다.

열대성 저기압. 이것은 대체로 저기압 주변의 풍속이 55 km/h로 이동하는 경우이다. 열대성 저기압은 소멸되거나 더 강한 교란으로 발달할 수 있다.

열대성 폭풍. 이것은 풍속이 56에서 120 km/h으로 강도가 더욱 세고 고도로 조직된 저기압 중심이다.

허리케인. 이것은 풍속이 120 km/h 이상으로 강렬한 저기압 중심이다. 대서양이나 날짜 변경선 동쪽 태평양에서 발생한 이런 형태의 강한 폭풍우를 허리케인이라고 부른다. 만약 날짜 변경선 서쪽인 북태평양에서 발생하면 태풍이라고 한다. 허리케인은 종류와 피해 정도에 따라 재분류한다. 아래에 분류도가 있다.

범주	위해도	풍속
1	작음	120 − 153 km/h
2	중간	154 − 177 km/h
3	강함	178 − 210 km/h
4	매우 강함	211 − 250 km/h
5	재앙	〉 250 km/h

화살의 머리는 가해지는 힘의 방향을 나타내며 화살의 길이는 작용하는 힘의 크기에 비례한다. 힘을 화살로 표시하는 것은 작용하는 모든 힘을 가시화하여 이해할 수 있도록 도와줄 뿐만 아니라 그들이 알짜 힘에 어떻게 기여하고 있는 가를 이해할 수 있도록 도와준다.

다른 어떤 종류의 힘들로는 설명이 불가한 네 가지 **근본적인 힘**(fundamental force)이 있다. 이들은 중력, 전자기력, 약한 핵력과 강한 핵력이다. 중력은 우주에 존재하는 모든 물체 간에 작용한다 – 당신과 지구, 지구와 태양, 행성과 태양계 그리고 사실상 성단이라고 불리는 대단히 많은 별들에서도 성립한다. 이러한 대단히 커다란 성단에서부터 원자의 내부에서까지, 전자와 양성자같이 전기적으로 대전된 곳에서는 전자기력이 작용하는 것을 발견한다. 전자기력은 원자의 구조, 화학변화, 전기적 성질과 자기적 성질을 결정한다. 약한 힘과 강한 힘은 원자핵 내부에 존재하기 때문에 중력이나 전자기력 같이 쉽게 관측할 수는 없다. 약한 힘은 핵반응들에 포함되어 있다. 강한 핵력은 핵을 구성하고 있는 입자들 간의 짧은 거리에서 나타난다. 일반적으로, 핵 내부의 입자들 간에 작용하는 강한 핵력은 전자기력보다 10^2배 강하고, 중력보다 10^{39}배나 강하다. 우주에서 발생하는 모든 사건들은 이들 기본적인 힘으로부터 기인된다.

2.4 지상에서의 수평운동(Horizontal Motion on Land)

매일의 경험에서 볼 때 지표에서의 수평 방향의 운동에 관한 아리스토텔레스의 생각은 옳은 것처럼 보인다. 움직이는 물체를 밀거나 당겨주지 않으면 잠시 후에 결국은 정지하게 된다. 이런 사실은 운동을 지속시키기 위해서는 힘을 가해서 연속적으로 밀어주어야 하는 것처럼 보일 수 있다. 달리는 자동차에서 점화장치를 끄게 되면 자동차는 감속하고 멈추게 될 것이다. 유사한 예로써, 마루 위를 구르는 공은 점차적으로 속도가 감속하며 정지하게 될 것이다. 정지 상태가 물체의 자연스런 상태인가? 그리고 지속적인 운동을 위해서는 힘이 필요한가? 이 질문은

그림 2.7 갈릴레오는(왼편) 아리스토텔레스의 운동에 대한 관점을 부정하고, 거리, 시간, 속도와 가속도의 개념에 초점을 두었다.

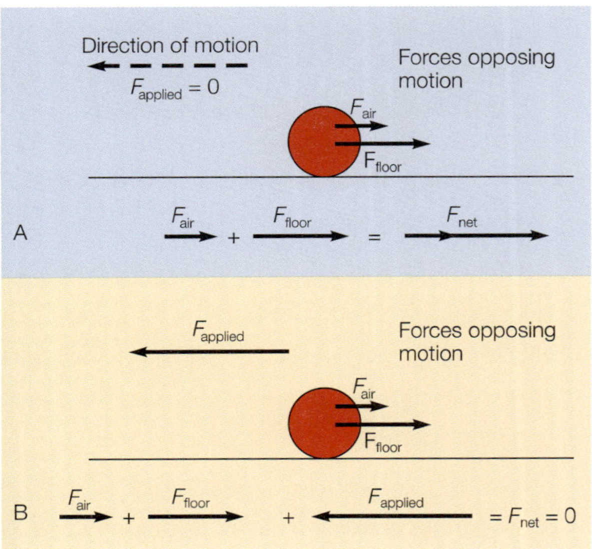

그림 2.8 (A) 힘을 받지 않은 공이 당신 왼쪽 방향으로 굴러가고 있다. 마루 바닥의 마찰력과 공기마찰의 힘을 합한 알짜힘은 운동의 반대 방향이기 때문에 공은 감속하며 정지한다. (B) 공과 함께 움직이는 당신의 손에 의해서 공에 힘이 작용한다. 작용한 힘은 공이 이동하는 반대 방향으로 작용하는 힘과 크기가 같기 때문에 공은 일정한 속도로 계속해서 이동한다.

갈릴레오가 운동에 관해 발견한 것들을 기술한 그의 저서 "Two New Science"(1638)가 발간하기 전까지 사람들의 생각을 말해준다.

그는 저서에서 일정한 운동, 가속운동과 포사체 운동을 취급하였다. 갈릴레오는 간단한 실험들, 측정들, 계산들과 그리고 그가 전개했던 운동의 정의와 개념에 관한 사고 실험들을 상세히 기술하였다. 그의 한 사고 실험에서, 물체의 운동을 지속시키기 위해서는 힘이 필요하다는 아리스토텔레스의 관점에 대해 이견을 발표하였다. 갈릴레오는 마찰이 없는 표면 위에서 물체의 운동을 상상하였다. 만약에 운동을 변화시키는 힘이 작용하지 않는다면 물체는 일정한 속도로 영원히 움직인다고 갈릴레오는 결론을 내렸다.

구르는 공은 왜 멈추기 위해 감속하는가? 우리가 알다시피, 카펫을 깔아놓은 마루에서보다 볼링장의 레인과 같이 부드럽고 왁스가 칠해진 곳에서 공은 더욱 멀리 굴러 갈 것이다. 거친 카펫 표면은 공이 구르는데 많은 저항을 제공한다. 그림 2.8에 마루의 마찰저항 F_{floor}과 공기저항인 F_{air}의 힘 화살은 볼의 진행방향과는 반대 방향으로 작용한다. 그림 2.8A의 점선을 주목하라. 볼에 작용하는 다른 힘들이 없기 때문에 굴러가는 속력은 최종적으로 완전히 정지할 때까지 감소한다. 일정한 속력으로 굴러가도록 공의 운동을 지속시키기 위해서 당신의 손으로 공을 민다면 얼마만큼의 힘이 필요할지를 상상해보자. 그림 2.8B의 힘들을 조사하면 필요한 힘의 양을 결정할 수 있을 것이다. 당신이 가해주는 힘 F_{applied}은 반드시 저항력에 대항해야 한다. 공 아래 표시된 반대 방향 화살표의 힘으로 얼마나 많은 양의 힘을 가해주어야 하는가? 화살방정식에서 F_{applied}는 두 저항력의 합산과 길이는 같으나 방향은 반대 방향이다. 따라서 전체 힘인 F_{net}는 "0"이 된다. 공이 구르는 반대 방향으로 균형있게 힘을 가해주면 공은 일정한 속도로 계속해서 굴러간다. 만약 저항력들이 없

A Closer Look

자전거 경주의 효력

갈릴레오는 운동의 반대 방향으로 작용하는 마찰에 대해 처음으로 인식한 사람에 속한다. 그림 2.8에서 보듯이, 표면과 공기마찰은 움직이는 모든 물체에 대항하는 알짜 힘이다. 이 주제는 공기저항과 자전거 경주자들이 저항을 줄이기 위해 사용하는 몇 가지 기술들에 관한 것이다.

박스그림 2.1의 자전거 경주자들은 일렬종대를 이루는데 후류((slipstream)는 서로 밀집된 형태이기 때문에 공기저항이 작아 에너지 소모도 작다. 혼자 타는 것보다 8 km/h 더 빠르게 달릴 수 있다.

후류를 이루면 많은 양의 공기를 밀어내지 않고도 전진할 수 있다. 자전거 경주자가 32 km/h의 속력을 내려면 매분 0.5톤 정도의 공기를 밀어내야만 한다. 이를 위해서는 공기 저항과 관계되는 두 인자가 있는데, (1) 난류 vs. 순풍과 (2) 마찰성 끌림의 문제이다. 난류는 후방에서 공기를 분리하기 때문에 이동하는 물체의 전방에 압력이 가중되어 공기저항이 일어난다. 이는 경주용 자동차, 비행기, 배, 그리고 다른 경주용 기구들이 방울 모양의 유선형 형태인 이유이기도 하다. 이런 모양은 후방에 저기압을 발생시키는 난기류가 존재하지 않을 가능성이 커서 (그리고 앞쪽에 더 큰 압력을 형성한다) 공기의 흐름을 부드럽게 하거나 유선형으로 만들기 때문이다.

공기의 마찰성 끌림은 면이 거친 책상면 위에서 책을 밀 때 발생하는 마찰성 끌림과 유사하다. 거친 책상면 윗부분을 부드럽게 한다면 책에 작용하는 마찰적 끌림을 완화시킬 수 있는 것처럼 공기에 노출된 표면을 부드럽게 한다면 공기 마찰을 완화시킬 수 있다. 그래서 사이클 경주자는 부드러운 스판덱스 옷을 입고 공기에 노출된 팔과 다리 표면의 털들을 면도한다. 각 털은 마찰적 끌림에 기여하기 때문에 팔과 다리 털의 제거는 몇 초를 아낄 수 있도록 해준다. 아마도 당신은 운동을 방해하는 힘들을 완화시킬 수 있는 더 많은 방법들을 생각해 볼 수 있을 것이다.

박스그림 2.1 경주에서 우승하려면 선두에 있어야 한다. 이것이 사실이라면 이들 경주자들은 왜 일렬종대를 형성하고 있을까?

비가 오면 걸을까 뛸까?

비가 올 때 뛰어 가는 것이 옷이 덜 젖는다는 것은 잘못된 것인가? 뛰는 것이 시간이 짧기 때문에 옷이 덜 젖는다고 생각한다. 만약 비가 우리의 머리 위나 어깨에만 내리면 이것은 사실이다. 뛰게 되면 결국 얼굴과 가슴의 더 넓은 면 위에 더 많은 빗방울이 떨어질 것이다.

미국의 두 연구자가 목화 스웨터를 입은 한 사람은 걷고 다른 사람은 뛰게 하여 이 질문을 조사하였다. 그리고 스웨터의 무게를 각각 쟀는데 결론적으로 빗속을 걸어서간 사람의 스웨터의 무게가 더 많았다. 이는 옷이 젖지 않으려면 뛰어 가야만 한다는 것을 의미한다.

다면 운동을 지속시키기 위해서 힘을 가해줄 필요가 없다. 따라서 갈릴레오는 운동하는 물체에 작용하는 알짜 힘이 영이라면, 물체는 일정한 속도로 계속해서 운동한다고 결론을 내렸다.

힘이 가해진 운동에 관한 아리스토텔레스와 갈릴레오의 관점의 차이는 사실상 분석의 정도에 있다고 논쟁할 수 있다. 지상에서 운동하는 모든 물체들은 연속적으로 밀어주거나 당겨주지 않으면 결국은 정지한다. 그러나 갈릴레오의 결론은 왜 밀어주거나 당겨주어야 하는지를 기술하고 있고 그리고 운동의 자연성을 드러내 보여주고 있다. 아리스토텔레스는 정지 상태가 물체의 자연스런 상태라고 고집하며 물체의 운동의 원인에 대한 설명을 시도했다. 그러나 갈릴레오는 반대로 물체의 운동을 자연스런 상태라고 고집하며 정지하게 되는 원인을 설명하려고 하였다. 운동의 상태를 유지하려는 물질의 행위를 **관성**(inertia)이라고 한다. 관성이란 알짜 힘이 영일 때 물체가 실질적으로 운동을 하든 정지해 있든 간에 원래의 운동을 유지하려는 경향을 말한다. 이 개념의 전개는 사람들의 물체의 자연스런 상태에 대한 견해를 바꾸어 놓게 되었으며 운동을 더욱 깊이 있게 이해하는 계기가 되었다. 오늘날에는 진공에서 움직이는 인공위성은 불균형적인 힘이 작용하지 않는 한 지속적으로 운동한다는 점을 이해하고 있다(그림 2.9A). 인공위성의 속도를 줄이는 경우(그림 2.9B) 혹은 속력을 증가시키는 경우(그림 2.9C) 혹은 진로를 바꾸는 경우(그림 2.9D)에는 힘을 가해주어야 한다.

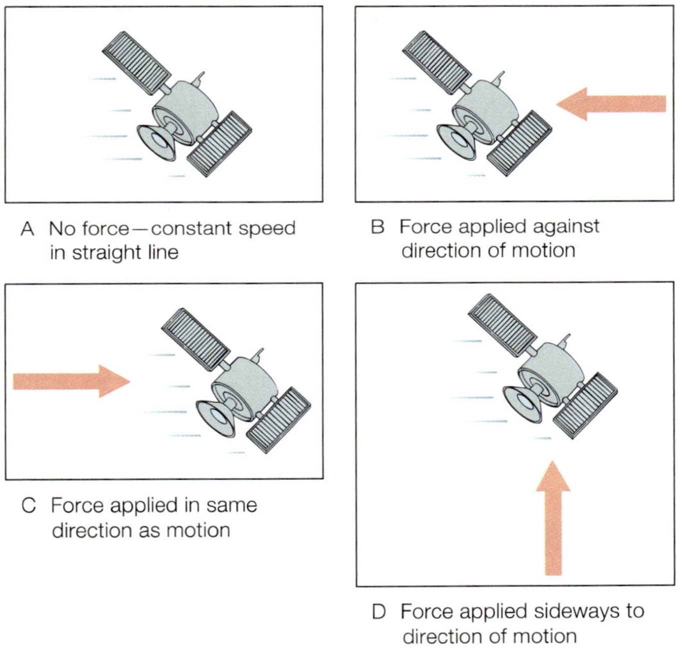

그림 2.9 관성을 기술하는 그림 (A–D)를 설명해보자.

2.5 낙체

당신은 돌이 낙하하는 동안 돌에 무슨 일이 발생하는지 의문을 가져본 적이 있는가? 아리스토텔레스는 낙하하는 돌의 속도는 돌의 무게에 비례하여 일정한 속도로 낙하한다고 생각했다. 따라서 무거운 돌은 가벼운 돌보다 빠른 속도로 낙하할 것이다. 갈릴레오는, 잘 알려진 바와 같이, 피사의 사탑 꼭대기에서 속이 찬 쇠공과 나무공을 동시에 떨어뜨리는 관측을 통해 아리스토텔레스의 결론을 신뢰하지 않았다(그림 2.10). 두 구는 동시에 땅에 떨어졌고, 이 뜻은 두 구가 동일한 속도를 가지고 떨어졌다는 사실을 의미한다. 다시 말해, 낙하하는 물체의 속도는 무게와는 상관없다는 뜻이다. 진공과 공기 중에서 자유낙하하는 물체에는 공기저항 외에는 다른 차이점이 없다. 갈릴레오의 시대가 지나고 곧바로

그림 2.10 갈릴레오는 기울어진 피사의 사탑에서 무게가 다른 두 물체를 떨어뜨렸다. 기록에 의하면 두 물체는 거의 동시에 지면에 떨어졌다고 한다. 이 사실은 낙하하는 물체의 속력은 물체의 무게에 비례한다는 아리스토텔레스 견해를 부정하는 것이다.

에어펌프가 개발되어 유리관 내부의 공기를 제거할 수 있었다. 공기중에서 낙하하는 물체와 진공 상태에서 낙하하는 물체의 운동을 비교하면 낙하하는 물체에서 공기저항이 미치는 영향을 설명할 수 있다. 공기중에서 동전과 깃털을 같이 떨어뜨리면 동전이 더 빨리 떨어진다. 거의 진공에 가까운 유리관에서는 깃털에 영향을 미치는 공기저항을 제거하였기 때문에 깃털과 동전이 동시에 떨어질 것이다. 공기저항을 받지 않고 지구로 낙하하는 상태를 자유낙하라고 한다. **자유낙하**(free fall)는 오직 중력만을 고려한 것으로 공기저항은 무시한다.

갈릴레오는 자유낙하하는 경우에는 무게에 관계없이 동시에 떨어진다고 결론을 내리게 되었고, 또한 낙하하는 동안 무슨 일이 진행되고 있는지를 상세히 밝히고 싶었다. 그는 낙하하는 물체의 속도는 낙하하는 동안 증가하는 것을 관측하였고, 이 사실로부터 낙하하는 물체의 속도는 (1) 낙하하는 시간에 비례하고 (2) 낙하하는 거리에 비례한다고 추측하였다. 만약 낙하하는 물체의 속도가 낙하시간과 거리에 모두 관계가 있다면 이들은 서로 어떻게 연관되어 있었던 것인가...

갈릴레오는 자유낙하에서 낙하거리는 낙하시간의 제곱에 비례한다고 추론하였다($d \propto t^2$). 다시 말해, 2초 동안에는 1초 동안 보다 4배의 거리를 낙하하고($2^2=4$) 3초 동안에는 9배를 낙하한다($3^2=9$). 갈릴레오는 부드러운 홈을 새긴 경사진 판 위에서 공을 굴려서 계산식을 조사하였다. 그는 거리와 시간의 관계성을 측정하기 위해서 경사면을 따라 천천히 하강하는 운동을 관측하였다. 당시에는 오늘날 같이 정밀하게 시간을 측정하는 기구가 부재해서 경사진 면을 사용하였다. 그는 예측한 데로 낙하하는 물체에서 낙하거리는 경과시간의 제곱에 비례한다는 사실을 발견하였다. 또한 이 사실은 낙하하는 물체의 속도는 일정한 비율로 증가하고 있다는 사실을 의미한다. 어떤 시간 동안 발생한 속도의 변화는 물체가 가속되었다는 것이다. 다시 말해 낙하하는 물체는 지구 표면을 향해 가속된다.

낙체의 속도가 일정한 비율로 증가하는 것은 낙체가 지구 중력에 의해 일정하게 가속된다는 것을 의미한다. 자유낙하하는 모든 물체는 등가속 운동을 한다. 지구에서 낙하하는 경우 매초 9.8 m/s의 속도를 얻는데, 낙체의 가속도는 9.8 m/s^2이다. 지구를 향해 낙하하는 물체의 가속도는 지구의 형태와 지구자전으로 인해 장소들 마다 조금씩 차이가 있다. 가속도는 극지방에서 적도로 갈수록 감소하고, 지구의 질량이 균일하게 분포되어 있지 않기 때문에 장소마다 다르다. 9.8 m/s^2은 어느 특정한 지역에서도 중력가속도에 근사하는 값이다. 많은 경우 중력가속도는 중요하기 때문에 특별히 기호 g로 표기한다.

CONCEPTS APPLIED 낙 체

갈릴레오는 공기저항을 무시하면 모든 물체는 같은 가속도로 낙하한다는 결론을 내렸다. 방에서 공기를 제거하는 것은 어려운 일이지만 낙체에 공기가 어떻게 영향을 주는가에 대한 증거를 제공하는 가능한 몇 종류의 실험이 있다.

1. 종이와 책을 같은 높이에서 나란히 떨어뜨리고 결과를 주목하라.
2. 종이를 책 상단에 놓고 동시에 떨어뜨려라. 그들은 함께 떨어지는가?
3. 종이를 구겨서 헐렁한 공속에 넣어 공과 책을 같은 높이에서 나란히 떨어뜨려라.
4. 종이를 구겨서 단단한 공속에 넣어 공과 책을 같은 높이에서 다시 나란히 떨어뜨려라.

어떻게 물체가 떨어지는지에 관해 발견한 것을 설명하고 증명하시오,

2.6 혼합운동(Compound Motion)

우리는 지금까지 (1) 지표에서 직선운동을 하는 수평운동 (2) 지표를 향해 가속하며 낙하하는 연직운동 등의 두 가지 형태의 운동을 고려하였다. 세 번째 형태의 운동으로는 공기 중에서 물체를 던진 경우가 있다. 이런 투사는 연직 상방향이던가, 수평 직선 방향이든가 혹은 수직과 수평 사이에 각을 가진 방향일 것이다. 이런 복잡한 운동에서도 (1) 물체가 어디에 있던 중력은 항상 작용하고 있고 (2) 물체의 운동에 상관없이 중력가속도의 값은 변하지 않는다는 것을 기본적으로 이해하고 있어야 한다.

연직투사(vertical projectiles)

공을 연직 상방향으로 던진 경우를 먼저 생각해보자. 공은 초기에 속도를 가지지만 최고점에서 잠시 정지한 후에 지표를 향해 가속되어 낙하한다. 중력은 공이 위로 올라가거나 정지해 있거나 낙하하는 동안에도 작용하고 있다. 공이 올라가는 경우에 중력은 물체의 속도를 연속해서 감속시키기 때문에 순간적으로 정지할 때까지 속도는 점점 느려진다. 그리고 공은 마치 떨어뜨린 것처럼 지표를 향해 가속된다. 공기의 저항을 무시하면 공은 초기의 속도와 같은 속도로 땅에 떨어진다. 그림 2.11은 연직 상방향으로 던진 공의 속도벡터를 보여주고 있다.

그림 2.11 연직 상방향으로 친 골프공은 중력에 의해 순간적으로 멈출 때까지 속도가 감소하며 위로 올라간다. 그리고 마치 같은 높이에서 떨어뜨린 다른 골프공처럼 지표로 다시 가속한다. 연직 상-하 방향으로 이동했던 골프공을 스케치해두면 무엇이 발생하고 있는지 보다 명료하게 알 수 있다.

수평투사(horizontal projectiles)

운동을 연직과 수평 부분으로 분리하면 수평투사는 쉽게 이해할 수 있다. 예를 들어 수평으로 쏜 화살을 생각해보자. 중력은 활을 아랫방향으로 가속시킨다. 따라서 활은 공기 중을 비행하는 동안 아랫방향으로 속도가 증가한다. 증가하는 아랫방향의 속도를 그림 2.12에 길어지는 속도벡터(v_v)로 표시하였다. 공기저항을 무시하면 수평방향으로는 아무런 힘도 작용하고 있지 않기 때문에 수평방향의 속도 v_h는 일정하다. 속도가 증가하는 연직운동과 속도가 일정한 수평운동을 조합하면 화살은 지면에 떨어질 때까지 휜 경로로 비행한다. 수평으로 쏜 화살의 운동을 분석하면, 같은 높이에서 단순히 연직방향으로 떨어뜨린 화살과 동일한 시간에 지면에 도달한다는 사실을 예측할 수 있다(그림 2.12). 만약 권총에서 쏜 총알과 단순히 떨어뜨린 총알에서도 같은 결과를 구할까? 대답은 "그렇다"이다; 두 총알은 동시에 지면에 도달한다. 공기저항을 무시하면 동일한 높이에서 떨어뜨리거나 쏜 총알이나 화살은 반드시 동시에 지면에 떨어져야 한다.

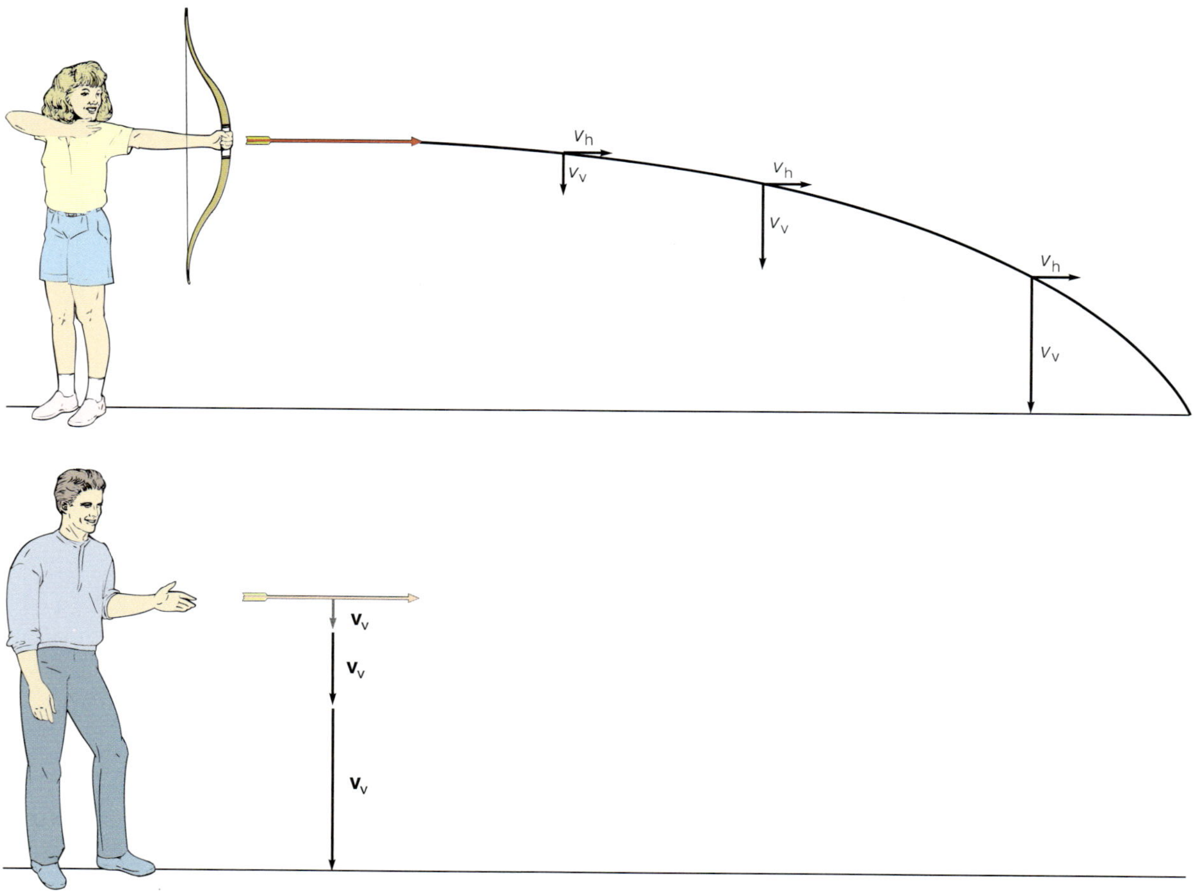

그림 2.12 수평투사체의 수평방향의 속도는 일정하고 연직 방향은 지표를 향해 가속된다. 두 경로를 조합하면 수평투사체는 휜 경로를 따라서 운동한다. 저항을 모두 무시하면 수평으로 비행하는 화살이 지면에 도달하는 시간은 같은 높이에서 떨어뜨린 화살과 동시에 지면에 도달한다.

그림 2.13 미식 축구공이 다운필드를 통과할 때 어떤 각도로 던진다. 공기 저항을 무시하면 수평속도는 일정하고 수직방향의 속도는 마치 연직 투사물처럼 감소하다가 증가한다. 두 운동을 조합하면 축구공은 포물선 경로를 따라 운동한다. 쿼터백의 공을 던지는 능력은 스포츠 아나운서의 해설과는 정반대로 축구공이 쿼터백의 손을 떠나자마자 공은 지표를 향해 가속되기 때문에 축구공을 "평평한 궤적"을 그리도록 던지는 것은 불가능하다.

그림 2.14 야구선수는 당연히 최대 비행 거리와 투사각 사이의 관계를 알고 있다.

Connections . . .

운 동

자유낙하라는 용어에는 두 가지 의미가 있다. 물리학에서 자유낙하란 중력장 안에서 공기저항을 받지 않는 운동을 의미한다. 공기 저항이 없으면 모든 물체는 지표를 향해서 9.8 m/s^{2}로 가속한다고 가정한다.

스카이다이빙 경기에서 자유낙하란 대기중에서 낙하산 같은 장치없이 낙하하는 것을 의미한다. 공기는 낙하하는 물체의 반대방향으로 저항력을 제공하므로 물체에 작용하는 알짜 힘은 아랫방향의 힘(무게)과 윗방향의 힘인 공기 저항력의 차이이다. 낙체의 무게는 질량과 중력가속도에 의해 결정되며, 중력은 아랫방향으로 작용하는 힘이다. 저항력은 최소한 두 변수에 의해 결정된다; (1) 기류에 노출된 물체의 면적과 (2) 낙체의 속력이다. 유선, 공기온도와 난기류와 같은 다른 변수들도 영향을 주지만 가장 큰 요인은 노출 면적과 저항을 증가시키는 속도의 증가로 보인다.

스카이다이버의 무게는 일정하므로 아랫방향의 힘은 일정하다. 현대의 전형적인 스카이다이버들은 3650 m에서부터 낙하산을 펴는 지상 약 750 m까지 자유낙하한다. 비행기에서 뛰어 내린 후에 다이버는 지표를 향해 처음으로 가속되고 약 185 – 210 km/h 의 속력까지 도달한다. 속력이 증가함에 따라 공기 저항력도 증가해서 알짜 힘은 더욱 더 작아진다. 결국은 아랫방향의 무게와 윗방향의 공기저항이 같아지게 되어 알짜 힘은 0이 된다. 다이버는 이제 일정한 속력으로 낙하하게 되며 이 경우를 종단속도(terminal velocity)에 도달했다고 말한다. 속도를 32 km/h씩 위 또는 아래로 변화시키는 것이 가능하다. 그러나 다이빙 혹은 똑바로 서서 자유낙하하면, 스카이다이버들은 경험적으로 290 km/h의 속력까지 도달할 수 있다고 한다. 다른 특별한 장비 없이 기록한 자유낙하 속력은 517 km/h이다. 낙하산을 펴면 보통 약 16 km/h 비율로 감속한다.

Science and Society

운송과 환경

환경과학은 지구환경 분야의 학제간 연구이다. 이 연구의 관심은 인간에 의한 환경의 붕괴와 손상을 치유하는 전반적인 문제들을 취급한다. 환경 연구 주제의 한 예로 운송수단을 포함하는 최근의 인간 활동에서 기인하는 손상을 생각해보자. 모든 운송 수단은 매일 대기에 방출되는 미국의 전체 탄소방출량의 1/3 정도 책임이 있다. 방출된 탄소는 일산화탄소의 형태여서 직접적으로 위해하기 때문에 문제가 된다. 또한 이산화탄소는 지구 온난화의 원인으로 결과적으로 기후변화가 나타나기 때문에 간접적으로도 위해하다.

여기에 나열한 것들은 사람들이 운송수단에 의한 환경적 손실을 줄일 수 있는 방법이다.

A. 어디든지 가능하면 자전거, 카풀, 걸어가기 혹은 대중교통 수단을 사용한다.

B. 가능하면 자동차를 주차해 두고 가게, 상점과 일을 위한 외출을 한 번에 묶어서 하도록 계획을 세워라.

C. 가능하면 하이브리드 전기 혹은 연료전지를 동력으로 하는 자동차와 기구들을 구매하라.

D. 자동차를 덜 필요로 하는 지역사회로 이사하라.

토의질문

생각과 느낌을 연관시키는 다음의 문제에 대하여 집단적으로 토론하시오.

1. 위 목록의 각 항목에 연관하여 당신의 느낌은 긍정적인가 부정적인가?
2. 당신이 지구문제를 더 잘 이해한다면 다르게 느낄 것인가?
3. 당신의 느낌은 결론에 도달했다는 것을 의미하는가?
4. 위 목록에 추가할 수 있는 것은 무엇인가?

골프공, 축구공과 야구공은 대개는 지면과 각을 지며 위 방향으로 투사된다. 이들의 수평방향으로는 힘이 작용하지 않기 때문에 수평운동은 일정하다. 연직운동은 연직 상방향으로 투사한 공의 운동과 동일하다. 두 운동을 조합하면 그림 2.13에서 보여주는 포물선 경로로 비행한다. 지면과 각을 이루며 투사한 공의 경로를 관찰해보자(그림 2.14). 경로를 양분하면, 두 번째 부분은 첫 번째 부분을 역으로 복사한 것과 거의 같다. 만약 공기저항을 무시하면 정확하게 일치할 것이다. 또한 투사 각도에 따라 비교한 비행거리를 주시해 보면, 45° 각도로 투사한 경우에 가장 먼 거리를 비행한다.

2.7 운동의 세 가지 법칙(Three Laws of Motion)

지난 장에서 운동을 거리, 시간, 속도와 가속도로 어떻게 기술하는 가에 대해 공부했다. 또한, 다른 종류의 운동으로, 수평운동, 낙체의 운동과 지표에서 상방향으로 투사한 물체의 혼합운동에 대해 공부했다. 또한 운동과 밀접한 두 개념을 소개했다; 즉 (1) 물체는 관성을 갖는다. 관성은 운동의 변화에 저항하는 경향이다. (2) 운동의 변화를 유발하는 힘이다. 힘과 운동의 변화에 관한 관계는 많은 일상의 상황에서 분명히 알 수 있다. 우리가 타고 있는 자동차, 버스와 비행기가 움직이기 시작할 때 우리의 뒤쪽에서 작용하는 힘을 느낀다. 마찬가지로, 우리가 타고 있는 엘리베이터가 위 방향으로 운동하기 시작할 때 발바닥에 작용하는 힘을 느낀다. 반대로 자동차가 급정차하면 계기판으로 향하는 힘을 경험하게 되고, 또한 엘리베이터가 갑자기 하강하면 엘리베이터 바닥이 우리 발바닥을 떼어 놓는 것을 느끼게 된다. 앞의 예는 왜 물체가 계속 움직이려 하고 혹은 정지해 있으려고 하는 지에 관한 질문에 대한 답으로 정량화되고 개념화된 힘과 운동 간의 형태를 내포하고 있다. 이들이 뉴튼의 운동의 3가지 법칙의 주제들이다.

뉴튼의 운동의 제1법칙(Newton's first law of motion)

관성의 법칙으로도 알려진 뉴튼의 운동의 제1법칙은 운동에 대한 갈릴레오의 발견과 매우 유사하다. 갈릴레오가 사물이 운동의 변화에 저항하는 경향을 기술하기 위해서 관성이라는 용어를 사용했다. 뉴튼의 운동의 제1법칙은 이런 경향을 보다 직접적으로 기술하고 있다. **뉴튼의 운동의 제1법칙**은 다음과 같다;

> **불균형적인 힘이 작용하지 않는다면, 모든 물체는 정지상태 혹은 직선운동 상태를 유지한다.**

운동이 불균형적인 힘(알짜 힘이 0보다 큰)에 놓여 있지 않는다면 정지해 있는 물체는 정지상태를 유지하려 한다는 것을 의미한다. 마찬가지로, 알짜 힘이 속도의 증감과 이동 방향의 변화를 일으키지 않는다면 일정한 직선운동을 유지하려 할 것이다. 따라서, 뉴튼의 운동의 제1법칙은 물체가 운동상태의 어떤 변화에 저항하는 경향을 기술하고 있다.

버스통로에 서 있는 경우에 뉴튼의 운동의 제1법칙을 생각해보자. 버스가 움직이기 시작하면 당신은 정지상태를 유지하려 한다. 당신은 창밖 지면에 대한 위치를 유지하기 위해 뒤로 몇 발자국을 움직인다. 당신은 의자 뒤편 혹은 버스의 다른 부분에 있을 것이다. 일단 당신은 버스의 어떤 부분을 잡고 버스와 같이 운동하기 위해서 필요한 힘을 가하게 되고 그리고 더 이상은 뒷걸음질 필요가 없다는 것을 발견하게 된다. 이제 당신은 버스와 같은 운동을 하고 있고, 버스가 커브길을 돌기 전까지는 아무 힘도 포함되어 있지 않다. 이제 당신은 버스 한쪽으로 치우치는 경향을 느끼게 된다. 버스의 직선운동은 변했지만, 당신은 직선 전방으로 움직이려고 한다. 당신이 버스의 커브운동을 따르도록 좌석 측면으

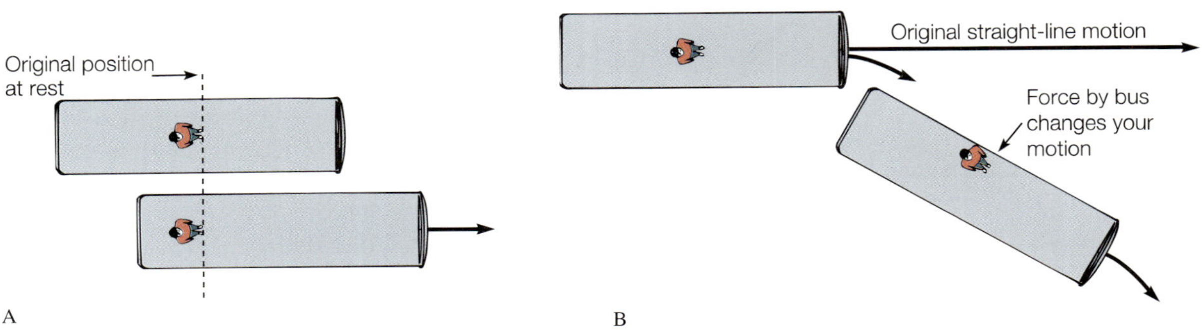

그림 2.15 그림 상단에 승객이 버스 통로에 서있다. (A) 버스가 정지해 있다가 앞으로 이동한다. 관성은 원래의 위치를 유지하려고 하기 때문에 승객은 뒤로 움직인다. (B) 버스가 우회전하면 승객이 버스 측면으로 힘을 가할 때 까지 관성은 승객이 직선운동을 유지하도록 한다.

CONCEPTS APPLIED 제1법칙 실험

작은 공을 자동차 바닥의 평평한 부분 위에 놓아라. 우선 다음 각각의 상황에서 공에 무엇이 일어날 것인지를 예측해 보아라: (1) 기구가 정지 위치로부터 전방으로 이동한다. (2) 기구가 등속도로 이동한다. (3) 기구가 등속도로 이동하다가 오른쪽으로 회전한다. (4) 기구가 등속도로 이동하다가 멈춘다. 자, 당신의 예측을 조사해보고 뉴튼의 운동의 제1법칙의 관점에서 각각을 설명해 보아라.

CONCEPTS APPLIED 제2법칙 실험

줄의 한 끝은 책 그리고 다른 끝은 커다란 고무밴드에 있다. 당신의 집게손가락을 고무밴드의 고리 안에 감아 부드러운 책상위에서 책을 당겨라. 고무밴드가 수축한 정도로 당신이 작용하고 있는 힘에 대해 대략적인 평가를 내릴 수 있을 것이다. (1) 책상위에서 일정한 속도로 책을 당겨라. 각각 다른 크기의 등속도로 당길 때 필요한 힘을 비교하라. (2) 다른 비율로 책을 가속시켜라. 각각의 가속도들을 유지하기 위해 필요한 힘을 비교하라. (3) 질량이 더 큰 다른 책들을 사용해서 다른 비율로 책을 다시 가속하라. 질량이 증가하면 결과는 어떻게 달라지는가? 당신이 관측한 것을 기초로 해서 힘, 가속도와 질량 사이의 관계성을 추론할 수 있는가?

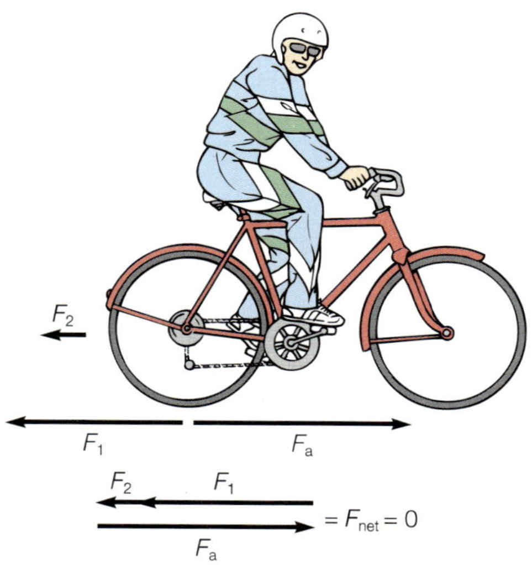

그림 2.16 속도가 일정하면 마찰력(F_1)과 공기저항력(F_2)의 합의 크기는 작용한 힘(F_a)과 크기가 같다. 따라서 알짜 힘은 0이다.

로 끌어당기고 있다. 버스가 커브를 돌 때 느끼는 힘은 (당신의 운동이 버스의 운동과 같도록 힘이 교정될 때까지) 정지해 있거나 직선운동을 유지하려는 경향의 결과이다(그림 2.15).

뉴튼의 운동의 제2법칙(second law of motion)

뉴튼은 운동의 본질을 기술하는데 있어서 갈릴레오의 생각을 성공적으로 사용하였다. 뉴튼의 운동의 제1법칙은, 운동하고 있는 모든 물체는 힘이 작용하지 않는다면 계속해서 일정한 속도로 직선운동을 할 것이다. 이 법칙은 운동의 기술뿐만 아니라 힘의 역할을 정립하고 있다. 따라서 운동의 변화는 알짜 힘이 작용하고 있는 증거이다. 힘과 운동의 변화의 관계성은 우리의 일상에서도 경험하는데 자동차가 가속할 때 당신의 뒤편에서 가해지는 힘을 경험했었으며, 그리고 커브 길을 돌 때나 정지할 때 다른 종류의 힘들을 경험했었다. 우리는 지표면을 향해 물체를 가속시키는 중력에 관해 공부했는데 불균형적인 힘과 가속도는 운동의 변화를 일으킨다. 뉴튼의 운동의 제2법칙은 운동 변화의 원인을 기술하는 알짜 힘, 가속도와 질량들 간의 관계이다. 당신과 당신이 타고 있는 자전거를 생각해보자.

지면 위의 평탄한 직선도로를 20 km/h의 속도로 자전거를 타고 있다고 가정해보자. 운동의 제1법칙에 의해 당신과 자전거에 불균형적인 외력이 작용할 때까지는 일정한 속도로 직선운동을 유지할 것이다. 당신이 페달에 가하고 있는 힘은 당신과 자전거를 함께 움직이게 하는 어떤 외력과 같은 것으로 취급할 수 있다. 당신이 이동할 때 가하는 힘은 타이어의 마찰력과 공기저항과 균형을 이루기 위해서 필요하다. 만약 이들 저항력이 제거되면, 일정한 속도로 지속적으로 운동을 하기 위해 어떤 힘도 가할 필요가 없다. 알짜 힘은 당신이 가하고 있는 힘에서 타이어와 공기 저항력을 빼준 힘이다. 따라서 당신이 일정한 속도로 직선 운동을 할 때 알짜 힘은 0이다(그림 2.16).

만약 타이어와 공기의 저항력보다 더 큰 힘을 페달에 가하면, 알짜 힘이 0보다 크므로 당신은 가속된다. 알짜 힘이 0보다 크게 작용하는 동안만 가속되며, 마찬가지로 다른 종류의 저항력인 브레이크에 힘을 가하면 감속될 것이다. 속도를 변화시키는 세 번째 방법은 핸들에 힘을 가해서 속도의 방향을 변화시키는 것이다. 불균등한 힘은 당신과 자전거에 가속도를 공급한다.

정지 상태에서 출발하는 자전거는 힘과 가속도간의 관계성을 나타낸다. 페달을 더욱 세게 밟으면 큰 가속도를 관측한다. 만약 두 배의 알짜 힘을 가하면 당신의 가속도는 두 배가 되어 반시간 내에 같은 속도에 도달한다. 만약 알짜 힘을 세 배로 가하면 가속도는 3배로 증가할 것이다. 동일한 비율로 증감하는 양들 간에는 직접적인 비례관계가 있다는 것을 상기하자. 따라서 가속도는 힘과 직접적인 비례관계에 있다.

자전거에 좌석이 2개 있어서 당신과 친구가 자전거를 탄다고 가정해보자. 또한 친구가 자전거에 타게 되어 당신과 자전거 질량의 2배가 되었다고 가정하자. 만약 이전과 같은 크기의 알짜 힘을 가하면 자전거는 훨씬 작은 가속도를 받는다. 사실 모든 다른 요소들을 동일하게 두고, 질량을 두 배로 하고 동일한 외력을 가하면 단지 크기가 1/2인 가속도를 산출할 것이다(그림 2.17). 더욱이 질량이 더 큰 친구라면 가속도를 더욱 작게 할 것이다. 만약 질량을 세 배로 하고 같은 크기의 외력을 가하면 가속도는 1/3으로 줄어들 것이다. 두 양의 관계에서 하나가 증가할 때 다른 양이 같은 비율로 감소하면 두 양은 반비례 관계에 있다. 물체의 가속도는 작용한 알짜 힘과 질량 모두에 관계된다. **운동의 제2법칙**은 다음과 같다;

그림 2.17 작용하는 힘이 동일할 때 질량이 큰 사람의 가속도가 작다. 다른 모든 인자들이 일정하고, 크기가 같은 힘이 작용할 때 질량이 두 배가 되면 가속도는 1/2로 감소한다. 단 뒤에 앉은 사람은 페달을 밟지 않는다.

물체의 가속도는 물체에 작용하는 알짜 힘에 비례하고 물체의 질량에는 반비례한다.

만약 힘을 적절한 단위로 표현하면 문장은 다음과 같은 방정식으로 표기할 수 있다.

$$a = \frac{F}{m}$$

F에 대해 방정식을 풀면 가장 흔히 표현되는 방정식 형태로 정리된다,

$$F = ma \qquad (2.3)$$

미터계에서 힘의 단위는 질량(m)의 단위와 가속도(a)의 단위를 곱한 것임을 알 수 있다. 질량의 단위는 kg이고 가속도의 단위는 m/s^2이다. 이들 단위의 조합인 (kg)(m/s^2)는 아이작 뉴튼을 기념하여 **뉴튼(N)**으로 불리는 힘의 단위이다. 즉

$$1\text{ newton} = 1\text{ N} = 1\frac{\text{kg}\cdot\text{m}}{\text{s}^2}$$

뉴튼의 운동의 제2법칙은 운동에 관한 그의 연구에서는 필수적인 생각이다. 이 법칙에 의하면, 가속도와 알짜 힘과 물체의 질량 간에는 항상 관계성이 존재한다. 여기에는 3가지 사실이 함축되어 있다; (1) 물체에 작용하는 전체 외력인 알짜 힘에 관해 이야기 하고 있고 (2) 운동은 속도가 아닌 가속도와 관계하며 그리고 (3) 특별한 경우가 아니면 질량은 변하지 않는다.

예제 2.5 자전거와 사람의 질량의 합이 60 kg이며 가속도가 0.5 m/s^{2}이다. 작용하는 외력의 크기는 얼마인가?

질량(m)은 60 kg, 가속도는 0.5 m/s^{2}로 주어진다. 문제는 질량이 가속도를 얻기 위한 힘의 크기에 관한 것이다. 관계식은 식 (2.3)에서 구해진다.

$$m = 60\ \text{kg} \qquad a = 0.5\ \text{m/s}^2 \qquad F = ?$$

$$\begin{aligned} F &= ma \\ &= (60\ \text{kg})\left(0.5\ \frac{\text{m}}{\text{s}^2}\right) \\ &= 30\ \frac{\text{kg}\cdot\text{m}}{\text{s}^2} \\ &= 30\ \text{N} \end{aligned}$$

일정한 속력을 넘어서 자전거와 사람이 0.5 m/s^{2}의 가속도를 유지하기 위해서는 30 N의 외력이 페달에 작용되어야 한다. (단위 kg · m/s는 힘의 단위인 뉴튼으로 정의되므로 단위 N이 사용됨을 주목하라.)

예제 2.6 20 kg의 수레에 40 N의 힘이 가해지면 가속도는 얼마인가? (답 : 2 m/s^2)

무게와 질량(weight and mass)

무게의 의미는 무엇인가－무게는 질량과 동일한 개념인가? 대부분의 사람들에게 무게는 친숙한 개념이며 일상의 언어에서는 질량과 동일한 개념으로 자주 사용된다. 그러나 물리학에서 무게와 질량 사이에는 근본적인 차이가 있으며, 이 차이점은 뉴튼 운동과 운동의 원인을 설명하는데 있어서 대단히 중요하다.

질량(mass)은 운동의 변화에 물체가 저항하는 정도를 결정하는 특성으로 정의된다. 질량이 클수록 관성 혹은 변화에 대한 저항은 커진다. 예를 들어 큰 트럭을 밀어 움직이기 보다는 작은 차를 밀어 움직이기 쉽다. 트럭의 질량이 더 크므로 트럭은 더욱 관성적이다. 뉴튼은 처음에는 질량을 물체에서 "물질의 양" 으로 정의했었고 이는 직관적으로는 매력적인 정의이다. 그러나 뉴튼은 운동에서 관성의 분명한 역할로 인해 관성의 측정이 필요했고 그리고 질량을 관성의 측정값으로 다시 정의하였다.

질량을 측정하기 위해 물체에 힘을 가하고 가속도를 측정해서 뉴튼의 운동의 제2법칙을 사용할 수 있다. 이것은 아주 편리한 방법은 아니다. 질량은 표준질량에 작용하는 중력과 미지의 질량에 작용하는 중력을 비교하도록 고안한 저울 위에서 측정한다.

Connections . . .

수영하는 가리비

뉴튼의 운동의 법칙은 위성과 자동차뿐만 아니라 동물에도 적용된다. 예를 들어 성장하는 가리비의 진퇴양난에 대해 생각해보자. 가리비는 홈이 있고 빛이 나는 부채 모양의 껍질로 어떤 석유 회사의 로고로 보인다(그림 2.2).

가리비는 가장 독특한 바다의 연체동물로 수영할 수 있는 유일한 대합조개이기 때문이다. 껍질을 열고 닫으면서 액체나 기체를 분사하는데 껍질 내부의 물에 힘을 주어서 스스로 추진 할 수 있다. "조개관자요리"라고 알려진 유명한 바다요리는 가리비가 껍질을 닫을 때 사용하는 식용의 근육이다.

가리비는 적당한 각도로 패각을 지향하여 수영할 수 있으며 침강을 방지하기 위해 최소한의 가속도를 유지한다. 예를 들면, 한 특별한 종류의 가리비는 매초 몸의 6배나 되는 거리를 이동하기 위해서 후방으로 충분한 물을 보내야만 하는데 헤엄치는 준위를 유지하기 위해서는 10도 각도에서 해야 한다. 20초 동안 이런 행동을 지속할 수 있어서 포식이나 다른 교란 조건에서 도망칠 수 있다. 질량이 증가하면 같은 가속도를 유지하는데 더 큰 힘이 필요하듯이 가리비의 질량이 증가하면 수영하는 능력에 한계가 생긴다. 이 문제는 더 큰 추진력의 개발 없이 가리비가 더 커지면 커질수록 악화된다.

박스그림 2.2 가리비 껍질

참고 60 kg인 사람의 다른 행성에서의 무게

행성	중력가속도	무게(N)	무게(lb)
수성	3.72 m/s^2	223 N	50 lb
금성	8.92 m/s^2	535 N	120 lb
지구	9.82 m/s^2	588 N	132 lb
화성	3.72 m/s^2	223 N	50 lb
목성	24.89 m/s^2	1,493 N	336 lb
토성	10.58 m/s^2	635 N	143 lb
천왕성	8.92 m/s^2	535 N	120 lb
해왕성	11.67 m/s^2	700 N	157 lb

질량에 작용하는 중력은 물체의 무게이다. 무게는 힘이고 질량과는 다른 단위이다. 무게는 물체에 작용하는 중력의 측정값이기 때문에, 뉴튼의 운동의 제2법칙을 통해서 그 힘을 계산할 수 있다.

$$F = ma$$

$$\text{아랫방향 힘} = (\text{질량})(\text{중력가속도})$$

혹은

$$\text{무게} = (\text{질량})(g)$$

$$W = mg \tag{2.4}$$

기호 g는 중력가속도를 나타낸다는 것을 이미 배웠다. 지표근방에서 g의 근사값은 9.8 m/s^{2}이다. 운동하지 않는 물체에 어떻게 g가 작용되는가를 이해하기 위해서 당신 손안에 놓여있는 공을 생각해보자. 공의 무게를 지탱함으로써 당신은 공을 고정시켜 들고 있다. 따라서 당신의 손의 윗 방향 힘과 공의 아랫방향의 힘(무게)을 더한 알짜 힘은 반드시 0이 되어야 한다. 공을 손에서 떠나보내면 공에 작용하고 있는 유일한 힘은 중력이다. 공의 무게는 공을 g로 가속시키는 알짜 힘이다. 즉

$$F_{\text{net}} = w = ma = mg$$

한 위치에서 공의 무게는 결코 변하지 않는다. 비록 공이 가속되지 않고 있다 할지라도 공의 무게는 항상 $w = mg$이다.

예제 2.7 지표에서 60.0 kg인 사람의 무게는 얼마인가?

질량은 60.0 kg이고 지표에서 중력가속도는 9.8 m/s^2이다. 무게는 식 (2.4) $w = mg$를 사용해서 구할 수 있다.

$$m = 60.0\ \text{kg}$$
$$g = 9.8\ \text{m/s}^2$$
$$w = ?$$

$$\begin{aligned} w &= mg \\ &= (60.0\ \text{kg})(9.8\frac{\text{m}}{\text{s}^2}) \\ &= 588\ \frac{\text{kg}\cdot\text{m}}{\text{s}^2} \\ &= 590\ \text{N} \end{aligned}$$

예제 2.8 60.0 kg의 사람은 달에서 100.0 N의 무게이다. 달에서 중력가속도는? (답 : 1.67 m/s^2)

뉴튼의 운동의 제3법칙(third law of motion)

뉴튼의 운동의 제1법칙은 알짜 힘이 0일 때 물체는 원래의 운동상태를 유지하려 한다는 것을 말한다. 제2법칙은 알짜 힘이 0이 아닐 때 무엇이 발생하는가를 언급하고 있다. 즉 힘이 가해지면 질량을 가진 물체는 어떻게 하는가를 기술하고 있다. 두 법칙은 힘의 외관적 개념을 나타낸다; 즉 만약 물체가 움직이기 시작하고, 속도의 증감 혹은 이동방향의 변화 등이 관찰되면 물체에 불균형적인 힘이 작용하고 있다고 결론을 구할 수 있다. 즉, 운동상태의 모든 변화는 물체에 불균형적인 힘이 작용했었다는 증거이다.

뉴튼 운동의 제3법칙 또한 힘에 관한 것이다. 먼저 힘은 어디서 유래하는가를 생각하자. 힘은 항상 두 물체의 상호작용으로부터 만들어진다. 때로는 무엇이 힘을 산출하는지는 모르지만 힘은 항상 쌍으로 존재한다는 것은 알고 있다. 힘이 가해지면 거기에는 항상 세기는 같고 방향이 반대인 힘이 동시에 발생한다. 예를 들어, 당신이 벽을 밀면 벽은 크기는 같은 반대 방향의 힘으로 당신을 밀게 된다. 두 힘은 방향은 반대이며 균형을 이루고 있어 $F = ma$에 따라 벽도 당신도 가속되지 않는다. 만약 가속도가 0이라면, $F = ma$ 공식으로부터 알짜 힘이 0이라는 것을 알 수 있다. 두 힘이 다른 두 물체인 당신과 벽 사이에 있었다는 것을 주목하라. 뉴튼의 제3법칙은 다른 두 물체 간에 무엇이 발생하는지를 기술한다. 지구에서 발생하는 많은

그림 2.18 힘은 크기는 같고 방향은 서로 반대인 쌍으로 발생한다.

상호작용들을 쉽게 이해하기 위해서 공간에 자유롭게 떠있는 인공위성을 생각해보자. 뉴튼의 운동의 제2법칙에 의하면($F = ma$) 인공위성의 운동상태를 변화시키려면 힘이 작용해야만 한다. 이런 힘의 가능한 근원은 무엇인가? 아마 우주비행사가 인공위성을 1초 동안 밀었다면, 힘이 작용하는 동안 인공위성은 가속이 되고 그러면 어떤 일정한 속도로 원래의 위치에서 멀리 이동한다. 우주비행사 또한 원래의 위치에서 반대방향으로 멀리 이동한다(그림 2.18). 힘은 홀로 스스로 존재하지 않는다. 항상 동시에 발생하는 상대적인 반대의 힘이 있다. 우주비행사가 순간적인 힘을 인공위성에 가했으면, 우주비행사가 원래의 위치에서 반대방향으로 멀리 이동했으므로 인공위성 또한 순간적인 반대방향의 힘을 우주비행사에게 명백하게 가했다. 뉴튼은 사고할 수 있는 우주비행사도 인공위성도 없었으나, 힘은 세기는 같고 방향은 반대인 쌍으로 존재한다는 결론을 구했을 때 고안했던 추론의 종류이다. 즉 **운동의 제3법칙**은 다음과 같다;

두 물체가 상호작용할 때 한 물체에 작용된 힘은 다른 물체에 작용된 힘과 크기는 같고 방향은 서로 반대이다.

그림 2.19 미식 축구선수가 발로 지면을 밀면 이에 대항해서 지면은 발을 밀어 주어서 선수는 전방으로 가속되어 공을 잡는다.

제3법칙은 힘은 다른 두 물체에 방향은 반대인 쌍으로 발생한다는 것을 언급하고 있다. 때로는 다음과 같이 표현한다 "모든 작용에는 크기는 같고 방향은 반대인 작용이 존재한다" 그러나 이는 잘못 이해될 수 있다. 힘이 다른 힘의 동기가 되는 것은 아니다. 모든 순간에서 힘은 서로의 동기가 되며 그리고 동시에 나타나고 사라진다. 만약 우주비행사가 인공위성에 가하는 힘을 기술하려 한다면, 인공위성이 우주비행사에게 동시에 작용하는 힘이 존재한다는 것을 깨달아야만 한다. 힘들은(우주비행사가 인공위성에 혹은 인공위성이 우주비행사에) 서로 크기는 같으나 방향은 반대이다.

일반적으로 인공위성은 작은 로켓으로 이동한다. 인공위성을 이동시키고자 하는 방향의 반대방향으로 로켓을 점화하여 공간에서 인공위성의 방향을 조정한다. 소모된 가스(혹은 압축가스)가 한 방향으로 가속되고 크기는 같은 반대방향의 힘이 인공위성에 작용하여 반대방향으로 가속된다. 이것은 제3법칙의 다른 예이다.

지상에서 힘의 쌍이 어떻게 작용하는지 고려해보자. 우리는 발로 땅을 밀게 됨으로써 걸음을 걷는다(그림 2.19). 물론 마찰이 없다면 이렇게 할 수 없다. 마찰이 없다면 당신은 미끄러운 얼음 위에서처럼 미끄러진다. 그러나 마찰이 있기에 당신은 지면에 수평하게 뒤로 힘을 가하고, 제3법칙으로부터 지면은 크기는 같고 방향이 반대인 힘을 당신에게 가한다. 당신은 제2법칙에서 설명한 알짜 힘에 의해 앞 방향으로 가속된다. 만약 지구의 질량이 당신의 질량과 같다면, 당신이 전방으로 가속되었던 것과 같은 비율로 지구도 후방으로 가속될 것이다. 그러나 지구는 당신보다는 대단히 무겁기 때문에 지구의 가속도는 무시할 수 있을 정도로 작다. 결국은 지면이 가하는 힘으로 인해서 당신은 앞으로 가속된다.

앞에서 다뤘던 자전거 문제를 다시 고려해보자. 당신과 자전거를 가속시키는 외력의 근원은 무엇인가? 페달을 밟는 것은 당신과 자전거에 외력으로 작용하지 않기 때문에 당신과 자전거를 앞으로 가속시킬 수 없을 것이다. 이 힘은 자전거 타이어로 전달되어 타이어가 지면을 밀치게 된다. 지면은 동일한 크기인 반대방향의 힘을 당신과 자전거에 가하게 되고 이 힘으로 당신은 앞으로 가속된다. $F = ma$ 식을 적용하기 전에 당신과 자전거에 작용하는 힘을 고려해야만 한다. 자전거의 전진 운동에 영향을 미치는 힘은 오직 자전거를 앞으로 미는 지면의 힘과 전진운동과 반대 방향인 마찰력뿐이다. 이것은 제3법칙의 다른 예이다.

2.8 운동량 (Momentum)

스포츠센터는 종종 팀의 운동량을 언급하고 뉴스센터는 선거에서 모멘툼을 가진 후보가 어디에 있는가를 언급한다. 이들 상황들은 한쪽이 승리하기 위해 운동하는 경쟁 상태를 기술한다. 물리학에서 운동량이란 운동의 특성이기 때문에 이 용어를 빌려 쓰는 것은 적절한 것 같다. 운동량이 대단히 큰 물체의 움직임을 정지시키기 위해서는 많은 시간이 소요된다. 운동량에 대한 물리학적인 개념은 뉴튼의 운동의 법칙과 밀접하게 연관되어 있다. **운동량**(p)은 물체의 질량(m)과 물체의 속도(v)의 곱으로 정의된다.

$$\text{운동량} = \text{질량} \times \text{속도}$$

$$p = mv \tag{2.5}$$

그림 2.20의 우주비행사의 질량은 60.0 kg이고 인공위성과의 상호작용의 결과로 0.75 m/s의 속도를 가진다. 따라서 우주비행사의 운동량은 (60.0 kg) (0.75 m/s), 혹은 45.0 kg·m/s 이다. 만약 우주비행사가 더 큰 속도를 획득하든가 혹은 질량이 더 크고 동일한 속도를 획득하게 되면 더 큰 운동량을 가지게 될 것이다. 운동량은 운동하는 물체의 관성과 속도 모두를 포함한다.

CONCEPTS APPLIED 운동량 실험

줄에 걸린 다섯 개의 강철공은 탄성충돌을 하는 동안 운동량의 교환을 관측하는데 사용된다. 공 하나를 뒤로 당겨서 놓아주면 그 공이 때린 공에게 자신의 운동량을 전해주고 그 공은 멈춘다. 그리고 운동량은 마지막 공이 흔들릴 때까지 공에서 공으로 전달된다. 다음의 실험을 통해서 예측해 보아라: (1) 공 두 개를 한쪽 측면에서 함께 놓았을 때; (2) 각각의 측면에서 공을 동시에 놓았을 때; (3) 한 쪽에서는 두 개의 공을 동시에 놓아주고 또 다른 편에서도 동시에 두 개의 공을 함께 놓았을 때; (4) 한쪽에서는 두 개의 공을 동시에 놓아주고 동시에 또 다른 편에서는 한 개의 공을 놓았을 때. 각각의 경우에서 운동량 전달을 분석해보라.

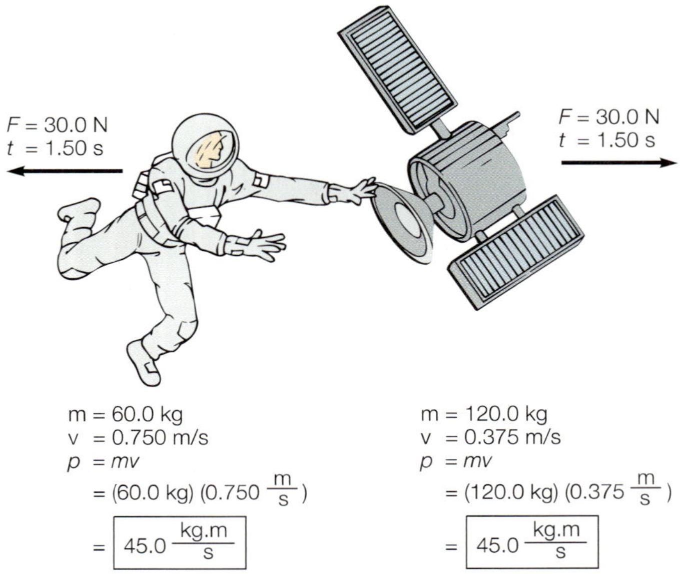

그림 2.20 우주비행사와 위성이 서로 밀면 1.50초 동안 30 N의 힘을 받는다. 그러면 서로 반대 방향으로 45.0 kg·m/s의 운동량을 갖는다. 이것은 운동량 보존의 법칙의 한 예이다.

운동량의 보존(conservation of momentum)

그림 2.20에서 인공위성이 획득한 운동량 또한 45.0 kg·m/s 이다. 우주비행사는 한 방향의 운동량을 얻고 그리고 인공위성은 반대방향의 동일한 운동량을 얻는다. 원래 뉴튼은 물체에 작용하는 알짜 힘에 비례하는 운동량의 변화의 관점에서 운동의 제2법칙을 정의하였다. 제3법칙에서 우주비행사와 인공위성은 동일한 크기의 반대방향의 힘을 받기 때문에 우리는 두 물체가 반대방향의 동일한 운동량을 획득한다고 기대한다. 이런 결과는 상호작용하는 물체들에서 항상 관측된다(그림 2.20). 이런 사실은 보존의 법칙이라 불리는 특별한 관계로 운동량에 적용되기에 **운동량 보존의 법칙**이라고 불린다.

> **외력이 작용하지 않는다면 상호작용하는 물체들의 전체운동량은 동일한 값을 유지한다.**

운동량, 에너지와 전하의 보존은 우리의 일상 상황에 적용되는 보존의 법칙의 예이다. 이들 상황들은 항상 다음 두 가지의 이해로 설명된다; (1) 각각의 보존의 법칙은 관측이 가능한 물리적 원리를 기술하는 표현이고 (2) 각각의 법칙은 상세한 상호작용의 과정 혹은 어떻게 발생했는가 등에 상관없이 성립한다. 보존의 법칙은 항상 성립되기 때문에, 주어진 상황에서 어떤 일의 발생이 기대되고 또는 기대되지 않는지를 말해준다. 예를 들어 운동량 보존의 법칙은 당구공과 자동차들의 충돌들과 같은 단순한 계의 운동을 분석하는데 유용하다. 또한 로켓의 추진에서처럼 작용(action)과 반작용(reaction)을 측정하는데 유용한데 뒤로 분출하는 가스의 운동량과 반대방향의 로켓의 운동량이 같다(그림 2.21). 즉, 운동량은 항상 보존된다.

그림 2.21 외력이 작용하지 않으면 운동량 보존의 법칙에 의해 방출한 가스의 운동량은 반대 방향의 로켓의 운동량과 같다.

충격량(impulse)

공을 칠 때 배트를 끝까지 휘둘러야 한다는 말을 들어본 적이 있는가? 끝까지 휘두르면 배트는 공과 오랫동안 접촉한다. 물론 때리는 힘도 중요하지만 힘이 얼마나 오랫동안 작용했는지도 결과를 좌우한다. 힘과 힘이 작용한 시간의 곱을 **충격량**이라 하며 다음과 같이 기술된다;

$$\text{충격량} = Ft$$

여기서 F는 접촉시간(t)동안 작용한 힘이다. 당신이 공에 가하는 충격량은 공이 얼마나 빠르게 운동하고 얼마나 멀리 이동하는지를 결정한다.

충격량은 공의 운동의 변화와 관계가 있기에 따라서 충격량은 운동량(mv)의 변화를 가져다준다. 이는 다음과 같이 표시될 수 있다;

$$\text{운동량의 변화량} = (\text{작용한 힘})\ (\text{접촉시간})$$

$$\Delta p = Ft \tag{2.6}$$

여기서 Δp는 운동량의 변화량이다. 공을 칠 때 접촉시간을 증가시키기 위해서는 배트를 끝까지 휘둘러야 한다. 만약 동일한 힘이 작용한다면, 접촉시간이 길수록 충격량은 커진다. 충격량이 커지면 운동량의 변화량도 커진다. 공의 질량은 변함이 없기에 공은 더 큰 속도로 운동하게 된다. 이는 동일한 힘으로 공을 칠 때 배트를 끝까지 휘두르면 공은 더 멀리 날아가는 결과를 얻는다. 이것이 공을 칠 때 배트를 끝까지 휘두르는 것이 중요한 이유이다.

이제 움직이는 물체를 잡아 정지시키는 경우를 생각해보자. 잡는 순간에 물체의 질량과 속도는 고정되고 이들 양에 관해 당신은 아무것도 할 것이 없다. 운동량의 변화량은 충격량과 같다 그리고 힘이 작용하는 시간의 조작이 가능하다. 예를 들어, 당신에게 달걀을 던지면 어떻게 잡을 수 있을까? 아마도 손을 달걀과 함께 움직이며 접촉시간을 증가시키려 할 것이다. 접촉시간의 증가는 $\Delta p = Ft$이기에 힘을 감소시키는 효과를 나타낸다. 당신은 접촉시간을 증가시킴으로써 작용하는 힘의 크기를 변화시켰으며, 그리고 달걀이 깨지지 않을 정도로 충분히 힘을 감소시켰다.

접촉시간은 또한 안전에 있어서도 중요하다. 에어백, 무릎과 팔꿈치 패드와 고가도로의 플라스틱 통 등은 접촉시간을 증가시키기 위해서 고안된 것들의 예이다. 다시 언급하면, 접촉시간의 증가는 $\Delta p = Ft$이기에 힘을 감소시킨다. 충격력이 감소되면 부상도 감소한다. 자, 충돌로 인해 찌그러지고 구부러진 자동차를 생각해보자. 아마 운전자와 승객은 큰 부상을 입지 않고 구조되었을 것이다. 왜냐하면 찌그러졌다는 것은 정지하는데 많은 시간이 소요된다는 것을 내포하기 때문이다. 충돌에서 찌그러지는 자동차가 더욱 안전한 자동차이다.

2.9 힘과 원운동(Forces and Circular Motion)

지구 주변의 원형궤도를 일정한 속도로 운동하고 있는 통신위성을 생각해 보자. 운동의 제1법칙에 의하면, 위성은 직선운동을 하고 있지 않으므로 위성에는 어떤 힘이 작용하고 있어야만 한다. 또한 운동의 제2법칙에 의하면 운동방향을 변화시키기 위해서는 불균형적인 힘이 필요하다.

가속도는 속도의 변화율로 정의되고 속도는 크기와 방향성이 있다는 것을 상기하자. 속도는 속력, 방향 혹은 속력과 방향 모두의 변화에 의해 변한다. 원 궤도에 있는 인공위성은 연속적으로 가속되어진다. 이 뜻은 직선경로에서 끌어당기는 불균형적인 힘이 연속적으로 작용하고 있다는 것을 의미한다.

직선의 경로에서 물체를 끌어당겨 원형경로로 끌어넣는 힘을 **구심력**(centripetal force)(중심으로 향하는 힘)이라고 부른다. 아마도 당신은 줄 끝에 공을 달고 머리 위의 수평 원 모양으로 흔들어 보았을 것이다. 당신이 가진 운동하는 공에 작용하는 불균형적인 힘은(중력은 제외함) 오직 구심력뿐이며 그리고 당신의 손은 동일한 크기의 반대방향의 힘을 공에 가한다. 만약 줄을 놓게 되면 공은 놓아준 지점에서 오른쪽 각도 방향으로 직선으로 날아가 원형경로로부터 멀어질 것이다(그림 2.22). 당신이 줄을 놓으면 구심력은 사라지게 되어 공은 직선운동을 따르게 된다. 만약 다른 힘이 존재했다면 공은 어떤 다른 경로를 따라 운동했을 것이다. 그럼에도 불구하고 분명히 밖으로 향하는 힘이 마치 실존하는 힘인 양 이름이 주어져 왔다. 밖으로 끌어당기는 이것을 원심력이라고 부른다.

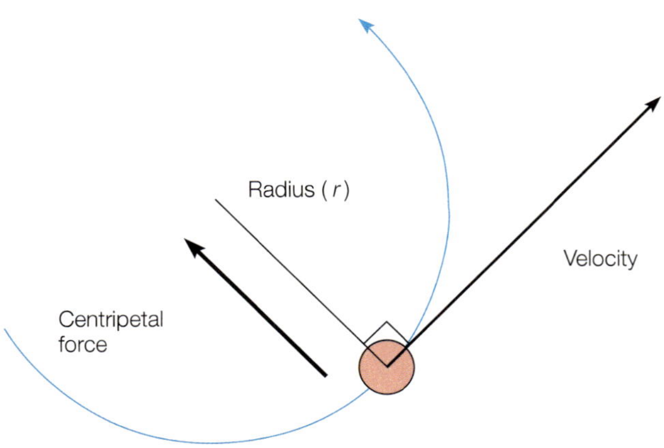

그림 2.22 공에 작용하는 구심력은 공의 운동 방향을 계속해서 변화시켜서 원주에서 가속 운동을 하도록 한다. 구심력이 작용하지 않으면 공은 계속해서 직선 운동을 할 것이다.

원형경로의 운동을 유지하기 위해서 필요한 구심력의 크기는 물체의 질량과 가속도에 의해 결정된다. 원주 위에서 운동하는 물체의 가속도는 속도의 제곱(v^2)에 비례하고 원의 반경(r)에 반비례 한다.(반경이 작을수록 가속도는 더욱 증가한다.) 따라서 일정한 속도로 원주 위를 운동하는 물체의 가속도 a_c는 아래와 같다.

$$a_c = \frac{v^2}{r} \tag{2.7}$$

Connections . . .

빙빙 도는 즐거움

놀이 공원의 타는 기구들은 우리의 몸을 가속하도록 고안되어 때로는 가속도의 변화를 제공한다. 이것은 속력의 변화, 진로의 변화 혹은 속력과 방향 모두의 변화에 의해 이뤄진다. 많은 기구들은 가속도가 일정하게 원형으로 움직인다. 왜 사람들은 놀이 공원의 기구들을 즐기는가? 이것은 고속 때문이 아니라 우리의 몸이 등속 운동에 별로 감각이 없기 때문이다. 1200 km/h의 일정한 속력으로 이동하는 비행기 내의 객실 중앙의 통로 쪽 자리에 앉아 있으면 이동하는 것을 조금 지각한다.

우리의 몸은 고속의 여행에 별로 느낌이 없지만 가속과 가속의 변화에는 감각적이다. 가속은 균형 감각을 유지시키는 귀 안에 있는 유체에 영향을 준다. 대개의 사람들에게 가속은 신장에 있는 골수에서 에피네프린과 노르에피네프린 호르몬을 방출시키는 반응을 제공한다. 심장 박동은 증가하고 혈압도 증가하며 피는 근육으로 흐르며 호흡도 가빠진다. 자동차 사고가 발생할 뻔하든가 혹은 미끄러지고 넘어질 뻔할 때처럼 일상의 생활에서 이런 반응을 많이 경험했을 것이다. 놀이 공원의 기구들은 우리 몸을 적응시켜서 경험을 즐긴다고 우리를 믿게 만든다.

반경 r인 원주 위를 일정한 속도 v로 운동하는 질량(m)인 물체에 작용하는 구심력은 $F = ma$에 식 (2.7)을 대입하면 구해진다.

$$F = \frac{mv^2}{r} \tag{2.8}$$

예제 2.9 질량이 0.25 kg인 공이 길이가 0.5 m인 줄에 매달려서 2.0 m/s의 속도로 수평원운동을 하고 있다. 원형 경로를 유지하기 위해서 필요한 알짜 힘은 얼마인가?

$$m = 0.25\ \text{kg} \qquad r = 0.5\ \text{m} \qquad v = 2.0\ \text{m/s} \qquad F = ?$$

$$F = \frac{mv^2}{r} = \frac{(0.25\ \text{kg})(2.0\ \text{m/s})^2}{0.5\ \text{m}} = 2\ \text{N}$$

예제 2.10 위 예제에서 길이를 0.25 m로 하였을 때 필요한 힘은? (답 : 4.0 N)

2.10 뉴튼의 중력의 법칙 (Newton's Law of Gravitation)

당신도 알다시피 물체를 떨어뜨리면 물체는 항상 바닥으로 떨어진다. 우리는 물체의 이동 방향을 아래로 그리고 반대 방향을 위로 정의한다. 물체는 중력에 의해서 낙하하며, 지구의 중력은 9.8 m/s^{2}로 물체를 가속하고 물체의 무게는 $w = mg$가 된다.

중력은 우주에 존재하는 모든 물체들 간에 존재하는 끌어당기는 인력이다. 중력은 상호간의 힘으로서 다른 힘들과 마찬가지로 쌍으로 존재한다. 지구가 어떤 힘으로 우리를 끌어당기기 때문에 우리 또한 크기가 동일한 반대 방향의 힘으로 지구를 당겨야만 한다.

서로 끌어당기는 이 힘의 크기는 여러 변수들에 의해 달라진다. 뉴튼은 이들 변수들을 운동에 관한 유명한 저서 “Principia”(1687)에 처음으로 기술하였다. 그러나 뉴튼은 24살인 훨씬 이른 시기에 운동의 법칙과 구심가속도에 대한 공식과 함께 이 문제에 관해 생각하고 있었다. 그의 친구가 1752년 발간한 자서전에서 다음과 같이 밝히고 있다. 뉴튼은 떨어지는 사과에 대해 사고하는 동안 중력의 개념이 떠올랐다. 그는 운동의 제1법칙에 의해 달이 직선의 운동을 하기 보다는 왜 지구 주변에 머물러 있는지를 생각하고 있었다. 그는 아마도 지구 방향으로 달을 끌어당기는 것과 동일한 힘이 사과를 지구로 끌어당긴다고 생각했다. 뉴튼은 중력에 관한 이론방정식을 전개했고 이 방정식은 달의 운동뿐만 아니라 태양계의 전반적인 운동에 관해서도 설명할 수 있었다. 오늘날 이 관계식을 **만유인력의 법칙**(universal law of gravitation)이라고 한다:

우주에 존재하는 모든 물체 간에는 질량들의 곱에 비례하고 그들 사이의 직선 거리의 제곱에 반비례하는 인력이 작용한다.

기호 m_1과 m_2는 두 물체의 질량을 나타내고, 거리 d는 그들의 중심 사이의 거리 그리고 G는 비례상수를 나타낸다. 만유인력 법칙에 대한 공식은:

$$F = G\frac{m_1 m_2}{d^2} \tag{2.9}$$

이 방정식을 통해서 두 물체 사이에 작용하는 인력의 크기를 구할 수 있다. 두 힘은 서로 반대방향이다. 그 법칙은 우주에 있는 모든 물체에 적용되므로 상수 G는 중력상수이다. G의 값은 Henry Cavendish가 1798년 처음으로 실험적으로 측정하였다. 오늘날 사용하는 값은 $G = 6.67 \times 10^{-11}\ \mathrm{N{\cdot}m^2/kg^2}$ 이다. 중력상수 G와 지표에서의 중력가속도 g와 혼돈하지 말아야 한다.

따라서 만유인력의 크기는 두 물체의 질량과 그들 간의 거리에 의해 결정된다(그림 2.23). 또한 이 법칙은 모든 물체는 다른 모든 물체에 인력을 작용한다는 사실을 말해주고 있다. 당신은 주변의 모든 물체로부터－의자, 책상, 타인들 등등－ 인력을 받는다. 왜 당신은 당신과 다른 물체간의 힘을 목격할 수 없는가? 상호작용하는 물체의 하나 혹은 양측의 질량이 대단히 커야지만 가능하다. 이것이 지구에 비해서 질량이 별로 크지 않은 물체와 여러분 사이의 인력을 목격할 수 없는 이유이다. 여러분과 지구 사이의 인력은 압도적이기 때문에 여러분이 목격할 수 있는 유일한 인력이다.

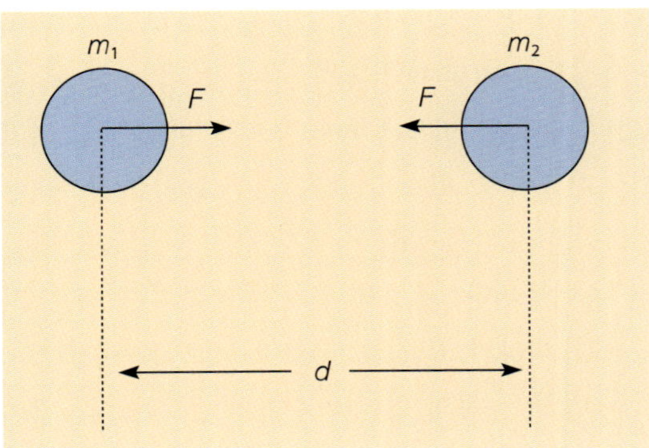

그림 2.23 만유인력의 변수들. 인력(F)은 질량의 곱 ($m_1 \cdot m_2$)에 비례하고 두 질량의 중심 간의 거리(d)의 제곱에 반비례 한다.

예제 2.11 질량이 각각 60.0 kg 인 두 학생이 1.00 m 떨어져 서있을 때 두 학생 사이에 작용하는 만유인력은 얼마인가?

$G = 6.67\times10^{-11}\ \mathrm{N\cdot m^2/kg^2}$
$m_1 = 60.0\ \mathrm{kg}$
$m_2 = 60.0\ \mathrm{kg}$
$d = 1.00\ \mathrm{m}$
$F = ?$

$$F = G\frac{m_1 m_2}{d^2}$$

$$= \frac{(6.67\times10^{-11}\mathrm{N\cdot m^2/kg^2})(60.0\ \mathrm{kg})(60.0\ \mathrm{kg})}{(1.00\ \mathrm{m})^2}$$

$$= 2.40\times10^{-7}\ \mathrm{N}$$

(note : 2.40×10^{-7}N은 약 2.4×10^{-8} g의 힘에 해당한다. 사실 이런 작은 힘은 측정하기도 어려울 것이다.)

예제 2.12 지구의 질량은 같고 반경이 두 배가 되어 밀도가 작아진다면 g의 값은 어떻게 될까? (답 : $g = 2.44\ \mathrm{m/s^2}$)

지구의 중력에 의한 가속도 g는 약 9.8 m/s^{2}으로 지표 근방의 g 값은 실질적으로는 일정하다. 그러나 뉴튼의 중력의 법칙은 제곱의 역수 법칙이다. 즉 만약 거리가 2배가 되면 힘은 $1/2^2$ 혹은 1/4배가 되고 거리가 3배가 되면 힘은 $1/3^2$ 혹은 1/9배가 된다. 다시 말하자면, 만유인력과 g값은 지구 중심부터 거리의 제곱에 반비례하여 감소한다.

뉴튼은 지구로 향하는 달의 가속도(0.0027 m/s^2)를 계산할 수 있었다. 달은 지구의 만유인력으로 인해 가속되기 때문에 달은 지구를 향해 낙하한다. 이 인력이 구심력으로 작용하므로 달이 제1법칙에서 예상되는 직선경로를 따르지 못하게 한다. 따라서 달의 가속도는 달을 지구 주위의 원주 모양의 궤도 안에 묶어둔다. 그림 2.24는 달이 B 지점에서 낙하하지 않고 직선 경로를 따라간다면 A지점에 있게 됨을 보여준다. 따라서 달은 지구 주위로 '낙하'한다. 뉴튼은 달의 운동 궤도를 유지시키는 힘이 중력이라는 사실을 근거로 해서 달의 운동을 정량적으로 분석할 수 있었다. 중력의 법칙은 태양과 다른 행성들 그리고 궁극적으로는 우주까지 확장되었다. 행성들에서 관측되는 정량적인 예측들은 모든 물체들이 같은 중력의 법칙을 따른다는 강력한 증거들이다. 부가해서, 만유인력의 법칙은 지구, 달, 행성들과 태양의 질량을 계산하는 방법을 제공한다. 뉴튼의 중력의 법칙, 운동의 법칙과 수학의 공로는 다음 2세기 동안 물리학과 기술의 기초를 형성했고 아울러 일상의 경험들을 정밀하게 묘사하고 있다.

CONCEPTS APPLIED 겉보기 무중력

날카로운 연필로 스티로폼 컵 아래에 작은 구멍을 만들어라. 구멍은 가느다란 물줄기가 3~4초 정도는 흐를 수 있을 정도로 충분히 작아야 한다. 물 흐름을 시험해 보자.

컵에 물을 채우고 컵의 구멍을 한 손가락으로 막아라. 팔을 뻗어 컵을 들고 사다리나 건물의 수직 공간 위에 서라. 손가락을 구멍에서 떼어 컵이 떨어질 때 컵에서 물줄기가 흐를 수 있도록 하여라. 컵이 낙하하는 동안 물줄기에서 발생하는 것을 관측하라. 관찰한 것을 설명해보아라. 또한 만약 당신이 컵과 함께 낙하한다면 당신은 무엇을 보게 될 것인지를 예측해 보아라.

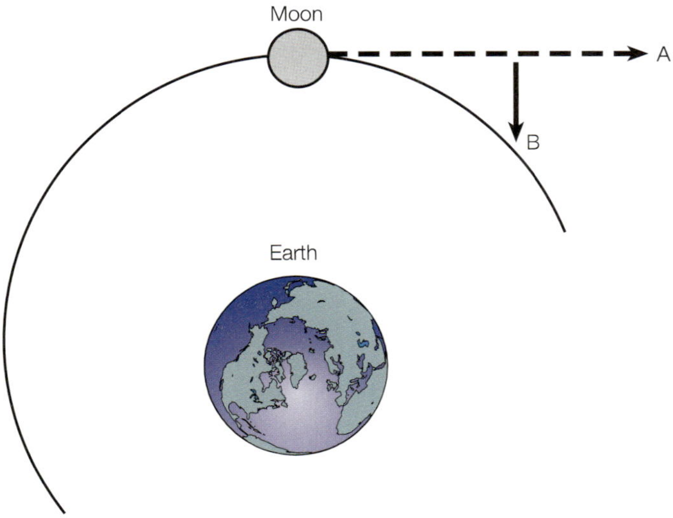

그림 2.24 만유인력이 구심력으로 작용해서 위치 A로 달이 점선으로 표시한 직선경로를 따라 운동하는 것을 방지해 준다. 달은 중력가속도 (0.0027m/s^2)에 의해 B지점으로 당겨져서 B를 향해 표시한 점선을 따라 지구로 낙하하기 때문에 결과적으로 원형 경로를 따른다.

그림 2.25 우주에서 촬영한 지구의 모습은 거의 구형이다.

인공위성(earth satellite)

그림 2.25에서 보듯이 지구의 형태는 둥근 모양으로 거의 구형이다. 우주에서 찍은 사진에서 보면 곡률은 명백하다. 시야를 가로막는 방해물이 없어서 먼 거리를 볼 수 있으면 지표가 휘어져 있는 것을 분명히 볼 수 있다. 예를 들어 선체가 높은 배가 멀리 항해하면 지구 곡률을 따라서 수평면에서 당신의 시선 아래로 배가 가라앉는 것으로 보인다. 지표는 당신의 시선에서 곡률로 휘어져 사라지는데 지표에 대한 접선 방향으로 매 8 km 당 4.9 m 씩 밑으로 휘어진다. 이 뜻은 8 km 멀리 항해한 배는 수평면 5 m 아래로 내려가 보이게 되고 만약 높이가 5 m보다 작으면 이 거리에서는 보이지 않을 것이다.

지표로 낙하하는 물체는 g로 가속하며 평균값은 9.8 m/s^{2}임을 상기하자. 공기 저항을 무시하면 1초 후에 낙체의 속도는 9.8 m/s이고 낙하거리는 4.9 m가 된다. 왜 1초 동안 9.8 m를 낙하하지 않았는지 의심할 수 있으나 낙체의 초기 속도는 0 m/s이고 최종 순간의 속력이 9.8 m/s가 된다. 평균속력은 처음과 최종속력의 평균값인 4.9 m/s이다. 구간 1초 동안 평균속력이 4.9 m/s이므로 이동거리는 4.9 m가 될 것이다.

뉴튼이 인공위성을 지구주변 궤도에 어떻게 올려놓을지에 대해 처음으로 기술한 사실을 알고 있는가? 그는 로켓을 언급하지는 않았지만, 그의 저서 "Principia"에서 공 모양의 포탄을 어떻게 지구 궤도로 올려놓을지에 대해 기술하였다. 그는 산 정상에서 얼마나 충분한 속도로 일직선으로 포탄을 쏘아야 지구 주변 궤도로 갈 수 있는지를 기술하였다. 만약 속력이 충분하지 않으면, "혼합운동"에서 기술한 바와 같이 발사체 운동 경로를 따라 지구로 떨어지게 될 것이다. 궤도로 가기 위해 필요한 속력은 얼마일까? 지표는 8 km

People Behind the Science

Isaac Newton (1642 – 1727)

아이작 뉴튼은 영국의 물리학자로 가장 위대한 과학자 중의 한 명으로 존경받고 있다. 그는 운동의 세 가지 법칙을 발견하였으며 질량, 무게, 힘, 관성과 가속도의 본질을 명료하게 정의하고 있는 중력을 처음으로 설명했다. 그를 기념하여 힘의 SI 단위를 뉴튼이라고 명명한다. 또한 뉴튼은 빛에 관한 기본적 것들을 발견했는데 백색광은 모든 색의 스펙트럼으로 구성되어 있다는 사실을 발견하였고 또한 반사 망원경을 고안하였다.

뉴튼은 1643년 1월 4일 태어났다. 그가 태어날 때는 아버지가 죽은 후이며 병든 아기로 조산했기 때문에 생존하리라고는 기대하지 않았었다. 그가 세 살 때 어머니가 재혼해서 뉴튼은 청년시절에 할머니의 보호 하에서 자랐다. 그는 곧 물시계, 불붙은 등을 달고 높이 나는 연과 생쥐로 작동하는 제분기 모형과 또한 무수한 그림과 도형 등의 역학적인 것들에서 피난처를 가지기 시작했다. 뉴튼이 12살일 때 모친은 그를 농부로 만들려고 학교 다니는 것을 그만두게 하였다. 다행히도 삼촌이 그의 재능을 알아보고 대학 진학을 위해서 다시 학교를 다닐 수 있게 조정하였다.

뉴튼은 Cambridge Trinity 대학에 진학해서 1665년에 졸업을 했는데 그해 흑사병으로 폐교했다. 뉴튼은 소년시절의 농장으로 돌아갔으며 이따금씩 Cambridge를 방문하며 흑사병이 사라질 때를 기다렸다. 이 기간 동안에 그는 처음으로 분광실험을 수행했으며 그리고 운동과 중력에 대해 사고하였다.

흑사병이 사라지자 뉴튼은 학업을 위해 Cambridge로 돌아와서 1668년에 석사학위를 받았고 26살에 교수가 되었다. 뉴튼은 거의 30살 때까지 Cambridge에 있었다. 영국 학술원의 선도 과학자들과 편지로 자주 접촉을 했지만 그는 대부분 혼자 연구하고 있었다. 이 기간은 뉴튼에게는 가장 상상력이 풍부한 시절이었다. 그는 밤낮으로 사고하고 계산하며 그의 생각을 검사하였다.

Cambridge에서 그의 가장 위대한 독작으로 묘사될 수 있는 *Philosophae Naturalis Principia Mathematica* (Mathematical Principles of Natural Philosophy)를 완성하였다. 이 책은 1686년 영국학술원에서 출간되었지만 그 후에 기금이 부족해서 더 이상은 출판할 수 없었다. 뉴튼의 부자 친구인 천문학자 할리(Edmund Halley, 1656 – 1742)는 1687년 Principia의 출판비를 지원해 주었다, 여기에 뉴튼의 운동의 법칙과 만유인력의 법칙을 수록하였다.

뉴튼의 위대한 성취는 실험을 통해서 과학적 원리를 우주에 적용하는 것을 증명하는데 있었다. *Principia Mathematica* 에는 우주의 모형을 개발하기 위한 실험 증거와 관찰들을 수록하였는데 지금도 유효하다. 한때 그는 "내가 다른 사람들보다 더 보고 있었다면, 그것은 내가 거인의 어깨 위에 서 있기 때문이다"라고 말했다. 확실히 뉴튼은 선조들의 지식을 성공적으로 통합할 수 있는 능력이 있었다.

일찍이 어떤 지식도 완벽하지는 않았으나 뉴튼의 예는 정말로 결코 꺾일 수 없는 조사와 발견의 폭발적 증가를 가져왔었다. "나는 혼자 해안가에서 놀며 평소보다 매끄러운 자갈과 예쁜 조개를 찾으며 기분을 전환하는 작은 소년에 불과했다. 반면에 거대한 진리의 대양은 내 앞에서 침묵하고 있었다"

뉴튼은 비범한 통찰력과 진기한 끈기로 자연의 비밀을 알아내어 이를 가능한 한 기본적이고 간결한 방법으로 드러내었기에, 그는 과학의 거장으로 서있다. 물리학에서, 오직 이런 자질들을 갖춘 아르키메디스(기원전 287 – 212)나 알버트 아인슈타인(1879 – 1955)만이 그와 필적할 수 있을 것이다.

당 4.9 m씩 아래로 구부러진다. 정지 상태에서 낙하하는 모든 물체는 처음 1초 동안은 거리 4.9 m를 낙하한다. 따라서 산 정상에서 8 km/s의 속력으로 발사된 포탄을 지표로 떨어지게 되는데 처음 1초 동안은 4.9 m 떨어질 것이다. 그러나 지표 또한 아래로 구부러진다. 따라서 포탄은 1초전의 위치로 가지 않고 아직도 수평으로 운동을 한다. 다음 1초 후에도 포탄은 4.9 m 낙하하지만 지표도 8 km 거리가 지나는 동안 다시 4.9 m 구부러진다. 이런 진행이 반복되고 포탄은 지표로부터 일정한 거리에 머무르게 되는데 이것이 궤도를 도는 인공위성이다. 위성은 연속적으로 지구로 떨어지지만 지구도 연속적으로 아래로 구부러져 있기 때문에

A Closer Look

중력의 문제

중력은 지구 궤도에 있는 우주선 안의 우주비행사에게도 작용한다. 중력은 비행사와 우주선에 작용하고 있기 때문에 "0 중력" 이란 용어는 정확한 기술은 아니다. 우주비행사, 우주선과 그 안에 있는 모든 것들은 지표로 계속해서 낙하하고 있기 때문에 겉보기 무중력 상태를 경험하고 있다. 모든 것들이 함께 낙하하기 때문에 모두 표류하는 것처럼 보인다. 엄격히 말하자면 무게는 물체에 작용하고 있는 중력으로 정의되므로 모든 물체는 무게를 가지고 있다.($w = mg$)

그러나 무중력이 겉보기이건 실제적이건 간에 사람에게 주는 효과들은 동일하다. 장기간의 궤도 비행의 영향으로 인해서 신체의 변화를 야기한다. 뼈는 칼슘과 다른 광물질을 잃게 되고 심장은 아주 작은 크기로 수축되고 다리 근육도 많이 수축해져서 장기간 비행 후에 지구로 돌아오면 걷지 못한다. 이 모든 변화는 지상에서는 사람들은 끊임없이 중력을 받고 있기 때문에 발생한다. 골격과 근육의 강도는 원래 이 힘에 신체가 어떻게 반응하는가에 의해 결정된다. 튼튼한 뼈와 근육을 유지하는 신진대사와 생리적 과정은 특별한 중력에 적응할 수 있도록 진화했다. 갑자기 중력이 크게 다른 지역에 처하게 되면 구조를 약화시키는 결과를 야기한다. 우리가 중력이 다른 행성에 산다면 우리는 그 행성의 중력에 적합한 근육과 뼈를 가지게 된다. 많은 종류의 생물들의 기관계가 무중력상태에서 어떻게 작동하는지 알아보기 위해 우주에서 실험되어 왔다.

장기간의 무중력 비행을 하기 전에 관계되는 문제들에 대해 연습을 해야만 한다. 이런 문제들에 대해 크고 일정하게 자전하는 우주선이 한 가지 해답일 수 있다. 우주비행사는 직선으로 이동하려 할 것이고 궤도를 움직이는 우주선의 옆면이 우주비행사에게 힘을 미쳐 곡선경로로 움직이게 한다. 이 힘이 마치 인공적인 중력처럼 작용할 것이다.

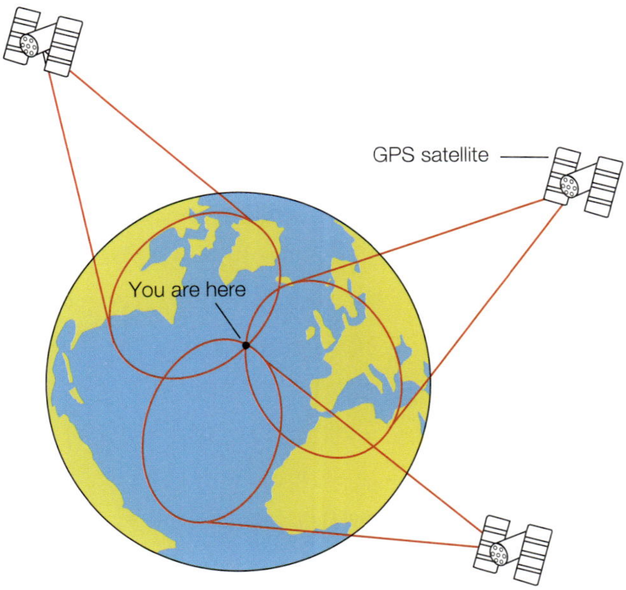

그림 2.26 Global Positioning System(GPS)은 궤도를 돌고 있는 각각의 위성들이 암호화된 무선 신호를 송출하면 지상의 수신기가 위성의 정확한 위치와 수신기로부터의 거리를 판단할 수 있다. 정보를 받으면 수신기의 컴퓨터에서 수신기가 있는 지표 위에 원을 그려 계산한다. 세 위성에서의 자료는 세 개의 원으로 그려지기 때문에 수신기는 세 원이 모두 교차하는 한 지점에 위치해야만 한다.

에너지나 추진력이 필요하지 않다. 물론 여기에는 공기 저항으로 인한 감속은 없다고 가정한 것이다.

오늘날의 인공위성은 로켓에 의해 공기마찰이 없는 고도 320 km 이상 되는 곳에 놓이고 수평으로 움직이게 된다. 위성은 적절한 접선방향의 속력으로 궤도로 진입한다. 이때 궤도속력은 8 km/s 보다는 크고 11 km/s 보다는 작아야 한다. 속력이 8 km/s 보다 작으면 위성은 포물선 경로를 따라 지구로 다시 떨어지게 될 것이다. 속력이 11 km/s 이상이 되면 지구의 곡률보다 빠르게 이동하기 때문에 지구를 탈출해서 우주 밖으로 나가게 된다. 공기저항이 없는 대기권 위에서 적절한 접선 방향의 속력으로 발사된 위성은 더 이상의 추진없이도 오랜 기간 동안 원형궤도를 돌게 될 것이다. 8 km/s 이상의 속력으로 진입한 궤도는 원형이기 보다는 타원형이다.

위성은 속력을 감속시키는 공기마찰이 없고 지구에 가까운 대기권 외부 근방의 궤도에 진입이 가능하다. 또한 지구에서 멀리 있는 궤도에 진입시킬 수도 있지만, 궤도를 한번 도는데 시간이 길어진다. 대기권 최외곽에서－즉 지표에 가까운 곳－위성은 매 90분마다 지구를 회전한다. 반면에, 궤도가 달의 위치만큼 멀어지면 지구 궤도를 완전히 회전하는데 28일 가까이 걸린다. 고도 36,000 km에서의 주기는 1일이 된다. 적도의 지표상공에 있는 이런 위성을 **정지위성**(geosynchronous satellite)이라고 하는데, 왜냐하면 지구와 함께 돌기 때문에 이동하는 것을 볼 수 없기 때문이다(그림 2.26). 기상예보에서 보는 구름사진은 한 개 혹은 수 개의 기상 정지위성으로부터 전송해 왔던 것들이다. 또한 통신망도 정지위성 가까이 구축되었다. 이들 정지위성들의 위치를 선정하는 한 방법은 TV 신호를 수신하는 후방의 위성안테나의 방향과 맞추는 것이다.

무중력

때때로 뉴스 사진 속에서 우주비행사들이 우주선 안에서 혹은 떠다니는 또는 옆에 위치한 위성을 볼 수 있다(그림 2.27). 이들 우주비행사들은 무중력으로 보이지만 그러나 자유 낙하하는 스카이다이버나 낙하하는 엘리베이터 안에 있는 사람에게 미치는 중력 정도이다. 무게란 지구와 물체 사이의 만유인력인 중력(mg)임을 상기하자. 예를 들어 커피 한잔의 무게는 컵을 저울 위에 놓고 측정할 수 있다. 잔이 저울에 가하는 힘이 커피 한 잔의 무게가 된다. 또한 잔은 가속되지 않았기에, 즉 알짜 힘이 0이므로 저울도 커피 잔을 밀친다는 것을 우리는 알고 있다.

이제 스카이다이버가 자유낙하하며 커피를 잔에 부으려 하면 어떻게 되는지를 생각해보자. 공기 저항을 무시해도 스카이다이버는 곤란한 상황을 맞이할 것을 알 수 있다. 커피 잔과 스카이다이버는 함께 낙하하고 있을 것이다. 중력은 커피를 아래로 끌어 내리도록 작용하고 있고 또한 컵도 같은 비율로 밑으로 끌어당긴다. 커피, 컵과 스카이다이버 모두 같이 낙하한다. 스카이다이버는 방울들의 형태로 커피가 떠다니는 것을 보게 될 것이다. 그러나 이것은 단지 외관적인 무중력 상태일 뿐이지 중력은 커피, 컵과 스카이다이버 모두에게 작용하고 있다. 그들 모두가 똑같이 가속도 g로 가속되고 있어서 무중력 상태에 있는 것처럼 나타날 뿐이다.

그림 2.27 궤도를 도는 우주정거장의 우주비행사는 무중력 상태로 보이나, 자유낙하하는 스카이다이버나 낙하하는 엘리베이터 안에 있는 사람 정도이다.

궤도에서 우주비행사는 스카이다이버처럼 지구로 자유낙하하고 있다. 따라서 그들은 외관적으로 무중력 상태이다. 정말로 우주비행사가 무중력을 경험하려면 지구와 다른 행성들의 중력장으로부터 멀리 떨어진 곳으로 여행해야 할 것이다.

요약

운동은 속력, 속도와 가속도로 측정된다. 속력은 물체가 얼마나 빨리 움직이고 있는지를 측정하는 것으로, 두 지점의 거리와 두 지점을 이동하는데 소요된 시간의 비이다. 평균속력은 어떤 시간동안에 이동한 거리를 고려하고 반면에 순간속력은 어떤 특수한 순간의 속력을 말한다. 속도는 운동하는 물체의 속력과 운동방향의 측정값이다. 가속도는 단위 시간당 속도의 변화량이다.

힘은 물체의 운동을 변화시키는 밀고 당김이다. 알짜 힘은 물체에 작용하는 모든 힘의 합이다.

갈릴레오는 운동하기 위해 연속적으로 힘을 작용시킬 필요는 없다고 판단했으며 그리고 관성의 개념을 정의했다; 알짜 힘의 부재시에는 물체는 원래의 운동상태를 유지한다. 또한 갈릴레오는 낙하하는 물체들은 물체의 질량에 관계없이 지표를 향해 가속한다고 판단했다. 그는 중력가속도 g는 $9.8\ m/s^2$ 이고 물체의 낙하 거리는 자유낙하 시간의 제곱에 비례한다는 것을 발견했다.

물체의 혼합운동은 물체를 공기중으로 투사할 때 발생한다. 혼합운동은 연직과 수평 운동 부분으로 분리해서 기술할 수 있다. 중력가속도 g는 항상 일정하게 작용하고 있으며 물체의 운동상태와는 관계없이 독립적으로 작용한다. 그러므로 수평면에 대해 어떤 각도로 투사한 물체의 경로는 포물선이다.

뉴튼의 운동의 제1법칙은 알짜 힘이 부재한 상태에서 물체의 운동에 관한 것이다. 관성의 법칙으로도 알려져 있는 제1법칙은 물체에 알짜 힘이 작용하지 않는 한 물체는 직선운동 상태(혹은 정지상태)를 유지하려 한다는 것을 말한다.

운동의 제2법칙에서는 알짜 힘, 질량과 가속도 사이의 관계성을 기술한다. 1 N의 힘은 질량 1.00 kg인 물체를 $1.0\ m/s^2$로 가속시키는데 필요한 힘이다.

무게는 아랫방향으로 작용하는 힘으로써 물체의 질량에 작용하는 지구의 중력에서 기인한다. 무게는 미터계에서는 뉴튼(N)단위로 측정한다.

뉴튼의 운동의 제3법칙은 힘은 다른 두 물체간의 상호작용에서 유도된다고 말한다. 이 힘들은 동일한 크기의 방향은 반대인 쌍으로 발생한다.

운동량은 물체의 질량과 속도의 곱이다. 외력이 작용하지 않으면, 상호작용하는 물체의 운동량은 항상 같은 값을 유지하며, 이를 운동량 보존의 법칙이라고 한다. 충격량은 운동량의 변화량이므로 (힘)과 (힘이 작용한 시간)의 곱이다.

원형 경로의 운동을 하는 물체는 직선운동이 아니기 때문에 외력이 작용하고 있는 것이다. 물체를 직선 경로 밖으로 당기는 힘을 구심력이라고 한다. 원운동을 유지하는데 필요한 구심력의 크기는 물체의 질량, 속도와 원의 반경에 의해 결정된다.

만유인력 법칙은 두 물체의 질량, 물체간의 거리와 비례상수 사이의 관계식이다. 뉴튼은 이 관계식을 사용해서 만유인력이 달의 궤도를 유지시키는 구심력을 제공하고 있다는 사실을 밝힐 수 있었다.

2.1 $\text{평균속력} = \dfrac{\text{거리}}{\text{시간}}\ ;\ \bar{v} = \dfrac{d}{t}$

2.2 $\text{가속도} = \dfrac{\text{속도의 변화}}{\text{시간}}\ ;\ a = \dfrac{v_f - v_i}{t}$

2.3 $\text{힘} = \text{질량} \times \text{가속도}\ ;\ F = ma$

2.4 $\text{무게} = \text{질량} \times \text{중력가속도}\ ;\ w = mg$

2.5 $\text{운동량} = \text{질량} \times \text{속도}\ ;\ p = mv$

2.6 $\text{운동량 변화} = \text{힘} \times \text{시간}\ ;\ \Delta p = Ft$

2.7 $\text{원주 위 가속도} = \dfrac{\text{속도의 제곱}}{\text{원의 반지름}}\ ;\ a_c = \dfrac{v^2}{r}$

2.8 $\text{구심력} = \dfrac{\text{질량} \times \text{속도의 제곱}}{\text{원의 반경}}\ ;\ F = \dfrac{mv^2}{r}$

2.9 $\text{중력} = \text{상수} \times \dfrac{\text{질량}_1 \times \text{질량}_2}{\text{거리의 제곱}}\ ;\ F = G\dfrac{m_1 m_2}{d^2}$

개념 적용

1. 5 m/s^{2}은 무엇을 측정한 양인가?
   a. 면적
   b. 가속도
   c. 속력
   d. 속도
2. 자동차의 가속장치는 몇 개인가?
   a. 없음
   b. 한 개
   c. 두 개
   d. 세 개 이상
3. 저항을 무시할 때 지표로 낙하하는 물체의 속도는?
   a. 일정하다.
   b. 증가한다.
   c. 감소한다.
   d. 무게에 의존한다.
4. 저항을 무시할 때 지표 근방에서 낙하하는 물체의 가속도는?
   a. 일정하다.
   b. 증가한다.
   c. 감소한다.
   d. 무게에 의존한다.
5. 두 물체가 같은 높이에서 동시에 낙하하였다. 한 물체의 무게가 다른 것의 두 배이고 공기 저항은 무시한다면?
   a. 무거운 물체가 먼저 지면에 도달한다.
   b. 가벼운 물체가 먼저 지면에 도달한다.
   c. 동시에 도달한다.
   d. 수평으로 비행한 거리에 의존한다.
6. 바닥을 굴러가는 공이 멈추는 이유는?
   a. 공에 작용하는 알짜 힘이 있어서
   b. 공을 이동시킨 힘이 마모되어서
   c. 힘이 균형을 이루어서
   d. 알짜 힘이 0이 되어서
7. 당신과 자전거를 생각하자. 당신이 페달을 밟고 자전거는 일정한 속도로 직선으로 달린다면?
   a. 당신이 페달에 가하는 힘이 저항력보다 크다.
   b. 모든 힘이 균형이 잡혀 알짜 힘이 0이다.
   c. 공기저항과 타이어의 마찰력이 당신이 가하는 힘보다 작다.
   d. 저항력이 당신이 가하는 힘보다 크다.
8. 같은 물체에 힘을 두 배로 가하면 가속도는?
   a. 2배가 된다.
   b. 4배가 된다.
   c. 1/2배가 된다.
   d. 1/4배가 된다.
9. 힘이 일정하게 작용하고 있는 나무상자의 질량을 두 배로 하면 가속도는?
   a. 2배가 된다.
   b. 4배가 된다.
   c. 1/2배가 된다.
   d. 1/4배가 된다.
10. 지구 주위의 궤도를 회전하는 위성과 지구 사이의 중심거리를 두 배로 하면 만유인력은?
    a. 1/2배가 된다.
    b. 1/4배가 된다.
    c. 2배가 된다.
    d. 4배가 된다.
11. 줄에 매달려 원주위에서 움직이는 공의 속도가 두 배 빨라지면 작용하는 힘은?
    a. 2배가 된다.
    b. 4배가 된다.
    c. 1/2배가 된다.
    d. 1/4배가 된다.
12. 줄에 매달려 원주위에서 움직이는 공에서 줄의 길이가 두 배로 길어지고 속도는 같다면 작용하는 힘은?
    a. 2배가 된다.
    b. 4배가 된다.
    c. 1/2배가 된다.
    d. 1/4배가 된다.

답 : 1.b 2.d 3.b 4.a 5.c 6.a 7.b 8.a 9.c 10.b 11.b 12.c

생각을 위한 질문

1. 버스 안에 곤충이 버스 뒤에서 앞으로 5 mi/h의 속력으로 날고 있다. 버스는 직선으로 50.0 mi/h의 속력으로 달리고 있다면 곤충의 속력은?
2. 공기저항을 무시할 때 권총에서 공기중으로 발사한 총알에 작용하는 모든 힘을 기술하시오.
3. 중력은 진공에서도 작용할 수 있는가? 설명해 보자.
4. 작은 자동차도 큰 트럭과 동일한 운동량을 가질 수 있는가? 설명해 보자.
5. 직선으로 달리는 자동차의 속도를 일정하게 유지할 때 알짜 힘은 얼마인가?
6. 만약 모든 작용에 동일한 크기의 반대 방향의 반작용이 있다면 비균형적인 힘은 어떻게 존재할 수 있는가?
7. 지붕에서 뛰어내려서 착지할 때 왜 당신은 무릎을 구부리는가?
8. 질량은 일정한데 무게는 변할 수 있는가? 설명해 보자.
9. 지구가 태양 주위의 궤도를 이동할 때 지구의 속력을 일정하게 유지시키는 것은 무엇인가?
10. 얼어붙은 호수의 얼음 위에 서 있고 마찰은 없다고 가정해보자. 당신은 어떻게 얼음에서 나올 수 있는가? (힌트: 기어가거나 걸으려면 마찰이 필요하다.)
11. 로켓을 우주정거장 승강장에서 발사한다. 동일한 로켓을 중력이 존재하지 않는 자유공간에서 발사했다. 모든 조건이 동일하다면 두 로켓의 가속도는 같은가? 설명해 보자.
12. 우주비행사가 안테나를 고정하기 위해서 자유공간을 이동하는 우주선에서 나왔다. 우주비행선은 비행사를 뒤에 남겨두고 이동할 것인가?

심층 분석

1. 속력과 속도 사이에 주목할 만한 유사성과 차이점은 무엇인가?
2. 속도와 가속도 사이에 주목할 만한 유사성과 차이점은 무엇인가?
3. 뉴튼의 운동의 3가지 법칙을 배우기 전과 후에 운동에 대한 당신의 믿음과 추론을 비교해 보자.
4. 뉴튼의 만유인력 법칙은 우주의 모든 물체는 우주의 다른 물체들로부터 인력을 받고 있음을 말한다. 이 법칙을 수용하지 않는 사람들에게 이 법칙은 정말로 옳다는 것을 기술하시오,
5. 당신의 질량은 일정한데 당신의 무게는 장소를 이동하면 변할 수 있는가?
6. 뉴튼의 운동의 제1법칙에 의하면 원심력은 존재하지 않는다는 추론을 평가해 보자.

탐구 초대

도미노 효과

도미노 효과는 한 사건이 개시되면 연속적으로 유사한 사건이 발생하는 누적적인 것이다. 실제로 도미노에서 도미노들이 일렬로 서있다. 끝에 있는 하나를 다른 것을 향해 넘어뜨리면 옆의 것을 넘어뜨리고, 그 다음 것을 넘어뜨리며 결국은 열에 있는 모든 도미노를 넘어뜨린다. 도미노 사이의 거리를 어떻게 배치해야 최고의 속력으로 넘어뜨릴 수 있을까? 도미노가 다음 도미노의 중심을 가급적 빨리 아니면 가급적 느리게 쳐야 할까? 당신이라면 도미노 사이의 공간과 속도를 어떻게 할 것인가?

유사 연습문제

그룹 A

1. 번개가 치고 5초 후에 천둥 소리를 듣는다면 번개가 친 곳은 얼마나 먼 곳인가? 폭풍속에서 소리의 속도는 350.0 m/s 라고 가정하라.
2. 처음에 정지해 있던 자동차의 속력이 10.0초 후에 15.0 m/s가 되면 자동차의 가속도는 얼마인가?
3. 2시간 동안에 160 km를 이동한 트럭의 평균속력은 얼마인가?
4. 얼마의 힘을 가해야 40.0 kg의 나무상자의 가속도가 2.4 m/s^2이 되는가?
5. 물체에 18 N의 힘을 가하면 물체의 가속도가 3 m/s^2이 된다. 같은 물체의 가속도가 10 m/s^2가 되려면 얼마 만큼의 힘을 가해야 하는가?
6. 70.0 kg 인 사람의 무게는 얼마인가?
7. 질량이 100 kg인 축구선수가 6 m/s로 이동한다. 이 선수의 운동량은 얼마인가?
8. 무게가 13,720 N인 자동차가 91 km/h의 속력으로 고가도로 아래를 달리고 있다. 이 자동차의 운동량은 얼마인가?
9. 15 g인 총알이 6 kg의 권총에서 200 m/s의 속력으로 발사되었다. 권총의 되튐 속도는 얼마인가?
10. 정지해 있는 자동차에 알짜 힘 5,000 N이 5초 동안 작용해서 90.0 km/h까지 가속되었다. (a) 자동차의 질량은? (b) 자동차의 무게는?
11. 0.20 kg의 공이 3.0 m/s의 속도로 길이 1.5 m인 줄에 달려서 원운동을 하고 있다. 구심력은 얼마인가?
12. 지상에서 우주비행사와 장비의 무게는 1,960 N이다. 무중력 공간에서 우주비행사가 뒤에 짊어진 로켓에서 100 N을 발사한다면 우주비행사와 장비의 속도는 얼마인가?

그룹 B

1. 처음 소리가 난후 0.5초 후에 메아리를 들었다면 절벽은 몇 미터나 멀리 있는가? 그날의 소리의 속도는 343.0 m/s 라고 가정하라.
2. 속력이 5.0 m/s 이던 자동차의 속력이 6.0초 후에 15 m/s가 되었다. 자동차의 가속도는 얼마인가?
3. 4.5시간 동안에 400 km를 이동한 자동차의 평균속력은 얼마인가?
4. 평탄한 아스팔트 길에서 얼마의 힘을 가해야 6,000.0 kg의 트럭의 가속도가 2.2 m/s^2이 되는가?
5. 우주탐사기의 무게가 지표에서 39,200 N일 때 화성 표면에서의 무게는 얼마나 될까?
6. 60.0 kg인 사람의 무게는 얼마인가?
7. 30.0 kg의 셀이 500 m/s의 속도로 대포에서 발사되면 셀의 운동량은 얼마인가?
8. 속도가 7.00 m/s인 39.2 N의 볼링공의 운동량은 얼마인가?
9. 30.0 kg의 셀이 500 m/s의 속도로 2,000 kg인 대포에서 발사되면 대포의 운동량은 얼마인가?
10. 정지해 있는 자동차에 알짜 힘 3,000 N이 5초 동안 작용해서 36.0 km/h까지 가속되었다. (a) 자동차의 질량은? (b) 자동차의 무게는?
11. 1,000 g의 돌이 5.0 m/s의 속도로 길이 50 cm인 줄에 달려서 원운동을 하려면 줄의 장력은 얼마인가?
12. 우주비행사와 장비의 질량 200.0 kg이 궤도를 돌고 있는 우주선을 향해서 2.00 m/s로 이동한다. 우주선에 대한 상대적인 운동을 멈추기 위해서는 우주비행사가 뒤에 짊어진 로켓에서 100 N이 얼마나 오랫동안 발사되어야 하는가?

3 에너지

바람은 에너지원으로 사용될 수 있다. 캘리포니아에 있는 풍차와 같이 에너지를 모으는 방법을 알아야 하며 바람이 잘 부는 곳에서 살아야 한다.

에너지란 용어는 힘과 운동의 개념과 밀접한 연관이 있다. 바람이나 움직이는 물과 같이 자연적으로 움직이는 물질들은 힘을 작용한다. 당신이 강한 바람에 대항하여 걸어가거나 물이 빠르게 움직이는 개울에 서있던 적이 있다면 이런 힘들을 느껴보았을 것이다. 움직이는 공기와 물의 운동과 힘은 에너지원으로 사용된다(그림 3.1). 바람은 에너지의 원천으로서 풍차를 돌려서 효과적인 일을 한다. 운동하는 물은 에너지 원천으로서 터빈을 돌도록 하여 발전기를 돌린다. 즉, 움직이는 물체는 유동 경로를 따라 물체에 힘을 가하며 그리고 힘에 의해 움직인 물체는 에너지 원천으로 사용될 수 있다.

물질은 에너지를 공급하기 위해 운동을 해야만 하는 것은 아니다; 물질은 에너지를 가지고 있다. 음식은 인간과 동물들의 근육에 에너지를 제공해 주었고 20세기 전까지 대부분의 일을 성취하게 했다. 오늘날처럼 발전된 세계에서, 전에는 근육의 운동에 의지했던 일들을 기계가 한다. 기계는 또한 물질에 있는 에너지를 사용하기도 한다. 예를 들어, 일을 해내기 위해 휘발유를 힘과 운동을 제공하는데 사용한다.

에너지를 가진 운동하는 물질은 일을 수행하는 에너지원으로 사용될 수 있다. 일과 에너지의 개념과 그리고 물질에 대한 관계성은 이 장의 주제이다. 어떻게 에너지가 우리 주변에서 출입하는지 그리고 포괄적인 에너지의 개념을 배울 것이다.

핵심개념 에너지는 일 혹은 열을 통하여 변환되며 에너지의 총량은 일정하게 유지된다.

그림 3.1 유타와 아리조나 사이의 콜로라도 강에 있는 글렌 캐논 댐은 길이가 216 m 이며, 8개의 발전 장치를 통해 매초 940 m^3의 물을 내보낸다.

3.1 일(Work)

힘이라는 용어는 우리가 일상생활에서 쓰는 힘의 개념과는 다르게 과학에서는 특별한 의미를 가지고 있다고 배웠다. 일상생활에서, 우리는 그 용어를 경찰, 경제 요인 혹은 논쟁의 힘과 같이 다양한 연관관계에서 사용한다. 전에는, 힘이 밀거나 당기는 것과 같이 일반적인 의미로 논의되었다. 힘에 대한 더욱 정확하고 과학적인 정의는 뉴튼의 운동의 법칙에서 발전되었다−힘은 물체의 운동 상태를 변화시킬 수 있는 상호작용의 결과이다.

일이라는 단어는 우리의 일상생활의 개념과는 다르게 과학에서는 특별한 의미를 가지는 개념들 중 하나이다. 일상생활에서, 일은 성취해야 하는 업무와 관련이 있거나 일을 수행하는데 걸리는 시간과 연관이 있다. 예를 들어 당신은 과학을 이해하려고 열심히 노력하거나 과학은 많은 일이라고 누군가에게 말할 것이다. 또한 상자를 들거나 움직이는 물리적인 일에 대한 수고로 인해서 아마도 얼마나 피곤했는가를 연관시킬 것이다. 역학적 일의 정의는 일, 시간 혹은 당신이 업무를 하면서 어떻게 피곤했는가 등과는 관련이 없다. 일은 물체에 힘의 작용과 작용한 힘의 결과로 물체가 이동한 거리와 관련이 있다. 물체에 수행한 **일**(work)은 작용한 힘과 힘이 작용한 방향으로 이동한 거리의 곱으로 정의된다.

$$일 = 힘 \times 거리$$

$$W = Fd \tag{3.1}$$

역학적 일은 힘과 힘의 작용으로 인해서 물체가 이동한 거리의 곱이다. 이 정의에 관하여 고려해야 할 두 가지 중요한 사항이 있다: (1) 일이 행해지면 반드시 이동해야 한다. (2) 힘의 방향과 이동 방향은 같아야 한다. 책을 책장에 있는 더 높은 선반으로 움직일 때, 당신은 책에 대해 일을 하고 있는 것이다. 책을 이동하는 방향과 작용한 힘의 방향이 같으므로 당신은 책의 무게와 동일한 연직 상방향의 힘을 가한다. 그러므로 책에 수행한 일은 책의 무게와 책이 이동한 거리를 곱해서 구할 수 있다(그림 3.2).

만약 단지 책을 들고 서 있다면, 당신은 책에 대해 아무 일도 하지 않고 있는 것이다. 당신이 책의 무게와 동일하게 연직 상방향의 힘을 주어야 하기 때문에, 책을 들어서 팔이 아플 것이지만 이 힘은 책을 이동하지 않았기 때문에, 식 (3.1)에 의해 이동거리가 0이면 일의 양도 0이다. 같은 방향으로 운동을 야기하는 힘만이 일을 한다.

일의 단위(units of work)

일의 단위는 일의 정의, $W = Fd$에서 구할 수 있다. 미터계에서 힘은 뉴튼으로 측정되고 거리는 미터로 측정되므로, 일의 단위는

$$W = Fd$$
$$W = (\mathrm{N})(\mathrm{m})$$

그러므로 뉴튼·미터는 일의 단위이고 **줄(Joule)**이라고 한다.

$$1\ \text{줄} = 1\ \text{뉴튼·미터}$$

뉴튼에 대한 단위는 $kg{\cdot}m/s^2$이고 미터에 대한 단위는 m이다. 그러므로 줄에 대한 단위는 $kg{\cdot}m^2/s^2$이다.

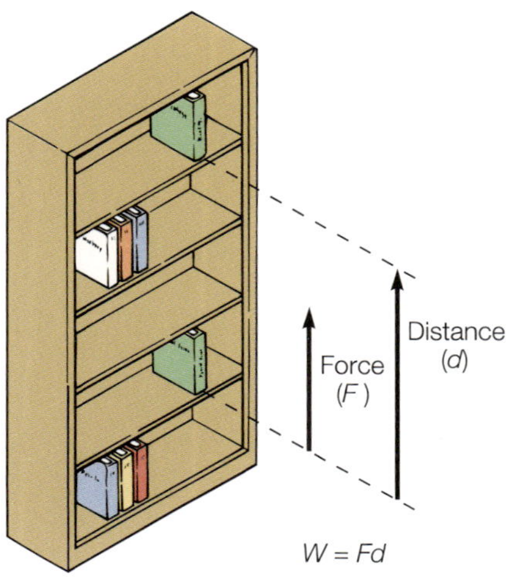

그림 3.2 책에 작용한 힘은 수직으로 책을 두 번째 선반에서 다섯 번째 선반으로 이동하고, 책에 행한 일은 $W = Fd$이다.

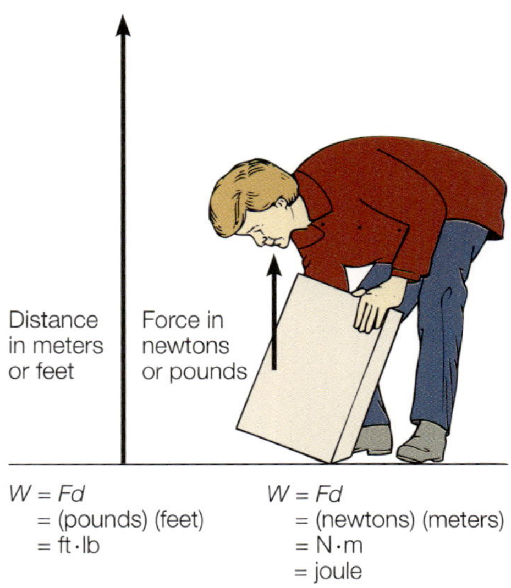

그림 3.3 물체를 들어 올릴 때 일은 중력에 대항해서 행해진다. 일은 줄(Joule) 단위로 측정한다.

A Closer Look

간단한 기계들

간단한 기계들은 사람들이 일을 돕기 위하여 이용하는 도구들이다. 일은 힘과 거리의 곱인 것을 상기하면, 간단한 기계는 어떤 것을 움직일 때 힘이나 거리를 변화시켜 일하는 것을 돕는 것이라는 것을 알 수 있다. 기계를 이용하여 얻게 되는 힘이나 거리의 이점을 기계적 확대율(기계적 이득; mechanical advantage)이라고 한다. 기계적 확대율이 클수록 기계를 사용함으로써 절약되는 노력이 크게 된다.

지레(lever)는 간단한 기계이며, 박스그림 3.1에서 지레가 일을 하는데 필요한 힘을 줄일 때 무엇이 관련되는지를 보여준다. 첫째로 두 개의 힘이 관련되어 있는 것을 주목하라. 당신이 기계를 사용하면서 제공하는 힘은 운동 힘(effort force)이라고 불린다. 당신과 기계는 저항 힘(resistance force)이라 불리는 두 번째 힘에 대항하여 일을 한다. 그림에서 300 N의 저항 힘을 움직이기 위하여 60 N의 운동 힘이 사용된다.

지레를 이용하는 데 또한 두 가지의 거리가 관련된다. 운동 거리(effort distance)는 당신의 운동 힘이 작용하는 거리이며, 저항 거리(resistance distance)는 저항이 움직이는 거리이다. 60 N의 운동 힘으로 1 m의 운동 거리를 눌러 내린다. 반면에 300 N의 바위는 0.2 m의 저항거리가 올라가게 된다.

당신은 지레에 60 N × 1 m, 즉 60 J의 일을 하였다. 지레에 의하여 바위에 작용한 일은 300 N × 0.2 m, 즉 60 J이다. 당신이 지레에 한 일은 지레가 바위에 한 일과 동일하다. 따라서,

$$\text{입력된 일} = \text{출력된 일}$$

일은 힘에 거리를 곱한 것이기 때문에, 이 개념을 다음과 같이 정리할 수 있다.

$$\text{운동 힘} \times \text{운동거리} = \text{저항 힘} \times \text{저항거리}$$

마찰을 무시하면, 간단한 기계로부터 당신이 얻는 일은 당신이 쏟아 부은 일과 동일하다. 지레는 힘과 거리를 교환할 수 있도록 해주며, 기계적 확대율(MA)은 저항 힘(F_R)을 운동 힘(F_E)으로 나눈 비율이다.

$$MA = \frac{F_R}{F_E}$$

따라서 상자그림 3.1의 지레 예에서 기계적 확대율은 다음과 같다.

$$MA = \frac{F_R}{F_E} = \frac{300\ \text{N}}{60\ \text{N}} = 5$$

기계적 확대율은 운동 거리(d_E)를 저항거리(d_R)로 나누어서 구할 수도 있다.

$$MA = \frac{d_E}{d_R}$$

예로 든 지레에서, 기계적 확대율은 다음과 같다.

$$MA = \frac{d_E}{d_R} = \frac{1\ \text{m}}{0.2\ \text{m}} = 5$$

따라서 우리는 간단한 기계의 기계적 확대율을 계산하기 위하여 관여된 힘이나 거리 중 하나를 이용할 수 있다. 요약하면, 간단한 기계는 짧은 거리에 작용하는 큰 힘을 얻기 위하여 긴 거리에 작용하는 작은 힘을 적용할 수 있도록 해주는 것이다.

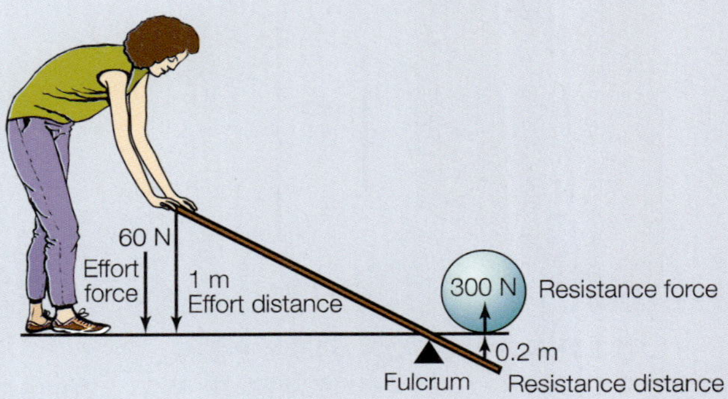

박스그림 3.1
지레는 6가지 간단한 기계 중 하나이다.

간단한 기계에는 경사면, 쐐기, 나사, 지레, 축바퀴, 그리고 도르래의 6 종류가 있다. 다음에 보듯이 나사와 쐐기는 경사면의 유형으로 간주될 수 있으며; 축바퀴와 도르래는 지레의 유형으로 간주될 수 있다.

1. 경사면(inclined plane)은 힘을 위해 거리를 교환하는데 이용되는 고정된 경사로이다. 경사로는 계단을 오르거나, 산허리를 앞뒤로 올라가는 도로를 운전하고, 하치장에서 무거운 상자를 널판자를 이용하여 밀어 올리는 데 이용된다. 각각의 용도는 거리를 힘으로 교환하여 큰 기계적 이득을 가져다준다. 예를 들어, 무거운 상자를 10 m 경사로로 2 m 밀어 올리면 많은 거리를 통하여 작은 힘을 사용하여 올릴 수 있다. 이 경사면의 기계적 확대율은

$$MA = \frac{d_E}{d_R} = \frac{10\ \mathrm{m}}{2\ \mathrm{m}} = 5$$

마찰을 무시하면, 기계적 확대율 5는 100 newton의 상자를 경사로로 밀어 올리는데 20 newton의 힘만이 필요하다는 것을 의미한다.

2. 쐐기(wedge)는 움직이는 경사면이다. 도끼는 쪼개려고 하는 나무를 통과하여 이동하는 두 개의 맞붙은 경사면이다. 쐐기는 칼, 도끼, 손도끼, 그리고 못에서 찾아볼 수 있다.
3. 나사(screw)는 원통을 둘러싼 경사면이며, 홈이 사면 역할을 한다. 조밀한 나사는 큰 기계적 확대율을 가지고 돌리는데 적은 힘이 필요하지만, 긴 운동거리를 필요로 한다.
4. 지레(lever)는 받침점(fulcrum)이라 불리는 고정점을 중심으로 자유롭게 회전하는 막대나 판자이다. 받침점의 위치, 운동 힘, 그리고 저항 힘에 따라 세 가지 등급이 있다(박스그림 3.2). 제1등급 지레는 운동 힘과 저항 힘 사이에 받침점이 있다. 예는 시소, 집게, 가위, 쇠지레, 그리고 삽이다. 제2등급 지레는 받침점과 운동 힘 사이에 저항 힘이 있다. 예는 호두 까는 기구와 비트는 유형의 병따개이다. 제3등급 지레는 저항 힘과 받침점 사이에 운동 힘이 있다. 예는 낚싯대와 족집게이다.

노루발장도리는 판자로부터 못을 뽑는데 사용하는 제1등급 지레로 사용될 수 있다. 장도리의 손잡이가 30 cm이고 못 홈과 받침대 사이의 거리가 5 cm이면, 기계적 확대율은 다음과 같다.

$$MA = \frac{d_E}{d_R} = \frac{30\ \mathrm{cm}}{5\ \mathrm{cm}} = 6$$

5. 축바퀴(wheel and axle)는 축이라고 하는 작은 원과 바퀴라고 하는 큰 원의 두 개의 원을 가진다. 축바퀴는 원 안에서 움직이는 지레로 간주될 수 있다. 예는 드라이버, 문손잡이, 운전대, 그리고 크랭크를 돌리는 작용 등이다. 기계적 확대율은 힘이 작용하는 바퀴의 반지름과 저항이 이동하는 거리인 축의 반경으로부터 결정된다. 예를 들어 손잡이(바퀴)의 반지름이 15 cm이고 날끈(축)의 반지름이 0.5 cm인 드라이버가 있다. 이 드라이버의 기계적 확대율은 다음과 같다.

$$MA = \frac{d_E}{d_R} = \frac{3\ \mathrm{cm}}{0.5\ \mathrm{cm}} = 6$$

6. 도르래(pulley)는 받침대 주위를 회전하는 움직이는 지레이다. 단독의 고정된 도르래는 단지 힘의 방향만을 변경할 수 있다. 기계적 확대를 획득하기 위해서는, 복합도르래(block and tackle)처럼 고정 도르래와 이동 도르래가 필요하다. 복합도르래의 기계적 확대율은 저항이 움직인 거리에 밧줄이나 사슬의 당겨진 길이를 비교하여 계산할 수 있다.

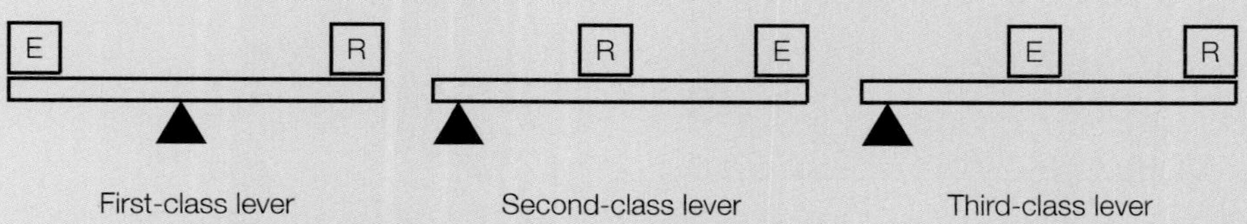

박스그림 3.2 3가지 등급의 지레는 받침점, 운동, 그리고 저항의 상대적인 위치에 의하여 정의된다.

예시 3.1 바닥 위에 있는 1.0 m의 선반으로 5.0 kg의 배낭을 들어 올리는데 얼마나 많은 일이 필요한가?

가방의 질량(m)은 5.0 kg 이고 거리(d)는 1.0 m이다. 배낭을 들기 위해서는 가방의 무게와 동등한 연직 상방향의 힘이 필요하다. 무게는 $w=mg$로부터 계산될 수 있다.

$$m = 5.0\ \text{kg}, \quad g = 9.8\ \text{m/s}^2, \quad w = ?$$

$$\begin{aligned} w &= mg \\ &= (5.0\ \text{kg})\left(9.8\ \frac{\text{m}}{\text{s}^2}\right) \\ &= 49\ \frac{\text{kg}\cdot\text{m}}{\text{s}^2} = 49\ \text{N} \end{aligned}$$

$$F = 49\ \text{N}, \quad d = 1.0\ \text{m}, \quad W = ?$$

$$\begin{aligned} W &= Fd \\ &= (49\ \text{N})(1.0\ \text{m}) = 49\ \text{J} \end{aligned}$$

예제 3.2 50 lb 상자를 2 ft 위로 들어올리는 데 필요한 일은 얼마인가? (답 : 100 ft·lb)

일률(Power)

당신이 계단을 올라갈 때 자신을 들고 거리를 지나기 때문에 당신은 일을 하고 있는 것이다. 당신은 계단의 수직 높이(힘이 작용한 거리)로 자신의 무게를 들어 올리고 있다. 무게가 120 lb인 사람이 수직 10 ft의 높이를 올라가고 있다고 해보자. 이 사람은 (120 lb)(10 ft) 혹은 1,200 ft·lb의 일을 할 것이다. 만약 계단 위를 뛰어올라간다면, 일의 양은 변할까? 대답은 "아니다"이다. 같은 양의 일이 행해진다. 그러나 계단 위를 뛰어가는 것은 계단 위를 걸어가는 것보다 더 힘들다. 당신은 같은 양의 에너지를 사용하지만 뛸 때는 더 큰 비율로 사용한다. 일을 행할 때 에너지의 전달율을 **일률**(**power**) 혹은 동력이라고 한다. 일률 혹은 동력은 매초 당 행한 일로 정의된다.

$$\text{동력} = \frac{\text{일}}{\text{시간}}$$

$$P = \frac{W}{t} \tag{3.2}$$

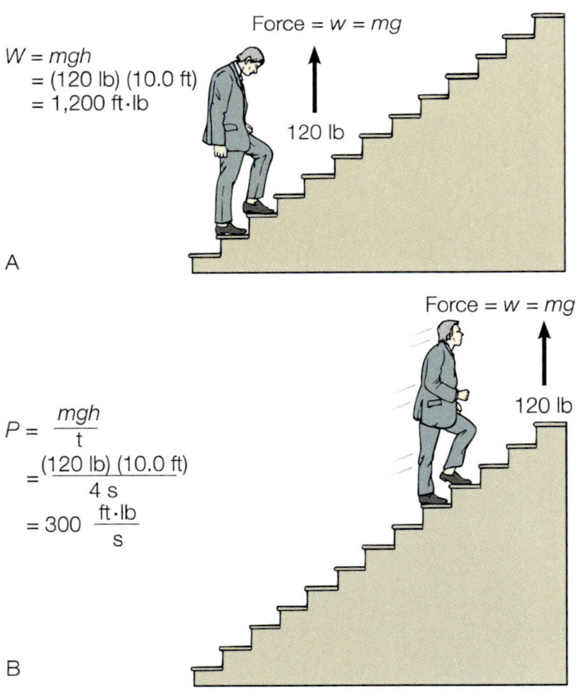

그림 3.4 (A) 10 ft 높이의 계단을 올라가는데 소모된 일은 사람의 몸무게에 수직 거리를 곱한 것이다. (B) 일률은 단위시간 당 행해진 일이다.

단지 일과 시간 요소를 고려해보면, 4초 동안 10 ft 높이의 계단을 뛰어간 120 lb의 사람이 행한 일률은 아래

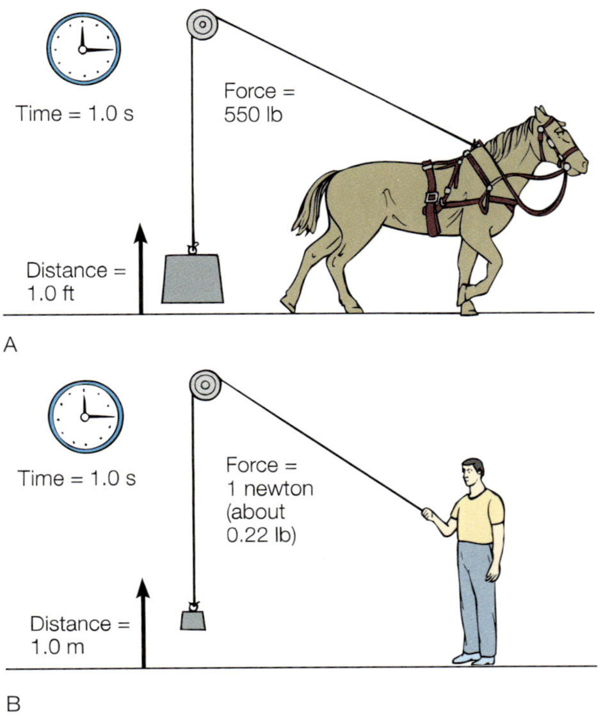

그림 3.5 (A) 1 마력은 550 ft·lb/s의 일률로 정의된다. (B) 1 와트는 1 N·m/s 혹은 1 J/s로 정의된다.

CONCEPTS APPLIED **책에 행한 일**

묶여진 줄 고리를 작은 책의 중간 페이지 사이에 넣으시오. 줄로 책을 들어 올리고 페이지를 아래 방향으로 펴지도록 한 채 고리를 들어 올리시오. 뉴튼으로 책의 무게를 측정하기 위해 용수철을 사용해 보자. 책을 1미터 들어 올리는데 수행한 일을 측정해 보자. 책상 위에서 책을 1미터 당기는데 행한 일을 용수철을 사용해서 측정한다. 책을 들어올리기 위해 행한 일의 양과 책상 위를 따라 책을 당기는데 행한 일의 양이 같은가? 왜 그런지 혹은 그렇지 않은지 설명하시오.

와 같을 것이다.

$$P = \frac{W}{t}$$

$$= \frac{(120\ \text{lb})(10\ \text{ft})}{4\text{s}} = 300\ \frac{\text{ft} \cdot \text{lb}}{\text{s}}$$

만약 같은 계단에서 3초의 시간이었다면 일률은 400 ft·lb/s로 더 커질 것이다. 이는 에너지가 더 큰 비율로 사용되거나 혹은 일률이 더 크다는 것이다.

증기기관이 처음 발명되었을 때, 엔진이 할 수 있는 일의 비율을 규정하는 것이 필요했다. 그 당시 사람들은 일을 할 때 말을 사용하는데 더 익숙했기 때문에, 증기 기관의 일률을 말과 비교했다. 제임스 와트는 작동이 가능한 증기 기관을 설계한 사람으로서, **마력**(horse power)을 550 ft·lb/s(그림 3.5A)의 일률로 정의했다. 일률을 영국계 단위인 ft·lb/s에서 마력으로 환산하려면 550 ft·lb/s/hp로 나누어 주어야 한다. 예를 들어, 400 ft·lb/s의 일률을 가진 120 lb의 사람은 400 ft·lb/s ÷ 550 ft·lb/s/hp = 0.7 hp의 마력을 갖는다.

미터법에서, 일률은 매 초 당 줄로 측정된다. J/s은 watt(W)로 불린다. 와트는(그림 3.5B) 큰 숫자에 대해서 미터 접두사와 함께 사용한다; 1000 W = 1 kW 그리고 1,000,000 W = 1 MW. 746 W와 1마력은 같다. 1 kW는 $1\frac{1}{3}$마력과 같다. 전력 공급 회사는 당신이 얼마나 많은 전기에너지를 썼는지에 따라 요금을 부과한다. 전기에너지는 일률(kW)과 사용시간(h)의 곱으로 측정될 수 있다. 즉, 전기에너지는 kWh로 측정된다.

예시 3.3 전기 승강기는 5.0 s 동안에 500 kg을 10.0 m 들어 올릴 수 있다. 승강기의 일률은 얼마인가?

일률은 매초 당의 일이다($P = W/t$). 그리고 일은 힘과 거리의 곱이다($W = Fd$). 필요한 수직력은 들어 올린 무게 $w = mg$이다. 그러므로 수행한 일은 $W = mgh$이고 일률은 $P = mgh/t$가 될 것이다. h는 높이이고 수직 거리(d)이다.

$m = 500.0$ kg
$g = 9.8$ m/s^2
$h = 10.0$ m
$t = 5.0$ s

$$P = \frac{mgh}{t} = \frac{(500\ \text{kg})(9.8\ \text{m/s}^2)(10.0\ \text{m})}{5.0\ \text{s}} = 9{,}800\ \text{N}\cdot\text{m/s} = 9{,}800\ \text{J/s} = 9{,}800\ \text{W} = 9.8\ \text{kW}$$

마력으로 환산하면 $9{,}800\ \text{W} \times \frac{\text{hp}}{746\ \text{W}} = 13\ \text{hp}$

예제 3.4 150 lb의 사람이 10.0초 동안 15 ft 높이의 층계를 뛰어 올라갔다. 이 사람의 일률(hp)은? (답 : 0.41 hp)

3.2 운동, 위치와 에너지(Motion, Position, and Energy)

에너지(energy)의 개념은 일의 개념과 깊게 연관된다. 에너지는 일을 할 수 있는 능력으로 정의되는데, 에너지가 일상생활에서의 육체적 일과 관련이 있는 것처럼 보인다. 결국, 많은 일을 하려면 많은 에너지가 필요하다. 사실, 에너지를 측정하는 한 방법은 얼마나 많은 일을 할 수 있는지를 보는 것이다. 이와 같이, 어떤 것에 대해 일이 행해지면 에너지 준위에 변화가 일어난다. 아래에 나오는 예시가 일과 에너지의 밀접한 관계를 명확하게 설명해 줄 것이다.

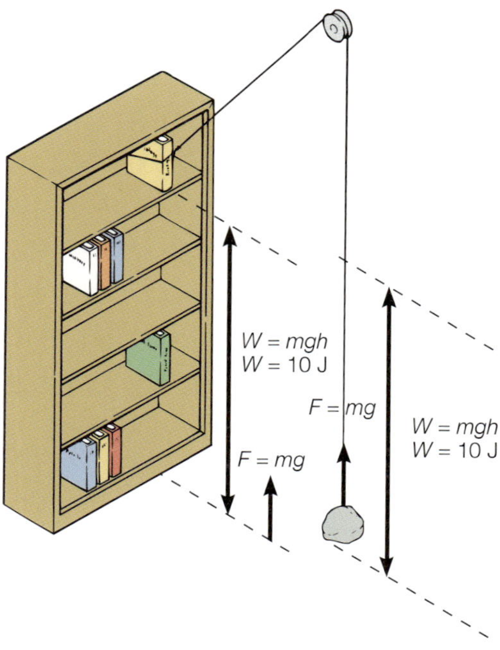

그림 3.6 만약 바닥에서 높은 선반으로 책을 이동시키는데 10 J의 일이 행해졌다면, 책이 선반에서 떨어질 때 책이 같은 질량의 물체에 10 J의 일을 할 것이다.

위치에너지(potential energy)

책이 책장 옆 바닥에 놓여있다고 생각해 보자. 이 책을 수직으로 올려서 선반 위에 놓음으로써 책에 일을 할 수 있다. 이때 연직 상향력과 책이 이동한 거리를 곱하여 일을 측정할 수 있다. 예를 들어, 책에 10 J의 일을 수행했다는 것을 발견할 것이다.

그림 3.6처럼 책에 줄이 붙어 있다고 가정해 보자. 줄이 마찰이 없는 도르래에 걸쳐져서 바닥에 있는 물체에 연결되어 있다. 만약 책이 선반에서 떨어진다면, 바닥에 있는 물체는 줄에 의해 수직으로 어느 정도 위로 올라갈 것이다. 떨어지는 책은 줄을 통해 물체에 힘을 가하고 물체는 거리를 이동할 것이다. 다시 말해, 책이 줄을 통해 물체에 일을 한 것이다 ($W = Fd$).

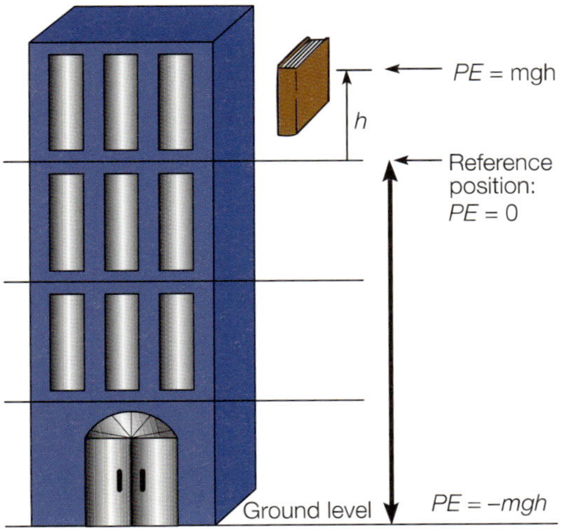

그림 3.7 위치에너지가 0인 기준지점은 편의에 의해 선택할 수 있다. 여기서 선택한 기준 위치는 3층이므로, 1층에 있는 책의 위치에너지는 영보다 작은 마이너스 값의 위치에너지를 가질 것이다.

CONCEPTS APPLIED 일과 일률

일률은 에너지를 소비하는 비율 혹은 일을 하는 비율이다. 몇 개의 조치를 통해서 당신의 일률을 알 수 있다.

첫 번째, 한 줄로 된 계단을 올라갈 때 얼마나 많은 일을 하게 되는지 알아보자. 당신의 일은 위치에너지의 변화와 거의 동일할 것이다. 따라서 (1) 한 줄로 늘어선 계단의 수직 높이를 미터 단위로 측정해야 하며 (2) 당신의 질량을 측정하거나 계산해야 한다. 당신이 구한 결과들을 기록해보자.

두 번째, 다른 사람이 스톱워치로 시간을 측정하는 동안, 당신이 빨리 달릴 수 있는 최대의 속도로 계단을 올라갈 때 일률을 구해보자. 와트 단위로 일률을 구한다. 앞 표지 안쪽의 환산인자를 찾아서 이를 마력으로 환산해보자. 적어도 1마력은 됐을까? 더 빠른 사람이 항상 더 큰 마력을 갖는가?

$$\text{보행 일률} = \frac{(\quad \text{kg})(9.8\ \text{m/s}^2)(\quad \text{m})}{(\quad \text{s})}$$

$$\text{달리는 일률} = \frac{(\quad \text{kg})(9.8\ \text{m/s}^2)(\quad \text{m})}{(\quad \text{s})}$$

책이 더 높은 선반에서 떨어진다면 물체는 더 많은 거리를 이동할 것이기 때문에, 책은 물체에 더 많은 일을 할 것이다. 선반이 높을수록 책은 일할 수 있는 더 많은 능력을 갖는다. 일을 할 수 있는 능력을 에너지라고 정의한다. 물체의 위치 때문에 갖게 되는 에너지를 **위치에너지**(*PE*)라고 하는데, 위치에너지는 위치에서 기인하는 에너지로 정의된다. 만유인력에서 기인하기 때문에, 이런 위치에너지를 중력위치에너지라고 한다. 압축되거나 늘어난 용수철에서처럼 위치에너지의 다른 유형도 있다.

물체의 중력위치에너지는 물체의 위치를 변화시키기 위해 물체에 행한 일의 양으로부터 산출할 수 있다. 물체를 바닥 위 어느 정도의 높이에 들어 올릴 때 당신은 물체의 무게와 같은 크기의 힘을 물체에 가한다. 당신이 수행하는 일은 무게와 높이의 곱한 양이다. 마찬가지로, 물체의 위치 때문에 물체가 할 수 있는 일의 양은 물체의 무게와 높이의 곱한 양이다. 무게는 물체의 질량에 중력가속도 g를 곱한 양이다. 따라서

$$\text{중력위치에너지} = \text{무게} \times \text{높이}$$

$$PE = mgh \qquad (3.3)$$

따라서 식 (3.3)은 $PE=(w)(h)$가 된다.

어떤 조건일 때 물체의 위치에너지는 0이 될까? 책꽂이에 꽂혀 있는 책을 생각해 보자. 만약 책이 평평한 바닥에 있다면 책의 위치에너지는 0이라고 말할 수 있다. 바닥에 있을 때 아무런 일도 할 수 없다. 그런데 만약 바닥이 건물의 3층이라면 어떻게 될까? 당신은 책을 창문 밖으로 떨어뜨릴 수도 있지만 답은 아무런 차이가 없다는 것이다. 위치에너지에서 중요한 것은 위치의 변화이기 때문에, 동일한 결과는 어떤 경우에도 얻을 수 있다. 즉 위치에너지가 0인 기준위치는 임의로 선택할 수 있다. 기준위치는 편리에 의해 선택한다. 건물의 3층을 기준위치로 선택하면, 지면에 있는 책은 마이너스의 위치에너지를 가지게 된다는 점에 주목하라. 이는 책을 기준위치(그림 3.7)로 가져오기 위해서는 책에 일을 해야 한다는 것을 의미한다.

예제 3.5 바닥에서 1.0 m 위의 책꽂이에 있는 2.14 kg 책의 위치에너지는 얼마인가?

식 (3.3)에서 위치에너지(PE)는 무게(mg)와 높이(h) 사이의 관계식이다.

$$m = 2.14\ \text{kg} \qquad h = 1.0\ \text{m} \qquad PE = ?$$

$$\begin{aligned} PE &= mgh \\ &= (2.14\ \text{kg})(9.8\ \text{m/s}^2)(1.0\ \text{m}) \\ &= 21\ \frac{\text{kg}\cdot\text{m}}{\text{s}^2}\times\text{m} \\ &= 21\ \text{N}\cdot\text{m} = 21\ \text{J} \end{aligned}$$

예제 3.6 5.00 kg 물체가 지상에서 5.00 m 높이에 있을 때 가능한 일의 양은? (답 : 250 J)

운동에너지(kinetic energy)

이동하고 있는 물체는 자신의 운동으로 인해서 다른 물체에 일을 할 수 있는 능력이 있다. 구르는 볼링볼은 볼링핀에 힘을 가하여 핀들의 거리를 이동시키고 볼은 상호작용의 결과로써 감속된다(그림 3.8). 움직이는 차는 나무에 힘을 가할 수 있어서 나무를 넘어뜨리고 이에 상응하는 속력의 손실이 발생한다. 운동하고 있는 물체는 일을 할 수 있는 능력이 있으므로 에너지를 가지고 있으며 이를 **운동에너지**라고 한다. 운동에너지는 (1) 물체를 운동하게 하는데 수행한 일의 양과 (2) 혹은 운동하는 물체를 정지시키는데 수행한 일들의 관점에서 측정할 수 있다. 당신이 던진 야구공의 운동을 생각해 보자. 공이 손을 떠나기 전에 공을 가속하기 위해 일정한 간격 동안 야구공에 힘을 가한다. 현재 공의 운동에너지는 당신이 공에 행한 일(힘과 거리의 곱)과 동일하다. 공은 공을 잡는 사람의 손에 힘을 가하며 거리를 이동한다. 손에 가해진 순일은 공이 가진 운동에너지와 같다.

야구공과 볼링공이 동일한 속도로 운동해도 운동에너지는 동일하지 않다. 당신은 야구공을 천천히 굴려서 많은 볼링핀들을 넘어뜨릴 수 없다. 확실히 두 공의 속도가 같을 때 질량이 더 무거운 볼링공이 질량이 가벼운 야구공보다 더 많은 일을 할 수 있다. 볼링공과 야구공이 같은 크기의 운동에너지를 갖는 것이 가능할까? 답은 "그렇다"이다. 만약

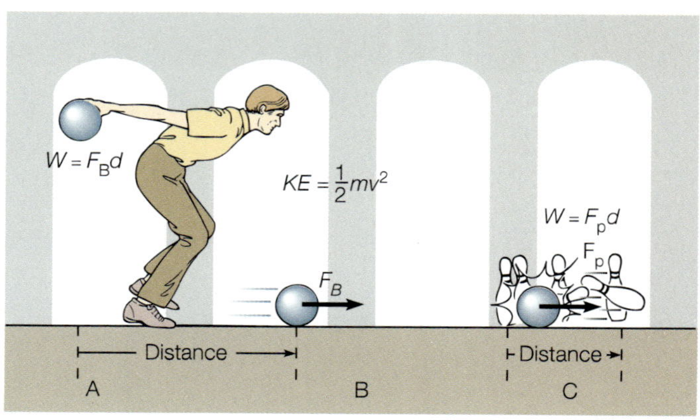

그림 3.8 (A) 힘 F_B는 이동하는 볼링공에 일을 행한다. (B) 볼링공은 공에 행해진 일의 양과 같은 운동에너지를 가지게 된다. (C) 공은 볼링핀에 일을 한다. 공은 요란한 소리를 내며 핀 뒤의 벽으로 부서질 정도의 충분한 여분의 에너지를 갖는다.

야구공이 충분한 속도를 가진다면 가능하다. 그러기 위해서는 아마 공이 대포에서 발사되어야 할 것이다. 운동에너지는 운동하는 물체의 질량에 정비례하지만 속도에는 더 큰 영향을 받는다. 같은 질량의 두 공이 있는데, 한 개가 다른 것보다 두 배 빠르게 움직인다고 생각해 보자. 2배의 속도를 가진 공이 느린 공보다 4배의 일을 해 낼 것이다. 속도가 3배인 공은 느린 공보다 9배의 일을 해 낼 것이다. 운동에너지는 속도의 제곱에 정비례한다 ($2^2=4$; $3^2=9$). 물체의 운동에너지(KE)는 아래와 같다.

$$\text{운동에너지} = \frac{1}{2}(\text{질량})(\text{속도})^2$$

$$KE = \frac{1}{2}mv^2 \tag{3.4}$$

운동에너지 단위는 일($F \times d$ 혹은 N·m)과 위치에너지(mgh 혹은 N·m)와 같은 줄(J)로 측정한다.

예제 3.7 7.00 kg의 볼링공이 속도 5.00 m/s로 볼링 레인 안에서 운동하고 있다. 공의 운동에너지는 얼마인가?

운동에너지(KE), 질량(m) 그리고 속도 사이의 관계는 식 (3.4) $KE=1/2mv^2$이다.

$$m = 7.00\ \text{kg} \qquad v = 5.00\ \text{m/s} \qquad KE = ?$$

$$\begin{aligned} KE &= \frac{1}{2}mv^2 \\ &= \frac{1}{2}(7.00\ \text{kg})(5.00\ \text{m/s})^2 \\ &= 87.5\ \frac{\text{kg}\cdot\text{m}}{\text{s}^2}\times\text{m} \\ &= 87.5\ \text{N}\cdot\text{m} \\ &= 87.5\ \text{J} \end{aligned}$$

예제 3.8 100.0 kg 풋볼 선수가 6.0 m/s 속도로 정지상태의 쿼터백에게 태클을 걸었을 때 쿼터백에게 가해진 일은? (답 : 1,800 J)

3.3 에너지 흐름(Energy Flow)

일과 에너지의 개별적인 개념을 이해하기 위해서는 이들 둘의 밀접한 관계를 이해하는 것이 중요하다. 당신이 어떤 물체에 일을 행할 때, 당신은 물체에 위치(position)의 에너지를 주거나(위치 또는 잠재에너지－potential energy) 혹은 운동(motion)의 에너지(운동에너지－kinetic energy)를 주게 된다. 결과적으로, 운동에너지 혹은 위치에너지를 가지고 있는 물체는 에너지의 전환이 계속됨에 따라 다른 물체에 일을 수행할 수 있다. 이들 모

그림 3.9 역학적 에너지는 운동에너지 혹은 위치에너지로 많은 익숙한 물체들의 에너지이다. 이 보트는 운동에너지를 가지고 있다.

든 에너지는 어디서 오고 어디로 가는 것일까? 이 질문에 대한 답은 에너지 흐름에 관한 이 장의 주제이다.

에너지 형태(energy forms)

에너지는 다양한 형태로 나타나기 때문에 각각을 구분하기 위해 다양한 용어들이 사용된다. 비록 에너지의 형태는 다양하지만, 이는 다른 종류의 에너지라는 것을 의미하는 것은 아니다. 에너지의 형태는 좀 더 일반적인 기본 힘들－중력, 전자기력, 그리고 핵력－과 상호작용하는 물체들에서 기인한다. 에너지는 다섯 가지의 형태로 분류할 수 있다 ; (1) 역학적 에너지 (2) 화학에너지 (3) 복사에너지 (4) 전기에너지 그리고 (5) 핵에너지. 아래는 이들 각각에 대해 간단히 설명하고 있다.

역학적 에너지(mechanical energy)는 당신에게 친숙한 물체와 기계(그림 3.9)의 에너지 형태이다. 고속도로에서 달리고 있는 자동차는 운동 역학적 에너지를 가지고 있다. 댐 안에 있는 물은 위치 역학적 에너지를 가지고 있다. 증기터빈의 회전날은 운동 역학적 에너지를 가지고 있다. 역학적 에너지의 형태는 주로 일상의 물체의 운동에너지와 중력에 의한 위치에너지와 관련이 있다.

화학에너지는 화학반응에 포함된 에너지이다(그림 3.10) 화학에너지는 산화로 알려진 화학 반응에서 방출된다. 나무를 태우는 불은 빠른 산화의 한 예이다. 느린 산화는 몸에 있는 음식 단위로부터 에너지를 방출한다. 화학 단위에서 배우겠지만 화학에너지는 원자간의 전자기적 힘을 포함한다. 아래의 비교를 고려해 보자. 광합성은 녹색 식물들에서 이루어지는 과정으로, 식물은 햇빛의 에너지를 사용하여 이산화탄소와 물을 식물 재료와

A

B

그림 3.10 화학에너지는 화학 작용 동안에 방출된 잠재에너지의 형태이다. (A) 나무와 (B) 석탄 모두 광합성 과정을 통해 축적된 화학에너지이다. 나무 더미는 작은 벽난로에 며칠 동안 연료로 공급될 것이다. 석탄 더미는 수백 일 동안 발전소에 연료로 공급될 것이다.

그림 3.11 일련의 태양전지들은 태양의 복사에너지를 전기에너지로 전환시키며, 평균 200,000와트의 전력을 생산한다.

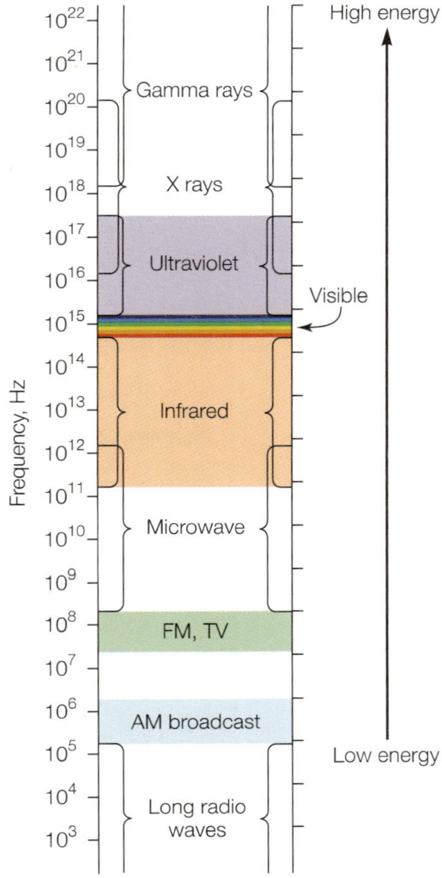

그림 3.12 전자기 스펙트럼은 많은 종류의 복사에너지를 포함한다. 가시광선은 전체 스펙트럼의 작은 일부분이다.

그림 3.13 증기터빈. 발전소는 화학 혹은 핵에너지로 물을 가열해서 증기를 만들어 터빈으로 보낸다. 터빈의 역학적 에너지는 전기로 바뀐다. 즉, 발전소는 화학 혹은 핵에너지를 역학적 에너지로 전환시키고 역학적 에너지는 다시 전기에너지로 전환된다.

산소로 재배열하는데 사용한다. 많은 단계를 생략하고 일반적으로 말하면 아래의 방정식으로 나타낼 수 있다.

$$\text{에너지} + \text{이산화탄소} + \text{물} = \text{나무} + \text{산소}$$

식물은 에너지와 두 개의 물질을 사용하여 두 개의 다른 물질을 만들어냈다. 이는 책을 더 높은 책꽂이로 올려놓는 것과 유사하다. 즉, 새로운 물질이 원래의 물질보다 더 많은 에너지를 갖는다. 불타는 나무에 대한 방정식을 생각해보자.

$$\text{나무} + \text{산소} = \text{이산화탄소} + \text{물} + \text{에너지}$$

이 화학식은 광합성과는 정확히 역과정인 점에 주목하라. 다시 말해, 광합성에 사용된 에너지는 산화되는 동안 방출된다. 화학에너지는 화학반응을 하는 동안 저장되고 후에 방출되는 잠재에너지의 한 종류이다.

복사에너지는 공간을 통해 이동하는 에너지이다(그림 3.11) 대부분의 사람들은 이런 형태의 에너지를 생각할 때 빛이나 햇빛을 생각한다. 그러나 가시광선은 그림 3.12에서 보듯이 전자기 스펙트럼의 일부분일 뿐이다. 복사에너지는 광스펙트럼의 다른 모든 부분들을 포함하고 있다. 적외선은 때때로 "열복사선"이라고 불리는데, 적외선을 흡수하면 열과 관련이 있기 때문이다. 예를 들어, 따뜻한 것들에 손을 가까이 댈 때, 적외선의 작용을 느낀다. 적외선도 복사에너지의 또 다른 형태일 뿐이다. 사실, 사이드와인더와 같은 어떤 뱀들은 따뜻한 동물에서 방출되는 적외선을 감지할 수 있는 기관이 눈과 콧구멍 사이에 있다. 복사에너지의 하나인 마이크로파도 요리에 사용된다.

전기에너지는 전자기적 상호작용에서 나타나는 에너지의 또 다른 형태이다. 당신은 발전소에서 전선을 통해 우리 가정으로 운송되는 전기에너지에 익숙하다(그림 3.13). 전기에너지는 플래시라이트 안에 있는 화학전지에서 생성되거나 자동차 배터리에 "저장" 될 수도 있다.

핵에너지는 발전소에서 에너지 원천으로 사용되기 때문에 종종 언급되는 에너지 형태이다. 핵에너지는 원자에서 기인하는 또 다른 형태의 에너지로서 원자의 가장 안쪽 부분에 있는 핵의 상호작용에서 기인된다.

에너지 전환(energy conversion)

위치에너지는 운동에너지로 전환될 수 있고 운동에너지도 위치에너지로 전환될 수 있다. 간단한 추는 이 전환의 좋은 예가 된다. 간단한 추는 진자라 불리는 것으로 실이나 와이어에 의해 지지대에 매달려 있다. 만약 진자를 한 쪽으로 잡아당긴 후 놓으면, 진자는 앞뒤로 호(arc)를 그리며 흔들릴 것이다. 진자가 스윙(swing)의 정상에 도달했을 때 일시적으로 멈추었다가 다시 또 다른 스윙을 하기 시작한다. 잠시 멈추었을 때 진자는 100% 위치에너지를 가지며 운동에너지는 0이 된다. 진자가 다시 스윙하며 아래로 내려올 때 운동에너지는 증가하고 위치에너지는 감소한다. 진자가 스윙의 제일 밑 부분을 지날 때 100% 운동에너지를 갖고 위치에너지는 0이 된다. 진자는 다른 절반의 원호를 따라 올라가다 정상에서 일시적으로 멈출 때까지 위치에너지는 증가하고 운동에너지는 감소한다. 그리고 상기의 과정을 반복한다. 원호의 바닥에 위치한 진자의 운동에너지는 호의 정상에서 갖게 되는 위치에너지와 동일하다(그림 3.14). 마찰을 무시하면, 위치에너지와 운동에너지의 합은 진동하는 동안에 항상 일정하다.

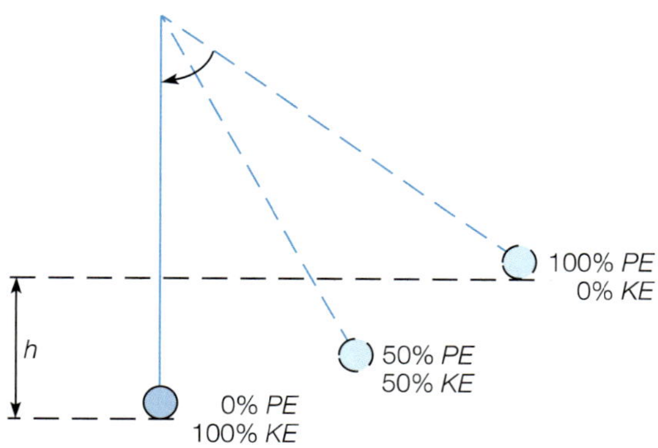

그림 3.14 추는 거리 h를 낙하할 때 위치에너지(PE)를 잃게 되고 동일한 양의 운동에너지(KE)를 얻는다. 추가 다른 쪽으로 올라갈 때는 역과정이 된다.

Connections . . .

에너지 전환기 코스터

롤러코스터는 운동에너지와 위치에너지를 앞뒤로 교환하는 에너지 컨버터이다. 외부에너지는 처음에 언덕 정상으로 이동시키는데 소요되는 것뿐이다. 첫 번째 언덕은 항상 지면으로부터 가장 높은 곳으로 차는 전체 경주중에서 가장 많은 위치에너지를 여기서 얻게 된다.

롤러코스터가 첫 번째 언덕의 정상에 도달했을 때, 위치에너지가 운동에너지로 전환되면서 증가하는 속도로 경사진 트랙을 내려가기 시작한다. 경사의 바닥에서는 두 번째 언덕의 경사진 트랙을 오르기 시작하는데, 이 때 차는 운동에너지를 다시 위치에너지로 전환시킨다. 이상적으로는, 차가 경사를 내려갈 때 모든 위치에너지가 운동에너지로 변환되고, 차가 다시 경사를 올라갈 때 모든 운동에너지가 위치에너지로 전환된다. 하지만 완벽한 에너지 전환은 없고 일부의 에너지는 공기 저항과 마찰로 인해 잃게 된다. 롤러코스터 설계시에는 이런 손실을 고려해서 약간의 부가적인 운동에너지를 남겨둔다. 이로 인해 운전자는 운행 끝에는 브레이크를 밟아야만 한다.

경사의 바닥에 있을 때 운동하고 있는 롤러코스터의 속력은 언덕의 높이와 정비례할까? 마찰을 무시하면, 경사 바닥에서 롤러코스터의 속력은 언덕 높이의 제곱근에 정비례한다. 이는 바닥에서 롤러코스터의 속력을 2배로 증가시키려면 언덕의 높이를 4배로 더 높여야 한다는 것을 의미한다. 롤러코스터는 직선으로 떨어지지 않기 때문에 4배 이상의 높이가 되어야 할 수도 있다. 높이를 두 배로 하면 이론적으로는 속력이 단지 40% 정도만 증가한다.

롤러코스터를 타는 사람의 무게와 경사 바닥에서의 속도는 어떤 관계가 있을까? 대답은, 사람들의 무게는 문제가 되지 않는다는 것이다. 공기저항과 마찰을 무시하면, 사람을 많이 태운 무거운 롤러코스터와 몇 사람만 태운 롤러코스터 모두 경사 바닥에서의 속도는 같다.

각 언덕의 높이에서 위치에너지와 운동에너지의 교환을 조사하기 위해 롤러코스터 운행에 관한 도표를 그려보자. 도표에는 각 언덕의 정상과 움푹 패인 곳에서의 상대적인 높이의 차이를 보여주어야만 한다. 이와 같은 도표로부터, 운행에서 어디에 있을 때 속력이 가장 크고 얼마나 되는지를 예측할 수 있다. 롤러코스터는 단지 높은 속도보다 많은 속도의 변화를－가속도－산출하도록 설계되었다는 것을 명심하고 도표를 연구해 보자.

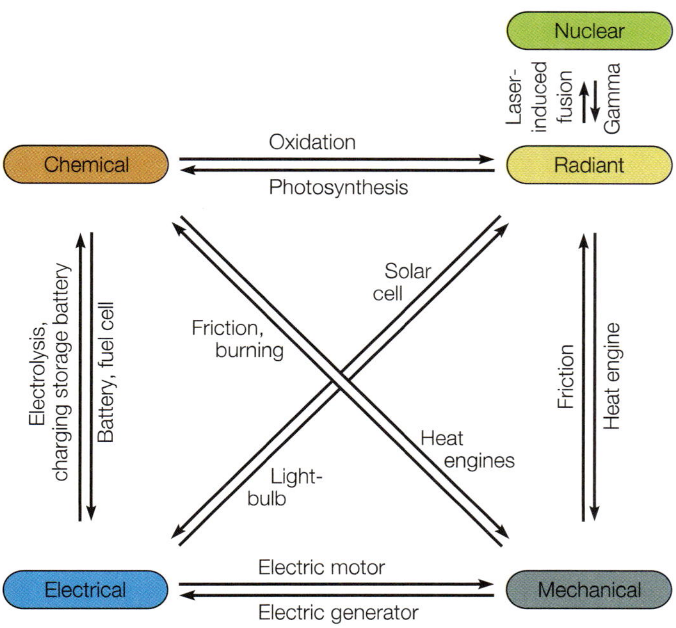

그림 3.15 에너지 형태와 일부 전환 경로

에너지의 어떤 형태도 다른 형태로 전환될 수 있다. 사실, 당신이 사용하는 대부분의 기술적인 장치는 에너지 변환장치와 다름이 없다(그림 3.15). 예를 들어, 전구는 전기에너지를 복사에너지로 전환시킨다. 자동차는 화학에너지를 역학적 에너지로 전환시킨다. 태양 전지는 복사에너지를 전기에너지로 전환시키고, 전기모터는 전기에너지를 역학적 에너지로 전환시킨다. 각 기술적인 장치는 어떤 형태의 에너지를(주로 화학 혹은 전기에너지) 당신이 원하는 다른 형태의 에너지로 전환한다(주로 역학 혹은 복사에너지).

당신의 주변에서 발생하는 에너지의 흐름을 추적해 보는 것은 흥미로운 일이다. 예를 들어, 당신이 자전거를 타고 있다고 가정해 보자. 자전거는 움직이는 것에 따라 운동 역학적 에너지를 갖는다. 어디서 자전거는 에너지를 얻을까? 이는 당신에게서부터 나오는 것인데, 음식물의 화학에너지가 당신의 근육을 수축하여 자전거를 움직이는데 사용되기 때문이다. 그런데, 당신의 화학에너지는 어디에서 오는 것인가? 이는 식물과 채식이나 잡식동물로 이루어진 음식에서 나오는 것이다. 모든 경우에서, 식물은 먹이사슬의 가장 밑에 있다. 식물은 태양의 복사에너지를 화학에너지로 전환시킨다. 복사에너지는 태양의 중심에서 발생하는 핵반응에 의하며 태양에서 식물로 이동한다. 당신의 자전거는 즉 수많은 형태 전환을 거친 핵에너지에 의해 움직이는 것이다!

에너지 보존(energy conservation)

에너지는 한 물체에서 다른 물체로 이동될 수 있고 한 형태에서 다른 형태로 전환될 수 있다. 만약 전환 혹은 이동 전후 에너지의 모든 형태의 상세한 근거를 만든다면, 모든 에너지의 크기는 일정할 것이다. 브레이크를 밟았을 때 당신의 자전거가 평지를 따라서 움직인다고 생각해보자. 자전거의 운동 역학적 에너지에 무슨 일이 발생하는가? 이는 자전거의 테와 브레이크를 가열시키는데 사용되었고 적외선으로 결국 우주로 방출된다. 지구에 도달하는 모든 복사에너지는 결국 다시 우주로 방출된다(그림 3.16). 즉, 에너지의 모든 형태 전환과 전이가 발생되는 동안 에너지의 총 양은 일정하다.

총 에너지는 측정된 모든 상황에서 일정한데, 이것이 과학의 또 다른 보존 법칙인 **에너지 보존의 법칙**(law of conservation of energy)이다.

> **에너지는 창조되거나 소멸되지 않는다. 에너지는 한 형태에서 다른 형태로 전환될 수 있지만, 총 에너지는 일정하게 유지된다.**

그렇다면 핵에너지의 근원은 무엇인가? 핵반응이 에너지를 창조할 수 있을까? 아인슈타인은 그의 유명한 질량과 에너지의 관계($E=mc^2$)를 공식화했던 1900년대 초에 이 질문에 대해 답을 했다. 기본적으로 이 관계식은 질량은 에너지의 형태라는 사실을 말하고 있으며, 이런 사실은 실험적으로도 수차례 증명되었다.

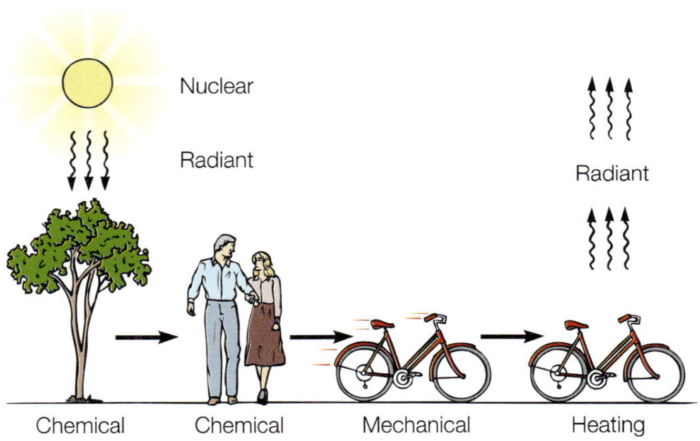

그림 3.16 지구에 입사한 태양에너지는 많은 전환을 거쳐서 우주로 다시 돌아간다. 우주로 방출하는 총 합은 입사한 원래의 양과 동일하다.

Science and Society

자신의 연료를 재배합니까?

바이오디젤에 대해 들어본 적이 있는가? 바이오디젤은 채소에서 얻어지는 기름으로 디젤 엔진에서 연료로 사용할 수 있다. 이는 콩기름, 카놀라유 혹은 심지어 패스트푸드 식당의 재활용 기름으로 만들어질 수 있다. 바이오디젤은 일반 디젤 기름과 혼합될 수 있다. 혹은 100% 순수한 형태로서 디젤차, 트럭, 버스 혹은 집을 가열하는 기름으로 사용될 수 있다.

왜 우리는 디젤 엔진을 작동시키는데 식물성 기름을 사용하길 원하는가? 첫 번째로, 이는 고갈되지 않는 지속적인(혹은 재생 가능한) 자원이다. 이는 해외 기름에 대한 의존성을 줄여주며 무역적자를 줄여준다. 이는 더 순조롭게 작동되고, 더 적은 배기가스를 배출하므로 석유디젤과 관련되는 보건상의 위험성을 감소시킨다. 패스트푸드 식당에서 재활용한 기름을 사용할 때에만 부정적인 측면들이 나타날 수 있다. 바이오 디젤로 작동하는 학교 버스 뒤에 있는 사람들은 이것이 튀긴 감자 냄새 같아서 배고프게 만든다고 불평할 것이다.

몇몇의 바이오디젤 사용자들에 의해 운영되는 사이트에서 어떻게 조류(algae)에서 바이오디젤을 추출할 수 있는지를 배울 수 있을 것이다. www.biodieselnow.com을 보고 조류를 검색해 보자.

에너지 이동(energy transfer)

당신이 어떤 물체에 일을 하면, 그 물체에 에너지를 공급해 주는 것이라고 언급하였다. 일의 결과는 운동 역학적 에너지의 증가, 중력 위치에너지의 증가, 혹은 물체의 온도 증가로 나타날 수 있다. 일을 하는 것 혹은 가열하는 것은 항상 에너지가 변형되고 있다는 뜻을 내포한다고 요약할 수 있다. 이는 재정 상태와 다르지 않다. 재정을 증가시키거나 감소시키기 위해, 자산가치가 있는 것들의 전달 수단인 현금이나 수표와 같은 이동 방식을 필요로 한다. 현금이 개인에서 다른 사람으로 이동하는 것과 같이, 한 물체에서 다른 물체로의 에너지 흐름에는 이동 방식이 요구된다. 에너지의 이동 방식은 일이나 열이다. 일이나 열이 발생하는 것을 보면, 에너지의 전이가 발생하고 있다는 것을 알 수 있다. 후에 열을 보게 된다면, 에너지의 어떤 형태가 어떤 새로운 에너지 형태로 전이 되었는지를 생각해 보자. (항상 마지막 형태는 복사에너지이다.) 열은 4장의 주제로 에너지 물질에 있어서 열의 역할을 알아볼 것이다.

컴퓨터를 켜 놓습니까?

컴퓨터를 항상 켜 놓는 것은 에너지를 적게 사용하고 더 오래 지속되게 한다는 것은 잘못된 통념이다. 컴퓨터가 처음에 켜졌을 때 아주 작은 서지 현상이 발생하지만 컴퓨터를 사용하지 않는데 계속 작동해서 소비되는 에너지에 비교하면 별로 큰 것이 아니다. 과거에는 컴퓨터를 껐다 켰다 하는 것은 컴퓨터의 수명을 감소시켰지만 현대의 컴퓨터는 그렇지 않다.

3.4 현재의 에너지원(Energy Sources Today)

고대 그리스 신화에 따르면 프로메테우스가 하늘에서 불을 훔쳐서 인류에게 가져다주었다고 한다. 불은 그 이래로 인류 발전을 추진시켜왔다. 필요한 모든 것은 프로메테우스의 불의 연료가 되었다.

타는 모든 물질은 불의 연료로 사용될 수 있고 인류가 진보됨에 따라 많은 연료들이 세기를 걸쳐 사용되었다. 처음에는 나무가 주요한 열의 원료로 사용되었으며 후에 석탄은 산업혁명을 부채질하였다. 결국, 인간은 석유를 태우면서 20세기로 진입했다. 오늘날, 석유는 가장 넓게 사용되는 에너지원이다(그림 3.17). 이는 미국에서 사용하는 총 에너지의 40%를 제공해준다. 천연가스는 오늘날 사용되는 총 에너지의 23%를 차지하고 있다. 석탄도 전체의 23%를 공급해 주고 있다. 광합성에 의해 형성된 모든 물질인 바이오매스는 오늘날 사용되는 총 에너지의 3%를 차지하고 있다. 석유, 석탄, 바이오매스 그리고 천연가스는 화학에너지원이며 에너지를 얻기 위해 대부분 연소되는 것들이다. 이러한 화학에너지원들은 소비되는 총 에너지의 87%를 공급하고 있다. 이것의 3분의 1은 열을 위해 연소되고 나머지는 엔진이나 발전기를 작동시키는데 사용된다.

핵에너지와 수력은 비화학적인 에너지원으로써 전기적 에너지를 발생시키는데 사용된다. 태양, 바람 그리고 지열과 같은 대체 에너지원들은 오늘날 미국에서 소비되는 총 에너지의 1% 정도이다.

에너지원은 과거에도 변해 왔고 미래에도 변할 것이다. 나무는 석탄의 사용이 증가한 1850년대까지 에너지의 90%를 공급해 왔다. 그리고 석탄은 1910년에는 총 에너지 수요의 75%를 제공했고 에너지 공급에 있어서 석유의 사용이 증가되기 시작했다. 오늘날 증가하는 경제적, 환경적 규제와 감소하는 석유의 공급으로 또 다른 공급원이 필요하다. 현

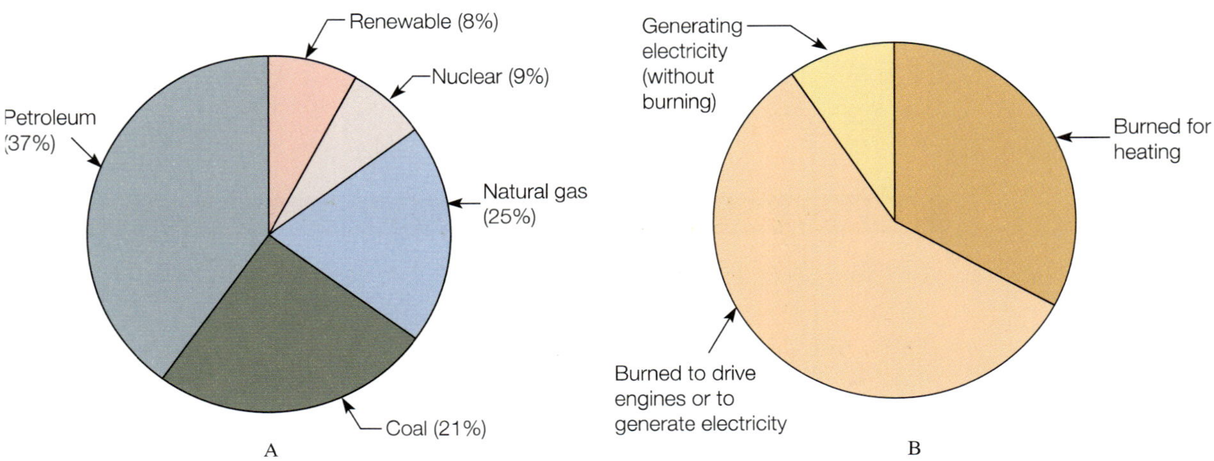

그림 3.17 (A) 2005년 미국에서 소비한 에너지원과 (B) 에너지의 사용 용도

재의 석유를 기반으로 하는 에너지 시대는 이제 막 새로운 에너지 시대로 전환하려 한다.

오늘날 소비된 총 에너지의 약 92%는 네 가지 에너지원에 의해 공급된다: (1) 석유(천연 가스 포함) (2) 석탄 (3) 동수(動水) 그리고 (4) 핵이다. 아래에 이들 네 가지 에너지원을 간략하게 소개하고 있다.

석유(petroleum)

석유라는 단어는 바위를 의미하는 petra와 기름을 뜻하는 oleum에서 유래했다. 석유는 기름을 함유하고 있는 바위에서 나온 기름이며, 천연 가스는 일반적으로 석유와 연관이 있고 비슷한 기원을 가지고 있다. 석유와 천연가스 모두 수체에서 살았던 유기 침전물에서 형성되었다. 가끔 지역적인 조건에 따라 유기물질이 과도하게 풍부한 침전물의 축적될 수 있다. 이는 담수호라는 특별한 조건에서 발생하거나 얕은 대양분지에서 발생한다. 어떠한 경우든 대부분의 유기물질은 자유롭게 떠다니는 작은 동물인 플랑크톤과 조류와 같은 식물이다. 매장된 유기 물질이 축적되어 석유와 천연 가스가 형성된다. 이런 물질들이 어떻게 석유와 가스가 되었는지에 관한 정확한 절차는 알 수 없다. 박테리아, 압력, 적절한 온도, 그리고 시간이 모두 중요하다고 한다. 천연 가스는 석유보다 더 높은 온도에서 형성된다. 시간을 거듭한 온도 변화에 따라 석유와 가스의 혼합물 혹은 천연 가스만을 생산했을 것이다.

석유는 형성될 때 바위 알갱이 주변에 얇은 막을 형성한다. 바위와 물을 누르는 압력에 의해 석유와 가스는 어떤 바위 구조물에 도달하여 멈출 때까지 바위 틈새로 이동한다. 천연가스는 석유 위에 존재한다. 축적된 석유와 천연가스는 에너지 자원의 공급원이다.

석유 공급과 석유의 가격을 논할 때 주로 "배럴"을 사용한다. 배럴은 42 U.S. 갤런을 세는 도구이지만 42 갤런 배럴과 같은 것은 존재하지 않는다. 기름이 배럴로 운송될 때, 각 통은 55 U.S. 갤런을 담고 있다. 석유는 휘발유(약 45%), 디젤(약 40%) 그리고 난방유(약 15%)에 사용된다. 석유는 의약, 복지, 플라스틱과 잉크를 제조하는데도 사용된다.

석탄(coal)

석유와 천연가스는 수백만 년 전에 살았던 작은 유기체의 잔해로부터 형성되었다. 반면, 석탄은 수백만 년 전 특수한 조건에서 축적된 식물에서 형성되었다. 즉, 석유, 천연가스, 석탄은 **화석 연료**(fossil fuel)로 수백만 년 전에 살았던 유기체에 저장된 복사에너지가 축적되어 있다.

석탄 형성 과정의 첫 번째는 늪지에 있는 식물이 죽어 가라앉는 것이다. 고여 있는 늪지의 물은 동물에 의한 소비와 미생물의 분해로부터 식물과 식물재료를 보호한다. 시간이 흘러, 화학적으로 변형된 식물 재료는 늪지의 물 밑 바닥에 저장이 된다. 이탄(泥炭, peat)은 탄소가 풍부한 재료로 세계의 많은 곳에서 사용되는 연료이다. 스카치(위스키)의 맛은 독주를 양조하는데 사용된 이탄이 불에 태워진 결과이다. 이탄은 오늘날에도 늪 지역에서 자연적으로 생산되고 있다. 압력과 높은 온도 아래에서, 이탄은 결국 석탄으로 변환된다. 석탄의 형성에는 몇 가지 등급이 있는데, 가장 낮은 등급은 갈탄(갈색 석탄), 그 다음은 아역청탄, 그 다음은 역청탄(부드러운 석탄) 그리고 가장 높은 등급은 무연탄(딱딱한 석탄)이다.

석탄의 각 등급에 따라 다른 연소 특성과 다른 에너지 구성요소를 가진다. 석탄은 또한 진흙의 불순물, 토사, 산화철과 황의 불순물들을 함유하고 있다. 석탄이 태워질 때 광물의 불순물들은 재로 남게 되고 황은 오염물질인 이산화황을 산출한다.

오늘날 채굴되는 석탄의 대부분은 전기를 생산하기 위해(약 80%) 연소된다. 석탄은 지표 동굴에 분가루로 있기에 그대로 가마에 불어 넣는다. 이점은 효율성을 크게 증대시키지만 굴뚝 위로 재가 날리게 된다. 정부의 대기오염방지법은 산업체와 공익사업체는 공장에서 배출하는 재와 이산화황을 제거하도록 제재하고 있다. 석탄을 연료로 사용하는 발전소를 신축하려면 비용의 20%는 공기 오염을 통제하는 장비 비축에 사용된다. 석탄은 풍부하지만 비청정 에너지원이다.

수력(moving water)

동수(動水)는 수천 년 동안 에너지원으로 사용되어져 왔다. 이것은 비가 내리는 한 소모되지 않고 재생 가능한 에너지원이다. 오늘날 수력발전은 국내에서 소비하는 총 에너지의 3%를 공급한다. 1940년대는 미국의 총 전력의 40%를 공급했으나 오늘날에는 9%를 공급하고 있다. 에너지 소비는 증가하고 있으나 댐을 건설하는 데는 지리적 한계로 인해 수력발전으로는 보조를 하지 못한다. 저수지의 물은 수압관이라고 불리는 커다란 관을 통해서 발전기의 축을 회전시키는 터빈의 날개가 있는 발전소로 운반된다.

핵(nuclear)

핵발전소는 핵에너지를 사용해서 전기를 생산한다. 에너지는 우라늄 핵 혹은 플루토늄 핵의 분열로부터 방출된다. 분열은 원자로라고 불리는 커다란 강철 용기에서 일어난다. 증기를 만들기 위해서 물을 원자로로 퍼 올린다. 증기는 화력발전에서처럼 전기에너지를 생산하는데 사용된다. 핵발전소는 핵에너지를 사용해서 전기를 공급하는데 이에 대해 반대하는 사람들이 있다. 전력회사들은 핵에너지를 전기를 생산하는 하나의 에너지원으로 바라본다. 그들은 어떤 한 에너지원에만 전념하지 않고 가장 믿고 신뢰하고 의존할 수 있는 여러 에너지원을 찾고 있다고 말한다. 석유, 석탄과 수력 발전은 전력 생산을 위해 현재 사용하고 있는 에너지원들이다. 전력회사들은 석유와 천연가스의 가격이 점점 상승하는데 관심을 두고 있고 장기간 수급에도 의문을 가지고 있다. 수력발전의 성장 잠재력은 제한적이고 태양에너지는 지금은 터무니없이 비싸다. 전력회사는 석탄과 핵을 주요한 에너지원으로 보고 있다. 각각에는 문제점도 있고 장점도 있으나 태양에너지 같은 신기술이 가격 경쟁력이 생길 때까지는 석탄과 핵발전을 사용해야 한다고 믿고 있다.

People Behind the Science

James Prescott Joule (1818－1889)

James Joule은 열의 역학적인 등가량을 실험적으로 측정하여 에너지보존의 원리를 발전시키는데 일조한 영국의 물리학자이다. 에너지에 관한 줄의 선구적인 업적을 인정하여 에너지의 SI 단위를 줄로 명명한다.

Joule은 1818년 12월 24일 유복한 양조장 집안에서 태어났다. 줄과 형제들은 1833년에서 1837년 사이에 집에서 기초수학, 자연철학을 교육받았고 얼마 동안은 영국의 화학자인 존 달톤(1766－1844)에게 화학을 사사 받았다.

Joule은 실험자로서 대단한 손재주를 가지고 있어서 그는 온도를 대단히 정밀하게 측정할 수 있었다. 다른 과학자들은 처음에는 그런 정밀도를 믿을 수가 없었고 줄이 그의 결과를 설명하기 위해 전개한 이론들에 대해 의구심을 가졌다. 그러나 Kelvin경의 지지로 1847년부터 이런 견해들은 변했고 Kelvin은 후에 그의 커다란 능력을 활용했다. 1850년 다른 과학자들로부터 크게 존경을 받았고 영국학술원의 일원으로 선출되었다.

Joule은 아주 일찍이 정밀한 실험의 중요성을 실현하였고 정확한 자료는 그의 특징이 되었다. 1837년부터 1847년이 그의 가장 활동적인 연구기간이었다. 오랜 연속적인 실험들에서 그는 전기적, 역학적 그리고 화학적 효과와 열 사이의 관계를 연구했고 그리고 1843년 열을 산출하는데 필요한 일의 양에 관한 결과를 발표할 수 있었다. 이것이 소위 열의 일당량 이라고 하는 것이다(1 칼로리당 4.184줄).

Joule의 업적의 큰 가치는 그의 실험적 증명의 다양성과 완벽성에 있다. 그는 동일한 관계성이 실험적으로 조사가 가능하다는 것과 다른 형태의 에너지에서 등가비율은 한 형태가 어떻게 다른 형태로 전환되었는 지에는 관계가 없다는 것을 보였다. 줄이 수립한 원리는 에너지는 생성될 수도 소멸될 수도 없다는 것이다.

에너지의 측정에서 기존에 사용한 에르그와 칼로리 단위 대신에 그의 이름을 사용하면서 우리 곁에 남아있다. 이것은 그의 위대한 실험적 능력과 과학의 기본 법칙을 수립한 그의 끈기에 대한 당연한 반영이다.

Reusing or Recycling?

비닐봉지를 물건을 구입한 가게로 돌려주는 것을 재활용(recycle)한다고 하는 것은 잘못이다. 이것은 재활용이 아니라 재사용(reuse)이다. 재활용은 물건의 원재료로 분해하여 새로운 물건을 만드는 것이다. 재활용은 에너지를 사용하기 때문에 재사용이 환경적으로 더 바람직하다.

에너지 보전(conserving energy)

보존은 에너지를 산출하는 것이 아니라 부가적인 에너지 소비를 줄이는데 있으며 이는 소비자의 돈을 절약하게끔 한다. 일부 보존 기술들은 궤변적인 반면에 어떤 것들은 매우 간단하다. 예를 들어 작고 값이 저렴한 나무를 태우는 난로들이 개발되어 저개발 지역에서 뚜껑이 없는 난방기구 대신에 사용되었는데, 이 지역에서의 에너지 소비를 50% 감소시킬 수 있었다.

많은 관찰자들은 보존은 하지도 않으면서 에너지를 더 요구하는 것은 마치 배수구는 열어놓고 욕조에 채울 물을 더 요구하는 것과 같다고 지적하고 있다. 확실히, 보존과 효율성 자체는 에너지에 대한 수요를 없앨 수는 없겠지만, 에너지 수요를 충족시키기가 더욱 용이해진다. 에너지 효율의 향상은 부가적인 에너지원의 필요성을 주목할 정도로 감소시켰다. 미국 에너지정보국에서 발간한 자료에 근거해서 이 사실들을 고려해보자.

- 2003년 미국 시민 당 사용하는 전체 에너지는 1973년도와 거의 같았다. 같은 기간 동안, 일인당 국내총생산(GDP)은 74%가 증가했다.
- GDP 단위 당 에너지 사용은 1973년과 2002년 사이에 43%로 낮아졌다. 60% 가까운 하락은 에너지 효율의 향상 덕분이다.
- 만약 미국이 지난 30년 동안 에너지 사용을 획기적으로 감소시킬 수 없었다면 소비자와 사업가들은 2003년도에 에너지를 구입하는데 최소한 4300억 US 달러 이상을 지출해야만 했을 것이다.

비록 지금의 미국이 30년 전보다는 에너지에서 훨씬 더 효율적이지만 부가적으로 경제적인 에너지 절약을 위한 잠재성은 무궁무진하다. 좀 더 새로워진 효율적인 에너지 기구들이 채택되기 시작했고, 다른 효율기구들이 개발되어 가까운 장래에 상용화 될 수 있다.

우리가 소비하는 에너지의 대부분은 낭비된다. 이 말은 단순히 불을 끄고 난로의 온도조절기를 낮추는 것을 의미하지 않는다 ; 이것은 기술적인 도전이다. 연료의 잠재적 에너지의 대부분을 환경을 오염하는 형태의 열로 낭비할 만큼 우리의 에너지 사용은 매우 비효율적이다.

단열이 잘 안된 창문과 문을 통해 낭비되는 에너지는 미국이 해마다 알레스카 종유관을 통해 받는 에너지만큼 많은 양이다. 비교적 저렴한 에너지－효율 기구들을 사용함으로써 각 가정의 평균 에너지 청구서는 10%에서 50%까지 감소가 가능하고 대기로 이산화탄소 방출을 줄이는데 도움을 줄 수 있다.

많은 보존 기술들은 상대적으로 단순하고 가격도 매우 저렴하다. 더 효율적이고 에너지 집약도가 낮은 산업과 가정에서의 일상 생활화로 많은 에너지를 절약할 수 있다. 향상된 자동차 효율, 더 좋은 대중 운송기관 그리고 승객과 화물을 운송하는 기차의 사용증가는 간단하고 운송 에너지를 보존하는 유용한 방법들이다. 1970년대의 오일쇼크로 자동차 연비는 1975년 5.55 km/L에서 1988년 12.3 km/L로 2배 이상이 되었다. 불행하게도 1980년대 말의 공급과잉으로 인한 연료 가격의 하락으로 보존 기술의 개발이 주춤해졌다. 1990년도와 1997년 사이에 평균 연비는 11.8 km/L이었다. 만약 21세기 초반에 휘발유 가격이 급격히 인상되면 신형 자동차는 리터 당 더 많은 거리를 이동할 수 있도록 개발될 것이다.

에너지 소비를 줄이는 여러 유용한 기술들이 있다. 일상의 조명설비에서도 사용이 가능한 고효율의 형광전구(CFL)들은 25%의 에너지로도 동일한 양의 빛을 발산하고 발열도 작다. 조명과 냉방(비효율적인 조명설비에서 방출되는 열 제거)은 미국에서 소비하는 전기의 25%로 보고되고 있는데 널리 사용하고 있는 이들 조명장치들은 에너지 소비를 주목할 만큼 줄일 수 있다. 빛의 발산이 적은 유리를 사용한 창문은 빛이 건물로 입사할 때 들어오는 열량을 줄인다. 새로운 건축물과 창문에서 이런 종류의 유리를 사용하는 것은 에너지 효율에서 큰 효과를 가질 수 있다. 자동 제광과 차단 장치들과 같은 많은 기술들이 현재 새 건축물에 적용되고 있다.

에너지의 보다 효율적인 이용을 위해서는 장려가 필요하다. 때때로 에너지-저효율로 고안된 건축물이나 기계들은 저렴한 가격으로 생산된다. 단기적으로 지출하는 비용은 작지만 장기적으로는 비용이 많이 지출된다. 비효율적으로 고안된 건축물이나 기구들을 구입할 때 장기적인 경제적인 에너지 비용을 평가할 수 있는 공공 교육이 필요하다. 공공전기회사들은 최근에는 에너지 보존 정책의 한 부분을 담당하고 있다. 그들은 보존 노력으로 사업을 할 수 있도록 허가되었다: 예전에는 더 많은 발전소를 건설하여야 돈을 벌 수 있었다. 발전소를 신축하지 않고 어떻게 에너지를 효율적으로 사용할 수 있는지를 그들의 고객들에게 교육하고 있기 때문이다.

3.5 미래의 에너지(Energy Tomorrow)

대체에너지는 오늘날 사용하는 전형적인 에너지들과는 다른 것이다. 오늘날 사용되는 에너지원은 화석연료들(석유, 석탄과 천연가스), 핵과 낙수(落水)들이다. 대체에너지로는 신기술로 실용화할 수 있는 태양, 지열, 수소가스와 융합에너지 등이 가능할 것이다.

태양광 기술(solar technologies)

태양에너지란 용어는 대체에너지로 태양광(그림 3.18)을 직접 혹은 간접적으로 이용하는 많은 기술들을 묘사하는데 사용된다. 태양광 기술에는 8가지 종류가 있다.

1. **태양전지** 태양전지는 실리콘, 갈륨 혹은 일부 다결정체 화합물의 얇은 결정체로 빛에 노출되면 전기를 생산한다. 또한 광전지 기구라고 불리는 태양전지는 유체나 중간의 전환상태가 필요 없이 직접적으로 전기를 생산한다. 태양전지는 우주용기구와 위성에 많이 사용되어 왔다. 그러나 지구에서는 실험과제, 원격 활용과 태양건전지 시계나 계산기 등과 같이 소비자용 특수 품목들에 사용된다. 오늘날 태양전지의 문제점은 수제품이기 때문에 제작비가 대단히 높다는 데 있다. 가정에 전기를 생산하는 고효율의 저렴한 가격의 태양전지의 개발에 관한 연구가 진행되고 있다.
2. **태양열 발전탑** 이것은 전기를 생산토록 고안된 또 하나의 다른 태양광 기술이다. 발전탑의 한 유형을 보면 일광 반사장치인 9000개의 특수 거울로 둘러싸인 171 m의 탑이 있다. 반사장치는 태양광을 탑 정상에 있는 보일러로 보내고, 보일러에서 소금(질산나트륨과 질산칼륨)은 566℃ 까지 가열된다. 이 용해된 소금은 증기 발전기로 보내져서 발전소에서처럼 증기가 발전기를 운전하는데 사용된다. 발전탑의 보일러에서 물을 직접 가열할 수도 있다. 용해된 소금은 태양이 비추지 않아도 절연된 저장 탱크에 20시간 까지는 저장이 가능하다.
3. **수동적 장치** 수동적 장치는 모터나 펌프 등과 같은 기계장치 없이 자연적 수단으로

그림 3.18 풍력은 태양에너지의 다른 형태이다. 풍력터빈은 보트에 사용되는 전기에너지를 생산해서 바람이 불지 않을 때 사용할 에너지를 배터리에 충전한다. 터빈이 배를 미는 풍력을 만드는데 사용할 수 없는 것에 대해 의구심을 가질 것이다. 뉴튼의 운동의 법칙에 의하면, 이것은 배에 알짜 힘을 제공하지 못한다.

에너지는 이동한다. 예를 들어 수동적 태양주택은 태양을 향해 있고, 창문의 크기와 위치 그리고 지붕은 겨울에는 태양광이 입사하도록 하고, 여름에는 차단할 수 있도록 고려되어 있다. 집을 통해 태양광을 포획, 저장, 분산하도록 고안되어 있다.

4. **능동적 장치** 능동적 태양광 응용은 태양광이 공기, 물 혹은 기타 액체들을 가열하는 태양광 수집 장치가 요구된다. 액체 혹은 공기들은 전기를 생산하기 위해서 집안의 파이프를 통해 수송되거나 혹은 온수로 직접 사용한다. 태양광으로 물을 가열하는 것은 다른 어떤 태양광의 응용보다 경제성이 있다.
5. **풍력 에너지** 바람은 수세기 동안 배를 움직이고, 낟알을 분말로 갈고 그리고 물을 퍼 올리는데 사용되어 왔다. 그러나 바람이 부는 것은 태양에서 오는 복사에너지가 지구의 어떤 부분을 다른 곳보다 더 데우기 때문이다. 이런 열의 차이는 압력차를 야기하게 되어 공기가 수평방향으로 이동하게 되며 이를 바람이라고 한다. 따라서 바람은 태양에너지의 다른 형태이다. 풍력 터빈은 전기적 혹은 역학적 에너지를 산출하기 위해 사용된다. 풍력에너지에서 가장 큰 문제점은 바람의 비일관성에 있다. 한때는 바람의 속력이 너무 크고 때로는 충분히 크지 못하다. 이런 문제를 극복하기 위해 여러 연구들이 수행되고 있다.
6. **바이오매스** 바이오매스는 광합성에 의해서 형성된 물질로, 작은 식물, 나무, 작물, 쓰레기, 수확 후 잔여물과 동물의 사체들을 포함한다. 바이오매스는 연료처럼 직접 태워서 가스연료(메탄)나 알콜 같은 액체연료로 전환된다. 문제점은 바이오매스를 모으는데 소비되는 에너지와 가스나 액체연료로 전환하는데 소비되는 에너지에 있다.

7. **농사와 산업체 열** 이 기술은 전통적인 에너지원을 사용하기보다 단순히 태양광을 사용하여 낟알을 건조하거나 페인트 건조 등 태양광으로 할 수 있는 모든 일을 말한다.
8. **해양열전환**(OTEC) 이것은 열대지방, 아열대지방, 적도지방의 표층의 해수와 수심의 해수의 온도가 거의 22 ℃ 차이가 있다는 장점을 이용하는 전기발생설비이다. 기본적으로, 장치에 주입된 온수는 유체를 기화시키고 기화된 유체는 터빈발전기를 통해 팽창한다. 수심의 냉수는 증기를 다시 액화시켜서 다시 온수로 보내어 위의 과정을 반복하게 된다. 이 개념은 시험을 거쳐 기술적으로 성공을 거두게 되었다. 하와이, 푸에르토리코, 괌과 버진아일랜드와 같이 표층에 온수를 수심에 냉수를 가진 섬들이 가장 가능성이 높은 곳이 될 것이다.

지열에너지(geothermal energy)

지열에너지(geothermal energy)는 지표 바로 밑에서 기인하는 에너지이다. 간헐천, 온천과 옐로우스톤 국립공원의 증기 배출구에서 이런 형태의 에너지를 볼 수 있다. 옐로우스톤에 나타난 것보다 실제로 더 큰 지열 에너지가 있으며, 지열의 근원은 한때 생각한 것보다 더욱 광범위하다. 이들 공급원은 대체로 네 종류로 발생한다; (1) 건조한 증기 (2) 열수 (3) 뜨겁고 건조한 바위 (4) 지압의 근원. 지열 에너지의 공급원이 함유하고 있는 에너지는 매년 미국에서 소비하는 에너지보다 15000배 이상이다. 문제는 단지 지열에너지를 얻는데 있으며 지열에너지의 사용은 경제적으로 매력적이다.

대부분의 지열 에너지는 뜨겁고 건조한 바위에서 발생하는데 전체 지열 근원의 85%를 차지한다. 뜨겁고 건조한 바위는 대개 예전에 화산 활동이 있었던 지역 내 혹은 부근에 존재한다. 이 광범위하게 퍼져있는 공급원을 실용화하는 문제는 표면에서 어떻게 에너지를 얻을 수 있는가에 있다. 연구에서는 여러 개의 우물을 파서 한 우물 속에 물을 주입하고 두 번째 우물에서 퍼 올린 가열된 물에서 에너지를 추출하는 방법이 시도되어 왔다. 열수와 증기의 지열이 얼마나 분포되었는 지보다 시스템을 이해하는 것에 관심이 높다.

지압을 받는 수원은 천연가스가 녹아 있는 지하의 열수이다. 물의 온도가 끓는점보다 높기 때문에 열과 천연가스가 이 에너지원으로 사용될 수 있다. 이러한 지압 저수조는 접근 가능한 전체 지열에너지의 14%를 차지한다. 이들이 경제적으로 충분히 실현이 가능한 에너지원이 될 수 있는지를 결정하기 위해 현재 연구가 이루어지고 있다. 다양한 형태의 열수와 증기 공급원에서 에너지를 회수하는 방법은 많이 알려져 있어서 이것은 경제적으로 더욱 매력적이다.

열수와 증기는 알려진 전체 지열공급원 중에서 1%만 차지한다. 그러나 이들 에너지 공급원의 실용화와 회수에 관해 많은 것들이 알려져 있다. 이들은 미국 내에 비축된 석유의 1/2에 해당하는 양으로 평가되고 있다. 증기는 매우 드문데, 미국에서는 오직 세 군데서만 발생한다. 이들 중 두 장소는 국립공원(Lassen과 Yellowstone)이여서 이곳의 지열은 에너지원으로 사용할 수 없다. 제3장소는 Geysers인데 여기서 나오는 증기는 괄목할만한 양의 전기를 생산하는데 사용되고 있다.

열수 시스템은 대부분 회수가 가능한 지열 공급원으로 구성된다. 화산의 깊은 공급원에서의 열은 웅대하고 저속으로 운동하는 대류 형태의 지하수를 만든다. 만약 지표근방에서 순환할 만큼 물이 충분히 뜨거우면 전기 생산과 건물 난방 등의 많은 곳에 응용이 가능하다. 오늘날에는 오리곤주, 아이다호주, 헝가리, 프랑스, 아일랜드와 뉴질랜드 등에서 수천 채의 아파트, 가정과 사업장에서 지열로 난방을 하고 있다.

수소(hydrogen)

수소는 원소들 중에서 가장 가볍고 단순한 원소로 연료전지 혹은 방출한 열을 점화하는데 직접적으로 사용하는 에너지로 사용이 가능한 이원자 가스이다. 수소는 천연가스 연소기를 조금만 수정하면 천연가스 대신 사용할 수 있다. 수소를 연료로 사용할 때 가장 큰 장점은 오염물질을 방출하지 않는데 있다. 다음의 방정식에서 보듯이 수소의 연소에서 방출되는 것은 오직 물뿐이다.

$$\text{수소} + \text{산소} \rightarrow \text{물} + 68300\ \text{칼로리}$$

수소를 에너지원으로 사용하는데 있어서 원초적인 문제는 지표 위와 아래에 수소가 없다는데 있다. 따라서 화학반응을 통해서 물을 포함하는 복합물에서 구해야만 한다. 물은 지구상에 풍부하고 전류를 통하면 수소와 산소 가스로 분해된다. 즉,

$$\text{물} + 68300\ \text{칼로리} \rightarrow \text{수소} + \text{산소}$$

효율을 100%로 가정하면, 물에서 수소가스를 얻기 위해 필요한 에너지는 수소가스가 연소할 때 방출하는 에너지와 동일하다. 따라서 수소는 에너지 생산에는 사용할 수는 없지만 미래의 사용을 위해 에너지를 축적해두는 수단으로 사용될 수 있다. 사실, 수소는 태양에너지로부터 얻은 에너지를 저장하고 운반하는 문제에 있어서 효과적인 대안으로 고안된 것 같다. 부연해서, 수소는 자동차와 트럭 등에서 필요한 화석 연료를 대체하는 운송 가능한 에너지원으로 제공될 수 있을 것이다. 요약하면, 수소는 청결하고 또한 조명, 냉난방과 운송 등 많은 곳에서 대체에너지로서의 잠재력을 가지고 있다.

요약

일은 작용한 힘과 힘의 작용으로 인해 이동한 거리를 곱한 양으로 정의된다. 일은 줄이라고 불리는 뉴튼-미터로 측정한다. 일률은 매초 수행한 일이다. 일률은 와트로 측정한다. 1 와트는 1초에 1줄의 일을 한 양이다.

에너지는 일을 하기 위한 능력으로 정의된다. 중력에 대해 위로 올린 물체는 일을 할 수 있는 잠재력을 가진다. 물체는 위치에너지를 가진다고 말한다. 움직이는 물체는 그들의 운동으로 인해 다른 물체에게 일을 할 수 있는 능력을 가지고 있다. 운동의 에너지를 운동에너지라 부른다.

일은 대개 관성, 기본 힘들, 마찰 등에 대항해서 행해진다. 결과적으로는 운동에너지, 위치에너지, 온도 등을 획득하게 된다. 에너지는 역학, 화학, 복사, 전기 혹은 핵에너지 형태로 나타난다. 위치에너지는 운동에너지로 그리고 운동에너지는 위치에너지로 전환할 수 있다. 모든 형태의 에너지는 다른 형태의 에너지로 전환이 가능하다. 대개의 기술적 장치들은 당신을 위해 일을 하는 에너지 형태 전환 장치들이다. 에너지는 주변의 내외부로 전이되지만 에너지의 양은 항상 일정하다. 에너지 보존의 법칙은 에너지는 결코 생성되지도 소멸되지도 않는다는 사실을 말하고 있다. 에너지 전환은 항상 열과 일을 통해서 발생한다.

오늘날 기본적인 에너지원은 화학적 화석 연료(석유, 석탄과 천연가스), 핵에너지, 수력발전이다. 석유와 천연가스는 플랑크톤과 자유롭게 떠다니는 작은 식물과 동물의 유기물로부터 형성된다. 석유 1 배럴은 42 U.S. 갤런이나 이런 용기는 실제 존재하지 않는다. 석탄은 늪지로 떨어져서 보존된 식물들로부터 형성되었다. 썩은 식물 물질인 이탄은 어떤 기간 동안 압력과 가열로 인해 다양한 등급으로 변화하였다. 석탄은 불순물과 황을 포함하는 비청정 연료이다. 연소하는 석탄에서 공기 오염을 조절하는 데는 비용이 든다. 동수와 핵에너지는 전기를 생산하는데 사용될 수 있다. 대체에너지는 오늘날 사용되는 전형적인 에너지원들과는 다른 것들이다. 태양에너지, 지열에너지와 수소에너지가 대체에너지들이 될 수 있다.

3.1 일 = 힘 × 거리 ; $W = Fd$

3.2 $\text{일률} = \dfrac{\text{일}}{\text{시간}}$; $P = \dfrac{W}{t}$

3.3 위치에너지 = 무게 × 높이 ; $PE = mgh$

3.4 $\text{운동에너지} = \dfrac{1}{2}(\text{질량})(\text{속도})^2$; $KE = \dfrac{1}{2}mv^2$

개념 적용

1. 줄(J)은 미터법에서 무엇의 단위인가?
  a. 위치에너지
  b. 일
  c. 운동에너지
  d. 모두 해당됨

2. 일률은?
  a. 일이 행해진 율
  b. 에너지가 소모된 율
  c. 단위 시간당의 일
  d. 모두 해당 됨

3. 다음 중 와트라고 불리는 단위는 어느 것인가?
  a. N·m/s
  b. $kg \cdot m^2/s^2/s$
  c. J/s
  d. 모두 해당됨

4. 1마력은 몇 와트인가?
  a. 7.5
  b. 75
  c. 750
  d. 7500

5. kWh의 단위는?
  a. 일률
  b. 일
  c. 시간
  d. 전하

6. 바닥에 대한 선반 위 상자의 위치에너지는 무엇의 측정값인가?
  a. 바닥에 있던 상자를 선반 위에 올려놓는데 필요한 일
  b. 상자의 무게에 바닥에서부터의 거리를 곱한 값
  c. 바닥 위 그 위치에 있기 때문에 박스가 가지는 에너지

d. 모두 해당됨

7. 지상에 있는 바위의 위치에너지를 0이라 두면 우물 바닥에 있는 바위의 위치에너지는?

a. 전과 같이 0

b. 음수의 위치에너지

c. 양수의 위치에너지

d. 위치에너지는 0이지만 지상으로 돌려놓으려면 일이 필요하다.

8. 고가도로 아래를 달리는 커다란 트럭의 운동에너지에 가장 크게 영향을 주는 양은 어떤 것인가?

a. 질량

b. 무게

c. 속도

d. 크기

9. 지구에 입사하고 방출하는 대부분의 에너지의 형태는?

a. 핵에너지

b. 화학에너지

c. 복사에너지

d. 운동에너지

10. 에너지 보존 법칙은 기본적으로

a. 에너지는 창생된 것보다 빨리 사용될 수 없다. 그렇지 않으면 공급은 고갈될 것이다.

b. 에너지는 쉽게 소멸되기 때문에 반드시 저장해 두어야 한다.

c. 에너지는 결코 생성되지도 소멸되지도 않는다.

d. 만약 당신이 에너지를 불필요하게 낭비하면 당신은 법칙을 어기고 있다.

11. 오늘날 가장 널리 사용하는 에너지원은?

a. 석탄

b. 석유

c. 핵

d. 수력

12. 1배럴은 얼마의 US 갤런에 해당합니까?

a. 24

b. 42

c. 55

d. 100

답 : 1.d 2.d 3.d 4.c 5.b 6.d 7.b 8.c 9.c 10.c 11.b 12.b

생각을 위한 질문

1. 일과 에너지는 어떤 관련이 있는가?

2. 책을 더 높은 책꽂이로 이동하는 동안 행한 일과 책이 더 높은 책꽂이에 있을 때 갖고 있는 위치에너지와의 관계는 무엇인가?

3. 움직이는 버스의 통로에서 움직이지 않고 서 있는 사람은 운동에너지를 가지고 있는가? 설명해보시오.

4. 유리 전구는 100 W로 측정된다. 왜 시간 요소는 측정되는데 포함되지 않는가?

5. kWh는 일, 에너지, 일률 혹은 다른 것들의 단위인가? 설명해 보시오.

6. 만약 에너지가 소멸될 수 없다면, 왜 어떤 사람들은 에너지 공급에 대해 걱정하는가?

7. 용수철이 지탱하고 있는 종이더미에 힘을 작용하였다. 용수철이 종이에 일을 하고 있는 것인가? 설명해 보시오.

8. 왜 석유, 천연가스 그리고 석탄을 화석 원료라고 부르는가?

9. 가끔 사람들은 에너지 공급없이 영원히 작동하고 또한 사용하는 것보다 더 많은 에너지를 만들어내는 기계를 발명해 왔다고 주장한다. 이런 기계에 대해 의문을 갖는 이유는 무엇인가?

10. 줄을 정의해 보자. 일의 줄과 에너지의 줄 사이의 차이는 무엇인가?

11. 지구에서 질량을 10 m 들어 올리는데 필요한 에너지와 달에서 똑같은 질량을 10 m 들어 올리는데 필요한 에너지를 비교해 보라. 만약 차이가 있다면 왜 그런지 설명해 보시오.

12. 책이 바닥을 쳤을 때 낙하하는 책의 운동에너지에는 어떤 변화가 있는가?

심층 분석

1. 물체에 일을 행하면 물체는 반드시 움직여야 한다는 요건을 평가해보자. 왜 이것이 요구 조건이 되는가?
2. 일과 일률 사이에 주목할 만한 유사성과 차이점은 무엇인가?
3. 물체에 일을 행할 때 당신은 물체에 에너지를 주는 것이다. 이 진술이 사실이라는 것을 당신은 어떻게 확신할 수 있는가?
4. 단순한 기계는 움직인 거리에 대한 힘을 교환할 수 있다는 점에서 유용하다. 단순한 기계를 사용함으로써 일을 덜 할 수 있다고 믿는 다른 사람과 대화를 해 보자.
5. 운동에너지 방정식을 사용해서 자동차를 정지시키는 데는 질량보다 속력이 더 중요하다는 것을 증명해보시오.
6. 최소한 몇 가지의 음수의 위치에너지를 가지는 경우를 기술하고 각각에 대해 어떻게 개념을 명료하게 이해하고 있는지를 보여라.
7. 다섯 가지 형태의 에너지는 기본 힘들(중력, 전자기력과 핵력)과 상호작용하는 물체에서 기인한다. 각각의 에너지 형태에 어떤 힘이 관계되는지 분석하여라.
8. 대부분의 기구들은 다섯 가지 형태의 에너지를 다른 형태로 전환한다. 에너지를 다른 형태로 전환시키지 않는 기구를 고안해 보자. 당신이 발견한 것의 중요성에 대해 논해보아라.
9. 과학의 어떤 분야에서 에너지 보존의 법칙을 부정하는 것이 있는가?

탐구 초대

휴지는 좋은 에너지원인가요?

미국에는 쓰레기를 소각하여 에너지를 얻는 103개의 폐기물 발전소가 있어서 휴지 또한 좋은 에너지원이 될 수 있다. 발전소는 고화된 쓰레기를 소각하여 건물을 난방하고 전기를 생산하는 증기를 만든다. 학교에서는 컴퓨터의 프린터 장소와 사무실에서 휴지를 모아 둘 수 있기 때문에 휴지 공급처가 될 수 있다. 이런 공급처에서 수집한 휴지는 석탄 열량의 약 1/2인 6,800 Btu/lb을 생산한다.

이를 수용한다면, 먼저 당신의 학교에서 매달 휴지가 얼마나 많이 나오는지를 알아보자. 그 양이 건물을 난방하고 전기를 생산할 정도의 충분한 양이 되는가?

유사 연습문제

그룹 A

1. 책상을 교실 바닥에서 3 m 이동시키는데 200 N의 힘이 필요하다. 책상에는 얼마만큼의 일이 행해졌는가?
2. 880 N인 상자를 440 N의 힘을 가해서 바닥을 가로질러 5.0 m 이동하면, 상자에는 얼마만큼의 일이 행해졌는가?
3. 바닥에 있는 10.0 kg인 배낭을 바닥에서 1.5 m 위에 있는 선반에 올려놓으려면 얼마만큼의 일을 행해야 하는가?
4. 창고에 있는 102 kg의 나무 상자를 선반 위로 옮기는데 5,000 J의 일을 하였다면 나무상자는 얼마나 높이 올려졌는가?

그룹 B

1. 나무상자를 바닥에서 1.5 m 이동시키는데 1,200 J의 일을 행했다면 나무상자에 가한 힘은 얼마인가?
2. 해머로 980.0 N의 힘을 가해서 못을 나무판에 1.50 cm 박아 넣으면 해머가 행한 일은 얼마인가?
3. 학생이 하교를 준비하기 위해 5.0 kg의 교재를 30.0 cm 위로 올리면 학생이 책에 행한 일의 양은 얼마인가?
4. 전기기중기가 250.0 kg인 물체를 올리는데 196,000 J의 일을 한다. 물체는 얼마나 높이 올려졌는가?

그룹 A

5. 60.0 kg인 학생이 3.92초 동안에 5.00 m를 수직으로 뛰어 올랐다. (a) 일률은 몇 와트인가? (b) 마력으로는 얼마인가?
6. 72 km/h로 달리는 2,000 kg의 자동차의 운동에너지는 얼마인가?
7. 고가도로 밑을 직선으로 54.0 km/h로 달리는 1,000 kg의 자동차를 정지시키기 위해서는 얼마만큼의 일이 필요한가?
8. 1000 kg의 자동차가 높이가 51.02 m인 언덕에 정지해 있다. (a) 언덕을 올라가는데 사용한 에너지는 얼마인가? (b) 자동차의 위치에너지는 얼마인가?
9. 책장을 바닥을 가로질러 5 ft 이동하는데 수평력 10.0 lb가 필요하다. (a) 책장에 행해진 일은 얼마인가? (b) 결과적으로 중력 위치에너지는 얼마나 변했는가?
10. (a) 2.0 kg의 책을 2.00 m 높이에 있는 선반으로 옮기는데 필요한 일은 얼마인가? (b) 결과적으로 책의 위치에너지는 얼마나 변했는가? (c) 책이 낙하하며 바닥을 치는 순간 책의 운동에너지는 얼마인가?
11. 60.0 kg인 2.0 m/s의 속력으로 조깅을 하다가 속력을 두 배로 하여 조깅을 하려 한다. 운동에너지의 변화량은?
12. 170.0 lb의 학생이 10.0초 동안 지면에서 25.0 ft인 계단을 뛰어 올라갔다. (a) 학생은 얼마 만큼의 일을 했는가? (b) 평균 출력은 몇 마력인가?

그룹 B

5. 1,500 kg인 자동차가 정확히 1분 동안에 360.0 m 언덕 위에 올라가면 일률은 몇 마력인가?
6. 200.0 m/s의 속도로 날아가는 30.0 g인 탄환의 운동에너지는 얼마인가?
7. 200.0 m/s의 속도로 날아가는 30.0 g인 탄환은 얼마만큼의 일을 행하나?
8. 크레인을 사용해서 10.0 kg의 상자를 15.0 m 지면 위로 옮겨 놓았다. (a) 크레인이 상자에 행한 일은 얼마인가? (b) 지면에 대한 상자의 위치에너지는 얼마인가?
9. 50.0 lb의 힘을 사용해서 상자를 바닥에서 10.0 ft 이동하였다. (a) 그 상자에 행한 일은 얼마인가? (b) 결과적으로 중력 위치에너지는 얼마나 변했는가?
10. (a) 50.0 kg의 나무상자를 바닥에서 1.50 m 위로 올리는데 필요한 일은 얼마인가? (b) 결과적으로 위치에너지는 얼마나 변했는가? (c) 나무상자가 낙하하며 바닥을 치는 순간 운동에너지는 얼마인가?
11. 800.0 kg인 자동차의 운전자가 속력을 20.0 m/s에서 40.0 m/s로 두 배로 높이려 한다. 자동차를 정지시키는데 필요한 일의 양에 얼마나 영향을 미치는가? 즉, 자동차의 운동에너지는 얼마나 변할까?
12. 70.0 kg의 학생이 10.0초 동안 지면에서 10.0 m 높이의 축구경기장의 계단을 뛰어 올라갔다. (a) 학생의 일률은 몇 킬로와트인가? (b) 마력으로는 얼마인가?

4 열과 온도

적외선 레이저로 철판을 자를 때 불꽃이 발생한다. 레이저는 물질의 절단뿐만 아니라 금속의 용접에도 사용된다. 빛 에너지를 이용한 것으로 화염이나 전류가 사용되지 않는다.

인류가 살아온 과정을 볼 때 열은 생활의 편리함과 밀접한 관계가 있다. 인류 최초의 조상들이 불을 처음 발견하여 그 불을 이용하여 체온을 유지하고, 음식을 요리할 수 있었던 것은 매우 흥분된 일이었을 것이다. 또한 인류가 기원전 3000년 경에 흙을 뜨겁고 작열하는 석탄에 넣어 금속의 구리, 납, 또는 철을 얻었을 때의 경이로움과 흥분을 상상해보시오. 최초의 불의 사용을 통해서 편리성과 효율성을 경험한 인류는 불이라는 에너지를 더욱 발전시켜 오늘날에는 엔진이라는 기계를 발명 제작하였고 건설, 운송, 농사 등 다양한 분야에 응용되고 있다. 암석에서 추출한 여러 종류의 금속을 이용하여 다양한 형태 및 기능 등을 갖는 기기 또는 장치 등을 제작할 수 있게 되었다. 따라서 열을 응용한 생산과 제어는 오늘날 문명의 발전을 이루는 중요한 기초가 되었다(그림 4.1).

열은 에너지의 한 형태이다. 화석 연료는 열의 화학적 근원으로, 산소가 다른 연료들과 결합할 때 열을 방출하게 된다. 또한 주행하는 자동차 브레이크를 밟을 때 마찰에 의해 역학적(mechanical) 에너지가 작용하여 열이 발생된다. 그리고 태양 에너지를 이용하여 물을 가열할 때 또는 햇빛이 눈을 녹일 때 열은 복사에너지라는 것을 알 수 있다. 전기에너지를 열로 변환할 수 있는 것에는 전기토스터, 전열기 및 전자레인지 등이 있다. 핵에너지는 핵발전소에서 수증기를 생성하기 위한 열을 제공한다. 즉, 모든 자연계의 에너지는 열로 변환될 수 있는 것이다.

에너지의 형태와 열의 관계는 매우 밀접한 관계를 갖고 있고 자연의 질서를 이해하는데 많은 도움을 준다. 따라서 본 장에서는 열과 온도 및 에너지 등에 대한 이론적 근거를 설명하고자 한다. 또한 물질의 구조에 대한 이론과 열, 에너지 및 온도 변화의 개념 등을 소개한다.

핵심개념 열, 온도, 분자의 운동과 위치는 서로 관계가 있다.

4.1 분자운동이론(The Kinetic Molecular Theory)

물질이 매우 작은 입자로 구성되었다는 것은 초기 그리스 철학자들도 확신한 것으로 추측할 수 있다. 이와 같은 견해의 초기 기록은 B.C 5세기 데모크리토스(Democritus, 그리스의 철학자, B.C 460? − 370)에 의해서 확인되고 있다. 그는 아주 작고 매우 많은 수의 입자가 빈 공간에 채워져 있다고 가정하였다. 그리고 각각의 입자들을 원자(atom)라고 불렀다. 그러나 이와 같은 주장은 그 당시의 그리스인들에게 받아들여지지 않았다. 그 당시의 사람들은 눈에 보이는 물질의 외형에 관심이 있었지 가상의 공간에는 관심이 없었다. 원자의 개념은 아리스토텔레스(Aristotle, 고대 그리스의 철학자, B.C 384? − 322)에 의해 거부되었다. 그는 물질에 대해 지구, 공기, 불 및 물의 원소가 연속적으로 구성된 것으로 단정하였기 때문이다. 운동에 관한 그의 믿음처럼 물질에 대한 아리스토텔레스의 주장은 1600년대까지 지배하였다. 그러나 갈릴레오(Galileo, 이탈리아의 천문·물리학자, 1564 − 1642)와 뉴튼(Newton, 영국의 물리·수학·천문학자, 1642 − 1727) 등을 거치면서 물질은 아주 작은 입자 혹은 원자들로 구성되어 있을 것이라고 주장되었다. 입자 모델의 개념은 1700년대 후반부터 1800년대 초기까지 화학을 통하여 강력한 증거가 제시되기 전까지는 대부분의 사람들에게 인정받지 못하였다. 실험을 통하여 궁극적으로 작은 입자와 주변의 공간에 대하여 가정을 수집할 수 있게 되었다. 총칭하여 이러한 가정은 **분자운동이론**(kinetic molecular theory)으로 불릴 수 있다.

그림 4.1 열과 오늘날의 기술은 불가분의 관계이다. 1,100℃가 넘는 고온 전기 토치는 두꺼운 강철판을 절단할 수 있으며, 어떤 주물기는 약 45분 이내에 금속 300톤을 용해시킬 수 있다. 가공된 강철판은 자동차, 가정용 전기기구 및 건축 산업에 사용된다.

분자(molecules)

분자운동이론의 기본적인 가설은 원자라고 불리는 작은 구조의 기본 단위에서 출발한다. 원자는 화학적 또는 물리적 변화의 어느 경우에도 분해, 생성, 또는 제거되지 않는다. 어떤 하나의 물질은 자신의 고유한 원소를 갖고 있으며, 그 특징은 동일한 성분으로 구성되어 있다는 것이다. 예를 들어 수소, 산소, 탄소, 철 및 금 등은 자신의 고유한 화학적 성분으로 구성되며 그들 자신만의 원자를 갖는다.

게다가 화학적 원소들은 구조가 더 복잡한 구성단위를 갖는 화합물(compounds)로 존재할 수 있다. 물, 설탕 및 알코올 등과 같은 순수한 물질들은 일정한 비율로 결합하여 두 개 또는 그 이상의 원소 원자로 구성되어 있다. 예를 들어 물은 1개의 산소 원자와 2개의 수소 원자가 단단히 결합되어 있다(H_2O). 이들 결합은 쉽게 떨어지거나 끊어지지 않으며 물과 결합한 작은 물리적 입자들로 함께 유지된다. **분자**(molecules)는 그들 고유의 성질을 유지하는 원자의 단단한 결합으로 정의된다.

어떠한 입자들은 상온에서 기체로 존재한다. 그리고 상온의 모든 원소들은 온도를 점점 높이면 기체로 변환될 수 있다. 상온에서 산소, 질소, 그 밖의 원자들은 이원자 분자(diatomic molecules)를 형성하기 위해 두 개의 그룹이 한 쌍을 이룬다. 헬륨과 같은 기체들은 상온에서 짝을 이루지 않는 단독 원자로 존재한다. 충분히 높은 온도에서 철 및 다른 금속들은 짝을 이루지 않는 원자인 기체로 존재하고 단원자 형태로 증발한다. 분자운동이론에서 분자는 물질의 성질을 유지할 수 있는 가장 작은 단위이며, 근본적인 입자라는 것을 의미한다. 그러므로 둘 또는 그 이상의 원자들로 결합했거나 하나의 원자로 구성된 기체를 분자라 한다. 예를 들어 헬륨은 단원자 분자(monoatomic molecule)로 알려져 있다. 분자는 화합물의 가장 작은 입자나 물질의 독특한 고유 성질을 일정하게 유지한다.

분자의 상호 작용(molecules interact)

고체와 액체의 어떤 분자들은 상호 작용을 하고 서로 강하게 끌어당기고 밀착되어 있다. 어떤 종류의 분자 사이에 인력(attractive force)이 작용할 때 이것을 분자의 응집력(cohesion)이라 한다. 이와 같은 응집력은 기체보다 액체 및 고체 등에서 더 강하게 작용한다. 그리고 응집력이 없으면 모든 물질은 기체의 형태로 존재하게 된다. 때때로 어떤 분자는 다른 종류의 분자를 끌어당겨 달라붙는다. 서로 다른 분자 사이의 응집력을 부착(adhesion)이라 하며, 물 분자와 피부의 부착력이 물 분자의 응집력보다 더 강하기 때문에 우리 몸이 젖는 것이다.

물질의 상(phase of matter)

지구상에 존재하는 물질의 세 가지 상(phase)은 상온(ordinary temperature) 및 압력에 의해 지배된다. 이와 같은 상(또는 존재의 형태)은 고체, 액체, 기체 등의 상태로 존재하며, 각각은 다른 분자 배열을 갖는다(그림 4.2). 각 상의 다른 특징은 분자의 배열과 분자들 사이의 인력 강도에 기인한다(표 4.1).

표 4.1 고체, 액체, 기체의 모양과 부피는 분자 배열에 의존한다.

	모양	부피
고체	고정	고정
액체	변하기 쉬움	고정
기체	변하기 쉬움	변하기 쉬움

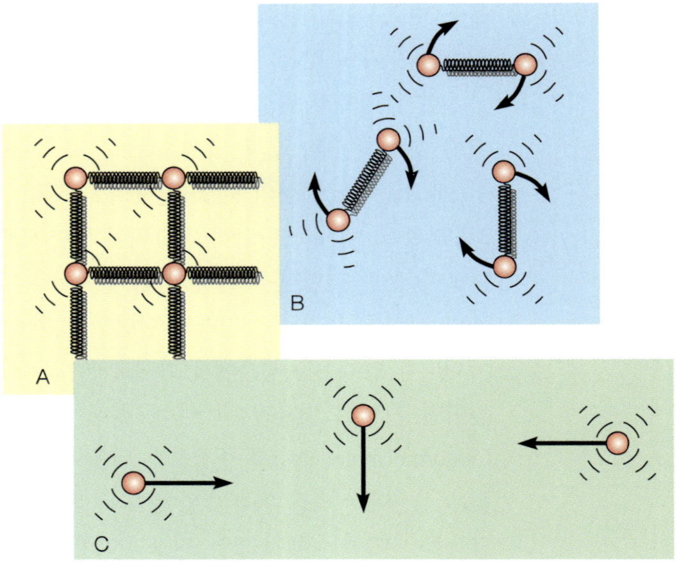

그림 4.2 (A) 고체 상태의 분자는 고정된 평행점 주위로 진동하고 강한 분자 사이의 인력에 의해 동일한 공간에 잡혀있다. (B) 액체 상태의 분자는 서로 구르고 회전할 수 있다. 왜냐하면 분자 사이의 인력이 고체 상태만큼 강하지 않기 때문이다. (C) 기체 상태의 분자는 임의적이고 자유로운 방향으로 급속히 움직인다.

고체는 고정된 거리와 강한 응집력에 의해 고립된 분자들을 가지고 있기 때문에 일정한 모양과 부피가 있다. 각각의 분자는 일정한 거리로 밀집되어 있고 평행점(equilibrium position) 주위로 진동하고 움직인다. 분자들의 부피와 그들 사이의 공간은 고체의 밀도로 정의된다.

액체 분자는 고체와 같이 평행점에 제한되지 않는다. 액체의 분자는 서로 가깝고 고체만큼 강하지 않은 응집력(cohesive force)에 의해 묶여있다. 따라서 분자가 액체 안의 한 곳에서 다른 곳으로 움직이는 것이 가능하다. 분자 사이의 인력은 액체가 일정한 부피를 가질 만큼 강하지만, 액체가 일정한 모양을 갖는 데에는 충분하지 않다. 예로 우유 500 mL는 언제나 용량은 같고 용기의 모양에 따라 형태가 결정된다. 왜냐하면 액체 분자들 사이의 힘은 고체 분자들 사이의 힘보다 더 약해 용기의 압력을 지탱할 수 없기 때문이다. 분자 사이의 인력은 액체를 함께 붙들어 놓기에 충분히 강하며 같은 크기로 존재한다.

기체는 그들 사이에 작용하는 약한 응집력의 분자들로 구성되어 있다. 기체 분자는 상당히 떨어져 있고 지속적으로 다른 분자들과의 충돌에 의해 자유롭게 움직인다. 그러므로 기체는 고정된 모양과 부피를 가지지 않는다.

양이온(positive ion)과 음전자(negative electron)로 구성된 기체를 플라즈마(plasma)라고 한다. 플라즈마는 가스와 같은 성질을 갖고 있으나 전기를 전도하고 자계와 강하게 상호 작용한다. 플라즈마 현상을 이용한 것은 형광등 및 네온등 등이며, 이와 같은 현상은 태양과 다른 별 등에서도 발견된다.

물질의 상 사이에는 차이가 존재하며, 증기(vapor)는 보통 액체상의 기체를 말한다. 예를 들어 수증기는 액체인 물의 기체 형태이다. 액체와 기체는 대부분의 고체에 없는 흐르는 성질이 있어서 유체(fluids)라고 한다.

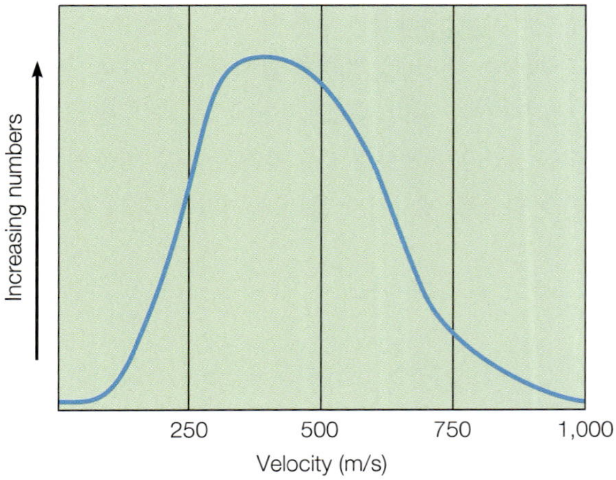

그림 4.3 실온의 공기에서 여러분은 어떤 속도로 움직이는 산소 분자들을 감지할 수 있다. 소량의 산소 분자는 거의 움직이지 않으며, 어떤 산소 분자는 1,000 m/s가 넘는 속도를 갖는다. 그러나 평균 속도는 어디에서나 대략 500 m/s 정도이다.

CONCEPTS APPLIED 움직이는 분자들

작은 풍선을 불어서 목 부분을 묶으면 이 때 풍선의 공기는 새지 않을 것이다. 풍선의 크기를 관찰하라. 한 시간 동안 냉장고의 냉동실 안에 놓았다가 다시 꺼내서 풍선의 크기를 관찰하라. 한 시간 동안 직사광선에 풍선을 놓았다가 다시 풍선의 크기를 관찰하라. 그리고 분자운동이론을 이용하여 풍선의 관찰 결과를 설명하시오.

분자의 이동(molecules move)

바람이 없고 따뜻한 방에 있다고 가정해보자. 만일 당신이 암모니아가 들어 있는 병의 마개를 연다면 암모니아의 냄새는 곧 방안을 가득 채우게 될 것이다. 분자운동이론에 따르면 암모니아 분자가 방 전체에 퍼질 때까지 암모니아 분자는 병에서 나와 공기를 구성하는 다른 분자들 사이와 주위를 천천히 더 균등하게 채운다. 만일 공기 온도가 높으면 암모니아의 향기는 방 전체에 더 빠르게 퍼질 것이고, 공기 온도가 더 낮다면 더 늦게 퍼질 것이다. 즉, 분자의 운동은 온도와 속도 사이에 관계가 있음을 의미한다.

기체의 온도와 분자 이동의 관계는 1857년 클라우시우스(Rudolf Clausius, 독일의 이론 물리학자, 1822–1888)에 의해 공식화되었다. 그는 기체의 온도는 기체 분자의 평균 운동에너지에 비례한다는 것을 증명하였다. 이것은 암모니아 분자가 높은 온도에서 더 빠른 평균 속도를 갖고, 더 낮은 온도에서는 더 느린 평균 속도를 갖는다는 것을 의미한다. 즉, 운동에너지는 분자의 부피뿐만 아니라 그들의 속도와 관련이 있음을 의미한다($KE = 1/2\,mv^2$). 평균 운동에너지는 **온도**(temperature)에 비례하며 분자량과 속도에도 비례한다. 운동에너지가 상하로 전달되거나 진동 또는 회전하고 이동하기 때문에 물질의 온도로 분자의 평균 운동에너지를 측정할 수 있다(그림 4.3).

4.2 온도 (Temperature)

사람들에게 온도를 물으면 일반적으로 기준(작년 여름보다 덥다) 또는 숫자(20℃)로 대답한다. 사람들의 대답은 자신의 느낌을 근거로 제시한 것이므로 지극히 주관적인 판단에 좌우된다. 예를 들어 20℃의 온도는 7월에는 시원한 것처럼 생각되지만 1월에는 따뜻한 것처럼 생각된다. 즉, 동일한 20℃라 하더라도 상황에 따라 다르게 인식되고 판단된다는 것이다.

사람들이 온도에 대해 질문을 할 때는 실제 어떤 것이 얼마나 뜨겁고 얼마나 차가운지에 대한 질문이다. 그러나 온도계가 없는 상황에서 대부분의 사람들은 상대적인 온도를 설명하므로 뜨거움, 따뜻함, 시원함 및 차가움 등에 대한 느낌을 주관적으로 판단하여 제시하는 것이다. 즉, 사람은 자신의 몸을 기준으로 에너지의 흐름에 대한 방향에 근거하여 온도를 판단한다. 몸을 따뜻하게 하기 위해서는 열이 몸 안으로 들어가는 것이고, 시원하기 위해서는 몸으로부터 열이 밖으로 빠져나가야 한다. 추운 겨울에 눈 속에 손을 넣은 경험이 있을 것이다. 눈 속에서 꺼낸 손을 차가운 물로 씻으면 차가운 물은 따뜻하게 느껴진다. 손은 물보다 더 차갑기 때문에 손 안으로 에너지가 흘러 들어감에 따라 손은 '따뜻함'을 느끼게 되는 것이다.

온도계(thermometers)

인체는 온도 감지 능력이 좋지 못해서 온도계라는 기구로 어떤 것의 뜨거움, 차가움 등을 판단하는 것이다. 대부분의 온도계는 물질의 특성과 온도 변화 사이의 관계로 나타난다. 대부분의 물질은 온도가 올라가면 부피는 팽창한다. 가늘고 긴 금속 조각(strip)은 더 뜨거워질 때 약간 길어지고 더 차가워질 때 약간 짧아진다. 하지만 길이의 변화가 매우 작아서 온도계로 사용하기에는 도움이 되지 못한다. 온도의 변화에 따른 열팽창률의 차이가 큰 서로 다른 두 금속을 붙여서 하나의 선으로 만든 것이 바이메탈(bimetallic, bi = two; metallic = metal)이다(그림 4.4). 바이메탈의 금속선을 원형으로 감아서 그 길이의 변화에 따라 온도를 측정하는 기기로 제작한 것이 자동온도조절기(thermostat)와 지침형 온도계이다(그림 4.5).

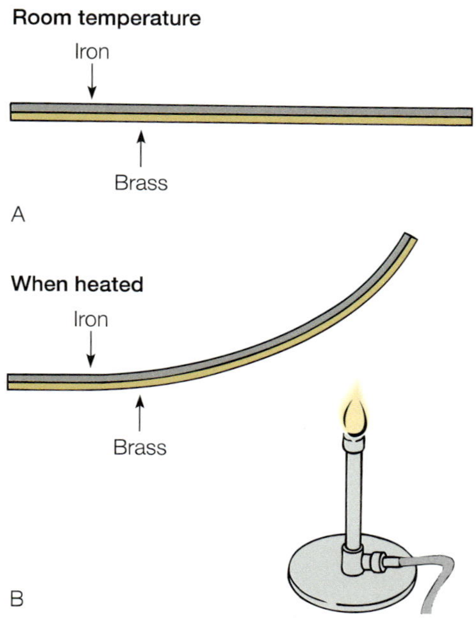

그림 4.4 (A) 바이메탈 판은 철과 구리 같은 두 금속이 하나로 붙어 있는 것이다. (B) 하나의 금속선이 다른 금속선보다 더 팽창하기 때문에 금속 조각은 온도가 올라가면 휘어질 것이다. 예로서 놋쇠는 철보다 더 팽창이 잘되므로 바이메탈의 금속선은 놋쇠의 반대쪽으로 휘어진다.

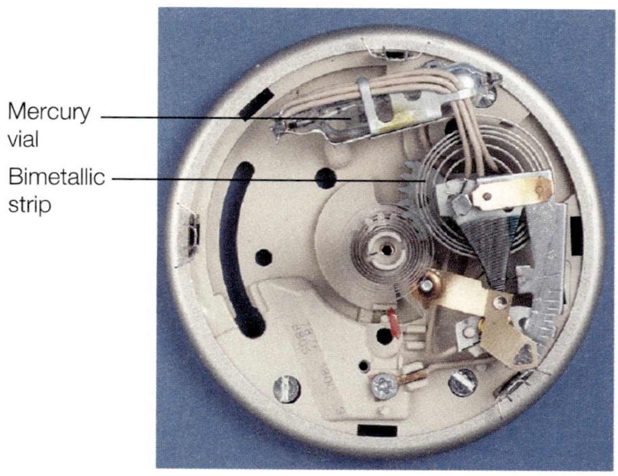

그림 4.5 자동온도조절기(thermostat)는 바이메탈 판이 감겨있는데, 이는 실내온도의 변화에 따라 팽창하고 수축한다. 수은이 담긴 작은 병이 부착되어 있어 병이 기울어지면 수은이 냉난방 시스템을 on/off시키는 전기회로를 연결하거나 차단한다.

CONCEPTS APPLIED 인간 온도계?

인체가 온도를 잘 느끼는지 알아보기 위한 방법이 있다. 손을 넣기에 충분한 세 개의 큰 용기를 준비하시오. 첫 번째 용기에 차가운 얼음물을 넣고 충분히 손을 덮을 만큼의 얼음 덩어리를 부으시오. 두 번째 용기에 손을 충분히 담글 수 있는 정도의 뜨거운 물을 채우시오. 세 번째 용기에는 손을 충분히 담글 수 있는 정도의 따뜻한 물을 채우시오.

오른손은 뜨거운 물에 넣고, 왼손은 얼음물에 1분 동안 담그시오. 손을 신속하게 말리고, 양손을 따뜻한 물에 넣으시오. 오른손은 어떻게 느껴지는가? 왼손은 어떻게 느끼는가? 당신의 양손은 온도를 어떻게 느끼는가?

유리제 온도계는 온도가 낮아질 때 온도계의 공(bulb) 쪽으로 수축하고, 온도가 높아질 때 관의 위쪽으로 팽창하는 성질을 갖는 수은, 유색 알코올 등의 액체가 들어있다. 액체 기둥의 높이는 온도를 측정하기 위한 눈금자로 사용된다. 일부 온도계는 관 안에 작은 협착부(잘록한 부분, constriction)를 가지고 있어서, 액체는 공(아래부분) 쪽으로 되돌아 갈 수 없다. 만일 측정된 온도를 읽는 동안 액체가 상하로 계속 변동한다면 가장 높은 온도를 읽어라. 측정이 끝난 체온계는 상부를 잡고 가볍게 좌우로 흔들면 구멍 안의 수은이 관성에 의하여 협착부를 통과하여 공 안쪽으로 돌아간다. 그러므로 체온계는 다시 사용할 준비가 된다.

오늘날 과학자들은 수은 체온계의 단점을 해결할 수 있는 온도계를 개발하였다. 개발된 체온계는 고막에서 발생되는 적외선의 파장을 읽는 방법으로 체온을 측정하는 것이다. 절대 영도보다 높은 온도에서 모든 물체는 방사선을 발산한다. 인체에서 발생되는 방사선의 세기는 신체의 상태와 밀접한 관계가 있는 것으로 알려져 있다. 따라서 방출된 방사선의 파장을 읽는 것은 신체의 온도 측정이 가능하다는 것을 의미한다.

인간의 고막은 신체의 온도조절장치인 시상하부(hypothalamus)와 아주 가까운 곳에 위치하고 있다. 그래서 여기서 측정된 온도는 인체 내부의 온도와 매우 유사하다. 여러분은 귀의 온도를 측정하기 위해서 수은구를 사용할 수 없다. 만일 온도를 측정하다가 수은구가 소손되어 수은이 귀 속으로 흘러 들어가면 고막에 구멍이 발생할 위험이 있기 때문이다. 사람의 귓구멍 입구에서 방사되는 적외선 파장을 정확하게 측정하기 위해서 초전재료(pyroelectric materials)를 사용한다. 초전재료는 온도 변화에 비례하여 전하가 만들어지며 극성을 갖는 결정체이다. 피측정물의 표면에서 방출되는 적외선 파장의 방사 에너지를 검출함으로써 온도를 측정할 수 있다. 방사에너지는 공간 전파가 가능하기 때문에 비접촉 방식으로 온도를 측정할 수 있고, 고막의 온도 및 이동체 등의 표면 온도를 측정하기에 적합하다.

온도계 눈금(thermometer scales)

온도계의 눈금(scale)은 온도의 높고 낮음을 수치로 정의하기 위해 사용된다(그림 4.6). **화씨 눈금**(Fahrenheit scale)은 독일의 물리학자 파렌하이트(Gabriel D Fahrenheit, 독일의 물리학자, 1686－1736)에 의해 개발되었다. 파렌하이트는 임의의 두 기준점에 근거한 눈금이 있는 수은 유리 체온계를 개발하였다. 본래의 화씨 눈금의 낮은 기준점(0 °)은 얼음과 소금의 혼합물 온도, 그리고 높은 기준점(대략 100 °)은 인체의 온도에 근거하였다. 그러므로 화씨 눈금은 높은 기준점과 낮은 기준점 사이를 100 등분한 백분법 눈금이다. 두 기준점 사이

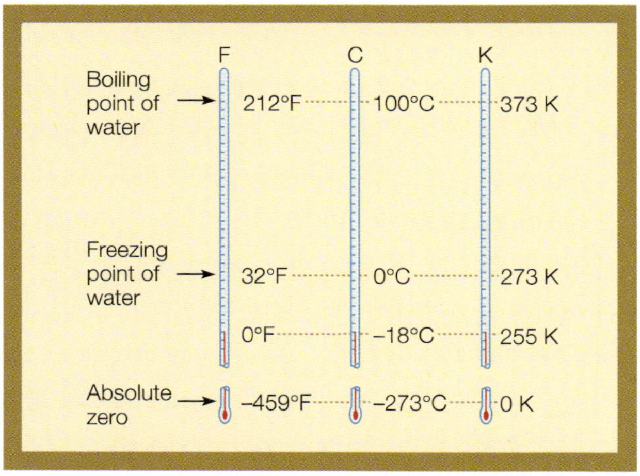

그림 4.6 화씨, 섭씨, 켈빈 온도 눈금

의 거리는 도(온도단위, °)라고 불리는 일정한 간격으로 나누었다. 사람의 체온은 상황에 따라 변화하기 때문에 기준점으로 설정한다는 것은 과학적이지 않다. 어떤 사람들은 99.1°F (37.3℃)의 체온을 가지고 있으나 반면에 일부의 사람들은 76°F (36.1℃)의 체온을 가지고 있다. 대부분 사람의 평균 체온은 98.6°F (37℃)이고, 체온은 상황에 따라 끊임없이 변화한다. 표준 대기압에서의 물의 어는점과 끓는점을 이용하여 화씨 눈금에 대한 새로운 기준을 세워야 한다. 그러나 화씨는 물의 어는점 32°F와 물의 끓는점 212°F 사이를 180개의 일정한 간격으로 나누고, 1개의 눈금을 온도 단위 도(°)를 적용한 것이다.

섭씨 눈금(Celsius scale)은 1735년에 스웨덴의 천문학자 안데르스 셀시우스(Anders C. Celsius, 스웨덴의 천문학자, 1701−1744)에 의해 발명되었다. 섭씨 눈금은 정상 대기압에서 물의 어는점과 끓는점에 사용한다. 섭씨 눈금은 물의 어는점을 0℃로, 물의 끓는점을 100℃로 정의한 것이다. 두 개의 기준점 사이는 100개의 일정한 간격으로 나누고, 온도 단위 도(°)를 사용한 것이다. 따라서 섭씨 눈금은 때때로 백분법 눈금이라고 한다.

섭씨온도와 화씨온도는 독자적으로 할당된 숫자를 갖고 있다. 섭씨 눈금은 십진법이고, 켈빈 눈금을 신속하게 설명하기 위한 제 3의 눈금이기 때문에 더욱 편리하다. 두 개의 눈금들은 독자적으로 할당된 기준점과 상대적인 온도 변화를 나타내는 임의적인 수직선을 갖는다. 0은 단순히 각각의 수직선에서 하나의 점이지 온도가 없다는 의미는 아니다. 마찬가지로 숫자들은 온도 변화의 상대적인 측정값이기 때문에 2°는 1°의 온도보다 두 배 만큼 뜨겁지 않고, 10°는 5°의 온도보다 두 배 만큼 뜨겁지 않다. 숫자는 단순히 정상 상태에서 물의 어는점과 끓는점에 관련한 온도의 측정을 의미한다.

당신은 어떤 동일한 온도를 두 개의 다른 눈금으로 (1) 두 눈금에서 어는점과 끓는점 사이의 간격(°), (2) 더 낮은 기준점 값의 차이를 이용하여 변환할 수 있다.

화씨 눈금은 끓는점과 어는점(212°F−32°F) 사이에 180°를 갖고, 섭씨 눈금은 같은 두 점들 사이에 100°를 갖는다. 그러므로 섭씨온도는 화씨온도의 180/100 또는 9/5를 적용한다. 또한 화씨온도는 섭씨온도의 100/180 또는 5/9를 적용한다. 게다가 낮은 기준점(0℃와 32°F) 값의 차이를 고려하여 다음과 같은 온도 변환에 대한 등식이 성립된다.

$$T_F = \frac{9}{5} T_C + 32° \tag{4.1}$$

$$T_C = \frac{5}{9}(T_F - 32°) \tag{4.2}$$

Connections . . .

소름과 떨림(Goose Bumps and Shivering)

대부분의 사람들은 주위 온도가 25℃일 때 편안함을 느낀다. 이와 같은 온도는 신체가 열을 유지하거나 제거해야 할 노력을 들이지 않아도 되는 편안한 상태이다.

신체가 외부의 공기 또는 옷의 온도가 20℃보다 더 낮거나 신체에서 열이 급속하게 손실될 때 열을 보존하기 위한 신체의 변화가 발생한다. 첫 번째로 피부 혈관이 수축한다. 이것은 표면 근처의 혈류를 느리게 하고 전도에 의한 열손실을 줄이는 과정이다. 피부 혈관의 수축은 신체의 열손실을 줄이지만 신체 내부의 온도보다 피부 및 팔다리 등의 온도를 낮출 것이다(예를 들어 수족냉증).

갑작스런 열손실 또는 오한은 신체에 의한 다른 형태의 열 보존 작용이다. 체모는 열 손실을 줄이기 위해 세워지면서 당겨진다. 작은 근육의 수축은 피부에 작은 매듭(tiny knot) 또는 돌기(bump)를 만든다. 때때로 이것은 "소름(shivering)"이라고 불리거나 "닭살(chill bump)"이라고 불린다. 즉, 이와 같은 과정을 통해서 새 또는 포유류 등은 단열을 향상 시킨다.

피부안의 혈관이 또 다른 작용으로 인해 수축된 후에는 더욱 차가워진다. 신체는 이제 "떨림"이라 부르는 무의식적인 근육 수축을 통해 열이 발생하며, 더 많은 열을 발생시키기 시작한다. 보다 더 많은 신체의 열이 필요하면 할수록 떨림은 더욱 심해진다.

만일 주위 온도가 약 25℃ 이상으로 오른다면 신체는 열을 방출하는 반응을 하게 된다. 한 가지 반응으로 피부에 혈관들을 더 크게 확장시켜 피부의 혈류를 증가시킨다. 그러므로 인체 내부의 열이 밖으로 방사되고, 피부가 붉은색으로 변한다. 이는 피부를 통한 전도를 증가시키지만 체온이 약 29℃ 이상이 되면 방사만으로 체온을 냉각시키는데 한계가 있다. 주위 온도가 더 따뜻하면 할수록 땀의 증발을 통한 발한과 냉각의 비율은 더 커진다.

차갑거나, 춥거나, 따뜻하거나 뜨거운 환경에 대한 실제적 반응은 개인의 활동, 나이와 성별의 수준과 상대습도, 공기의 운동 등 환경적인 요소에 의해 영향을 받게 되는 것이다. 온도는 안정을 유지하는 가장 중요한 요소이다. 그리고 인간의 발한과 안정을 유지하는데 습도 역시 중요한 요소이다.

예제 4.1 인간의 평균 신체 온도는 98.6℉이다. 화씨눈금과 같은 섭씨온도는 얼마인가?

$$T_C = \frac{5}{9}(T_F - 32°) = \frac{5}{9}(98.6° - 32°) = \frac{5}{9}(66.6°) = \frac{333°}{9} = 37℃$$

예제 4.2 실내의 온도가 20℃일 때 화씨온도로 표기하면 얼마인가? (답 : 68℉)

임의로 선정한 기준점을 가지지 않고 0(zero)이 무(nothing)를 의미하는 온도 눈금이 있다. 이것은 상대 눈금이 아니며 절대 눈금(absolute scale) 또는 켈빈 눈금(Kelvin scale)이라 불리는 절대온도 눈금이다. 절대 눈금에서 영점은 온도의 가장 낮은 한계이다. 절대 영(absolute zero)은 모든 분자들의 운동이 멈췄을 때의 가장 낮은 온도이다. 절대 영은 0 K로서 쓰인다. 온도 기호는 쓰이지 않으며 K는 SI 표준 눈금의 단위인 켈빈을 상징한다. 절대 눈금은 섭씨 눈금과 같은 도의 크기를 사용하며 −273℃는 0 K이다. 273 K는 물의 어는점이고, 373 K는 끓는점을 의미하는데, 그림 4.6을 참고하시오. 여러분은 273°로 바뀐 영점과 섭씨 눈금으로 절대 눈금을 생각할 수 있다. 따라서 절대 눈금과 섭씨 눈금 사이의 관계는 다음과 같다.

$$T_K = T_C + 273 \tag{4.3}$$

절대 영의 온도는 결코 도달되지 않았지만 과학자들은 절대 영도에 가까운 7×10^{-7} K으로 냉각시켰다.

예제 4.3 어떤 논문에서 300.0 K의 온도가 언급되었다. (1) 섭씨온도는 얼마인가? (2) 화씨온도는 얼마인가?

(1) 절대 눈금과 화씨 눈금 사이에 관계는 식 (4.3)의 $T_K = T_C + 273$에서 알 수 있다. 섭씨온도를 구하기 위해서는 다음과 같이 계산된다.

$$T_C = T_K - 273 = 300 - 273 = 27℃$$

(2) $T_F = \frac{9}{5}T_C + 32° = \frac{9}{5}\times 27° + 32° = \frac{243°}{5} + 32° = 81°F$

4.3 열(Heat)

앞에 매우 뜨거운 스프 한 그릇 또는 뜨거운 커피 한 잔이 있다고 가정하시오. 그것을 냉각시키기 위해 무엇을 할 수 있는가? 입으로 공기를 불어서 그것을 냉각시킬 수 있지만 비교적 상당 시간이 필요할 것이다. 만일 여러분이 차가운 얼음 또는 찬 것을 넣으면 더욱 빠르게 냉각될 것이다. 더 차가운 물질을 넣었다는 것은 뜨거운 액체에서 열을 뺏는 것을 의미한다.

더 높은 온도의 흐르는 액체 또는 물체 등을 더 낮은 온도의 흐르는 액체 또는 물체 등에 섞을 때 어떤 현상이 일어나는지를 알고 있을 것이다. 더 따뜻한 온도의 물체는 더 차가워지고 더 차가운 온도의 물체는 더 따뜻해진다. 결국 둘은 더 따뜻한 것과 더 차가운 것 사이에서 일정한 온도가 될 것이다. 이것은 어떤 것이 따뜻한 것과 차가운 물체들 사이를 이동하며 온도를 변화시키고 있다는 것을 의미한다.

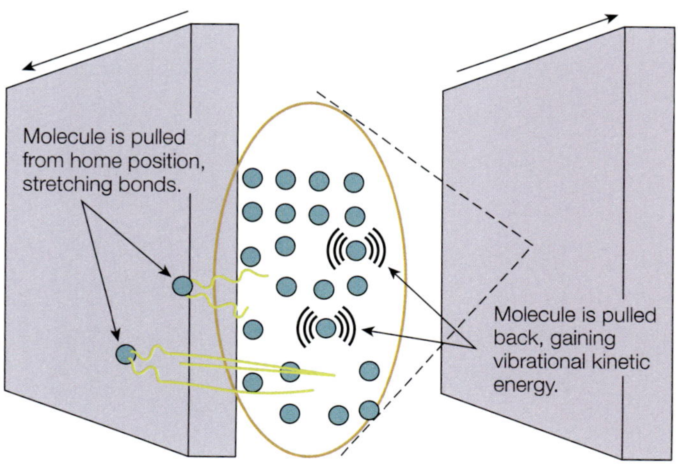

그림 4.7 마찰이 어떻게 온도를 증가시키는지 나타낸다. 마찰 표면의 분자들은 분자력에 의해 다른 표면으로 이동한다. 분자들은 진동 운동에너지를 얻어서 원래의 위치로 되돌아간다.

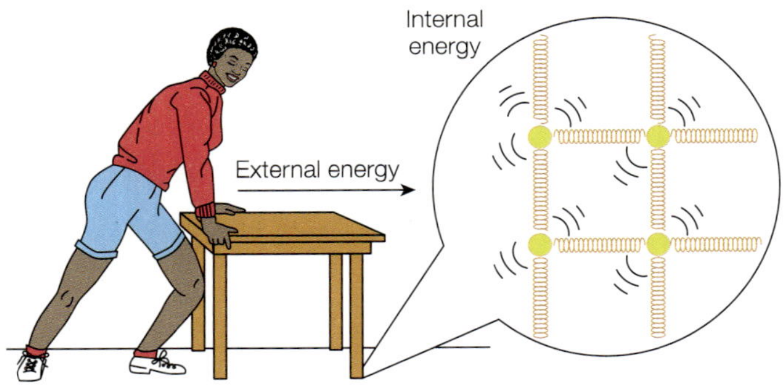

그림 4.8 외부에너지는 운동에너지 및 위치에너지이다. 내부에너지는 분자들의 총 운동에너지 및 위치에너지이다. 외부의 역학적 에너지는 내부 운동에너지 및 위치에너지로 변환되어 바닥 표면은 더 따뜻하게 된다.

에너지와 온도의 관계는 열의 개념을 설명하는데 도움이 된다. 만일 손을 여러 번 문지른다면 손은 조금 더 따뜻하게 느껴질 것이다. 만일 더욱 더 손을 강하게 문지른다면 손은 훨씬 더 따뜻하거나 아마 뜨겁게 느낄 것이다. 역학적 에너지가 표면간 마찰을 일으키면 온도가 상승한다. 마찰표면은 고체가 될 수도 고체-액체 또는 기체가 될 수도 있다. 공기 속을 이동하는 고체는 압축(compression)되며 고체 표면의 온도가 상승한다. 매우 빠른 속도의 운석이 지구 대기권에 진입하고 압축이 증가함에 따라 매우 많은 열이 발생하며 빛나기 시작하는데, 이것이 "유성(falling star)"의 불덩이와 연기흔적 등으로 나타난다.

물체의 에너지와 그들의 분자 에너지를 구분하기 위해 외부에너지 및 내부에너지라는 용어들을 사용한다. **외부에너지**(external energy)는 일반적 크기의 물체에 대한 운동에너지와 위치에너지의 총합이다. 모든 운동에너지 및 위치에너지는 물체의 외부에너지에 관한 것이다.

내부에너지(internal energy)는 어떤 물체에 대한 분자들의 위치에너지와 운동에너지의 총합이다. 분자가 동시에 자극, 뒤틀림, 회전 등 많은 다른 형태들을 가질 수 있는 것처럼 분자의 운동에너지는 속도 이외의 요인으로 훨씬 더 복잡할 수 있다. 모든 내부에너지는 온도, 밀도, 열, 부피, 기체의 압력 등과 같은 성질을 가진다.

마루를 거슬러 탁자를 밀 때 탁자의 외부 운동에너지는 탁자 다리와 마루 사이 분자의 내부 운동에너지로 변환되어 온도가 상승하는 것이다(그림 4.8). 외부 및 내부 운동에너지 사이의 관계를 이용하여 발생된 열이 역학적 에너지의 양과 비례하는지를 설명할 수 있다.

에너지 전달로서 열(heat as energy transfer)

온도는 물체의 뜨거움과 차가움의 정도를 나타내는 척도이며, 분자의 평균 운동에너지에 근거한 것이다. 반면에 열은 물체의 분자들에 의해서 발생되는 총 내부에너지이다. 여러분은 한 잔의 물과 한 통의 물을 고려함으로써 열과 온도의 차이를 알 수 있을 것이다. 만일

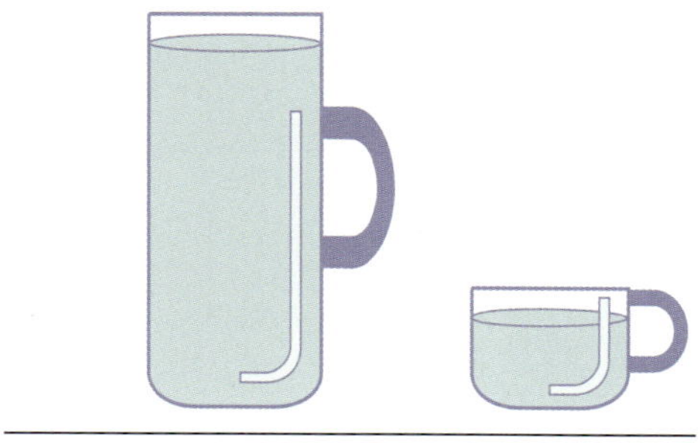

그림 4.9 열과 온도는 다른 개념이며, 동일한 온도 조건에서 1 L의 물 컵과 250 mL의 물 컵이 있다. 큰 물 컵은 내부에너지를 많이 갖고 있어서 냉각을 위해 더 많은 얼음이 필요하다. 큰 물 컵의 온도를 25℃로 낮추기 위해서는 48,750 cal를 제거해야 한다.

한 잔의 작은 물과 한 통의 많은 양의 물이 같은 온도라면 분자의 평균 운동에너지는 동일하다. 그리고 물을 20℃까지 온도를 낮춘다고 가정해 보자. 한 통의 물을 냉각시키는데 훨씬 더 오래 시간이 소요될 것이다. 즉, 물의 양이 많다는 것은 더 많은 내부에너지가 필요하다는 것을 의미한다(그림 4.9). 열은 물체 분자의 총 내부에너지에 대한 것이며, 같은 온도에서 한 잔의 물보다 한 통의 물이 총 에너지가 더 많음을 설명하는 것이다.

우리는 열을 어떻게 측정할 수 있는가? 분자들을 보는 것이 어렵기 때문에 내부에너지는 직접적으로 측정하는 것은 어렵다. 열은 에너지를 얻거나 잃는 물체의 변화 과정에서도 발생한다. 이와 같은 측정 과정을 통해서 **열**(heat)이 일하고 있다는 것을 알 수 있다.

열은 하나의 물체로부터 다른 물체로 흡수되거나 전달되는 내부에너지의 척도이다.

내부에너지를 증가시키는 과정(*process*)을 "가열(heating)"이라고 하며, 내부에너지를 감소시키는 과정을 "냉각(cooling)"이라고 한다. 열은 이동중인 에너지이며, 여러분이 더하거나 없앨 수 있는 물질이 아니다. 열은 에너지가 물체의 내부 또는 외부로 흐르는 것처럼 내부에너지의 척도로 이해될 수 있다.

열이 발생할 수 있는 두 가지 일반적인 방법이 있다. (1) 더 높은 온도에서 낮은 곳으로 온도 차이에 의한 이동, (2) 에너지 형태의 변환 방법에 의한 물체의 에너지 획득.

온도 차이가 일어날 때 에너지는 더 높은 온도에서 더 낮은 온도로 전달된다. 예를 들어 뜨거운 물의 냄비에서 차가운 물의 냄비로 에너지는 이동한다. 공이 언덕 아래로 구르는 것이 당연한 것처럼 에너지는 더 높은 온도에서 더 낮은 온도로 이동하는 것은 당연한 이치이다. 물체의 온도 및 주변의 온도는 열이 물체로 전송되거나 전달되는지를 결정한다. 가열(heating) 또는 냉각(cooling)이란 용어는 더 높은 에너지에서 더 낮은 에너지로 에너지가 흐르는 것을 설명하는 것이다.

열의 측정(measures of heat)

발열은 에너지 이동의 방식이기 때문에 열의 양은 에너지의 양과 똑같은 척도이다. 일, 에너지 및 열 등을 측정하기 위한 계량 단위는 줄(joule)이다. 그러나 열의 개념 및 운동의 개념 등은 개별적으로 발전해 왔기 때문에 다른 단위로 나타나며, 어떤 것은 온도 차이에 근거한다.

열의 계량 단위는 **칼로리**(cal)이다. 칼로리는 물 1 g을 온도 1℃ 상승시키는데 필요한 에너지(또는 열)의 양으로서 정의된다. 보다 더 정확한 정의는 14.5℃의 물 1 g을

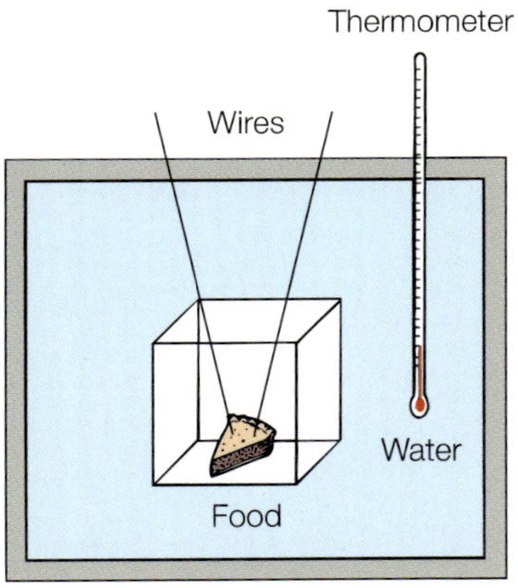

그림 4.10 음식의 칼로리는 음식을 태우면서 발생하는 열량을 측정하여 결정한다. 물 10.0 kg을 온도 10℃에서 20℃로 상승시켰다면 음식은 100 Calorie를 얻은 것이다. 음식은 처음보다 더 많은 에너지가 방출되었다는 것을 의미한다.

15.5℃로 상승시키는데 필요한 에너지이다. **킬로칼로리**(kcal)는 1 kg 물을 온도 1℃ 상승시키는데 필요한 에너지(또는 열)의 양이다. 음식의 산화에 의해 방출된 에너지의 측정은 kcal이지만 그것은 영양학자들에 의해서 칼로리(대문자 C와 함께)로 불린다(그림 4.10). 일반적으로 과학적인 칼로리는 결코 대문자(cal)로 표시하지 않으며, 영양학자들이 사용하는 칼로리는 항상 대문자로 표기한다. 따라서 상황에 따라 Calorie를 kcal로 부를 수 있다.

영국에서 사용되는 열의 단위는 Btu (British thermal unit)이다. Btu는 1 파운드 물의 온도를 1°F 증가시키는데 필요한 에너지(또는 열)의 양이다. Btu는 화로, 에어컨, 온수기 등의 발열 또는 냉각 비율을 측정하기 위해 사용된다. 비율은 보통 시간당 Btu로 표현한다. 훨씬 더 큰 단위는 quad이며, 그것은 10^{15} Btu이다.

계량 단위에서 열의 역학적인 관계식은 다음과 같다.

$$4.184 \text{ J} = 1 \text{ cal} \quad \text{또는} \quad 4{,}184 \text{ J} = 1 \text{ kcal}$$

이와 같은 간단한 비율의 성립은 기본적으로 역학적인 에너지와 열은 같은 것에 대한 다른 형태라는 것을 의미한다.

참고 음식의 에너지

음식	Calorie	kJ
candy bar	120~230	502~963
beer, regular	150	628
beer, lite	100	419
carbonated drink	150	628
arby's roast beef	380	1,590
whopper	705	2,951
DQ large cone	340	1,423
domino's deluxe pizza	225/slice	942
hardee's big deluxe	500	2,093
jumbo jack W/cheese	630	2,638
KFC breast	300	1,256
big mac	560	2,344
pizza hut supreme	140/slice	586
taco bell taco	160	670
wendy's big classic	570	2,386

일반적으로 일일 기초대사율(basal metabolic rate)은 1,200~2,200 Calorie 이다.

예제 4.4 1,000.0 kg의 자동차가 시간당 90 km/h (25 m/s)로 주행하고 있다. 자동차가 브레이크를 밟았을 때부터 멈출 때까지 몇 kcal가 발생하겠는가?

$$KE = \frac{1}{2}mv^2$$

$$= \frac{1}{2}(1{,}000 \text{ kg})\left(25\frac{\text{m}}{\text{s}}\right)^2$$

$$= \frac{1}{2}(1{,}000 \text{ kg})\left(625\frac{\text{m}^2}{\text{s}^2}\right)$$

$$= (500)(625)\ \frac{\text{kg}\cdot\text{m}^2}{\text{s}^2} = 312{,}500 \text{ J}$$

이것은 역학적 에너지와 열 사이에 관계를 사용하여 kcal로 바꿀 수 있다.

$$312{,}500 \text{ J} \times \left(\frac{1 \text{ kcal}}{4184 \text{ J}}\right) = 74.7 \text{ kcal}$$

비열(specific heat)

여러분은 "주방 물리학(kitchen physics)"의 실험에서 열과 다른 물질 사이의 관계를 관찰할 수 있다. 여러분이 식사를 준비하기 위해 큰 통의 액체를 끓인다고 가정하시오. 얼마나 많은 열이 필요한지 다음의 세 가지 변수가 있다.

1. 액체의 초기 온도
2. 얼마나 많은 액체가 통에 있는지
3. 액체의 성질(예를 들어 물이나 스프)

다음이 의미하는 바를 알아보자.

1. **온도 변화**(temperature change) 필요한 열의 양은 온도 변화에 비례한다. 차가운 물의 온도를 올리기 위해서 더 많은 열이 필요하며, $Q \propto \Delta T$이다.
2. **질량**(mass) 필요한 열의 양은 가열되고 있는 물질의 양에 비례한다. 더 많은 질량은 작은 질량보다 같은 온도 변화를 일으키는데 더 많은 열이 필요하다.
3. **물질**(substance) 재료가 다르면 그들의 질량이 같다하더라도 같은 온도를 전달하는 데 필요한 열량이 다르다(그림 4.11). 이와 같은 특징을 재료의 **비열**(specific heat)이라 하며, 그것은 물질 1 g을 온도 1℃ 올리는데 필요한 열량으로 정의된다.

표 4.2 물질의 비열

물질	비열 (cal/gC°)
공기	0.17
알루미늄	0.22
콘크리트	0.16
구리	0.093
유리(평균)	0.160
금	0.03
얼음	0.500
철	0.11
납	0.0305
수은	0.033
바닷물	0.93
은	0.056
흙(평균)	0.200
수증기	0.480
물	1.00

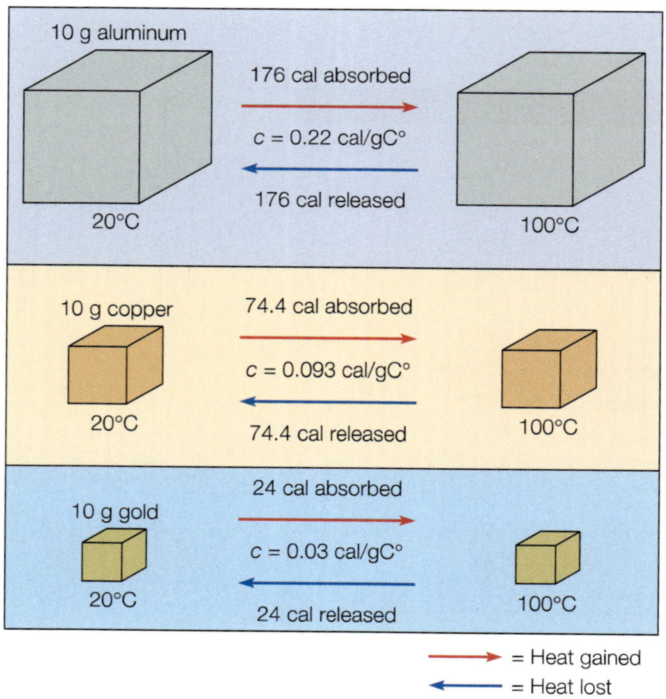

그림 4.11 세 금속들 중에서 알루미늄 1 g을 1℃ 올리고 내리는데 가장 많은 열의 출입이 발생한다. 이와 같은 열 출입이 발생하는 이유는?

CONCEPTS APPLIED **주방 물리학**

요리하는 냄비 및 쟁반 등은 금속이므로 다음을 고려하시오.

1. 낮은 비열을 가진 금속들의 온도 변화는 더 쉽다.
2. 높은 비열을 가진 금속들의 온도 변화는 더 어렵다.

표 4.2에 제시된 금속들의 목록과 비열을 고려하여 질문들에 답하시오.

1. 비열만을 고려하였을 때 어느 금속이 에너지 효율이 우수하여 냄비 및 쟁반 등의 제작에 사용될 수 있는가?
2. 비열만을 고려하였을 때 금속의 어떤 결합이 빠른 온도 변화를 발생시킬 수 있는가?

경험적으로 영양식에 포함된 모든 변수들을 고려하면 열량(Q)은 아래와 같다.

$$Q = mc\Delta T \tag{4.4}$$

여기서 c는 비열을 나타낸다. 표 4.2에서 흙의 비열은 0.200 cal/g·C° (Celsius degree(C°)는 온도간격을 의미한다; 5℃+15℃=20C°)이며, 물의 비열은 1.00 cal/g·C°이다. 이것은 1 칼로리의 햇빛에 노출된 1 g 물이 1℃ 덥혀지는 것을 의미한다. 다른 한편으로 1 칼로리의 햇빛에 노출된 1 g 흙은 5℃까지 덥혀지게 될 것이다. 왜냐하면 그것은 흙 1℃를 따뜻하게 하는데 0.2 칼로리가 소모되기 때문이다.

예제 4.5 (a) 철 및 (b) 알루미늄 등으로 만들어진 500.0 g의 쟁반이 있을 때 20℃에서 100℃로 쟁반의 온도를 높이는데 필요한 열은?

제공된 열(Q), 질량(m)과 온도 변화(ΔT)는 식 (4.4)에서 알 수 있다. 철과 알루미늄의 비열(c)은 표 4.2에서 확인한다.

(a) 철

$$m = 500\text{ g} \qquad c = 0.11\text{ cal/gC°} \qquad T_f = 100℃ \qquad T_i = 20℃ \qquad Q = ?$$

$$\begin{aligned} Q &= mc\Delta T \\ &= 500\text{ g}\left(0.11\frac{\text{cal}}{\text{gC°}}\right)80\text{C°} \\ &= 4{,}400\text{ cal} \\ &= 4.4\text{ kcal} \end{aligned}$$

(b) 알루미늄

$$m = 500\text{ g} \qquad c = 0.22\text{ cal/gC°} \qquad T_f = 100℃ \qquad T_i = 20℃ \qquad Q = ?$$

$$\begin{aligned} Q &= mc\Delta T \\ &= 500\text{ g}\left(0.22\frac{\text{cal}}{\text{gC°}}\right)80\text{C°} \\ &= 8{,}800\text{ cal} \\ &= 8.8\text{ kcal} \end{aligned}$$

철로 만든 냄비보다 알루미늄으로 만든 냄비를 따뜻하게 하는데 두 배 많은 열에너지가 소모된다. 따라서 동일한 에너지를 가하면 철 냄비는 알루미늄 냄비보다 두 배 빨리 데워진다.

예제 4.6 어떤 금속이 20.0℃에서 40.0℃까지 온도를 올리는데 1.2 kcal가 소모되었다면 2 kg의 금속시료의 비열은 얼마인가? (답 : 0.03 kcal/kg C°)

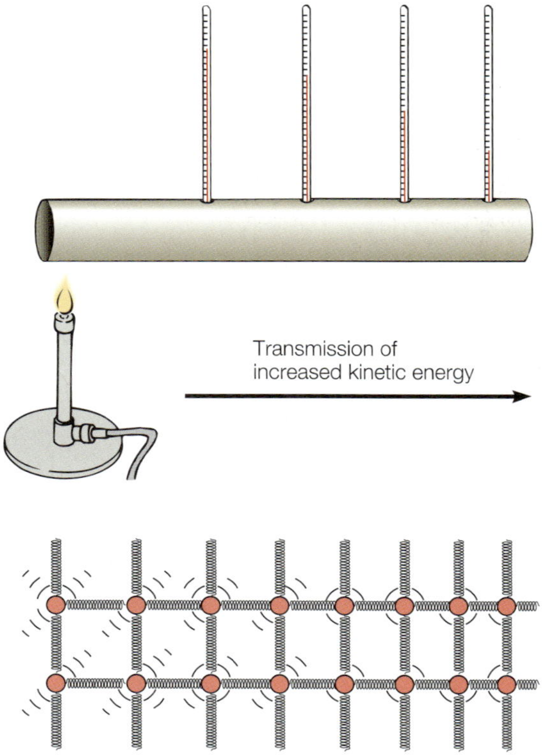

그림 4.12 금속 막대의 구멍에 온도계를 설치하고 금속 막대의 한 쪽 끝에 열을 가하면 온도가 높은 부분에서 온도가 낮은 부분으로 전도된다는 것을 알 수 있다. 증가한 분자의 활동은 전도의 과정에서 분자로부터 분자로 에너지를 전달하는 것이다.

그림 4.13 유리 섬유 단열재는 전도율 R 값으로 표현되며, 물질의 두께에 비례한다.

열 흐름(heat flow)

발열은 (1) 온도 차이, (2) 에너지 변환을 포함하는 에너지 이동과 관련이 있다는 것을 확인하였다. 온도 차이 때문에 일어나는 열전달은 전도, 대류, 복사 등에 의해서 가능하다.

전도(conduction)

온도 차이가 있으면 더 높은 온도에서 더 낮은 온도로 열은 자연스럽게 전달된다. 고체에서 열전달은 더 따뜻한 장소에서 더 차가운 장소로 전도되는 것처럼 일어난다. 고체에서 분자들은 고정된 평형 위치에서 진동하고 더 높은 온도의 분자들은 더 낮은 온도의 분자들보다 평균적으로 보다 더 많은 운동에너지를 가진다는 것을 생각하시오. 금속 막대와 같은 고체를 불꽃에 가까이 하면 분자들은 격렬하게 진동한다. 분자의 상호 작용에 의해 증가된 에너지 진동은 더 느리게 움직이는 분자로 옮겨지며, 에너지를 받은 분자 또한 보다 더 격렬하게 진동하기 시작한다. 결국 분자들은 이웃 분자에게 더 많은 진동에너지를 전달한다. 따라서 분자에서 분자로 활동도가 증가하고 증가된 활동도의 범위가 막대를 따라 확장한다. 이것이 분자에서 분자로의 에너지 전달이며 **전도**(conduction)라 한다(그림 4.12).

대부분의 단열 물질들은 많은 작은 공기 공간들을 포함하고 있기 때문에 좋은 단열재들이다(그림 4.13). 작은 공기 공간들은 공기의 분자들이 액체와 비교하여 멀리 떨어져 있기 때문에 약한 전도체이며, 분자에서 분자로 증가한 진동의 움직임을 통과하는데 더 어렵게 만든다. 스티로폼, 유리 섬유 및 면직 등은 그들이 이루고 있는 재료 때문이 아니라 작은 공기 공간이 있기 때문에 단열이 되는 것이다. 최적의 단열재는 진동하는 분자를 통과시키지 못하는 진공 상태이다.

책상의 나무와 금속 부분들은 같은 온도를 갖지만 금속 부분을 만지면 더 차갑게 느낄 것이다. 금속은 나무보다 더 좋은 전도체이고, 그것은 여러분의 손가락으로부터 더 빨리 전도되기 때문에 더 차갑게 느낀다. 이것은 나무 마루보다 타일 마루를 맨발로 걸을 때 더 차갑게 느끼는 것과 같은 이유이다.

대류(convection)

대류(convection)는 상대적으로 더 높은 운동에너지를 가진 분자들의 큰 변위(displacement)에 의해 열이 전달된다. 전도로 증가한 열에너지는 분자에서 분자로 전달된다. 대류에서는 더 높은 운동에너지를 가진 분자들은 한 장소에서 다른 장소로 이동한다. 전도는 흔히 고체에서 발생하지만 대류는 액체와 기체들에서만 일어나는데, 유체(fluid)는 더 높은 운동에너지를 가진 분자들을 먼 거리로 이동시킬 수 있다. 분자들이 에너지를 얻으면 보다 더 빠르게 움직이고 주위(surrounding)를 격렬하게 밀어낼 수 있다. 가열된 분자들이 밖으로 밀리고 부피를 증가시켜 팽창한다. 같은 양의 물체는 더 큰 부피를 점유하기 때문에 전체적인 밀도는 감소하게 된다.

액체의 팽창은 대류이며, 따뜻하고 밀도가 낮은 액체는 그것을 둘러싼 더 차갑고 밀도가 높은 액체에 의해 위로 향하게 된다. 일반적으로 더 차가운 공기는 밀도가 높아 아래로 내려오고 아래에서 흐른다. 냉장고의 문을 열면 밀도가 높은 차가운 공기가 아래로 내려와 바닥으로 흘러 나가는 것을 볼 수 있다. 냉장고에서 나온 공기가 여러분의 발가락을 지나갈 때 차갑다는 것을 느낄 수 있을 것이다. 다른 한편으로 여러분은 따뜻하고 밀도가 낮은 공기는 위로 올라가기 때문에 가열기 위에 손을 가까이 하면 따뜻함을 느낄 수 있다. 따뜻한 방의 공기는 위로 향하며 천장을 따라 밖으로 퍼지는 것을 알 수 있다. 공기가 차가워짐으로써 그것은 대류 기류로 알려진 순환 형태를 만들어 방의 다른 부분으로 퍼진다(그림 4.14). 대류 기류는 큰 액체의 냄비를 가열할 때 관찰할 수 있다. 더 따뜻한 액체가 주변의 더 따뜻한 성분은 위로 올리고, 그것은 더 차가운 부분의 위로 흐르는 것을 볼 수 있을 것이다. 일반적으로 액체 그릇이 뜨거워짐에 따라 대류 기류의 흐름을 확인할 수 있다.

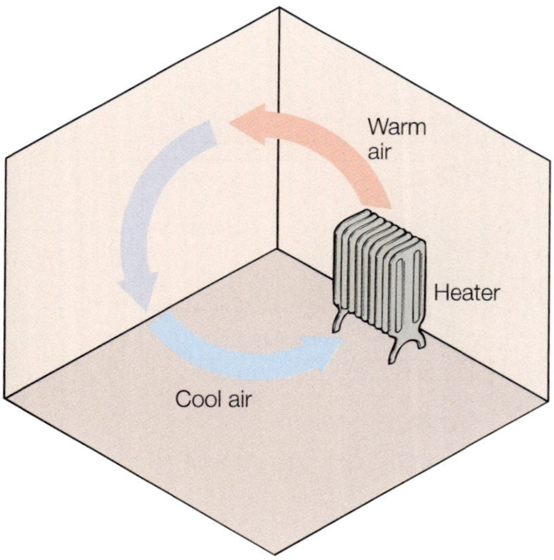

그림 4.14 대류 기류는 가열기에 의해서 따뜻해지고 팽창된 방의 공기를 위로 올리고 더 차가운 공기는 아래로 이동시킨다.

Science and Society

필요한 단열?

여러분은 주택의 단열을 위해 매우 많은 비용을 투자할 수 있는가? 자치단체는 에너지를 절약하기 위해 새로운 주택에 최상의 단열을 요구할 수 있는가? 단열의 경제적인 한계를 조사하시오. 단열을 위해 투자된 비용은 어느 정도 시간이 경과된 후에 에너지 절감 효과로 보상 받을 수 있는가?

토의할 질문 : 새로운 주택에 단열을 최대한 적용할 경우 장점 및 단점 등을 작성하시오.

A Closer Look

수동 태양열 설계(Passive Solar Design)

수동 태양열 응용은 태양에너지를 경제적으로 활용하기 위한 적절한 방법이다. 수동 태양열 설계는 태양에너지로 주거 공간을 가열하는 구조의 건축에 사용된다. 전기 송풍기, 발동기 또는 다른 에너지원은 사용되지 않는다. 수동 태양열 설계는 자유로운 태양에너지를 이용한다. 에너지를 저장하고 전도, 대류 및 복사 등으로 에너지를 전달한다.

지구의 표면에 도달하는 햇빛은 대부분 흡수된다. 빌딩, 지면 및 물체 등은 복사에너지를 흡수하여 더 따뜻하게 된다. 그러나 거의 모든 물질은 파장이 너무 길어서 사람의 눈으로 볼 수 없는 장파로 흡수한 에너지를 재방사한다. 햇빛의 짧은 파장은 일반적인 유리창을 통과하지만 재방사된 더 긴 파장은 통과할 수 없다. 그러므로 햇빛은 창문을 통과하여 들어오고 집 안의 물체들을 따뜻하게 한다. 다시 복사된 더 긴 파장들은 유리를 통과하여 역으로 통과할 수 없지만 공기 중의 분자들에게 흡수되어 공기의 온도는 올라가는데 이것을 "온실효과"라 한다. 태양이 작열하는 여름날에 자동차의 유리문을 닫아 놓았을 때 온실효과를 경험할 수 있다.

일반적으로 수동 태양열 주택은 태양에너지를 받아 저장하고 거주자에게 분배할 수 있도록 고안된 건축 재료를 이용한다. 햇빛은 남쪽에 위치한 창문을 통과하여 주택의 내부로 들어오고 콘크리트, 벽돌 및 돌 등의 두꺼운 층을 데운다. 이런 에너지 "저장물질(storage mass)"은 낮과 특히 밤에 에너지를 방출한다. 에너지의 방출은 거주자에게 직접적으로 복사하거나, 인접한 공기의 전도 및 저장물질의 표면 등에서 공기의 대류가 발생한다. 따라서 생활공간은 특별한 배관설비 없이 가열되거나 공기순환이 이루어진다. 여러분이 상상할 수 있는 것처럼 수동 태양열 주택의 요점은 마루 및 벽 등을 건축하기 위한 재료, 대류공기의 순환유형 및 창문의 크기와 위치 등을 포함하여 자연적인 열 흐름의 모든 세부 사항들을 고려하는 것이다. 주택의 수동 태양열 획득은 일반적인 생활유형과 약간의 불편한 삶의 형태가 요구된다. 예를 들어 양탄자는 햇빛과 같은 에너지를 저장하기에는 적합하지 않지만 에너지 손실이 적으므로 단열재로 적합하다. 반면 유리로 만든 창문은 햇빛을 잘 통과시켜 주택 내부에 열에너지가 잘 축열되지만 밤이 되어 햇빛이 없을 때는 에너지 손실이 양탄자보다 더 크다는 단점이 있다. 따라서 햇빛이 없는 밤에는 단열이 잘되는 커튼 등을 유리 창문에 설치함으로써 에너지를 효율적으로 관리할 수 있다. 즉, 수동 태양열 주택의 열효율을 높이기 위해서는 소유자의 개별적인 노력이 필요하다.

수동 태양열 설계로 에너지를 얻는 방법은 다음과 같다. (1) 직접적인 태양열의 획득, (2) 간접적인 태양열의 획득, (3) 독립형 태양열의 획득

직접적인 태양열 획득 주택에서 에너지 획득은 실제 생활 공간에서 이루어진다(박스그림 4.1). 이 설계의 이점은 여름에는 태양열을 차단하고, 겨울에는 최대한 태양열을 많이 받을 수 있도록 창문의 구조를 설계하는 것이다. 단점은 거주자가 자신이 원하는 위치에 책장, 양탄자, 가구 등을 놓을 수 없다는 것이다.

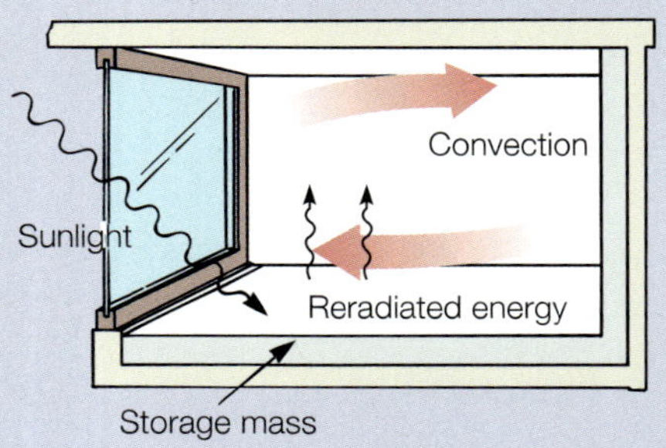

박스그림 4.1 태양열을 직접 수집하기 위한 설계는 생활공간에서 태양에너지를 얻고 저장한다.

간접적인 태양열 획득 주택은 창문 안쪽에 커다란 벽을 설치하는 것이다. 트롬(Trombe)이라는 벽을 박스그림 4.2와 같이 설치한다. 트롬 벽은 태양에너지를 얻고 저장하여 복사에너지 및 대류의 흐름으로 공간을 따뜻하게 한다. 간접적인 태양열 주택의 단점은 큰 창문들이 트롬 벽에 의해 차단된다는 것이다. 장점은 거주자가 태양열 수집과 저장 영역에 직접 접촉하지 않으므로 그들이 원하는 위치에 책장, 양탄자, 가구 등을 놓을 수 있다. 밤에 에너지 손실을 차단하기 위한 노력은 이 설계에서도 필요하다.

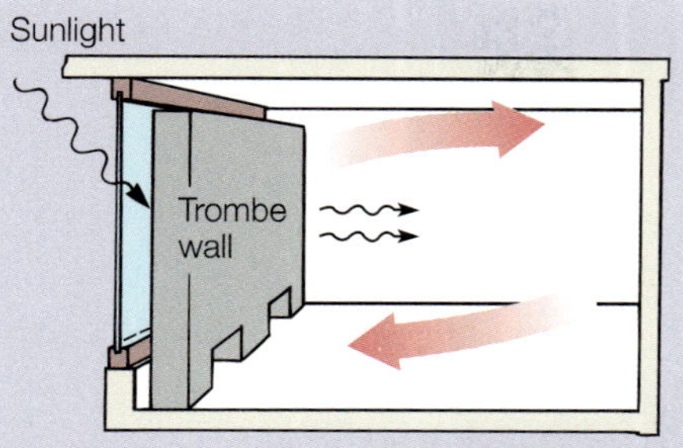

박스그림 4.2 태양열을 간접적으로 수집하기 위한 설계는 태양에너지를 얻고 저장하기 위한 트롬 벽을 사용한다.

독립형 태양열 획득 주택은 태양에너지를 얻고 저장하기 위해 주거 공간으로부터 분리된 구조를 사용한다. 독립형 설계의 예는 부속된 비닐하우스나 일광욕실이다(박스그림 4.3). 부속 구조와 주거 공간 사이의 에너지 흐름은 전도, 대류 및 복사를 통해 이루어질 수 있으며, 부속 구조를 개방하거나 폐쇄하여 제어할 수 있다. 이 설계는 사용자의 목적에 따라 주거 공간으로 개방하거나 조건들이 맞을 때 주거 공간으로 직접 사용이 가능하다. 그러나 밤 또는 겨울 등에 햇빛이 없을 때를 대비하여 부수적인 단열용 유리가 필요하다.

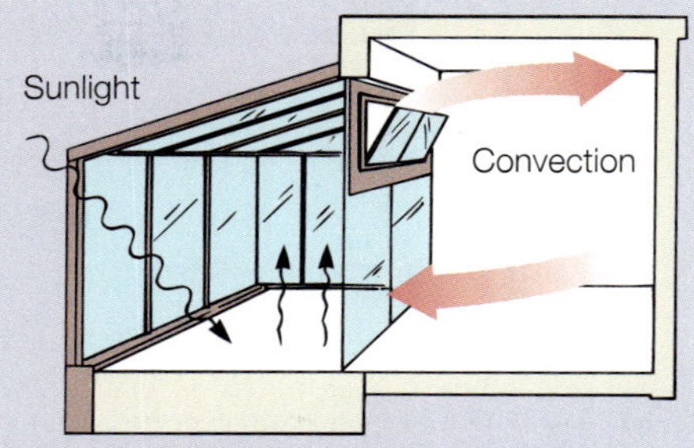

박스그림 4.3 독립형 태양열 설계는 태양에너지를 얻고 저장하기 위해 분리된 구조를 사용한다.

수동 태양열 주택 건물은 같은 크기의 전통적인 주택 건물보다 약 10 % 더 비용이 초과되는 것으로 평가된다. 에너지 절약을 고려한다면 여러분은 주택에 수동 태양열 설계가 필요하다고 생각할 수 있다. 그러나 대부분의 새로운 건물은 안락함을 최대화 하기 위해 기술과 많은 에너지를 필요로 하기 때문에 결국 시설을 하지 않는다. '태양의 방향과 계절강도를 고려하여 창문을 어디에 설치할 것인가' 그리고 '나무를 어느 곳에 심을 것인가'와 비교하면 많은 노력이 필요한 것은 아니다. 여러분은 전도, 대류 및 복사 등의 자연적인 열전달 과정을 고려하여 주택을 설계하면 에너지 효율을 높일 수 있다.

복사(방사 ; radiation)

열전달의 세 번째 방식은 **복사**(radiation)이다. 복사는 공간을 통과하여 전달하는 에너지이며, 복사에너지라 불리는 에너지의 형태이다. 복사에너지는 가시광선뿐만 아니라 많은 다른 형태들이 있다. 절대 영도 이상의 온도를 가진 모든 물체들은 복사하는 열을 발생한다. 물체가 어떤 온도까지 열을 받는다면 가시광선이 방사되는 것을 알 수 있다. 예를 들어 전열기의 발열체(heating element)는 높은 온도에서는 불그스름한 오렌지 빛으로 발광하지만, 낮은 온도에서는 손을 가까이하면 온기를 느낄 수 있으나 가시광선을 방출하지는 않는다. 복사에너지는 손에 더 많은 운동에너지를 전달하여 손의 분자 운동을 활성화시킨다. 온도가 증가됨에 따라 따뜻함을 더욱 쉽게 감지하는 것이다.

절대 영도 이상의 모든 물체들은 복사에너지를 방출하지만 모든 물체들은 또한 복사에너지를 흡수한다. 그러나 뜨거운 물체는 차가운 물체보다 많은 복사에너지를 방출한다. 뜨거운 물체는 더 차가운 물체로부터 복사에너지를 흡수하기보다 더 많은 복사에너지를 방출할 것이며, 더 차가운 물체는 그것이 방출하는 것보다 뜨거운 물체로부터 보다 더 많은 복사에너지를 흡수할 것이다. 그러므로 두 물체 사이에 온도 차이가 있으면 복사에 의한 에너지 전달이 일어난다.

CONCEPTS APPLIED **밀랍 양초, 거품 및 백열등**

여러분이 열 흐름에 대해서 할 수 있는 세 가지 실험이 있다.

전도. 제도용 압핀 머리를 긴 금속 막대에 고정하기 위해 녹인 밀랍 양초를 사용하시오. 불꽃으로 금속막대의 한쪽 끝을 가열하시오. 열이 전도되어 막대를 따라 이동하는 것을 관찰하고 어떤 현상이 일어나는지 기록하시오.

대류. 햇빛이 강하고 조용한 날을 선택하시오. 풀밭과 인접한 아스콘 주차장 사이에 대류 기류를 확인하시오. 여러분이 대류 기류를 확인하고 평지에서 비누 거품을 날리고, 건물 사이에서 비누 거품을 날렸을 때의 차이 및 현상들에 대해서 설명하시오.

복사. 백열전등 아래 여러분의 손을 놓고 스위치를 켜시오. 여러분이 느끼는 따뜻함이 전도 및 대류가 아닌 복사로 여러분에게 전달된다는 것을 설명하시오. 여러분이 경험한 것이 복사 에너지라는 것을 증명하기 위한 다른 실험을 수행하고 특징에 대해서 설명하시오.

4.4 에너지, 열 및 분자이론 (Energy, Heat, and Molecular Theory)

물체의 분자운동이론은 하나의 주제 영역이 아닌 다른 과학의 분야들로부터 나온 증거에 의해 확립된 것이다. 화학자 및 물리학자 등은 주의 깊게 설계된 실험 및 물체 등에 의해서 관찰할 수 있는 사실들을 설명하였다. 또한 수학적 계산을 사용하여 지난 150년에 걸쳐 물체의 구조에 관한 증거들이 확립되었다. 오늘날 이러한 입자 구조에 관한 이해는 물리학, 화학, 생물학, 지질학 등과 실질적으로 모든 다른 과학 분야의 기본이 되고 있다. 또한 입자 구조에 관한 이해는 현재의 기술을 태동하였다.

상변화(phase change)

고체, 액체 및 기체는 물질의 세 가지 일반적인 상태이고 분자의 정렬에 따른 특징의 차이가 있다. 일반적인 상태에서 분자의 움직임은 (1) 온도 차이에 따른 열의 증가, (2) 에너지의 다섯 가지 형태 중의 하나에 의한 열의 흡수 등이 있다. 각각의 경우에서 고체, 액체 및 기체 등의 온도는 물체의 비열에 따라 증가하고 보다 많은 가열은 일반적으로 더 높은 온도를 의미한다.

그러나 가열은 항상 증가된 온도로 나타나지 않는다. 고체, 액체 및 기체 등이 하나의 상에서 다른 상으로 바뀔 때의 변형을 **상변화**(phase change)라 한다. 상변화는 항상 온도 변화와 관련 없는 열 및 에너지 등을 흡수하거나 발산한다. 상변화와 관련된 열은 온도 변화와 관련이 없기 때문에 잠열(latent heat)이라 한다. 잠열은 상변화의 "숨겨진" 에너지를 말하며, 내부위치에너지(internal potential energy)의 들어오고 나가는 에너지(열)이다(그림 4.15).

세 종류의 주요 상변화가 다음과 같이 일어날 수 있다. (1) 고체－액체, (2) 액체－기

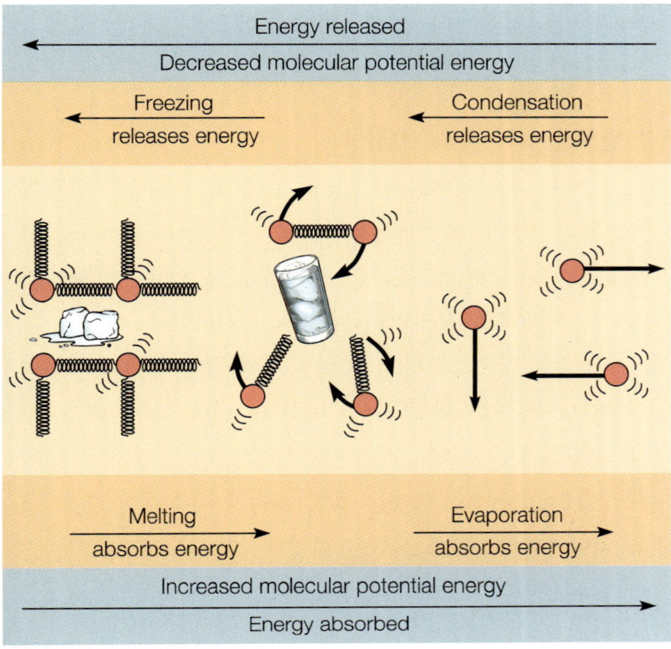

그림 4.15 상변화는 잠열의 양을 흡수하거나 발산하며, 그것은 분자의 위치 에너지로 들어가거나 나간다.

체, (3) 고체－기체 각각의 경우에 상변화는 양쪽 방향으로 일어날 수 있다. 예를 들어 고체－액체 상변화는 고체가 액체로 녹거나 액체가 고체로 얼 때 일어난다. 물이 얼은 얼음과 얼음이 녹은 물은 이 상변화의 일반적인 예들이다. 둘 다 상변화의 방향에 따라 어는점이나 녹는점이라 불리는 온도에서 발생한다. 그러나 각 경우에 얼거나 녹는점은 같은 온도이다.

액체－기체 상변화는 다른 두 방향에서 발생한다. 액체가 끓어서 기체(또는 수증기)로 변하는 온도를 끓는점이라 한다. 기체 또는 수증기가 액체로 바뀌는 온도는 액화점(condensation point)이라 한다. 끓는점과 액화점은 같은 온도이다.

여러분은 고체－기체 상변화에는 익숙하지 않지만 그것들은 일반적인 현상이다. 고체가 직접 기체 또는 수증기로 변하는 상변화를 승화(sublimation)라 한다. 좀약과 드라이아이스(고체 CO_2)는 승화를 하는 물질 중의 일반적인 예들이지만 보통의 얼음을 의미하는 얼린 물도 어떤 조건 하에서 승화한다. 여러분은 냉동기 안의 얼음 육면체가 승화하기 때문에 시간의 경과에 따라 점점 작아지는 것을 알 수 있을 것이다. 다른 한편으로 냉동기에 형성된 서리는 다른 방향에서 일어난 고체－기체 상변화의 한 예이다. 이 경우에 수증기는 승화의 반대 방향으로 진행하는 고체－기체 상변화이며, 액체 상태를 경유하지 않고 고체인 서리를 형성한다.

하나의 특별한 예로서 얼음이 일정한 열원을 받았을 때 일어나는 변화를 생각하시오 (그림 4.16). 여러분은 열의 일정한 공급에 의해 얼음의 온도가 증가하는 것을 알 수 있을 것이다. 얼음은 $mc\Delta T$에 따라 데워진다. 여기서 c는 얼음의 비열이다. 얼음은 온도가 녹는점 (0℃)에 도달할 때 녹기 시작하여 물의 양이 증가하여도 온도는 0℃를 일정하게 유지한다. 결국, 모든 얼음이 완전히 녹을 때 온도는 다시 녹는점과 끓는점 사이에서 일정한 비율로 증가한다. 그러나 일정한 온도가 유지되는데 이 때 공급되는 열은 액체에서 기체로 다른 상변화를 일으킨다. 상변화에 사용된 열량은 고체에서 분자와 분자의 연결 고리를 끊는데 사용되는데 자유롭게 서로 뒤엉켜 있는 분자들과 같은 액체를 만든다. 열량(Q)은 온도 변화 없이 흡수되기 때문에 그것을 **용해 잠열(용융 잠열; latent heat of fusion)**(L_f)이라 한다. 용융 잠열은 녹거나 얼 때 고체－액체의 상변화에 포함된 열이다. 물의 잠열은 80.0 cal/g (144.0 Btu/lb)이다. 이것은 얼음 1 g을 녹이는데 80.0 cal의 열을 흡수한다는 것을 의미한다. 물 1 g이 얼 때는 80.0 cal를 발산한다. 고체－액체 상변화에 관여한 총 열은 물체의 질량에 의존한다.

$$Q = mL_f \tag{4.5}$$

여기서 L_f는 상변화에 관여한 물체를 위한 용해 잠열이다.

다시 그림 4.16을 참고하시오. 고체-액체 상변화가 완성된 후에 열의 일정한 공급은 $Q = mc\Delta T$에 따라 물의 온도를 증가시킨다. 여기서 c는 액체의 비열이다. 물이 끓는점에 도달했을 때 열이 일정한 비율로 공급되더라도 온도는 일정하게 유지된다. 액체-기체의 상변화에 사용된 열량은 다시 끌어당기는 분자력을 이겨내는 일을 한다. 즉, 분자들은 기체의 독립된 분자가 되기 위해 액체 상태로부터 이탈한다. 이와 같은 상변화가 일어나는 동안 흡수되거나 발산된 열량(Q)을 **증발 잠열**(latent heat of vaporization)(L_v)이라 한다. 증발 잠열은 증발이나 응축이 있는 액체-기체 상변화에 포함된 열이다. 물에 대한 증발 잠열은 540.0 cal/g (970.0 Btu/lb)이다. 이것은 욕실 거울에 응축된 증기의 1 g은 540.0 cal을 발산한다는 것을 의미하며, 이 열로 욕실은 따뜻해진다. 즉, 총 발열은 얼마나 많은 증기가 응축되었는지에 의존한다.

$$Q = mL_v \tag{4.6}$$

여기서 L_v는 상변화에 관여한 물체의 증발 잠열이다. 따뜻해지는 동안 흡수된 열과 상변화의 관계는 그림 4.17에서 알 수 있다. 물과 열을 위한 어떤 물리적 연속성은 표 4.3에 요약되어 있다.

표 4.3 물과 열의 물리적인 상수

비열(c)	
물	1 cal/gC°
얼음	0.5 cal/gC°
수증기	0.48 cal/gC°
용해 잠열(L_f)	
물	80.9 cal/g
증발 잠열(L_v)	
물	540.0 cal/g
열의 역학적인 등가	
1 kcal	4.184 J

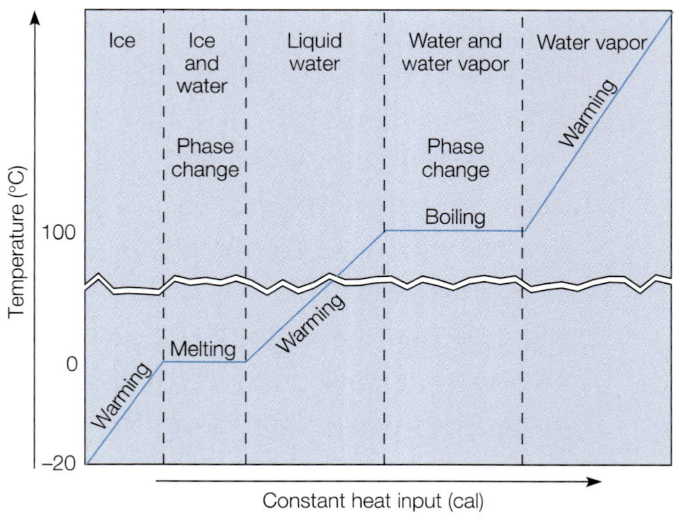

그림 4.16 이 그래프는 세 개의 축열선 및 일정한 열의 유입에 따른 두 번의 상변화를 나타낸다. 얼음은 녹는점까지 가열되고, 상변화 동안 열을 흡수하지만 온도는 일정하게 유지된다. 모든 얼음이 녹았을 때 액체는 끓는점까지 가열되고, 액체로부터 기체로 두 번째 상변화가 있는 동안 열을 흡수하지만 온도는 일정하게 유지된다. 모든 액체가 기체로 바뀐 후에 지속적인 가열은 수증기의 온도를 상승시킨다.

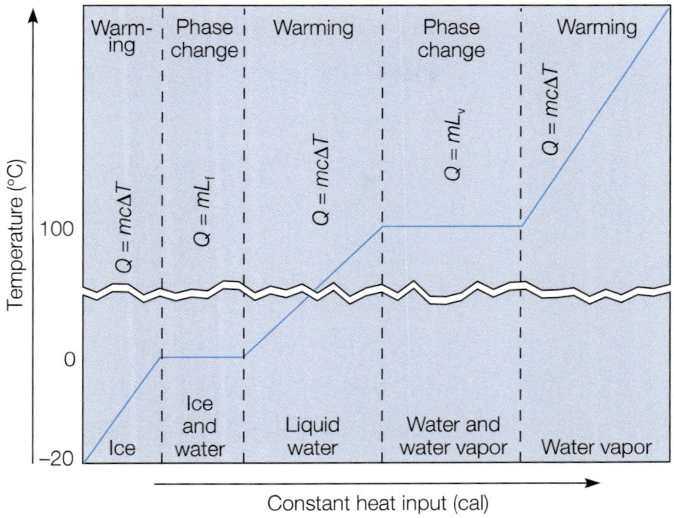

그림 4.17 이 그래프를 그림 4.16과 비교하시오. 이 그래프는 축열되는 동안 흡수된 열량으로, 물로 상변화한다는 것은 −20℃의 얼음이 100℃ 이상의 수증기로 축열된다는 것을 의미한다. 얼음, 액체 및 수증기 등의 비열은 다른 값을 가진다는 것을 참고하시오.

예제 4.7 20℃의 물 100.0 g으로 −10℃의 얼음을 만들기 위해 냉장고는 얼마나 많은 에너지를 제거해야 하는가?

이런 형태의 문제는 (1) 추가되거나 제거된 열과 물체의 각 상에 필요한 온도변화, (2) 문제에서 확인된 것처럼 변화의 범위 안에서 일어나는 어떤 상변화로부터 열의 흐름(그림 4.17 참고)을 고려하여 더 작은 단계들로 세분함으로써 해결할 수 있다. 각 상변화에 포함된 열과 각 상에서 발열하거나 냉각하는데 포함된 열 등으로 일치시킨다. 온도 해석은 절대값으로 계산하며 어떤 양이나 음의 부호들을 무시한다.

1. 액체 상태에서 물은 $Q = mc\Delta T$ 관계에 따라 20℃에서 0℃(어는 점)까지 냉각된다.

$$Q_1 = mc\Delta T = 100\ \mathrm{g}\left(1\frac{\mathrm{cal}}{\mathrm{g \cdot C^\circ}}\right)(0-20)^\circ\mathrm{C} = 2{,}000\frac{\mathrm{g \cdot cal \cdot C^\circ}}{\mathrm{g \cdot C^\circ}} = 2.0\ \mathrm{kcal}$$

2. 용해 잠열은 0℃의 물이 상변화를 일으켜 0℃의 얼음이 되는 것처럼 제거되어야 한다.

$$Q_2 = mL_f = (100\ \mathrm{g})\left(80\frac{\mathrm{cal}}{\mathrm{g}}\right) = (100)(80)\mathrm{g} \times \frac{\mathrm{cal}}{\mathrm{g}} = 8{,}000\ \mathrm{cal} = 8.0\ \mathrm{kcal}$$

3. 얼음은 지금 0℃에 있고, −10℃까지 냉각시키려 한다. 얼음은 $Q = mc\Delta T$에서 알 수 있듯이 비열과 관계가 있다. 얼음의 비열은 0.500 cal/g·C° 이다.

$$Q_3 = mc\Delta T = 100\ \mathrm{g}\left(0.5\frac{\mathrm{cal}}{\mathrm{g \cdot C^\circ}}\right)(10-0)^\circ\mathrm{C} = 500\ \frac{\mathrm{g \cdot cal \cdot C^\circ}}{\mathrm{g \cdot C^\circ}} = 0.5\ \mathrm{kcal}$$

4. 그러면 제거된 총 에너지는 10.5 kcal이다.

$$Q_T = Q_1 + Q_2 + Q_3 = 2.0 + 8.0 + 0.5 = 10.5\ \mathrm{kcal}$$

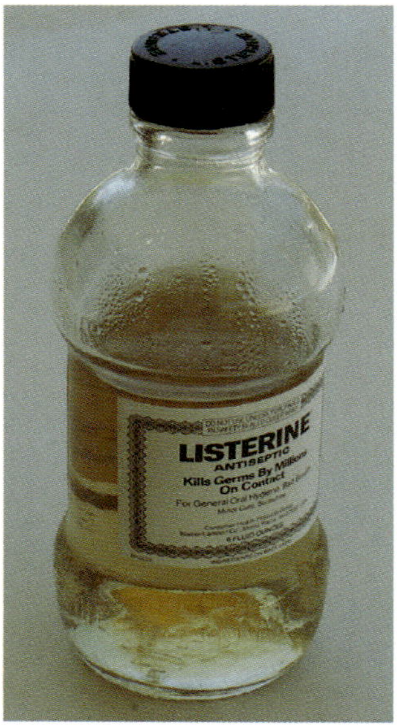

그림 4.19 밀폐된 병의 안쪽은 주변 환경으로부터 고립되어 있어서 액체 위의 공간은 포화상태이다. 포화되어 있는 동안 증발률은 액화율과 같다. 병이 냉각되면 액화가 기화를 초과하여 내부 표면에 물방울이 형성된다.

증발(evaporation)과 액화(condensation)

액체를 기체로 바꾸기 위해서 끓는점으로 온도를 올릴 필요가 없으며, 사실 용기가 열려 있을 때 어떤 온도에서도 상변화를 경험한다. 상변화는 어떤 온도에서도 일어나지만 더 높은 온도에서 보다 더 활발하게 일어난다. 물의 온도는 물 분자들의 평균 운동에너지와 관련 있다. 즉, 물 분자들의 몇 개는 더 큰 에너지를 갖고 있고, 어떤 것은 더 적은 에너지를 갖고 있음을 의미한다. 만일 특별하게 높은 에너지를 가진 물 분자 하나가 표면에 가까이 있고 밖으로 향하고 있다면 그것은 다른 물 분자들이 잡아당기는 힘을 이겨내고 기체가 되기 위해 액체를 이탈하게 된다. 이것이 증발의 과정이다. 증발은 물 분자들이 대기에서 수증기가 되기 위해 액체 상태를 이탈하는 것으로 물의 부피는 줄어든다(그림 4.18).

증발하는 물 분자들은 모든 방향으로 움직이며 어떤 것은 액체 표면을 치고 돌아올 것이다. 액체 상태를 이탈하려는 힘과 같은 크기의 힘이 물 분자를 잡아끈다. 이와 같은 과정을 액화라 하며, 액화는 증발의 반대 과정이다. 증발은 많은 분자들이 액체로 되돌아오는 것보다 액체 상태를 이탈하는 것이 많은 과정이다. 액화는 이탈보다 액체로 되돌아오는 분자들이 많을 때를 의미한다. 이는 연속적으로 이탈하고 되돌아오는 역동적인 과정이며, 이 알짜 수가 증발 또는 액화가 일어나는 지를 결정한다(그림 4.19).

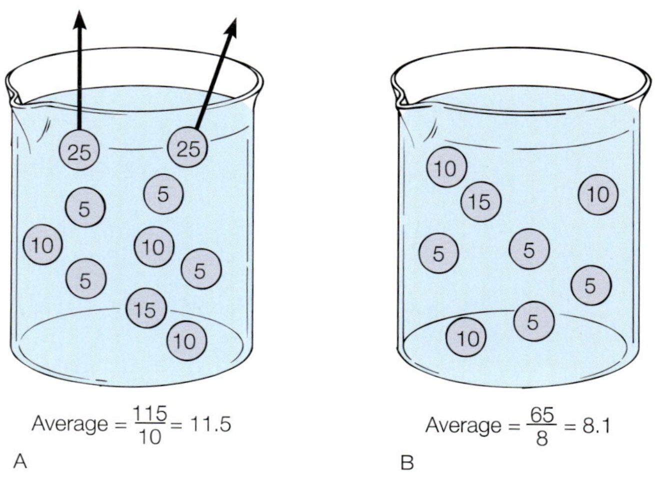

그림 4.18 온도는 물체에 대한 분자들의 평균에너지이다. 원 숫자들은 온도를 나타내는 분자 운동에너지의 임의적인 수준을 표시한다. 높은 운동에너지 값[A의 25]을 가진 두 분자들이 이탈하면 평균은 11.5에서 B의 8.1로 낮아진다. 따라서 운동에너지가 높은 물 분자가 증발하고 잠열의 흡수까지 일어나면서 증발 냉각 효과가 발생한다.

Connections . . .

증발 냉각기(Evaporative Coolers)

증발 냉각은 에어컨의 초기 형태 중의 하나이다. 증발 냉각기(또는 swamp cooler)는 증발에 의해 바깥 공기를 냉각시켜, 집으로 차고 습한 공기를 불어 넣는다. 증발 냉각기는 2~3분마다 공기를 완전히 바꾸기에 충분한 양의 공기를 이동시킨다.

증발 냉각기는 방열공(louver)을 가진 금속이나 유리섬유 상자이다. 상자 안쪽에는 팬과 모터가 있으며, 물을 순환하는 작은 펌프가 있다. 방열공 뒤는 톱밥이나 다공성 물질로 만든 패드로 되어 있다. 물은 냉각기의 바닥으로부터 끌어올려져 패드를 충분히 적시고 아래로 떨어진다. 팬은 강제로 주택 안으로 공기를 불어 넣는데 건조하고 따뜻한 외부 공기는 젖은 패드를 통과해서 지속적으로 들어간다. 주택의 창문 또는 문은 부분적으로 열려 있어야 한다. 그렇지 않으면 공기는 주택을 통과하여 흐를 수 없을 것이다.

패드의 물이 증발하면서 패드를 통과하는 공기로부터 열을 빼앗는다. 증발하는 물 1리터 당 540 kcal 이상이 공기로부터 제거된다. 제거된 실제적인 양은 물의 온도, 냉각기의 효능과 바깥 공기의 상대적인 습도 등에 의존한다.

습도	38℃(100°F) 공기가 냉각되는 온도
10%	22℃ (72°F)
20%	24℃ (76°F)
30%	27℃ (80°F)
40%	29℃ (84°F)
50%	31℃ (88°F)
60%	33℃ (91°F)
70%	34℃ (93°F)
80%	35℃ (95°F)
90%	37℃ (98°F)

선풍기는 증발을 통해 여러분을 시원하게 하지만 증발 냉각기는 여러분 주위를 이동하는 공기를 차갑게 한 것이다. 상대 습도는 증발 냉각기 효능에 미치는 주요 변수이다. 다음 데이터는 외부 공기가 38℃ (약 100°F)일 때 다양한 상대습도에서 전형적인 증발 냉각기의 냉각능력을 보여준다.

증발 냉각기의 이점은 냉장에 비해 낮은 운용비용이다. 단점은 습도가 높을 때 공기에 훨씬 더 많은 습도가 포함되어 있고 외부의 먼지 및 꽃가루 등이 주택으로 유입됨에 따라 냉각을 더 이상 할 수 없다는 것이다. 또한 증발하고 남은 미네랄 찌꺼기들을 일정 주기로 제거해 줘야 한다.

CONCEPTS APPLIED Pop Can!

얼음물의 용기, 끓는 물의 용기, 두 개의 깨끗하고 속이 빈 팝(음료수) 캔들을 준비하시오. 여러분은 본 실험을 하기 전에 실험 순서를 상기한다.

팝 캔에 물 약 2 cm를 담고 물이 끓어 캔 입구에서 수증기가 나올 때까지 스토브로 캔을 가열하시오. 집게를 사용하여 빠르게 얼음물의 용기에 캔을 뒤집어 잠기게 한다. 여러분이 얼음물로부터 캔을 꺼냈을 때 그 캔으로부터 얼마나 많은 물이 줄었는지 기록하시오.

이번에 캔을 끓는 물의 용기에 넣고 이 절차를 반복하시오. 캔을 꺼냈을 때 물은 얼마나 줄었는가. 분자운동이론, 증발과 액화의 용어 등을 사용하여 여러분의 관찰 내용을 설명하시오. 두 팝 캔들 사이에서 무엇이 발생했으며, 어떤 차이가 발생했는지를 설명하는 것이 중요하다.

액화율이 증발률과 같을 때 액체 위의 공기는 포화되었다고 말한다. 표면 바로 근처의 공기는 즉시 포화되지만 물 분자들의 액화는 공기의 움직임에 따라 쉽게 이동한다. 증발에 사용된 열은 액화하면 되돌아오기 때문에 공기가 포화될 때 순 에너지의 흐름은 없다. 이것은 여러분이 뜨거울 때 얼굴에 부채질을 하는 이유이다. 부채질하는 행동은 당신의 피부 근처 공기의 물 분자를 이탈시키고 포화된 공기의 접근을 막으므로 증발률은 증가한다. 여러분은 부채질하는 사람을 볼 때 다음과 같은 과정을 생각해보시오.

증발률을 향상시키는 네 가지 방법이 있다. (1) 액체의 온도 상승은 분자들의 평균 운동에너지를 증가시킨다. 액체 상태에서 분자들을 많이 이탈시키려면 더 많은 에너지를 지속적으로 공급하면 가능하다. (2)

액체의 표면 영역을 확장시키는 것은 공기로 이탈하는 분자의 가능성을 증가시키는 것이다. 여러분이 젖은 천을 건조시키기 위해서는 펼쳐 놓으면 건조가 빠르다는 것을 알 수 있을 것이다. (3) 액체의 표면 근처에 있는 수증기를 제거하면 수증기 분자들의 복귀를 막고 증발의 순 비율을 증가시킬 수 있다. 이것은 바람이 많은 날에 물건들이 빠르게 건조되는 이유이다. (4) 압력은 단위면적 당 힘으로서 정의되며, 그것은 lb/in^2 또는 N/m^2로 측정된다. 기체들은 압력을 발산하며 그것은 분자운동이론에 의해 해석된다. 대기는 해수면을 기준으로 약 10.0 N/cm^2의 압력을 나타낸다. 분자간 힘뿐만 아니라 대기압도 물 분자를 액체 상태로 잡아 놓는다. 따라서 대기 압력이 감소하면 액체 상태에서 분자간의 결속력이 약해진다. 높은 곳은 압력이 낮기 때문에 젖은 물건이 더욱 빠르게 건조되는 것을 당신은 확인할 수 있을 것이다.

상대습도(relative humidity)

증발－액화는 공기의 온도와 밀접한 관계가 있다. 만일 공기 온도가 낮아진다면 공기를 구성하는 분자들의 평균 운동에너지는 감소한다. 수증기 분자는 속도가 느려지면서 분자력에 의해 액체로 포획되는데, 빠른 속도의 분자는 느린 분자보다 포획되기 어렵다. 즉, 공기 온도가 증가하면 액체 상태로 되돌아오기 어렵다. 사실 38℃의 공기는 10℃의 공기보다 다섯 배 많은 수증기를 포집할 수 있다(그림 4.20).

공기중에 포함한 수증기량과 이 온도에서 공기가 최대로 포함할 수 있는 포화수증기량의 비를 **상대습도**라 하며, 이 비율은 보통 퍼센트로 표시된다.

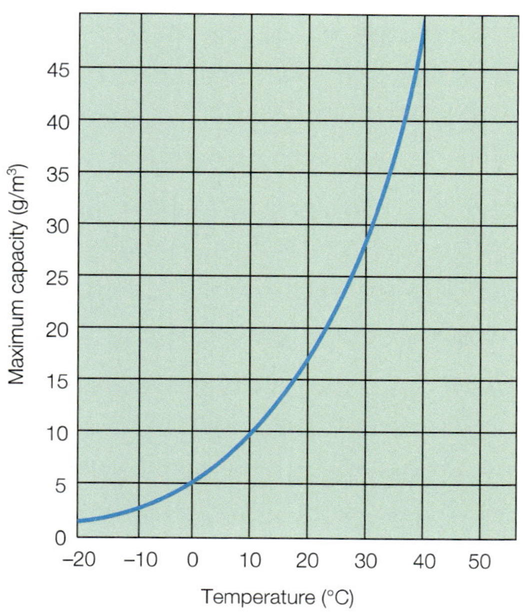

그림 4.20 다양한 온도에서 공기 중에 포함된 수증기 (g/m^3)의 최대 양을 나타낸다.

$$상대습도 = \frac{공기\ 안의\ \ 수증기}{현재\ 온도에서의\ \ 용량} \times 100\%$$

$$R.H. = \frac{g/m^3(현재)}{g/m^3(최대)} \times 100\% \tag{4.7}$$

그림 4.20은 다양한 온도에서 공기 중의 습기를 포함할 수 있는 수증기의 최대 양을 나타낸다. 10℃에서 공기가 수증기 10 g/m^3을 포함한다고 가정해 보자. 그림 4.20을 보면 공기 온도가 10℃일 때 공기에 함유된 수증기의 최대 양은 10 g/m^3이다. 그러므로 상대습도는 (10 g/m^3)/(10 g/m^3) × 100 % 또는 100 %이다. 만일 공기가 10℃에서 수증기의 5 g/m^3만을 포함한다면 상대습도는 50 %이고, 10℃의 공기에서 수증기가 2 g/m^3이면 상대습도는 20% 이다.

포화수증기량은 온도에 따라서 변하기 때문에 공기가 포함한 수증기량이 일정하여도 상대습도는 온도에 따라 다른 값을 가진다. 예를 들어 일기예보에서 현재 습도가 100%

라고 한다면 모든 공간이 물로 가득 차있다는 뜻이 아니라 현재 공기 중에 있는 수증기량이 현재 온도의 포화 수증기량과 같다는 뜻이다.

4.5 열역학 (Thermodynamics)

열역학이라 불리는 물리학의 분야는 열의 연구, 열에 관한 역학적 에너지의 관계, 열 펌프, 열 엔진 및 그 형태와 관련된 모든 에너지의 변환 등과 관련성이 있다. 열역학의 법칙은 일이 열로 열이 일로 변환하는 과정에 무엇이 발생하는가를 설명하는 것으로 기상학, 화학 및 생물학 분야 등에도 유용하게 기여한다.

역학적 에너지는 마찰을 통해 쉽게 열로 바뀌지만 열을 역학적 에너지로 바꾸는 것은 특별한 장치가 필요하다. 열 엔진은 열을 역학에너지로 바꾸는 장치이다. 열 엔진의 작동은 그림 4.21에 나타낸 바와 같이 분자운동이론에 의해 설명할 수 있다. 이 그림은 공기의 샘플을 포집하기 위해서 정밀하게 제작된 실린더 및 피스톤을 나타낸 것이다. 만일 실린더 안의 공기가 가열된다면 기체 분자들은 보다 더 많은 운동에너지를 얻을 것이다. 온도가 올라가면 밀폐된 내부에 있는 기체 분자가 실린더 안쪽의 표면을 더 많이 충돌하여 압력을 증가시킬 것이다. 그림 4.21(B)에서 보는 것처럼 증가된 압력은 순 힘의 결과로 피스톤과 중량물을 위로 이동시킬 수 있다.

열역학은 단순한 열 엔진에서 기체들과 같이 물질을 구성하는 분자들의 내부에너지

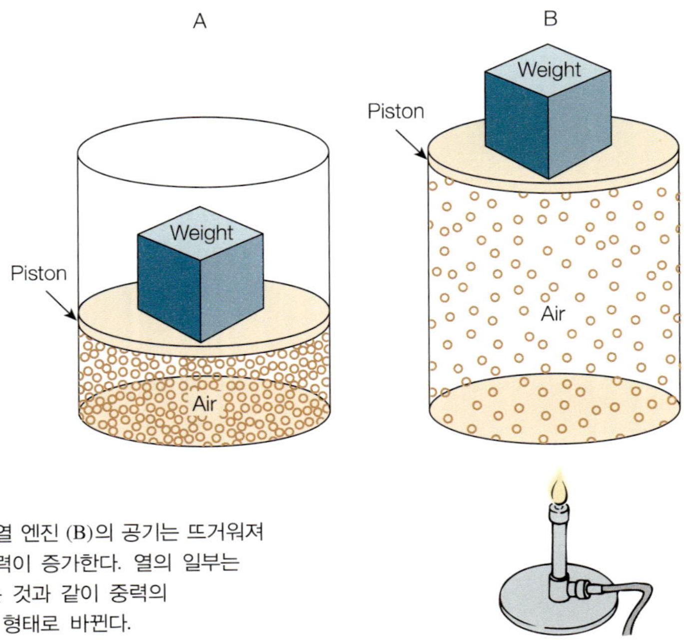

그림 4.21 매우 간단한 열 엔진 (B)의 공기는 뜨거워져 분자 운동이 증가하고 압력이 증가한다. 열의 일부는 역학적 에너지가 변환하는 것과 같이 중력의 위치에너지를 증가시키는 형태로 바뀐다.

(U) (= 위치에너지+운동에너지)와 관련이 있다. 온도, 기체압력, 부피, 열 등의 변수들은 시스템의 상태(state)라 불리는 총 내부에너지를 의미한다. 계가 정의되면 계 이외의 것은 주위(surrounding)이다. 계는 여러 상태로 존재할 수 있는데 변수에 의해 많은 가치(value)를 갖기 때문이다. 내부에너지를 특징짓는 변수값이 같은 두 계는 '상태(state)가 같다'고 한다.

열역학 제1법칙(the first law of thermodynamics)

열역학 시스템은 시스템의 내부에너지를 정의하는 독특한 성질을 갖고 있다. 이 상태는 (1) 시스템의 안(Q_{in}) 또는 밖(Q_{out})으로 흐르는 열, (2) 시스템이 한 일(W_{out}) 또는 시스템에 행한 일(W_{in})에 의해 변화될 수 있다. 따라서 일(W)과 열(Q)은 다음과 같이 열역학 시스템의 내부에너지로 바꿀 수 있다.

$$JQ - W = U_2 - U_1 \tag{4.8}$$

여기서 J는 열(J=4.184 J/cal)의 역학적인 등가를 나타내는 것이고, $(U_2 - U_1)$는 두 상태 사이의 내부에너지 차이이다. 이 방정식은 열역학 제1법칙을 표시하는데, 「열의 형태로 시스템에 공급한 에너지」 빼기 「시스템이 행한 일」은 내부에너지의 변화와 같다는 것을 의미한다. **열역학 제1법칙**은 에너지 보존 법칙의 응용이며, 그것은 모든 에너지 문제에 적용된다. 열역학 제1법칙은 특별히 열역학 시스템과 관련 있다. 하나의 예로 열 엔진이라는 열역학 시스템에서의 에너지 보존을 고려해 보자(그림 4.22 참고). 내부에너지($U_2 - U_1 = 0$) 변화가 없는 에너지 사이클에 행해진 모든 외부 작업은 사이클에 흡수된 모든 열과 같다. 높은 열원(Q_H)으로부터 엔진에 공급된 열은 부분적으로 일(W)로 전달되며, 나머지는 더 낮은 온도(Q_L)의 배기관으로 배출된다. 그러므로 행해진 일은 열 입력과 열 방출($Q_H - Q_L$)의 차이로 사용된 열을 표시한다.

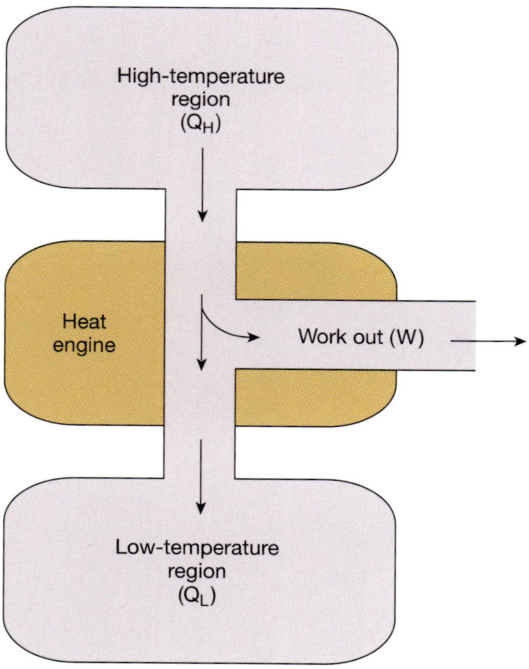

그림 4.22 열 엔진으로 공급된 열(Q_H)은 역학적인 일(W)로 변하고, 나머지는 배기(Q_L)로 배출된다. 그러므로 수행된 일은 열 입력과 열 방출($Q_H - Q_L$)의 차이이며, 일은 사용된 열을 표시한다. $W = J(Q_H - Q_L)$

$$W = J(Q_H - Q_L) \tag{4.9}$$

여기서 J는 열의 역학적인 등가를 나타내며, 개략도는 그림 4.22와 같다. 여러분이 역학적 에너지를 공급한 만큼 또는 일을 한 만큼 내부에너지를 증가시킬 수 있다(열을 생산). 열역학 제1법칙은 열이 일로 전환되고, 일이 열로 바뀔 수 있다는 것을 의미한다. 예를 들어 증기 터빈의 사용이나 가솔린 자동차 엔진처럼 열을 일로 바꾸는 몇 가지 방식들이 있다.

열역학 제2법칙(the second law of thermodynamics)

열펌프는 그림 4.23에서 보는 바와 같이 개략도는 열 엔진과 반대이다. 열펌프는 수증기를 압축하고 더 낮은 온도(Q_L)에서 더 높은 온도(Q_H)로 이동시키는 일(W)을 한다. 이와 같은 방식으로 열을 전달하는 데 일이 필요함은 열이 더 높은 온도에서 더 낮은 온도로 자연스럽게 전달되는 것과 같은 이치로, 더 차가운 곳에서 더 따뜻한 곳으로 열을 전달하기 위해서는 에너지가 필요하다. 이와 같은 과정을 **열역학 제2법칙**이라 하는데, 열은 더 높은 온도를 가진 물체로부터 더 차가운 온도를 가진 물체로 이동하며, 만약 여러분이 더 차가운 곳에서 더 따뜻한 곳으로 열을 전달시키기를 원한다면 에너지를 사용해야 한다.

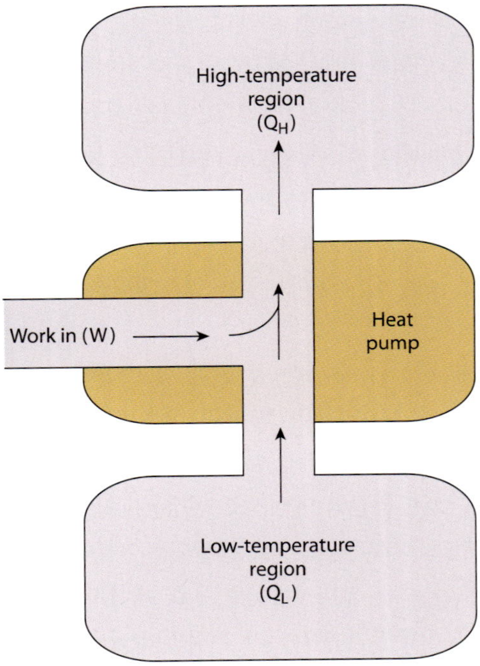

그림 4.23 열펌프는 낮은 온도(Q_L)에서 높은 온도(Q_H)로 열을 전달하는 일(W)을 한다($J(Q_H - Q_L) = W$). 열펌프는 Q_L에서 물건들을 차갑게 하거나 Q_H에서 물건들을 따뜻하게 하는데 사용될 수 있다.

제2법칙을 다르게 표현하면 열을 완전히 역학에너지로 바꾸는 것이 불가능하다는 것이다. 예를 들어 여러분이 차를 정지시키기 위해 브레이크를 밟았을 때 차의 역학에너지를 완벽하게 열로 바꿀 수 없다는 것을 말하는 것은 아니다. 이 법칙은 가역(reverse) 과정이 불가능하다는 것으로, 여러분은 열원의 100 %를 역학에너지로 바꿀 수 없다.

기계에 사용된 열은 일을 측정하여 표현할 수 있으며, 일의 입력과 일의 출력을 계산함으로써 기계가 얼마나 잘 작동되었는지를 판단할 수 있다. 일의 입력에 대한 일의 출력 비율을 역학적 효율(효율성 = 일 출력/일 입력)이라 한다. 만일 기계가 모든 열을 역학에너지로 바꾼다면 효율은 100 %이다. 그러나 기계의 효율이 열역학의 제2법칙 때문에 항상 100 % 이하이다. 기계에 입력된 일의 일부는 항상 마찰로 소실된다. 열을 100 % 역학에너지로 바꾸는 것이 가능할지라도 실제 효율은 열손실 및 마찰 때문에 60~80 % 정도이다. 증기 터빈은 발전된(generated) 열의 약 40 %를 역학에너지로 바꿀 수 있으며, 열 엔진 중에서 가장 효율이 높다. 가솔린 자동차는 효율이 낮으며 약 17 % 정도이다.

열역학 제2법칙과 자연적 과정(the second law and natural processes)

에너지는 (1) 물체의 외부에너지(관찰 가능), (2) 물체를 이루는 분자 및 입자들의 내부에너지 등을 고려함으로써 알 수 있다. 예를 들어 공은 공기 속으로 던져진 후에 운동에너지를 가지며, 공을 이루는 입자들의 전체 시스템은 공이 움직일 때 하나의 거대 입자처럼 행동한다. 단일 시스템의 운동과 에너지는 운동의 법칙들과 일 및 에너지 방정식들로부터 계산될 수 있다. 외부 운동에너지를 고려할 경우 모든 입자들은 일관된 운동(coherent motion)을 한다.

하지만 공을 이루는 입자들은 내부 운동에너지의 이동 및 진동과 같은 또 다른 종류의 운동에너지를 가진다. 이 경우에 입자들은 통일되게 함께 움직이지 않으며 다른 여러 방향으로 진동 운동한다. 알짜 운동과 무관한 방향으로 운동하기 때문에 입자들은 뒤죽박죽이 된 무질서한 운동(incoherent motion)을 하며, 그것은 종종 혼돈(chaotic)으로 설명된다. 이와 같이 무질서한 운동을 열운동(thermal motion)이라 한다.

따라서 한 물체의 입자들은 두 종류의 운동을 한다. (1) 보조를 맞추어(in step) 움직이는 일관된 운동, (2) 개별 입자들의 무작위적이고 무질서한 운동. 이 두 종류의 운동은 에너지 전달의 두 방식 – 일과 열 – 들과 관련이 있다. 일은 일관된 동작과 관련되는 반면에 열은 내부의 무질서한 운동과 관련된다.

열역학 제2법칙은 일(일관된 운동)과 열(무질서한 운동)의 관계에 방향성을 부여하는 법칙으로, 고립계에서 총 엔트로피(무질서도)의 변화는 항상 증가하거나 일정하며 절대로 감소하지 않는다. 에너지 전달에는 방향이 있다는 것은 자연계에서 일어나는 모든 과정들은 가역과정이 아니라는 것이다. 에너지의 질(quality of energy)은 일관된 운동의 양을 확인하는데 사용되는 용어로, 질서와 일관성이 높은 에너지는 고품질 에너지라 한다. 다른 한편으로 낮은 질서와 밀접함이 없는 에너지는 낮은 품질의 에너지라 한다. 일반적으로 고품질 에너지는 쉽게 일로 바뀔 수 있지만 낮은 품질의 에너지는 일로 변화하는 것이 어렵다.

고품질의 전기와 역학에너지는 일을 하는데 사용될 수 있지만 변환 및 마찰에너지에 의해 열로 소실된다. 발생된 열은 충분한 온도 차이가 있다면 보다 더 많은 일로 변환될 수 있다. 그러나 전도, 대류 및 복사 등으로 에너지가 분산되기 때문에 온도 차이는 오래 지속되지 못한다. 따라서 고품질 에너지가 더 낮은 품질의 에너지로 변하는 것은 자연적인 과정이다. 에너지는 열로 전환되고 열은 전도, 대류 및 복사로 분산되는 경향이 있다. 두 과정들은 한 방향으로만 흐르고 반대로 흐를 수는 없다. 이것을 유효 에너지 점감의 법칙(degradation of energy)이라 하며, 그것은 고품질의 에너지가 저품질(degrade)의 에너지로 변환되는 것을 의미한다. 과정은 일시적으로 열이 열 엔진을 통과하여 역학에너지로 바꾸거나 열펌프를 통과하여 온도를 상승시키는 것이 가능할지라도 그 과정을 뒤집을 수 없다(irreversible). 궁극적으로, 고품질의 역학에너지는 열로 저품질화 될 것이고, 증가된 열은 열 흐름의 과정을 통과하여 분산될 것이다.

열펌프 또는 열기관에 의한 에너지의 고품질화는 항상 다른 곳에서 에너지의 저품질화를 수반한다. 예를 들면, 열펌프를 작동하기 위한 전기에너지는 발전소에서 화학적 또는 화학적 에너지의 저품질화에 의하여 생산되었다. 전체적인 결과는 총 에너지는 더 무질서한 상태로 저품질화

CONCEPTS APPLIED 열역학 작용

열역학의 법칙들은 에너지와 열의 변화들과 관련되어 있으며, 응용된 몇 개의 관계를 탐구해 보자.

전기 믹서와 온도계를 준비하시오. 믹서에 물을 반절 채우고 일정한 온도가 될 때까지 영향을 받지 않는 상태로 놓으시오. 짧은 시간 동안 가장 높은 부하로 믹서를 작동시키고, 멈춘 물의 온도를 기록하시오. 이와 같은 과정을 몇 번 반복하시오.

열역학의 용어를 사용하여 관찰 내용을 설명하고, 에너지 및 열의 변화와 관련된 다른 실험들을 구상해보시오.

되었다는 것이다.

열역학에서 무질서의 척도를 **엔트로피**(entropy)라 한다. 무질서는 유형이 없는 분산이고, 무작위적 또는 흩어진 배열을 의미한다. 그러므로 엔트로피는 혼란의 척도로 이것은 열역학 제2법칙과 자연적인 변화의 방향에 대한 또 다른 설명이다. 즉, 물질계의 열적 상태를 나타내는 물리량의 하나이며, 자연현상은 언제나 물질계의 엔트로피가 증가하는 방향으로 일어나는데 이를 엔트로피 증가의 법칙이라고 한다.

우주의 전체 에너지양은 일정하고 전체 엔트로피는 증가한다.

무한 연료를 만들 수 있는가?

여러분은 영구기관에 대해서 들어보았는가? 영구기관은 아무 것도 아닌 것으로부터 유용한 에너지를 생산하는 가상적인 장치이다. 일반적으로 이것은 물리학의 법칙들에 따라 불가능한 것처럼 받아들인다. 특히, 영구기관은 열역학의 제1법칙 또는 제2법칙을 위반한 것이다.

열역학의 제1법칙을 위반한 영구기관은 "제1종 기계(machine of the first kind)"라고 불린다. 일반적으로 제1법칙은 여러분이 공짜로 어떤 것을 결코 얻을 수 없다는 것을 말한다. 이것은 에너지 없이 내부에너지에서 어떤 변화도 있을 수 없고, 내부적인 에너지에서 어떤 변화 없이 어떤 일의 생산도 있을 수 없다는 것을 의미한다. 제1종 기계는 어떠한 연료도 사용하지 않거나 연료사용 속도보다 빠르게 연료를 만든다. 즉, 에너지의 공급을 받지 않고 일을 계속할 수 있는 기계를 말한다. 만일 이런 타입의 기계가 작업 현장에서 확인된다면 지속적인 에너지의 생성 원인을 찾아보자.

"제2종 기계(machine of the second kind)"는 공짜로 어떤 에너지를 만들려고 시도하지 않는다. 대신에 그것은 일을 하여 임의의 분자 운동을 끌어내거나 어떤 고갈된 자원으로부터 나오는 복사에너지와 같은 유용한 에너지를 얻으려고 한다. 열역학의 제2법칙은 바위가 스스로의 힘으로 언덕 위로 굴러 올라갈 수 없다는 것을 의미한다. 즉, 단 하나의 열원으로부터 열량을 흡수하여 이것을 그대로 외부에 대한 일로 계속 바꾸는 기계를 말하며, 이와 같은 현상은 일어날 수 없다.

미국 물리학회는 "실험적으로 측정되고 확인된 물리원리들에 의해 입증되지 않은 것, 무한히 유용한 자유에너지, 끝없는 운동 기계의 주장 등에 대해 잘못 인도하거나 속이려는 시도들이라고 한탄한다."라고 말한다.

제2법칙의 설명에서 총(total) 또는 우주(universe)란 단어들의 사용을 주목하시오. 한 시스템의 엔트로피는 감소할 수 있다(보다 질서적). 예를 들어 열펌프가 무질서하고 혼란스럽게 움직이는 수증기 분자들을 냉각 응축하면 질서있는 상태로 된다. 그러나 전기에너지의 생산, 전달 및 이용을 위한 에너지원의 경우 총 엔트로피는 증가하는 것으로 보인다. 비슷하게 총 엔트로피는 식물 또는 동물의 성장 동안 증가한다. 모든 식품, 쓰레기 생산물 및 신진대사의 생산물 등의 총 엔트로피도 상승한다.

따라서 엔트로피가 증가하면서 질서상태에서 무질서상태로 저품질화 되는 것이 자연적인 과정이다. 이는 우주의 모든 가용한 에너지가 점진적으로 감소하고 시간이 지남에 따라 우주가 "우주의 열역학적 사망(heat death of the universe)"이라고 하는 최대 무질서의 한계에 접근한다는 것을 의미한다. 우주의 열역학적 사망은 무질서의 이론적인 한계이며, 모든 분자가 멀리멀리 확산되고 똑같이 낮은 온도에서 서서히 진동한다.

우주의 열역학적 사망은 열역학 제2법칙의 논리적 결과로 보이지만, 과학자들은 제2법칙이 우주 전체에 적용되어야 할 지 확신하지 못한다. 당신은 어떻게 생각하는지? 우주는 느리게 진동하는 분자들로 이루어진 물질이 팽창되는 것으로 끝날 것인가? 언급한 바와 같이 자연은 대칭으로 가득 차 있다. 우주가 폭발로 시작하여 속삭임으로 끝나야 하는 이유는 무엇인가?

People Behind the Science

Count Rumford (Benjamin Thompson) (1753 – 1814)

럼포드 백작은 미국의 물리학자로 열은 유체가 아니고 운동의 형태라는 것을 최초로 정의하였다. 그는 1753년 3월 26일 매사추세스주 워번에서 벤자민 톰슨으로 태어났다. 19살에 많은 학습을 하고, 지역 목사의 도움을 받아 교사가 되었다.

바바리아에서 럼포드의 초기 작업은 사회적 실험에 그의 평생 관심사였던 열을 연관시킨 것이다. 그가 군복을 제조하기 위해 거리의 거지들을 고용했을 때 그는 그들에게 제공할 식사에 대해 고민하게 되었다. 영양이 풍부한 음식을 만드는 연구에서 물과 채소의 중요성을 인식하게 되었고 스프 형태로 음식을 제공하면 영양의 균형이 좋다는 것을 알았다. 그는 많은 요리법들을 고안했으며, 감자를 이용한 저렴한 음식을 개발하였다. 군복을 제조하던 럼포드는 단열의 연구에 관심을 갖게 되었고, 주로 대류를 통해서 열이 이동한다는 것을 알게 되었다. 그래서 그는 대류를 차단할 수 있는 옷을 설계하였다.

초기의 열 기술에 대한 응용 실험은 너무 초라하였다. 그는 가정에서 사용하기 편리한 "fire in a box"라는 특별한 기구를 고안하였다. 또한 연료 효율성의 관점에서 그는 다양한 연료의 연소 성능을 비교하는 칼로리 측정기를 고안하였다. 연기가 자욱한 화재 현장에서 연기에 대한 호기심이 생겨 다양한 공기의 움직임을 연구하였다. 그는 연실(smoke shelf) 및 댐퍼(damper)와 같은 덮개가 없는 난로 및 굴뚝의 필수 요소 등을 고려한 융합 설계를 하였으며, 최초의 커피 여과기를 개발하였다.

럼포드의 가장 최고의 연구는 1798년에 이루어졌다. 바바리아 선제후의 군사령관으로서, 그는 대포의 제조에 관여하였다. 대포는 드릴로 철괴에 구멍을 뚫어 만들었으며, 드릴로 철을 뚫을 때 열이 "caloric"이라고 하는 유동체(fluid) 형태로 탈출한다고 믿어졌다. 그러나 럼포드는 드릴이 무디어지고 금속이 덜 깎일 때 열의 발생이 증가한다는 것을 알게 되었다. 매우 무딘 드릴을 사용하면 금속은 깎이지 않았지만, 열 방출은 무한대로 증가하였다. 열은 명백하게 금속 내의 액체가 아니라 드릴을 회전시킬 때의 일(work)과 관련이 있었다. 럼포드는 다양한 밀도와 비열을 가진 액체의 팽창에 대해 연구하였으며, 세심하게 무게를 측정하여 팽창은 증가한 공간에 의해 흡수된 "caloric"에 의한 것이 아니라는 것을 입증하였다.

럼포드의 "caloric 이론"을 와해시키는데 대한 과학적인 공헌은 열이 에너지와 일과 연관되었다는 것과 모든 형태의 에너지는 열로 변형될 수 있다는 것을 인식할 수 있도록 하였기 때문에 매우 중요하였다. 그러나 "caloric"이 존재하지 않고 열의 "caloric 이론"은 근거가 없다는 것에 대한 이해를 정립하는데 수십 년이 걸렸다.

예제 4.8 열 엔진은 공급된 열의 65.0 kcal로 운영되는데, 열로 40.0 kcal가 소진된다. 엔진은 얼마나 많은 일을 했는가?

열의 입력 Q_H = 65.0 kcal

소모된 열 Q_L = 40.0 kcal

열 1kcal에 대한 역학적 등가 = 4.184 J

상기의 관계는 식 (4.9) $W = J(Q_H - Q_L)$에서 알 수 있다. 이 방정식은 고온의 에너지원(Q_H)으로부터 엔진에 공급된 열 사이의 관계를 설명한 것이며, 열은 일(W)로 전환되고 부분적으로 더 낮은 온도(Q_L)에서 소실된다. 그러므로 달성된 일은 열의 입력과 열의 출력의 차이($Q_H - Q_L$)이다. 즉, 달성된 일은 사용된 열을 표시하며, J는 열의 역학적인 등가(1 kcal = 4,184 J)이다.

$$W = J(Q_H - Q_L) = 4184\ \frac{\text{J}}{\text{kcal}}(65\ \text{kcal} - 40\ \text{kcal}) = 105\ \text{kJ}$$

요약

물체의 운동 이론에서는 모든 물체가 분자들이라 불리는 작은 입자들로 이루어졌다고 가정한다. 분자는 물질(화합물 또는 가스)의 성질들을 포함하는 가장 작은 입자로 정의된다. 분자들은 응집력에 의해 서로 끌어당기고 상호작용한다. 고체, 액체 및 기체는 물질의 상태로 분자 정렬과 분자들 사이에 끌어당기는 힘(인력)에 의해 설명된다. 고체는 강한 응집력으로 고정된 평행 위치에서 진동하는 분자들을 갖고 있기 때문에 뚜렷한 모양과 부피를 갖는다. 액체는 자신의 부피를 부여할 만큼 충분히 강하지만 자신의 정확한 모양을 유지할 만한 응집력을 갖지 못한다. 액체의 분자들은 서로 위로 굴러 흐를 수 있다. 기체는 약한 응집력으로 멀리 떨어져 있는 분자들로 구성되어 있다. 기체 분자들은 끊임없이 무질서한 운동을 자유롭게 한다.

물체의 온도는 물체를 이루는 분자들의 평균 운동에너지와 관련된다. 온도의 측정은 섭씨눈금과 화씨눈금을 사용하여 물체가 얼마나 뜨겁거나 차가운지를 나타낸 것이다. 절대눈금 또는 켈빈 눈금은 영(0 K)처럼 차가운 온도(−273℃)의 표현이 가능하다.

어떤 물체의 위치 및 운동에너지는 그 물체의 외부에너지인 반면 그 물체를 구성하는 분자들의 위치 및 운동에너지는 내부에너지이다. 열은 총 내부에너지로 (1) 두 물체 사이의 온도차이, (2) 에너지 형태 전환 때문에 일어나는 에너지의 전달인 것이다. 에너지 형태 전환은 실제로 분자 수준에서 일을 포함하는 에너지의 전환으로 모든 에너지의 전달 과정에 발열과 일을 포함한다.

열량은 줄(일이나 에너지의 단위) 또는 칼로리(열의 단위)로 측정될 수 있다. 또 다른 열의 단위인 1 kcal는 1,000 cal이며, 4,184 J는 1 kcal 이다. Btu의 열 단위는 주로 영국에서 사용된다.

비열은 1 g의 물체를 온도 1℃ 증가시키는데 필요한 에너지(열)의 양이다. 다양한 물체들의 비열은 각 물체의 분자단위가 다르기 때문에 같지 않다.

온도차이 때문에 발생하는 열전달은 전도, 대류 및 복사 등을 통해서 이루어진다. 전도는 분자에서 분자로 증가한 운동에너지의 전달이다. 물체 중에서 열을 전도하는 능력이 거의 없는 전도체를 단열재라 한다. 공기와 같은 기체들은 좋은 단열재이다. 최상의 단열재는 진공관이다. 대류는 더 높은 운동에너지를 가진 분자들의 변위(displacement)에 의한 열의 전달이다. 대류는 유체에서 일어나며, 밀도 차이 때문에 일어나는 유체 운동을 대류 기류라 한다. 복사는 공간을 통해서 전달되는 에너지이다. 영도 이상의 절대 온도를 가진 모든 물체들은 복사에너지를 발산하며 동시에 복사에너지를 흡수한다. 에너지는 복사를 통하여 뜨거운 물체로부터 차가운 물체로 전달된다.

물질의 한 상에서 또 다른 상으로 전환하는 것을 상변화라 한다. 상변화는 잠열을 흡수하거나 방출하는데 온도 변화는 일어나지 않는다. 잠열은 내부위치에너지가 출입하는 것으로, 용해 잠열은 고체−액체의 상변화에서 흡수되거나 방출된다. 물의 용해 잠열은 80.0 cal/g (144.0 Btu/lb)이다. 증발 잠열은 액체−기체의 상변화에서 흡수되거나 방출된다. 물의 증발 잠열은 540.0 cal/g (970.0 Btu/lb) 이다.

액체 분자들은 때때로 표면을 이탈하기 위한 높은 속도가 필요한데, 이를 증발이라 한다. 증발은 이탈하는 분자들이 그들의 높은 분자에너지와 더불어 증발 잠열을 제거하기 때문에 냉각 과정이다. 수증기 분자들은 액화라 불리는 과정을 통해서 액체 상태로 되돌아간다. 액화 비율이 증발 비율과 같을 때 공기는 포화되었다고 한다. 증발 비율은 (1) 증가한 온도, (2) 증가한 표면적, (3) 증발된 분자들의 제거, (4) 감소한 대기 압력 등에 의해 증가될 수 있다.

따뜻한 공기는 차가운 공기보다 더 많은 수증기를 포함할 수 있는데, 현재 포함한 수증기량과 공기가 최대로 포함할 수 있는 수증기량(포화수증기량)의 비를 상대습도라 한다.

열역학은 열과 역학에너지의 관계를 연구하는 분야이며, 열역학 법칙들은 이런 관계들을 설명한다. 열역학 제1법칙은 에너지 관찰에 관한 법칙의 열역학적 사실이다. 열역학 제2법칙은 열이 더 높은 온도의 물체로부터 더 낮은 온도의 물체로 이동하는 것을 설명한다. 제2법칙은 고품질의 에너지원들이 저품질의 에너지원으로 점감(degrade)하는 것을 의미한다. 엔트로피는 무질서에 대한 열역학의 척도로 우주의 전체 엔트로피는 끊임없이 증가하는 것으로 보이며 우주의 열사망(최대 무질서)에 이를 수도 있다.

4.1 $T_F = \frac{9}{5} T_C + 32°$

4.2 $T_C = \frac{5}{9}(T_F - 32°)$

4.3 $T_K = T_C + 273$

4.4 $Q=mc\Delta T$

4.5 $Q=mL_f$

4.6 $Q=mL_v$

4.7 $$상대습도=\frac{공기안의\ 수증기량}{현재온도에서의\ 수증기량}\times 100\%$$

$$R.H=\frac{g/m^3(현재)}{g/m^3(최대)}\times 100\%$$

4.8 $JQ-W=U_2-U_1$

4.9 $W=J(Q_H-Q_L)$

개념 적용

1. 분자운동이론은 기본적으로 어떤 결과로서 온도의 증가와 함께 고체 물질의 팽창을 설명할 수 있는가?
a. 개별 분자들의 확장
b. 증가한 변환 운동에너지
c. 조금 더 멀리 떨어져 움직이는 분자들
d. 분자들 사이에 공간을 가져간 열

2. 절대 온도 눈금을 사용하여 물의 어는점은 정확히 어떻게 표시하는가?
a. 0 K
b. 0 °K
c. 273 K
d. 273 °K

3. 칼로리라 불리는 열의 계량 단위는?
a. 물의 비열
b. 섭씨 1℃ 물 1 g의 온도를 증가시키는데 필요한 에너지
c. 역학적 일 4 J보다 약간 높다.
d. 위의 모든 것이 맞다

4. 표 4.2는 흙의 비열은 0.20 kcal/kgC°이고, 물의 비열은 1.00을 나타낸다. 만일 흙 1 kg과 물 1 kg이 각각 에너지 1 kcal을 흡수한다면 그 의미는 무엇인가?
a. 물은 흙보다 0.8℃ 더 따뜻할 것이다.
b. 흙은 물보다 4℃ 더 따뜻할 것이다.
c. 물은 흙보다 4℃ 더 따뜻할 것이다.
d. 물은 1℃, 흙은 0.2℃ 더 따뜻할 것이다.

5. 분자에서 분자로 직접 전달되는 에너지를 무엇이라 하는가?
a. 전도
b. 대류
c. 복사
d. 위의 아무 것도 맞지 않다.

6. 물질이 필요 없는 열전달은 무엇인가?
a. 전도
b. 대류
c. 복사
d. 위의 아무 것도 맞지 않다.

7. 스티로폼은 무엇 때문에 좋은 단열 물질인가?
a. 열전도가 낮은 플라스틱 물질이다.
b. 그것은 많은 작은 공기 주머니를 갖고 있다.
c. 스티로폼으로 이루어진 분자의 구조 때문이다.
d. 그것은 매우 밀도가 높지 않다.

8. 유체에서 밀도차이 때문에 발생하는 열의 전달은 무엇인가?
a. 전도
b. 대류
c. 복사
d. 위의 아무 것도 맞지 않다.

9. 고체가 액체 상태로 상변화하면 어떻게 되는가?
a. 어떤 온도를 유지하는 동안 열을 방출한다.
b. 어떤 온도를 유지하는 동안 열을 흡수한다.
c. 온도가 감소하면서 열을 방출한다.
d. 온도가 증가하면서 열을 흡수한다.

10. 수증기의 액화는 실제로 무엇을 의미하는가?
a. 주변을 따뜻하게 한다.
b. 주변을 차갑게 한다.
c. 상대습도에 따라 때때로 주변을 따뜻하게 하고 때때로 차갑게 한다.
d. 주변을 따뜻하게도 차갑게도 않는다.

11. 어떤 수증기도 냉각되는 공기에 유입되지 않는다면 이 공기의 상대습도는?
a. 변화가 없다.
b. 더 낮아진다.
c. 더 높아진다.
d. 변화의 한도에 따라 더 높아지거나 더 낮아진다.

12. 더 차가운 공기와 비교하여 따뜻한 공기는 무엇을 포함하는가?

a. 보다 더 많은 수증기
b. 보다 적은 수증기
c. 같은 양의 수증기
d. 습도에 따라 다르지만 더 적은 수증기

답 : 1.c 2.c 3.d 4.b 5.a 6.c 7.b 8.b 9.b 10.a 11.c 12.a

생각해볼 문제들

1. 온도는 무엇인가? 열은 무엇인가?
2. 대부분의 물질들이 온도가 상승하면 밀도가 감소하는 이유를 설명하시오.
3. 유리섬유와 같이 보다 단열이 완벽한 채움재를 사용했다는 것은 밀폐된 공간에서 단열치를 상승시키는가, 감소시키는가?
4. 실제 진공 병은 두 개의 벽을 갖고 있는데, 은도금한 병의 벽 사이의 공기를 제거하였다. 이와 같이 설계된 병에 음식을 보관하였을 때 어떻게 음식이 뜨겁거나 차갑게 보관되는지 전도, 대류 및 복사 등으로 설명하시오.
5. 조용한 밤하늘일 때 왜 낮은 계곡에서 더 차가운 공기가 발생하는가?
6. 좋은 단열재는 어떤 특성이 있어야 하는가?
7. 같은 온도에서 나무 조각보다 금속조각이 더 차갑게 느끼지는 이유를 설명하시오.
8. 액화는 무엇인가? 욕실 거울에 수증기의 액화는 욕실을 어떻게 따뜻하게 하는지, 분자수준에서 설명하시오.
9. 0℃의 얼음 10 lb 및 0℃의 얼음물 10 lb 중에서 어느 것이 더 차가운지 설명하시오.
10. 차가운 음료로 채워진 컵이 땀을 흘리는 것처럼 보이는 이유를 설명하시오. 여러분은 여름 또는 겨울 중 어느 때 땀을 더 많이 흘릴 것이라고 기대하는가?
11. 100℃ 수증기에 화상을 입은 것이 100℃의 물로 화상을 입은 것보다 더 심각한 이유는?
12. 상대습도는 해가진 후 저녁때 대부분 증가한다. 그 이유는 무엇인가?

심층 분석

1. 어떤 물질이 고체, 액체 또는 기체인지 결정하여라. 소금은 무엇일까? 부을 수 있는 것은 무엇인가?
2. 열과 온도에서 유사점과 차이점은 무엇인가?
3. 가스 및 혈장은 물질의 상이다. 가스는 자동차를 운행하는데 사용되고, 혈장은 여러분 몸의 피를 운반한다. 비슷한 용어를 사용하여 이 용어들을 비교하시오.
4. 표 4.2의 비열을 분석하여 어떤 금속이 에너지 효율과 실용성 면에서 적은 에너지로 요리할 수 있는 좋은 팬인지 선택하여라.
5. 태양열 주택을 설계하고자 한다. 어떤 사람에게 어느 디자인이 그들의 지역적인 기후에 좋은지 평가의 기준 및 표준을 제시하시오.
6. 열펌프는 증발 잠열 없이 열을 옮길 수 있는가?
7. “우주의 열 소멸”에 대한 가설을 근거하여 우주의 미래를 위한 대안을 제시하시오.

탐구 초대

누가 가장 오래 살 수 있을까?

우리는 어떻게 더 많은 에너지를 효율적으로 활용할 수 있는가? 주택의 에너지는 발열과 냉각 과정으로 소비되며 주로 벽 및 천장 등으로 새어나간다. 여러 가지 물질의 단열 특성과 배열에 대해 논하고자 한다.

얼음이 녹지 않도록 보관하기 위한 단열 용기를 개발하는 것이다. 용기의 크기를 결정하고, 어떤 물질을 사용할 것인지 결정하시오. 여러분은 물질을 어떻게 사용할 것인지 고려하시오. 예를 들어 만일 알루미늄 호일을 사용하고 있다면 그것은 햇빛이 반사되는 쪽을 안으로 할 것인가, 바깥으로 할 것인가? 만일 신문지를 사용한다면 그것들은 평평하게 사용할 것인가, 느슨하게 구겨서 사용할 것인가?

하나의 얼음을 단열하지 않고 방치하였을 때 얼음이 어느 정도 보존되는지 조사하고, 단열하여 보관하였을 때와 차이점을 알아보시오.

유사 연습문제

그룹 A

1. 인간의 평균 체온은 98.6°F이다. 섭씨 눈금으로 환산하였을 때 얼마인가?
2. 전류가 흘러 221 g의 동선을 20℃에서 38℃로 가열하였다. 전류에 의해 얼마나 많은 열이 발생되었는가? ($c_{copper} = 0.093$ kcal/kgC°)
3. 자전거를 탄 사람의 총 질량은 100 kg이다. 36 km/h의 속도에서 멈출 때 자전거의 브레이크는 몇 칼로리(cal)를 발생하는가?
4. 흙이든 자루 15.53 kg이 건설현장에서 5.5 m 아래로 떨어졌다. 만일 모든 에너지가 흙 자루에 의해 유지된다면 온도는 얼마나 증가하겠는가? ($c_{soil} = 0.2$ kcal/kgC°)
5. 75 kg의 사람이 작은 프렌치프라이(250 Cal)를 먹고, 10.0 m 계단을 올라감으로써 에너지를 "소진"하기를 원한다. 몇 번을 오르내려야 하는가?
6. 0.5 kg의 유리병($c_{glass} = 0.2$ kcal/kgC°)과 0.5 kg의 철팬($c_{iron} = 0.11$ kcal/kgC°)을 냉각기에 놓았을 때 68°F의 온도를 나타낸다. 냉각기는 얼마나 많은 열을 제거해야 그것들을 32°F까지 차갑게 할 수 있는가?
7. 20℃의 은 시료에 896 cal를 공급할 때 100℃까지 따뜻해진다. 은의 질량은 얼마인가? ($c_{silver} = 0.056$ kcal/kgC°)
8. 300 W의 열기기는 10℃의 물 250 g을 70℃까지 올리는데 몇 분 정도의 시간이 소요되는가?
9. 금속 100 g의 시료에 60 cal를 공급할 때 20℃ 더 따뜻해진다. 이 금속의 비열은 얼마인가?
10. 80℃의 물 250 g을 100℃의 수증기로 바꾸는데 얼마만큼의 열이 필요한가?
11. 25℃의 물 100 g이 125℃의 수증기로 가열되었다. 얼마나 많은 열이 흡수되었는가?
12. 전기 결빙기에서 18℃의 물 400 g이 냉각되고, 냉동기의 얼음은 −5℃까지 차가워진다. 얼마나 많은 총열이 물로부터 제거되었는가?

그룹 B

1. 화씨온도의 눈금이 뜨거운 여름날에 98°를 나타낸다. 켈빈 눈금으로는 얼마인가?
2. 알루미늄 선 0.25 kg의 길이는 전류가 흘러 10℃ 따뜻해진다. 얼마나 많은 열이 전류에 의해 발생하게 되었는가?
3. 90 km의 속도를 가진 1,000 kg의 자동차가 멈출 때 브레이크를 밟는다. 얼마나 많은 칼로리(cal)가 브레이크에 의해 발생했는가?
4. 1 kg 해머의 금속머리는 5.0 m/s로 고체 바위를 때린다. 모든 에너지가 해머 머리에 의해 유지된다는 것을 가정하면 해머의 온도는 얼마나 많이 상승하는가? ($c_{head} = 0.11$ kcal/kgC°)
5. 체중 60 kg의 사람이 10 m 계단을 몇 번 올라가야 에너지(kcal)를 "소진"할 수 있는가?
6. 20℃의 50 g 은수저를 90℃의 커피 잔에 넣었다. 89℃로 온도가 내려가기 위해서 얼마나 많은 열이 커피로부터 수저로 흡수되어야 하는가?
7. 문제 6에서 커피 잔에 놓인 은수저가 온도를 0.75℃ 낮추는데 기여하였다면 커피의 질량은 얼마인가? ($c_{coffee} = 1.0$ cal/gC°)
8. 20℃에서 100℃로 물 250 g을 데우기 위해서 300 W 전열기를 몇 분 사용해야 하는가?
9. 200 g의 접시가 뜨거운 음식으로부터 2.9 kcal를 흡수하였을 때 온도가 65℃로 높아졌다. 이 접시의 비열은 얼마인가?
10. 실온 20.0℃에서 주전자의 물 500 g이 스토브에 올려 있다. 100℃의 수증기로 바뀌는데 얼마의 열이 필요한가?
11. 120℃의 수증기가 터빈에서 발생되어 발전에 사용되어 열량이 소모되고, 열 교환기에서 냉각타워로부터 나온 물은 90℃ 액체로 냉각된다. 얼마나 많은 열이 냉각타워에서 소모되었는가?
12. 납의 비열은 0.028 kcal/kg·C°이고, 328℃의 녹는점과 5.5 kcal/kg의 용해열을 가진 무른 금속이다. 20℃의 납 250 kg을 녹이는데 필요한 열은 얼마인가?

5 파동과 소리

조용한 날 숲에서 듣는 소리와 폭포가 떨어지는 소리는 몇 만 배의 에너지 차이가 난다.

Chapter Five | Wave Motions and Sound

무거운 것이 떨어질 때 건물의 마루가 흔들리는 것을 느낄 수 있다. 또한 열차가 지나갈 때 지면의 연속적인 진동을 느낄 수 있다. 건물의 마루와 지면은 간섭으로부터 진동을 전달하는 고체들이다. 고체는 충격 또는 힘을 받으면 반동 및 반사하는 경향이 있어서 진동이 발생한다. 마루 및 지면의 진동을 볼 수는 없지만 진동을 느낄 수 있기 때문에 진동이 있다는 것을 인식하는 것이다.

여러분이 볼 수 있는 많은 예의 진동들이 있다. 기타 줄이 흐릿한 형태로 진동하는 것을 볼 수 있다(그림 5.1). 튕겨진 다이빙보드가 상하로 진동하는 움직임을 볼 수 있다. 진동하는 기타 줄과 다이빙보드의 소리를 여러분이 듣고 공기 중의 진동 운동을 확인하는 것이다. 공기의 진동하는 움직임을 볼 수 없지만 소리를 들을 수 있기 때문에 공기의 진동이 있다는 것을 감지한다.

볼 수는 없지만 감지할 수 있는 많은 종류의 진동들이 있다. 여러분이 배운 것처럼 열은 분자의 진동과 관련 있으며 여러분의 감각보다 너무 빠르고 작아서 온도의 증가 외에는 감지할 수 없다. 기타 볼 수 없는 진동에는 진동하는 전자가 포함되는데, 전자기파, 가시광선이 있다. 따라서 진동은 관찰할 수 있는 물체의 움직임으로도 발생하지만 소리, 열, 전기 및 빛 등도 포함된다. 모든 이와 같은 현상들에 포함된 진동은 대부분 비슷하고 에너지를 포함하고 있으며, 과학의 많은 주제들은 진동 운동과 연관되어 있다. 이 장에서 여러분은 진동의 본질과 그것이 일반적으로 어떻게 발생하는지에 대해 배울 것이며, 이와 같은 개념을 소리에 적용할 것이다.

핵심개념 소리는 에너지를 운반하는 증가하고 감소하는 압력파로 전달된다.

5.1 힘과 탄성재료(Forces and Elastic Materials)

여러분이 고무공을 떨어뜨린다고 하자. 공은 마루에 부딪쳐도 모양을 즉시 회복할 수 있기 때문에 다시 튀어 오르는 것이다. 다른 한편으로 진흙 공은 자신의 본래 모양을 회복하지 못하기 때문에 마루에 달라붙는다. 탄성 재료는 힘이 재료를 변형시켜도 다시 본래의 형태로 회복될 수 있는 재료이다. 고무공은 탄성이 있고, 진흙공은 탄성이 없다. 금속 스프링은 탄성이 있기 때문에 늘어뜨리거나 눌려도 다시 본래의 형태로 회복된다.

스프링의 늘어남이나 압축의 정도는 그것에 작용된 힘의 양과 직접적으로 관계된다. 큰 힘은 스프링을 더 많이 늘어나게 한다. 작은 힘은 그것을 조금 늘어나게 한다. 작용한 힘이 스프링의 탄성 한계를 초과하지 않는 한 스프링은 여러분이 작용한 힘을 제거할 때 본래 형태로 되돌아갈 것이다. 작용한 힘과 스프링의 반응에 관한 세 가지의 중요한 고려사항이 있다.

1. 작용하는 힘이 더 크면 클수록 스프링은 본래의 형태보다 스프링의 압축이나 늘어남이 더 크다.
2. 스프링은 내부 회복력을 갖고 있어서 본래 형태로 되돌아간다.
3. 스프링을 더 세게 밀거나 당기면 당길수록 스프링은 본래 형태로 되돌아가는 회복력이 더 강해진다.

그림 5.1 진동은 많은 탄성 재료에서 일어나며 주변에서 그 결과를 보고 들을 수 있다. 그러나 주변의 열, 전기 및 빛 등의 진동은 사람의 눈으로 볼 수 없다.

힘과 진동(forces and vibrations)

진동(vibration)은 그 자체가 반복하는 전후 움직임이다. 그런 움직임은 어떤 특정한 방향으로 제한되지 않으며 동시에 많은 다른 방향에서도 있을 수 있다. 어떤 고체가 탄성이 있다면 진동할 것이다. 힘이 어떻게 진동에 포함되는지 알아보기 위해 그림 5.2에 스프링과 물체를 이용하여 나타내었다. 스프링과 물체는 마찰이 없는 표면의 전후로 자유롭게 움직일 수 있도록 배치되어 있다. 물체가 간섭되지 않았을 때 그것은 평형 위치(equilibrium position)에서 정지하고 있다(그림 5.2A). 평형 위치에서 스프링은 수축되거나 늘어나지 않으며, 물체에 어떤 힘도 작용하지 않는다. 그러나 만일 물체가 오른쪽으로 당겨진다면(그림 5.2B) 스프링은 늘어나고 왼쪽으로 물체에 의한 회복력이 작용한다. 물체의 변위가 커져 스프링이 더 멀리 늘어나면 늘어날수록 스프링에 작용하는 팽창력은 더 커지고 회복력도 더 커진다. 회복력은 변위에 비례하고 작용하는 힘의 반대 방향으로 작용한다.

만일 물체를 놓아버리면 회복력은 물체에 작용하는 유일한 힘(수평적으로)이며, 평형 위치를 향해 뒤로 작용한다. 이 힘은 계속해서 작용하여 질량의 힘이 영인 평형 위치에 도착할 때까지 감소한다. 그러나 물체가 도착할 때 최대속도를 가지며, 물체는 평형 위치를 넘어서 왼쪽으로 계속 움직인다(그림 5.2C). 만일 물체가 평형 위치의 왼쪽으로 움직여 스프링을 압축시키게 되는데, 이로 인해 물체에 미치는 힘이 증가한다. 움직이는 물체는 일시적으로 정지하지만(그림 5.2D) 회복력은 다시 그것을 평형 위치로 되돌린다. 전체적인 과정은 물체가 같은 경로를 전후로 움직이며 이 동작을 반복한다.

물체의 주기적인 진동 또는 발진을 단현운동(simple harmonic motion; 단진동)이라 하며, 자연에서 발견되는 여러 가지 진동 운동과 비슷하다. 단진동은 변위에 비례하고, 회복력과 반대인 진동 운동으로 정의된다.

진동하는 물체와 스프링 시스템은 진동이 완전히 멈출 때까지 시간을 두고 서서히 감소하여 한 동안 계속해서 진동할 것이다. 진동이 느려지고 멈추는 것은 공기 저항과 내부 마찰 때문이다. 만일 공기 저항과 마찰이 제거되거나 다른 에너지와의 합력이 0이 된다면 물체는 반복적이고 주기적인 운동으로 계속 진동한다.

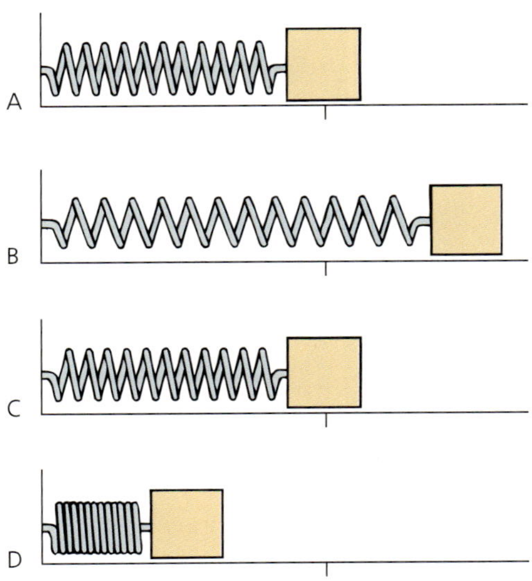

그림 5.2 마찰이 없는 표면에 물체는 평형 위치에 있다. 회복력은 변위에 비례하고 반대로 작용하므로 물체는 전후로 진동한다. (A) 간섭받지 않을 때, (B) 스프링이 늘어났을 때, (D) 스프링이 압축되었을 때, (C) 스프링을 놓았을 때

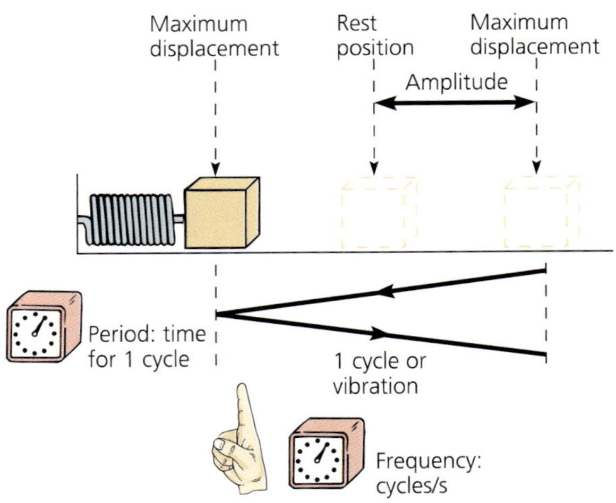

그림 5.3 스프링에 가해진 진동하는 물체는 정지, 평행 및 완화로 변위된다. 최대 변위를 진동의 진폭이라 한다. 하나의 사이클은 하나의 완전한 진동이다. 주기는 하나의 완전한 사이클에 필요한 시간이다. 주파수는 1초 동안에 사이클이 몇 번 발생하는가를 의미한다.

진동 설명(describing vibrations)

진동하는 물체는 몇 가지 변수들을 측정하여 설명될 수 있다(그림 5.3). 평형 위치로부터 변위의 크기를 **진폭**(amplitude)이라 하는데, 평형 위치로부터 더 큰 거리를 이동한 물체의 진동은 더 작은 변위의 진동보다 더 큰 진폭을 갖게 되는 것이다.

하나의 완벽한 진동을 **사이클**(cycle)이라 한다. 물체가 왼쪽으로, 다시 오른쪽으로 움직여 제자리로 돌아오고 다시 왼쪽으로 움직이는 사이클을 이룬다. **주기**(T; period)는 한 사이클을 완성하는데 필요한 단순한 시간이다. 예로 0.1초 동안 하나의 사이클을 이루며 움직이는–한 지점을 앞뒤로 움직여 제자리로 돌아오는– 물체의 진동주기는 0.1초 이다. 매 초마다 얼마나 빈번하게 진동이 한 사이클을 완성하는지 이해하는 것은 중요하다. 초당 발생하는 사이클의 수를 주파수(f; frequency)라 한다. 예를 들어 진동하는 어떤 물체가 1 초에 10 사이클을 움직인다면 이 진동의 주파수는 초당 10 사이클이다. 주파수는 헤르츠(Hz; hertz)라 읽으며, 1/s을 의미한다. 초당 10 사이클의 주파수는 10 Hz 또는 10 1/s로 표시된다.

주기와 주파수는 진동과 관련된 시간을 설명하는 두 가지 방식이다. 주기(T)는 한 사이클에 포함된 총시간이며, 주파수(f)는 초당 사이클의 수이다. 이들의 관계는 다음과 같다.

$$T = \frac{1}{f} \tag{5.1}$$

또는

$$f = \frac{1}{T} \tag{5.2}$$

예제 5.1 진동하는 시스템은 0.5 sec의 주기를 갖는다. 주파수는 몇 헤르츠(Hz)인가?

$$T = 0.5\ \text{s} \qquad f = \frac{1}{T} = \frac{1}{0.5\ \text{s}}$$

$$f = ? \qquad = 2\ \text{Hz}$$

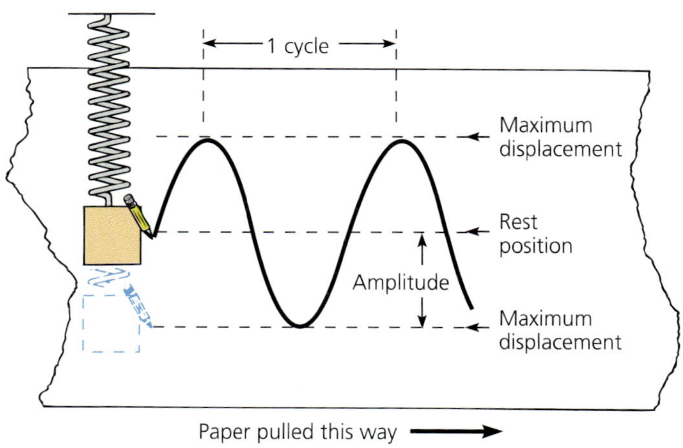

그림 5.4 단진동의 그래프는 사인곡선으로 그려진다.

여러분은 진동하는 물체의 그래프를 이용하면 진폭, 주기 및 주파수 등을 쉽게 측정할 수 있다. 만일 펜이 진동하는 물체에 고정되고, 종이가 일정 속도로 펜 아래에서 움직이면 펜은 그림 5.4에서 보인 것처럼 곡선을 그릴 것이다. 진동하는 물체의 진폭이 크면 클수록 이 곡선의 높이는 더 크다. 주파수가 더 크면 클수록 마루(peak)와 골(valley) 사이는 더 가깝다. 이 모양은 단진동의 특징이며, 정현파 또는 사인파라고 한다. 그것은 삼각법에서 사인함수의 그래프와 같은 모양이기 때문에 그렇게 불린다.

5.2 파동(Waves)

진동은 반복적이거나 주기적인 운동의 형태로 주변을 교란(disturb)시킨다. 펄스는 짧은 시간 동안에 생기는 급격한 변화이다. 펄스와 주기적인 진동은 주변에 물리적인 파동을 발생시킬 수 있다. 파동은 고체 또는 공기와 같은 매질(medium)을 통과하면서 교란을 일으킨다. 예를 들어 마루에 떨어진 무거운 물체는 펄스를 만들어 여러분이 느끼는 역학적인 파동을 보낸다. 그것은 또한 여러분이 공기 중에서 듣는 음파를 만든다. 파동을 전달했던 매개물(고체 마루 또는 공기)은 파동이 통과한 후에 정상적인 상태로 되돌아간다. 매개물은 이곳저곳을 이동하지 않으나 파동은 움직인다. 파동에 관한 두 가지 고려 사항들은 (1) 파동은 이동하는 교란(disturbance)이며, (2) 파동은 에너지를 전달한다.

여러분은 조용한 풀장에 돌을 떨어뜨릴 때 파동을 관찰할 수 있는데, 돌이 물로 들어갈 때 물을 동그란 언덕 형태로 밀어낸다. 돌은 멀리까지 힘을 미치기 때문에 원모양을 유지하며 사방으로 퍼지고 점점 감쇠한다. 물은 골(depression)을 이루고 교란 지점에서부터 원형의 파동(마루와 골)을 이루며 움직인다(그림 5.5). 나뭇잎과 같이 파동의 경로에 떠 있는 물질은 파동 경로의 마루와 골처럼 상하로 운동한다. 그러나 잎은 단지 위와 아래로 움직이고 파동이 통과한 후에도 파동이 발생하기 전과 동일한 위치에 떠있다. 따라서 파동을 일으킨 것은 물 자체가 아니라 물을 가로질러 이동하는 교란이다. 만일 파동이 물의 가장자리 근처에 떠있는 잎에 닿는다면 잎을 물 밖으로 밀어낼 수 있는데, 이 때 잎에 일을 한 것이다. 따라서 파동은 한 장소에서 다른 장소로 에너지를 전달하는 교란이다.

그림 5.5 물결은 표면을 가로질러 이동한다. 여러분은 파동이 표면을 가로질러 움직이는 에너지로 물이 아님을 어떻게 알 수 있는가?

파동의 종류(kinds of waves)

만일 여러분이 물결이 지날 때 표면 근처에 각각의 물 분자의 움직임을 볼 수 있다면 물 분자가 위와 앞쪽, 아래와 뒤쪽으로 원형의 경로를 따라 움직이는 것을 볼 수 있을 것이다. 이 원형 운동은 물결 교란에 반응하는 입자 운동의 특징이다. 다른 종류의 파동도 있으며 특유의 입자 운동을 갖는다.

종파(longitudinal wave; **세로 진동파**)는 파동이 진행하여 나아가는 방향과 같은 방향으로 입자들이 잡아당기고 밀어내는 운동이다. 만일 여러분이 스프링의 한쪽 끝을 벽에 고정하고 팽팽하게 스프링을 전후로 잡아당기고 밀면 스프링은 종파를 만들 것이다. 여러분의 손이 스프링의 경로를 향하도록 움직일 때마다 촘촘한 부분의 코일의 펄스가 스프링을 가로질러 움직일 것이다(그림 5.6A). 여러분의 손을 뒤로 당길 때는 느슨하게 늘어난 부분의 코일의 펄스가 스프링을 가로질러 움직일 것이다. 코일은 파동의 방향과 같이 전후로 움직이게 되는데 이와 같은 현상이 종파의 특징이다.

만일 여러분이 지금 여러분의 손을 스프링 길이만큼 직각으로 상하로 움직인다면 늘어난 스프링에서 다른 종류의 파동을 만들 것이다. 이것은 **횡파**(transverse wave; **가로 진동파**)이다. 횡파는 파동이 움직이는 방향에 직각으로 운동한다. 횡파로 움직이는 입자들은 잡아당기고 밀면서 진행하지 않는다. 더욱이 그것들은 파동 진행 방향에 수직 방향으로 전후 또는 상하로 진동한다(그림 5.6B).

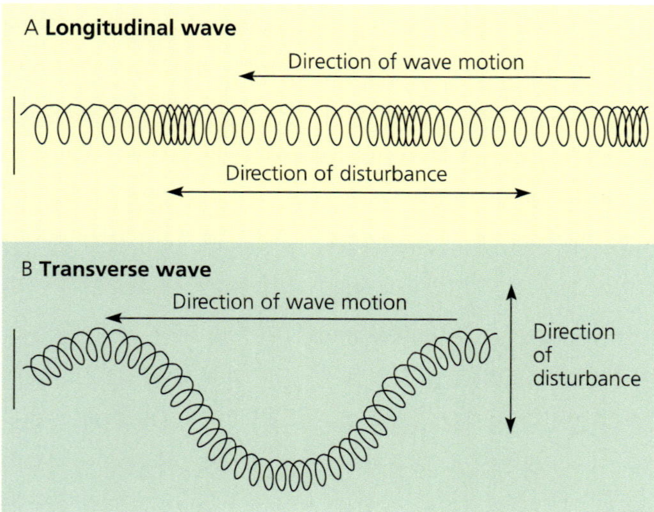

그림 5.6 (A) 종파는 끝이 자유롭고 스프링이 전후로 움직일 때 발생한다. (B) 횡파는 자유로운 끝이 상하로 움직일 때 스프링에서 발생한다.

역학적인 종파 또는 횡파는 교란의 원인뿐만 아니라 매질이 무엇이냐에 따라 영향을 받는다. 역학적인 횡파는 분자들간에 인력이 작용하거나 고정되어 있는 매질만 통과할 수 있다. 예를 들어 기체에서 분자들은 서로에게 부착(attach)되지 않고 자유롭게 주변을 움직인다. 이러한 분자에서 펄스는 잡아당기고 밀면서 진행하기 때문에 기체에서는 종파로 이동한다. 그러나 만일 기체 분자가 상하로 움직인다 해도 서로 부착하지 않았기 때문에 다른 분자들과 같이 움직일 이유가 없다. 비슷하게 액체는 분자들이 서로를 지나쳐 미끄러지듯 움직이기 때문에 액체에서 역학적인 종파는 전달되지만 횡파는 전달되지 못한다. 그러나 액체의 표면은 표면 장력 때문에 물 표면의 파동은 종파와 횡파가 조합된 것으로 입자의 원형 운동이 발생한다. 고체는 분자들 사이의 강한 부착력 때문에 종파와 횡파 두 가지를 모두 전달할 수 있다.

CONCEPTS APPLIED **파동 만들기**

가늘고 긴 코일 모양의 스프링을 마루 위에 펼쳐 놓으시오. 한쪽 끝은 고정하고 다른 쪽 끝을 흔들면 파동이 발생한다. 만들어진 횡파와 종파가 어떻게 진행되는지 관찰해보십시오. 만일 스프링의 길이가 충분하면 파동의 형태 및 길이를 측정하시오. 당신이 발생시킨 파동의 빠르기는 어떠한가?

CONCEPTS APPLIED A Splash of Air

어떤 공기의 움직임도 없는 매우 조용한 방에서 탁자 위 재떨이에 향불, 탈 것 또는 적절한 연기 발생원을 놓아라. 그것은 곧바로 위로 움직이는 얇은 연기의 흐름을 만들어낼 것이다. 한 손 바닥을 수평하게 유지함으로써 연기의 흐름은 평행으로 흐르게 된다. 만일 연기 쪽으로 공기를 밀면 매우 짧은 거리를 연기가 빠르게 이동한다. 그 때 손을 연기의 흐름으로부터 떼어내라. 연기의 흐름이 손을 향하는 것을 볼 수 있을 것이다. 여러분이 연기의 흐름을 움직일 수 있는 최대 거리는 얼마인가? 연기 흐름의 움직임에 대해서 두 개의 설명이 가능하다. (1) '밀-condensation'과 '소-rarefaction'의 펄스, (2) 공기 움직임-물이 튈 때 발생하는 것과 같음.

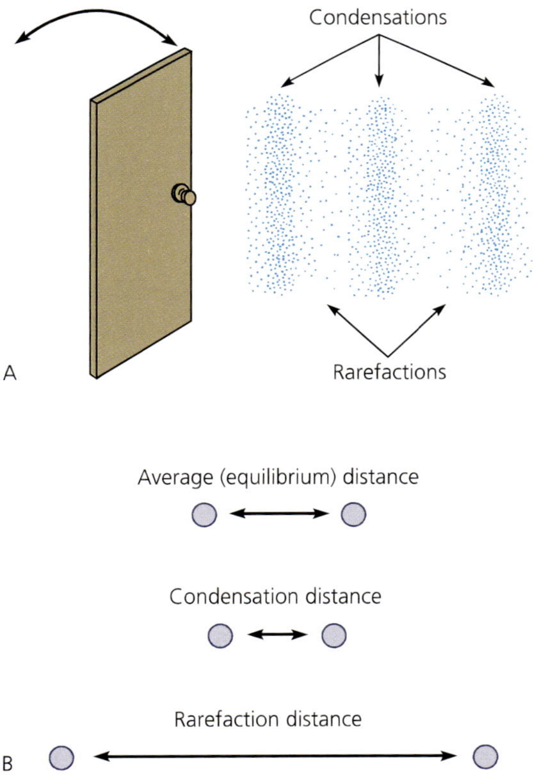

그림 5.7 (A) 안쪽으로 문을 열면 '밀'이라 불리는 증가된 밀도와 압력의 펄스를 발생시킨다. 문을 밖으로 당기면 '소'라는 줄어든 밀도와 압력의 펄스를 발생한다. (B) '밀'의 펄스가 지나가면 기체 분자들 사이의 평균거리는 순간적으로 줄어든다. '소' 상태에서 분자간 평균 거리는 순간적으로 증가하게 된다.

공기중의 파동(waves in air)

공기를 통과하여 움직이는 파동은 종파이며, 그래서 음파는 종파임에 틀림없다. 소리에 대해 논하기 전에 비슷한 상황으로 공기를 통과하여 움직이는 종파의 성질을 설명하는 것이 가능할 것이다. 열린 창문도 없고 방으로 열린 두 개의 문이 있는 작은 방이 있다고 가정하자. 여러분이 하나의 문을 방 쪽으로 열 때 다른 문은 잠시 후 닫히게 된다. 이것은 왜 일어나는가? 분자운동이론에 따르면 방은 공기를 이루는 자유롭게 움직이는 많고 작은 기체 분자들로 채워져 있다. 여러분이 문을 열면 문이 공기 분자를 밀어, 밀집한 분자 지역이 순간적으로 문 가까이에 형성된다. 밀집한 공기 지역은 밀도 및 압력이 더욱 커져 펄스가 문으로부터 즉시 퍼지는 것이다. 교란은 분자로부터 분자로 신속하게 전달되고 압축된 펄스는 방을 통과하여 퍼진다. 밀도와 공기압이 높은 펄스가 방의 반대편 문에 도착하고 반대편 문에 충격을 줄 수 있는 분자에 영향을 미치는데 이러한 증가된 압력으로 반대편 문이 닫힌다.

만일 방의 반대편 문에 자물쇠(latch)를 하지 않았다면 여러분은 첫 번째 문을 빠르게 잡아당김으로써 다시 다른 문을 열게 할 수 있을 것이다. 그렇게 함으로써 여러분은 밀도와 압력이 낮아진 분자들의 펄스를 보내는 것이다. 여러분이 빠르게 문을 잡아당기면 문은 밖으로 분자들을 밀어내어 압력이 낮아지면 다른 분자가 빠르게 압력이 낮아진 지역으로 이동하여 정상 상태로 되돌린다. 분자 밀도가 낮은(thinned-out) 펄스가 통과하는 운동이다. 감압된 상태의 펄스가 반대편 문에 도착하면 문의 반대편에 정상적인 압력을 내는 분자들에 작용하여 문이 움직인다. 펄스가 통과하면 분자들은 빠르고 무질서하게 움직여 공기는 곧 균일하게 재배치된다.

만일 여러분이 문을 앞뒤로 흔든다면 그것은 진동하는 물체가 되는 것이다. 문이 앞뒤로 진동하는 것처럼 그것은 초당 진동수와 관련 있으므로 주파수를 가진다. 진동하는 문이 방을 향하여 움직이면 밀집된 분자 펄스가 생성되는데 이를 **'밀'**(密, condensation)이라 한다. 진동하는 문이 방 밖으로 열리면 분자 밀도가 작은 펄스가 생성되는데 이를 '**소**'(疏, rarefaction)라 한다. 진동하는 문이 전후로 움직임으로써 방 전체에 '밀'과 '소'의 반복적인 파동을 보낸다(그림 5.7). 펄스가 이동하여 반대편 문을 움직이게 하는 일을 하기 때문에 에너지를 전달한다는 것을 알 수 있다. 개별적인 분자들은 그들의 평형 위치에서 조화 운동(harmonic motion)을 수행하고, 움직이는 물체에 일을 한다는 것을 알 수 있다. 에너지는 이런 식으로 전달되며 종파의 예로 들 수 있다.

공기중에서 듣는 파동(hearing waves in air)

정상적인 사람의 귀는 20~20,000 Hz의 주파수의 소리를 듣기 때문에 이 범위 밖의 진동은 들을 수 없다. 20 Hz 이하의 주파수를 가진 종파는 **초저주파**(infrasonic)라 한다. 특히, 여러분이 좋은 음향시스템으로 듣는다면 20 Hz 아래의 소리를 느낄 수 있을 것이다. 20,000 Hz 이상의 종파는 **초음파**(ultrasonic)라고 한다. 비록 20,000 Hz가 보통 청취의 상한이지만 사람마다 다양하고 나이가 많아짐에 따라 점점 낮아진다. 인간들은 초저주파 또는 초음파를 듣지 못하지만 동물들은 다른 한계를 갖고 있다. 개, 고양이, 쥐 및 박쥐 등은 인간들보다 더 높은 주파수들을 들을 수 있다. 예를 들어 개는 인간이 어떤 것도 듣지 못할 때 초음파 휘파람 소리를 들을 수 있다. 박쥐가 불빛이 없는 어둠 속에서 날아가는 벌레를 찾는 것처럼 100,000 Hz까지의 주파수를 발생시키고 듣는다. 과학자들은 코끼리들이 몇 km의 거리 밖에서 극히 낮은 주파수로 의사소통하는 것을 최근에 발견하였다. 인간은 그렇게 낮은 주파수 소리를 탐지할 수 없다. 동물들은 인간이 들을 수 없는 초저주파의 음파를 언어 수단으로 사용할 가능성이 있다.

260 Hz에서 진동하는 소리굽쇠(tuning fork)는 회전문과 똑같은 종파를 만드는데 이러한 종파는 인간의 가청주파수 내에 있기 때문에 음파(sound wave)라 한다. 소리굽쇠의 갈래(prong)는 전후로 움직여 진동한다. 소리굽쇠의 갈래를 치고 물을 담은 비커에 넣거나 종이 한 장을 사이에 끼우면 이와 같은 현상은 더 쉽게 관찰할 수 있다. 공기중에서 여러분 쪽을 향한 첫 번째 진동하는 갈래는 밀도와 압력을 증가시키고 '밀' 상태의 분자를 만든다. 다시 갈래들이 뒤로 움직이면 밀도와 압력이 감소한 '소' 상태가 생성된다. 압력의 증가와 감소가 반복되는 펄스가 진동하는 소리굽쇠로부터 발생하고, 그것은 빠르게 팽창하는 풍선의 표면처럼 모든 방향으로 동일하게 퍼진다(그림 5.8). 여러분의 고막은 파동에 의해 안과 밖이 자극되어 소리를 듣는다. 고막은 소리굽쇠와 같은 주파수로 진동한다. 고막의 진동은 세 개의 작은 뼈들에 의해 코일 모양의 기관 안에 있는 액체로 전달된다. 여기서 작은 털은 소리의 주파수와 크기에 반응하여 뇌에 정보를 전달하는 신경을 자극한다. 뇌는 어떤 **음조**(pitch; 음의 고저)를 가진 소리인지 주파수를 해석하게 된다. 예를 들어 높은 주파수 소리는 높은 음계(high-pitched musical note)로 해석되고, 낮은 주파수 소리는 낮은 음계로 해석한다. 뇌는

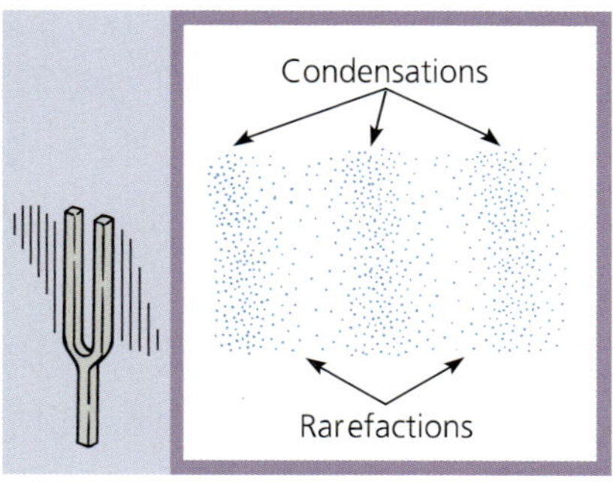

그림 5.8 진동하는 소리굽쇠는 일련의 '밀'과 '소'를 발생한다. 증가하고 감소하는 압력의 펄스는 여러분의 귀에 도달하고 고막을 진동시킨다. 귀는 진동에 대한 신경 신호를 뇌에 전달하고, 뇌는 소리로서 그 신호를 해석한다.

Connections . . .

인간의 귀

박스그림 5.1은 귀의 해부도이다. 귀에 도착한 소리는 외이(external ear)에서 고막(tympanum)까지 깔때기 모양의 굴뚝을 통과한다. 외이의 원추형 모양은 고막의 소리를 집중시키고, 소리의 음파와 같은 주파수로 진동을 유발시킨다. 고막에는 추골(malleus; 망치뼈), 침골(incus) 및 등골(stapes) 등으로 부르는 세 개의 작은 뼈들이 붙어있다. 추골은 고막에 붙어 있으며, 침골은 추골과 등골에 붙어있고, 등골은 달팽이관(cochlea)으로 알려진 달팽이 모양의 구조에 타원형 창이라 불리는 작은 막이 덮인 곳에 붙어있다. 고막이 진동하면 작은 뼈(추골, 침골, 등골)가 진동하는데 결국 난원창(oval window)의 막에서 반응하는 진동의 원인이다.

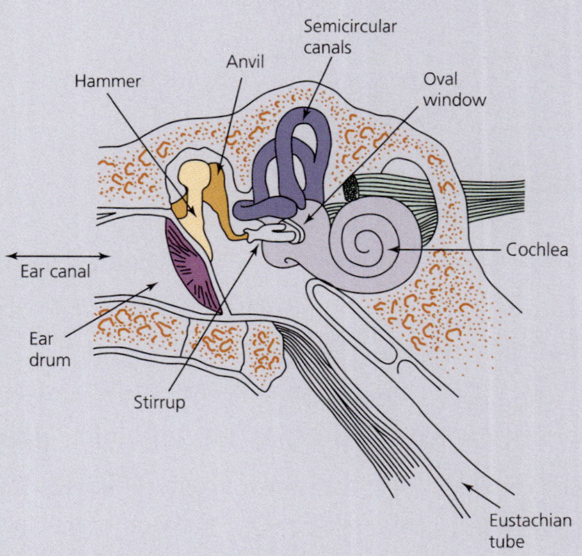

박스그림 5.1 인간의 귀 해부도

귀의 달팽이관은 소리를 감지하는 구조이고, 그것은 달팽이 모양에 액체가 채워진 관으로 구성되어 있다. 난원창이 진동할 때 달팽이관의 액체가 움직이면서 달팽이관의 막(기저막)이 진동하기 시작한다. 고음 및 단파장 소리는 난원창으로부터 가까운 달팽이관의 기저막을 진동시킨다. 저음 및 장파장 소리는 난원창으로부터 먼 달팽이관의 기저막을 진동시킨다. 큰 소리는 희미한 소리보다 기저막을 더 격렬하게 진동시킨다. 기저막이 진동에 의해 자극되면 기저막의 세포들은 탈분극하여 뇌로 메시지를 전달한다.

여러 파장의 소리는 달팽이관의 여러 부분을 자극하기 때문에, 뇌는 소리의 음조(pitch)를 결정할 수 있다. 우리가 듣는 대부분의 소리는 음조의 혼합으로 구성되어 있다. 더 큰 소리들은 더 많은 신경 충격을 보내기 위해 달팽이관의 감각 세포들을 더 강하게 자극한다. 따라서 뇌는 음조와 같은 다양한 소리의 소음을 감지할 수 있다.

달팽이관은 액체로 채워진 두 개의 공간과 반고리관(semicircular canal)이라고 부르는 하나의 구조로 되어 있다. 이 구조는 청취에 관련된 것은 아니지만 균형과 안정을 유지하는 역할을 한다. 달팽이관 세포들은 머리의 이동 및 중력에 따른 머리의 위치에 의해 자극된다. 끊임없이 머리의 위치를 변화시켜 균형을 유지하려 한다.

여러분이 듣는 소리가 어떤 소리인지 선율(tune)할 수 있는데, 주변 소음으로부터 원하는 소리를 선택적으로 인식하여 들을 수 있기 때문이다.

5.3 파동의 묘사(Describing Waves)

소리굽쇠는 증가한 압력 상태의 '밀'과 줄어든 압력 상태의 '소'가 반복되면서 종파를 만들기 때문에 특정 주파수 및 진폭으로 진동한다. 진동의 주파수 및 진폭에 관한 그래프는 그림 5.9A에 보이며, '밀'과 '소' 상태의 표시는 그림 5.9B에 나타낸다. 파동의 형태는 또한 그림 5.9C에 보이는 것처럼 진행하는 음파의 공기 압력 변화 그래프로 나타낼 수 있

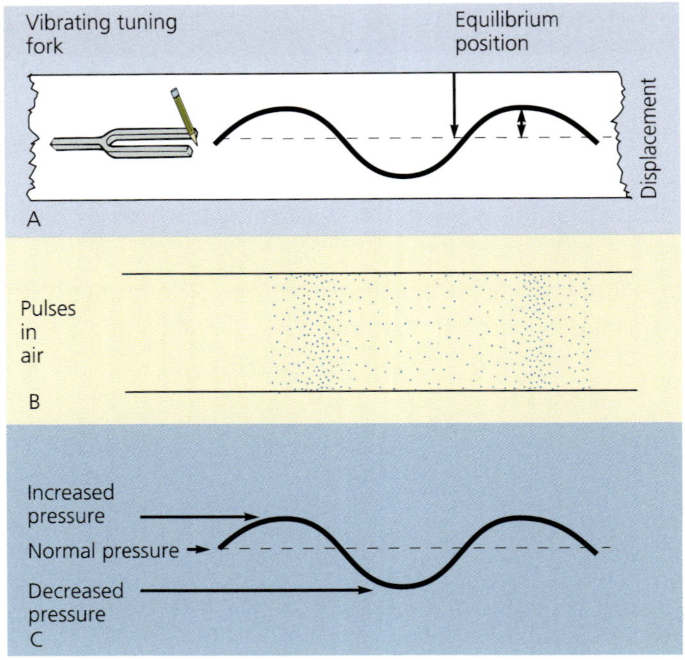

그림 5.9 **'밀'과 '소'의 비교.** (A) 소리굽쇠의 전후 진동, (B) 공기를 통과하여 움직이는 '밀' 및 '소', (C) 표면에서의 공기압의 증가와 감소의 결과

다. 이 그래프는 소리 파동들과 관련된 개념들을 정의하는데 사용될 수 있다; (1) 진동하는 소리굽쇠의 진폭 또는 변위, (2) '밀' 및 '소' 펄스 (3) 변화하는 공기 압력. 또한 진동하는 소리굽쇠의 주파수와 파동의 주파수 사이클은 서로 관계가 있다.

그림 5.10은 끊임없이 진동하는 근원으로부터 파동과 관련한 일반적 용어를 나타낸다. 파동의 마루(wave crest; 파고점)는 간섭되지 않는 위치(평형)의 최대 교란점이다. 음파에서 마루는 공기 압력의 최대 증가를 표시한다. 파동의 골(wave trough; 파랑골)은 반대 방향의 최대 교란점이다. 음파에서 골은 공기 압력의 최대 감소를 표시한다. 파동의 진폭은 마루에서 골 또는 골에서 마루까지의 변위이다. 이러한 변위가 반복되는데 필요한 시간을 주기(T)라 한다. 주기는 파동의 마루에서 다음 마루까지 도달하는데 소요되는 시간이다. 그리고 반복되는 주기의 길이를 **파장(wavelength)**이라고 하며, 기호는 그리스어 λ로 표기한다. 파장은 길이와 마찬가지로 cm 또는 m로 측정된다. 파동의 속도, 주기 및 파장 사이의 관계는 다음과 같다.

$$v = \lambda f \tag{5.3}$$

이것을 파동 방정식이라 하며, 파동의 속도는 파장과 주파수의 곱으로 나타낸다. 또한 파장은 주어진 속도에서 주파수에 반비례한다.

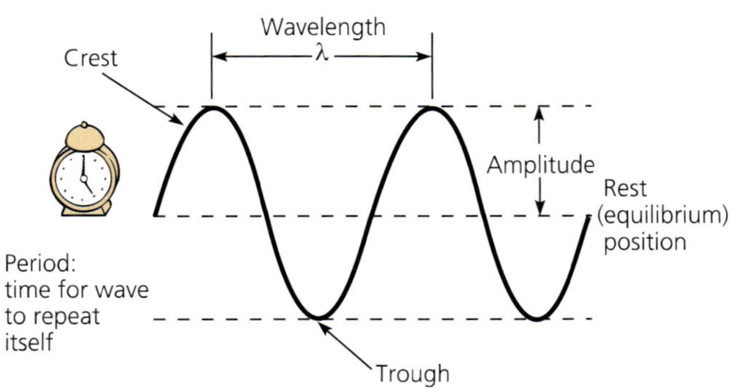

그림 5.10 주기적인 파동과 관련된 용어이다. 파장은 하나의 마루에서 다음 마루까지의 거리를 나타낸다. 진폭은 마루에서 골까지의 변위이다. 주기는 하나의 파동에 필요한 시간이다. 즉, 임의의 시점에서 하나의 완벽한 파형을 그리는데 걸리는 시간이다.

A Closer Look

청력 문제

여러분의 청력은 나이, 소리의 세기 및 지속시간 등 세 가지 영역에 의해 결정된다. 이것은 (1) 어린 아이들의 중이염, (2) 나이가 많아짐에 따라 발생하는 청취 능력의 상실, (3) 머리 또는 귀에서 잡음의 울림 및 다른 형태의 소음 등이 있다.

중이염은 어린 아이들에게 걸리는 가장 흔한 병들 중의 하나이다. 중이는 안쪽 귀의 귀청으로부터 소리 진동을 전달하는 세 개의 작은 뼈들을 가지는 고막 뒤에 있는 작은 방이다(박스그림 5.1 참고). 중이는 유스타키오관이라 불리는 작은 관에 의해 목에 연결되어 있다. 이 관은 고막 뒤에서 균형이 잡히도록 공기 압력을 조절한다. 중이염은 보통 감기에 걸렸을 때 걸리기 쉽다. 어린 아이는 짧은 유스타키오관을 가지고 있어서 감기에 의해 쉽게 함몰되고, 중이에 쉽게 액체가 채워진다. 액체의 축적은 청취 능력의 저하뿐만 아니라 고통과 불안의 원인이 된다. 이와 같은 현상은 보통 몇 주 지나면 깨끗하게 치유되기도 한다. 이와 같은 현상이 심각하고 반복되는 경우는 작은 흐름관을 고막에 삽입하여 액체의 흐름을 원활히 유도한다. 시간이 지남에 따라 이 관은 결국 밖으로 떨어져 나가고 고막은 치료된다. 중이염은 어린 아이가 취학 연령에 도달하면 발생이 줄어든다.

그리고 나이가 들어가면서 중이염의 발생 확률이 줄어들지만 청력은 상대적으로 점점 상실하게 된다. 청력 상실로 더 높은 주파수를 발음하고, 여자보다 남자들이 더 잘 발생한다. 청력의 정상적인 상실은 20대 초반에 시작하고, 60대와 70대까지 지속된다. 매우 큰 소리가 발생하는 장소에서 많은 시간을 보낼 때 청력상실이 증가하게 된다. 시끄러운 공연장 및 자동차의 높은 주파수의 소음은 청력의 상실 속도를 가속시킬 것이다.

이명(tinnitus)은 귀 또는 머리 등에서 발생하며 울림이나 스치는 것과 같은 소리의 감지이며, 영향을 받는 사람에게만 들린다. 몇 가지 다른 원인들이 있으나 가장 일반적인 이유는 귀 내부의 신경장애이다. 시끄러운 소리, 폭발, 폭탄 및 시끄러운 밴드 등에 귀를 노출시키는 것이 원인이다. 또한 고령 및 어떤 약물의 복용 등도 이명의 원인이 될 수 있다. 아스피린과 같은 약물은 이명을 멈추게 할 수는 있으나 내이(inner ear)의 신경손상을 치료하는 것은 아니다.

예제 5.2 주파수 260 Hz인 어떤 음파는 1.27 m의 파장을 갖는다. 이 음파는 어떤 속도로 이동하는가?

$$f = 260\ \text{Hz} \qquad v = \lambda f$$

$$\lambda = 1.27\ \text{m} \qquad = (1.27\ \text{m})\left(260\frac{1}{\text{s}}\right)$$

$$v = ? \qquad = 330\ \frac{\text{m}}{\text{s}}$$

예제 5.3 일반적으로 인간의 귀는 2,500 Hz의 주파수에서 가장 민감하다. 소리가 330 m/s로 이동한다고 가정하면 사람들이 가장 민감하게 듣는 소리의 파장은 얼마인가? (답 : 13 cm)

5.4 음파 (Sound Waves)

음파가 이동하는 데는 소리를 전달하는 고체, 액체 및 기체의 매질이 필요하다. 그러므로 소리는 진공을 통과할 수 없는데, 진동체로부터 발생한 진동을 이동시킬 수 없기 때문이다. 고체, 액체 및 기체를 이루는 분자들의 성질에 따라 얼마나 빠르게 음파를 전달하는

지가 결정된다. 만일 분자들이 서로 붙어있다면 (1) 분자의 관성, (2) 상호 작용의 힘이 음파의 전달을 결정한다. 따라서 인력이 없고 질량이 가장 작은 수소가스 분자는 온도가 0℃일 때 1,284 m/s로 음파를 전달한다. 질량이 더 큰 분자인 헬륨 기체는 같은 온도에서 965 m/s로 전달한다. 그러나 고체 분자는 강하게 부착되어 있으므로 진동이 분자에서 분자로 빠르게 전달된다. 예를 들어 철은 탄성이 좋아서 소리를 5,940 m/s로 전달한다. 따라서 옛 격언에 "당신의 귀를 땅에 대보아라."라는 말이 있다. 이 말은 소리가 기체를 통해서 전달하는 것보다 고체를 통해서 더 빠르게 전달된다는 뜻이다.

공기 중에서 소리의 속도(velocity of sound in air)

사람들은 소리가 공기를 통과하여 이동하는 데 시간이 걸린다는 것을 관찰해 왔다. 만일 여러분이 한 블록 떨어진 지붕에서 망치질을 하는 것을 듣는다면 망치질의 소리는 여러분이 보는 것과 동시에 들리는 것이 아니다. 빛은 매우 빨리 이동하므로 실제로 일이 발생하면 동시에 여러분의 눈이 자극되어 발생 사실과 동시에 볼 수 있는 것이다. 그러나 소리는 훨씬 더 느리게 이동하므로 여러분이 목격한 것보다 늦게 도착한다. 이와 같은 현상은 빛의 반짝임을 보고 나서 수 초 후에 천둥소리를 들었던 경험에서 확인할 수 있을 것이다. 아마 여러분은 반짝임과 쾅하는 소리 사이의 간격을 시간으로 측정함으로써 번개가 반짝인 곳까지의 거리를 알아 낼 수 있을 것이다.

표 5.1 여러 물질에서의 소리속도

매질	m/s
이산화탄소(0℃)	259
건조 공기(0℃)	331
헬륨(0℃)	965
수소(0℃)	1,284
물(25℃)	1,497
바닷물(25℃)	1,530
납	1,960
유리	5,100
금속	5,940

공기의 온도는 소리가 공기를 통과하여 얼마나 빨리 전달되는지에 영향을 미친다. 더 따뜻한 공기의 기체 분자들은 더 추운 공기의 기체분자들보다 더 큰 운동에너지를 갖는다. 그러므로 더 따뜻한 공기의 분자들은 분자에서 분자로 더 빨리 충격을 전달한다. 1℃ 온도 증가에 소리의 속력은 0.60 m/s 증가한다. 해수면의 밀도(정상 압력)와 0℃에서 건조한 공기의 음속은 약 331 m/s이다.

굴절과 반사(refraction and reflection)

여러분이 평온한 풀장에 돌을 떨어뜨릴 때 파동의 원형 패턴은 교란으로부터 밖으로 이동한다. 이 물의 파동은 평평하고 2차원 표면에 있다. 그러나 음파는 빠르게 부푸는 풍선처럼 3차원 공간으로 움직인다. 음파는 음원으로부터 밖으로 움직이는 구면파(spherical wave)이다. 음파의 구면파는 중앙에서 끊임없이 진동하는 근원으로부터 '밀'과 '소'의 상태로 이동한다. 만일 여러분이 구면파의 각 파동의 같은 부분을 확인한다면 파면(wave front)을 확인할 수 있을 것이다. 예를 들어 각 '밀'의 마루는 파면으로 생각할 수 있다. 그러므로 파면에서 다음의 파면까지를 완전한 파동 또는 파장이라고 정의한다. 음원으로부터 어떤 거리에 구면파의 파면의 작은 부분을 선형 파면(그림 5.11)이라고 설명할 수

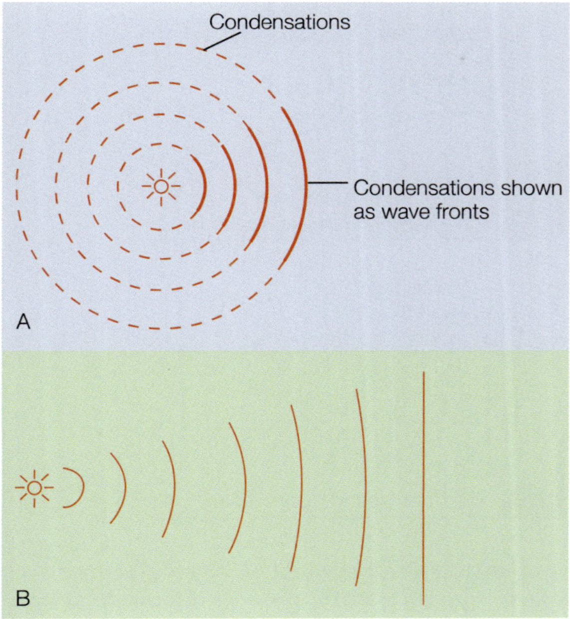

그림 5.11 (A) 구면파는 빠르게 커지는 풍선처럼 음원으로부터 밖으로 이동한다. 2차원의 개략도는 구면파의 파면으로 반복하는 '밀'들을 나타낸다. (B) 음원으로부터 일정 거리에 있는 구면파의 파면을 선형 또는 평면으로 생각할 수 있다.

오리의 꽥은 메아리가 없다?

"오리의 꽥은 메아리가 없으며, 어느 누구도 이유를 알지 못한다."라는 근거없는 얘기를 들었을 것이다. 이를 시험하기 위해 영국, 그레이터 맨체스터의 샐포드 대학에서 실험하였다. 음향 전문가들은 먼저 어떤 소리의 반사도 발생하지 않도록 구축된 특별한 용기에 꽥하는 오리 소리를 기록하였다. 모의실험은 오리가 절벽면을 지나갈 때 오리의 꽥하는 것과 같은 상황이 되게끔 반향 용기에서 행해졌다. 시험에서 오리가 꽥하는 소리는 다른 소리처럼 똑같이 메아리를 발생한다는 사실을 확인하였다.

오리의 꽥 소리 연구자들은 다음과 같은 이유로 이야기가 만들어진 것으로 추측하였다.

1. 오리가 내는 꽥은 메아리이지만 그것은 너무 작아서 듣기가 어렵다.
2. 물 근처에서 발생하는 오리의 꽥 소리는 산맥 또는 빌딩 등과 같은 반사가 아니다.
3. 오리가 꽥하는 것처럼 안과 밖으로 희미하게 나는 소리의 메아리는 듣기 어렵다.

있다.

파동은 일정하고 지속적인 비율로 기체 및 액체와 같은 동질의 매질 안에서 이동하나 점점 마찰로 에너지를 잃는다. 그러나 하나의 파동이 다른 조건(온도, 습도 또는 물성)을 만날 때 급격한 변화를 일으킬 수 있다. 두 물리적인 조건들 사이의 구분을 경계(boundary)라 한다. 경계는 (1) 다른 물질 사이, (2) 같은 물질들이 다른 조건에 있을 때 존재한다. 다른 물질들 사이에 움직이는 파동의 한 예는 공기를 통하여 벽까지 전달되고, 벽을 통하여 여러분이 있는 방에 있는 공기를 움직이며, 다음 방에 전달되는 소리이다. 경계는 공기－벽과 벽－공기이다. 여러분이 "얇은 벽"을 가진 방에 있다면 소리는 벽과 공기의 경계를 통과하여 전달되는 것이다.

다른 조건에서 같은 물질을 통과하는 음파의 예는 다른 온도의 공기를 통과하여 움직이는 파면에서 발견할 수 있다. 소리는 차가운 공기에서보다 따뜻한 공기에서 더 빨리 이동하기 때문에 파면은 굴절하게 된다. 경계 사이의 파면의 굽어짐을 굴절(refraction)이라 한다. 굴절은 파면의 이동 방향을 바꾼다. 예를 들어 평온하고 맑은 밤하늘의 지표면 근처 온도는 높은 하늘의 공기보다 더 차갑다. 이러한 이상적인 조건에서 지붕 꼭대기 높이의 공기는 표면보다 4~5℃ 더 따뜻하다. 높이가 더 낮고 추운 지표에 가까운 공기보다 더 높고 더 따뜻한 공기에서 소리는 더 빠르게 이동한다. 그러므로 파면은 추운 밤에 지면을 향해 구부러지거나 굴절되어 따뜻한 밤보다 더 멀리 떨어진 곳에서 소리를 들을 수 있는 것이다(그림 5.12A). 지표면이 낮 동안에 햇빛에 의해 더 따뜻하게 되었을 때는 반대가 된다(그림 5.12B). 파면의 앞부분이 지표면 근처의 더 따뜻한 공기에서 더 빨리 이동하므로 위로 굴절하게 된다. 따라서 소리는 겨울처럼 여름에는 멀리 전달될 수 없는 것이다. 실제로 여름에 발생된 파면은 매우 멀리 전달되기 전에 지면에서 멀리 위쪽으로 굴절된다.

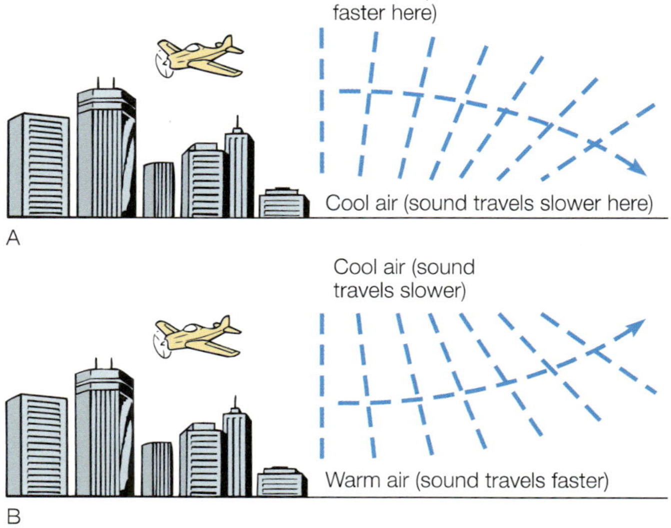

그림 5.12 (A) 소리는 더 따뜻한 공기에서 더 빠르게 전달되기 때문에 파면은 지표면 근처의 공기가 더 차가울 때 지표면을 향하여 구부러지거나 굴절된다. (B) 지표면 근처의 공기가 더 따뜻하게 될 때 파면은 표면으로부터 멀리 위쪽으로 굴절된다.

파면이 경계(파면과 평행한)에 부딪치면 파장은 흡수, 전달, 반사되는데 경계 매질의 성질에 영향을 받는다. 파장이 부분적으로 흡수, 전달, 반사되거나 결합될 수도 있다. 단단하고 매끄러운 표면이 있는 어떤 물질은 소리를 흡수하는 것보다 반사를 많이 한다. 반면에 부드럽고 거친 표면이 있는 어떤 물질은 반사보다 흡수를 더 많이 한다. 만일 여러분이 커튼, 양탄자 및 가구 등이 없는 단단한 벽의 방에 있다면 음파는 벽에 흡수되기 전에 여러 차례 반사될 것이다.

여러분은 샤워를 하면서 노래를 불러 보았는가? 많은 사람들이 다른 곳에서 노래하는 것보다 음색이 더 좋을 것이다. 샤워실의 벽은 일반적으로 견고하고 매끄럽기 때문에 소리가 흡수되기 전에 전후로 여러 차례 반사될 것이다. 연속적으로 많은 반사가 일어나면 풍부한 음색을 얻게 만든다. 원음과 반사된 소리의 혼합을 **반향**(reverberation)이라 한다. 반향은 음색의 부피를 증가시키며, 강의실이나 강당의 청취 음질을 결정하는 요소들 중의 하나이다. 객석의 반향이 없는 개방된 공연은 보통 반사된 소리의 부족을 보완하기 위해서 전자적으로 반향을 향상시킨다. 방 또는 교실에서 너무 많은 반향이 발생하면 언어가 명료하지 않기 때문에 좋지 않다. 그러므로 명확하고 정확한 강연이 필요한 곳에는 소리를 적절하게 흡수할 수 있는 물질을 벽과 마루에 사용한다(그림 5.13). 극장에서 보는 양탄자 및 천 등은 장식재료가 아니라 소리를 흡수하기 위한 것이다.

그림 5.13 폐쇄회로 텔레비전(CTV) 룸은 흡음재로 벽을 만들어 음향처리가 되어있다.

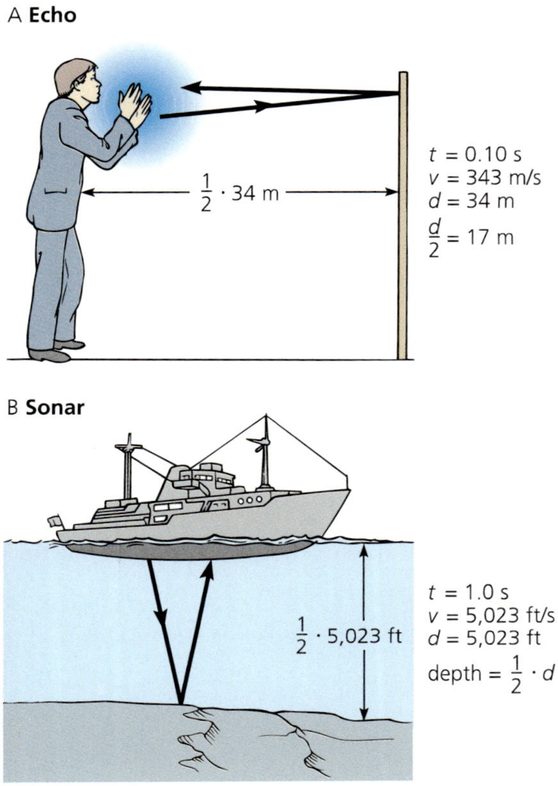

그림 5.14 (A) 실온에서 소리는 343 m/s로 이동한다. 0.10 초에 소리는 34 m 이동한다. 소리는 벽 표면에 도달하면 반사되어 메아리로 들리므로 벽까지의 거리는 총거리의 반절이다. (B) Sonar는 초음파 소리 파동과 메아리 사이에 지체된 시간을 측정함으로써 깊이를 측정한다. 깊이는 왕복이동 거리의 절반이다.

만일 굴절된 소리가 0.10 sec 후에 도착한다면 사람 귀는 원음으로부터 반사된 소리를 구분할 수 있다. 원음에서 구분되어 반사된 소리를 **메아리**(echo)라 한다. 따라서 0.10 sec 전에 도착한 반사된 소리는－잔향이라 불리는－ 음량이 증가한 것으로 감지되지만 0.10 sec 후에 도착한 소리는 메아리로 감지된다.

음파의 메아리는 물의 깊이를 측정하거나 음파탐지기로 수중 물체의 위치를 식별하는데 이용된다. 소나(sonar)라는 단어는 *so*und *na*vigation *r*anging의 약자이다. 장치는 수중에서 초음파 소리 파동을 발생시키며, 그 때 되돌아오는 메아리의 지연 시간을 측정한다. 음파는 25℃의 바닷물에서 약 1,531 m/s로 전달된다. 땡(ping)하고 발생된 소리가 메아리로 되돌아오는데 1 sec 소요되었다면 소리의 이동거리는 1,531 m이며, 바닥과 표면 사이의 거리는 반절이 되는 것이다(그림 5.14).

예제 5.4 만일 두 개의 소리가 0.10 sec 또는 그 이상의 차이가 있다면 인간의 귀는 원음과 반사음의 차이를 구분할 수 있을 것이다. 음속이 343 m/s라면 우리가 메아리를 들을 수 있는 반사 표면까지의 최소 거리는 얼마인가?(그림 5.14A 참고)

$$t = 0.1(\text{최소}) \qquad \therefore d = vt$$
$$v = 343\ \text{m/s} \qquad = \left(343\ \frac{\text{m}}{\text{s}}\right)(0.1\ \text{s})$$
$$d = ? \qquad = 34\ \text{m}$$

음파는 발생점으로부터 반사면까지 전달하고 발생점으로 되돌아온다.

$$34\ \text{m} \times 1/2 = 17\ \text{m}$$

실온에서 우리가 메아리를 들을 수 있는 반사면까지의 최소 거리는 34 m × 1/2 = 17 m 이다.

예제 5.5 음속이 1,147 ft/s일 때 소리가 발생하고 1.00 sec 후에 메아리를 정확히 들을 수 있다. 반사면은 몇 ft 떨어져 있는가? (답 : 574 ft)

간섭(interference)

입자와 마찬가지로 파동도 경계에 부딪쳐 반사하거나 굴절한다. 예를 들어 움직이는 공은 표면에 부딪쳐 일정 각도로 표면으로부터 튕겨 나가는데 파도도 그러하다. 그러나 입자 또는 공은 한 번에 한 장소에서만 그러하지만 파동은 동시에 사방으로 퍼질 수 있다. 여러분은 각기 다른 장소에 있는 많은 다른 사람들이 동시에 같은 소리를 듣는 것을 통해서 알 수 있다.

파동과 입자 사이의 또 다른 차이는 둘 또는 그 이상의 파동이 동시에 같은 장소에 존재할 수 있다는 것이다. 두 가지 형태가 서로 만날 때 그들은 굴절이나 반사 없이 서로 통과한다. 그러나 두 파장이 만나는 장소에서 파동은 서로 간섭하여 새로운 교란을 발생시킨다. 이 새로운 교란은 다른 진폭을 갖는데, 그것은 두 파동의 진폭에 대한 대수의 합이다. 파고점(wave crest) 또는 파랑골(wave trough)이 동시에 같은 장소에 도착한다면 두 파동은 동상(in phase)이다. 동상으로 도착한 두 파동은 두 개의 분리된 파동보다 더 큰 변위를 갖는 하나의 마루와 골을 갖는 새로운 교란이다. 이와 같은 것을 보강 간섭(constructive interference)이라 한다(그림 5.15A). 만일 한 파동의 골이 또 다른 파동의 마루와 같은 장소에 동시에 도착한다면 파동은 완전한 이상(out of phase)이다. 두 개의 파동이 완벽한 이상일 때 한 파동의 마루(양의 변위)는 다른 파동의 골(음의 변위)을 상쇄시키고, 그 결과 교란은 0이고 어떤 파동도 없다. 이것을 상쇄 간섭(destructive interference)이라고 한다(그림 5.15B). 만일 두 개의 파동 형태가 정확히 같은 진폭과 파장을 갖지 않는다면 그들은 완벽한 동상도 이상도 아니다. 두 파동 패턴의 성질에 의존하여 보강 간섭 또는 상쇄 간섭을 나타낸다.

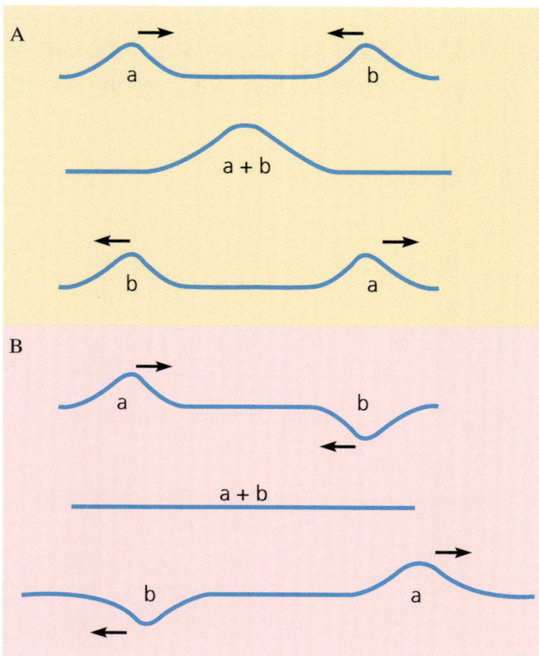

그림 5.15 (A) 보강 간섭은 두 개의 동상 파동이 만날 때 발생한다. (B) 상쇄 간섭은 두 개의 이상 파동이 만날 때 발생한다. 두 경우 두 파동이 만나면서 파동 변위가 겹치고, 서로를 통과하여 두 파동의 원래의 진폭으로 돌아간다.

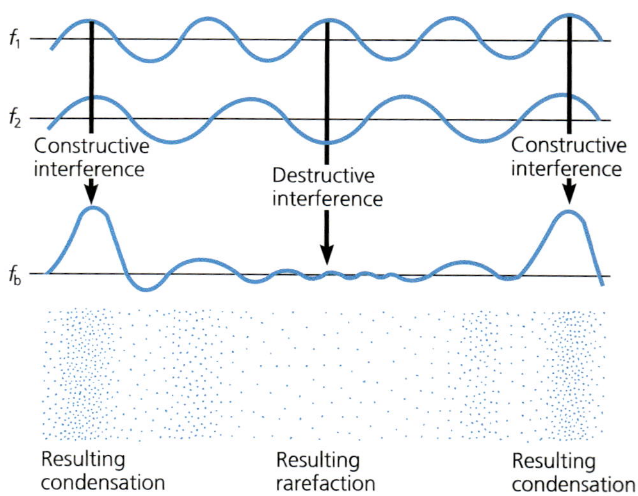

그림 5.16 같은 진폭이지만 약간 다른 주파수를 갖는 두 개의 파동은 상쇄 간섭 및 보강 간섭이다. 결과적으로 맥놀이는 비트라 불리는 소리 세기(loudness)의 반복이다.

소리가 발생하는 두 개의 진동하는 음원의 진폭 및 주파수가 같은 동상이라고 가정하라. 결과적으로 소리는 보강 간섭 때문에 음량이 증가하게 될 것이다. 그러나 두 개의 음원의 주파수가 약간 다른 350 Hz와 352 Hz를 가정하라. 여러분은 **맥놀이**(beats)처럼 소리의 규칙적인 증가 및 감소를 들을 것이다. 맥놀이는 두 음파의 교번적인 보강 간섭과 상쇄 간섭을 겪기 때문에 일어난다(그림 5.16). 위상(phase) 관계는 여러분이 그림에서 볼 수 있는 것처럼 주파수의 차이 때문에 변화한다. 교대로 일어나는 보강 간섭 및 상쇄 간섭 영역은 음원으로부터 수신자까지 전달되고, 수신자는 빠르게 오르고 떨어지는 소리(sound level)를 듣는다. 맥놀이 주파수는 두 개의 음원 주파수 사이의 차이이다. 함께 들리는 352 Hz의 음원과 350 Hz의 음원은 2 Hz 맥놀이 주파수의 결과이다. 따라서 두 개의 주파수가 서로 더욱 가까워지면 매 초 더 작은 맥놀이가 들리게 될 것이다. 여러분은 두 개의 엔진을 가진 비행기에서 발생하는 맥놀이 현상에 대해서 알고 있을 것이다. 만일 한 엔진이 다른 것보다 약간 더 빠르게 회전한다면 여러분은 느린 맥놀이를 들을 것이다. 약간 다른 주파수를 가진 두 개의 파동이 간섭할 때 맥놀이 주파수(f_b)는 두 주파수의 절대적 차이이다.

$$f_b = f_2 - f_1 \tag{5.4}$$

5.5 에너지와 소리(Energy and Sound)

음파를 포함하여 모든 파동은 에너지를 전달한다. 그림 5.2에서 진동하는 물체와 스프링은 진폭을 가지고 진동하는데 평형 위치로부터 움직일 때 물체에 얼마나 많은 일이 행해졌는지에 따라 진폭이 결정된다. 물체에 일이 많이 행해지면 진동은 더 큰 변위와 더 큰 진폭을 갖는다. 음파를 발생하는 진동 물체가 더 큰 진폭을 가진다면 더 강한 '밀'과 '소' 상태를 발생한다. 음파의 세기는 음파가 이동시키는 에너지로 측정된다(그림 5.17). 음파의 **세기**(intensity)는 단위면(m^2)에 수직으로 파동이 전송되는 힘(W)으로 정의된다.

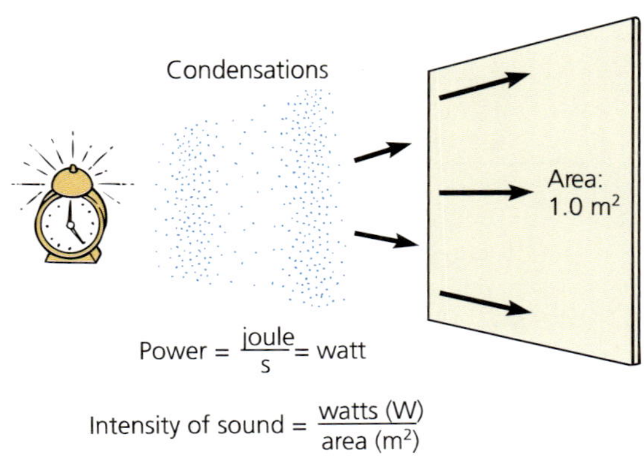

그림 5.17 음의 세기는 파동이 수직면에 전달된 에너지의 비율이다. 세기(W/m^2)는 평방미터 당 와트로 측정된다.

소리 세기(loudness)

소리 세기는 사람마다 다양하게 느끼며 주관적인 해석이다. 소음은 또한 (1) 진동하는 물체의 에너지, (2) 음파가 통과하는 공기의 조건, (3) 사람과 음원 사이의 거리와 관련된다. 진동하는 음원의 진폭을 두 배로 하면 결과적으로 음파의 세기는 네 배가 되는 것이다. 감지된 소음과 음파의 세기는 선형적인 관계가 아니다. 사실 두 배로 감지된 소리는 10배의 세기를 의미하고, 소음이 네 배이면 세기는 1백 배 증가함을 의미한다.

인간의 귀는 10^{-12} W/m^2 정도의 낮은 세기를 가진 소리들을 들을 수 있을 만큼 매우 민감하고, 강도가 약 1 W/m^{2}에 도달하는 소리에도 불안해하지 않는다. 두 번째 강도는 첫 번째보다 10^{12}배 정도이다. 이 범위 안에서 힘을 10 단위로 변화하여 세기를 독자적으로 해석한다. 음파의 세기 수준을 측정하기 위해 **데시벨 등급**(decibel scale)을 적용하게 되었다. 수치는 청취의 한계값에 주어진 소리 세기에 대한 눈금의 비율이며, 그것은 1,000 Hz에서 10^{-12} W/m^2 로 정의된다. 10 배수라는 독자적 해석을 갖기 때문에 로그 눈금은 선형 눈금보다 더 많이 사용된다. 눈금은 청취 한계점에 대한 소리의 세기 비율의 로그값으로 인간 청취의 한계값을 영점으로 한 것이다. 단위는 알렉산더 그라함 벨의 이름에서 따왔는데 이 단위는 너무 커 실용할 수 없기에 10분의 1로 줄여서 데시벨(dB; decibel)이라 한다. 그러므로 음파의 세기는 데시벨로 측정된다(표 5.2). 표 5.2의 목록은 일반적인 소리들의 데시벨 소음 수준을 비교한 것이고, 데시벨 눈금에서 10의 증가는 소음 세기의 10배를 뜻한다. 예를 들어 10의 데시벨 눈금에서 20의 데시벨 눈금까지는 10배 더 세기가 강해졌다는 것을 의미한다. 비슷하게 20에서 40까지 데시벨 눈금이 이동한다는 것은 세기가 100배 증가한 것을 의미한다. 여러분이 알 수 있는 것처럼 데시벨 눈금은 단순한 선형 눈금이 아니다.

표 5.2 세기에 따른 소음 수준의 비교

상황	반응	데시벨	강도(W/m^2)
들리는 최소 작은 소리	거의 감지 못함	0	1×10^{-12}
숲속의 조용한 날	매우 매우 조용	10	1×10^{-11}
속삼임(15 ft)	매우 조용	20	1×10^{-10}
도서관	조용	40	1×10^{-8}
대화	듣기 쉬움	65	3×10^{-6}
큰 도로의 교통	대화가 어려움	70	1×10^{-5}
유압식 드릴(50 ft)	매우 시끄러움	95	3×10^{-3}
제트 비행기	불편함	120	1

공명(resonance)

여러분은 번개가 창문을 흔드는 것을 들을 때 음파가 에너지를 전달하다는 것을 알 수 있다. 사실 폭발로부터 발생하는 날카로운 소리는 창문을 흔들 뿐만 아니라 파괴할 수 도 있다. 번개 또는 폭발이 일어나면 에너지원을 분명히 알 수 있지만, 때때로 무슨 일이

Connections . . .

소음 공해의 해결은?

종, 제트비행기, 사이렌, 모터사이클, 잭 해머 및 건설 소음 등은 평범한 일상생활의 여러 곳에서 경험하는 것이다. 그런 소음 공해는 모든 곳에 있으며, 여러분이 이런 소음을 피할 수 있는 곳은 드물다. 귀마개는 소음 수준을 줄이는데 도움이 되지만 여러분이 듣고자 하는 음악 또는 사람의 목소리 등을 차단한다. 더구나 귀마개는 비행기 엔진 또는 바람소리 등과 같은 더 낮은 소리보다는 고주파에 더 효과적이다.

소음 공해를 해결하기 위한 좋은 방법으로 소음이 여러분 귀에 도착하기 전에 소리 파동들을 상쇄하는 새로운 "소음방지"기술이 있다. 마이크로프로세서는 잡음(background noise)을 탐지하고, 소음 파장을 마이크로프로세서에 정보로 전송한다. 그 때 마이크로프로세서는 잡음과 정확히 180° 다른 "소음방지" 신호를 발생한다. 소음과 소음방지 신호가 만날 때 그것들은 서로 상쇄 간섭이 일어나 큰 소음을 줄이는 것이다.

소리를 상쇄하는 기술은 오늘날 한 세트의 헤드폰이 부착된 휴대용 전자기기에 이용된다. 헤드폰은 컴퓨터, 진공청소기 및 제트비행기의 엔진 소음 등과 같이 지속적인 소음이 발생하는 곳에서 효과적으로 사용된다. 어떤 판매자들은 이와 같은 기기가 에어컨 소음의 40 %, 차량 소음의 80 %, 또는 비행 조종실 소음의 95 % 정도까지 제거할 수 있다고 주장한다.

소음 제거 마이크(noise-canceling microphone)는 전화 통화 중의 목소리의 울림, 고주파 소음이 발생하는 이동전화기 등의 잡음 등을 제거하는데 이용될 수 있다. 개선된 마이크프로세서 및 새로운 디지털 응용 기기 등을 이용한 소음 상쇄 기술은 고음질의 통화에 기여할 것이다. 그것은 또한 시끄러운 세상의 음량을 낮추는데 도움을 줄 것이다.

CONCEPTS APPLIED 노래하는 유리

여러분은 컵의 둘레를 문지를 때 발생되는 "소리"를 들은 적인 있는가? 컵에서 소리를 잘 발생시키기 위해서는 가능한 한 손가락의 기름기를 많이 제거해야 한다. 그리고 정확한 속도로 가볍게 주변과 컵 둘레의 꼭대기를 문지른다. 기름기가 없는 여러분의 손가락은 컵의 가장자리를 문지르는 것을 희미하게 감지할 수 있을 것이다. 여러분의 손가락이 느끼는 적절한 압력과 속도는 컵의 고유주파수와 일치할 것이다. 공명 진동은 높은 음계의 "소리"를 발생시킬 것이다.

일어났는지 분명하지 않을 때는 음파를 통하여 에너지 이동이 일어난다. 예를 들어 트럭이 길을 따라 내려가면 창문만 흔들리고 다른 것들은 그렇지 않다. 가수는 단음으로 물 컵을 깨뜨릴 수 있지만 다른 물체들에 영향을 주지 못한다. 진동하는 물체의 물성과 에너지의 전송에 대해 좀 더 알아본다면 이와 같은 현상을 설명할 수 있을 것이다.

어떤 탄성 물체는 진동을 만들 수 있는데, 충분히 교란된 후에 일정한 주파수로 자유롭게 진동할 것이다. 때때로 연예인들은 악기의 대용으로 톱, 렌치 및 다른 이상한 물건 등을 이용하여 공연을 한다. 모든 물질은 재질 및 모양에 따라 **고유주파수**(natural frequency)를 가지고 있다. 어떤 연예인이 글로켄슈필(glockenspiel; 철금)의 막대를 가지고 연주를 하였다면 그것은 철금의 고유주파수를 이용한 것이다.

만일 여러분이 그네를 밀고 당긴 적이 있다면 여러분의 작은 힘이 어떤 주파수에서 적용될 수 있는지를 알 것이다. 만일 응용된 힘의 주파수가 움직이는 그네의 고유주파수와 조화를 이룬다면 진폭이 크게 증가될 것이다. 두 주파수가 조화를 이룰 때 에너지는 매우 효율적으로 전달된다. 외부 힘의 주파수가 고유주파수와 조화를 이룰 때 이것을 **공명**(resonance)이라 한다. 따라서 어떤 물체의 고유주파수와 공명이 일어난 주파수를 공명주파수(resonant frequency)라 한다.

Science and Society

레이저 도청장치(Laser Bug)

여러분의 손가락 끝 사이에 완전히 부푼 풍선을 가볍게 쥐고 말을 해봐라. 여러분의 목소리로부터 약간의 진동을 느낄 수 있을 것이다. 비슷하게 여러분 목소리에서 나온 음파는 근처 창문을 약간 진동하게 하는 원인이 될 것이다. 만약 레이저 빔이 창문에서 튕겨진다면 반사는 진동에 따라 변화될 것이다. 들어오는 레이저 빔은 일정하며 모든 빛은 같은 주파수와 진폭을 갖는다. 그러나 반사된 빔은 안팎으로 진동하는 창유리로부터 다른 주파수와 진폭을 가질 것이다. 이와 같은 변화는 수신자에 의해 탐지될 것이고, 헤드폰을 통해 소리로 변화된다. 적외선은 사람이 볼 수 없는 주파수이므로 적외선 빔을 볼 수는 없다. 소리에 민감한 어떠한 대상(창유리, 팽창한 풍선, 매달린 그림 또는 서랍장의 유리 등)도 레이저 도청장치로 사용될 수 있다.

토의할 질문

1. 어떤 사람이 당신의 개인적인 대화를 듣는 것이 합법인가?
2. 레이저 도청장치와 같은 기술의 판매가 허용되어야 하는가? 문제는 무엇인가?

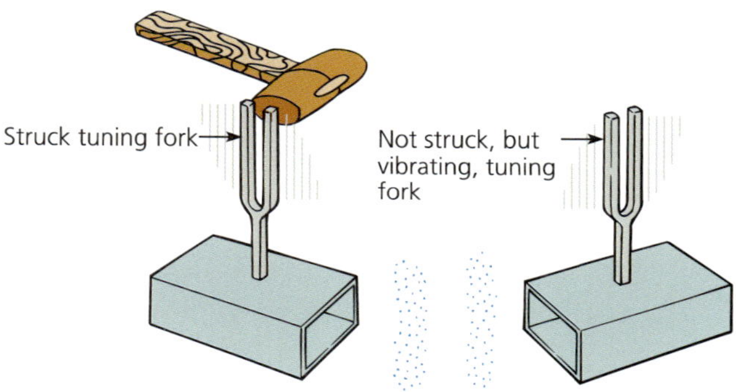

그림 5.18 음파력이 가해졌을 때 그 힘의 주파수가 물체의 고유주파수와 조화를 이루면 에너지는 매우 효율적으로 전달된다. 이와 같은 조건을 공명이라 한다.

같은 주파수를 가진 두 번째 소리굽쇠를 조용한 소리굽쇠 근처에서 진동시키면 조용한 소리굽쇠는 공명할 것이다(그림 5.18). 여러분이 타종한 소리굽쇠를 손으로 잡아 진동을 멈추었어도 다른 소리굽쇠가 계속 진동하는 것을 알 수 있을 것이다. 타종한 소리굽쇠에서 발생된 '밀'과 '소'는 다른 소리굽쇠의 고유주파수와 조화되어 규칙적이고 연속적인 임펄스를 발생시킨다. 공명은 상대적으로 적은 에너지로도 진동을 시작한다는 것을 설명하고 있다.

빌딩 옆을 지나가는 트럭에 의해서 발생된 진동은 다른 진동이 발생하지 않지만 건물의 창문을 흔들리게 할 수 있다. 트럭에 의해 발생된 진동은 창문의 고유주파수와 조화를 이루지만 다른 것과는 일치하지 않는데, 창문은 고유주파수와 조화를 이룬 음파의 임펄스에 공명이 유발된다. 가수가 물 컵을 깰 수 있었던 것 또한 공명이다. 만일 음색(tone)이 컵의 공명주파수와 같다면 물 컵을 깰 만큼 충분한 진동이 발생할 것이다. 공명은 공학에서도 중요한 요소이다. 예를 들어 핵발전소를 위해 설계된 대형 물 펌프의 경우, 전동기에서 발생한 진동이 임펠러 날개의 공명주파수와 같다면 펌프는 짧은 시간에 부서질 것이다. 따라서 임펠러 날개는 전동기의 고유주파수와 다르게 재설계되었다. 공명 진동은 특히 빌딩 설계에서도 중요하다.

5.6 음원(Sources of Sounds)

모든 소리의 음원은 진동하는 물체이다. 물체의 진동은 공기를 통과하여 '밀'과 '소' 상태의 자극 및 파동 등을 보낸다. 음파는 물리적인 특징을 갖으며 주파수 및 세기로 측정할 수 있다. 여러분이 어떤 주파수를 감지하더라도 음의 고저만 확인할 수 있다. 고주파 소리는 아주 높은 음조(pitch)로 해석되고, 저주파 소리는 낮은 음조로 해석되며, 큰 세기는 음 크기가 증가된 것으로 해석되지만 주파수와 음조처럼 세기와 크기는 직접적인 관계는 없다.

소리는 주관적인 해석이 가능한데, 어떤 소리는 사람들에게 성가시고 짜증나게 하지만 또 다른 사람들은 그것을 알지 못한다. 일반적으로 창문을 닫는 소리, 책이 떨어지거나 의자가 미끄러지는 것과 같이 간단하고 불규칙적인 진동에 의해 만들어진 소리를 소음(noise)이라 한다. 소음은 혼합된 주파수와 뒤범벅이 된 세기를 가진 음파의 특성을 가진다(그림 5.19). 다른 한편으로 소리굽쇠에 의해 만들어진 매우 규칙적이고 반복하는 진동에 의해 만들어진 소리들이 있다. 소리굽쇠는 사인 곡선과 같은 압력 진동과 규칙적인 주파수를 가진 순음(pure tone)을 발생한다. 대부분의 사람들이 소리굽쇠는 단조로운 소리로 해석하지 계명(musical note)으로 들린다고 말하지 않는다. 악기에서 나오는 음악 소리는 소음이나 순음처럼 주파수와 크기를 갖는데, 여러분은 두 개의 다른 악기에서 나오는 매우 비슷한 계명이 어느 악기의 것인지 쉽게 구별할 수 있다. 여러분은 계명이 바이올린에 의한 건지 기타에 의한 건지 알 수 있다. 두 악기에 의해서 만들어진 소리의 파동 형태의 차이를 음질(sound quality)이라 한다. 어떻게 악기가 특성 있는 소리를 발생하는가? 그에 대한 해답은 진동하는 줄을 이용하는 악기를 관찰함으로써 알 수 있다.

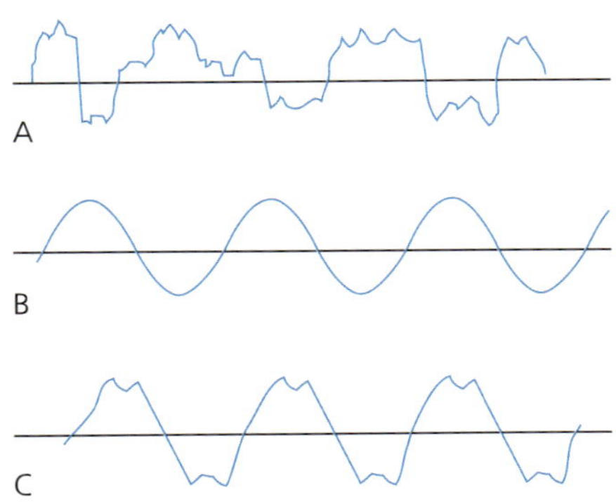

그림 5.19 여러분이 듣는 소리이다. (A) 소음, (B) 순음(pure note), (C) 계명(musical note)

진동하는 줄(vibrating strings)

기타와 같은 현악기는 두 개의 고정된 끝 사이에 팽팽한 줄이 있다. 줄을 튕길 때 각기 다른 주파수를 갖는 파동이 고정된 끝으로부터 반사되어 줄의 전후로 전달된다. 이 파동들의 대부분은 빠르게 사라지고 어떤 주파수들은 공명하여 파동의 패턴을 만든다. 세부적으로 공명 패턴을 판단하기 전에 다음을 고려해야 한다. (1) 같은 시공간의 둘 또는 그 이상의 파동이 서로 반대 방향들로부터 전달된다. (2) 좁고 사방이 막힌 곳에서의 파동은 경계면에서 반사될 것이고, 반사파는 반대로 뒤집어진다(마루가 골이 된다). (3) 반사파는 동일 주파수의 입사파(incoming wave)와 간섭작용하여 **정상파**(standing wave)를 발생시킨다. 그림 5.20은 반사파가 입사파를 만날 때 나타나는 그래픽사진이다. 입사파는 실선이고 반사파는 점선이다. (1) 마디(node)라고 부르는 상쇄 간섭의 지점에서는 어떠한 교란도 없다. (2) 배(antinode)라 불리는 보강 간섭의 루프에서는 두 파동들의 마루와 골이 빠르게 위 아래로 바뀌는 교란을 발생시킨다. 따라서 교번하는 마디와 배는 줄을 따라 움직이지 않으며 이를 정상파라 한다. 하나의 파장을 갖는 정상파는 양 끝과 중간에 하나씩의 마디와 두 개의 배를 갖는다. 정상파는 자연적으로든 또는 줄이 공명할 때 발생하는데, 줄의 주파수는 줄의 재질, 길이 및 장력 등에 의해 결정된다. 정상파는 공명 진동을 하기 때문에 다른 파동은 빠르게 사라져도 정상파는 계속된다.

줄의 양 끝은 마디를 갖고 있어서 움직이는데 자유롭지 않다. 이와 같은 줄에서 정상파를 만들 수 있는 가장 긴 파동은 줄의 길이(L)의 두 배인 파장을 가진다. 가장 긴 파장을 **기본주파수**(fundamental frequency)라 하며, 주파수(f)는 파장(λ)에 반비례하기 때문에 가장 낮은 주파수를 가진다. 기본주파수는 하나의 배를 가지며 줄 길이는 파장의 반절크기이다. 기본주파수(f_1)는 소리에 존재하는 기본적인 계명(musical note)의 음조(pitch)를 결정하며, 제일 조화파(first harmonics)라 한다. 이 줄에 맞는 또 다른 정상파에 의해 공명주파수가 발생된다. 더 높은 주파수(f_2)의 진동은 두 고정된 마디 사이에서 두 개의 반파장(half-wavelength)을 만든다. 훨씬 더 높은 주파수(f_3)는 두 고정된 마디 사이에 세 개의 반파장을 만든다(그림 5.21). 반파장 개수에 따라 정상파 파동이 형성될 것이다. 이러한 파장들의 주파수(f_2, f_3)를 배음(overtone, 倍音) 또는 조화(harmonic)라 한다. 기본음과 배음이 어울려 특성 음질을 발생하는데 바이올린 및 기타에 의해서 발생된 같은 음조의 계명(note)이라 하더라도 음질은 차이가 있다(그림 5.22).

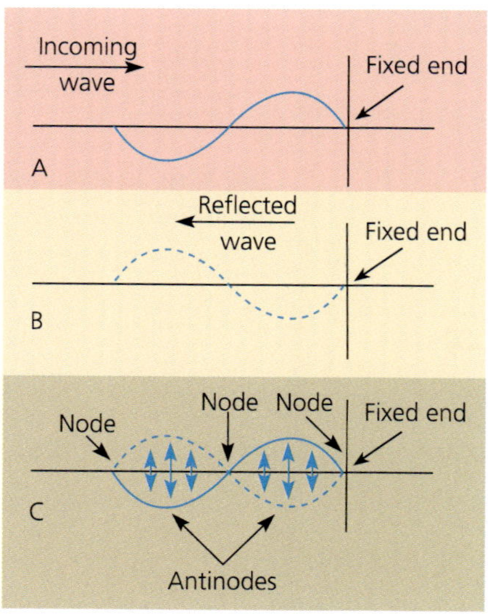

그림 5.20 말단에 입사되는 파동은 (A) 반사파를 만나고, (B) 동일한 진폭과 주파수의 정상파를 발생시키며, (c) 한 파장의 정상파가 세 개의 마디와 2개의 배를 가진다.

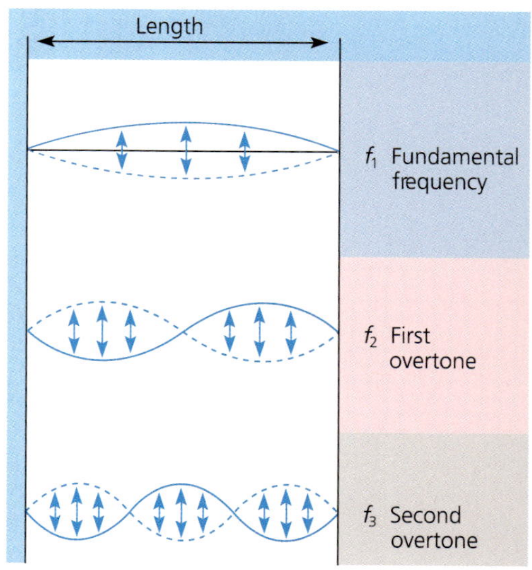

그림 5.21 주어진 길이의 직선 줄은 많은 공명주파수들을 가진다. 가장 낮은 주파수는 f_1이다. 다음으로 가장 높은 주파수는 f_2, f_3순이다.

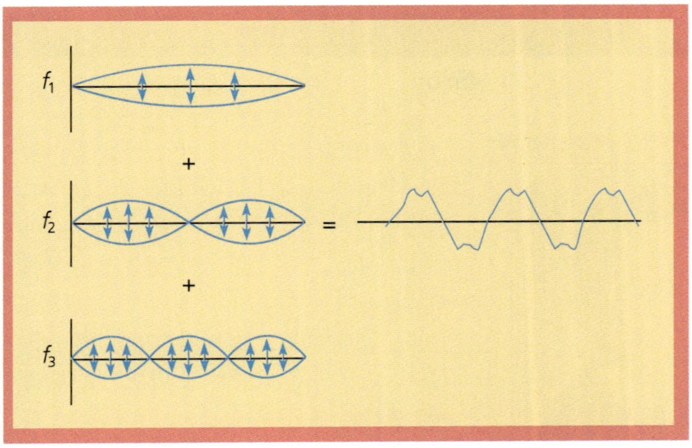

그림 5.22 기본주파수 및 배음주파수의 결합은 특성 음질을 갖는 합성 파형(composite waveform)을 만든다.

진동하는 줄은 배음을 갖는 파형을 발생하며, 진동하는 줄이 있는 악기를 화음악기(harmonic instrument)라 한다. 공기 기둥(column)을 이용하는 악기들도 화음악기라 한다. 클라리넷, 플루트, 트롬본, 트럼펫, 파이프 오르간 등은 관악기(wind instrument)로 다양한 방법으로 공기 진동 기둥을 만든다. 플루트는 날카로운 가장자리 위로 공기를 움직여 연주하며, 클라리넷 및 색소폰 등과 같은 관악기는 가는 갈대(thin reed) 떨럭임을 이용하여 연주한다. 금관악기(brass instrument)의 공기 기둥은 연주자가 유연하게 움직이는 입술에 의해 연주된다.

공기 기둥의 길이는 주파수를 결정하고, 목관악기(woodwind instrument)는 공기 기둥의 길이를 바꾸기 위해 관의 측면에 구멍이 있다. 결론적으로 음색(tone)은 공기 기둥의 길이와 공명 배음에 의존하는 것을 알 수 있다.

움직이는 음원의 소리(sounds from moving sources)

음원이 정상파(stationary wave)일 때 하나의 음원에서 발생한(같은 공간) 음파는 모든 방향으로 퍼진다. 그러나 음원이 움직이기 시작하면 그 때 연속적인 음파는 운동 방향으로 변위되고, 이것의 음조(pitch; 고조)가 바뀐다. 예를 들어 구급차의 사이렌은 구급차가 지나갈 때 음의 고저가 변하는 것처럼 들린다. 구급차가 다가오면서 음파는 "눌려(squashed)"지면서 구급차 안의 사람들보다 더 높은 주파수 사이렌을 듣는다. 구급차가 여러분을 지나치면 음파는 "늘어지고(stretched)" 사이렌의 주파수가 낮게 들린다. 음원이 다가올 때 소리가 커지고 멀어지면 소리가 작아지는 효과를 **도플러 효과**(Doppler effect)라 한다. 도플러 효과는 여러분이 길가에 서있고 접근하는 자동차가 여러분의 곁을 지나

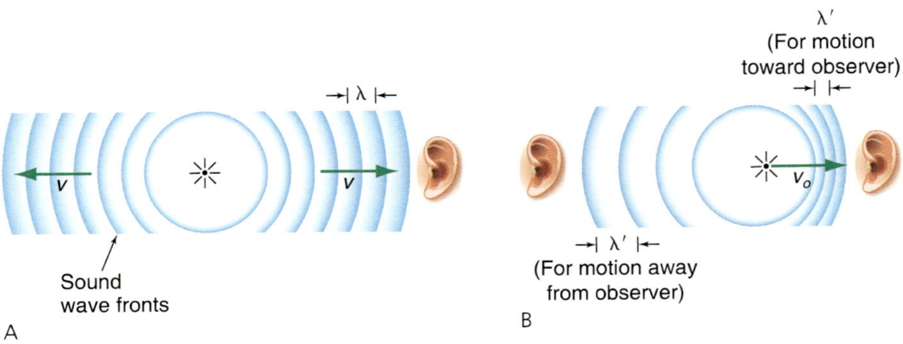

그림 5.23 (A) 고정 발생원에서 발생된 음파와 정지한 관찰자 (B) 오른쪽으로 움직이는 음원에서 발생된 음파. 오른쪽의 관찰자는 짧아진 파장을 듣는다. 왼쪽의 관찰자는 길어진 파장을 듣는다.

People Behind the Science

Johann Andreas Christian Doppler (1803–1853)

크리스천 도플러는 도플러 효과를 발견한 오스트리아 물리학자로 관측된 파동의 주파수는 파원과 관찰자 사이의 상대적인 운동과 관련되어 있다는 것이다. 이동하는 음원이 관찰자를 통과하면서 점점 소리가 작아지는 현상에서 도플러 효과를 쉽게 관찰할 수 있다. 천문학에서 자주 사용되는데, 먼 천체의 속도와 거리를 측정하는데 사용된다.

관찰자를 향하여 음원이 가까워지면 음파의 주파수와 소리크기는 커지고, 음원이 멀어지면 음파는 좀 더 늦게 관찰자에게 도착하여 주파수와 소리크기는 작아진다. 1842년에 도플러는 이와 같은 현상을 발표하였고, 도플러 원리에 근거하여 주파수를 수학적으로 관찰하였다.

도플러 원리의 첫 번째 실험은 네덜란드의 유트레이트(Utrecht)에서 1845년에 실시되었다. 기관차의 열린 객차에 트럼펫 연주자들을 각각 탑승시키고, 연주되는 계명의 음조를 식별할 수 있는 음악가 옆으로 기관차를 통과시켰다. 트럼펫 연주자들에 의해 연주된 음조의 변화는 도플러 공식을 효과적으로 증명하였다.

도플러는 그의 원리가 어떤 파동 움직임에도 적용된다는 것을 정확히 제안했으며, 소리뿐만 아니라 빛에도 적용된다고 주장하였다. 그는 모든 별은 백색광을 방출하며 색깔의 차이는 별들의 움직임이 주파수와 관련이 있기 때문으로 판단하였다. 별들은 그들의 기본색이 다양하게 있으므로 이와 같은 생각은 그 당시에 보편적인 사실이 아니었다. 그러나 아만드 피조(1819–1896)는 별들의 스펙트럼 변화를 관찰하면 도플러 효과를 이용하여 별의 움직임을 판단할 수 있다는 것을 1948년에 주장하였다. 이와 같은 생각은 윌리엄 허긴즈(1824–1910)에 의해 1868년에 적용되었는데, 태양계로부터 멀어지는 시리우스의 스펙트럼에서 적색편이(red shift)를 발견하였다. 1929년에 에드윈 허블(1889–1953)은 은하수의 거리를 측정하기 위해 적색 편이를 사용함으로써 도플러의 가설이 증명되었다. 즉, 도플러의 원리는 초기에는 일상 현상을 설명하기 위한 발견이었으나 우주의 특성을 해석하는 중요한 근거로 발전되었다.

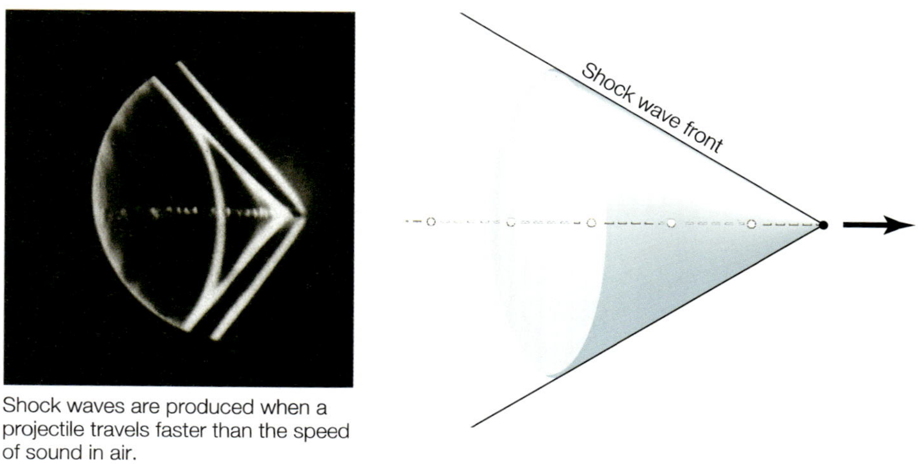

그림 5.24 매질 내에서 음속보다 음원이 더 빠른 속도로 움직이고 있다. 구면파(spherical wave)의 엔벨로프(envelope)는 원추형 충격파를 만든다.

갈 때 자동차의 경적을 듣는다면 명확하게 확인될 것이다. 여러분은 자동차가 접근하면 더 높은 음조의 경적을 들을 것이나, 파동이 여러분 곁을 지나가면 낮은 음조의 경적으로 바뀐다. 그러나 자동차 운전자는 음원과 같이 움직이고 있기 때문에 실제의 경적음을 듣는 것이다(그림 5.23).

도플러 변이(Doppler shift)는 관찰자가 움직이고 있고, 음원은 정지하고 있는 것으로 한다. 관찰자가 정지해 있을 때보다 음원과 가까워지면 파면과 많이 부딪히게 된다. 관찰자가 음원으로부터 멀어지면 관찰자가 움직이지 않을 때보다 적게 부딪치게 될 것이다. 따라서 움직이는 열차를 타고 있는 관찰자가 울리는 종과 교차하면서 지나갈 때 높은 소리는 낮은 소리로 바뀐다.

물체가 음속으로 공기를 통과하여 이동할 때 음파를 발생한다. 모든 연속적인 파면은 충격파(shock wave)라 부르는 큰 파동 교란을 발생시키면서 겹겹이 쌓인다. 초음속 비행기의 충격파는 뒤로 강한 '밀'의 원뿔 모양의 파동이 발생하는데, 비행기의 속도에 따라 각도가 달라진다. 겹겹이 쌓인(superimposed) 원뿔 모양을 한 파동의 마루가 통과할 때 음속 폭음(sonic boom)이 발생한다(그림 5.24). 각 마루가 많이 겹쳐지면 압력증가로 이어지는데, 인간의 귀는 압력파가 초음파 비행기에 의한 것인지 폭발에 의한 것인지 구별할 수 없다.

음속 폭음은 비행기가 음속 장벽(sound barrier)을 깰 때만 일어나는가? 대답은 '아니오' 이다. 음속보다 더 빨리 비행하는 비행기는 계속해서 충격파를 발생시키고, 음속 폭음 비행기가 원뿔 모양의 충격파를 형성시키는 어디에서든 들을 수 있다. 여러분은 그림 5.25에서 보는 바와 같이 비행기의 추진에 따른 충격파의 증거를 확인할 수 있는가?

그림 5.25 때때로 비행기가 소리 장벽을 깨기 위해 속력을 낼 때 구름이 형성된다. 습도가 많은 공기는 충격파 뒤에 공기압이 떨어져 구름 물방울을 형성한다.

Connections . . .

도플러 레이더

도플러 효과는 오스트리아의 과학자 크리스천 도플러의 이름에 의해 붙여진 것이다. 1842년 음파의 효과를 처음으로 증명하였다. 이와 같은 원리는 소리뿐만 아니라 전자기 방사, 복사 주파수 등에 적용된다. 광원이 멀어져 갈 때 더 낮은 주파수가 관찰되며, 이것을 "적색편이(red shift)"라 한다. 또한 더 높은 주파수를 향한 "청색편이(blue shift)"는 광원이 관찰자를 향해서 움직이고 있을 때 일어난다. 라디오파로 주파수의 이동을 설명할 수 있으며, 주파수 변화를 측정하는 기상 레이더를 도플러 레이더라고 부른다.

기상 레이더는 안테나로부터 짧은 라디오파를 송출한다. 폭풍우를 만날 때 파동들은 비, 눈과 우박 등에 의해 반사되어 안테나로 되돌아온다. 반사된 레이더 파동은 전기적으로 변환되어 낙하의 위치와 강도 등을 모니터에 보여준다. 도플러 레이더는 반사된 라디오파의 이동 주파수를 측정한다. 안테나를 향해 움직이는 물체의 파동은 더 높은 주파수를 나타내며, 안테나로부터 멀어지는 물체의 파동은 더 낮은 주파수를 나타낸다. 주파수들의 이런 이동을 측정하여 빗방울의 이동, 바람의 속도 및 방향, 그리고 폭풍우 등을 예측하는 것이다.

기상 예보자는 폭풍우를 측정하기 위해 도플러 레이더 기계를 이용한다. 예를 들어 주어진 장소에서 폭풍우 바람의 강도뿐만 아니라 토네이도가 형성된 장소와 시간을 확인하고 폭풍우가 얼마나 많이 내릴 것인가를 평가하여 일기를 예보하는 것이다.

오스트리아 물리학자 어니스트 마하(Ernst Mach)는 1877년의 논문에서 초음파의 원리를 발표하였다. 그는 또한 소리의 속도에 물체의 속도 비율을 사용하는 방법을 제시하였다. 오늘날 이 비율을 마하 수(Mach number)라 한다. 음속으로 비행하는 비행기는 마하 1이며, 소리의 두 배 속도로 비행하는 비행기는 마하 2를 가지는 것이다. 어니스트마하가 음속 폭음의 발생에 대한 설명을 처음으로 시도하였으며, 그는 발사체가 음속에 접근할 때 발사체에서 형성된 원추형 충격파의 존재를 확인하였다.

요약

탄성체는 외부힘에 의해 교란되면 앞뒤로 반복하여 진동한다. 탄성체가 외부력에 의해 변형이 일어났더라도 원래 위치로 돌아가려는 내부적인 복원력을 갖고 있기 때문에 진동할 수 있다. 만일 내부 복원력은 변형 변위에 반대로 발생하고, 비례한다면 진동은 단조화(simple harmonic) 운동이다. 변위의 한계는 진폭이며, 완전한 하나의 전후 운동이 하나의 사이클이다. 한 사이클이 완성되는데 필요한 시간은 주기이다. 주파수는 초당 사이클의 수이며, 주파수의 단위는 Hz이다. 단조화 운동을 위한 시간 함수의 변위 그래프는 사인그래프이다.

주기적이거나 반복 진동 또는 단일 간섭의 펄스는 교란 즉 파동을 발생시키며 파동은 매질을 통하여 에너지를 전달한다. 파동 전달의 방향과 같은 전후 움직임으로 입자들을 교란하는 파동을 종파라 한다. 파동 전달에 수직 방향인 상하 움직임에 의해 입자들을 간섭하는 파동을 횡파라 한다. 매질 및 교란의 성질에 따라 새로운 파동의 형태가 결정된다.

공기를 통하여 전달되는 파동은 종파이며, 이것은 공기 분자들의 전후 운동을 유발한다. 분자가 더 밀집되어 있는 구역을 '밀'(condensation)이라 하는데, 증가된 밀도와 압력의 펄스를 발생한다. 줄어든 밀도와 압력 구역은 '소'(rarefaction)가 된다. 진동하는 물체들은 '밀'과 '소'를 발생하는데 음원으로부터 밖으로 팽창한다. 만약 주파수가 20~20,000 Hz 사이에 있다면 인간의 귀는 특정 높이의 소리로 파동을 감지한다. 고주파는 높은 음조(pitch)의 소리로 해석되고, 저주파는 낮은 음조의 소리로 해석된다.

'밀'과 '소' 상태에 의해 발생된 압력 변화의 그래프는 음파를 설명하는데 사용될 수 있다. '밀'은 마루(crest)를 발생시키고, '소' 상태는 골(though)을 만든다. 진폭은 정상상태로부터 압력의 최대 변화이다. 파장은 하나의 마루로부터 다음 마루까지의 거리이다. 주기는 그 자체로 반복되는 파동을 위해 필요한 시간이다. 파동의 속도는 파장이 얼마나 빨리 지나가는가를 나타낸 것이다. 주파수는 파동방정식($v=\lambda f$)으로부터 계산될 수 있다.

음파는 진공을 제외한 모든 매질을 통과할 수 있다. 매질에서 소리의 속도는 분자의 관성 및 분자력의 세기에 의존한다. 그러므로 소리는 고체, 액체, 기체 순으로 빠르게 전달된다. 소리는 차가운 기체보다 따뜻한 기체에서 보다 빠른데, 이 때문에 따뜻한 기체에서 펄스도 빠르게 전달된다.

음파는 어떤 경계(boundary)에서 반사되거나 굴절되는데 이는 매질의 변화를 뜻한다. 입사파와 동상(in phase)인 반사파는 보강 간섭이 발생하며, 이상(out of phase)인 반사파는 상쇄 간섭이 발생한다. 비슷하지만 약간 다른 주파수를 갖는 두 파동에서는 소리 크기(loudness)의 상승과 감소가 번갈아 발생하는데 이를 맥놀이(beat)라 한다.

음파의 에너지는 파동의 세기이며, 그것은 단위면적 당 와트로 측정된다. 소리의 세기는 데시벨 눈금으로 표현되며, 그것은 사람의 귀에 의해 감지된 소리 크기의 변화와 관련이 있다.

모든 진동체는 그들이 이루고 있는 물질과 모양에 의해 결정되는 진동의 고유주파수를 가진다. 고유주파수와 같은 에너지를 받으면 공명이라 불리는 진폭의 급격한 상승이 일어난다. 또한 고유주파수를 공명주파수라고도 한다.

소리는 음조, 소리크기 및 음질로 비교된다. 소리의 음질은 음을 내는 악기에 의해 결정된다. 악기가 발생하는 공명주파수 때문에 악기는 특유의 음질을 가진다. 기본주파수는 그것이 만들 수 있는 가장 긴 정상파이다. 기본주파수에 의해 기본적인 음이 결정되고 그 외 공명주파수들이나 배음(overtone) 또는 조화(harmonics)라 불리는 정상파가 기본주파수와 어울려 악기의 음질을 결정한다.

움직이는 음원이나 움직이는 관찰자는 도플러 효과라 불리는 주파수의 이동을 경험한다. 만일 음원이 소리의 속도보다 더 빨리 움직이고 있다면 음파가 겹겹이 쌓여 음파는 음속 폭음(sonic boom)이라 부르는 충격파(shock wave)가 된다. 음속 폭음은 폭발에 의한 압력파와 매우 흡사한 소리이다.

5.1 $T=\dfrac{1}{f}$

5.2 $f=\dfrac{1}{T}$

5.3 $v=\lambda f$

5.4 $f_b=f_2-f_1$

개념 적용

1. 진동하는 물체가 하나의 완전한 사이클을 완성하는데 필요한 시간은?
   a. 주파수
   b. 폭
   c. 주기
   d. Hz
2. 초당 사이클의 단위는 무엇이라 하는가?
   a. Hz
   b. 람다
   c. 파동
   d. 와트
3. 진동하는 물체의 주기는 주파수와 어떤 관련이 있는가?
   a. 직접적으로 비례
   b. 반비례
   c. 주파수적으로 비례
   d. 비례하지 않는다.
4. 역학적인 종파는 물질의 입자들이 어떻게 움직일 때 발생하는가?
   a. 파동이 움직이는 같은 방향에서 앞뒤로
   b. 파동이 움직이는 방향에서 수직으로
   c. 파동이 움직이는 방향에서 원형 운동으로
   d. 파동이 움직이는 방향에 반대하는 원형운동으로
5. 역학적인 횡파는 무엇을 통과할 수 있는가?
   a. 고체
   b. 액체
   c. 기체
   d. 위의 모든 것이 맞다
6. 역학적인 종파는 무엇만을 통과하여 전달할 수 있는가?
   a. 고체
   b. 액체
   c. 기체
   d. 위의 모든 것이 맞다
7. 여러분이 음조(pitch)로 해석하는 파동의 특징은 무엇인가?
   a. 진폭
   b. 모양
   c. 주파수
   d. 높이
8. 소리굽쇠가 매초마다 진동하는 사이클의 수는 무엇인가?
   a. 주파수
   b. 진폭
   c. 파고
   d. 음질
9. 음파는 어느 것에서 더 빠르게 전달하는가?
   a. 액체와 비교되는 것처럼 고체
   b. 기체와 비교되는 것처럼 액체
   c. 더 차가운 공기와 비교되는 것처럼 따뜻한 공기
   d. 위의 모든 것이 맞다.
10. 소리의 간섭에 의해 발생하는 현상은?
    a. 공명
    b. 데시벨
    c. 맥놀이
    d. 반사
11. 고유주파수에서의 에너지의 효율적인 전달은 무엇인가?
    a. 공명
    b. 맥놀이
    c. 도플러효과
    d. 반향
12. 지면의 관찰자는 비행기가 음속보다 더 빠를 때 음속 폭음을 듣는다. 어느 때 발생하는가?
    a. 비행기가 소리장벽을 깰 때
    b. 비행기가 접근할 때
    c. 비행기가 직접 머리 위에 있을 때
    d. 비행기가 지나간 후에

답 : 1.c 2.a 3.b 4.a 5.a 6.d 7.c 8.a 9.d 10.c 11.a 12.d

생각을 위한 질문

1. 파동은 무엇인가?
2. 횡파가 공기를 통하여 전달이 가능한지 설명하시오.
3. 어떤 피아노 조율사는 소리굽쇠와 계명(note)이 함께 울릴 때 초당 3비트를 들었고 줄을 팽팽히 당긴 후에는 초당 6비트를 들었다. 조율사가 줄을 당겨야 하는지 아니면 줄을 풀어야 하는지에 대해서 설명하시오.
4. 달에 있는 우주비행사들은 서로 가까이 있을 때조차도 왜 무선으로 의사소통을 해야 하는가?
5. 공명이란 무엇인가?
6. 소리가 차가운 공기에서보다 따뜻한 공기에서 더 빨리 전달되는 이유는?
7. 소리의 모든 주파수들은 같은 속도로 전달되는가? 파동 방정식을 사용하여 설명하시오.
8. 공기를 통하여 전달되는 음파에 결국 무엇이 일어나는가?
9. 무엇에 의해 계명의 음질이 결정되는가?
10. 초음속 비행기가 소리 장벽을 깰 때만 음속 폭음이 만들어지는가? 설명하시오.
11. 메아리는 무엇인가?
12. 기본주파수와 배음을 왜 공명주파수라 하는가?

심층 분석

1. 소리의 속도가 주파수와 같이 줄어든다면 멀리 떨어져 있는 음악은 어떻게 들리는가?
2. 종파와 횡파의 비슷한 점 및 공통점은 무엇인지 예를 들어 설명하시오.
3. 사람이 빈 방에서보다 물건이 꽉 찬 방에서 말하는 것을 듣는 것이 때로는 더 쉽다. 이와 같은 현상이 어떻게 발생한 것인지 설명하시오.
4. 여러분은 악기를 조율하기 위해 맥놀이를 어떻게 사용할 수 있는지 설명하시오.
5. 상쇄 간섭은 실제로 소리를 어떻게 상쇄시키는가?
6. 모든 소리의 음원은 진동하는가? 관찰은 가능한지, 진동이 간섭현상인지 논하시오.
7. 동시에 몇 사람들이 말하는 것을 들을 경우 음파가 파동의 압력 변화인지 어떻게 알 수 있는가?
8. 큰 밴드가 조화롭게 연주하며 다리를 건너가는 것이 왜 좋지 못한 생각일까?

탐구 초대

시끄러운 소음은 여러분을 괴롭히는가?

옛날 문답 게임 중에서 "What annoys an oyster?－무엇이 굴을 괴롭히는가?"라고 어린이들에게 묻는다.

대답은 "A noisy noise annoys an oyster.－시끄러운 소음은 굴을 괴롭힌다."이다.

얼마나 많은 소음이 굴을 괴롭히는지 발견하기 위해 실험을 할 수 있었지만 굴들이 얼마나 괴롭게 되었는지를 측정하는 것이 쉽지 않고, 살아있는 굴들을 유지하는데 어려움이 있다. 사람과 관련된 다른 주제를 생각하시오. "어떤 소음 수준이 우리를 잘 집중하게 만드는가?"

만일 여러분이 이 문제를 받아드린다면 어떻게 소음을 만들 것이지, 다른 소음의 수준들을 어떻게 제어할 수 있는지, 사람들의 집중 정도를 어떻게 측정할 것인지 등을 결정하라. 관련 질문은 "공부하는 동안 음악을 듣는 것이 학습에 도움이 되는지, 간섭이 되는지" 등과 관련이 있을 것이다.

유사 연습문제

그룹 A

1. 진동하는 물체는 50 cm의 파장과 10 Hz의 주파수를 가진 주기적인 파동들을 발생한다. 이 파동은 물체들로부터 얼마나 빠르게 움직이는가?
2. '밀'의 중심과 인접한 '소' 상태의 중심 사이 거리는 1.50 m이다. 만일 주파수가 112.0 Hz라면 파동의 속도는 얼마인가?
3. 물의 파동이 하나의 완전한 파동으로 4.0 sec마다 다리 밑을 통과하는 것으로 관찰된다. (a) 이 파동들의 주기는 무엇인가? (b) 주파수는 얼마인가?
4. 260 Hz의 주파수를 가진 음파는 330 m/s의 속도로 움직인다. 하나의 '밀'로부터 다음 '밀'까지 거리는 얼마인가?
5. 다음 음파의 속도는 얼마인가?
   a. 물질 C, 256 Hz이고, 파장은 1.34 m
   b. 계명 A, 440.0 Hz이고, 파장 78.0 m
   c. 사이렌, 750.0 Hz이고, 파장 45.7 cm
   d. 스테레오의 음, 2,500 Hz이고, 파장 13.7 cm
6. 여러분이 "야호"라고 소리치고 4.80 sec 후 절벽으로부터 메아리를 듣는다. 소리의 속도가 1,100 ft/s라면 절벽은 얼마나 떨어져 있는가?
7. 폭풍우에서 번개를 목격하고 4.63 sec 후에 천둥소리를 들었다. 소리의 속도가 1,140 ft/s라면 번개가 발생한 곳은 얼마 떨어져 있는가?
8. 만일 440 Hz 소리의 속도가 공기 중에 1,125 ft/s이고, 해수에서 5,020 ft/s라면 (a) 공기, (b) 해수에서 소리의 파장은 얼마인가?

그룹 B

1. 소리굽쇠는 78.0 cm의 파장을 가진 음파를 발생하여 초당 440.0회 진동한다. 이 파동의 속도는 얼마인가?
2. '밀'의 중심과 인접한 '소' 상태의 중심 사이의 거리는 65.23 cm이다. 만일 주파수가 256.0 Hz라면 이 파동은 얼마나 빠르게 전달되고 있는가?
3. 파동의 마루가 부표를 지나가면 부표는 5.0 sec 마다 관찰된다. (a) 이 파동의 주기는 얼마인가? 또한 (b) 주파수는 얼마인가?
4. 응급차의 사이렌 소리는 750.0 Hz의 주파수를 가지며, 343.0 m/s의 속도로 움직인다. 하나의 '밀'로부터 다음 '밀'까지의 거리는 얼마인가?
5. 다음 음파의 속도는 얼마인가?
   a. 20 Hz, 17.2 m의 λ
   b. 200 Hz, 1.72 m의 λ
   c. 2,000 Hz, 17.2 cm의 λ
   d. 20,000 Hz, 1.72 cm의 λ
6. 바다에 떠 있는 배는 경적을 울리면 메아리는 해안으로부터 10.0 sec 후에 되돌아온다. 만일 소리가 337 m/s로 전달된다면 해안까지의 거리는 몇 km인가?
7. 1마일(5,280 ft) 떨어져 곳에서 번개가 치고, 소리가 1,151 ft/s로 전달된다면 번개를 본 것과 천둥을 들은 것 사이에 몇 sec가 지연되었는가?
8. 600.0 Hz의 소리는 공기 중에서 1,087 ft/s, 물에서 4,920 ft/s의 속도이다. (a) 공기, (b) 물에서 이 소리의 파장은 얼마인가?

6
원자와 주기적 성질

지구상에서 발견된 자연적으로 나타나는 89 가지 원소중 하나인 순수 아연 사진이다.

현대 원자모델의 발달을 보면 현대과학이 많은 다른 학문 분야로부터 어떻게 유래되는가를 설명해준다. 예를 들면, 우리는 전기에 대한 연구로 원자는 전자(electron)라고 불리는 원자보다 더 작은 아원자 부분(subatomic part)으로 구성되어 있음을 알게 된다. 방사능의 발견으로 보다 더 많은 부분 즉, 중심원자가 양성자와 중성자를 포함하고 있다는 것을 알게 되었다. 빛의 흡수와 방출 정보를 이용하여 원자핵 주위를 돌고 있는 전자의 결합모델을 축소된 태양계 모델과 유사한 모델로 구성할 수 있다. 이 태양계 모델은 초기 모델로 제한적으로 성공했지만 물질과 에너지에 대한 다른 이해와 부합하지 않았다. 모델의 수정이 시도됐으나 아무 문제도 해결되지 않았다. 이 후 물질 파동 특성의 발견으로 완전히 새로운 원자모델을 이끌어 내었다(그림 6.1).

물질의 수많은 종류와 물질이 받는 변화를 설명하기 위하여 다음 장에서 원자모델을 다루게 된다. 게다가 약물로부터 도자기에 이르기까지 새로운 물질을 만들기 위해 물질의 변화를 어떻게 다루어야 하는가를 배울 것이다. 요컨대, 원자를 이해하는 방법을 배우게 되며, 원자가 겪은 모든 변화가 우리의 생활에 직접적으로 연관되며 모든 문명에 영향을 미침을 알게 될 것이다.

핵심개념 여러 학문 분야는 원자모델에 기여하였다.

6.1 원자 구조의 발견(Atomic Structures Discovered)

지금까지 가장 우수한 광학현미경을 가지고도 입자가 너무 작아서 볼 수 없었던 것을 과학자가 어떻게 알아냈는지 궁금할 것이다. 원자는 물질의 아주 작은 단위이며, 수소 1 g은 약 6×10^{23}개의 원자를 포함한다. 더군다나 원자는 개개의 단위가 아니며, 심지어 더 작은 입자로 구성되어 있다. 너무 작아서 볼 수 없다는 입자에 대해 과학자가 어떻게 논할 수 있었겠는가? 이러한 것들은 직접 관찰할 수는 없지만, 그들의 존재는 실험적인 증거로부터 추론할 수 있다고 대답한다. 다음의 내용은 과학자가 전자, 원자핵, 양성자, 중성자 등에 대하여 어떻게 연구했는가를 설명하며, 입자들이 원자 속에 어떻게 모두 정렬되어 있는 가를 서술한다.

원자 개념은 약 2천 5백 년 전인 고대 그리스 철학자까지 거슬러 올라가는 아주 오래된 용어이다. 고대 그리스는 순수 물질은 화합하지 않는 것으로 간주하였다. 예를 들면 물 한 컵은 전체적으로 동일한 것으로 나타난다. 컵 안이 물은 같은 가요? 지적인 연습으로 가능하기도 하면서 상충되는 개념을 만들 수 있었다. 물은 연속적인(continuous) 구조 즉 완전히 균일한 구조를 이루고 있을 수 있다. 다른 개념은 물은 연속적인 것으로 보이지만, 실제적으로는 불연속적(discontinuous)이라는 것이다. 만약 물을 점점 더 적은 양으로 분리해 나간다면, 결국에는 더 이상 세분할 수 없는 한계에 도달할 것이다. 그리스 철학자인 데모크리토스(460−362 B.C.)는 기원전에 이 모델을 개발하였으며, 개개의 입자를 **원자**(atom)라고 불렀으며, 원자는 그리스어에서 "분할할 수 없는(uncuttable)"을 의미한다. 그러나 플라톤 또는 아리스토텔레스는 이러한 원자이론을 인정하지 않았으나, 2천년이 지난 후에 물질의 원자이론이 재도입되었다. 1800년대 초기에는 영국 화학자 돌턴이 화학반응을 설명하기 위하여 '단단하고 더 이상 쪼갤 수 없다'는 원자에 대한 고대 그리스의 개념을 도입하였다. 돌턴의 이론은 다섯 개의 항목으로 요약할 수 있다. 그리고 두 번째 항목은 엄격히 올바른 설명이 아님을 알게 된다.

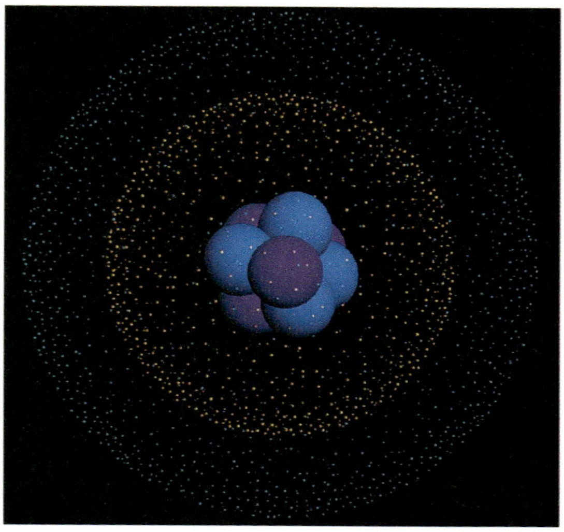

그림 6.1 이것은 베릴륨(Be)의 원자핵과 전자의 배치관계를 나타내는 컴퓨터 모델이다. 이 배열은 주기율표 정보로부터 예측될 수 있다(크기는 예측할 수 없다).

1. 분할할 수 없는 최소 입자는 모든 물질을 구성하는 원자라고 부른다.
2. 모든 원소의 원자는 정확하게 형태와 질량이 유사하다.
3. 다른 원소의 원자는 원자 질량이 각기 다르다.
4. 원자는 화합물을 형성하기 위하여 명확한 숫자 비율로 결합한다.
5. 원자는 화학반응으로 생성되거나 파괴되지 않는다.

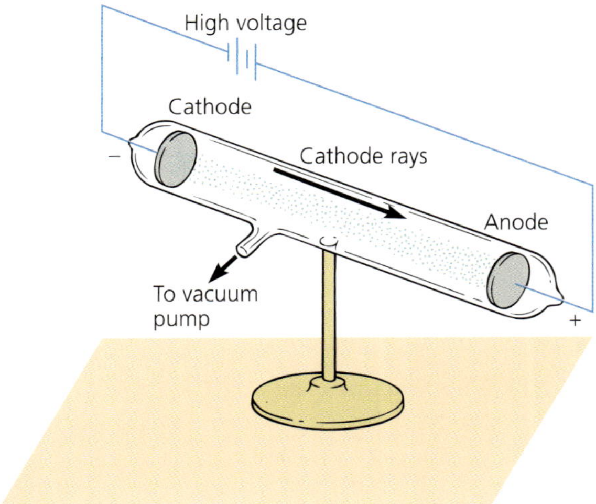

그림 6.2 고 전압원에 연결된 금속판을 가진 진공 튜브는 음극 광선이라는 녹색 광선을 발생한다. 이 광선은 음극선(음전하)에서 양극선(양전하)으로 이동한다.

1800년대는 원자가 단단하고 분해할 수 없다는 돌턴의 개념에 대해 대부분의 과학자들의 생각도 유사하였다. 그러나 원자의 존재에 대해서는 아직 일반적으로 모든 과학자들에 의해 승인되지 않았으며, 직접 관찰 수 없는 입자에 대해서는 무신론이 대두되었다. 결국에는 원자 이론의 완전한 수용은 1900년대 초반에 원자가 예상과는 달리 분할되지 않는 것이 아니라는 것이 밝혀지면서 이루어졌다. 원자는 내부 구조를 이루는 부분이 있다는 것이다. 처음으로 발견된 것이 전자(electron)이며, 전기의 연구를 통해 알려지게 되었다.

전자의 발견(discovery of the electron)

1800년대 후반의 과학자들은 최근에 발견된 전류의 성질에 대한 이해에 관심이 있었다. 그들은 전류를 직접 관찰하기 위해 튜브에서 공기를 제거한 진공 속으로 전기를 흘려 전선없이 전류를 만들어 내려고 시도하였다. 튜브 내부의 금속판이 고전압원의 양극단자와 음극단자에 연결되었을 때(그림 6.2), 음극단자에서는 녹색광선이 진공관을 통하여 움직이며, 양극 단자에서는 그것이 수집되는 것이 관찰되었다. 이 의문의 광선은 음극에서 나오므로 그것을 음극선(cathode ray)이라고 하였다.

1897년에 영국 물리학자인 톰슨은 음극선이 무엇인지 규명하였다. 그는 광선의 각 측면에 금속판을 배치하여 전하를 걸어주면(그림 6.3), 광선이 음극판에서 편향되어 굴절한다는 것을 알게 되었다. 전하가 서로 반발하는 것으로 보아 이 광선은 음으로 하전된 입자로 구성되었다는 것을 알 수 있었다.

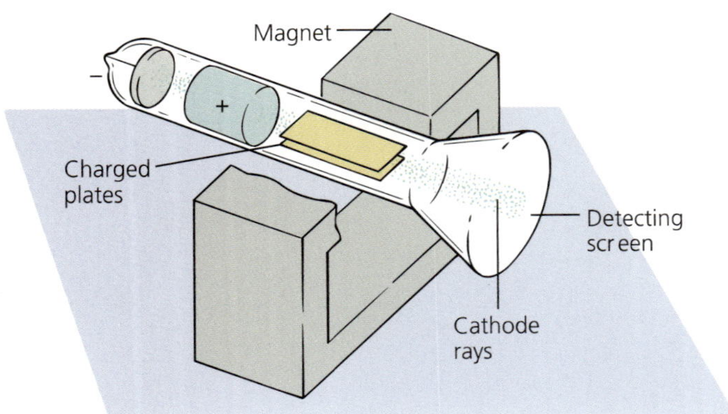

그림 6.3 두 개의 대전된 판의 사이를 통과한 음극선은 양으로 대전한 판으로 편향한다. 또한 광선은 자기장에 의해 편향된다. 톰슨은 이 두 가지 편향을 측정하여 질량에 대한 전하의 비율을 계산하였다. 검출스크린이 황화아연으로 코팅되었기 때문에 편향을 측정할 수 있었다. 황화아연은 대전입자로 충돌시키면 가시광선을 발생하는 물질이다.

음극선은 자석의 극(pole) 사이를 통과했을 때도 역시 편향되었다. 톰슨은 전자장에 의한 편향과 함께 자석에 의한 편향의 균형에 의해서 개별입자에 대한 단위질량 당 전하량을 결정하였다. 오늘날 이 값은 1.7584×10^{11} 쿨롱/kg이다. 톰슨 실험의 중요한 결과는 튜브 내부에 있는 기체의 종류와 전극물질에 상관없이 단위질량 당 전하량이 같다는 것이다. 톰슨은 물질의 기본입자인 **전자**(electron)를 발견하였다.

전자의 전하량(charge)과 질량을 측정하는 방법은 1906년경 미국의 물리학자 밀리컨(Millikan)에 의해 수행되었다. 밀리컨은 그림 6.4의 장치를 사용하여 기름위의 작은 방울의 전하량을 측정하였다. 그는 방울 중 어느 것도 특정 값(1.60×10^{-19} 쿨롱) 미만의 전하량을 나타내지 않으며, 더 큰 전하량은 기본전하량(unit of charge)의 정수배임을 발견하였다. 모든 방울은 기본전하량의 배수를 가지기 때문에 기본전하량은 전자 한 개의 전하량으로 인식되었다.

전자 한 개의 전하량과 단위전하량(톰슨이 측정한)을 알면 전자 한 개의 질량을 계산할 수 있다. 전자의 질량은 약 9.11×10^{-31} kg이며, 이 질량은 가장 가벼운 수소 원자 질량의 약 1/1840 정도이다.

톰슨은 음으로 하전된 전자를 발견하였으며, 밀리컨은 전자의 전하량과 질량을 측정하였다. 그러나 원자 그 자체는 전기적으로 중성이다. 전자가 원자의 일부분이라면 전자의 음전하를 양전하로 상쇄할 무언가가 존재해야 한다. 다음 단계에서 (원자구조에 대한 이해 순서에 따라) 음전하를 중화하는 게 어떤 것인지 어떻게 상호작용하는지 이해하게 될 것이다.

톰슨은 동시에 원자로 알려진 모델을 제안했다. 톰슨은 원자가 "자두 푸딩에 건포도(raisins in plum pudding)"와 같이 질량이 없는 양전하의 작은 방울에 전자가 붙어 있는 것으로 제안하였다. 수소 원자의 질량은 질량이 없고 양으로 대전된 기질(基質)에 박혀있는 전자에 기인한다고 할 때, 1840개의 전자가 양성의 대전체와 전기적 중성을 이루어야 한다.

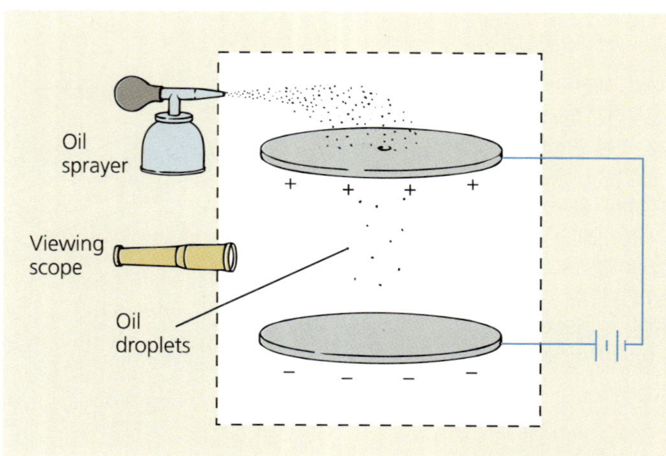

그림 6.4 밀리컨은 위쪽으로 향한 전기력과 기름방울에 의한 중력간의 균형으로 전기의 전하를 측정하였다. 톰슨이 계산했던 전하에 대한 질량비를 알았기에 밀리컨은 각 방울의 전하를 계산할 수 있었다.
그는 모든 방울은 1.60×10^{-19} 쿨롱 또는 그 전하의 배수라는 것을 발견하였다. 이것이 결론적으로 전자의 전하였다.

원자핵(the nucleus)

방사능과 물질의 특성은 영국의 물리학자인 러더퍼드(Ernest Rutherford)의 연구 관심 대상이었다. 1907년 러더퍼드는 금속 박막에서 흩어지는 방사성 입자를 연구하였다. 그림 6.5에 나타난 바와 같이 방사성 물질의 입자가 납 용기의 작은 개구부를 통해 이동하도록 하였으며, 이 때 무겁고 빠른 입자만이 아주 얇은 금박을 뚫어 통과한다는 것을 발견하였다. 입자가 검출판과 강하게 충돌하면 작은 섬광이 발생되기 때문에 입자를 검출할 수 있다.

러더퍼드는 대부분의 입자가 은박을 곧장 통과한다는 것을 발견하였다. 그러나 그는 일부는 매우 큰 각도로 편향되고, 일부는 뒤로 반사되는 것을 발견하고 큰 충격을 받았다. 그는 무거운(massive) 양전하 입자가 금박(그림 6.6) 내에 있는 원자의 좁은 영역에 집중되어 있는 거대한 양전하에 의해서 밀려난다는 가정을 함으로써 편향 현상을 설명할 수 있었다. 그는 원자가 전자에 의해 둘러싸인 작고 무거운 양전하인 **원자핵**(nucleus)을 가지고 있어야 한다고 결론을 내렸다.

러더퍼드는 산란의 측정으로부터 전자가 원자핵 반경의 100,000배 거리에서 원자핵 주위를 이동해야 한다고 추론하였다. 이것은 원자의 부피가 대부분 빈 공간이라는 것을 의미한다. 몇 년 후, 러더퍼드는 **양성자**(proton)라고 부르는 별개의 양전하 단위를 발견하였다. 그는 또한 원자핵에서 중성입자라고 부르는 중성자의 존재에 대하여 추론하였다. 결국 1932년 채드윅에 의해서 **중성자**(neutron)가 확인되었다.

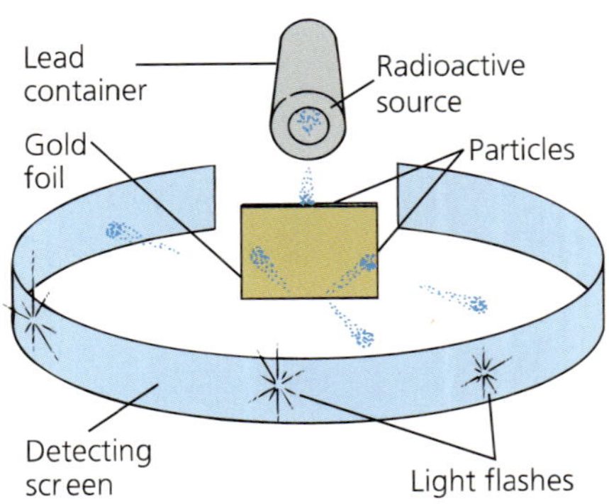

그림 6.5 러더퍼드와 동료들은 얇은 금속박에서 흩어지는 입자를 연구하였다. 입자가 검출화면에 부딪치면 가시광선의 섬광을 발생한다. 섬광과 금속박, 그리고 입자 발생원 사이의 각도를 측정한 결과, 입자가 모든 방향(입자 발생원의 반대방향을 포함하여)으로 흩어지는 것으로 나타났다.

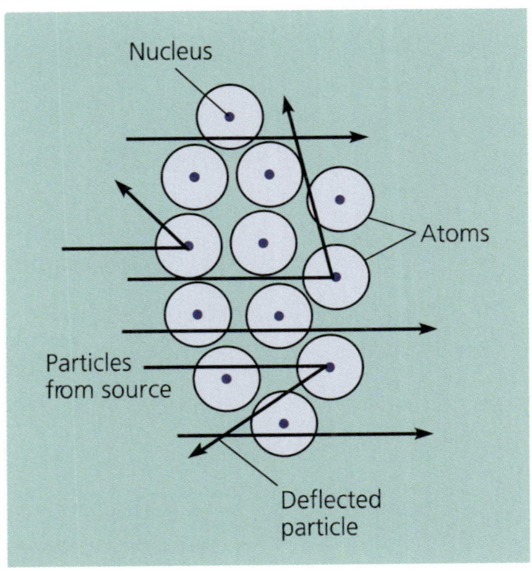

그림 6.6 러더퍼드의 원자핵 모델은 양의 원자핵과 척력을 나타내는 양의 입자로서 입자산란을 설명한다. 러더퍼드는 직선으로 통과한 입자 퍼센트(%) 및 원자핵으로부터 산란하는 다양한 각도를 측정하여 원자핵의 크기를 추정하는 수단으로 사용하였다.

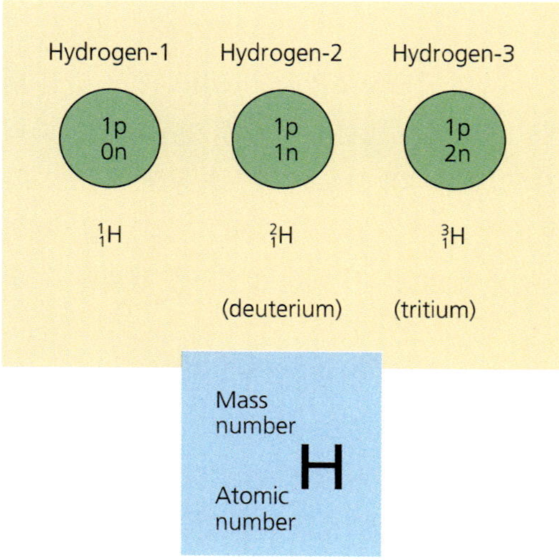

그림 6.7 수소의 세 가지 동위 원소는 모두 같은 수의 양성자를 가지나, 각각 중성자의 수는 다르다. 수소-1은 가장 일반적인 동위원소이며, 수소-2는 중성자를 가진 중수소(deuterium)이며, 수소-3은 삼중수소(tritium)라 한다.

오늘날 원자핵에 있는 양자의 수를 **원자번호**(atomic number)라고 한다. 특정 원소의 모든 원자는 그들의 원자핵에 동일한 양자수가 있으므로 원소의 원자는 같은 원자번호를 가진다. 수소는 원자번호가 1이며, 따라서 원자핵에 한 개의 양성자를 가진 원자는 수소 원소이다. 오늘날 과학자들은 각각 양성자수가 다른 117개 종류의 원소를 발견하였다.

원자핵의 중성자는 양성자와 함께 원자질량을 결정한다. 비록 모든 원소의 원자가 그들의 원자핵에 같은 수의 양성자가 존재하나, 중성자의 수는 다를 수 있다. 서로 다른 수의 중성자의 수를 가진 원소의 원자를 **동위원소**(isotope)라고 한다. 수소는 그림 6.7에서 설명한 것과 같이 세 종류의 동위원소가 존재한다. 세 개의 모든 동위원소는 같은 개수의 양성자와 전자를 가지고 있지만, 어떤 동위원소는 중성자가 없으며, 어떤 동위원소는 중성자 1개(중수소), 또 다른 동위원소는 중성자 2개(삼중수소)가 있다.

원자는 매우 작아 원자질량을 알아내는 것은 불가능하다. 원자질량은 특정한 탄소 동위원소의 질량과 비교한 값이다. 이 특정 탄소 동위원소는 정확히 질량이 12.00...이며, 이것을 **원자질량 단위**(atomic mass units, u)라고 한다. 이 동위원소는 정확히 12 u로 정의되어 있으므로 유효숫자의 무한수를 가질 수 있다. 탄소-12라고 불리는 이 동위원소는 모든 다른 동위원소의 질량을 비교하는 데 표준을 제공한다. 탄소-12 동위원소의 질량을 기반으로 한 동위원소의 상대질량을 구할 수 있다.

중성자가 없는 수소 동위원소의 상대질량은 탄소-12와 비교하면 1.007이다. 중성자 1개를 가진 수소 동위원소의 상대질량은 탄소-12와 비교했을 때 2.0141이다. 원소는 동위원소의 혼합물로서 자연적으로 발생하며, 각각의 발생률을 고려하여 원자량을 계산한다. **원자량**(atomic weight)은 탄소-12에 대한 상대질량과 지구상의 상대적 존재비에 기초한 동위원소의 가중평균이다. 예를 들면 수소의 모든 동위원소 중에서 중성자가 없는 동위원소는 99.985%이며, 중성자 1개(다른 동위원소는 방사성이기 때문에 고려되지 않는다)를 가진 동위원소는 0.015%이다. 각 동위원소의 상대적 질량에 존재비를 곱하여

표 6.1 동위원소의 질량과 존재비로부터 계산된 원소의 원자량

안정된 동위원소	동위체 질량(C-12기준)		존재비		원자량
$^1_1$H	1.007	×	99.985%	=	1.0079
$^2_1$H	2.0141	×	0.015%		
$^9_4$Be	9.01218	×	100%	=	9.01218
$^{14}_7$N	14.00307	×	99.63%	=	14.0067
$^{15}_7$N	15.00011	×	0.37%		

CONCEPTS APPLIED 원자 구성

산소 원자 $^{16}_{8}O$에 포함된 양성자, 중성자, 전자의 수를 파악하라. 왼쪽 아래에 있는 첨자는 원자번호이다. 원자번호는 원자핵에 있는 양성자의 수로 정의된다. 따라서 양성자의 수는 8개이며, 양성자 8개를 가진 원소는 산소 원자이며, 산소기호 O로 나타낸다. 왼쪽 위의 첨자인 16은 산소 동위원소의 질량수를 나타낸다. 질량수는 원자핵에 존재하는 양성자와 중성자의 합계로 정의된다. 이미 원자번호로부터 양성자수는 8이고, 중성자수는 8(16−8)이라고 알고 있다. 그리고 중성원자는 같은 수의 양성자와 전자를 가지므로 산소 동위원소의 원자는 양성자 8, 중성자 8, 그리고 전자 8개를 가지고 있다.

이제 여러분은 $^{17}_{8}O$ 동위원소에서 양성자, 중성자, 그리고 전자의 개수를 알 수 있을 것이다.

합하면 원자량이 얻어진다. 이 계산의 결과는 표 6.1에서 보여준 바와 같이 수소의 원자량이 1.0079로 나타난다.

원자핵의 양성자와 중성자 수의 합을 그 원자의 **질량수**(mass number)라 하며 동위원소를 식별하는데 사용된다. 양성자 1개와 중성자 1개를 가진 수소 원자는 질량수가 2(1+1)이며, 수소−2로 나타낸다. 양성자 1개와 중성자 2개를 가진 수소 원자는 질량수가 3(1+2)이며, 수소−3을 지칭한다. 원자기호를 사용하여 수소−3을 작성하면 다음과 같다.

$$^{3}_{1}H$$

여기서 H는 수소의 화학기호이며, 왼쪽 아래의 첨자는 원자번호이며, 왼쪽 위의 첨자는 질량수이다.

전자가 원자핵 주위를 어떻게 움직이고 있는가? 그것은 러더퍼드와 다른 사람들이 말한 것처럼 원자는 소형 태양계와 유사한 면이 있다. 이 유추에서 보면, 원자핵이 태양의 역할을 하고, 전자는 궤도를 도는 행성의 역할을 하며, 중성자와 전자 사이의 전기적 인력은 중력 끌림 즉 만유인력의 역할을 하고 있다. 그러나 이러한 생각에는 큰 문제가 존재한다. 만일 전자가 원형궤도 안에서 이동한다면, 그들은 주행방향을 지속적으로 바꾸면서 가속될 것이다. 전자기복사의 맥스웰 모델에 따르면, 가속된 전하는 빛과 같은 전자기복사를 방출한다. 만일 전자가 빛을 방출한다면 전자는 에너지를 잃어버릴 것이다. 에너지 손실로 전자가 궤도를 유지하지 못하여 반대로 대전되어 있는 원자핵으로 끌려 들어갈 수 있다는 것을 의미한다. 전자가 나선형을 이루며 원자핵으로 끌려가면서 원자는 붕괴할 것이다. 하지만 원자는 이와 같이 붕괴하지 않으므로 원자의 태양계 모델에 중요한 문제가 발생한다.

6.2 보어 모델(The Bohr Model)

보어(Niel Bohr)는 1912년에 러더퍼드의 연구실을 방문한 젊은 덴마크의 물리학자로 원자의 태양계 모델에 대하여 큰 관심을 가지게 되었다. 그는 무엇이 전자 궤도의 크기와 에너지를 결정하는지를 궁금해 하였다. 그는 궤도전자가 전자기복사를 방출하지 않는 이유를 알고 싶었다. 보어는 이 질문에 대한 해답으로 원자의 외곽에 존재하는 전자를 설명하기 위하여 러더퍼드의 모델과 함께 아인슈타인(Einstein)과 플랑크(Planck)의 **양자개념**(quantum concept)을 통합하였다. 수소 원자에 대한 보어모델에 대해 논하기 전에 양자

개념을 간단히 설명할 것이다.

양자 개념(the quantum concept)

1900년에, 플랑크(Max Planck)는 물질이 **양자**(quanta)라고 불리는 별개 단위로 에너지를 흡수하고 방출한다는 개념을 도입하였다. 플랑크는 분광학 실험 데이터와 전자기복사 이론으로부터 예측한 데이터가 일치하도록 노력하였다. 그는 이론을 실험결과와 일치시키기 위해서 특정 값을 갖고 불연속적(discrete)인 에너지 양은 복사선의 각기 다른 진동수와 관련이 있을 것으로 가정했다. 아인슈타인은 1905년에 빛을 양자 개념으로 확장하였으며, 빛은 현재 **광자**(photon)라고 불리는 별개의 에너지로 구성되어 있다고 언급했다. 광자의 에너지는 진동수에 직접 비례하며, 진동수가 크면 클수록 개별 광자의 에너지는 점점 증가한다. 또한 물질은 광자와 상호작용하여 광자 전체를 흡수하거나 전혀 흡수하지 못한다. 진동수(f)와 에너지(E)의 관계식은 다음과 같다.

$$E = hf \tag{6.1}$$

여기서 h는 플랑크 상수($h = 6.63\times10^{-34}$ J·s)로 알려진 비례상수이다. 이러한 관계식은 자외선과 같은 높은 진동수를 가진 광선이 적외선과 같은 낮은 진동수를 가진 광선보다 더 많은 에너지를 가진다는 것을 나타낸다.

예제 6.1 진동수 4.6×10^{14} Hz을 가진 붉은색 광자의 에너지는 얼마인가?

$$f = 4.6\times10^{14}\ \text{Hz}$$
$$h = 6.63\times10^{-34}\ \text{J}\cdot\text{s}$$
$$E = ?$$

$$\begin{aligned} E &= h\cdot f \\ &= (6.63\times10^{-34}\ \text{J}\cdot\text{s})\times\left(4.6\times10^{14}\ \frac{1}{\text{s}}\right) \\ &= 3.05\times10^{-19}\ \text{J} \end{aligned}$$

예제 6.2 진동수 7.30×10^{14} Hz의 보라색 광자의 에너지는 얼마인가? (답 : 4.84×10^{-19} J)

원자스펙트럼(atomic spectra)

플랑크는 전자기복사선을 방출하는 뜨거운 고체에 관심이 있었다. **흑체복사**(blackbody radiation)라고 하는 이 복사의 특성은 물질의 온도에 의존한다. 이 광선이 프리즘을 통과하면 (무지개와 같이) 이웃한 색과 점차 혼합하는 연속스펙트럼으로 분산한다. 오늘날 **연속스펙트럼**(continuous spectrum)은 원자가 상호작용하는 고체, 액체 및 고밀도 기체에서 발생하는데, 정해진 온도범위 내에서는 모든 진동수를 갖는다. 반면에 백열(incandescent) 기체의 빛은 **선스펙트럼**(line spectrum)으로 분산하는데, 좁은 색선 사이에 빛이 없다(그림 6.8). 백열 기체의 원자는 특정한 고유진동수를 방출할 수 있으며, 각 진동수는 명확한 에너지 값을 나타내는 색상의 선이다. 선스펙트럼은 물질의 고유값이며,

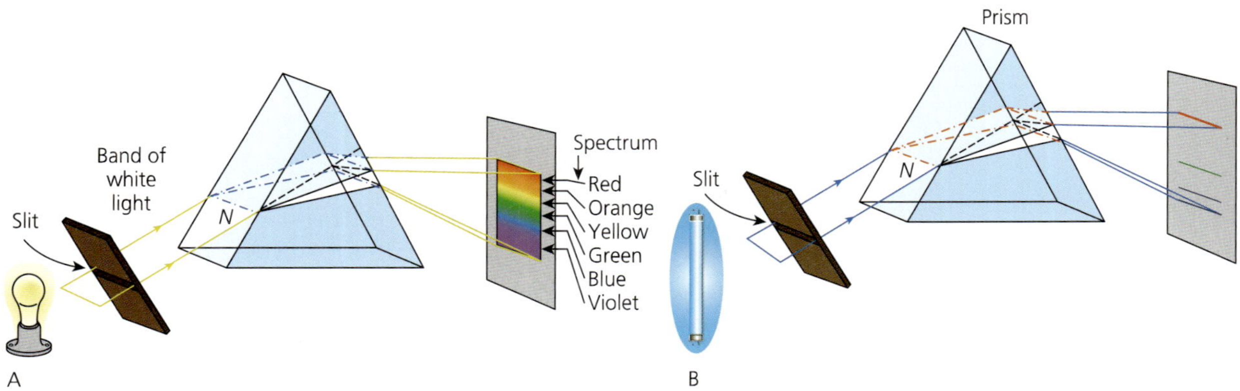

그림 6.8 (A) 백열고체, 액체, 또는 고밀도 기체의 빛은 원자가 상호 작용하여 연속 스펙트럼을 생성하는데 모든 주파수의 가시광선을 방출한다. (B) 백열기체는 선스펙트럼을 생성하는데 원자가 각 원소의 특성을 나타내는 특정 진동수를 방출한다.

온도의 증가 또는 감소에 따라 선의 강도가 변화한다. 따라서 수소는 항상 동일한 색상의 선을 생성한다. 헬륨은 다른 물질과 같이 자신만의 특유한 배열의 선을 가지고 있다. 또한 선스펙트럼은 가시광선 범위를 지나 자외선, 적외선 및 전자기 영역까지 확장할 수 있다.

1885년에 스위스의 물리학자이자 수학교사인 발머(J. J. Balmer)는 수소의 선스펙트럼에 대한 간격의 규칙을 공부하고 있는데, 모든 가시광선에 맞는 방정식을 개발할 수 있었다. 이들 4가지 선들은 후에 발머계열(Balmer Series)이라고 불렸다. 가시영역 밖의 다른 계열들은 나중에 발견되었다(그림 6.9).

스펙트럼선에서 관찰된 규칙성은 원자에서 보이지 않는 규칙성이 반영된 것이 틀림없다. 현재로서 수소는 단 하나의 전자를 가지고 있다고 알려졌다. 어떻게 하나의 전자에서 그러한 규칙성을 가진 일련의 스펙트럼선이 발생할 수 있을까?

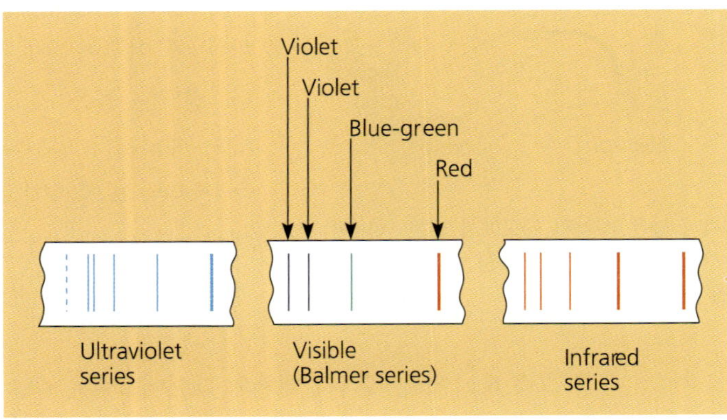

그림 6.9 수소 원자는 스펙트럼의 자외선, 가시광선 및 적외선 부분에서 일련의 특유한 선스펙트럼을 나타낸다. 이 가시광선 스펙트럼은 항상 두 선의 보라색, 한 선의 청록색과 한 선의 밝은 빨간색으로 구성된다.

보어 이론(Bohr's theory)

수소 원자의 수용모델은 고유의 선스펙트럼과 발머의 규칙성으로 설명할 수 있어야 한다. 성공적인 모델은 각 색선의 발생을 예측할 뿐만 아니라 그 발생원을 설명할 수 있어야 한다. 1913년 보어는 원자의 태양계 모델에 양자개념을 적용하여 예측과 설명을 할 수 있었다. 그는 하나의 수소전자를 원자핵 주위에서 원형궤도로 회전하는 하나의 행성(planet)으로 생각하였다.

1. **허용 궤도**(allowed orbits) 전자는 특정 허용궤도에서만 원자핵 주위를 회전한다. 보어는 전자가 원자핵 주위를 운동하는 질량을 가진 입자일 것으로 생각하였다. 그는 뉴튼역학을 사용하여 허용궤도의 거리를 계산하였다. 보어 모델에 따르면 전자는 이들 허용궤도 중 한 궤도에서만 존재한다.
2. **비복사 궤도**(radiationless orbits) 허용된 궤도의 전자는 궤도에 남아있는 동안 복사에너지를 방출하지 않는다. 전자기 복사의 맥스웰(Maxwell) 이론에 따르면, 가속된 전자는 전자로부터 공간으로 움직이는 빛과 같이 전자기파를 방출해야 한다. 보어는 원형궤도에서 움직이는 전자는 지속적으로 방향을 변경하면서 가속될 것으로 인식하였다. 그러나 수소 원자는 정상상태에서 빛을 방출하지 않았다. 보어는 궤도전자가 이 상황과 맞지 않기 때문에 전자가 허용궤도를 유지하고 빛을 발산하지 않는 것으로 주장하였다. 그는 다른 과학적 이론과 자신의 이론을 일치시키기 위해 이 규칙을 가정하였다.
3. **양자 도약**(quantum leaps) 전자는 하나의 허용궤도에서 다른 궤도로 이동하여 에너지를 얻거나 잃어버린다(그림 6.10). 보어 모델에서는 전자가 가진 에너지는 전자가 차지하는 허용궤도에 따라 달라진다. 전자가 에너지를 변화시키는 유일한 방법은 하나의 허용된 궤도에서 다른 궤도로의 양자 도약(quantum leaps)으로 점프하는 것이다. 마찬가지로 전자는 높은 궤도에서 낮은 궤도로 이동하면 에너지를 잃어버린다. 그러한 점프는 한 번에 이루어지며 부분적이고 점진적으로 진행하지 않는다. 전자는 높은 궤도로 점프하기 위해 고온이나 방전으로부터 에너지를 얻는다. 높은 궤도에서 낮은 궤도로 점프하는 전자는 빛의 형태로 에너지를 방출한다. 하향 점프에 의해서 하나의 광자가 방출되며, 광자의 에너지는 두 궤도의 에너지 레벨의 차이와 정확히 일치한다.

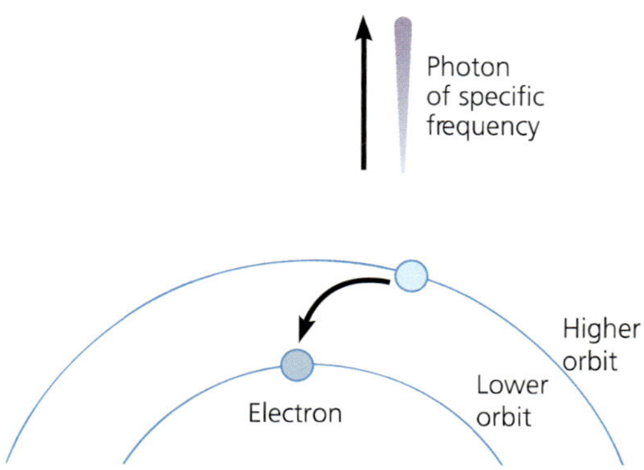

그림 6.10 전자가 높은 에너지 궤도에서 낮은 에너지 궤도로 이동하는 '양자 도약'을 하면 특정 주파수와 에너지를 갖는 광자를 방출한다.

그림 6.11에서 에너지 레벨의 다이어그램은 수소 원자궤도의 에너지 상태를 보여준다. 가장 낮은 에너지 상태는 **기저상태**(ground state, 또는 바닥상태)라고 한다. 높은 에너지 상태는 불안정한 **여기상태**(excited state, 또는 들뜬상태)이다. 수소 원자의 전자는 일반

적으로 바닥상태를 나타내지만, 높은 온도나 전기방전은 전자가 여기상태로 점프할 충분한 에너지를 제공한다. 전자는 일단 여기상태가 되면 그림에서 화살표로 나타낸 바와 같이 즉시 더 낮은 에너지상태로 돌아가려고 점프한다. 화살표의 길이는 전자가 그 과정에서 방출하는 광자의 진동수를 나타낸다. 수소 원자는 한 번에 하나의 광자를 방출할 수 있는데, 동시에 많은 원자가 많은 광자를 방출하면 수소 선스펙트럼의 여러 선들이 만들어진다.

그림 6.11 수소 원자의 에너지 수준을 나타내는 다이아그램이다. 에너지 레벨(n)은 왼쪽에 나열되고, 각 레벨의 에너지는 줄(J)과 전자볼트(eV)로 나타내었다. 방출된 가시광선 광자의 색깔과 진동수는 궤도의 이동(화살표)과 함께 오른쪽에 나열하였다.

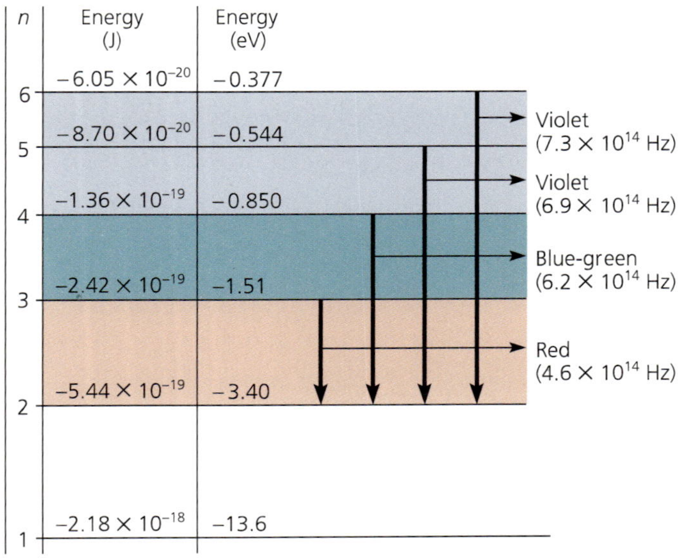

전자의 위치에너지(potential energy, 또는 잠재에너지)의 기준레벨은 하나의 원자로부터 전자가 제거될 때로 영(zero)으로 간주한다. 따라서 전자는 원자핵에서 거리가 가까울수록 보다 낮은 위치에너지를 가지며, 몇 개의 허용궤도에서는 음의 값을 나타낸다. 전자의 위치에너지가 0일 때의 기준레벨을 바닥레벨로 한다. 그러나 바닥 아래에 두 개의 지하레벨(basement level)이 존재한다고 가정한다. 지하레벨에 있는 전자는 0보다 작은 중력 위치에너지를 가질 것이고, 제로레벨로 돌아가기 위해서는 일이 필요하다. 그러므로 가장 낮은 레벨에 있는 전자는 가장 작은 위치에너지로, 가장 큰 음수 값으로 표현된다.

다른 지하레벨의 전자가 음의 위치에너지를 가지듯이 전자는 각 허용궤도 안에서 일정한 음의 에너지를 가진다. 보어는 원자핵에 가장 가까운 궤도에 있는 전자의 에너지를 계산하였으며, 그 값은 -2.18×10^{-18} J이며, 이것을 최저상태의 에너지라고 한다. 전자의 에너지는 전자볼트(eV)의 단위로 나타낸다. 전자볼트는 전자가 1V의 전위를 통과하여 움직일 때의 에너지로 정의된다. 이 에너지는 전압×전하량이기 때문에($W= V\times q$, W는 일, q는 전하량), 1.00 eV는 1.60×10^{-19} J과 같다. 그러므로 가장 안쪽 궤도에 있는 전자의 에너지는 궤도전자에너지(-2.18×10^{-18} J)를 1.60×10^{-19} J/eV로 나눈 에너지로 −13.6 eV이다. 보어는 허용된 궤도의 각각의 에너지를 단순한 식으로부터 밝혀내었다.

$$E_n = \frac{E_1}{n^2} \tag{6.2}$$

여기서 E_1은 가장 안쪽 궤도(−13.6 eV)의 에너지이며, n은 궤도 1, 2, 3 등의 양자수이다. 두 번째 궤도(n=2)의 에너지(E_2)는 −13.6 eV/4 = −3.40 eV이다. 세 번째 궤도(n=3)에 대한 에너지(E_3)는 −13.6 eV/9 = −1.51 eV이다(그림 6.11). 따라서 각 궤도의 에너지는 정해진 값으로 양자화되어 있다.

보어 모델에서는 전자의 에너지는 그것이 차지하고 있는 허용궤도에 의해 결정된다. 전자가 에너지를 변경할 수 있는 유일한 방법은 허용궤도에서 다른 궤도로 양자도약으로 점프하는 것이다. 전자는 보다 낮은 궤도에서 보다 높은 궤도로 점프하기 위하여 에너지를 확보해야 한다. 마찬가지로 보다 높은 궤도에서 보다 낮은 궤도로 점프하여 에너지를 방출한다. 이러한 점프는 중간에 점진적으로 발생되지 않고 한 번에 진행됨에 틀림없다. 이것은 계단 형식의 단계를 갖는 중력 위치에너지와 아주 유사하다고 유추할 수 있다. 바닥단계에서 가장 낮은 위치에너지를 가지며, 최고 단계에서 가장 높은 에너지를 가진다. 단계의 수를 올리거나 내림으로써 에너지는 증가하거나 감소하는데 단계 사이에서 멈출 수 없는 것으로 보아 위치에너지는 양자화되어 있다.

전자는 높은 궤도로 이동하기 위하여 고온 또는 전기방전으로부터 에너지를 획득한다. 전자는 보다 높은 궤도로부터 보다 낮은 궤도로 이동하는데 빛의 형태로 에너지를 방출한다. 전자가 낮은 궤도로 점프하면 하나의 광자가 방출되며, 광자의 에너지는 정확하게 두 궤도의 에너지 레벨의 차이와 동일하다. E_L을 원자핵에 가장 가까운 보다 낮은 에너지 상태로, E_H를 원자핵에서 가장 먼 보다 높은 에너지 상태로 나타내면, 방출된 광자의 에너지는 다음과 같다.

$$hf = E_H - E_L \tag{6.3}$$

여기서 h는 플랑크 상수이며, f는 방출된 빛의 진동수이다.

그림 6.11의 에너지 레벨 다이어그램에서 보여준 바와 같이 알려진 궤도로부터 알려진 에너지 레벨의 변화는 발머 계열에서 색상선의 정확한 주파수로 나타난다. 보어 이론은 정확도가 뛰어난 수소 스펙트럼의 선을 설명하였다. 그러나 이 모델은 보다 큰 원자에 대해서는 대부분 성공적으로 적용되지 않았다. 보어 모델은 단일 양자수를 가진 보다 큰 원자의 스펙트럼의 선을 설명할 수 없었다. 독일의 물리학자인 조머펠트(Sommerfeld)는 보어의 원형궤도에 타원형 궤도를 추가하여 보어 모델의 수정을 시도하였다. 그 수정된 모델도 역시 충분한 것은 아니었다. 보어는 설명도 없이 비복사 궤도가 있다는 규칙을 만들었으며, 양자화 궤도에 대하여 설명을 하지 않았다. 그 모델에는 근본적으로 불완전한 무언가가 있었다.

예제 6.3 수소 원자에서 전자가 여기 에너지 레벨 n=4에서 n=2로 점프하였다. 방출되는 광자의 주파수는 얼마인가?

방출되는 광자의 주파수는 식 (6.3)($hf = E_H - E_L$)으로부터 계산할 수 있다. 두 에너지 레벨 값은 그림 6.11로부터 얻을 수 있다(참고: E_H와 E_L은 전자볼트에 줄(J)비의 값을 곱하여 줄로 변환할 수 있다. 즉 (eV) (1.60×10^{-19} J/eV) = joules이다.

$$E_H = -1.36 \times 10^{-19}\ \text{J} \qquad \therefore f = \frac{(E_H - E_L)}{h}$$

$$E_L = -5.44 \times 10^{-19}\ \text{J} \qquad = \frac{(-1.36 \times 10^{-19}\ \text{J} - (-5.44 \times 10^{-19}\ \text{J})}{6.63 \times 10^{-34}\ \text{J}\cdot\text{s}}$$

$$h = 6.63 \times 10^{-34}\ \text{J}\cdot\text{s} \qquad = 6.15 \times 10^{14}\ \frac{1}{\text{s}}$$

$$f = ? \qquad = 6.15 \times 10^{14}\ \text{Hz}$$

이것은 대략 수소 선스펙트럼의 청록색 선이다.

6.3 양자 역학(Quantum Mechanics)

보어의 원자 모델은 수소의 선스펙트럼을 성공적으로 설명하였으며, 원자에 의한 광자의 방출을 위한 메커니즘의 이해를 제공하였다. 그러나 보어 모델은 수소 원자보다 큰 모든 원자의 스펙트럼을 예측할 수 없었으며, 기타 제한 사항이 있기 때문에 새롭고 더 발전된 이론이 필요했다. 새로운 이론의 토대는 빛 실험에서 다시 얻을 수 있었다. 실험결과에 따르면, 빛은 때로는 입자의 흐름처럼 동작하며, 어떤 때는 파동과 같이 작용한다는 것을 입증하였다. 결국, 과학자들은 빛이 파장과 입자의 두 가지 특성 즉 파동－입자의 이중성(duality of light)으로 지칭되는 속성이 있다는 것을 인정하기 시작하였다. 1923년 프랑스의 물리학자 드 브로이(Broglie)는 빛의 입자가 이중성을 가지고 있다면, 자연에서 발견되는 대칭성을 추론해 볼 때 전자와 같은 입자도 그러한 특성이 있을 것으로 판단하였다.

고정된 현(弦)에 국한된 파동은 정상파(standing wave, 定常波)라고 하는 진동의 공진 모드를 발생한다는 것을 상기하시오(5장 참조). 특정 기본 주파수와 고조파(高調波, harmonics)가 현에 존재할 수 있으며, 기본음과 배음(overtone, 倍音)이 조합되어 현악기의 특색있는 음질을 제공한다. 파동이 고정된 공간에 갇혀 있다면 이 공간에서의 진동 공명 방식은 같다. 현(폐쇄된 공기기둥)에서 생성된 파동 또는 갇힌 공간에서 발생된 파동의 경우 특유의 정상파 모양은 파장과 파속에 영향을 받는다. 전자는 원자핵 주위의 공간에 갇혀 있고 파동의 특성을 갖기 때문에 전자는 갇힌 파동(confined wave)임에 틀림없다. 전자는 특유한 파동 형태를 형성할 것인가? 이것은 약 1925년에 하이젠베르크(Heisenberg)와 슈뢰딩거(Schrödinger), 디랙(Dirac) 등의 사람들이 전자파동의 역학에 기초한 원자의 새로운 모델을 개발하기 위하여 전자의 파동 성질을 적용하면서 던진 질문이다. 오늘날 이 새로운 이론을 파동역학 또는 양자역학이라고 한다.

Science and Society

원자연구(Atomic Research)

과학의 연구에는 기초 및 응용의 두 종류가 있다. 기초 연구는 이해(지식)를 추구하는 과정에서 유도되는데 실제로 응용되지 않을 수도 있다. 응용 연구는 '이해'보다는 어떤 실제적인 문제를 해결하는 목표를 가지고 있다.

어떤 사람들은 모든 연구가 실제적인 결과를 갖고 응용되어야 한다고 생각한다. 이 장에서 논의된 연구가 기초연구인지 응용연구인지를 고려하면서 생각을 정리해 보자.

1. 톰슨은 음극선을 조사한다.
2. 밀리컨은 전자의 전하를 측정한다.
3. 러더퍼드는 금박에 충돌하는 방사선 입자를 연구한다.
4. 보어는 양자개념을 적용하여 원자의 태양계 모델을 제안한다.
5. 슈뢰딩거는 전자의 파동성을 근거로 원자모델을 제안한다.

질문과 토론

1. 위에서 제시한 5개의 연구주제는 기초연구인가 응용연구인가?
2. 만일 모든 연구가 실용적이어야 한다면 우리는 한번이라도 원자모델의 개발을 시도할 수 있겠는가?

오스트리아 물리학자인 슈뢰딩거는 원자에 3차원 시스템을 적용하여 슈뢰딩거 방정식을 얻었다. 전자의 파동이 원자핵에 의해 제한받았을 때, 보어모델(간단한 원형 행성 모델) 대신에 슈뢰딩거 방정식을 풀어 3차원 모형으로 표현할 수 있다. 슈뢰딩거는 먼저 전자의 파동이 원자핵에 갇혀 있을 때 수소 원자의 진동상태를 계산하는 것이 가능할 것으로 생각하였다. 플랑크 상수를 곱한 이들 진동수는 소수점까지 정확하게 수소 원자의 양자상태의 에너지와 일치하였다. 전자의 파동 성질은 원자의 성공적인 모델을 고려하는데 중요한 특성임이 결론 내려진다.

원자의 양자역학 이론은 매우 성공적으로 증명되었다. 그것은 모든 알려진 실험적 사실을 확인하였으며, 새로운 발견을 예측하였다.

양자역학은 보어 모델과 적어도 하나의 아이디어를 공유한다. 전자는 높은 상태에서 낮은 상태로 이동할 때 광자를 방출한다는 것이다. 그러나 보어 모델은 주어진 시간에 확실히 지정된 위치의 원형궤도에서 이동하는 입자(particle)의 성질을 고려한 것이다. 양자역학은 전자의 파동성질을 명확한 형태와 진동수를 가진 갇힌 파동으로서 고려한다. 파동은 입자처럼 위치를 알 수 없으며, 공간에 분산되어 있다. 따라서 양자역학 모델은 일련의 궤도와 같은 흔적(smear, 자국)이며, 전자를 발견할 수 있는 불분명한 통계적인 표시이다.

양자역학 이론은 보어 모델의 연장이나 개선이 아니다. 보어 모델은 원형궤도에서 전자를 입자로 간주하며, 전자는 원자핵으로부터 일정한 거리를 유지한다. 반면에 양자역학 모델은 전자를 파동으로 생각하며, 고조파(harmonics)와 정상파의 에너지 또는 모드(modes)를 고려한다. 보어 모델에서 전자의 위치는 확정적이며 궤도상에 존재하지만 양자역학 모델에서는 전자는 분산된 파동이다.

양자역학은 4개의 양자수를 가진 전자 파동의 에너지 상태를 설명한다.

1. **핵으로부터의 거리** 주양자수(principal quantum number)는 전자의 주요 에너지 레벨(main energy level, 주 에너지 준위)을 설명한 것으로, 원자핵으로부터 전자가 최대로 분포하는 거리에 있다. 가능한 가장 낮은 에너지 상태는 원자핵에 가장 가까이 존재하며, 주양자수 1($n=1$)로 정한다. 높은 상태는 점차적으로 $n=2$, $n=3$, $n=4$ 등과 같이 높은 양의 정수로 나타낸다. 높은 주양자수를 가진 전자는 높은 에너지를 가지며, 원자핵에서 멀리 위치하고 있다.
2. **에너지 부준위** 각운동량 양자수(angular momentum quantum number)는 주 에너지 레벨 내에서 부준위(副準位, sublevel)로 정의하며, 각 부준위는 문자로 식별한다. 이 문자의 첫 네 개는 에너지 증가 순서에 따라 s, p, d, f이다. 문자 s는 가장 낮은 부준위를 나타내며, f는 가장 높은 부준위를 나타낸다. 주양자수와 각운동량 양자수를 나타내는 문자를 함께 사용하여 전자의 주 에너지 상태와 에너지 부준위를 나타낼 수 있다. 최저의 위치에 있는 전자의 에너지 레벨은 $n=1$이며, 최저의 부준위는 s이므로 숫자와 문자를 결합하면 $1s$이다. 따라서 $1s$는 가장 낮은 에너지 부준위이며 원자핵에 가장 가까운 전자를 나타낸다.

   주 에너지 레벨이 차지할 수 있는 부준위 수는 각각의 레벨마다 다르다. 기본적으로 가장 낮은 주 에너지 레벨은 가장 낮은 부준위만을 가질 수 있으며, 주 에너지 레벨이 증가할 때마다 부준위 개수도 하나씩 증가한다. 따라서 가장 낮은 주 에너지 레벨($n=1$)은 부준위 s만을 포함한다. 주 에너지 레벨이 $n=2$일 경우에는 s 및 p 부준위를 포함한다. 주 에너지 레벨이 $n=3$일 경우에는 s, p, d 부준위를 가진다. 마지막으로 주 에너지 레벨이 $n=4$일 경우에는 s, p, d, f의 네 개의 부준위를 가진다. 따라서 가능한 부준위의 수는 주양자수와 동일하다.

   보어 모델은 전자의 위치가 궤도(orbit) 내의 수축된 작은 구슬과 같다고 고려한다. 양자역학 모델은 전자를 파동으로 간주하며, 그 위치에 대한 지식은 매우 불확실하다.

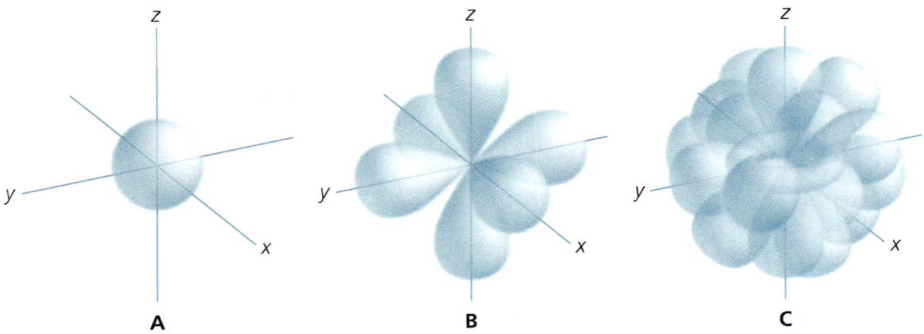

s orbitals: hold 2 electrons (outer orbitals of Groups 1A and 2A)

p orbitals: each of 3 pairs of lobes holds 2 electrons = 6 electrons (outer orbitals of Groups 3A to 8A)

d orbitals: each of 5 sets of lobes holds 2 electrons = 10 electrons (found in elements with atomic numbers of 21 and higher)

그림 6.12 s, p, d 궤도함수(orbital)의 일반적인 형태 및 전자가 발견될 가능성이 있는 원자핵 주위의 공간 영역(f 궤도함수는 그림으로 묘사하는 것이 너무 어렵다).

하이젠베르크의 불확정성 원리(Heisenberg uncertainty principle)는 파동은 퍼져나가기 때문에 위치를 정확히 측정할 수 없다는 것을 나타낸다. 어느 누구도 퍼져나가는 전자의 위치와 운동량을 측정할 수 없다. 전자의 위치는 단지 주어진 순간에 어디에 있을 지의 확률(probabilities)의 측면에서 설명된다. 위치의 확률은 **궤도함수**(orbital, **오비탈**)라고 하는 공간의 흐릿한 영역으로 설명되는데, 전자가 발견될 수 있는 공간이다. 궤도함수는 특정한 형태와 크기를 가지고 있으며, 특정 에너지 레벨의 전자(그림 6.12)를 뜻한다. 궤도함수 형태는 특정한 순간에 전자가 확률적으로 존재할 수 있는 장소를 나타낸다. 구름과도 같은 이 "확률구름(probability cloud)"은 공간에서 특정 배향(orientation)을 나타내며, 이 배향의 방향은 불확실하다.

표 6.2 $n=4$까지의 양자수와 전자분포

주에너지 준위	에너지 부준위	최대 전자수	에너지준위 당 최대 전자수
$n=1$	s	2	2
$n=2$	s	2	
	p	6	8
$n=3$	s	2	
	p	6	
	d	10	18
$n=4$	s	2	
	p	6	
	d	10	
	f	14	32

3. **공간에서의 배향** 원자에 적용된 외부 자기장으로 각기 다른 에너지 레벨이 생성되는데, 자기장에서의 궤도함수 배향과 관련되어 있다. 공간에서 궤도함수의 배향을 자기 양자수(magnetic quantum number)라고 한다. 이 양자수는 공간에서 일종의 부-부준위 에너지인 외부 자기장과 관련되어 있는 것처럼 궤도함수의 에너지와 관련되어 있다. 일반적으로 가장 낮은 에너지 부준위(s)는 하나의 궤도함수 변위만을 가지고 있다(그림 6.12A). 다음에 높은 에너지인 부준위(p)는 세 종류의 궤도함수를 가지고 있다(그림 6.12B). 그리고 d 부준위는 다섯 개의 궤도함수, 그리고 가장 높은 부준위 f는 일곱 개의 궤도함수를 가지고 있다(그림 6.12C, 또한 표 6.2 참조).

4. **스핀의 방향** 외부 자기장에서 시계 방향으로 회전하는 전자는 반시계 방향으로 회전하는 전자와 다른 에너지를 가질 것으로 연구되었다. 스핀 양자수(spin quantum number)는 이들 두 스핀 배향을 설명한다(그림 6.13).

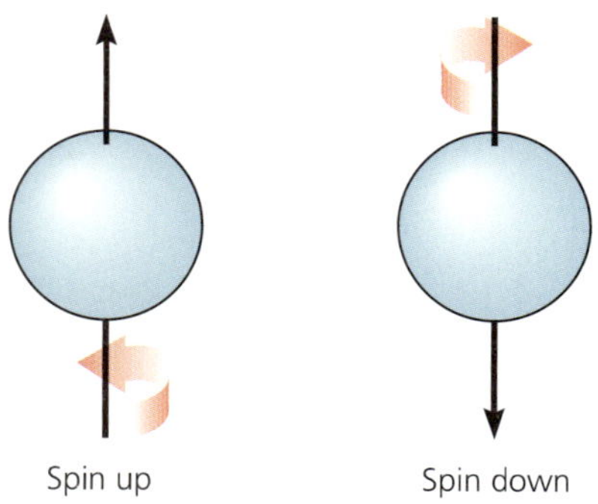

그림 6.13 외부 자기장 하에서 전자가 궤도함수 주위를 움직이고 있을 때 전자는 한 방향 또는 반대방향으로 회전할 수 있다.

전자스핀은 원자의 전자 구조를 결정하는 데 도움을 주는 중요한 성질이다. 반대 방향으로 회전하는 두 개의 전자는 서로 끌어당기는 다른 자기장을 발생하며, 동일한 전하 2개의 정상적인 척력 일부의 균형을 유지한다. 반대 스핀의 두 개의 전자를 전자쌍(electron pair)이라고 하며 동일한 궤도함수를 차지한다. 독일의 물리학자인 파울리(Pauli)는 1924년에 이 개념을 요약하였으며, 이것을 **파울리의 배타원리**(排他原理, Pauli exclusion principle)라고 한다. 이 원리는 하나의 원자 내에 있는 두 개의 전자가 동일한 4개의 양자수를 가질 수 없다는 것이다. 즉, 두 전자가 같은 양자상태에서 동시에 있을 수 없다는 양자론의 한 원리를 말한다. 이 원리는 전자 구조를 이해하는 열쇠를 제공한다(전자 구조의 자세한 내용은 www.mhhe.com/tillery 8장 참조).

6.4 주기율표(The Periodic Table)

주기율표(週期律表, periodic table)는 가로줄인 행과 세로줄인 열로 이루어진다. 각 원소는 특정 위치에 자신의 구조단위인 셀을 가지고 있다. 원소는 원자구조와 화학 작용에 따라 배열된다. 원소의 주기율표를 자주 참조하다보면 규칙에 대한 이해가 용이해 질 것이다(그림 6.14).

원소는 각 셀에 화학기호로 표시한다. 기호 위의 숫자는 원소의 원자번호이며, 기호 아래의 숫자는 대략적인 원자량을 나타낸다. 원소의 수평의 행은 왼쪽에서 오른쪽으로 갈수록 원자번호가 증가한다. 이와 같은 각 가로의 열을 주기(period)라고 한다. 주기는 주기율표의 왼쪽에 1~7 주기가 지정되어 있다. 원소의 세로줄인 열을 원소의 족(family, group)이라고 한다. 같은 족의 원소는 유사한 특성을 가지고 있으며, 몇 가지 족의 원소들은 다른 족보다 더욱 그러하다. 동위원소(isotope)는 그림 6.7과 같이 화학기호와 원자번호를 사용하여 식별하는데, 이러한 단위는 원자핵 방정식에 사용된다. 원소(element)는 화학기호, 원자번호, 원자량을 사용하여 그림 6.14에 표시하였다. 주기율표는 화학계산으로 원자량을 구하는 데 사용된다. 주기율표는 A족과 B족으로 세분화되는데, A그룹의 구성원소를 주족(main group) 또는 **전형원소**(representative elements)라고 한다. B족의 구성 원소는 **전이원소**(transition elements) 또는 금속(metal)이라고 부른다. 일부 과학 단체는 그림 6.14의 주기율표의 경우와 같이 "1－18" 명칭을 사용하여 A족과 B족을 나타낸다. 본 서에서는 B명칭으로 사용하겠다.

표 6.3에 나타난 바와 같이 첫 번째 열의 모든 원소는 바깥쪽 전자가 한 개이다. 수소를 제외한 첫 번째 열의 원소는 칼로 쉽게 자를 수 있을 만큼 부드럽고 반짝이는 저밀도 금속이다. 이러한 금속은 물과 격렬하게 반응하여 알칼리 용액을 형성하기 때문에 알칼리 금속(alkali metals)이라고 한다. 알칼리 금속은 반응성이 강하기 때문에 자유원소로 자연적으로 발생하지 않는다. 수소는 주기율표에서 독특한 원소이다. 수소는 알칼리 금속은 아니지만 동일한 족에 배치되는데, 바깥궤도함수(outer orbital; 최외각 오비탈)에 한 개의 전자를 가지고 있기 때문에 알칼리 족에 적합할 것으로 보인다.

두 번째 열의 모든 원소는 바깥쪽 전자가 두 개인 원소로, 알칼리토류 금속(alkaline earth metals)이라고 한다. 알칼리토류 금속은 부드럽고 반응성이 있는 금속이지만, 알칼리 금속보다는 약하다. 수많은 화합물 중 칼슘과 마그네슘이 알칼리토류 금속의 대표적인 예이다.

CONCEPTS APPLIED 주기율 연습

주기율표에서 규소의 주기와 족을 식별하고 다음 단락의 답변을 작성하라.

원소목록에 따르면 규소는 Si의 화학기호를 가지고 있으며, 원자번호는 14이다. 원소기호 Si와 원자번호 14를 가진 정사각형은 3주기에 위치하며, IVA족의 세로줄 열로 식별된다. 이제, 철 원소의 주기와 족을 식별할 수 있는가?

표 6.3 알칼리금속 족의 전자구조

원소	주 에너지 준위에서의 전자수						
	1st	2nd	3rd	4th	5th	6th	7th
리튬(Li)	2	1					
소듐(Na)	2	8	1				
칼륨(K)	2	8	8	1			
루비듐(Rb)	2	8	18	8	1		
세슘(Cs)	2	8	18	18	8	1	
프란슘(Fr)	2	8	18	32	18	8	1

Periodic Table of the Elements

Key: **element name** — Hydrogen; **atomic number** — 1; **symbol of element** — H; **atomic weight** — 1.008

Metals / Semiconductors / Nonmetals

Alkali Metals: IA (1); Alkaline Earth Metals: IIA (2); Transition Elements: IIIB (3) – IIB (12); Halogens: VIIA (17); Noble gases: VIIIA (18)

Period	IA (1)	IIA (2)	IIIB (3)	IVB (4)	VB (5)	VIB (6)	VIIB (7)	VIIIB (8)	VIIIB (9)	VIIIB (10)	IB (11)	IIB (12)	IIIA (13)	IVA (14)	VA (15)	VIA (16)	VIIA (17)	VIIIA (18)
1	Hydrogen 1 **H** 1.008																	Helium 2 **He** 4.003
2	Lithium 3 **Li** 6.941	Beryllium 4 **Be** 9.012											Boron 5 **B** 10.81	Carbon 6 **C** 12.01	Nitrogen 7 **N** 14.01	Oxygen 8 **O** 16.00	Fluorine 9 **F** 19.00	Neon 10 **Ne** 20.18
3	Sodium 11 **Na** 22.99	Magnesium 12 **Mg** 24.31											Aluminum 13 **Al** 26.98	Silicon 14 **Si** 28.09	Phosphorus 15 **P** 30.97	Sulfur 16 **S** 32.07	Chlorine 17 **Cl** 35.45	Argon 18 **Ar** 39.95
4	Potassium 19 **K** 39.10	Calcium 20 **Ca** 40.08	Scandium 21 **Sc** 44.96	Titanium 22 **Ti** 47.87	Vanadium 23 **V** 50.94	Chromium 24 **Cr** 52.00	Manganese 25 **Mn** 54.94	Iron 26 **Fe** 55.85	Cobalt 27 **Co** 58.93	Nickel 28 **Ni** 58.69	Copper 29 **Cu** 63.55	Zinc 30 **Zn** 65.38	Gallium 31 **Ga** 69.72	Germanium 32 **Ge** 72.61	Arsenic 33 **As** 74.92	Selenium 34 **Se** 78.96	Bromine 35 **Br** 79.90	Krypton 36 **Kr** 83.80
5	Rubidium 37 **Rb** 85.47	Strontium 38 **Sr** 87.62	Yttrium 39 **Y** 88.91	Zirconium 40 **Zr** 91.22	Niobium 41 **Nb** 92.91	Molybdenum 42 **Mo** 95.96	Technetium 43 **Tc** (98)	Ruthenium 44 **Ru** 101.1	Rhodium 45 **Rh** 102.9	Palladium 46 **Pd** 106.4	Silver 47 **Ag** 107.9	Cadmium 48 **Cd** 112.4	Indium 49 **In** 114.8	Tin 50 **Sn** 118.7	Antimony 51 **Sb** 121.8	Tellurium 52 **Te** 127.6	Iodine 53 **I** 126.9	Xenon 54 **Xe** 131.3
6	Cesium 55 **Cs** 132.9	Barium 56 **Ba** 137.3	Lanthanum 57 **La** 138.9 †	Hafnium 72 **Hf** 178.5	Tantalum 73 **Ta** 180.9	Tungsten 74 **W** 183.8	Rhenium 75 **Re** 186.2	Osmium 76 **Os** 190.2	Iridium 77 **Ir** 192.2	Platinum 78 **Pt** 195.1	Gold 79 **Au** 197.0	Mercury 80 **Hg** 200.6	Thallium 81 **Tl** 204.4	Lead 82 **Pb** 207.2	Bismuth 83 **Bi** 209.0	Polonium 84 **Po** (209)	Astatine 85 **At** (210)	Radon 86 **Rn** (222)
7	Francium 87 **Fr** (223)	Radium 88 **Ra** (226)	Actinium 89 **Ac** (227) ‡	Rutherfordium 104 **Rf** (267)	Dubnium 105 **Db** (268)	Seaborgium 106 **Sg** (271)	Bohrium 107 **Bh** (272)	Hassium 108 **Hs** (270)	Meitnerium 109 **Mt** (276)	Darmstadtium 110 **Ds** (281)	Roentgenium 111 **Rg** (280)	Copernicium 112 **Cn** (285)	113 **–** (284)	114 **–** (289)	115 **–** (289)	116 **–** (293)	117 **–** (294)	118 **–** (294)

Inner Transition Elements

†Lanthanides 6	Cerium 58 **Ce** 140.1	Praseodymium 59 **Pr** 140.9	Neodymium 60 **Nd** 144.2	Promethium 61 **Pm** (145)	Samarium 62 **Sm** 150.4	Europium 63 **Eu** 152.0	Gadolinium 64 **Gd** 157.3	Terbium 65 **Tb** 158.9	Dysprosium 66 **Dy** 162.5	Holmium 67 **Ho** 164.9	Erbium 68 **Er** 167.3	Thulium 69 **Tm** 168.9	Ytterbium 70 **Yb** 173.1	Lutetium 71 **Lu** 175.0
‡Actinides 7	Thorium 90 **Th** 232.0	Protactinium 91 **Pa** 231.0	Uranium 92 **U** 238.0	Neptunium 93 **Np** (237)	Plutonium 94 **Pu** (244)	Americium 95 **Am** (243)	Curium 96 **Cm** (247)	Berkelium 97 **Bk** (247)	Californium 98 **Cf** (251)	Einsteinium 99 **Es** (252)	Fermium 100 **Fm** (257)	Mendelevium 101 **Md** (258)	Nobelium 102 **No** (259)	Lawrencium 103 **Lr** (262)

Values in parentheses are the mass numbers of the most stable or best-known isotopes.

Names and symbols for elements 113–118 are under review.

그림 6.14 원소의 주기율표

VIIA족의 원소는 모두 일곱 개 전자의 외부 배열을 가지고 있으며, 바깥궤도함수를 채우기 위하여 오직 한 개의 전자를 더 필요로 한다. 이들 원소를 할로겐(halogen)족이라고 하며 할로겐은 매우 반응성이 큰 비금속이다. 할로겐인 불소 및 염소는 옅은 노란색과 황록색의 기체이다. 브롬은 적갈색 액체이며, 요오드는 짙은 보라색(자주색) 고체이다. 할로겐은 소독제 및 표백제로 사용되며, 금속과 결합하여 할로겐 램프의 광원으로 사용된다. 할로겐은 금속과 반응하여 염(salt)이라고 불리는 나트륨염화물과 같은 화학물질을 형성한다. 사실 할로겐이라는 단어는 그리스어로 '염 전구체(salt former)'를 의미한다.

VIIIA족의 원소는 표 6.4에 나타난 바와 같이 전자 용량이 가득 찬 궤도함수(오비탈)를 가지고 있다. 이들 원소는 무색, 무취의 기체이며, 대부분 다른 원소와 반응하여 화합물을 형성하지 않는다. 이들 기체는 화학적으로 불활성으로 다른 기타 원소보다 위에 있다는 의미로 이들 가스를 귀족 가스(noble gas)라고 한다. 또한 그들의 희소성 때문에 희가스(rare gas)라고 불리며, 대부분 화학적으로 불활성이라 화합물을 형성하지 않기 때문에 불활성기체(inert gas)라고도 한다. 불활성기체는 최외각 전자(outer electron)의 배열이 가득 차 있기 때문에 불활성이며, 특히 안정적인 상태를 나타낸다.

표 6.4 불활성기체 족의 전자구조

원소	주 에너지 준위에서의 전자수						
	1st	2nd	3rd	4th	5th	6th	7th
헬륨(He)	2						
네온(Ne)	2	8					
아르곤(Ar)	2	8	8				
크립톤(Kr)	2	8	18	8			
제논(Xe)	2	8	18	18	8		
라돈(Rn)	2	8	18	32	18	8	

처음에 각 주기는 새로운 궤도함수에서 한 개의 전자로 시작한다. 둘째, 각 주기는 주 에너지 레벨을 차지하는 전자의 최대수를 완성하면서 궤도함수를 채우고 끝난다. 첫 번째 A족은 IA로 나타내기 때문에, 이 족에 있는 모든 원소의 원자는 바깥궤도함수에 하나의 전자를 가진다는 것을 의미한다. IIA족에 있는 모든 원소는 바깥궤도함수에 2개의 전자를 가진다. 이러한 규칙은 VIIIA족까지 계속되며, 헬륨을 제외한 모든 원소의 전자는 그들의 바깥궤도함수에 8개의 전자가 있다. 이와 같이 A족을 식별하는 숫자는 바깥궤도함수에 있는 전자의 개수를 나타내며, 원자가전자(valence electron)라고 한다. 헬륨의 경우는 VIIIA족의 원소와 전자배치가 같지 않지만 바깥궤도함수가 채워져 있다. 제7장에서 논의되는 화학결합의 전자이론은 원자의 바깥궤도함수에 있는 전자만이 화학반응에 관여하고 있다는 것을 나타낸다. 즉 원소의 화학적 특성은 바깥 궤도함수에 있는 전자(최외각 전자)에 의해 결정된다. 이와 같이 같은 족들은 유사한 최외각 전자배열을 가지므로 화학 특성이 비슷하다.

CONCEPTS APPLIED 바깥궤도함수

(a) 산소, (b) 칼슘, 그리고 (c) 알루미늄 원자에는 얼마나 많은 바깥궤도함수 전자가 발견될 것인가? 다음 단락의 답변을 읽기 전에 자신의 답변을 작성하라.

(a) 산소는 원소기호 O 및 원자 번호 8을 가지고 있다. 원소기호 O와 원자번호 8을 가진 정사각형은 VIA족의 세로 열에 위치한다. A족의 수는 바깥궤도함수에 있는 전자의 숫자와 동일하므로 산소는 여섯 개의 바깥궤도함수 전자를 가지고 있다. (b) 칼슘은 원소기호 Ca(원자번호 20)이며, IIA족의 세로 열에 위치하고 있다. 따라서 칼슘원자는 두 개의 바깥궤도함수 전자를 가지고 있다. (c) 알루미늄은 원소기호 Al(원자번호 13)이며, IIIA족의 열에 위치하고 있다. 따라서 알루미늄원자는 세 개의 바깥궤도함수 전자를 가지고 있다.

6.5 금속, 비금속, 반도체 (Metals, Nonmetals, and Semiconductors)

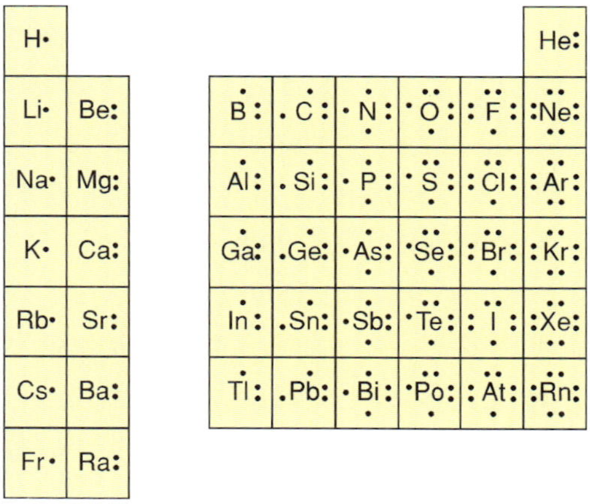

그림 6.15 전형원소의 전자점 표기법

앞에서 지적한 바와 같이 대부분의 화학거동은 주로 바깥껍질(outer shell)의 전자와 관련이 있다. 가장 높은 에너지 레벨인 바깥껍질의 전자는 편리하게 **전자점 표기법**(electron dot notation)으로 나타내는데, 화학기호 주위의 점은 바깥껍질의 전자의 개수를 나타낸다. 전자점 표기법은 대표적인 원소로 예를 들어 그림 6.15에 나타내었다. 불활성기체 족인 VIIIA족의 원소들은 그림 6.15에 표기한 바와 같이 헬륨을 제외하고 모두가 8개의 최외각 전자를 가지고 있다. 알칼리 금속인 IA족 모든 원소들은 하나의 점을 가지고 있다. 그리고 모든 IIA족 원소들은 두 개의 점들이 있다. 이러한 원소들 사이에 존재하는 세 번째 족은 반도체라고 불리며, 이러한 양상은 금속과 비금속의 차이를 설명한다.

물질을 분류하는 방법에는 여러 가지 성질이 있다. 한 예로 금속과 비금속의 물리적 성질 – 광택, 전도도, 전성, 연성 – 에 따라 물질을 분류하는 것이다. 또한 금속과 비금속은 주기율표의 위치에 관련된 특정한 화학적 성질을 가지고 있다. 그림 6.16은 금속(metal), 비금속(nonmetal) 그리고 반도체(semiconductor)가 위치하고 있는 곳을 나타내는데 모든 원소의 약 80%가 금속이다.

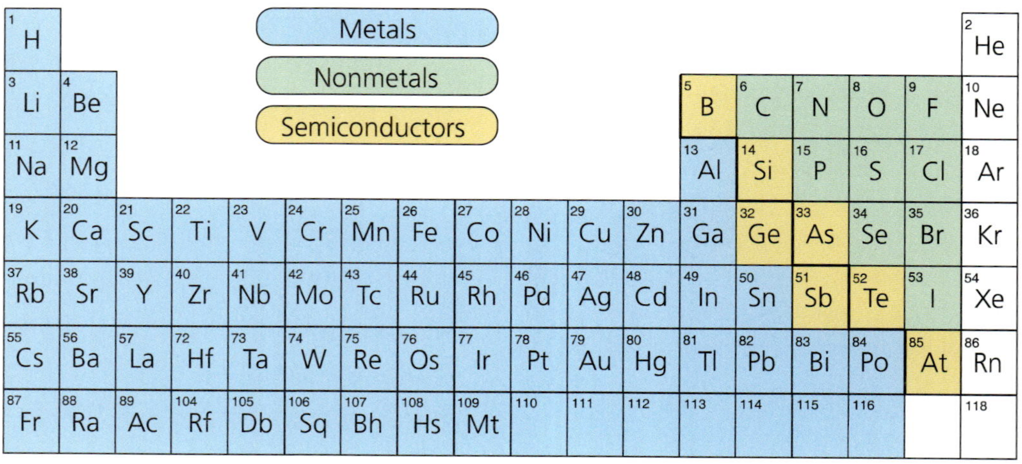

그림 6.16 주기율표에서 금속, 비금속, 반도체의 위치

A Closer Look

희토류(The Rare Earths)

희토류(Rare Earths)의 화합물은 1700년대 후반에 흔하지 않는 광물질로부터 분리하면서 발견되었다. 희토류 는 반응성이 크고 유사한 화학 성질이 있어 오십년 후에나 원소로 인식되었다. 처음에는 희토류가 흙(earth), 즉 비금속 물질로 인정되었으나, 사실 그들은 금속원소이다. 또한 희토류는 흔하지 않는 광물질에서만 발생하는 것으로 알려져 있으므로 사람들은 희귀한 것으로 간주하였다. 오늘날 이들 금속원소는 금, 은, 수은 및 텅스텐보다 지구상에 더 풍부한 원소로 알려져 있다. 희토류 중에서 가장 희귀한 툴륨(thulium, Tm)원소는 은보다 두 배나 풍부하다. 희토류 원소는 희귀하지도 않으며 흙도 아니고, 유리, 전자 및 야금산업에 중요한 물질이다.

주기율표의 두 번째 최저 열에서 희토류를 발견할 수 있다. 이러한 가로 열은 실제로 주기 6 및 7에 속하는 원소의 두 계열을 포함하지만, 전체의 주기율표가 너무 좁아서 아래로 이동한다. 두 계열을 내부전이원소(inner transition elements)라고 한다. 상층계열은 14개 원소인 58에서 71까지로 이들 계열은 원소 57인 란탄(lanthanum, La)의 다음 원소에 속하므로 보통 란탄족 계열(lanthanide series)이라고 한다. 두 번째 계열의 14개 원소는 악티니드 계열(actinide series)이라고 한다. 이들은 대부분 자연적으로 발생한 것이 아니라 인위적으로 만든 원소이다.

우리는 희토류 원소를 들어 본 적이 없을 수도 있지만, 많은 고급 또는 첨단기술 제품에 중요한 물질이다. 예를 들어 란탄은 유리에 특별한 굴절 성질을 줄 수 있어 광섬유나 비싼 카메라 렌즈에 사용된다. 사마륨(samarium, Sm), 네오디뮴(neodymium, Nd) 그리고 디스프로슘(dysprosium, Dy)은 레이저의 결정체를 제조하는 데 사용된다. 사마륨, 이테르븀(ytterbium, Yb) 그리고 테르븀(terbium, Tb)은 특별한 자기 특성을 가지고 있으므로 새로운 전기모터 설계, 컴퓨터의 광자기 기기, 컴퓨터 및 세라믹의 초전도체 창작을 가능하게 한다. 또한 기타 희토류 금속은 고온초전도 물질로서의 사용 가능성이 연구되고 있다. 또한 많은 희토류는 금속 합금으로 사용된다. 예를 들어, 세륨(cerium, Ce) 합금은 내열성의 제트엔진 부품을 제조하는 데 사용된다. 또한 에르븀(erbium, Er)은 고성능 금속 합금에 사용된다. 디스프로슘과 홀뮴(holmium, Ho)은 중성자를 흡수하는 특성을 가지고 있어 핵분열의 제어봉으로 사용된다. 유로퓸(europium, Eu)은 컬러 TV 화면의 붉은 색을 만드는 데 사용된다. 희토류는 많은 일반 및 첨단기술 응용에 가장 중요한 역할을 하며 상대적으로 풍부한 금속원소이다. 또한 초전도 연구에 가장 중요한 역할을 할 수 있다.

불활성기체는 자신의 가장 높은 에너지레벨인 바깥궤도함수를 채워 특히 안정적인 배열을 나타낸다. 다른 원소들은 불활성기체처럼 바깥궤도함수를 채우기 위해 전자를 획득 또는 손실하는 화학적 반응을 한다. 원자가 전자를 얻거나 잃었을 때, 불균형한 전자 전하(electron charge)가 발생하며 이것을 **이온**(ion)이라고 한다. 예를 들면 리튬원자는 3개의 양성자(양전하)와 3개의 전자(음전하)를 가진다. 만일 리튬 원자가 최외각 전자를 잃어버리면, 불활성기체의 헬륨과 같이 바깥궤도함수가 채워진 구조를 갖는다. 따라서 이온으로 존재하면 3개의 양성자(3+)와 2개의 전자(2−)를 가지므로 순 전하(net charge)는 1+이다. 이와 같이 리튬 이온은 1+의 전하를 갖는다.

Connections . . .

영양 원소

생명체가 살아가는데 필요한 모든 분자를 영양원소(nutrient, 영양소)라고 한다. 일부 영양소는 칼슘, 철 또는 칼륨과 같은 무기분자이며, 그 외 탄수화물, 단백질, 지방 및 비타민과 같은 유기분자가 있다. 모든 무기영양소(mineral, 무기물, 무기염류)는 원소이며, 몸에서 합성할 수 없다. 무기질은 원소이기 때문에 물질대사나 요리에 의해서 분해되거나 파괴될 수 없다. 그들은 일반적으로 음식과 물에서 많이 발생한다. 무기염류는 음식 속에든 체내에 있든 상관없이 그들의 특성을 유지한다. 그리고 물질대사에서 각각의 역할을 담당한다.

미네랄은 조절기, 활성제, 송신기, 그리고 다양한 효소 반응의 제어장치의 역할을 할 수 있다. 예를 들어 나트륨 이온(Na^+)과 칼륨 이온(K^+)은 신경충격의 전달에 중요하며, 마그네슘 이온(Mg^{2+})은 ATP를 포함하는 반응중에 에너지 방출을 촉진한다. 철이 없으면 산소를 운반할 충분한 헤모글로빈이 형성될 수 없으므로 빈혈상태가 되며, 칼슘 부족으로 골다공증이 발생할 수 있다. 골다공증은 칼슘손실로 인해 발생되며, 뼈를 약하게 만들어 고통스럽다. 식이에 꼭 필요한 무기질이 있는데 건강을 유지하기 위하여 염소, 코발트, 구리, 요오드, 인, 칼륨, 황 및 아연이 필요하다. 몇 가지 예외가 있지만, 적절한 무기질은 일상 식사로 얻을 수 있다. 특히 여성의 경우에는 칼슘과 철의 보충이 필요하다.

골다공증은 영양 결핍증으로 뼈 질량이 감소하여 뼈 밀도가 변한다. 골다공증 뼈는 일반 뼈의 구멍보다 큰 레이스나 스위스 치즈와 같은 형태이다. 몇 가지 위험요소는 피부가 흰 여성, 좌식의 생활양식과 알코올, 카페인, 흡연, 신경성 식욕 부진, 그리고 폐경에 도달한 경우이다.

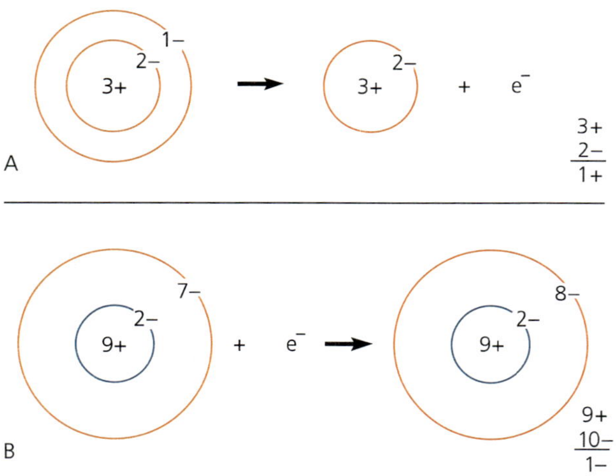

그림 6.17 (A) 금속은 불활성기체의 구조를 얻기 위해 외부 전자를 잃고 양이온이 된다. 리튬은 자신의 최외각 전자 한 개를 잃어버리고 1+ 이온이 된다. (B) 비금속은 불활성기체의 구조로 되기 위해 전자를 얻어 음이온이 된다. 불소는 하나의 전자를 얻어 1− 이온이 된다.

하나, 둘 또는 세 개의 최외각 전자를 가진 원소는 전자를 잃고 양이온을 형성하려는 경향이 있다. 이와 같이 **금속**(metal)은 전자를 잃고 양이온을 형성하는 원소이다(그림 6.17). 반면에, 비금속은 바깥궤도함수를 채우기 위하여 전자를 얻으려는 경향이 있으며, 5~7개의 최외각 전자를 가진 원소이다. **비금속**(nonmetal)은 전자를 얻어 음이온을 형성하는 원소이다. 일반적으로 금속원소는 주기율표의 왼쪽 3분의 2 정도에 위치한다. 비금속원소는 주기율표의 오른쪽에 있다.

People Behind the Science

Dmitri Ivanovich Mendeleyev (1834–1907)

드미트리 이바노비치 멘델레예프는 러시아 화학자로서 그의 이름은 항상 자신의 뛰어난 업적인 주기율표의 발견과 연결된다. 그는 모든 원소가 하나의 질서정연한 체계의 일원이라고 이해한 최초의 화학자였다. 그는 여러 갈래로 나뉘고 추측에 근거한 화학분야를 사실적이고 논리적인 과학으로 전환하였다. 그의 이름 철자는 Mendeléeff, Mendeléev, 그리고 Mendelejeff와 같은 형태로 인쇄물에서 찾을 수 있다.

멘델레예프는 화학원소를 이해하기까지 오랫동안 달성하기 힘들고 좌절감을 주는 어려운 작업을 거치면서 주기법칙을 제작하게 되었다. 멘델레예프에 따르면 원소의 특성은 그들 원자량의 주기적인 기능이다. 1869년, 멘델레예프는 "원자량 크기에 따라 원소는 주기적 성질을 나타낸다"고 서술하였다. 다른 화학자들, 특히 독일의 메이어(Lothar Meyer)도 그동안에 유사한 결론에 도달하였으며, 자신의 발견을 독립적으로 발표하였다.

멘델레예프는 알려진 63개의 모든 원소에 대한 목록, 최초의 정확한 주기율표를 편집하였다. 그 당시의 원자량을 사용한 모든 원소는 적절한 끼워 맞춤이 곤란하였다. 따라서 그는 원자량을 변경하여 인듐(In)은 76에서 114(현대 값은 114.8)로 하였으며, 베릴륨(Be)은 13.8에서 9.2(현대 값은 9.013)로 변경하였다. 1871년에 그는 17개 원소의 정확한 위치 조정(repositioning)을 보여주는 개정 논문을 출판하였다.

멘델레예프는 주기율표를 완성하기 위해 공란을 남겨야 했는데, 주기율표의 공란을 채울 더 많은 원소가 발견될 것으로 그는 예측하였다. 이러한 예측은 주기율 법칙의 강한 지지를 제공하였다. 멘델레예프의 생애에 3개의 원소가 발견되었으며, 이들 세 원소는 갈륨(Ga, 1871) 스칸듐(Sc, 1879), 그리고 게르마늄(Ge, 1886)이다. 또한 이들 세 원소는 그가 원소들을 배치하였던 것과 매우 일치하는 특성을 나타내었다.

멘델레예프는 선견지명이 있었지만, 원소 목록에서 유사한 성질의 주기적인 반복이 원자의 구조에서 무엇을 반영한다는 개념이 없었다. 1920년대가 지나고 나서야 비로소 주기 시스템의 주요 매개변수는 원소의 원자량이 아니며 원자번호라고 인식하였으며, 원자의 양성자수를 측정하였다. 그때부터 원자와 분자의 전자구조의 관점에서 주기 법칙을 설명하는 큰 진전이 있었다.

금속과 비금속을 분리하는 선은 IIIA족의 왼쪽 상단에서 아래로 VIIA족의 왼쪽 하단까지의 하나의 단계선이다. 이것은 금속과 비금속 사이의 뚜렷한 분리가 아니며, 이 선상의 원소는 금속 또는 비금속, 때로는 두 가지 모두로 작용한다. 이렇게 분류가 어려운 원소를 **반도체**(semiconductor) 또는 준금속(metalloid)라고 한다. 실리콘, 게르마늄, 그리고 비소는 비금속의 물리적 성질을 가지고 있다. 예를 들면, 비금속은 잘 부러지는 물질로 망치로 두드려 새로운 모양으로 만들 수는 없으나 반도체에 속하는 원소들은 특정 조건에서 전기 전류를 전도한다. 전기를 전도할 수 있는 능력은 금속의 성질이며 비전성(nonmalleability)은 비금속의 성질로 반도체는 금속과 비금속 모두의 속성을 가진다.

반도체는 우리 생활에서 중요한 역할을 한다. 반도체는 오늘날에 컴퓨터, 휴대폰, CD를 제조하며, 최근 텔레비전의 혁신을 가능하게 한다. 미래의 반도체는 태양전지, 발광다이오드(LED, light emitting diodes)의 증가된 사용과 함께 더욱 큰 역할을 할 것이다. 태양전지의 사용은 전기 생산을 보다 더 청정한 방법으로 전환시킬 것이다. 이러한 LED의 사용은 더 많은 혁신의 증가를 가져오며, 기존의 광원을 LED로 보다 더 많이 교체할 것이다.

콘서트와 축구 경기장에서 볼 수 있는 거대한 TV 화면은 발광다이오드(LED)의 혁신적인 용도이다. 수백시간의 수명을 가진 기존의 백열전구는 수천시간의 수명을 가진 LED로 교체되고 있다. 또한 LED는 백열전구와 같이 열로 낭비되지 않으므로 더 효율적이다.

모두 금속인 전이원소는 B－계열 족에 있다. 전이원소는 유사한 성질의 세로족 원소를 형성하는 전형원소와는 다르며, 유사한 성질을 가진 가로족 원소를 형성하는 경향이 있다. 예를 들어 VIIIB족에 있는 세 개의 원소인 철(Fe), 코발트(Co) 및 니켈(Ni)은 자성 특성을 표시하는 가로족 금속이다.

전형 원소들의 족은 동일한 전하를 가진 이온을 형성한다. 예를 들어 알칼리 금속은 하나의 전자를 잃고 1+ 이온을 형성한다. 전이원소는 변동전하를 가진다. 예를 들어 몇 개의 전이원소는 하나의 최외각 전자를 잃고서 1+ 이온을 형성한다(구리, 은). 구리는 특별한 배열 때문에 추가로 한 개 전자를 잃고서 2+ 이온이 된다. 따라서 구리는 1+ 이온이나 2+ 이온을 형성한다. 대부분의 전이원소는 s 궤도에 두 개의 최외각 전자를 가지며, 2+ 이온을 형성하기 위해서 전자를 잃어버린다(철, 코발트, 니켈). 그러나 이러한 원소 중 일부는 특별한 구성을 갖고 있으며 더 많은 전자를 잃을 수 있다. 예를 들어, 철, 코발트는 2+ 이온이나 3+ 이온을 형성한다. 훨씬 더 많은 성질이 주기율표에서 해석될 것이며, 표로서 만들어진 많은 내용이 다음 장에서 사용된다.

CONCEPTS APPLIED 금속과 전하(Metals and Charge)

스트론튬(Sr)은 금속, 비금속, 또는 반도체인가? 스트론튬 이온의 전하는 무엇인가?

스트론튬은 원소기호 Sr(원자번호 38)로 주기율표의 IIA족의 세로 열에 위치하고 있다. 따라서 스트론튬은 바깥궤도함수에 2개의 전자를 가지고 있다. 여러 가지 이유로 스트론튬이 금속이라는 것이 알려져 있다. (1) 스트론튬 원자는 바깥궤도함수에 2개의 전자를 가지고 있다. 이 바깥 껍질에 하나, 둘 또는 세 개의 전자를 가진 원소는 금속으로 식별된다. (2) 스트론튬은 IIA족에 있으며, 알칼리토류 금속이다. (3) 스트론튬은 주기율표의 왼쪽에 위치하며, 일반적으로 주기율표의 왼쪽 3분의 2에 위치한 원소는 금속이다.

하나, 둘, 또는 세 개의 최외각 전자를 가진 원소는 양이온을 얻기 위하여 전자를 잃는 경향이 있다. 스트론튬은 원자번호가 38이므로 38개의 양성자(38+)와 38개의 전자(38−)를 가지고 있다. 스트론튬이 바깥궤도함수에 있는 2개의 전자를 잃으면, 전자는 36−가 되므로 결국 2+의 전하를 갖는다.

요약

고대 그리스 철학자는 물질이 원소로 구성되어 있거나, 보다 단순한 물질로 구성되어 있다는 관점에서 물질을 이해하려고 시도하였다. 원자라고 하는 입자를 구성하는 물질이 (1) 연속적으로 또는 무한히 나눌 수 있거나, 또는 (2) 불연속적이라고 간주하는 두 모델을 개발하였다.

1800년대 초기에 돌턴은 원자이론을 발표하였다. 이 이론은 물질이 단단하고 더 이상 쪼갤 수 없는 원자로 구성되어 있으며, 원자는 화학변화 동안에 함께 결합하거나 분리한다는 것이다.

진공을 만들 수 있는 공기 펌프가 1885년에 발명되었을 때, 음극선이 진공 유리관 속의 음극단자에서 이동하는 것이 관찰되었다. 음극선의 성질은 신비로웠다. 톰슨은 (지금은 전자이지만) 그 입자들이 그 당시 음으로 대전한 입자임을 발견하였고 1887년에 그 신비가 해결되었다. 톰슨은 원자를 구성하는 첫 번째 소립자를 발견하였으며, 이들 입자의 전하에 대한 질량의 비율을 측정했다.

러더퍼드는 금속의 얇은 판에서 분산하는 알파입자로 실험을 하여 태양계 모델을 개발하였다. 이 모델은 작고 거대한, 그리고 양으로 대전한 원자핵 주변을 전자가 움직이는 것이다. 이러한 전자들은 원자핵으로부터 원자핵 반경의 100,000 배의 거리일 것으로 계산되었다. 그래서 원자의 부피는 대부분 빈 공간이다. 나중에 러더퍼드는 두 개의 소립자를 포함한 원자핵을 제안하였다. 그 소립자는 양전하를 가진 양성자와 전하가 없는 중성자이다. 원자번호는 원자에 있는 양성자의 수이다. 서로 다른 중성자를 가진 원소의 원자를 동위원소라고 한다. 각 동위원소의 질량은 탄소-12의 질량과 비교되며, 탄소-12는 정확히 12.00의 원자질량단위로 정해져 있다. 존재량에 따른 동위원소의 질량 분포를 원소의 원자량이라고 한다. 동위원소들은 원자핵에 있는 양성자와 중성자의 수의 합인 질량수로 식별이 가능하며, 화학기호 어깨 글자에 질량수를, 아래글자에 원자번호를 나타내어 식별할 수 있다.

보어는 수소에 의해 방출된 특성 선스펙트럼을 설명하기 위해 수소 원자의 모델을 개발하였다. 그의 모델은 다음과 같이 명시하고 있다. (1) 전자는 허용궤도만 이동할 수 있다. (2) 전자는 궤도에 남아있을 때 복사에너지를 방출하지 않는다. 그리고 (3) 전자는 에너지를 잃거나 얻게 되면 하나의 허용궤도에서 다른 허용궤도로 이동한다. 하나의 전자가 높은 궤도에서 낮은 궤도로 점프하면, 그것은 단일 광자의 형태로 에너지를 방출한다. 광자의 에너지는 두 수준 사이의 에너지 차이에 해당한다. 보어 모델은 다른 원자에 대해서는 아니지만 수소에는 잘 적용된다.

슈뢰딩거와 다른 사람들은 전자의 파동 특성을 사용하여 파동역학(wave mechanics), 또는 양자역학(quantum mechanics)이라는 새로운 원자모델을 개발하였다. 이 모델은 새로운 결과를 예측할 뿐만 아니라 정확하게 모든 실험결과를 입증하는 것으로 확인되었다. 양자역학 모델은 양자수의 측면에서 전자의 파동 특성을 바탕으로 전자의 에너지 상태를 설명한다. 양자수는 전자의 위치 확률로 정의되며, 이와 관련하여 궤도함수(오비탈)라 불리는 불분명한 공간을 갖는다.

주기율표는 주기라고 불리는 가로열의 원소와 족이라고 하는 세로열의 원소를 가지고 있다. 주어진 집단은 동일한 바깥궤도함수의 전자배열을 가지고 있으며, 그것은 원소의 화학적 성질을 나타내는 주된 특성이다.

6.1 Energy = (Planck's constant)(frequency)

$$E = h \cdot f \quad (h = 6.63 \times 10^{-34}\ \text{J} \cdot \text{s})$$

6.2 energy state of orbit number

$$= \frac{\text{energy state of innermost orbit}}{\text{number squared}}$$

$$E_n = \frac{E_1}{n^2} \quad (E_1 = -13.6\ \text{eV},\ n = 1, 2, 3, \ldots)$$

6.3 energy of photon

= (energy state of higher orbit) − (energy state of lower orbit)

$$hf = E_H - E_L$$

($h = 6.63 \times 10^{-34}$ J·s, E_H and E_L must be in joules)

개념 적용

1. 전자는 어떤 실험을 통하여 발견되었는가?
   a. 방사능
   b. 빛
   c. 물질 파동
   d. 전기
2. 톰슨은 아원자 입자를 발견하여 전자라고 확신하였다. 그것이 전자라는 증거는?
   a. 전하 대 질량비는 모든 물질에 대하여 동일하다.
   b. 음극선이 진공을 통하여 이동할 수 있다.
   c. 전자는 음으로 대전한 판으로 편향된다.
   d. 전하는 항상 1×10^{-19} 쿨롱이다.
3. 원자핵이 아주 작고, 질량이 있는 양으로 대전된 존재라는 것은 어떠한 관찰로부터 추론할 수 있는가?
   a. 빠르고, 질량이 있는 양으로 대전한 알파 입자는 모두 금속박을 직선으로 통과한다.
   b. 알파 입자는 전자장에 이해서 방향을 바꾼다.
   c. 몇 개의 알파 입자는 금속박에 의해서 방향을 바꾼다.
   d. 위의 것은 어느 것도 옳지 않다.
4. 러더퍼드의 계산에 의하면 원자의 대략적인 부피는?
   a. 양성자와 중성자에 의해서 차지한다.
   b. 전자로 채워진다.
   c. 단단히 결합된 양성자, 중성자, 전자로 채워진다.
   d. 비어있는 공간이다.
5. 하나의 전자를 가진 수소는 가시광선 영역에서 어떠한 색상의 선을 가진 선스펙트럼을 발생하는가?
   a. 하나의 색상 선이다.
   b. 두 개의 색상 선이다.
   c. 세 개의 색상 선이다.
   d. 네 개의 색상 선이다.
6. 보어 모델에 따르면 전자는 어떠한 형태로만 에너지를 얻거나 잃는가?
   a. 허용궤도 안에서 빠르거나 느린 운동
   b. 하나의 허용궤도에서 다른 궤도로의 점프
   c. 원자로부터 완전히 제거되는 것
   d. 하나의 원자에서 다른 원자로의 점프
7. 수소 원자의 전자가 원자핵에서 떨어진 궤도에서 원자핵에 가까운 궤도로 점프할 때, 발생하는 현상은?
   a. 두 궤도의 에너지 차이와 동일한 에너지를 가진 하나의 양성자를 방출한다.
   b. 4개의 양성자를 방출하는데 수소의 선스펙트럼에서 관찰된 각 색상선 당 한 개씩이다.
   c. 점프하는 궤도 레벨의 수에 의존하는 많은 수의 양성자를 방출한다.
   d. 하위의 것은 어느 것도 옳지 않다.
8. 원자의 양자역학 모델은 무엇을 기초로 하는가?
   a. 양자들 또는 이동하는 입자의 측정된 에너지 양
   b. 궤도에 맞춰진 전자의 정상파 에너지
   c. 전자 입자의 원형궤도에 대한 3차원 모양의 에너지 계산이다.
   d. 뉴튼의 운동법칙. 그러나 전자 입자의 크기로 규모가 작다.
9. 보어의 원자 모델은 양자수를 가진 전자의 에너지 상태를 나타낸다. 양자역학 모델은 전자의 에너지 상태를 서술하는 데 얼마나 많은 양자수가 필요한가?
   a. 한 개
   b. 두 개
   c. 네 개
   d. 열 개
10. 전자가 발견될 수 있는 확률적인 공간은 무엇으로 설명이 되는가?
    a. 원형 궤도
    b. 타원형 궤도
    c. 궤도함수(오비탈)
    d. 지구 중심적인 궤도
11. 같은 원소인 두 개의 다른 동위원소는?
    a. 같은 수의 양성자, 중성자, 전자를 가진다.
    b. 같은 수의 양성자와 중성자, 그러나 다른 수의 전자를 가진다.
    c. 같은 수의 양성자와 전자, 그러나 다른 수의 중성자를 가진다.
    d. 같은 수의 중성자와 전자, 그러나 다른 수의 양성자를 가진다.
12. 주어진 원소의 원자에 존재하는 중성자의 수를 알고자 한다면 어떻게 할 것인가?
    a. 원자량에 가장 가까운 모든 번호를 어림한다.
    b. 질량수와 원자번호를 더한다.
    c. 질량수에서 원자번호를 뺀다.
    d. 질량수와 원자번호를 더한 후 2로 나눈다.

답 : 1.d 2.a 3.c 4.d 5.d 6.b 7.a 8.b 9.c 10.c 11.c 12.c

생각을 위한 질문

1. 톰슨이 음극선으로 작업할 때 아원자 입자의 존재를 발견한 실험증거는 무엇인가?
2. 러더퍼드가 원자에서 원자핵의 개념을 이끌었던 실험 증거에 대하여 언급하라.
3. 원자의 태양계 모델의 주요한 문제점은 무엇이라 생각하는가?
4. 원자와 원자핵의 크기를 비교하여라.
5. 원자번호는 무엇을 의미하는가? 원자번호로 특정 원소의 원자를 어떻게 확인할 수 있는가? 원자번호는 원자에서 전자수와 어떠한 관계인가?
6. 원자가 원자핵에 11개의 양성자를 가진다. 원자번호는 무엇인가? 이 원소의 명칭은 무엇인가? 이 원자의 전자구성은 무엇인가?
7. 확인된 원소의 원자량은 얼마인가?
8. 보어의 원자 모델에 대한 세 가지 주요 요점을 서술하라.
9. 원자의 전자 에너지는 왜 음의 값을 갖는가? (힌트: 그것은 전자의 전하 때문은 아니다)
10. 가장 낮은 에너지는 어느 것인가? 첫번째 에너지 준위($n=1$)에 있는 전자와 세 번째 에너지 준위($n=3$)에 있는 전자.
11. 보어의 원자모델과 양자역학 모델의 유사점은 무엇인가? 근본적인 차이점은 무엇인가?
12. 바닥상태의 수소 원자와 여기상태의 수소 원자의 차이점은 무엇인가?

심층 분석

1. 전자의 전하를 발견하는 밀리컨의 방법을 설명하라. 이러한 기술을 사용한 결과에 대하여 어떠한 의문이 존재하는가?
2. 특정원소의 동위원소 사이에서 중요한 유사성과 차이점은 무엇인가?
3. 톰슨의 실험으로 전자를 발견하였다. 그가 전자를 발견한 것에 대해 어떻게 확실히 알고 있는 지 분석하라.
4. 원자량은 중력의 영향을 받는 어떤 물질을 갖는다는 내용을 수정하려 한다. 주장을 기술하라.
5. 물질은 불연속(discrete)적으로 에너지를 방출하거나 흡수한다는 관찰의 유의성을 분석하라.
6. 원자에 대한 보어와 양자역학의 모델의 기본 차이점을 최소 몇 가지 서술하라.

탐구로의 초대

너무 작아서 볼 수 없는 것은?

러더퍼드는 방사성 입자와 금박을 가지고 실험을 실시할 때 원자가 너무도 작아서 볼 수 없다는 것을 알았으며, 그는 다른 관측에서 유추해야만 했다. 이 과정을 설명하기 위해서 95%의 에틸알코올 50 mL를 눈금실린더에 따랐다. 두 번째 눈금실린더에 물 50 mL을 측정하였다. 알코올과 물을 함께 완전히 혼합하여 혼합액체의 부피를 기록하였다. 증발이 발생하지 않는다고 가정하면, 당신의 기대에 반하는 결과는 무엇인가? 결과에 대해 어떤 질문이 가능할 것인가?

당신은 자주 볼 수 없는 것들에 대한 질문에 대한 답변을 위해 관찰할 수 있는 모델이 필요하다. 예를 들어, 알코올 분자 대신에 대한 콩을, 물 분자 대신에 모래를 모델로 사용하여 물과 알코올 분자를 나타낸다. 콩 50 mL와 모래 50 mL를 혼합하면 모래와 콩의 혼합물은 100 mL가 되는가? 알코올과 물의 혼합물의 결과는 혼합물 콩과 모래의 관찰에 근거한다고 설명하라.

이 탐구의 연장으로 물을 유리컵의 위 끝부분 까지 채우라. 물에 소금의 적은 양을 추가한다. 당신은 두 개의 물질이 같은 시간에 같은 공간을 차지할 수 없을 것이라고 알고 있다. 소금에 어떤 현상이 발생했는가? 당신은 너무도 작아서 볼 수 없는 것에 대하여 자신의 아이디어를 어떻게 테스트 할 수 있는가?

유사 연습문제

그룹 A

1. 수소 원자의 전자를 n=2에서 n=6으로 이동시키는 데 필요한 에너지는 얼마인가?(필요한 에너지 값을 위하여 그림 6.11을 참조하라.)
2. 수소 원자의 전자가 n=6에서 n=2로 점프할 때 방출된 빛의 진동수는? 우리가 볼 수 있는 빛의 색깔은 무엇인가?
3. 수소 원자의 바닥상태에 존재하는 수소 원자의 전자를 완전히 제거하는 데 필요한 에너지를 구하라?
4. 톰슨은 전자의 전하 대 질량비를 1.76×10^{11} 쿨롱/킬로그램 이라고 발견하였다. 밀리컨은 전자의 전하를 -1.60×10^{-19} 쿨롱이라고 결정하였다. 이들 발견으로부터 전자의 질량을 구하라?

그룹 B

1. 수소 원자의 전자를 바닥상태(n=1)에서 n=3으로 이동시키는 데 필요한 에너지는 얼마인가?
2. 수소 원자의 전자가 n=2에서 바닥상태(n=1)로 점프할 때 방출된 빛의 진동수는?
3. 수소 원자의 전자를 n=2로부터 완전히 제거하는 데 필요한 에너지를 구하라?
4. 양성자의 전하 대 질량비가 9.58×10^{7} 쿨롱/킬로그램 이고, 전하가 -1.60×10^{-19} 쿨롱일 때 양성자의 질량을 구하라?

7
화학반응

화학변화는 철이 부식할 때 발생한다. 부식된 철은 물리적·화학적 성질이 철과는 다르다. 이 녹슨 구형차는 버려진 소도시에서 다채롭게 보인다.

제6장에서는 현대 원자이론이 원소의 원자구조를 설명하는 데 어떻게 사용되는가를 배웠다. 원소의 전자구조는 유사한 성질을 가진 원소그룹 뿐만 주기율표의 원소위치를 성공적으로 설명할 수 있다. 크게 보면 모든 금속은 유사한 전자구조를 가지는데 비금속도 마찬가지다. 알칼리금속과 같은 화학 족은 동일한 외부 전자구성을 가지는 것으로 알려졌다. 이렇게 현대 원자이론은 원자구조의 관점에서 원소간의 유사성을 설명한다.

지금까지 개별적이고 독립된 원자에 대해서만 논의하였지 원소의 원자가 결합하여 화합물을 생성하는 방법을 고려하지 않았다. 원자의 전자구조와 특정 화합물을 생성하는 반응 사이에는 어떤 관계가 있다. 이 관계를 이해하면 물질 자체가 겪게 되는 변화의 설명이 가능해진다. 예를 들어 수소는 매우 가연성이 높은 기체원소이며, 폭발적인 반응으로 연소한다. 산소는 반면에 연소를 유지하는 기체원소이다. 아시다시피, 수소와 산소는 결합하여 물을 생성한다. 물은 스스로 연소하지도 않고 연소를 지원할 수도 없는 액체이다. 다음은 이와 같은 반응을 이해하는데 필요한 몇 가지 질문이다.

1. 수소와 산소와 같은 원소의 원자가 결합하여 물 분자를 생성할 때 무엇이 일어나는가?
2. 왜 원자는 결합하는가 그리고 왜 결합된 상태로 유지되는가?

그림 7.1 물은 지구상에서 가장 풍부한 액체이며, 모든 생명체에 필요하다. 물은 용해 능력이 높아 고체, 액체, 기체를 포함한다. 빙하에 붙어 있던 암석도 암석가루로 물에 현탁(suspend)되어 흘러간다.

3. 왜 물이 물을 구성하고 있는 원소와는 다른 성질을 가지는가?
4. 왜 물이 H_3O 또는 H_4O 분자가 아니고 H_2O인가?

원자가 어떤 특정한 숫자로 결합하는 이유와 방법은 원자의 전자구조를 파악함으로써 알 수 있다. 물질의 구조가 서로 겹치면서 전자들의 상호 작용에 의해서 새로운 성질을 지닌 분자가 형성되는데 이 때 물질은 새로운 전자구조를 갖는다. 새로운 전자 구조를 가진 물 분자는 물의 속성을 나타내며, 그것을 구성하는 산소 또는 수소와는 성질이 다르다(그림 7.1). 원자들의 전자구조가 서로 겹치면서 새로운 구조를 어떻게 형성하는 지를 이해함으로써 물질이 받는 변화에 대해 이해할 수 있다.

핵심개념 전자구조는 어떻게 그리고 어떠한 이유로 원자가 특정한 수로 함께 결합하는가를 설명할 것이다.

7.1 화합물 (Compounds)

주변의 많은 물질은 크기, 형태, 유형 및 종류에 다양한 변화가 일어난 듯하다. 우리가 물질을 이해하는 데 도움이 되는 무질서함에도 어떤 유형이 존재하는가? 네, 많은 유형이 있고, 분명한 것은 모든 물질이 혼합물이나 순수 물질로 발생한다는 것이다(그림 7.2). 혼합물은 서로 다른 물질로 이루어져 있으며, 다양한 조성을 가질 수 있다. 예를 들면 해변의 모래는 바위 조각, 미네랄, 조개껍데기의 다양한 혼합물이다.

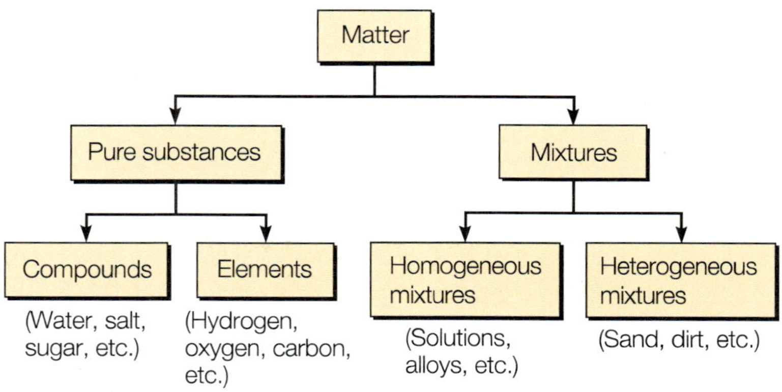

그림 7.2 물질의 분류 도식

혼합물은 서로 다른 물질로 이루어져 있으며 다양한 조성을 가질 수 있는데 두 종류로 분류된다. 불균일 혼합물은 물리적으로 서로 다른 특성을 갖는다. 예를 들어 해변의 모래는 우리가 볼 수 있는 작은 조각의 바위와 조개껍질로 이루어져 있다. 주어진 두 시료는 입자의 종류와 조성이 다르므로 **불균일 혼합물**(heterogeneous mixture)이다. 또한 물속에 녹아있는 소금용액은 서로 다른 물질로 구성되어 있고 조성도 바꿀 수 있으므로 혼합물의 정의를 충족한다. 그러나 소금용액은 모래혼합물과는 다르다. **균일 혼합물**(homogeneous mixture)은 시료 전체가 성분이 같다는 것을 의미하며, 소금용액은 균일 혼합물이다. 균일 혼합물은 용액 전체가 동일하다. 용액이 혼합물이라는 것을 이해하는 핵심은 다양한 조성이다. 즉, 주어진 용액은 균일할 수 있지만 조성이 다음번에는 변할 수 있다. 따라서 소금 용액은 1% 농도, 7% 농도, 그리고 또 다른 10% 농도를 가질 수 있다. 용액, 혼합 가스와 금속 합금은 모두 균일 혼합물이며, 그들은 서로 다른 물질로 구성되어 있으며, 한 가지 조성으로 고정되어 있지 않다.

혼합물은 물리적 방법으로 구성 물질이 분리될 수 있다. 예를 들어, 모래 혼합물을 조성했던 부분을 확대경과 핀셋을 사용하여 이동하고 격리시켜서 물리적으로 분리할 수 있다. 물속의 소금용액은 물에 녹아있는 소금의 양이 가변적인 조성을 가지기 때문에 혼합물이다. 그런데 어떻게 용액의 일부를 분리할 수 있을까? 한 가지 방법은 물을 증발시키고 뒤에 소금을 남게 하는 것이다. 혼합물을 분리하는 여러 방법이 있지만, 모두 **물리적 변화**(physical change)를 포함한다. 물리적 변화는 물질의 동일성을 바꾸는 것이 아니다. 예를 들어 물이 소금용액에서 증발되어 다른 물질 상태인 수증기로 변하지만 여전히 물로 인식된다. 물리적 성질만을 포함하는 물리적 변화로는 전혀 새로운 물질이 형성되지 않는다. 예로 파쇄, 굽힘과 같은 개조 공정뿐만 아니라 증발, 응축, 융해, 동결 및 용해라는 물리적 변화가 포함된다.

혼합물은 물리적으로 순물질(pure substances)로 분리할 수 있다. 순물질은 전체적으로 동일하고 확실하면서 고정된 조성을 가진 물질이다. 가까이서 식탁용 소금의 시료를 검사하는 경우 그것이 수백 개의 작은 정육면체 조각으로 이루어진 것을 볼 수 있다. 이러한 조각 중 하나는 동일한 성질(소금 맛을 포함하여)을 나타내야 한다. 식탁염과 같이 설탕도 그 모두가 유사하다. 소금과 달리 설탕 알갱이는 특별한 모양이나 형태를 가지고 있지 않지만, 각 입자는 다른 설탕 입자처럼 같은 단맛 특성을 가지고 있다.

Connections . . .

생소한 원소 기호

일부 원소는 이전부터 사용된 라틴어 이름에서 유래된 기호를 사용한다. 예를 들어 기호 Au는 금이며, 이 금속은 라틴어 aurum으로서 "번쩍이는 새벽"이라는 의미를 나타낸다. 다음 표에 라틴어 이름에서 유래한 기호를 가진 10개의 원소가 있으며, 한 원소는 독일어 이름에서 파생했다.

원자번호	명칭	이름의 유래	기호
11	Sodium	라틴 Natrium	Na
19	Potassium	라틴 Kalium	K
26	Iron	라틴 Ferrum	Fe
29	Copper	라틴 Cuprum	Cu
47	Silver	라틴 Argentum	Ag
50	Tin	라틴 Stannum	Sn
51	Antimony	라틴 Stibium	Sb
74	Tungsten	독일 Wolfram	W
79	Gold	라틴 Aurum	Au
80	Mercury	라틴 Hydrargyrum	Hg
82	Lead	라틴 Plumbum	Pb

만일 분리된 용기에서 소금과 설탕 입자를 가열하면 매우 다른 결과를 발견할 것이다. 몇 개의 다른 순물질처럼 소금은 물리적 변화를 받아서 녹으며, 고체로 냉각시키면 그것이 원래 가지고 있는 것과 동일한 속성을 나타낸다. 그러나 설탕은 수증기를 발산하여 가열하면 흑색물질로 변화한다. 그 흑색물질은 냉각시켜도 설탕으로 변화하지 않는다. 설탕은 새로운 물질로 분해되었지만, 소금에서는 이런 변화가 없다. 그 새로운 물질은 탄소이며, 설탕과는 완전히 다른 특성을 가지고 있다. 설탕은 **화학적 변화**(chemical change)를 겪었다. 화학적 변화는 새로운 물질을 생산하며, 물질의 본질을 바꾼다. 이 경우는 분해과정으로 열은 설탕을 탄소와 수증기로 분해하여 화학적 변화를 발생하였다.

설탕의 분해는 항상 같은 물과 탄소의 질량비율로 발생하기 때문에 설탕은 명확하면서 고정된 조성을 갖는다. **화합물**(compound)은 화학적 변화에 의하여 고정된 질량비로 보다 단순한 순물질로 분해할 수 있는 물질이다. 이것은 설탕이 화합물이라는 것을 의미한다(그림 7.3).

순물질은 화학적 또는 물리적 방법으로 더 단순한 물질로 분해되지 않으므로 원소(element)이다. 설탕은 가열에 의해 탄소와 수증기로 분해된다. 탄소는 더욱 세분화되지 않으므로 원소이다. 물은 전기 분해에 의해 수소와 산소로 분해될 수 있는 화합물이나, 수소와 산소의 두 가스는 더 이상 분해할 수 없다는 것이 약 1800년 이후에 알려졌다. 따라서 설탕은 탄소, 수소, 그리고 산소의 원소로 만든 화합물이다.

그러나 식용소금은 어떠한가? 식용소금은 화합물인가? 식용소금 즉 식염은 열에 의해 분해되지 않는 안정된 화합물이다. 식염은 약 800℃의 온도에서 용해되며, 냉각시키면 본래의 같은 소금기 특성을 가진 고체 형태로 되돌아온다. 전기분해는 전기에 의해서 화합물을 세분화하는 것으로, 식염을 나트륨과 염소로 분해하는 데 사용할 수 있으며, 식염이 화합물이라는 사실을 명백하게 증명한다.

그림 7.3 설탕(A)은 가열에 의해 단순한 물질로 쉽게 분해될 수 있는 화합물이다. 더 단순한 물질 중 하나인 B는 검은 탄소 원소이며, 더 이상 물리적 또는 화학적 방법으로 분해할 수 없다.

그림 7.4 알루미늄, 철, 산소, 그리고 규소의 원소는 지구 고체표면의 약 88%를 차지한다. 구름과 안개의 형태로 존재하는 물은 수소와 산소로 구성되어 있다. 공기는 99%가 질소와 산소이다. 사람의 97%는 수소, 산소, 탄소이다. 따라서 이 그림에 나타나는 거의 모든 것은 일곱 원소로 구성되어 있다.

순물질은 화합물 또는 원소로 이 둘을 구별하는 두 가지 방법은 가열과 전기분해이다. 어떤 물질이 보다 더 단순한 물질로 분해할 수 있다면, 그것은 화합물임을 확실히 알 수 있다. 어떤 물질이 분해되지 않는다면, 이것은 원소이거나 아니면 분해를 이겨낸 안정된 화합물일 수도 있다. 원소를 발견하기 위해서는 더 많은 실험이 필요하며, 이것을 통하여 원소를 확신할 수 있다. 대부분 순수한 물질은 화합물이다. 현재 알려진 원소는 유일하게 117 종류이지만, 서로 다른 수백만의 화합물이 존재한다. 이러한 원소는 모든 물질을 만들기 위한 기본적인 재료이다.

7.2 원소 (Elements)

원소는 똑같이 풍부하지 않으며, 단 몇 개만이 흔한 원소이다. 예를 들어 표 7.1에서와 같이 단지 8개의 원소가 지구 고체표면의 99%를 차지한다. 산소는 지구의 지각무게의 50%를 차지하는 가장 풍부한 원소이다. 규소는 지구 지각의 25% 이상을 구성하고 있다. 따라서 이들 두 개의 비금속 원소만으로도 지구의 고체표면의 75% 정도를 구성한다. 나머지는 표에 표시된 바와 같이 여섯 개의 금속으로 구성되어 있다.

표 7.1 지구의 지각을 구성하는 원소

원소	무게%
산소(O)	46.6
규소(Si)	27.7
알루미늄(Al)	8.1
철(Fe)	5.0
칼슘(Ca)	3.6
소듐(Na)	2.8
칼륨(K)	2.6
마그네슘(Mg)	2.1

이 밖에 여러 곳에서 일반적인 원소의 수 또한 제한적이다. 오직 두 가지 원소가 지구 주변 대기의 99% 정도를 구성하고 있다. 공기는 약 78%의 질소와 약 21%의 산소로 대부분 구성되며, 극미량인 다섯 개의 원소와 화합물로 구성된다. 물은 수소와 산소이지만, 해수는 용액 중에 원소를 포함하여 이들 원소 중에는 염소 55%, 나트륨 31%, 황 8%, 그리고 마그네슘 4%가 있다. 오직 세 가지 원소가 몸의 97% 정도를 차지하는데, 수소 60%, 산소 26%, 그리고 탄소 11%로 구성된다. 일반적으로 이 모든 사실은 원소가 자연 속에 균등하게 분포하거나 똑같이 풍부하지 않음을 의미한다(그림 7.4).

7.3 화학변화(Chemical Change)

우리가 숨 쉬는 공기, 마시는 액체, 그리고 주변의 모든 것들은 원소, 화합물 또는 혼합물이다. 대부분의 물질은 화합물이며, 원소는 극히 적은 양이다. 물, 설탕, 가솔린, 그리고 분필이 화합물의 예이다. 각 화합물은 그것을 이루는 원소로 분해될 수 있다. 원소는 더 이상 단순한 물질로 나눌 수 없는 기본적인 물질이다. 원소의 예로는 수소, 탄소, 그리고 칼슘이 있다. 왜 이러한 원소들이 서로 다른 화합물을 형성하기 위하여 다양한 방법으로 결합하는가? 이것이 이 장에서 다루는 대상이다.

우리는 이미 원소가 현대 원자이론에 의해 설명된 원자로 이루어진 것을 배웠다. 또한 **원자**(atom)는 원소의 최소단위이며, 원자는 혼자 또는 다른 원소와 함께 존재할 수 있다는 것을 고찰할 수 있다. 원자가 화학결합(chemical bond)이라는 인력에 의해 결합될 때 화합물이 형성된다. 화학결합은 개별원자를 결합시켜 화합물로 만드는 것이다. 일반적으로 분자는 고유성질을 갖고 있는 원자들이 단단히 결합한 그룹으로 생각된다. 보다 구체적으로 **분자**(molecule)를 정의하면, 분자는 화합물의 가장 작은 입자 또는 기체원소이며, 물질의 화학적 특성을 계속 유지하여 존재할 수 있어야 한다. 한 종류의 화학결합으로 형성된 화합물이 분자이며, 이 분자는 독립적인 단위로 간주될 정도로 강력하게 결합된 전기적으로 중성인 원자그룹이다. 예를 들어 물은 화합물이다. 단독으로 존재할 수 있는 물의 가장 작은 단위는 두 개의 수소 원자와 하나의 산소 원자가 화학 결합한 것으로 전기적으로 중성이다. 분자의 개념은 화학결합으로 이어질 것이다.

화합물은 가스, 액체 및 고체로서 자연적으로 발생한다. 많은 일반 기체는 둘 이상의 원자로 이루어진 분자의 형태로 자연적으로 발생한다. 예를 들어 상온에서 수소 기체는 두 개의 수소 원자가 결합한 분자이고, 산소 기체는 보통 두 개의 산소 원자가 결합한 것이다. 수소와 산소는 모두 이원자 분자(diatomic molecules : "di"는 2를 의미)로 자연적으로 발생한다. 산소는 때때로 세 개의 산소 원자가 결합한 분자를 발생하는데, 산소의 삼원자 분자(triatomic molecules : "tri"는 3을 의미)를 오존(O_3)이라고 한다.

어떤 크기의 분자든 좀 더 단순한 물질을 형성하거나 분해되는 경우에 새로운 특성을 가진 신소재를 생성한다. 이러한 물질의 변화를 **화학변화**(chemical change)라고 하며, 그 과정을 화학반응이라고 한다.

> **화학반응(chemical reaction)은 서로 다른 물질이 화학결합을 생성하거나 결합이 깨지면서 나타나는 물질의 변화이다.**

일반적으로 화학결합은 원소의 원자가 함께 결합하면서 화합물을 생성할 때 만들어진다. 화합물은 결합이 깨지면서 좀 더 단순한 물질로 분해된다. 전기적 인력에 의한 화학결합은 전기적으로 중성이다.

화학반응은 우리 주위에서 빈번히 발생한다. 식물의 재배, 연료의 연소, 그리고 음식의 신체 활용은 모두 화학반응을 포함한다. 이러한 반응들은 크든 작든 내부잠재에너지(internal potential energy)를 가진 각각의 화학물질을 생성한다. 큰 내부잠재에너지를 가진 새로운 화학물질을 생성하려면 에너지가 흡수된다. 작은 내부잠재에너지를 가진 새로운 화학물질이 생성되면 에너지가 방출된다(그림 7.5). 일반적으로 내부에너지의 변화를 **화학에너지**(chemical energy)라고 한다. 예를 들어 광합성 과정을 통해 새로운 화

그림 7.5 마그네슘은 공기 중에서 열과 빛을 방출하여 밝게 연소하는 알칼리 토류금속이다. 화학에너지가 방출되면서 새로운 화학물질이 형성되는데 이 물질이 산화마그네슘이다. 그것은 물에서 알칼리 용액을 형성하는 부드러운 분말의 물질이다(마그네시아의 우유라고도 함).

학물질인 녹색식물을 생산한다. 녹색식물은 복사에너지(radiant energy)인 태양광, 이산화탄소와 물을 사용하여 새로운 화학물질과 산소를 생산한다. 새로운 화학물질 즉 잎, 뿌리, 나무는 이산화탄소와 물(이 물질을 만드는데 사용된)보다 더 많은 화학에너지를 포함한다.

화학방정식(chemical equation)은 화학반응 동안에 무엇이 발생했는지를 설명하는 방법이다. 광합성의 화학반응은 단어를 사용하여 화학방정식으로 표현할 수 있다.

에너지(태양광) + 이산화탄소 분자 + 물 분자 → 식물재료 분자 + 산소 분자

변화되는 물질은 단어 방정식의 왼쪽에 있으며, 반응물(reactants)이라고 한다. 반응물은 이산화탄소 분자와 물 분자이다. 또한, 이 방정식은 에너지 항목이 왼쪽에 있으므로 에너지가 흡수되는 것을 나타낸다. 화살표는 수율(yield)을 의미한다. 새로운 화학물질은 단어 방정식의 오른쪽에 있으며, 생성물(products)이라고 한다. 위의 반응식은 "이산화탄소와 물은 에너지를 흡수하여 식물재료와 산소를 생성한다"고 말하고 있다.

반응에서 생산된 식물 재료는 반응물보다 더 많은 내부잠재에너지를 가지고 있으며, 이 내부에너지를 화학에너지(chemical energy)라고 한다. 에너지 항목이 오른쪽이 아니라 왼쪽에 나타나므로 방정식으로부터 이 뜻을 알 수 있다. 이것은 왼쪽에 있는 에너지가 오른쪽의 내부잠재에너지로 들어갔다는 것이다. 또한 가역적 반응이라 저장에너지를 방출할 수 있다(그림 7.6). 목재와 같은 식물재료가 연소하면 식물재료는 산소와 반응하는데 이 때의 화학에너지는 복사에너지(빛)와 새롭게 형성된 기체와 증기의 높은 운동에너지로 방출된다. 즉, 이에 대한 에너지 방정식은 다음과 같다.

식물재료 분자 + 산소 분자 → 이산화탄소 분자 + 물 분자 + 에너지

두 방정식을 비교하면 연소는 광합성 과정의 반대라는 것을 알 수 있다. 연소에서 발생

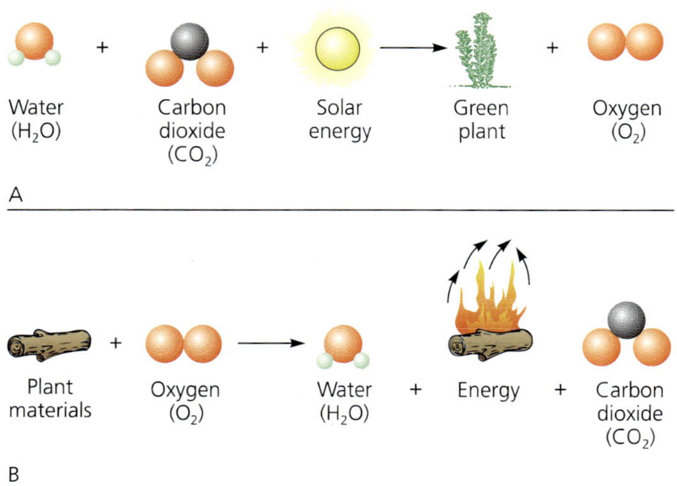

그림 7.6 (A) 녹색식물이 신규물질을 만들고 광합성 과정을 통해 태양에너지를 저장하는 동안 새로운 화학결합이 형성된다. (B) 화학결합이 깨지면, 같은 양의 에너지와 원료물질이 방출된다. 식물재료가 연소할 때는 동일한 에너지와 물질이 급속히 방출되며, 식물이 분해할 때는 서서히 방출된다.

된 에너지는 정확하게 태양에너지와 동일한 양이다. 태양에너지는 식물에 의해 내부잠재에너지로 저장된다. 이러한 화학변화는 화학에너지가 하나의 반응에 의해 저장되고 다른 반응에 의해 방출되어 나타난다. 또한 이러한 화학변화는 화학결합을 생성하거나 파괴한 결과로서 나타난다. 화학결합은 신규 화학물질을 생산하는 데 에너지를 이용하여 생성된다. 에너지는 이들 결합이 파괴될 때 방출하며, 원래 물질을 생산하기 위해 다시 만든다. 예를 들어 화학반응과 에너지의 흐름은 화학결합의 생성과 파괴에 의해 설명할 수 있다. 화학결합은 원자의 전자구조 변화라는 측면에서 설명할 수 있다. 따라서 화학반응의 이해를 추구하는데 출발점은 원자들의 전자구조이다.

7.4 원자가전자와 이온(Valence Electrons and Ions)

제6장에서 언급한 바와 같이, 일반적으로 원자의 화학적 성질을 결정하는 것은 가장 바깥 궤도함수에 있는 전자의 개수이다. 이러한 최외각 전자를 **원자가전자**(valence electron)라고 하며, 원자가전자는 화학결합에 참여한다. 내부 전자는 화학적으로 안정하고, 궤도함수를 완전히 채우고 있으므로 화학결합에 참여하지 않는다. A 그룹의 족과 같은 전형원소(representative element, 대표원소)들은 바깥궤도함수(하나에서 여덟 개의 원자가전자를 가질 수 있다)에 원자가전자를 가지고 있다. 주기율표를 참조하여 쉽게 원자가전자의 수를 찾을 수 있다. A 그룹 족의 상단에 있는 숫자는 바깥궤도함수의 전자수와 동일하다(헬륨 제외).

일반적으로 불활성기체는 바깥궤도함수를 채우므로 화합물을 생성하지 않는다. 분명히, 절반을 채우거나 가득 채운 궤도는 불활성기체에서 발견된 것과 같은 안정적인 배치를 하고 있다. 전형원소에 대한 이러한 경향을 **옥테트 규칙**(octet rule) 또는 팔전자 규칙이라고 한다. 옥테트 규칙은 원자가 화학반응을 통하여 바깥궤도함수에 8개의 전자를 채우려고 한다. 이 규칙은 일반화된 것으로 몇 가지 원소는 팔 전자의 요구 사항에 부합하지 않으나 일반적인 안정성 경향을 추구한다. 옥테트 규칙은 몇 가지 예외가 있지만 대부분의 전형원소의 원자가전자를 파악하는데 도움이 된다.

주기율표에서 전형원소의 족 번호는 원자가전자의 수를 말하며, 원자는 옥테트 규칙에서 제안한 안정성에 도달해야 한다. 예를 들어, 나트륨은 IA족이므로 하나의 원자가전자를 가진다. 만약 나트륨 원자가 화학반응을 통해 원자가전자를 제거한다면 불활성기체인 네온(Ne)과 동일한 최외각 전자의

CONCEPTS APPLIED 칼슘

칼슘 이온의 원자기호와 전하는 무엇인가?

칼슘의 원자기호는 Ca이며, 원자번호는 20이다. 칼슘은 주기율표에서 IIA족이며, 두 개의 원자가전자를 가지고 있음을 나타낸다. 옥테트 규칙에 따르면, 칼슘 이온은 안정한 불활성 기체의 바깥궤도함수 배열을 확보하기 위해 두 전자를 잃어야 한다. 칼슘은 원자번호가 20이므로 칼슘 원자는 20개의 양성자(20+)와 20개의 전자(20−)를 가지고 있다. 칼슘원자는 두 개의 전자를 잃고 이온화되어 칼슘 이온이 되며, 총 전하는 (20+)+(18−)=2+가 된다. 칼슘 이온은 칼슘의 화학기호와 첨자를 사용사여 Ca^{2+}로 표시된다. 알루미늄 이온의 화학기호와 전하는 무엇인가? (답 : Al^{3+})

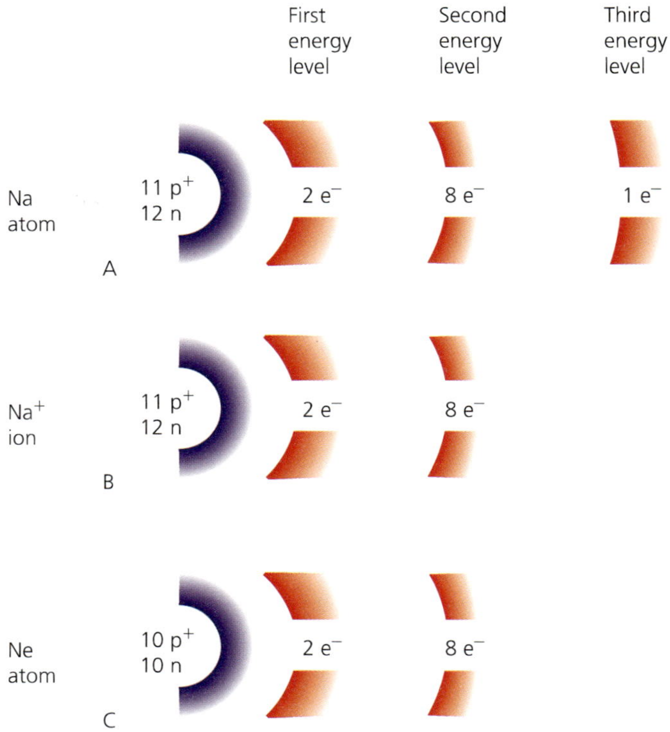

그림 7.7 (A) 나트륨 원자는 첫 번째 에너지레벨에 2개의 전자, 두 번째 에너지 레벨에 8개, 그리고 세 번째 에너지레벨에 한 개의 전자를 가지고 있다. (B) 한 개의 원자가전자를 잃으면 양으로 하전된 나트륨 이온은 네온 원자와 동일한 전자구조를 갖는다(C).

배치가 된다(그림 7.7B와 7.7C의 비교).

나트륨 원자(Na)는 전자 하나를 잃고 나트륨 이온(Na^+)을 생성하는데, 이것은 네온 원자 (Ne)의 안정적인 최외각 전자배치와 같다. 나트륨 이온(Na^+)은 11개의 양성자를 가지고 있으므로 여전히 나트륨의 형태이나, 이것은 나트륨 이온(Na^+)이지 나트륨 원자(Na)는 아니다. 나트륨은 11개의 양성자(11개의 양전하)와 10개의 전자(10개의 음전하)를 가지고 있으므로 1+의 전하를 갖기 때문이다.

즉 총 전하는 $(11+)+(10-) = 1+$이다.

나트륨 이온의 화학기호는 Na^+이다. 나트륨 원자가 이온화될 때, 나트륨의 원자핵과 내부궤도는 변경하지 않는다. 나트륨 이온은 나트륨이 원자가전자를 잃어 형성되는데 그 과정은 다음과 같이 표현될 수 있다.

$$\text{energy} + \text{Na}\cdot \longrightarrow \text{Na}^+ + e^-$$

여기서 Na는 전자점 기호(electron dot notation)이며, e^-는 나트륨 원자에서 떨어져 나온 전자이다.

7.5 화학결합(Chemical Bonds)

원자는 불활성기체 원자의 안정적인 전자배열 상태 즉, 보다 낮은 에너지 상태를 갖기 위하여 화학반응을 통해 전자를 획득하거나 또는 잃어버린다. 이러한 반응으로 **화학결합**이 발생하는데, 이 결합은 화합물 내 원자들이 서로 잡아당기는 인력에 의한다. 일반적으로 화학결합은 (1) 이온결합, (2) 공유결합, 그리고 (3) 금속결합으로 분류된다.

이온결합(ionic bond)은 원자가 불활성기체의 전자 배열을 갖기 위하여 전자가 이동할 때 형성된다. 전자 이동과정에서 전자를 버리거나 획득하여 양이온이나 음이온을 형성한다. 반대로 대전한 이온들 사이의 정전기 인력(electrostatic attraction)으로 이온결합이 형성되는데 그 결과물이 이온화합물이다. 일반적으로 주기율표의 왼쪽측면에 있는 금속이 오른쪽 측면에 있는 비금속과 반응할 때 이온화합물이 형성된다.

공유결합(covalent bond)은 원자가 전자를 공유함으로써 불활성기체의 전자구조를 갖게 될 때 발생한다. 일반적으로 공유결합은 주기율표의 오른쪽에 있는 비금속 원소들 사이에서 발생한다.

금속결합(metallic bond)은 모든 원소의 약 80%를 차지하는 철, 구리, 그리고 기타 금속원소와 같은 고체금속에서 형성된다. 금속원자는 가깝게 밀집되어 있어 하나의 금속원자에서 다른 금속원자로 전자가 자유롭게 이동하는 "바다(sea)"에서 많은 전자를 공유한다. 높은 전기전도도와 같은 금속성질은 금속결합으로 설명할 수 있다.

이온, 공유결합 및 금속결합은 원자나 이온을 분자나 결정으로 유지하는 인력이다. 이들 결합 중 하나가 형성되었을 때 전자의 움직임을 설명하려면 다음 두 가지 방법을 고려해야 된다. (1) 원자의 궤도함수(오비탈)가 서로 겹치면서 결합 궤도함수를 만드는데 이를 분자궤도함수라 한다. (2) 분자 내의 원자는 바깥궤도함수의 전자배열이 바뀐 독립된 원자로 고려한다. 분자궤도함수에서는 전체 분자가 모든 전자를 공유하며, 자체적인 모양, 배향 및 에너지 준위를 갖는 분자궤도함수를 형성한다. 분자내 원자가 분자로부터 마치 독립되어 있는 것처럼 원자가 갖는 전자의 에너지 준위를 고려한다. 독립된 원자로 설명하는 것이 분자궤도함수로 설명하는 것보다 정확도가 낮지만, 덜 복잡하고 더 쉽게 이해할 수 있다. 따라서 화학결합은 주로 화합물 중의 개별원자와 이온을 고려하면 상세히 설명될 수 있다.

이온결합(ionic bonds)

이온결합(ionic bond)은 양이온과 음이온 사이의 정전기 인력에 의한 화학적 결합으로 정의된다. 이온결합은 금속 원자가 비금속 원자와 반응할 때 발생한다. 하나 이상의 원자가 금속 원자에서 비금속 원자의 원자가 껍질로 이동할 때 이러한 반응이 일어난다. 전자를 잃는 원자는 양이온이 되고, 전자를 얻은 원자는 음이온이 된다. 반대로 대전한 이온은 서로를 끌어당기며, 정돈된 기하구조로 배열된 이온을 가진 이온고체를 형성한다(그림

7.8). 이것은 결정성 고체로 염화나트륨과 같은 전형적인 염(salt)이다.

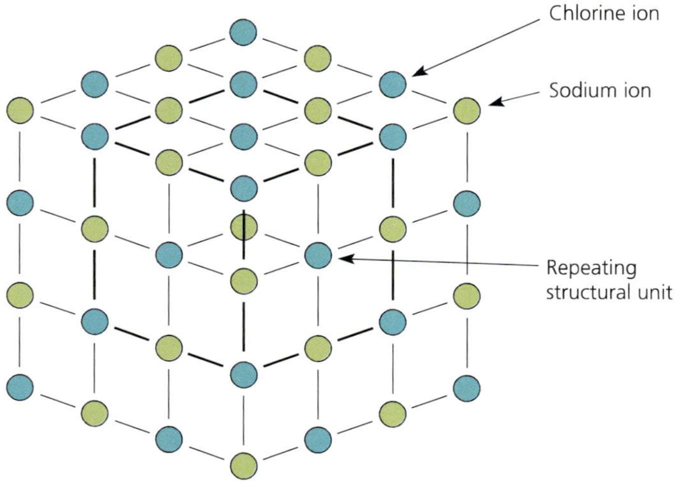

그림 7.8 염화나트륨 결정은 나트륨과 염소 이온이 정전기 인력으로 결합되어 있는 것이다. 나트륨-염소 결정은 입방구조이다.

이온결합의 예로서 나트륨(부드러운 금속)과 염소(연한 연두색)의 반응을 고려한다. 나트륨 원자와 염소 원자가 충돌하면, 두 원자는 격렬하게 반응하여 원자가전자가 나트륨에서 염소 원자로 이동하는데, 이 반응에서 나트륨 이온과 염소 이온이 생성된다. 이 반응은 전자점 기호로 다음과 같이 설명할 수 있다.

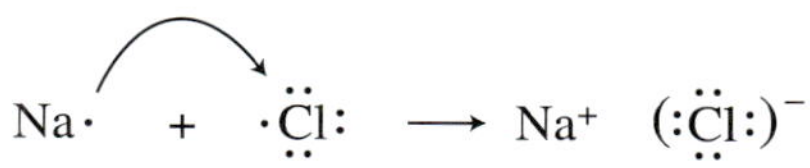

그림 7.9 일반 식염결정은 약 10배로 확대하면 결정의 입방구조를 명확히 볼 수 있다.

위와 같이, 나트륨 이온의 원자가전자가 이동하여 생성된 이온은 안정된 전자배열을 가진다. 염소 원자는 이제 안정된 전자 배열을 얻기 위하여 바깥궤도함수에 전자를 받아들인다. 이와 같이 안정적인 양이온과 안정적인 음이온이 생성되고, 서로의 전하가 반대이기 때문에 서로 끌어당기면서 이온결합을 형성한다. 반응에 참여한 이온이 많은 경우 각 Na^+ 이온은 6개의 Cl^- 이온으로 둘러싸이고, 각 Cl^- 이온은 6개의 Na^+ 이온으로 둘러싸인다. 이것은 그림 7.9와 같이 결정 입방구조인 고체 NaCl을 생성한다. 고체상태에서 모든 나트륨 이온 및 모든 염소 이온은 하나의 큰 단위로 함께 묶여있다. 따라서 염화나트륨과 같은 이온고체에서 '분자'라는 용어는 실제로 적합하지 않다. 그러나 이 용어는 때로는 주어진 시료가 동일한 수의 Na^+ 이온과 Cl^- 이온을 가지고 있다면 사용이 가능하다.

나트륨－염소 반응은 다음의 세 단계에서와 같이 전자점 기호로 표현할 수 있다.

$$1.\quad \text{energy} + \text{Na}\cdot \longrightarrow \text{Na}^{+} + e^{-}$$

$$2.\quad \cdot\ddot{\underset{\cdot\cdot}{\text{Cl}}}\!: + e^{-} \longrightarrow (:\ddot{\underset{\cdot\cdot}{\text{Cl}}}:)^{-} + \text{energy}$$

$$3.\quad \text{Na}^{+} + (:\ddot{\underset{\cdot\cdot}{\text{Cl}}}:)^{-} \longrightarrow \text{Na}^{+}\,(:\ddot{\underset{\cdot\cdot}{\text{Cl}}}:)^{-} + \text{energy}$$

2단계와 3단계에서 방출된 에너지는 1단계에서 흡수된 에너지보다 크기 때문에 이온결합이 형성된다. 방출된 에너지를 **생성열**(heat of formation)이라고 하는데, 염화나트륨 화합물을 원소로 분해하는 데 필요한 에너지이다. 그러나 반응은 위와 같이 단계적으로 일어나지 않으며 동시에 발생한다. 광합성－연소반응에서 설명한 바와 같이 화학에너지의 총량은 보존되어 있음을 다시 한 번 확인한다. 염화나트륨 화합물의 형성시 방출된 에너지는 그 화합물의 분해에 필요한 에너지와 동일한 양이다.

이온결합은 전자이동에 의하여 생성되며, 전자는 그 과정에서 보존된다. 이것은 전자가 화학반응에서 생성되거나 파괴되지 않음을 의미한다. 반응전의 총 전자의 수는 반응후의 총 전자수와 같은 양이다. 이온결합 반응에서 전자를 추적하는 데 사용할 수 있는 두 가지 규칙이 있다.

1. 안정한 불활성 기체구조를 이루기 위하여 원자는 원자가전자를 얻거나 잃음으로써 이온을 생성한다.
2. 반응중 원자에 의해서 얻어진 전자의 수와 손실된 전자의 수는 균형을 이루어야 한다.

나트륨－염소 반응은 두 규칙을 따른다. 나트륨 원자에서 하나의 원자가전자의 손실로 안정한 나트륨 이온이 형성된다. 염소 원자가 하나의 원자가전자를 얻으면 안정적인 염소 이온을 형성한다. 이와 같이 두 이온은 불활성기체 배열을 가지며(규칙 1), 하나의 전자를 잃거나 얻음으로써 잃어버린 전자의 수와 얻은 전자의 수가 균형을 유지한다(규칙 2).

화합물의 **화학식**(formula)은 화합물에서 원소들이 어떤 비율로 존재하는 가를 나타낸다. 염화나트륨(NaCl)은 음이온인 염소 이온 한 개에 대해서 양이온인 나트륨 이온을 한 개 포함한다. 염화나트륨의 화학식은 NaCl이다. 만약 기호의 오른쪽 하단 부분에 첨자가 없다면 그것은 숫자 1이다. 따라서 NaCl은 나트륨 및 염소원소로 구성된 화합물이며, 각 염소 원자 하나당 나트륨 원자가 존재한다.

칼슘(Ca)은 IIA족에서 알칼리금속이며, 불소(F)는 VIIA족에 있는 할로겐이다. 칼슘은 금속이고 불소는 비금속이기 때문에 칼슘과 불소 원자가 반응하여 이온결합을 가진 화합물을 형성한다. 칼슘은 불활성기체의 배열을 얻기 위해 두 개의 원자가전자를 잃어야 한다. 불소는 불활성기체의 배열을 얻기 위해 하나의 원자가전자가 필요하다. 칼슘은 두 전자를 잃고, 불소는 하나의 전자를 얻어서 안정한 배열을 달성한다(규칙 1). 두 개의 불소 원자가 각각 하나의 전자를 얻음으로써 손실된 전자의 수와 얻어진 전자의 수가 균형을 이룬다. 반응물로부터 생성된 플루오르화칼슘(calcium fluoride, CaF)은 모든 2개의 불소 이온에 대해서 2+의 전하를 가진 하나의 칼슘 이온을 가진다. 전자점 기호는 최외각 원자가전자만을 나타내는 것을 상기하면, 칼슘 원자는 두 개의 전자를 두 개의 불소 원자에게 각각 하나씩 보내는 반응임을 알 수 있다.

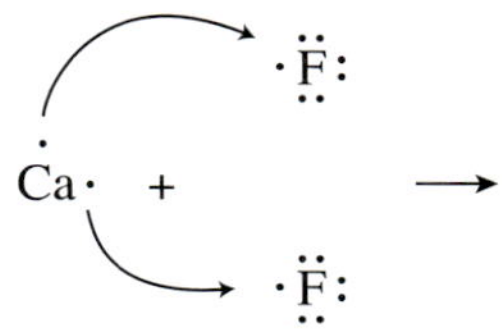

두 개의 전자를 잃고(2+) 칼슘 이온이 생성되고 한 개의 전자를 얻음으로써(1−) 두 개의 불소이온이 생성된다.

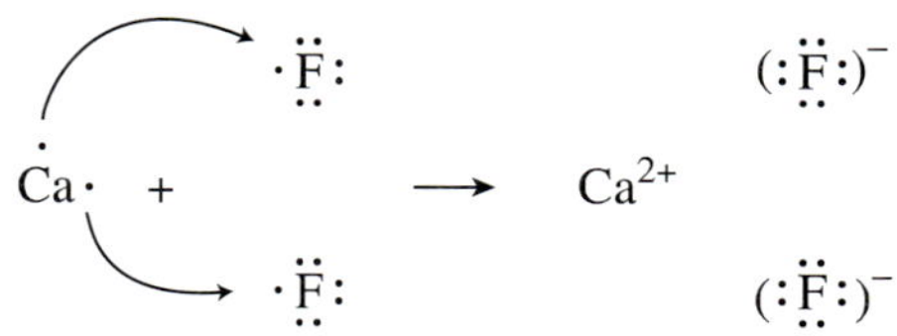

그러므로 화합물의 화학식은 CaF_2이며, 불소의 경우 첨자 2와 칼슘의 경우 첨자 1로 이해한다. 이것은 화합물이 칼슘 원자 하나당 두 개의 불소 원자로 이루어졌음을 의미한다.

염화나트륨(NaCl)과 플루오르화칼슘(CaF_2)은 이온결합에 의한 화합물의 예로, 이온화합물(ionic compound)이라고 한다. 전형원소의 이온화합물은 일반적으로 백색의 결정성

표 7.2 일부 전형원소의 공통이온

원소	기호	이온
Lithium	Li	1+
Sodium	Na	1+
Potassium	K	1+
Magnesium	Mg	2+
Calcium	Ca	2+
Barium	Ba	2+
Aluminum	Al	3+
Oxygen	O	2−
Sulfur	S	2−
Hydrogen	H	1+, 1−
Fluorine	F	1−
Chlorine	Cl	1−
Bromine	Br	1−
Iodine	I	1−

표 7.3 일부 전이원소의 공통이온

원소	기호	이온
Single-Charge Ion		
Zinc	Zn	2+
Tungsten	W	6+
Silver	Ag	1+
Cadmium	Cd	2+
Variable-Charge Ion		
Chromium	Cr	2+, 3+, 6+
Manganese	Mn	2+, 4+, 7+
Iron	Fe	2+, 3+
Cobalt	Co	2+, 3+
Nickel	Ni	2+, 3+
Copper	Cu	1+, 2+
Tin	Sn	2+, 4+
Gold	Au	1+, 3+
Mercury	Hg	1+, 2+
Lead	Pb	2+, 4+

고체로 무색의 용액을 생성한다. 가장 일반적인 예는 염화나트륨, 즉 소금이다. 대부분의 전이원소는 유색 화합물로 유색의 용액을 만든다. 이온화합물은 물에 용해하며, 전류를 전도할 수 있는 이온용액을 생성한다.

일반적으로 주기율표의 IA와 IIA족의 원소는 전자를 잃게 되면 양이온을 생성하는 경향이 있다. 이러한 원소의 이온전하는 원소의 족 번호와 동일하다. VIA와 VIIA족의 원소는 전자를 얻어서 음이온을 생성하는 경향이 있다. 이러한 원소들은 8에서 족의 수를 뺀 값과 같다. IIIA 및 VA족의 원소들은 보다 높은 주기를 제외하고 이온화합물을 생성하는 경향이 보다 적다. 표 7.2는 전형원소의 공통이온이다. 전이원소는 몇 가지의 다른 전하를 가진 양이온을 생성한다. 일부 전이원소의 공통이온이 나열되어 있다(표 7.3).

공유결합(covalent bonds)

대부분의 물질은 이온으로 구성되지 않아 이온화합물의 성질을 가지고 있지 않다. 대부분의 물질은 전기적으로 중성이며 단단히 결합된 원자단(atomic group)으로 구성된 분자이다. 앞에서 언급한 것과 같이 많은 기체는 두 개의 원자가 자연적으로 결합한 전기적으로 중성인 분자이다. 예를 들면 수소는 이온을 포함하지 않고 수소 분자인 H_2로 발생하며, 공유결합으로 결합되어 있다. **공유결합**(covalent bond)은 적어도 한 쌍의 전자를 공유하면서 형성된 화학결합이다. 이원자(diatomic) 수소 분자에서 각각의 수소 원자는 공유 쌍에 하나씩의 전자를 내놓는다. 두 개의 수소 원자는 불활성기체의 배열을 얻기 위하여 전자쌍을 공유한다. 수소 원자는 하나의 전자쌍을 공유하지만, 다른 원소는 불활성기체의 구조를 갖기 위하여 하나 이상을 공유할 수도 있다.

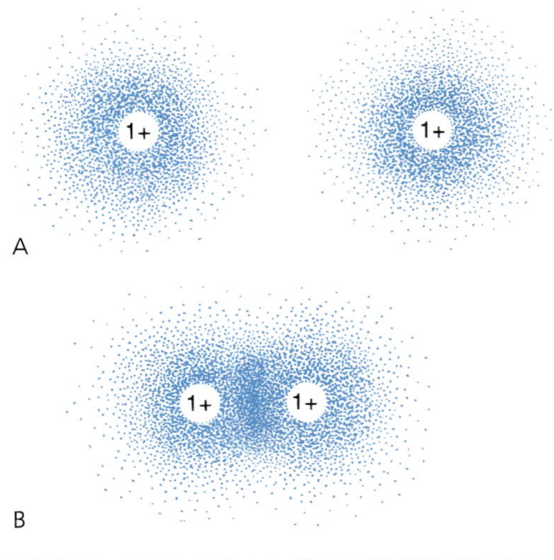

그림 7.10 (A) 두 개의 수소 원자로 원자핵을 중심으로 한 전자분포 확률. (B) 수소 원자가 결합하면, 새로운 전자분포가 전체 분자 주위에 형성되며, 두 원자가 두 개의 전자를 공유한다.

두 개의 수소 원자가 서로를 향하여 이동하는 것을 상상하여 두 개의 수소 사이에 공유결합이 어떻게 생성되는가를 생각해 보자. 각 원자는 하나의 전자를 가지고 있다. 원자가 함께 점점 가까이 이동하면 그들의 궤도함수(오비탈)가 겹치기 시작한다. 전자는 반대로 대전한 다른 원자의 원자핵에 이끌리어 단단하게 겹쳐진다. 그리고 같은 전하인 원자핵의 척력으로 인해 합병이 중단된다. 두 원자핵과 두 전자 사이에 안정한 상태를 이루며, H_2 수소 분자가 형성된다. 이제 두 원자는 두 전자를 공유하는데, 원자핵은 상대방 원자의 전자를 인력으로 잡아당겨 서로 결합한다(그림 7.10).

전자점 기호는 공유결합의 형성을 나타내는 데 사용한다. 다음은 두 개의 수소 원자가 결합하여 수소 분자(H_2)를 형성하는 예이다.

$$H\cdot \ + \ H\cdot \ \longrightarrow \ H:H$$

전자쌍은 공유결합으로 공유되기 때문에 두 개의 전자는 전체 분자궤도함수를 이동할 수 있다. 각 수소 원자는 이제 동등한 기준으로 두 개의 전자를 가지기 때문에 이제 헬륨과 같은 불활성기체의 배열인 것으로 생각할 수 있다. 각 기호 주변에 점선원은 두 개의 원자가 가지는 두 개의 전자를 나타낸다.

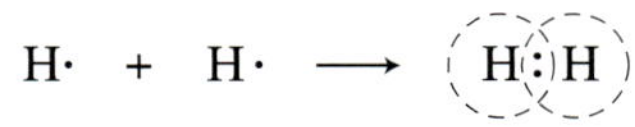

수소와 불소는 반응하여 공유결합 분자를 형성하며, 이 결합은 전자 점들로 표현될 수 있다. 불소는 VIIA족이며, 아는 바와 같이 불소는 가장 바깥쪽의 에너지 준위에 일곱 개의 원자가전자를 가지고 있다. 그 반응은 다음과 같다.

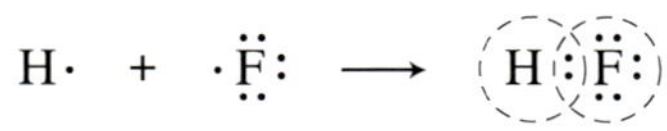

각 원자는 불활성기체 배열을 갖기 위하여 하나의 전자쌍을 공유한다. 수소는 헬륨의 배열을 나타내고, 불소는 네온의 배열을 나타낸다. 모든 할로겐은 일곱 개의 원자가전자를 갖고 있으며, 하나의 전자를 얻거나(이온결합), 하나의 전자쌍을 공유하여(공유결합) 불활성기체 배열을 이룬다. 이것은 또한 할로겐 기체가 이원자 분자로 발생한 이유를 설명한다. 두 불소원자가 한 쌍의 전자를 공유함으로써 불활성기체의 배열을 가질 수 있다.

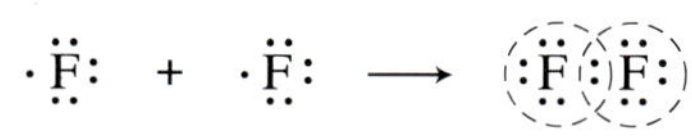

CONCEPTS APPLIED **불화알루미늄(Aluminum Fluoride)**

알루미늄(Al)이 불소(F)와 결합할 경우에 형성하는 화합물의 화학식을 예측하도록 전자점 기호를 사용한다. 알루미늄은 원자번호 13, IIIA족이므로 원자가전자를 3개 가지고 있다. 이것을 전자점 기호로 표기하면 다음과 같다.

옥테트 규칙에 따르면, 알루미늄 원자는 안정한 불활성기체 배열을 갖기 위하여 세 개의 전자를 잃어야만 한다. 불소는 원자번호 9, VIIA족으로 원자가전자가 7개이다. 전자점 기호로 표시하면 다음과 같다.

불소는 하나의 전자를 수용하여 불활성기체 배열을 갖는다. 세 개의 불소원자는 알루미늄으로부터 각각 하나씩의 전자를 얻어서 균형을 이룬다. 이 반응은 다음과 같다.

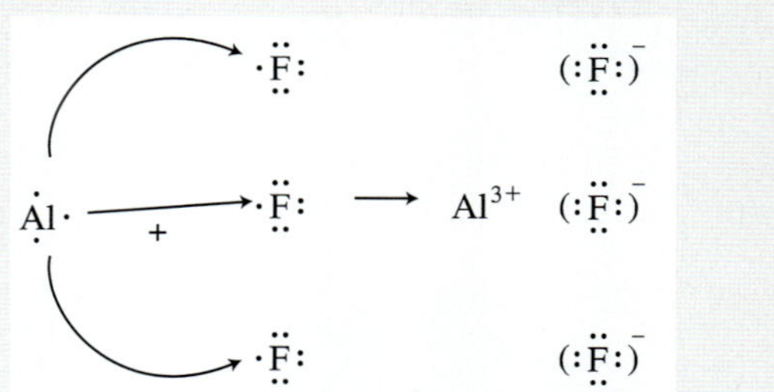

화합물에서 불소 원자에 대한 알루미늄 원자의 비율은 1 : 3이다. 따라서 불화알루미늄의 화학식은 AlF_3 이다. 알루미늄과 산소 사이에 형성된 화합물의 화학식을 전자점 기호로 예측하여라. (답 : Al_2O_3)

표 7.4 비금속 원소의 전자구조와 수소화합물

비금속 원소		전자구조	수소화합물
IVA족	C, Si, Se	·Ė·	H H:E:H H
VA족	N, P, As, Sb	·Ë·	H:E:H H
VIA족	O, S, Se, Te	·Ë·	H:E:H
VIIA족	F, Cl, Br, I	·Ë:	H:E:

이원자 수소(H_2)와 불소(F_2), 플루오르화수소(불화수소, HF)와 물(H_2O)은 각각 공유결합으로 결합된 화합물의 예이다. 공유결합으로 결합된 화합물을 **공유결합 화합물**(covalent compound)이라 한다. 일반적으로 공유결합 화합물은 주기율표의 오른쪽에 있는 비금속 원소로부터 형성된다. 주기율표 IVA에서 VIIA족 범위의 원소 중에 짝이 없는 전자의 개수(공유결합을 형성하는 수)는 8에서 족의 숫자를 빼면 된다. 이와 같이 주기율표에서 많은 정보와 일반화 내용을 얻을 수 있으며 표 7.4를 주기율표와 비교해 본다. 이 표는 수소와 결합한 비금속의 전자구조와 수소화합물을 나타낸다.

두 점들은 원자가전자의 고립쌍이나 두 원자 간에 공유된 전자의 결합쌍을 나타낼 수 있다. 전자의 결합쌍은 두 원자 사이의 단순한 선으로 표시된다. 예를 들면 다음과 같다.

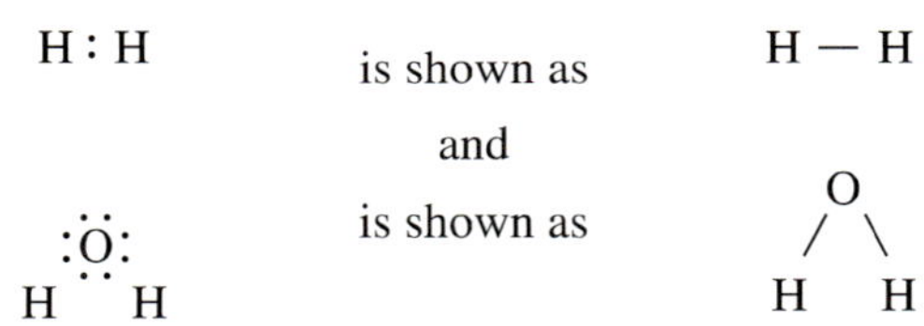

두 개의 수소 원자 사이의 선은 전자쌍을 나타내는데, 각각의 수소 원자는 헬륨과 같이 바깥궤도함수에 두 개의 전자를 가지고 있다. 물 분자에서 각각의 수소 원자는 두 개의 전자를 가지고 있다. 산소 원자는 두 개의 고립된 전자쌍(총 4개의 전자)과 결합된 전자쌍(총 4개의 전자)을 가지고 있어 총 8개의 전자를 가진다. 따라서 산소는 안정한 옥테트 규칙(팔전자 규칙, octet rule)의 전자를 획득한다.

한 쌍의 전자가 두 개의 원자에 의해 공유된 공유결합을 단일 공유결합 또는 **단일결합**(single bond)이라 한다. 어떤 원자는 두 개의 홀전자(unpaired electron)를 가지고 있으며, 하나 이상의 전자쌍을 공유할 수 있다. **이중결합**(double bond)은 두 원자가 두 개의 전자쌍을 공유하는 경우에 형성된 공유결합이다. 이것은 주로 C, N, O 및 S의 원소들의 원자를 포함하는 경우에 발생한다. 예를 들면 에틸렌은 숙성과일에서 발산된 기체이다. 에틸렌의 전자점 화학식은 다음과 같다

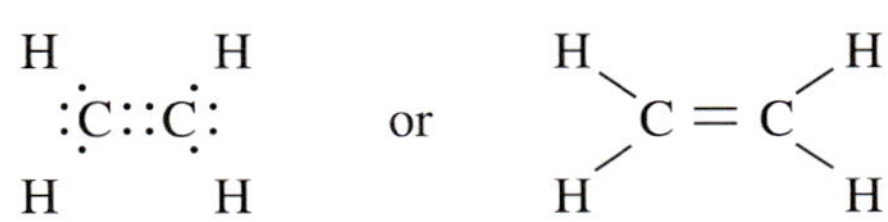

에틸렌 분자는 두 개의 탄소 원자 사이에서 이중결합을 가진다. 각 선은 두 개의 전자를 뜻하기 때문에, 옥테트 규칙을 만족하고 있는지 확인하기 위해 각 원자기호 주변의 선을

A Closer Look

화합물 명칭

1. 이온화합물 명칭

금속이온 화합물은 금속(양이온)의 이름과 비금속(음이온)을 명시하여 이름을 명명한다. 가변전하 이온에 의하여 형성된 이온 화합물은 가변전하 이온을 식별할 수 있는 추가 규칙을 갖고 있다. 이온상의 전하는 금속의 이름 중에 −ic 또는 −ous를 추가하여 확인한다. 접미사 −ic는 높은 두 개 전하를 의미하며, 접미사 −ous는 낮은 두 개 전하를 의미한다. 예를 들어, 철은 2+ 또는 3+의 두 전하를 가진다. 구 규칙은 근원을 위하여 라틴명칭을 사용한다. 철의 라틴명칭은 ferrum(철)이며, 높은 전하의 철 이온(3+)은 제이철이온(ferric ion)이라 한다. 낮은 전하의 철 이온(2+)은 제일철이온(ferrous ion)이라 한다. 아직도 가끔 구 명칭이 사용되지만, 화학자들은 가변전하 이온을 확인하기 위한 더 좋은 방법을 가지고 있다. 신 규칙은 전하수를 나타내기 위하여 금속 이름 옆 괄호 안에 로마숫자를 사용한다. 따라서 전하 2+를 가진 철 이온은 철(II) 이온이라고 하며, 전하 3+를 가진 철 이온은 철(III) 이온이라고 한다. 박스표 7.1은 가변전하 이온의 몇 가지 명칭이다. 이들 명칭은 비금속 어미를 −ide로 하여 사용하는데, 두 개의 다른 원소로 이루어진 이온화합물의 경우와 같다.

일부 이온 화합물은 세 개 또는 그 이상의 이온을 포함하며, 금속이온과 비금속이온의 결합보다도 더 복잡하다. 그들은 두 개 이상의 원자단이 함께 단단히 결합되어 있는 다원자 이온(polyatomic ions)을 가지고 있기 때문에 단원자 이온(monatomic ion)처럼 행동한다(박스표 7.2).

박스표 7.1 가변전하 이온의 현대 명칭

이온	이온 명칭
Fe^{2+}	Iron(II) ion
Fe^{3+}	Iron(III) ion
Cu^{+}	Copper(I) ion
Cu^{2+}	Copper(II) ion
Pb^{2+}	Lead(II) ion
Pb^{4+}	Lead(IV) ion
Sn^{2+}	Tin(II) ion
Cr^{2+}	Chromium(II) ion
Cr^{3+}	Chromium(III) ion
Cr^{6+}	Chromium(VI) ion

예를 들어, OH^- 이온은 수소 원자에 산소 원자가 결합한 것으로 유효전하가 1−이다. 이 다원자 이온을 수산화 이온이라고 한다. 수산화 화합물은 이온화합물의 주요 그룹 중 하나인 금속 수산화물이다. 금속 수산화물은 수산화 이온과 금속으로 구성된 이온화합물이다. 또 다른 주요 그룹은 다원자 이온의 염이다.

금속 수산화물은 먼저 금속용어를 식별하고 나중에 hydroxide를 붙여 이름을 명명한다. 따라서 NaOH는 sodium hydroxide이며, KOH는 potassium hydroxide이다. 염도 마찬가지로 금속(또는 암모늄 이온)을 확인하고 다음에 다원자 이온을 명명한다. 따라서 $NaNO_3$은 sodium nitrate(질산나트륨)이며, $NaNO_3$은 sodium nitrite(아질산나트륨)이다. 접미사 −ate는 접미사 −ite보다 하나 이상의 산소 원자를 가진 다원자 이온을 의미한다. 예를 들어, chlorate ion은 $(ClO_3)^-$ 이며, chlorite ion은 $(ClO_2)^-$ 이다. 더 많은 산소 원자는 접두사 per− 로 나타내며, 더 적은

박스표 7.2 일반적인 다원자 이온

이온 명칭	화학식
Acetate	$(C_2H_3O_2)^-$
Ammonium	$(NH_4)^+$
Borate	$(BO_3)^{3-}$
Carbonate	$(CO_3)^{2-}$
Chlorate	$(ClO_3)^-$
Chromate	$(CrO_4)^{2-}$
Cyanide	$(CN)^-$
Dichromate	$(Cr_2O_7)^{2-}$
Hydrogen carbonate (or bicarbonate)	$(HCO_3)^-$
Hydrogen sulfate (or bisulfate)	$(HSO_4)^-$
Hydroxide	$(OH)^-$
Hypochlorite	$(ClO)^-$
Nitrate	$(NO_3)^-$
Nitrite	$(NO_2)^-$
Perchlorate	$(ClO_4)^-$
Permanganate	$(MnO_4)^-$
Phosphate	$(PO_4)^{3-}$
Phosphite	$(PO_3)^{3-}$
Sulfate	$(SO_4)^{2-}$
Sulfite	$(SO_3)^{2-}$

산소 원자는 접두사 hypo－로 나타내어 식별한다. 따라서 과염소산 이온(perchlorate ion)은 $(ClO_4)^-$ 로 나타내며, 하이포아염소산 이온(hypochlorite ion)은 $(ClO)^-$ 로 나타낸다.

2. 공유결합 화합물 명칭

공유결합 화합물은 분자이며, 그 분자는 이온화합물을 구성하는 금속과 비금속 원소와는 반대로 두 개의 비금속으로 구성되어 있다. 비금속 원소의 결합은 이온화합물의 경우와 같이 간단한 명칭으로 표시되지 않는다. 그래서 일련의 다른 명명 규칙과 화학식의 작성이 필요하다.

이온화합물은 금속 양이온의 이름과 어미 －ide를 가진 비금속의 음이온의 이름을 기술하여 명명한다. 이러한 방식은 공유결합 화합물을 명명하는 데 적합하지 않다. 공유결합 화합물은 두 개 이상의 비금속 원자들로 구성되어 있다. 어떤 원자는 같은 원소의 원자는 물론 다른 원자와 단일, 이중, 또는 삼중결합을 형성하는 것이 가능하다. 동일한 두 원소는 공유결합 화합물을 한 종류 이상 형성할 수 있다. 예를 들어, 탄소와 산소는 결합하여 연소와 호흡으로 방출되는 기체인 이산화탄소(CO_2)를 형성한다. 어떤 조건에서는 유독한 일산화탄소(CO)를 생성하기도 한다. 마찬가지로 황과 산소도 두 개의 서로 다른 공유 결합물을 생성한다. 그러므로 공유결합 화합물을 성공적으로 명명하기 위해서는 동일한 원소로 구성된 다른 화합물도 명명할 수 있는 방법이 있어야 한다. 이것은 그리스어 접두사를 사용하여 해결한다(박스표 7.3 참조). 이 규칙은 다음과 같다:

1. 화학식의 첫 번째 원소는 그 숫자가 1보다 크다면 원자의 수를 나타내는 접두사와 함께 최초로 명명된다.
2. 화학식의 두 번째 원소의 어간명칭은 다음과 같다. 만일 두 원소가 하나 이상의 화합물을 형성한다면, 접두사가 어간과 함께 사용된다. 접미사 －ide는 화합물이 두 원소로 이루어진 것임을 나타낸다. 예를 들어, CO는 carbon monoxide(일산화탄소)이며, CO_2는 carbon dioxide(이산화탄소)이다. 화합물 BF_3는 boron trifluoride(삼플루오르화 붕소)이며, N_2O_4는 dinitrogen tetroxide(사산화 이질소)이다. 박스표 7.3에 있는 화학식, 접두사, 어간정보를 알고 어미에 －ide를 사용하며, 두 원소로 구성된 모든 공유 결합 화합물의 명칭을 작성할 수 있다. 명칭은 역으로 화학식의 정보를 알려준다. 그러나 어미 －ide를 가진 몇 가지 다원자 이온이 존재한다. 다원자 이온은 두 원소(수산화 이온 및 시안화물) 이상으로 구성된 화합물이다. 또한, 암모늄이온으로 형성된 화합물은 －ide어미를 가질 것이며, 이 화합물은 또한 두 가지 이상의 원소로 구성되어 있다.

박스표 7.3 접두사와 원소 어간 명칭

접두사		원소 어간	
접두사	의미	원소	어간
Mono－	1	Hydrogen	Hydro－
Di－	2	Carbon	Carb－
Tri－	3	Nitrogen	Nitr－
Tetra－	4	Oxygen	Ox－
Penta－	5	Fluorine	Fluor－
Hexa－	6	Phosphorus	Phosph－
Hepta－	7	Sulfur	Sulf－
Octa－	8	Chlorine	Chlorine
Nona－	9	Bromine	Brom－
Deca－	10	Iodine	Iod－

참고 : 접두사의 a 또는 o의 어미는 어간의 명칭이 모음으로 끝난다면 종종 생략한다. 예를 들어, "tetroxide"는 "tetraoxide"로 표기하지 않는다.

DHMO 공포?

다이하이드로젠모노옥사이드(DHMO)는 무색, 무취, 무미의 성질을 나타내며, 매년 수천 명의 사람을 죽인다. 대부분의 죽음은 DHMO의 돌발적인 호흡에 의하며, 고체 DHMO에 장기적으로 노출되면 심각한 조직손상을 야기한다. DHMO를 흡입하면 지나친 발한, 배뇨, 속이 거북한 느낌, 구역, 구토, 전해질 균형 장애가 일어난다. DHMO에 의존적인 사람들에게는 DHMO 금단이 죽음을 의미한다.

상기의 서술은 최근에 인터넷에서 유포되고 있는 짓궂은 장난말의 일부이다. 진실은 다이하이드로젠모노옥사이드가 물(H_2O)의 화학명칭이라는 것이다.

그림 7.11 아세틸렌은 두 개의 탄소 원자와 두 개의 수소 원자로 이루어진 탄화수소이며, 두 개의 탄소 원자 사이에서 삼중 공유결합으로 결합되어 있다. 이 가스가 산소가스와 혼합된 경우에 대부분의 금속을 절단할 수 있을 정도로 뜨거운 화염이 발생된다.

간단하게 계산할 수 있다. 각각의 H 원자는 2개의 전자를 공유하므로 각 H는 하나의 선을 가진다. 각각의 C 원자는 옥테트 규칙을 만족하는 8개의 전자를 공유하므로 각 C는 네 개의 선을 가진다.

삼중결합(triple bond)은 세 개의 전자쌍이 두 원자 사이에서 공유되어 형성된 공유결합이다. 삼중결합은 C와 N 원소의 원자를 포함한 화합물에서 주로 발생한다. 예를 들면 아세틸렌은 용접 토치에 자주 사용되는 기체이다(그림 7.11). 아세틸렌에 대한 전자점 화학식은 다음과 같다.

$$\mathrm{H:C\vdots\vdots C:H} \quad \text{or} \quad \mathrm{H-C\equiv C-H}$$

아세틸렌 분자는 두 탄소 원자 사이에 삼중결합을 가지고 있다. 다시 말하지만, 각 선은 두 개의 전자를 대표한다. 각각의 C 원자는 4줄이 있으므로 옥테트 규칙을 만족한다.

7.6 화합물 조성(Composition of Compounds)

실제로 수백만 개의 화학적 화합물이 있으며 90개 이상의 천연 원소가 이온결합이나 공유결합 한 것이다. 이러한 화합물들은 각각 고유한 이름과 화학식을 가지고 있다. 화합물은 그들이 어떻게 사용되는 지, 어디서 유래됐는지, 그들이 발견된 방법에 의해서 일반명(common name)을 부여받았다. 예로, 탄산나트륨(sodium carbonate)은 소다라 불렸는데 이와 관련된 화합물을 베이킹 소다(sodium bicarbonate, 중탄산나트륨), 세탁 소다(sodium carbonate, 탄산나트륨) 및 가성 소다(sodium hydroxide, 수산화나트륨)라고 한다. 그리고 산과 소다를 반응시켜 만든 거품이 많은 음료를 소다수 또는 소다 팝이라고 불렀다(그림 7.12). 탄산칼륨은 물을 흡수한 목탄에서 추출되며, 칼륨(potash)이라고 부른다. 이러한 일반명은 다양하고 기술적이지만, 화합물의 수가 증가하면서 일반명을 유지하는 것이 불가능해졌다. 그래서 각 화합물의 명칭과 화학식을 결정하는 데 필요

그림 7.12 이들 물질은 나트륨과 탄산염 이온으로 구성되어 있다. 이러한 이유로 소다라는 일반적인 이름을 가지고 있다. 소다수 (또는 '소다 팝')은 처음으로 소다(탄산나트륨)를 산과 반응시켜 만들어진 것으로 "소다수"라고 불렸다.

> **CONCEPTS APPLIED 가정 화학약품**
>
> 이 장에서 배웠던 공유결합물이나 이온의 명칭을 가진 성분 목록이 표시된 가정용 제품을 선택해 보자. 제품의 브랜드 이름과 유형을 적고, 상표에 적어진 성분목록을 작성한다(열 1). 만약 그것이 무엇인지를 이해한다면, 각각의 명칭 옆에 화학식을 표시하라(열 2). 또한, 세 번째 열에는 제품에 있는 물질의 기능에 대해 알거나 추측할 수 있는 것을 적어라(예 : 이것은 산성이다; 광물 자극(mineral deposit)을 제거하는 데 도움이 된다).

한 체계적인 규칙을 개발하였다. 일단 규칙을 알고, 명칭을 들으면 화학식을 작성할 수 있다. 반대로 화학식은 화합물의 체계적인 명칭을 알려준다. 이것은 흥미로운 지적 활동이 될 수 있으며, 제품의 조성을 이해하기 위하여 재료의 목록을 읽을 때 중요하다.

이온화합물과 공유화합물에 각각의 체계적인 규칙이 함께 사용되나, 몇 가지 일반적인 규칙이 있다. 예를 들면, 오직 두 원소로 구성된 화합물은 항상 −ide로 끝난다. 그래서 −ide로 끝나는 화합물의 명칭을 들을 때, 그 화합물은 두 가지 원소로만 구성되어 있다고 인지해야 한다. 염화나트륨은 나트륨과 염소로 구성된 이온화합물이다. 이산화탄소는 탄소와 산소 원자로 구성된 공유결합 화합물이다. 따라서 체계적인 명칭을 이용하면 −ide 어미로 끝나는 화합물 속에 어떤 원소가 존재하는가를 알 수 있다.

7.7 화학반응식 (Chemical Equations)

화학반응은 원자들의 최외각에서 결합이 형성되거나 붕괴될 경우에 발생한다. 결합 형성의 예를 들면, 녹색식물이 태양빛을 에너지로 사용하여 설탕, 녹말, 그리고 식물섬유의 분자를 만든다. 설탕과 녹말이 소화될 때나 식물섬유가 연소될 때는 결합이 파괴되고 에너지가 방출한다. 이와 같이 화학반응은 물질의 변화, 새로운 성질을 가진 새로운 물질의 생성 그리고, 에너지 교환을 일으킨다. 지금까지 원소를 표현하는 화학기호와 화합물의 구성을 알 수 있는 화학식을 알아보았다. 이제 화학반응을 나타내는 화학반응식에 대해 알아보자.

> **CONCEPTS APPLIED 화합물의 명명**
>
> (a) LiF 및 (b) PbF_2의 명칭을 적어라. 그리고 (c) potassium bromide(브롬화칼륨), (d) copper(I) sulfide(구리(I)황)의 화합물의 화학식을 작성하라.
>
> (a) 화학식 LiF는 양이온 금속이온이 리튬이며, 음이온인 비금속이온이 불소라는 것을 의미한다. 이와 같이 화합물 속에는 두 개의 원소만이 존재한다. 리튬이온은 Li^{1+} (IA족)이며, 불소이온은 F^{1-} (VIIA족)이다. 명칭은 플루오르화리튬(lithium fluoride)이다.
>
> (b) 납은 가변전하의 전이원소(표 7.3)이며, 불소이온은 F^{1-}이다. 화합물 PbF_2는 전기적으로 중성이므로 납 이온은 Pb^{2+}이다. 따라서 명칭은 플루오르화납(lead(II) fluoride)이다.
>
> (c) 그 이온은 K^{1+}과 Br^{1-}이다. 전하수를 상쇄하고 기호를 정리하면, 화학식은 KBr이다.
>
> (d) 로마숫자는 구리이온에 대한 전하를 나타내며, 그 이온은 Cu^{1+}과 S^{2-}이다. 화학식은 Cu_2S이다.

A Closer Look

화학식 작성법

이온화합물의 화학식

이온화합물의 화학식에는 두 가지 규칙이 있다.

1. **기호.** 처음에 양의 원소의 기호를 쓰고, 다음에 음의 원소의 기호를 작성한다(이름과 동일순서).
2. **첨자.** 전기적으로 중성 화합물을 생성하는 데 필요한 이온의 수를 나타내기 위하여 첨자를 추가한다.

예를 들어, 염화칼슘의 수식을 작성해 보자. 명칭으로부터 이 화합물은 양의 칼슘 이온과 음의 염소 이온으로 구성되어 있음을 알 수 있다. 접미사 −ide는 두 원소가 존재한다는 것을 알려준다. 규칙 1에 따라, 기호는 CaCl 이다.

규칙 2에 따라 칼슘 이온은 Ca^{2+}이며, 염소 이온은 Cl^{-}이다. 원자이론을 적용하면 칼슘 이온은 2+이며, 염소 이온은 1−이다. 이것은 주기율표의 위치를 알거나 이온 및 전하의 표를 사용하여 알 수 있다. 전기적으로 중성인 화합물은 양의 숫자와 음의 숫자가 동일해야 한다. 따라서 칼슘 이온의 2+에 대하여 두 개의 염소 이온이 필요하다. 그래서 화학식은 $CaCl_2$이다. 따라서 두 염소의 총 전하는 2−이며, 칼슘 이온의 2+와 균형을 유지한다.

화합물이 전기적으로 중성인 화학식을 작성하기 위한 간단한 한 가지 방법은 절대 전하수를 플러스 또는 마이너스 기호 없이 교차하여 첨자로 사용하는 것이다. 예를 들어, 칼슘 이온과 염소 이온의 기호는 다음과 같다.

$$Ca^{2+}\ Cl^{1-}$$

첨자의 절대 숫자를 교차하면 다음과 같다.

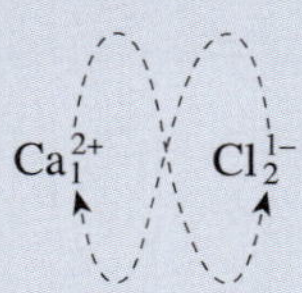

그리고 전하 숫자를 생략하면 다음과 같다.

$$Ca_1\ Cl_2$$

첨자 1은 이해되므로 작성하지 않는다. 따라서 염화칼슘의 화학식은 다음과 같다.

$$CaCl_2$$

이온결합은 전자의 이동에 의한 것으로 유효전하(net charge, 순전하)가 보존되기 때문에 교차기술이 작용한다. 칼슘 이온은 원자가 두 개의 전자를 잃기 때문에 2+의 전하를 가지며, 두 염소 원자는 각각 하나의 전자 즉 총 2개의 전자를 얻는다. 잃는 두 개의 전자는 얻는 두 개의 전자와 동일하며, 염화칼슘의 순전하는 0이다.

교차기술을 사용할 때는 때때로 최소공배수의 비율로 줄이는 것이 필요하다. Mg_2O_2는 마그네슘과 산소이온의 동일한 비율이며 올바른 화학식은 MgO이다.

가변전하 이온에 대한 화학식은 로마 숫자로 전하수를 나타내므로 작성하는 것이 쉽다. 플루오르화 주석에 대한 화학식은 전하수를 교차하여 작성하며(Sn^{2+}, F^{1-}). 화학식은 SnF_2이다.

다원자 이온을 가진 이온화합물의 화학식은 금속 양이온이나 암모늄이온(박스표 7.2의 다원자 이온)으로부터 작성된다. 다원자 이온은 전하를 가진 원자의 그룹이며, 한 단위로 함께 유지되므로 때때로 괄호 안에 이것을 표시할 필요가 있다. 예를 들어, 수산화마그네슘은 Mg^{2+}이온과 $(OH)^{1-}$ 이온으로 구성된다. 교차 기술을 사용하여 화학식을 나타내면 다음과 같다.

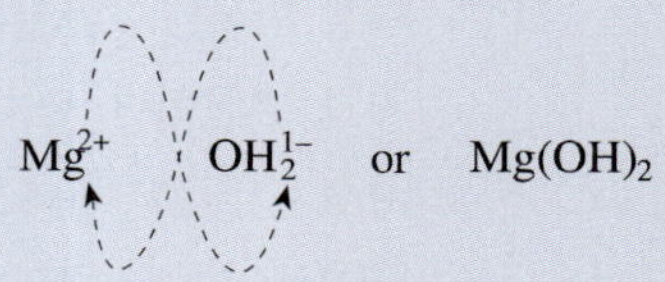

모든 수산화물 단위가 두 배라는 것을 나타내기 위하여 첨자는 괄호의 바깥쪽에 작성한다. 화학식 $Mg(OH)_2$는 플러스와 마이너스가 같다는 것을 나타낸다. 그러나 하나의 다원자 이온이 존재하는 경우에는 괄호를 사용하지 않는다. 수산화나트륨은 NaOH로 나타내며, $Na(OH)_1$로 나타내지 않는다.

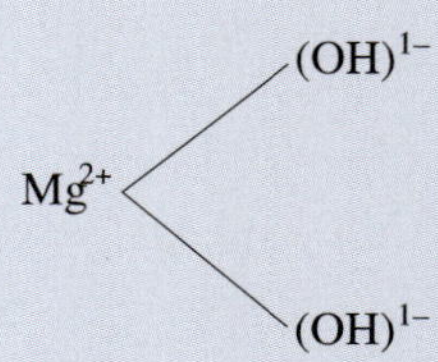

공유결합 화합물의 화학식

체계적인 화합물 명칭에서 우리는 공유결합 화합물의 화학식을 알 수 있다. 예를 들어, 치과의사가 마취제로 사용한 가스는 일산화이질소이다. 이 화학식은 분자 내에 두 개의 질소원자와 하나의 산소 원자가 존재한다는 것을 알려준다. 그래서 화학식은 N_2O이다. 똑같은 원소로 구성된 다른 분자는 이산화질소이다. 이산화질소는 갈색 스모그의 원인이 되는 유해한 오염물질이다. 이산화질소의 화학식은 NO_2이다. 체계적인 명칭에서 화학식의 다른 예는 이산화탄소(CO_2)와 사염화탄소(CCl_4)이다.

공유결합 화합물의 화학식은 하나의 원소의 원자가 다른 원소의 원자와 결합하는 양식을 나타낸다. 예를 들어, 탄소는 이산화탄소를 형성하기 위해 두 개의 산소 원자와 결합한다. 그리고 사염화탄소를 형성하기 위하여 네 개의 염소 원자와 결합한다. 이 두 분자를 전자식으로 표현하면 다음과 같다.

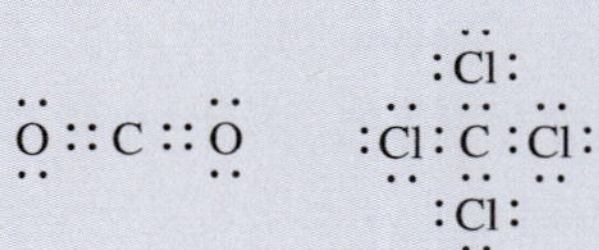

결합 쌍을 나타내는 선 기호(−)를 사용하면 다음과 같다.

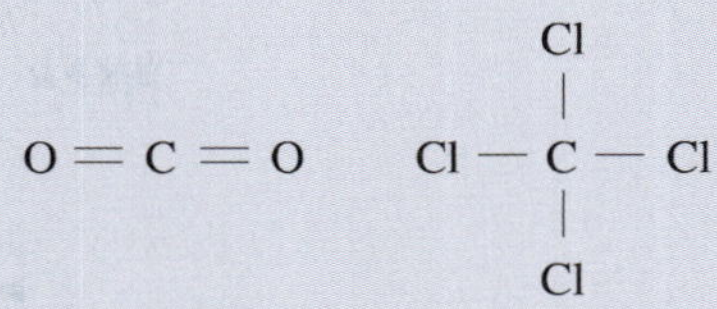

이러한 두 화합물의 경우에 탄소 원자는 네 개의 공유결합을 형성한다. 원자가 형성할 수 있는 공유결합의 수는 원자가(valence)이다. 탄소의 원자가는 4이며, 단일, 이중, 삼중결합을 형성할 수 있다. 단일 탄소 원자의 결합 가능성은 다음과 같다(결합원소는 나타내지 않는다).

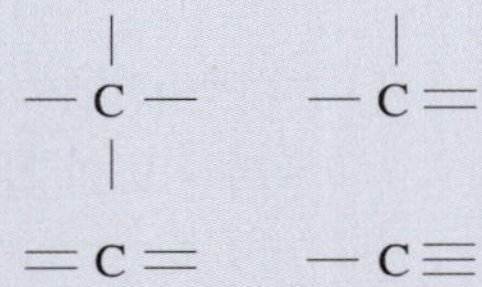

수소는 오직 하나의 비공유 전자를 가지고 있다. 따라서 수소의 원자가는 1이다. 산소의 원자가는 2이며, 질소의 원자가는 3이다. 여기에 수소, 산소, 질소원자의 결합 가능성을 나타낸다.

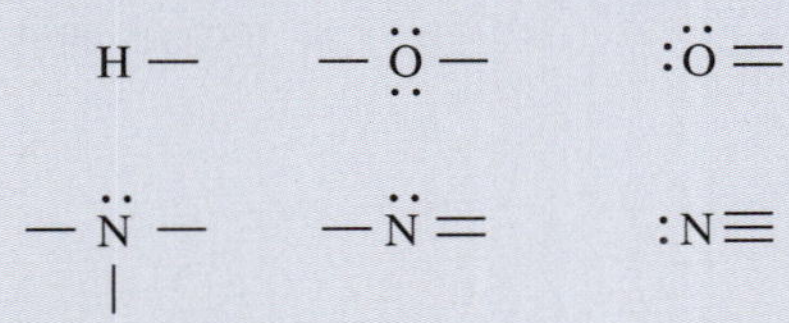

그림 7.13 그릴에 사용되는 숯은 기본적으로 탄소이다. 탄소는 산소와 반응하여 이산화탄소를 생성한다. 화학 반응식은 $C + O_2 \rightarrow CO_2$이다.

단어반응식은 화학반응 전후에 어떤 일이 있었는지 식별하는 데 유용하다. 반응 전에 존재하는 물질을 반응물(reactants)이라 하고, 반응 후에 존재한 물질을 생성물(products)이라 한다. 일반적으로 반응식은 다음과 같이 나타낸다.

$$\text{반응물} \rightarrow \text{생성물}$$

여기서 화살표는 시간 간격을 의미하는데, 즉 무엇이 반응 전에 존재하고 반응 후 존재하는 가를 식별한다. 예를 들어, 바비큐 그릴에 사용되는 목탄은 탄소이다(그림 7.13). 탄소는 연소하는 동안 산소와 반응하고, (1) 그 반응으로 에너지를 방출하며, (2) 이산화탄소를 생성한다. 이 반응에서의 반응물과 생성물을 다음과 같이 나타낼 수 있다.

$$\text{탄소} + \text{산소} \rightarrow \text{이산화탄소}$$

화살표는 수율(수득률, yield)을 의미한다. 단어반응식은 "탄소는 산소와 반응하여 이산화탄소를 발생한다."고 읽는다. 이 단어반응식은 반응 중에 무엇이 발생했는가를 설명하지만, 반응물과 생성물의 양에 대해서는 아무것도 말할 수 없다.

화학기호 및 화학식은 반응식에서 단어 대신에 사용되며, 완전히 새로운 의미를 갖는다. 예를 들어, 탄소와 산소가 반응하여 이산화탄소가 발생하는 반응식은 다음과 같다.

$$C + O_2 \rightarrow CO_2 \qquad \text{(balanced)}$$

이 반응식에서 새롭게 추가된 의미는 탄소 한 원자(C)가 산소 한 분자(O_2)와 반응하여 이산화탄소 한 분자(CO_2)를 생성한다는 것이다. 이 반응은 왼쪽에 반응물로서 하나의 탄소 원자와 두 개의 산소 원자(산소는 이원자분자이다)를 나타내며, 오른쪽에 생성물로서 하나의 탄소 원자와 두 개의 산소 원자를 표현하는 것을 보여준다. 각 종류의 원자가 반응식의 양쪽에 같은 수로 나타나므로 반응식이 균형(balanced)을 이루는 것으로 말한다.

닫힌 방 안에서는 충분한 산소가 없을 수도 있기 때문에 우리는 숯불 그릴을 사용하고 싶지 않다. 불충분한 산소공급으로 완전히 다른 물질인 유독가스 일산화탄소(CO)를 생성한다. 이 반응에 대한 반응식은 다음과 같다.

$$C + O_2 \rightarrow CO \qquad \text{(not balanced)}$$

이 반응식은 화학반응동안 물질이 생성되거나 파괴되지 않는다는 **질량보존의 법칙(law of conservation of mass)**에 어긋난다. 이 법칙은 다음과 같이 서술한다.

$$\text{반응물의 질량} = \text{생성물의 질량}$$

여기서 반응물의 질량은 반응에 참여하든 안하든 모두 포함하여 시작 시점의 모든 것을 의미한다. 이와 같이 원소는 생성되거나 소멸되지 않으며, 존재하는 원소와 그 질량을 의미한다. 어떠한 화학반응에서도 반응원소의 종류와 질량은 생성물의 것과 동일하다.

원자의 관점에서 질량보존의 법칙은 원자가 화학반응 중에 생성되거나 소멸되지 않는다는 것을 의미한다. 화학반응으로 원자 또는 원자단 사이에 화학결합이 만들어지거나 파괴된다. 원자는 그 과정에서 분실 또는 파괴되지 않으며 다른 종류로 변화되지 않는다. 이산화탄소의 생성을 위한 반응식에는 두 산소 원자가 존재하지만, 생성물(CO) 중에는 오직 한 개의 산소 원자가 있다. 산소 원자는 어딘가에서 실종되고, 질량보존의 법칙을 위반한다. CO를 CO_2로 변경하면 화합물의 동일성이 변화되므로 반응식을 해결할 수 없다. 일산화탄소는 이산화탄소와 다르며, 독성기체이다. 이산화탄소는 연소와 호흡과정에서 생성되는 비교적 무해한 생성물이다. 화학식에서는 첨자를 변경할 수 없는데 이는 화학식을 변경하는 것이기 때문이다. 다른 화학식은 다른 조성과 다른 화합물을 의미한다.

C		탄소 원자 1개
O		산소 원자 1개
O_2		산소 원자 2개로 이루어진 산소 한 분자
CO		탄소 원자 1개와 산소 원자 1개로 이루어진 일산화탄소 한 분자
CO_2		탄소 원자 1개와 산소 원자 2개로 이루어진 이산화탄소 한 분자
3 CO_2		탄소 원자 1개와 산소 원자 2개로 이루어진 이산화탄소 세 분자

그림 7.14 화학식에 사용된 첨자 및 계수의 의미. 첨자는 화합물 내에 있는 특정 원소의 원자수를 나타낸다. 계수는 화합물의 분자수를 알려준다.

우리는 화학식의 첨자를 변경할 수 없지만, 화학식 앞에 계수(coefficient)라는 숫자를 넣어 대신할 수 있다. 계수는 물질의 양을 변화시키지만 동일성을 변화시키지 않는다. 따라서 2CO는 일산화탄소의 두 분자를 의미하며, 3CO는 일산화탄소의 세 분자를 의미한다. 만일 계수가 없다면 첨자와 마찬가지로 1로 간주한다. 계수와 첨자의 의미는 그림 7.14에서 설명한다.

반응식에서 C 앞에 계수 2 및 CO 앞에 계수 2를 놓으면 양쪽 원자의 수는 같아진다. 방정식은 이제 균형을 이룬다.

$$2\,C + O_2 \longrightarrow 2\,CO$$

반응물	2 C 2 O	생성물	2 C 2 O

화학반응을 그룹으로 분류하면 유사한 반응이 어떻게 진행될지를 예측할 수 있다. 예를 들어 메탄(CH_4), 프로판(C_3H_8), 그리고 옥탄(C_8H_{18})의 연소에서는 수소와 탄소 화합물인 탄화수소(hydrocarbon)가 참여한다. 각 탄화수소는 산소와 반응하여 이산화탄소(CO_2)를 생성하며 연소에너지를 방출한다. 이러한 일반화된 반응으로부터 어떤 탄화수소가 연소하면 탄화수소 분자의 원자가 산소와 결합하여 에너지를 방출하면서 이산화탄소(CO_2)와 물(H_2O)을 생성한다는 것을 예측할 수 있다. 이러한 반응들은 화학실험에 의해 분석하고, 생성물은 그들의 물리적 및 화학적 특성에 의해 확인이 될 것이다. 따라서 유사한 반응에 근거한 예측이 정확하다는 것을 알 수 있는데, 이러한 예측은 일반화된 내용을 근거로 한다. 예를 들어 부탄은 화학식이 C_4H_{10}인 탄화수소이다. 부탄연소에 대한 화학평형 반응식(balanced equation)은 다음과 같다.

$$2C_4H_{10}(g) + 13O_2(g) \rightarrow 8CO_2(g) + 10H_2O(g)$$

A Closer Look

평형반응식

천연 가스는 대부분 메탄(CH_4)으로, 산소(O_2)와 연소반응을 하여 이산화탄소(CO_2)와 수증기(H_2O)를 생성한다. 다음 네 단계의 절차에 따라 화학평형 방정식(화학평형 반응식)을 작성한다.

단계 1. 불평형 반응식에서 반응물과 생성물에 대한 올바른 화학식을 작성한다. 메탄의 연소에 대하여 불균형하지만 올바른 화학반응식은 다음과 같다.

$$CH_4 + O_2 \rightarrow CO_2 + H_2O \qquad \text{(not balanced)}$$

단계 2. 불평형 반응식의 양쪽에 있는 각각의 원자별로 수에 대한 목록을 만든다. 예를 들면 다음과 같다.

Reactants	Products
1 C	1 C
4 H	2 H
2 O	3 O

이 단계는 산소와 수소가 불균형을 나타낸다.

단계 3. 평형반응식에서 화학식의 앞에 있는 계수의 위치를 결정한다. 정수 비율의 가장 간단한 수에 집중하는 것이 최선이다. 예를 들어 H와 O는 불균형이며, 그리고 왼쪽에는 4H 원자와 오른쪽에 2H 원자가 있다. H_2O앞에 계수 2를 배치하면, H원자는 균형을 이룬다.

$$CH_4 + O_2 \rightarrow CO_2 + 2H_2O \qquad \text{(not balanced)}$$

목록을 수정한다.

Reactants	Products
1 C	1 C
4 H	4 H
2 O	4 O (O_2+2O)

O 원자의 계수가 반응물은 2이고 생성물은 4로 불균형이기 때문에 계수를 조정한다.

$$CH_4 + 2O_2 \rightarrow CO_2 + 2H_2O \qquad \text{(balanced)}$$

단계 4. 양쪽의 원자수가 같은지 가능한 정수비가 최저인지 판단하기 위하여 또 다른 목록을 작성한다.

Reactants	Products
1 C	1 C
4 H	4 H
4 O	4 O

반응식의 양쪽에 있는 원자의 각 종류의 수는 동일하며, 그리고 1 : 2라는 비율은 가장 낮은 정수비이다. 반응식은 균형을 이룬다는 것을 박스그림 7.1로 설명한다.

Reaction:
Methane reacts with oxygen to yield carbon dioxide and water

Balanced equation:

$$CH_4 + 2\,O_2 \longrightarrow CO_2 + 2\,H_2O$$

Sketches representing molecules:

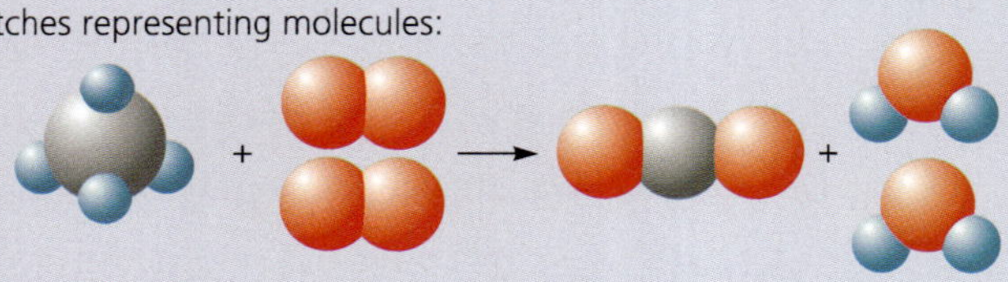

Meaning:
1 molecule of methane + 2 molecules of oxygen ⟶ 1 molecule of carbon dioxide + 2 molecules of water

박스그림 7.1 반응식과 스케치 묘사는 모두 반응물과 생성물에 동일한 원자수를 가지고 있다.

화학 반응식의 균형을 맞추다보면 대부분 시행착오의 과정을 거친다. 그러나 연습을 통해서 우리는 몇 가지 일반화된 "역할 모델"을 발견할 것이다. 이 역할 모델은 많은 단일 반응식의 균형을 맞추는 데 유용하게 사용될 수 있다. 평형반응식을 완성하기 위해서는 다음과 같은 것을 따르면서 단계적으로 생각한다.

1. 원자는 손실되거나 얻어지거나 화학반응에서 그들의 정체성을 변화시키지 않는다. 반응물에서 동일한 종류와 수의 원자가 생성물에 나타나야 하며, 원자가 보존된다는 것을 의미한다.
2. 화합물의 올바른 화학식은 첨자의 수나 배치를 변경하여 변화시킬 수 없다. 첨자를 변화시키는 것은 화합물의 정체성과 전체 반응식의 의미를 변화시키는 것이다.
3. 화학식의 앞에 있는 계수를 화학식 중의 모든 원소에 곱한다.

아래에 있는 몇 가지 일반화된 내용은 평형반응식에 도움이 된다.

1. 대부분의 원자를 포함하는 화합물의 화학식을 먼저 검토하고, 원자 또는 생성되거나 분해된 것의 화합물로부터 평형화를 시도한다.
2. 독립된 단위의 전하를 가지고 반응식의 양쪽에 표시되는 다원자 이온을 처리해야 한다. 즉, 다원자 이온은 그것을 구성하는 개개의 원자로 분해하지 말고 하나의 단위로서 고려한다. 이것은 시간을 절약하고 절차를 간소화한다.
3. "교차기술(crossover technique)"과 "분획계수(fractional coefficients)"의 사용은 평형반응식의 최소공배수를 발견하는 데 유용할 수 있다.
4. 반응에서 반응물과 생성물의 물리적 상태는 종종 기호로 식별한다. 기체는 (g), 액체는 (l), 고체는 (s), 그리고 물을 나타내는 수용액은 (aq)로 표시하여 식별한다. 만일 기체가 발생한다면, 위 방향의 화살표(↑)로 나타낸다. 용액에서 형성된 고체는 아래 방향의 화살표(↓)로 표시한다. 그리스 기호 델타(Δ)는 온도 변화 또는 다른 물리적 값의 변화를 표시하기 위하여 수율기호(→)의 아래 또는 위에 자주 사용된다.

그림 7.15 탄화수소는 수소와 탄소 원소로 구성되어 있다. 프로판(C_3H_8)과 가솔린(옥탄(C_8H_{18})과 같은 분자혼합물)은 탄화수소의 예이다. 탄수화물은 수소, 탄소와 산소로 구성되어 있다. 예를 들어 설탕은 탄수화물 $C_{12}H_{22}O_{11}$이다. 모든 탄화수소와 탄수화물은 산소와 완전히 반응하여 CO_2와 H_2O를 얻을 수 있다.

탄소와 수소뿐만 아니라 산소를 포함하는 화합물을 연소하면 또한 이화탄소(CO_2)와 물(H_2O)이 발생한다(그림 7.15). 여기서 위의 개념을 확장하면 탄소와 물로 구성된 탄수화물(carbohydrate)을 생각할 수 있다. 예를 들어, 포도당(glucose)은 화학식 $C_6H_{12}O_6$인 화합물이다. 포도당은 산소와 결합하여 이산화탄소와 물을 생성하며, 화학평형 반응식은 다음과 같다.

$$C_6H_{12}O_6(s) + 6O_2(g)$$
$$\rightarrow 6CO_2(g) + 6H_2O(g)$$

반응물인 포도당이 분자 당 6개의 산소 원자를 가지고 있으므로 3개의 산소 분자가 O_2 반응물에서 온 것이 아님에 주의한다. 원자의 목록으로 방정식이 균형을 이루는지 확인한다.

연소는 보통 산소와 반응하여 불꽃과 에너지를 방출하는 빠른 반응이다. 매우 유사하지만 훨씬 느린 반응이 식물과 동물의 호흡에서 발생한다. 호흡과정에서 탄수화물은 산소와 결합하여 생물학적 활성에 필요한 에너지를 방출한다. 이 반응은 연소와 비교하여 속도가 느리며, 체온에서 진행하기 위하여 효소가 필요하다. 그럼에도 불구하고, 생성물은 이산화탄소와 물이다.

7.8 화학반응의 종류 (Types of Chemical Reactions)

탄화수소 및 탄수화물과 산소의 반응은 산화－환원반응(oxidation－reduction reaction)이라 불리는 화학반응의 중요한 그룹의 예이다. 산화라는 용어가 처음 사용되었을 때, 그것은 구체적으로 다른 원자와 산소의 결합 반응을 의미하였다. 그러나 불소, 염소 및 다른 비금속원소들이 산소와 유사한 반응을 하고 있음을 알게 되었고, 산화의 정의는 반응에서 전자의 이동에 관한 것으로 변경되었다.

산화－환원 반응(Redox reaction)은 광범위하게 전자가 한 원자에서 다른 원자로 이동하는 반응으로 정의한다. 산화(oxidation)는 산화－환원 반응의 일부이며, 원자에 의한 전자의 손실을 의미한다. 환원(reduction)은 산화－환원 반응의 일부이며, 원자에 의한 전자의 획득을 의미한다. 이름을 살펴보면 산화가 발생하는 반응에서는 환원도 역시 발생한다는 것을 알 수 있다. 산화반응이나 환원반응 중 어떤 한 반응만 발생하지 않는다.

다른 물질로부터 전자를 받아들이는 물질을 **산화제**(oxidizing agent)라고 한다. 산화제는 산화가 진행되고 있는 물질로부터 전자를 받아들인다. 산소는 가장 일반적인 산화제이다. 그리고 산소가 어떻게 음식과 연료를 산화하는지 이미 몇 가지 예가 나왔었다. 염소는 또 다른 일반적인 산화제로, 박테리아를 살균하거나 표백의 목적으로 자주 사용된다(그림 7.16).

그림 7.16 산화제는 산화되는 다른 물질로부터 전자를 받는다. 산소와 염소는 일반적으로 강한 산화제이다.

환원제(reducing agent)는 환원되는 물질에 전자를 공급한다. 수소와 탄소는 일반적으로 환원제로 사용된다. 탄소는 일반적으로 광석에서 금속을 추출하는 환원제로 사용된다. 예를 들어, 탄소(석탄이 굳은 코크스)는 Fe_2O_3인 철광석을 다음 반응식과 같이 환원시킨다. 이 반응에서 광석에 있는 철은 환원제인 탄소에서 전자를 얻는다.

$$2Fe_2O_3(s) + 3C(s) \rightarrow 4Fe(s) + 3CO_2 \uparrow$$

많은 화학반응은 산화환원 또는 비 산화환원 반응으로 나눌 수 있다. 화학반응을 분류하는 또 다른 방법은 반응물과 생성물에 어떤 일이 발생하고 있는지를 고려한다.

CONCEPTS APPLIED 은 광택제

은제품과 은색 도금 물건은 종종 황에 의해서 산화되면 Ag_2S를 형성하여 변색된다. 상업용 은 광택제는 주로 산화층을 제거하는 연마제로 작용한다. 또한 산화층을 제거하지 않고 Ag_2S를 금속 은으로 환원하여 광택을 낼 수 있다. 깨끗한 알루미늄 냄비에 끓는 물 1 L당 80 g의 탄산수소나트륨($NaHCO_3$)과 80 g의 NaCl을 용해시켜 변색된 은을 넣는다. 그리고 은으로 된 물건이 감길 만큼 충분한 양을 준비한다. 소금은 전자전달을 돕는 이온을 제공하여 반응을 용이하게 한다.

$$3Ag_2S + 2Al + 6H_2O \rightarrow 6Ag + 2Al(OH)_3 + 3H_2S$$

(Note : H_2S는 달걀 썩는 냄새를 가진다.)

이러한 분류 체계로 화학반응을 네 가지 기본 범주로 분류한다. 그것은 (1) 결합반응, (2) 분해반응, (3) 치환반응, 그리고 (4) 이온교환 반응이다. 처음 세 범주의 반응은 산화－환원 반응의 하위분류이나, 이온교환 반응은 산화－환원 반응이 아니다.

결합반응(combination reactions)

결합반응은 두 가지 이상의 물질이 단일 화합물을 형성하기 위하여 결합하는 합성반응이다. 결합하는 물질은 (1) 원소, (2) 화합물 또는 (3) 원소와 화합물이 될 수 있다. 결합반응의 일반화된 형태는 다음과 같다.

$$X + Y \rightarrow XY$$

대부분의 산화환원 반응은 결합반응이다. 예를 들면, 금속은 공기 중에서 연소할 때 산화되어 금속산화물을 형성한다. 연소할 때 밝은 백색광을 방출하는 마그네슘을 고려한다.

$$2Mg(s) + O_2(g) \rightarrow 2MgO(s)$$

금속의 부식은 연소보다 느린 속도로 이루어지는 산화이지만, 느린 속도에도 불구하고 금속은 그 과정에서 산화된다. 결합반응의 일반화된 형태를 다시 주목하면서 철의 부식을 고려한다.

$$4Fe(s) + 3O_2(g) \rightarrow 2Fe_2O_3(s)$$

또한 비금속은 공기중에서 연소되어 산화되는데, 예를 들어 탄소는 산소가 충분하면 산화된다.

$$C(s) + O_2(g) \rightarrow CO_2(g)$$

즉, 모든 결합반응은 $X + Y \rightarrow XY$ 형태로 일반화된다.

분해반응(decomposition reactions)

분해반응은 용어에서 알 수 있듯이 결합반응의 반대이다. 분해반응에서 화합물은 (1) 화합물 구성원소, (2) 단일 화합물 또는 (3) 원소나 단일화합물로 분해한다. 분해반응의 일반화된 형태는 다음과 같다.

$$XY \rightarrow X + Y$$

일반적으로 분해반응은 어떤 종류의 에너지가 필요하다. 그 에너지는 보통 열 또는 전기의 형태로 공급되는 에너지이다. 예를 들어, 전류는 물을 수소와 산소로 분해한다.

$$2H_2O\,(l) \xrightarrow{\text{electricity}} 2H_2\,(g) + O_2\,(g)$$

산화수은(Mercury(II) oxide)은 열에 의해서 산화되며, 산소의 발견이 관찰된다.

$$2HgO\,(s) \xrightarrow{\triangle} 2Hg\,(s) + O_2\uparrow$$

즉, 모든 분해반응은 $XY \rightarrow X + Y$ 형태로 일반화된다.

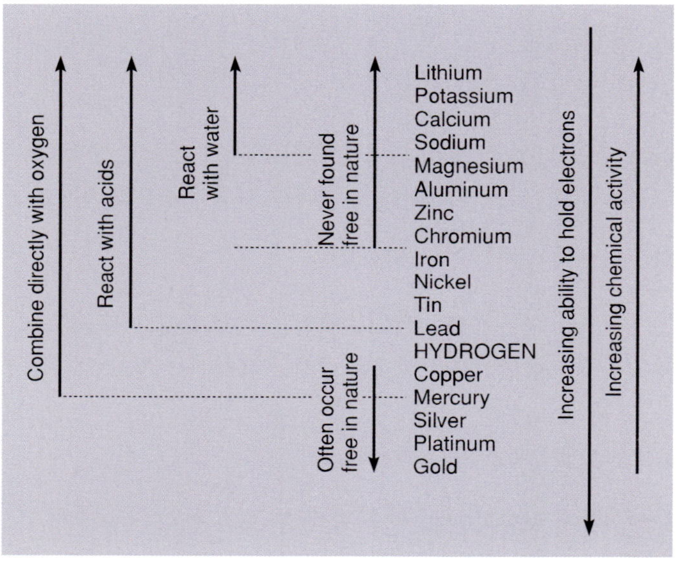

그림 7.17 일반 금속의 활성계열(금속의 화학적 활성 포함). 이 계열은 치환반응이 발생할 것인지 아닌지를 예측하는 데 사용된다.(수소가 금속은 아니나, 산성 반응에 대한 기준으로 배치하였다)

치환반응(replacement reactions)

치환반응에서 화합물 내 원자 또는 다원자 이온은 다른 원자나 다른 다원자 이온으로 대체된다. 치환된 부분은 화합물에서 음이나 양의 파트 중 하나일 수 있다. 치환 반응의 일반화된 형태는 다음과 같다.

$$XY + Z \rightarrow XZ + Y$$

(음의 파트가 치환됨)

또는

$$XY + A \rightarrow AY + X$$

(양의 파트가 치환됨)

치환반응은 일부 원소가 다른 원소보다 강한 전자 수용능력이 있기 때문에 발생한다. 자신의 전자를 지키려는 능력이 작은 원소는 대부분 화학적으로 활성이 있다. 그림 7.17은 몇 가지 원소의 화학활성에 대한 목록으로, 상단의 원소가 가장 화학적 활성이 크다. 수소는 산(acid)에서의 역할 때문에 목록에 포함되어 있다. 그림 7.17의 목록을 잠시 살펴보면 그 내용이 결합, 분해, 치환반응에 적용된다.

치환반응은 보다 활성이 큰 금속이 보다 큰 전자 수용능력을 가진(하위목록) 원소로 전자를 방출할 때 발생한다. 예를 들어, 알루미늄은 구리보다 높은 활성계열에 존재한다. 알루미늄 호일이 염화구리(copper(II) chloride) 용액에서 치환되면, 알루미늄은 구리로 전자를 잃고 산화된다. 금속 알루미늄이 전자를 잃으면, 용액에서 알루미늄 이온을 형성하고, 구리는 고체 금속으로 용액 중에 석출된다(그림 7.18).

그림 7.18 이것은 금속 알루미늄과 구리(II)의 푸른 용액 사이의 반응이다. 알루미늄은 활성계열에서 구리 위에 있기 때문에, 용액 안의 구리이온은 알루미늄과 치환되어 금속으로 석출된다. 알루미늄은 구리에 전자를 잃고 용액에서 알루미늄 이온이 된다.

$$2Al(s) + 3CuCl_2(aq) \rightarrow 2AlCl_3(aq) + 3Cu(s)$$

활성계열의 위쪽에 있는 금속은 용액 내 어떤 금속이온과 치환된다. 금속이 용액 내 금속이온보다 목록의 아래쪽에 나열되어 있으면, 아무 반응이 발생하지 않는다. 예를 들면 $Ag(s) + CuCl_2(aq) \rightarrow$ 무반응 이다.

매우 활성인 금속(리튬, 칼륨, 칼슘, 그리고 나트륨)은 물과 반응하여 금속 수산화물과 물을 생성한다. 예를 들면

$$2Na(s) + 2H_2O(l) \rightarrow 2NaOH(aq) + H_2\uparrow$$

산은 용액에 수소 이온을 생성하고, 활성계열에서 수소 위에 있는 금속은 수소와 치환하여 금속염을 만든다. 예를 들면, 다음과 같다.

$$Zn(s) + H_2SO_4(aq) \rightarrow ZnSO_4(aq) + H_2\uparrow$$

일반적으로 치환반응의 에너지는 결합반응이나 분해반응의 에너지보다 적다.

이온교환반응(ion exchange reactions)

이온교환반응은 하나의 화합물의 이온이 다른 화합물의 이온과 상호작용하여 발생하는데 (1) 용액에 석출된 고체(침전물), (2) 기체, 또는 (3) 물을 형성한다.

이온 화합물이 용해된 수용액은 이온의 용액이다. 예를 들어, 고체 염화나트륨은 물에 용해하여 용액 중에서 이온이 된다.

$$NaCl(s) \rightarrow Na^+(aq) + Cl^-(aq)$$

만일 어떤 이온 화합물이 다른 어떤 용액에 용해되면 이온 혼합물이 만들어진다. 이때 침전물이나 가스, 물이 생성되면서 용액 중의 이온이 제거되는데, 이것이 이온교환반응이다. 예를 들어, 가정용으로 사용되고 있는 물은 때로는 현탁물질을 포함하는데 황산알루미늄과 수산화칼슘을 첨가하여 제거할 수 있다. 반응은 다음과 같다.

$$3Ca(OH)_2(aq) + Al_2(SO_4)_3(aq) \rightarrow 3CaSO_4(aq) + 2Al(OH)_3\downarrow$$

수산화알루미늄은 모래여과로 현탁물질을 모으는 젤리와 같은 고체이다. 불용성 수산화알루미늄을 형성시켜 용액에서 알루미늄과 수산화 이온을 제거하는 이온교환 반응이 발생하였다.

Science and Society

촉매 변환기(Catalytic Converter)

박스그림 7.2 은 코팅된 촉매변환기(catalytic converter)

자동차는 가솔린의 불완전 연소로 인하여 (1) 일산화질소와 (2) 탄화수소 형태의 골칫거리 물질을 만든다. 배기가스로 나온 물질은 햇빛 속에서 공기와 반응하여 광화학 스모그로 알려진 자극적인 연무를 생성한다. 자동차는 광화학 스모그를 감소하기 위하여 자신의 배기시스템에 촉매 변환기가 장착되어 있다(박스그림 7.2).

분자의 화학결합을 변화시키는 데는 일정한 양의 에너지가 필요한데, 이 에너지를 활성화 에너지라고 한다. 활성화 에너지는 화학반응이 발생하기 전에 반드시 극복해야하는 에너지 장벽을 나타낸다. 이것은 화학반응이 고온에서 보다 빠르게 진행되는 이유이다. 분자는 높은 고온에서 보다 큰 평균운동에너지를 가지기 때문에 이미 반응에 필요한 최소 에너지의 일부를 갖게 된다.

화학반응의 속도는 촉매에 의해 영향을 받는다. 촉매는 반응에 의해서 영구적으로 변화하지 않는 물질로, 화학반응의 속도를 촉진시킨다. 촉매는 활성화 에너지를 감소시켜 화학반응의 속도를 가속화한다. 분자는 촉매표면에 일시적으로 부착되며, 동시에 분자를 유지하는 화학결합이 약화된다. 약화된 분자는 쉽게 분리되며 활성화 에너지는 낮아진다. 일부 촉매는 다른 화합물보다 어떤 특정한 화합물에서 효과가 높다. 그리고 광범위한 화학 연구 프로그램은 새롭고 더 효과적인 촉매를 발견하는데 전념하고 있다.

자동차 촉매 변환기는 백금과 전이금속 산화물(예. 산화제이구리(copper(II) oxide), 삼산화크롬(chromium(III) oxide) 같은 금속을 사용한다. 변환기에서 발생하는 촉매반응은 배기가스에서 탄화수소의 약 90%, 일산화탄소의 85%, 그리고 일산화질소의 40%를 감소시키거나 또는 산화할 수 있다. 더 나아가 배기가스를 재순환시켜 일산화질소의 생성을 줄일 수 있다.

CONCEPTS APPLIED　화학반응

화학반응이 발생한 증거를 학교와 가정에서 살펴보아라. 산소가 개입된 반응을 찾을 수 있는가? 새로운 물질의 생성이나 어떤 물질의 분해를 발견할 수 있는가?

일반적으로 이온교환 반응은 다음과 같은 형태이다.

$$AX + BY \rightarrow AY + BX$$

용액에서 이온이 제거되면서 하나의 생성물이 발생한다. 수산화칼슘과 황산알루미늄의 반응에서는 알루미늄과 칼슘 이온이 자리를 교환하면서 발생한다. 부록A의 용해도 표에 의하면 수산화알루미늄은 불용성이라 이온교환 반응이 가능하다. 생성물이 둘 다 용해성이라면 이온교환 반응은 발생하지 않는다.

이온교환 반응이 발생하는 또 다른 방법은 기체 및 물 분자가 형성되어 용액에서 이온이 제거되는 경우이다. 산이 염기(알칼리 화합물)와 반응하면, 소금과 물이 생성된다.

$$\mathrm{HCl}\,(aq) + \mathrm{NaOH}\,(aq) \rightarrow \mathrm{NaCl}\,(aq) + \mathrm{H_2O}\,(l)$$

산과 염기의 반응은 8장에서 설명한다.

People Behind the Science

Linus Carl Pauling (1901 – 1994)

라이너스 칼 폴링(Linus Carl Pauling)은 미국의 이론 화학자이자 생물학자로 20세기의 가장 중요한 몇 가지 과학 업적으로 그 순위가 인정된다. 그의 주요한 기여는 분자구조 및 화학결합을 이해하는 것이었다. 그는 2개의 노벨상을 수상한 매우 소수의 사람 중 한 사람이다. 그는 1954년에 분자간 힘에 대한 연구로 노벨화학상을 받았으며, 1962년에 노벨평화상을 수상하였다. 그의 경력 전반에 걸쳐 그의 연구는 직관과 영감의 응용에 대해 언급하고 있으며, 그러한 경이적인 기억은 연구에 도움이 되었다. 그는 종종 과학의 한 분야를 다른 분야에 응용하였다.

1931년 폴링은 논문을 발표하였다. "화학결합"의 성질을 양자역학을 이용하여 설명하였다. 즉 전자쌍 결합은 두 개의 비공유전자의 상호작용에 의해서 형성되며, 두 원자에 의해 한 번 공유된 전자는 다른 결합의 형성에 참여할 수 없다. 양자역학의 소개(1935)라는 책에서 그 결과가 나왔으며, 그는 이 책의 공동저자였다. 그는 분자구조에 대한 양자역학 원리의 응용에 있어서 선구자였다.

폴링은 대부분의 화합물에서 탄소 원자에 의해 나타난 대칭성을 설명하기 위하여 분자의 혼성궤도함수(hybrid orbital)의 개념을 도입하였다. 또한 원자의 전기음성도와 화학결합의 극성을 조사하였다. 그는 전기음성도가 4.0이 최대 한계값임을 명시하였다. 결합한 한 쌍의 전자는 높은 전기음성도의 전자 쪽으로 이끌린다. 예를 들어, 염화수소에서 수소는 전기음성도가 2.1이며, 염소는 3.5이다. 결합전자는 δ^- 를 제공하는 염소 원자쪽으로 이끌리고, δ^+인 수소 원자로부터 멀어져 수소와 염소결합이 극성화가 된다.

화학결합에 대한 폴링의 생각은 현대 분자이론의 기초가 되었다. 이 연구의 많은 부분이 그의 책인 "화학결합의 성질"과 "분자 및 결정의 구조(1939)"에 통합되어 있다. 1940년 대, 폴링은 그의 관심을 생물조직과 생물계의 화학으로 전환하였다. 그는 분자구조에 대한 지식을 생명의 복잡성과 주로 혈액 중의 단백질에 응용하였다. 그는 코리(Robert Corey)와 함께 아미노산과 폴리펩타이드의 구조에 대하여 연구하였다. 그들은 많은 단백질이 수소결합 구조로 결합되어 있으며, 나선형 모양을 보인다고 제안하였다. 이 개념은 프랜시스 크릭(Francis Crick)과 제임스 왓슨(James Watson)의 DNA구조 연구에도 도움을 주었다. 그들은 결국 DNA 구조가 이중나선 구조임을 규명하였다.

폴링은 혈액에 대한 자신의 연구에서 면역학 및 겸상적혈구 빈혈증을 조사하였다. 그는 나중에 연구를 통하여 그 병은 유전적이며 정상적인 헤모글로빈과 비정상적인 "낫 모양" 세포(겸상적혈구)의 헤모글로빈은 전하가 다르다는 자신의 예감을 확인하였다. 1940년대 동안, 그는 생활물질을 연구하여 마취에 관한 연구를 수행하였다. 이 기간에 출간한 두 권의 교재(일반화학(1948) 및 대학화학(1950))는 베스트셀러가 되었다.

요약

혼합물(mixture)은 다양한 조성을 갖고 서로 다른 부분으로 구성되어 있다. 순물질은 전체가 동일하고 명확한 조성으로 되어 있다. 혼합물은 물리적 변화에 의해서 그들의 조성으로 분리될 수 있다. 물리적 변화(physical change)란 그들의 동일성을 바꾸지 않는 변화이다. 일부 순수한 물질은 화학적 변화에 의해서 좀 더 단순한 물질로 쪼개질 수 있다. 화학적 변화(chemical change)는 다른 성질을 가진 새로운 물질을 생성하여 물질의 동일성을 바꾸는 변화이다. 순물질은 화학변화에 의하여 분해될 수 있으며, 명확한 조성을 가지고 보다 더 단순한 물질로 변화될 수 있는 화합물이다. 그리고 더 이상 단순한 물질로 분해될 수 없는 순물질이 원소(element)이다.

화학변화는 화학결합을 만들거나 파괴하여 새로운 물질을 생성한다. 화학변화의 과정을 화학반응(chemical reaction)이라고 한다. 화학반응 동안에 내부잠재에너지보다 크거나 낮은 서로 다른 화학물질이 생성된다. 화학에너지(chemical energy)는 화학반응 동안의 내부잠재에너지의 변화이다. 화학반응식(chemical equation)은 화학반응을 설명하는 간단한 방법이다. 반응식은 변화된 물질을 나타내며, 반응물은 왼쪽에 나타내고, 새로 생성된 생성물은 오른쪽에 표시한다.

화학반응은 원자의 최외각 에너지 레벨에 있는 원자가전자(valence electron)와 관련되어 있다. 원자는 바깥궤도함수를 채워서 안정한 불활성기체의 배열을 이루기 위하여 전자를 잃거나 얻는 경향이 있다. 이러한 규칙을 옥테트 규칙(octet rule))이라 하며 내용은 다음과 같다. 원자는 바깥궤도함수에 8개의 전자를 가지는 불활성기체 구조를 얻기 위하여 전자를 잃거나 얻는다. 원자는 그 과정에서 음이온(negative ion) 또는 양이온(positive ion)을 형성한다.

화학결합은 화합물 속에서 원자를 결합하는 인력에 의한다. 원자가 전자를 이동시켜 이온이 되는데 이 때 이온결합(ionic bond)이 형성된다. 이온결합은 반대로 대전한 이온사이의 정전기 인력이다. 이온이 전자를 공유하여 형성된 화학결합은 공유결합(covalent bond)이다.

이온결합은 결정구조를 가진 이온화합물(ionic compound)을 만든다. 이온화합물이 형성되었을 때 방출된 에너지를 생성열(heat of formation)이라고 한다. 그것은 화합물을 원소로 분해하는 데 필요한 에너지와 동일한 양의 에너지이다.

화합물의 화학식(formula)은 화합물 중에 어떤 원소가 존재하는지 또는 어떤 비율로 존재하는지를 알려주는 화학기호를 사용한다. 전형원소의 이온은 단일의 고정된 전하를 가지고 있지만, 대부분의 전이원소는 다양한 전하를 가지고 있다. 이온 화합물이 형성될 때 전자는 보존되지만, 이온 화합물은 전기적으로 중성이다. 화학식은 전하의 전반적인 균형을 보여준다.

공유결합 화합물(covalent compound)은 전기적으로 중성인 분자그룹의 원자가 공유결합(covalent bond)으로 연결되어 구성된 분자이다. 각각의 원자가 공유 쌍에 하나의 전자를 기여하는 한 쌍의 전자공유는 단일 공유결합(single covalent compound)을 형성한다. 전자의 두 쌍을 공유하여 형성된 공유결합은 이중결합(double bond)이라 하며, 삼중 결합(triple bond)은 세 쌍의 전자를 공유하는 것이다.

화합물은 이온 및 공유결합 화합물에 대하여 서로 다른 규칙으로 명칭을 지정한다. 서로 다른 원소로만 구성된 이온 및 공유결합 화합물은 접미사 −ide로 항상 끝나지만, 몇 가지 예외가 있다.

가변전하 이온의 명명에 대한 규칙은 이름 옆 괄호 안에 로마 숫자로 전하를 나타낸다. 이온화합물은 전기적으로 중성이며, 화학식은 전하가 균형을 이루어야 한다. 교차기법(crossover technique)은 전하의 균형을 나타내는 화학식으로 쓰기 쉬운 방법이다.

공유결합 화합물은 두 개 이상의 비금속 분자가 공유결합된 것이다. 공유결합의 명명 시스템에서는 원자 개수를 나타내기 위해 그리스어 접두사를 사용하는데, 같은 두 가지 원소가 하나 이상의 화합물을 형성할 수 있기 때문이다(예: CO와 CO_2).

화학반응을 설명하는 간결한 방법은 화학반응식(chemical equation)에서 화학식을 사용하는 것이다. 화학반응식의 양편에 원자의 각 종류별로 같은 수를 가진 화학반응식을 평형반응식(balanced equation)이라고 한다. 이 식은 화학반응에서 원자가 생성되거나 파괴되지 않는다는 질량보존의 법칙(law of conservation of mass)과 일치한다. 화학반응식의 균형을 맞추기 위해 화학식의 앞에 계수를 배치한다. 화학식의 첨자를 변경하면 화학식이 변화하여 다른 화합물을 의미하므로 변경하지 않는다.

화학반응 중 산화−환원 반응(oxidation reduction reaction)은 중요하다. 간단히 redox(산화환원) 반응이라고 하는데, 전자의 이동이 발생하는 반응이다. 전자를 잃는 과정을 산화(oxidation)라고 하고, 전자를 잃는 물질을 산화되었다고 한다. 전자를 얻는 과정은 환원(reduction)이라고 하고, 전자를 얻는 물질을 환원되었다고 한다. 다른 물질로부터 전자를 얻는 물질을 산화제(oxidizing agent)라고 한다. 전자를 공급하는 물질을 환원제(reducing agent)라고 한다.

화학반응은 (1) 결합반응(combination), (2) 분해반응(decomposition), (3) 치환반응(replacement), (4) 이온교환(ion exchange) 반응으로 분류된다. 이들 중 처음 세 반응은 산화환원 반응이고, 이온교환 반응은 산화환원 반응이 아니다.

개념 적용

1. 다음 중에서 화학변화를 나타내는 것은 어떤 것인가?
a. 얼음이 녹을 때까지 얼음 샘플을 가열하는 것
b. 조그만 조각으로 한 장의 종이를 찢는 것
c. 한 장의 종이를 태우는 것
d. 위의 것은 어느 것도 옳지 않다.

2. 화학적으로나 물리적 방법으로 보다 더 단순한 물질로 분해할 수 없는 순물질은?
a. 원소
b. 화합물
c. 혼합물
d. 동위원소

3. 화학결합에 관여하는 전자는?
a. 원자가전자
b. 완전히 채워진 궤도속의 전자
c. 안정한 내부전자
d. 위의 것은 어느 것도 옳지 않다.

4. 공유전자에 의하여 두 원자 사이에 형성된 화학결합은 어떤 것인가?
a. 이온결합
b. 공유결합
c. 금속결합
d. 위의 것은 어느 것도 옳지 않다.

5. 원소의 어떤 결합이 결정고체를 형성하여 물에 용해되면 전류를 전도하는 이온용액을 생성하는가?
a. 금속과 금속
b. 금속과 비금속
c. 비금속과 비금속
d. 위의 것은 어느 것도 옳지 않다.

6. 두 개의 다른 원소를 가진 무기화합물은 항상 어떤 접미사가 이름에 붙는가?
a. −ite
b. −ate
c. −ide
d. −ous

7. 다이하드로젠 모노옥사이드는 어떤 일반명칭을 가진 화합물인가?
a. 이산화질소
b. 물
c. 스모그
d. 로켓연료

8. 화학반응식은 무엇을 변형하여 균형을 이루는가?
a. 첨자
b. 어깨글자
c. 계수
d. 균형을 이루기 위하여 필요한 위의 것은 모두

9. 나무는 탄수화물로 만들어져 있으므로 완전한 연소가 일어났을 때 벽난로에서 어떤 가스가 발생하는가?
a. 이산화탄소, 일산화탄소, 그리고 오염물
b. 이산화탄소와 수증기
c. 일산화탄소와 연기
d. 나무가 연소하는 형태에 의존한다.

10. 탄소가 산소의 불충분한 공급으로 연소할 때, 다음 반응식에 따라 이산화탄소가 생성된다. $2C + O_2 \rightarrow 2CO$. 이것은 화학반응의 어떠한 범주에 속하는가?
a. 결합
b. 이온교환
c. 치환
d. 위의 것은 어느 것도 옳지 않다.

11. 아래 원소 중에서 가장 화학활성이 큰 원소는?
a. 알루미늄
b. 아연
c. 철
d. 수은

12. 화학평형반응식은 아래 어느 것에 해당하는가?
a. 반응식의 양편에 같은 수의 분자를 가진다.
b. 반응식의 양편에 같은 종류의 분자를 가진다.

c. 반응식의 양편에 각 원자 종류별로 같은 수를 가진다.
d. 위의 것은 어느 것도 옳지 않다.

답 : 1.c 2.a 3.a 4.b 5.b 6.c 7.b 8.c 9.b 10.a 11.a 12.c

생각을 위한 질문

1. 화학변화와 물리변화의 차이점은 무엇인가? 각각 세가지 예를 들어 설명하라.
2. 다음의 것은 어떻게 다른 지를 서술하라. (a) 나트륨 원자와 나트륨 이온, (b) 나트륨 이온과 네온 원자
3. 이온결합과 공유결합의 차이점은 무엇인가? 두 결합을 형성하는 원자의 특징은?
4. 옥테트 규칙은 무엇이며, 왜 중요한가?
5. 다원자 이온은 무엇인가? 여러 개의 일반적인 다원자 이온에 대한 화학식과 명칭을 나타내어라.
6. 수산화마그네슘의 화학식을 작성하고 괄호가 의미하는 것을 설명하라.
7. 단일결합과 이중결합의 근본적인 차이는 무엇인가?
8. 질량보존의 법칙은 무엇인가? 화학반응식이 이 법칙과 일치하는지를 어떻게 알 수 있는가?
9. 화학반응식의 균형을 맞추는 방법을 서술하라.
10. 금속의 활성계열은 치환반응이 발생할 것이지 아닌지를 예측하는 데 어떻게 사용되는가?
11. 이온교환반응이 발생하려면 무엇이 순차적으로 일어나야 하는가? 이 반응이 발생하지 않는다면 그 결과는 어떻게 되는가?
12. 다음 반응식의 생성물을 예측하여라. (a) 에틸알코올(C_2H_5OH)의 연소, (b) 알루미늄(Al)의 부식.

심층 분석

1. 물리적 변화와 화학적 변화 사이의 중요한 차이점은 무엇인가?
2. 당신이 가지고 있는 순물질은 화합물이며 원소가 아니라는 것을 어떻게 알았는지 서술하다.
3. 당신이 가지고 있는 순물질은 원소이며, 화합물이 아니라는 것을 어떻게 알았는지 서술하라.
4. 이온결합은 주기율표의 왼쪽에 있는 금속이 오른쪽의 비금속과 반응할 때 형성되나, 공유결합은 주기율표의 오른쪽에 있는 비금속성 원소가 서로 결합할 때 형성된다. 왜 그런지 설명하라.
5. 화학반응식을 단어보다도 화학기호나 화학식으로 작성하는데 있어서 장점과 단점은 무엇인가?
6. 화학식의 4가지 종류에 대한 각각의 예를 제시하고, 설명하여라.
7. 화학평형반응식을 성공적으로 작성하기 위한 단계를 요약하라.

탐구 초대

화학반응속도

온도는 화학반응식의 속도에 영향을 미치는 중요한 요소이다. 온도가 화학반응에 어떠한 영향을 미치는가를 연구하기 위하여 발광봉과 발광관을 사용할 수 있다. 발광봉과 발광관은 어둠을 빛나게 하는 장치로, 7월 4일이나 사람들이 일몰 후에 밖에 있을 때에 매우 인기가 있는 상품이다. 그들은 반딧불이로 빛을 생성하는 화학반응과 유사한 화학반응을 한다. 빛의 밝기에 미치는 온도의 효과와 그 장치가 얼마나 오랫동안 빛을 계속 제공할 것인가를 알아보기 위해 발광봉을 사용한 실험을 고안하였다. 어떤 특정 온도에서 최상의 빛을 가장 오랫동안 발하는 것을 실험을 통해 볼 수 있을 것이다.

유사 연습문제

그룹 A

1. 다음의 원자에서 얼마나 많은 바깥궤도함수의 전자가 발견되는가?
   a. Li
   b. N
   c. F
   d. Cl
   e. Ra
   f. Be
2. 다음 원소에 대하여 전자 점 기호를 작성하라.
   a. B
   b. Br
   c. Ca
   d. K
   e. O
   f. S
3. 다음 이온에 대한 전하를 확인하라.
   a. B
   b. Br
   c. Ca
   d. K
   e. O
   f. N
4. 다음 다원자이온의 명칭을 확인하라.
   a. $(OH)^{-}$
   b. $(SO_3)^{2-}$
   c. $(ClO)^{-}$
   d. $(NO_3)^{-}$
   e. $(CO_3)^{2-}$
   f. $(ClO_4)^{-}$
5. 교차기법을 사용하여 다음 화합물의 화학식을 작성하라.
   a. Iron(III) hydroxide
   b. Lead(II) phosphate
   c. Zinc carbonate
   d. Ammonium nitrate
   e. Potassium hydrogen carbonate
   f. Potassium sulfite

그룹 B

1. 다음의 원자에서 얼마나 많은 바깥궤도함수의 전자가 발견되는가?
   a. Na
   b. P
   c. Br
   d. I
   e. Te
   f. Sr
2. 다음 원소에 대하여 전자 점 기호를 작성하라.
   a. Al
   b. F
   c. Mg
   d. Na
   e. C
   f. Cl
3. 다음 이온에 대한 전하를 확인하라.
   a. Al
   b. Cl
   c. Mg
   d. Na
   e. S
   f. H
4. 다음 다원자이온의 명칭을 확인하라.
   a. $(C_2H_3O_2)^{-}$
   b. $(HCO_3)^{-}$
   c. $(SO_4)^{2-}$
   d. $(NO_2)^{-}$
   e. $(MnO_4)^{-}$
   f. $(CO_3)^{2-}$
5. 교차기법을 사용하여 다음 화합물의 화학식을 작성하라.
   a. Aluminum hydroxide
   b. Sodium phosphate
   c. Copper(II) chloride
   d. Ammonium sulfate
   e. Sodium hydrogen carbonate
   f. Cobalt(II) chloride

그룹 A

6. 다음 공유결합 화합물의 화학식을 작성하라.
   a. Carbon tetrachloride
   b. Dihydrogen monoxide
   c. Manganese dioxide
   d. Sulfur trioxide
   e. Dinitrogen pentoxide
   f. Diarsenic pentasulfide
7. 다음 공유결합 화합물의 명칭을 작성하라.
   a. CO
   b. CO_2
   c. CS_2
   d. N_2O
   e. P_4S_3
   f. N_2O_3
8. 다음 비평형 반응에 대하여 화학평형반응식을 작성하라.
   a. $SO_2 + O_2 \rightarrow SO_3$
   b. $P + O_2 \rightarrow P_2O_5$
   c. $Al + HCl \rightarrow AlCl_3 + H_2$
   d. $NaOH + H_2SO_4 \rightarrow Na_2SO_4 + H_2O$
   e. $Fe_2O_3 + CO \rightarrow Fe + CO_2$
   f. $Mg(OH)_2 + H_3PO_4 \rightarrow Mg_3(PO_4)_2 + H_2O$
9. 다음을 결합, 분해, 치환, 이온반응으로 확인하라.
   a. $NaCl(aq) + AgNO_3(aq) \rightarrow NaNO_3(aq) + AgCl\downarrow$
   b. $H_2O(l) + CO_2(g) \rightarrow H_2CO_3(l)$
   c. $2NaHCO_3(s) \rightarrow Na_2CO_3(s) + H_2O(g) + CO_2(g)$
   d. $2Na(s) + Cl_2(g) \rightarrow 2NaCl(s)$
   e. $Cu(s) + 2AgNO_3(aq) \rightarrow Cu(NO_3)_2(aq) + 2Ag(s)$
   f. $CaO(s) + H_2O(l) \rightarrow Ca(OH)_2(aq)$
10. 다음의 각각 반응에 대하여 완전한 평형반응식을 작성하라.
   a. $C_5H_{12}(g) + O_2(g) \rightarrow$
   b. $HCl(aq) + NaOH(aq) \rightarrow$
   c. $Al(s) + Fe_2O_3(s) \rightarrow$
   d. $Fe(s) + CuSO_4(aq) \rightarrow$
   e. $MgCl_2(aq) + Fe(NO_3)_2(aq) \rightarrow$
   f. $C_6H_{10}O_5(s) + O_2(g) \rightarrow$

그룹 B

6. 다음 공유결합 화합물의 화학식을 작성하라.
   a. Silicon dioxide
   b. Dihydrogen sulfide
   c. Boron trifluoride
   d. Dihydrogen dioxide
   e. Carbon tetrafluoride
   f. Nitrogen trihydride
7. 다음 공유결합 화합물의 명칭을 작성하라.
   a. N_2O
   b. SO_2
   c. SiC
   d. PF_5
   e. $SeCl_6$
   f. N_2O_4
8. 다음 비평형 반응에 대하여 화학평형반응식을 작성하라.
   a. $NO + O_2 \rightarrow NO_2$
   b. $KClO_3 \rightarrow KCl + O_2$
   c. $NH_4Cl + Ca(OH)_2 \rightarrow CaCl_2 + NH_3 + H_2O$
   d. $NaNO_3 + H_2SO_4 \rightarrow Na_2SO_4 + HNO_3$
   e. $PbS + H_2O_2 \rightarrow PbSO_4 + H_2O$
   f. $Al_2(SO_4)_3 + BaCl_2 \rightarrow AlCl_3 + BaSO_4$
9. 다음을 결합, 분해, 치환, 이온반응으로 확인하라.
   a. $ZnCO_3(s) \rightarrow ZnO(s) + CO_2\uparrow$
   b. $2NaBr(aq) + Cl_2(g) \rightarrow 2NaCl(aq) + Br_2(g)$
   c. $2Al(s) + 3Cl_2(g) \rightarrow 2AlCl_3(s)$
   d. $Ca(OH)_2(aq) + H_2SO_4(aq) \rightarrow CaSO_4(aq) + 2H_2O(l)$
   e. $Pb(NO_3)_2(aq) + H_2S(g) \rightarrow 2HNO_3(aq) + PbS\downarrow$
   f. $C(s) + ZnO(s) \rightarrow Zn(s) + CO\uparrow$
10. 다음의 각각 반응에 대하여 완전한 평형반응식을 작성하라.
   a. $C_6H_8(g) + O_2(g) \rightarrow$
   b. $H_2SO_4(aq) + KOH(aq) \rightarrow$
   c. $C_6H_{12}O_6(s) + O_2(g) \rightarrow$
   d. $Na_3PO_4(aq) + AgNO_3(aq) \rightarrow$
   e. $NaOH(aq) + Al(NO_3)_3(aq) \rightarrow$
   f. $Mg(OH)_2(aq) + H_3PO_4(aq) \rightarrow$

8
물과 용액

물은 수많은 종류의 용액을 생성하기 때문에 종종 만능 용매(universal solvent)로 불린다. 움직이는 물은 궁극적으로 단단한 바위를 용해하여 용액으로 운반한다.

흘러가는 물(그림 8.1)을 보면서 무엇을 생각하는가? 물의 성질과 물에 무엇이 녹아 있는 지 궁금하지 않은가? 물이 어디에서 시작되며 언젠가는 고갈되지 않을 지 한번이라도 의문을 가졌을 것이다.

많은 사람들이 물에 대해 다른 생각을 가질 수 있다. 농부는 물을 전용하는 방법에 대해 생각할 것이며, 농작물에 사용한다. 도시 계획가는 물이 가정 용수로 안전할 것인지, 아니면 물을 처리할 비용이 얼마나 필요한 것인지 궁금해 할 것이다. 다른 사람들은 개울에서 큰 물고기를 잡을 수 있는 지가 궁금할 것이다. 큰 물줄기는 농작물, 가정 용수, 여가활동에 필요한 물을 제공할 수 있으며, 많은 기타 용도로도 사용될 것이다.

물의 특유의 성질들 때문에 물은 농업, 가정 용수 및 여가활동에 중요하다. 생명체는 물 환경에서 진화하였기 때문에 물과 그 특성은 지구생명체에 필수적이다. 물은 거의 모든 물질을 용해하는 능력이 있기 때문에 오염도 쉽게 된다. 이 장에서는 물의 특유의 성질, 수용액 그리고 가정 용수에 대해 다루도록 하겠다.

핵심개념 물과 수용액은 고유의 특성을 갖는다.

8.1 가정용수(Household Water)

물은 필수적인 자원으로 삶의 과정에 필요할 뿐만 아니라 현대사회에 중요한 역할을 한다. 물은 음용수와 요리(2%), 설거지(6%), 세탁(11%), 목욕(23%), 화장실(29%), 그리고 잔디밭 및 정원 유지(29%)를 위해서 가정에서 사용된다.

물은 시냇물, 호수, 그리고 지표면의 저수지나 지표면 아래에서 퍼 올린 지하수로부터 공급된다. 지표수는 우물물보다는 보다 많은 퇴적물, 박테리아 및 가능한 오염물을 포함한다. 지표수는 대기 중에 노출되며, 흙으로부터 시냇물이나 강물로 흘러 들어오기 때문이다. 지표수는 부유입자를 제거하기 위한 여과, 세균(bacteria)의 살균처리, 그리고 오염물질의 제거공정이 필요하다. 우물물은 일반적으로 좀 더 깨끗하나 물은 여전히 살균 제거 과정이 필요하며, 쓰레기 더미, 농업활동 또는 공업용지로부터 토양을 통해 누출된 오염물질도 제거해야 한다.

대부분의 오염물질은 많이 희석되면 건강에 위해를 주진 않지만 예외가 존재한다. 미국의 식수에서 발견된 5가지 종류의 오염물은 광범위한 위험을 일으킨다(표 8.1). 이러한 일반적인 문제와 가끔씩 불거지는 지역문제에도 불구하고, 미국의 물 공급은 세계에서 가장 깨끗하다고 여겨진다.

그림 8.1 담수는 사용 잠재력이 높다.

가정용수의 수요는 때로 일부 성장하는 대도시 지역에서 순간 공급을 초과한다. 이것은 여름에 발생하는 일반적인 현상이며, 여름에는 물 수요가 높고 강우량이 종종 낮다. 이 지역의 주민은 종종 물 수요를 줄일 수 있도록 설계된 공공교육 캠페인을 한다. 예를 들어, 욕조는 1백 35리터까지의 물을 사용할 수 있으며, 일반 샤워는 95리터이다. 샤워시 물을 계속 틀어놓지 않으면 훨씬 더 절약할 수 있다; 물을 적시고 비누칠 및 헹구는 데 15리터의 물만을 사용한다. 또한 이를 닦는 동안에도 물을 틀어놓지 않으면 약 35리터의 물을 절약할 수 있다.

사람들이 물이 저렴하고 무한히 공급된다고 인식하면, 물을 절약하기 어렵다. 그러나 가정용수 소비자에게 부과되는 비용이 증가하면 절약하려는 노력도 극적으로 증가한다.

물과 수용액의 성질을 알게 된다면 안전한 물 공급의 유지에 관련된 문제를 쉽게 이해할 수 있다. 이러한 내용이 다음 절의 주제이다.

Science and Society

누구에게 물 사용권리가 있는가?

인구성장과 새로운 산업의 개발로 인하여 물 공급이 더 많이 요구된다. 이것은 물이 농업, 산업, 도시의 가정용수의 사이에 어떠한 방법으로 분배되어야 하는 가에 대한 일부 쟁점을 일으킨다. 농업종사자는 사람들이 필요한 음식과 섬유질 식품을 생산하기 때문에 물이 있어야 한다고 주장한다. 산업은 일자리와 사람들이 필요한 제품을 생산하기 때문에 물이 있어야 한다고 주장한다. 반면에, 도시는 사람들이 물 없이는 생존할 수 없기 때문에 가정용 소비가 가장 중요하다고 주장한다. 그렇지만 몇몇은 물이 생태(habitats)를 유지하는 데만 필요할 뿐이지 물을 사용할 권리가 어떤 집단에도 없음을 주장한다.

질문과 토론

1. 누가 물 사용에 대한 최우선의 권리가 있어야 한가?
2. 누가 물 사용에 대한 마지막 권리가 있어야 하는가?
3. 질문 1과 2에 대한 여러분의 답변을 결정하라?

표 8.1 미국 상수원에서 발생 가능한 오염문제

오염	원인	위험도
납	오래된 집의 납파이프, 동파이프에서의 납땜, 황동 기구	신경 손상, 유산, 출생 결함, 고혈압, 청각문제
염소계 용매	산업오염	암
트라이할로메탄	다른 오염물과 반응하는 염소 소독제	간 손상, 신장 손상, 발암성
PCBs	산업 폐기물, 오래된 변압기	간 손상, 발암성
박테리아, 바이러스	정화탱크, 옥외 화장실, 하수관 라인의 범람	위장의 문제, 중대한 질병

8.2 물의 성질(Properties of Water)

생물은 물과 매우 다양한 용해 물질로 채워진 세포로 구성되어 있다. 그러므로 물은 생명에 필수적인 요소이다. 식품은 대부분이 물이여, 과일과 야채는 95%, 고기는 50%의 물을 포함한다. 우리들의 몸은 체중의 70% 이상이 물이다. 물은 생명체의 많은 구성성분이기 때문에 물의 성질을 이해하는 것은 생명을 이해하는 데 중요하다. 한 가지 중요한 성질은 물이 용매로 작용하는 독특한 능력이다. 물은 대부분의 분자를 용해하는 기능 때문에 "만능 용매"라고 한다. 이들 용해된 분자는 생명체에서 확산하거나 순환시스템의 일종에 의해 한 위치에서 다른 위치로 운반될 수 있다.

물의 유용함은 용매와 수송의 독특한 능력이 끝이 아니며, 유용하고 특이한 더 많은 성질이 있다. 예를 들어, 다른 액체와는 달리 액상의 물은 고체의 물(얼음)보다 큰 밀도를 가지고 있어 액체의 물 표면에 고체 얼음을 띄울 수 있다. 얼음으로 보호된 물 아래에서는 물고기 및 기타 생물이 겨울에 살아남을 수 있다. 만약 얼음이 물보다 밀도가 높다고 하면 얼음은 아래로 가라앉을 것이고, 모든 호수와 하천이 바닥에서 위까지 얼 것이다. 물고기와 물에 사는 대부분의 유기체는 고체 얼음의 호수 또는 강에서 생존할 수 없을 것이다.

눈물방울은 계속 떨어질까?

빗방울이나 떨어지는 물방울을 눈물방울의 형태로 나타내는 것은 오해이다. 작은 빗방울은 표면 장력에 의해 구형을 형성한다. 큰 빗방울도 역시 구형을 이루지만, 떨어지는 방울의 바닥은 공기압력으로 어느 정도 납작해진다. 만일 빗방울이 너무 크다면, 떨어지는 방울은 공기압력으로 바닥이 오목하게 함몰되는데, 방울이 보다 작은 구형방울로 깨질 때까지 깊게 함몰된다.

제4장에서 설명한 바와 같이, 물은 높은 비열을 가지고 있기 때문에 특이하다. 동일한 질량의 토양과 물에 동일한 양의 햇빛을 조사했을 때 물 온도는 1℃ 증가한 반면 토양은 5℃ 증가한다. 이와 같이 물의 온도를 증가시키는 데 필요한 햇빛은 토양의 경우보다 5배 이상이다. 이러한 이유로 거대한 수체의 온도는 적당한 온도로 유지된다.

물의 높은 증발잠열은 또 다른 특이 성질이다. 이런 성질때문에 적은 양의 물을 증발시켜서 많은 양의 열을 제거하는 것이 가능하다. 예를 들어, 인간은 이 증발 냉각시스템을 가지고 있기 때문에 아주 더운 사막에서 살아남을 수 있다.

마지막으로, 물의 다른 특성은 생활에 중요하지 않지만, 그럼에도 불구하고 흥미롭다. 예를 들어, 왜 모든 눈송이는 여섯 면이 있나? 두 개의 눈송이가 비슷하지 않다는 것이 사실인가? 물 분자의 독특한 구조는 독특한 용매 능력을 설명할 수 있을 것이다. 또한 고체 얼음이 액체 물보다 밀도가 더 낮은 이유, 높은 비열, 높은 증발잠열, 그리고 두 눈송이가 비슷하지 않는 이유도 알 수 있을 것이다.

물 분자의 구조(structure of the water molecule)

제7장에서는 원자가 두 가지 방법으로 결합하는 것을 배웠다. 주기율표의 반대편 원자는 하나 이상의 전자를 이동하여 이온결합을 형성한다. 주기율표의 오른쪽 원자는 하나 이상의 전자쌍을 공유함으로써 공유결합을 형성한다. 이러한 구별은 많은 화합물에 명백히 존재하지만, 물의 경우는 다르다. 원자가 물 분자에서 전자를 공유하는 방법은 공유결합도 아니며 또한 이온결합도 아니다.

물 분자에서 산소 원자는 수소 원자와 함께 한 쌍의 전자를 공유한다. 산소는 여섯 개의 최외각 전자를 가지고 있으며, 8개의 불활성기체 구조를 이루어 옥테트 규칙을 만족하기 위해 전자가 두 개 더 필요하다. 각 수소 원자는 두 개의 바깥궤도함수를 채우기 위하여 하나 이상의 전자가 필요하다. 따라서 하나의 산소 원자는 두 개의 수소 원자와 결합하여 물 분자(H_2O)를 형성한다. 산소와 수소 모두 불활성기체의 바깥궤도함수 배열(네온과 헬륨)을 가지게 되므로 더욱 안정화된다.

전자들은 물 분자에서 공유되지만 동등하진 않다. 8개의 양성자를 가진 산소는 단일 양성자를 가진 수소의 경우보다 공유전자에 보다 큰 인력을 갖는다. 따라서 공유전자는 수소주위보다 산소 주위에서 더 많은 시간을 보낸다. 이로 인해 물 분자에서 산소가 수소보다 음(−)의 성질이 커진다. 공유결합의 전자가 동등하게 공유되지 않을 때, 그 분자는 극성이다. **극성분자**(polar molecule)는 쌍극자(dipole; di = 2, pole = 측면 또는 말단), 즉 양극과 음극을 가진다는 것을 의미한다.

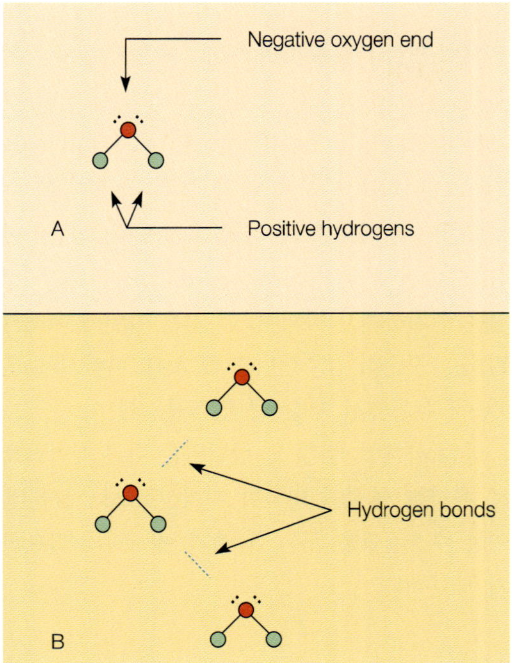

그림 8.2 (A) 물 분자는 극성으로 양전하와 음전하의 중심을 갖는다. (B) 양전하 및 음전하 중심 간에 인력이 작용하여 인접한 분자 사이에 수소결합이 형성된다.

물 분자는 산소 말단에 음의 중심을 수소 말단에 양의 중심을 갖는다. 두 수소의 양전하는 분리되어 분자는 직선보다는 오히려 굽은 배열을 나타낸다. 그림 8.2A는 극성을 보여주는 물 분자의 모델이다.

물 분자의 극성구조로 인해 물은 독특한 성질을 갖는다. 어떤 극성분자는 분자의 양극과 다른 분자의 음극 사이에 인력이 작용한다. 극성 분자가 한 부분에 수소를 가지고 있으며, 다른 부분에 불소, 산소, 또는 질소를 가지고 있을 때, 인력은 결합을 만들 수 있을 만큼 충분히 강하다. 이러한 결합을 **수소결합**(hydrogen bonding)이라고 한다. 수소결합은 분자의 수소 말단과 다른 유사한 분자의 불소, 산소, 질소 말단 사이에서 발생하는 결합이다. 이것에 대한 보다 좋은 명칭은 수소－불소 결합, 수소－산소 결합, 수소－질소 결합일 것이다. 그러나 보다 간결하게 하려고 결합의 두 번째 부분은 명명되지 않으며, 수소와의 결합을 간단히 수소결합이라 한다. 그림 8.2B에서 수소와 산소 분자 사이의 점선은 수소결합을 나타낸다. 점선은 실선으로 나타낸 공유결합보다는 강하지 않다는 것을 나타낸다.

수소결합은 온도변화에 따른 특이한 밀도 변화를 포함한 물의 물리적 성질을 설명한다. 그림 8.3은 얼음의 수소결합 구조이다. 물 분자는 6개 면의 육각형 구조를 형성하며, 엄청난 양의 분자로 확장된다. 가운데 큰 구멍을 가진 구조로 인해 얼음은 물보다 밀도가 낮다. 육각형 배열형태는 왜 눈송이가 항상 여섯 면이 있는 가를 시사한다. 왜 두 개의 눈송이가 비슷하지 않는 것처럼 보이는가? 아마도 그 해답은 수많은 수십억 개의 작은 육각형의 얼음결정으로부터 형성된 거의 무한한 형태의 다양성에서 찾을 수 있다.

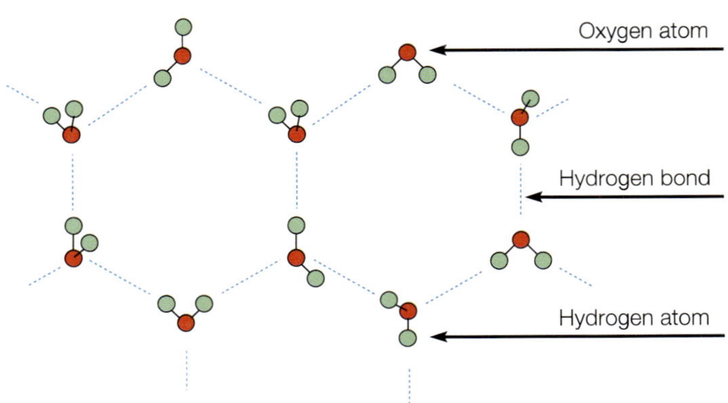

그림 8.3 얼음의 육각형 구조이다. 산소 원자와 다른 물 분자의 두 개의 수소 원자 사이의 수소결합으로 얼음의 개방형 구조와 육방구조가 형성된다. 물 분자의 각도는 바뀌지는 않으나 다른 방향(orientation)을 갖는다.

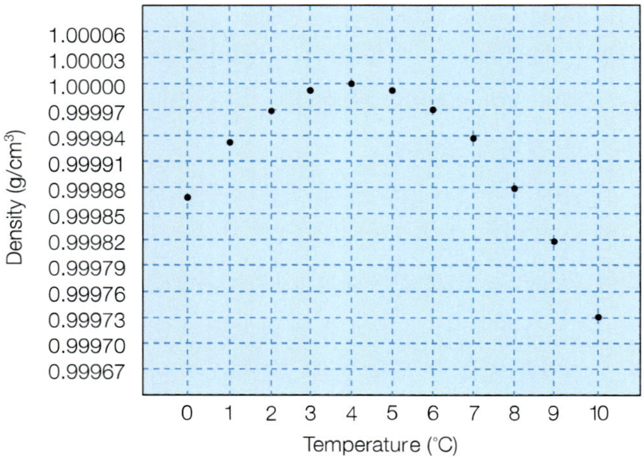

그림 8.4 0℃에서 10℃ 범위의 물의 밀도. 물의 밀도는 4℃에서 최대이며, 냉각되거나 따뜻해지면 밀도가 낮아진다. 특이한 밀도변화는 수소결합이 원인이다.

얼음의 온도가 올라가면 분자의 증가된 진동은 수소결합구조를 따라 퍼져 나간다. 얼음이 녹을 때 수소결합의 약 15%가 파괴되고, 열린 구조는 물(액체)의 조밀한 배열로 붕괴된다. 물을 0℃에서부터 따뜻하게 하면, 여전히 더 많은 수소결합이 파괴되며, 물의 밀도는 꾸준히 증가한다. 증가된 분자진동으로 온도 4℃에서 물의 팽창은 현저하게 시작되며, 더 많은 가열에 의해서 밀도는 꾸준히 감소한다(그림 8.4). 따라서 물은 4℃의 온도에서 가장 큰 밀도를 갖는다.

물의 융해열, 비열 및 증발열은 다른 화학적으로 유사한 물질에 비하여 비정상적으로 높은데, 이는 수소결합을 끊는 데 추가 에너지가 필요하기 때문이다.

용해 과정(the dissolving process)

용액(solution)은 두 개 이상의 물질의 이온이나 분자의 균일한 혼합물이다. 용해(dissolving)는 용액을 만드는 과정이다. 용해하는 동안에 용액을 구성하는 다른 성분들이 혼합한다. 예를 들어, 설탕이 물에서 용해될 때, 설탕 분자는 균일하게 걸쳐 분산된다. 설탕 용액의 단맛의 균일한 맛은 모든 부분이 균일하게 혼합된 결과이다.

용액의 성분은 일반적인 용매와 용질로 구분한다. 용매는 큰 양을 나타내는 성분이고, 용질은 용매에 용해된 성분이다. 예를 들어, 대기는 약 78%의 질소로 구성되어 있으므로 용매로 간주된다. 약 21%의 산소와 약 0.9%의 아르곤 및 기타 가스는 용질로 간주된다. 용액의 한 성분이 액체이면 그것을 보통 용매로 간주한다. 수용액은 물에 녹아 있는 고체, 액체 또는 기체의 용액이다.

용액은 두 개 이상의 물질이 분자 또는 이온으로 균일하게 혼합할 때 형성된다. 그러나 용해의 과정은 '입자가 함께 혼합한다'라는 단순한 의미보다 복잡하다. 왜냐하면, (1) 용액은 포화되며, 용해도에 한계가 있음을 의미하고, (2) 일부 용액의 물질은 전혀 혹은 거의 용해되지 않는 불용성이다. 일반적으로 어떤 것이 용해할 것인지 그리고 용해도의 한계가 있는지는 용매 및 용질의 분자나 이온 간의 인력으로 결정된다. 용해과정에서의 물질간 인력과 역할은 다음 예에서 고려될 것이다.

첫째, 기체 및 액체의 용해과정을 고려한다. 기체에서는 분자간의 힘이 적으므로, 기체들은 어떤 비율로든 혼합할 수 있다. 이처럼 어떤 비율로도 혼합할 수 있는 유체를 **혼합 유체**(miscible fluid)라고 한다. 그리고 혼합되지 않는 유체를 **불혼합 유체**(immiscible fluid)라고 한다. 공기는 기체의 혼합물이며, 기체(증기 포함)는 혼합유체이다.

A Closer Look

감압병(Decompression Sickness, 감압증)

감압병(DCS)은 스쿠버다이버가 너무 빨리 물위로 올라오면 압력이 급격히 떨어지면서 혈중과 조직에 질소기포가 형성되는데 이 때문에 유발되는 질환이다. 이것은 보통 관절 통증에 의해 나타날 수 있으며, 가슴 통증, 피부 자극성, 그리고 근육경련을 포함한다. 이 질환은 경미한 경우에는 거의 발견할 수 없지만, 심한 경우에는 치명적일 수 있다. 이러한 관절 통증은 종종 잠함병(bending)이라고 한다.

DCS는 사람이 높은 공기압력을 받고 빠르게 감압된 경우에 발생할 수 있다. 공기는 79%의 질소와 21%의 산소로 구성된다. 질소는 우리가 흡입하고 배출하는 불활성 기체이나 혈액에 용해된다. 질소의 용해는 일반적으로 발생되며 문제를 나타내지 않는다. 그러나 사람이 더 높은 기압에서 호흡하고 있을 때, 질소를 더 많이 호흡하게 되며, 질소가 혈액과 다른 조직에 용해된다. 만일 사람이 천천히 정상적인 압력으로 돌아온다면, 추가된 용해 질소는 폐에 의해 배출되어 문제가 되지 않는다. 그러나 만일 정상 압력으로 너무 빨리 돌아오면, 혈액과 다른 조직에 질소기포가 형성되어 DCS가 발생한다. 질소기포는 신경에 압력을 야기하여 순환을 차단하고, 관절 통증을 유발할 수 있다. 이들 증상은 일반적으로 잠수부가 수면에 복귀했을 때 또는 정상기압으로 회복되는 8시간 이내에 발생한다.

DCS를 방지할 수 있는 방법 중의 하나는 잠수부가 수면으로 복귀하면서 "감압 중지"를 하는 것이다. 감압 중지를 하면 용해된 질소가 조직과 혈액순환에서 기포를 생성하기보다 폐로 확산할 수 있도록 허용한다. 또한 잠수부가 하루 정도의 상업 여객기를 비행하도록 하는 것도 좋은 생각이 아니다. 항공기는 약 2,500 m의 고도에서는 정상적인 승객에 대해서는 안전하지만, 최근 작업한 잠수부는 더 많은 감압문제가 발생할 수 있다.

특별한 밀폐 공간에 질병이 발생한 사람을 배치하여 DCS를 처리할 수 있다. 처음에 밀폐 공간에서 압력을 천천히 증가시키면, 질소기포가 발생하여 용액 속으로 돌아간다. 그리고 압력을 서서히 감소시키면, 용해된 질소가 폐로 배출된다.

액체용액은 기체, 다른 액체 또는 고체를 용해할 수 있다. 기체는 액체와 섞이는데 탄산음료는 물속에 이산화탄소가 용해되어 있는 일반적인 예이다. 두 액체가 용액을 형성하느냐의 여부는 분자구조의 유사성에 따라 달라진다. 예를 들어, 물 분자는 음극성과 양극성을 가진 극성 분자이다. 한편, 사염화탄소(CCl_4)는 대칭적으로 배열된 극성결합을 가진 분자이나, 대칭배열 때문에 음극성이나 양극성을 가지지 않으므로 비극성이다. 따라서 어떤 액체는 극성 분자를 갖고 있고, 일부는 비극성 분자를 갖고 있다. 용액을 형성하는 일반적인 규칙은 "비슷한 것끼리 섞인다(like dissolves like)"라는 것이다. 사염화탄소와 같은 비극성화합물은 기름과 기체가 비극성화합물이기 때문에 이들 화합물을 녹일 것이다. 물은 극성화합물이기 때문에 비극성화합물인 기름과 기체를 용해하지 못한다. 사염화탄소는 기름과 그리스를 용해하는 능력이 있으므로 한때 세정 용매로 사용하였으나 간에 손상을 주어 더 이상 사용이 권장되지 않는다.

비누와 같은 일부 분자는 분자의 일부가 극성이며, 다른 일부가 비극성을 나타낸다. 단지 물만을 사용하는 세탁은 물과 기름이 혼합할 수 없기 때문에 기름을 용해하지 못한다. 그러나 비누가 물에 첨가되면 비누분자의 극성 말단이 극성의 물 분자를 끌어당기고 비극성 말단은 기름을 끌어당긴다. 분자 이상의 큰 입자가 생성되어 기름은 물에 깨끗하게 씻겨나간다.

"like dissolves like" 규칙은 액체와 액체 용매뿐만 아니라 고체와 액체 용매에도 적용된다. 소금과 같은 극성 고체는 극성분자인 물에 쉽게 용해되지만, 기름, 그리스 또는 다른 비극성 용매에는 쉽게 용해되지 않는다. 극성인 물은 소금을 쉽게 용해한다. 왜냐하면 전하를 띤 극성 물 분자는 이온을 잡아당겨 결정구조로부터 떼어 놓기 때문이다. 이와 같이 이온화합물은 물에 용해된다.

물에 대한 이온화합물의 용해도는 각각 다르다. 이 차이는 "줄다리기"하는 다른 두 힘에 의해 설명된다. 하나의 힘은 결정표면의 이온과 물 분자 사이의 인력으로 이온−극성분자력(ion−polar molecule force)이라고 한다. 고체 염화나트륨과 물이 혼합되었을 때, 물 분자의 음극(산소 말단)은 결정상의 양의 나트륨 이온으로 향한다. 마찬가지로 물 분자의 양극(수소 말단)은 음의 염소 이온을 향한다. 이온에 대한 물 분자의 인력을 **수화(hydration)**라고 한다. 수화가 고체 내 이온 사이의 인력보다 큰 경우에는 고체로부터 떨어져 나가고, 용해가 발생한다(그림 8.5). 염화나트륨의 경우만을 고려하면 반응식은 다음과 같다.

$$Na^{+}Cl^{-}(s) \rightarrow Na^{+}(aq) + Cl^{-}(aq)$$

이 반응식은 이온이 고체로부터 분리되어 이온의 용액이 된다는 것을 나타낸다. 다른 화합물에서는 고체 내 이온 사이의 인력이 수화에너지보다 클 수도 있다. 이 경우에 고체의 이온이 "줄다리기"에서 이기는데 이온 고체는 불용성이다.

가용성 화합물의 포화는 결국은 많은 물 분자를 점유하고 있는 수화의 측면에서 설명된다. 이용가능한 물 분자가 적을수록 이온고체와 물 분자의 인력은 작아, 더 많은 용질 이온이 고체표면으로 다시 끌려오게 된다. 평형 조건에 이를 때까지 "줄다리기"가 앞뒤로 계속된다.

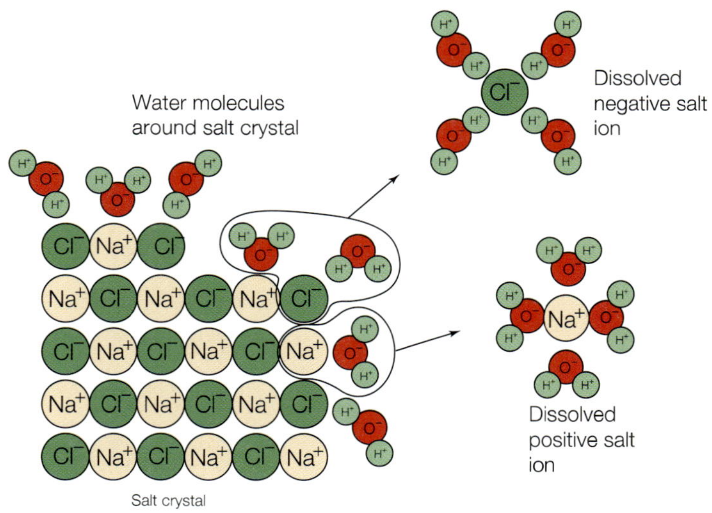

그림 8.5 이온고체는 표면에 물 분자의 수가 다른 고체 이온의 수보다 많기 때문에 물에 용해한다. 극성 물 분자와 대전한 이온 사이의 인력으로 물 분자는 결정으로부터 이온을 멀리 끌어낼 수 있으므로 소금결정이 물에 용해된다.

용해도(solubility)

기체와 액체는 어떤 비율로도 용해가 가능하지만, 고체는 액체에 녹을 수 있는 어느 정도의 한계가 있다. 우리는 뜨거운 차 한 잔에 몇 티스푼의 설탕이 용해하는 것으로 알고있으나, 아이스티 한 잔에서는 용해도의 한계에 빠르게 도달한다. 설탕이 용해할 수 있는 한계는 녹차의 온도에 따라 달라 보인다. 한계에 도달한 후에 더 많은 설탕이 차가운 녹차에 추가되더라도 용해되지 않는다. 그리고 고체설탕의 과립은 유리잔의 하단에 축적하기 시작한다. 이 한계에서 설탕과 차 용액은 포화(saturated)되었다고 한다. 용액이 포화되었을 경우에도 설탕을 용액에 계속 넣으면 용해는 실제로 멈추지 않는다. 그러나 용해된 설탕은 설탕이 용해되는 것과 동일한 속도로 용해되지 않는 상태로 돌아온다. 설탕이 녹자마자 다시 석출되는 즉 전체적으로 평형이 이루어진 상태를 **포화용액**(saturated solution)이라고 한다. 포화용액은 용해되는 용질과 용액으로부터 석출되는 용질 사이에 존재하는 평형상태의 하나이다. 실제로는 포화용액에서의 용해와 석출을 볼 수는 없는데, 이는 분자 또는 이온크기의 입자로 일어나는 현상이기 때문이다.

모든 화합물이 설탕처럼 용해하지 않으며, 화합물마다 특정 온도에서 포화가 되는 양은 각각 다르다. 일반적으로 화합물을 용해할 수 있는 난이도를 **용해도**(solubility)라 한다. 보다 구체적으로, 용질의 용해도는 특정온도에서 포화용액에 도달할 수 있는 농도로 정의된다. 용해도는 나트륨염과 칼륨염을 예로 그림 8.6에 표시한 바와 같이 온도에 따라 다르다. 이러한 용해도 곡선은 특정 온도에서 포화 평형에 도달하는 데 필요한 용질의 양을 설명한다. 일반적으로 대부분의 이온고체의 용해도는 온도와 함께 증가하지만, 예외가 있다. 또한, 일부 염(salt)은 물에 녹을 때 열을 방출하며, 다른 염은 녹을 때 열을 흡수한다. 응급 처치에 사용되는 "일회용 콜드팩"은 질산암모늄(NH_4NO_3) 자루를 포함한 물 주머니이다. 질산암모늄 자루가 찢어지면 화합물이 용해되어 열을 흡수한다.

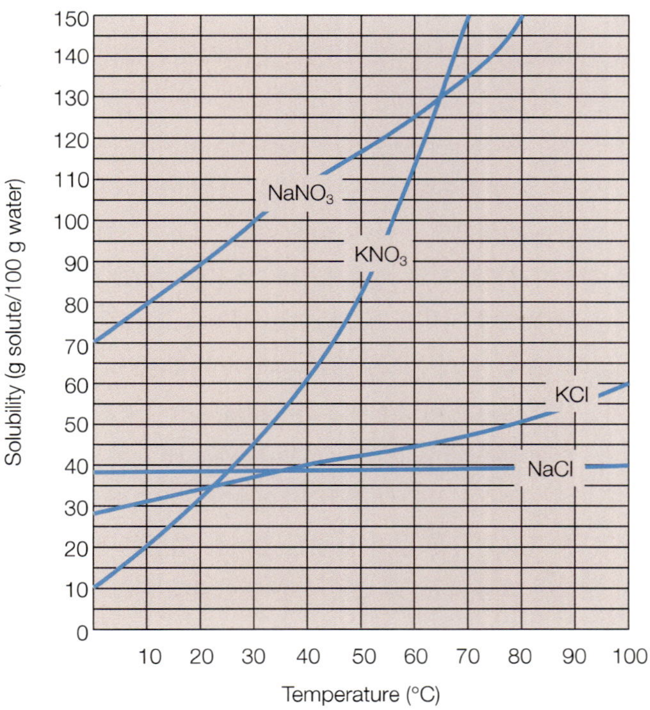

그림 8.6 질산나트륨, 질산칼륨, 염화칼륨과 염화나트륨에 대한 대략적인 용해도 곡선

물의 온도가 증가하면 보통 소금이나 설탕 같은 고체는 더 많이 용해된다. 그러나 기체는 일반적으로 온도가 증가하면 물에 덜 용해되는 정반대 현상이 일어난다. 물 한 잔의 온도가 올라가면 용존 공기가 용액 밖으로 배출되면서 작은 거품이 유리잔의 측면에 포집된다. 냄비에 담긴 물을 끓일 때 나타나는 최초의 거품은 용액에서 떨어져 나온 용존 공기의 거품이다. 끓

인 물맛이 "김 빠진(flat)" 이유이다. 용해된 공기는 가열하면 제거된다. 끓는 물을 두 유리잔에 번갈아 따르면 물의 "정상적인(normal)" 맛을 복원할 수 있다. 이 과정에서 물은 더 많은 공기를 용해하고, 일반적인 맛으로 복원된다.

압력의 변화는 액체에 대한 고체의 용해도에는 아무런 영향이 없으나, 기체의 용해도에는 큰 영향을 미친다. 탄산음료의 병이나 캔을 열었을 때 거품이나 쉬익 음이 발생한다. 이것은 음료의 압력이 감소하여 용존 이산화탄소가 용액 밖으로 나오기 때문이다. 일반적으로 기체의 용해도는 온도증가에 따라 감소하며, 압력과 함께 증가한다. 보통 이러한 현상에 예외는 없다.

8.3 수용액의 성질 (Properties of Water Solutions)

순수 용매는 독특한 물리적, 화학적 성질을 가지고 있으며, 그것은 용질의 첨가에 의해 변한다. 더 흥미로운 변화 중 일부는 다음과 같다.

전해질(electrolytes)

이온 물질의 수용액은 전류를 전도하기 때문에 **전해질**(electrolyte)이라 한다. 전해질은 이온을 포함한 용액으로, 이온은 용액에서 자유롭게 이동하여 전하를 운반한다. 순수한 물은 아주 약간만 이온화가 되는 공유결합 화합물이므로 전류를 전도하지 않는다. 설탕, 술, 그리고 대부분의 다른 공유결합 화합물의 수용액은 부도체이므로 비전해질이다. 비전해질은 공유결합 화합물로 분자용액을 형성하기 때문에 전류를 전도하지 않는다.

일부 공유결합 화합물은 순수 용액일 때는 비전해질이나, 물에 용해하면 전해질로 변한다. 예를 들어, 염화수소(HCl)는 전류를 전도하지 않으므로 분자 물질로 추정할 수 있다. 염화수소가 물에 녹으면 전류를 전도하므로 이온이 포함되어 있음에 틀림없다. 결국, 염화수소는 물에 의해 이온화된다. 분자로부터 이온이 형성되는 과정을 **이온화**(ionization)라고 한다. 염화수소는 물과 같은 극성 분자를 가지고 있다. HCl 분자에서 양의 수소 원자는 물 분자의 음의 산소를 끌어당기며, 이 때의 인력은 H−Cl 결합을 끊어 대전된 입자를 형성할 정도로 충분히 강하다(그림 8.7). 그 반응식은 다음과 같다.

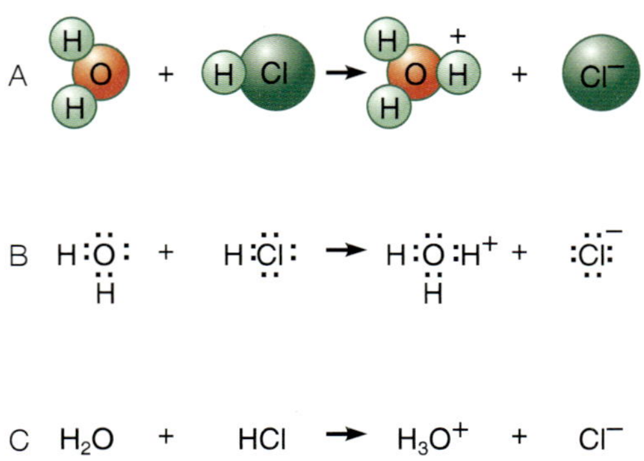

그림 8.7 물과 염화수소의 이온결합을 나타내는 세 가지 표현. (A) 반응에 관여한 분자의 모습, (B) 반응의 전자점 방정식, (C) 반응의 화학반응식. 이러한 표현들은 수소가 염소 원자에서 탈리되어 하이드로늄 이온(H_3O^+)을 형성함을 보여준다.

$$H_2O\,(l) + HCl\,(l) \rightarrow H_3O^+(aq) + Cl^-(aq)$$

여기서 H_3O^+ 이온은 **하이드로늄 이온**(hydronium ion) 이라고 한다. 하이드로늄 이온은 기본적으로 수소 이온이 부착된 물 분자이다. 하이드로늄 이온이 존재하면 용액은 새로운 화학적 성질을 갖는다. 용액은 더 이상 염화수소가 아니며, 염산(hydrochloric acid)이다. 염산 및 기타 산은 곧 논의된다.

끓는점(boiling point, 비등점)

끓음(boiling)은 액체로부터 탈출하려는 증기압(vapor pressure)이 액체에 미치는 대기압과 같을 때 발생한다. **기준 끓는점**(normal boiling point)은 증기압과 해수면에서의 평균 대기압이 같은 때의 온도로 정의된다. 순수한 물의 끓는점은 100℃이다. 끓음은 순수하게 물리적 과정이라는 것을 기억하는 것이 중요하다. 물 분자의 결합은 끓는 동안에 파괴되지 않는다.

같은 온도에서 용액의 증기압은 순수한 용매의 증기압보다 작다. 액체분자는 액체 표면에서만 공기 중으로 탈출할 수 있기 때문에 용질 분자가 존재하면 표면에서 탈출할 수 있는 용매 분자수가 적어진다는 것을 의미한다. 따라서 용액의 증기압은 순수한 용매의 증기압보다 작다(그림 8.8).

용액의 증기압은 순수한 용매의 증기압보다 작기 때문에 용액은 보다 높은 온도에서 끓는다. 증기압을 대기압만큼 증가시키기 위해서는 높은 온도가 필요하다. 어떤 요리는 끓기 전에 물 냄비에 소금 한 스푼을 추가하기도 한다. 이것은 끓는점을 높여 음식을 더 빨리 요리하기 위한 것이다. 소금 한 스푼이 얼마나 끓는 온도를 증가시킬 것인가? 그 답변은 용질의 농도 및 용액의 끓는점의 관계에서 발견된다.

용액 표면에 용질 입자의 개수(이온 또는 분자)가 많을수록 끓는점은 증가한다. 몰(mole)은 아보가드로수라고 하는 입자의 숫자로 정의되는 측정단위이다. 표면에서의 입자의 수는 용액에서의 입자의 비율에 비례하므로 용질의 농도는 끓는점의 증가에 직접 영향을 미칠 것이다. 바꿔 말하면, 어떤 묽은 용액의 끓는점은 용질의 농도에 비례하여 증가한다. 물의 끓는점은 물 1,000 g 속에 녹아있는 용질의 몰 당 0.521℃ 증가한다. 따라서 어떤 수용액은 순수한 물보다 높은 온도에서 끓을 것이다.

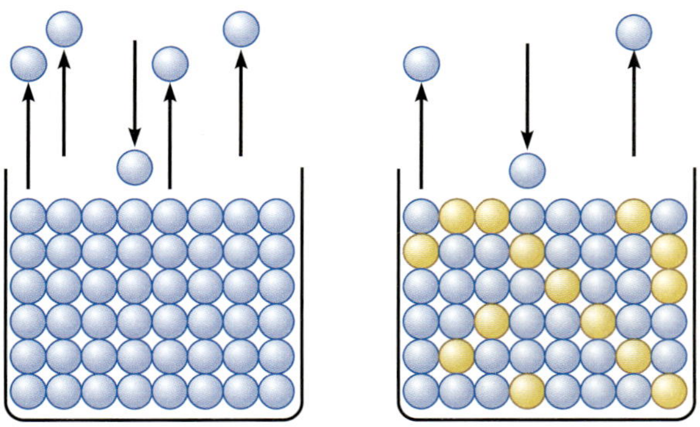

그림 8.8 증발속도, 즉 증기압은 순수한 상태의 용매에 비해 용액의 경우가 낮은 증기압을 나타낸다. 용질의 농도가 크면 클수록 증기압은 더욱 낮아진다.

물에 녹는 물질이 어떤 것이냐는 상관없다. 물 1,000 g 속의 용질 1몰은 끓는점을 0.521℃ 높인다. 1몰은 아보가드로수의 입자에 해당하며, 어떠한 용질의 1몰은 같은 정도로 증기압을 낮출 것이다. 예를 들어 자당(sucrose) 또는 설탕의 화학식은 $C_{12}H_{22}O_{11}$이며, 그램화학식량은 342 g이다. 따라서 물 1,000 g (1리터) 속의 설탕 342 g은 끓는점을 0.521℃ 증가시킨다. 따라서 설탕 용액의 끓는점을 측정한다면, 용액에서 설탕의 농도를 결정할 수 있다. 예를 들어,

100.261℃ (해수면 기압일 때)에서 끓는 팬케이크 시럽은 물 1,000 g에 설탕 171 g이 녹아있다. 이것은 100℃에서 0.261℃ 증가한 것으로 0.521℃의 절반이라는 것을 알 수 있다. 만일 끓는점이 100℃에 대해 0.521℃ 증가한다면, 시럽은 물 1 kg에 최대 그램화학식량인 342g이 녹을 것이다.

특정 물 시료에서 용질 입자의 개수가 많을수록 끓는점을 상승시키는데 용해된 공유결합 화합물과 이온결합 화합물에서 상이한 효과가 관찰되었다(그림 8.9). 설탕은 공유결합 화합물이며, 용질은 물 분자 사이를 이동하는 설탕 분자이다. 반면에, 염화나트륨은 이온결합 화합물이며 용해되면서 이온이 분리된다.

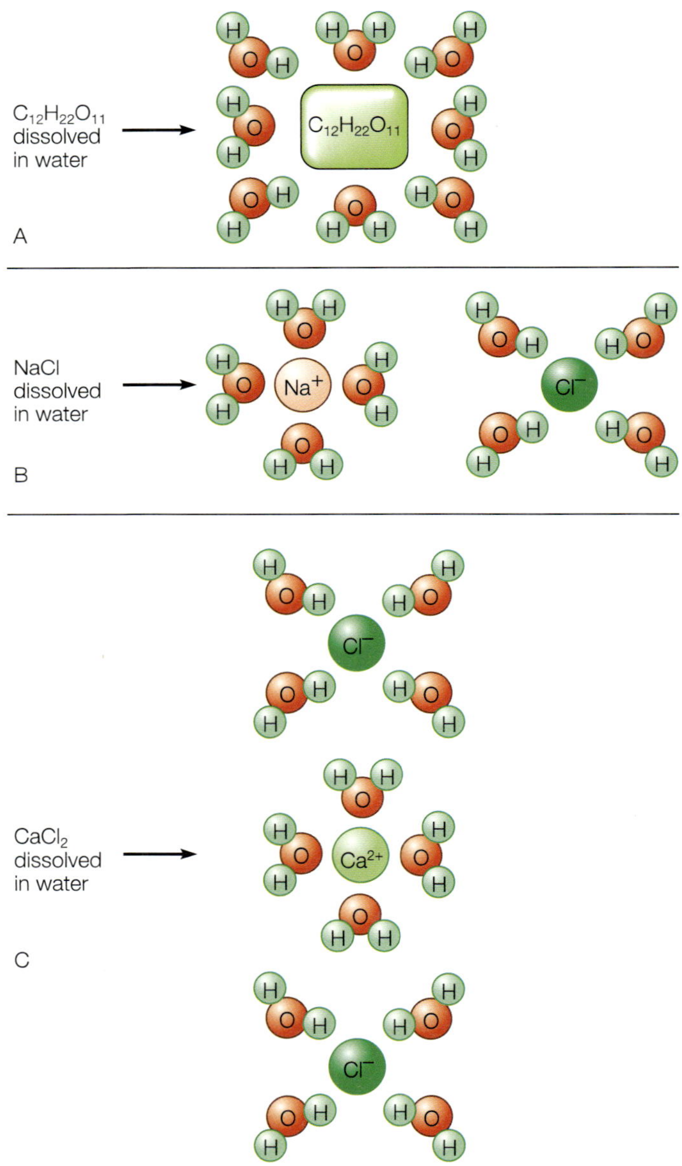

그림 8.9 이온 화합물은 이온의 분리에 의해 분해하기 때문에 이온들은 분자 화합물보다 용액에 더 많은 입자를 제공한다. (A) 설탕 1몰은 아보가드로수의 입자를 제공한다. (B) NaCl은 두 배의 아보가드로수의 입자를 제공한다. (C) $CaCl_2$는 세 배의 아보가드로수의 입자를 제공한다.

$$Na^+Cl^-(s) \rightarrow Na^+(aq) + Cl^-(aq)$$

이 반응식에서 1몰의 NaCl은 1몰의 나트륨 이온과 1몰의 염소 이온, 즉 총 2몰의 용질로 분리되는 것을 알 수 있다. 따라서 1몰의 NaCl (58.5 g)로부터 만든 용액의 끓는점 상승은 2를 곱하여, 2×0.521℃ = 1.04℃가 된다. 물 1,000 g에 NaCl의 58.5 g을 첨가하여 만든 용액의 끓는점은 평균해수면 기압에서 101.04℃가 된다.

이제 다시 소금 한 스푼이 물 냄비의 끓는점을 얼마나 증가시킬 것인가 하는 질문으로 돌아간다. 냄비가 물 약 1리터를 포함하고, 소금 한 스푼의 질량이 0.2 g이라고 가정하면, 끓는점은 약 0.0037℃로 증가할 것이다. 요리사가 소금 한 스푼을 끓는 물의 냄비에 추가하는 이유는 끓는점 상승 이외의 다른 이유가 있을 것이다. 아마도 소금이 조미료?

어는점(freezing point, 빙점)

분자의 운동에너지가 충분히 감소하면 분자가 결합하여 고체의 결정 구조를 형성하는데, 이때 결빙(freezing)이 일어난다. 즉 온도를 낮추면 분자의 운동에너지가 감소하는데 순수한 액체의 특유의 어는점을 알 수 있다. 예를 들어, 순수한 물의 **기준 어는점(normal freezing point)**은 정상 압력(normal pressure) 하에서 0℃이다. 용액 속에 용질 입자가 존재하면 육면체의 육방구조를 형성하려는 물 분자를 방해한다. 용질 입자의 운동에너지가 감소하거나 온도가 어는점 이하로 내려갈 때 비로소 물 분자는 용질입자를 적절히 통과할 수 있다. 따라서 용질 입자의 존재는 어는점을 낮추고, 용액은 순수 용매보다 낮은 온도에서 얼게 된다.

용액의 어는점 강하는 해수와 같은 용액에서 흥미롭게 나타난다. 바닷물의 물 분자는 소금 입자 주변에서 앞에서 설명한 것과 같은 방법으로 언다. 따라서 용질 입자는 보통 얼음의 육방구조에 포함되지 않는다. 바닷물에서 형성된 얼음은 사실상 순수한 물이다. 얼음이 형성될 때 용질은 제외되므로, 해수의 결빙으로 바다의 염분은 증가한다. 증가된 염분은 증가된 농도를 의미하므로 해수의 어는점은 보다 더 강하되며 낮은 온도에서만 얼음을 형성한다. 이와 같이 얼음이 추가적으로 형성될수록 순수한 물이 더 많이 제거되고 이 과정이 반복된다. 따라서 해수는 고정된 어는점을 갖지 않으며, 점점 더 많은 얼음이 얼수록 더 낮은 어는점을 갖게 된다.

용질에 의한 어는점 강하는 한랭 기후에서 흥미롭게 나타난다. 예를 들면, 얼음의 어는점(=녹는점)을 낮추기 위하여 빙판 길에 염(salt)이 뿌려진다. 이와 같은 목적으로 염화칼슘($CaCl_2$)은 자주 사용된다. 자동차 라디에이터에 부동액이라 불리는 용질을 넣지 않으면 라디에이터의 물은 추운 기후에서 동결된다. 메틸알코올은 물에 잘 용해하며, 냉각 시스템을 손상시키지 않으므로 부동액으로 사용된다. 그러나 메틸알코올은 끓는점이 낮아 끓어 날아가 버린다. 에틸렌글라이콜은 높은 끓는점을 갖고 있어 "영구" 부동액이라 한다. 또한 다른 용질처럼 에틸렌글라이콜은 끓는점을 상승시켜 여름 운전에도 적합하다.

8.4 산, 염기, 염(Acids, Bases, and Salts)

산, 염기, 그리고 염으로 알려진 전해질은 환경의 질, 음식, 일상생활에서 분명히 존재한다. 환경의 질(environmental quality)은 물의 경도, 토양의 산도, 그리고 산성비를 포함한다. 경도는 특정 염분의 존재에 의해 결정되며, 토양의 산도는 식물이 어떻게 잘 자라는가를 결정하고, 산성비는 산업 및 자동차의 부산물이다. 대기오염과 수질오염은 종종 산, 염기와 염의 화학개념과 관련되어 있다.

산과 염기의 성질(properties of acids and bases)

산 및 염기는 특유의 성질을 가진 화합물의 분류이다. 특유의 성질로 물질이 산인가 염기인가를 확인할 수 있다(표 8.2와 표 8.3). 다음은 물에 녹아있는 산의 성질이다.

1. 산은 감귤류 과일의 맛과 같은 신맛을 가지고 있다.
2. 산은 특정 물질의 색상을 변화시킨다. 예를 들어, 산성에서 파란색 리트머스는 적색으로 변한다(그림 8.10A).
3. 산은 마그네슘이나 아연과 같은 활성 금속과 반응하여 수소 기체를 방출한다.
4. 산은 염기를 중화하여 물과 염을 생성한다.

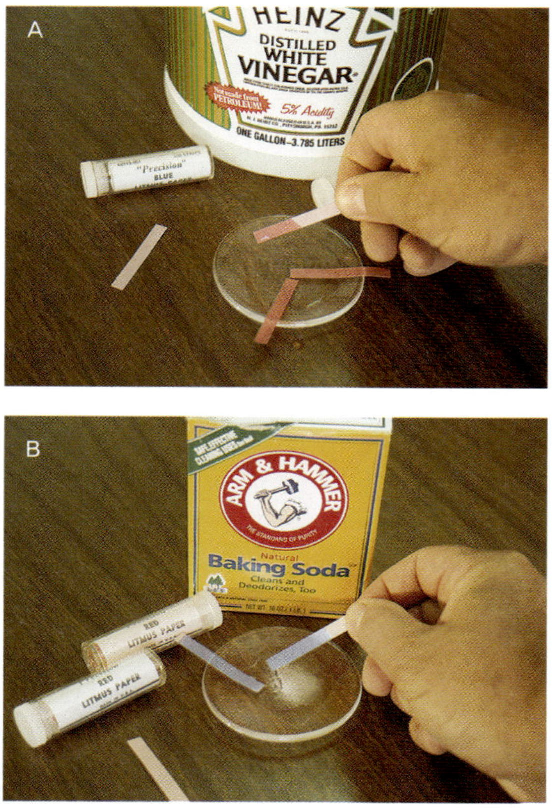

그림 8.10 (A) 산용액은 청색 리트머스를 적색으로 변화시킨다. (B) 염기용액은 적색 리트머스를 푸른색으로 변화시킨다.

마찬가지로, 염기는 자신의 특유한 성질을 갖고 있다. 염기는 알칼리성 물질(alkaline substance)이라 불리며, 다음은 물에 녹아있는 염기의 성질이다.

1. 예를 들면 염기는 쓴 맛, 예로 카페인의 맛이다.
2. 염기는 산에 의해 발생되었던 색상을 반대로 변화시킨다. 적색 리트머스는 염기 용액에서 다시 파란색으로 변한다(그림 8.10B).
3. 염기 용액은 미끄러운 느낌이다. 염기는 식물과 동물 조직에 부식성 작용(caustic action)을 하여 조직을 가용성 물질로 변환한다. 예를 들어, 강염기는 지방과 반응하여 비누와 글리세린을 만든다. 이것은 피부에서 미끄러운 느낌을 설명한다.
4. 염기는 산을 중화하여 물과 염을 생성한다.

물질이 신맛이나 쓴맛이 있는지 알아보려고 산과 염기를 맛보는 것은 위험한데, 일부는 부식성이 있기 때문이다. 대부분의 유기산은 부식성이 없으며 식품에서 자연적으로 발생한다. 예를 들어, 감귤류의 과일은 구연산(citric

CONCEPTS APPLIED 양배추 지시약

산 및 염기가 어떤 식물성 염료의 색상을 어떻게 변화시키는가를 보려면, 적색 양배추에게 색상을 부여하는 염료를 고려하라. 적색 양배추의 여러 잎을 잘게 자르고 물 냄비에 잎을 넣고 끓여서 염료를 추출한다. 자주색 용액이 되면 냄비속의 양배추에서 주스를 짜서 그 용액을 냉각시킨다. 식초를 조금씩 추가하면서 색상이 변할 때까지 계속하여 용액을 흔들어 섞는다. 색상이 다시 원래 데로 변할 때까지 암모니아를 조금씩 추가하면서 흔들어 섞는다. 소량의 식초를 추가하면 색상은 다시 거꾸로 변화시킨다. 이 자주색의 양배추 산염기 지시약이 어떤 물질이 산인지 염기인지를 알려줄 수 있을까?

acid)을 포함하며, 식초는 초산(acetic acid) 용액이며, 신 우유는 젖산(lactic acid)을 포함한다. 일부 곤충(꿀벌, 말벌, 그리고 개미)이나 일부 식물(가시를 가진 쐐기풀)에 물리거나 찔렸을 때 유기산 즉, 개미산(formic acid)이 주입되기 때문에 통증이 있다. 사람의 위는 염산을 포함한다. 상대적으로 위 속의 염산은 탄산음료의 탄산(H_2CO_3)보다 열 배 이상 강하다.

염기의 예로는 수산화나트륨(NaOH)과 수산화칼륨(KOH)의 용액이 있다. 수산화나트륨은 일반적으로 잿물이나 가성(caustic)소다로 알려져 있으며, 수산화칼륨은 가성칼륨으로 알려져 있다. 이 두 염기는 배수구 세제로 알려진 제품으로 사용된다. 이들은 기름, 머리카락, 기타 유기물 덩어리로 막힌 배수구를 부식(caustic)작용에 의해 비누성분이나 수용성 물질로 변화시켜 뚫어버린다. 암모니아 용액(NH_3)은 약염기로 종종 가정용 세제로 사용된다. 수산화마그네슘[$Mg(OH)_2$]의 용액은 마그네시아의 우유라는 일반 명칭을 가지고 있으며, 제산제와 완하제(緩下劑, laxative)로 판매된다.

많은 천연물질은 산 및 염기와 혼합했을 때 색깔이 변화한다. 녹차는 레몬주스(구연산을 포함하는)가 첨가되는 경우에 밝은 색깔로 변한다. 일부 식물은 산성 토양에서 한 가지 색깔의 꽃을 피우는데, 염기성 토양에서 재배하면 다른 색깔의 꽃을 피운다. 산이나 염기에 따라 색깔이 변하는 식물성 염료는 산염기 지시약으로 사용될 수 있다. 지시약(indicator)은 단순히 색상의 변화로 산성 용액과 염기성 용액을 구별하는 데 사용되는 식물성 염료이다. 예를 들어, 리트머스는 특정 지의류(lichen)에서 추출된 염료로부터 만들어진 산염기 지시약이다. 염료는 산성 용액에서 빨간색으로 변하며, 염기 용액에서는 푸른색으로 변하는 종이 띠로 응용된다.

산과 염기의 특성(explaining acid-base properties)

표 8.2와 표 8.3의 목록을 비교하면, 산과 염기는 화학적으로 반대인 것으로 볼 수 있다. 표 8.2에서는 산은 모두 그들의 화학식에 H 또는 수소 원자를 가진다는 것을 주목하라.
표 8.3에서 대부분의 염기는 그들의 화학식에 수산화 이온(hydroxide ion) 즉 OH^-을 가지고 있다. 이것이 산과 염기를 이해하는 열쇠가 될 수 있을까?

산의 현대적인 개념은 하이드로늄 이온 즉, H_3O^+의 관점에서 산의 성질을 고려한다. 이전에 언급된 바와 같이 하이드로늄 이온은 H^+ 이온이 첨부된 물 분자이다. 수소이온은 단일 전자가 없는 수소 원자이므로 하나의 양성자로 이루어진 이온으로 간주한다. 따라서 H^+ 이온을 양성자(proton)라고 한다. 산(acid)은 물에 녹아있는 경우에 양성자 공여체(proton donor)이며, 하이드로늄 이온의 농도를 증가시키는 어떠한 물질로 정의한다.

표 8.2 몇가지 일반적인 산

이름	화학식	용도
Acetic acid	CH_3COOH	식초에서 발견된 약산
Boric acid	H_3BO_3	점안약으로 사용된 약산
Carbonic acid	H_2CO_3	탄산음료로 사용된 약산
Formic acid	$HCOOH$	어떤 식물이나 곤충의 상처를 만듦
Hydrochloric acid	HCl	수영장, 산도조절제, 얼룩 제거제로 사용된 염산
Lactic acid	$CH_3CHOHCOOH$	신 우유, 소금에 절인 양배추, 채소절임에서 발견되며, 요구르트에 시큼한 맛을 줌
Nitric acid	HNO_3	강한 산
Phosphoric acid	H_3PO_4	세정 용액으로 사용되며, 시큼함을 위해 탄산음료에 추가됨
Sulfuric acid	H_2SO_4	oil of vitriol이라 불리며, 수영장에 또는 배터리 산으로 사용됨

표 8.3 몇가지 일반적인 염기

이름	화학식	용도
Sodium hydroxide	$NaOH$	잿물 또는 가성소다라고 하며, 오븐 세제나 배수관 세제로 사용되는 강염기
Potassium hydroxide	KOH	가성 칼륨이라고도 하며, 배수관 세제로 사용되는 강염기
Ammonia	NH_3	가정의 세정용액으로 사용되는 약염기
Calcium hydroxide	$Ca(OH)_2$	소석회라고 하며, 벽돌 모르타르를 만들기 위하여 사용됨
Magnesium hydroxide	$Mg(OH)_2$	용액은 마그네슘유제라고 불리며, 제산제와 완화제로 사용됨

예를 들어 물에 용해된 염화수소는 다음과 같은 반응을 한다.

$$HCl(aq) + H_2O(l) \longrightarrow H_3O^+(aq) + Cl^-(aq)$$

점선 원과 화살표는 염화수소가 물 분자에 양성자를 제공하는 것을 표시하기 위함이다. 그 결과 용액은 H_3O^+를 포함하고 산의 성질을 가지므로 용액을 염산이라고 한다. 이 H_3O^+이온은 산의 성질에 주된 원인이다.

표 8.3의 모든 염기는 수산화 이온인 OH^-을 가진 것으로 나열되어 있다. 이들 염기의 수용액은 OH^- 이온을 포함하지만, 염기의 정의는 훨씬 더 광범위한 것이다. 염기(base)는 물에 녹아있는 경우에 양성자 수용체(proton acceptor)이며, 수산화 이온의 농도를 증가시키는 어떠한 물질로 정의한다. 예를 들면, 물에 용해된 암모니아는 다음과 같이 반응한다.

$$NH_3(g) + H_2O(l) \longrightarrow (NH_4)^+ + OH^-$$

점선 원과 화살표는 암모니아 분자가 물 분자로부터 양성자를 수용하고 수산화 이온(OH^-)을 제공하는 것을 표시하기 위함이다. 그 결과 용액은 수산화 이온을 포함하고 염기의 성질을 가지므로 수산화암모늄의 용액은 염기이다.

탄산나트륨(Na_2CO_3)과 같은 탄산염은 염기성 용액을 형성한다. 왜냐하면 탄산염이 물과 반응하여 수산화 이온을 생성하기 때문이다.

$$(CO_3)^{2-}(aq) + H_2O\,(l) \rightarrow (HCO_3)^-(aq) + OH^-(aq)$$

이와 같이 탄산나트륨은 염기성 용액을 생성한다.

산은 하이드로늄 이온의 단순한 수용액으로 생각되며, 염기는 수산화 이온의 수용액으로 간주될 수 있다. 양성자 공여체와 양성자 수용체에 의한 정의는 훨씬 광범위하여 하이드로늄 이온 및 수산화 화합물로서 산 및 염기의 정의를 포함한다. 보다 폭넓고 일반적인 정의는 광범위하고 다양한 반응을 포함하므로 더 유용하다.

산과 염기를 함께 혼합하였을 때 산과 염기가 **중화되어**(neutralized) 그 성질을 상실한 이유를 산과 염기의 현대적인 개념으로 설명한다. 예를 들어, 염산 용액에서 생성된 하이드로늄 이온과 암모니아 용액에서 생성된 수산화 이온을 고려해 본다. 이들 용액이 함께 혼합되면 하이드로늄 이온과 수산화 이온이 반응한다.

$$H_3O^+(aq) + OH^-(aq) \rightarrow H_2O\,(l) + H_2O\,(l)$$

따라서 하이드로늄 이온 즉, 양성자는 수산화 이온(염기)에 의해서 수용된다. 이 때 물이 생성되며 산성과 염기성은 중화되어 모두 사라진다.

강과 약의 산과 염기(strong and weak acid and bases)

산 및 염기는 물에서 그들의 이온화도에 따라 분류가 가능하다. 강산(strong acid)은 물에서 완전히 이온화되며, 모든 분자가 이온으로 분리된다. 예를 들어, 질산은 다음 반응식으로 완전히 반응한다.

$$HNO_3(aq) + H_2O(l) \rightarrow H_2O^+(aq) + (NO_3)^-(aq)$$

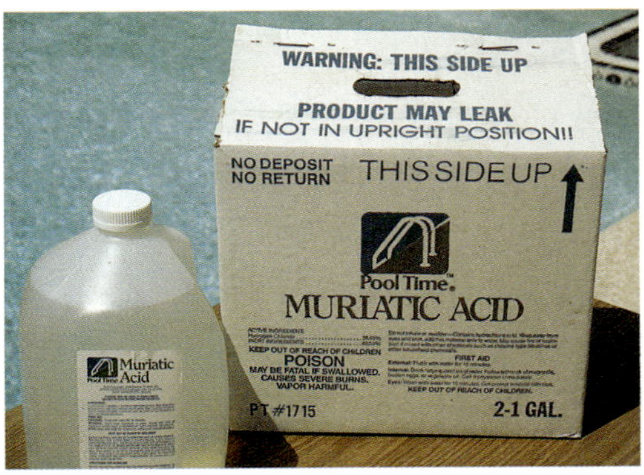

그림 8.11 염산(HCl)은 muriatic acid라는 일반명을 가진다. 염산은 강한 산성으로 수영장, 산도조절제, 얼룩제거제로 사용된다.

질산, 염산(그림 8.11), 황산은 일반적인 강산이다.

부분적으로 이온화되는 산은 적은 양의 하이드로늄 이온을 생성하기 때문에 약산(weak acid)이라 한다. 예를 들어, 식초는 다음 반응에서 물과 반응하여 아세트산을 생성한다.

$$HC_2H_3O_2 + H_2O \rightarrow H_3O^+ + (C_2H_3O_2)^-$$

아세트산 분자는 농도에 따라 단지 약 1% 또는 그 보다 적게 이온화한다.

염기는 강염기 또는 약염기로 분류된다. 강염기(strong base)는 용액에서 완전히 이온화한다. 수산화나트륨 또는 잿물(가성소다)은 가장 일반적인 강염기의 예이다. 그것은 물

CONCEPTS APPLIED 산 또는 염기

산성이나 염기성의 특징을 가진다고 추측되는 몇 가지 가정용품을 선택한다(예: 수족관의 pH 증가제). 별도의 종이에 제품에 적힌 성분을 작성하고, 여러분이 그 수용액이 산성인지 염기성인지 예측한 것과 같은지 확인해 보자. 여러분이 예측한 것을 말해보자. 리트머스 시험지법으로 확인한 사항을 설명하라.

H_3O^+ Concentration (moles/liters)	pH	Meaning
1×10^{-0} (=1)	0	Increasing acidity ↑
1×10^{-1}	1	
1×10^{-2}	2	
1×10^{-3}	3	
1×10^{-4}	4	
1×10^{-5}	5	
1×10^{-6}	6	
1×10^{-7}	7	Neutral
1×10^{-8}	8	Increasing basicity ↓
1×10^{-9}	9	
1×10^{-10}	10	
1×10^{-11}	11	
1×10^{-12}	12	
1×10^{-13}	13	
1×10^{-14}	14	

그림 8.12 pH 범위

에 용해하여 나트륨 이온과 수산화 이온을 생성한다.

$$Na^+OH^-(s) \rightarrow Na^+(aq) + OH^-(aq)$$

약염기(weak base)는 부분적으로 이온화한다. 암모니아, 수산화마그네슘 및 수산화칼슘은 약염기의 예이다. 수산화마그네슘과 수산화칼슘은 약간만 물에 용해하기 때문에 용액중의 수산화물의 농도가 낮다.

pH 척도(pH scale)

산성이나 염기의 세기는 일반적으로 **pH 척도(pH scale)**로 나타내는데, 일정 범위를 갖는 값으로 표현된다. pH 척도는 산성 또는 염기성 용액에서의 하이드로늄 이온 농도(mol/L)에 의한다. pH 척도가 하이드로늄 이온 농도로 산과 염기의 세기를 어떻게 표현하는가를 이해할 필요가 있다. 첫째 순수한 물은 다음 반응에서 매우 약간만 이온화한다.

$$H_2O\,(l) + H_2O\,(l) \rightarrow H_3O^+(aq)\ OH^-(aq)$$

물의 자체 이온화 양은 여러 번의 측정을 통해 결정되었다. 온도 25℃에서 순수한 물 또는 중성 수용액의 H_3O^+의 농도는 1×10^{-7} mol/L이며, OH^-의 농도도 1×10^{-7} mol/L이다. 두 이온은 동일한 숫자로 생성되므로 H_3O^+의 농도와 OH^-의 농도는 같다. 그러므로 순수한 물은 산성이나 염기성이 아니며 중성이다.

일반적으로 순수한 물에 산성 물질을 첨가하면 H_3O^+의 농도가 증가하며, 순수한 물에 염기물질을 첨가하면 OH^-의 농도가 증가한다. 또한 염기를 첨가하면 H_3O^+의 농도가 감소하는데, 첨가된 OH^-는 하이드로늄 이온과 결합하여 비이온화 물을 생성하기 때문이다. 따라서 주어진 온도에서 OH^- 농도의 증가는 H_3O^+ 농도의 감소와 일치한다. 하이드로늄 이온의 농도는 산성, 중성 및 기본 염기성 용액을 측정하는 척도로 사용될 수 있다. 일반적으로 (1) 산성용액은 H_3O^+의 농도가 1×10^{-7} mol/L 보다 크다. (2) 중성용액은 H_3O^+의 농도가 1×10^{-7} mol/L이다. 그리고 (3) 염기성용액은 H_3O^+의 농도가 1×10^{-7} mol/L 보다 적다. 이 세 문장은 직접적으로 pH 척도로 연결되어 있다. pH 척도는 프랑스어인 "pouvoir hydrogene"로 명명되었으며, "hydrogen power"를 의미한다. 파워(power)는 하이드로늄 이온 농도의 지수로 나타내며, pH는 H_3O^+의 농도를 십승법(power of ten)으로 표현한다.

표 8.4 몇몇 물질의 대략적인 pH

물질	pH
염산(4%)	0
위산	1.6 − 1.8
레몬 쥬스	2.2 − 2.4
식초	2.4 − 3.4
청량 음료	2.0 − 4.0
감귤류	3.0 − 3.2
오렌지	3.2 − 3.6
산성비	4.0 − 5.5
토마토	4.2 − 4.4
감자	5.7 − 5.8
비	5.6 − 6.2
우유	6.3 − 6.7
순수한 물	7.0
해수	7.0 − 8.3
피	7.4
탄산나트륨 용액	8.4
제산제	10.5
암모니아 세척액	11.9
수산화나트륨 용액	13.0

그림 8.13 이들 물질의 산의 세기는 왼쪽에서 오른쪽으로 작아지고 pH는 증가한다. 레몬주스가 식초보다 더 산성인 것을 아는가? 청량 음료는 오렌지 주스나 자몽 주스보다 더 산성이다.

중성용액은 pH 7.0이다. 산성용액은 pH 7의 아래의 값을 나타내며, pH의 작은 숫자는 보다 큰 산성을 의미한다. OH^-의 농도 증가는 H_3O^+의 농도의 감소를 나타낸다. 따라서 염기의 강도는 7보다 큰 값으로 동일한 척도로 나타낸다. pH의 척도는 로그함수로 나타내므로 pH 2는 pH 3과 비교하여 산성이 10배이다. 마찬가지로, pH 10의 염기는 pH 8과 비교하여 염기성이 100배이다. 그림 8.12는 pH의 범위를 나타내는 도표이며, 표 8.4는 몇 가지 일반적인 물질의 pH를 비교한 것이다(그림 8.13).

염의 특성(properties of salts)

염(salt)은 산과 염기 사이의 중화 반응에 의해 생성된다. 염은 수산화 이온과 산화물 이온을 제외한 모든 이온 화합물로 정의한다. 염인 $CaCl_2$는 이온 화합물의 예로 HCl(산 용액)과 $Ca(OH)_2$(염기 용액)의 중화반응에 의해 생성된 염이다. 이 반응은 다음과 같다.

$$2HCl\,(aq) + Ca(OH)_2(aq) \rightarrow CaCl_2(aq) + 2H_2O\,(l)$$

이것은 물 분자를 형성하는 이온교환 반응이며, 용액에서 Ca^{2+}와 Cl^-를 남긴다. 이러한 이온은 물이 증발되면서 용액 농도가 증가하므로 이온결정 구조를 형성한다. 물이 모두 증발되면, $CaCl_2$의 백색 결정질 염이 남는다.

수산화칼륨 대신에 수산화나트륨이 염기로 사용되면 다른 염이 생성된다.

$$HCl\,(aq) + NaOH\,(aq) \rightarrow NaCl\,(aq) + H_2O\,(l)$$

A Closer Look

산성비(Acid Rain)

산성비(acid rain)는 대기에서 낙하하는 습식이나 건식의 모든 산성물질을 일컫는다. 습식 산성강하물은 비의 형태로, 눈, 진눈깨비, 그리고 안개도 포함된다. 건성 산성강하물은 기체, 먼지, 또는 고체 입자를 포함하며, 산성 조건의 대기중에서 침강한다.

순수하고 오염되지 않는 비는 자연적으로 산성이다. 대기의 이산화탄소가 강우에 의해 흡수되면 탄산(H_2CO_3)을 형성한다. 탄산은 순수한 강우량의 pH를 5.6－6.2의 범위로 낮춘다. 식물이 사라지면 지역규모에서는 CO_2가 많아지므로 산도도 낮아진다. 예를 들면, 아마존 정글처럼 멀리 떨어진 지역에서도 pH가 4.5－5.0으로 측정되었다. 사람들이 배출하는 황산화물과 질소산화물에 의해 강우의 pH가 4.0－5.5까지 낮아질 수 있다. 이는 산성비의 pH 범위이다.

산성비를 야기하는 황산화물과 질소산화물은 석탄을 태우는 산업과 전기 시설에 의한 배출물질 그리고, 자동차, 트럭 및 버스의 배기가스로부터 발생한다(박스그림 8.1). 이 배출물질은 때때로 SOx(socks)와 NOx(knox)라고 불린다. 여기서 첨자 x는 산화물의 다양한 형태를 나타내는 변수이다. 예를 들어, NOx는 일산화질소(NO), 이산화질소(NO_2), 사산화이질소(N_2O_4)를 나타낸다.

박스그림 8.1 자연 빗물은 pH 5.6－6.2로, 황산화물과 질소산화물의 배기물질에 의해 강우의 pH가 4.0－5.5의 범위로 낮아진다. 배기물질은 산업, 전기이용과 자동차로부터 발생한다. 사진처럼 모든 배출물질이 눈에 보이는 것은 아니다.

SOx와 NOx는 산성비의 원인 물질이지 그 자체가 산성은 아니다. 그들은 다른 대기 화학물질과 반응하여 황산염과 질산염을 형성하는데, 수증기와 결합하여 황산(H_2SO_4)과 질산(HNO_3)을 생성한다. 이들은 산성비와 관련된 화학물질이다.

대기 중에서 SOx와 NOx가 얼마나 많이 그리고 얼마나 멀리 운반되는가에 많은 변수들이 영향을 미치며, 이들 산화물은 산성비로 변환되거나 단순히 건조 가스나 입자로 지표면에 돌아오기도 한다. 1960년대와 1970년대의 관심사는 약 60 m의 짧은 굴뚝이나 약 200 m의 높은 굴뚝에서 야기되는 지역규모의 오염에 대한 것이었다. 높은 굴뚝은 배기가스를 바람에 의하여 보다 높이 대기 중에 배출하여 지역규모의 오염을 감소할 수 있었다. SOx와 NOx의 확산범위를 넓히긴 했어도 결국은 산으로 변한다.

SOx와 NOx가 산으로 변환되는 반응 경로는 두 가지이다. 하나는 기체상태에서의 반응이고, 다른 하나는 구름과 안개의 물방울과 같은 액체상태에서의 반응이다. 기상반응에서 SOx와 NOx는 주로 수산화 이온과 오존에 의해 산으로 산화되며, 산은 구름 방울에 흡수되어 비나 눈으로 내린다. 산성비중의 대부분의 질산과 약 1/4의 황산이 기체상 반응으로 형성된다. 황산을 생성하는 대부분의 액체상 반응은 흡수된 SOx와 과산화수소(H_2O_2), 오존, 산소, 그리고 탄소입자, 산화철 및 망간산화물 입자를 포함한다. 또한 이러한 입자는 화석연료 연소의 배기가스에서 발생한다.

산성비는 땅, 물줄기, 숲, 농작물, 건물, 사람들 위로 내려 호수, 숲, 농작물, 물건 및 인간의 건강과 같은 환경에 얼마나 영향을 주는지 집중된다. 예를 들어, 지난 오십년 동안 세계적으로 각기 다른 지역의 호수의 산성도가 증가하였다. 미국 북동부의 Adirondacks은 캐나다의 일부를 이루는 호수로 pH 5.0 미만의 산도를 나타내며, 호수 산도와 수산자원감소 사이의 상관관계가 규명되었다. 대부분의 침엽수 나무들은 미국의 북동부에서 비정상적으로 빠른 속도로 죽어가고 있다. 버몬트의 녹색 산맥, 뉴욕과 뉴햄프셔 산의 적색 가문비나무는 산성비의 영향을 받아서 뉴저지의 소나무 불모지(Pine Barrens)의 소나무와 같이 되어 가고 있다. 산성비는 토양으로부터 칼슘과 같은 필수영양소를 침출시키며, 알루미늄을 용해시켜 이온으로 만든다. 알루미늄 이온은 소나무 뿌리털의 물 평형을 방해하여 뿌리털은 죽게 되고 나무도 고사한다.

인간이 화석연료를 사용하여 배출한 황산화물과 질소산화물은 산성비의 원인이다. 고도로 산업화된 미국 북동부는 황 및 질소의 배출로 pH가 4.0−4.5를 나타내고 있다. 이 지역은 국가의 산성비 문제의 지리적 중심지이다. 문제의 해결책은 (1) 화석연료 이외의 다른 연료를 사용하든지 (2) 화석연료를 사용하는 경우에는 매일 대기중에 버려지는 수천 톤의 SOx와 NOx를 감축하는 것이다.

또한 원소끼리 직접 결합하거나 산이 금속과 반응하거나 기타 다른 반응에 의해 염이 생성된다. 염은 전해질이나 보통 미네랄이라고 하는 특정 원소의 공급원으로서 모두 식이에 필수적이다. 식물은 수용성 염으로부터 원소를 공급받는다. 칼륨, 질산염, 그리고 인산염은 종종 필요한 원소를 제공하는 데 사용된다. 식물이 천연 자원인 퇴비나 화학비료로부터 이들 원소를 얻으려고 한다는 과학적 증거는 없다. 결국, 질산 이온은 질산 이온이지 공급원이 무엇이든 상관없다. 표 8.5에 몇 가지 일반적인 염과 그 용도를 나열한다.

표 8.5 몇가지 염(salt)과 용도

일반명	화학식	용도
명반	$KAl(SO_4)_2$	약, 통조림 제조, 베이킹 파우더
베이킹 소다	$NaHCO_3$	소화기, 제산제, 탈취제, 베이킹 파우더
표백분(염소 정제)	$CaOCl_2$	표백, 탈취제, 수영장의 소독제
붕사	$Na_2B_4O_7$	경수 연화제
백악(chalk)	$CaCO_3$	제산제, 정련 파우더
칠레초석	$NaNO_3$	비료
염화코발트	$CoCl_2$	습도계(습윤 날씨에서 분홍, 건조 날씨에서 푸른색)
엡섬솔트	$MgSO_4 \cdot 7H_2O$	완화제
형석	CaF_2	금속의 제련과정에서 사용
석고	$CaSO_4 \cdot 2H_2O$	소석고, 토양 개량제
질산은(lunar caustic)	$AgNO_3$	살균제, 화상처치
초석(niter)	KNO_3	육제품 보존제, 흑색화약(75% KNO_3, 15% C, 10% S)
탄산칼륨(potash)	K_2CO_3	비누와 유리를 제조
로셸염	$KNaC_4H_4O_6$	베이킹 파우더 재료
TSP	Na_3PO_4	경수 연화제, 비료

경수와 연수(hard and soft water)

염은 물에서의 용해도가 다양하다(부록A 용해도표). 표 8.6은 다양한 일반적인 염에 관한 내용으로, 염의 일부는 물에 용해되어 결국 가정으로 급수된다. 염이 수용성 칼슘이나 마그네슘 화합물일 때는 물은 칼슘 이온이나 마그네슘 이온을 포함한다. Ca^{2+} 이온이나

표 8.6 염(salt)의 용해도

염	용해도	예외
Sodium, Potassium Ammonium	용해성	None
Nitrate, Acetate, Chlorate	용해성	None
Chlorides	용해성	Ag, Hg(II) 염은 불용성
Sulfates	용해성	Ba, Sr, Pb 염은 불용성
Carbonates, Phosphates, Silicates	불용성	Na, K, NH_4 염은 용해성
Sulfides	불용성	Na, K, NH_4 염은 용해성, Mg, Ca, Sr, Ba 염은 분해

Mg^{2+} 이온의 용액은 물에서 비누 거품을 만들기 어렵기 때문에 경수(hard water)라고 한다. 반면에 연수(soft water)는 비누 거품을 쉽게 만든다. 비누는 수용성 나트륨 화합물 또는 칼륨 화합물이기 때문에 사용시 어려움이 발생한다. 칼슘 이온이나 마그네슘 이온은 비누 화합물 중의 나트륨 이온 또는 칼륨 이온과 대체되어 불용성 화합물을 형성한다. 이것은 "욕조 오염물 테(bathtub ring)"를 형성하고, 세탁의류 위에 쌓여 세탁을 방해한다.

경수를 "연수화"(softening)"하는 열쇠는 성가신 칼슘 이온과 마그네슘 이온을 제거하는 것이다. 경도는 탄산수소칼슘(calcium bicarbonate) 또는 탄산수소마그네슘에 의해 발생하며 가열하면 제거된다. 탄산수소화합물은 가열하면 용액의 이온과 결합하여 불용성 화합물을 만들면서 분해된다. 탄산수소칼슘의 분해반응은 다음과 같다.

$$Ca^{2+}(HCO_3)_2^-\ (aq) \rightarrow CaCO_3\ (s) + H_2O\ (l) + CO_2 \uparrow$$

탄산수소마그네슘의 경우도 이 반응과 동일하다. 부록A의 용해도표를 보면 탄산마그네슘과 탄산칼슘은 불용성이므로 용액에서 칼슘과 마그네슘 이온이 제거될 수 있음을 보여준다. 아마도 여러분이 탄산수소염이 문제되는 지역에 살고 있다면, 수도꼭지 주위에 형성된 흰색 화합물에 관심을 기울여야 한다. 이러한 침적자국을 제거하는 데 사용되는 제품은 일반적으로 산을 포함하는데, 탄산염과 반응하여 새로운 용해성 물질을 만들어 씻겨 나갈 수 있게 한다.

물의 경도는 황산마그네슘 또는 황산칼슘으로도 발생하며, 다른 제거 방법을 필요로 한다. 탄산나트륨(세탁용 소다), 인산 3나트륨(trisodium phosphate, TSP), 붕사(borax)와 같은 일부 화학물질은 성가신 이온과 반응하며, 용액으로부터 불용성 고체를 형성하여 이온을 제거한다. 예를 들어, 세탁용 소다와 황산칼슘은 다음과 같이 반응한다.

$$Na_2CO_3(aq) + CaSO_4(aq) \rightarrow Na_2SO_4(aq) + CaCO_3 \downarrow$$

탄산칼슘은 불용성이다. 따라서 칼슘 이온은 그들이 비누와 반응하기 전에 용액에서 제거된다. 많은 세탁용 세제에는 연수로 만들기 위하여 Na_2CO_3, TSP 또는 붕사($Na_2B_4O_7$)가 첨가되어 있다. 그러나 TSP는 폐수에 첨가된 인산염이 조류의 성장을 자극(적조현상)하는 비료로 작용하여 물속 생물체가 사멸되는 또 다른 문제를 일으킬 수 있다.

People Behind the Science

Johannes Nicolaus Brönsted (1879 – 1947)

요하네스 니콜라우스 브뢴스테드는 덴마크의 물리 화학자이다. 용액 화학, 특히 전해질에 대한 그의 연구 결과는 새로운 산 및 염기이론이 되었다.

브뢴스테드는 1879년 2월 22일에 바르데 유틀란트에서 토목공학자의 아들로 태어났다. 그는 화학공학을 공부하려고 1897년 코펜하겐 대학의 기술연구소에 가기 전에 지역학교에서 교육을 받았다. 그는 2년 후에 졸업을 하고, 화학으로 바꾸어 1902년에 자격을 취득하였다. 산업체에서 짧은 시간을 보낸 후, 그는 1905년 대학의 화학실험실의 조수로 임명되었으며, 1908년에 물리 및 무기화학의 교수가 되었다.

브뢴스테드의 초기 연구는 특히 전기화학의 분야, 수소이온농도의 측정, 양쪽성 전해질, 그리고 지시약의 작용과 같은 광범위한 것이었다. 그는 전위 없이 수소이온농도를 측정하는 방법을 발견하였는데, 전해질의 활동도와 삼투압 계수에 관련된 방정식을 고안하였으며. 활동도계수를 반응속도와 연결하였다. 그는 크롬(III) 염의 흡수스펙트럼으로부터 강전해질은 완전히 해리될 수 있는 것으로 결론을 내렸다. 또한 분자 전도도 및 농도변화에 따른 어는점의 변화는 용액 중 이온 사이의 전기력에 의하여 야기된다고 결론을 내렸다.

1887년 아레니우스(Arrhenius)는 원자 수준에서의 성질을 설명하는 산성의 이론을 제안했다. 그는 수용액에서 수소이온을 생성할 수 있는 화합물을 산이라고 정의하였으며, 수산화 이온을 생성할 수 있는 화합물을 알칼리라고 하였다. 강산은 완전히 이온화 즉 해리하여 많은 수소이온을 생성하는 반면에, 약산은 부분적으로 해리하여 약간의 수소이온을 생성한다. 전도성 측정은 용액이 너무 농축되지 않는 한 그의 이론이 사실임을 확인해준다.

1923년 브뢴스테드는 영국의 토머스 로리(Thomas Lowry)와 동시에 산성의 새로운 이론을 발표하였다. 브뢴스테드의 이론은 아레니우스의 이론보다 확실히 중요한 장점을 가지고 있다. 브뢴스테드는 산을 양성자 공여체, 염기를 양성자 수용체로 정의하였다. 이 정의는 물을 제외한 모든 용매에 적용된다. 또한 이 정의는 용액에서 순수한 산의 다른 작용을 설명한다. 순수한 황산 또는 아세트산은 지시약의 색을 변화시키지 않으며, 탄산염이나 금속과 반응하지 않는다. 하지만 물이 첨가되면 바로 이들 반응은 모두 발생한다.

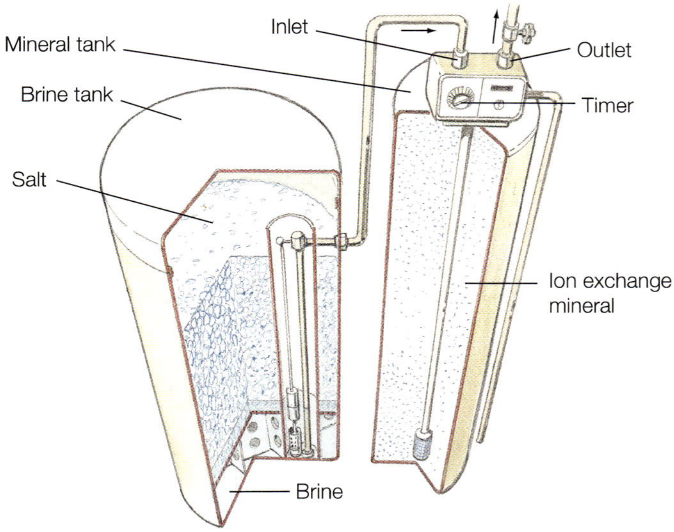

그림 8.14 물 연화장치는 경수중의 칼슘과 마그네슘 이온을 나트륨 이온으로 교환한다. 물은 연성이지만 이전과 동일한 수의 이온을 포함한다.

물의 연화제 장치는 이온교환기(그림 8.14)이다. 이 장치는 무기물이 들어 있어 물이 장치를 통과할 때 나트륨 이온은 칼슘과 마그네슘 이온으로 교환된다. 연화제(softener)는 주기적으로 농축 염화나트륨 용액(염수, brine)으로 세정하여 재생한다. 연화제의 나트륨 이온은 경수의 칼슘과 마그네슘 이온으로 대체되며 헹굼 물에 씻겨 내려간다. 연화장치는 다시 사용을 위한 준비 상태가 된다. 재생주기의 빈도는 물의 경도에 의존하며, 재생주기 당 염화나트륨 2 – 10 kg을 소모할 수 있다. 일반적으로 칼슘 이온과 마그네슘 이온이 75 ppm 미만의 경우에는 연수라고 하며, 75 ppm 이상의 농도를 경수라고 한다.

요약

물 분자는 두 수소 원자와 한 개의 산소 원자로 구성되어 있으며, 사면체구조 배열의 결합 및 전자쌍을 가지고 있다. 전자는 산소 주위에서 더 많은 시간을 보내고, 양전하 중심과 음전하 중심을 가진 극성분자(polar molecule)를 생성한다. 극성 물 분자는 상호 작용하며, 이러한 인력을 수소결합(hydrogen bond)이라고 한다. 수소결합은 얼음의 감소된 밀도와 물의 높은 융해열, 높은 증발열(기화열)을 설명한다. 수소결합은 또한 용해 과정(dissolving process)에도 참여한다.

용액(solution)은 두 개 이상의 물질의 이온이나 분자의 균일한 혼합물이다. 다량으로 존재하는 물질이 용매(solvent)이며, 용질(solute)은 용매에 녹아있다. 그러나 만일 구성성분 중의 하나가 액체이면, 그것은 용매라고 한다.

어떤 비율로 혼합된 유체를 혼합유체(miscible fluid)라고 한다. 비혼합 유체는 혼합하지 않는다. 극성 물질은 극성 용매에는 용해하지만, 비극성 용매에는 녹지 않는다. 그리고 일반적인 규칙은 "같은 종류는 같은 종류를 용해한다(like dissolves like)."라는 것이다. 따라서 기름과 비극성 물질은 극성물질인 물과 혼합할 수 없다.

용액의 포화는 액체에 대한 고체의 용해도 한계이다. 포화용액(saturated solution)은 용질의 용해와 석출이 평형상태이다. 고체의 용해도(solubility)는 특정 온도에서의 포화용액의 농도이다.

전류를 운반하는 수용액을 전해질(electrolyte)이라고 한다. 그리고 부도체(nonconductors)는 비전해질이라고 한다. 일반적으로 이온물질은 전해질 용액을 만들고, 분자물질은 비전해질 물질을 만든다. 극성분자 물질은 극성 물 분자에 의해 이온화되는데 물 분자는 분자물질로 이루어진 전해질이다.

용액의 끓는점(boiling point)은 순수한 용매의 끓는점보다 높으며, 그리고 끓는점 증가는 용질의(일정한 압력에서) 농도에 의존한다. 물의 끓는점은 물 1 kg 속의 각 용질 1몰에 대하여 0.521℃ 증가한다. 용액의 어는점(freezing point)은 순수한 용매의 어는점보다 높으며, 그리고 어는점 강하 또한 용질의 농도에 의존한다.

산, 염기, 그리고 염은 물속에서 이온용액을 생성하는 화학물질이며, 각각은 간단한 성질로 확인할 수 있다. 이러한 성질은 각각의 현대적인 개념으로 설명한다. 산(acid)은 수용액에서 하이드로늄 이온(hydronium ion, H_3O^+)을 생성하는 양성자 공여체(proton donor)이다. 염기(base)는 수용액에서 수산화 이온(hydroxide ion, OH^-)을 생성하는 양성자 수용체(proton acceptor)이다.

산성이나 염기의 강도는 일반적으로 pH 척도(pH scale)로 측정되며, 이것은 하이드로늄 이온의 농도를 십진법을 이용하여 나타낸다. 0에서 7미만까지의 범위는 산성이며, 7은 중성이고, 7초과부터 14까지가 염기이다. 각 단위 수는 산성 또는 염기성에 대하여 10배의 증가를 나타낸다.

염(salt)은 어떤 수산화 이온과 산화물이온을 제외한 이온화합물이다. 염은 식물과 동물에게 필수원소를 제공한다. 염의 용해도는 이온에 따라 다양하며 화합물을 구성한다. 마그네슘 또는 칼슘 용액은 비누거품을 형성하기 어려운 경수(hard water)를 형성한다. 경수는 마그네슘과 칼슘 이온을 제거하여 연수화한다.

개념 적용

1. 다음 중에서 용액이 아닌 것은 어느 것인가?
   a. 해수
   b. 탄산수
   c. 모래
   d. 황동
2. 대기 중의 공기는 대부분이 질소인 균일혼합물의 기체이다. 그러므로 질소는 무엇인가?
   a. 용매
   b. 용액
   c. 용질
   d. 위의 것은 어느 것도 옳지 않다.
3. 물의 밀도가 가장 큰 온도는?
   a. 100℃
   b. 20℃
   c. 4℃
   d. 0℃

4. 고체 소금은 물에 용해되지 않는다. 가장 강한 힘은 무엇인가?
   a. 이온－물 분자의 힘
   b. 이온－이온의 힘
   c. 수화의 힘
   d. 극성분자의 힘
5. 영하의 해수에서 형성된 얼음은 무엇인가?
   a. 순수
   b. 액체 해수의 동일한 염분
   c. 액체 해수보다 더 많은 염분
   d. 액체 해수보다 더 많은 밀도.
6. 다음 중에서 어느 것의 pH가 7보다 작은 값을 나타내는가?
   a. 암모니아 용액
   b. 염화나트륨 용액
   c. 순수
   d. 탄산
7. 다음 중에서 어느 것의 pH가 7보다 큰 값을 나타내는가?
   a. 암모니아 용액
   b. 염화나트륨 용액
   c. 순수
   d. 탄산
8. 물질 A는 pH가 2이고, 물질 B는 pH가 3이다. 이것이 의미하는 것은 무엇인가?
   a. 물질 A는 물질 B보다도 더 많은 염기성을 나타낸다.
   b. 물질 B는 물질 A보다도 더 많은 산성을 나타낸다.
   c. 물질 A는 물질 B보다도 10배의 산성을 나타낸다.
   d. 물질 B는 물질 A보다도 10배의 산성을 나타낸다.
9. 물의 온도가 감소함에 따라 물속에서 이산화탄소 기체의 용해도는 어떻게 변화하는가?
   a. 증가한다.
   b. 감소한다.
   c. 동일한 상태로 된다.
   d. 특정온도에 의존하여 증가하거나 감소한다.
10. 경수는 어떠한 용액인가?
   a. Na^+ 와 Cl^- 이온
   b. Na^+ 와 K^+ 이온
   c. Ca^{2+} 와 Mg^{2+} 이온
   d. Ba^{2+} 와 Cl^- 이온
11. 물속에서 대부분의 이온 소금의 용해도는?
   a. 온도증가에 따라 증가한다.
   b. 온도증가에 따라 감소한다.
   c. 소금의 양에 의존한다.
   d. 교반과 함께 증가한다.
12. 물의 융해열, 비열, 증발열은 황화수소(H_2S)와 같은 유사한 물질과 비교하여 매우 높은 이유는 무엇인가?
   a. 물 분자에서 이온결합을 형성한다.
   b. 물 분자 사이에 수소결합을 형성한다.
   c. 물 분자 사이에 공유결합을 형성한다.
   d. 물 분자에서 공유결합을 형성한다.

답 : 1.c 2.a 3.c 4.b 5.a 6.d 7.a 8.c 9.a 10.c 11.a 12.b

생각을 위한 질문

1. 용액은 다른 혼합물과 어떻게 다른가?
2. 어떤 이온 화합물은 물에 불용성이지만 어떤 이온화합물이 물에 용해된다. 그 이유를 설명하라.
3. 물에 소금을 첨가하면 끓는점이 증가하는 이유를 설명하라.
4. 미네소타에 있는 깊은 호수는 얼음으로 덮여있다. 호수 바닥의 수온은 어떠한가? 당신의 추론을 설명하라.
5. 물이 0℃ 보다 4℃에서 더 큰 밀도를 가진 이유를 설명하라.
6. 경수는 무엇인가? 그것이 어떻게 연수로 변하는가?
7. 산과 염기의 정의에 따르면 순수한 물에 NaCl이 첨가되면 pH가 증가 또는 감소할 것인가 아니면 같은 상태로 유지될 것인가? 설명하라.
8. 수소결합은 무엇인가? 수소결합이 어떻게 형성되는 것인가를 설명하라.
9. 비누분자의 어떤 특성이 세탁능력을 주는 것인가?
10. 어떤 이온이 (a) 산성을 나타내며, (b) 염기성을 나타내는가?

심층 분석

1. 물이 보편적인 용매인 기본 이유를 분석하고, 물이 얼었을 때 밀도가 낮아지며, 높은 융해열, 높은 비열, 높은 증발열을 가지는 이유를 분석하라.
2. 물에 용해하는 염(salt)과 불용성의 염은 어떤 점이 유사하고 어떤 점이 차이가 있는가?
3. 물의 끓는점을 변화시키는 데 최소한 세 가지 방법이 있다. 100℃가 물의 끓는점이라는 것을 어떻게 알았는지 서술하라.
4. 산, 염기, 그리고 염과의 사이에 중요한 유사점과 차이점은 무엇인가?
5. 산의 pH는 7보다 낮고, 한편 염기의 pH는 7보다 큰 이유에 대하여 누군가에게 가르칠 수 있는 방법을 서술하라.
6. 화학반응식을 단어보다도 화학기호나 화학식으로 작성하는데 있어서 장점과 단점은 무엇인가?
7. 화학식의 각 네 가지 기본 범주에 대하여 각각의 몇 가지 예를 제시하고, 각 범주의 표현을 어떻게 설명할 것인지를 서술하라.
8. 당신이 경수를 연수로 만들 수 있는 최소한 네 가지 다른 방법을 서술하라.

탐구 초대

어느 것이 보다 빨리 얼겠는가?

수도꼭지에서 받은 신선한 냉수보다 끓인 열수가 보다 빨리 동결한다는 것은 사실인가? 뜨겁게 끓인 물과 신선한 냉수의 어는점을 조사하라. 당신의 실험설계의 모든 변수를 제어하라. 동급생의 것과 당신의 발견을 비교하라.

9 유기화학과 생화학

과학 수업에 많이 사용되는 공-막대기(ball-stick) 유기분자모형이다. 여러 가지 유기 화합물의 입체모형을 이해하는 데 도움을 준다.

고대 아리스토텔레스 학설의 운동, 원소, 그리고 물질에 대한 이해의 발달에 대한 영향은 앞 장에서 논의되었다. 역사가들은 생기론(vitalist theory)을 아리스토텔레스 시대까지 추적한다. 아리스토텔레스의 사상에 의하면 모든 생명체는 네 원소(흙, 공기, 불, 그리고 물)로 이루어져 있으며, 생물을 동일한 네 원소로 이루어진 무생물과 차이 나게 하는 생명 또는 영혼인 발동력(actuating force)을 추가로 가진다. 아리스토텔레스의 사물에 대한 체계에서는 동물뿐 아니라 식물도 이 발동력 또는 생기력을 가지는 것으로 간주되었다.

1800년대 초반까지 생기론의 강력한 지지자들이 있었다. 생명과 연관된 것으로 인지된 물질과 화학물인 유기물은 실험실에서 생산될 수 없다는 것이 기본적인 주장이었다. 그들은 유기물은 생명체에 의해서만 생산될 수 있으며, 그 이유는 생물이 실험실 화학물에는 존재하지 않는 생기력을 가지고 있기 때문이다. 1928년 독일 화학자인 Friedrich Wöhler가 유기물이 아닌 화학물질을 분해하여 소변에서 나타나는 유기물인 요소(N_2H_4CO)를 생산하였다. Wöhler의 유기물 생산은 다른 화학자들에 의하여 다른 유기물의 생산으로 이어졌다. 생기론은 새로운 반응에 의하여 점진적으로 소멸되었으며, 유기화학이라는 새로운 학문분야가 탄생하였다.

그림 9.1 텍사스 중에 있는 정유시설과 저장시설이 원유의 탄화수소를 다른 많은 석유제품으로 변화시키는데 필요하다. 탄화수소의 종류와 특성은 유기화학 연구의 한 주제를 형성한다.

이 장은 탄소를 포함하는 화합물과 화합물의 반응에 관계된 유기화학 분야의 소개이다. 만약 합성물질, 천연 식품과 가공식품, 또는 매일 사용하는 수천 종의 탄소 기반의 화학물질에 대하여 놀라움을 가진 적이 있었다면 매우 흥미롭고 유익한 서론으로 느낄 것이다. 조사는 탄화수소로 알려진 탄소와 수소만으로 이루어진 가장 간단한 유기물부터 시작한다. 탄화수소는 수백 종의 석유제품의 기원인 원유화합물이다(그림 9.1).

가장 흔한 유기화합물은 알코올, 에터, 지방산과 에스터 같은 탄화수소의 유도체이다. 이중 일부는 식품에 향기를 주는 유기물이며, 다른 것들은 얼굴 크림부터 마가린까지 수백 종의 상업제품을 제조하는데 사용된다. 유도체의 주된 그룹 또는 종류를 각 그룹의 흥미있는 예를 포함하여 간략하게 소개한다. 유기화학과 생화학 또는 생물화학이라고 불리는 생명체의 화학 사이에는 매우 깊은 연관이 있다. 생명의 유기화합물은 단백질, 탄수화물, 핵산, 그리고 지방을 포함한다. 유기화합물에는 무한한 다양성이 있기 때문에, 이 장은 두 부분으로 나뉜다. 제1부는 화합물의 특성, 그들이 속하는 주된 그룹, 그리고 각각의 예를 나타낸다. 제2부는 생명체에 대한 연구를 준비하기 위하여 생물학적으로 중요한 화합물의 주된 종류에 집중한다.

1부. 유기화합물의 성질 (The Nature of Organic Compounds)

9.1 유기화학 (Organic Chemistry)

유기화학(organic chemistry)은 탄소가 주된 원소인 화합물에 대한 연구로 정의되며, 화합물이 생명체에 의해서 생성되었는지는 관계가 없다. 주된 원소로 탄소를 포함하지 않은 화합물의 연구는 **무기화학**(inorganic chemistry)으로 불린다. 따라서 유기화합물은 탄소가 주된 원소이며, 무기화합물은 그 외의 화합물이다. 대부분의 알려진 화합물은 유기성이다. 수백만 종이 알려져 있으며 매년 수천 종이 새로 합성된다. 휘발유, 플라스틱, 곡물 알코올, 식품, 화장품 등 많은 유기화합물은 일상에 사용된다.

매우 다양한 화합물을 형성할 수 있게 하는 것이 탄소의 독특한 성질이다. 탄소 원자는 원자가가 4이며 1, 2, 3, 4개의 다른 탄소 원자 및 다른 원자들과 결합할 수 있다(그림 9.2). 가능한 분자 조합의 수는 거의 무한대이며, 이는 유기화합물이 매우 많음을 설명한다. 다행히도 유사한 화학적 특성을 가져다주는 탄소 원자 집단과 다른 원자 집단의 유형이 있어서 유기화학의 연구를 덜 어렵게 한다.

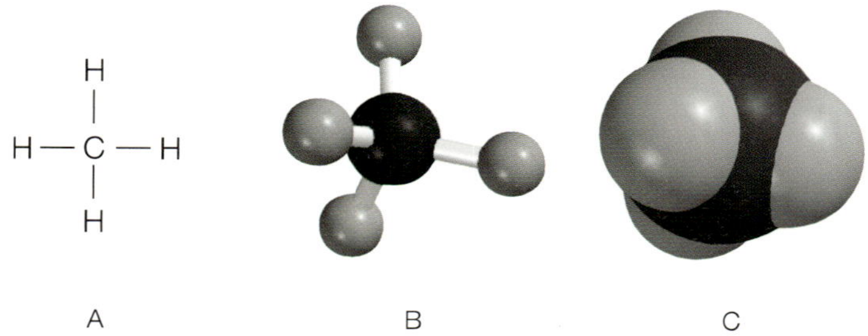

그림 9.2 메탄 분자의 모형. 탄소 원자의 결합 가능한 네 개의 전자는 각각 서로 멀리 떨어져 있다. 탄소는 이러한 부위를 다른 네 개의 분자와 공유할 수 있다. 간단히 하기 위하여, 기체상 메탄과 같은 분자의 도해는 (A) 비록 실제로는 공간을 차지하는 3차원 분자이지만 2차원 그림으로 나타낸다. 원자 번호가 높을수록 그 원소의 원자가 차지하는 공간은 크다(6장 참조). (B)에 나타낸 모형은 공과 막대기 모형이다. (C)는 공간채움 모형이다. 분자들을 나타내는 다양한 방법을 볼 때 그들이 실제적으로 얼마나 많은 공간을 차지하는지 상상해보시오.

9.2 탄화수소 (Hydrocarbons)

탄소와 수소 두 종류의 원소로만 이루어진 유기화합물을 **탄화수소**(hydrocarbons)라고 한다. 가장 간단한 탄화수소는 탄소 원자 1개와 4개의 수소 원자를 가지지만(그림 9.3), 탄소 원자가 서로 결합할 수 있기 때문에 가능한 구조와 배열은 수천 종이다. 탄소−탄소 결합은 단일, 이중, 또는 삼중 공유결합이다(그림 9.4). 구조식에서 대시(−)는 두 원자에 의해서 공유되는 전자쌍 하나이다. Octet(8개의 전자군) 규칙을 만족하기 위해서 탄소는 총 4개의 전자쌍을 가져야하며, 각각 다른 단 하나의 원자에 결합되어야 한다.

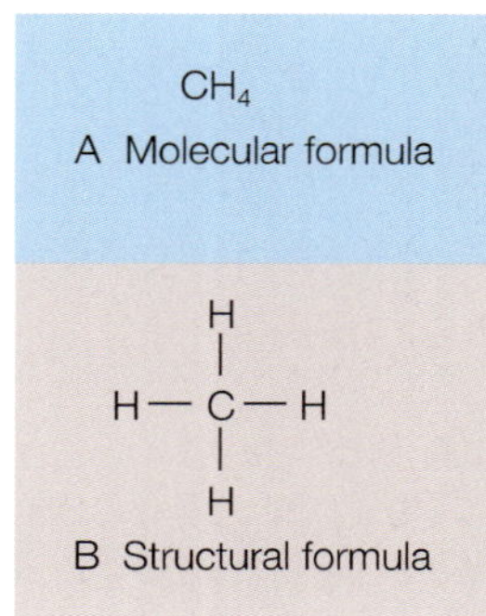

그림 9.3 분자식(A)는 분자 내의 다른 종류의 원자의 수를 나타내고, 구조식(B)는 원자가 서로 어떻게 결합되었는지를 2차원 모형으로 나타낸다. 각 선은 전자의 결합 짝을 나타낸다.

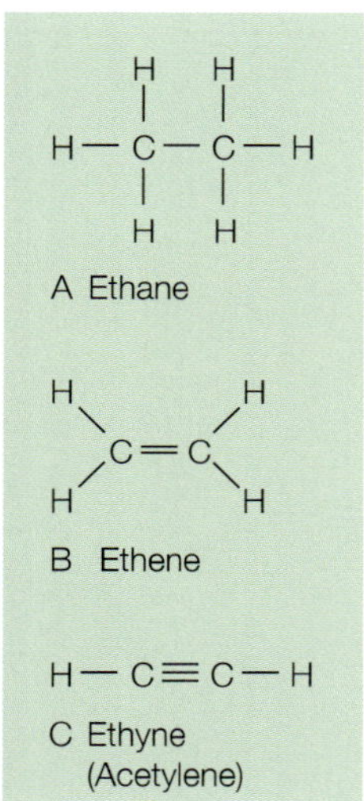

그림 9.4 탄소-탄소 결합은 단일(A), 이중(B), 또는 삼중(C)이다. 각 예에서 탄소 원자는 네 개의 선을 가지는데 각각은 옥테트 법칙을 만족시키는 네 쌍의 전자를 나타낸다.

이중 공유결합은 두 쌍의 전자가 두 원자에 의하여 공유될 때 형성되며, 삼중 공유결합은 세 쌍의 전자가 두 개의 원자에 의하여 공유될 때 형성된다. 탄소 원자가 이중 또는 삼중 결합을 가질 때는 수소 원자가 적게 부착된다. 단일 공유결합만을 가진 탄화수소의 한 종류는 직선, 가지상, 또는 고리구조를 가지는 매우 큰 사슬을 형성한다(그림 9.5).

파라핀족(paraffin series)에 속하는 분자들은 다른 탄화수소에 비하여 화학적으로 반응성이 크지 않다. 족(series)이라고 부르는 이유는 각각의 고분자량은 추가적인 CH_2를 가지기 때문이다. 가장 단순한 것은 메탄, CH_4이며, 다음 고분자량은 에탄, C_2H_6이다. 여기서 볼 수 있듯이 C_2H_6는 CH_2가 추가된 CH_4이다.

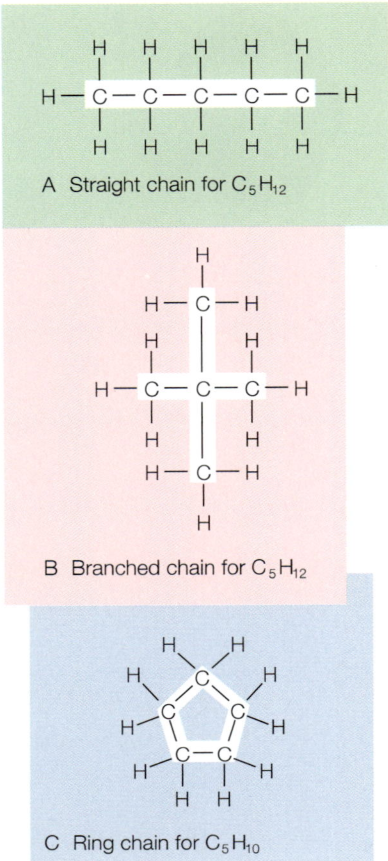

A Straight chain for C_5H_{12}

B Branched chain for C_5H_{12}

C Ring chain for C_5H_{10}

그림 9.5 탄소-탄소 사슬은 (A) 직선이거나, (B) 가지를 가지거나, (C) 폐쇄된 고리모양이다. (일부 탄소 결합은 길게 나타났지만 실제로는 같은 길이이다.

표 9.1 직선 사슬 탄화수소

명칭	분자식	구조식
Methane	CH_4	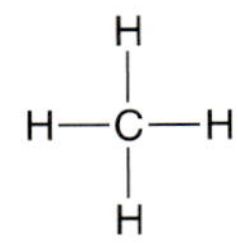
Ethane	C_2H_6	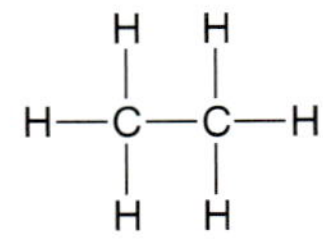
Propane	C_3H_8	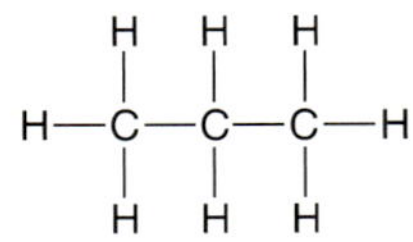
Butane	C_4H_{10}	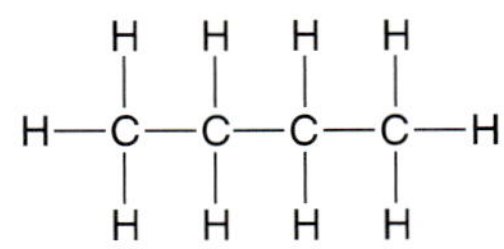
Octane	C_8H_{18}	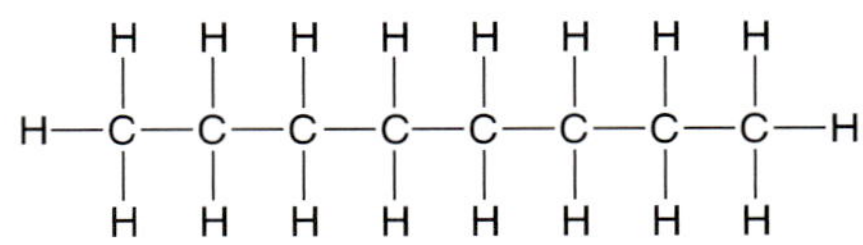

표 9.1에 열거된 화합물의 이름을 주목하시오. 이름들은 일관된 접두사와 접미사를 가지고 있다. 접두사와 접미사의 양식은 화합물에 대한 단서를 제공하는 기호이다. 그리스어 접두사는 분자의 탄소 수를 알려준다; 예를 들어 oct－는 8이며, 따라서 octane은 8개의 탄소 원자를 가진다. 접미사 －ane는 이 탄화수소가 이 족에 속한다는 것을 알려주며, 따라서 단일 결합만을 가진다. 일반 공식인 C_nH_{2n+2}로부터 이름을 들으면 화학식을 적을 수 있다. 옥탄은 단일결합을 가진 8개의 탄소 원자를 가진 $n=8$이다. $8\times2+2(2n+2)$는 18이고 따라서 옥탄의 화학식은 C_8H_{18}이다. 대부분의 유기화학물의 이름은 이와 같은 단서를 제공한다.

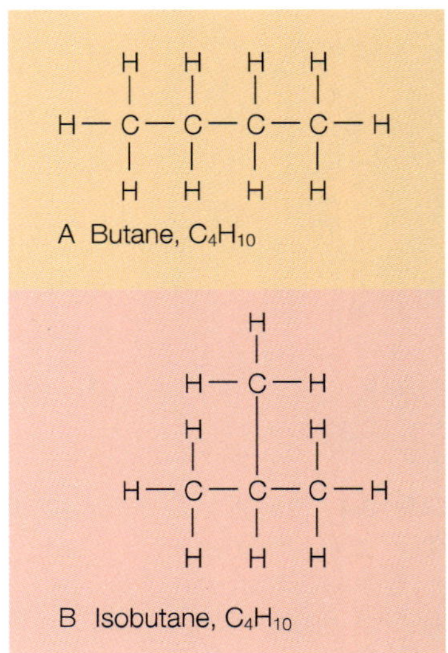

A Butane, C_4H_{10}

B Isobutane, C_4H_{10}

그림 9.6 (A) 직선 사슬 (B) 가지 친 사슬 이성질체

표 9.1에 열거된 화합물은 모두 직선 사슬을 가진다. 그림 9.6A는 직선 사슬의 부탄과 C_4H_{10}의 분자식을 보인다. 그림 9.6B는 동일한 C_4H_{10}의 분자식을 가진 다른 분지된 구조식을 보여준다. 구조는 다르지만 동일한 분자식을 가진 화합물을 **이성질체**(isomer)라고 한다. 분지된 이성질체(branched

People Behind the Science

Roy J. Plunkett (1910 – 1994)

Roy J. Plunkett은 1938년 우연히 폴리테트라플루오로에틸렌(Teflon)을 발명했을 때 뉴저지주에 있는 Kinetic Chemicals의 화학자였다. 그 당시 Plunkett은 실험실 일을 위하여 테트라플루오로에틸렌을 필요로 하였는데, 기밀구조의 병에 담겨있었다. 그는 병의 밸브가 얼어붙어있어서 열려고 하면 안에 있는 기체가 폭발할 수 있었다. 자신과 동료를 보호하기 위하여 그는 병을 밖으로 옮기고 보호판 뒤에 놓았다. 폭발 없이 병을 절단하여 연 다음, 그는 용기에 달라붙지 않은 흰 가루를 발견하였다. 분석한 결과 테트라플루오로에틸이 폴리테트라플루오로에틸렌으로 중합체를 형성한 것을 알았으며, 나중에 테플론으로 알려지게 되었다.

Plunkett은 오하이오주 뉴 칼라일에서 태어났으며, 뉴튼 고등학교, 맨체스터대학(1932 화학사), 오하이오주립대학교(1936 화학박사)를 수여하였다. 그는 프레온과 휘발유 첨가제인 테트라에틸 납의 생산에 관여한 수석 화학자였다. 그는 1973년 플라스틱 명예의 전당에 그리고 1985년 발명가 명예의 전당에 가입되었다.

isomer)는 아이소부탄이라고 한다. 부탄과 같이 특정한 화합물의 이성질체는 구조가 다르기 때문에 상이한 물리적 화학적 성질을 가진다.

메탄, 에탄, 그리고 프로판은 하나의 구조만 가질 수 있으며, 부탄은 두 개의 이성질체를 가진다. 탄소 원자의 수가 증가하면서 특정한 분자식이 가질 수 있은 이성질체의 수는 빠르게 증가한다. 부탄 다음의 헥산은 5개의 이성질체를, 옥탄은 18개의 이성질체를 가진다. 다른 구조를 가지고 있기 때문에 각각의 이성질체는 다른 물리적 성질을 가진다.

이중 또는 삼중 결합의 탄화수소(hydrocarbons with double or triple bonds)

다른 종류의 중요한 탄화수소는 이중 탄소－탄소 공유결합을 가지고 있다. 이 이중결합의 존재를 나타내기 위하여 접두사 －ane가 －ene로 변경되며, 예가 에텐(ethene)이다(표 9.2). 그림 9.4는 (A) 에탄, C_2H_6 (B) 에텐, C_2H_4이다. 이들은 이중결합으로 인하여 수소가 결합할 자리가 두 개 작으며, 따라서 일반식은 C_nH_{2n}이다. 이 중 가장 간단한 화합물은 에텐이지만 통상 에틸렌으로 알려져 있다.

에틸렌은 화학공업에서 중요한 원료이다. 석유처리과정에서 얻어지며, 상업적인 에틸렌의 절반 정도가 친밀한 폴리에틸렌 플라스틱 제조에 사용된다. 또한 식물에 의하여 과일을 익히기 위해 생산되며, 이는 익지 않은 과일을 플라스틱 봉지에 익은 과일과 함께 밀봉하면 빨리 익는 이유이다. 익은 과일에 의해서 생산되는 에틸렌은 익지 않은 과일에 작용한다. 상업적 과일 포장업자는 때로는 녹색일 때 채집한 과일을 빨리 익히기 위하여 소량의 에틸렌을 사용한다.

표 9.2 이중, 삼중결합의 탄화수소

명칭	분자구조	일반적인 분자식
Ethane	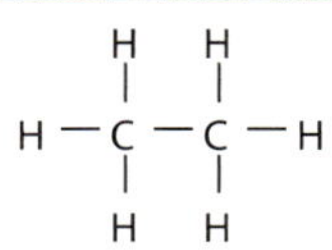	C_nH_{2n+2}
Ethene	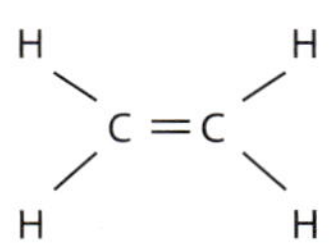	C_nH_{2n}
Ethylene	H − C ≡ C − H	C_nH_{2n-2}

식용유나 마가린에서 포화 또는 불포화라는 광고를 들어보았을 것이다. 최대한의 수소 원자를 포함하고 있지 않은 탄화수소와 같은 유기분자는 **불포화**(unsaturated) 탄화수소이다. 예를 들어 에틸렌에 수소 기체와 반응을 시켜 수소 원자를 첨가하여 에탄을 형성할 수 있다.

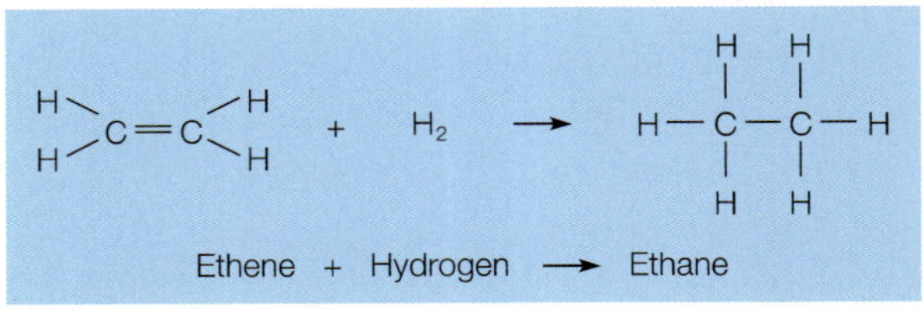

에탄 분자는 모든 가능한 수소 원자를 가지고 있으며, 따라서 에탄은 **포화**(saturated) 탄화수소이다. 불포화 분자는 덜 안정되며, 이는 포화 분자에 비하여 화학적으로 반응성이 높다.

다른 종류의 탄화수소는 탄소−탄소 삼중결합을 가지며 일반식은 C_nH_{2n-2}이다. 이들은 매우 반응성이 크며, 가장 단순한 에틴은 아세틸렌이라는 통상명을 갖는다. 아세틸렌은 불꽃온도가 3,000℃에 달하기 때문에 용접 토치에서 산소 기체와 함께 연소된다. 아세틸렌도 플라스틱 제조에 중요한 원료이다.

고리를 형성하는 탄화수소(hydrocarbons that form rings)

지금까지 논의한 탄화수소는 탄소 원자가 직선이나 끝이 열린 가지의 사슬이었다. 탄소 원자는 서로 결합하여 고리 또는 순환구조를 형성할 수도 있다(그림 9.7). 고리 구조로 인하여 고리구조의 탄화수소는 유사한 직선 사슬 탄화수소와 다른 화학적 성질을 가진다. 이는 유기화합물을 기술하는 데 있어서 단순한 분자식이 아니라 구조식의 중요성을 보여준다.

그림 9.8A의 탄소 6개의 고리구조는 기대하는 대로 행동하지 않는 세 개의 이중결합을 가지고 있다. 이 탄소 6개의 고리에서 이중 결합은 한 장소에 위치하지 않고 이동하며, 전체 분자에 분산되어 있다. 단일과 이중 결합의 교대가 아니라 그 중간의 성질을 가진다. 이는 C_6H_6 분자의 안정성을 증가시킨다. 그 결과로 분자는 다른 불포화 화합물과 같은 행동을 보이지 않는다; 즉 고리에 수소를 첨가하기 위하여 쉽게 반응하지 않는다. C_6H_6 분자는 벤젠(benzene)이라는 유기화합물이다. 본래의 위치에 존재하지 않는 전자를 가진 탄소 6개 고리를 표시하기 위하여, 벤젠은 그림 9.8B에 나타낸 부호로 표시한다. 이 그림의 네 개 분자는 벤젠 고리에 부착된 원자의 종류와 위치에 따라 서로 다르다.

일부 이름을 페인트, 페인트 희석제, 그리고 래커 등의 상표에서 보았을 것이다. 톨루엔과 크실렌(xylene)은 이러한 제품에 용제로 사용된다. 다른 분자에 부착된 벤젠 고리는 페닐(phenyl)이라 불린다. 페닐 제품은 좋은 소독약이며 Pine Sol과 같이 송근유 제품에서 찾아볼 수 있다.

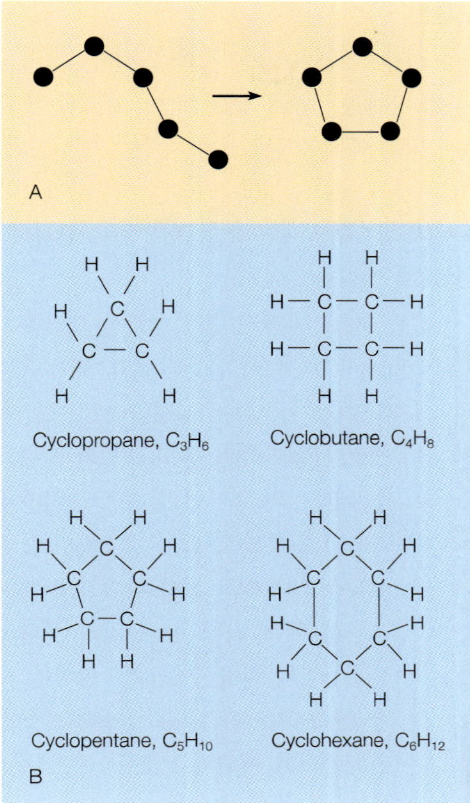

그림 9.7 (A) 직선 사슬은 단일결합 주위로 자유롭게 회전할 수 있는 탄소 원자를 가지고 있으며, 때때로 폐쇄된 고리로 연결된다. (B) 고리 또는 순환화합물

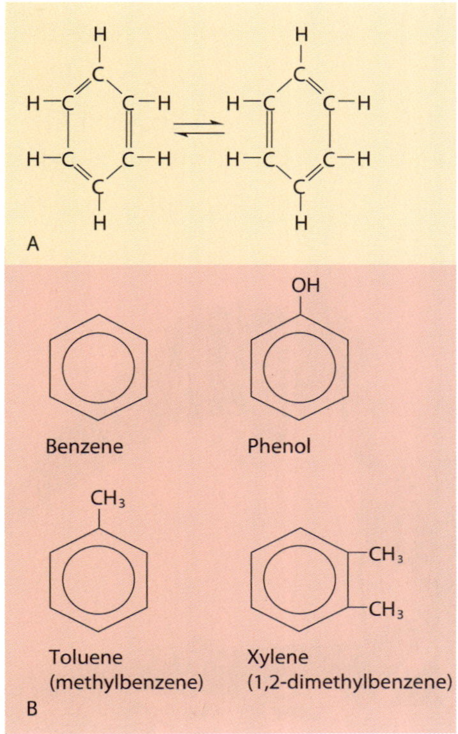

그림 9.8 (A) C_6H_6의 결합은 단일결합과 이중결합의 중간으로, 이중결합 탄화수소와 다른 화학적 성질을 부여한다. (B) 벤젠으로 알려진 고리 화합물을 가진 육면체 부호

9.3 석유 (Petroleum)

석유(petroleum)는 앞에서 서술한 많은 탄화수소의 혼합물이다. 이러한 탄화수소는 한때 광합성 산물이었지만, 시간이 흐르면서 복합 탄화수소는 현저하게 변화되었다. 석유의 기원은 불확실하지만, 주로 플랑크톤과 조류인 생물이 묻혀 산소가 없는 상태에서(예; anaerobic) 서서히 분해되어 형성된 것으로 믿어진다. 시간, 온도, 압력, 그리고 어쩌면 세균이 석유의 형성에 중요하다고 간주된다. 석유가 형성되면, 이동을 정지시키는 암석 유형이나 암석 구조에 이를 때까지 공극성 암석을 통과한다. 이곳에서 공극성 암석을 포화시키도록 축적되며, 유전이라는 축적물을 형성한다. 석유의 조성은 유전에 따라 다르다. 특정한 **유전**(oil field)의 석유는 색깔이 진하거나 밝을 수 있다. 어떤 유전은 황의 함유율이 높아 신 원유(sour crude; 저질유)라고 불린다. 이러한 변화로 인하여 어떤 유전은 다

른 유전에 비하여 질이 좋은 석유를 보유한다.

초기 식민자들은 동부 미국에서 석유가 새어나오는 것을 발견하였으며 석유를 의약용으로 채집하였다. 진취적인 한 석유 판매원은 석유를 위스키 증류기를 통과시켜 맛을 개선하려고 하였다. 석유를 증류하여 맑은 액체를 얻었으며, 우연히 액체가 우수한 램프 기름(등유)이 되는 것을 알았다. 이는 당시 등유는 고래 기름을 사용하였으며 고래 기름의 생산이 감소하고 있었기 때문에 매우 운 좋은 시기였다. 석유를 증류하여 얻은 이 맑은 액체는 현재 등유(kerosene)로 알려져 있다.

새로 발견된 램프 기름을 생산하기 위하여 갱정(well; 坑井)이 굴착되었고, 원유 정유공장이 건설되었다. 휘발유는 부산물이었으며 주로 얼룩 제거제로 사용되었다. 헨리 포드의 자동차 제조와 토마스 에디슨의 전기의 발명으로 휘발유의 수요는 증가하고 등유의 수요는 감소하였다. 정유공장은 휘발유를 생산하기 위하여 개조되었으며, 석유 산업은 세계에서 가장 큰 산업의 하나로 성장하였다. 석유산업의 확장은 불리한 상황에 도달하였다. 가장 큰 우려는 휘발유를 연소하는 엔진의 증가로 이산화탄소의 배출과 연관된 전 세계적인 기후변화이다.

원유는 지하에서 펌프되는 석유이며, 50개까지의 탄소 원자를 가지는 다양한 탄화수소의 복잡한 혼합물이다. 이러한 탁하고 냄새나는 검은 혼합물은 석유 제품으로 분리(정제; refine)될 때 까지는 사용할 수 없다. 석유 제품은 증류에 의하여 분리되

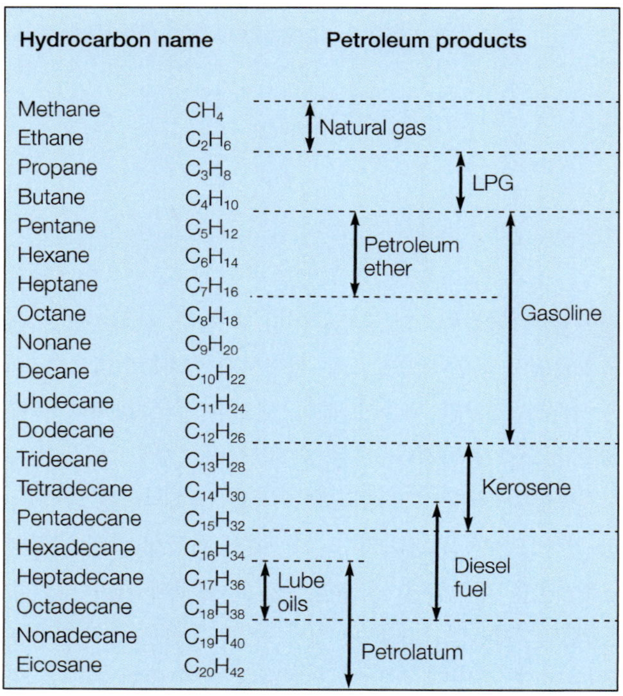

그림 9.9 석유 제품과 각 제품의 탄화수소 범위

표 9.3 석유 제품

제품명	끓는점(℃)	분자당 탄소원자수
천연가스	0 이하	C_1-C_4
석유에터	35 − 100	C_5-C_7
White "gas"	100 − 350	C_5-C_9
휘발유	35 − 215	C_5-C_{12}
등유	35 − 300	C_{12}-C_{15}
디젤유	300 − 400	C_{15}-C_{18}
엔진오일, 그리스	350 − 400	C_{16}-C_{18}
파라핀	고체, 55에서 용해	C_{20}
아스팔트	보일러 잔재물	C_{36} 이상

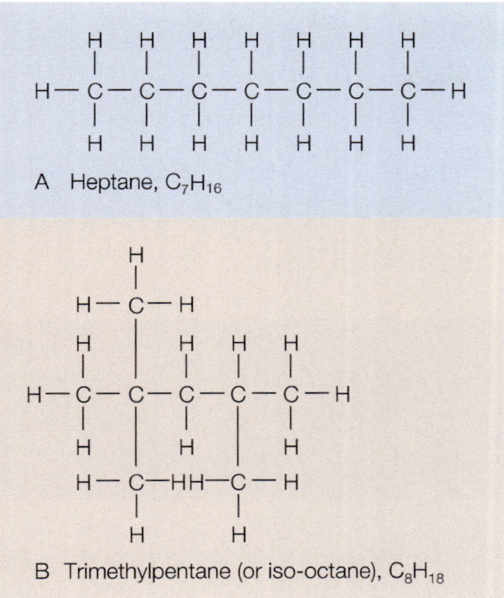

그림 9.10 옥탄가 척도는 휘발유가 얼마나 빨리 연소되는가를 기술하는 것이다. 옥탄가는 (A) 옥탄가 0인 헵탄과 (B) 옥탄가 100인 트라이메틸펜탄을 기본으로 정해진다.

며, 분자가 클수록 비등점이 높다. 각각의 제품은 비등점 범위 또는 증류 증기의 한계가 있다. 따라서 휘발유나 난방유 같은 각각의 제품은 분자당 일정한 범위의 탄소 원자의 수를 가진다(그림 9.9). 제품, 비등점 범위, 분자당 탄소 원자의 범위를 표 9.3에 나타내었다.

탄소가 하나에서 네 개까지의(CH_4에서 C_4H_{10}) 탄화수소는 상온에서 기체이다. 어떠한 갱정에서는 기체로 펌프될 수 있지만, 원유에 녹아있기도 한다. 천연가스는 탄화수소 기체의 혼합물이지만 95%가 메탄(CH_4)이다. 프로판(C_3H_8)과 부탄(C_4H_{10})은 압축과 냉각에 의해 액화되어 액화석유가스(LPG)로 판매된다. LPG는 요리나 난방용 천연가스가 없을 때 사용되며 바비큐 그릴이나 캠프 스토브의 연료로 널리 이용된다.

휘발유(gasoline)는 분자당 5－12 사이의 탄소 원자를 가지는 탄화수소의 혼합물이다. 휘발유는 자동차 연료로 사용하기에 부적합한 주로 직선 사슬로 구성된 원유로부터 증류된다. 직선 사슬은 자동차 엔진에서 너무 빨리 연소되어 부드러운 연소가 아닌 폭발을 일으킨다. 이러한 폭발은 엔진의 노킹 또는 핑(ping) 현상이라고 하며 낮은 효율을 나타내고 엔진을 손상시킬 수 있다. 반면에 사슬이 있는 분자는 비교적 서서히 연소되며, 핑 현상이나 노킹 폭발이 없다. 휘발유의 연소율은 옥탄가 척도로 나타낸다. 이 척도는 직선 사슬인 순수한 헵탄에 기반을 두며 0이고, 옥탄의 가지가 많은 이성질체인 트라이메틸펜탄은 옥탄가가 100이다(그림 9.10). 대부분의 무연휘발유는 옥탄가가 87이며, 이는 트라이메틸펜탄이 87%이고 다른 탄화수소인 헵탄 혼합물이 13%로 이루어져 있다.

등유(kerosene)는 12－15 사이의 탄소 원자를 가지는 탄화수소 혼합물이다. 등유는 용도에 따라 다른 이름으로 불리기도 한다. 이러한 이름에는 램프기름(색과 향료를 첨가), 제트연료(섬광 불꽃 지연제 첨가), 난방기름, #1 기름, 그리고 일부 지역에서는 석탄기름 등이 있다. 디젤유는 분자 당 15－18개의 탄소 원자를 가지는 탄화수소의 혼합물이다.

디젤유(diesel fuel)도 용도에 따라 증류 연료유, 또는 #2 연료유 등으로 불린다.

엔진오일(motor oil)과 윤활유(lubricating oil)는 분자 당 16－18개의 탄소 원자를 가진다. 윤활 그리스는 비누로 농화된(thickened) 중유이다. 광유(petrolatum 또는 바셀린)로도 불리는 석유 젤리는 16－32 사이의 탄소 원자가 혼합된 탄화수소이다. Mineral oil은 탈색과 불순물을 제거한 경윤활유이다.

원유의 기원에 따라 다양한 양의 고체파라핀(paraffin wax; C_{20} 이상) 또는 아스팔트(C_{36} 이상)가 존재할 수 있다. 파라핀은 양초, 왁스지, 가정에서 캔을 밀봉할 때 이용된다. 아스팔트는 자갈과 혼합하여 도로 포장에 사용된다.

9.4 탄화수소 유도체(Carbohydrate Derivatives)

탄화수소는 알려진 유기화합물의 5%밖에 차지하지 않지만, 나머지 95%는 탄화수소 유도체라 할 수 있다. **탄화수소 유도체**는 탄화수소에서 하나 또는 그 이상의 수소 원자가 수소가 아닌 어떤 원소나 원소 그룹으로 대체된 것이다. 예를 들어 할로겐(불소; F_2, 염소; Cl_2, 그리고 브롬; Br_2)과 광반응하거나 가열반응하면 수소와 대체된다.

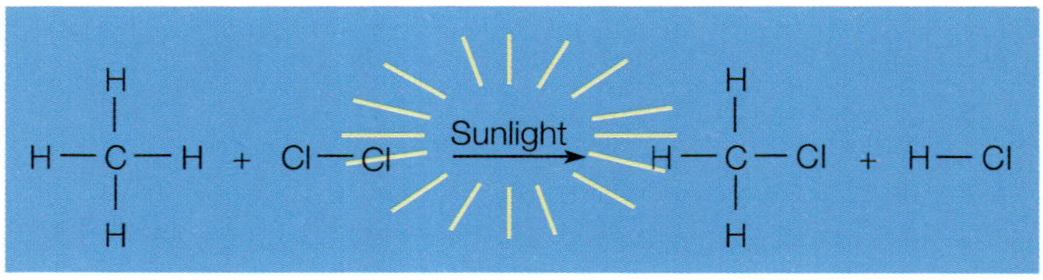

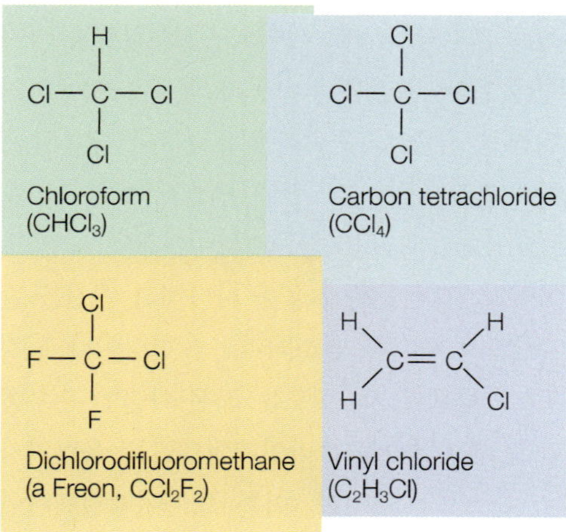

그림 9.11 유기할로겐화물의 일반적인 예

이 특정한 치환반응에서 메탄의 수소 원자는 염소 원자로 대체되어 염화메틸을 형성한다. 어떠한 수의 수소 원자의 대체도 가능하며, 몇 가지 유기할라이드를 그림 9.11에 도식하였다. 일반적인 유기할라이드에는 프레온(Freon, 염화불화탄소)과 테플론(Teflon, 폴리테트라플루오로에틸렌)이 포함된다.

탄화수소 분자가 불포화인 경우(이중 또는 삼중 결합이 있을 때), 탄화수소 유도체는 추가 반응에 의해 형성된다. 프로펜의 이중 결합에 브롬 원자가 추가되어 다이브로모프로판을 형성한다. 이 유도체는 의약품이나 다른 유기화합물을 합성하는데 이용된다.

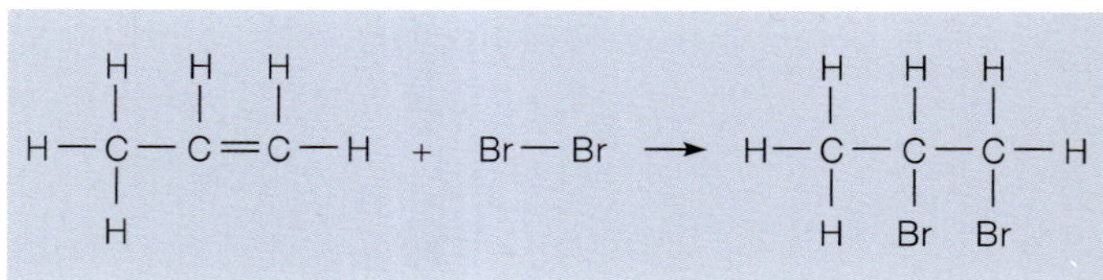

이중 결합을 포함하는 어떤 탄화수소들은 첨가반응에서 서로 결합하여 수백 개의 소단위를 가지는 매우 긴 사슬을 형성할 수 있다. 반복되는 단위의 긴 사슬을 **중합체**(polymer; poly = 많은; mer = 부분)라고 하고, 각각의 조각을 **단위체**(monomer; mono = 단독)라고 하며, 이 반응은 첨가 중합화라고 한다. 예를 들어 에틸렌은 압력 하에서 촉매와 함께 가열하면 폴리에틸렌을 형성하며, 이는 세계적으로 가장 인기 있는 플라스틱이다. 폴리에틸렌은 잡화봉지, 샴푸병, 어린이 장난감, 그리고 방탄조끼 등을 만드는데 사용된다. 가열하면 탄소 간의 이중결합이 깨지고 다른 에틸렌 단위를 결합할 수 있는 단일 공유결합 장소가 제공된다. 이 중합화는 계속되어 수백 단위의 사슬을 형성한다.

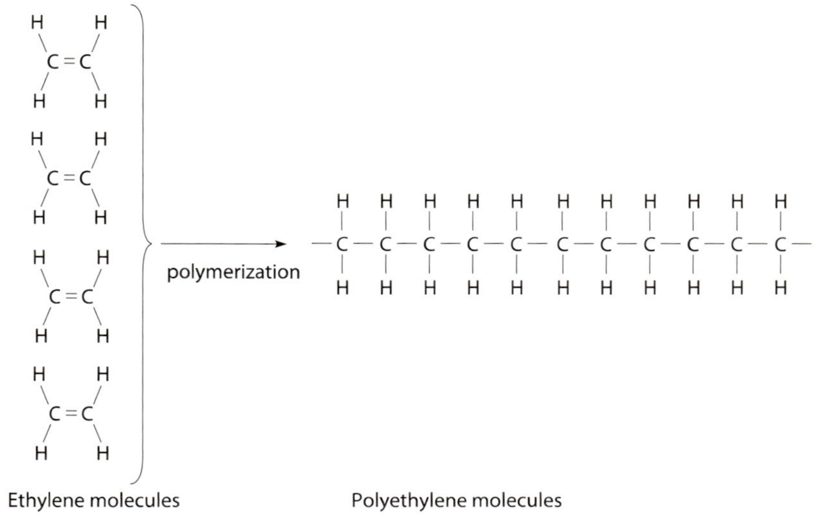

기능기는 다양성을 만든다.(functional groups generate variety)

기능기(functional groups)는 탄소골격에 부착하여 유기화합물의 특정한 화학적 성질을 결정하는 원자의 특정한 조합이다. 기능기는 일반적으로 (1) 다중결합 또는 (2) 반응이 일어나는 장소가 되도록 하는 고립된 전자쌍을 가진다. 표 9.4에 일반적인 탄화수소 기능기를 열거하였다. 목록을 보면서 집단명과 기능기의 구조를 비교해보자. 몇 그룹 중 흥미있는 예는 다음에 다룰 것이다. R과 R' (R 프라임)은 하나 또는 그 이상의 탄화수소 그룹을 나타낸다. 예를 들어 메탄과 염소 사이의 반응에서 산물은 메틸화염소이다. 이 경우에는 RCl의 R은 메틸기를 나타내지만, 어느 탄화수소 그룹이라도 나타낼 수 있다.

알코올(alcohols)

알코올은 분자의 하나 또는 그 이상의 수소를 수산기(−OH)로 대체하여 형성된 유기화합물이다. 수산기는 수산화이온(OH^-)과 혼동되어서는 안 된다. 수산기는 유기화합물에 부착되어 용액에서 이온을 형성하지 않지만, 수산이온은 이온을 형성한다. 수산기는 탄화수소기(R)에 부착되어 있으면서 알코올과 연관된 성질을 부여한다.

탄화수소 그룹의 명칭은 알코올의 명칭을 결정한다. 예를 들어 ROH의 탄화수소 그룹이 메틸이면 알코올은 메틸알코올 또는 메탄올이다. 알코올의 접미사는 −ol이다(그림 9.12).

모든 알코올은 수산 기능기를 가지며 모두 화학적으로 유사하다. 알코올은 제한된 양을 소비할 수 있는 에틸알코올(에탄올)을 제외하고는 사람에게 독성이 있다. 알코올은 수천 년 동안 많은 문화에서 인간에 의해 소비되어 왔다. 과거처럼 태아 알코올 증후군, 간 손상, 사회적 파멸, 그리고 사망 등 알코올 섭취와 연관된 많은 건강관련 문제들이 지속된다. 소량의 메탄올 소비는 실명(시각장애)이나 사망을 초래할 수 있다. 에탄올

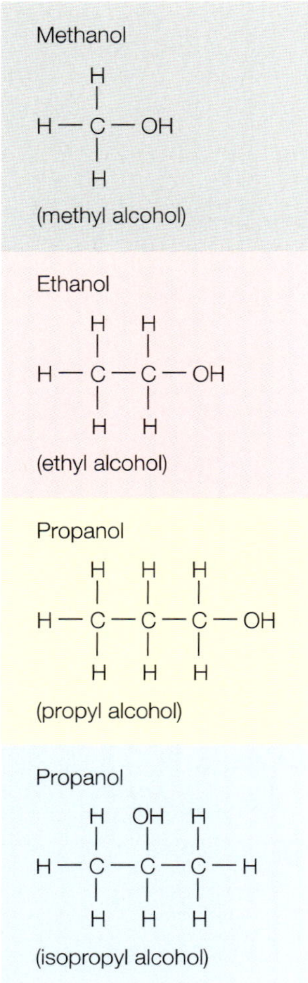

그림 9.12 4종류의 다른 알코올

표 9.4 유기화합물 기능기

기능기	일반적인 화학식	일반적인 구조
Organic halide	RCl	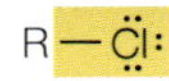
Alcohol	ROH	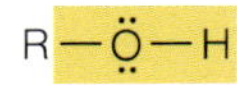
Ether	ROR'	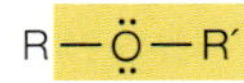
Aldehyde	RCOH	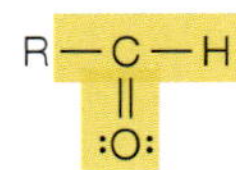
Ketone	RCOR'	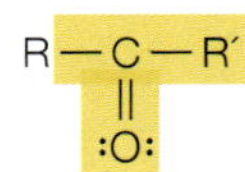
Organic acid	RCOOH	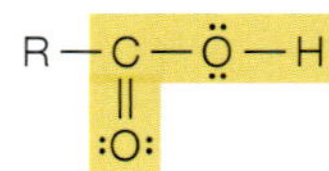
Ester	RCOOR'	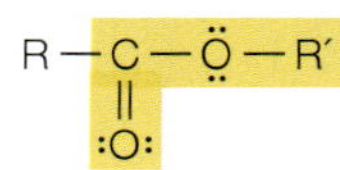
Amino	RNH_2	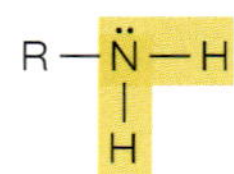
Phosphate	RPO_4	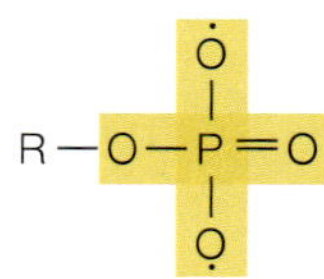

(C_2H_5OH)은 효모의 작용이나 석유 정제에서 유도된 에틸렌의 화학반응에 의해 생산된다. 효모는 당(설탕)에 작용하여 에탄올과 CO_2를 생산한다. 맥주, 포도주, 또는 다른 음료수가 원하는 산물일 때는 CO_2는 발효 도중 새어나가고 알코올은 용액에 남는다. 빵을 구울 때 동일한 반응이 CO_2를 밀가루 반죽이 부풀도록 하고(발효) 알코올은 굽는 도중에 증발한다. 대부분의 알코올음료는 효모 발효 반응에 의해 생산된다:

$$\text{당} \rightarrow \text{이산화탄소와 에틸알코올}$$

그러나 일부는 석유정제에서 파생된 에탄올로 만들어진다.

분자당 6개 이하의 탄소 원자를 가지는 알코올은 유기용매와 물에 다 용해된다. 에탄올과 휘발유의 용액을 가소홀(gasohol)이라 한다. 현재 거의 모든 휘발유는 탄화수소가 깨끗하게 연소되도록 산소를 공급하는 알코올을 포함한다. 휘발유는 산소 원자를 전혀

Connections . . .

바이오매스를 생물연료로(Biomass to biofuels)

바이오매스는 생명체에 의하여 생산된 유기물이 축적된 것이다. 가장 보편적으로 이용되는 바이오매스 기원은 목재, 수확에서 남는 농업 잔류물, 에너지를 위하여 재배한 농작물, 그리고 동물 폐기물이다. 이러한 전통적이고 종종 비상업적인 연료의 출처는 지구 에너지의 10% 이상을 제공하지만 지구 에너지에 대한 대부분의 통계에 보고되지 않는다. 많은 개발도상국가에서 이러한 에너지의 출처는 가용한 에너지의 큰 부분이다.

바이오매스 변환은 바이오매스에 저장된 화학적 에너지로부터 에너지를 얻는 과정이다. 이는 새로운 아이디어가 아니다; 목재를 태우는 것도 수천 년 동안 이용된 바이오매스 변환의 형태이다. 바이오매스는 요리를 위한 열원으로서 직접 연소하거나, 전기를 생산하기 위하여 연소거나, 알코올로 전환되거나, 또는 메탄을 생성하는데 이용될 수 있다. 중국은 가정과 농장에 50만개 정도의 소형 메탄 소화조가 있다; 인도와 한국은 5만개씩을 가지고 있다. 브라질은 바이오매스로부터 알코올을 가장 많이 생산한다.

알코올은 브라질 자동차 연료의 50%를 제공한다. 값싼 설탕과 비싼 값은 그가 보유하고 있는 대량의 사탕수수를 에너지원으로 이용하도록 하였다.

바이오매스 변환은 일부 환경적 그리고 경제적 우려를 제기한다. 바이오매스를 많이 이용하는 나라는 보통 식량이 부족한 나라이다. 바이오매스 변환은 영양분이 토양으로 적게 되돌아가서, 이는 식량 부족을 더 심하게 한다. 식량 가격이 상승하거나 석유 가격이 하락하면 바이오매스 변환은 감소할 것이다.

바이오매스로부터 사용할 수 있는 에너지 저장을 생산하는데 필요한 에너지를 필히 고려하여야 한다. 알코올을 생산하기 위하여 옥수수를 재배하는 데는 많은 에너지의 투입이 필요하다. 옥수수로부터 생산된 알코올에 있는 에너지의 양은 알코올을 생산하는데 들어간 에너지와 거의 비슷하다. 에너지 관점에서 보면 이는 명백히 전혀 이치에 맞지 않는다. 그러나 액체 연료의 편리성은 경제적인 면에서 타산이 있을 수 있다.

가지고 있지 않은 탄화수소의 혼합물이다. 가소홀은 산소를 가진 에틸알코올(C_2H_5OH)을 포함한다. 휘발유에 알코올을 첨가하는 것은 연료에 산소를 추가하는 것이다. 산소의 공급이 불충분할 때 일산화탄소가 형성되기 때문에, 휘발유에 알코올을 첨가하는 것은 일산화탄소 방출을 감소시키는데 도움이 된다.

알코올음료는 에탄올과 물의 용액이다. 이러한 음료의 표준도수(proof)는 부피에 의한 에탄올 농도의 갑절이다. 따라서 부피로 40%인 에탄올의 표준도수는 80 proof이며, 부피로 12%인 포도주는 24 proof이다. 증류만으로는 190 proof 농도를 만들 수 있으며, 200 proof 절대 알코올을 얻기 위해서는 다른 기술이 필요하다. 변성 알코올은 증류로 분리하

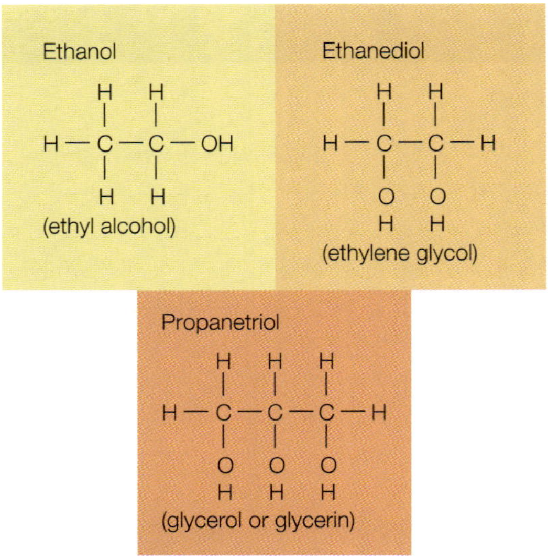

그림 9.13 분자 당 1, 2, 3개의 수산기를 가지고 있는 알코올의 일반적인 예

기 어려운 아세톤, 폼알데하이드, 그리고 다른 화학약품을 혼합한 에탄올 용액이다. 이러한 변성제는 독성이 있어서 마시기 불가능하기 때문에, 변성알코올은 소비세가 없이 판매된다.

메탄올, 에탄올, 그리고 아이소프로필 알코올은 모든 분자당 하나의 수산기를 가진다. 분자당 두 개의 수산기를 가지는 알코올을 글라이콜이라고 한다. 에틸렌글라이콜은 부동액으로 사용되기 때문에 가장 잘 알려진 글라이콜이다. 분자당 세 개의 수산기를 가지는 알코올을 글리세롤(또는 글리세린)이라고 한다. 글리세롤은 지방 분자의 구성 소재이며 비누를 만들 때 부산물이다. 글리세롤은 습기와 유연성을 유지하기 위하여 치약, 로션, 화장품 그리고 캔디에 첨가된다. 에탄올, 글라이콜, 그리고 글리세롤을 그림 9.13에 비교하였다.

글리세롤은 황산이 있을 때 질산과 반응하여 보통 나이트로글리세린으로 알려진 글리세릴 삼질산을 생성한다. 나이트로글리세린은 격렬하게 폭발성이 있는 투명한 기름이며, 가열하면 극히 불안정하다. 1867년 Alfred Nobel(그를 따라 노벨상의 이름이 지어짐)은 나이트로글리세린과 규산질 토양을 혼합하면 순수 나이트로글리세린보다 안정하지만 그래도 폭발성이 있다는 것을 발견하였다. 규산질 토양은 규조토로도 알려져 있다. 규조의 세포벽은 이산화규소(SiO_2)로 이루어져 있다. 규조토는 규조(diatom)의 세포벽으로 이루어져 있으며 폭발 반응이 일어날 수 있는 막대한 표면적을 제공한다. 혼합물은 관에 포장하여 다이나마이트로 불린다. 다이나마이트라는 이름은 그리스어의 힘이라는 단어에서 유래한다.

에터, 알데하이드, 그리고 케톤(ethers, aldehydes, and ketones)

에터는 일반식이 ROR이며 가장 잘 알려진 에터는 다이에틸에터이다. 다이에틸에터 분자에서는 R과 R' 모두 에틸기이다. 다이에틸에터는 휘발성이 강하고 매우 가연성이며 과거에는 마취제로 사용되었다. 현재는 산업용과 실험실 용매로 이용된다.

알데하이드와 케톤은 둘 다 카보닐기라고 하는 산소 원자에 이중결합된 탄소 원자의 기능기를 가지고 있다. 알데하이드는 R(또는 수소)의 탄화수소와 카보닐기에 결합된 수소를 가진다. 케톤은 두 개의 탄화수소기가 결합된 카보닐기이다(그림 9.14).

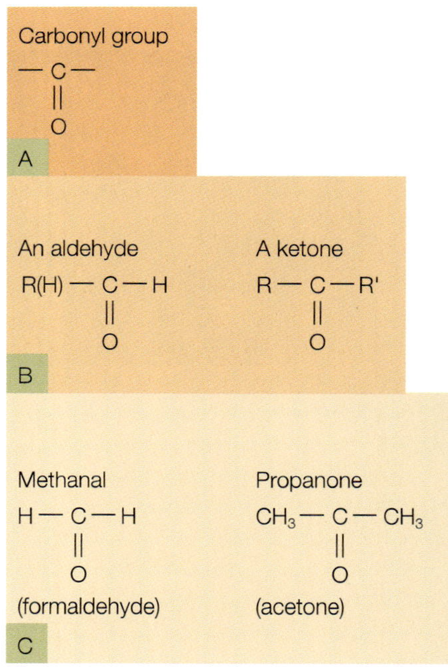

그림 9.14 카보닐기(A)는 (B)에서 보여주는 것처럼 알데하이드와 케톤에 모두 존재한다. (C) 기술적인 이름을 위에 일반명을 아래에 나타낸 각각의 간단한 사례

가장 단순한 알데하이드는 폼알데하이드이다 폼알데하이드는 물에 용해되며, 포르말린이라 불리는 40% 용액은 방부처리제로 이용되었으며 생물 표본을 보존한다. 폼알데하이드는 또한 베이클라이트와 같은 플라스틱을 제조하는데 사용되는 재료이다. 모든 알데하이드는 냄새를 가지며, 일부 방향족 탄화수소는 아몬드, 계피, 그리고 바닐라 향을 포함한다. 가장 단순한 케톤은 아세톤이다. 아세톤은 향기로운 냄새를 가지며 페인트 제거제나 매니큐어 제거제로 사용된다.

유기산과 에스터(organic acids and esters)

염산과 황산 같은 무기산은 무기 물질로 만들어졌다. 생물로부터 유래한 산은 **유기산**(organic aids)이라 한다. 많은 유기산이 지방으로부터 만들어졌기 때문에 유기산을 지방산이라고 부르기도 한다. 화학적으로는 카복실 기능기인 $-COOH$를 포함하기 때문에 카복실산이라고도 하며, 일반식은 RCOOH이다.

가장 단순한 카복실산은 중세 때부터 알려졌으며, 당시에는 개미를 증류하여 분리되었다. 라틴어인 formica는 개미를 의미하며, 이 산은 개미산(formic acid; 폼산)으로 명명되었다(그림 19.15A). 개미산은 다른 자극성 물질과 함께 벌, 개미, 그리고 쐐기풀(*Urtica urens*)과 같은 식물의 쏘임을 일으킨다(그림 19.15B).

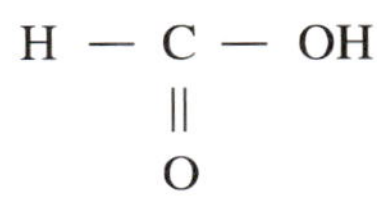

개미산(formic acid)

식초산인 아세트산(acetic acid)은 고대부터 알려졌다. 아세트산은 에탄올의 산화로 형성된다. 산화된 포도주병은 알코올 대신에 아세트산을 포함하여, 포도주에 식초 맛을 준다. 레스토랑에서 포도주를 서빙하기 전에 주문한 사람은 관습적으로 병마개와 소량의 포도주를 담은 잔을 넘겨받는다. 먼저 코르크를 반으로 쪼개서 건조한지를 확인하는데, 이는 산소로부터 포도주가 밀봉되었다는 것을 말해준다. 한 모금 홀짝 마시는 것은 서빙

그림 9.15 이러한 아프리카 추적자 개미는 유기산 중에서 가장 단순한 폼산(개미산)을 생산한다. 벌, 개미, 그리고 일부 식물의 침은 다른 자극을 일으키는 물질과 함께 폼산을 함유한다. 폼산은 HCOOH이다. 쐐기풀(*Urtica urens*)로 알려진 식물(B)은 폼산을 포함한 몇 자극성 물질을 함유한 작고 속이 빈 털을 가지고 있다. 이러한 털은 피부와 점막을 할퀴어 즉각적인 화끈거림, 가려움, 그리고 자극을 초래한다.

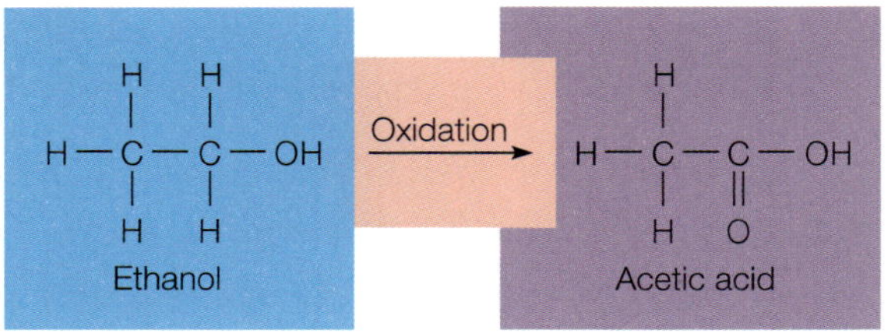

하기 전에 식초 맛이 있는지 보는 것이다. 포도주가 산화되었다면 그 반응식은 왼쪽과 같다.

유기산은 많은 식품에 공통적이다. 예를 들면 감귤의 주스는 구연산을 포함하며, 침의 흐름을 자극하여 갈증을 해소한다. 젖산은 신 우유, 탈지유, 소금에 절인 양배추(sauerkraut), 그리고 오이절임에 있다. 젖산은 또한 혐기성 탄수화물 대사의 산물로 근육에서 생성되어 피로를 느끼게 한다. 세포에서 탄수화물의 혐기성대사는 가용한 에너지를 방출하는 당의 분해이다. 구연산과 젖산은 지방으로부터 생성되는 일부 카복실산에 비교하면 작은 분자이다. 예를 들면 팔미트산은 $C_{16}H_{32}O_2$이며 야자유로부터 온다. 팔미트산의 구조는 14개의 CH_2 사슬의 한쪽에 CH_3- 다른 쪽에 $-COOH$가 붙어있다. 분자에 산의 성질을 주는 것은 카복실 기능기인 $-COOH$이다. 유기산은 직물, 필름, 그리고 페인트를 만드는데 사용되는 원료이다.

에스터는 알코올과 유기산으로부터 물을 제거하여 형성된다. 식물과 동물 모두에 공통으로 나타나며, 과일과 꽃에 특징적인 냄새와 맛을 준다. 예를 들어 아밀 아세테이트 에스터는 바나나 맛이다. 에스터는 향수와 인공감미료에 이용된다. 특정 에스터의 일부 향을 표 9.5에 나타내었다. 액체 에스터는 천연물 기원에서 얻

표 9.5 향기와 에스터

에스터 이름	구조식	향미
Amyl acetate	$CH_3-C(=O)-O-C_5H_{11}$	바나나
Octyl acetate	$CH_3-C(=O)-O-C_8H_{17}$	오렌지
Ethyl butyrate	$C_3H_7-C(=O)-O-C_2H_5$	파인애플
Amyl butyrate	$C_3H_7-C(=O)-O-C_5H_{11}$	살구
Ethyl formate	$H-C(=O)-O-C_2H_5$	술(Rum)

참고 일반적인 가정용 화합물에 대해 적어보자.

상용명	사용목적	무기 또는 유기물	화학명칭	실험식
1. Acetaminophen ; 진통제				
2. 식초				
3. 베이킹 소다				
4. 가정용 표백제				
5. Cetyl palmitate ; 화장품향료				
6. 초강력 접착제				
7. 초콜릿				
8. 시트르산				
9. 메틸 파라벤 ; 방부제				
10. 암모니아				
11. 천일염				
12. 페니실린				

Science and Society

아주 흔한 유기화합물 – 아스피린(aspirin)

아스피린은 1898년 영국에서 그리고 1900년 미국에서 특허를 받았으며, 생산은 처방약으로서 1899년 시장에 나왔을 때 시작되었다. 그러나 원시인류도 통증 완화제로서 그 가치를 잘 알고 있었다. 서양 흰버드나무 껍질의 마술적인 통증 완화 능력은 수천 년 전에 알려졌다. 기원전 3천년의 석판 글에 이러한 나무의 유용한 효과가 적혀있다. 여러 문화의 사람들은 약효를 얻기 위해 껍질을 벗겨서 씹었다. 매일 190억 정 이상의 아스피린이 미국에서 사용되는 것으로 추산되었다. 아스피린은 세계에서 가장 널리 복용되는 약이다. 정확히 아스피린은 어떠한 역할을 하는가? 아스피린(1899년 Bayer 제약회사 과학자들이 명명하였음)은 실제로는 몸에서 고통을 유발하는 프로스타글란딘이라는 물질의 생산을 방해하는 능력이 있는 아세틸살리실산이다. 두통을 줄여주는 것 외에도 아스피린의 다른 효과는 다음과 같다.

1. 특정한 사람에서 심근경색과 발작의 위험을 낮춘다.
2. 전립선암과 결장암을 치료하는 것을 도와서 오래 살도록 한다.
3. 편두통을 조절한다.
4. 잇몸 질병에 대해 보호한다.
5. 자간 전증(임신 중의 고혈압)을 줄여준다.
6. 자동차나 비행기 여행 중 정맥에서 혈전이 형성되는 가능성을 줄여준다.

토의할 질문

1. 아스피린의 어떤 구조부분이 유기산이 되도록 하는가?
2. 인터넷을 이용하여 어떻게 이 유기화합물이 통증 완화제로 작용하는지 찾아보시오.

어지거나 화학적으로 합성될 수 있다. 천연향은 다른 유기물과 함께 이러한 에스터의 복합적 혼합물이다. 저분자 에스터는 향기 나는 액체이지만, 고분자 에스터는 냄새가 없는 기름이나 지방이다.

9.5 합성 중합체(Synthetic Polymers)

천연 중합체는 수백 수천의 단량체라 불리는 반복되는 작은 분자 단위로 이루어진 거대한 사슬모양 분자이다. 셀룰로오스와 전분이 포도당 단량체로 만들어진 천연 중합체의 예이다. 합성 중합체는 다양한 물질로부터 제조된다. 나일론과 같은 합성 섬유와 포장과 용기에 이용되는 값싸고 가벼운 **플라스틱**(plastic)이 익숙한 중합체이다(그림 9.16).

최초의 합성 중합체는 천연 셀룰로오스 중합체를 변형한 것이다. 1862년 셀룰로오스를 화학적으로 변형하여 최초의 플라스틱인 셀룰로이드를 만들었다. 플라스틱이라는 말은 셀룰로이드가 원하는 모양으로 틀에 부어 만들 수 있다는 것이다. 셀룰로이드는 목화를 질산과 황산의 혼합액에 반응시켜 만들어졌다. 목화나무의 세포벽 셀룰로오스가 산과 반응하여 질산셀룰로오스를 만든다. 이 에스터는 면화약 또는 무연화약으로 알려진 폭발성 화합물이다. 에탄올과 장뇌와 혼합하면 폭발성이 낮으며 유용한 물품으로 성형 및 주형될 수 있다. 최초의 플라스틱인 셀룰로이드는 틀니, 빗, 안경테, 그리고 사진 필름을 만드는데 사용되었다. 셀룰로이드가 발견되기 이전에 틀니를 포함한 많은 물품들은 나무로 만들어졌다. 오늘날 탁구공만이 질산셀룰로오스로 제조된다. ("A Closer Look: 비지속성과 지속성 유기오염물질").

목화는 아세트산과 황산과 반응하여 셀룰로오스 아세테이트 에스터를 형성한다. 이 중합체는 일련의 화학반응을 통하여 작은 구멍에 압출하면 레이온 섬유를 생산한다. 이 섬유를 꼬아서 비스코오스 레이온 사를 제조한다. Slit을 통해 사출하면 섬유 대신에 판이 형성되며 투명한 판을 셀로판이라고 한다. 레이온과 셀로판은 셀룰로이드처럼 천연 중합체인 셀룰로오스를 변형하여 제조된다.

A Closer Look

비지속성과 지속성 유기오염물질

비지속성 유기오염물질은 환경에서 오랜 기간 머무르지 않는다. 대부분의 비지속성 오염물질은 생분해성이다. 생분해성 물질은 생명체에 의하여 화학적으로 변화되며 때로는 세균과 진균 같은 분해자 생물에게 먹이와 에너지원으로 작용한다. 다른 비지속성 오염물질은 무기 화학적 반응에 의하여 분해된다. 또 다른 오염물질은 피해를 입히기에는 너무 낮은 농도로 빨리 확산된다.

살충제와 같은 비지속성 독성물질은 대기 중에서 태양광이나 산소 또는 물과 반응하여 파괴된다. 예를 들어 유기인은 일반적으로 살충제로 사용되는데 (예, 파라티온) 보통 수주일 내에 분해된다. 그 결과 그들은 짧은 기간 동안만 오염물질이기 때문에 먹이사슬에 축적되지 않는다.

지속성 오염물질은 변하지 않는 상태에서 환경에서 여러 해 동안 남는 것이다. 대부분의 지속성 오염물질은 인간이 만든 유기물이다. 30만 종류 이상으로 추정되는 화학물질이 미국에서 사용된다. 그들은 끝없이 다양한 조합으로 혼합되어 일상생활의 모든 면에 사용되는 모든 종류의 제품을 생산한다. 그들은 우리의 음식, 수송, 의복, 건축 자재, 가정 전기용품, 의약품, 레크리에이션 장비, 그리고 다른 많은 물건의 부분이다. 우리의 생활방식은 합성물질에 크게 의존한다.

지속성 유기오염물질의 한 예는 폴리염화바이페닐이다. PCB는 열, 산, 염기, 그리고 산화에 의한 변화에 저항성이 있는 매우 안정된 유기화합물이다. 이러한 특징들은 PCB가 산업적 이용에 바람직하게 하지만 환경에 방출되면 지속성 오염물질이 되도록 한다. PCB는 잉크, 플라스틱, 테이프, 페인트, 접착제, 왁스, 그리고 광택제로 사용되어 왔다. 미국에서 PCB의 제조는 1977년 중단되었지만, 이러한 지속성 화학물질은 아직 토양과 퇴적물에 존재하여 계속 피해를 미치고 있다. PCB는 생식을 방해하기 때문에 어류와 다른 수서 생물에 해롭다. 인간에게 PCB는 간 질환과 피부 손상을 가져온다. 높은 농도에서 PCB는 신경계를 손상시킬 수 있으며, 발암 의심물질이다.

Name	Chemical unit	Uses
Polyethylene	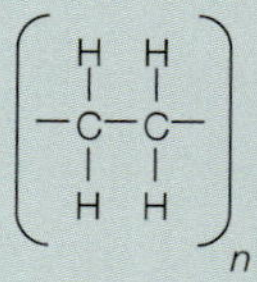	Squeeze bottles, containers, laundry and trash bags, packaging
Polypropylene	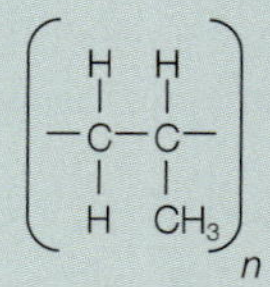	Indoor-outdoor carpet, pipe valves, bottles
Polyvinyl chloride (PVC)	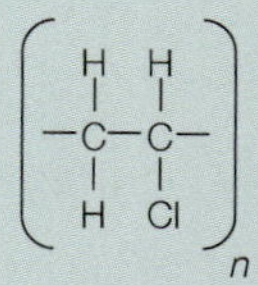	Plumbing pipes, synthetic leather, plastic tablecloths, phonograph records, vinyl tile
Polyvinylidene chloride (Saran)	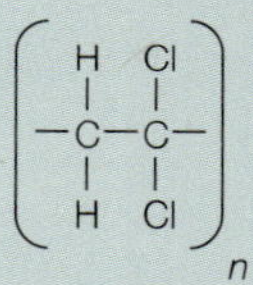	Flexible food wrap
Polystyrene (Styrofoam)	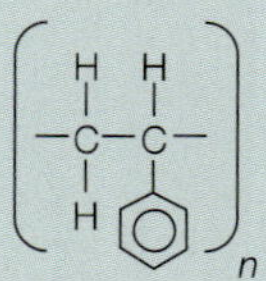	Coolers, cups, insulating foam, shock-resistant packing material, simulated wood furniture
Polytetrafluoroethylene (Teflon)	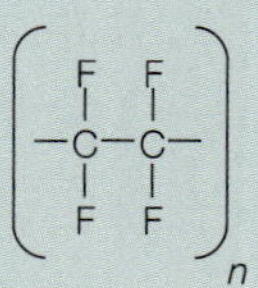	Gears, bearings, coating for nonstick surface of cooking utensils
Polyvinyl acetate	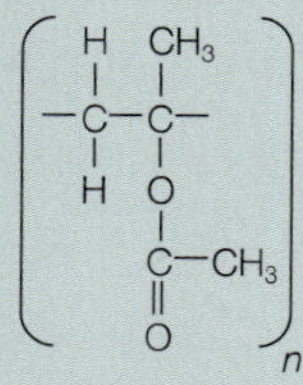	Mixed with vinyl chloride to make vinylite; used as an adhesive and resin in paint
Styrene-butadiene rubber	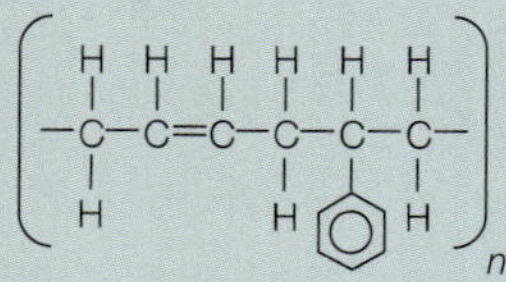	Automobile tires
Polychloroprene (Neoprene)	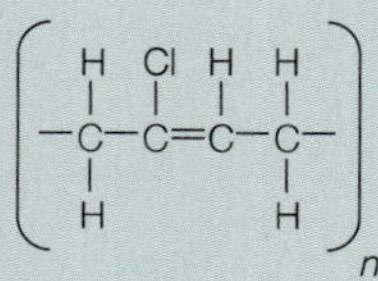	Shoe soles, heels
Polymethyl methacrylate (Plexiglas, Lucite)	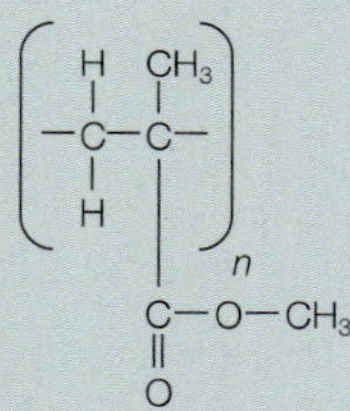	Moldings, transparent surfaces on furniture, lenses, jewelry, transparent plastic "glass"
Polycarbonate (Lexan)	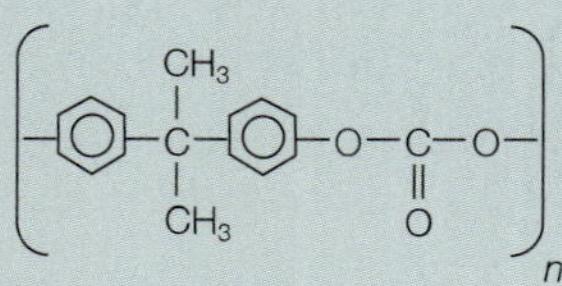	Tough, molded articles such as motorcycle helmets
Polyacrylonitrile (Orlon, Acrilan, Creslan)	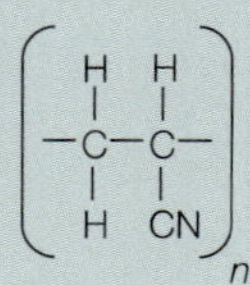	Textile fibers

그림 9.16 합성 중합체, 중합체 단위, 그리고 각 중합체의 일부 용도

최초의 진정한 합성 중합체는 1900년대 초 천연 중합체를 변형하지 않고 상대적으로 작은 분자의 두 화합물을 반응시켜 생산되었다. 방향족 탄화수소인 페놀을 가장 단순한 알데하이드인 폼알데하이드와 반응시켜 Bakelite라는 중합체를 생산하였다. Bakelite는 중합체 사슬간에 교차결합을 형성하는 열경화성 물질이다. 생산과정에 일단 결합이 형성되면 플라스틱은 영구적으로 경화되어 부드럽게 하거나 흐르게 할 수 없다. 일부 플라스틱은 열가소성 중합체이며 교차결합을 형성하지 않기 때문에 가열하면 부드러워지고 냉각하면 경화된다.

폴리에틸렌은 석유에서 유도된 에틸렌을 중합하여 생산되는 친근한 열가소성 중합체이

다. 이 합성물은 2차 세계대전 직전에 발명되었으며 전쟁 기간에 전기 절연물질로 이용되었다. 오늘날 상이한 반응 조건이나 에틸렌 분자의 수소를 치환하여 생산되는 변형 폴리에틸렌이 많이 있다. 폴리에틸렌 테레프탈레이트(PET)는 탄산음료의 음료수병과 의약품 용기로 이용되는 경질 용기에 널리 이용된다. 이 용기는 재활용 코드 1번이다.

용융점 부근의 연질이 폴리에틸렌을 직각방향으로 교대하여 회전시키거나 냉각시키면서 팽창시켰다 압축하면 강도와 인장강도가 개선되는 방향으로 폴리에틸렌 분자가 정렬된다. 한 형태인 고밀도 폴리에틸렌(HDPE)은 우유와 물 주전자, 스크류 병뚜껑과 병마개의 라이너 등에 사용된다. HDPE 병은 재활용 코드 2번이며 플라스틱 목재, 윤활유 용기, 놀이터 장비, 그리고 판자 울타리를 만드는데 이용될 수 있다. 다른 형태인 저밀도 폴리에틸렌(LDPE)은 재활용 코드 4번이다. 재활용된 LDPE는 야채, 세탁, 식료품 봉지, 그리고 재활용 코드 1번인 플라스틱 스퀴즈 병에 사용된다.

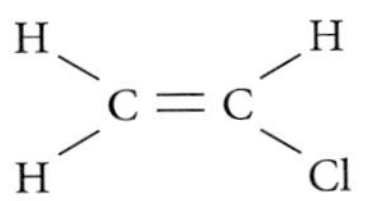

비닐클로라이드

폴리에틸렌의 특성은 에틸렌에 있는 수소원자를 치환하여서도 변화된다. 에틸렌의 수소가 염소 원자로 대체되면 비닐클로라이드가 되며, 비닐클로라이드로 형성된 중합체는 폴리염화비닐(PVC)이다. PVC는 각 단량체의 수소를 치환한 염소 원자로 인하여 유연한 플라스틱인 폴리에틸렌과 다르다.

수소 원자를 벤젠 고리로 치환하면 스타이렌이 된다. 스타이렌의 중합은 폴리스타이렌을 생성한다. 폴리스타이렌은 기포로 부풀려서 친숙한 스티로폼 쿨러, 컵, 그리고 포장재료를 만든다.

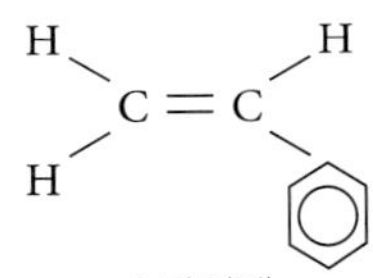

스타이렌

에틸렌의 수소가 불소 원자로 치환되면 폴리테트라플루오로에틸렌이 생성되며, 이는 고온을 견딜 수 있는 강한 플라스틱이며 플라스틱이라기보다는 금속처럼 행동한다. 마찰이 낮기 때문에 베어링, 톱니바퀴, 그리고 프라이팬의 달라붙지 않는 코팅에 이용된다. 이 플라스틱의 상표명인 테플론(Teflon)은 알고 있을 것이다.

PVC, 스티로폼, 그리고 테플론 이외에도 많은 중합체가 있으며, 이들 중 일부 단량체를 그림 9.16에 보여준다. 이소프렌 중합체 또는 합성 고무도 널리 사용된다. 섬유와 직물인 폴리아미드(나일론), 폴리에스터(다크론), 또는 폴리아크릴로나이트릴(오를론, 아크릴란, 크레슬란) 등은 에틸렌 분자의 수소 대신에 CN을 가지고 있으며 아크릴 물질이라고 불린다. 모든 합성 중합체는 일상생활의 모든 부분에 실제적으로 많은 도움을 준다. 그들의 용도를 모두 열거하는 것은 불가능하다; 그러나 합성 중합체는 문제점을 야기하는데 그 이유는 (1) 원자재가 석탄이나 공급이 감소하고 있는 석유에서 얻어지는 원료로 제조된다, 그리고 (2) 강, 바다, 또는 다른 환경에 버려졌을 때 쉽게 분해되지 않는다. 그렇지만 중합체 과학의 연구는 생물적 조직에 관한 연구로부터 배운 새로운 이해를 반영하기 시작하고 있다. 이는 환경과 공존할 수 있는 합성 중합체의 완전히 새로운 분자 설계를 가져올 수 있을 것이다.

2부. 생명의 유기 화합물(Organic Compounds of Life)

9.6 생물과 거대분자(Organism and their Macromolecules)

아리스토텔레스와 최근 생기론 지지자들은 생명체가 동일한 원소로 이루어진 무기물질과 다르다는 개념에서 부분적으로 옳았다. 생명체는 예를 들면 (1) 주변물질 및 에너지의 교환, (2) 물질과 에너지의 다른 형태로의 변환 (3) 주변의 변화에 반응 등을 하는 능력을 가지고 있다. 부가적으로 생명체는 (4) 성장하고 (5) 번식하기 위하여 변환된 물질과 에너지를 사용할 수 있다. 생명체는 효소에 의해 촉매되는 매우 다양한 유기반응을 통하여 이러한 일을 수행할 수 있지만 불가사의한 생명력을 통한 것은 아니다. 이러한 효소에 의해 조절되는 유기 반응은 생명체가 고도로 조직화되어있고 많은 상이한 화학과정들 사이에 믿을 수 없을 정도로 많은 수의 관계를 가지고 있기 때문에 일어난다.

생명체의 유기분자는 수천에서 수백만의 원자 질량(u)를 가지며 따라서 **거대분자**(macromolecules)로 불린다. 많은 종류의 거대분자는 유사한 반복 단량체로 이루어진 중합체이다. 단량체는 보통 두 단량체 사이에서 물 분자를 제거하는 화학반응(탈수 합성)에 의해 중합체를 형성한다. 이 반응의 반대(가수분해)는 물을 첨가하여 큰 중합체를 분열시키는 과정이다. 위와 소장에서 음식물의 소화는 이 반응의 중요한 예이다. 세 종류의 주된 중합체 거대분자는 (1) 탄수화물 (2) 단백질, 그리고 (3) 핵산이다. 추가하여 진정한 중합체는 아니지만 거대분자인 지질이 네 번째 종류이다.

탄수화물(carbohydrates)

유기 분자의 한 종류인 **탄수화물**(carbohydrates)은 탄소, 수소, 그리고 산소 원자가 결합되어 형성된 단순당 또는 단당류로 구성되어 있다(mono = single; saccharine = sweet, sugar) (“Connections... 얼마나 달콤한가!” 참고). 탄수화물은 문자 그대로 물과 결합된 탄소이며, 대부분 탄수화물에 대한 실험식인 CH_2O는 각각의 물(H_2O)에 대해 하나의 탄소(C)를 나타낸다.

단당류에 대한 식은 동일한 수의 탄소와 산소 그리고 두 배의 수소가 있기 때문에 알아보기 쉽다−예를 들면 $C_3H_6O_3$ 또는 $C_5H_{10}O_5$이다. 단순당을 보통 분자내의 탄소수로만 서술한다. −ose로 끝나는 것은 탄수화물을 가리킨다. Triose는 3탄당, pentose는 5탄당, 그리고 hexose는 6탄당이다. 탄소의 수는 산소의 수와 같고 수소의 수는 두 배라는 것을 기억하면 이러한 이름은 단당류의 식을 알려준다. 탄수화물은 생명체에서 많은 역할을 한다. 탄수화물은 에너지의 즉각적인 공급원(당류) 역할, 세포에 형태를 제공(식물세포의 셀룰로오스)하고, 많은 항생제와 조효소의 구성요소이며, 그리고 DNA와 RNA와 같은 핵산의 필수 부분이다.

Connections . . .

얼마나 달콤한가!

포도당, 과당, 갈락토오스 같은 단순당은 생물을 살아있게 유지하는데 필수적인 화학 에너지를 제공한다. 포도당($C_6H_{12}O_6$)은 가장 풍부한 탄수화물이며 식품으로 제공되고 다른 탄수화물을 구성하는 소재가 된다. 포도당(glucose 또는 dextrose라고도 함)은 식물의 수액과 인간의 혈류에서 발견되며 혈당이라고 불린다. 옥수수 시럽은 감미료로 종종 이용되는데 대부분 포도당이다. 과당은 이름이 의미하듯이 과일에 나타나는 당류이며 때로는 과일 설탕이라고도 한다. 식품 라벨에서도 고과당 콘시럽을 찾아볼 수 있다. 포도당과 과당은 동일한 분자식을 가지고 있지만, 포도당은 알데하이드 당이고 과당은 케톤 당이다(박스그림 9.1). 포도당과 과당이 혼합된 것이 꿀이다. 이 혼합물은 설탕(sucrose)을 산의 존재 하에 물과 반응시키면 형성되며, 이 반응은 통조림 과일이나 캔디를 만들 때 일어난다. 포도당과 과당의 혼합물을 전환당이라고 한다. 과당으로 인하여 전환당은 동일한 양의 설탕보다 두 배 더 달콤하다(그림 9.17 참조).

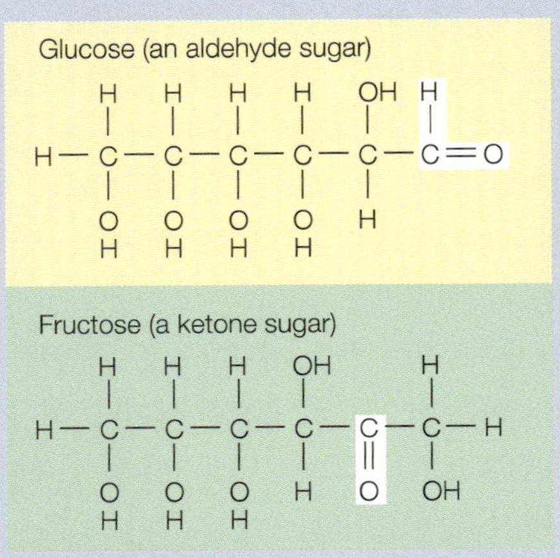

박스그림 9.1 포도당(혈당)은 알데하이드이고 과당(과일 설탕)은 케톤이다. 둘 다 분자식은 $C_6H_{12}O_6$이다.

다양한 당류와 당 대체물의 상대적인 당도

당이나 당대체물의 종류	상대적 당도
락토오스 (젖당)	0.16
말토오스 (맥아당)	0.33
포도당	0.75
수크로오스 (설탕)	**1.00**
프락토오스 (과당)	1.75
시클라메이트	30.00
아스파르테임	150.00
스테비아	300.00
사카린	350.00
수크라로오스	600.00

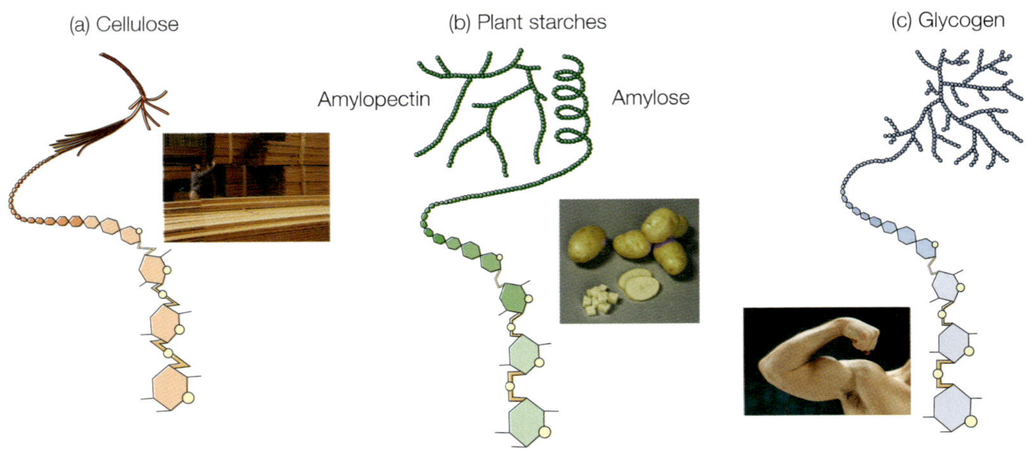

그림 9.17 단순당은 그들 사이에서 물을 제거하여 서로 부착된다. 일반적인 복합 탄수화물은 (A) 셀룰로오스(나무 섬유), (B) 식물 녹말(아밀로펙틴과 아밀로오스), 그리고 (C) 글리코겐(종종 동물 녹말로 불리기도 함)로 알려진 중합체이다. 모두 단순당의 복합체라는 유사성을 가지지만, 서로 결합된 방식에서 차이가 난다는 것을 주목하시오. 많은 생물들이 글리코겐과 식물 녹말 분자의 결합을 소화(가수분해)할 수 있는 능력이 있지만, 셀룰로오스의 단당류를 결합하는 연결을 파괴할 수 있는 생물은 드물다.

단당류는 서로 결합하여 **복합 탄수화물**(complex carbohydrates) 중합체를 형성할 수 있다(그림 9.17). 단당류 둘이 결합하면 이당류(disaccharide; di = 2)가 형성되고; 셋이 결합하면 삼당류(trisaccharide; tri = 3)가 형성된다. 일반적으로 이보다 큰 복합 탄수화물을 다당류(polysaccharide)라고 한다. 모든 경우에 복합 탄수화물은 당류 사이에서 물을 제거하여 형성된다. 예를 들어, 포도당과 과당이 결합하면 물 분자 하나를 잃고 이당류(설탕; sucrose)를 형성한다.

$$\underset{\text{포도당}}{C_6H_{12}O_6} + \underset{\text{과당}}{C_6H_{12}O_6} \rightarrow \underset{\text{설탕}}{C_{12}H_{22}O_{11}} + \underset{\text{물}}{H_2O}$$

보통 설탕인 수크로오스는 가장 흔한 이당류이며 사탕수수와 사탕무우에 높은 농도로 나타난다. 식물 원료를 분쇄하여 추출되고, 그 후 물로 수크로오스를 용해한다. 물을 증발시키고 결정화된 설탕은 백설탕을 만들기 위해 숯으로 탈색된다. 다른 흔한 이당류에는 락토오스(젖당)와 말토오스(맥아당)가 있다. 세 종류의 이당류 모두 비슷한 성질을 가지지만, 말토오스는 수크로오스의 1/3 정도 단맛을 보인다. 락토오스는 수크로오스의 1/6 정도밖에 단맛을 보이지 않는다. 어떠한 이당류(수크로오스, 락토오스 또는 말토오스)를 소비하더라도, 신체에서 이용되기 위해서는 포도당으로 변환되어 혈류를 통해 운반된다.

다당류의 흔한 예는 **셀룰로오스**(cellulose), **녹말**(starch), 그리고 **글리코겐**(glycogen)이다. 셀룰로오스는 식물 세포벽을 구성하는데 이용되는 중요한 다당류이다. 사람은 이 복합 탄수화물을 소화시킬 수 없기 때문에 에너지원으로 이용할 수 없다. 반면에 반추동물(예; 소와 양)과 흰개미는 소화기관 내에 셀룰로오스를 소화하는 미생물이 있어서 에너지원으로 이용할 수 있다. 식물세포벽은 우리의 식단에 부피와 섬유질을 늘려주지만 열량은 없다. 섬유질은 체중의 조절을 돕고 결장암의 위험을 줄여주기 때문에 식단에서 중요한 부가물이다. 물을 보유하는 능력이 커서 변비와 설사도 조절해준다. 녹말 또한 식물 산물로 모든 다른 생물에 의하여 소화될 수 있다 일단 분해되면 단당류는 에너지원이나 물질 합성에 이용된다. 가깝지만 구조적으로 다른 다당류는 글리코겐이다. 이 거대분자는 다당류의 저장형태로서 많은 동물들의 근육 세포에서 나타난다.

많은 종류의 당이 세포에 의해 다른 더 복잡한 분자의 구성성분으로 이용될 수 있다. 당 분자는 DNA(데옥시리보핵산), RNA(리보핵산), 또는 ATP(아데노신 삼인산) 분자의 부분이다.

단백질(proteins)

단백질(proteins)은 많은 중요한 역할을 한다. 효소는 생명체에서 화학반응을 촉진시키는 촉매이다. 헤모글로빈 같은 단백질은 산소와 같은 다른 분자의 운반체로 작용한다. 콜라겐과 같은 단백질은 형태와 지지를 제공하며, 근육세포의 단백질들은 운동에 책임을 진다. 단백질은 화학적 전령으로 작용하며 호르몬이라고 한다. **호르몬**(hormone)은 신체의

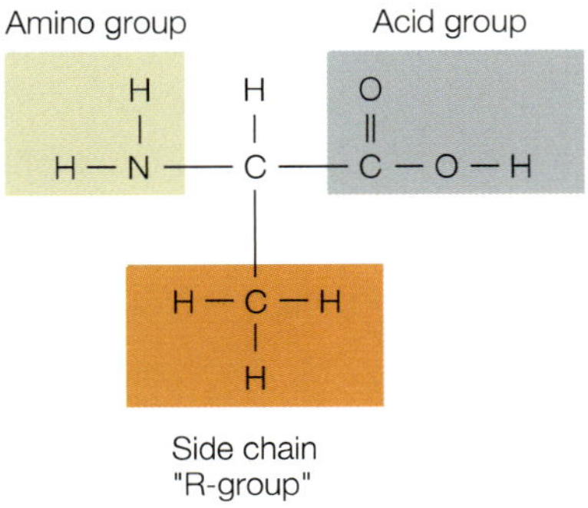

그림 9.18 아미노산은 아미노기, 카복실기(산기), 그리고 추가적인 변이성기(R-기) 등 세 개의 기능기를 가진 짧은 탄소 골격으로 이루어져 있다. 변이성 기에 의하여 특정한 아미노산의 구조가 결정된다.

다른 부분을 조절하기 위하여 내분비샘으로부터 분비되는 화학적 전령이다. **항체**(antibody)라고 하는 다른 단백질은 위험한 미생물과 화학물질로부터 신체방어를 돕는다. 항체는 항원(antigen)이라 부르는 이물질 또는 해로운 분자의 존재에 반응하여 신체에 의해 생성된다. 항원 또한 많은 경우 단백질이다.

화학적으로 단백질은 아미노산이라는 단량체로 이루어진 중합체이다. **아미노산**(amino acid)은 골격의 한쪽 끝에 아미노기(질소 하나와 수소 둘)와 다른 쪽 끝에 카복실기를 가지고 있는 짧은 탄소 골격이다(그림 9.18). 그 외에 탄소골격은 여러 종류의 측쇄(곁사슬) 중 하나를 가지기도 한다. 측쇄는 조성이 다양하며 아미노산의 R−기로 표시한다. 약 20종의 아미노산이 세포에 중요하며, 각각 R−기의 성질이 다르다("A Closer Look: 그러니 고기를 먹지 마세요!" 참고).

A Closer Look

그러니 고기를 먹지 마세요! 어떻게 건강하게 살 것인가?

인간은 식단에 9가지의 아미노산을 필요로 한다: 트레오닌, 트립토판, 메티오닌, 리신, 페닐알라닌, 이소류신, 발린, 히스티딘, 그리고 류신이다. 이들은 몸에서 만들 수 없기 때문에 필수 아미노산이라고 한다. 몸은 이러한 필수 아미노산을 건강을 위하여 필요한 단백질을 합성하는데 이용한다. 예를 들어 황을 함유하는 아미노산인 메티오닌은 셀레늄과 칼륨과 같은 원소의 흡수와 운반에 필수적이다. 이는 또한 간에 과잉 지방이 축적되는 것을 방지하고, 납, 카드뮴, 그리고 수은 같은 중금속을 포집하여, 자신과 결합하여 신체에서 배출될 수 있도록 한다. 필수 아미노산은 대부분의 식물 단백질에서 쉽게 가용하지 않으며 대부분 육류, 생선, 그리고 축산제품을 통하여 쉽게 획득된다.

만약 그렇다면 경제적 또는 개인적인 이유로 육류, 가금, 생선, 육류 가공제품, 축산제품, 그리고 꿀을 먹지 않는 사람은 어떻게 영양결핍을 피할 수 있을 것인가? 식단에서 모든 동물 제품을 배제하는 사람을 절대채식주의자(vegan)라고 한다. 우유만을 포함하는 사람을 젖-채식주의자, 달걀을 포함하는 사람을 알-채식주의자, 달걀과 우유를 둘 다 포함하는 사람을 젖-알 채식주의자라고 한다. 진정한 절대채식주의자가 아닌 사람은 필수 아미노산을 아주 작은 양의 우유와 달걀에서 제공받을 수 있다. 진정한 절대채식주의자는 식물과 식물 제품의 특정한 조합물을 먹음으로써 모든 필수 아미노산을 얻을 수 있다. 모든 이러한 아미노산을 포함하는 특정 식물(콩, 루피너스 씨앗, 삼씨, 치아 씨, 아마란스, 메밀, 그리고 키노아 열매)들도 있지만, 대부분의 식물은 필수아미노산을 하나 또는 그 이상 함유하고 있다. 그러나 다른 식물의 바른 혼합물을 먹음으로써 한 끼의 식사로 모든 필수 아미노산을 얻을 수 있다. 이러한 조합을 보충 식품(complementary foods)이라고 한다.

Connections . . .

단백질 구조와 겸상 빈혈(sickle-cell anemia)

단백질의 어떠한 배열의 변화도 이의 기능에 광범위한 영향을 미칠 수 있다. 예를 들어 적혈구에서 나타나는 정상 헤모글로빈은 알파와 베타 두 종류의 폴리펩타이드 사슬로 구성되어 있다. 베타 사슬은 146개의 아미노산 길이이다. 이러한 아미노산의 하나만이라도 다른 아미노산으로 대체되면 헤모글로빈 분자는 제대로 기능을 하지 않을 수 있다. 이러한 결과의 고전적인 예가 겸상 빈혈로 알려진 상태이다. 이 경우 베타 사슬의 여섯 번째 아미노산이 정상인 경우는 글루산이지만 발린으로 대체된다. 이 사소한 변화는 헤모글로빈이 다르게 접혀지게 하여, 신체가 충분한 산소의 공급을 받지 못할 때 변경된 헤모글로빈을 포함하는 적혈구가 낫 모양을 띠게 된다.

단백질과 사람의 건강

오해 : 사람이 건강을 위하여 하루에 필요로 하는 단백질의 양은 340 g 스테이크를 섭취하여 얻을 수 있다.

실제로는 건강과 영양 전문가들이 대부분의 성인 남자(18세 이상)는 하루에 52 g에서 56 g의 단백질을, 그리고 성인 여자는 약 46 g의 단백질을 섭취하여야 한다고 결정하였다. 만약 아침 식사로 계란 두 개(13 g), 점심식사로 1/4 파운드 치즈 없는 햄버거(28 g), 그리고 저녁으로 340 g 스테이크를 먹었다고 하였을 때 당신의 일일 단백질 섭취가 얼마인지 계산해보시오. 총 124 g의 단백질이다! 다음에 식당에 갈 때 무엇을 먹는지 보기 위하여 영양 정보 자료를 달라고 하세요.

아미노산은 다른 아미노산과 결합을 형성할 수 있다. 그들은 하나의 아미노기가 다음 산기와 결합하는 특유한 방식으로 합치한다. 20개 종류의 다른 아미노산을 소재로 하여 수백만의 다른 조합을 구성할 수 있다. 5개 길이의 아미노산 분자로 3백만 이상의 가능한 조합이 된다. 각각의 조합을 **폴리펩타이드 사슬**(polypeptide chain)이라고 한다. 특정한 폴리펩타이드는 서로 연결된 특정한 아미노산 서열로 이루어진다.

폴리펩타이드에서 아미노산의 특정한 서열은 생물의 유전정보에 의해 통제된다, 유전자는 세포가 어떠한 순서로 특정한 아미노산을 연결할지 말해주는 메시지이며, 즉 폴리펩타이드의 1차구조를 결정한다. 폴리펩타이드 아미노산의 어떤 서열은 꼬이는 경향이며(코일이나 주름있는 판), 반면에 다른 서열은 곧다(그림 9.19). 예를 들어 머리카락 같은 일부 단백질은 꼬인 스프링같은 나선을 형성한다. 다른 폴리펩타이드는 주름진 스커트를 닮은 몇몇의 평평한 주름을 형성하도록 하는 수소결합을 형성한다, 이를 주름진 시트라고 한다. 특정한 단백질이 접히는 방식은 그 기능에 중요하다. 소해면상뇌염(광우병)과 크로이츠펠트-야곱병에서 단백질 구조가 올바르게 형성되지 않아 특징적인 신경계 증상을 나타낸다.

단일 폴리펩타이드가 사슬에 하나 이상의 코일과 접힌 시트를 포함할 수 있다. 그 결과 분자의 다른 부분이 더욱 복잡한 구형 구조를 형성하도록 상호작용할 수 있다. 매우 복잡한 구조를 가진 단백질의 예는 미오글로빈 분자이다. 이것은 근육세포에서 산소를 보유하는 단백질이다. 종종 복잡한 구조를 가진 여러 개의 다른 폴리펩타이드가 서로 꼬여서 화학적으로 연합한다. 이러한 상호작용하는 폴리펩타이드에 의해 형성되는 큰 구상구조는 면역글루불린 또는 항체라고 하는 단백질 분자에 의해 보이는데, 이는 인플루엔자나 파상풍 같은 질병과 싸우는데 관련된다. 헤모글로빈 분자의 단백질 부분(globin은 모양이 구형임) 또한 고도의 복잡성을 보인다.

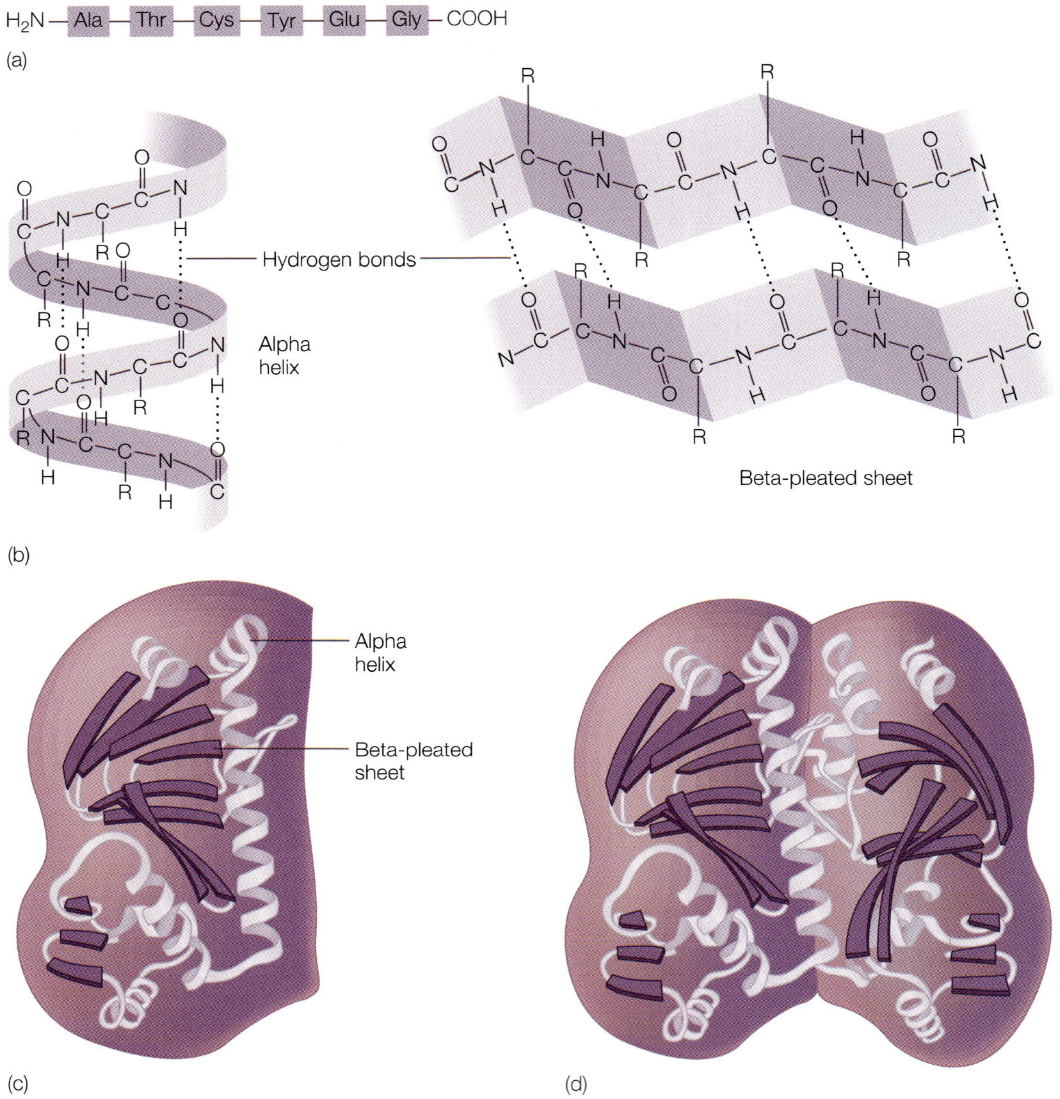

그림 9.19 (A) 단백질 분자의 구조는 아미노산이 나타나는 순서처럼 간단할 수 있다. (B) 이 그림은 다음 단계의 복잡성을 보여준다(예, 어떻게 분자의 한 부분이 같은 분자의 다른 부분에 부착되는가). (C) 단일 분자의 이미 접혀진 부분이 다른 장소에 부착되면, 분자는 더욱 복잡한 구조를 나타낸다. (D) 가장 복잡한 구조 배열이 거대한 분자로 결합된 둘 또는 그 이상의 독립된 분자에 의하여 초래된 단백질 분자로 나타난다.

열이나 빛 형태의 에너지는 단백질 분자 내의 결합을 깨뜨릴 수 있다. 이 경우 단백질의 화학적 물리적 성질이 변하며 단백질이 **변성**(denatured)되었다고 한다.(단백질은 분자이며 생물체가 아니기 때문에 사멸될 수 없다는 것을 기억하세요.) 일반적인 예는 달걀의 젤리상 투명한 부분이 조리되면 단백질이 흰색의 고체로 변할 때 일어난다. 인슐린이 한 예이며 이를 보호하기 위하여 그러한 약품은 갈색병이나 냉장보관한다.

수천 종의 단백질은 세 범주로 나뉠 수 있다. 어떤 단백질은 세포와 생물의 형태를 유지하는데 중요하며; 보통 **구조단백질**(structural proteins)로 불린다. 세포막, 근육세포, 힘줄, 그리고 혈구 등

이 구조단백질의 예이다. 콜라겐 단백질은 신체 여러 곳에 나타나며 조직의 모양, 지탱, 그리고 강도를 준다. 두 번째 유형의 단백질인 **조절단백질**(regulator proteins)은 생물 내에서 어떠한 활동이 일어날지 결정하는 것을 돕는다. 이러한 조절단백질은 효소, 샤프롱(chaperone), 그리고 일부 호르몬이다. 이러한 분자들은 세포와 생물의 화학적 활동을 조절하는 것을 돕는다. 효소는 반응의 속도를 빠르게 하는 촉매로서 역할을 한다. 모든 촉매는 온도를 올리지 않고 화학반응 속도를 빠르게 하는 화학물이며 반응에 의해 소비되지 않는다.

효소는 닳거나 파괴될 때까지 계속하여 사용될 수 있다. 이러한 단백질 촉매의 생산은 생물의 유전물질(DNA)의 직접적인 통제를 받는다. 효소의 제조를 위한 지침은 세포의 유전자에서 발견된다. 당신은 당신 자신의 효소를 만든다. 효소는 반응이 진행되는데 필요한 에너지인 **활성화 에너지**(activation energy)의 양을 낮춤으로써 작용한다. 이 에너지가 낮아지면 기질의 결합 성질이 변화하여 더 쉽게 파괴될 수 있다. 그림 9.20은 하나의 반응물이 여러 개의 최종산물로 분해되는 것을 보여주지만(가수분해처럼), 활성화 에너지의 저하는 또한 여러 반응물에서 하나의 큰 최종산물을 만드는 것처럼(합성반응) 새로운 결합이 생기도록 결합이 파괴되게 할 수도 있다.

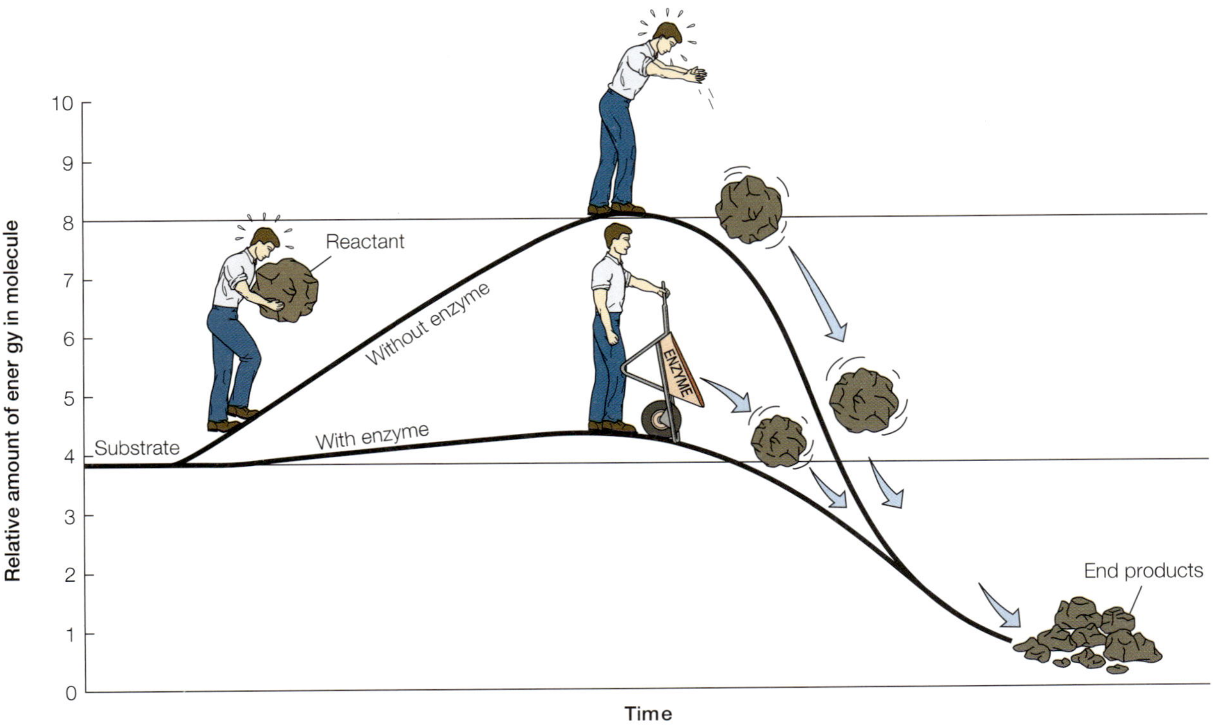

그림 9.20 이 그림의 효소는 외바퀴 손수레로 나타난다. 얼마나 작은 에너지가 돌(기질)을 목적지(최종 산물)로 옮기는데 필요한지 주목하시오. 추가하여 외바퀴 손수레는 계속하여 재사용될 수 있다.

효소조절 반응 중에 효소와 기질은 합쳐져 효소기질 복합체라는 새로운 분자를 형성한다. 이 분자는 매우 짧은 시간만 존재한다. 이 시간 동안 활성화 에너지가 낮아지고 결합이 변화한다. 그 결과는 반응의 최종산물이라는 새로운 분자가 형성된다. 주어진 시간 동안 효소가 수행할 수 있는 작업의 수는 믿을 수 없을 만큼 크다 – 촉매되지 않은 반응에 비하여 분당 천(10^3)에서 경(10^{16})배나 빠르다. 효소가 없다면 같은 시간 동안에 50 – 100 기질 분자만 변할 것이다. 효소의 예는 위의 소화효소들이다. 샤프롱의 역할은 다른 단백질들이 올바른 형태로 접혀지도록 돕는다. 예를 들어 어떤 샤프롱은 열충격단백질 역할을 하는데, 이는 열에 의해 손상된 단백질을 수선하는 것을 돕는다.

효소와 호르몬은 세포와 생물의 화학적 활동을 조절하는 것을 돕는다. 조절 단백질인 두 가지 호르몬은 인슐린(insulin)과 옥시토신(oxytosin)이다. 인슐린은 췌장에서 생산되며 혈중 포도당 양을 조절한다. 인슐린 생산이 너무 낮거나 분자가 잘못 조립되었을 경우 포도당 분자가 혈류에서 충분히 빠른 속도로 제거되지 않는다. 이때 초과 당은 소변으로 제거된다. 혈중 과잉 당의 다른 증상은 과도한 갈증과 의식의 상실이다. 부적절하게 기능하는 인슐린에 의하여 생기는 질병을 당뇨병이라고 한다. 두 번째 단백질 호르몬인 옥시토신은 출산동안 자궁의 수축을 자극한다. 이는 인공적으로 생산되어(예, 피토신) 의사가 분만을 유도하는데 사용되는 유기분자의 한 예이기도 하다.

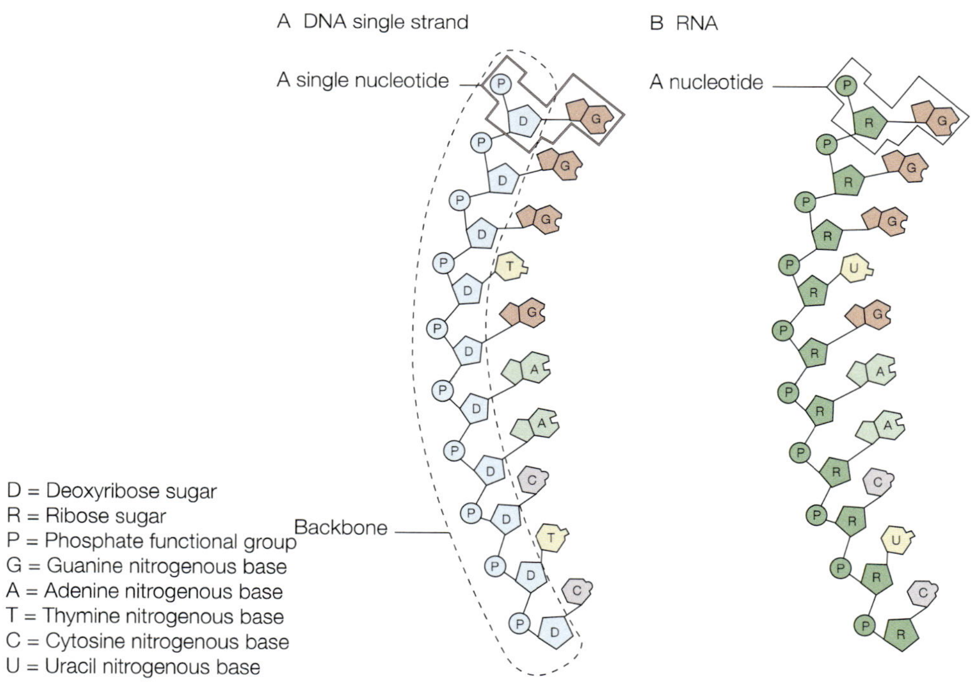

그림 9.21 (A) DNA의 단일 가닥은 뉴클레오타이드로 이루어진 중합체이다. 각 뉴클레오타이드는(분자의 꼭대기에 골격을 형성하는) 데옥시리보오스 당, 인산, 그리고 A, T, G, C 네 가지 질소를 함유한 염기 중 하나로 구성되어 있다. (B) RNA 또한 중합체인데, 각 뉴클레오타이드는 (이 RNA 분자의 꼭대기에 골격을 형성하고 있는) 리보오스 당, 인산, 그리고 A, U, G, C 네 가지 질소를 함유한 염기 중 하나로 이루어져 있다. 리보오스와 인산의 뼈대는 녹색으로 강조하였다.

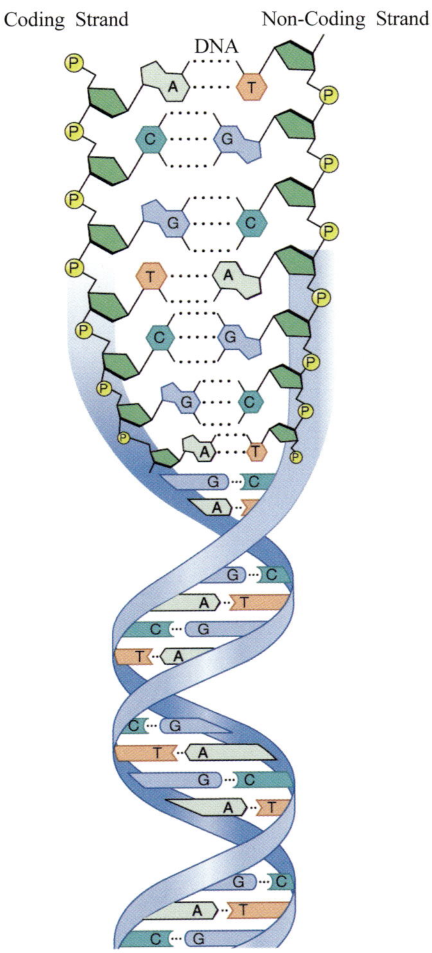

그림 9.22 유전물질은 실제로는 생물의 유전 암호를 상세히 적는 뉴클레오타이드의 서열로 이루어진 이중나선 DNA 분자의 중합체이다. 이중 분자의 암호화 가닥은 세포에 의하여 의미 있는 정보로 번역될 수 있는 쪽이다. 유전 암호는 세포가 어떤 단백질을 만들 것인지를 알려주는 정보이며, 단백질은 세포의 주요한 구조적 그리고 기능적 구성성분이 된다. 비암호화 가닥은 이러한 단백질을 암호화할 수 없다.

세 번째 범주의 단백질은 **운반단백질**(carrier proteins)이다. 이 종류의 단백질은 한 장소에서 분자를 수집하여 다른 장소로 배달한다. 예를 들어, 단백질은 음식으로 시스템에 들어오는 콜레스테롤에 규칙적으로 부착되어 지단백질 분자를 형성하며, 순환계를 통하여 운반된다. 콜레스테롤은 소화관에서 멀리 떨어진 곳에 방출되며, 단백질은 시스템으로 들어오는 더 많은 음식 콜레스테롤을 수집하기 위하여 돌아간다.

핵산(nucleic acids)

핵산(nucleic acids)은 세포내에서 정보를 저장하고 전달하는 복잡한 중합체 분자이다. 여기서는 이 중요한 종류의 유기화합물의 개관이다. 자세한 내용은 13장에서 다룬다. 핵산에는 DNA와 RNA 두 종류가 있다. DNA는 어떠한 단백질이 만들어질지 결정하는 유전물질 역할을 하고, RNA는 단백질 제조 과정에서 필수적인 역할을 한다. 모든 핵산은 **뉴클레오타이드**(nucleotide)라고 하는 기본적인 단량체로 구성되었다. 각각의 뉴클레오타이드는 세 부분으로 구성된다: (1) 리보오스나 데옥시리보오스인 5탄소 단당류 분자, (2) 인산기, 그리고 (3) 질소성 염기이다. 질소를 함유한 염기는 5 종류가 있다. 염기 중 둘은 크고 이중고리이며, 아데닌과 구아닌이다. 작은 염기들은 단일고리이며, 티민, 사이토신과 우라실이다. 단량체인 뉴클레오타이드는 긴 서열로 결합되어(중합체) 당과 인산이 등뼈를 형성하고 질소성 염기가 외부로 돌출된다. DNA는 데옥시리보오스 당과 A, T, G, C 염기를 가지며, RNA는 리보오스 당과 A, U, G, C 염기를 가진다(그림 9.21).

DNA(**데옥시리보핵산**; deoxyribonucleic acid)는 수천 뉴클레오타이드 길이의 사다리모양 구조를 형성하는 두 가닥으로 이루어져 있다. 두 가닥은 염기들의 짝규칙에 따라 연결된다; 한 가닥의 아데닌은 항상 다른 가닥의 티민과 짝을 이룬다. 구아닌은 항상 사이토신과 짝을 이룬다.

A T (or A U) and G C

DNA의 한 가닥은 암호가닥으로 불리는데 이는 질소성 염기를 글자로 적어진 의미 있는 유전 메시지를 가지고 있기 때문이다(CATTAGACT의 염기서열) (그림 9.22). 이는 모든 생물의 유전 암호의 기초이다. 염기들을 세 개의 그룹으로 읽으면 의미를 가진다(예; cat, tag, act 등). 반대쪽 가닥은 비암호가닥이라고 하는데 이는 의미는 가지고 있지 않지만 화학적 물리적 손상으로부터 암호가닥을 보호한다. 두 가닥 모두 나선으로 꼬여있는데, 즉 분자는 꼬인 스프링처럼 관모양의 공간을 둘러 회전한다.

DNA가 전달하는 정보는 교과서 안의 정보와 비교될 수 있다. 책은 단어(글자로 구성된)의 특정한 조합으로 이루어져 장으로 조직화되었다. 같은 방식으로 DNA는 수만의 뉴클레오타이드가 특정한 순서로(단어) 구성되어 유전자(장)로 조직화되었다. 각각의 유전자는 단백질을 생산하는 정보를 전달하며, 이는 장이 하나의 개념에 대해 정보를 전달하는 것과 같다. 유전자의 뉴클레오타이드 순서는 단백질의 아미노산 순서와 직접 관련된다. 책의 장이 시작과 종료 표현으로 인식되듯이, DNA 가닥의 다른 유전자도 시작과 종료 신호를 가진다. 그들은 특정한 유전자를 읽는 것을 언제 시작하고 언제 끝낼지를 이야기 한다. 인간의 체세포는 46가닥(책)의 나선형 DNA를 포함하며, 각각은 수천의 유전자(장)를 포함한다. 가닥은 세포복제를 준비할 때 초코일화(supercoiled) 되었을 때 **염색체**(chromosomes)라고 한다. 세포 증식 전에 DNA는 암호와 비암호 가닥을 복사하여 자손이나 딸세포가 생존에 필요한 완전한 유전자를 전부 받을 수 있도록 한다. 각각의 염색체는 유전자의 서열로 이루어져 있다. **유전자**(gene)는 (1) 자신의 복제물을 만들 수 있는 지시를 내려서 복제하고; (2) 돌연변이, 또는 화학적인 변화를 하여 이러한 변화를 다음 세대로 전파할 수 있으며; (3) 세포와 생물의 특징을 결정짓는 정보를 저장하며; (4) 이 정보를 이용하여 구조, 운반, 그리고 조절 단백질의 합성을 지시할 수 있는 DNA의 부분이다.

전령 RNA (mRNA)는 특정한 유전자의 DNA 암호가닥 부분의 단일가닥 복제이다. mRNA가 DNA 표면에서 형성될 때 염기짝 법칙이 적용된다. 그러나 RNA(**리보핵산**)은 티아민을 가지고 있지 않기 때문에, 뉴클레오타이드 사이의 T−A짝 대신에 U−A짝을 이용한다. mRNA가 형성되고 떨어져 나오면, mRNA는 유전 메시지가 단백질 분자로 합성(번역)되는 리보솜(ribosome)이라는 세포구조와 결합한다. 리보솜은 **리보솜 RNA** (rRNA)라는 다른 종류의 RNA를 가진다. rRNA 또한 DNA의 RNA 복사이지만, 형성된 후에 꼬이고 단백질로 덮여서 리보솜을 형성한다. 세 번째 종류의 RNA인 **전달 RNA** (tRNA) 또한 DNA의 다른 부분의 복사에서 형성되는데, 표면에서 떨어져 나오면 클로버잎 모양을 한다. tRNA 분자는 특정한 아미노산을 세 형태의 모든 RNA가 만나서 협동으로 단백질 분자를 제조하는 리보솜에 전달 또는 운반하는 책임이 있다.

지질(lipids)

일반적으로 이 그룹을 **지방**(fat)이라고 한다. 지질은 앞에서 논의된 탄수화물, 단백질, 핵산과 달리 중합체가 아니다. **지질**(lipids)에는 세 가지 종류가 있다: 진성 지방(돼지고기 지방 또는 올리브 기름), 인지질(세포막의 주된 성분), 그리고 스테로이드(일부 호르몬)이다. 일반적으로 지질은 물과 같은 극성 용매에 쉽게 용해되지 않는 크고, 비극성(양전하 말단과 음전하 말단이 없음)의 유기 분자이다. 예를 들어, 비극성 식물기름은 극성 물 분자에 용해되지 않는다. 지질은 에테나 아세톤 같은 비극성 물질에는 용해된다. 탄수화물과 마찬가지로 지질은 탄소, 수소, 그리고 산소로 이루어져 있다. 지질은 일반적으로 탄소와 수소에 비하여 매우 작은 양의 산소를 가진다.

유치원에서 단량체와 중합체에 대해 배웠어요.

단량체, 중합체, 그리고 그들이 어떻게 상호관계를 갖는지에 대한 개념은 생활에 중요한 유기화합물을 이해하는 데 극히 중요하고 기본이다. 이르면 유치원에서 장식 사슬(중합체)를 만들기 위하여 색종이 고리(단량체)를 부착하였을 때 당신은 이러한 개념에 대하여 공부를 하였다. 이 경험을 되살려서 이 장에서 서술된 단백질, 탄수화물, 그리고 핵산을 잘 나타내는 중합체 분자를 만들어 보시오. 각각의 중합체 유형을 형성하는 단량체를 적절히 라벨하시오.

진성(중성) 지방 (true(neutral) fats)

진성(중성) 지방은 여러 가지 중에서 에너지를 제공하는 중요한 복합 유기 분자이다. 지방의 소재는 글리세롤 분자와 지방산이다. **글리세롤**(glycerol)은 세 개의 알코올기가 부착된 탄소골격이다. 화학식은 $C_3H_5(OH)_3$이다. 실온에서 글리세롤은 맑고 가벼운 기름으로 보인다. 글리세롤은 글리세린이라는 이름으로 화장품의 첨가제로 이용되어 화장품을 매끄럽고 쉽게 퍼지도록 한다.

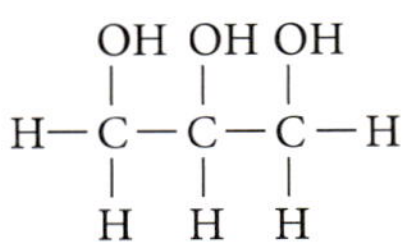

Glycerol

지방에서 나타나는 **지방산**(fatty acids)은 카복실산 기능기를 가진 긴 사슬의 탄소골격이다. 탄소골격이 최대한의 수소결합을 가지고 있을 때 포화되었다고 한다. 그림 9.23A의 포화지방산은 스테아르산으로, 베이컨과 같은 고체 고기기름의 구성성분이다. 이 구조의 모든 부분에서 탄소는 결합할 수 있는 최대한의 수소를 가진다. 포화지방은 일반적으로 동물조직에서 발견되며 실온에서 고체이다. 포화지방을 포함하는 동물 제품의 예는 버터, 고래 지방, 소기름, 그리고 돼지기름이다.

지방산의 탄소가 한군데 이상에서 이중결합일 때 불포화라고 한다. 불포화 지방은 종종 식물 지방이나 기름인데, 실온에서 보통 액체이다. 땅콩, 옥수수, 그리고 올리브기름이 여러 진성 지방의 혼합물인 불포화 지방의 예이다. 글리세롤과 세 개의 지방산이 결합하면 지방이 형성된다. 이 반응은 단당류가 서로 결합하게 하는 반응과 거의 완전히 동일하다.

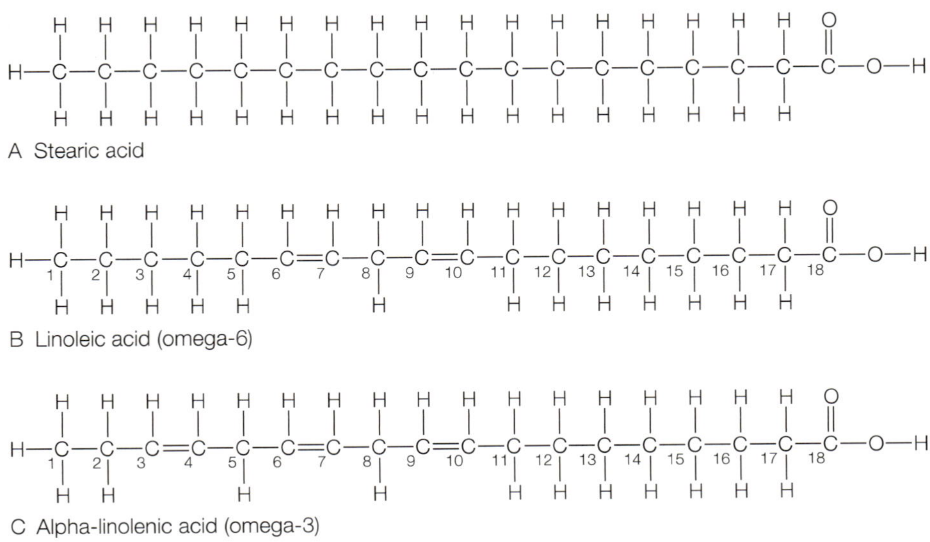

그림 9.23 포화지방산과 불포화지방산의 구조. (A) 스테아르산은 포화지방산의 예이다. (B) 리놀레산은 불포화지방산의 예이다. 리놀레산은 6번째 탄소에서 처음으로 이중결합이 나타나기 때문에 기술적으로 오메가-6 지방산이다. (C) 오메가-3 지방산인 리놀렌산. 리놀레산과 리놀렌산은 둘 다 인간에게 필수지방산이다.

A Closer Look

오메가 지방산과 당신의 식단

지방산에서 이중결합의 존재는 그리스 문자 ω(오메가)와 분자 내에서 첫 번째 이중결합의 위치를 나타내는 숫자에 의해 나타낸다. 올레산은 올리브기름에서 발견되는 지방산의 하나인데 18개의 탄소와 9번 탄소와 10번 탄소 사이에 하나의 이중결합을 가진다. 따라서 화학적으로 C18 : 1 ω9로 나타내며 단일불포화 지방산이다 이 지방산은 통상 오메가-9 지방산으로 지칭된다. 그림 9.28B의 불포화지방산은 리놀레산인데, 해바라기와 홍화기름의 성분이다. 리놀레산은 화학적으로 두 개의 이중결합을 가지고 있고 C18 : 2ω6 나타내는 오메가-6 지방산인 다중불포화 지방산이다. 이는 이 18개 탄소 분자의 첫 번째 이중결합이 6번째와 7번째 탄소사이에 있다는 것을 나타낸다. 인간의 신체는 이 지방산을 합성할 수 없기 때문에 필수 지방산으로 불리며 식사의 부분으로 섭취해야만 한다. 다른 필수 지방산인 리놀렌산은 C18 : 3ω3이며 세 개의 이중결합을 가진다. 이 지방산은 오메가-3 지방산으로 흔히 지칭된다. 이 필수지방산들의 주요한 기능의 하나는 세포의 성장과 분화에 필요한 프로스타글란딘 호르몬의 합성이다.

오메가-3 지방산의 기원	오메가-6 지방산의 기원
특정 생선 기름 (연어, 정어리, 청어)	옥수수기름
	땅콩기름
아마유	면실유
콩	콩기름
콩기름	참기름
호두	홍화 기름
호두 기름	해바라기 기름

지방은 에너지를 저장하는 중요한 분자이다. 1 g에 지방에는 9 cal로 당의 4 cal에 비해 두 배 이상 많은 에너지가 있다. 지방은 좁은 공간에 저장되면서도 많은 양의 에너지를 산출할 수 있어 생물에 중요하다. 동물의 지방은 열손실로부터 보호를 제공한다. 고래, 바다코끼리, 그리고 바다표범의 두꺼운 지방층은 그들이 서식하는 차가운 물 환경으로 내부 체열이 손실되는 것을 방지한다. 이 지방층은 일부 내부기관(신장과 심장 등) 주위의 지방 축적과 함께 이러한 기관을 물리적 손상으로부터 보호하는 쿠션 역할을 한다. 지방이 글리세롤 분자로부터 형성되고 세 개의 지방산이 부착되면 **트라이글리세라이드**

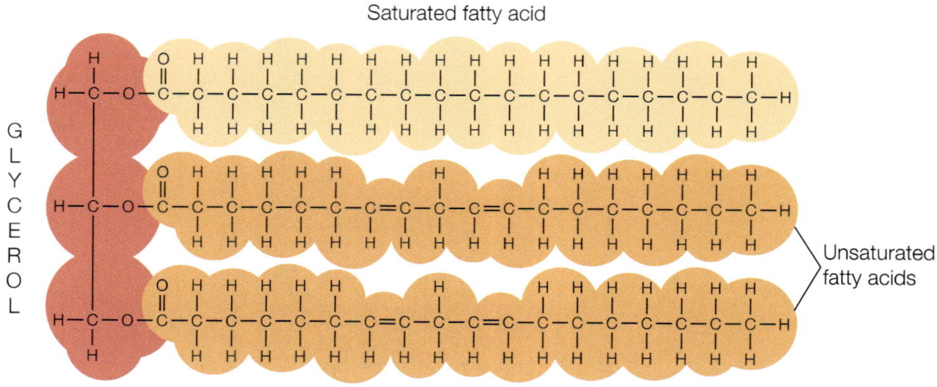

그림 9.24 글리세롤에 부착된 세 개의 지방산 배열은 지방의 전형적인 구조이다. 지방의 구조식은 지방산을 글리세롤로부터 분리시키기 전에는 매우 복잡해 보인다; 분리하면 좀 더 쉬워진다. 이 트라이글리세라이드의 예는 하나의 글리세롤 분자, 두 개의 불포화지방산(리놀레산), 그리고 세 번째의 포화지방산(스테아르산)을 포함한다.

(triglyceride)라고 한다; 두 개는 다이글리세라이드; 하나이면 모노글리세라이드이다(그림 9.24). 트라이글리세라이드는 사람 조직에 저장된 지방의 95% 정도를 차지한다.

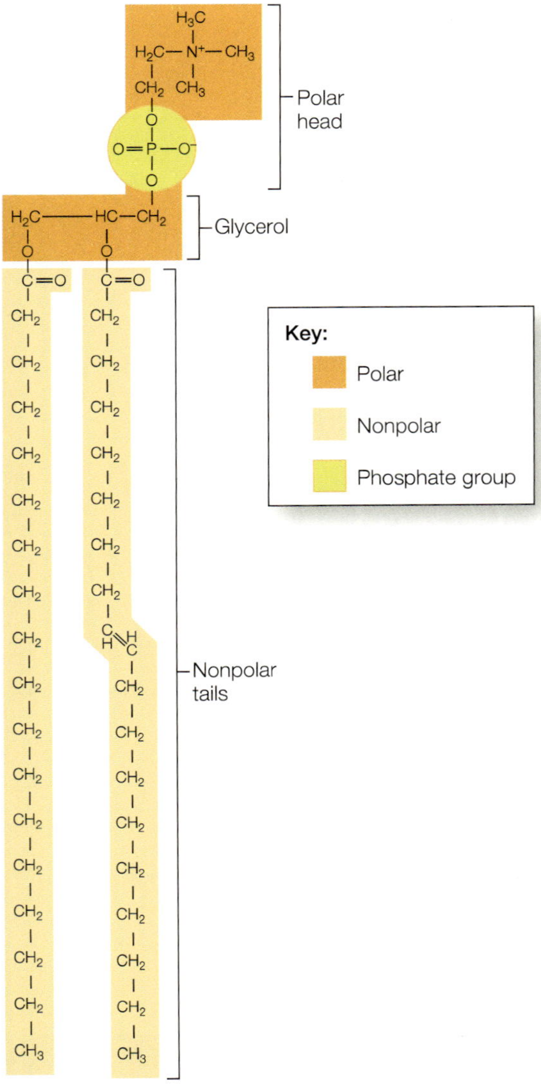

그림 9.25 이 분자는 지방과 유사하지만 구조 내에 인산(노란색)을 가지고 있다. 인지질 분자는 두 줄이 매달린 머리를 가진 것으로 생각하면 된다. 머리 부분은 글리세롤과 인산기이며 극성이고 물에 용해된다. 줄은 분자의 지방산 부분이며 비극성이다.

인지질(phospholipids)

인지질(phospholipids)은 지방을 닮았지만 구조에 인산기(PO_4)를 가지고 있는 복합 비수용성 유기분자 집단이다(그림 9.25). 인지질이 중요한 이유 중 하나는 세포막의 주된 구성요소라는 것이다. 세포막에 이러한 지질이 없다면 세포는 외부 환경과 구별되지 않을 것이다. 일부 인지질은 레시틴(lecithin)으로 잘 알려져 있다. 레시틴은 세포막에서 나타나며 지방의 유화를 돕는다; 즉 큰 지방을 작은 단위로 분리하는 것을 돕는다. 레시틴은 이러한 목적으로 많은 종류의 식품에 첨가된다(예를 들면 초콜릿 바). 일부 사람들은 레시틴을 모발을 건강하게 하고 추리력을 좋게 한다고 믿어져 영양 보조제로 섭취한다; 그러나 장에 들어가면 레시틴은 다른 인지질과 똑같이 효소에 의해 파괴된다.

스테로이드(steroids)

스테로이드(steroids)는 지질 분자의 다른 집단인데, 탄소가 서로 맞물린 고리구조로 특징지어 진다. 많은 스테로이드 분자는 성호르몬이다. 일부는 난자와 정자 생산과 같은 생식과정을 조절하며(11장 참조); 다른 호르몬은 혈중 염농도 등을 조절한다. 그림 9.26은 테스토스테론과 프로게스테론 같은 몇몇 스테로이드 화합물을 보여주는데, 이들은 생물과 실험실에서 의약품으로 제조된다. 이미 콜레스테롤이라고 하는 한 종류의 스테로이드 분자를 다루었다. 혈장 콜레스테롤(혈액에 있으며 지단백질과 결합됨)은 많은 동맥경화증에 연관되었다. 그러나 신체는 스테로이드를 세포막의 구성성분으로 사용한다. 콜레스테롤은 비타민 D를 만드는데 필수적인데, 뼈와 치아의 올바른 발달을 돕는다. 비타민 D는 골격장애를 조절하는데 중요한 역할을 할 뿐 아니라, 자가면역 장애, 암, 심혈관계 질병을 통제하는 데에도 도움이 되는 것으로 밝혀졌다. 피부의 콜레스테롤 분자는 자외선과 반응하여 비타민 D를 생성한다. 신체는 담즙산을 만드는데 콜레스테롤을 이용한다. 이러한 간의 산물은 장으로 전달되어 지방을 유화시킨다.

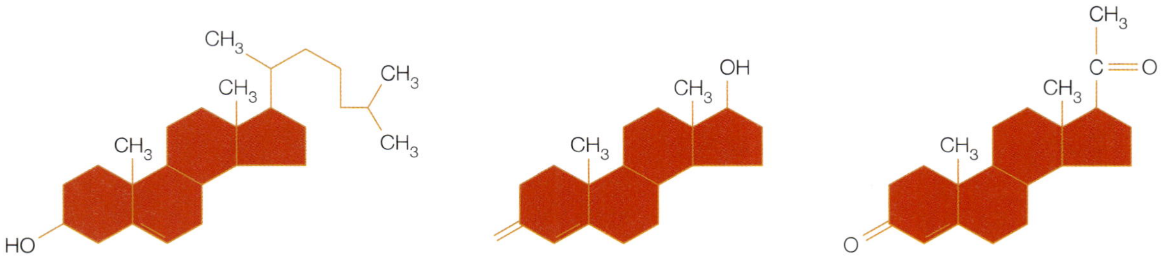

A Cholesterol B Testosterone C Progesterone

그림 9.26 (A) 콜레스테롤은 인체에 의해 생성되며 세포막에서 발견된다. (B) 테스토스테론은 사춘기에 증가하며 남성 성기관이 성숙하도록 한다. (C) 프로게스테론은 난소와 태반에 의해 생성되는 여성 성호르몬이다. 이들 분자들 간의 작은 차이점을 주목하시오.

CONCEPTS APPLIED 식품 저장고의 영양분

제품을 집어서 라벨에 있는 정보에 따른 1인분에 포함된 지방, 단백질, 그리고 탄수화물의 g수를 적으시오. 단백질과 탄수화물의 g수에 각각 4 cal/g을 곱하고 지방의 g수에 9 cal/g을 곱하시오. 1인분의 총 칼로리를 더하시오. 구한 총 합이 라벨에 있는 1인분당 칼로리 수와 일치하나요? 또한 주어진 1인분의 양을 검토하시오. 이 양은 한 번에 먹기에 합당한지, 아니면 이 양보다 두세 배를 먹는지? 나머지 영양 정보(비타민, 미네랄, 나트륨 함량, 등)와 성분의 목록을 적으시오. 어떠한 성분이 어떠한 영양분을 제공한다고 생각되는지 말하시오. (예: 식물 기름－지방원; 우유- 칼슘과 비타민 A 제공; MSG－나트륨 근원)

부정적인 영향을 방지하기 위하여 신체의 콜레스테롤 양을 조절하는 것은 어려운데, 그 이유는 신체가 만들기도 하고 음식으로 먹기 때문이다. 포화지방이 높은 식단은 아테로마성 동맥 경화증 같은 질병 위험을 증가시킨다. 식단을 주의하면 혈장 내 콜레스테롤 양을 20%까지 낮출 수 있는데, 이는 콜레스테롤 저하약을 먹는 것과 같다. 따라서 콜레스테롤이 낮은 음식을 먹는 것이 최선이다. 저콜레스테롤 또는 무콜레스테롤이라고 주장하는 많은 식품들이 높은 포화지방 수준을 보이기 때문에, 혈장의 콜레스테롤 수준을 조절하기 위해서는 피해야 한다.

A Closer Look

지방과 식단

지방을 포함하는 음식으로 트라이글리세라이드가 섭취되면 소화효소가 글리세롤과 지방산으로 가수분해한다. 이러한 분자들은 수반된 도표에서 보여주는 것처럼 장관에서 흡수되어 단백질로 둘러싸여 지단백질을 형성한다. 이 결합은 지방이 혈액에 잘 용해되게 하고 따라서 순환계를 통해 신체 모든 곳을 이동할 수 있도록 한다.

신체에서 발견되는 다섯 종류의 지단백질은 다음과 같다:

1. 킬로미크론(chylomicrons)
2. 초저밀도 지단백질(VLDLs)
3. 저밀도 지단백질(LDLs)
4. 고밀도 지단백질(HDLs)
5. 지단백질 a [Lp(a)]

킬로미크론은 장에서 생성되는 매우 큰 입자이다; 80－85%가 트라이글리세라이드로 구성된다. 킬로미크론이 신체를 순환할 때, 세포는 성호르몬을 생성하고, 에너지를 저장하고, 그리고 새로운 세포 부분을 만들기 위하여 트라이글리세라이드를 제거한다. 대부분의 트라이글리세라이드가 제거되면 킬로미크론의 나머지 부분은 무해하게 파괴된다.

VLDLs와 LDLs는 간에서 생성된다. VLDLs는 모든 종류의 지방, 단백질, 그리고 10－15%의 콜레스테롤을 포함하고, 반면에 LDLs는 약 50%가 콜레스테롤이다. 킬로미크론처럼 몸은 그들이 함유된 지방을 얻기 위해 이들을 사용한다. 그러나 어떤 사람들은 혈액의 LDL과 지단백질 a [Lp(a)]의 수준이 높이며 아테로마성 동맥경화증, 발작, 그리고 심장마비와 관련되어 있다. 포화지방은 혈관으로부터 LDLs를 청소하는 것을 혼란시키는 것으로 보인다. 따라서 혈중에서 LDLs는 혈관의 내분에 달라붙어 침전을 형성하여, 흐름을 제한하여 고혈압, 발작, 그리고 심장마비를 일으킨다. 30%의 콜레스테롤이 있기는 하지만 높은 수준의 HDLs(장에서 생성됨)는 LDLs와 [Lp(a)]에 비하여 아테로마성 동맥경화증의 위험이 낮다. 이러한 질병의 위험을 줄이는 하나의 방법은 LDLs와 [Lp(a)]의 섭취를 줄이는 것이다. 이를 위해서는 포화지방의 소비를 줄이면 된다. LDLs와 HDLs의 관계를 기억하는 쉬운 방법은 “L = Lethal 치명적” and “H =Healthy 건강” 또는 “Low = 나쁨” 그리고 “High = 좋음.”이다. 미국 연방정부의 콜레스테롤 지침에 의하면 모든 성인은 5년마다 전체 지단백질 분석(총 콜레스테롤, HDL, LDL, 그리고 트라이글리세라이드)을 할 것을 권고한다. 이 지침은 바람직한 LDL 수준의 슬라이딩 스케일을 추천하지만, 최근의 연구에 의하면 LDL 수준은 낮을수록 좋다고 제안한다.

약을 먹는 것도 지단백질 수준을 조절하는 하나의 방법이다. 스타틴(예, 심바스타틴, 아토바스타틴) 종류의 약은 체내에서 콜레스테롤 생산 속도를 조절하는 효소의 작용을 차단한다. 이 약을 사용하면 콜레스테롤을 20－60% 낮출 수 있다. 이 약은 또한 간이 저밀도 지단백질을 제거하는 능력을 증진시킨다. 추가적인 이득은 약간의 고밀도 지단백질의 증가와 트라이글리세라이드의 감소이다. 약을 먹지 않고 좋은 콜레스테롤 수준을 증가시킬 수 있는 몇 가지 방법이 있다. HDL 수준은 사람이 다음과 같은 행동을 하면 증가할 것이다.

1. 담배를 끊는다.
2. 운동을 한다.
3. 체중을 줄인다.
4. 식사에서 트랜스 지방의 양을 줄인다.
5. 정제된 설탕보다는 통곡물 음식을 더 많이 먹는다.
6. 니아신(비타민 B_2)이 풍부한 음식을 먹는다.

총 콜레스테롤 목표치

· 20세 이하는 75-69 mg/dL
· 21세 이상은 100-99 mg/dL

저밀도 지단백질(LDL) 목표치

· 심장이나 혈관계 질병이 있거나 심장 질병의 위험이 높은(대사 증상이 있는) 다른 환자는 70 mg/dL 미만
· 고위험도 환자(예를 들면 당뇨환자나 다중 심장질환 위험 요인이 있는 사람)은 100 mg/dL 미만
· 130 mg/dL 미만

초저밀도 지단백질(VLDL) 목표치

· 40 mg/dL 미만

고밀도 지단백질(HDL) 목표치

· 45 mg/dL 이상(높을수록 좋음)

트라이글리세라이드 목표치

· 150 mg/dL 미만

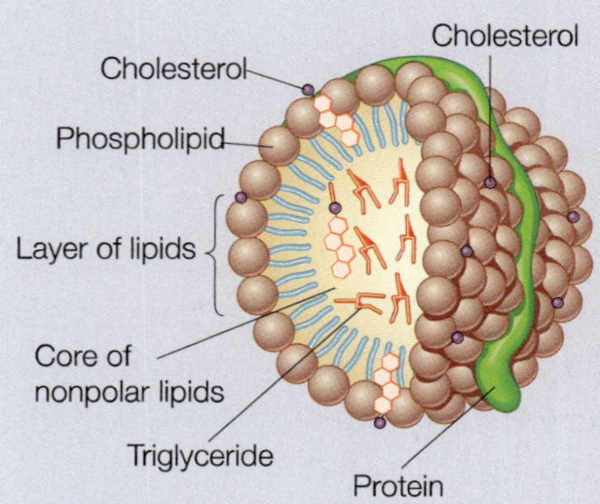

박스그림 9.2 지단백질의 도해

요약

유기화학은 주된 원소로서 탄소를 가지고 있는 화합물의 연구이다. 이러한 화합물을 유기화합물이라고 하며, 그 나머지는 모두 무기화합물이다. 탄소 원자는 다른 탄소 원자뿐 아니라 다른 원소의 원자와도 결합할 수 있기 때문에 수백만 종의 유기화합물이 존재한다.

탄화수소는 수소와 탄소 원자로 이루어진 유기화합물이다. 가장 단순한 탄화수소는 탄소 원자 하나와 수소 원자 넷으로 이루어진 CH_4이다. CH_4보다 큰 탄화수소는 다른 탄소 원자에 결합된 하나 이상의 탄소 원자를 가진다. 결합은 단일, 이중, 또는 삼중이고, 탄소의 사슬이나 고리이다.

한 종류의 탄화수소는 단일 탄소-탄소 결합을 가지며, 다른 종류는 이중 탄소-탄소 결합, 세 번째 종류는 삼중 탄소-탄소 결합을 가진다. 이러한 세 유형은 직선 또는 가지형 사슬 분자를 가질 수 있다. 탄소의 수가 세 개 이상이면 특정한 수의 탄소 원자에 대해 상이한 배열이 일어날 수 있다. 동일한 분자식을 가지면서 배열이 다른 분자들을 이성질체(isomers)라고 한다. 이성질체는 다른 물리적 성질을 가지기 때문에 각각의 이성질체는 고유한 이름을 가진다. 결합가능한 수소를 모두 가지고 있는 탄화수소를 포화 탄화수소라고 한다. 수소를 더 첨가할 수 있는 분자를 불포화 탄화수소라고 한다. 불포화 탄화수소는 포화 분자에 비해 화학적 반응성이 크다.

고리나 순환구조로 나타나는 탄화수소는 고리모양탄화수소이다. 3개의 이중결합을 가지는 탄소 6개의 고리모양탄화수소는 이중결합 위치가 한곳에 한정되지 않아 다른 고리모양탄화수소와 다른 성질을 가진다. 이 탄소 6개 분자는 벤젠이며 방향족 탄화수소의 기본 단위이다.

석유는 매립된 해양 플랑크톤이나 조류가 서서히 분해되어 형성된 많은 종류의 탄화수소 혼합물이다. 원유는 천연가스, LPG, 석유 에터, 휘발유, 등유, 디젤유 그리고 엔진오일 등으로 증류된다. 각 그룹은 탄화수소의 범위를 포함하며 용도에 따라 가공된다.

산화뿐 아니라 탄화수소는 치환, 첨가, 중합화 반응을 한다. 반응은 다중결합 부위나 기능기의 짝이 없는 전자쌍에서 일어난다. 기능기는 유기화합물의 화학적 성질을 결정한다. 기능기의 변화는 알코올, 에터, 알데하이드, 케톤, 유기산, 에스터, 그리고 아민 등 탄화수소 유도체를 생성한다.

중합체는 식물과 동물에서 자연적으로 나타나거나, 합성 중합체는 다양한 에틸렌 유도 단량체로부터 생성된다. 에틸렌으로부터 유도된 널리 사용되는 합성 중합체에는 폴리에틸렌, 폴리염화비닐, 폴리스타이렌, 그리고 테플론이 있다. 합성 중합체의 문제는 (1) 주된 에너지원으로도 이용되는 화석연료로 제조되고 (2) 쉽게 분해되지 않고 환경에 축적되는 경향이 있다는 것이다.

생명체는 믿을 수 없을 정도로 많은 수의 효소에 의해 촉매되는 고도로 조직화된 화학반응을 가지고 있으며, 음식과 에너지를 성장하고 번식하는데 이용한다. 이러한 생화학적 과정은 단백질, 탄수화물, 그리고 지질과 같은 거대분자를 만드는 것을 포함한다.

탄수화물은 CHO로 이루어진 유기 분자 종류이다. 단당류는 포도당과 과당 같은 단순 당이다. 포도당은 혈당이며 에너지의 근원이다. 이당류는 수크로오스(설탕), 락토오스(젖당), 말토오스(맥아당) 등이다. 다당류는 중합체이거나 포도당의 직선 또는 가지된 사슬로서, 저장된 에너지의 단기간 근원이다. 식물은 에너지를 전분의 형태로 저장하며, 동물은 글리코겐 형태로 저장한다. 셀룰로오스는 사람은 소화시킬 수 없는 전분과 유사한 중합체이다.

단백질은 아미노산의 거대분자 중합체이다. 구조, 운반, 그리고 기능 단백질을 만드는 다양한 중합체 조합에 이용되는 20 가지의 아미노산이 있다. 핵산은 뉴클레오타이드 단위로 구성된 중합체이다. DNA와 RNA 두 형태가 있다. 대부분의 생물에서 DNA는 유전물질로 작용하는 반면 RNA는 단백질 합성에 결정적인 역할을 한다.

지질은 네 번째로 중요한 종류의 생화학물질이다 진성 또는 중성 지방과 기름은 지질에 속하며 세 개의 지방산과 글리세롤이 트라이글리세라이드로 형성된 에스터이다. 진성 지방은 보통 동물과 연관된 고체의 트라이글리세라이드와, 식물과 연관된 기름 또는 액체 트라이글리세라이드이지만, 둘 다 고에너지 저장물질을 대표한다. 다른 두 개의 하위 집단은 세포막에 사용되는 인지질과, 주로 호르몬으로 작용하는 스테로이드이다.

개념 적용

Part I

1. 모든 유기 화합물은
   a. 탄소를 포함하며 생명체에 의해서만 형성된다.
   b. 합성되지 않은 자연 화합물이다.
   c. 생명체에 의해 형성된 여부와 상관없이 탄소를 포함한다.
   d. 식물에 의해 형성되었다.
2. 수백만 종류의 유기화합물이 있지만 유기화합물은 수천 종류밖에 없는 이유는?
   a. 유기화합물은 생명체에 의해 형성되었다.
   b. 지구 표면에 다른 원소보다 탄소가 많다.
   c. 탄소 외의 다른 원소의 원자는 결코 자신과 결합하지 않는다.
   d. 탄소 원자는 다른 탄소 원자를 포함하여 다른 네 원자와 결합할 수 있다.
3. 4개의 탄소 원자를 가진 탄화수소 분자는 몇 개의 수소 원자를 가질 때 포화되었다고 하는가?
   a. 4 b. 8
   c. 10 d. 16
4. 이성질체(isomers)는 무엇이 동일한 화합물인가?
   a. 구조가 다른 동일한 분자식
   b. 원자량이 다른 동일한 분자식
   c. 분자식이 다르지만 동일한 원자
   d. 식은 다르지만 동일한 구조
5. 이중 탄소-탄소 공유결합을 가진 탄화수소를 무엇이라 부르는가?
   a. 중합체(polymer) b. 불포화(unsaturated)
   c. 석유(petroleum) d. 위의 어느 것도 아님
6. 석유는 대부분 아래 어느 것들이 묻혀서 혐기성 분해에 의해 형성되었다고 믿고 있는가?
   a. 공룡 b. 어류
   c. 소나무 d. 플랑크톤과 조류(algae)
7. 에틸렌 분자는 반응에서 서로 결합되어 무엇이라 불리는 긴 사슬을 형성하는가?
   a. 단량체(monomer) b. 이량체(dimer)
   c. 삼량체(trimer) d. 중합체(polymer)
8. 화학 반응은 유기 화합물의 어느 부위에서 보통 일어나는가?
   a. 이중 결합
   b. 짝이 없는 전자쌍(lone pair or electrons)
   c. 기능기(functional group)
   d. 위의 어느 것도 아님
9. RHO에서 R은 무엇을 나타내는가?
   a. 기능기(functional group)
   b. "−yl"로 끝나는 탄화수소기
   c. 무기원소의 원자
   d. 탄소를 포함하지 않은 다원자 이온

Part II

10. $-NH_2$는 다음 무엇으로 알려진 탄소 골격에 부착된 원자의 특정한 조합인가?
    a. −enes
    b. 탄화수소 유도체
    c. 알코올 기(alcohol group)
    d. 아미노 기(amino group)
11. 단백질은 어느 것이 많이 연결되어 형성된 중합체인가?
    a. 포도당 단위
    b. DNA 분자
    c. 아미노산 분자
    d. 단당류(monosaccharide)
12. 다음 중 어느 것이 인체에서 혈당으로 전환되지 않는가?
    a. 젖당(유당; lactose)
    b. 덱스트로오스(dextrose)
    c. 셀룰로오스(cellulose)
    d. 글리코겐(glycogen)
13. 많은 합성 중합체는 환경에서 어떠한 이유로 문제가 되고 있는지?
    a. 식물의 성장을 촉진하는 영양분으로 분해된다.
    b. 쉽게 분해되지 않고 축적되는 경향이 있다.
    c. 자연물질과 달리 비타민을 포함하지 않는다.
    d. 어류의 먹이원이 되지만, 생선의 맛을 나쁘게 한다.
14. 세포에서 tRNA가 하는 역할은?
    a. 세포가 어떤 단백질을 만들지 알려준다.
    b. 리보솜에 특정 아미노산을 전달하여 단백질을 합성한다.
    c. 단백질 합성을 위하여 리보솜에 DNA 유전자를 전달한다.
    d. 단백질 합성을 종결한다.
15. 샤프롱 단백질의 역할은 무엇인가?
    a. 단백질 합성을 위하여 리보솜에 아미노산을 전달한다.
    b. 단백질 합성을 확실하게 한다.
    c. 다른 단백질이 올바른 형태로 접히게 돕는다.
    d. 돌연변이 단백질의 혼란을 방지한다.

답 : 1.c 2.d 3.c 4 a 5.b 6.d 7.d 8.d 9.a 10.d 11.c 12.c 13.b 14.b 15.c

생각을 위한 질문

Part I

1. 유기화합물은 무엇인가?
2. 유기분자가 수백만의 화합물을 형성할 수 있도록 하는 것은 무엇인가?
3. 에탄(ethane)의 이성질체의 존재가 가능한가? 설명하시오.
4. 에틸렌은 플라스틱의 생산에 중요한 원료인데 에탄은 아닌 이유를 설명하시오.
5. 왜 유기분자는 3차원인가?
6. (a) 천연가스, (b) LPG, 그리고 (c) 디젤유는 무엇인가?
7. 휘발유(gasoline)의 옥탄가는 무엇을 나타내는가. 이 값은 무엇에 기초하는가?
8. 중합체(polymer)는 무엇인가? 자연적으로 나타나는 식물 중합체의 예를 드시오. 합성 중합체의 예를 드시오.

Part II

9. 다음 유기분자들의 예를 드시오: 탄수화물, 단백질, 핵산, 지질.
10. 작용기(functional group)란? 네 가지 예를 나열하시오.
11. 지방산인 리놀레산(linoleic acid)의 구조식을 그리시오. 어떠한 특징이 리놀레산을 포화지방이 되게 하는가?
12. 청량음료가 "설탕 무첨가(contain no sugar)"로 광고된다. 라벨에는 탄산수, 덱스트로오스, 콘시럽, 과당, 조미료 성분이 열거되어 있다. 광고를 평가하시오.
13. 미소분자(micromolecule)와 거대분자(macromolecule)의 차이점은 무엇인가?
14. DNA와 RNA의 중요한 차이점은 무엇인가?
15. 세포에서 단백질이 하는 주된 역할을 나열하시오.

심층 분석

1. 많은 사람들은 고옥탄가 휘발유를 차에 사용하면 더 나은 성능을 얻을 것으로 느낀다. 고옥탄가와 일반 휘발유의 차이점은 무엇인가? 과학적인 증거가 이 사실을 증명하는가? 당신의 차에는 어떤 옥탄가의 휘발유가 권장되는가?
2. 휘발유에 사용되는 첨가제에 대한 건강상의 우려가 있었다. 이러한 첨가제들은 무엇인가? 그것들은 어떠한 목적으로 사용되는가? 이러한 첨가제의 사용을 반대하는 사람들이 제시하는 부정적인 영향은 무엇인가?
3. 피임약은 1960년대 초부터 존재하였다. 이 약은 다양한 유기분자로 이루어져 있다. 이러한 화합물의 성질은 무엇인가? 그들이 출생을 조절하지 않기 때문에 임신을 조절하기 위하여 이러한 약들이 어떻게 작용하는가? 피임약의 부작용은 무엇이고 관련된 이익은 무엇인가?
4. 세계의 많은 지역공동체는 재활용에 관련되어 있다. 가장 중요한 재활용 물질은 플라스틱이다. 플라스틱을 재활용하는 것이 새로 제조하는 것보다 비용이 많이 든다는 우려가 있었다. 인터넷에서 다음을 찾아보시오.
   a. 일반적으로 재활용되는 플라스틱의 종류를 확인하시오
   b. HDPE와 같은 플라스틱이 어떻게 재활용되는지 설명하시오.
   c. HDPE의 재생을 배제하거나 확장하는 데 대한 주장을 펼쳐보시오.

탐구 초대

알코올: 당신은 정말 무엇을 알고 있나요?

고고학자, 인류학자, 화학자, 생물학자, 의료전문가는 알코올의 섭취가 수천 년 되었다고 동의한다. 또한 알코올의 섭취가 전세계 대부분의 문화에서 이루어졌다는 증거가 있다. 인터넷을 사용하여 다음 질문의 답을 찾아보시오.

1. 에틸알코올의 생산에 대한 증거가 있는 가장 최초의 시기는 언제인가?
2. 어느 문화에서 알코올 생산이 최초로 이루어졌는가?
3. 에탄올의 분자식과 구조는 어떻게 생겼는가?
4. 알코올과 물은 서로 혼합되는가?
5. 미국에서 매년 어느 정도의 알코올이 음료형태로 소비되는가?
6. 술 취한 것으로 간주되는 알코올의 법적 한도는?
7. 이 수준은 어떻게 측정되는가?
8. 왜 알코올 음료에는 세금이 부과되는가?
9. 남자와 여자사이의 음주의 부정적인 영향의 차이는 어떻게 비교하는가?
10. 연구자들이 음주의 유익한 영향을 증명하였는가? 당신이 알고 있었던 것과 현재 과학적 증거에 의해 지지되는 것을 비교하시오.

10 생명체의 본질

세포는 개체의 생명단위로서 존재할 수 있는 가장 단순한 구조이다. 이 단위 내에서 생명을 유지하기 위하여 많은 화학 반응이 요구된다. 이러한 반응은 무작위적으로 일어나지 않고 다양한 종류의 세포의 특정한 부분과 연관되어 있다. 이 세포들은 손상된 조직을 수선할 수 있는 능력을 가지고 있는 배아 줄기세포(stem cells)이다.

Chapter Ten | The Nature of Living Things

살아있다는 것은 무엇을 의미하는가? 과학 교재에서 쉽게 답을 구할 수 있으리라 생각할 것이다. 그러나 이것은 단순한 이론상의 문제가 아닌데, 이는 특히 시작과 끝에 있을 생명을 법적으로 정의하는 것이 필요해졌기 때문이다. 사망의 법적인 정의는 사람이 생명보험 혜택을 받을 것인지 또는 몸의 일부를 이식할 수 있을 것인지를 결정하기 때문에 중요하다. 심장 이식의 경우에 심장을 기증하는 사람은 법적으로 사망했을 수 있으나, 심장은 아직 생명을 가지고 있을 때 제거될 수 있기 때문에 명백하지 않다. 바꾸어 말하면 사망에는 다른 종류들이 있다. 전체 생명 단위의 사망과 생명 단위 내의 세포의 사망이다. 사람은 모든 세포가 죽기 전에 실제로 사망한다. 따라서 사망은 생명이 없는 것이지만, 이것은 무엇이 생명인지를 알려주지 않는다. 이 시점에서는 생명의 정의를 하지 않고, 생명체의 기본 특성에 대하여 기술하려고 한다.

핵심개념 모든 생명체는 세포로 구성되어 있다.

1부. 생명의 특성 (The Characteristics of Life)

이 장은 세 부분으로 나뉘어 있다. 첫 부분은 모든 생명체에 의해 나타나는 일반적인 구조적 그리고 기능적인 면에 중점을 두었다. 이것이 생물을 무생물 세계로부터 분리하는 특징들이다.

10.1 무엇이 사물을 살아있게 하는가? (What Makes Something Alive)

생물과학은 살아있는 물체에 대한 학문이라고 할 수 있다. 생물학은 화학과 물리에 기초를 두고 이러한 기본적인 물리법칙을 생명과정에 적용한다. 생명체는 생명을 가져본 적이 없는 물체에서 보통 나타나지 않는 능력과 구조를 가지고 있다. 에너지와 물질을 조작할 수 있는 것은 생명체의 고유 능력이다. 생명체가 어떻게 물질을 변형하고 에너지를 사용하는가에 대한 이해를 발전시키는 것은 어떻게 무생물과 다른지를 평가하는데 도움이 된다. 생명체는 무생물이 가지지 않는 다섯 가지 특성을 보인다: (1) 대사 과정, (2) 생식 과정, (3) 반응 과정 (4) 조절 과정, 그리고 (5) 독특한 구조적 조직이다(그림 10.1). 살아있기 위해서는 위의 모든 특성을 보여야만 한다; 즉 모두 함께 작용해야만 한다. 이러한 특성들이 모든 생명체에 전형적인 것이지만, 항상 모든 생명체에 모두 존재하지 않을 수도 있다. 예를 들면, 어떤 개체는 생식이나 성장을 특정한 시기에만 할 수 있다. 생명체가 이러한 특성을 하나 이상 오랫동안 상실하게 되면 죽게 된다. 어떤 고유한 구조와 연관되어 일어나는 독특한 화학적 과정을 보일 때 그 물체는 살아있다. 이 절에서는 이러한 기초적인 특성을 간단히 소개한다.

1. **대사과정**(Metabolic process)　세포가 성장, 번식, 수선을 하는데 필요한 분자를 포함하는 모든 화학반응을 **대사작용**(metabolism)이라고 한다. 대사 특성은 세포를 살아있게 한다. 생명체가 사용하는 에너지는 복합분자의 화학결합으로 저장된다. 다른 종류의 생명체는 다른 방식으로 **영양분**(nutrient)이나 음식을 대사하지만, 영양분의 흡수, 영양분의 가공, 폐기물의 제거의 세 가지 주된 기능이 있다. 모든 생명체는 환경에서 영양분(원료)을 받아들이기 위해 에너지를 소비한다. 동물은 다른 생물을 먹거나 삼켜서 물질을 받아들인다. 미생물과 식물은 생명을 유지하기 위하여 세포로 원료를 흡수한다. 일단 내부로 들어오면 원료는 새로운 부분을 만들고, 수선을 하고, 번식을 하고, 그리고 필수 활동을 위한 에너지를 제공하기 위한 일련의 화학반응에 이용된다. 그러나 생명체로 들어오는 모든 원료가 가치가 있는 것은 아니다. 일부는 무익하거나 심지어는 해가 된다. 생물은 이러한 부분을 폐기물로 제거한다. 대사 과정은 폐기물로 간주될 수 있는 쓸모없는 열에너지도 생산한다.

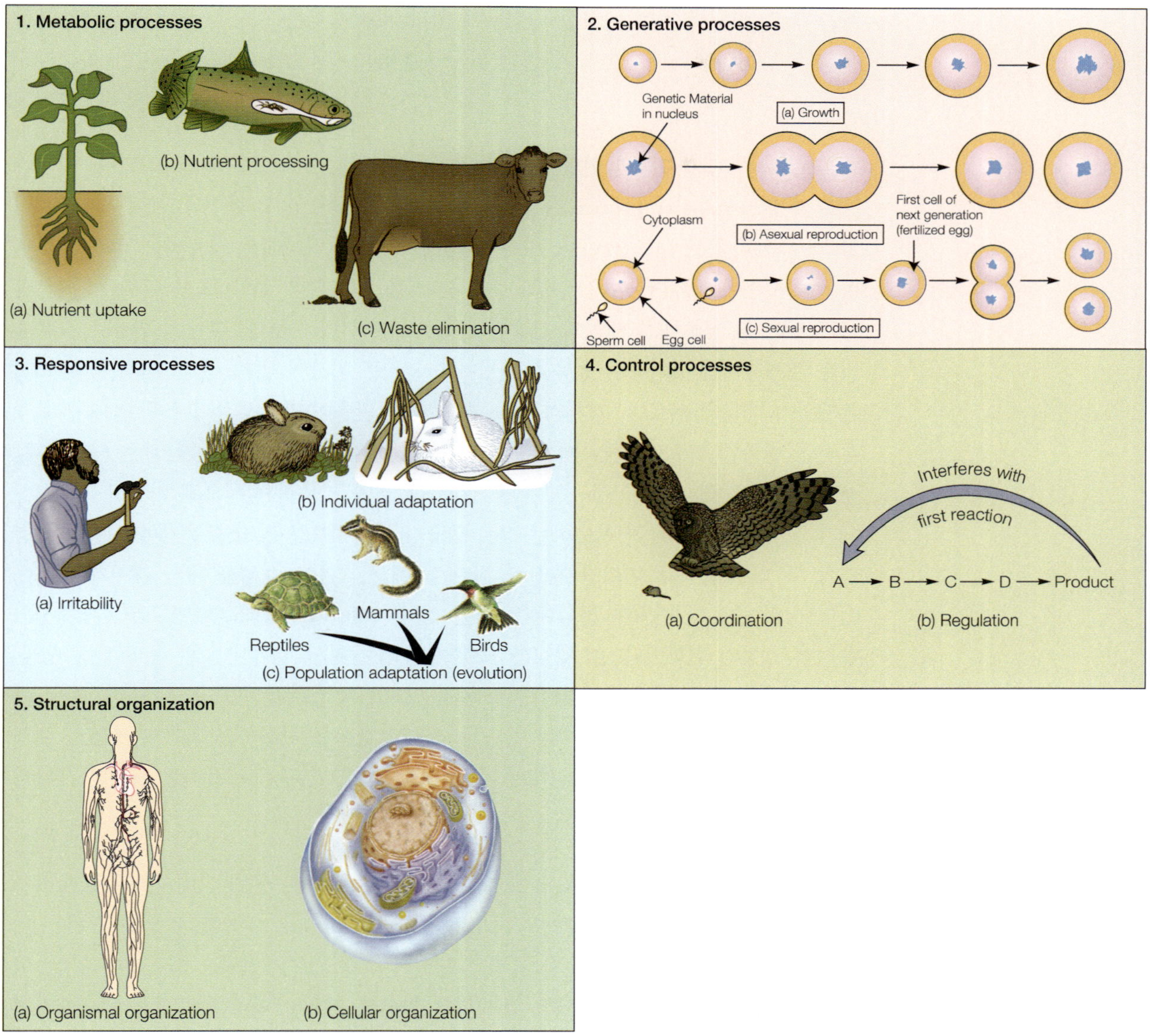

그림 10.1 생명체는 많은 공통적인 특징을 보인다.

2. **생식 과정**(Generative Process)은 개체 크기의 증가(성장) 또는 생물군집의 개체수의 증가(번식)에 따른 반응이다. 성장 도중에 생명체는 구조를 증가하고, 부분을 수선하고, 나중에 사용하기 위하여 영양분을 저장한다. 성장과 번식은 대사와 직접적으로 연관이 되어있는데, 그 이유는 영양분의 획득과 가공이 없이는 둘 다 일어날 수 없기 때문이다.

   모든 생물은 죽기 때문에 개체의 번식은 필히 일어나야 한다. 즉 번식은 생명체가 영속할 수 있는 유일한 방법이다. 모든 생물은 다음 세대로 유전되는 유전물질을 전달해야만 한다. 대부분의 생물은 유전물질이 DNA이다. 다양한 생물이 번식하고 존재를 계속할 수 있도록 하는 다양한 방법들이 있다. 유성생식은 새로운 생명체를 제조하기 위하여 두 생물이 관여한다. 무성생식(성이 없음)은 생물이 자신과 동일한 복제물을 만든다.

3. 생물은 체내 또는 주변의 변화에 대해 의미 있는 방법으로 반응(respond)한다. 이러한 **반응 과정**(responsive process)은 세 범주로 조직화되어 있다: 감수성, 개체 적응, 그리고 개체군 적응 또는 진화이다. 감수성이라는 용어는 일상에서 사용되는 성마른 또는 화난다는 뜻이 아니다. 여기서 감수성은 큰 소음, 아름다운 석양, 또는 악취에 대한 반응과 같은 자극에 대한 개인의 신속한 반응을 의미한다. 이러한 유형의 반응은 자극을 받은 개체에서만 나타나며 반응을 일어나도록 하는 기작이 근육, 골격, 신경 등에 이미 존재하기 때문에 빠르다. 개체의 적응 또한 개체 반응이지만 성장이나 생물 내에서 기본적인 변화를 필요로 하기 때문에 느리다. 예를 들어 족제비의 털 색깔은 여름철 갈색으로부터 갈색 색소를 생산하는 유전자가 꺼지면 겨울철 흰색으로 바뀐다. 또는 신체가 질병생물에 대하여 반응하는 것은 세포가 궁극적으로 질병을 유발하는 생물을 통제할 수 있도록 하는 변화를 필요로 한다. 개체군 적응은 개체군 내의 개체가 나타내는 특성의 종류의 변화를 포함한다. 이는 **진화**(evolution)라고도 하며, 생물 개체군의 유전적 조성의 변화이다. 이 과정은 오랜 시간에 걸쳐서 일어나며 한 종이(특정 생물) 오랜 세대를 거쳐 환경의 장기적 변화에 적응하고 잘 생존할 수 있도록 한다. 예를 들어, 새가 멀리 날 수 있도록 하는 구조는 겨울이 생존을 위협하는 혹독한 조건의 세계에 반응할 수 있도록 한다. 유사하게, 인간이 생각하고 도구를 사용하는 능력은 생존하고 다양한 환경조건에서 성공할 수 있도록 한다.

4. **조정과 조절의 통제과정**(Control process)　통제 과정은 생물이 대사활동을 올바른 순서(조정; coordination)와 알맞은 속도(조절; regulation)로 수행할 수 있도록 하는 기작이다. 생물의 모든 화학반응은 특정한 생화학적 경로로 조정되고 연결되어 있다. 이러한 모든 반응의 편성은 생명을 유지하기 위하여 필요한 영양분의 특유한 단계적인 취급이 일어나는 것을 보장한다. **효소**는 생물에 의해 생산되는 분자인데, 생명의 화학적 반응이 일어나는 속도를 증가시키고 조절할 수 있는 분자이다. 효소는 다른 형태로 가공되는 영양분의 양도 조절한다.

   생물의 많은 내부 활동은 **항상성**(homeostasis)이라고 하는 기작에 의하여 상호 관련되고 조정되어 일정한 내부 환경을 유지한다. 예를 들어, 운동을 시작하면 산소를 빨리 소모하여 혈중의 산소 양이 감소한다. 일정한 내부 환경을 유지하기 위하여 신체는 더 많은 산소를 획득해야 한다. 이는 호흡을 유발하는 근육의 신속한 수축과 혈액을 폐로 보내기 위한 심장의 더 빠르고 강한 펌프 작용을 포함한다. 이러한 활동은 정확한 시기에 올바른 속도로 함께 일어나야 하며, 그렇게 되면 추가적인 근육활동을 지탱하면서도 혈중 산소 수준은 정상으로 유지된다.

그림 10.2 각 생물은 간단하든 복잡하든 독립적으로 대사, 번식, 반응, 그리고 조절과정을 수행한다. 생물은 또한 특별한 분자들, 세포 구조, 그리고 다른 구조성분을 포함한다. DNA는 생명체에 특유한 분자이다. 효모나 원생동물인 유플로테스 같은 일부 생물은 단일 세포로 구성되어 있으며, 난초나 인간과 같은 다른 생물은 복잡한 구조로 조직화된 많은 세포로 구성되어 있다.

5. 생명체의 전형적인 네 가지 기본 과정에 추가하여, 생명체는 기본적인 **구조적 유사성**(structural similarity)을 공유하고 있다. 모든 생명체는 세포라고 불리는 복잡한 구조 단위로 조직되어 있다. 세포는 외부 경계막과 특정한 기능을 갖는 내부 구조 단위를 가지고 있다. 일부 생명체는 생물이라고 하는 독립적으로 기능하는 단위를 제공하는 전문화된 능력을 가진 수십억 개의 상호작용하는 세포로 구성되어 있다(그림 10.2). 전형적으로, 인간과 같이 큰 다세포 생물에서 세포는 조직(tissue; 예, 근육, 신경)이라고 하는 단위로 서로 협력한다. 조직의 집단은 기관(organ; 예, 심장)이라는 더 큰 단위로 조직화되고, 나아가 기관계(organ system; 예, 순환계)로 조직화된다. 세균이나 효모와 같은 다른 생물은 단일 세포 내에서 모든 네 가지의 생명 과정을 수행한다. 바위, 물, 기체와 같은 무생물은 구조적으로 복잡한 공동 소단위를 공유하지 않는다.

생물학자와 다른 과학자들은 방대한 정보를 서로 연관시키기 쉽도록 개념적인 덩어리로 조직화한다. 생물학에서 중요한 하나의 개념은 모든 생명체가 구조적 기능적 특성을 공유한다는 것이다. 다른 중요한 조직화 개념은 생물이 다양한 수준에서 주변과 상호작용하는 특별한 종류의 물질이라는 것이다(표 10.1). 생물학자가 특정한 문제의 답을 구할 때에는, 몇 개의 수준에서 동시에 착수한다. 생명체를 이루는 분자를 이해해야하며; 분자가 어떻게 세포로 병합되었는가; 생물 내에서 조직, 기관 또는 기관계가 기능하는가; 그리고 개체군과 생태계가 개체 생물의 변화에 의해 어떻게 영향을 받는가이다.

표 10.1 생명체 조직의 단계

범주	특성/설명	예/적용
생물권 (Biosphere)	전세계적인 생태계; 인간의 활동은 지구의 기후에 영향을 미친다.	지구 기후변화, 오존층의 구멍
생태계 (Ecosystem)	특정한 장소에서 물리적 세계와 상호작용하는 군집 (개체군의 집단)	에버글레이즈(대습지) 생태계는 많은 종류의 생물, 기후, 그리고 남부 플로리다로 물의 흐름을 포함한다.
군집 (Community)	특정한 장소에서 서로 상호작용하는 다른 종류의 생물의 개체군	어느 장소에서 상호작용하는 나무, 곤충, 새, 포유류, 진균, 세균, 그리고 많은 다른 생물의 개체군
개체군 (Population)	특정한 종류의 개별 생물의 집단	인간 개체군(인구)은 현재 60억 이상의 개별 생물로 이루어져 있다. 캘리포니아 콘도르의 현재 개체군은 약 220 개체이다.
개체 생물 (Individual organism)	독립적인 생명 단위	하나의 단일 생물 어떤 생물은 많은 세포로 이루어져 있다 – 당신, 곰보버섯, 장미나무. 다른 생물은 단일 세포이다- 효모, 폐렴 세균, 아메바
기관계 (Organ system)	특정한 기능을 수행하는 기관의 집단	순환기계는 심장, 동맥, 정맥, 모세혈관으로 이루어져 있으며, 모두 피를 한 곳에서 다른 곳으로 이동하는데 관련되어 있다.
기관 (Organ)	특정한 기능을 수행하는 조직의 집단	눈은 신경조직, 연결조직, 혈관, 그리고 착색된 조직을 포함하며, 모두 시력에 관련되어 있다.
조직 (Tissue)	특정한 기능을 수행하는 세포의 집단	혈액, 근육세포의 집단, 그리고 피부 층은 모두 특정한 기능을 수행하는 세포의 집단이다.
세포 (Cell)	생명의 특징을 나타내는 가장 작은 단위	어떤 생물은 단일 세포이다. 다세포 생물에는 몇 종류의 세포가 있다 – 심장 근육세포, 신경세포, 백혈구 등.
분자 (Molecules)	원자의 특정한 배열	생명체는 단백질, 탄수화물, 그리고 DNA와 같은 특정한 종류의 분자로 구성되어 있다.
원자(Atoms)	물질의 기초 단위	수소, 산소, 질소 그리고 100여종의 다른 원자들

10.2 세포설(The Cell Theory)

생명의 특성중 하나인 세포는 모든 생명체에 적용되기 때문에 생물학에서 가장 중요한 개념 중의 하나이다. 이 개념은 갑자기 나타난 것이 아니라 수백 년간에 걸쳐 발달되고 변형되었다. 몇 사람이 세포설에 대해 주요한 공헌을 하였다. 레벤후크(Anton van Leeuwenhoek; 1632–1723) 생물 시료를 관찰하기 위하여 최초로 현미경을 이용하였다. Leeuwenhoek가 현미경으로 연못물에서 움직이는 물체를 발견했을 때, 호기심에서 다양한 다른 사물을 관찰하였다. 그는 예를 들면 혈액, 정액, 대소변, 후추, 치아 표면 물질 등을 연구하였다. 그는 최초로 개별 세포를 관찰하고 생명의 단위로 인식하였으나, 세포라고 부르지는 않았다. 그는 연못 물에서 움직이는 미소 동물을 관찰하였기에 "작은 동물(animalcules)"로 명명하였다.

세포(cell)라는 용어를 처음 사용한 사람은 물체를 확대하면 어떻게 보이는지에 관심을 가졌던 영국의 로버트 후크(Robert Hooke; 1635–1703)이다(그림 10.3). 그는 코르크 나무 껍질의 코르크박편을 관찰하였다. 그는 수도원의 황량한 기숙사 방처럼 반듯하게

People Behind the Science

Matthias Jakob Schleiden(1804-1881), Theodor Schwann(1810-1882)

마티아스 슐라이덴은 독일 식물학자이며 테오도르 슈반과 함께 세포설을 확립한 것으로 잘 알려져 있다.

세포의 존재는 17세기부터 알려졌다(로버트 후크가 1665년 세포를 발견한 것으로 일반적으로 인정된다). 그러나 슐라이덴이 생명체의 기본 단위로서 세포의 중요성을 최초로 인식하였다. 1838년 그는 식물의 다양한 부분이 세포나 세포의 유도체로 구성되었다고 발표하였다. 다음 해에 슈반은 생물의 조직에서 세포의 기본적 중요성에 대한 슐라이덴의 아이디어를 동물에 대하여 확인한 논문을 발표하였다. 따라서 슐라이덴과 슈반은 세포설을 확립하였는데, 이 개념은 현재 일반적인 지식이며 원자설이 물리학에 관한 것처럼 생물학의 기본이다.

슐라이덴은 세포의 다른 관점에 대하여도 연구를 하였다. 그는 세포분열에서 핵의 중요성을 인식하였다. 또한 식물세포 내에서 세포내 물질이 활발하게 운동하는 것을 기록하였다.

1834년 테오도르 슈반은 소화과정을 연구하기 시작하였으며 2년 후에 펩신이라 불리는 단백질 소화에 책임이 있는 화학물질을 분리하였다. 펩신이 동물 조직에서 분리된 최초의 효소이다. 슈반은 발효를 연구하여 설탕의 발효가 살아있는 효모 세포의 생명과정이라고 밝혔다. 그는 이후 살아있는 조직에서 일어나는 화학적 변화를 표시하기 위하여 대사(metabolism)라는 용어를 만들었다. 프리드리히 뵐러와 유수트스 폰 리비히와 같은 화학자들은 발효에 대한 그의 연구를 강하게 비판하였다. 루이 파스퇴르의 발효에 대한 1850년도의 연구는 슈반이 옳은 것으로 판명되었다. 그러나 그 동안에 슈반은 자연발생설을 반증하기 위한 시도로 부패작용(썩는 것)을 연구하여 라자로 스팔란자니의 이전 실험을 개선된 기술로 반복하였다. 슈반은 자연발생설을 지지할 아무런 증거도 찾지 못하였으나, 그럼에도 일부 과학자들은 아직 이를 믿었다.

Matthias Jakob Schleiden

Theodor Schwann

1839년 슈반은 세포설을 공식화한 동물과 식물의 구조와 성장에서의 유사성에 대한 현미경적 연구를 출판하였다. 그 전해에 슈반도 잘 알았던 마티아스 슐라이덴이 식물과 연관하여 이 학설을 발표하였지만, 슈반은 이 학설을 동물로 확장하였다. 슈반은 모든 생물(동물과 식물 모두) 전적으로 세포나 세포 유도물로 구성되어 있고 각 세포의 생명은 전체 생물의 생명에 종속된다고 결론지었다.

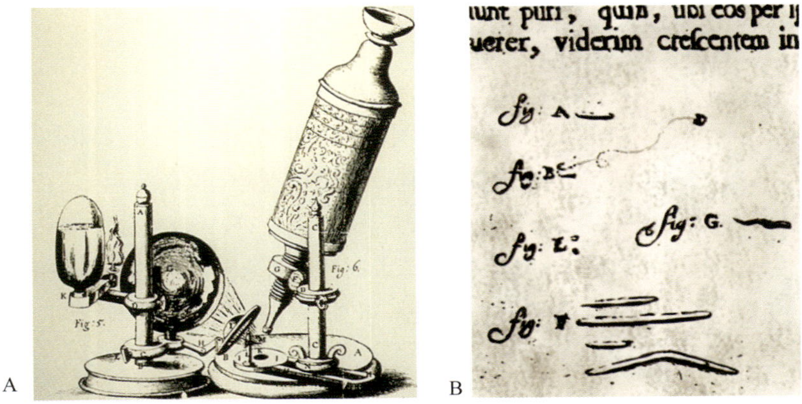

그림 10.3 세포 개념은 지난 3백 년 동안 상당히 변화하였다. 후크는 (A)에 나타낸 그 당시 가장 고성능 현미경인 복합현미경과 조명 시스템을 발명하였다. 안톤 반 레벤후크는 다양한 물질을 많이 관찰하였으며 이러한 미소동물(B)의 그림을 그렸다. 최초의 세포 이하 분화 중 하나는 원형질을 세포질과 핵으로 나눈 것이다. 현재는 세포가 이보다 훨씬 복잡하다는 것을 알고 있다; 세포는 많은 종류의 아세포 구조로 구성되어 있으며, 일부 구성요소는 수천 개에 달한다.

조립된 칸막이의 덩어리를 관찰하였다. 따라서 그는 작은 방(cell; 세포)이라고 이름 지었다. 현재는 세포는 모든 생명체를 구성하는 기본적인 기능 및 구조 단위를 가리킨다. 후크가 코르크를 보았을 때 작은 상자들은 실제로는 식물세포의 살아있는 부분을 둘러싸고 있는 세포벽에 불과했다. **세포벽**은 세포의 살아있는 부분에 강도를 제공하고 보호하는 탄수화물 복합체인 셀룰로오스로 이루어졌다는 것을 알고 있다. 세포벽은 딱딱하고 견고한 물질로 보이지만, 실제로는 엮어 짜인 셀룰로오스 분자의 수많은 가닥으로 이루어져 있다. 세포벽의 느슨한 엮임은 세포에 딱딱한 외부 골격을 제공하지만, 많은 분자들이 투과할 수 있다.

후크는 1965년 *Micrographia*라는 저서에서 세포라는 용어를 사용한 것은 단지 시작이었으며, 모든 생명체는 세포가 자신을 복제하는 세포로 이루어졌다는, 즉 세포는 이전부터 존재하는 세포로부터 왔다는 사실을 인식하기까지는 거의 2백년이 지나갔다. 그러나 많은 다른 연구자들이 이 개념이 모든 생명체에 적용된다는 것을 이해하는데 참여하였다.

세포라는 용어가 이해되고 나서, 세포의 생명과 관련된 중요한 부분은 세포벽 안에 있다는 것이 인지되었다. 살아있는 물질은 **원형질**(**protoplasm**)로 명명되었으며, 이는 처음 형성된 물질을 의미한다. 원형질은 세포의 살아있는 부분과 죽어있는 세포벽을 구별할 수 있도록 하였다. 곧 바로 현미경 관찰자들은 원형질의 두 가지 다른 영역을 구별할 수 있었다. 원형질의 한 유형은 다른 유형에 비해 점성이 높고 어둡다. **세포 핵**(**cell nucleus**)이라 불리는 핵심 부분은 유동성 물질이 주변을 둘러싸는 중앙체이다. **세포질**(**cytoplasm**)은 원형질의 콜로이드성 유동체 부분을 말한다(원형질 세포질 핵). 콜로이드는 용액보다는 큰 그러나 현탁액보다는 작은 부유입자를 포함하는 혼합물이다. 콜로이드의 용질은 여과될 수 없으며 중력에 의해 침전되지도 않는다. 원형질이라는 용어는 현재는 드물게 사용되지만, 세포질이라는 용어는 아직도 세포생물학자의 어휘에 매우 보편적이다.

현미경과 염색기술의 발달로 원형질은 **세포기관**(**organelle**)이라고 하는 많은 작은 구조를 포함한다는 것이 규명되었다. 생명의 특성인 특정한 기능이 특정한 세포기관에서 수행되는 것이 결정되었다. 세포기관이 수행하는 필수적인 작업은 그 구조와 관련되어 있다. 각각의 세포기관은 작용이 동적이며, 작용하면서 형태와 크기가 변화한다. 세포기관은 세포 내를 이동하며 일부는 자기복제도 한다. 일부 세포기관의 구조와 기능을 이 장의 끝에 있는 표 10.3에 비교하였다.

모든 생명체는 세포이거나 세포로 구성되어 있다. 현재까지 대부분의 생물학자는 **원핵생물**(**prokaryote**)과 **진핵생물**(**eukaryote**)의 주된 두 종류 세포를 인정한다. 원핵세포와 진핵세포가 가진 공통점은 (1) 세포막, (2) 세포질, (3) 유전 물질, (4) 에너지 전달 분자, (5) 효소와 조효소이다. 이들은 생명 기능을 수행하는데 모두 필수적이다. 이중 하나라도 적절히 기능을 하지 않으면 세포는 죽게 된다.

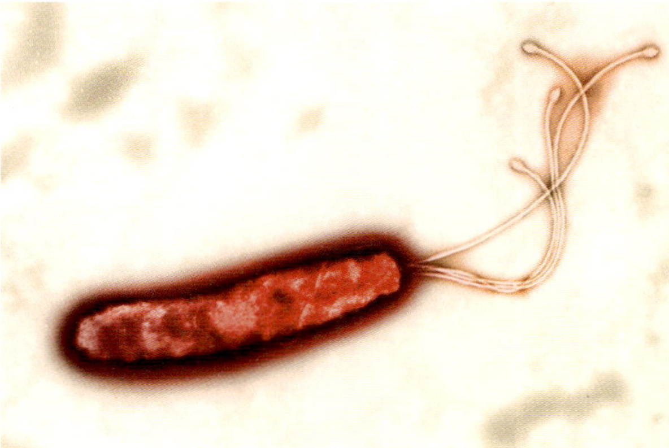
A

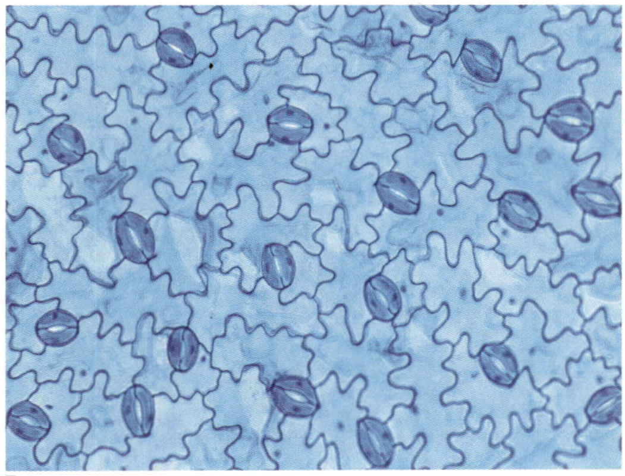
B

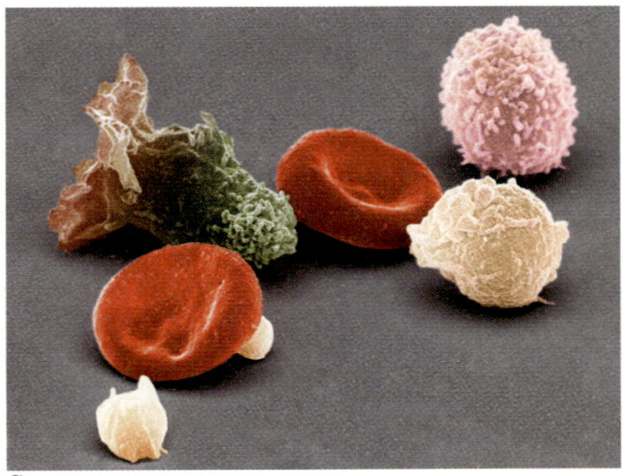
C

그림 10.4 세포의 주요한 종류에는 원핵세포와 진핵세포 두 가지가 있다. 원핵세포는 (A) 세균(헬리코박터 파일로리)에서 볼 수 있으며, 진핵세포는 (B) 식물(잎의 표피), (C) 동물(다양한 염색된 인간의 혈구세포) 세포에서 볼 수 있다.

세포 유형 사이의 차이점은 상세 구조에서 나타난다. 원핵세포는 진핵생물의 특징적인 세포기관을 대부분 가지고 있지 않지만, 세포이고 생명기능을 수행한다.

통상적으로 세균이라고 하는 대부분의 단세포 생물은 원핵세포이다(그림 10.4A). 조류(algae), 원생동물, 진균, 식물, 그리고 동물은 모두 진핵세포로 구성되어 있다(그림 10.4 B, C).

10.3 세포막 (Cell Membranes)

모든 세포에 공통적인 특징이고 많은 세포기관을 포함하는 것은 막(membrane)이라고 불리는 물질의 얇은 판이다. 막의 판은 다양한 구조, 형태, 형식으로 접히거나 꼬일 수 있다. 세포기관 막의 특정한 배열은 수행하는 기능과 관련되어 있다. 이는 직물 조각으로 바지, 셔츠, 베갯잇, 또는 의자 덮개 등을 만들 수 있는 것과 비슷하다. 세포막은 다양한 세포기관을 만들 수 있도록 하는 기본적인 분자구조를 가지고 있다.

세포막(cell membranes)은 주로 인지질(그림 9.25 참조)과 단백질로 구성된 얇은 판이다.

막이 어떻게 구성되었는지에 대한 현재의 가설은 **유동 모자이크 모델**(fluid-mosaic model)로 알려져 있으며, 막의 다양한 분자가 흐르고 이동할 수 있다는 것을 제안한다(그림 10.5). 막은 분자와 주변과의 물리적인 상호작용에 의해 형태를 유지한다.

막의 인지질 분자는 한 끝이(글리세롤 부분) 수용성 따라서 친수성(hydrophilic; 물을 좋아함)이기 때문에 극성이다. 다른 끝은 물에 불용성 즉 소수성(hydrophobic; 물을 싫어함)이며 지방산으로 구성되어 있다. 인지질 분자가 물에 놓이면 이중층의 판을 형성하며, 수용성(친수성)부분이 서로 멀리 떨어진다. 이를 일반적으로 인지질 이중층이라고 한다.

세포막의 단백질 성분은 막의 양쪽 표면이나 인지질 분자사이의 막 안에서 나타난다. 많은 막 단백질은 한쪽에서 다른 쪽으로 이동할 수 있으며, 일부는 물질이 이동하는 통로를 형성하거나 수송 분자로 작용하여 막을 건너는 분자의 이동을 돕는다. 세포막의 외부면에서 나타나는 일부 단백질은 부착된 탄수화물 또는 지방을 가진다. 이러한 복합분자는 막의 방향성(내부－외부)을 결정하는데 중요하고 생물이 세포 유형간 차이를 인식하는 것을 돕는다. 신체는 표면단백질의 차이에 의하여 질병을 유발하는 생물을 인식할 수 있다. 이러한 분자의 일부는 특정한 화학물질, 세균, 원생동물, 백혈구, 그리고 바이러스의 부착장소로 작용한다. 많은 위험한 약제는 세포 표면에 부착할 수 없으며 따라서 해를 끼칠 수 없다. 이러한 이유로 세포생물학자들은 이러한 분자의 정확한 구조와 기능을 탐구한다. 또한 학자들은 감염을 통제하기위한 기대에서 바이러스나 세균과 같은 매개물의 부착을 방해할 수 있는 분자를 확인하기 위한 시도를 한다.

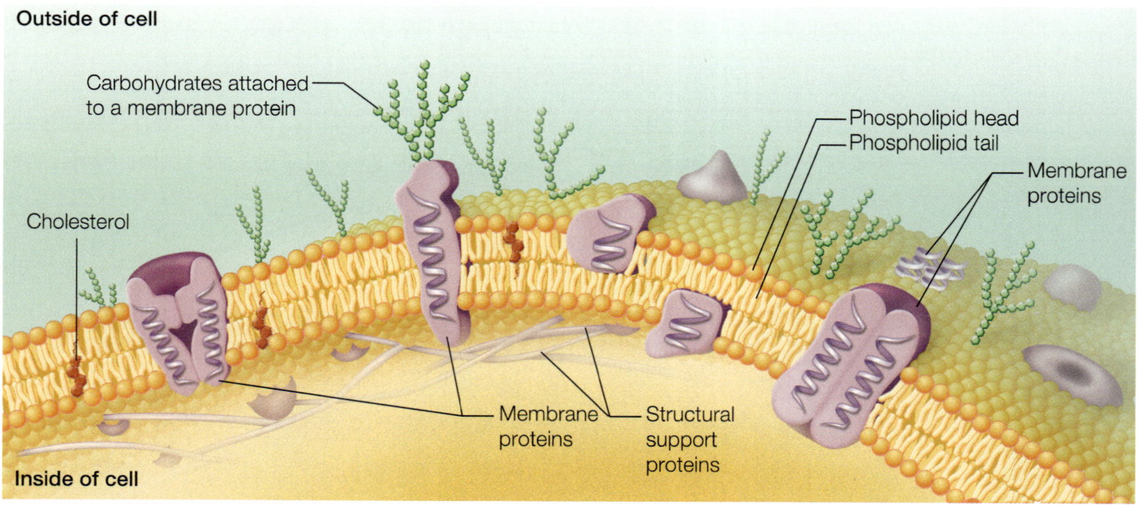

그림 10.5 일반화된 인간 세포의 이 부분에는 Hooke가 기술한 주변의 세포벽이 없다는 것을 주목하시오. 모든 세포의 막은 단백질과 인지질로 구성되어 있다. 두 층의 인지질은 소수성 지질 꼬리는 서로에게 뻗어 있으며 친수성 글리세롤 머리는 바깥쪽에 있다. 인지질의 인을 포함하는 사슬은 글리세롤 부분 가까이에 감겨져 있다. 단백질은 인지질 층 내부에 묻히거나 표면에 떠있다. 단백질 중 일부는 세포 밖에서 물질을 축적하며; 다른 단백질은 화학 작용의 장소로 작용한다. 탄수화물은 종종 막의 표면에 부착되어 있다.

Connections . . .

현미경(Microscopes)

매우 작은 물체를 보기 위해서, 우리의 관찰력을 확대하는 방법으로 돋보기를 사용한다. 돋보기는 빛을 굴절시켜 물체를 실제보다 크게 보이게 하는 렌즈이다. 이러한 렌즈는 물체를 열배 또는 심지어는 50배까지 확대할 수 있다. 네덜란드의 커튼과 옷 제작자인 안톤 반 레벤후크는 돋보기를 주의 깊게 연구한 최초 사람 중 하나이다. 그는 간단한 현미경으로 관찰한 물체의 매우 자세한 스케치를 그렸으며 그의 발견을 로버트 후크와 런던왕립학회와 교신하였다. 그의 연구는 확대기술과 세포 구조의 묘사에 대한 더 많은 연구를 자극하였다. 최초의 현미경은 1600년대 초에 개발되었다.

단순 현미경 바로 뒤에 개발된 복합현미경(박스그림 10.1A)은 일련의 렌즈를 통하여 빛을 굴절시켜 확대를 증가할 수 있다. 대물렌즈는 표본을 확대하며 이는 두 번째 렌즈인 접안렌즈에 의하여 더욱 확대된다.

현재 이용되는 현미경은 해부(입체), 형광, 암시야, 공초점, 주사 음향, 디지털 영상, 터널링, 원자력, 그리고 전자(투과와 주사)현미경을 포함한 많은 종류가 있다.

전자현미경(박스그림 10.1B)은 20만 배까지 확대할 수 있으면서도 개체의 구조를 해상할 수 있다. 어려운 점은 물론 전자를 눈으로 직접 볼 수 없다는 것이다. 따라서 전자현미경 내에는 전자가 사진 필름이나 비디오 모니터에 충돌하며, 이 그림이 개별 구조를 보여준다. 표본을 매우 얇게 자르고 표본에 전자빔을 집중시키는 것과 같은 관찰할 물질을 준비하는 기술은 전자현미경을 과학과 함께 예술로 만든다.

최근에 주사 터널링 현미경이 개발되었다. 이 현미경의 개발자인 거드 비니히와 하인리히 로러는 1985년 노벨상을 수여하였다. 주사 터널링 현미경과 뒤 이은 원자력 현미경의 발명은 연구자들이 전에 볼 수 없었던 분자와 염소나 나트륨 같은 원자의 표면까지도 영상화 할 수 있도록 하였다. 주사 터널링 현미경은 표본의 표면을 추적하기 위하여 얇은 백금과 비리듐 선을 이용한다. 탐침의 표면에 있는 전자는 표본 표면의 전자와 상호작용하여 전류로 보이는 터널을 형성한다. 전류가 강할수록 탐침이 표면에 가까운 것이다. 원자력 현미경은분자와 같은 작은 물체와 염소나 나트륨 같은 원자의 표면 같은 삼차원 물체를 볼 수 있도록 한다.

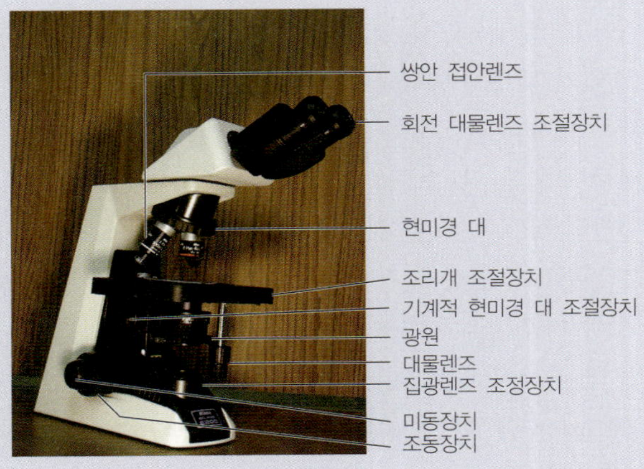

A

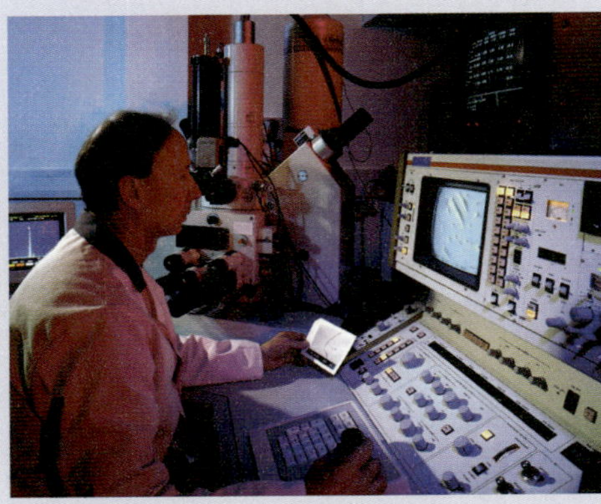
B

박스그림 10.1 (A) 복합 현미경 (B) 전자 현미경

세포막에서 발견되는 다른 유형의 분자들은 콜레스테롤과 탄수화물이다. 콜레스테롤은 막을 안정화시키고 유연하게 유지하는 역할을 한다. 탄수화물은 보통 막의 외부에서 나타나며, 단백질이나 지질에 결합된다. 이러한 탄수화물은 세포－세포간 상호작용에 역할을 하고 조절분자의 결합에 관계한다.

10.4 막을 통과하기(Getting through Membranes)

세포가 살아있기 위해서는 앞에서 개요를 이야기한 생명의 특성을 만족해야한다. 이것은 영양분의 섭취와 노폐물과 기타 대사부산물의 제거를 포함한다. 확산, 삼투, 촉진확산, 능동수송, 그리고 식세포작용을 포함하는 몇몇 기작들이 세포가 생명과정을 수행할 수 있도록 한다. 세포가 막을 통과하여 물질을 이동하는 두 가지 유형이 있다: 수동수송과 능동수송이다. 수동수송 방법은 확산, 삼투, 그리고 촉진확산을 포함한다. 능동수송 기작은 세포내 이입, 세포외 유출, 식세포 작용 그리고 음세포 작용을 포함한다.

확산(diffusion)

다른 종류의 기체와 액체에는 서로 완전히 혼합되려는 자연적인 경향이 있다(8장 물과 용액 참조). 그 이유는 그들이 다양한 수준의 운동에너지로 끊임없이 이동하기 때문이다. 두 종류의 분자를 고려해보자. 한 종류의 분자가 이동하며, 그들이 가장 밀집되어있던 장소에서 흩어지게 된다. 다른 종류의 분자도 같은 방식으로 흩어진다. 이러한 무작위 운동의 결과는 두 종류의 분자가 궁극적으로는 완전히 혼합되는 것이다.

분자의 운동이 완전히 무작위적이라는 것을 기억하라. 뜨거운 물이 들어 있는 컵에 놓인 채색된 찻잎의 경로를 추적하면, 일부 찻잎 분자는 멀어져가는 반면 다른 찻잎은 반대방향으로 움직이는 것을 볼 수 있다. 그러나 시작 때 더 많았기 때문에 멀어져 가는 분자가 더 많다. 오랜 시간 충분히 기다리면 채색된 분자들이 찻잔의 모든 곳에 균등하게 분포됨을 알 수 있다.

일반적으로 우리는 개체의 운동보다는 순 운동이라고 하는 전반적인 운동에 관심이 있다. 가장 큰 운동(순 운동)의 방향은 분자의 상대적인 농도에 의해 결정되는데, 예를 들면 한 장소의 양의 다른 장소의 양에 대한 비교이다. **확산**(diffusion)은 한 종류의 분자가 농도가 높은 장소에서 농도가 낮은 장소로 순 이동하는 것이다. 한 종류의 분자가 완전히 분산되고 모든 방향으로 운동이 동일할 때 시스템이 동적 평형(dynamic equilibrium)의 상태에 도달했다고 한다. 이때는 한 방향으로의 운동이 다른 방향으로의 운동과 동일하기 때문에 더 이상 순 운동이 없다. 그러나 시스템은 아직 에너지를 가지고 있고 분자는 계속 운동하기 때문에 동적이다.

세포막은 끊임없이 운동하는 인지질과 단백질로 구성되

왜 평상적 접촉으로 HIV 전파를 걱정하지 않아도 되는가?

오해 : 평상적 접촉(예, 악수, 만지기)은 HIV/AIDS에 걸리게 할 수 있다.

사실상 세포의 세포막은 세포를 독특하게 만드는 분자를 표면에 가지고 있다. 이러한 종류의 하나는 분화집단 또는 CD 표지라고 한다. 이들은 숫자의 그룹으로 지정되는데, CD1, CD2, CD3, CD4 등이다. 다른 세포 유형은 표면에 다른 표지를 가지고 있다. CD4 표지를 가진 세포는 대식 세포, 신경세포, 그리고 조력자-T(T_H) 지연형-T(T_D) 과민 세포로 알려진 면역계의 특정한 세포를 포함한다. CD4 세포는 신체 내부 깊숙한 곳에서 발견되며(예, 혈액 내) 피부에는 나타나지 않는다. CD4 표지는 후천성 면역결핍증(AIDS)을 일으키는 인간 면역결핍 바이러스(HIV)의 부착 장소로 작용한다. AIDS를 일으키기 위해서는 바이러스는 CD4 세포 내로 들어가서 세포의 대사를 지휘해야만 한다. HIV는 CD4 표면 수용체를 가지지 않은 세포에는 부착할 수 없다. CD4 세포는 보통 피부 표면에 나타나지 않기 때문에 평상적인 접촉은 HIV/AIDS의 전파를 초래하지 않는다.

그림 10.6 분자 운동의 결과로 분자들은 밀집된 지역에서 덜 밀집된 지역으로 이동한다. 만성 폐쇄성 폐질환(Chronic obstructive pulmonary disease; COPD)은 허파가 감염되거나 손상을 입어 허파의 공기 출입이 제한되는 질병이다. 이는 숨쉬고 건강을 위하여 필요한 산소의 양을 받아들이기 어렵게 한다. 따라서 이 여성에게서 보는 것처럼 그러한 사람들에게는 종종 산소를 공급해준다.

어 있기 때문에, 작은 분자들이 막의 한쪽에서 다른 쪽으로 횡단할 수 있는 일시적인 통로가 형성된다. 막에 가까이 있는 분자들 또한 끊임없이 운동한다. 분자들은 막의 이러한 통로를 통과하여 안팎으로 이동할 수 있다. 확산 속도는 운동에너지와 분자크기와 관련된다. 확산은 분자들이 불균일하게 분포되었을 때만 일어날 수 있기 때문에, 얼마나 빨리 확산이 일어날지를 결정하는 데는 분자의 상대적인 농도가 중요하다. 분자농도의 차이는 농도경사(concentration gradient) 또는 확산경사라고 한다. 분자들이 균일하게 분포되어있으면 그러한 경사는 존재하지 않는다.

확산은 분자의 자유로운 운동에 장벽이 없을 때만 일어날 수 있다. 세포의 경우 막이 어떤 분자는 통과시키고 반면 다른 분자들은 통과시키지 않거나 서서히 통과시킨다. 투과성은 연관된 분자들의 크기, 이온 전하, 그리고 용해도에 바탕을 둔다. 그러나 막은 분자운동의 방향을 구별하지 못하기 때문에, 막은 확산의 방향에 영향을 미치지 않는다. 확산의 방향은 막의 두면의 특정 분자의 상대적인 농도에 의하여 결정되며, 확산을 일으키는 에너지는 분자 자신의 운동에너지에 의하여 공급된다.

세포에 충분한 산소를 얻는데 어려움이 있는 사람의 건강은 농도 경사를 증가시킴으로써 개선될 수 있다. 산소는 공기의 약 20%를 차지한다. 만약 이 농도를 특별한 산소원을 공급하여 인위적으로 증가시키면, 허파에서 혈액으로의 확산은 더 빨리 일어날 것이다. 이는 산소를 필요로 하는 체내 세포에 산소가 도달할 수 있도록 도와주며, 사람의 일부 증상은 통제될 수 있다(그림 10.6).

확산은 세포와 환경사이에 물질이 교환되는 중요한 수단이다. 분자의 움직임은 무작위적이기 때문에, 세포는 과정에 통제를 하지 못한다; 따라서 확산은 수동적인 과정으로 간주되며 화학결합 에너지가 소비되지 않는다. 예를 들어 동물은 다양한 화학반응에 산소를 끊임없이 사용한다. 따라서 세포의 산소 농도는 항상 낮게 유지된다. 세포는 따라서 세포 외부에 비하여 산소수준이 낮다. 이는 확산 경사를 형성하여 산소 분자가 세포 밖에서 세포 안으로 확산된다.

삼투(osmosis)

모든 막의 중요한 특성은 선택적으로 투과한다는 것이다. **선택적 투과**(selectively permeable)는 막이 어떤 분자는 통과시키고 다른 분자는 통과를 방해하는 것이다. 비타민 A

와 D 같은 인지질에 용해되는 분자들은 아주 쉽게 막을 통과할 수 있다; 반면에 많은 분자들은 전혀 통과할 수 없다. 어느 경우에는 막이 분자 크기를 기준으로 하여 차별한다; 즉 막은 물과 같은 작은 분자는 통과시키고 큰 분자들은 통과를 방해한다. 막은 또한 이온의 통과를 조절한다. 막의 특정 부분의 표면에 많은 수의 양이온을 가지고 있으면, 환경의 양전하는 반발하고 막 통과가 저해된다.

물 분자는 세포막을 통해 확산한다. 선택적 투과막을 통한 물 분자(용매)의 순 운동(확산)을 **삼투**(osmosis)라고 한다. 어떠한 삼투 상태에서도 두 용액을 분리하는 선택적 투과막이 있어야만 한다. 예를 들어 90% 물과 10% 설탕용액이 물 80% 설탕 20%의 다른 농도의 용액과 선택적 투과막에 의하여 분리되어 있으면 삼투가 나타난다(그림 10.7). 막은 물 분자를 자유롭게 통과시키는 반면 큰 설탕분자는 통과를 방해한다. 한 용액에는 다른 용액에 비하여 물 분자의 농도가 높다. 따라서 90%가 물인 용액의 물 분자가 80%가 물인 용액으로 더 많이 이동한다. 삼투는 확산되는 물질이 물이며 농도가 다른 지역이 물에 더 투과성이 높은 막에 의하여 분리된 확산이라는 것을 인식해야 한다.

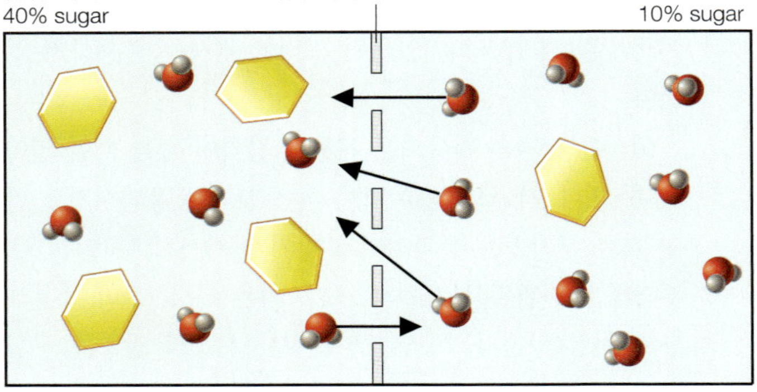

그림 10.7 물의 비율이 다른 두 용액이 선택적 투과막으로 분리되면, 물의 비율이 높은 용액에서 물의 비율이 낮은 용액으로 물의 순이동이 일어난다.

Connections . . .

다른 외부층 – 세포벽(cell wall)

미생물, 식물, 그리고 진균의 세포벽은 딱딱하고 견고한 물질층으로 보이지만 실제로는 느슨하게 짜인 층이다. 잘 새는 짚 바구니에 물을 붓는 것처럼 많은 종류의 분자가 세포벽을 쉽게 통과한다. 세포벽은 강도와 세포 내용물에 보호를 제공하지만 유연성과 운동을 방해한다. 세포벽에 보통 사용되는 세 종류의 물질이 있다. 모든 고등식물과 대부분의 조류는 세포벽 물질로 셀룰로오스를 가진다. 다량으로 있을 때 목질(wood)로 불린다. 다른 세포벽 물질인 키틴은 진균에서 나타난다. 키틴은 또한 곤충의 외부골격 물질을 구성한다. 딱정벌레나 새우의 외부 껍질이 키틴이다. 그러나 이러한 동물에서 키틴은 개별 세포가 아니라 조직의 집단을 둘러싼다. 진균은 키틴이 매우 얇기 때문에 새우 골격처럼 아삭거리거나 부스러지기 쉬운 형태가 아니다. 많은 세균은 펩티도글리칸으로 이루어진 세포벽을 가진다. 펩티도글리칸은 아미노산과 탄수화물로 이루어졌다. 펩티도글리칸 사슬의 길이와 그들이 어떻게 연결되었는지가 세균의 형태를 결정한다. 결핵(TB)을 일으키는 세균인 *Mycobacterium tuberculosis*는 신체가 싸우기 특히 어렵고 항체가 세포로 들어가기 어렵게 하는 특별한 종류의 펩티도글리칸을 포함한다. 항체가 세포내로 들어가지 못하면 항체는 세포과정을 방해하거나 미생물을 파괴할 수 없다.

세포가 효율적으로 기능을 하기 위해서는 적절한 양의 물이 필요하다. 세포에 너무 물이 많으면 세포 내용물을 희석하여 세포를 살아있게 유지하는데 필수적인 화학반응을 간섭한다. 세포에 물이 너무 적으면 독성 폐기물이 축적될 수 있다. 세포와 주변과 동일한 농도의 물과 용존물을 포함하고 있으면 주변과 등장(isotonic)이라고 한다. 인체 내의 세포는 세포 내에 세포 외부와 동일한 농도의 물과 용존물을 가져야 한다. 예를 들어, 적혈구 세포는 주변의 혈장과 동일한 비율의 물과 용존물을 가지고 있을 때 등장성이다. 많은 제품이 등장성이다. 예를 들어 진열대의 세안액도 의약적으로 중요한 많은 용액과 함께 등장성으로 표지되어 있다. 생리적 또는 통상적인 염수는 등장성이며 정맥주사(IV) 용액도 등장성이다(0.9% 용존염 또는 5% 포도당).

그러나 세포가 물의 농도가 다른 환경에서 생존하기 위해서는 이 차이를 유지하기 위하여 에너지를 소비해야 한다. 주변에 비해 낮은 물의 농도(높은 용존물 농도, 용질)를 가지는 적혈구는 삼투에 의해 물을 매우 빨리 획득한다. 적혈구는 주변에 비해 고장성(hypertonic)이라고 하며 주변은 저장성(hypotonic)이다. 이 두 용어는 두 개의 다른 용액을 비교하는데 항상 이용된다. 고장성 용액은 용질(solutes; 녹아있는 물질)이 많고 용매(물)가 적으며; 저장성 용액은 용질(녹아있는 물질)이 적고 용매(solvent; 물)가 많다. 물은 소금이 있는 곳으로 간다는 것을 기억하면 도움이 된다(그림 10.8).

다른 분자의 확산과 마찬가지로 삼투도 세포가 물 분자의 확산에 어떠한 통제도 하지 않기 때문에 수동적 과정이다. 이는 환경이 너무 많은 물을 잃거나 얻지 않도록 하였을 경우에만 세포가 균형을 유지할 수 있다는 것을 의미한다.

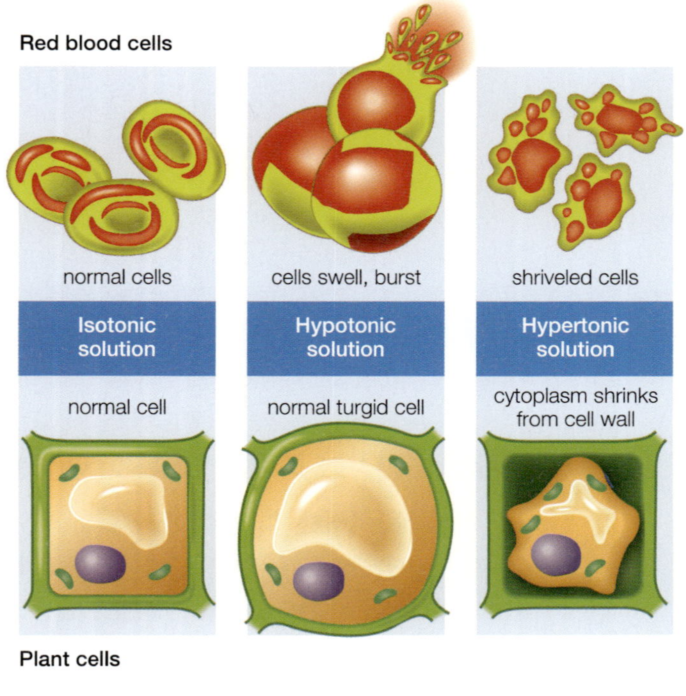

그림 10.8 세포는 주변의 물에 용해된 물질의 양에 의해 영향을 받는다. 저삼투압 용액에서는 물이 주변에서 세포 내로 확산된다. 동물세포는 팽창되어 파열되지만, 식물세포는 세포 내용물을 둘러싸는 단단한 세포벽이 있어서 세포 내에 형성된 압력은 세포를 딱딱하게 한다. 고삼투압 용액에서는 물의 농도가 높은 세포로부터 주변으로 물이 빠져나가기 때문에 식물세포와 동물세포 모두 수축된다.

Connections . . .

인공신장의 작용

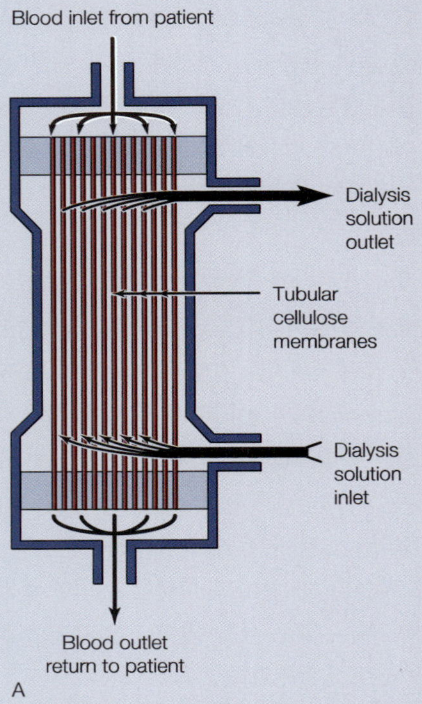

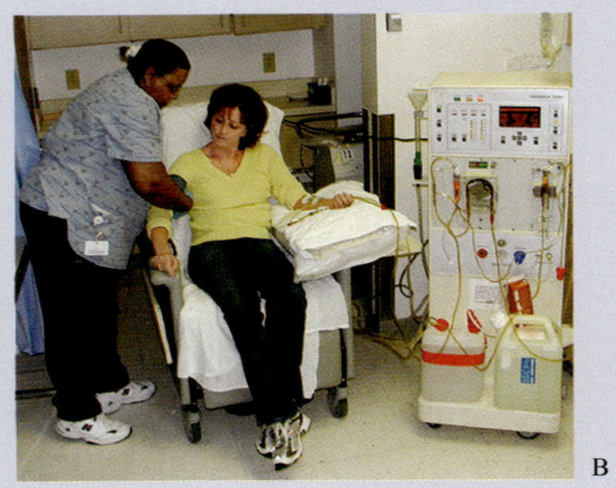

박스그림 10.2 (A) 투석 과정. (B) 병원에서의 투석 환자로부터 혈액의 유입

신장이 제대로 기능을 하지 못하면, 병든 신장이 여과하지 못하기 때문에 독성 요소가 피에 축적된다. 이는 결국 요독증이라는 혈중에 요소가 있는 상태를 가져온다. 요소가 신체에서 제거되지 못하면 요소의 농도가 증가하여 결국에는 죽음에 이르게 된다. 신장 또는 투석장치는 혈액에서 요소를 분리하기 위하여 관모양의 셀룰로오스를 이용한다.

셀룰로오스는 포도당의 중합체이며 요소 분자가 통과할 수 있는 틈이 있다. 투석장치에서 셀룰로오스 막의 관이 다량의 세척 또는 투석액에 잠겨있다. 혈액이 요독증이 있는 사람의 정맥에서 펌프되어 이 관을 통해서 다시 환자에게 되돌려진다. 장치 안에서 막은 혈중 요소의 대부분이 관 벽을 통과할 수 있도록 하지만, 큰 혈중 단백질과 혈구세포는 통과하지 못한다. 따라서 환자는 생명 유지에 필요한 단백질이나 혈구세포를 잃지 않는다. 이 시스템은 관이 잠겨있는 투석액이 혈액보다 요소의 농도가 낮기 때문에 작동한다. 이 농도차이로 인하여 피 속에 있는 요소(용질)가 피의 높은 농도로부터 셀룰로오스 막 관 공극을 통하여 주변의 투석액으로 통과해간다. 그 결과 혈중 요소 농도가 감소한다. 투석액의 요소 농도가 증가하면 투석액은 버려진다. 투석액은 항상 일정하고 낮은 요소 농도를 유지하게 되며 신체로부터 요소분자가 빠져나갈 수 있도록 유지해준다. 다른 필수적인 이온의 신체 농도를 유지하기 위하여 투석액은 이러한 이온의 농도가 혈중농도와 동일하도록 제조된다. 이는 다른 이온들은 동적 평형 상태이기 때문에 신장 투석 도중에 농도가 변하지 않는다(박스그림 10.2).

분자를 운반하는 조절된 방법들(controlled methods of transporting molecules)

일부 분자들은 특정한 막 단백질과 상호작용하여 막을 통과하여 이동한다. 물질의 확산 속도가 이러한 단백질에 의하여 증가하면 **촉진확산**(facilitated diffusion)이라고 한다. 그렇지만 확산이기 때문에 운동의 순 방향은 높은 곳에서 낮은 농도 쪽이다. 운반체의 작용은 분자의 운동에너지 이외에 다른 에너지를 필요로 하지 않는다. 따라서 이는 필요한 단백질을 가지고 있는 살아있는 생물에서만 일어나지만 수동적 수송방법이다. (a) 운반단백질과 (b) 이온 채널의 두 종류가 있다. 운반단백질이 막을 통과해서 이동할 분자에 부착하면, 결합 분자는 형태가 변한다. 이 형태의 변화는 막의 한쪽에서 다른 쪽으로 이동할 수 있도록 한다. 운반체는 그 후 분자를 방출하고 원래의 형태로 돌아간다(그림 10.9A). 이온 채널은 막을 통해 운반되는 분자와 결합하지 않고 관문처럼 작용한다. 채널의 개폐는 구멍에서의 전하의 변화 또는 문지기(gate-keeping) 신호분자에 의해 조절된다(그림 10.9B).

Connections . . .

세포막 통로와 독감

세포막 구조를 이해하면 질병을 통제할 수 있다. 2010년 브링햄 영 대학의 연구자들은 어떻게 독감 바이러스가 M2 단백질 세포막 통로를 통하여 인체로 들어가는지 더욱 명백하게 이해를 증진시켰다. 만약 그들의 연구가 성공적이면 이 연구는 M2 단백질 통로와 간섭하여 독감 바이러스가 신체로 들어갈 수 없도록 하는 약을 개발할 수 있을 것이다. 바이러스가 세포로 들어가지 않으면 번식할 수 없고 독감 증상을 일으킬 수 없다. 이 M2 통로를 통하여 모든 종류의 독감 바이러스가 들어가는 것을 막을 수 있는 약이 개발될 수 있기를 희망한다.

박스그림 10.3 독감 바이러스. 독감(flu) 바이러스(노란색)가 숙주세포에서 발아하는 채색된 투과전자현미경. 숙주세포의 핵은 검정색이다. 배율: 10cm 폭으로 인쇄하였을 때 ×83,300.

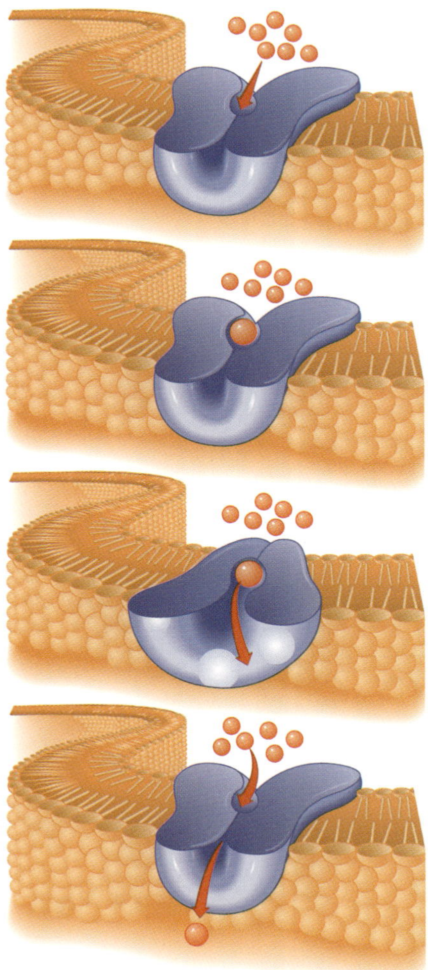

A

그림 10.9 (A) 막을 통하여 이동하는 분자들은 막의 특정한 수송 운반체 단백질에 결합한다. 결합에 의하여 단백질의 구조가 변화하며 분자나 이온이 다른 쪽으로 추진되도록 한다.

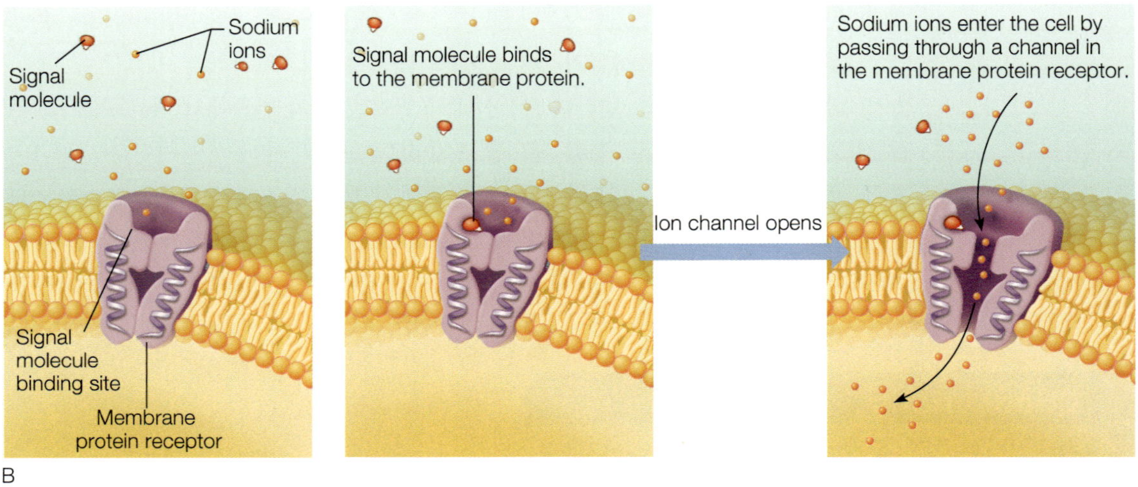

그림 10.9 (B) 이온 통로는 이러한 나트륨 이온이 막의 다른 쪽으로 운반될 수 있도록 개폐될 수 있다. 신호분자가 이온 통로 단백질과 결합하면 문이 열린다.

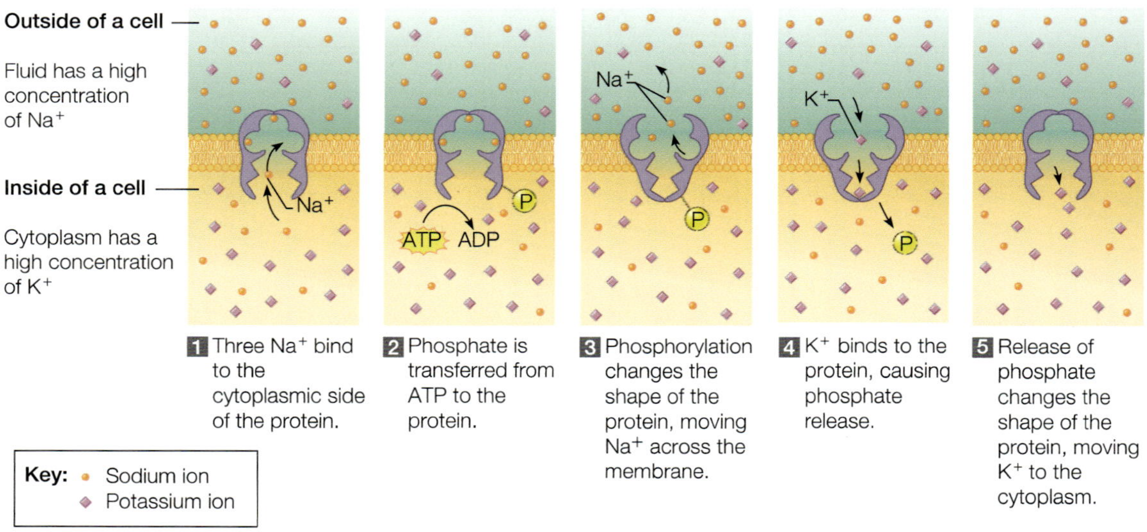

그림 10.10 운반체 단백질의 작용에는 분자의 운동에너지 외에 에너지의 입력(ATP 화합물)이 필요하다; 따라서 능동적(수동적이 아니라) 과정이며 능동수송이라고 불린다. 능동수송 기작은 낮은 농도에서 높은 농도로 농도 차이와 거꾸로 분자를 수송할 수 있다.

분자가 저농도 지역에서 고농도 지역으로 막을 통과하여 이동할 때는 세포는 에너지를 소비해야만 한다. 수송단백질을 사용하여 농도경사에 거슬러서 분자를 운반하는 과정은 **능동수송(active transport)**이라고 한다(그림 10.10). 능동수송은 매우 특이적이다: 특정한 분자나 이온만이 이 방식으로 운반될 수 있으며, 막의 특정 단백질이 분자를 운반해야만 한다. 운반체의 작용은 분자의 운동에너지 외에 에너지의 유입이 요구된다; 따라서 이 과정은 능동수송으로 불린다. 예를 들어 나트륨이나 칼륨 같은 일부 이온은 세포막을 통과

CONCEPTS APPLIED **강낭콩 무게 재기**

생명체의 세포로 드나드는 물질의 운동을 보여주기 위하여 복잡한 장비가 꼭 필요한 것은 아니다. 30개의 강낭콩을 세시오. 10개의 강낭콩은 나중에 비교를 하기 위하여 따로 두고 나머지 20개의 강낭콩은 수돗물에 하룻밤 놓아두시오. 아침에 마른 강낭콩과 젖은 강낭콩의 크기를 비교하시오. (예민한 가정용 저울이 가용하면 크기 변화 관찰과 함께 무게도 잴 수 있다.) 젖은 강낭콩 10개를 제거하여 진한 소금물 용액에 하룻밤 넣어두시오. 소금물에 담근 다음 강낭콩의 크기를 원래의 마른 강낭콩과 수돗물에 적신 것과 비교하시오. 이러한 변화가 왜 생겼는지 설명할 수 있나요?

하여 능동적으로 펌프된다. 나트륨 이온은 농도 경사에 반하여 세포 밖으로 펌프된다. 칼륨 이온은 농도 경사에 반하여 세포 안으로 펌프된다.

능동수송에 추가하여 물질은 세포이입이나 세포유출에 의하여 세포 안팎으로 운반될 수 있다. **식세포작용**(phagocytosis)은 입자(보통 먹이)를 막으로 싸서 삼키는 세포이입의 한 종류의 다른 이름이다(그림 10.11). 이는 백혈구가 침입한 세균, 바이러스, 또는 다른 외부물질을 포위하는데 사용하는 방법이다. 이 때문에 이러한 종류의 세포를 식세포(phagocytes)라고 한다. 식세포작용이 일어나면 삼켜질 물질이 식세포의 표면과 접촉하며 외부막의 일부가 만입된다. 만입된 세포막은 세포 내에서 떨어져 나와 삼켜진 물질을 포함하는 주머니(sac; 낭)를 형성한다. 이 주머니는 단일막으로 이루어져 있으며 **액포**(vacuole)라고 한다. 세포 안으로 들어가면 액포의 막은 파괴되어 내용물을 세포 내로 방출하거나, 파괴 효소를 포함하는 다른 액포와 결합하기도 한다.

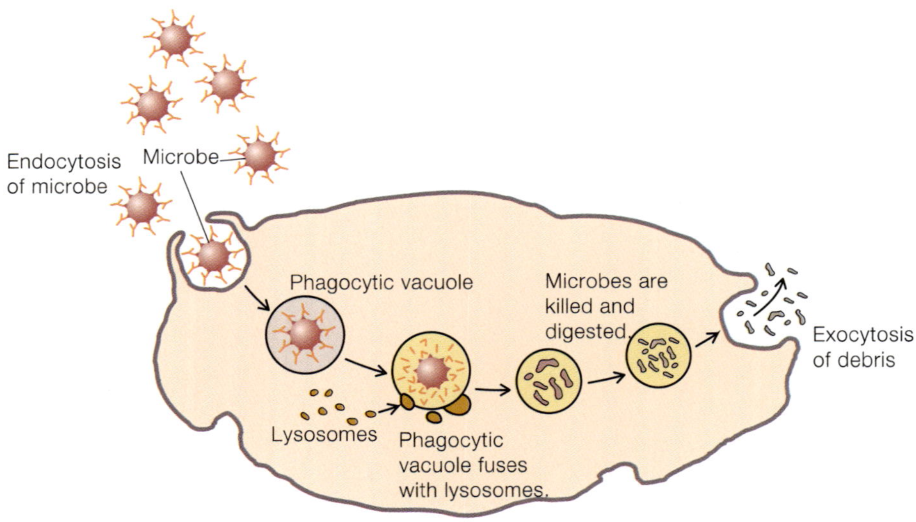

그림 10.11 이 순서는 세포가 미생물을 포획하고(세포내 이입) 막으로 둘러싸는 것을 도해한다. 세포막의 일부에 의해 일단 둘러싸이면(식세포라고 불림) 라이소솜이 소화효소를 추가하여 위험한 미생물의 파괴를 빠르게 한다. 최종적으로 가수분해된(소화된) 물질은 액포로부터 세포막의 내부 표면으로 이동하여 내용물이 방출된다(세포외 유출).

10.5 막으로 구성된 세포기관(Organelles Composed of Membranes)

막의 구조와 기능에 관한 배경으로부터 세포가 막을 이용하여 원형질의 구조적 성분을 만드는 방법을 알아보자. 세포의 외부 경계는 세포막 또는 **원형질막**(plasma membrane)이라고 한다. 세포막은 분자를 섭취하고 방출하며, 환경의 자극을 감지하고, 다른 세포 유형을 인식하고, 다른 세포나 무생물에 부착하는 것을 포함하는 대사라는 생명의 한 가지 특성과 연관되어 있다. 세포막에 추가하여 다른 많은 세포기관들이 막으로 이루어져 있다. 이러한 막으로 이루어진 세포기관은 특정한 기능과 연관된 독특한 형태나 구조를 가진다.

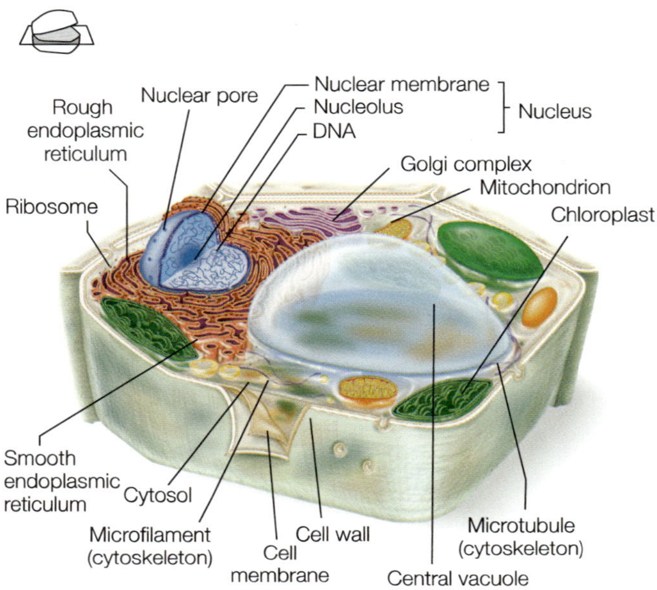

A

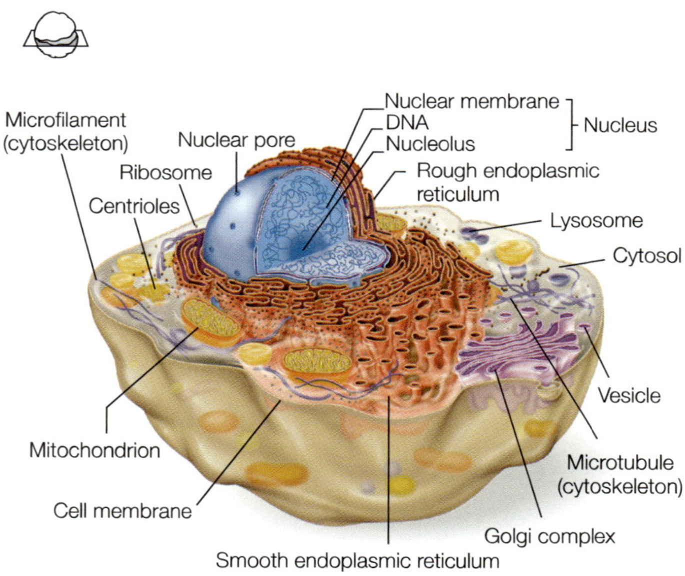

B

그림 10.12 세포질의 특정한 구조는 막으로 만들어졌다. 막은 단백질과 인지질로 구성된다. 막으로 이루어진 전형적인 식물세포(A)와 동물세포(B) 내의 세포질 세포기관을 보여준다.

세포에서 나타나는 가장 보편적인 세포기관 중 하나는 **소포체**(endoplasmic reticulum; ER)이다. 소포체는 세포 전체에 걸친 일련의 접힌 막이나 관이다. 이 막의 시스템은 화학반응이 일어날 수 있는 넓은 면적을 제공한다(그림 10.12). 소포체가 거대한 표면적을 가지고 있기 때문에 많은 화학반응이 매우 작은 공간에서 수행될 수 있다.

골지체(Golgi apparatus)는 막으로 이루어진 또 다른 세포기관이다. 이 세포기관도 막으로 이루어져 있지만, 구조가 다르기 때문에 소포체와 다른 작업을 수행한다. 전형적인 골지체는 팬케이크를 쌓아놓은 것처럼 생긴 5－20개의 평평하고 매끈한 막 주머니로 구성되어 있다. 골지체는 세포에서 생성되는 특정 분자의 합성과 포장이 일어나는 장소이다. 또한 특정 화학물질이 세포에서 방출되거나 세포 내에서 분배되기 전에 농축되는 장소이다.

세포에 필수적인 중요한 분자의 집단에는 가수분해 효소가 포함된다. 이 효소 집단은 탄수화물, 핵산, 단백질, 그리고 지질을 파괴할 수 있다. 세포는 이러한 분자를 많이 가지고 있기 때문에 이러한 효소들은 세포의 파괴를 방지하기 위하여 조절되어야 한다. 골지체는 이러한 효소들이 불

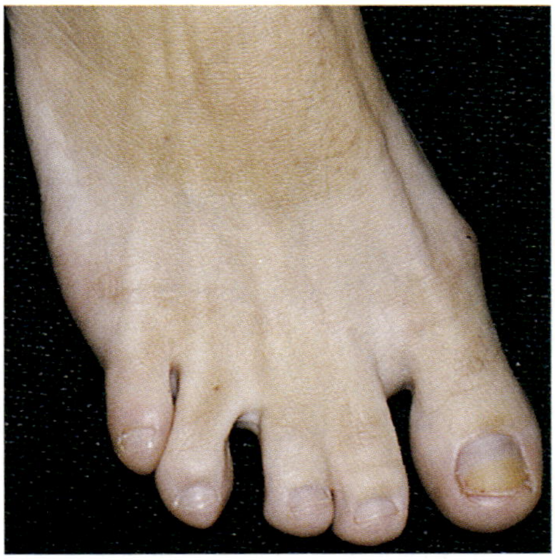

그림 10.13 이 사람은 합지증(syndactylism; syn=연결된, dactyl=손가락 또는 발가락)이라는 형질을 나타낸다. 대부분의 사람에서는 라이소솜 효소가 발가락 사이의 세포를 파괴하여 발가락이 분리되도록 한다. 이 유전이상에서는 이러한 효소가 역할을 하지 못한다.

활성형에서 활성형으로 변환되고 보호막 주머니에 포장되는 장소이다. 이러한 액포는 골지체 주머니의 외부표면에서 떨어져 나와 **라이소솜**(lysosome) 또는 'bursting body'를 형성한다. 세포는 라이소솜을 네 가지 방법으로 이용한다.

1. 죽거나 죽어가는 세포의 파괴
2. 발생기 생물에서 미성숙 상태에서 성숙한 상태로 만들기 위하여 세포를 선택적으로 파괴(그림 10.13)
3. 세포 내로 섭취된 거대분자를 소화
4. 식세포작용에 의하여 세포로 들어온 위험한 미생물을 사멸

핵은 견고한 덩어리가 아니라 세포 내의 장소이다. 방이 벽, 바닥, 그리고 천장으로 만들어진 장소인 것처럼 핵도 **핵막**(nuclear membrane)에 의해 형성된 공간이다. 핵막은 핵에 있는 액체 물질인 핵질(nucleoplasm)을 세포질로부터 구분한다. 분리되어 있기 때문에 세포질과 핵질은 다른 화학조성을 유지할 수 있다. 유전물질 주위에 막이 형성되지 않았다면, 핵이라는 세포기관은 존재하지 않을 것이다. 핵막은 유전물질인 DNA(데옥시리보핵산) 주위에 수많은 평평한 주머니가 속이 빈 구를 만들어 형성되었다. 핵막은 또한 분당 수천 개의 비교적 큰 분자가 출입할 수 있는 핵공이라는 큰 구멍을 가지고 있다. 이러한 구멍은 구두끈을 매는 신의 끈 구멍을 닮은 도넛 모양의 분자에 의하여 열려져 있다.

방금 설명된 막으로 이루어진 모든 세포기관은 하나에서 다른 것으로 바뀔 수 있다(그림 10.14). 예를 들어, 식세포작용은 라이소솜 막과 융합한 세포막으로부터 액포막이 형성되며, 이는 골지막으로 변형된다. 막으로 이루어진 다른 두 종류의 세포기관은 화학적으로 다르기 때문에 상호 변환될 수 없다. 두 가지 종류 모두 세포의 에너지 변환 반응과 연관되어 있다. 그 세포기관들은 **미토콘드리아**(mitochondrion)와 엽록체(chloroplast)이다(그림 10.15).

미토콘드리아는 자체적으로 접힌 큰 자루를 내부에 가진 작은 자루를 닮은 세포기관이다. 내부 접힌 표면은 크리스타(cristae)라고 한다. 크리스타의 표면에는 호기성 세포호흡에 관련된 특정한 단백질과 효소가 있다. **호기성 세포호흡**(aerobic cellular respiration)은 음식분자로부터 이용할 수 있는 에너지를 방출하는데 관련된 일련의 반응이며, 산소분자의 참여를 필요로 한다. 평균적인 인간 세포는 만 개까지의 미토콘드리아를 가지고 있다. 근육 세포와 같이 많은 양의 에너지를 요구하는 활동에 관련된 세포는 더 많은 미토콘드리아를 가진다. 적절히 염색하면 복합광학현미경으로 관찰할 수 있다. 호기적으로 기능하는 세포에서 미토콘드리아는 활동에 따라 팽창한다. 이 활동이 감소하면 미토콘드리아는 수축되어 실 같은 구조로 보인다.

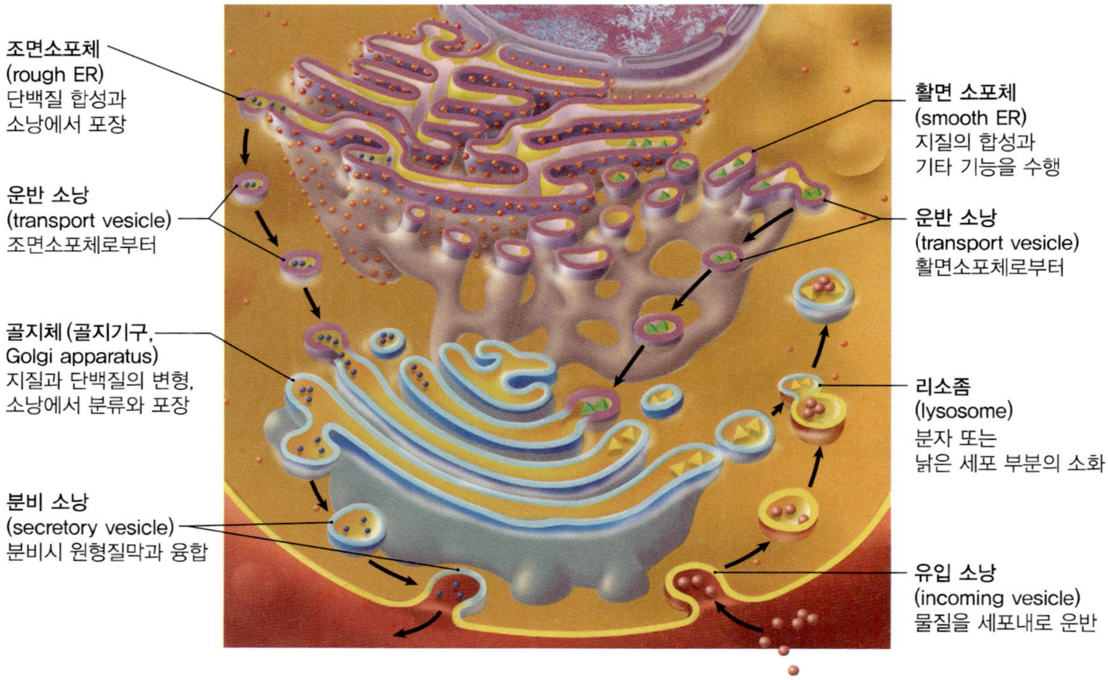

그림 10.14 진핵세포는 2층의 인지질과 연관된 단백질로 이루어진 막으로 구성된 다양한 세포기관을 포함한다. 각 세포기관은 독특한 형태와 기능을 가진다. 이러한 세포기관은 필수적인 기능을 수행하면서 한 형태에서 다른 형태로 상호 전환된다.

두 번째의 에너지 변환 세포기관은 엽록체(chloroplast)이다. 일부세포는 커다란 엽록체를 하나만 가지고 있는 반면에 다른 세포는 수백 개의 작은 엽록체를 가진다. 엽록체의 전자현미경 초미세구조를 보면 전체 세포기관이 막에 의해 둘러싸여 있고, 다른 막들은 두루 접히고 서로 얽혀있다. 그림 10.15A에서 보듯이 일부 지역에서 이러한 막의 농도는 쌓여있거나 자체적으로 접혀있다. 엽록소와 다른 광합성 분자들은 이러한 막에 부착되어 있다. 엽록소가 농축된 부분이 엽록체의 그라나(grana)라고 하며, 엽록소가 없는 곳은 스트로마(stroma)라고 한다.

이러한 막으로 이루어진 자루모양의 세포기관은 식물과 조류(algae)에서만 발견된다. 이 세포기관에서 빛 에너지는 광합성이라는 과정을 통하여 화학결합 에너지로 변환된다. **광합성**(photosynthesis)은 복사 에너지를 포획하여 화학결합 에너지로 변환하는 것이다. 엽록체는 녹색의 엽록소를 포함한 다양한 광합성 색소를 가진다.

미토콘드리아와 엽록체는 몇 가지에서 다른 막으로 이루어진 구조와 다르다. 첫째, 막이 다른 막으로 이루어진 세포기관과 다르다. 두 번째, 내막과 외막의 이중막 층으로 이루어져 있다. 세 번째, 둘 다 세균과 유사한 리보솜과 DNA를 가지고 있다. 마지막으로, 두 구조는 세포의 다른 부분과 어느 정도의 독립성을 가진다–자신을 복제할 수 있는 제한된 능력을 가지지만 세포핵의 DNA 도움을 받아야만 한다. 미토콘드리아와 엽록체와 연관된 생화학적 경로는 호흡과 광합성이며, 둘 다 산화환원 반응이다.

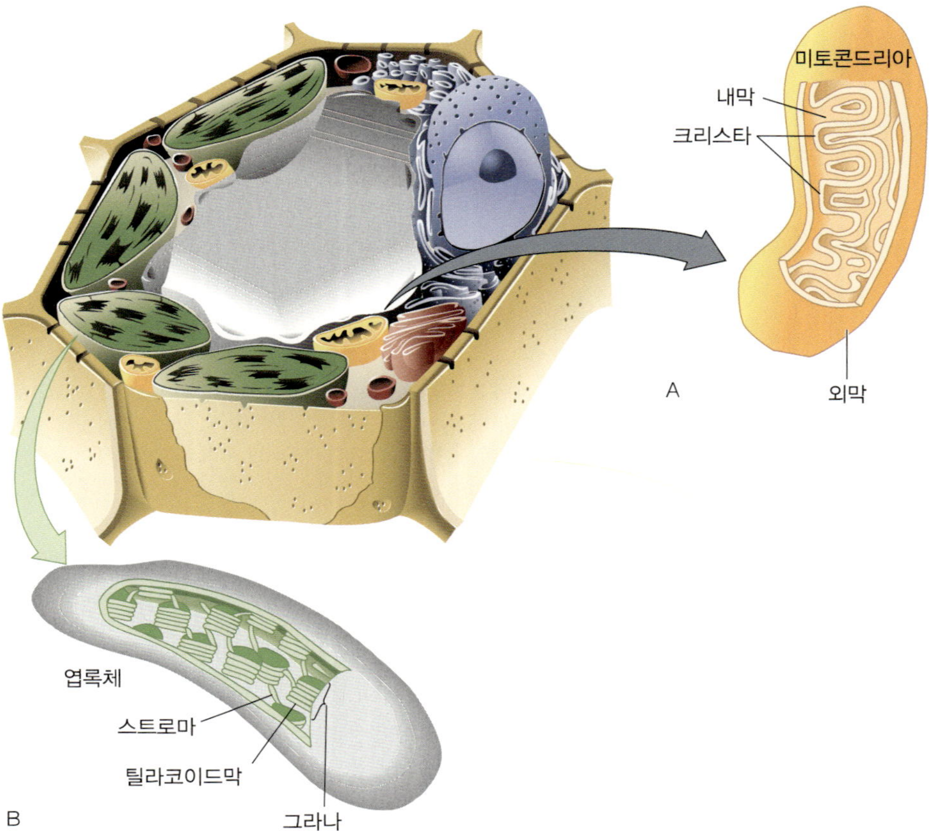

그림 10.15 (A) 엽록소 색소의 저장고인 엽록체는 광합성이 일어나는 장소이다. 그라나에 위치한 엽록소는 빛 에너지를 포획하여 스트로마에서 유기물을 합성하는 데 이용되도록 한다. (B) 크리스타라는 내부 주름과 함께 미토콘드리아는 호기성 세포호흡이 일어나는 장소이며, 식품의 에너지가 사용할 수 있는 세포 에너지로 변환된다. 두 세포기관 모두 인지질과 단백질 막으로 구성되어 있다.

10.6 막으로 이루어지지 않은 세포기관 (Nonmembranous Organelles)

인지질이나 단백질이 판을 이루고 있지 않은 다양한 구조가 세포질에 떠있거나 막으로 이루어진 세포기관과 연관되어 있다. 이들은 막으로 이루어지지 않은 세포기관이라고 한다. 세포질에는 **리보솜**(ribosome)이라고 하는 리보핵산(RNA)과 단백질로 이루어진 매우 작은 구조가 많이 있다. 리보솜은 단백질을 만드는 기능을 한다.

많은 리보솜은 세포질에 자유로이 부유하거나 소포체(endoplasmic reticulum)에 부착되어 있다. 단백질을 활발하게 생산하는 세포(예; 간 세포)는 많은 수의 자유 또는 부착 리보솜을 가진다(그림 10.16). 막으로 이루어지지 않은 세포기관 중에 미세소관, 미세섬유, 그리고 중간섬유라고 알려진 가늘고 긴 구조가 있다.

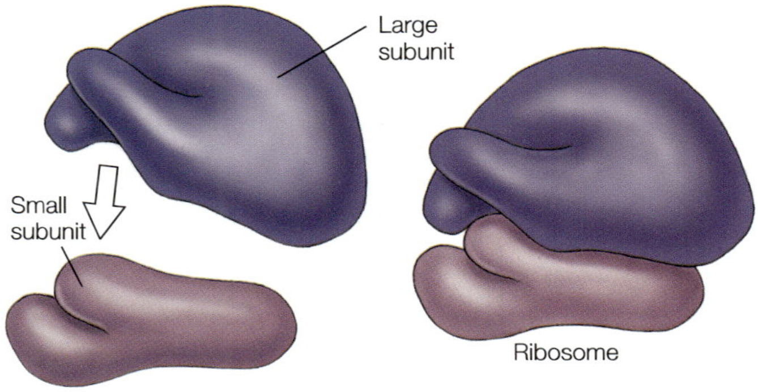

그림 10.16 각 리보솜은 두 개의 소단위로 구성되어 있다. 각 소단위는 단백질과 RNA로 구성되어 있다. 이러한 구형의 세포기관은 개별 아미노산으로부터 단백질 분자를 생성하는 것과 연관되어 있다. 2009년 노벨 화학상은 리보솜의 구조와 기능을 결정한 공로로 벤카드라만 라마크리샨, 토마스 A. 스타이츠, 그리고 아다 E. 요나스 박사에게 수여되었다.

그들의 다양한 기능은 고층 오피스빌딩, 지오데식 돔의 구조뼈대나 케이블, 또는 큰 동물의 골격과 근육계처럼 복잡하다. 세 종류의 세포기관은 모두 서로 상호연결되어 있으며, 일부는 세포막의 내부에 부착되어 세포의 세포골격(cytoskeleton)을 형성한다(그림 10.17). 이러한 세포 구성요소들은 세포에 형태, 지지, 그리고 환경에서 운동할 수 있도록 한다. ALS병(근위축성 측색(側索) 경화증, 또는 루게릭스 질병), 알츠하이머병과 다운 증후군 같은 질병에서는 중간 유형의 섬유가 축적된다. 따라서 연구자들은 이러한 축적을 방지하는 통제방법을 연구하고 있다.

서로 직각으로 배열된 두 짝의 미세소관 배열은 중심소체(centriole)라는 구조를 이루며, 이들은 방추사라는 복합적인 끈으로 미세소관을 조직화하여 작동한다. 방추체(spindle)는 염색체가 부착되어 세포분열 때 적절히 분리될 수 있도록 해주는 구조이다

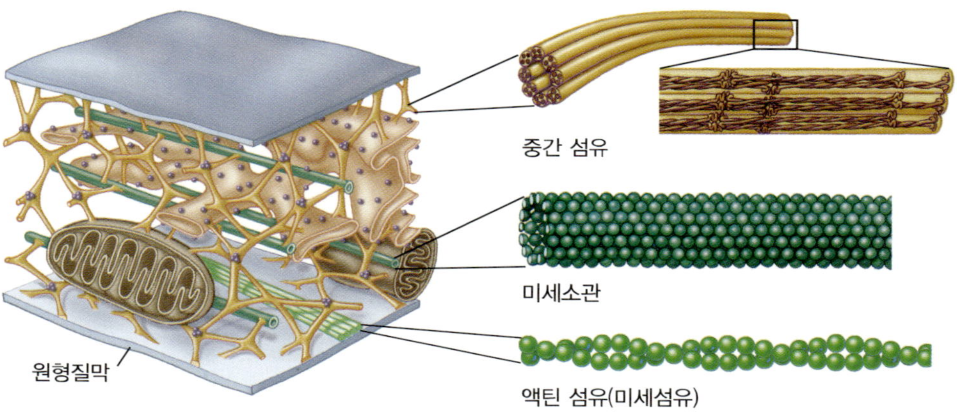

그림 10.17 미세소관, 액틴 섬유, 그리고 중간섬유는 모두 세포의 세포질 안에서 서로 연결되어 있다. 이러한 구조는 다른 세포기관과 함께 연결되어 세포의 세포골격을 형성한다. 이 세포골격은 견고하고 위치가 고정된 구조가 아니라 액틴과 중간섬유 그리고 미세소관 구성요소가 조립되고 해체되면서 변화한다.

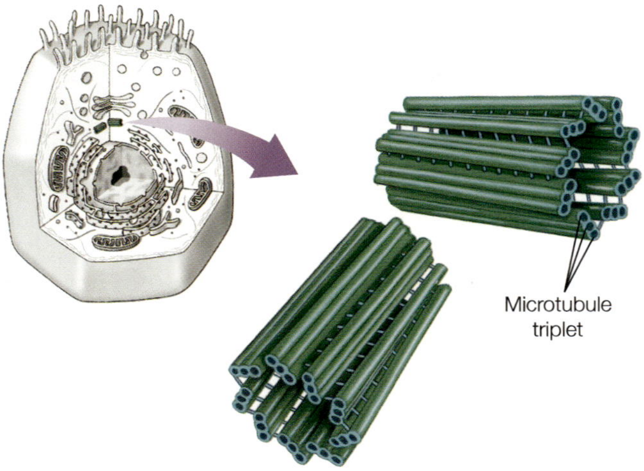

그림 10.18 이러한 두 조의 짧은 미세소관들이 많은 세포 종류의 핵막 바로 바깥에 위치한다.

(그림 10.20 참조). 각각의 짝은 원통형으로 배열된 9쌍의 작은 미세소관으로 구성되어 있다(그림 10.18). 중심체의 흥미로운 사실은 대부분의 동물세포에는 존재하지만 많은 종류의 식물세포에는 존재하지 않는다는 점이다.

많은 세포는 표면에 돌출하는 현미경적인 머리카락 같은 구조를 가지고 있다; 이들은 섬모(cilia) 또는 편모(flagella)이다(그림 10.19). 일반적으로 길고 숫자가 작을 때 편모라고 하며 짧고 수가 많으면 섬모라 한다. 세포는 이러한 미세관 구조의 운동을 조절할 수 있는 능력이 있어서, 다양한 방법으로 움직일 수 있도록 한다. 통합된 운동은 세포가 환경을 통과하여 추진되거나 환경이 세포표면을 지나가도록 한다. 원생동물인 짚신벌레(*Paramecium*)는 율동적인 운동으로 강하게 저어서 세포가 물속을 운동할 수 있도록 하는 수천 개의 섬모로 둘러싸여 있다. 호흡관에 늘어선 세포에 있는 섬모는 허파 깊은 곳에서 점액을 포함하는 입자를 이동시킨다.

그림 10.19 섬모와 편모는 노 또는 프로펠러처럼 기능을 하여 세포가 환경을 통하여 이동하거나 환경이 세포를 지나가도록 한다. 섬모와 편모는 왼쪽의 섬모를 가진 원생동물과 오른쪽의 편모를 가진 조류에서 보여주는 것처럼 미세소관의 집단으로 구성되어 있다. 편모는 보통 섬모보다 수가 적고 길다.

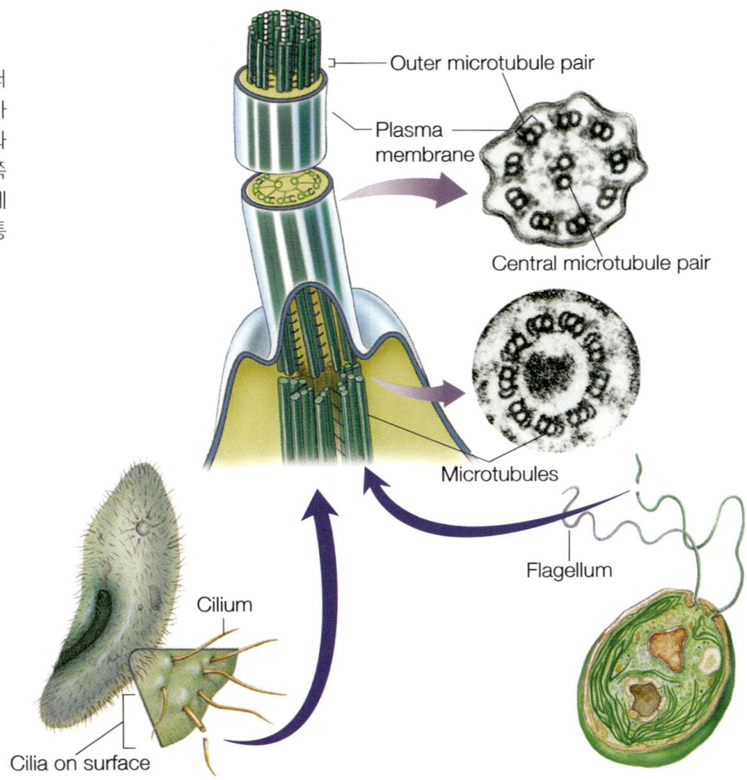

A Closer Look

우리는 어떻게 연관되었는가

세포가 어떻게 구성되어 있는지 알기 때문에 존재하는 매우 다양한 종류의 세포를 고찰할 수 있다. 진핵세포와 원핵세포 사이에 상당한 차이점이 있다는 것을 이미 알고 있다.

원핵세포(비진핵세포)와 진핵세포는 매우 다르며 원핵세포가 화석 기록에 훨씬 먼저 나타나기 때문에, 두 종류 세포의 차이는 생물을 분류하는데 이용된다. 따라서 생물학자들은 생물을 **도메인**이라고 하는 세 개의 큰 범주로 분류하였다. 다음의 도해는 생명체가 어떻게 분류되는지 보여준다.

세균 도메인은 대부분의 미생물을 포함하며 다양한 환경에서 발견된다. 고세균 도메인은 세균과 생화학적으로 중요한 차이가 있는 많은 종류의 미생물을 포함한다. 많은 고세균은 특별한 대사능력을 가지며 고온과 극히 고염과 같은 극한환경에서 서식한다. 수천 종의 세균과 200 종의 고세균만이 기록되었지만, 최근의 해수와 토양에 대한 DNA 연구는 수백만의 기록되지 않은 종이 있다는 것을 시사한다. 십중팔구는 이러한 비진핵생물이 모든 진핵생물 종을 합한 것보다 훨씬 많을 것이다. 다른 모든 생명체는 진핵세포로 이루어져 있다.

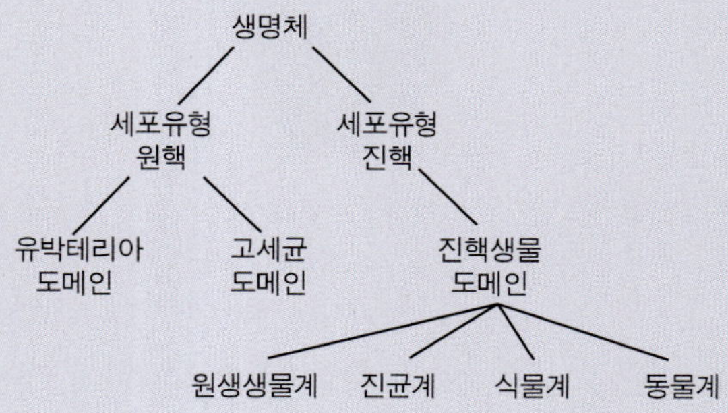

10.7 핵 구성요소 (Nuclear Components)

핵 구조가 처음 확인되었을 때, 특정한 염료가 일부분을 다른 부분보다 잘 염색되는 것을 알았다. 진하게 염색되는 부분은 염색된 물질이라는 의미의 **염색질**(chromatin)로 불렸다. 염색체는 단백질과 결합된 긴 데옥시리보핵산(DNA)의 기다란 분자로 이루어져 있다. 염색질은 핵 안에 느슨하게 조직화된 DNA/단백질 가닥이다. 염색질이 짧고 두터운 구조로 단단히 감겨있을 때 **염색체**(chromosome)라고 한다. 염색질과 염색체는 동일한 분자이지만 구조적 배열만 다르다. 염색체에 추가하여 핵은 하나, 둘, 또는 몇 개의 **핵 소체**(nucleolus)를 가진다. 핵 소체는 리보솜을 생산하는 세포의 DNA와 연관된 입자와 섬유로 구성되어 있다. 핵의 마지막 구성요소는 핵질(nucleoplasm)이라고 하는 액체상 기질이다. 핵질은 물과 리보솜, 핵산, 그리고 다른 핵 물질을 만드는데 필요한 분자로 이루어진 콜로이드상 혼합물이다.

10.8 주요 세포 유형 (Major Cell Types)

방금 서술한 모든 세포기관들이 모든 세포에 존재하는 것은 아니다. 일부 세포는 다른 세포와 다른 세포기관의 전형적인 조합을 가진다. 예를 들어, 어떤 세포는 핵막, 미토콘드리아, 엽록체, 소포체, 그리고 골지체를 가지고; 다른 세포는 미토콘드리아, 중심 소체, 골지체, 소포체, 그리고 핵막을 가진다. 다른 세포들은 훨씬 단순하여 이 장에서 기술한 복합적인 막으로 이루어진 세포기관을 가지지 않는다. 이러한 사실로 생물학자들은 세포를 원핵과 진핵 두 종류의 주요 유형으로 분류한다.

원핵세포의 구조(the prokaryotic cell structure)

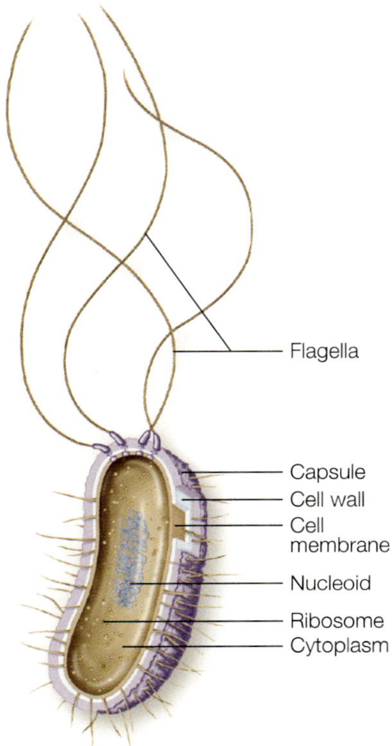

그림 10.20 모든 세균은 원핵세포이다. 진핵세포에 비하여 작고 덜 복잡하지만, 각 세포는 혼자서 생존할 수 있다. 대부분의 세균은 부패와 분해에 관련되지만, 일부가 패혈성 인두염, 결핵, 매독, 그리고 가스 괴저 같은 질병을 일으키는 병원균이다. 여기에 나타낸 세포는 막대모양의 간균이다.

세균(bacteria)과 고세균(archaea)의 원핵세포는 핵막으로 둘러싸인 전형적인 핵이나 미토콘드리아, 엽록체, 골지체, 또는 소포체의 방대한 망상조직을 가지고 있지 않다. 그러나 원핵세포는 DNA와 효소를 가지고 있어서 번식할 수 있으며 대사작용을 한다. 원핵세포는 작고 단순한 세포기관을 이용하여 생물의 기본적인 기능을 모두 수행한다. 고세균은 질병을 일으키는 종이 발견되지 않아 의료계 종사자에게는 관심이 없다. 이들은 pH, 염 농도, 또는 온도가 대부분의 다른 생물은 생존할 수 없는 극한 환경에서 보통 발견된다. 다른 원핵생물은 세균이며, 이중 5% 정도가 결핵, 급성 인후염증, 임질, 그리고 여드름 등 질병을 일으킨다. 다른 세균은 죽은 생물의 부패와 분해를 맡는다. 일부 세균은 녹색의 광합성 색소를 가지고 광합성을 하지만, 엽록체가 없고 다른 화학반응을 이용한다.

대부분의 원핵세포는 다양한 화합물로 구성된 캡슐, 점액질 층, 또는 포자외투(capsule)로 둘러싸여 있다(그림 10.20). 어떤 세균에서는 이 층이 표면(숙주 세포를 포함한)에 부착하여 식세포작용에 저항한다. 많은 세균은 머리카락 같은 단백질 구조인 핌브리에(fimbriae)를 가지며, 물체에 달라붙는다. 편모를 가진 세포는 환경에서 추진할 수 있다. 캡슐 아래에는 펩티도글리칸이라고 하는 독특한 단백질−탄수화물 복합체로 구성된 견고한 세포벽이 있다. 이 복합체는 삼투압에 저항하고 세포 형태를 유지하는 강도를 제공한다. 세포벽 바로 아래에는 세포막이 있다. 진핵세포에 비하여 얇고 약간 다른 화학적 조성을 가지며, 진핵세포와 동일한 기능을 수행한다. 대부분의 세균은 막대모양(bacilli), 구형(cocci), 또는 곡선형(spirula)이다. 세포질 내에 있는 유전물질은 고리모양을 형성한다.

진핵세포의 구조(the eukaryotic cell structure)

진핵세포는 진짜 핵을 가지며 앞서 서술된 막으로 이루어진 세포기관의 대부분을 가진다. 진핵생물은 가지고 있는 세포기관의 조합에 따라 몇 개의 범주로 나뉠 수 있다. 식물, 진균, 원생동물과 조류, 그리고 동물은 모두 진핵성이다. 식물과 조류를 다른 생물과 구별하는 가장 명백한 특성은 녹색이며, 이는 세포가 엽록소를 가지고 있다는 것을 나타낸다.

A Closer Look

항생제(antibiotics)와 세포의 구조적 차이

원핵세포와 진핵세포의 현저한 차이의 하나는 리보솜의 화학적 조성이다. 원핵세포의 리보솜은 진핵세포에서 발견되는 단백질과 다르다. 원핵생물 리보솜은 또한 크기가 작다. 이 발견은 일반적인 질병을 일으키는 많은 세포형태는 세균이기 때문에 의학에 중요하다. 리보솜의 차이가 알려지자 바로 연구자들은 진핵세포 리보솜의 기능은 방해하지 않고 원핵세포의 리보솜만 방해할 수 있는 방법을 찾기 시작하였다. 스트렙토마이신 같은 항생제가 이 연구의 결과이다. 이 약은 원핵생물의 리보솜과 결합하여 생존에 필수적인 단백질의 생산을 방지하여 원핵생물을 죽게 한다. 진핵생물의 리보솜은 원핵생물의 리보솜과 다르기 때문에 스트렙토마이신은 인간 세포에 있는 리보솜의 정상적인 기능을 방해하지 않는다. 바이러스는 리보솜을 포함한 세포구조가 전혀 없다는 것을 명심하시오. 따라서 항세균 항생제는 일반 감기, 바이러스에 의한 독감, 또는 허피스(herpes)를 통제할 수 없다.

엽록소는 빛 에너지를 음식 분자의 화학결합 에너지로 변환시켜주는 광합성 과정에 필수적이다. 이 세포들은 따라서 세포질에 엽록체를 가지고 있다는 점이 다른 세포들과 차이점이다. 식물과 조류의 다른 특징은 세포벽에 셀룰로오스가 있다는 것이다(표 10.2).

표 10.2 식물과 동물 세포의 구조 비교

식물세포	동물세포
세포벽	–
세포막	세포막
원형질	원형질
핵	핵
미토콘드리아	미토콘드리아
중심액포	–
엽록체	–
–	**중심체**
골지체	골지체
소포체	소포체
라이소솜	라이소솜
액포/소낭	액포/소낭
리보솜	리보솜
핵인(핵소체)	핵인(핵소체)
세포 함유물	세포 함유물
세포골격	세포골격

세포벽은 있지만 엽록소가 없는 생물 집단은 진균(fungi)으로 불린다. 진균은 과거에는 식물이 자신의 식량을 합성하는 능력을 상실한 식물이거나 세포벽을 발달시킨 동물로 생각되었다. 이 범주의 진핵생물에는 효모, 곰팡이, 버섯, 그리고 무좀, 열대 피부병을 일으키는 곰팡이, 그리고 백선 등이다. 이 집단의 식물이나 동물과의 차이점이 충분하다고 인식되어 새로운 계(kingdom)로 분류한다.

세포벽이 없고 광합성을 할 수 없는 진핵생물은 다른 집단으로 분류한다. 단 하나의 세포로 구성된 생물은 원생동물이라고 하며 아메바나 짚신벌레가 그 예이다. 이들은 엽록체를 제외한 앞에서 기술된 세포기관을 모두 가지고 있다; 따라서 원생동물은 진균이나 다세포 동물처럼 음식을 소비해야만 한다.

이러한 집단의 생물의 차이점은 멀리 떨어져 있는 것처럼 보이지만, 세포 구조에서 그들의 유사성은 생물학 영역을 통합시키는 중심 주제이다. 특정한 실례를 연구함으로써 일반적으로 세포가 어떻게 작용하는지를 더욱 잘 이해할 수 있다. 생물은 그들이 발견되는 곳에서 세포의 종류에 관계없이 동일한 일반적 구조와 기능을 가지고 있기 때문에, 동물에서 미토콘드리아가 어떻게 기능하는지를 연구하면 식물에서 미토콘드리아가 어떻게 기능하는지에 대하여 더 많이 배울 수 있다. 세포 구조나 기능에 관계없이 모든 생명체 사이에는 공통성이 있다.

2부. 세포의 에너지 변환(Energy Transformations in Cells)

이 장의 이 부분은 생물에 의해 수행되는 두 가지의 가장 기초적인 과정에 대하여 설명한다. 이 과정들은 모든 생명체를 살아있게 유지하는 에너지 변환 기능이다.

10.9 호흡과 광합성(Respiration and Photosynthesis)

생명체에서 산화-환원 반응은 한 단계로 일어나지 않고 일련의 작은 단계로 일어나는 대사 과정이다. 이는 산화되는 분자의 잠재 에너지가 작고 더 유용한 양으로 방출될 수 있도록 한다. 독특한 단백질 촉매(enzyme; 효소)가 각 단계를 조절한다. 각 단계는 기질(substrate)이라 불리는 반응물질로 작용하는 분자로부터 시작된다. 반응이 완결되면 기질은 산물(product)로 변환되며, 이는 다시 다음 효소-조절 반응의 기질이 된다. 이러한 일련의 효소-조절 반응은 생화학적 경로(biochemical pathway) 또는 대사경로(metabolic pathway)라고 불린다.

$$\text{기질 A} \xrightarrow{\text{효소 1}} \text{기질 B} \xrightarrow{\text{효소 2}} \text{기질 C} \xrightarrow{\text{효소 3}} \text{기질 D} \xrightarrow{\text{효소 4}} \text{최종산물}$$

그러한 경로는 분자를 새로 만들거나(예, 광합성), 에너지를 방출하거나(예, 호기성 세포호흡), 그리고 다른 많은 활동을 수행한다. 자연의 경이로운 사실중 하나는 대부분의 생물이 동일한 기본적인 생화학 경로를 사용한다는 것이다. 따라서 코끼리의 호기성 세포호흡을 연구하면 페튜니아, 상어, 또는 지렁이의 호기성 세포호흡을 연구하는 것과 본질적으로 동일할 것이다. 그러나 생물이 생산할 수 있는 효소의 종류는 가지고 있는 유전자에 의존하기 때문에, 다른 생물에서 생화학적 경로의 세부적인 사항은 약간의 변화가 있을 수 있다. 수많은 생물들이 본질적으로 동일한 생화학적 과정을 사용한다는 사실은 공통조상으로부터의 진화에 대한 강한 주장이다. 일단 성공적인 생화학적 전략이 진화하면, 유전자와 경로는 약간의 변경이 있지만 진화적 후손에 의해 보유된다. 중요한 두 가지의 이러한 경로는 호기성 세포호흡과 광합성이며, 둘 다 ATP 형태로 화학결합 에너지를 전달하는 것을 포함한다.

생명체의 에너지 전달 분자-ATP
(the energy transfer molecule of livingthings-ATP)

에너지 방출로부터 에너지 요구 반응으로 적당한 양의 화학결합 에너지를 전달하기 위해, 세포는 ATP 분자를 사용한다. **아데노신삼인산**(ATP)은 적당량의 유용한 화학결합 에너지의 손쉬운 출처이다. 세포에서 이용되는 각 ATP 분자는 전동 장난감과 전자 장비의 충전 가능한 건전지와 같다. 각각은 작업에 동력을 줄 적당량의 에너지를 가지고 있다. 에

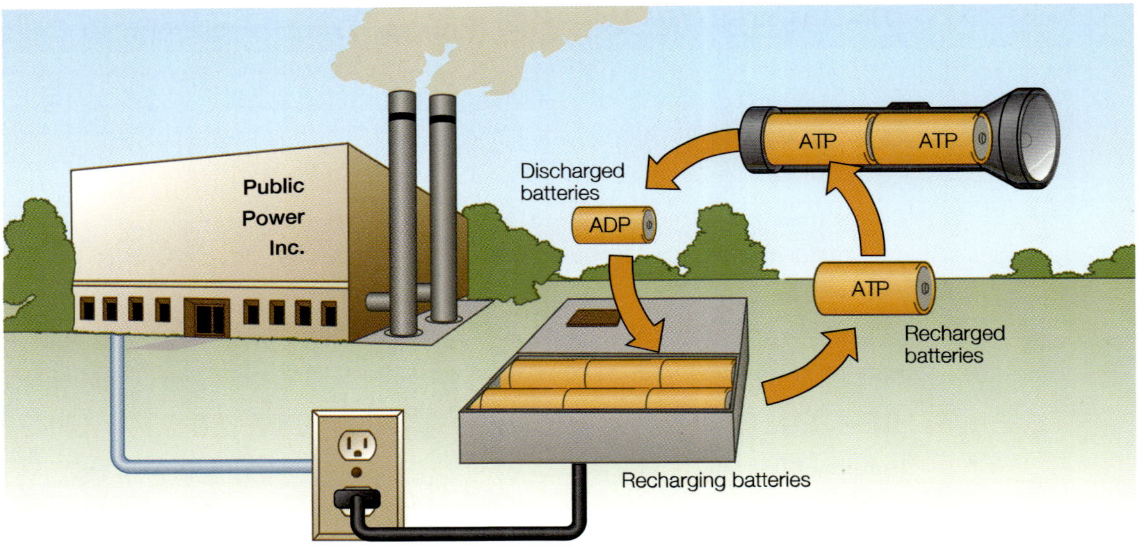

그림 10.21 회중전등의 충전가능한 배터리가 소모되면 특별히 고안된 배터리 충전기에 넣어 충전할 수 있다. 이는 발전소로부터 적당한 양의 동력이 재사용을 위하여 배터리에 넣을 수 있도록 한다. 세포도 이와 동일한 방식으로 작동한다. 세포의 배터리인 ATP가 근육 수축과 같은 동력을 필요로 하는 작업의 결과로 소진되면 이 방전된 배터리인 ADP는 완전한 ATP 동력을 가지도록 다시 충전될 수 있다.

너지가 소진되면 다시 재활용될 때까지 수없이 다시 충전될 수 있다.

AAA 건전지의 재충전은 수력발전소와 같은 고에너지 출처로부터 적은 양의 에너지를 필요로 한다(그림 10.21). 발전소로부터의 에너지는 작은 회중전등이나 휴대전화를 직접 충전하기에는 너무 강력하다. 휴대전화를 발전소에 바로 연결하면 휴대전화는 파괴될 것이다. 그러나 충전 가능한 AAA 건전지는 적절한 시간과 장소에 적절한 양의 에너지를 배달한다. ATP는 이와 똑 같은 방식으로 기능한다. 결합중 하나가 파괴되어 화학결합 에너지가 소진되면:

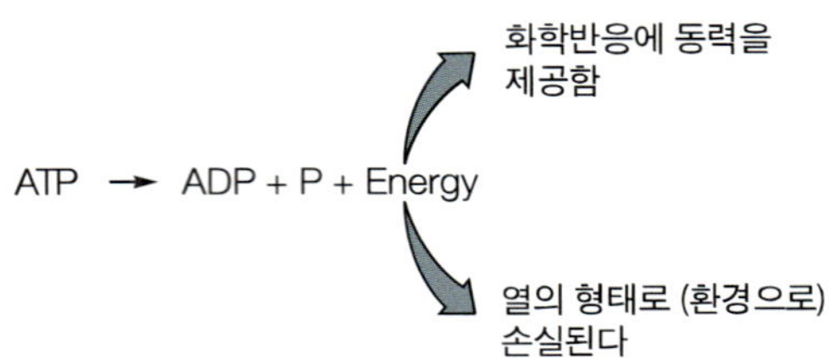

방전된 분자(ADP)는 고동력 에너지원에 접속하여 재충전된다. 이 근원은 (1) 태양광(광합성) 또는 (2) 화학결합 에너지(세포호흡에서 방출됨)가 될 수 있다.

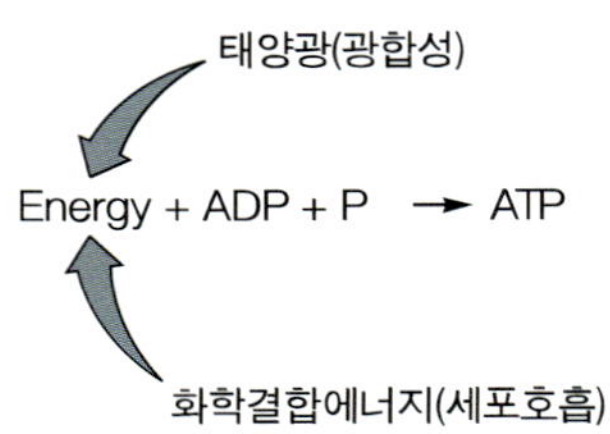

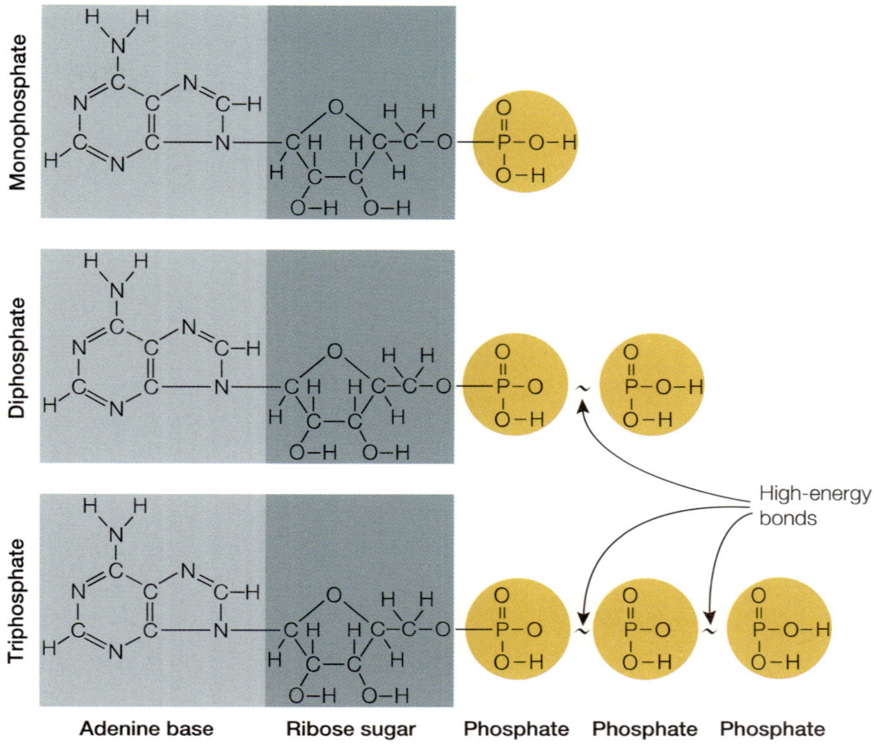

그림 10.22 ATP 거대분자는 아데닌, 리보오스 분자, 그리고 세 개의 인산기로 이루어진다. 두 개의 말단 인산기는 고에너지 결합으로 서로 연결되어 있다. 이 결합이 파괴되면 많은 양의 에너지가 방출된다; 따라서 이들을 고에너지 결합이라고 한다. 이러한 결합은 곡선의 실선으로 나타낸다. ATP 분자는 에너지 운반자이다.

ATP 분자는 아데닌(질소를 포함한 염기), 리보오스(당), 그리고 인산으로부터 형성된다(그림 10.22). 이 세 가지는 화학적으로 결합하여 AMP, 아데노신 일인산(인산 하나)을 형성한다. 두 번째 인산기가 AMP에 추가되면 ADP(이인산) 분자가 형성된다. ADP는 더 많은 에너지가 추가되어 세 번째 인산기와 결합되어 ATP를 형성한다. AMP에 두 번째 인산기를 부착하는 공유결합은 쉽게 절단되어 에너지 요구 세포과정에 에너지를 방출한다. 이 결합의 에너지는 세포가 이용하기 매우 쉽기 때문에, 고에너지 인산결합이라고 부른다. ATP는 곡선의 선으로 표시된 두 개의 고에너지 인산결합을 가진다. ADP와 ATP는 고에너지 결합을 포함하고 있어 매우 불안정한 분자이며 인산기를 쉽게 잃는다. 인산기를 잃으면 인산염의 고에너지 결합에 포함된 에너지는 다른 분자에 전달되거나 환경으로 방출된다. 이 ATP의 에너지가 생물을 살아있게 유지시키는 모든 특성을 수행하는 세포가 이용하는 것이다.

호기성 세포호흡(aerobic cellular respiration)

호기성 세포호흡은 포도당을 이산화탄소와 물로 분해하는데 산소가 관련되고, 포도당의 화학결합 에너지가 ATP(아데노신 삼인산) 형태로 세포로 방출되는 특유한 일련의 효소조절 화학반응이다. 호기성 세포호흡의 실제적 과정은 많은 효소조절 단계를 포함하지만, 전반적인 과정은 산물인 이산화탄소와 물이 생성되고 에너지의 방출을 가져오는 기질들인 당과 산소사이의 반응이다. 이 과정을 요약하면 다음 식과 같다.

포도당 + 산소 → 이산화탄소 + 물 + 에너지

$$C_6H_{12}O_6 + O_2 \rightarrow CO_2 + H_2O + ATP + heat$$

공유결합은 빨리 움직이는 에너지를 가진 전자쌍을 공유하는 원자에 의해 형성된다. 따라서 포도당의 공유결합은 화학적 잠재에너지를 가진다. 포도당의 모든 공유결합(OH, CH, CC) 중에서 가장 얻기 쉬운 것이 분자의 외부에 있는 CH와 OH 결합이다. 포도당으로부터 전자를 제거하는 화학작용에 의해 포도당이 산화된다. 이러한 결합이 파괴되면 몇 가지 일이 발생한다.

1. 몇 개의 ATP가 생산된다.
2. 수소이온(H 또는 양전자)이 생성된다.
3. 전자가 방출되어 특별한 운반 분자에 의해 수용된다.

ATP는 세포의 대사작용에 동력을 공급한다. 포도당에서 전자를 제거하는 화학작용은 포도당이 산화되도록 한다.

호기성 세포호흡 도중에 생산된 전자는 통제되어야 한다. 만약 마음대로 돌아다니게 되면 다른 분자와 빠르게 결합하여 세포의 사망을 초래한다. 전자전달 분자는 일시적으로 전자를 잡아두었다 다른 전자전달 분자에 전달한다. 이러한 전달이 일어날 때 ATP가 형성된다. ATP 생산을 위해 에너지가 전자로부터 제거되면, 전자는 안전한 장소에 보관된다. 호기성 세포호흡에서 전자는 궁극적으로 산소에 결합한다. 산소는 에너지를 상실한 전자가 최종적으로 쉬는 장소로 작용한다. 전자가 산소에 첨가되면, 음전하로 충전된 이온인 O^-가 된다. 산소는 전자를 얻었기 때문에 환원되었다. 따라서 포도당의 호기성 세포호흡에서 포도당은 산화되고 산소는 환원된다. 어떠한 것이 산화되면(전자를 잃음), 다른 것은 환원되어야만 한다(전자를 얻음). 산화－환원반응을 구별하는 간단한 방법은 기억을 돕는 "사자 LEO가 GER이라고 말한다."를 이용한다. LEO는 "전자를 잃는 것이 산화이다; Loss of Electrons is Oxidation"를 의미하고 GER은 "전자를 얻는 것이 환원이다; Gain of Electrons is Reduction."을 말한다. 분자는 전자를 단순이 잃어버릴 수 없고 전자는 어디론가 가야만 한다! 궁극적으로 포도당 분자로부터 방출된 양전하의 수소이온은 음전하의 산소와 결합하여 물을 형성한다.

수소가 포도당 분자에서 떨어져 나오면, 남아있는 탄소와 산소 원자는 재배열하여 CO_2 분자를 형성하고 산화환원 반응이 완료된다. 원래 포도당의 일부였던 모든 수소는 산소로 이동하여 물을 형성한다. 모든 원래 포도

CONCEPTS APPLIED 건조된 효모의 활성화

세포 호흡을 보여주는 간단한 연습은 건조 효모 한 봉지를 몇 찻숟가락의 따뜻한 물과 설탕이 담긴 좁은 입을 가진 병에 가하는 것이다. 풍선을 위에 놓고 끈이나 고무 밴드로 묶고 서서히 저어주시오. 효모가 세포호흡을 통하여 설탕을 대사하면서 CO_2를 발생한다. 호흡에서 발생한 CO_2는 풍선을 부풀게 할 것이다. 풍선이 부풀어 오르면, 실물실연을 분해하기 전에 며칠 기다리시오. 풍선에 어떤 일이 일어나는가? 어떻게 이것을 설명할 수 있을 것인가?

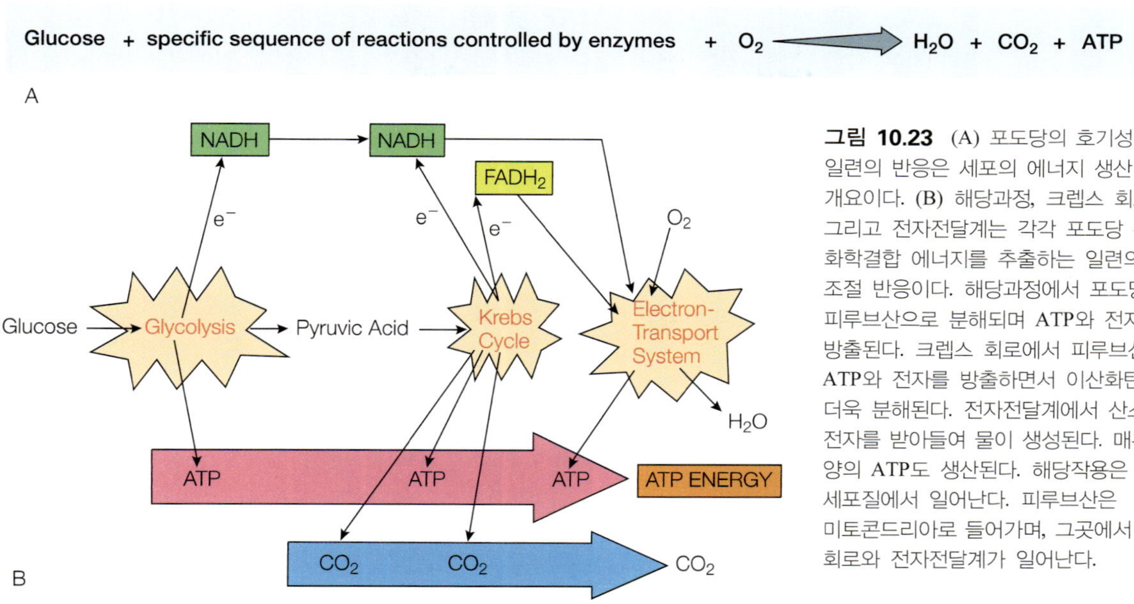

그림 10.23 (A) 포도당의 호기성 산화의 일련의 반응은 세포의 에너지 생산 반응의 개요이다. (B) 해당과정, 크렙스 회로, 그리고 전자전달계는 각각 포도당 분자의 화학결합 에너지를 추출하는 일련의 효소 조절 반응이다. 해당과정에서 포도당은 피루브산으로 분해되며 ATP와 전자가 방출된다. 크렙스 회로에서 피루브산은 ATP와 전자를 방출하면서 이산화탄소로 더욱 분해된다. 전자전달계에서 산소가 전자를 받아들여 물이 생성된다. 매우 많은 양의 ATP도 생산된다. 해당작용은 세포의 세포질에서 일어난다. 피루브산은 미토콘드리아로 들어가며, 그곳에서 크렙스 회로와 전자전달계가 일어난다.

당에 남아있는 탄소와 산소는 이제 CO_2 형태이다. 이 과정에서 방출된 에너지는 ATP를 만들기 위해 이용된다. 세포에서 이러한 산화반응은 특정한 순서에 의해 세포 내의 특정한 장소에서 일어난다. 진핵세포에서 음식 분자로부터 에너지를 방출하는 이 과정은 세포질에서 시작되어 미토콘드리아에서 완료된다. 세 가지의 다른 효소 경로가 관련된다(그림 10.23):

1. **해당작용**(glycolysis; glyco 당; lysis; 쪼개다)은 세포의 세포질에서 일어나는 일련의 효소 조절 반응이며 포도당이 분해되어 전자의 방출과 ATP의 형성을 가져온다. 전자는 처리를 위하여 전자전달계(ETS; electron transport system)로 보내진다.
2. **크렙스 회로**(Krebs cycle)는 미토콘드리아 내에서 일어나는 일련의 효소조절 반응이며 CO_2와 더 많은 ATP를 방출하며 원래 포도당의 남은 부분이 완전히 분해되고, 그리고 더 많은 전자가 전자전달계(ETS)로 보내진다.
3. **전자전달계**(ETS)는 미토콘드리아 내에서 나타난다. 전자전달계는 해당작용과 크렙스 회로에서 받는 전자의 운동에너지를 ATP로 변환하는 일련의 효소조절 반응이다. 사실상 호기성 세포호흡에서 생산되는 대부분의 ATP는 ETS에서 온다. 전자는 효소를 포함하는 일련의 산화환원 반응으로 전달되어 궁극적으로 전자는 산소 원자에 결합하여 산소 이온(O^-)을 형성한다. 음전하의 산소 원자는 양전하 수소 두 원자를 끌어당겨 물(H_2O)을 형성한다.

광합성(photosynthesis)

궁극적으로 모든 생물에 동력을 제공하는 에너지는 태양의 복사 에너지에서 온다. 엽록소는 광합성 과정을 위하여 빛 에너지를 흡수하는 녹색 색소이다. 광합성 과정을 통하여 식물, 조류 그리고 어떤 세균은 빛 에너지를 ATP 형태의 화학결합 에너지로 변환하고 ATP를 포도당과 같은 복합 유기분자를 생산하는데 이용한다. 조류와 녹색식물의 잎에서는 엽록소를 가진 세포에서 광합성이 일어난다.

다음 식은 녹색식물과 많은 다른 광합성 생물이 ATP와 유기분자를 만들기 위한 화학반응을 요약한 것이다.

$$\text{빛에너지} + \text{이산화탄소} + \text{물} \rightarrow \text{포도당} + \text{산소}$$

$$\text{light energy} + CO_2 + H_2O \rightarrow C_6H_{12}O_6 + O_2$$

광합성 경로에는 세 가지의 뚜렷한 사건이 있다.

그림 10.24 가을철에 각 잎의 하단에 방수조직의 층이 형성되어 물과 다른 영양분의 흐름을 차단한다. 잎의 세포는 죽고 잎의 엽록소는 분해된다. 가을철 세계 일부 지역에서 나타나는 잎 색깔의 변화는 녹색 엽록소가 파괴되어 나타난다. 다른 색소(빨강, 노랑, 오렌지색, 갈색)는 항상 존재하지만 녹색 엽록소 색소에 의하여 가려진다. 엽록소가 분해되면 빨강, 오렌지색, 노랑색, 그리고 갈색이 나타난다.

1. **빛포획 사건.** 진핵세포에서 광합성 과정은 엽록체 내에서 일어난다. 각각의 엽록체는 막에 의해 싸여져 있으며 다른 색소와 함께 녹색색소인 엽록소를 가진다. 엽록소와 다른 보조 색소(노란색, 붉은색, 오렌지색)는 특정한 파장의 빛을 흡수한다(그림 10.24). 광합성 색소에 의해 특정한 양의 빛이 흡수되면 그들의 전자는 흥분된다. 첨가된 에너지와 함께 이들 흥분된 전자는 ATP 생산을 책임지는 화학반응으로 들어갈 수 있다.
2. **빛 의존 반응.** 빛 의존 반응은 빛 포획 작용에 의하여 생산된 흥분된 전자를 이용한다. 빛 의존 반응은 명반응(light reactions)으로도 알려져 있다. 이 반응에서 빛 포획 반응에서 온 흥분된 전자는 두 가지의 다른 일을 하는데 이용된다. 일부 흥분된 전자는 ATP를 생성하는데 이용되고, 다른 전자는 물을 수소와 산소로 분해하는데 이용된다. 물에서 생성된 산소는 환경에 O_2 분자로 방출되며, 수소는 전자운반체로 전달된다.
3. **빛 비의존 반응.** 암반응(dark reactions)으로도 알려지는데, 이는 반응이 일어나는데 빛이 필요하지 않기 때문이다. 이 반응 동안에 명반응으로부터 온 ATP와 전자운반 분자가 이용되어 세포에 이미 존재하는 5탄소 분자에 CO_2를 부착시켜 새로운 큰 유기분자를 제조한다. 궁극적으로 포도당($C_6H_{12}O_6$)이 생성된다. ADP와 빛 비의존반응(암반응) 도중에 생성된 전자운반체는 빛 의존반응(명반응)으로 재생되어 다시 이용된다(그림 10.25).

원핵세포는 미토콘드리아와 엽록체가 없기 때문에 광합성과 세포호흡을 세포질 내의 세포막 내부 표면이나 다른 특별한 막에서 수행한다. 광합성과 세포호흡은 모두 에너지의 흐름을 조절하는 일련의 화학반응을 포함한다.

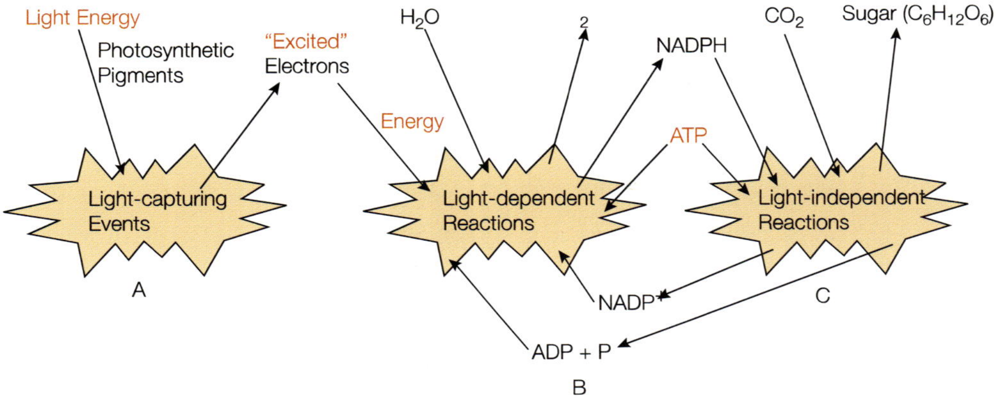

그림 10.25 광합성은 식물, 조류, 그리고 특정한 세균에서 일어나는 복잡한 생화학적 경로이다. 이 그림의 윗부분은 전반적인 과정을 보여준다. 태양광은 CO_2와 H_2O와 함께 설탕과 같은 유기분자를 생성하는데 이용된다. 아래 부분은 과정의 세 부분을 나타낸다: (A) 빛을 포획하는 사건, (B) 빛 의존 반응, 그리고 (C) 빛 비의존 반응이다. 빛 의존 반응의 최종산물인 전자운반체와 ATP는 빛 비의존 반응을 작동하는데 필수적이며, 물과 이산화탄소는 환경으로부터 공급된다.

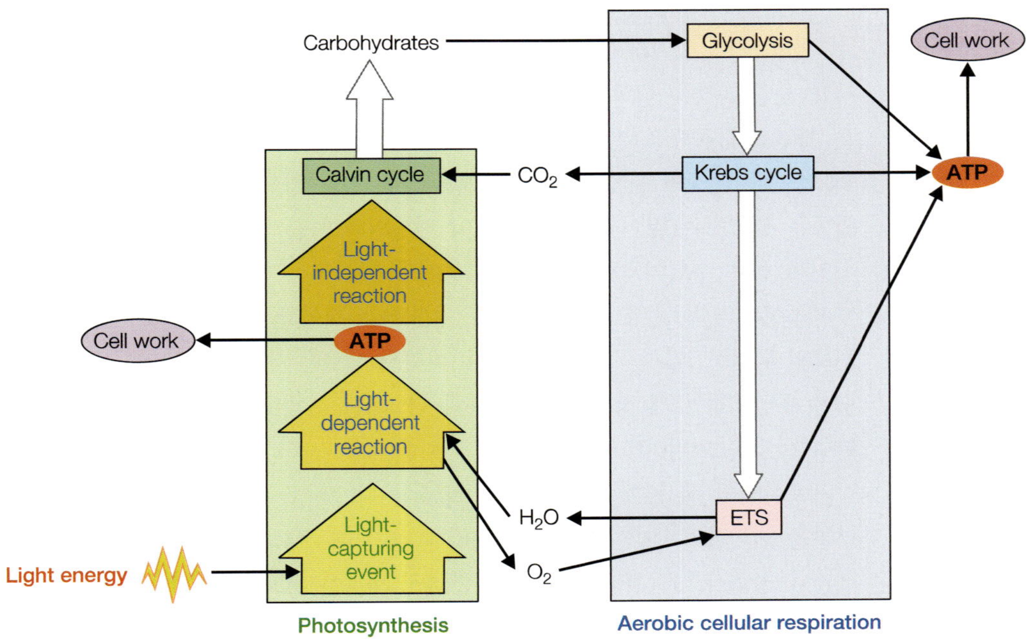

그림 10.26 독립영양생물과 종속영양생물 모두 세포호흡을 수행하지만, 광합성 독립영양생물에서만 일어나는 광합성 과정은 두 과정에 필수적인 양분을 제공한다. 광합성은 빛 에너지를 포획하여 궁극적으로 탄수화물과 다른 유기화합물 형태로 종속영양생물에게 전달된다. 광합성은 O_2도 발생하며 이는 세포호흡에 사용된다. 종속영양생물(예, 동물)과 독립영양생물(예, 식물) 모두의 세포호흡에 의하여 발생되는 ATP는 그들의 많은 대사과정에 동력을 제공하는데 이용된다. 반대급부로 세포호흡은 광합성에 가장 중요한 두 가지 기본 성분인 CO_2와 H_2O를 공급한다.

많은 사람들은 식물은 산소를 발생만 할 뿐 절대 필요로 하지 않는다고 믿는다. 이것은 사실이 아니다! 식물은 광합성의 빛 의존반응에서 산소를 발생하지만, 호기성 세포호흡에서는 다른 생물과 마찬가지로 산소를 사용한다. 생활주기 동안 녹색식물은 호흡에 사용하는 것보다 더 많은 산소를 대기로 방출한다. 방출되는 잉여 산소가 식물과 동물의 호기성 세포호흡을 위한 산소의 기원이다. 동물은 식물에 산소를 의존할 뿐 아니라 신체와 대사를 유지하기 위한 유기분자도 궁극적으로 식물에 의존한다(그림 10.26).

방금 서술된 모든 세포기관은 막으로 구성되어 있다. 많은 막은 특정한 기능을 위해 변형되었다. 각 막은 결합된 단백질과 함께 이중의 인지질 층으로 구성되어 있다.

3부. 세포 생식 (Cellular Reproduction)

이 장의 마지막 부분은 살아있는 세포에서 일어나는 기본적인 생식 활동을 설명한다. 세포 생식이 없이는 지구상의 모든 생명은 멸종할 것이다.

10.10 세포분열의 중요성 (The Importance of Cell Division)

세포 분열 과정은 생식 과정이며, 생명 특성 중 하나이다. 세포분열은 죽은 세포를 새로운 세포로 교체하고, 손상된 조직을 수선하고, 생명체가 성장할 수 있도록 한다. 예를 들어, 정자와 난자의 결합으로 생긴 하나의 세포로부터 시작한다. 이 단일 세포의 첫 번째 활동은 분열하는 것이다. 분열 과정이 진행되면서 몸 안의 세포 수는 증가하며, 따라서 성인의 몸은 수십억 개의 세포로 이루어져 있다.

세포분열의 두 번째 기능은 신체를 유지하는 것이다. 적혈구와 장의 벽과 피부와 같은 신체의 특정한 세포는 닳아 없어진다. 따라서 새로운 세포로 교체되어야만 한다. 또한 사람은 초당 5천만 개 정도의 세포를 잃는다; 이는 신체에서는 항상 수백만의 세포가 분열한다는 것을 의미한다.

세포분열의 세 번째 기능은 수선(repair)이다. 뼈가 부러지면 세포가 분열하여 부러진 부분을 연결할 수 있는 세포가 가용하게 하기 때문에 부러진 곳이 아문다. 피부 세포가 베거나 찰과상으로 파괴되면, 세포 분열은 새로운 세포를 생산하여 손상을 회복한다.

진핵세포의 세포분열 동안 두 가지 사건이 일어난다. 세포의 복제된 유전 정보는 **유사분열**(mitosis; 그리스어로 mitos는 '실(thread)'이라는 의미임)을 통해 두 개의 딸핵에 균일하게 분배된다. 핵이 분열을 할 때 세포질 또한 분열하여 새로운 두 개의 세포로 나뉜다. 이 세포질의 분열을 세포가 쪼개지는 **세포질 분열**(cytokinesis)이라고 한다. 각각의 새로운 세포는 딸핵의 하나를 받기 때문에 둘 다 유전정보의 완전한 세트를 가진다.

A Closer Look

줄기세포(Stem Cells)

줄기세포는 뉴스에서 뜨거운 화젯거리였다. 줄기세포의 출처와 생명의 정의에 대한 토론에서 어떻게 그들이 생각되는가 때문에 연구에 그들을 이용한 데 대해 논쟁이 들끓었다. 도대체 무엇이 줄기세포이고, 어떻게 획득되며, 그리고 그들의 가치는 무엇인가?

줄기세포는 간, 피부, 그리고 두뇌 세포를 포함하는 많은 다른 종류의 세포가 될 수 있는 능력을 가진 초기의 분화되지 않은 세포이다. 이론적으로 줄기세포는 실험실 배양에서 무한한 기간 동안 분열할 수 있다. 줄기세포는 순환하는 혈액과 골반을 포함한 특정한 뼈의 붉은 골수, 그리고 배아에서 나타나며, 또는 실험실에서 배아에서부터 발생시킬 수 있다. 성인의 줄기세포는 그들이 기원한 조직의 모든 전문화된 세포 유형을 생산하도록 분화될 수 있다. 배아 줄기세포는 배아에서 온 분화되지 않은 세포이다. 줄기세포의 전문화된 세포로 분화할 수 있는 능력은 질병이나 상해로 세포를 상실한 개인에게 대체세포로서 극히 가치가 있게 한다.

줄기세포의 기원은 세 가지가 있다: 실험실 배양, 배아에서 분리, 그리고 성인 공여자이다. 배아 줄기세포를 얻는 방법 중 하나는 공여받은 정자와 난자를 이용하여 페트리 접시에서 수정하는 것이다. 수정된 난 또는 접합체는 며칠간 유사분열을 진행하도록 하여 세포의 덩어리가 형성되도록 한다. 일부 세포를 제거하여 별도의 접시에서 배양하여 배아 줄기세포의 출처로 이용된다.

배아 줄기세포는 많은 종류의 인간 세포로 분화할 수 있기 때문에, 연구자들은 많은 문제를 해결하도록 사람에게 제공될 수 있을 것으로 희망한다. 문제점들은 다음 사항을 포함할 수 있다: 마비된 손발의 기능을 회복하기 위해 척추 손상을 회복하는 것, 심장마비 이후 불필요한 반흔 조직을 대체하는 것, 또는 세포를 추가하여 유전적 또는 다른 질병의 결과로 정상적으로 생산되지 않는 화학물질을 생산하도록 하는 것(예, 파킨슨병 환자의 도파민, 당뇨병의 인슐린, HIV나 선페스트 감염에 견디도록 도와주는 특정한 수용체 부위). 배아 줄기세포는 겸상빈혈 환자에게 정상적인 적혈구를 생산하는데 필요한 건강한 세포를 제공하는데 이용될 수도 있을 것이다. 이는 아직 연구 단계이며, 이러한 치료법이 대중에게 이용되기 위해서는 아직 많은 것을 성취하여야 한다.

성인도 줄기세포의 공여자가 될 수 있다. 어떤 질병을 가진 사람(예, 만성 림프성 백혈병, CLL) 또는 암으로 화학요법이나 방사선 조사를 받는 사람은 줄기세포를 상실하며 따라서 생명이 필수적인 적혈구와 백혈구 수가 낮다. 그러나 이러한 세포를 조직이 적합하다면 성인 공여자로부터 건강한 조혈 줄기세포로 대체할 수 있다. 성인 줄기세포에는 골수와 순환하는 혈액의 두 종류 출처가 있다.

성인 줄기세포는 피하 주사기를 사용하여 외래환자로부터 채집될 수 있다. 살균된 주사바늘을 골반에 삽입하여 골수를 추출한다. 줄기세포는 혈장교환이라고 하는 전체 혈액 공여와 유사한 방법으로도 얻을 수 있다. 혈장교환 시 공여자의 혈액은 혈장으로부터 세포를 분리하는 장치를 통과하며 줄기세포가 다른 종류의 혈액세포로부터 분리된다. 이 과정이 끝나면 필요하지 않은 세포와 혈장은 공여자에게 되돌려진다. 이는 수 시간이 소요된다. 채취를 촉진하고 개선하기 위하여 줄기세포 생장인자를 혈장교환 전에 공여자에게 투여한다. 이는 줄기세포의 유사분열을 촉진하여 수를 증가시킨다. 일단 채취되면 줄기세포는 농축되어 수여자에게 주입된다. 성공적이면 공여자의 줄기세포는 수여자의 골수에 재정착하여 유사분열을 계속해서, 회복하는 환자에게 필요한 적혈구와 백혈구의 출처가 된다.

의학 연구를 위하여 근위축성 측색 경화증, 또는 ALS (루게릭병)와 같은 특정한 유전병 환자로부터 줄기세포를 만드는 기술이 개발 중이다. 이러한 질병을 앓고 있는 환자의 성인 상피세포인 섬유 아세포에 외래 유전자(foreign genes)를 첨가하면, 세포가 배아가 되도록 재프로그램된다. 그 세포들은 번식하고 뉴런과 같은 그 환자의 질병 특성을 나타내는 세포로 분화되도록 하는 신호분자에 노출된다. 이러한 맞춤형 세포는 새로운 약의 잠재적 효과를 선별하는데 이용될 수 있다.

10.11 세포 주기(The Cell Cycle)

모든 진핵세포는 동일한 생명 주기를 거치지만, 각각의 시기에 보내는 시간은 변한다. 세포 생명주기의 일반적인 그림은 더 잘 이해할 수 있도록 할 것이다(그림 10.27). 일단 시작되면 세포 분열은 시작이나 끝이 없는 연속적인 과정이다. 이는 세포가 연속적으로 자라고 분열하는 순환이다. 진핵세포의 생명주기에는 다섯 단계가 있다: (1) G_1 간극(성장)−기 1; (2) S, 합성(synthesis); (3) G_2, 간극(성장)−기 2; (4) 세포분열(유사분열과 세포질 분열); (5) G_0, 간극(성장)−유사분열 휴지기 또는 분화.

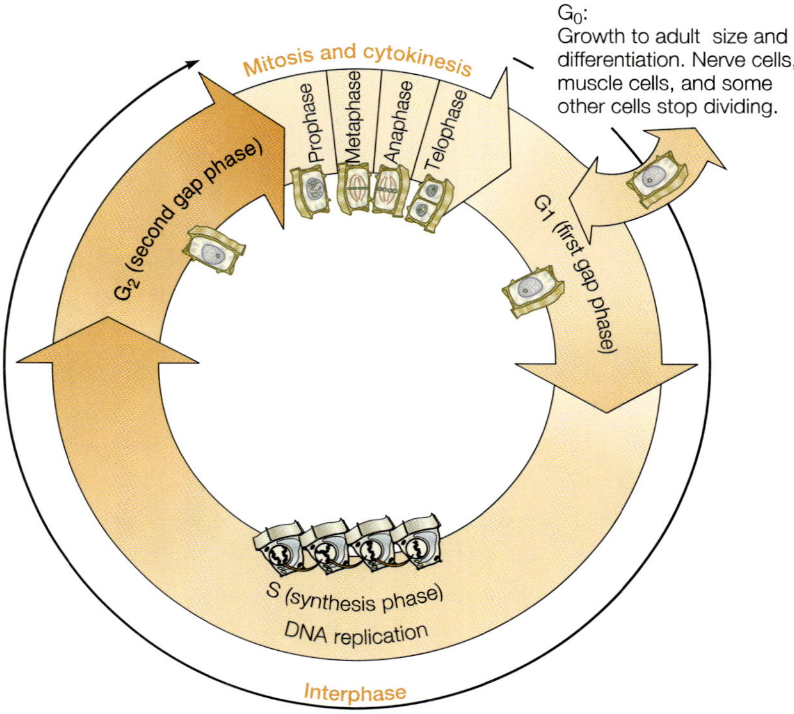

그림 10.27 세포주기에서 tRNA, mRNA, 리보솜, 그리고 효소가 G_1기에 생산된다. DNA 복제는 S기에 일어난다. 방추사에 필요한 단백질은 G_2기에 합성된다. 유사분열에서 핵이 복제되며 세포질 분열에 의하여 두 세포가 형성된다. 두뇌와 같은 기관이 완전히 발달하면 신경세포와 같은 특정한 종류의 세포는 G_0기에 들어간다. 표시된 시간 기간은 상대적이며 세포의 종류와 생물의 나이에 따라 변화한다.

G_0기에는 세포는 분열주기에 있지 않다고 간주되며 그들의 기능에서 분화 또는 전문화된다. 이 시기가 세포가 성숙하여 유전 체제에 의해 특화된 역할을 하는 때이다. G_0기에 들어가는 어떤 세포는 그곳에 어느 정도 영구적으로 머무르지만(예; 신경세포), 다른 세포들은 G_1, S, 그리고 G_2의 유사분열 세포주기로 다시 쉽게 돌아가는 능력이 있다(예; 피부 세포). G_1, S, 그리고 G_2의 생명주기의 초기 세 단계는 **간기**(interphase)라는 시기에

나타난다. 간기는 세포분열기의 중간이다. G_1기에 세포는 부피성장을 하여 tRNA, mRNA, 리보솜, 효소, 그 외 다른 세포 구성요소를 생산한다. S기 동안에 DNA 복제가 일어나 딸세포로 유전자를 분배할 준비를 한다.

다음의 G_2기에는 방추사 단백질이 형성되어 유사분열을 위한 마지막 준비가 완료된다. 간기에 세포는 분열하지 않지만 광합성과 선세포 분비 등의 대사활동에 종사한다. 간기 동안 핵막은 완전하며 개체 염색체는 보이지 않는다. 느슨히 감긴 염색질 실은 너무 얇고 얽혀있어 보이지 않는다. 염색체는 고도로 꼬인 DNA 가닥이며 (1) 어떻게 영양소의 소화에 필요한 효소를 생산할지, (2) 영양소 대사와 해로운 노폐물을 제거하는 효소를 어떻게 만들지, (3) 어떻게 세포 부분을 수리하고 조립할지, (4) 어떻게 건강한 자손을 번식할지, (5) 언제 그리고 어떻게 환경의 우호적, 비우호적 변화에 반응할지, 그리고 (6) 어떻게 생명의 필수적인 기능을 조정하고 조절할지에 대한 암호화된 정보를 가지고 있다. DNA 이중나선과 뉴클레오솜은 **염색분체**(chromatid)로 배열되며, S기 이후에는 각각의 복제된 염색체에 대하여 두 개의 부착된 염색분체가 있다(그림 10.28). 염색분체(염색체)는 유사분열 기간에 분배된다.

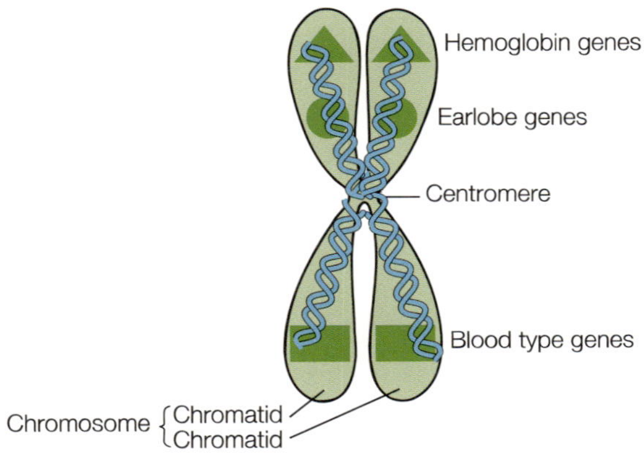

그림 10.28 염색체 복제가 일어나는 간기에 원래의 이중나선 DNA는 풀려서 중심체에 부착한 체로 남아있는 두 개의 동일한 이중나선을 형성한다. 이들 이중나선을 각각은 염색질이다. 염색체의 두 동일한 염색질은 dyad라고 불리기도 하며, 이는 각 염색질에 하나씩 있는 두 개의 이중나선 DNA가 있다는 것을 반영한다. DNA는 유전 자료를 포함한다 (여기에 나타낸 예는 단지 예시 목적임. 여기에 열거된 형질이 이 가상적인 염색체에 보여준 위치에 실제로 위치한다고 가정하지 마시오.).

10.12 유사분열 단계 (The Stages of Mitosis)

세포 생명주기의 모든 단계는 연속적이다; 언제 G_1기가 끝나고 S기가 시작되는지 또는 간기가 언제 끝나고 유사분열이 시작되는지 정확한 시점이 없다. 마찬가지로 유사분열의 각 단계에서도 한 단계에서 다음 단계로 점진적으로 전이된다. 그러나 연구와 전달 목적으로 과학자들은 인식가능한 사건에 기초하여 유사분열 과정을 네 단계로 구분하였다. 이 네 단계는 전기(prophase), 중기(metaphase), 후기(anaphase), 그리고 말기(telophase)이다.

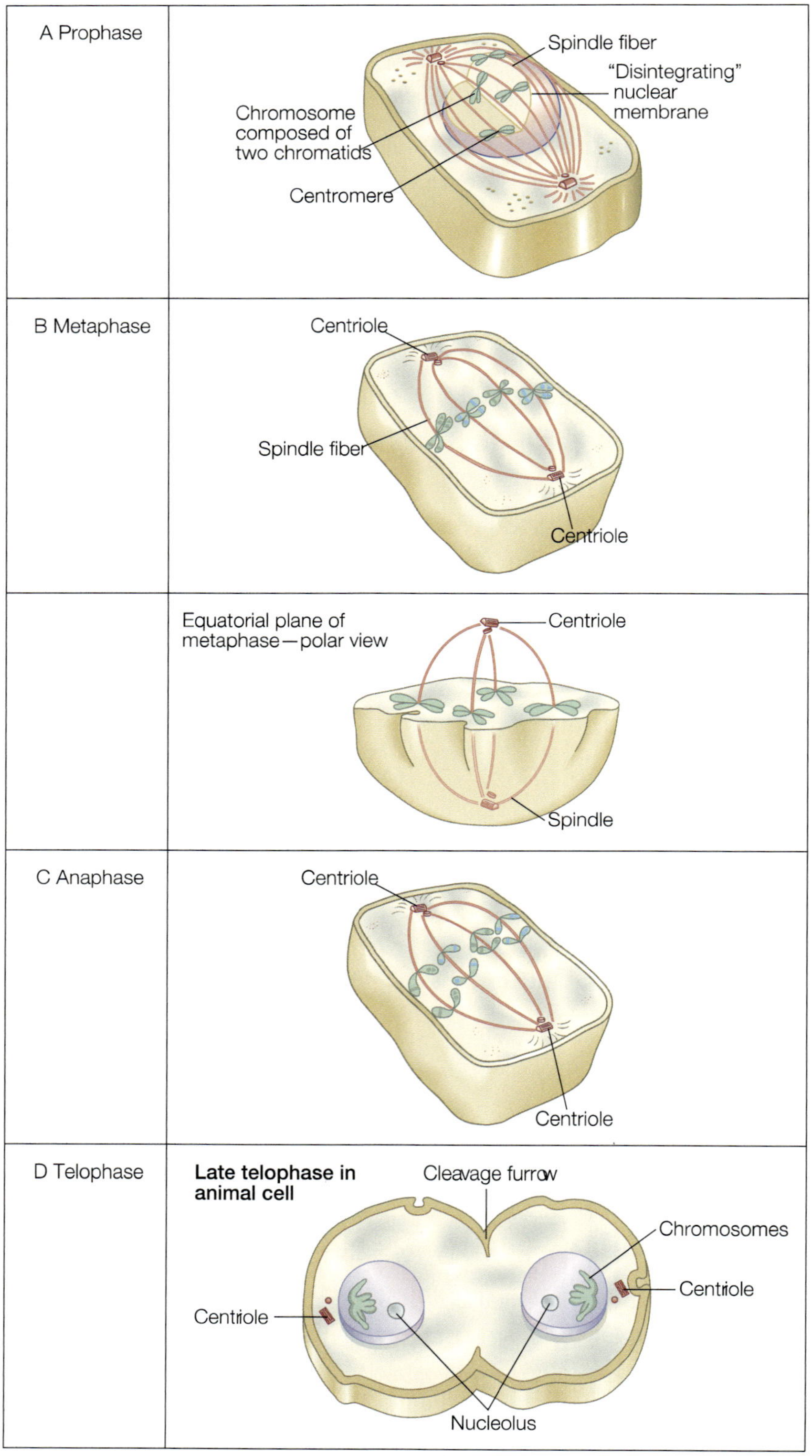

그림 10.29 유사분열의 각 단계

전기(prophase)

이 단계에서는 복제된 염색질 가닥이 인식 가능한 염색체로 꼬이기 시작한다. 핵막 파편과 조각은 다른 막으로 이루어진 세포기관의 일부가 된다. 중심소체들은 세포의 반대 끝으로 서로 멀어져서, 세포의 극을 형성한다. 방추사가 형성되어 한 극에서 다른 극으로 성장한다. 전기가 진행되고 염색체가 더 잘 보이게 되면, 각각의 염색체는 두 개의 평행한 실 같은 부분이 서로 옆으로 배열되어 염색분체를 이루는 것을 볼 수 있다.

중기(metaphase)

중기는 응축된 염색체가 세포의 적도로 이동하는 시기이다. 세포의 적도(equator)는 지구의 적도와 동일한 의미이다. 적도는 지구(세포) 표면 둘레의 가상적인 원이다. 염색체가 도착하면 염색체의 동원체 부분이 방추사에 부착된다. 유사분열의 이 단계에서 각각의 염색체는 아직 동원체에 부착된 두 개의 염색분체로 이루어져 있다. 인간의 세포에서 중기에는 46개의 염색체 또는 92개의 염색분체가 세포의 적도 평면에 정렬된다. 중기의 후반에 각각의 염색체는 동원체의 DNA가 복제되면서 분리되어, 세포는 다음 단계인 후기로 진입한다.

후기(anaphase)

동원체는 후기에 DNA 복제를 완결하고, 염색분체가 분리되어 극으로 이동하도록 한다. 염색분체의 분리가 일어나면 염색분체는 딸염색체로 불린다. 딸염색체는 동일한 유전 정보를 가진다. 후기의 나중에 두 번째로 중요한 사건인 세포 분열이 일어난다. 세포분열(세포질의 분열)은 마지막 단계인 종기에 완료되며, 원래 세포의 세포질은 두 개의 작은 독립된 딸세포로 분열된다.

종기(telophase)

후기에 시작된 세포분열이 완료되면 분열된 세포로부터 두 개의 딸세포가 형성된다. 핵막과 핵인이 재형성된다. 방추사는 부서지고, 염색체는 풀려서 염색질로 변화한다. 세포 유형에 따라 새로 형성된 딸세포는 분화되어 그들의 기능에 전문화되거나, 또는 세포 주기의 유사분열로 다시 진입할 수 있다.

Science and Society

비정상적 세포분열 : 암(cancer)

암은 세포분열을 통제하지 못하여 발생되는 질병이다. 이는 세포가 너무 자주 분열하도록 하여 정상적인 신체 기능을 방해한다. 과학자들은 암을 세포분열을 조절하는 유전자의 돌연변이에 의해 발생하는 것으로 보고 있다. 돌연변이는 유전되거나 환경의 매개체에 의하여 발생될 수 있다. 예를 들어 담배 연기의 타르 성분은 p53 유전자의 돌연변이와 직접적인 연관이 있다. 담배 연기의 타르는 돌연변이원(mutagen)과 발암물질(carcinogen)로 분류된다. 돌연변이원은 DNA를 돌연변이 시키거나 화학적으로 손상을 준다. 발암물질은 암을 일으키는 돌연변이원이다.

많은 약제가 높은 암 발생율과 관련되어 있다. 그들이 모두 공통적으로 가지고 있는 것은 DNA 분자의 뉴클레오타이드 서열을 변경할 수 있는 능력이다. DNA에 손상이 일어나면, 세포 기작은 DNA의 유전정보를 더 이상 읽지 못하게 될 수 있다. 다음은 환경에서 발견되는 돌연변이 유발요인의 일부 목록이다.

방사선

X선과 감마선

자외선

  일광욕 램프로부터의 UV-A

  햇볕 화상의 원인인 UV-B

화학물질

비소	담배 타르
석면	폴리염화비닐(PVC)
벤젠	질산을 함유한 식품(예, 베이컨)
알코올	훈제 육류와 어류에서 발견되는 화학물질
다이옥신	

일부 바이러스는 세포의 DNA에 그들 유전물질의 사본을 삽입한다. 이러한 삽입이 세포 주기를 조절에 관련된 유전자에 일어나면, 삽입 돌연변이를 일으키며, 세포가 유사분열을 조절하는 능력을 붕괴시킬 수 있다. 높은 암발생률과 연관된 많은 바이러스는 특정한 종류의 암과 관련되어 있다.

바이러스	암
B형 간염 바이러스(HBV)	간암
단순포진 바이러스(HSV) type II	자궁암
엡스타인-바 바이러스	버킷림프종
인간 T-세포 림프 바이러스(HTLV-1)	림프종과 백혈병
파필로마바이러스	여러 암

암은 DNA의 변화에 의하여 발생하기 때문에, 과학자들은 개인의 유전적 배경이 암을 발생하는 경향이 생기게 한다는 것을 알게 되었다. 이러한 경향은 부모로부터 유전된다. 다음 암을 발생하는 소인은 유전되는 것으로 나타났다.

백혈병	위암
폐암	망막아종
특정한 피부암	전립선 암
자궁내막암	유방암
결장직장암	

통제되지 않는 유사분열이 일어나면 세포 집단은 종양을 형성한다. 종양(tumor)은 신체의 특정한 부분에서 정상적으로는 발견되지 않는 세포의 덩어리이다. 양성종양(benign tumor)은 파편이 되거나 원래 성장지역을 넘어서 전파되지 않는 세포 덩어리이다. 양성종양은 정상적인 신체기능에 방해될 정도로 성장하여 해를 미치기도 한다. 어떤 종양은 악성이다. 악성종양(malignant tumor)은 전파되거나 신체의 다른 부분을 침범하기 때문에 해롭다. 이러한 종양 세포는 전이(metastasize)되거나 원래의 장소에서 이동하여 신체의 다른 지역에 새로운 종양의 생장을 시작한다.

표 10.3 세포기관의 구조와 기능

세포기관	위치한 세포유형	구조	기능
원형질막	원핵세포와 진핵세포	막으로 이루어짐; 전형적인 막 구조; 인지질과 단백질이 존재	세포와 환경사이에 일부 물질의 통과를 조절한다.
세포 함유물 (과립)	원핵세포와 진핵세포	막으로 이루어지지 않음; 변화함	다양한 기능을 가질 수 있음
염색질 물질	원핵세포와 진핵세포	막으로 이루어지지 않음; DNA와 단백질 (진핵세포에서는 히스톤, 원핵세포에서는 HU 단백질)로 구성	세포가 일상생활에 이용하고 다음 세대의 세포에 전달하는 유전정보를 포함함.
리보솜	원핵세포와 진핵세포	막으로 이루어지지 않음; 단백질과 RNA 구조	단백질 합성 장소
미세소관, 미세섬유, 그리고 중간섬유	진핵세포	막으로 이루어지지 않음; 단백질로 구성된 가닥	구조적인 지지를 제공하고 운동할 수 있도록 함
핵막	진핵세포	막으로 이루어짐; 핵질과 핵산을 포함하는 하나의 용기를 형성하는 이중막	핵을 세포질로부터 분리시킴
핵인	진핵세포	막으로 이루어지지 않음; RNA 집단과 DNA가 핵인에 위치함	리보솜의 합성 및 보관장소
소포체	진핵세포	막으로 이루어짐; 면(sheet)과 통로를 형성하는 막의 접힘	화학반응의 표면과 세포내 운반시스템
골지체	진핵세포	막으로 이루어짐; 단일막의 주머니가 쌓였음	분비물의 생산과 효소의 활성화와 연관됨
액포와 소낭	진핵세포	막으로 이루어짐; 현미경적 단일막 주머니	물질의 보관소
퍼록시좀	진핵세포	막으로 이루어짐; 초현미경적인 막으로 둘러싸인 소낭	퍼록시좀은 지방대사에 중요한 역할을 하는 여러 효소를 포함한다.
라이소솜	진핵세포	막으로 이루어짐; 초현미경적인 막으로 둘러싸인 소낭	매우 강력한 효소를 세포의 나머지 부분으로부터 격리함.
미토콘드리아	진핵세포	막으로 이루어짐; 이중막 세포기관: 작은 막 내부에 큰 막이 접혀져 있음	음식으로부터 에너지 방출과 연관; 호기성 세포호흡의 장소
엽록체	진핵세포	막으로 이루어짐; 이중막 세포기관: 작은 막 내부에 큰 막이 접혀져 있음(그라나)	빛 에너지의 포획과 탄수화물 분자의 합성에 연관; 광합성의 장소
중심체	진핵세포	9 미세소관의 두 다발	세포분열과 연관
수축포	진핵세포	막으로 이루어짐; 단일막 용기	과잉의 물을 방출
섬모와 편모	진핵세포와 원핵세포	막으로 이루어지지 않음; 원핵생물은 세포벽과 막에 고정된 섬유상으로 배열된 단일유형의 단백질로 구성; 진핵생물에서는 9+2 튜불린 단백질	원핵생물의 편모운동 형태는 회전; 진핵생물의 섬모와 편모운동은 물결치거나 비트는 형태로 보임

요약

생명체는 (1) 대사과정, (2) 생식과정, (3) 반응과정, (4) 통제과정, 그리고 (5) 독특한 구조적 조직의 특성을 보인다. 세포의 개념은 여러 해를 걸쳐 발달되었다. 초기에는 세포질과 핵 두 영역만 확인될 수 있었다. 현재는 원핵과 진핵의 주된 세포 유형의 필수 구성요소로 수많은 세포기관이 인식된다. 이러한 세포기관 일부의 구조와 기능을 표 10.3에 비교하였다. 이 표는 그 세포소기관이 원핵세포나 진핵세포에 독특한지 아니면 둘 다에서 나타나는지도 나타낸다.

세포는 생명의 공통 단위이다. 세포가 개별적인 생명체로서 그리고 다세포 생물의 부분으로서 어떻게 기능하는지를 이해하기 위하여 우리는 개별세포와 그들의 구조를 연구한다. 원핵세포와 진핵세포 유형이 어떻게 닮았고 다른지를 아는 것은 의사가 인간에게 위험한 생물을 통제할 수 있도록 도와준다.

호흡과정에서 생물은 음식을 에너지(ATP)와 노폐물(이산화탄소와 물)로 변환한다. 호기성 세포호흡은 생화학적 경로에 산소(O_2)를 사용한다. 이 에너지 방출 과정은 세 단계로 이루어진다: (1) 해당작용, (2) 크렙스 회로, 그리고 (3) 전자전달계이다. 식물은 호흡 산물을 광합성 경로에 이용한다. 광합성은 세 단계로 이루어진다: (1) 빛 포획 사건, (2) 빛 의존반응, (3) 빛 비의존반응이다. 광합성 생물은 호흡과 광합성 둘 다 수행한다. 또한 식물과 동물 사이에는 끊임없는 물질의 순환이 있다. 태양광은 우리가 아는 생명형태를 유지하는데 필요한 큰 유기분자를 만드는데 필수적인 초기 에너지를 공급한다.

모든 세포는 세포 분열의 결과에 의해 이미 존재하는 세포로부터 온다. 세포 분열은 성장, 수리, 그리고 번식에 필수적이다. 진핵세포는 세포분열(유사분열과 세포질분열)과 간기를 포함하는 세포주기를 겪는다. 간기는 성장과 함께 분열을 준비하는 기간이다. 유사분열은 전기, 중기, 후기, 말기의 네 단계로 나뉜다. 유사분열 동안 하나의 양친핵에서 딸핵 두 개가 형성된다. 이 핵들은 부모의 핵과 정확한 복사물인 동일한 세트의 염색체와 유전자를 가진다.

유사분열 과정을 일련의 단계로 나타내었지만, 이 과정은 연속적이며, 전기부터 말기까지 연속적으로 흘러가는 과정이다. 유사분열 후에 세포질분열이 세포질을 분할하고, 세포는 간기로 돌아간다.

개념 적용

Part I

1. 대사과정(metabolic processes)이 포함하는 것은?
   a. 영양분 처리
   b. 호기성 세포호흡
   c. 물의 제거
   d. 위의 모든 것이 맞음.
2. 태양에 노출되어 타는 것은 생명의 어떤 특성의 실례인가?
   a. 대사(metabolic) 과정
   b. 반응(responsive) 과정
   c. 생식(generative) 과정
   d. 통제(control) 과정
3. 다음 중 세포막을 통한 수동수송의 형태가 아닌 것은?
   a. 촉진 확산
   b. 확산
   c. 식세포 작용
   d. 이온채널 작용
4. 리소좀에 의한 역할은?
   a. ATP 생산의 장소이다.
   b. 식세포 작용에 의하여 세포로 들어온 위험한 미생물을 죽인다?
   c. 전분(starch)의 저장소를 제공한다.
   d. 단백질 합성이 일어나는 표면이다.
5. 진핵세포(eukaryotic cell)로 구성되어 있는 생물의 예는?
   a. 박테리아
   b. 바이러스
   c. 단풍나무
   d. 석회석

Part II

6. 모든 세포에서 이용되는 에너지의 유용한 화학결합 형태는?
   a. DNA
   b. ATP
   c. 단백질
   d. 중심소체

7. 세포에서 효소조절에 의해 작용하는 일련의 반응은?
   a. 광합성
   b. ATP 형성
   c. 생화학적 경로
   d. 위의 모도 맞음

8. 모든 생명의 궁극적인 에너지원은?
   a. ATP
   b. 태양으로부터의 복사 에너지
   c. 생화학물질
   d. DNA

9. 음식으로부터 에너지의 방출과 연관되어 있으며, 호기성 세포 호흡의 장소는?
   a. 엽록체
   b. 미토콘드리아
   c. 리보솜
   d. 중심소체

10. 세포호흡과 광합성의 생화학적 경로는 무엇에 의해 조절되는가?
   a. 미토콘드리아
   b. 리소좀
   c. 효소
   d. 태양광

Part III

11. DNA 복제는 세포주기의 어느 단계에서 일어나는가?
   a. 간기의 S 단계
   b. 유사분열의 종기
   c. 중기의 G_2 단계
   d. 전기

12. 염색체는 유사분열의 다음 단계에 중심소체(centromere)로 알려진 염색체 끝의 방추사에 부착하여 세포의 적도쪽으로 이동한다.
   a. 간기
   b. 전기
   c. 말기
   d. 중기

13. 중심소체는 어느 시기에 분열하는가?
   a. 말기
   b. 전기
   c. 간기
   d. 중기

14. 세포 주기에 포함되지 않는 것은?
   a. G_1, 간극(gap; 성장기)－1단계
   b. 간기(interphase), 합성
   c. G_2, 간극(gap; 성장기)－2단계
   d. 세포 분열(유사분열과 세포질 분열)

15. DNA의 개별적인 느슨하게 꼬인 가닥은 맨눈으로 보기에는 너무 가늘고 엉켜있는데, 이를 무엇이라고 부르는가?
   a. 염색질(chromatin)
   b. 염색체(chromosome)
   c. 염색분체(chromatid)
   d. 중심소체(동원체, centromere)

답 : 1.d 2.b 3.b 4.b 5.c 6.b 7.d 8.b 9.b 10.c 11.a 12.d 13.a 14.b 15.a

생각을 위한 질문

Part I

1. 진핵세포의 막으로 이루어진 세포기관을 열거하고 각각의 기능을 설명하시오.

2. 확산, 촉진확산, 삼투, 그리고 능동수송의 차이는 무엇인가?

3. 세포벽과 세포막의 차이는 무엇인가?

4. 세포를 도해하고 단백질, 핵산, 탄수화물, 그리고 지질이 어디에 위치하는지 나타내시오.

5. 시중에는 처방전 없이 구입할 수 있는 눈 세척 제품이 여러 종류 있다. 만약 이들이 등장액이 아닐 경우 어떠한 일이 일어날지 설명하시오.

Part II

6. ATP를 재충전 건전지와 비교할 수 있게 하는 특징이 무엇인가?
7. 세포호흡의 해당경로 중에 어떤 일이 일어나는지 간단히 서술하시오.
8. 호기성 세포호흡의 어느 시기에 O_2가 역할을 하는가?
9. 진핵세포의 어느 부분에서 다음의 반응들이 일어나는가? 해당작용, 크렙스 회로, 그리고 전자전달계.
10. 빛이 없으면 광합성 경로의 어느 부분(들)이 작용을 정지할 것인가?

Part III

11. 유사분열의 4단계의 이름을 적고 각 단계에 어떠한 일이 일어나는지 서술하시오.
12. 세포주기는 무엇을 의미하는가?
13. DNA 복제는 세포주기의 어느 단계에서 일어나는가?
14. 유사분열의 어느 시기에 DNA가 가장 잘 보이는가?
15. 방추사가 유사분열 기간 염색분체의 분리를 어떻게 도와주는가?

심층 분석

1. 어떤 사람들은 패혈성 인두염과 같은 감염을 억제하는데 사용하는 동일한 항생제로 감기를 억제할 수 있다고 믿는다. 어떤 것이 사실인가?
2. 지역 혈액원에서는 항상 혈액공여자를 찾는다. 그들은 공여자로부터 전체 혈액, 적혈구, 그리고 혈소판을 채취한다. 각각의 차이는 무엇인가? 의료 상황에서 각각의 가치와 적용예는 무엇인가?
3. 적혈구와 백혈구의 기원은 줄기세포(stem cell)라고 하는 분화되지않은 세포이다. 현재 연구와 의료 목적으로 이러한 세포의 출처와 사용에 대한 논란이 크게 일고 있다. 이 논란의 본질은 무엇인가? 줄기세포와 관련하여 어떠한 변칙이 있는가? 줄기세포는 어떠한 의료 목적으로 사용되어야 하는가?
4. 암(cancer)은 종종 p53과 같은 유전자의 돌연변이에 의해 발생한다. 그러나 자궁경부암과 같은 일부 암은 인간 파필로마 바이러스(HPV)와 같은 바이러스에 의해 시작될 수 있다. 이 두 유형의 암은 어떻게 다른가? 백신 접종에 의하여 예방될 수 있는가? 백신은 어떠한 역할을 하는가?

탐구 초대

운동선수와 효소

운동을 하면 그 결과 땀을 흘리고, 물과 염기를 잃는다는 것을 우리는 잘 알고 있다. 이러한 물질은 반드시 보충되어야 한다. 수 시간 이상의 매우 긴 운동에 참여하는 운동선수는 특별한 우려의 대상이다. 그들은 운동하는 중간에 주기적으로 물을 보충해야한다. 운동을 마치고 한 번에 많은 양의 물을 마시면 혈액이 희석되어 저나트륨혈증이 발생할 수 있다. 이는 두뇌 세포의 팽창을 초래하여 정신을 잃고 심하면 쓰러지고 사망할 수 있다.

1. 저나트륨혈증(hyponatremia)은 무엇인가?
2. "스포츠 음료(sports drink)"는 무엇인가?
3. 이러한 음료는 어떻게 운동선수를 도와주는가?
4. 다양한 색깔과 향기의 목적은 무엇인가?
5. 당신이 마시는 음료의 종류는 어떻게 세포의 삼투 균형에 영향을 미치는가?
6. 운동의 마지막에 전해질이 없는 물을 마시는 것은 어떻게 두뇌가 팽창하게 하는가?
7. 스포츠 음료는 학교 식당에서 어린아이들에게 판매되어야 하는가?

11 생명의 기원과 진화

지구는 태양계에서 액체상 물을 가지고 있는 유일한 행성이며 또한 생명체가 있는 유일한 행성이다. 외계에서 보았을 때 거대한 해양으로 인해 지구는 푸르게 보인다. 지구 역사의 초기에 무기물이 유기물로 변환되어 해양에 축적된 것으로 생각되었다. 이러한 유기물은 세포라고 하는 생명 단위로 결합되었다. 세포는 생명의 기본 단위이다. 우리는 세포와 세포가 이루는 생물에 대하여 많은 것을 알지만, 과학자들은 아직 두 가지 질문을 한다: 무엇이 생명의 본질인가? 그리고 생명이 어떻게 유래하였는가?

Chapter Eleven | The Origin and Evolution of Life

지구가 어떻게 생명체의 복잡하고 다양한 조합을 가지게 되었는지를 이해하는 데는 수천 년간 사색가들의 도전이 있었다. 지구는 항상 생명체로 가득하였는가? 멸종한 생명체의 종류가 있었는가? 생명체는 지구에서 기원하였는가? 새로운 종류의 생명체가 오늘날 기원하였는가? 자연법칙과 생명체의 본질에 대한 이해가 발달할수록, 우리가 이러한 질문에 접근하는 방식이 변화하였다.

이러한 질문들은 한때 단지 흥미 있는 지적 유희였지만, 오늘날에는 실질적인 적용이 많이 되고 있으며 정부, 기업, 그리고 시민 개인의 정책결정에 영향을 미친다. 예를 들어 우리는 생물의 다양한 종의 멸종에 대하여 우려를 하고 있으며, 정부는 절멸을 방지하기 위하여 상당한 시간과 자금을 투자한다. 개체군에서 진화적 과정이 어떻게 일어나는지를 이해하는 것은 일반적으로 이용되는 항생제에 저항성이 있는 변종을 꾸준히 만들어내는 질병생물을 통제하는데 중요하다. 사람은 생물의 DNA 조작에 대하여 우려하는데, 이는 생명체의 본질에 중대한 변화를 초래할 수 있기 때문이다. 또한 정부는 다른 행성에 생명이 있는지 또는 있었는지 알기위해 막대한 예산을 지출한다. 그러나 현대의 과학적인 관점에서까지도 우리는 동일한 기본적인 질문을 아직까지 하고 있다. 생명이 어떻게 유래하였는가? 그리고 어떻게 또 왜 생명체는 변화하는가?

핵심 개념 지구와 지구상의 생명은 수십억 년 동안 변화되었다.

1부. 생명이 어떻게 유래하였는가? (How Did Life Originate?)

이 장의 모든 아이디어는 생명체의 기원과 변화에 관련되어 있다. 그러나 이 장이 여러 부분으로 나뉘어 있다면 이 주제의 많은 면을 생각해보는 것이 쉬울 것이다. 따라서 세 부분(1부, 어떻게 생명이 유래하였는가? 2부, 진화의 과정, 그리고 3부, 분화)으로 나누었으며, 각각은 생명의 기원과 진화를 이해하기 위한 일반적인 주제의 한 면에 초점을 맞춘다. 대부분 고대 사회가 답을 추구했던 기본적인 질문의 하나는 "우리가 어디에서 왔는가?"이다. 이 질문을 연장하면, "생명이 어떻게 유래하였는가?"이다. 이 부분에서는 이 질문에 적용되는 다양한 종류의 사상을 살펴보기로 한다.

11.1 생명의 기원을 이해하기 위한 초기의 시도 (Early Attempts to Understand the Origin of Life)

초기에는 생명이 무생물로부터 기원하였다는데 대해 아무도 의심하지 않았다. 생명이 무생물 물질로부터 발생될 수 있다는 개념은 **자연발생설**(spontaneous generation)로 알려져 있다. 그리스인, 로마인, 중국인, 그리고 많은 다른 고대인들은 썩어가는 고기로부터 구더기가 생기고; 어둡고 습한 곳에 저장된 미에서 쥐가 발생하고; 땀에서 이가 형성되고; 축축한 진흙에서 개구리가 유래한다고 믿었다. 17세기까지 이러한 생각은 널리 받아들여졌지만, 일부는 자연발생이 일어나는 것을 의심하였다. 이러한 사람들은 생명이 기존의 생명으로부터만 유래한다는 반대되는 개념에 동의하였다. 이 개념은 **생물발생설**(biogenesis)로 알려져 있다.

그림 11.1 프란체스코 레디는 한 가지만 제외하고 모든 면에서 동일한 두 세트의 병을 준비하여 실험을 수행하였다. 한 세트의 병은 거즈로 덮었다. 덮지 않은 세트는 대조군이었으며; 덮은 세트는 실험군이었다. 대조군과 실험군 사이의 어떠한 차이도 단일 변수인 거즈로 덮은 결과이다. 이 방식으로 레디는 고기에 구더기가 나타나는 것은 자연발생이 아니라 파리가 고기에 알을 낳은 결과라고 결론지었다.

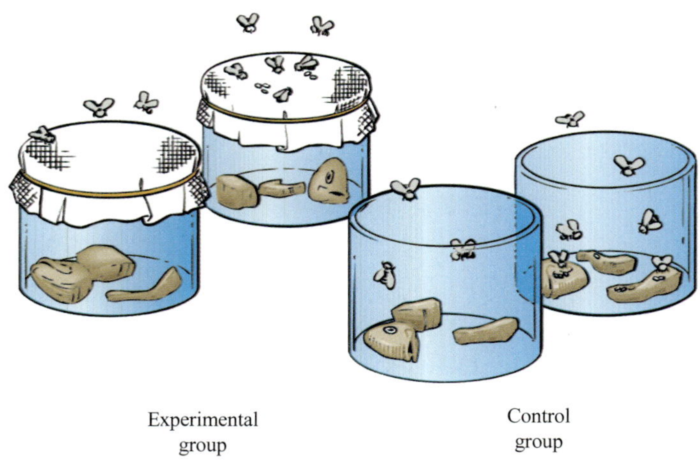

생명이 무생물 물질로부터 발생한다는 생각에 대한 최초의 도전 중 하나는 1668년에 왔다. 이탈리아 물리학자인 프란체스코 레디(Francesco Redi)가 통제된 실험을 계획하였다(그림 11.1). 그는 한 가지 면에서만 다른 동일한 두 세트의 병을 사용하였다. 두 병 모두 부패하는 고기를 넣고, 둘 다 대기에 노출시켰다; 그러나 한 세트의 병은 거즈로 덮고 다른 병은 덮지 않았다. 레디는 열려진 병의 고기 위에 파리를 관찰하였지만, 거즈가 덮어진 병의 고기에는 접근하지 못하도록 막았다. 덮이지 않는 병의 고기에는 구더기가 나타났지만 덮인 병에는 없는 것을 보고, 레디는 구더기가 파리의 알로부터 발생하고 부패하는 고기로부터 생산되는 것이 아니라고 결론지었다.

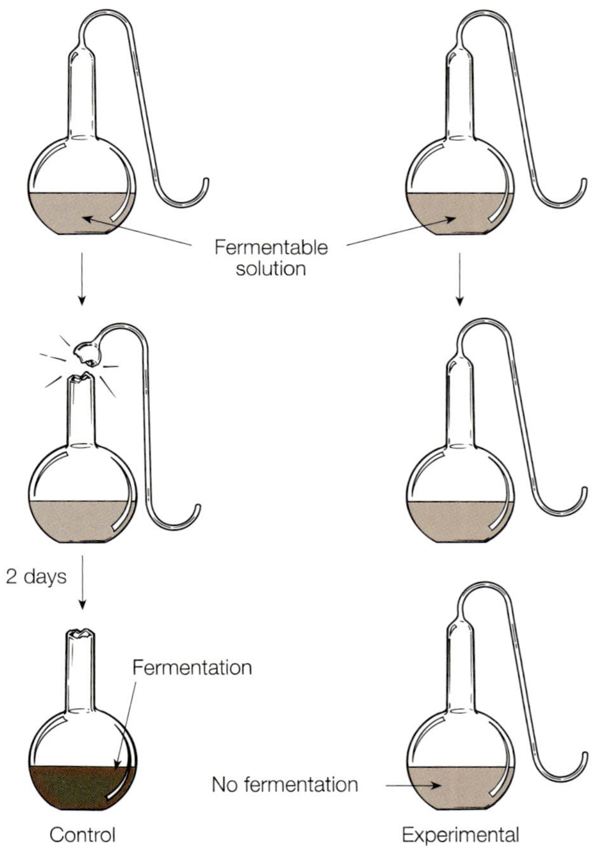

그림 11.2 루이 파스퇴르는 자연발생이 일어나기 위해서는 산소가 필요하다는 그의 아이디어를 검증하기 위하여 실험을 수행하였다. 그는 산소는 통하게 하지만 다른 공기에 포함된 생물은 들어가지 못하게 하는 백조목 플라스크를 이용하였다. 플라스크는 끓인 발효액을 담았다. 한 플라스크는 그대로 두고, 다른 플라스크의 목은 부러뜨렸다. 온전한 플라스크는 실험 플라스크이고 목을 부러뜨린 플라스크는 대조군이었다. 이틀 내에 목을 부러뜨린 플라스크에서는 성장이 있었지만 온전한 플라스크에는 성장이 전혀 없었다. 따라서 파스퇴르는 공기 중 산소가 아니라 부러뜨리지 않은 백조 목을 통하여 플라스크로 들어가지 못하게 된 생명체가 성장을 일으킨 원인이라는 것을 보여주었다. 이는 자연발생설 이론에 대한 추가적인 반박 증거를 제공하였다.

1861년 프랑스 화학자인 루이 파스퇴르는 대부분의 과학자들에게 자연발생이 일어나지 않는다고 확신시켰다. 파스퇴르는 긴 백조목을 가진 플라스크에 발효될 수 있는 설탕액을 넣었다. 혼합물과 플라스크를 오랫동안 가열하여 용에 존재하는 모든 생물을 사멸시켰다. 플라스크의 긴 백조목은 산소가 들어갈 수 있도록 열어두었다. 이는 당시 많은 사람이 생명체가 자연발생 하는데 산소가 필수원소라고 생각하였기 때문에 중요한 실험이었다. 파스퇴르는 혼합물에서 생명이 발생하도록 한 것은 산소가 아니고 영양분 혼합물에 들어간 공기에 생물이 있어서 발효를 일으켰다고 가정하였다. 그는 더 나아가 공기 중 생물이 목의 곡선부분 바닥에 침전되어 설탕액에 도달할 수 없어서 설탕액이 발효될 수 없었다고 가정하였다. 그가 이 실험을 수행하였을 때, 백조목 플라스크의 설탕액은 발효되지 않았다. 대조군으로 다른 플라스크의 백조목을 잘라내었다(그림 11.2). 이는 공기로부터 미생물이 플라스크로 떨어질 수 있는가하여, 이틀 이내에 발효액은 미생물 군집이 발생하였다. 프랑스 학술원 강연에서 파스퇴르는 "자연발생주의는 이 간단한 실험의 치명적인 일격으로부터 결코 회복될 수 없을 것이다. 아니, 현미경적 존재가 씨앗이 없이, 자신과 유사한 부모가 없이, 출현할 수 있다는 것을 지지할 수 있는 어떠한 정황도 현재는 없다."는 연설을 하였다.

11.2 생명의 기원에 대한 현재의 생각 (Current Thinking about the Origin of Life)

외계 혹은 지구 기원?(extraterrestrial or earth origin?)

현재, 과학자들이 어떻게 지구의 생명이 유래하였는지에 대한 질문을 바라볼 때, 우리는 아직도 기본적으로 동일한 두 이론을 가지고 있다. 하나는 생명이 어떤 외계 기원으로부터 지구에 도달했다는 것이다. 이는 본질적으로 생물발생설 주장의 변형이다. 다른 하나는 생명이 지구상에서 화학적 진화과정을 통하여 무생물 물질로부터 창조되었다는 것을 옹호하며, 이는 자연발생설 주장의 변형이다. 우리는 어떻게 지구상의 생명이 존재하게 되었는지 결코 확실하게 알 수 없을 것이라는 것을 인식하는 것이 중요지만, 그러나 이 기본적인 질문에 관련된 증거를 추측하고 검토하는 것은 흥미로운 일이다.

지구상 생명의 외계 기원(extraterrestrial origin for life on earth)

1900년대 초, 스웨덴 과학자인 스반테 아레니우스는 범종설(panspermia) 아이디어를 대중화시켰다. 범종설은 생명이 지구 밖에서 발생하였으며 생명체는 지구를 생명으로 파종하기 위해 지구로 운반되었다는 개념이다. 범종설은 지구를 스팔란자니나 파스퇴르의 열린 플라스크와 유사하다고 본다. 아레니우스의 생각은 당시에는 과학적인 지지를 받지 못하였으나, 그의 기본 개념은 그 이후 운석의 관찰과 우주 탐사에서 획득된 새로운 증거의 결과로 부활되고 변형되었다.

우리가 알고 있는 모든 생명 형태는 유기분자에 기초를 두기 때문에, 우주공간이나 운석과 같은 외계물질 안에 유기분자의 존재는 생명 또는 생명에 필요한 조건이 다른 세계에 존재하였다는 것을 암시한다.

1996년 남극에서 발견된 운석은 다른 행성에 생명의 가능성에 대하여 흥분을 일으켰다. 운석의 화학적 조성은 소행성과의 충돌 결과로 화성에서 떨어져 나온 부분으로 제안되었다. 운석의 분석으로부터 복잡한 유기분자와 고대 미생물로 생각되는 매우 작은 현미경적 물체가 나타났다. 과학자들은 더 이상 이 물체가 미생물이거나 생명체에 의하여 형성되었다고 생각하지 않지만, 아직 많은 사람은 과거에 화성의 조건이 생명을 부양할 수 있었을 것이라고 생각한다.

2003년 6월과 7월에 미국 항공우주국(NASA)에 의하여 화성 표면을 탐사하기 위하여 두 대의 우주선이 발사되었다. 이 임무의 중요한 목표중의 하나는 현재 또는 과거 생명의 징후를 탐색하는 것이다. 중요한 정보중 하나는 과거에는 강, 호수, 그리고 아마도 소금을 함유한 해양을 형성할 만큼 많은 양의 액체상 물이 존재했을 가능성이 매우 높다는 것이다. 2009년 메탄(단순한 유기분자)이 화성에 존재한다고 밝혀졌다. 그러나 메탄은 지화학적 또는 생물학적 방법에 의하여 생성될 수 있기 때문에, 현재는 어떤 과정에 의한 것인지 명백하지 않다.

> **CONCEPTS APPLIED 자연발생**
>
> 한때 사람들은 생명이 무생물 물질로부터 자연적으로 발생할 수 있다고 믿었다. 왜 사람들이 이것이 가증하다고 생각했는지 아이디어를 얻기 위해 다음을 실행해보자: 깨끗한 병이나 단지를 취해서 소량의 토양을 넣는다. 물을 채운다. 병을 따뜻하고 빛이 잘 드는 곳에 둔다. 태양이 비치는 창이 이상적이다. 2-3주간 변화를 관찰한다. 병에 생물체가 있다는 어떠한 증거를 찾았는가? 물을 현미경으로 관찰하여 생물을 찾아보아라.

최근에 천문학자들은 다른 태양계에서 행성의 존재를 탐지할 수 있게 되었다. 2010년까지 400개 이상의 이러한 행성이 다른 태양계에서 항성 궤도를 선화하는 것으로 확인되었다. 비록 많은 수가 목성과 같은 커다란 기체상 행성이지만, 적은 수는 지구나 화성과 같은 작은 암석 행성으로 보인다. 천문학자는 지구 크기에 가깝고, 항성의 생명이 살 수 있는 지역(habitable zone)에 있고, 생명을 부양할 수 있는 행성들을 **골디록스 행성**(Goldilocks planets)이라고 이름 지었다. 이것은 이 행성들이 지구에서 정의하는 것처럼 생명의 존재에 꼭 알맞은 조건을 가지고 있다는 것이다. 생명이 살 수 있는 지역은 지구와 같은 행성이 표면에 액체상 물과 지구와 같은 생명을 유지할 수 있는 항성으로부터의 거리이다. 과학자들은 은하계 성운에서만도 그러한 행성들이 수백억 개는 될 것으로 추정한다.

비록 이러한 발견들 어느 것도 우주 다른 곳에 생명이 존재하거나 존재하였는지를 증명하지는 못하지만, 생명이 다른 곳에서 발생해서 지구에 도달했다는 가능성을 계속 남겨두고 있다.

지구상 생명의 지구 기원(earth origin for life on earth)

지구상에서 생명이 유래하기 위해 필수적인 조건과 초기 생명체가 해결해야할 문제점들의 종류에 대하여 많은 연구와 추론이 있어왔다. 몇 가지 다른 종류의 정보가 이 논의에 중요하다.

1. **물은 생명에 필수적이다.** 지구는 현재 태양계에서 물이 표면에 액체 상태로 존재할 수 있게 허용하는 온도를 가진 유일한 행성이며, 물은 대부분의 생명체에 가장 공통적인 화합물이다.
2. **초기 지구의 대기는 분자 산소가 없었다.** 다른 행성의 대기를 분석한 결과 모두 산소가 없었다. 현재 지구 대기의 산소는 광합성 활동의 결과이다. 따라서 지구에 생명이 있기 전에는 지구 대기는 아마도 산소가 없었을 것이다.
3. **유기 분자는 산소가 없을 때 자연적으로 형성될 수 있다.** 실험에 의하면 산소가 없는 대기에서 유기분자가 발생할 수 있다는 것을 보여준다. 더 나아가, 이러한 유기분자는 해양에 축적되었는데, 이는 해양에는 산화를 시키거나 유기물을 분해할 산소가 없었을 것이기 때문이다(그림 11.3).
4. **초기 지구는 뜨거웠다.** 모든 행성들은 나이가 들어가면서 냉각되는 것으로 가정되기 때문에, 지구는 과거에 훨씬 뜨거웠을 것이다. 화산 기원인 지구 표면의 많은 부분이 이 생각을 강력하게 지지한다.

5. **초기 지구상의 에너지의 기원은 현재와 달랐다.** 지구의 표면은 뜨거웠다. 뜨거운 지구는 대기중 더 많은 수증기를 유발하여 더 많은 폭풍과 번개를 유발하였다. 대기중에 산소가 없어서 훨씬 많은 자외선 에너지가 지구 표면에 도달하였을 것이다.
6. **현재의 단순한 생물이 종종 원시 지구에 존재했을 것으로 생각되는 조건에서 살고 있다.** 원핵생물(세균과 고세균)은 비교적 단순하고 매우 흔하다. 오늘날 어떤 원핵생물은 고온, 고염, 낮은 pH, 또는 산소가 없는 극단적인 환경에서 생존한다. 이는 현재의 지구와 매우 다른 세계에서의 삶에 적응되었음을 시사한다. 이러한 전문화된 생물은 온천과 해저의 열수분기공 주변과 같은 예외적인 환경에서 발견되며 원시적이고 비우호적인 지구상에서 형성된 최초 생물의 후손일 수 있다.
7. **모든 것을 망라해보자.** 이러한 모든 아이디어를 사용하면 다음의 시나리오를 만들어 볼 수 있다. 다량의 자외선, 번개, 그리고 열이 에너지원으로 작용하는 뜨거운 행성인 지구와 산소가 결핍된 대기는 무기물로부터 유기물이 형성되도록 하였을 수 있다 이러한 유기물 분자는 비에 의해 대기로부터 씻겨내려 강에 의해 바다로 운반되어 분해시키는 산소가 존재하지 않았기 때문에 묽은 유기물 수프를 형성하였다. 유기물 수프는 단순한 생물을 발생시키기 위한 소재로 작용하였을 수 있다. 이들은 또한 새로 형성된 생명체의 에너지원으로서도 작용하였을 수 있다. 생명의 최초 형태는 현재의 지구에 존재하는 생명체와는 매우 다른 조건에 적응하였을 것이다.

그림 11.3 원시 지구의 환경은 척박하고 생명이 없었다. 그러나 많은 과학자들은 지구는 최초의 생명체를 생성할 필요한 분자들과 에너지원을 가지고 있었다고 믿는다. 화산, 번개, 그리고 자외선에 의해 제공되는 에너지는 이산화탄소(CO_2), 암모니아(NH_3), 메탄(CH_4)과 같은 대기 중에 있는 단순한 무기분자의 결합을 파괴시켰을 것이다. 작은 분자의 원자들이 재배열되면서 새로운 결합이 형성되어 대기 중에서 단순한 유기화합물로 결합할 수 있었을 것이다. 비와 육지의 유출수는 이러한 화합물을 바다로 운반하였을 것이다. 바다에서 그 화합물들은 서로 반응하여 더 복잡한 유기분자를 형성하였을 것이다.

대사 요구의 만족(meeting metabolic needs)

화석 증거는 최소한 35억 년 전에 지구상에 원시적인 세균 같은 형태의 생명이 있었다고 시사한다. 어떻게 발생하였는지 불구하고 이 최초의 원시 세포는 에너지를 획득하고 생물이 자라면서 또는 기존의 분자가 손실되거나 파괴되면서 새로운 유기 분자를 추가하기 위한 방법을 필요로 하였을 것이다. 달성하는 방법은 두 가지가 있다.

종속영양생물(heterotrophs)은 주변으로부터 유기 분자를 소비하며, 이를 새로운 분자로 만들고 에너지원으로 자신에게 제공하는데 이용한다. 오늘날 모든 동물, 진균, 그리고 대부분의 원생동물과 세균이 종속영양생물로 인식된다.

독립영양생물(autotrophs)은 무기화학반응(화학독립영양생물) 또는 태양광(광독립영양생물) 등 외부 에너지를 이용하여 물과 이산화탄소 같은 단순한 무기분자로부터 새로운 유기분자를 생성한다. 이러한 새로운 유기분자는 새로운 세포의 소재로 이용되거나 에너지원을 제공하기 위하여 나중에 분해될 수 있다. 오늘날 진핵의 식물과 조류는 광독립영양생물로 인식된다. 세균과 고세균 중에는 많은 광독립영양생물과 화학독립영양생물이 있다.

종속영양생물 가설(the heterotrophic hypothesis)

많은 과학자들은 지구상에서 생성된 최초의 생명체는 해양에 축적된 유기 분자를 먹으면서 생존한 원시적이고 세균 같은 종속영양생물이라는 아이디어를 지지한다. 초기 해양에 다양한 종류의 화합물이 존재했을 것이라는 증거가 있다. 초기 종속영양생물은 산소가 없는 대기에서 발생했을 것으로 생각되기 때문에 필연적으로 혐기성 생물이었을 것이다. 따라서 그들은 환경에서 획득한 유기분자로부터 최대한의 에너지를 얻을 수 없었다. 처음에는 이것이 문제가 되지 않았을 것이다. 수억 년간 해양에 축적되었던 유기 분자가 종속영양생물을 위한 유기물질의 충분한 원천으로 작용하였다.

처음에는 이러한 원시적인 종속영양생물은 그들의 요구를 만족시키기 위하여 화합물을 변형하지 않아도 되었으며, 아마도 최소한의 효소조절 대사반응을 수행하였을 것이다. 종속영양생물에 의하여 쉽게 이용될 수 있는 화합물은 초기 환경에서 최초로 고갈되었을 것이다.

쉽게 이용된 유기 분자가 결핍되면서 일부 원시세포는 직접 이용될 수 없는 물질을 이용될 수 있는 물질로 변환시킬 수 있도록 하는 유전 물질을 변경(돌연변이)시켰을 것이다. 유전적 돌연변이는 돌연변이를 일으키는 것으로 알려진 자외선 수준이 높았기 때문에 흔히 일어났을 수 있다. 현재는 대기에서 산소로부터 오존이 형성되며, 오존은 자외선의 대부분을 차단한다. 대기에 산소가 존재하기 전에는 오존도 없었을 것이며 훨씬 많은 자외선이 지구에 도달하였을 것이다. 이러한 돌연변이를 일으킨 종속영양생물은 생존하였을 것이며, 돌연변이가 없는 생물은 먹이로 사용하던 화합물이 결핍되어 멸종되었을 것이다. 초기 종속영양생물에서 일련의 돌연변이를 통하여 일부 세포에서 더 복잡한 일련의

그림 11.4 태평양의 black smoker 같은 열수 분기공은 해양저에 있는 구멍으로부터 미네랄이 풍부한 뜨거운 물이 해수로 들어가는 곳이다. 이러한 분기공 주변에는 많은 종류의 동물 군락이 존재한다. 고세균의 화학독립영양자 일원은 유기분자를 합성하는 에너지원으로 뜨거운 미네랄이 풍부한 물을 이용한다. 이러한 생물과 그들이 생산하는 유기분자는 이러한 지역에서만 발견되는 많은 종류의 동물을 위한 먹이사슬의 기반이 된다.

생화학적 반응이 유래하였을 것으로 시사되었다. 그러한 세포는 주변의 화합물을 변형하여 사용할 수 있는 유기화합물로 변환시키는 조절된 반응을 사용할 수 있었다.

독립영양생물 가설(the autotrophic hypothesis)

과학의 많은 영역에서 의견의 차이가 종종 있다. 생명체의 기원에 대한 종속영양생물 가설은 오랫동안 유력한 이론이었지만, 최근의 발견으로 인하여 많은 과학자들이 대안을 고려하게 되었다. 그들은 최초의 생물이 유기분자를 합성하기 위하여 무기화학반응으로부터 방출되는 에너지를 이용한 독립영양생물이었다고 제안한다. 이러한 생물은 화학독립영양생물이라고 한다. 많은 종류의 세균과 고세균은 전 세계의 극단적으로 비우호적인 환경에서 생존한다. 이러한 생물은 미국 옐로우스톤 국립공원과 같은 곳에 있는 온천이나 뜨겁고 광물질이 풍부한 물이 해양저로부터 해수로 유입되는 열수분기공 부근과 같은 곳에서 발견된다(그림 11.4). 그들은 무기성분으로부터 유기분자를 합성할 수 있도록 하는 에너지원으로 무기화학반응을 사용한다. 이러한 생물의 많은 수가 매우 뜨거운 환경에서 생존한다는 것은 그들이 현재보다 지구가 훨씬 뜨거웠을 때 유해하였을 것이라는 것을 암시한다. 만약 최초의 생물이 독립영양생물이었다면, 뒤이어 독립영양생물과 종속영양생물의 다양한 종류의 세포가 진화되고, 이는 현재 우리가 보는 다양한 다른 원생세포를 가져왔을 것이다.

생명의 기원에 대한 아이디어(summary of ideas about the origin of life)

토론의 결과로서 지구상에 어떻게 생명이 유래하였는지 이해할 것이다. 과학자들은 많은 종류의 증거를 검사하고 연구의 새로운 길을 꾸준히 탐색한다. 현재 지구상 생명의 기원에 대하여 세 가지의 경쟁하는 과학이론이 있다.

1. 생명은 우주 다른 곳에서 유래하여 어떤 외계 기원으로부터 도달하였다.
2. 생명은 지구상에서 종속영양생물로 유래하였다.
3. 생명은 지구상에서 독립영양생물로 유래하였다.

현대의 견해로는 우리가 지금 볼 수 있듯이 모든 생명은 생식의 결과로 존재하게 된다. 생명은 생물발생설 과정에 의해 다른 생명체로부터 발생되었다. 그러나 생식은 이에 대한 질문에 답을 하지 않는다: 생명은 맨 먼저 어디에서 왔는가? 심사숙고하고, 가설을 검정하고, 다양한 가능성을 토론할 수 있지만, 결코 확실히 알 수 없을 것이다. 생명은 과거 어느 시점에 있었거나 시작되었다. 만약 시작되었다면 최소한 한번은 어떤 유형이든 자연 발생이 일어나야하지만, 이는 현재 일어나지 않는다.

11.3 생명체 초기 진화의 주된 사건 (Major Events in the Early Evolution of Living Things)

최초의 생명체가 어떻게 생겼던지 간에, 일단 존재했으면 그들의 능력과 구조에 변화를 가져오는 과정이 시작되었다. 더 나아가 행성 지구의 자연도 변화하였다. 최초의 생명체의 원시적인 본질을 현재 생물의 특성과 비교하면, 최초의 생물에서 현재 우리가 보는 커다란 다양성과 복잡성으로 가기 위해서는 몇 개의 주요한 단계가 필수적이라는 것을 인정한다.

생식과 유전물질의 유래 (reproduction and the origin of genetic material)

이전의 초기 생명형태의 가능한 대사활동에 대한 토론에서 그들의 대사활동을 지시하는 어떤 종류의 유전물질이 있다는 가정을 하였다. 이 유전 물질에 대하여 상당한 생각이 있었다. 오늘날 DNA와 RNA 두 종류의 중요한 핵산 분자가 세포 내에서 정보를 저장하고 전달한다는 것을 안다. RNA는 DNA에 비하여 단순한 분자이다. 대부분의 현재 세포에서 DNA는 유전 정보를 저장하고 RNA는 이 지시를 수행하는데 DNA를 보조한다. 어떻게 DNA와 RNA가 기능을 하는지에 대한 자세한 사항은 13장에서 토의된다.

그러나 일부 바이러스에서 DNA가 아닌 RNA가 유전물질로 작용한다는 것이 발견되었다. RNA의 본성에 대한 다른 연구는 흥미로운 정보를 제공한다. RNA는 초기 지구에 존재하였을 물질보다 단순한 소단위로부터 조립될 수 있다. 과학자들은 또한 RNA 분자가 효소가 필요 없이 자신을 복사할 수 있다는 것을 보여주었으며, 이는 세포 내가 아니더라도 가능하다.

이러한 단편의 증거는 RNA가 최초의 유전물질이었을 수도 있음을 시사하며, 이는 생명의 기원과 연관된 문제 중 하나를 해결하는데 도움이 된다: 어떻게 이 원시 생물형태에 유전정보가 저장되었는가. 일단 원시적인 생명형태가 유전물질을 복사하는 능력을 가졌다면, 생식을 할 수 있었을 것이다. 생식은 생명체의 가장 기본적인 특성중의 하나이다.

일단 생명체가 존재하였고 정보를 저장하는 분자를 가졌다면 새로운 형태의 생명 진화를 위한 무대는 설치되었다. 어떻게 DNA와 RNA가 유전정보를 저장하고 이용하는가는 이러한 분자들이 변할 수 있다는 아이디어를 포함한다. 다른 말로 돌연변이는 일어날 수 있다. 따라서 생명체가 특정한 환경조건에 적응된 다양한 종류로 번식할 수 있는 무대가 설치되었다.

산화 대기의 발달(the development of oxidizing atmosphere)

형성된 이후로 줄곧 지구는 꾸준히 변화해왔다. 처음에는 대기를 지탱하기에는 너무 뜨거웠다. 나중에 지구가 식고 화산에서 기체가 분출되면서 환원환경(산소가 없는)이 형성되었을 것이다. 초기 생명 형태는 이러한 환원대기에서 생존하였을 것이다. 그러나 현재는 산화대기이며 대부분의 생물은 산소를 호기호흡의 과정을 통하여 유기물로부터 에너지를 추출하는 수단으로 사용한다. 그러나 무엇이 대기를 변화하게 하였는가?

광합성에 의해 생산된 대기 산소(atmosphere oxygen produced by photosynthesis)

오늘날 대기의 산소는 광합성 과정의 결과라는 것이 명백하다. 원핵 시안세균은 광합성 능력을 가진 가장 단순한 생물이다. 원시 생명체의 최초 화석은 35억 년 전에 나타났으며, 산화대기는 약 20억 년 전에 발달하기 시작하였다 화석 기록이 생명체가 대기에 산소가 있기 전에 존재하였고 시안세균이 생명진화의 초기에 존재하였기 때문에, 최초 생물이 시간에 따라 많은 돌연변이를 축적하여 광합성 독립영양생물 (광독립영양생물)을 생성하였을 것이라는 것이 논리적으로 보인다. 이는 궁극적으로 광합성에 의해 산소의 방출은 대기에 산소를 축적시켜 **산화대기**(oxidizing atmosphere)를 만들었기 때문에 중대한 변화였을 것이다. 일단 대기에 산소가 존재하면 이 장의 앞에서 서술되었듯이 대양에 유기분자를 축적하는 것은 가능하지 않았을 것이다.

오존의 중요성(the significance of ozone)

대기에 산소의 존재는 추가적인 중요성을 가졌다. 산소분자는 다른 산소와 반응하여 오존(O_3)을 형성한다. 오존은 상층대기에 모여서 대부분의 자외선이 지구 표면에 도달하는 것을 방지한다. 자외선의 감소는 세포의 돌연변이 수를 감소시켰다.

호기성호흡 가능한 진화(evolution of aerobic respiration possible)

대기에 산소의 존재는 또한 호기성 호흡의 진화를 허용하였다. 초기 종속영양생물은 필연적으로 혐기성 생물이었기 때문에 먹이로 가용한 유기물질에서 많은 양의 에너지(ATP)를 얻지 않았다. 호기성 종속영양생물의 진화로 음식을 이용할 수 있는 에너지로 훨씬 더 효율적으로 변환할 수 있었다. 호기성 생물은 산소를 호기성호흡에 사용할 수 있었으며, 따라서 그들이 소비한 음식 분자로부터 훨씬 많은 고에너지 ATP 분자를 생성할 수 있었다. 이로 인하여 호기성 생물은 혐기성 생물에 비하여 상당한 우위를 점할 수 있었을 것이다.

생명의 세 주요 도메인의 설정(the establishment of three major domains of life)

생물학자들은 전통적으로 생물을 구조와 기능에 기초하여 분류하였으나, 현미경적 생물은 이의 적용이 매우 어려웠다. 1977년 칼 워스(Carl Woese)는 유사한 생물그룹으로 간주되었던 세균(핵이 없는 생물)이 실제로는 두 종류의 매우 다른 생물, 즉 세균과 고세균으로 이루어져 있다는 아이디어를 출판하였다. 핵산의 서열을 해독할 수 있는 새로 개발된 능력으로 생물의 외부구조에 혼란스럽지 않고 생물의 유전적 성질을 볼 수 있게 되었다. 워스는 리보솜 RNA의 서열을 연구하여 유사성과 차이점을 비교하였다. 이 연구와 많은 다른 사름들의 결과로 다양한 종류의 생물사이의 관계에 대한 새로운 개념이 탄생하였다. 생명체의 주된 범주 세 가지는 세균, 고세균, 진핵생물이며 "**도메인**(domain)"으로 분류한다.

이 생명체의 새로운 그림은 우리의 생각을 재편성할 것을 요구한다. 가장 오래된 생물이 세균 도메인의 구성원이고 고세균과 진핵생물 도메인은 둘 다 세균으로부터 파생된 것으로 보인다. 아마도 가장 흥미로운 것은 고세균가 원핵생물이 많은 특징을 공유하여 그들이 세균에 대해서보다 서로 밀접하게 관련되어 있다는 것을 시사한다는 아이디어이다. 각각의 도메인은 특유한 능력을 발달시켰다.

세균은 많은 상이한 대사 능력을 발달시켰다. 오늘날 많은 세균은 유기분자를 에너지원으로 이용할 수 있다(종속영양생물). 종속영양생물의 일부는 혐기성 호흡을 하며, 반면에 다른 일부는 호기성 호흡을 한다. 다른 세균은 독립영양생물이다. 시안세균과 같은 일부는 광합성을 하고, 반면에 다른 세균은 화학합성으로 무기 화학반응으로부터 에너지를 얻는다.

고세균은 매우 다양한 대사능력을 가진다. 일부는 화학독립영양생물이며 유기물을 합성하기 위한 에너지 요구를 발생시키기 위하여 무기화학반응을 이용한다. 그들에게 에너지를 제공하는 반응들은 종종 메탄(CH_4) 또는 황화수소(H_2S)를 생산한다. 게다가 대부분의 이러한 생물은 온천이나 극단적인 짜거나 산성 환경과 같은 극한 환경에서 발견된다. 그러나 그들은 또한 토양, 동물의 장, 특히 해양에 풍부하다는 것이 명백해지고 있다.

진핵생물(동물, 식물, 진균, 원생동물, 그리고 조류)은 대부분의 사람에게 친숙하다. 진핵생물의 세포는 원핵생물의 세포에 비하여 훨씬 크고 자신의 세포 구조에 다른 생물의 완전한 세포를 병합한 것처럼 보인다. 엽록체와 미토콘드리아는 둘 다 진핵세포의 내부에서 발견되는 세균 같은 구조이다.

내부공생 이론과 진핵세포의 기원
(the endosymbiotic theory and the origin of eukaryotic cells)

최초의 화석은 약 35억 년 전에 나타났고 현재의 세균이나 고세균과 구조가 유사한 것으로 보인다. 따라서 초기 종속영양생물과 독립영양생물은 아마도 단순한 단세포의 원핵생물이었을 것이다. 진핵세포의 최초 화석은 약 18억 년 전에 나타난다.

내부공생 이론(endosymbiotic theory)은 이 진화를 설명하려고 시도한다. 이 이론은 진핵세포가 원시적인 원핵세포의 몇 가지 유형이 결합된 결과로 존재하게 되었다고 설명한다. 진핵세포에서 발견되는 몇몇 세포기관은 자유생활 원핵생물로부터 유래하였다고

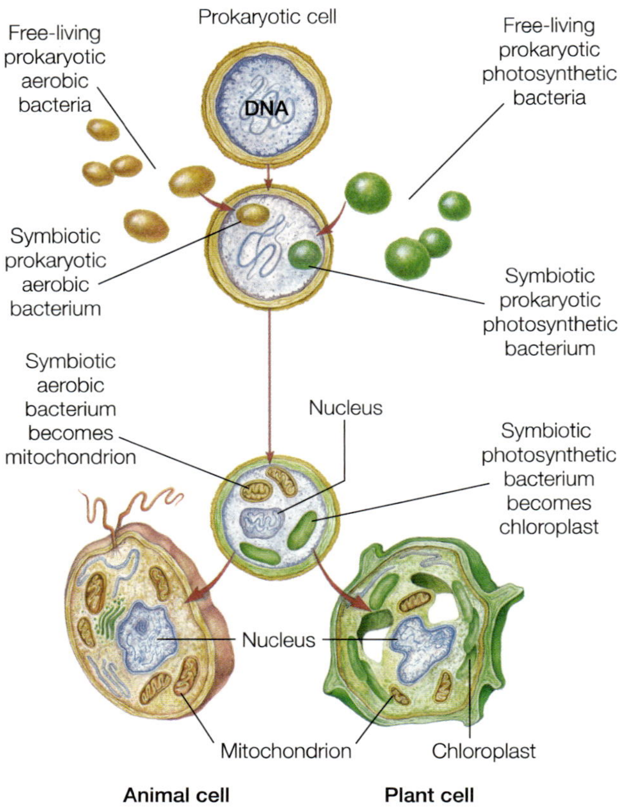

그림 11.5 내부공생 이론은 일부 자유생활 원핵세균이 숙주세포와 공생관계를 발달시켰다고 제안한다. 일부 호기성 세균이 미토콘드리아로 발달되고 광합성 세균이 엽록체로 발달된 것으로 보인다.

생각된다. 예를 들어 미토콘드리아와 엽록체는 세균 같은 DNA와 리보솜을 가지고 있고, 자신의 번식을 제어하고, 자신의 효소를 합성하기 때문에 그들이 자유생활 원핵 세균으로부터 유래하였다고 시사되었다. 이러한 세균 세포는 또 다른 원시 핵막을 가지는 세포 유형과 공생관계를 정립하였을 수 있다(그림 11.5). 이러한 이론이 처음 제안되었을 때 엄청난 비평과 심지어는 비웃음까지 직면하였다. 그러나 연구가 계속되면서 두 개의 다른 원핵세포가 결합되어 하나의 세포를 형성하였을 사례가 발견되었다. 만약 이 세포들이 서로 적응하여 하나의 팀으로서 더 잘 생존하고 번식할 수 있다면, 이 관계는 현재의 진핵세포로 진화하였을 가능성이 있다.

만약 이 관계가 단지 핵막을 포함하는 세포와 호기성 세균만 포함하였다면, 새로 진화된 세포는 현재의 종속영양 원생동물, 진균, 그리고 동물 세포와 유사하였을 것이다. 만약 이 관계가 호기성 세균과 광합성 세균을 모두 포함하였다면, 새로 형성된 세포는 현재의 독립영양 조류와 식물세포와 유사하였을 것이다. 게다가 내부공생은 진핵생물 사이에서도 일어났을 것이다. 몇 종류의 진핵성 홍조류와 갈조류는 자유생활 진핵세포에서 유래된 것 같은 엽록체 유사 구조를 포함한다.

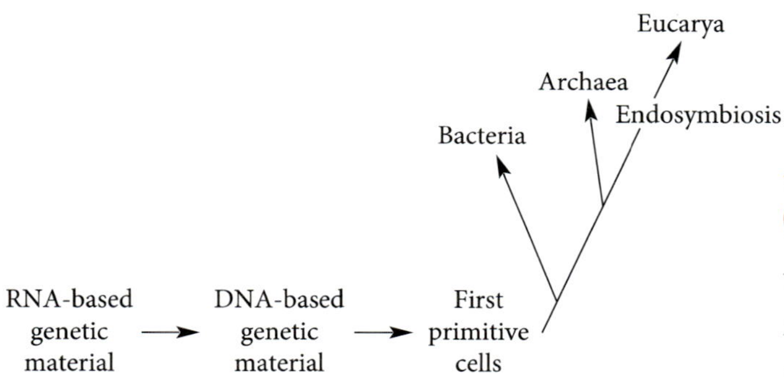

생명의 초기 진화에 대한 요약 (a summary of the early evolution of life)

내부공생에 대한 정보를 유전물질의 본성에 대한 정보와 통합하면, 이런 다양한 종류의 생물이 서로 어떻게 연관되었는지를 알 수 있도록 도와주는 도표를 개발할 수 있다.

표 11.1 생명의 세 가지 주요 도메인 특징의 요약

특징	도메인		
	세균	고세균	진핵생물
세포 구조	막구조 거의 없음	막구조 거의 없음	세포에 많은 종류의 막으로 이루어진 세포기관이 존재한다.
	핵막이 없음	핵막이 없음	핵막이 존재함
			엽록체가 아마도 시안세균으로부터 왔으며 세포내공생을 통하여 세포로 들어갔다.
			미토콘드리아는 아마도 특정 호기성세균으로부터 유래하였으며 세포내공생을 통하여 세포로 들어갔다.
대사활동	일부 세균은 무기화학 반응의 에너지를 이용하여 유기분자를 생산하는 독립영양생물이다.	대부분의 고세균은 유기물을 만들기 위하여 무기반응으로부터 에너지를 획득하는 화학독립영양생물이다.	
	대부분의 세균은 혐기성 종속영양생물이다.	종속영양생물은 거의 없다.	적은 수의 진생생물은 혐기성 호흡을 한다 – 진균, 일부 원생동물
	일부 세균은 호기성 종속영양생물이다.		많은 진핵생물은 호기성 호흡을 하는 조직을 가진다 – 근육
	엽록소에 기반을 둔 산소를 발생하는 광합성은 시안세균에 의해 시작되었다.		거의 모든 진핵생물은 미토콘드리아를 가지고 있으며 호기성 호흡을 한다.
			식물과 조류는 엽록체를 가지고 있으며 호기성 호흡에 추가하여 광합성을 한다.
진화적 상태	아마도 최초의 생명체와 관련되어 있을 것이다.		
	일부는 고온에서 서식하며 아마도 고세균의 조상일 것이다.	아마도 세균에서 유래되었을 것이다.	
		고세균은 아마도 진핵생물과 공통의 조상을 가질 것이다.	진핵생물은 아마도 고세균과 공통의 조상을 가질 것이다. 공통적인 진화의 주제는 다른 생물과 세포내공생을 통한 복잡한 세포의 발달이다.
생태적 상태	수서환경에서 광합성자로서 주요한 역할		육상과 수서환경에서 광합성자로서 주요한 역할
	분해자의 주요한 범주	고세균은 일반적으로 극한 환경에서 나타난다.	현재 생명의 주된 형태
	일부는 병원성이다.	병원성으로 확인된 것은 전혀 없다.	다양한 진핵생물은 생산자, 소비자, 병원체, 그리고 분해자의 다양한 생태학적 역할을 한다.
예	결핵의 원인균의 하나인 *Streptococcus pneumoniae*	*Pyrolobus fumarii*, 심해 열수공, 온천, 화산지대, vents, 113°C까지 성장함.	담수에서 나타나는 섬유상 조류인 *Spirogyra*

표 11.1은 이 주된 세 종류의 생물 사이의 관계를 요약한 것이다. 그림 11.6은 행성 지구의 형성과 그 위에서 생명의 발달에 있어 몇 가지 주요한 사건을 요약하였다.

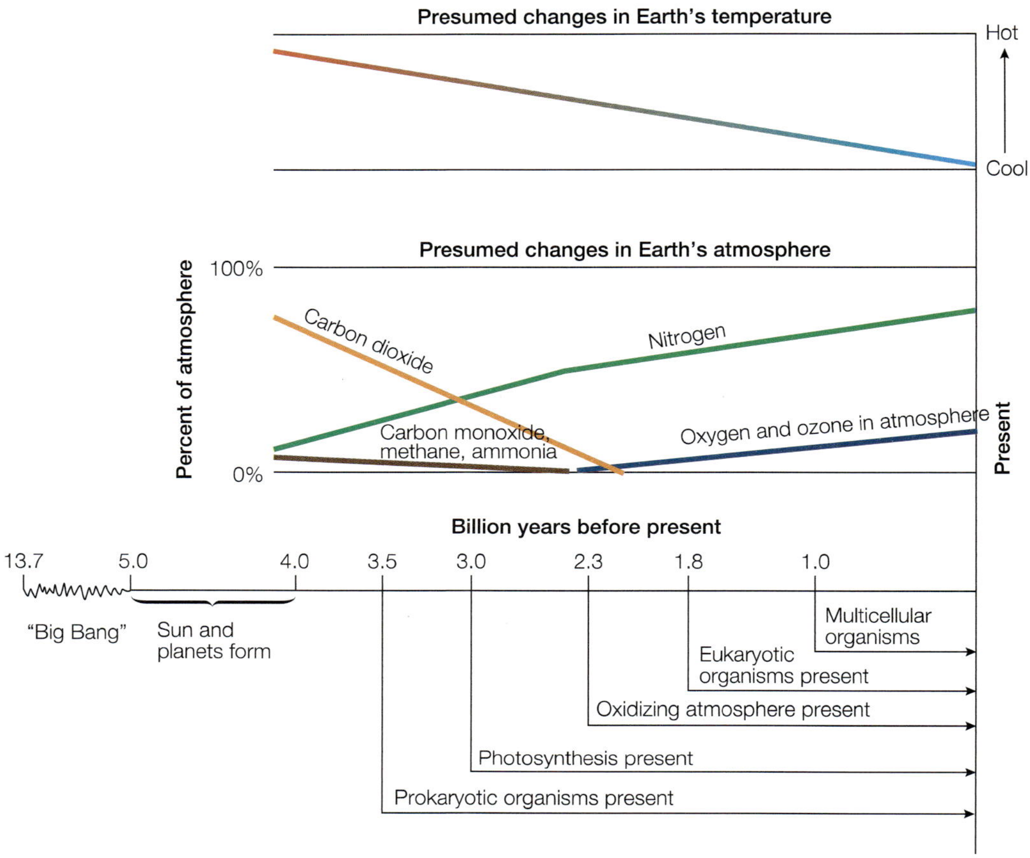

그림 11.6 현재의 생각은 몇 가지 요인들이 지구의 자연과 지구 대기를 형성하였다고 제안한다. 상상할 수 있듯이, 초기 대기는 소량의 질소(N_2), 암모니아(NH_3), 메탄(CH_4), 그리고 일산화탄소를 포함한(CO) 주로 이산화탄소(CO_2)로 이루어졌다. 이산화탄소는 지구표면에서의 화학반응의 결과로 감소하였다. 일단 광합성이 시작되면서 이산화탄소는 더욱 감소하고 산소(O_2)가 증가하기 시작하였기 때문에 생명체는 대기에 커다란 영향을 미쳤다. 산소의 존재는 오존(O_3)의 증가를 가져왔으며, 오존은 대기를 통과하여 지구 표면에 도달하는 자외선의 양을 감소시켰다. 자외선은 돌연변이를 일으키기 때문에, 오존 보호층은 원시 지구에서 존재하던 돌연변이의 빈도를 낮추었을 것이다.

2부. 진화의 과정 (The Process of Evolution)

생명의 기원에 대해 토의하면서 진화적 변화에 대한 아이디어를 소개하였지만, 생물의 진화가 무엇을 의미하고 이 중요한 과정을 추진하는 기작을 명확히 이해하는 것이 중요하다. 이 부분에서는 진화적 변화를 초래하는 기작에 대해 초점을 맞춘다.

11.4 진화에 대한 사고의 발달 (The Development of Evolutionary Thought)

수세기 동안 사람들은 다양한 종의 식물과 동물이 고정되어 있고 변화하지 않는다고 믿었다; 이것은 그들이 창조된 이래 변화하지 않고 유지되었다고 생각되었다. 이는 사람들이 DNA와, 어떻게 정자와 난자가 형성되는지, 또는 개체군 유전학에 대하여 전혀 아무것도 알지 못하였기 때문에 타당한 가정이었다. 더 나아가서 진화의 과정이 너무 느려서 진화의 결과는 인간의 생애 동안에는 보통 명확하지 않았다. 현대의 과학자들에게도 많은 종류의 생물의 이런 느린 변화는 인식하기 어렵다. 생명체의 진화과정을 이해하는데 필요한 장기적이고 전체적으로 올바르게 보는 능력을 얻을 수 있기까지에는 말, 글, 과학 그리고 기술의 발달이 필요하였다.

찰스 다윈(Charles Darwin; 1809－1882)은 진화에 영향을 미치는 과정으로서 자연선택의 개념에 대한 기여로 유명하다. 그러나 만약 다윈이 생명이 시간에 따라 변화할 수 있다는 생각을 가진 사람들의 아이디어를 읽거나 함께 토론에 참여하는 이점이 없었다면 그의 자연관찰의 중요성을 알지 못하였을 것이다. 다음 토론은 다윈의 생각에 영향을 미친 것으로 알려진 일부 사람들의 목록이다.

뷔퐁 (1707－1788)은 현재 우리가 보는 대로 창조되었으며 변하지 않는다는 당시 기성 교회의 교리에 의문을 품었다. 게다가 그는 지구가 약 6천년 밖에 되지 않았다는 교리에도 의문을 가졌다. 그러나 뷔퐁은 진화 기제에 대해서는 전혀 제한하지 않았다. 뷔퐁은 자연계에 대해 알려진 거의 모든 것을 망라한 36권의 전집을 발간하였다. 다윈은 자연선택의 아이디어를 제안한 최초의 사람이라고 언급했다.

에라스무스 다윈 (1731－1802)은 찰스 다윈의 할아버지였다. 그는 당대의 주요 사상가였으며 생물이 시간에 따라 변할 수 있은 기제에 대해 많은 생각을 가졌다. 찰스가 태어나기 전에 죽었지만 그의 생각은 손자가 생물학적 사상의 기본 신조를 형성하는 것을 앞당겼다.

끝없는 파도 아래서 유기 생물이
태어나 바다의 진주 같은 동굴에서 양육되었네;
최초에는 작고, 돋보기로도 보이지 않네,
진흙 위를 움직이고, 또는 물을 뚫으면서;
이들은, 다음 세대가 번성하면서,
새로운 능력을 얻고 큰 손발을 얻으며;
거기서부터 수많은 무리의 식물이 싹트고,
그리고 지느러미와 발과 날개의 왕국이 숨쉬는. *에라스무스 다윈, 자연의 신전(1802)*

장－뱁티스트 드 라마르크(1744－1829)는 뷔퐁의 제자로 1809년 진화가 일어날 수 있는 과정을 제안하였다. 그는 획득된 형질이 자손에게 전달될 수 있다고 제의하였다. 예를 들어 그는 기린이 원래는 짧은 목을 가졌다고 가정했다. 기린이 먹이를 얻기 위해 끊임없이 목을 뻗었기 때문에, 목이 약간 길어졌다. 획득된 약간 긴 목이 자손에게 전해질 수 있었고, 자손도 목을 뻗어, 시간이 지남에 따라, 기린의 목은 점점 더 길어질 수 있었다. 현재는 라마르크의 이론이 틀렸다는 것을 알지만(획득된 형질은

A Closer Look

HMS 비글호의 항해, 1831-1836

아마도 찰스 다윈의 생애에서 가장 의미 있는 사건은 영국 조사선 HMS 비글호로 항해할 수 있었던 기회일 것이다(박스그림 11.1) 당시 조사는 평범하였다: 그들은 지도를 개선하고 항해에 위험을 초래하는 것을 해도에 표시하는 것을 도왔다. 다윈은 22살이었으며 삼촌이 항해에 데려갈 수 있도록 다윈의 아버지를 설득하지 않았더라면 기회가 없었을 것이다. 다윈은 신사 박물학자로서 선장인 로버트 피츠로이의 동행자였다. 공식 박물학자가 배를 떠나 영국으로 돌아갔을 때, 다윈은 항해의 공식적인 박물학자가 되었다. 그 임명은 무보수직이었다.

비글호의 항해는 거의 5년간 지속되었다. 여행 동안 배는 남아메리카, 갈라파고스 제도, 오스트레일리아와 많은 태평양 섬들을 방문하였다(박스그림 11.2). 비글호의 전체 항로는 수반된 지도에 나타내었다. 다윈은 배멀미로 크게 고생하였으며, 아마도 그 때문에 비글호가 정박할 때마다 노새와 도보로 내륙으로 상당거리를 광범위하게 여행하였다. 이 내륙 여행은 다윈에게 많은 관찰을 할 수 있는 기회를 제공하였다. 그의 경험은 아주 젊은 그에게 독특하였으며 당시 사용된 느린 여행 방법 때문에 되풀이하기 매우 어려웠다.

많은 사람들이 다윈이 방문하였던 장소를 보았지만, 그 전에는 자연 학생이 방대한 자료를 수집한 적이 없었다.

박스그림 11.1 찰스 다윈의 초상화

또한 이러한 먼 장소를 방문하였던 대부분의 다른 사람들은 그들이 본 것의 중요성을 인식하지 못한 군인이나 탐험가였다. 다윈의 공책은 그가 조우한 식물, 동물, 암석, 지리, 기후, 그리고 토착민에 대한 정보를 포함하였다. 항해 동안 그가 가져간 자연과학 공책은 그의 여생동안 저술을 위하여 사용한 방대한 정보의 보고 역할을 하였다. 다윈은 부유했기 때문에 생계를 위해 일을 하지 않아도 되었으며 자연과학 공부를 한층 더 하고 그의 공책을 분석하는데 많은 시간을 전념할 수 있었다. 그는 말년의 대부분을 병약하게 지냈다. 많은 사람들은 그의 나쁜 건강이 비글호 항해 동안에 걸린 열대 질병 때문에 생긴 것으로 생각하였다. 그의 경험의 결과로 다윈은 항해의 세세한 사항을 여러 권으로 집필하여, 비글호의 항해와 관련된 다른 정보와 함께 1839년 최초로 출판하였다. 그의 책은 수차례 개정되어 궁극적으로 비글호의 항해로 명명되었다. 그는 따개비, 산호초의 정보, 산호초의 형성에 어떻게 화산이 관련되었는지, 그리고 마지막으로 "자연 선택에 의한 종의 기원, 또는 생존을 위한 투쟁에서 우수 종족의 보존"에 관한 책들도 집필하였다. 이 마지막책은 항해에서 돌아온 지 23년 후에 집필되었으며 모든 시대의 생물학적 생각을 변화시켰다.

박스 그림 11.2 갈라파고스 제도

유전되지 않기 때문에), 이 생각은 어떻게 진화가 일어날 수 있는지에 대한 생각을 더욱 자극하였다. 그의 세대 동안인 1700년대 중반부터 1800년대 중반까지, 진화적 변화의 가능성에 대하여 활발한 논쟁이 계속되었다. 다윈은 라마르크의 글을 알고 있었으며 그를 당대의 중요한 사상가로 여겼다.

토마스 맬서스(1766−1834)의 인구론에 대한 소론은 인간은 인구를 유지하기 위해 필요한 자원보다 빨리 번식한다는 개념을 제기하였다. 따라서 제한된 가용자원을 위해 인구의 구성원 사이에 끊임없는 투쟁이 있을 것이다. 다윈이 이 수필을 읽고 한정된 자원에 대한 투쟁의 함축된 뜻이 진화의 기제로서 자연선택의 이론을 형성하는데 도움이 되었다.

찰스 라이엘(1797−1875)은 당대의 저명한 지질학자였다. 그는 동일과정설에 대한 아이디어의 설명으로 가장 유명하다. 동일과정설의 중심 아이디어는 사물이 현재 어떻게 작용하느냐를 이해함으로써 지질학적 과거사건의 증거를 설명할 수 있다는 것이다. 그는 퇴적, 화산활동, 그리고 침식과 같은 과정이 현재가 과거와 다르게 작용하지 않았다고 느꼈다. 그의 생각의 명백한 결과 중 하나는 지구의 나이가 수천 년보다는 훨씬 오래되었다는 것이다. 다윈은 라일을 알고 있었으며 라일의 아이디어는 진화가 작용하는 기제에 이용할 수 있는 시간에 대한 다윈의 생각에 크게 영향을 끼쳤다.

알프레드 러셀 윌리스(1823−1913)는 다윈과 마찬가지로 윌리스는 널리 여행을 다녔으며, 여행의 결과로 다윈과 마찬가지로 자연선택에 대해 동일한 결론에 도달하였다. 그도 다윈과 마찬가지로 맬서스의 인구론에 의해 영향을 받았다. 현재는 윌리스가 종종 재고로 언급되지만, 다윈이 "자연 선택에 의한 종의 기원, 또는 생존을 위한 투쟁에서 우수 종족의 보존"을 출판하도록 자극한 것은 자연선택에 대한 아이디어에 대한 윌리스의 소론이었다.

11.5 진화와 자연선택(Evolution and Natural Selection)

많은 문화적 배경에서 진화라는 단어는 진보적인 변화를 의미한다. 우리는 경제, 유행, 또는 음악적 취향의 진화에 대해 이야기 한다. 생물학적 관점에서 이 단어는 더욱 특정한 의미를 가진다. 생명의 중심 특성 중 하나는 생물이 주위에 반응할 수 있다는 것이다. 진화는 개체군 수준에서 일어나는 반응 과정이다.

진화의 정의(defining evolution)

진화(evolution)는 시간에 따른 개체군 내에서 유전적으로 결정된 특성의 빈도 변화이다. 이 정의에는 세 개의 핵심점이 있다. 첫 번째는 진화는 개체군에서만 일어난다. 개체군은 서로 교배될 수 있고 따라서 유전적으로 유사한 같은 종의 생물 집단이다. 두 번째 점은 유전자(DNA의 특정한 부분)가 생물이 나타내는 특정을 결정한다는 것이다. 세 번째 점은 개체군내 유전자(DNA)의 혼합이 변할 수 있다는 것이다. 따라서 진화는 개체군에 존재하는 유전자의 변화를 포함한다. 정의에 의해 개별 생물을 진화를 할 수 없으며 개체군만 진화할 수 있다.

진화에서 환경의 역할(the role of environment in evolution)

생물의 환경은 어떤 특징이 생존과 번식을 선호하는지 결정한다(예; 어떠한 특징이 생물을 환경에 가장 적응하게 하는지). 진화가 일어나는 주된 기작은 유성생식에 의하여 한 세대에서 다음 세대로 선택적인 유전자의 이동을 포함한다. 이 적응은 다양한 수준에서 그리고 다양한 시간 주기에서 일어날 수 있다. 가장 작은 수준에서 개체군은 지역 개체군 내에서 유전자의 변화를 보인다. 예를 들어 화학물질이 그들 환경의 변하지 않은 부분이 되면 감자 잎벌레의 일부 개체군이 특정한 살충제에 내성을 가지고 어떤 왕바랭이는 특정한 제초제에 저항을 가진다. 영향을 받기 쉬운 구성원은 죽고 저항성이 있는 구성원은 살아, 주로 저항성이 있는 개체로 구성된 개체군으로 바뀌어간다. 이 개체군은 변화한 환경에 유전적으로 적응이 되었다. 이러한 독의 영향에 저항할 수 있도록 한 생물의 유전자는 이러한 개체군에서 더욱 흔하게 된다. 수백만 또는 수십억 년 동안에 걸친 진화적 변화를 살펴보면 지구의 기후, 해수면, 그리고 다른 조건이 크게 변화하였다는 것을 알 수 있다. 이러한 변화는 존재하는 생물의 존재도 함께 바꾸었다. 새로운 종이 나타나면서 어떤 종은 멸종하였다.

진화를 가져오는 자연선택(natural selection leads to revolution)

유익한 유전자를 다음 세대로 전달하도록 촉진하고 해롭거나 가치가 덜한 유전자의 전달을 방해하는 다양한 과정을 일괄하여 **자연선택**(natural selection)이라고 한다. 어느 개체의 유전자 조합이 그들의 환경에서의 생활에 유리할 때 생존하고, 번식하고, 유전자를 다음 세대로 전할 가능성이 높을 것이라는 생각이 **자연선택 이론**(theory of natural selection)으로 알려져 있다. 진화론은 생물의 개체군은 시간에 따라 유전적으로 결정된 특성의 빈도변화를 경험한다고 이야기 한다. 따라서 자연선택은 어떠한 유전자가 다음 세대로 전달될지 선택하여 진화를 일으키는 과정이다. 자연선택이 진화를 구동하는 주된 기작이기는 하지만, 세대 간에 유전자의 변화를 야기하는 다른 과정들도 있다. "A Closer Look: 진화를 일으키는 다른 기작"에서 이러한 기작에 대하여 토의하자.

A Closer Look

진화를 일으키는 다른 기작

자연선택이 진화적 변화를 가져오는 주된 기작이지만, 몇 가지의 특별한 사례가 진화의 대체 원인이다.

인공선택

인공선택은 다윈에 의하여 특별한 선택의 사례로 인식되었다. 길들여진 식물과 동물을 가지고 인간들은 의식적으로 또는 무의식적으로 번식을 위한 특정한 개체 생물을 선택한다. 이는 어떤 특징은 길들여진 생물에서 흔히 볼 수 있게 하고 반면에 다른 특징은 드물게 한다. 예를 들어 개, 말, 닭, 돼지, 그리고 소의 개체군은 특정한 성질을 보이도록 한정하여 교배되었다. 닭의 선택교배는 달걀 생산을 많이 하는 개체군을 생기게 하였다. 다른 개체군은 육류 생산을 증가하도록 선택되었다. 다른 개체군은 흥미있는 색깔과 모양을 생산하도록 선택되었다. 인공선택이 특별한 사례로 간주되지만, 인간은 단순히 길들여진 생물의 환경에 중요한 부분이 되었다고 주장할 수 있다; 따라서 인공선택은 자연선택의 특별한 사례이다.

수평적 유전자 전달

최근의 가장 흥미로운 발견 중 하나는 관련되지 않은 생물들 사이에 유전자 교환의 많은 사례가 있다는 것이다. 세균 사이에는 한 종에서 다른 종으로 DNA 조각이 전달되는 것은 흔한 일이다. 이것은 유전자의 전체 수집물과 그 유전자가 조절하는 화학반응이 다른 생물에게 추가될 수 있다는 것을 의미한다. 수평적 유전자 전달의 다른 예는 엽록체와 미토콘드리아 같은 구조의 발달을 가져온 내부공생(11.3장)이다. 생물이 다른 생물을 자신의 세포에 병합하면, 포획된 세포의 모든 유전자도 함께 수용한다. DNA의 유전자를 신속하게 해독하는 기술의 발달로, 특정한 유전자의 수집물이 모든 종류의 생물에 전달된 것으로 나타났다. 다른 말로하면 수평적인 유전자의 전달은 생물에서 새로운 유전자의 조합이 발달하는 흔한 방법이었다. 일단 생물에 유전자의 수집물이 병합되면, 모든 다른 유전자와 마찬가지로 자연선택의 과정에 놓이게 된다.

유전적 부동(genetic drift)

때로 개체군에 존재하는 유전자의 혼합은 자연선택과 상관없는 이유로 변화한다. 이를 유전적 부동이라고 한다. 유전적 부동은 우연한 사건이 개체군 유전자의 빈도에 크게 영향을 미치는 작은 개체군에서 가장 일어나기가 쉽다.

큰 개체군에서는 개체군 한 부분에서 예외적인 유전자 빈도의 변화는 개체군의 다른 부분에서 상반된 변화에 의하여 상쇄된다. 그러나 작은 개체군에서는 생식체에 무작위적 유전자의 분배는 개체군에 존재하는 비율을 반영하지 않을 수도 있다. 예를 들어 어느 개체군에 100개의 식물이 있고 이중 10개는 붉은색 반점의 우성 대립유전자를 가지고, 나머지는 가지지 않고 있다고 하자. 10개의 개체에서 무작위 형성된 생식체 중에서 수정된 생식체에 붉은색 대립유전자가 전혀 없을 경우에, 그 대립유전자는 제거될 수 있다. 유사하게 붉은색 대립유전자를 가진 식물이 모두 저온의 패인 곳에 있었다면, 그들은 모두 늦서리에 죽어서 다음 세대로 그들의 대립유전자를 전달할 수 없을 것이다. 따라서 그 대립유전자는 상실되지만, 그 상실은 자연선택의 결과가 아니다.

박스그림 11.3 (A) 로드아일랜드의 붉은색 닭이 선택적으로 교배되어, (B) 더 많은 달걀을 낳는 품종인 레그혼 변종을 형성하였다.

이론은 많은 다른 종류의 증거에 의하여 지원되는 잘 정립된 일반화이다. 한때는 종의 개체군이 시간에 따라 변하였다는 생각은 혁명적이었다. 오늘날 진화와 자연선택의 개념은 모든 생물과학의 연구에 중심이다.

자연선택설은 찰스 다윈과 알프레드 월리스에 의해 처음 제안되었으며 1859년 다윈에 의해 그의 책 "자연 선택에 의한 종의 기원, 또는 생존을 위한 투쟁에서 우수 종족의 보존"에서 명백하게 개진되었다. 처음 제안된 이래 자연선택설은 셀 수 없는 시험을 받았으며 진화가 어떻게 일어났는지를 설명하는 핵심 개념으로 남아있다.

자연선택 과정과 연관된 두 가지 일반적인 오해가 있다. 첫 번째는 "적자생존"이라는 관용구를 포함하며, 보통 자연선택설과 연관된다. 개체의 생존은 생존하지 못하면 번식할 수 없기 때문에 물론 중요하다. 그러나 더 중요한 사실은 생물이 남기는 후손의 수이다. 수백 년을 생존하였지만 번식을 하지 않은 생물은 다음 세대로 유전자를 기여하지 않았기 때문에 도태되었다. 따라서 핵심은 생존뿐 아니라 생존과 더 많은 번식이 적합하게 한다.

두 번째로 "생존을 위한 투쟁"이라는 관용구는 필연적으로 공개적인 충돌과 싸움을 말하는 것은 아니다. 이는 그보다는 훨씬 미묘하다. 보금자리를 지을 재료, 물, 태양빛, 또는 식량 같은 자원이 부족할 때, 일부 개체들은 다른 개체들에 비해 효율적으로 생존하고 번식한다. 예를 들어, 많은 종류의 새들은 보금자리 터로 나무에 구멍을 필요로 한다 (그림 11.7). 만약 구멍이 부족할 때, 일부 새들은 운 좋게 양질의 보금자리 터를 찾고, 다른 새들은 덜 적합한 구멍을 찾고, 일부는 전혀 찾지 못할 것이다. 터를 소유하기 위해 싸움이 있을 수도 있고 없을 수도 있다. 만약 터가 이미 점유되어있으면, 새는 점유하고 있는 새를 몰아내려고 하지 않고 적합하지만 가치가 덜한 장소를 계속 찾을 수 있다. 성공적으로 좋은 보금자리 터를 점유한 새들은 좋지 않은 장소를 차지해야하거나 찾지 못한 새들에 비하여 새끼를 더 성공적으로 기를 수 있을 것이다.

그림 11.7 축을 가진 또는 북방 flicker 같은 많은 종류의 새들은 나무의 구멍에 둥지를 튼다. 오래되거나 죽은 나무가 없으면 번식을 할 수 없다.

유사하게 태양광이 거의 없는 임상에서 일부 작은 나무는 빨리 자라서 빛을 얻어 다른 서서히 자라는 식물의 빛을 가릴 것이다. 이 경우 생존을 위한 투쟁은 식물이 자라는 속도의 미묘한 차이를 포함한다. 그렇지만 식물은 실제로 투쟁중이며, 우월한 성장속도가 생존을 위한 무기이다.

11.6 자연선택을 위해서는 유전적 다양성이 중요하다 (Genetic Diversity is Important for Natural Selection)

어떻게 자연선택이 작용하는지 기본적인 이해가 있기 때문에, 이에 영향을 미치는 요인들을 더 자세히 살펴보자. 자연선택이 일어나기 위해서는 생물의 서로 교배하는 개체군의 많은 개체에 유전적인 차이가 있어야만 한다. 만약 개체들이 유전적으로 동일하다면 어떠한 것이 번식하는지는 관계없이 동일한 유전자가 다음 세대로 전달되어 자연선택은 일어날 수 없다. 종의 생물 내에서 유전적 다양성이 발생할 수 있는 두 가지 방법은 돌연변이와 유성생식 동안의 유전적 재조합이다.

돌연변이로부터 결과한 유전적 다양성(genetic diversity resulting from mutation)

돌연변이(mutation)는 생물의 유전정보(DNA)의 변화이다. **자연발생적 돌연변이**(spontaneous mutation)는 특정한 원인 매체와 연관이 되지 않는 DNA의 변화이다. 우주복사선이나 자연적으로 발생하는 돌연변이 유발 화학물질들이 이러한 돌연변이의 많은 부분을 야기하는 것으로 의심된다. 생물을 고수준의 방사선이나 특정한 화학물질에 노출시키면 돌연변이가 일어나는 비율을 증가시키는 것으로 알려져 있다. 이러한 이유로 방사성 물질이나 기타 돌연변이성 약품을 취급하는 사람은 특별한 안전 예방조치를 취하는 것이다(그림 11.8). 세포가 DNA를 복제할 때 DNA가 완벽하게 복제되지 않고 작은 오류가 도입될 수 있다는 것도 알려져 있다.

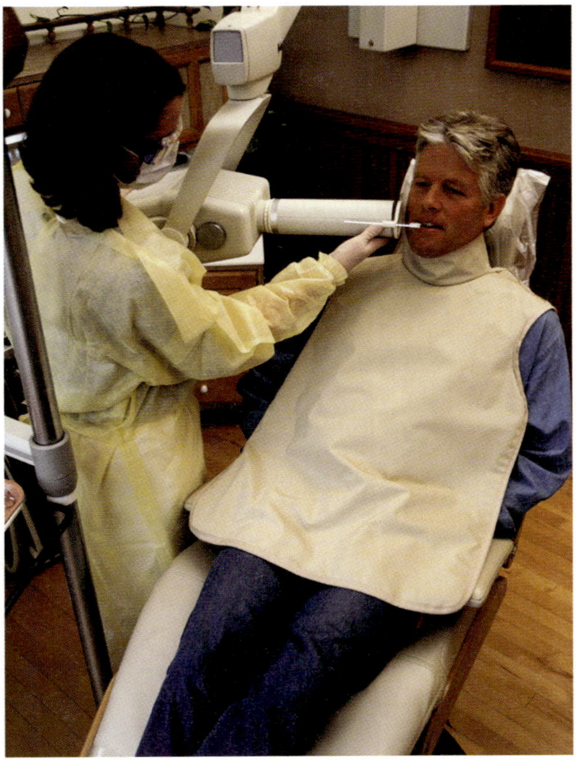

그림 11.8 방사선과 특정 화학물질은 돌연변이의 가능성을 증가시키기 때문에, 위험물질을 취급하는 사람은 특별 훈련을 받고 돌연변이 유발 매개체에 노출을 감소시키기 위한 방어수단을 사용한다. 특히 난소와 정자를 보호하는 것이 중요한데, 이는 난자와 정자의 DNA를 변화시키는 돌연변이는 자식에게 전달될 수 있기 때문에다. 이 치과환자는 납을 포함한 담요로 보호되고 있다.

자연적으로 발생하는 돌연변이율은 낮다(유전자가 변화될 확률은 10만분의 1 정도의 확률). 돌연변이가 너무 작아 영향이 전혀 없거나, 돌연변이가 해롭거나, 또는 이로울 수 있다. 대부분의 돌연변이는 중립이거나 해롭지만, 이로운 돌연변이도 일어난다. 백만 개체의 개체군에서 각각의 개체가 수천 개의 유전자를 가지고 있을 때, 수천 세대에 걸쳐 돌연변이의 결과로 유전정보의 이로운 조각이 새로 생길 수 있다. 사람이나 다른 생물에 존재하는 다양한 유전자를 볼 때, 모든 유전자는 기존에 존재하던 유전자가 변형되어 기원하였다는 것을 기억해야 한다. 예를 들어 푸른 눈의 유전자는 갈색 눈 유전자의 변형일 수 있고, 금발머리는 돌연변이된 갈색머리에서 유래하였을 수 있다. 따라서

Connections . . .

유전적 다양성과 건강관리

사람들은 의학적 문제를 경험하면 이것이 사고 때문이든, 감염이든 아니면 어떤 비정상적이든지 건강관리 공급자에게 의존한다. 많은 대도시에서 대형병원의 응급실(ER)은 의사 사무실이나 인근 의료원 대신 방문하는 곳이 되었다. 의료시설은 모두 항상 좋아지고 아무도 병을 얻지 않는 장소로 생각된다. 그러나 매년 2백만 명이 병원에서 환자로 치료받으면서 세균감염이 된다. 매년 9만명 정도가 이러한 감염으로 인하여 사망하는 것으로 추산된다.

많은 사람들은 병원이 환자가 감염을 자택 간호로 해결하지 못하고 모든 더러운 미생물을 가져오는 장소라는 것을 실감하지 못한다. 연구에 의하면 병원에서 멀어질수록 미생물도 덜 위험하다는 것이 밝혀졌다. 이 상황을 더욱 악화시키는 것은 이러한 세균이 유전적 변화를 하고 더 치료하기 어렵게 된다는 사실이다. 병원 미생물의 개체군은 특정한 항생제로부터 보호하는 돌연변이 즉 항생제 내성을 포함한다. 내성 미생물이 전파되면 감염된 사람은 감염의 통제가 훨씬 어렵게 된다. 예를 들어 메티실린 내성 *Staphylococcus aureus* (MRSA)은 미국에서 2005년 9만4천 건의 치명적 감염과 1만9천명의 사망에 책임이 있다. 이러한 사망의 85%가 건강관리 시설과 연관되었다.

돌연변이는 시간에 따라 새로운 유전물질을 도입하는데 매우 중요하였다.

돌연변이가 생물의 진화에 중요하기 위해서는, 생식세포가 되는 세포에 있어야 한다. 피부나 간세포의 돌연변이는 특정한 세포만 영향을 미치고 다음 세대로 전달되지 않는다.

유성생식으로부터 결과한 유전적 다양성 (genetic diversity resulting from sexual reproduction)

유전적 다양성을 일으키는데 두 번째로 매우 중요한 과정은 유성생식이다. 유성생식은 돌연변이처럼 새로운 유전정보를 발생하지는 않지만, 유전자의 조합을 통하여 이전에는 나타나지 않았던 혼합을 이룬다. 유성생식에 의하여 개체군에 가입되는 각각의 개체는 유전자의 독특한 조합을 가진다; 절반은 어머니로부터 공여받고 절반은 아버지로부터 공여받는다. 생식세포를 형성할 때 염색체의 작용은 유전자의 새로운 조합을 가져온다. 이는 각 개체의 생식세포에서 수백만 가지 이상의 가능한 유전자의 조합이 있다. 수정이 일어나면, 수백만의 가능한 정자중 하나가 수백만의 가능한 난자중 하나와 결합하여 유전적으로 독특한 개체를 형성한다. 유성생식 동안의 유전자 혼합은 **유전적 재조합**(genetic recombination)으로 알려져 있다. 새로 잉태된 개체는 여태까지 존재하였던 다른 어느 생물과도 다른 완전한 유전자의 세트를 가진다.

유전적 재조합의 능력은 가족의 구성원을 보면 쉽게 알 수 있다. 당신을 형제 자매, 부모, 그리고 조부모와 비교해보라. 당신의 유전자는 조부모까지 거슬러 올라가지만, 당신의 특정한 유전자 조합은 독특하며, 이러한 독특함은 생리, 물리적 구조, 그리고 행동의 차이에서 나타난다.

11.7 자연선택을 구동하는 과정(Process that Drive Natural Selection)

CONCEPTS APPLIED 자연선택의 모의실험

자연선택의 영향을 카드 한 벌로 모의실험할 수 있다. 검정색 카드가 곤충을 특정한 살충제에 취약하게 하는 우성 대립유전자라고 가정하자. 붉은색 카드는 곤충이 살충제에 노출되어도 생존하게 하는 우성 대립유전자라고 가정하자. 처음에는 우성의 내성 대립유전자는 개체군에서 드물 것이다. 이를 모의실험하기 위하여 모든 검정색 카드와 붉은 색 카드 6장을 보존한다. 붉은색 카드의 빈도는 6/32 = 18.74%이다.

곤충 개체군에 살충제를 살포하면 무슨 일이 일어날까? 카드를 이용하여 이 효과를 모의실험한다. 카드를 섞어서 무작위적으로 두 장의 카드를 뽑는다. 모든 개체군은 각 특징에 대하여 두 개의 유전자(대립유전자)를 가지기 때문에 두 장의 카드를 뽑는 것이다. 두 장의 검정색 카드를 뽑으면 버린다. 이 개체는 살충제에 대한 노출에 생존할 수 있게 하는 대립유전자를 전혀 가지고 있지 않다. 만약 두 장의 붉은색 카드나 붉은색과 검정색 카드를 뽑으면 보관한다. 이 개체들은 살충제에 내성을 가지도록 하는 우성 대립유전자를 가지고 있다.

모든 카드를 뽑은 다음에 버리지 않은 카드를 검토해 보시오. 붉은색 카드의 빈도를 계산하시오(붉은색 카드의 수/붉은색과 검정색 카드의 합). 내성 유전자 빈도의 변화는 사망률의 다른 비율의 결과이며 진화의 예이다. 이 모의실험은 몇 세대 안에 곤충 개체군이 살충제에 내성이 되는지를 이해하는데 도움이 될 것이다.

몇 가지의 기작이 특정한 개체가 생존하고 성공적으로 번식하는 것을 선택할 수 있도록 한다. 어떤 성질을 선호하는 특정한 환경요인을 **선택매개체(selecting agents)**라고 한다. 포식자가 빠른 먹이 생물을 추적해야 한다면, 빠른 포식자가 선택될 것이며, 선택 매개체는 가용한 먹이의 신속성이다. 만약 포식자가 느리지만 찾기 힘든 먹이를 찾아야만 한다면, 선택매개체는 먹이의 위장 채색이며, 날카로운 시력이 선택된다. 식물이 곤충에 의해 먹힌다면, 잎에서 독성 물질을 생산하는 것이 선택된다. 모든 선택매개체는 어떠한 성질이 다음 세대로 전달될지의 가능성에 영향을 미친다. 어떤 유전자가 다음 세대로 전달될지에 영향을 미치는 세 가지의 기작은 차별적 생존, 차별적 번식률, 그리고 차별적 짝짓기이다.

차별적 생존(differential survival)

앞에서 언급하였듯이 "적자생존"의 관용구는 자연선택설과 종종 연관된다. 이것은 개념의 지나친 단순화로 인식되지만, 생존은 다음 세대로 유전자가 흘러가는 것에 영향을 미치는 중요한 요인이다. 개체군이 유전적 그리고 구조적으로 상이한 많은 수의 개체로 이루어졌다고 하면, 이중 일부는 생존을 어렵게 할 성질을 가지고 있을 수가 있다. 따라서 그들은 생활사의 초기에 죽을 가능성이 높으며 다음 세대로 유전자를 전달할 기회가 없다.

찰스 다윈은 갈라파고스 제도에서 핀치새 몇 종을 기술하였는데, 과학자들은 이 새들을 진화의 과학적 연구에 종종 이용하였다. 제도 중 하나의 섬에서 과학자들은 씨앗을 먹는 지면 핀치인 *Geospiza fortis* 종의 하나를 연구하였다. 과학자들의 새의 크기와 부리의 크기를 측정하여 이 특성을 그들의 생존과 관련지었다. 발견한 사실은 다음과 같다: 가뭄 때에는 새들이 작고 부드러운 씨앗을 크고 단단한 씨앗보다 쉽게 먹었다. 새들이 쉽게 먹을 수 있는 씨앗을 소비하면서 크고 단단한 씨앗만 남았다. 가뭄 시기에는 사망률이 매우 높았다. 과학자들이 지면 핀치새의 사망률을 보았을 때, 강하고 깊은 부리를 가진 큰 새들이 약하고 좁은 부리를 가진 새들보다 생존을 잘하였다. 또한 생존한 새들의 후손도 큰 몸집과 큰 부리 크기를 가졌다. 가뭄으로 인한 작고 쉽게 먹을 수 있는 씨앗의 부족으로 크고 단단한 씨앗을 깨뜨릴 수 있는 강한 부리를 가진 큰 새들이 선택되었다. 표 11.2는 이 연구에서 측정된 두 종류의 변수를 보여준다.

표 11.2 *Geospiza fortis* 신체 구조의 변화

	가뭄 전	가뭄 후
평균 체중	16.06 g	17.13 g
평균 부리 두께	9.21 mm	9.70 mm

어떻게 차별적 생존이 개체군 내의 유전자의 변화를 가져오는지에 대한 다른 예로서, 다양한 살충제에 노출시킨 많은 곤충 개체군에 어떠한 일이 일어났는지 고려해보자. 곤충의 모든 종에는 유전적 다양성이 있기 때문에, 특정한 종에 대하여 첫 번째로 사용된 살충제는 유전적으로 민감한 개체를 모두 죽일 것이다. 그러나 그 살충제에 대하여 저항성을 부여하는 약간 다른 유전적 조성을 가진 개체는 죽이지 못할 것이다.

특정한 종의 개체군에서 5%의 개체가 특정한 살충제에 대하여 저항력을 부여하는 개체라고 가정하자. 살충제를 처음 살포하면 개체군의 95%를 죽일 것이다. 그러나 내성을 가진 개체는 생존한 번식 개체군의 대부분을 차지하게 될 것이다. 이는 2세대 곤충의 대부분이 내성을 가진다는 것을 의미한다. 이 개체군에 대하여 두 번째로 살충제를 사용하는 것은 첫 번째 만큼 효과적이 아닐 것이다. 동일한 살충제를 계속해서 사용하면 각 세대는 더욱 내성을 가지게 될 것이다. 이 예에서 살충제를 살포하는 것이 개체군에 내성을 가지게 하는 돌연변이를 일으키지 않았다는 것을 주의하라. 살충제의 사용은 민감해 개체를 죽여도 내성이 있는 개체들이 번식하여 다음 세대로 내성 유전자를 전달하게 하였다.

곤충의 많은 종은 매달 새로운 세대를 생산한다. 짧은 세대시간을 가진 생물에서는 5년 이내에 개체군의 99%가 내성을 가지게 된다. 그 결과 그 살충제는 그 종을 통제하는데 더 이상 유용하지 않게 된다. 새로운 요인(살충제)이 곤충의 환경에 도입되면서, 자연선택이 그 살충제에 내성이 있는 개체군을 생기게 하였다.

제초제에 대해서도 같은 종류의 선택 과정이 일어났다. 과거 50년 동안에 농경지에서 잡초를 제어하기 위하여 많은 종류의 제초제가 개발되었다. 수년간 사용한 결과 더 많은 종들이 제초

제에 대하여 내성을 보이는 익숙한 경향이 나타났다. 그림 11.9는 몇 종류의 제초제와 시간에 따라 내성을 가지게 된 잡초 종의 수를 보여준다. 각각의 잡초 종에서, 제초제에 내성을 가지도록 하는 유전정보를 가진 개체에 대하여 선택이 일어났다.

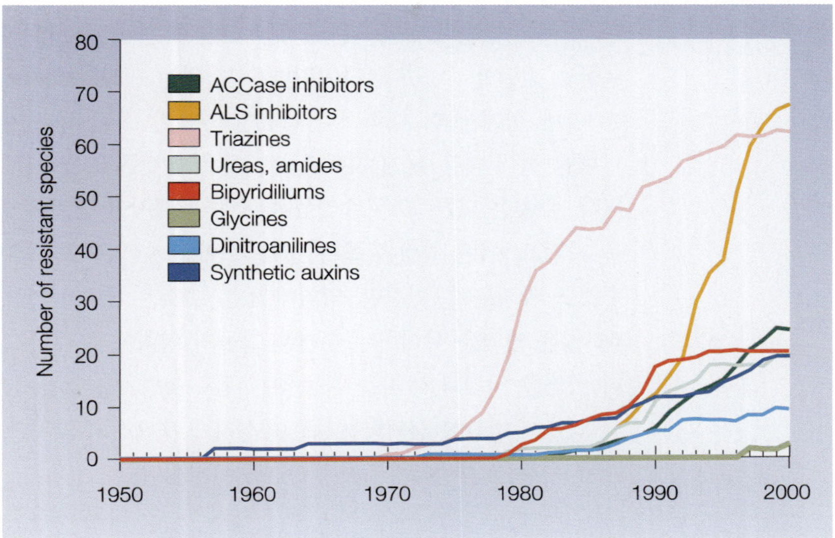

그림 11.9 제초제에 반복적으로 노출된 잡초식물 개체군은 종종 내성 개체군을 발달시킨다. 제초제의 영향에 견딜 수 있었던 잡초식물 개체는 번식까지 생존하여 내성을 가진 유전자를 자손에게 전달한다; 따라서 잡초의 내성 개체군은 발달하게 되었다.

차별적 번식률(differential reproduction rates)

생존만으로는 항상 번식의 성공을 보장하지 않는다. 다양한 원인으로 인하여 어떤 생물은 자손을 생산하기 위하여 가용한 자원을 더 잘 이용할 수 있다. 어떤 개체가 100 마리의 자손을 남기고 다른 개체는 단지 둘만 남긴다면, 첫 번째 생물은 두 번째에 비하여 유전정보를 다음 세대로 많이 전달하고 자손 개체군의 유전자 혼합은 부모의 유전자 혼합과 다르게 된다.

과학자들은 클로버 나무의 키에 대한 유전자의 빈도에 대한 연구를 수행하였다. 두 개의 동일한 클로버 밭에 씨를 뿌리고 이중 하나에 소를 방목하였다. 소들은 큰 식물을 먼저 먹어서 선택매개체로 작용하였다. 큰 식물은 번식할 기회를 좀처럼 갖지 못하였다. 작은 클로버만 꽃을 피우고 씨앗을 생산하였다. 어느 정도 경과 후 방목한 밭과 방목하지 않은 밭에서 씨앗을 채취하여 동일한 조건에서 온실에서 재배하였다. 방목하지 않은 밭의 식물의 평균 키를 방목한 밭의 식물의 키와 비교하였다. 방목하지 않은 밭의 씨앗은 일부는 크고 일부는 작았지만, 대부분 중간 크기의 식물을 생산하였다. 그러나 방목한 밭의 씨는 중간이나 큰 크기에 비하여 짧은 크기의 식물을 훨씬 많이 생산하였다. 소가 큰 키의 유전자를 선택적으로 먹었다. 꽃은 나무의 맨 꼭대기에 있기 때문에, 큰 식물이 소의 방목에서 살아남았더라도 성공적으로 번식할 가능성이 낮다.

차별적 짝선택(differential mate selection)

동물 개체군 내에서 어떤 개체는 다른 개체에 비하여 짝으로 더 빈번하게 선택될 수 있다. 명백히 빈번히 선택되는 개체는 드물게 선택되는 개체에 비하여 더 많은 유전자의 복제물을 전달할 수 있다. 더 빈번히 선택되는 개체의 성질은 신체의 크기 또는 공격성, 또는 반대 성에게 더 매력적인 특유한 화려한 성질 등 일반적 성질을 포함할 수 있다.

예를 들어 붉은 날개 지빠귀 수컷들은 암컷들이 둥지를 튼 부들 습지에 영역을 설정하였다. 수컷은 다른 모든 수컷들을 쫓아낼 테지만 암컷은 아니다. 어떤 수컷은 넓은 영역을 가지고, 어떤 수컷은 좁은 영역을, 어떤 수컷은 영역을 확보하지 못할 것이다. 어떠한 수컷도 짝지을 수 있지만, 영역이 없는 수컷은 짝지을 가능성이 가장 낮은 것으로 나타났다. 넓은 영역을 방어하는 수컷은 그들의 영역에 둘 또는 그 이상의 암컷을 가질 수 있으며 이러한 암컷과 짝지을 가능성이 매우 높다. 왜 암컷이 어떤 수컷의 영역을 다른 수컷의 영역에 비하여 선택하는지는 확실하게 명백하지 않지만, 어떤 수컷은 짝으로 선택되고 다른 수컷은 선택되지 않는다는 것은 사실이다.

다른 경우는 암컷이 화려한 성질을 나타내는 수컷을 선택하는 것으로 보인다. 공작의 수컷은 화려한 꼬리 깃털을 가진다. 호화로운 꼬리를 가진 수컷이 짝짓기를 하여 새끼를 가질 가능성이 높다(그림 11.10). 다윈은 공작의 예를 이해하지 못하였는데, 이는 새에게 화려한 꼬리는 불리하였을 것이기 때문이다. 긴 꼬리는 만드는데 에너지를 필요로 하며, 날기 어렵게 하고, 포식자에게 잡히기 쉽다. 이 모순을 설명하기 위한 현재의 이론은 암컷의 선택을 포함한다. 만약 암컷이 가장 정성들여 치장한 수컷을 선택하는 타고난(유전적) 경향을 가지고 있다면, 암컷이 화려한 수컷을 짝으로 선택하기 때문에 이러한 깃털을 선호하는 유전자가 규칙적으로 다음 세대로 전해질 것이다. 암컷이 특정한 성질을 가지는 수컷을 선택하는 특별한 경우를 성 선택이라고 부른다.

그림 11.10 많은 동물 종에서 수컷은 암컷에 매력적인 매우 현저한 특징을 나타낸다. 암컷이 짝지을 수컷을 선택하기 때문에, 가장 매력적인 특징을 가진 수컷이 더 많은 자손을 가지게 되고, 다음 세대에서 특징을 강화하는 경향이 나타날 것이다. 공작새(*Pavo cristatus*)의 경우 크고 색깔을 나타내는 개체가 더 짝지을 가능성이 높다. 암컷 공작새는 색이 현저하지 않고 짧은 꼬리를 가지고 있다.

11.8 획득된 성질은 자연선택에 영향을 미치지 않는다 (Acquired Characteristics do not Influence Natural Selection)

많은 개별 생물은 일생동안 그들이 가지고 있는 유전자의 결과가 아닌 성질을 획득한다. 예를 들어 다람쥐는 어디에 새 급이기가 있는지를 알게 되고 그곳을 자주 방문한다. 심지어는 다람쥐가 먹이를 얻는 것을 방해하도록 고안된 특별한 새 급이기의 기작까지 무너뜨리는 것을 배운다. 그러한 능력은 먹이가 귀하게 되면 생존에 매우 중요하다. 이러한 **획득된 성질** (acquired characteristics)은 생물의 일생동안 얻어진다; 그 성질들은 유전적으로 결정되지 않으며, 따라서 유성생식에 의하여 다음 세대로 전해지지 않는다.

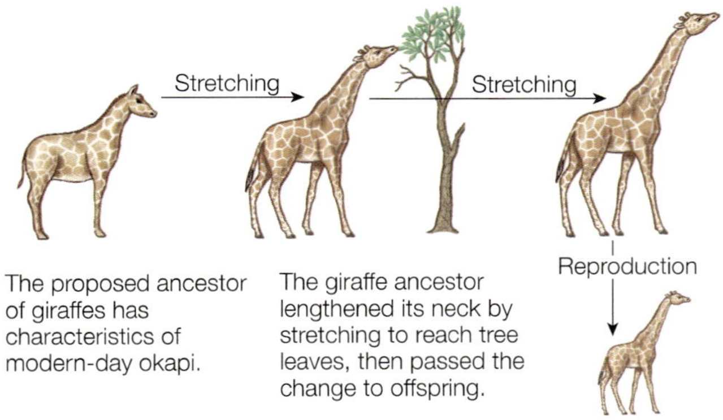

A Lamarck's theory: variation is acquired.

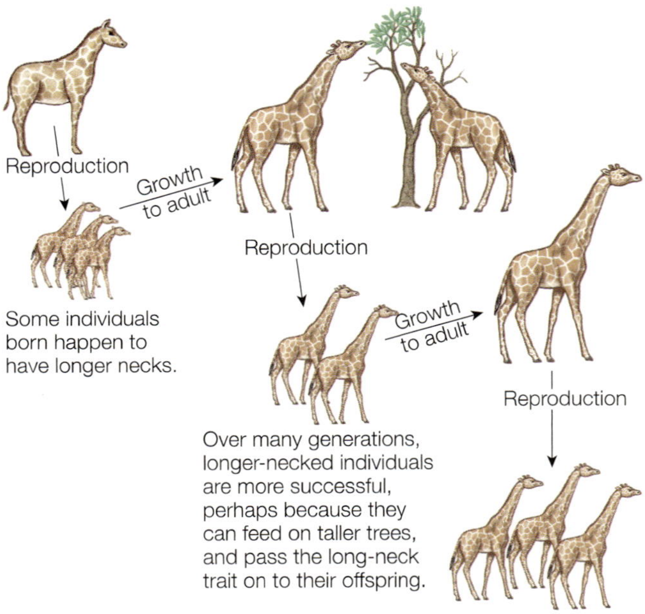

B Darwin-Wallace theory: variation is inherited.

그림 11.11 (A) 라마르크는 획득된 특징이 다음 세대로 전해질 수 있다고 생각하였다. 따라서 그는 먹이를 얻기 위하여 기린이 목을 늘어뜨리면 목이 약간 길어진다고 가정하였다. 이 특징은 다음 세대로 전달되었고, 다음 세대는 더 긴 목을 가지게 된다. (B) 다윈-월리스 이론은 개체군 내에 변이가 있고 긴 목을 가진 개체군이 생존하고, 번식하여, 다음 세대로 긴 목의 유전자를 전달할 가능성이 높다고 설명하였다.

예를 들어, 가축화된 동물에 특정한 성질들을 요구한다. 예를 들어 boxer로 알려진 개 품종은 짧은 꼬리를 가져야 한다. 그러난 이 품종에서 짧은 꼬리의 유전자는 드물다. 따라서 이 개의 꼬리는 도킹이라는 과정에 의해 절단된다. 유사하게 새끼 양의 꼬리 또한 보통 절단된다. 이러한 획득된 성질은 다음 세대로 전달되지 않는다. 이러한 동물의 꼬리를 제거하는 것은 유전정보로부터 꼬리를 생산하는 유전자를 제거하지 않으며, 강아지나 새끼 양의 각각의 세대는 꼬리를 가지고 태어난다.

그러나 유전자의 본질과 유전의 기작이 이해되기 전에는 획득된 성질이 세대간에 전달될 수 있다고 일반적으로 생각되었다. 앞에서 언급하였듯이 라마르크는 기린이 먹이에 도달하기 위하여 목을 늘린 결과로 긴 목을 발달하게 되었으며 이 획득된 특징이 새끼에게 전달될 수 있다고 가정하였다. 다윈의 자연선택설은 기린의 긴 목에 대한 대안적 설명을 제공한다.

1. 각 세대 내에서, 식량공급이 지탱할 수 있는 것보다 많은 기린이 태어날 것이다.
2. 각 세대 내에서, 어떤 기린은 긴 목을 물려받고, 어떤 기린은 짧은 목을 물려받을 것이다.

3. 모든 기린들은 같은 먹이원을 두고 경쟁할 것이다.
4. 목이 긴 기린은 먹이를 많이 얻고, 생존율이 높고, 많은 새끼를 생산할 것이다.
5. 그 결과 다음 세대는 기린 종의 목 길이가 증가할 것이다.

그림 11.11은 기린의 긴 목 현상에 대하여 라마르크와 다윈이 어떻게 다른 설명을 제공하는지 대조하였다.

11.9 하디-와인버그 개념(The Hardy-Weinberg Concept)

진화와 자연선택에 대한 이 장의 앞 절에서 진화는 시간에 따른 개체군의 유전적 조성의 변화로 설명되었다. 개체군에 있는 모든 개체의 모든 유전자를 **유전자 풀**(gene pool)로 생각할 수 있고 유전자 풀의 변화는 진화가 나타나고 있다는 것을 가리킨다.

1900년대 초에 영국 수학자인 G.H. 하디와 독일 의사인 빌헬름 와인버그는 어떠한 조건이 부합될 때 유전자를 연구하는데 간단한 수학적 관계를 적용할 수 있다는 것을 인정하였다. 수 세대동안에 변화하지 않은 유전자 풀은 진화가 일어나지 않는다는 것을 의미할 것이다. 변화하는 유전자 풀은 진화가 일어난다는 것을 나타낸다.

유전자 조성이 일정하게 유지되기 위하여(진화가 일어나지 않는데) 필요한 조건은 다음과 같다고 그들은 생각하였다.

1. 짝짓기는 완전히 무작위적이어야 한다.
2. 돌연변이가 일어나서는 안 된다.
3. 개별 생물의 개체군으로의 유입이나 개체군으로부터 유출이 일어나서는 안 된다.
4. 개체군은 매우 커야한다.
5. 모든 유전자는 다음 세대로 전달될 동일한 기회를 가져야 한다.(자연선택이 일어나지 않는다.)

만약 이 다섯 가지 조건이 만족되면 유전적 조성이 일정하게 유지될 것이라는 개념은 **하디-와인버그 개념**(Hardy-Weinberg concept)으로 알려졌다. 하디-와인버그 개념은 개체군 내에서 유전적 변화가 일어나고 있는지를 나타내는 개체군 유전자의 단순한 비교를 가능하게 하기 때문에 중요하다. 같은 종의 다른 두 개체군은 그들이 동일한 유전적 조성을 가지고 있는지 비교될 수 있고, 또는 유전적 조성이 변화하는지를 알기 위하여 개체군이 다른 시간에 검토될 수 있다.

하디와 와인버그는 진화를 방지하기 위해 필요한 조건을 기술하였지만, 이러한 조건의 검토는 왜 진화가 일어나야만 하는지에 대한 강력한 주장이 되었다.

무작위 짝짓기는 좀처럼 일어나지 않는다. 예를 들어 개체 간의 짝짓기는 떨어져 있는 개체들 보다는 가까이 있는 개체 사이에 더 잘 일어난다. 부가하여 동물 개체군에서 암컷이 짝지을 특정 수컷을 선택할 가능성이 존재한다.

돌연변이는 하나의 유전 메시지를 다른 것으로 변화시키거나 또는 개체군에 완전히 새로운 유전정보를 도입하여 일어나며 유전적 다양성을 변화시킨다.

이주는 유전자 풀을 변화시키는데, 이는 생물이 한 장소에서 다른 장소로 이동할 때 유전자도 가지고 가기 때문이다. 식물이나 진균도 번식단계가 바람, 물, 또는 동물에 의하여 새로운 장소로 운반될 때 이주한다. 유입 이주(immigration)는 새로운 유전정보를 도입하며, 유출 이주(emigration)는 유전자 풀로부터 유전자를 제거한다.

개체군 크기는 유전자 풀에 영향을 미친다. 작은 개체군은 큰 개체군에 비하여 대체적으로 적은 유전적 다양성을 가진다. 마지막으로, **자연선택**은 개체군으로부터 일부 유전자를 체계적으로 여과하여, 다른 유전자는 남아서 더 흔하도록 해준다. 자연선택에 관련된 주된 기작은 사망률, 번식률, 그리고 어느 개체가 짝으로 선택되는 비율의 차이이다. 그림 11.12의 도표는 이 개념을 요약하였다.

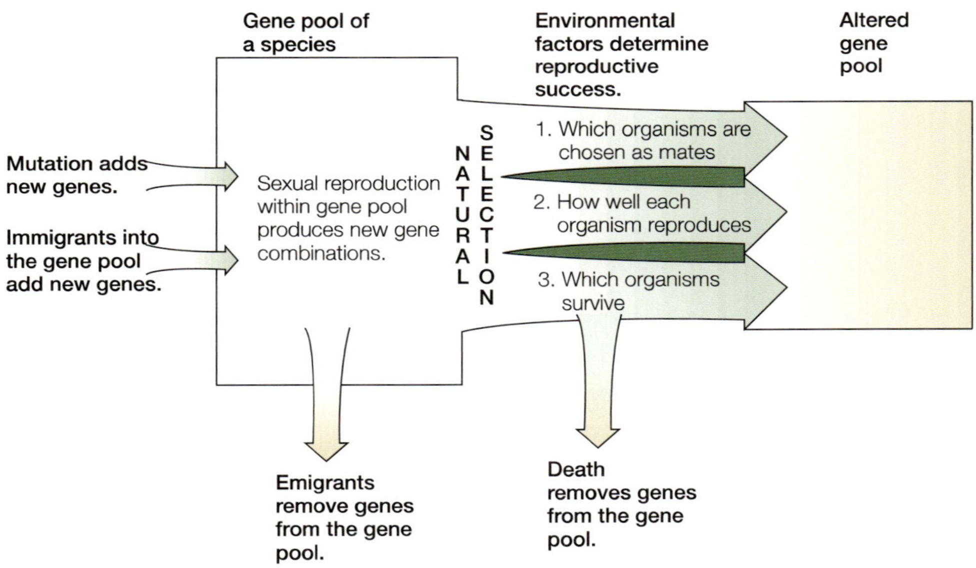

그림 11.12 몇 종류의 다른 과정이 유전자 빈도가 변하도록 한다. 유전자는 이입과 돌연변이를 통하여 개체군에 유입된다. 유전자는 사망과 이주를 통해 개체군에서 떠나간다. 자연선택은 사망과 번식률을 통하여 개체군 내에서 작동한다.

11.10 진화의 축적되는 증거(Accumulating Evidence of Evolution)

진화론은 생물과학의 주된 통합 학설이 되었다. 의술은 돌연변이의 위험성, 연관된 종의 동일 기관의 기능상 유사성, 그리고 환경이 발생학적 발달의 미리 정해진 과정을 방해하는 방법 등을 인식한다. 농학은 농작물 식물이나 동물의 새로운 품종에 전달하기 위한 특정한 유전자를 선택하는 중요성을 인식한다. 돌연변이, 선택, 그리고 진화의 개념은 생물에서 어떠한 일이 일어나는지를 이해하는데 너무 기초적이어서 진화론을 지지하는 많은 종류의 관찰(사실)을 종종 망각하게 된다. 다음의 목록은 진화가 생명체의 본성을 형성하는 주된 동력이었고 앞으로도 그럴 것이라는 생각을 지지하는 중요한 증거의 예들을 설명한다.

1. **종이나 개체군은 유전적으로 고정되지 않는다.** 개체와 개체군에서 변화가 일어난다.
   a. 돌연변이는 개별 생물의 유전적 조성에 아주 작은 변화를 초래한다.
   b. 동일종의 다른 개체군은 그들의 지역적 조건에 적합한 적응을 보여주며 유전자의 상이한 조성을 가진다.
   c. 종에 의하여 표시되는 특징의 변화는 환경변화와 연관될 수 있다.
   d. 가축화된 식물이나 동물의 선택적 교배는 생물의 형태, 색깔, 행동, 대사, 그리고 다른 많은 특성이 선택될 수 있다는 것을 나타낸다.
   e. 적응하지 못한 종의 멸종은 흔하다.
2. **진화는 작고 점진적인 단계로 일어나며 주된 변화에 의하지 않는다.** 모든 증거는 특정한 진화적 여정에 오르게 되면 시스템은 폐기되지 않고 변경될 뿐이다. 다음의 목록은 진화가 재앙적인 변화가 아니라 이미 존재하는 구조나 과정의 변형에 의해 진행된다는 개념을 지지한다.
   a. 모든 종은 동일한 DNA 암호를 사용한다.
   b. 모든 종은 단백질에 동일한 좌선의 아미노산 소재를 사용한다. 아미노산과 다른 유기분자들은 편광을 오른쪽이나 왼쪽으로 회전시킨다. 좌회전 또는 우회전성 아미노산 모두 존재하지만, 편광을 왼쪽으로 회전시키는 아미노산만 생명체에서 발견된다.
   c. 유전자에 의하여 조절되는 발달 과정의 부분일 때는 그 구조를 제거하기 어렵다. 사람의 맹장과 꼬리뼈 같은 흔적 구조는 진화의 전 단계에서 유지된 유전물질의 증거이다.
   d. 관련된 동물들의 발생학적 발달은 성체 해부의 특성에도 불구하고 유사하다. 모든 척추동물의 배는 아가미 틈과 같은 구조를 포함하는 초기 단계를 가진다.
   e. 밀접하게 관련된 것으로 알려진 생물 종들은 먼 종들에 비하여 DNA의 유사성이 크게 나타난다.
3. **화석 기록이 진화의 개념을 지지한다.**
   a. 지구의 자연은 시간에 따라 현저하게 변화하였다.
   b. 화석 기록은 지구상에 존재하였던 생물 종류의 엄청난 변화를 보여준다. 새로운 종이 나타나고 대부분은 멸종한다. 이는 생명체가 그들의 환경변화에 반응하여 변화한다는 증거이다.
   c. 오래된 암석에서 발견되는 화석은 젊은 암석에서 다시 나타나지 않는다. 한번 생물이 멸종하면, 다시 나타나지 않으며, 새로운 생물이 과거 생물로부터 변화되어 나타난다.

A Closer Look

감염성 질병의 재출현

세균, 바이러스, 진균, 그리고 기생충에 의하여 발생되는 감염성 질병은 전 세계에 걸쳐 고통과 사망의 주된 요인으로 지속된다. 그들은 미국에서 세 번째로 주요한 사망의 원인이다. 감염성 질병의 재출현(예를 들면 디프테리아, 말라리아, 백일해)는 한때 주요한 건강 관심사였으나 현저하게 그러나 그들의 빈도가 증가하기 시작하고 있다. 많은 종류의 감염성 질병의 재출현은 두 가지 주요한 요인의 결과이다: 이러한 질병에 대하여 면역을 실패와 미생물의 진화적 변화이다. 이러한 질병에 대하여 면역이 되지 않은 사람은 감염되기 쉬우며 질병으로 병들게 되거나 미생물의 무증상 보균자가 된다. 오래된 질병의 재출현에 대하여 더욱 기여하는 요인은 제대로 기능을 하지 않는 면역체계를 가진 사람의 증가이다. HIV/AIDS 면역반응이 제대로 발휘되지 못하는 사람의 인구수를 크게 증가시켰다. 기근과 영양실조 또한 면역체계를 손상시킨다. 전쟁과 난민수용소와 교도소에서 발생하는 과밀은 질병이 쉽게 전하되도록 한다.

어떤 질병의 재출현은 진화의 결과이기도 하다. 진화가 일어나기 위해서는 돌연변이가 필수적이다. 기생충과 숙주가 상호작용하면 그들은 진화적 방식에서 서로 지속적으로 반응한다. 숙주는 기생충과 싸우기 위한 새로운 기작을 발달시키고, 기생충은 숙주의 방어를 극복하기 위한 새로운 기작(예를 들면 항생제 내성)을 발달시킨다.

바이러스가 이용하는 기작의 하나는 높은 돌연변이율이다. 이 돌연변이 능력은 많은 새롭고 심각한 인간 질병을 초래하였다. 추가하여 다른 동물에 질병을 일으키는 바이러스가 인간에 정착할 수 있게 되어 많은 새로운 질병이 발생한다. 돼지, 오리, 또는 닭에서 유래한 많은 종류의 독감이 감염된 동물과 가까이 접촉하거나 감염된 동물의 고기를 먹음으로써 인간에게 전달되었다. 세계의 여러 지역에서 이러한 가축화된 동물은 사람과 가까이 서식하여(종종 같은 건물에서), 동물 바이러스가 인간에게 전파되기에 좋은 조건을 형성한다.

매년 새로운 변종의 독감과 감기 돌연변이가 일어나며, 이는 인간 개체군에 전달된다. 종종 새로운 변종은 치명적이다. 1918년 미국의 돼지에서 유래한 새로운 변종의 독감 바이러스가 전세계로 전파되었다. 뒤따른 1918-1918 독감 유행 기간에 2천만에서 4천만 명이 사망하였다. 1997년 홍콩에서 18명의 감염자중 6명이 사망한 새로운 종류의 독감이 확인되었다. 공중보건 관리가 바이러스가 닭으로부터 왔다는 것을 발견하였을 때 홍콩의 모든 살아있는 닭을 도살할 것을 명령하였으며, 이는 질병의 확산을 멈추게 하였다.

2003년 초에 중증 급성 호흡기 증후군(SARS)으로 알려진 새로운 바이러스의 출현이 중국에서 유래하였다. SARS는 코로나 바이러스의 변형이며 일반 감기와 연관된 종류의 바이러스인데 중증을 유발하고 치료하지 않으면 사망에 이르게 할 수 있다. 2003년 6월 SARS 바이러스는 가면팜사향고양이(*Paguma larvata*)로 알려진 동물에서 분리되었다. 이 동물은 중국에서 식품에 사용되며 사람에서 SARS를 일으키는 바이러스의 가능한 출처이다. 그러나 다른 동물들도 바이러스에 양성으로 측정되었다. 이 질병은 사람들이 중국에서 세계 다른 지역으로 비행기를 타고 여행하면서 여러 나라로 빠르게 전파되었다. 질병의 심각성을 인식하고 감염된 사람들을 격리하여 더 이상의 전파를 막았으며, 이 새로운 질병은 통제되었다. 그러나 만약 바이러스가 알지 못하는 야생동물 숙주에 아직 존재하고 있다면 미래에 대사 나타날 수 있다.

감기와 독감에 추가하여 다른 종류의 질병들이 종종 비인간에서 인간으로 뛰어 넘어온다. 2009년의 돼지 독감 바이러스 대발생도 멕시코의 돼지 개체군으로 추적되었다. 이것은 돼지의 세포에서 유전적 혼합이 발생하여 새, 인간, 그리고 돼지 유전자를 포함하는 새로운 종류의 바이러스를 초래한 것으로 보인다. 이러한 새로운 종류의 바이러스의 출현은 한 종에서 다른 종으로 바이러스가 더욱 쉽게 이동할 수 있도록 하였다.

Science and Society

항생제 내성과 인간의 행동

항생제는 전세계에 걸쳐 사람과 다른 동물들의 건강을 증진한 주요한 요인이었다. 우리는 다양한 종류의 질병을 유발하는 생물 특히 세균과 싸우는데 이러한 분자에 매우 의존하게 되었다. 그러나 특정한 항생제가 널리 사용되면, 결국에는 많은 종류의 세균에 효과가 없게 된다. 이는 세균의 항생제에 대한 노출이 세균 개체군의 선택적 매개체로 작용하기 때문에 나타난다. 항생제에 민감한 세균 세포는 사멸되고, 내성이 있는 세포는 살아서 번식한다. 생존한 세균이 번식하면, 그들은 항생제 내성 유전자를 자손에게 전달하고, 궁극적으로 세균의 특정한 개체군의 대부분은 내성이 된다. 개체군의 유전자 풀이 변화하였다; 따라서 진화가 발생했다고 이야기 할 수 있다. 질병을 유발하는 세균의 몇몇 종은 여러 항생제에 대하여 내성이 있는 개체군(종종 균주라고 함)을 가지고 있다.

항생제 내성이 문제라는 인식은 항생제를 사용하는 방식을 바꿀 것을 요구하게 되었다. 동물 사료에 항생제의 광범위한 사용은 가축과 사람에게 결핵을 유발하는 세균의 내성균주를 발달하게 할 가능성이 높다. 사소한 세균 감염이 있는 건강한 환자에게 무차별적인 항생제의 처방은 내성균주를 발생하였다. 따라서 공중 위생 공무원들은 수의사와 의사에게 태도를 바꾸어 환자의 건강을 보호하기 위해 필요할 경우에만 항생제를 사용할 것을 요청한다.

심지어는 환자의 태도도 내성 균주의 발달을 촉진할 수 있다. 종종 사람들은 좋아지기 시작하면 항생제의 사용을 중지한다. 만약 아는 사람이 유사하다고 간주되는 증상이 있으며 남은 항생제를 그 사람에게 주기도 한다. 그러나 질병을 일으키는 생물이 몸에 아직 존재할 수 있고, 주는 약의 양이 항생제를 받는 사람의 감염을 통제하기에 대개는 충분하지 않기 때문에 이렇게 해서는 안 된다. 낮은 복용량을 섭취하거나 질병이 통제되기 전에 투약을 중지하는 것은 내성 균주의 발달을 초래할 수 있다. 결핵은 특별히 어려운 질병인데, 그 이유는 오랜 기간의 항생제 치료를 요구하는 만성질환이고 이미 몇몇 항생제에 내성을 가진 생물이 원인일 가능성이 높기 때문이다. 결핵의 내성 균주는 너무 흔해서 약을 투여하는 표준방법의 하나는 건강관리 전문가가 환자가 처방대로 약을 먹는지 직접 관찰하는 것이다. 특별히 어렵거나 완고한 환자들은 치료 과정이 끝날 때까지 입원시키기도 한다.

토의할 문제

1. 질병이 통제될 수 있도록 개인의 자유를 박탈해야 하는가?
2. 의사나 수의사가 항생제를 처방할 수 있는 경우에 대하여 법이 있어야 하는가?
3. 의사는 항생제 없이 회복될 수 있는 가능성이 높은 환자에게 항생제를 보류해야 하는가?

4. **새로운 기술과 발견이 변함없이 진화론을 지지한다.**
   a. 지구가 수 십 억 년 전에 형성되었다는 인식은 새로운 종류의 생물이 서서히 발생한다는 것을 지지한다.
   b. 지구의 대륙들이 분리되고 표류한다는 인식은 오스트레일리아의 생물이 다른 대륙에서 발견되는 생물들과 그렇게 다른지를 설명한다.
   c. DNA의 발견과 어떻게 작용하는지는 돌연변이를 설명하는 것을 도와주며 가깝게 연관된 종들의 유전적 유사성을 보여줄 수 있도록 한다.

3부. 분화 (Speciation)

자연선택은 진화적 변화가 일어나는 기작을 제공한다. 그러나 어떻게 새로운 종이 존재하게 되는지를 시각화시키기 위해서는 추가적인 사고를 필요로 한다. 이 장은 종의 본질과 어떻게 새로운 종이 유래하는지에 대해 초점을 맞춘다.

11.11 종 : 실용적인 정의 (Species : a Working Definition)

진화 과정에서 가장 작은 비가역 단계는 새로운 종의 발달이다. 어떻게 새로운 종이 생기는지 고려하기 전에, 한 종이 어떻게 다른 종으로부터 구별되는지를 확립하자. **종**(species)은 일반적으로 자연적으로 교배하여 다른 집단과는 교배하지 않는 생식 가능한 자손을 생산하는 능력을 가진 구성원의 생물 개체군으로 정의된다. 이는 대부분의 경우에 적용되지만 일부 예외를 포함하도록 해석되어져야 하기 때문에 실용적인 정의이다.

이 정의에는 세 가지의 핵심 아이디어가 있다. 첫 번째는 종은 생물의 개체군이다. 하나의 개체– 예를 들면 당신은 종이 아니다. 당신은 종으로 인정되는 집단의 구성원일 따름이다. 인간 종인, *Homo sapiens*는 60억 명 이상의 개인으로 이루어졌으며, 반면에 멸종위기의 캘리포니아 콘도르 종인 *Gymnogyps californianus*는 약 325 개체로 이루어져 있다. 두 번째는 이 정의는 집단내의 개체가 번식력이 있는 자손을 생산할 수 있는 능력을 포함한다. 명백히 우리는 모든 개체를 그와 유사한 다른 개체와 짝을 지을 수 있는지 확인할 수 없기 때문에, 우리는 일부 판단을 해야만 한다. 집단 내의 대부분의 개체가 교배하여 번식력이 있는 자손을 생산할 수 있는 능력을 잠재적으로 가지고 있는가? 인간의 경우 일부 개인이 불임이어서 생식을 할 수 없다는 것을 알지만, 이런 이유로 그들을 인류에서 제외하지는 않는다. 만약 불임이 아니었다면 교배할 수 있는 능력이 있었을 것이다. 세계 모든 곳의 인류가 잠재적으로 상호 교배할 수 있다는 것을 인정한다. 다른 인종과 종족 배경의 사람을 포함하는 생식의 예가 많기 때문에 이를 사실로 알고 있다. 넓은 지리학적 분포를 가지지만 지역적 아개체군을 가지고 있는 다른 많은 종에 대해서도 이는 사실이다. 세 번째로 종은 생물의 진화적 역사 또한 고려한다. 종은 공통 조상을 공유하지만 새로운 유전적으로 고유한 특징으로 다른 생물들과 구별되는 생물의 집단이다.

두 개체군이 동일한 종에 속하는지 알아내는 방법 중 하나는 유전자의 흐름을 조사하는 것이다. **유전자의 흐름**(gene flow)은 한 세대에서 다음 세대로 유전자가 이동하는 것이다. 상호간에 유전자의 흐름을 보여주는 둘 또는 그 이상의 개체군은 단일 종을 구성한다. 반대로 상호간에 유전자 흐름을 보여주지 않는 둘 또는 그 이상의 개체군은 일반적으로 다른 종으로 간주된다. 몇 가지 예가 이 실용적 정의를 명확히 해줄 것이다.

Connections . . .

진화와 길들인 고양이

집고양이(*Felis silvestris lybica*)의 진화 역사는 불완전한 화석 기록으로 인하여 명확하지 않았다. 그러나 X와 Y 성염색체의 미토콘드리아 DNA를 채취한 국제적 팀은 고양잇과의 진화 계통수를 완성하였다. 이 집단은 1천1백만 년 전 한 마리의 조상 고양이 같은 종이 아시아에서 오스트레일리아를 제외한 전 세계로 이주하였다고 제안하였다.

연구자들은 3백만 년에서 1천만 년 전에 해수면이 하강하였을 때 대륙 사이에 육교가 형성되었다고 믿는다. 현재 고양이의 공통 조상은 아시아에서 아프리카로 남진하였을 것이다. 고양이는 북쪽으로도 이동하여, 북아메리카로 베링 육교(폭이 1천마일 까지임)를 횡단하고, 하나마 육교를 따라 남아메리카로 이주하였다. 해수면이 상승하면서 육교가 침수되고 고양이 종을 원래의 집단으로부터 격리시켰다. 이러한 고립된 아개체군은 유전적으로 차이가 나서 각각 그들의 독특한 환경에 적응하였다. 아개체군이 다시 만날 기회가 생겼을 때, 서로 더 이상 교배될 수 없었으며, 이 시점에서 다른 종이 되었다. 원래 유라시아 속인 조상 고양이는 다른 육식동물로부터 경쟁이 거의 없어서 성공적으로 지구 전체에 걸쳐 이주할 수 있었다. 그들은 지금도 가장 성공한 육식동물 과이다.

전통적으로 가축화시키는 것은 3,600년 전 이집트에서 나타났다고 생각된다. 이집트 상형문자의 고고학적 증거는 고양이를 표현하였고, 무덤에 사람과 함께 묻힌 고양이의 뼈가 발견되었다. 그러나 더 최근의 고고학적 그리고 유전학적 증거는 9,500년 전 중동의 비옥한 초승달 지대에서 고양이의 가축화가 있었다는 것을 강력하게 시사한다. 현재 이 지역은 이집트, 이스라엘, 요르단 강 서안지구, 가자 스트립, 그리고 레바논과 요르단의 일부, 시리아, 이라크, 동남 터키, 그리고 서남 이란과 쿠웨이트를 포함한다.

A

B

C

그림 11.13 자연에서는 그렇지 않지만, (A) 말(*Equus caballus*)과 (B) 당나귀(*Equus asinus*)는 교배될 수 있다. 암말과 수나귀를 교배시켜 생긴 자손은 (C) 노새(*Equus asinus × caballus*)라고 하며 불임이다. 노새가 불임이기 때문에, 말과 당나귀는 다른 종으로 간주된다.

수탕나귀와 암말의 교배는 생식의 능력이 없는 노새를 생산한다(그림 11.13). 노새는 거의 항상 불임이기 때문에 말과 당나귀 사이에는 유전자 흐름이 있을 수 없고 따라서 다른 종으로 간주된다. 유사하게 사자와 호랑이도 동물원에서 교배되어 자손을 생산할 수 있다. 그러나 자연에서는 일어나지 않으며, 따라서 자연적인 유전자의 흐름은 나타나지 않는다; 따라서 사자와 호랑이는 독립적인 두 종으로 간주된다.

두 생물이 다른 종에 속하는지 결정하는 다른 방법은 유전적 유사성을 측정하는 것이다. 분자유전학의 최근 발전은 과학자들이 다양한 다른 개체군으로부터 개체에 존재하는 유전자의 구조를 조사할 수 있도록 하였다. 가장 큰 유사도를 갖는 개체들이 최근에 유성

진화론에 대한 일반적인 오해

1. 진화는 과거에만 일어났으며 현재는 일어나지 않고 있다. 실제로 현재 종의 개체군에서 유전적 변화가 일어나고 있는 많은 증거를 볼 수 있다(항생제 내성, 살충제 내성, 그리고 가축화).
2. 진화는 특정한 목적을 가진다. 진화는 특정한 목적을 향하여 움직이지 않는다. 자연선택은 현재의 환경에 가장 잘 적합한 생물을 선택한다. 환경이 변하면 가치가 있는 특징도 변화한다. 해수면의 변화, 빙하기와 같은 기후의 주요한 변화, 또는 소행성과의 충돌과 같은 무작위의 사건이 뒤이은 자연선택과 진화에 중요한 영향을 미쳤다. 진화는 현재의 환경에 적합한 생물에서 일어난다.
3. 환경의 변화는 새로운 환경에서 생물이 생존하는데 필요한 돌연변이를 유발한다. 돌연변이는 필연적으로 적응성이 있는 것이 아닌 무작위 사건이다. 그러나 환경이 변화하면 원래는 불리하거나 중립이었던 돌연변이가 큰 가치를 가질 수 있다. 유전자는 변하지 않았지만 환경 조건이 변하였다. 어떤 경우에는 환경이 변화하면 돌연변이율이 증가하거나 개체간 유전자의 교환이 더욱 빈번해질 수 있으나, 돌연변이는 역시 무작위적이다. 돌연변이는 특정한 목표로 향하지 않는다.
4. 개별 생물은 진화한다. 개체는 부모로부터 물려받은 유전자에 충실하다. 개체는 행동이나 생리를 변화하여 적응할 수 있지만, 진화할 수는 없다; 개체군만 유전자 풀의 변화를 나타낸다.
5. 현재의 종은 다른 현재의 종으로부터 유래되었다는 것을 종종 보여줄 수 있다. 예를 들어 유인원이 인간을 낳았다고 일반적으로 말한다. 하나의 현재 종이 다른 종을 낳은 것을 입증할 수 있는 예는 거의 없다. 유인원이 인간이 되지는 않았고, 단지 유인원과 인간은 수백만 년 전 공통 조상을 가졌다.

생식에 의하여 유전자를 교환한 개체군으로부터 유래하였다고 가정된다. 두 개체군의 개체사이에 유전자의 상당한 차이가 존재하면, 최근에 유전자를 교환하지 않았으며 다른 종의 구성원일 가능성이 높다. 유전적 차이를 조사하여 얻어진 결과를 해석하는 데는 아직 전문가의 판단이 필요하다. 유전적 유사성은 종의 동정과 관련된 모든 논란을 명확하게 청산하지 못하지만, 힘든 상황을 명확히 하는 것을 돕는 또 다른 도구이다.

종이 교배하거나 생식력이 있는 자손을 생산할 수 없는 것으로 다른 종으로부터 구별될 수 있다는 개념은 **생물학적 종개념**(biological species concept)으로 불리곤 한다. 이러한 종의 개념의 이론적 관점에서는 유용하지만, 종종 종을 구분하는 실질적인 방법이 되지 못한다. 따라서 생물학자들은 종을 구별하는 지침으로 관찰할 수 있는 특정한 물리적, 화학적, 또는 행동적 성질을 종종 사용한다. 종을 동정하는데 물리적 성질을 사용하는 방법을 **형태적 종개념**(morphological species concept)이라고 한다. 구조적 차이는 유용하지만 종을 구분하는 확실한 방법은 아니다. 그러나 번식력이 있는 자손을 가지는지 모든 개체를 다른 개체와 교배시켜 시험해볼 수 없기 때문에 종을 동정하는데 있어서 이러한 간접적인 방법에 의존해야만 한다. 더 나아가 많은 종류의 생물이 주로 무성생식 방법으로 번식한다. 전적으로 무성생식에 의하여 번식하는 생물은 다른 개체와 유전자를 교환하지 않기 때문에, 생물학적 종의 정의에 잘 맞지 않는다. 또한 화석종의 연구는 멸종한 생물을 교배하기 불가능하기 때문에 종의 구분을 하기 위하여 구조적 특징에 의존해야만 한다.

11.12 어떻게 새로운 종이 유래하는가 (How New Species Originate)

한 종이 발견되는 지리학적 지역을 범위(range)라고 한다. 인간 종의 범위는 전 세계이며, 달팽이 솔개로 알려진 새는 남부 플로리다의 좁은 지역이다. 종이 확장됨에 따라 그 범위 또는 환경 조건은 일부 범

A Closer Look

인간-설계된 생물

인간은 가축화를 통하여 자기 목적을 위하여 여러 종류의 식물과 동물을 설계하였다. 대부분의 현대 곡물 알곡은 생존을 위하여 인간의 활동에 의존하는 특별한 식물이다; 대부분 비료, 경작, 그리고 다른 도움이 없이는 생존할 수 없다. 이러한 곡물들은 야생 식물의 후손이다. 처음에 인간에 의한 식물의 길들이기는 농작물을 개발하기 위한 의식적인 노력이 아니었을 것이며 그 종의 모든 식물들 중에서 특별히 유용한 성질을 가진 개별 식물을 무의식적으로 선택한 것이었을 것이다. 예를 들어 종자가 다른 식물의 종자보다 컸거나 맛이 더 좋거나 씹기에 더 쉬웠을 것이다. 이러한 종자의 무의식적인 선택은 전충적인 여행경로를 따라 그리고 궁극적으로는 다른 집단의 사람들과 교류를 통해 이러한 특정한 종자가 보급되었을 것이다. 밀, 보리, 쌀, 그리고 옥수수는 모두 길들여져서 현재 세계 인구에게 대부분의 식량을 공급하는 모든 식물이다. 그러나 현대의 유전학 기술은 야생 조상을 피상적으로만 닮은 길들여진 식물을 만들어 냈다.

가축화된 동물의 대부분은 빨리 자라는 초식동물이고, 꽤 유순하고, 속박상태에서 번식하는 포유류나 조류(새)이다. 소, 양, 돼지, 염소, 말, 낙타, 닭, 터키, 오리, 그리고 거위 등이 그 예이다. (육식성의 고양이와 개는 일반적인 초식동물 법칙의 명백한 예외이다.) 명백하게 포획상태에서 번식하지 않는 동물은 가축화에 적합한 후보가 아니며, 주변에서 위험하게 하는 행동을 가진 동물도 가축화에 선택되지 않을 것이다. 다시 말해 인간의 선택은 무의식적이었을 것이다. 이난은 특정한 목적(우유, 달걀, 육류, 동력)을 위하여 동물을 가축화 하려고 계획하지 않았을 것이며, 현대과학은 가축화된 동물을 야생 조상과 매우 다른 것으로 크게 변화시켰다. 사실상 현대 가축화된 동물의 야상 조상은 많이 멸종되었다. 수천 세대에 걸친 선택이 요컨대 가축화된 잔존자에게만 알려진 종의 발달을 가져왔다.

최근에 생물의 유전적 조작은 새로운 장을 확장하였다. 생물공학 기술의 발달로 유전자는 한 종에서 다른 종으로 이동할 수 있다. 유전자의 전달은 식물과 동물 사이, 세균과 식물 사이, 또는 세균과 동물사이에 일어날 수 있다. 특정한 종류의 세균 유전자는 곤충을 죽이는 물질을 생산한다. 이 유전자가 몇 종의 식물에 삽입되어 식물이 천연 살충제를 생산하여 곤충 해충으로부터 보호를 받는다. 추가적으로 동물의 유전자가 식물에 삽입되었고 인간의 유전자가 세균에 삽입되었다. 종 사이의 유전자 전달은 자연적으로도 일어나는 것으로 보인다. 이러한 지식은 종이 무엇인가와 어떻게 진화가 일어나는가에 대한 개념을 다시 생각하게 한다.

위에서 변하게 되며, 개체군의 일부가 나머지와 격리될 수 있다. 이는 새로운 이주자나 고립된 개체군은 다른 지리적으로 먼 친척들과 유전자의 교환이 드물게 된다. 따라서 많은 종은 다른 지역적 개체군과 상당히 다른 성질을 보이는 부분적으로 고립된 개체군으로 이루어진다. 관찰된 많은 차이점들은 지역적 환경 조건에의 적응과 직접적으로 관련되어 있다. 이러한 유전적으로 다른 개체군은 아종(또는 품종, 변종, 균주, 종족, 그리고 유형)이라고 한다.

종분화(speciation)는 새로운 종을 발생하는 과정이다. 이 과정은 여러 방법으로 일어날 수 있다. 종분화가 일어나는 보통의 방법은 지리적 격리를 통해서이다.

종분화에서 지리적 격리의 역할(the role of geographic isolation in speciation)

종의 일부는 산맥의 형성, 계곡, 사막, 또는 해양 등 지리적 변화에 의하여 나머지의 유전자 풀로부터 완전히 격리될 수 있다. 격리가 일어나면 이 부분의 종은 종의 나머지와 **지**

리적 격리(geographic isolation)가 되었다고 한다. 한 종의 두 개체군이 지리적으로 격리되면, 이들은 생식적으로도 격리되며, 두 개체군 사이에 유전자의 교환이 일어나지 않는다. 종의 다른 부분 사이에 유전자의 교환을 방지하는 지리적 특징을 **지리적 장벽**(geographic barrier)이라고 한다. 산의 융기, 강의 수로 변경, 그리고 사막의 형성 등은 일부의 유전자 풀을 다른 유전자 풀로부터 분리시킬 수 있다. 예를 들어 그랜드 캐년의 반대편에 두 종류의 다람쥐가 발견된다. 일부는 그들을 다른 종으로 간주하는 반면, 다른 사람들은 같은 종의 다른 격리된 아종으로 간주한다(그림 11.14). 작은 변화도 이동능력이 없는 종에게는 지리적 격리를 일으킬 수 있다. 높은 능선으로 분리된 두 계곡의 달팽이들은 가깝게 관련되지만 다른 종으로 나타났다. 달팽이는 능선에 의한 높이와 기후 변화로 한 계곡에서 다른 계곡으로 이동할 수 없다(그림 11.15).

그림 11.14 그랜드 캐년의 반대편에 이 두 다람쥐가 발견된다. 어떤 사람들은 그들이 다른 종이라고 간주하고; 다른 사람들은 그들이 같은 종의 다른 개체군이라고 간주한다.

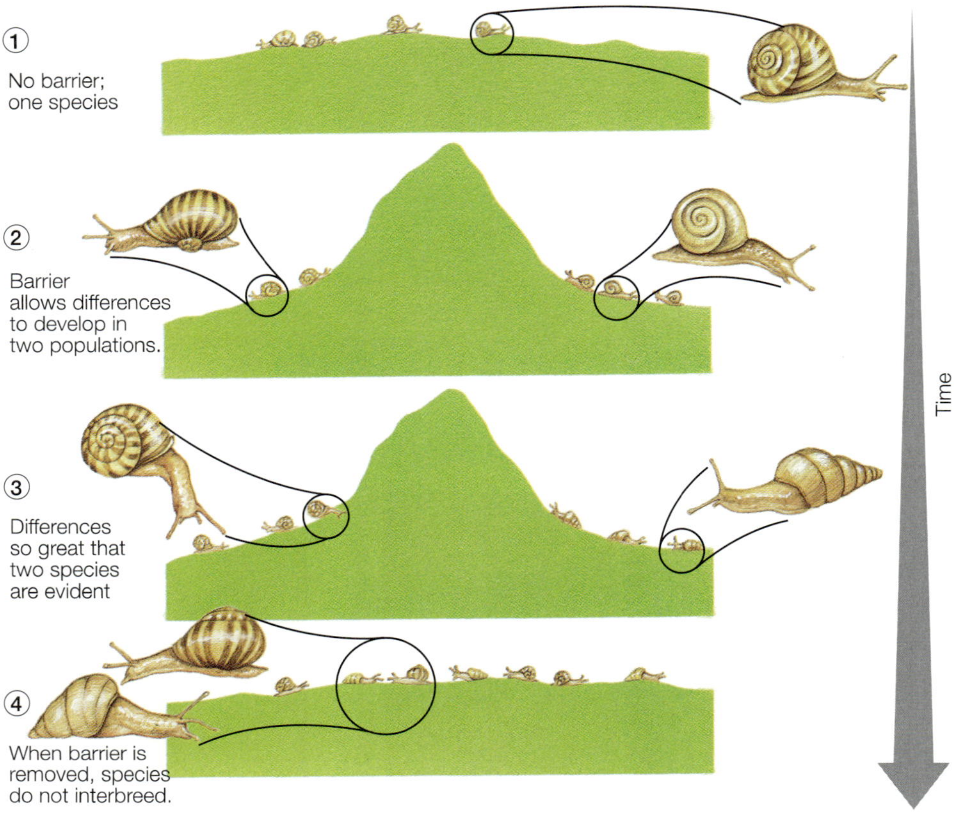

그림 11.15 만약 단일 종의 달팽이가 그들 사이에 능선이 발달하여 두 개체군으로 분리된다면, 두 개체군은 다른 환경조건에 놓일 수 있다. 이는 변화가 서서히 축적되게 하여 궁극적으로는 둘 사이의 능선이 침식에 의해 없어지더라도 서로 교배될 수 없는 개체군이 될 수 있다. 이들은 다른 종이 될 것이다.

종 분화에서 자연선택의 역할 (the role of natural selection in speciation)

한 종이 두 종 이상의 아종으로의 분리되는 것은 새로운 종을 만드는데 충분하지 않다. 여러 세대에 걸친 지리적 격리 이후에도 지리적 격리를 극복한다면 이 분리된 집단들은 아직 유전자를 교환할 수 있는데(교배하고 생식 가능한 자손을 생산함), 이는 생식 성공을 방지할 만큼 충분한 유전적 변화가 축적되지 않았기 때문이다. 환경의 차이와 자연선택은 새로운 종을 형성하는데 매우 중요한 역할을 한다. 지리적 격리에 의해서 유전자 풀의 주된 부분에서 격리된 이후에, 작은 지역집단의 생물은 다른 환경 조건을 경험할 수 있게 된다. 만약 예를 들어, 산맥이 한 종을 두 개체군으로 분리하였다면, 한 개체군은 다른 개체군에 비하여 더 많은 비나 더 많은 태양을 받을 수 있다. 이러한 환경적 차이는 두 유전자 풀의 선택매개체로 작용하며, 오랜 시간에 걸쳐 작용하면 두 장소의 유전적 조합의 변화의 원인이 된다. 더 나아가 두 고립된 개체군 내에서 다른 돌연변이가 일어날 수 있으며, 각각은 유성생식의 결과로 유전자의 상이한 무작위적 조합을 초래할 수 있다.

People Behind the Science

Ernst Mayr (1904-2005)

1923년 4월 고등학교를 갓 마치고 에른스트 마이어는 독일 드레스덴 북쪽 15 km에 위치한 호수를 방문하여 독일에서는 드문 붉은 볏 흰죽지 오리 한 쌍을 관찰하였다. 그는 고무되어 그가 의학을 공부하기로 되어있는 그리프스발트 대학으로 가는 도중에 베를린에 들러 그 발견을 저명한 조류학자인 에드윈 스트레세만에게 이야기하였다. 이는 그의 인생의 방향을 변화시켰다. 마이어가 의학예비과정을 마친 다음에, 스트레세만은 베를린 대학에서 박사학위를 마치도록 초청받았다. 마이어는 21살에 박사학위를 마쳤다. 스트레세만은 마이어를 조류의 열렬한 수집가인 영국의 월터 로스차일드 경에게 소개시켜주었다. 로스차일드는 마이어가 뉴기니 섬을 방문하여 조류를 연구하고 수집할 수 있도록 후원하였다.

뉴기니에 체류할 때 마이어는 미국 자연사 박물관에서 온 연구자들을 만났으며 그들은 솔로몬 제도로 여행에 동반하도록 초청하였다. 독일로 돌아온 바로 뒤에 마이어는 미국 자연사 박물관의 직원으로 초청되었으며(1931), 1953년 하버드 대학 교수가 되었다.

마이어는 20세기의 지도적인 진화생물학자 중 한명이다. 1942년 그는 계통분류학과 종의 기원이라는 책을 출판하였는데, 여기에서 그는 종은 잠재적으로 서로 교배할 수 있는 개체군이며, 더 나아가 두 개체군의 개체가 서로 교배할 수 없으면 그들은 다른 종이라는 생물학적 종 개념을 도입하였다. 전에는 과학자들은 다른 종에 속하는 개체를 그들이 보유한 물리적 특징으로 동정하려고 시도하였다.

마이어는 또한 이소성 종분화 과정을 서술하였는데, 이는 고립된 개체군은 독특한 환경조건의 지배를 받으며 분리되어 나온 모 개체군과 다른 돌연변이를 가질 수 있다는 아이디어이다. 이는 궁극적으로 고립된 개체군이 다른 종으로 되도록 한다. 이러한 두 가지의 개념은 현대 진화적 사고의 중심 아이디어이다.

마이어는 일생을 통하여 수많은 시상과 영예를 얻었다. 그는 1974년 은퇴하였지만 2005년 100세의 나이로 사망할 때 까지 진화와 생물철학에 대하여 집필을 계속하였다.

만약 한 개체군이 매우 작은 경우에는 특히 그럴 수 있다. 그 결과 두 개체군은 색깔, 높이, 효소생산, 씨앗 발아의 시기, 또는 다른 많은 특징에서 차이를 보일 수 있다.

고립된 상태의 번식(reproductive isolation)

오랜 기간에 걸쳐 축적된 유전적 차이는 구조적, 생리적, 또는 행동적으로 상당히 변화된 **아종**(subspecies)이라는 지역적 개체군을 가져올 수 있다. 몇몇 아종 사이의 차이는 매우 커서 아종들이 교배시 성공적인 번식을 감소시킬 수 있다. 만약 두 개체군이 상호교배할 수 없을 정도로 충분한 유전적 차이가 축적되면 종분화가 일어난 것이다. 종분화는 장벽이 제거된 이후에도 고립된 개체군 사이에 유전자의 흐름이 일어나지 않는 경우에만 일어난다. 다시 말하면, 종분화의 과정은 종의 일부가 지리적으로 격리되어 시작될 수 있지만, 새로운 종은 고립된 개체군들이 서로 유전적으로 분리될 때만 발생된다. 이 방법에 의한 종분화는 실제로는 세 단계의 과정이다. 종분화는 지리적 고립으로 시작되어, 특정한 유전적 조합을 가치 있는 것으로 선택하는 선택매개체의 작용이 따르며, 유전적 차이가 두 집단 사이에 번식이 일어날 수 없을 정도로 커질 때 끝나게 된다.

고립 없는 종분화(speciation without isolation)

종분화가 지리적인 고립이 필요 없이 일어날 수 있는 방법을 생각해 볼 수 있다. 종의 일부가 번식적 고립을 초래할 수 있는 어떠한 과정도 종분화의 가능성을 가져올 수 있다. 예를 들어 개체군 내에서 일부 개체는 일 년 중 조금 다른 시기에 교배하거나 꽃을 피울 수 있다. 만약 번식 시기의 차이가 유전에 기반을 둔다면, 다른 번식 개체군이 확립될 수 있으며, 이는 궁극적으로 종분화를 가져올 수 있다. 동물 중에서, 구애와 교배에 관련된 유전적으로 결정된 행동의 변이는 한 종을 선택적으로 둘 이상의 분리된 번식 개체군으로 분리할 수 있다. 식물에서 꽃을 피는 한 개체군의 꽃가루가 같은 종의 다른 개체군의 꽃과 유전적으로 결정된 불화합성을 가지면 다른 종으로 분리될 수 있다.

11.13 생물의 진화적 역사의 시험적인 본질 (The Tentative Nature of the Evolutionary History of Organisms)

진화의 개념에 대하여 생각하는 것이 다른 여러 방향으로 이끌 수 있다는 것을 이해하는 것이 중요하다. 첫 번째는, 유전적 변화가 일어나는 것은 명백하다. 돌연변이는 새로운 유전자를 한 종에 도입한다. 이는 화학물질과 방사선에 의하여 여러 번 증명되었다. 이러한 위험에 대한 인식 때문에 돌연변이유발 약품에 대하여 과다하게 노출되는 것을 보호한다. 또한 종이 변화한다는 것도 인식하고 있다. 우리는 의도적으로 가축화된 식물과 동물의 유전적 조성을 조작하여 우리의 필요에 적합하도록 그들의 성질을 변화시킨다. 같은 종의 다른 개체군이 유전적 차이를 보인다는 것도 인식하고 있다. 화석을 조사하면 한때 존재하였던 종들이 더 이상 존재하지 않는다는 것을 보여준다. 현재는 멸종된 식물과 동물의 역사적인 사례도 가지고 있다. 새로운 종이 존재하게 되는 것도 보여줄 수 있으며, 이는 식물에서 쉽게 찾아볼 수 있다. 이러한 증거로부터 종은 고정되지 않았고, 변화하지 않는 실체가 아니라는 것이 명백하다.

그러나 오랜 기간에 걸친 생물의 진화적 역사를 한데 모으려고 하면, 간접적인 증거를 사용해야만 하는데, 이때는 한 종에서 일어난 특정한 단계의 순서를 명확하게 정하는 것이 어렵게 된다. 진화가 일어난다는 것은 명백하지만, 특정한 집단의 생물의 진화가 특정한 경로를 따랐다는 것을 무조건적으로 설명하는 것은 불가능하다. 생각에 변화를 요구하는 새로운 정보가 항상 나타나며, 마찬가지로 저명한 과학자들은 특정한 집단의 생물을 발생한 진화 과정이나 사건의 순서에 동의하지 않을 것이다. 그렇지만 진화가 과거에 일어났고 현재도 계속해서 일어나고 있다는 것에 대해서는 의심의 여지가 없다.

요약

생명의 기원에 대한 현재의 이론은 두 가지의 경쟁하는 아이디어를 포함한다. (1) 초기 지구환경이 유기화합물의 자연적인 조직을 통해 원시 세포를 발생하였다 또는 (2) 원시형태의 생명이 우주로부터 지구상에 도달하였다. 생명의 기본 단위는 현재의 원핵생물과 유사하였을 것이다. 이러한 원시세포는 돌연변이의 결과와 변화하는 환경에 반응하여 시간에 따라 변화하였을 것이다. 생명체의 존재는 지구 대기의 성질에 영향을 미쳤다. 최초의 생물은 대기에 산소가 없었기 때문에 혐기성생물이었을 것이다. 시안세균과 같은 생물에 의한 광합성은 대기에 산소를 공급하였다. 산소의 존재는 호기성 호흡이 발달하도록 하였다. 세균, 고세균, 그리고 진핵생물 등 세 종류의 생물이 도메인으로 불린다. 세균이 가장 오래된 집단으로 보이고, 뒤이어 고세균과 진핵생물이 나타났다.

진핵생물은 유성생식하는 모든 생물은 돌연변이와 유성생식으로부터 결과된 유전적 재조합의 결과로 개체군 내의 개체 사이에 유전적 다양성을 보인다. 유전적 차이는 개체 사이의 물리적인 차이로 나타난다. 이러한 유전적 차이는 자연선택이 선택할 유전적 다양성이 있어야하기 때문에 종의 생존에 중요하다. 환경에 의한 자연선택은 잘 적응된 개체 생물이 유전적으로 덜 만족스러운 개체에 비하여 더 많은 수의 자손을 생산할 수 있도록 한다.

넓은 지리적 분포를 보이는 생물은 그들 범위의 분리된 부분에서 유전적인 차이를 보인다. 종은 교배하여 번식가능한 자손을 생산할 수 있는 생물의 집단이다. 이러한 종의 정의는 생물학적 종 개념으로도 알려진다. 종을 구조적인 차이에 의해 구분하기도 한다. 이는 형태적 종 개념이라고 한다. 종분화는 보통 종의 둘 이상의 고립된 개체군으로 지리적인 분리를 포함한다. 분리되어 있을 때, 자연선택이 작용하여 각각의 개체군이 그들의 환경에 적응하도록 한다.

한때는 모든 생물은 창조된 이후 변하지 않고 유지되었다고 생각하였다. 라마르크는 변화는 일어난다고 제안하였으며 획득 형질은 세대에서 세대로 전달될 수 있다고 생각했다. 다윈과 월리스는 진화를 추진하는 기작으로 자연선택 이론을 제안하였다.

개념 적용

Part I

1. 초기 지구 대기의 주요 구성 성분이 아닌 것은?
  a. H_2
  b. CO_2
  c. NH_3
  d. O_2

2. 화석 증거에 의하면 원핵세포가 나타난 시기는?
  a. 200억년 전
  b. 35억년 전
  c. 40−50억년 전
  d. 15억년 전

3. 지구 대기 중의 산소는 어떻게 생겼는가?
  a. 호흡을 하는 생물에 의해
  b. 화산의 분출가스로부터
  c. 이산화탄소가 탄소와 산소로 분해되어
  d. 광합성하는 생물에 의해

4. 진핵생물 도메인에 대해 맞는 설명은?
  a. 세포 구조가 가장 단순하다.
  b. 세포내 공생(endosymbiosis)의 결과일 것이다.
  c. 가장 먼저 나타났다.
  d. 약 35억년 전 처음 나타났다.

5. 대조군으로 파스퇴르는 백조목 플라스크의 위를 자르고 미생물이 공기 중에서 플라스크로 떨어질 수 있도록 하였다. 파스퇴르의 실험군 플라스크는 어떻게 처리하였는가?
  a. 목을 자르지 않았다.
  b. 거즈로 덮어 주었다.
  c. 미생물로 접종하였다.
  d. 열로 밀봉하였다.

Part II

6. 생물의 새로운 유전자 조합을 만드는데 관여하는 것은?
  a. 획득된 형질
  b. 유성 생식
  c. Hardy-Weinberg
  d. 자연선택

7. 개체군 내의 유전자 빈도를 변화시키는 것은?
   a. 특정한 형질을 가진 개체가 죽음
   b. 특정한 형질을 가진 개체가 다른 성(sex)에 더 매력적임
   c. 특정한 형질을 가진 개체가 다른 개체보다 자손을 많이 생산함
   d. 위의 모든 것이 다 맞음
8. Darwin-Wallace의 자연선택이론은 Lamarck와 어떤 점에서 다른가?
   a. Lamarck는 유전자의 역할을 이해하였지만, Darwin과 Wallace는 이해하지 못하였다.
   b. Lamarck는 생물이 획득한 형질이 다음 세대로 전달될 수 있다고 가정하였지만, Darwin과 Wallace는 그렇게 생각하지 않았다.
   c. Lamarck는 진화가 일어나지 않는다고 생각하였지만; Darwin과 Wallace는 일어난다고 생각하였다.
   d. Lamarck는 종 분화의 기본 아이디어를 개발하였으며, Darwin과 Wallace가 이를 발전시켰다.
9. Hardy-Weinberg 개념은 다음 어느 것을 필요로 하는가?
   a. 돌연변이가 일어난다.
   b. 무작위적인 짝짓기가 일어난다.
   c. 이주(migration)이 일어난다.
   d. 자연선택이 일어난다.

Part III

11. 노새와 같은 잡종 동물이 종으로 간주되지 않는 이유는?
   a. 여러 세대에 걸쳐 번식이 일어나지 않는다.
   b. 보편적이지 않다.
   c. 인간에 의해서만 관리될 수 있다.
   d. 부모와 생김새가 다르다.
12. 가깝게 연관된 두 생물이 다른 종으로 간주되지 않는 이유가 아닌 것은?
   a. 생김새가 다르다.
   b. 생식적으로 고립되어 있다.
   c. 서로 교배될 수 있다.
   d. 다른 지리적인 지역에 위치한다.
13. 종 분화가 일어나기 위해서는 무엇이 필요한가?
   a. 다른 종으로부터 유전적 고립
   b. 종 내에서 유전적 다양성
   c. 수억 년의 세월
   d. 번식
14. 두 집단이 다른 종으로 분류되는 것은?
   a. 물리적 장벽이 없더라도 두 집단 간에 유전자의 흐름이 불가능하다.
   b. 두 집단 간 물리적 장벽이 존재하여 교배를 방지한다. 다.
   c. 두 집단의 생물이 다른 물리적 생김새를 가진다.
   d. 두 집단의 개체가 교배하면 번식 가능한 자손을 생산한다.
15. 한 세대에서 다음 세대로, 한 지역에서 다른 지역으로 유전자가 이동하는 것을 무엇이라고 하는가?
   a. 유사분열(mitosis)
   b. 감수분열(meiosis)
   c. 유전자 흐름(gene flow)
   d. 유전자 전달(gene transfer)

답 : 1.d 2.b 3.d 4.b 5.a 6.b 7.a 8.a 9.d 10.a 11.d 12.b 13.a 14.a 15.c

생각을 위한 질문

Part I

1. 다음의 사건들이 일어나는 순서는? 살아있는 세포, 산화 대기, 진핵생물의 발달, 환원 대기, 최초의 유기분자.
2. 자연발생설(spontaneous)은 무엇인가? 생물발생설(biogenesis)은 무엇을 의미하는가?
3. 대기의 산소 증가에 의하여 기인한 두 가지 중요한 영향은?
4. 진핵 세포가 원시적인 원핵세포의 공생관계에서 발생하였다는 것을 지지하는 증거는?
5. 자연발생설을 반박하기 위한 Francesco Redi의 실험을 설명하시오.

Part II

6. 획득된 형질은 왜 진화생물학자에게 관심이 없는가?
7. 자연선택(natural selection)은 무엇인가? 이는 어떻게 작용하는가?
8. 선택매개체의 두 가지 예를 들고 어떻게 작용하는지 설명하시오.
9. Lamarck의 이론은 왜 기각되었는가?
10. 자연선택 이론의 발전에 Alfred Russel Wallace가 어떠한 역할을 하였는가?
11. 진화의 개념은 세 가지의 중요한 항목을 포함한다. 이들에 대하여 서술하시오.
12. 자연선택의 과정에 대한 가장 흔한 두 가지의 오해는 무엇인가?
13. 유성생식은 유전적 다양성, 진화, 그리고 자연선택에 어떠한 역할을 하는가?

Part III

14. "진화는 사실이다." "진화는 이론이다." 두 문장이 모두 어떻게 진실일 수 있는지 설명하시오.
15. 지리적 격리가 종 분화의 과정에서 왜 중요한가?
16. 왜 노새는 종으로 간주되지 않는가?
17. 종 분화가 일어나는데 필수적인 사건의 순서를 나열하시오.
18. 형태적 종 개념을 설명하시오.

심층 분석

Part I

1. 오래전 사람들은 말의 털이 벌레로 바뀐다고 확신하였다. 심지어는 말털 벌레라는 단순한 종류의 벌레도 있다. 다음의 증거를 고려하시오:
   - 말이 물을 마실 수 있는 여물통을 제공하였다.
   - 말갈기로부터 털이 여물통의 물로 떨어지는 것이 관찰되었다.
   - 길고 가는 벌레가 여물통에서 헤엄치는 것이 보였다.

   털은 살아있지 않기 때문에, 벌레가 나타나기 위해서는 자연발생의 경우여야 한다. 죽어있는 말의 털이 살아있는 벌레로 바뀌는지를 알아보기 위한 실험을 고안하시오.

Part II

2. 입원 환자들은 입원 후 종종 감염을 일으킨다. 이러한 감염은 통상적인 항생제로 치료하기가 어려운 경우가 종종 있다. 왜 그렇다고 생각하는가?
3. 당신 학급의 학생들 중에서 머리카락 색깔의 다양성이 어느 정도 되는가? 모든 머리카락 색깔이 자연적인 것으로 가정하시오. 머리카락 색깔의 식별가능한 차이에 의해 학생들을 집단으로 나누시오. 얼마나 많은 다른 부류가 있는가? 이는 사람 종 내에서 유전적 다양성에 대하여 무엇을 말해주는가?
4. 20세기 초에 우생학 운동으로 알려진 사회운동이 있었다. 우생학의 목적은 인구에서 "나쁜 유전자"를 제거하여 인간 유전자 풀의 질을 개선하는 것이었다. 대학에서는 우생학을 강의하였으며, 주는 어떤 사람들을 본인의 의지에 반하여 거세시키는 법을 통과시켰으며, 주 박람회에서는 최상의 특징을 가진 가족을 결정하는 심사대회가 열렸다. 히틀러의 "지배자 민족(master race)"이라는 개념의 개발은 이러한 생각의 연장이다. 진화과정을 연구하는 과학자들은 우생학을 철저히 불신하였다. 그러나 아직도 사회에는 이러한 사고의 흔적이 남아있다. 몇 가지 예를 기술하시오.

Part III

5. 과학자들은 특정한 생물종이 어떻게 진화하였는지에 대한 생각을 주기적으로 재조직한다. 일부 사람들은 이것이 진화가 단지 이론에 불과하다는 것의 증거라고 주장하며 어떻게 변화가 생기는지 결코 알 수 없다고 한다. 이 비판에 대해 어떻게 논박할 것인가?

탐구 초대

기술의 진화

원형의 컴퓨터 디스크는 표면에 자기 점(magnetic spot)의 형태로 정보를 저장한다. 이 원반은 회전하고 다른 자기 점을 탐지하는 장치에 의해 판독된다. 당신이 이 기술의 현재 수준을 가져온 진화 과정을 결정하려고 한다고 가정하시오. 당신은 어떻게 다음의 "화석"들을 진화적인 계획에 짜맞출 것인가? Edison의 원통 축음기, 자기테입 기계, LP 판, 그리고 CD. 어떻게 CD가 정보를 저장하는지 검토하시오. 이는 Edison의 원통과 LP판이 정보를 저장하는 것과 유사하다.

각각의 기술이 개발된 대략적인 시간을 측정하고 이러한 기술들 사이의 논리적인 진화관계를 서술하시오. 한 기술에서 다른 기술로 직접적인 발달을 볼 수 있나요? 한 기술이 새로운 시스템 내에 적용된 "내부공생(endosymbiosis)의 예가 있었나요?

12 생태학과 환경

야자나무 근처의 굴뚝 꼭대기에 둥지를 튼 두 마리 흰황새(*Ciconia ciconia*) 사진이다. 흰황새는 수가 감소하고 있지만, 서식범위가 넓으며, 유럽의 따뜻한 곳에서 번식하고 열대 아프리카에서 겨울을 난다.

오늘날, 환경 문제가 전 세계적인 관심사라는 것을 인정한다. 아프리카와 중국의 열악한 농업 관행은 황사를 일으켜 지역 주민에 영향을 미치고 세계 다른 곳으로도 운반된다. 기후 변화에 대한 우려는 에너지 사용의 영향을 줄이는 목적의 국제회의 소집과 조약의 초안을 작성하게 하였다. 많은 사람들은 멸종위기종과 그들의 서식처를 제공하는 숲, 초원, 그리고 해양을 보호하는데 관심을 가진다. 여러 방면에서, 이러한 문제는 인구의 믿을 수 없는 증가에 기인한다. 인구가 증가하면서, 사람들은 농경과 다른 목적으로 땅의 이용을 추구하였다. 토지를 농업 목적으로 변환하는 것은 서식지와 유역보호를 위한 다른 목적으로는 사용할 수 없게 한다. 환경문제의 본질과 해결을 위한 단계를 이해하기 위하여, 우리는 생태학이라는 과학의 중심 아이디어와 친밀해질 필요가 있다.

핵심개념 모든 것은 서로 연결되어 있다.

12.1 환경의 정의(A Definition of Environment)

그림 12.1 (A) 군함새(*Fregata magnificens*)가 자신의 생물환경의 일부로 둥지를 짓는데 사용하는 막대와 나뭇가지. 둥지를 짓는 나무도 군함새의 생물학적 환경의 일부이다.

그림 12.1 (B) 나무의 불규칙한 형태는 둘 다 무생물 요인인 바람과 눈에 의해 초래된다. 주된 바람에 의하여 운반되는 눈은 나무의 한쪽을 분사하여 가지가 성장하는 것을 방해한다.

생태학(ecology)은 생물과 환경 사이의 관계를 연구하는 생물학의 분야이다. 이는 매우 복잡한 과학 분야에 대한 매우 단순한 정의이다. 대부분의 생태학자들은 **환경**(environment)이라는 단어를 생물에 일생에 걸쳐 영향을 미치는 모든 것으로 매우 광범위하게 정의한다. 환경적인 영향은 두 범주로 구분될 수 있다: **생물적 요인**(biotic factors)은 생물에 영향을 미치는 다른 생명체이고, **무생물적 요인**(abiotic factors)은 생물에 영향을 미치는 무생물적인 영향이다(그림 12.1). 개울의 물고기를 생각해보면, 물고기의 생활에 중요한 여러 환경요인들을 인식할 수 있다. 수온은 무생물적 요인으로 극히 중요하며, 이는 그늘을 주어 개울을 가열하는 태양을 차단하는 개울둑을 따라서 존재하는 나무(생물적 요인)에 의해 영향을 받을 수 있다. 명백히 개울에 있는 먹이 생물의 종류와 수량도 중요한 생물적 요인이다. 개울 바닥을 조성하는 물질의 종류와 물에 녹아있는 산소의 양도 다른 중요한 무생물적 요인이며, 이 둘은 물이 얼마나 빠르게 흐르는가와 관련되어 있다.

생물의 환경을 특징짓는 것은 복잡하며 도전적인 과정이다; 모든 것들이 다른 요인들에 의해 영향을 받거나 변형되는 것으로 보인다. 식물은 일생동안에 많은 다른 요인들에 의하여 영향을 받는다: 토양에 있는 미네랄의 종류와 양, 식물에 도달하는 태양광의 양, 식물을 먹는 동물, 그리고 바람, 수분, 온도 등이다. 이 목록의 각 항목은 다른 학문분야로 세분될 수 있다. 예를 들어, 물은 식물의 생활에 중요하며, 따라서 강수는 식물생태학에서 연구된다. 그러나 강수의 연구만 하여도 단순하지 않다. 세계의 일부 지역에서는, 1년의 일부 기간에만 비가 내리는 반면, 다른 지역에서는 비가 년 중 고루 분포된다. 비는 강하고 휘몰아칠 수 있고, 또는 오랜 기간 부드럽고, 안개비처럼 내릴 수 있다. 물은 나중에 사용될 수 있도록 토양에 침투할 수도 있고, 또는 개울로 배출되어 운반될 수도 있다.

어느 지역의 동물도 식물처럼 환경요인에 의하여 영향을 받는다. 환경요인이 식물의 성장을 선호하지 않으며, 동물 생활에 먹이와 숨을 장소가 없게 될 것이다. 적은 수의 동물만을 부양할 수 있는 지역은 사막과 극지역이다. 극 부근에는 낮은 온도와 짧은 성장기가 성장을 저해한다; 따라서 동물의 종수와 개체수가 모두 적게 나타난다. 사막은 강수량이 적으며 따라서 식물의 성장이 빈약하여 동물 밀도도 낮다. 반면에 열대우림은 식물성장률이 높으며 많은 종의 동물이 많이 존재한다.

12.2 생태계의 조직(The Organization of Ecological Systems)

생태학자는 여러 다른 단계에서 생태적 관계를 연구할 수 있다. 가장 작은 생명 단위는 개체 **생물**(organism)이며, 이는 고도로 조직화된 방식으로 배열된 원자와 분자로 구성되어 있다. 각 종류의 생물은 군집에서 특정한 기능적 역할을 가지며, 이를 생물의 적소(niche)라고 한다. 같은 종의 생물 집단을 개체군이라고 한다. 다른 종들의 상호작용하는 개체군의 집단을 **군집**(communities)이라고 한다. **생태계**(ecosystem)는 어느 지역 있는 모든 상호작용하는 생물들과 그들의 무생물 환경과의 상호작용으로 이루어진다. 그림 12.2는 이러한 다른 단계의 조직이 어떻게 서로 연관되는지를 보여준다.

모든 생명체는 생명을 유지하기 위하여 에너지의 연속적인 공급을 필요로 한다. 따라서 우리는 다양한 종류의 존재하는 생물 사이에 존재하는 에너지 관계로 생명계를 조직하려고 한다. 생태계는 몇몇 다른 종류의 생물을 포함한다. 광합성을 위하여 태양광을 포획하여, 무기물로부

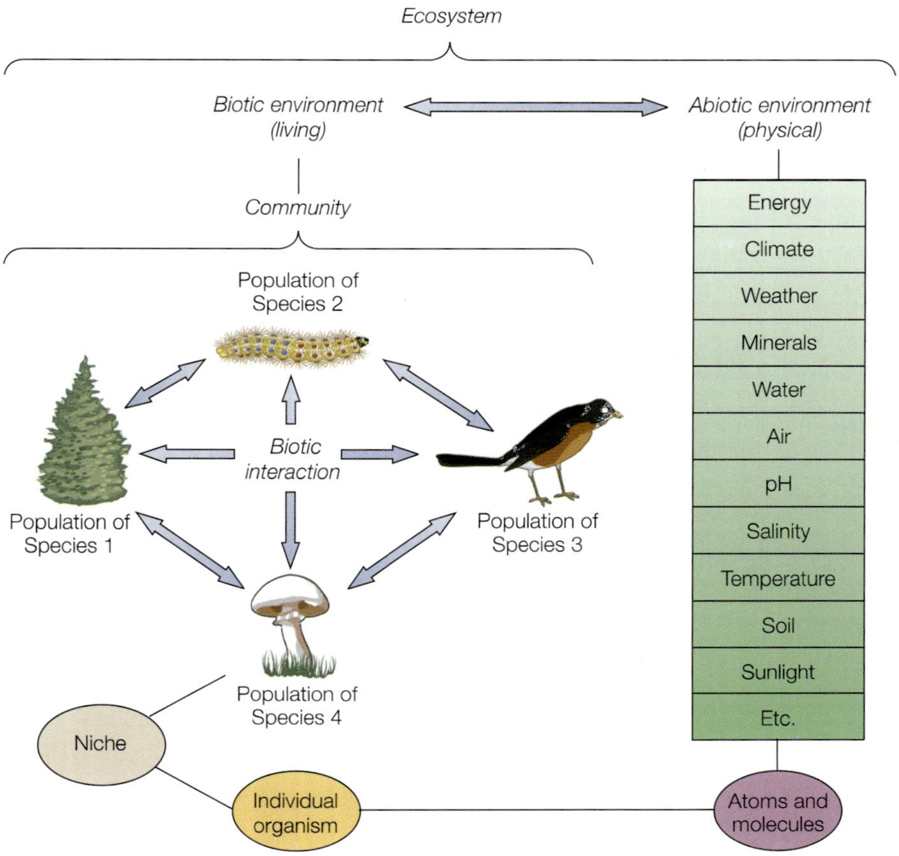

그림 12.2 생태학은 생물과 그들의 환경 사이의 상호작용을 다루는 과학이다. 이 학문은 군집 상호작용과 개체군 연구를 통한 광범위한 생태계 수준부터 개별 생물의 적소에 관한 연구까지 몇 가지 다른 수준에서 일어날 수 있다. 생태학은 생태계의 생물과 무생물 부분을 조성하는 물리적 환경과 원자와 분자에 관한 연구도 포함한다. 동일한 생물을 여러 방면에서 바라볼 수 있다. 개체로서, 개체군의 구성원으로서, 또는 군집이나 생태계의 참여자로서 생물을 연구할 수 있다.

터 유기물을 생산하는 생물을 **생산자**(producers)라고 한다. 녹색식물과 조류와 시안세균과 같은 광합성 생물은 요컨대 태양광 에너지를 유기화합물의 화학적 결합에 포함된 에너지로 변환한다. 태양으로부터 식물의 살아있는 물질로 에너지의 흐름이 있다.

식물이 포획하는 에너지는 생태계의 많은 다른 생물을 통하여 전달될 수 있다. 생산자를 제외한 모든 생물은 유기물 형태의 에너지를 획득해야만 하며, **소비자**(consumers)라 불린다. 소비자는 식물처럼 태양에서 에너지를 포획할 수 없다. 모든 동물들은 소비자이다. 소비자는 식물을 직접 먹거나 식물로부터 유래된 다른 기원의 유기물을 먹는다. 에너지가 다른 생물로 유입될 때마다 다른 **영양단계**(trophic level)로 들어갔다고 하며, 영양단계는 생태계를 통한 에너지의 계단 또는 단계이다(그림 12.3). 식물(생산자)은 태양으로부터 에너지를 직접 받으며 제1영양단계를 점한다.

다양한 종류의 소비자들은 생태계를 통한 에너지의 흐름에 어떻게 어울리는가에 따라 몇 가지의 범주로 구분될 수 있다. 식물을 직접 먹는 동물은 **초식동물**(herbivore) 또는 **1차소비자**라고 하며, 제2영양단계를 점한다. 다른 동물을 먹는 동물들은 **육식동물**(carnivore) 또는 **2차소비자**라고 하며, 어느 동물을 먹느냐에 따라 다른 영양단계로 세분화될 수 있다. 초식동물을 먹는 동물들은 제3영양단계를 점하며 **1차 육식동물**이라고 한다. 1차 육식동물을 먹는 동물들은 **2차 육식동물**이라고 하며 제4영양단계를 점유한다.

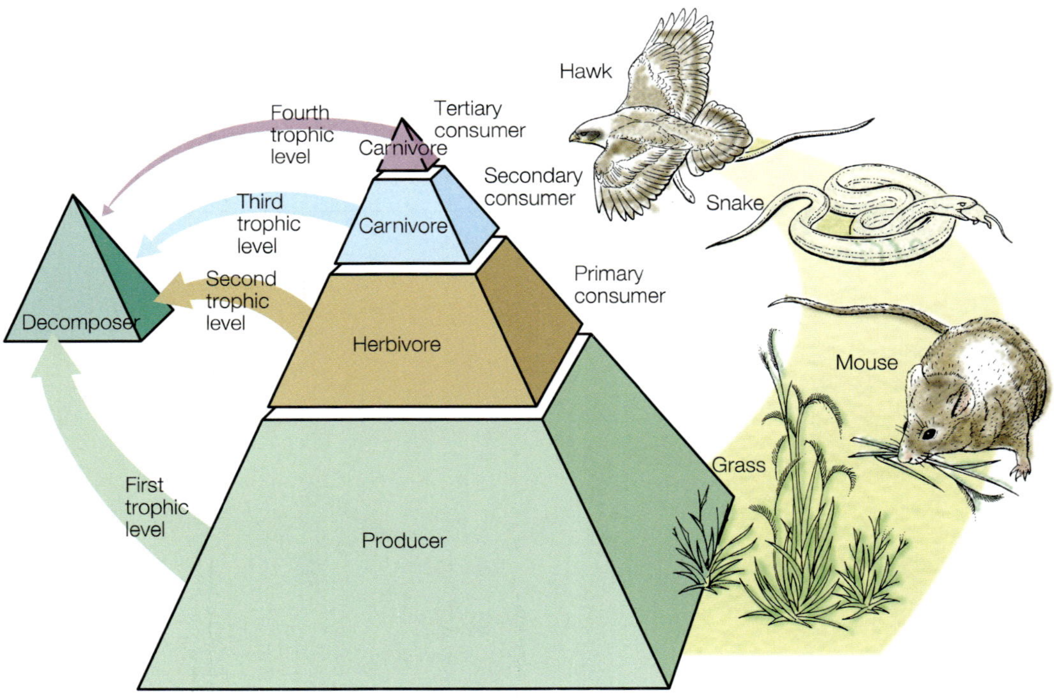

그림 12.3 생태계 내의 생물은 그들이 어떻게 에너지를 획득하느냐에 기초하여 다양한 영양단계로 나뉠 수 있다. 이러한 다른 역할을 확인하기 위하여 이용되는 몇 가지 세트의 용어들이 있다. 이 그림은 다른 세트의 용어들이 서로 어떻게 관련되어 있는지를 보여준다. 이 그림의 각 색칠된 블록은 각 영양단계에서 에너지나 생물량을 나타낸다. 상위 영양단계로 전달되면서 에너지의 양과 생물체 양은 급격히 감소한다.

그림 12.4 하나의 생물이 다른 생물을 먹으면서 한 영양단계에서 다음 영양단계로 에너지의 흐름이 발생한다. 이 그림은 6개의 영양단계를 보여준다.

People Behind the Science

Dr. Jane Lubchenco (1947. 12. 4)

제인 루브첸코 박사는 2009년 미국 상원에서 미국 해양 대기국(NOAA)의 수장으로 승인된 최초의 여성이다. 덴버 출신이며, 콜로라도 대학을 다녔고, 워싱턴 대학과 하바드 대학에서 해양생태학 석사와 박사학위를 수여하고, 1977년 오레곤 대학의 교수가 되었다. 오레곤 주에서 루브첸코는 주 해안의 데이터베이스를 구축하는데 30년을 보냈다. 그녀의 연구는 조류와 해조류의 생태, 암반 해안선을 따른 생물학적 상호작용의 판독, 그리고 환경적 지속가능성을 포함한다.

새로운 자리로 가면서 그녀는 알도 레오폴드 지도자 과정을 설립하였는데, 이는 환경 연구자들을 의사소통과 정책결정을 훈련시키는 것이다. 1999년 그녀는 과학과 바다의 의사소통 연합을 조직하였는데, 이는 해양보존과학에 관한 정보를 대중과 정책결정자들에게 제공하는 것이다. 루브첸코 박사는 기후변화에 관하여 그녀의 말에 의하면 "신뢰할 수 있고 옹호하지 않는" 정보를 제공하는 기후 중심(Climate Central)이라는 웹사이트의 창립 회장이다. 그녀는 미국 과학진흥협회 회장과 미국 생태학회의 회장을 역임하였으며 미국 과학한림원의 종신회원이다.

다른 동물을 먹는 생물의 순서를 **먹이사슬**(food chain)이라고 한다. 종종 먹이사슬은 매우 복잡하고 많은 영양단계를 포함할 수 있다. 예를 들어 사람은 식물을 먹이로 소비한 곤충을 먹은 거미를 먹은 개구리를 먹은 물고기를 먹는다. 그림 12.4는 이 먹이사슬의 6단계 다른 영양단계를 보여준다. 명백히 더 높은 범주가 있을 수 있으며, 일부 생물들은 이러한 이론적 체계에 잘 들어맞지 않는다. 어떤 동물들은 때로는 육식동물이고 때로는 초식동물인데, 이들을 **잡식동물**(omnivore)이라고 한다. 그들은 그때 어떠한 것을 먹었느냐에 따라서 다른 영양단계로 구분된다.

표 12.1 생태계의 역할

분류	설명	예
생산자	광합성에 의해 단순한 무기화합물을 복잡한 유기화합물로 변환하는 생물	나무, 꽃, 풀, 양치류, 이끼, 조류, 시안세균
소비자	먹이로 다른 생물에 의존하는 생물; 식물이나 다른 동물을 먹는 동물	
초식동물	직접 식물을 먹음	사슴, 거위, 귀뚜라미, 채식주의자 인간, 많은 달팽이
육식동물	고기를 먹음	늑대, 강꼬치고기, 잠자리
잡식동물	식물과 고기를 먹음	쥐, 대부분의 인간
청소동물	다른 동물이 남긴 먹이를 먹음	코요테, 스컹크, 콘도르, 가재
기생동물	다른 생물 내부나 표면에 서식; 먹이를 위하여 이용함	진드기, 촌충, 많은 곤충들
분해자	유기화합물을 무기물로 되돌려주는 생물; 원소의 순환에 중요함.	세균, 진균

CONCEPTS APPLIED 생태학적 종류

아래의 목록으로부터 생물을 다음 네 범주에 놓으시오.

꿀벌, 진균, 이끼, 다람쥐, 거미, 상어, 옥수수

생산자 초식동물 육식동물 분해자

생물이 죽으면, 생물체의 유기물에 포함된 에너지는 사체를 이산화탄소, 물, 그리고 다른 단순한 무기분자로 분해하는 생물에 의해 최종적으로 열로서 환경으로 방출된다. **분해자**(**decomposers**)로 불리는 부패 생물은 세균, 진균, 그리고 죽은 생물을 에너지원으로 이용하는 다른 생물들이다. 이 집단의 생물은 죽은 유기물을 에너지를 포획하는 과정에서 생산자에 의하여 재이용될 수 있는 단순한 무기분자로 변환시킨다. 분해자는 따라서 물질이 재활용될 수 있도록 하는 생태계의 매우 중요한 구성요소이다. 태양이 에너지를 공급하는 한, 원소들은 생태계를 통하여 반복적으로 순환된다. 표 12.1은 생태계 내에서 다양한 범주의 생물을 요약하였다. 이제는 생태계가 어떻게 조직되어 있는지 잘 알기 때문에, 생태계를 통한 에너지의 흐름에 관해 더 자세히 알아보자.

12.3 생태계에서의 에너지 흐름(Energy Flow in Ecosystems)

모든 생명체는 끝이 없는 에너지원을 필요로 한다. 에너지 관점에서 생태계를 볼 때 두 가지의 에너지에 대한 기본적인 물리법칙이 중요하다. 에너지 보존법칙이라고 하는 열역학의 제1법칙은 에너지가 생성되거나 소멸되지 않는 것이다. 이는 각 영양단계에 있는 에너지의 양을 기술하고 에너지가 다음 영양단계로 흘러갈 때 에너지를 추적할 수 있어야한다는 것이다. 열역학의 제2법칙은 자연 과정은 무질서가 커지는 상태로 진행한다는 것이다. 무질서 상태를 엔트로피라고 한다. 열역학의 제2법칙을 기술하는 다른 방법은 에너지가 한 가지 형태에서 다른 형태로 변환될 때, 이용할 수 있는 에너지가 손실되며, 이는 엔트로피의 증가가 있다고 한다. 이는 에너지가 한 영양단계에서 다음단계로 전달될 때, 생명체 내의 이용 가능한 에너지의 양은 감소하고 주변의 열의 양은 증가한다는 것을 의미한다.

생태계의 총 에너지는 여러 방법으로 측정될 수 있다. 영양단계에 있는 에너지의 양을 간접적으로 알아보는 방법은 그 영양단계에 있는 생물의 무게인 **생물량**(biomass)을 측정하는 것이다. 유기물은 연소하기 때문에 생물량에 있는 에너지를 열이나 빛으로 변환할 수 있다. 예를 들어 총 생산자 영양단계는 수확하여 태울 수 있다. 태워서 생산되는 열에너지의 킬로칼로리는 식물의 유기물에 있는 에너지양과 동일하다. 이는 캠프파이어를 할 때 나무를 태우는 것이다. 존재하는 에너지를 측정하는 다른 방법은 광합성이나 호흡의 속도를 측정하여 식물의 살아있는 물질에 포획된 에너지의 양을 계산하는 것이다. 그러나 이는 기술적으로 어렵다. 이는 광합성이나 호흡의 결과로 대기에 있는 이산화탄소나 산소의 매우 작은 변화를 주의 깊게 측정하거나 또는 방사성동위원소 같은 추적할 수 있는 원자를 한 생물에서 다른 생물로 추적하는 기술을 사용하여야 한다.

생산자 영양단계에 있는 식물, 조류, 그리고 시안세균만 태양으로부터 에너지를 포획할 수 있기 때문에, 모든 다른 생물들은 직접 또는 간접적으로 생산자 영양단계에 의존한다. 제2영양단계는 생산자를 먹는 초식동물로 구성된다. 이 영양단계는 여러 이유로 훨씬 작은 에너지와 생물량을 가진다. 일반적으로 하나의 영양단계에서 다음의 높은 단계로 진행하면 가용한 에너지의 90% 정도가 손실된다. 실질적인 측정값은 생태계에 따라 변하지만 90%가 양호한 경험법칙이다. 두 번째와 그 이후의 영양단계에서 이러한 에너지 함량

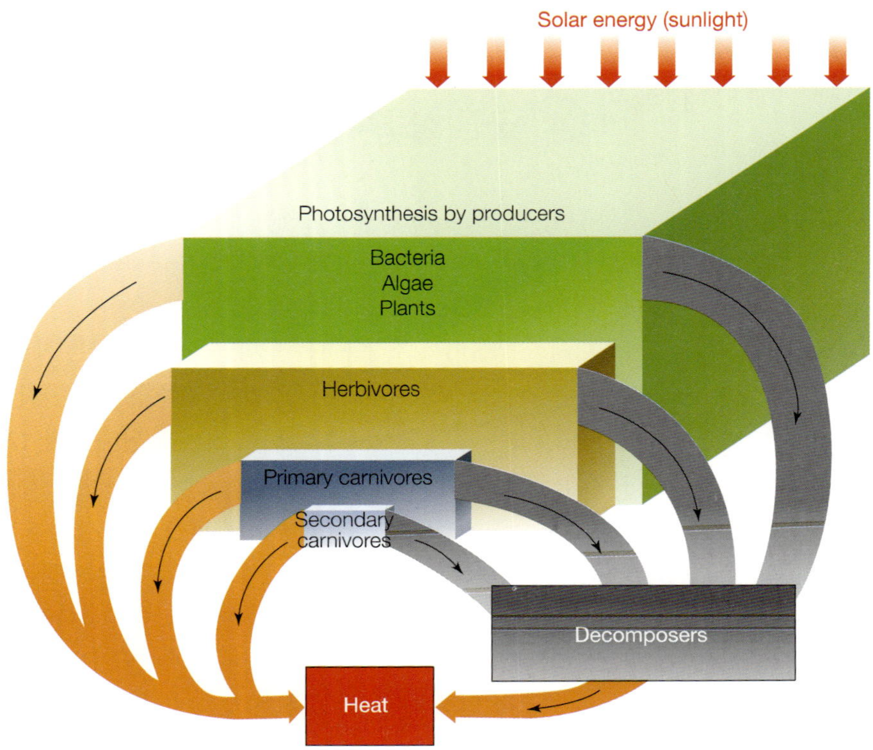

그림 12.5 에너지가 한 영양단계에서 다음으로 흘러가면서 약 90%가 손실된다. 이는 생산자 단계의 에너지양은 초식동물 단계의 에너지양보다 10배가 크다는 것을 의미한다.

당신의 애완동물은 육식동물인가요?

오해 : 집개와 집고양이는 육식동물이기 때문에, 고기만 먹여야 한다.

사실은 많은 종류의 육식동물이 있다. 식충동물은 주로 곤충을 먹고, 식어동물은 물고기를, 잡식동물은 식물과 다른 동물을 먹는다. 길들여진 개는 잡식동물이며, 일반적으로 식물 물질을 먹고 하루에 체중 1 kg당 2g 만의 동물 단백질을 요구한다. 집고양이는 절대적인 또는 진정한 육식동물이며 동물 살점에 있는 영양분에만 전적으로 의존한다. 집고양이는 식물 물질을 효율적으로 대사할 수 있는 효소(아밀라아제)가 없다. 만약 고양이가 풀이나 다른 식물을 먹는 것을 본다면, 고양이는 이를 토하기 위한 구토제로 이용하는 것이다. 이는 털을 핥아 차림새를 단정하게 한 결과로 장관에 축적된 털을 제거하도록 한다.

의 손실은 열역학의 제2법칙에 의하여 예측될 수 있다. 생산자의 에너지가 초식동물의 에너지로 변환될 때, 대부분의 에너지가 열로서 주변으로 손실된다.

이러한 가용한 에너지의 손실에 더하여 초식동물에 의한 먹이의 포획과 가공에 포함된 추가적인 손실이 있다. 초식동물은 먹이를 추적할 필요는 없지만, 먹이를 이용할 수 있는 곳으로 이동하고, 모으고, 씹고, 소화시키고 대사를 해야 한다. 이러한 모든 과정은 에너지를 필요로 한다.

초식동물 영양단계가 에너지 함량의 90% 손실을 경험하는 것과 동일하게, 1차 육식동물, 2차 육식동물, 그리고 3차 육식동물 또한 그들에게 가용한 에너지의 손실을 경험한다. 이러한 에너지 손실은 각 영양단계의 생물 수에 반영된다. 들에는 수백만의 생산자(풀과 다른 나무), 풀을 먹은 수천의 초식동물(메뚜기, 초원 개, 등등), 그리고 초식동물을 먹는 적은 수의 육식동물(새, 족제비, 등등)이 있다. 마지막으로 분해자가 동일한 종류의 가용한 에너지 손실과 함께 죽은 생물에 작용한다. 그림 12.5는 하나의 영양단계에서 다음 단계로 전달될 때 에너지 함량이 90% 감소되는 그림을 보여준다.

12.4 군집 상호작용(Community Interactions)

생태계의 에너지 흐름에 대한 절에서 생태계의 관점에서 생태적 관계와 생태계를 통하여 에너지가 흘러가는 방식에 대해 살펴보았다. 그러나 군집수준에서 관계를 연구할 수 있으며, 여기서는 생물간에 일어나는 상호작용의 종류에 초점을 맞춘다.

알다시피 생물이 상호작용하는 방법 중 하나는 다른 생물을 먹는 것이다. 군집은 많은 다른 먹이사슬을 포함하며, 동시에 많은 생물들이 몇 가지의 먹이사슬에 포함되기 때문에, 먹이사슬은 먹이그물(food web)로 엮이게 된다(그림 12.6). 일반적으로 군집은 존재하는 생물의 종류와 그들이 어떻게 상호작용하는 지에 대해서 비교적 안정적이다. 열대우림과 같은 어떤 군집들은 다양한 종류의 많은 수의 생물을 가진다. 그러한 군집은 **생물다양성**(biodiversity)이 높다. 툰드라 군집과 같은 다른 군집들은 낮은 생물다양성을 가진다. 어느 지역에서 특정한 종류의 생물이 제거될 때 생물다양성이 상실된다고 한다. 예를 들어 북아메리카 대부분의 지역에서 늑대가 제거되었을 때, 생물다양성의 감소가 있었다. 군집이 비교적 안정적이지만, 군집은 생물의 동적인 집합체라는 것을 인식해야 한다. 존재하는 생물의 종류는 변화하지 않을 수 있지만, 각 종의 수는 연간 또는 수년간에 걸쳐 현저하게 변화할 수도 있다. 예를 들어 가뭄은 식물의 생존을 감소시키고, 질병의 유행은

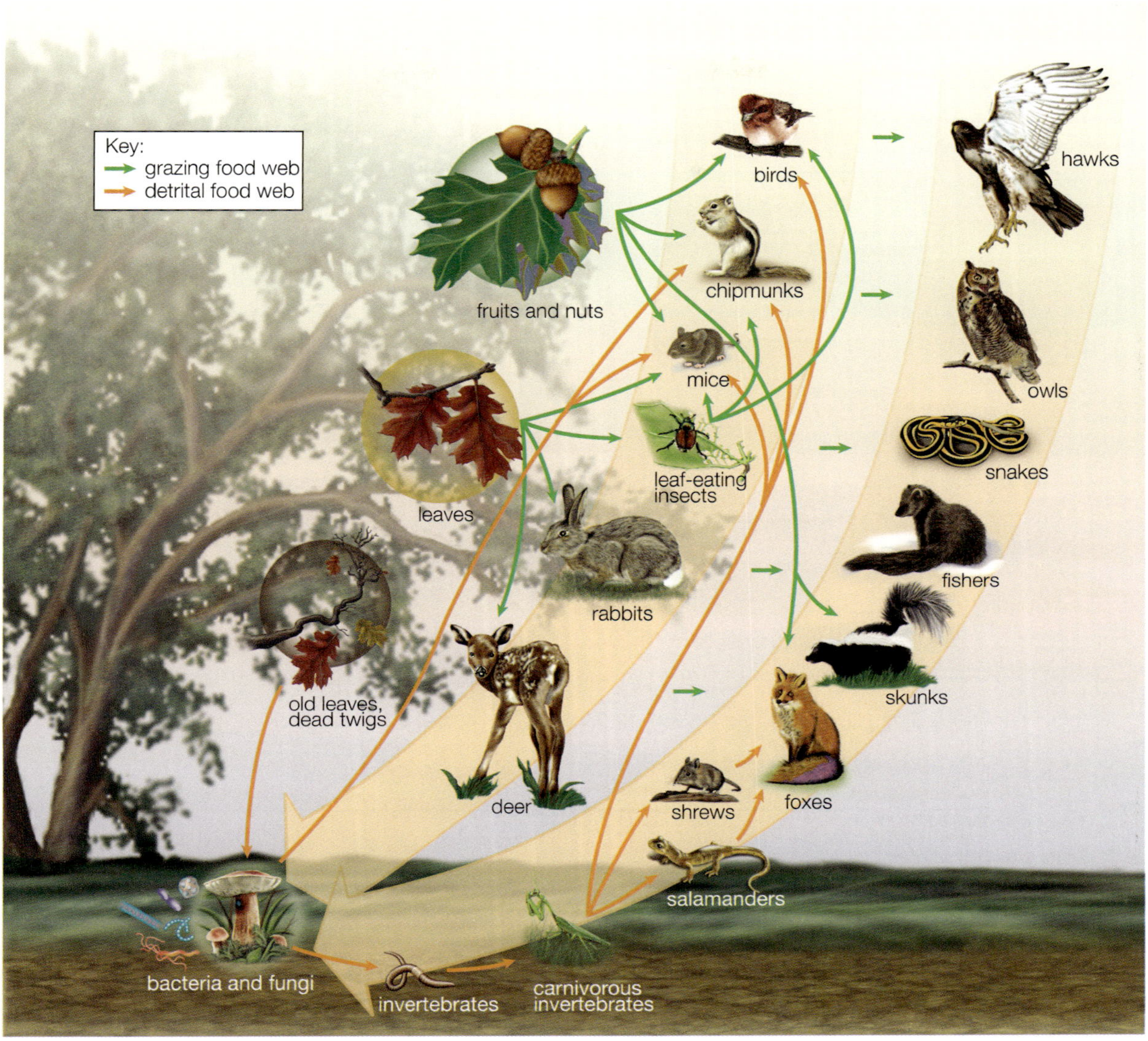

그림 12.6 생물이 다른 생물을 먹으면서 먹이망이라고 하는 관계의 그물이 정립된다. 이 그림은 섭식과 잔재물 먹이망 사이의 상호작용을 보여준다. 섭식 먹이망에서 식물에 의한 광합성은 식물을 먹는 초식동물에게 에너지를 제공하며, 초식동물은 육식동물에게 에너지를 제공한다. 모든 생물은 죽기 때문에 궁극적으로 죽은 유기물과 노폐물이 일련의 세균, 진균, 그리고 동물에게 에너지를 공급하는 잔재물 먹이망의 일부가 된다.

많은 새들의 생존을 감소시킨다.

군집 내의 특정한 종류의 생물의 수가 현저하게 증가하거나 감소하면, 군집 전체에 연쇄작용이 있다. 예를 들어 많은 종류의 작은 포유류 개체군은 해에 따라 변한다. 이들은 포식자의 수를 변화시키며, 때로는 포식자가 다른 먹이로 바꾸어 군집의 다른 부분에 영향을 미친다.

군집내의 모든 생물이 같은 정도의 중요성을 가지지는 않는다. 명백히 식물은 다른 모

CONCEPTS APPLIED 영양단계, 에너지, 가격

다음번 식료품점에 갈 때 다음 종류의 단위 g당 물품가격을 측정하시오:

식물제품	가격/g	동물제품	가격/g
마른 콩		햄버거	
쌀		냉동 생선	
밀가루		햄	
설탕		닭	

식물 제품 가격을 동물제품 가격과 비교하시오. 어느 것이 가장 비싼가? 왜?

든 생물에 에너지를 공급하는 핵심 생물이다. 그러나 어떠한 특정 동물 종도 군집의 성질에 매우 큰 영향을 미칠 수 있다. 예를 들어 해달은 해조인 켈프를 먹는 성게를 먹는다. 해달 개체군이 현저하게 감소하였을 때, 성게 개체군은 증가하였으며, 성게가 켈프(바다말)를 대부분 먹어서, 다른 종의 동물들이 숨을 장소가 없었다. 따라서 해달은 군집의 성질을 형성하는데 핵심 역할을 하였다. 이러한 생물들은 종종 **핵심종**(keystone species)이라고 불린다.

12.5 육상군집의 종류(Types of Terrestrial Communities)

생물의 각 군집은 독특하지만, 특유한 물리적 환경특성과 그 지역에서 서식하는 생물의 종류에 기초하여 유사한 군집을 넓은 범주로 결합할 수 있다. 어느 지역에서 발달하는 육상군집의 종류는 강우 유형과 온도 범위의 기후 요인에 의하여 주로 결정된다. 이러한 커다란 지역적 군집을 **생물군계**(biomes)라 한다. 그림 12.7의 지도는 세계의 주된 육상 생물군계의 분포를 보여준다.

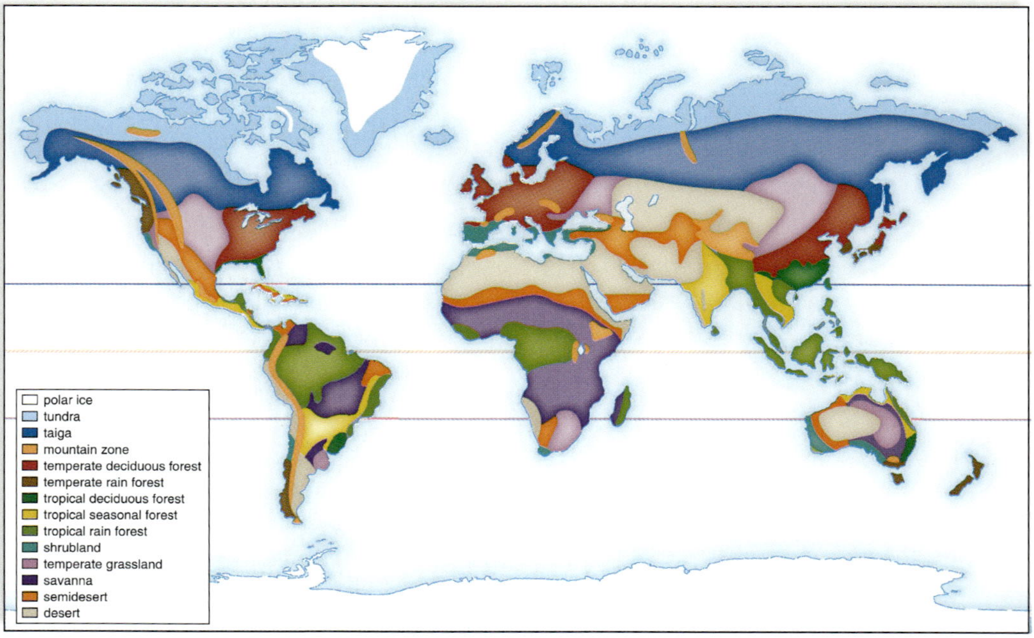

그림 12.7 주된 기후의 차이는 세계의 어느 지역에서 살 수 있는 식생의 종류를 결정한다. 특정한 집단의 식물과 특정한 종류의 동물이 연관되어 있다. 이러한 지역적 생태계를 생물군계(biome)라고 한다.

온대 낙엽수림(temperate deciduous forest)

온대 낙엽수림 생물군계는 75 – 100 cm의 강수량과 연중 상당한 부분이 추운 기후를 보이는 주로 동부 북아메리카, 유럽의 일부, 일본, 한국 그리고 중국의 일부 지역에서 나타난다. 강수는 연중 분산된다. 우점하는 식물은 가을철에 잎을 거의 대부분 잃는 낙엽성이라고 불리는 큰 나무들이다. 사시나무, 자작나무, 미루나무, 너도밤나무, 호두나무, 그리고 단풍나무 등이 이 지리학적 지역에서 나타나는 전형적인 나무이다. 이 생물군계의 전형적인 동물은 스컹크, 호저, 사슴, 개구리, 주머니쥐, 올빼미, 모기, 그리고 딱정벌레이다.

이 지역의 대부분은 자연식생은 농업을 위하여 제거되어서, 생물군계의 원래 특성은 농경이 되지 않거나 원래 숲이 보존된 곳을 제외하고는 사라졌다.

온대초원 또는 프레리(prairie; 대평원)

온대초원은 서부 북아메리카와 유라시아 일부, 아프리카, 오스트레일리아, 그리고 남아메리카의 온대지역에서 흔히 볼 수 있다. 이 지역의 우점하는 식생은 다양한 종의 풀로 이루어져 있다.

연간 강우량은 25 – 75 cm이며, 이는 울창한 숲의 성장을 지원하기에는 충분치 않은 양이다. 초원의 나무는 충분한 물을 획득할 수 있는 개울을 따라 주로 성장한다. 이 지역에서 나타나는 동물들은 초원 개, 가지뿔 영양, 초원 멧닭, 메뚜기, 방울뱀, 그리고 들종다리를 포함한다. 대부분의 원래 초원은 온대 낙엽수림과 마찬가지로 농경지로 전환되었다.

사바나(savanna; 열대초원)

사바나는 뚜렷한 우기와 건기를 가지는 중앙아프리카, 북부 오스트레일리아, 그리고 남아메리카의 일부 등 열대지역에서 나타난다. 이 지역은 연간 100 cm의 비가 내리지만, 3개월 이상의 긴 건기가 있다. 따라서 사바나는 나무가 산재한 초원으로 이루어진다. 영양, 얼룩말, 그리고 들소와 같은 초식동물이 흔하며, 흰개미와 다른 많은 곤충이 있으며, 이들은 많은 새나 파충류의 먹이가 된다.

사막(desert)

사막으로 알려진 매우 건조한 지역은 강수가 적고 불규칙적인 세계 도처에서 나타난다. 강우량은 연간 25 cm 미만이다. 일부 사막은 극히 뜨거운 반면, 다른 사막들은 연중 대부분 상당히 춥다. 사막 생물군계의 특징적인 성질은 낮은 강우량이며 높은 온도가 아니다.

사막의 특징은 잎이 없거나 잎이 축소된 가시가 많은 나무가 산재되어 있다. 잎은 물을 빨리 잃는 경향이 있어서, 잎이 없는 것은 건조한 조건에 대한 적응이다. 사막은 매우 가혹한 환경이지만, 많은 종류의 곤충, 파충류, 새, 그리고 포유류가 이 생물군계에서 서식할 수 있다. 동물들은 굴속이나 다른 그늘지고 시원한 지역에서 뜨거운 낮을 피한다. 지하나 그늘진 지역에서 사는 것은 동물들이 물을 절약할 수 있도록 한다.

한대 침엽수림(boreal coniferous forest)

한대 침엽수림(북방 침엽수림, 또는 타이가)은 남부 캐나다부터 남쪽으로 미국의 산맥을 따라서 연장되며, 대부분의 북유럽과 아시아에서 나타난다. 이 지역은 짧고 시원한 여름과 많은 눈이 내리는 길고 추운 겨울을 가진다. 강수량은 연간 25 – 100 cm이다. 그러나 강수량이 적더라도 봄철 광범위하게 눈이 녹고 낮은 증발량은 습한 여름을 만든다. 우점식생은 길고 추운 눈이 많이 내리는 겨울을 견딜 수 있도록 특별히 적응된 상록수이다. 다른 많은 종류의 식생과 혼재된 가문비나무와 전나무가 일반적인 나무 종이다. 작은 호수와 습지대가 흔하다. 이 생물군계의 특징적인 동물은 생쥐, 곰, 늑대, 다람쥐, 큰사슴, 각다귀, 그리고 파리를 포함한다.

지중해성 관목지대(chaparral)

지중해성 관목지대는 바다 가까이 위치하며 관목 나무가 우점한다. 이름이 의미하듯이 이 생물군계는 지중해 해안의 전형이며 남부 캘리포니아 해안, 아프리카의 남단, 칠레의 서해안 일부, 그리고 남부 오스트레일리아에서 나타난다. 기후는 습하고 시원한 겨울과 뜨겁고 건조한 여름을 보인다. 강수량은 연간 40 – 100 cm 이다. 식생은 뜨겁고 건조한 여름을 견딜 수 있는 관목이 우점한다. 종종 나무는 여름철 휴면을 취한다. 불은 이 생물군계의 흔한 특징이며, 관목은 종종 일어나는 불에 적응되어 있다. 이 생물군계의 다른 지역에서 동물의 종류도 크게 변화한다. 많은 종류의 곤충, 파충류, 새, 그리고 포유류가 이 지역에서 나타난다. 캘리포니아의 새퍼랠에서는 방울뱀, 거미, 코요테, 도마뱀, 그리고 설치류가 전형적인 서식자이다.

온대 우림(temperate rainforest)

북부 캘리포니아, 오레곤, 워싱턴, 브리티시컬럼비아, 그리고 남부 알래스카 연안지역은 온대 우림을 지탱하는 예외적인 환경조건을 포함한다. 남부 칠레와 뉴질랜드 서해안에도 작은 규모의 온대우림이 있다. 온대 우림은 지배적인 서풍이 습기가 많은 공기를 가져오는 해안지역에서 나타난다. 공기가 해안 산맥을 만나서 상승하면, 냉각되어 습기가 비나 눈으로 내린다. 이 지역들은 대부분 연간 200 cm 이상의 강수량을 보인다. 풍부한 물과 함께 비옥한 토양과 온화한 온도는 나무를 푸르게 우거져 성장하게 한다.

북미 서부산 가문비나무, 미송, 그리고 미국솔송나무가 북아메리카의 온대 우림에서 전형적인 상록 침엽수이다. 이 지역의 교란되지 않은(오래된) 숲에는 높이가 100 m 가까이 되는 800년 된 나무들이 있다. 다양한 종류의 낙엽수(붉은 오리나무, 큰잎단풍나무, 검은 미루나무) 또한 충분한 빛을 받을 수 있는 개활지에서 존재한다. 모든 나무들은 나무의 표면에서 자라는 이끼, 고사리 그리고 다른 나무로 덮여있다. 서식하는 동물 종은 온대 낙엽수림과 유사하다.

툰드라(tundra)

북아메리카와 북부 유럽과 아시아의 침엽수림 북쪽에는 툰드라로 알려진 지역이 있다. 툰드라는 매우 길고 혹독한 겨울과 짧고 시원한 여름이 특징이다. 토양의 깊은 부분은 항상 얼어있어 영구동토(permafrost) 층을 형성한다. 강수량은 연간 25 cm 미만이지만 짧은(약 100일) 여름에 눈이 녹아 습한 조건을 형성한다. 여름 온도는 밤에는 빙점 부근이고 여름에는 10℃까지 상승한다. 토양의 깊은 층은 얼어있기 때문에 표면이 녹으면 물에 의해 물웅덩이가 형성된다.

낮은 온도와 짧은 성장기간 조건하에서 매우 작은 종류의 동물과 식물만 생존할 수 있다. 이 지역에서 나무는 서식할 수 없다. 이 지역의 전형적인 식물과 동물은 난쟁이 버드나무와 다른 관목들, 순록이끼(실제는 지의류임), 일부 현화식물, 삼림순록, 늑대, 사향소, 여우, 흰올빼미, 생쥐, 그리고 많은 종류의 곤충이다. 많은 종류의 새는 여름철에만 거주한다.

열대 우림(tropical rain forest)

열대우림은 중남미, 아프리카, 남부 아시아 일부, 그리고 몇몇 태평양 섬의 적도 부근에서 주로 나타난다. 온도는 매우 따뜻하고 거의 매일 비가 내린다. 대부분 지역은 연간 200 cm 이상이 내리며 일부지역은 500 cm가 넘는다.

이 지역들은 높은 생물다양성을 가진다. 발사(balsa, 매우 가벼운 나무), 티크나무(teak, 가구에 사용됨), 그리고 나무 크기의 고사리가 열대 우림 식물의 예이다. 보통 모든 나무는 그 위에 자라는 다른 나무를 가진다. 나무줄기는 난초, 많은 종류의 넝쿨식물, 그리고 이끼로 덮여있다. 나무 개구리, 박쥐, 도마뱀, 원숭이, 그리고 거의 무한한 종류의 곤충이 우림에 서식한다. 이 숲은 매우 울창하고 임상에는 태양광이 거의 도달하지 않는다. 숲이 열리면(허리케인이나 큰 나무가 죽어서) 태양빛이 임상에 도달하고, 개활지는 식생에 의해 빠르게 우거진다.

열대 건조림(tropical dry forest)

열대 건조림은 중남미, 오스트레일리아, 아프리카, 그리고 아시아(특히 인도와 미얀마)의 일부에서 나타난다. 이 생물군계의 주된 특성은 계절적 강우이다. 열대 건조림의 많은 지역은 수개월의 다우기 이후에 오랜 기간의 건기가 나타나는 몬순기후를 가진다. 일부 열대 건조림은 길게는 8개월간 비가 내리지 않는다. 강우량은 50 cm부터 200 cm까지이다. 강우가 계절성이 크기 때문에, 많은 식물은 가뭄을 견디기 위한 특별한 적응을 한다. 긴 건기를 가지는 많은 지역에서, 건기동안 나무는 잎을 떨어뜨린다. 이 지역에서 서식하는 많은 동물 종은 습한 열대우림에서도 나타난다. 그러나 열대 건조림에는 열대우림보다 훨씬 종류가 적다.

12.6 수서군집의 종류(Types of Aquatic Communities)

육상 생물군계는 강수의 양과 종류 그리고 온도 범위에 의해 결정된다. 토양 유형과 바람과 같은 다른 요인도 역할을 한다. 수서 생태계도 주요한 환경요인에 의해 형성된다. 몇몇 중요한 요인들은 태양광이 물을 투과할 수 있는 능력, 수심, 저층 기질의 성질, 수온, 그리고 용존염의 양이다. 수서생태계는 염의 농도가 높은 **해양군집**(marine communities)과 염의 농도가 낮은 **담수군집**(freshwater communities)으로 나뉘기도 한다.

해양 군집(marine communities)

개방된 바다에서는 많은 종류의 생물이 부유하거나 활발하게 유영하며 **원양역**(pelagic)이라고 한다. 원양역 생물에는 두 가지 종류가 있다; 활발하게 유영하는 큰 생물과 약하게 수영하는 생물이다. **플랑크톤**(plankton)이라는 용어는 매우 작고 약하게 수영하여 해류에 의해 운반되는 수서생물을 말한다. 광합성을 하는 부유성 생물은 식물플랑크톤이라고 한다. 개방된 해양에서 이러한 생물의 대부분은 현미경적인 부유하는 조류나 시안세균이다. 태양광이 투과하는 해양의 상부층은 유광대(euphotic zone)로 불린다. 유광대에는 식물플랑크톤이 가장 풍부하다.

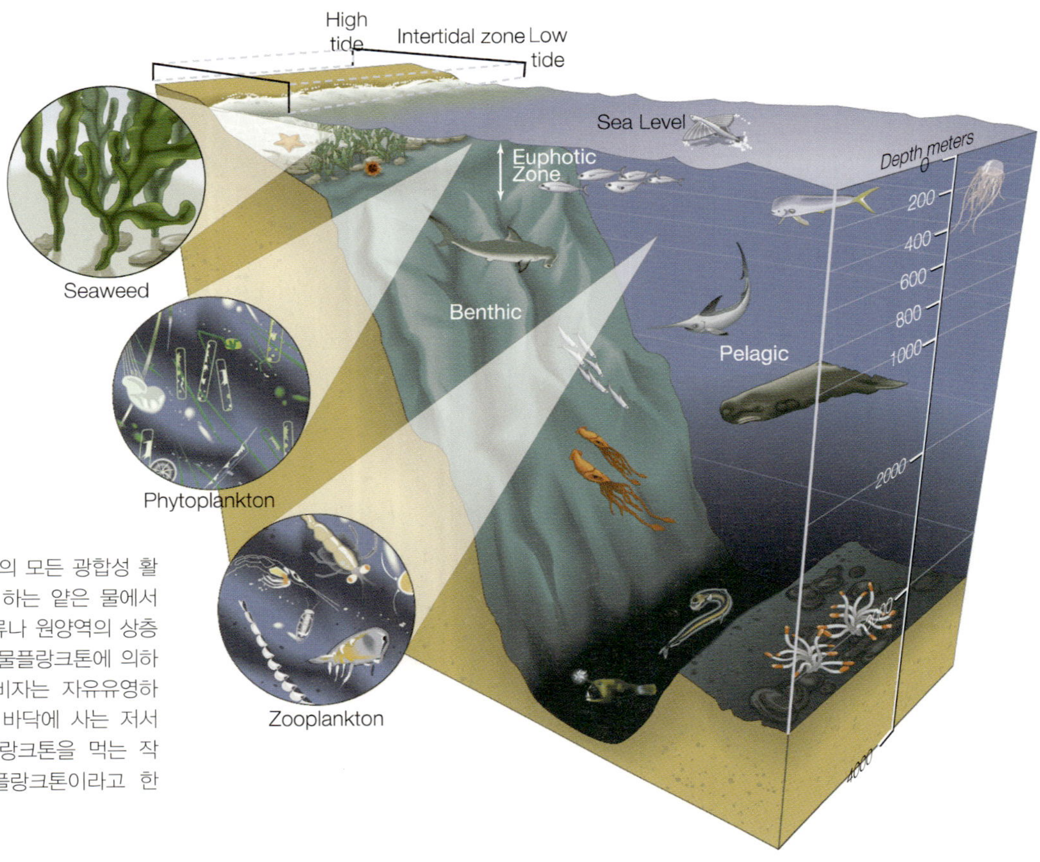

그림 12.8 바다의 모든 광합성 활동은 유광대라고 하는 얕은 물에서 연안역의 부착조류나 원양역의 상층부에서 미세한 식물플랑크톤에 의하여 일어난다. 소비자는 자유유영하는 원양생물이나 바닥에 사는 저서생물이다. 식물플랑크톤을 먹는 작은 동물을 동물플랑크톤이라고 한다.

작고 약하게 수영하는 많은 종류의 동물인 동물플랑크톤은 식물플랑크톤을 먹는다. 동물플랑크톤은 어류나 큰 새우 같은 큰 동물에 의하여 먹히며, 이들은 연어, 참치, 상어, 그리고 고등어 같은 큰 어류에 의해 먹힌다(그림 12.8). 바닥에 사는 해양생물을 **저서성(benthic)**이라고 한다. 많은 해조류, 일부 어류, 조개, 굴, 다양한 갑각류, 해면, 말미잘, 그리고 다른 많은 생물들이 바닥에 서식한다. 얕은 물에서 태양광은 바닥까지 침투하며 다양한 부착 해조류들이 광합성을 하면서 이 에너지를 포획한다. 많은 저서 동물은 해조류를 먹으며, 이들은 다른 큰 동물에게 먹힌다. 조개와 같은 일부 저서동물은 먹이로 플랑크톤을 얻기 위해 물을 여과한다.

육상 군집과 마찬가지로 환경조건이 존재하는 해양군집의 종류에 영향을 미친다. 산호초는 따뜻한 열대의 천해에서 나타나며, 큰 해조류 숲은 차가운 암석 해안을 따라 나타난다. 파도가 강한 모래해안은 식물이 거의 없는 반면, 얕고 보호된 진흙 지역은 맹그로브(mangrove) 늪지대나 염습지를 지탱할 수 있다.

담수 군집(freshwater communities)

담수 생태계는 해양생태계와 여러 면에서 상이하다. 해양생태계와 비교해서 담수생태계에 존재하는 염은 훨씬 적고, 수온의 변화가 훨씬 크고, 물은 해양으로 이동하는 과정 중이며, 산소는 종종 공급이 부족하고, 서식하는 생물이 다르다. 담수생태계는 두 유형으로 나눌 수 있다: 물이 상대적으로 정지된 호수, 연못, 저수지와 물이 아래로 흐르는 개울과 강이다.

큰 호수는 해양과 같은 특징을 많이 가진다. 호수가 깊으면 상부는 유광대이며 많은 종류의 식물플랑크톤과 이를 먹는 동물플랑크톤이 있다. 작은 어류가 동물플랑크톤을 먹고, 이들은 큰 어류에 의해 먹힌다. 담수 호수에서 나타나는 생물 종은 해양에서 나타나는 종과 다르지만, 역할은 유사하기 때문에 동일한 용어가 사용된다.

호수의 연안과 얕은 부분에는 많은 종류의 현화식물이 바닥에 뿌리를 내린다. 일부는 완전히 잠기는 반면, 나머지는 표면에 떠있거나 물 위로 돌출한 잎을 가진다. 부들, 큰 골풀, 쇠귀나물, 그리고 수련이 예이다, 그 외에 많은 담수 조류가 존재한다.

식물과 조류에 연관되어 많은 수의 다른 종류의 동물이 서식한다. 어류, 가재, 조개, 그리고 많은 종류의 수서 곤충이 이 식물과 조류의 혼합지역에 주로 서식한다. 이 지역은 뿌리를 가진 식생과 함께 연안대(littoral zone)라고 하며, 뿌리를 가진 식생이 없는 호수 부분을 호수대(limnetic zone)라고 한다(그림 12.9).

개울과 강은 다른 조건을 나타낸다. 물이 움직이기 때문에 부유성 생물은 부착생물에 비하여 덜 중요하다. 대부분의 조류는 바위나 바닥의 다른 물체에 부착하여 성장한다. 물이 얕기 때문에 빛은 바닥까지 쉽게 투과한다(크거나 극히 진흙탕의 강을 제외하고). 그렇더라도 광합성생물이 성장에 필요한 영양염을 축적하기는 어렵고, 따라서 대부분의 개울은 생산성이 그리 높지 않다. 사실상 영양분의 주된 유입은 육상에서 흘러오는 개울에

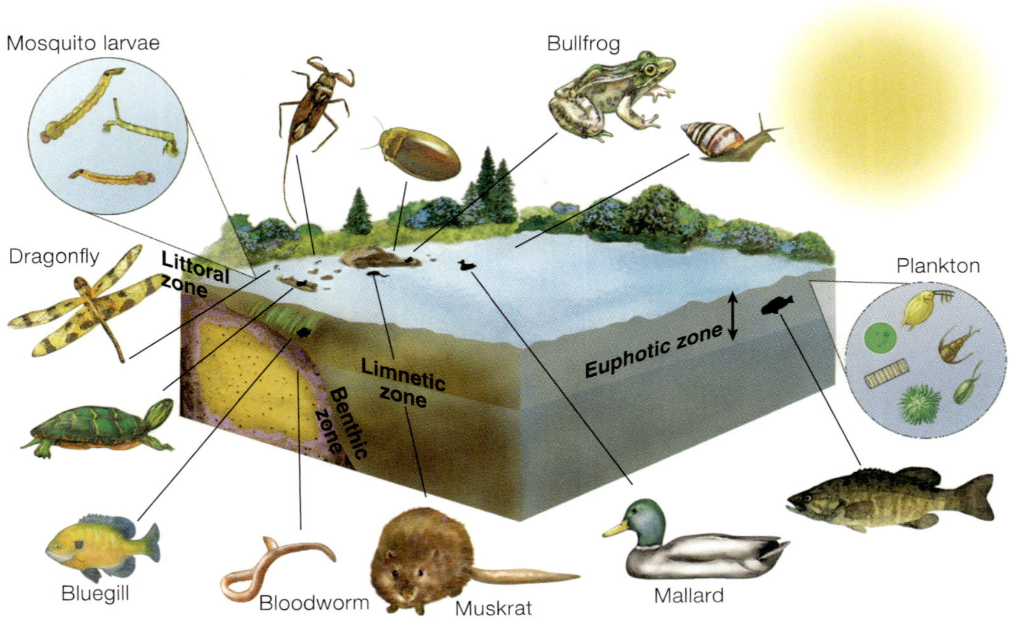

그림 12.9 호수는 대부분의 해양생물이 담수에서 살 수 없기 때문에 종이 다르다는 것을 제외하고는 해양과 구조가 유사하다. 담수호에서는 곤충이 흔한 생물이며, 많은 종류의 어류, 동물플랑크톤, 그리고 식물플랑크톤도 흔하다.

떨어지는 유기물로부터 온다. 그들은 나무와 다른 식생의 잎이 주이며, 살아있거나 죽은 곤충의 몸체에서도 온다.

개울에는 잔해를 먹이원으로 사용하도록 특별히 적응된 생물 군집이 있다. 세균과 진균은 유기물에 집락을 형성하며, 많은 종류의 곤충은 이 유기물과 함께 그 위에 서식하는 진균과 세균을 함께 잘게 잘라서 먹는다. 곤충의 분변(장 배설물)과 섭식과정에서 생성되는 매우 작은 입자들은 떠돌아다니는 유기물의 작은 조각을 포획하기 위해 망을 치는 다른 곤충의 먹이가 된다. 이러한 초식성 곤충은 육식성 곤충과 어류에 의해 먹힌다.

하구(estuaries)

하구(**estuary**)는 담수가 바다로 들어가는 얕고 부분적으로 폐쇄된 지역으로 이루어진 특별한 범주의 수서생태계이다. 하구 물의 염도는 조석과 강으로부터 물의 흐름에 따라 변한다. 이곳에서 서식하는 생물은 이러한 물리적 조건에 특별히 적응되었으며, 종수는 해양이나 바다에 비하여 적다. 하구는 하구로 들어오는 강으로부터 유역으로 유입되는 많은 양의 영양염으로 인해 특히 생산성이 높은 생태계이다. 이 생산성은 얕은 수심으로 빛이 유역의 대부분의 물을 투과하기 때문에 더욱 증강된다. 식물플랑크톤과 부착 조류는 태양광과 영양분을 이용하여 빠르게 자랄 수 있다. 이 광합성 활동은 하구의 많은 종류의 생물을 부양한다. 하구는 도다리나 새우 같은 어류와 갑각류의 특히 중요한 생육장이다. 성체는 이러한 생산성이 높고 보호된 지역으로 들어가서 번식하고 바다로 돌아간다. 새끼는 생활사의 초기를 만에서 보내고 성장하여 떠나면 해양에서 더 잘 생존할 수 있다.

12.7 개별 종의 요구 ; 서식지와 적소 (Individual species Requirements; Habitat and Niche)

생물 상호작용에 대한 연구에는 두 가지의 주된 접근 방법이 있다. 많은 사람은 상호관계를 넓은 생태계 관점에서 보고, 반면에 나머지는 개별 생물과 일상생활에서 영향을 미치는 특별한 일들에 초점을 맞춘다. 첫 번째 접근은 서로 상호작용하는 모든 생물(군집)에 대한 연구를 포함하며, 보통 그들 사이의 일반적인 관계를 살핀다. 예를 들어 생물은 군집에서 다른 기능을 하기 때문에 생산자, 소비자, 분해자와 같은 범주로 총괄적으로 취급한다. 이러한 아이디어는 이 장의 앞에서 설명하였다. 상호관계를 보는 두 번째 방법은 생물의 특정종의 생태적 관계를 세부적으로 연구하는 것이다. 개별 종의 생태적 연구와 관련된 두 가지 중요한 개념은 서식지와 적소 개념이다.

서식지(habitat)

개별 생물은 생명을 위한 특별한 요구사항을 가지며 그가 요구하는 것을 환경이 제공해 주는 곳에서 서식한다. 고래의 환경적 요구는 해양의 넓은 공간이지만, 그러나 계절적인 섭식 지역과 출산을 위한 보호된 지역이다. 생물에 의해 점유되는 이러한 장소 또는 생태계의 일부를 생물의 **서식지**(habitat)라고 한다. 서식지는 생물이 서식하는 지역의 현저하고 특히 중요한 특징으로 보통 기술된다. 예를 들어 프레리도그의 서식지는 보통 초원으로 묘사되는 반면 참치의 서식지는 원양으로 묘사된다. 서식지에 대하여 생각할 때 명심할 주요 사항은 서식지가 특정한 종류의 생물이 사는 **장소**라는 것이다. 생물의 서식지를 묘사할 때 사막, 초원, 또는 사바나와 같은 세계의 주요한 생물군계 용어를 사용하기도 한다. 또한 세균인 대장균(*Escherichia coli*)의 서식지는 인간이나 다른 포유류의 장으로, 진균의 서식지는 썩어가는 통나무로 서술할 수도 있다.

적소(niche)

각 종은 생활에 특별한 요구를 가지며 그들이 서식하는 서식지에 대해 특정한 요구를 주문한다. 생물의 특별한 기능적 역할이 그들의 적소이다. **적소**(niche)는 생물이 생활을 영위하는 방식이다. 장소가 서식지 개념을 이해하는 핵심이듯이, **기능**이 적소 개념을 이해하는 핵심이다. 생물의 적소를 이해하는 것은 생물이 생물적 무생물적 환경에 미치는 영향뿐 아니라 생물에 영향을 미치는 모든 요인들도 세밀하게 이해하는 것을 포함된다. 예를 들어 지렁이의 적소는 토양 입도, 토양 성질, 그리고 토양의 습도, pH, 온도와 같은 무생물적 항목을 포함한다. 지렁이의 적소는 또한 새, 두더지, 그리고 뒤쥐(shrew)에 대한 먹이; 낚시꾼의 미끼; 또는 죽은 식물 유기물의 소비자 역할과 같은 생물적 영향도

A Closer Look

서식지 크기의 중요성

명금(songbird) 개체군에 관심이 있는 많은 사람들은 특정한 명금류 종의 수가 현저히 감소한 것을 입증하였다. 특히 영향을 받은 종들은 북아메리카와 남아메리카 사이를 이동하고 북쪽과 남쪽의 서식지에 비교적 넓은 면적의 교란되지 않은 숲을 필요로 하는 것들이다. 이러한 종들의 많은 수는 숲의 넓은 구획을 많은 작은 구획으로 파편화하여 다른 서식지 사이에 더 많은 가장자리를 형성한 인간의 활동에 의하여 고통을 받고 있다. 가장자리 서식지에서 번성하는 새와 다른 동물 종들이 넓은 구획의 교란되지 않은 숲을 필요로 하는 명금을 대체한다. 찌르레기는 둥지를 틀지 않고 숙주 종의 알을 제거한 다음에 다른 새의 둥지에 알을 낳는다. 숲이 작은 구획으로 분할되면, 숲 새들이 가장자리 가까이에 둥지를 틀 수 밖에 없어서 찌르레기가 숲에 둥지를 트는 새들의 많은 비율에 도달한다.

가장 심하게 영향을 받는 종들은 북쪽과 남쪽의 서식지가 모두 교란된 종이다. 이주하는 북미산 호리호리한 다리를 가진 매의 연구에서 최근 들어 그들의 수가 크게 감소하였다는 것이 나타났다. 북미산 호리호리한 다리를 가진 매는 작은 명금류를 주된 먹이원으로 사용하는데, 매의 감소는 이주하는 명금류의 감소와 직접 연관되어 있는 것으로 생각된다.

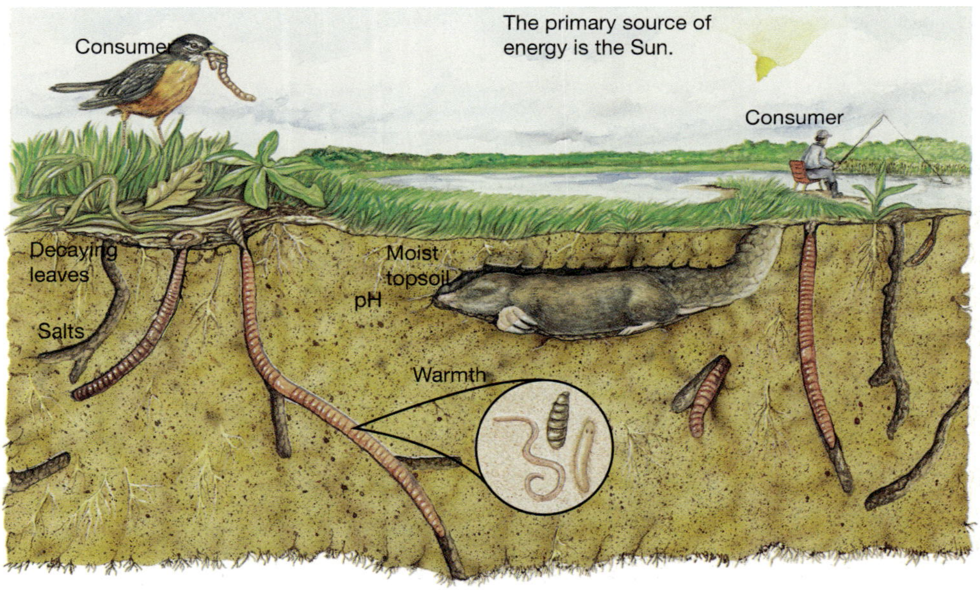

그림 12.10 지렁이의 적소는 매우 많은 요인을 포함한다. 여기에는 지렁이가 죽은 유기물의 소비자이고, 다른 동물의 먹이원이며, 기생충의 숙주이고, 낚시꾼의 먹이라는 사실이 포함된다. 더 나아가 지렁이는 굴을 파서 토양을 느슨하게 하며 표면에 물질을 퇴적시킬 때 쟁기질을 한다. 추가하여 토양의 pH, texture, 그리고 수분함량은 지렁이에게 영향을 미친다. 그러나 이것은 지렁이가 포함하는 적소의 작은 부분에 불과하다는 것을 명심하시오.

포함한다(그림 12.10). 더구나 지렁이는 많은 기생충의 숙주 역할을 하고, 미네랄과 영양분을 토양 깊은 곳으로부터 표층으로 운반하고, 유기물을 토양에 혼합하며, 공기와 물이 토양에 쉽게 침투할 수 있도록 굴을 형성한다. 이것은 적소의 모든 양상 중 제한된 예일 따름이다.

A 주머니쥐는 넓은 적소를 가진다.

B 코알라는 좁은 적소를 가진다.

그림 12.11 (A) 주머니쥐(*opossum*)는 매우 넓은 적소(niche)를 가진다. 주머니쥐는 다양한 먹이를 먹고, 다양한 서식처에서 살 수 있으며, 큰 번식능력을 가지고 있다. 그들은 일반적으로 미국에서 범위를 넓혀가고 있다. (B) 코알라(*Phascolarctos cinereus*)는 매우 좁은 적소를 가진다. 코알라는 몇 종의 유칼립투스 종의 잎만 먹으며, 오스트레일리아의 비교적 온화한 숲 지역에 한정되며, 서식처의 대부분에서 일반적으로 멸종위기에 처해있다.

어떤 생물은 상당히 넓은 적소를 가지지만; 다른 생물은 매우 특별한 요구와 제한된 역할을 하면서 아주 좁은 적소를 가진다. 주머니쥐(그림 12.11A)는 매우 넓은 적소를 가지는 동물이다. 주머니쥐는 다양한 종류의 식물과 동물 먹이를 먹으며, 다양한 기후에 적응할 수 있고, 많은 종류의 육식동물(사람을 포함)의 먹이로 사용되며, 많은 수의 자손을 생산한다. 대조적으로 오스트레일리아의 코알라(그림 12.11B)는 매우 좁은 적소를 가진다. 코알라는 특정한 종의 유칼립투스 나무가 있는 오스트레일리아 지역에서만 살 수 있는데, 그 이유는 이 나무의 몇 종류의 잎만 먹기 때문이다. 더구나 코알라는 낮은 온도를 견디지 못하며 많은 수의 자손을 생산하지 않는다. 추측할 수 있듯이 주머니쥐는 범위를 넓혀가고 있으며 코알라는 대부분의 범위에서 멸종위기에 처해있다.

종종 일부 생물에 의해 수행되는 중요한 역할이 간과되기가 쉽다. 예를 들어 유럽인들이 그 전에는 크고 굽이 달린 포유류가 없던 대륙인 오스트레일리아에 가축을 도입하였을 때, 쇠똥이나 말똥풍뎅이라는 딱정벌레 집단의 적소의 중요성에 대하여 생각하지 않았다. 이 딱정벌레들은 신선한 쇠똥에 빠르게 군락을 형성하여 분해되게 하였다. 그러한 딱정벌레는 오스트레일리아에 존재하지 않았기 때문에 가축을 길렀던 지역은 상당한 면적의 땅이 축적된 쇠똥으로 덮이게 되었다. 이로 인하여 풀이 자랄 수 있는 면적을 감소시켰으며 생산성을 감소시켰다. 이 문제는 크고 굽을 가진 포유류가 흔한 아프리카에서 말똥풍뎅이를 수입하여 결국 해결되었다. 말똥풍뎅이는 가축이 소화시키지 못하는 것을 이용하여 식물이 쉽게 순환하여 식물생물량으로 만들 수 있는 형태로 돌려놓았다.

A Closer Look

외래종의 침입(Alien Invasion)

정원과 원예용품점에서는 우리가 사는 곳에 토종이 아닌 식물 종을 종종 팔기도 한다. 더 나아가 자택 소유자는 특별히 색이 아름답거나 다른 이목을 끄는 특징을 가진 신기한 식물을 흔히 원한다. 이러한 외래종의 일부는 침입자이다. 그들은 한 장소에서 다른 장소로 쉽게 전파되는 과일이나 종자와 같은 특성을 가진다. 이러한 일이 발생하면, 외래종은 지역 토착식물과 경쟁하여 이를 대체하고 토착종이 지역적으로 멸종되게 하기 때문에 유해물이 될 수 있다.

미국 내에서 많은 외래 침입종의 사례가 있다. 반질반질한 갈매나무와 가을 올리브나무는 동북 숲에서 하층 종을 대체하였다. 위성류(소금기에 강한 개잎갈나무)는 남서부 강가의 우점종이 되었다. 브라질 후추와 멜라루카(칼리스테몬과 유사함)는 남부 플로리다에서 주요한 문제가 되었다. 칡(넝쿨 식물)과 부레옥잠류는 남부 지역에서 중대한 문제가 되었다. 털부처손은 미국의 북부와 캐나다 남부의 많은 지역을 장악하였다.

그림 12.12 (A) 치타(*Acinonyx jubatus*)와 같은 많은 포식자는 속도와 힘으로 포획을 한다.

그림 12.12 (B) 많은 종류의 거미와 같은 다른 포식자는 먹이를 포획하기 위하여 망을 이용하며 먹이를 물어서 죽인다. 명백하게 포식자는 먹이생물의 손해를 통해 얻는 먹이로부터 혜택을 받는다.

12.8 생물 상호작용의 종류 (Kinds of Organism Interactions)

생물이 다른 생물과 마주치면 수많은 방법으로 서로 영향을 미칠 수 있다. 어떤 상호작용은 한쪽 또는 모두에게 해롭다. 다른 상호작용은 이롭다. 생태학자들은 생물 간의 상호작용의 종류를 몇 가지의 넓은 범주로 분류하였다.

포식(Predation)

포식(predation)은 한 동물이 다른 동물을 포획하고 죽여서 먹을 때 일어난다. 죽는 동물을 먹이라고 하며 죽이는 동물을 포식자(predator)라고 한다. 포식자는 관계로부터 명백히 이익을 보지만, 먹이는 해를 입는다. 대부분의 포식자는 그들의 먹이에 비하여 비교적 크고 먹이를 추적하는 것을 돕는데 특별히 적응되어있다. 많은 거미들은 날아다니는 곤충을 잡기 위한 망으로서 거미줄을 친다. 먹이는 거미에 물려 빨리 마비되며 명주실에 얽혀 감싸진다. 독거미나 깡충거미와 같이 빠르게 움직이는 거미들은 거미줄을 사용하지 않고 먹이를 찾을 수 있도록 하는 큰 눈을 가지고 있다. 잠자리는 곤충을 잡을 수 있는 지역을 순찰한다. 매와 부엉이는 먹이를 찾을 수 있도록 하는 뛰어난 시력을 가지고 있다. 표범, 사자, 그리고 치타와 같은 많은 포식자들은 먹이를 지치게 하는 속도를 이용하며, 개구리, 두꺼비, 그리고 많은 종류의 도마뱀들은 환경과 어울려 있다 먹이 생물이 지나가면 신속하게 공격한다(그림 12.12).

기생(parasitism)

한 생물이 해를 입고 다른 생물이 도움을 받는 다른 종류의 상호작용은 기생이라는 관계이다. 사실상 비기생동물보다 기생동물의 종이 더 많아 이 관계가 매우 흔하게 한다. **기생(parasitism)**은 한 생물이 다른 생물의 내부나 위에 살면서 영양분을 얻는 것이다. 기생동물은 이익을 받으며 그들이 기생하는 숙주에 해를 미친다(그림 12.13). 많은 종류의 진균이 나무나 다른 식물 위에 자라는데, 일부는 상업적으로 가치가 있다. 느릅나무 잎고병은 나무의 살아있는 즙을 가진 부분을 감염하는 진균에 의해 발생한다. 겨우살이는 다른 나무에 기생하는 흔한 식물이다. 겨우살이는 기생하는 나무의 조직을 침투하여 그 나무로부터 양분을 얻는다. 심지어는 엽록소를 생산하는 능력을 상실한 기생식물도 있다.

A 촌충 - 내부 기생자

B 진드기 - 외부 기생자

C 수정란풀 - 기생 식물

그림 12.13 기생충은 숙주로부터 양분을 획득하기 때문에 관계로부터 이익을 얻는다. (A) 촌충(*Ascaris lumbricoides*)은 숙주의 장에서 사는 내부 공생자이며, 숙주의 장에서 먹이를 흡수한다. (B) 진드기는 숙주의 피를 빨아먹는 외부 기생자이다. (C) 수정란풀(*Monotropa uniflora*)은 엽록소가 없는 현화식물이며 뿌리와 상리공생관계를 가지는 진균에 기생한다.

A 상어에 부착한 빨판상어

그림 12.14 편리공생으로 불리는 관계에서 한 생물은 이익을 받고 다른 생물은 영향을 받지 않는다. (A) 빨판상어는 상어에 공짜로 편승한다. 이들은 상어의 부주의한 먹이 습관에서 남은 먹이 부스러기를 먹는다. 상어는 어떤 방식으로도 방해를 받지 않는 것처럼 보인다. (B) 이 상수리나무에 매달린 회색의 스페인 이끼는 착생식물의 좋은 예이다. 스페인 이끼는 나무에 해를 끼치지 않지만 성장하는 장소로서 나무의 표면을 이용하여 이익을 얻는다.

B 현화식물인 스페인 이끼(*Tillandsia usneoides*)는 착생식물이다.

많은 종류의 벌레, 원생동물, 세균, 그리고 바이러스는 중요한 기생생물이다. 숙주의 밖에서 서식하는 기생생물은 외부기생생물(external parasite)이라고 한다. 예를 들어 진드기는 쥐, 개, 고양이, 그리고 인간과 같은 포유류의 신체 외부에 서식하며 피를 빨아 숙주에 해를 끼친다. 동시에 숙주는 장에 촌충을 가지고 있을 수도 있다. 촌충은 숙주의 내부에 서식하기 때문에 내부기생생물(internal parasite)이라고 불린다. 세균과 바이러스 기생생물은 사람과 다른 생물들의 질병의 흔한 원인이다.

편리공생(commensalism)

포식과 기생은 모두 한 생물은 이익을 받는 반면 다른 생물은 해를 입는다. 다른 흔한 관계는 한 생물은 이익을 받고 다른 생물은 영향을 받지 않는 것이다. 이는 **편리공생**(commensalism)이라고 한다. 예를 들어 상어는 종종 빨판상어라는 다른 어류를 부착한다. 빨판상어는 머리의 윗부분에 빨판을 가지고 있어 상어에 부착하여 공짜로 타고 다닌다(그림 12.14A). 빨판상어는 공짜로 다니고 상어의 남은 먹이를 먹어서 이익을 받지만, 상어는 이 불청객으로부터 괴로움을 받지 않고 또한 빨판상어로부터 이익도 얻지 않는다.

편리공생의 다른 예는 나무와 착생식물의 관계이다. 착생식물은 다른 식물의 표면에서 살지만 그들로부터 양분을 얻지는 않는다(그림 12.14B). 많은 종류의 식물(예, 난초, 양치식물, 소나무겨우살이, 그리고 이끼)는 나무의 표면을 서식지로 삼는다. 이러한 종류의 생물은 특히 열대우림에서 흔하다. 많은 착생식물은 나무의 꼭대기에 위치할 수 있게 되어 많은 태양광과 습기를 받을 수 있어 이 관계로부터 이익을 받는다. 나무는 이 관계로부터 어떤 이익도 받지 않고 해도 입지 않는다; 나무는 단순히 착생식물을 지지하는 표면 역할만 한다.

상리공생(mutalism)

앞의 예에서는 두 종의 연관에서 한 종만 이익을 받았다. 두 종이 서로 밀접한 연관을 가지고 동시에 모두 이익을 받는 많은 상태도 있다. 이를 **상리공생**(mutualism)이라고 한다. 상리공생의 흥미로운 예 하나는 토끼, 소, 그리고 흰개미와 같은 동물의 소화를 포함한다. 이 동물들은 셀룰로오스 분자를 단순당으로 분해할 수 있는 효소를 생산하지 않지만 셀룰로오스가 많이 함유된 식물 물질을 먹는다. 그들은 소화기관에 서식하는 특별한 미생물의 도움으로 셀룰로오스 분자로부터 에너지를 획득할 수 있다. 미생물은 셀룰라아제라고 하는 셀룰로오스 분해 효소를 생산하며, 이는 숙주의 소화효소가 더 작은 포도당 분자로 분해할 수 있는 작은 탄수화물 분자로 셀룰로오스를 분해한다. 미생물은 숙주의 장이 습기 있고, 따뜻하고 영양분이 풍부한 서식환경을 제공해주기 때문에 이익을 얻는다. 숙주는 미생물이 먹이원을 제공하기 때문에 이익을 받는다.

그림 12.15 상리공생은 둘 다 이익을 얻는 두 생물 사이의 상호작용이다. 식물은 교차수분(다른 식물과 배우체의 교환)이 더 잘 일어나기 때문에 이익을 얻고; 벌은 먹이로서 꿀과 꽃가루를 획득하여 이익을 얻는다.

현화식물과 벌 사이에도 다른 상리공생 관계가 존재한다. 의심의 여지없이 벌과 다른 벌레들이 꽃에서 꿀을 얻기 위하여 꽃을 방문하는 것을 관찰하였다. 꽃은 보통 벌이 털이 많은 신체에 꽃가루(정자를 가지고 있는 포장)를 수집하여 다음 방문하는 꽃의 암술에 전달하도록 구조가 되어있다(그림 12.15). 벌들은 일반적으로 수 분 동안 동일한 종의 많은 개별 꽃을 방문하고 다른 종의 꽃은 무시하기 때문에 같은 종의 두 꽃 사이의 꽃가루 운반자 역할을 할 수 있다. 이러한 방식으로 수분된 식물은 꽃가루를 운반하기 위하여 바람에 의존하는 식물에 비하여 꽃가루를 적게 생산한다. 이는 엄청난 양의 꽃가루를 생산할 필요가 없기 때문에 식물의 에너지를 절약한다. 그러나 절약된 에너지의 일부를 벌을 유인하기 위한 화려한 꽃과 꿀의 생산에 옮길 필요가 있다. 벌은 먹이로 사용하는 꿀과 꽃가루로부터 이익을 얻는다.

공생(symbiosis)은 두 종류의 생물 사이의 밀접한 물리적 관계이다. 이 용어는 상리공생과 동일하게 사용되기도 하나 때로는 독립적인 의미의 공생관계로 상리공생, 편리공생, 기생을 포함하기도 한다. 따라서 단어가 사용된 문맥에서 의미를 결정하여야 한다.

CONCEPTS APPLIED 뒤뜰의 해충을 관리하기

생태계 동역학에 대하여 일부 정보를 알고 있으니 지역 정원 센터를 점검해보자. 라벨을 읽고, 정원사와 대화를 하고, 다음의 질문에 답해보시오.

1. 곤충을 제어하기 위하여 어떠한 방법(예, 화학적, 기계적)이 일반적으로 이용되는가?
2. 무엇이 당신에게 해충 문제를 유발하였는가(예, 빈대)?
3. 이러한 해충이 다시 돌아오는 것을 방지하려면 어떠한 장기적인 변화가 도움이 될 것인가?

A 빛을 위한 종내경쟁

B 먹이를 위한 종간경쟁

그림 12.16 태양광 같은 필요한 자원이 제한적으로 공급되면 생물은 이를 위해 경쟁한다. 같은 종의 구성원 사이에 경쟁이 일어나면 종내경쟁이라고 한다. (A) 스페인 나바르 이라티 숲의 소나무 사이의 태양광을 위한 종내경쟁은 크고 반듯한 몸체를 만들었다. 충분히 빨리 성장하지 못하는 나무들은 죽는다. 다른 종 사이의 경쟁을 종간경쟁이라고 한다. (B) 하이에나와 독수리는 케냐에서 하이에나가 죽인 먹이를 두고 경쟁한다.

경쟁(competition)

생물의 상호작용에 대한 현재까지의 논의에서 가장 흔한 관계를 남겨두었다. 지구상의 모든 생물은 경쟁적 상호작용에 관련되어 있다고 생각하는 것이 합리적이다. **경쟁**은 생물 둘 다 어느 정도 해를 입는 생물사이의 상호작용의 종류이다. 경쟁은 공급이 부족한 필수 자원을 필요로 하는 두 생물이 있을 때는 항상 일어난다(그림 12.16). 필수 자원은 먹이, 피난처, 둥지, 물, 짝, 또는 공간 등이 될 수 있다. 이는 두 개 사이의 먹이 조각을 위한 으르렁대는 세력다툼이 될 수도 있고, 또는 가용한 빛에 접근하기 위한 식물 사이의 조용한 투쟁일 수도 있다. 토마토(또는 다른 정원 식물) 씨를 뿌리고 잡초를 제거하지 못하였을 때, 경쟁을 볼 수 있었다. 잡초를 제거하지 않으면, 잡초는 정원 식물과 가용한 태양, 물, 그리고 영양분을 두고 경쟁하여 정원 식물과 잡초 모두 잘 성장하지 못한다.

경쟁과 자연 선택
(competition and natural selection)

경쟁이 양쪽 생물에게 모두 해를 끼치는 것을 인식하는 것은 중요하지만, 그래도 항상 승자와 패자가 있다. 두 생물이 동일한 정도로 해를 입지 않고, 한 종이 제한된 자원에 더 잘 접근하게 될 수 있다. 더 나아가 패자도 경쟁이 덜 치열한 다른 지역으로 이동하면 계속 생존할 수 있다. 많은 세대에 걸쳐서 두 다른 종의 개체가 경쟁하면, 자연선택을 통하여 종이 진화할 가능성이 있다. 적소 사이의 미묘한 차이가 발달되면서 경쟁은 감소되게 된다. 예를 들어 많은 새들은 먹이로 날아다니는 곤충을 포획한다. 그러나 그들은 서로 직접 경쟁하지 않는데 그 이유는 어떤 종은 밤에 먹이를 먹고, 다른 종은 공중 높이에서 먹고, 다른 종은 지표 부근에서만 먹고, 다른 일부는 가지에 둥지를 틀고 곤충이 지나가기를 기다린다. 곤충을 먹는 적소는 특정한 크기나 곤충의 종류에 대한 전문성으로 더욱 세분화될 수 있다.

방금 설명된 많은 관계(포식, 기생, 상리공생)는 한 생물에서 다른 생물로 영양분의 전달을 포함한다. 과학자가 생태계를 바라보는 다른 중요한 방법은 생물에서 생물로 어떻게 물질이 순환되는가를 관찰하는 것이다.

12.9 생태계에서 물질의 순환(The Cycling of Materials in Ecosystems)

우주진(우주 먼지)과 운석으로부터 새로운 원자들이 일부 지구에 더해지기는 하지만 이 양은 지구 전체의 질량에 비하면 중요하지 않다. 따라서 지구는 물질에 관련해서는 폐쇄된 생태계로 간주될 수 있다. 태양광 에너지만 연속적인 흐름으로 지구에 도달하지만 이것도 궁극적으로는 복사에너지로 외계로 되돌아간다. 그러나 모든 생물학적 과정을 주도하는 것은 이 에너지의 흐름이다. 생명계는 이 에너지를 이용하여 성장과 번식에 의하고 이미 존재하는 분자를 연속적으로 재사용하여 생명을 연속하는 방법으로 진화하였다. 이 재순환 과정에서 무기분자는 결합되어 생명체의 유기화합물을 형성한다. 유기물을 무기형태로 재순환하는 방법이 없다면, 유기물은 죽은 생물의 몸으로 축적될 것이다. 이러한 축적은 수백만 년 전 석탄, 석유, 그리고 천연가스가 형성될 때 나타났을 것으로 생각된다. 그러나 대부분의 조건에서는 분해자가 유기물을 다른 생물이 이용하여 유기물을 다시 만드는데 재사용될 수 있는 무기물로 분해할 수 있다.

탄소, 수소, 인, 칼륨, 질소, 황, 산소, 칼슘, 그리고 많은 종류의 원자가 생명체의 구조에 관련되어 있다. 이러한 원자들은 끊임없이 재순환된다. 어떻게 다양한 종류의 생물이 물질을 순환하는지 올바로 이해하는 방법은 특정한 종류의 원자를 관찰하여 생태계를 통한 진로를 추적하는 것이다.

탄소순환(the carbon cycle)

탄소순환은 대기와 생명체 사이에 탄소의 순환을 가져오는 일련의 생물활동이다. 모든 생명체는 탄소 원자의 긴 사슬로 구성된 유기분자를 포함한다. 탄소와 산소 원자는 결합하여 이산화탄소(CO_2) 분자를 형성하며, 이는 대기에 소량(약 0.04%) 존재하는 기체이다. 생산자는 광합성을 통해 이산화탄소(CO_2)와 물(H_2O)을 결합하여 당($C_6H_{12}O_6$)과 같은 복잡한 유기분자를 형성한다. 동시에 산소 분자(O_2)가 방출된다. 육상 생산자는 대기로부터 CO_2를 획득하고 대기로 O_2를 방출한다. 수서 생산자는 그들이 서식하는 물에서 CO_2를 획득하고 물로 O_2를 방출한다.

식물의 체내에 있는 유기물은 초식동물의 먹이로 사용될 수 있다. 초식동물이 식물을 먹으면, 복잡한 유기물을 당, 아미노산, 글리세롤, 그리고 지방산 같은 단순한 유기 분자로 분해한다. 이러한 분자들은 자신의 몸을 만드는 소재로 사용될 수 있다. 따라서 초식동물의 몸에 있는 원자는 섭취된 식물로 추적될 수 있다. 유사하게 육식동물이 초식동물을 먹으면 그 동일한 원자가 전달된다. 마지막으로 식물과 동물의 폐기물과 죽은 생물의 유해는 분해자에 의하여 그들의 생존에 필요한 탄소와 다른 원자의 원천으로 이용된다.

게다가 식물, 초식동물, 육식동물, 그리고 분해자 등 이 순환의 모든 생물은 호흡을 통하여 에너지(ATP)를 획득하는데, 호흡에서는 산소를 사용하여 유기화합물을 이산화탄소(CO_2)와 물(H_2O)로 분해한다. 따라서 이산화탄소(CO_2)의 성분으로 시작된 탄소 원자는 유기분자의 부분

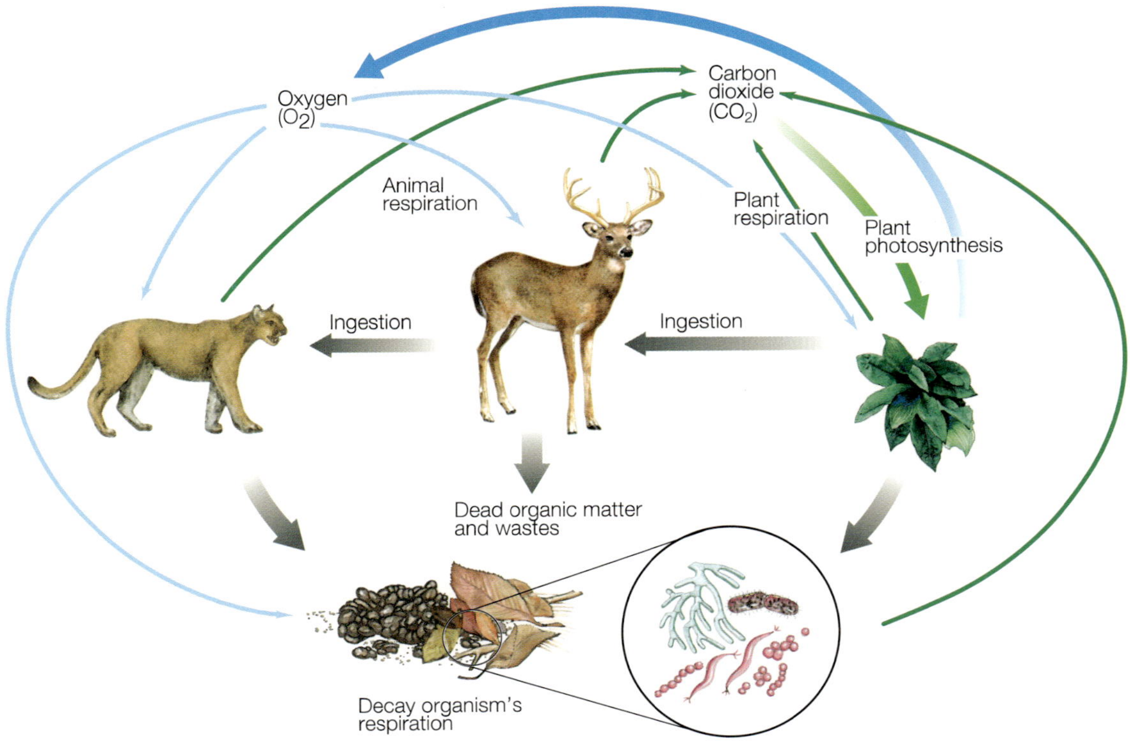

그림 12.17 탄소 원자는 생태계를 통하여 순환된다. 호흡에 의해 생산된 이산화탄소(녹색 화살)는 식물이 광합성을 수행할 때 유기분자로 병합하는 탄소의 기원이다. 이러한 탄소를 포함하는 유기분자(검정색 화살)는 동물이 식물이나 다른 동물을 먹을 때 동물로 전달된다. 노폐물이나 죽은 생물의 유기분자는 토양에 있는 분해자생물이 유기물을 이산화탄소와 물로 분해할 때 소비된다. 모든 생물(식물, 동물, 그리고 분해자)은 탄소 원자를 세포호흡을 할 때 이산화탄소의 형태로 대기나 물로 돌려보낸다. 산소(푸른색 화살)는 탄소와 동시에 순환된다. 산소는 광합성을 할 때 대기나 물로 방출되며 호흡을 할 때 흡수된다.

으로 생명체의 몸체를 통과하여 호흡에 의하여 이산화탄소로 돌아와서, 다시 순환될 준비가 되었다. 유사하게 광합성에 의해 산소 분자로 방출된 산소 원자는 호흡과정을 통하여 사용되었다(그림 12.17).

질소순환(the nitrogen cycle)

생명체에 중요한 다른 원소는 질소(N)이다. 질소는 아미노산의 형성에 필수적이며, 아미노산은 단백질의 형성, ATP와 DNA와 RNA 핵산의 부분인 질소를 포함한 염기의 생성에 필요하다. 질소(N)는 대기에서 질소 기체(N_2)의 형태로 나타난다. 질소 기체(N_2)는 지구 대기의 약 80%를 차지하지만, 몇 종류의 세균만 다른 생물들이 이용할 수 있는 질소화합물로 변환할 수 있다. 따라서 대부분의 육상 생태계에서 가용한 질소의 양이 생산될 수 있는 식물 생물량을 제한한다. (대부분의 수서 생태계는 질소의 양이 아니라 인의 양에 의하여 제한된다.) 식물은 아미노산과 다른 화합물을 만드는데 필요한 질소 원자를 획득하기 위하여 몇 가지 다른 종류의 질소함유 화합물을 이용한다(그림 12.18).

A Closer Look

과학자들은 기후변화에 대한 지식을 축적한다

인간은 탄소 순환을 현저하게 변화시켰다. 화석연료를 연소시키면서 대기 중 이산화탄소 농도는 꾸준히 증가한다. 이산화탄소는 빛은 대기로 들어오게 하지만 열이 빠져나가지 못하게 한다. 이것은 온실에서 일어나는 것과 유사해서 이산화탄소와 유사한 영향을 가지는 다른 기체들을 온실기체라고 한다. 따라서 많은 과학자들은 증가된 이산화탄소 수준이 지구를 따뜻하게 해서, 이는 기상과 기후에 주요한 변화를 일으킬 것에 대하여 걱정하고 있다. 과학에서 새로운 발견이 되거나 새로운 쟁점이 제기되면 그 주제에 대하여 지식의 양을 추가하는 많은 수의 관찰과 실험을 자극한다(박스그림 12.1). 지구 기후변화에 대한 우려와 이산화탄소가 기후변화에 미치는 역할에 관한 우려는 과학자들이 이 문제의 다양한 면에 대하여 연구하도록 하였다. 이는 지구전체적인 노력이며 과학의 많은 다른 분야를 포함하였다. 이 노력은 기후변화에 대한 여러 가지 기본적인 가정에 대한 비판적인 검토, 많은 새로운 정보의 축적, 그리고 지구 기후변화의 결과에 대한 새로운 예측 등의 성과를 얻었다.

몇 가지 중요한 연구에는 다음 사항들이 포함된다:

- 빙하 얼음에 포획된 기포를 조사하여 과학자들은 얼음이 형성될 당시 대기중 이산화탄소의 양을 측정할 수 있었다. 이는 인간에 의한 이산화탄소 배출 이전의 이산화탄소 농도에 대한 정보를 제공하며 과학자들이 변화율을 추적할 수 있도록 한다.
- 전세계에 걸쳐 다양한 장소에서 대기의 장기연구는 이산화탄소 수준이 증가한다는 것을 보여준다.
- 측정에 의하면 해수면이 매년 2 mm 상승하고 있다는 것을 보여준다.
- 지구 대기온도의 측정은 온도를 추적할 수 있게 하였다. NASA에 의하면 1998부터 2009년의 12년 기간에 10번의 최고 온도가 측정되었다.
- 북극해의 위성영상은 빙하면적이 감소된 것을 보여준다.
- 유럽에서 새들의 이주를 관찰한 결과 장거리를 이주하는 새들이 봄에 일찍 유럽에 도착하는 것을 입증하였다.
- 자연 생태계가 이산화탄소를 포집하는 역할에 대한 가정을 결정하기 위하여 다른 생태계가 이산화탄소를 흡수하는 속도에 대한 많은 연구가 수행되었다.
- 북극의 온난화는 영구동토를 감소를 초래하였다.
- 증가된 수온은 호수와 해양에서 시안세균 대증식의 횟수와 범위의 증가와 연결되어 있다.
- 연구에 의하면 대기 중 이산화탄소 수준의 증가는 해양에서의 용존 이산화탄소 양의 증가를 초래한다고 시사한다. 증가된 이산화탄소는 해양의 pH를 감소시켜, 패각을 형성하는 동물에 부정적인 영향을 미칠 수 있다.
- 해양의 온난화는 더 강한 허리케인과 관련이 있다.
- 봄이 일찍 오는 것은 미국 서부에서 발생하는 산불의 횟수와 강도가 증가한 것과 관련이 있다.

UN은 과학자, 정치지도자, 그리고 경제학자의 패널인 기후변화에 관한 정부간 패널(IPCC)을 기후변화 주제에 관하여 생산된 많은 양의 정보를 분석하기 위하여 설립하였다. IPCC는 본질, 원인, 그리고 생태계와 문화에 대한 기후변화의 영향에 관한 몇몇 보고서를 발행하였다.

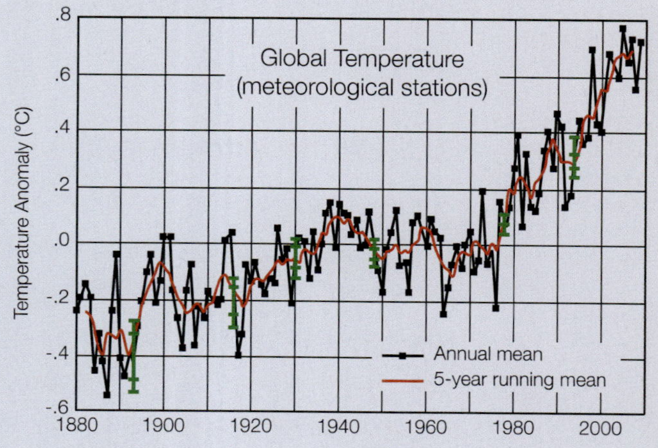

박스그림 12.1

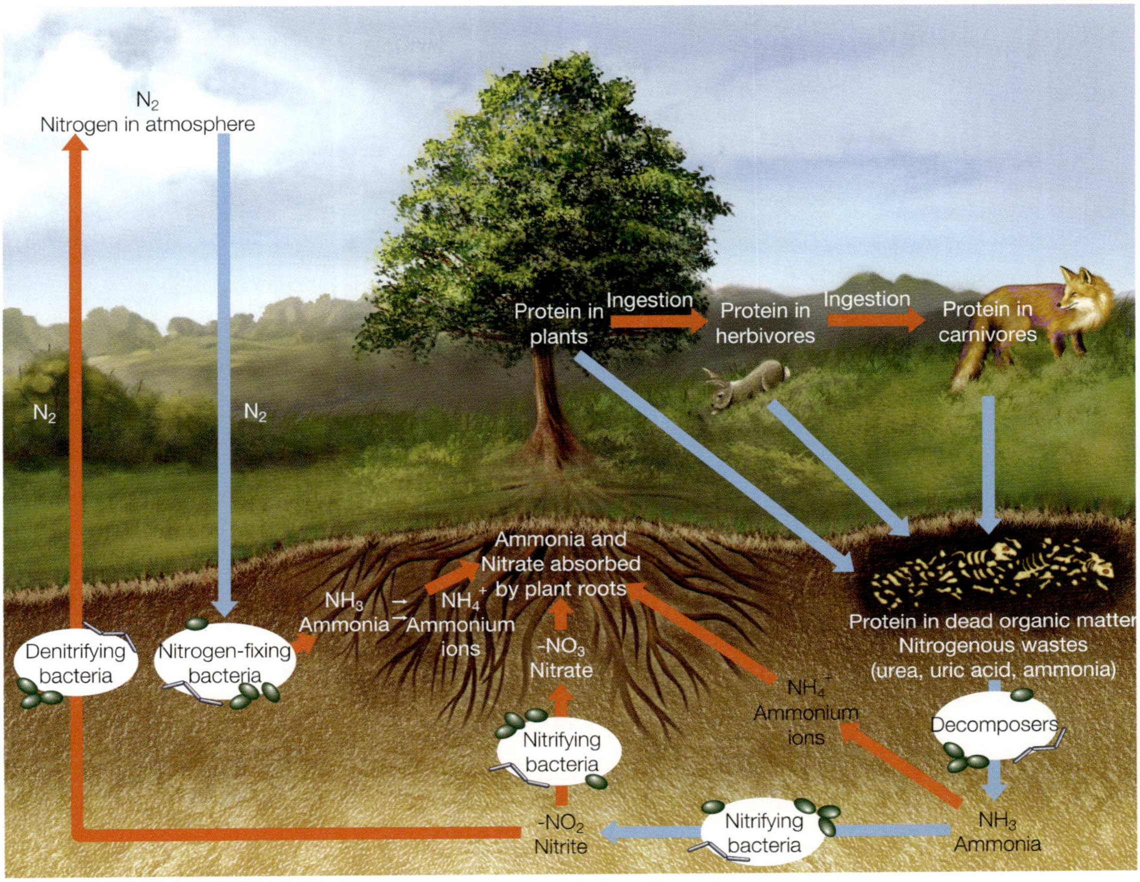

그림 12.18 질소 원자는 생태계를 통하여 순환된다. 대기 질소는 질소고정세균에 의하여 식물이 이용하여 단백질이나 다른 화합물을 만드는 질소를 포함하는 화합물로 변환된다. 단백질은 한 생물이 다른 생물에 의하여 먹힐 때 다른 생물로 전달된다. 죽은 생물과 폐기물은 분해자 생물의 작용에 의하여 암모니아를 형성하며, 암모니아는 식물에 이용되고 질산화 세균에 의하여 다른 질소화합물로 변환된다. 탈질화세균은 질소를 기체상태로 대기로 돌려보낸다.

몇 종류 식물의 뿌리에 **공생하는 질소고정 세균**(symbiotic nitrogen-fixing bacteria)이 서식하는데, 그곳에서 세균은 질소 기체를 식물이 아미노산과 핵산을 만드는데 이용할 수 있는 화합물로 변환한다. 이 상리공생관계에 들어가는 가장 흔한 식물은 콩, 클로버, 완두콩, 알팔파 그리고 아카시나무와 같은 콩과식물이다. 오리나무와 수생 양치류 같은 일부 다른 생물도 이 관계에 참여할 수 있다. 또한 식물의 뿌리를 통하여 흡수될 수 있는 질소화합물을 제공하는 토양에 있는 **자유생활 질소고정 세균**(free-living nitrogen-fixing bacteria)도 있지만, 세균은 식물과 밀접한 물리적 연합에서 생활하지는 않는다. 토양의 질소고정 세균에 추가하여 시안세균은 수서 환경에서 질소를 제공하는데 중요하며, 최근의 연구에 의하면 몇 종류의 고세균이 질소고정자로서 질소순환에 관련되어 있다는 것이 밝혀졌다.

식물이 이용할 수 있는 질소화합물을 얻는 다른 방법은 일련의 다른 세균이 관련된다. 분해자 세균(decomposer bacteria)은 질소함유 화합물을 암모니아(NH_3) 그리고 암모늄 이온(NH_4^+)으로 변환시킨다. 질산화 세균(nitrifying bacteria)은 암모늄 이온(NH_4^+)을 아질산

Connections . . .

화학비료와 질소순환

현대 농업은 수확되는 식물에 의해 토양에서 제거되는 원소를 대체하기 위하여 비료의 사용에 의존한다. 비료의 세 가지 가장 중요한 원소는 질소, 인, 칼륨이다. 비료 봉지 위의 번호는 시들 세 원소가 얼마씩 있는지를 알려준다. 예를 들어 6-12-12 비료는 질소 6%, 인 12%, 칼륨 화합물 12%를 포함한다. 원소상 질소는 대기의 80%를 차지하지만 식물이 이용할 수 없다. 화학적 관점에서 두 개의 질소 원자가 서로 결합되어 있는 분자상 질소를 얻는 것은 매우 어렵다. 일부 세균이 수소를 질소에 부착하여 암모니아를 형성할 수 있지만, 암모니아를 생산하는 화학적 방법은 1909년 프리츠 하버가 질소와 수소가 결합하여 암모니아를 생성하는 조건을 측정할 때까지는 결정되지 않았다. 수소를 암모니아로 부착하는 과정은 매우 많은 에너지를 요구한다. 이는 비료로 사용할 수 있는 다양한 질소를 함유하는 화합물을 생산하는 실질적인 수단을 가져왔기 때문에 중요한 발견이었다. 농부들은 많은 종류의 식물에 질소를 제공하기 위하여 암모니아를 토양에 직접 시비한다. 암모니아는 다른 물질과 반응시켜 요소, 질산암모늄, 황산암모늄을 포함하는 질소 비료로 이용되는 다양한 화합물을 생산한다.

(NO_2^-)함유 화합물로 변환시키고, 이는 질산(NO_3^-)함유 화합물로 변환될 수 있다. 많은 종류의 식물은 토양으로부터 암모늄 이온(NH_4^+)이나 질산(NO_3^-)을 아미노산이나 핵산의 소재로 사용할 수 있다.

모든 동물은 먹는 음식으로부터 질소를 획득한다. 섭취된 단백질은 소화에 의해 아미노산 성분으로 분해된다. 아미노산은 동물의 특징적인 새로운 단백질로 재조립된다. 모든 죽은 유기물과 식물과 동물의 노폐물은 분해자 생물에 의해 작용되어, 질소는 암모니아(NH_3)로 배출돼 식물에 의해 흡수되거나 질산화 세균의 작용에 의해 질산(NO_3^-)이 생성된다.

마지막으로 탈질화 세균(denitrifying bacteria)은 아질산(NO_2^-)을 질소 기체(N_2)로 변환시킬 수 있으며, 이는 대기로 방출된다. 따라서 **질소순환**에서 대기로부터 온 질소는 많은 부분이 세균인 여러 단계의 생물을 통과하여, 궁극적으로 대기로 돌아가 다시 순환된다. 그러나 질소 순환은 근본적으로 탄소 순환과 다르다. 무기질소 화합물은 필연적으로 대기로 돌아가지 않고 분해자, 질산, 아질산 세균에 의하여 식물로 돌아간다.

인순환(the phosphorus cycle)

인은 생명체의 구조에 흔한 또 하나의 원자이다. 인은 DNA와 같은 많은 중요한 생물분자와 세포의 막 구조에 존재한다. 게다가 척추동물의 뼈와 치아는 상당한 양의 인을 포함한다. 인의 궁극적인 기원은 암석이다. 자연에서 인 화합물은 암석의 풍화에 의하여 방출되어 물에 용해된다. 식물은 용존 인을 이용하여 그들이 필요로 하는 분자를 만든다. 동물은 식물이나 다른 동물을 소비하여 필요로 하는 인을 획득한다. 생물이 죽거나 노폐물을 분비할 때 분해자 생물은 인 화합물을 토양으로 재순환한다. 물에 용해된 인 화합물은 궁극적으로 퇴적물로 침전된다. 지질학적 과정은 이러한 퇴적물을 융기시켜 풍화에 노출시키며, 따라서 이러한 퇴적물이 생물에 가용하도록 한다(그림 12.19). 동물의 노폐물은 종종 상당한 양의 인을 포함한다. 많은 수의 바다 새나 박쥐가 수백 년 동안 모여 산 장소에는, 구아노라고 불리는 이들의 배설물은 비료로 이용되는 인의 중요한 기원이 될 수 있다. 많은 토양에서 인의 공급이 부족하며 최대의 수확을 얻기 위해서는 작물에 공급되어야 한다. 인은 또한 수서생태계에서도 공급이 부족하며, 하수의 세제와 잔디와 농경지의 유출수로부터 온 인의 추가는 호수, 강, 하구, 그리고 육지 가까운 해양에서 조류와 식물의 바람직하지 않은 성장을 야기할 수 있다.

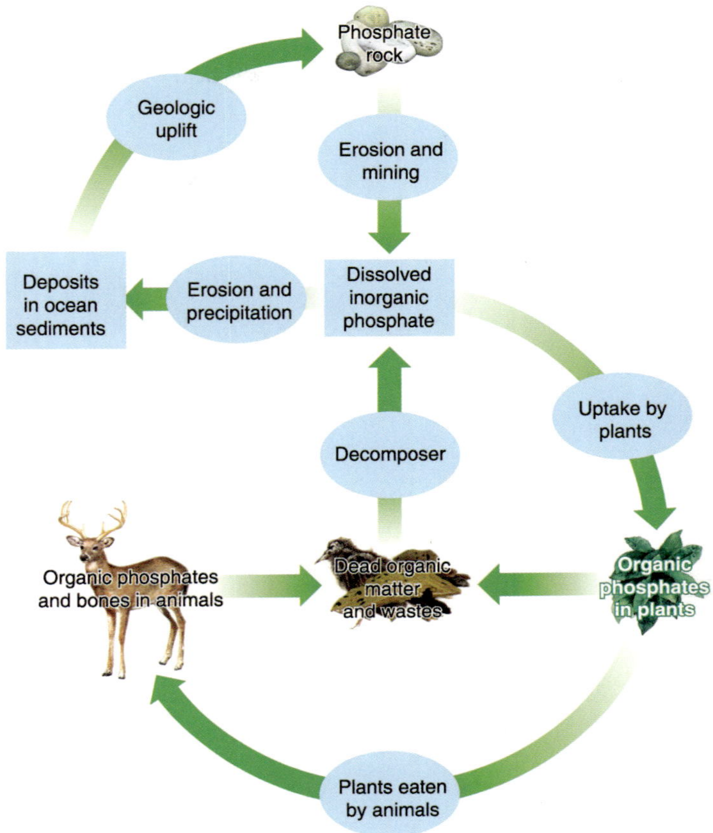

그림 12.19 인의 기원은 암석이며, 용해되면 식물과 동물이 이용하는 인을 제공한다.

영양분 순환과 지질학적 시간 (nutrient cycles and geological time)

바로 앞에서 논의한 영양분의 순환은 단기적 기반에서는 원소가 생물 사이에서 연속적으로 재이용되고 장기적 기반에서는 어떤 원소가 오랜 기간 동안 묶여서 활발한 영양분 순환의 일부가 아닌 것에 작용한다. 인 순환에 대한 논의에서, 인의 기원이 암석이라고 언급되었다. 인은 먹이사슬에서는 생물을 통하여 빠르게 이동하지만, 인 이온은 물에 매우 잘 녹지 않아서 해양에서 퇴적되어 궁극적으로는 해양저의 암석이 된다. 일단 퇴적이 일어나면 인 이온이 육상생태계에 가용하게 하기 위해서는 지질학적 융기와 침식 과정이 필요하다. 따라서 우리는 해양이 인이 활발한 영양분 순환에서 제거되는 장소로 생각할 수 있다(이 상황을 씽크(sink)라고 한다).

탄소 순환의 장기적인 면도 있다. 토양과 퇴적물의 유기물은 한때 살아있던 생물의 잔해이다. 따라서 이러한 화합물은 탄소의 씽크로 작용하며, 특히 분해가 느린 생태계에서 그렇다(툰드라, 북방 삼림, 초원, 습지대, 해양 퇴적물). 이러한 물질은 수백 수천 년간 탄소를 잡아둔다. 화석연료(석탄, 석유, 천연가스)도 생물의 잔해로부터 형성되었으며, 수억 년이 걸리는 오랜 기간의 씽크이다. 화석 연료의 이러한 탄소 원자는 한때는 활발한 탄소순환의 부분이었으나 유기물이 분해되지 않고 퇴적되면서 활발한 순환에서 제거되었다. 석유와 천연가스를 형성한 생물은 퇴적물에 의해 덮인 해양생물의 잔해로 생각된다. 석탄은 퇴적물로 덮인 식물의 잔해로부터 생성되었다. 일단 생물이 묻히면, 분해가 늦어지고, 지구의 열과 퇴적물의 압력의 도움으로 생명체의 잔해가 화석연료로 변형된다. 화석연료의 탄소 원자는 수억 년간 고정되어 있다. 따라서 화석연료의 생성은 탄소 원자에 대한 씽크이다.

해양은 주된 탄소의 씽크이다. 이산화탄소는 물에 매우 잘 용해된다. 많은 종류의 탄산염 퇴적암은 해양에 용해된 탄산염이 침전되어 형성된다. 게다가 많은 해양생물은 탄산칼슘으로 된 골격이나 패각을 형성한다. 이러한 물질이 해양저에 퇴적물로 축적되어 시간에 따라 석회암으로 변화될 수 있다. 석회암은 대체적으로 많은 수의 화석을 포함한다. 방대한 양의 탄산염 암석은 과거 지구 대기에 많은 양의 이산화탄소가 있었다는 것을 지시한다.

화석연료가 한때 살아있던 생물의 잔해이고 생명체는 단백질의 부분으로 질소를 가지고 있기 때문에, 한때 활발한 질소순환의 부분이었던 질소는 화석연료가 형성되면서 제거되었다. 많은 양의 무생물 유기물이 축적되는 생태계(습지, 숲의 부식질, 그리고 해양퇴적물)에서는 질소가 비교적 오랜 시간동안 고정될 수 있다. 게다가 일부 질소는 퇴적암에 고정되며 어떤 경우에는 풍화에 의해 방출된다. 그러나 질소의 주된 씽크는 대기의 질소로 보인다. 질소화합물은 물에 매우 잘 용해되기 때문에 퇴적암이 물에 노출되면, 이러한 물질은 용해되어 활발한 질소순환으로 재진입한다.

생물축적과 생물증폭(bioaccumulation and biomagnification)

생물축적은 생물이 물질을 포획하여 저장할 때 일어난다. 탄소, 질소, 그리고 인은 생명체에 의하여 일시적으로 생물축적되는 원소의 예이다. 이러한 물질은 대사작용이나 죽을 때 생물로부터 방출된다. 그러나 생물이 생물에 의하여 섭취되지만 대사되거나 배설되지 않고 독소를 생물축적하는 것도 가능하다. 생물축적하여 관심을 받은 두 종류의 물질은 메틸수은(CH_3Hg^+)과 지속성 유기 오염물질이다.

메틸수은은 저산소 환경에서 서식하는 특정한 종류의 세균에 의하여 생성된다. 원소상 수은은 암석에 존재하지만, 인간의 활동은 이러한 세균의 작용에 이용될 수 있는 수은의 양을 증가시켰다. 광산채굴과 석탄의 연소가 수은의 주된 기원이다. 지속성 유기 오염물질은 특정한 플라스틱, 방염제, 그리고 살충제의 제조로부터 발생한다. 이러한 화학물은 자연산물이 아니기 때문에, 분해자를 포함한 대부분의 생물들은 이들을 분해하는데 필요한 대사경로를 가지고 있지 않다. 따라서 이러한 물질의 일부는 생물에 의해 섭취되어 생물축적된다. 생물이 더 많은 메틸수은이나 지속성 유기 화합물에 노출 될수록 더 많이 축적되어, 생물의 건강에 영향을 미치게 될 가능성이 높다.

이 문제를 복잡하게 만드는 것은 먹이사슬에서의 생물증폭이라는 현상이다. 초식동물이 식물을 먹으면, 이들은 이미 식물에 축적되어 있는 지속성 물질을 축적한다. 유사하게 육식동물은 이들이 먹는 초식동물에 축적되었던 물질을 더욱 농축시킨다. 따라서 높은 영양단계로 갈수록 동물에서 나타나는 농도는 증가하며, 이것이 생물증폭이다.

잘 기록된 DDT 사례는 어떻게 생물증폭이 일어나는지의 예이다. 한때 DDT는 널리 사용되던 살충제였다. DDT는 물에는 거의 녹지 않지만 기름이나 지방화합물에는 용해된다. DDT가 곤충 위에 떨어지거나 곤충에 의해 섭취되면, DDT는 곤충의 지방조직에 축적된다. 많은 양은 곤충을 죽이지만 작은 양은 죽이지 않고, 곤충의 몸은 1 ppm(백만분의 1)까지의 DDT를 포함할 수 있다.이는 많지 않지만 그러나 곤충을 먹는 동물에게는 엄청나게 큰 효과를 보일 수 있다.

수서 서식지에 작은 양의 DDT를 살포하거나 DDT가 흘러 들어왔을 때, 작은 수서생물은 주변의 물에 있는 DDT 농도보다 250배까지 축적하였다. 이 생물은 새우, 조개, 그리고 작은 어류에 의해 먹히고, 이들은 다시 큰 어류에 의해 먹혔다. 큰 어류의 DDT 농

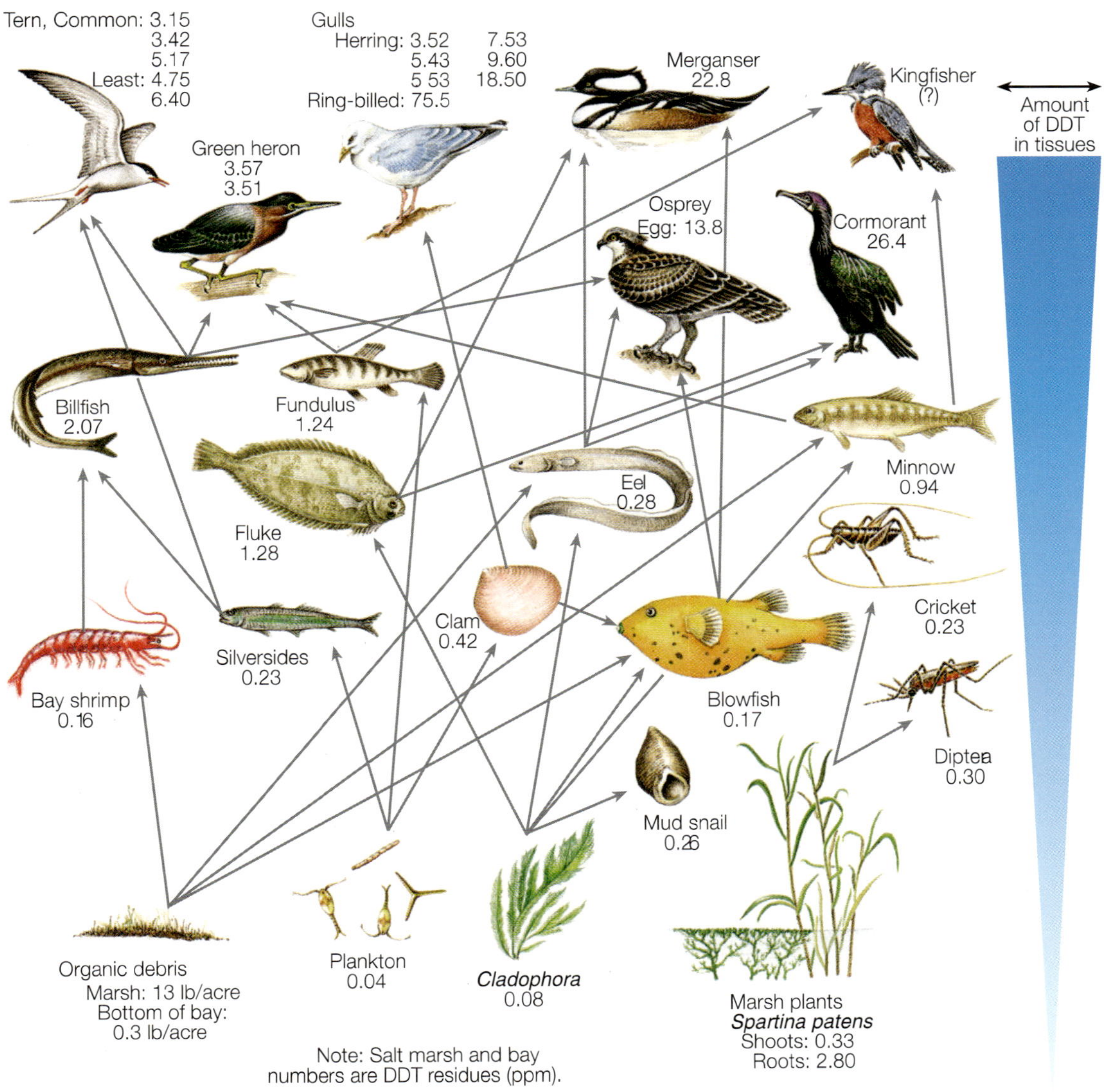

그림 12.20 이 그림은 수서 먹이사슬에서 DDT의 생물증폭을 보여준다. 모든 숫자는 백만분의 1(ppm)이다. 1 ppm이라는 농도는 생물의 동등한 1백만 개의 부분 중에 한 부분이 DDT라는 의미이다. 생물 체내의 DDT 양이 생산자에서 초식동물을 거쳐 육식동물로 진행하면서 어떻게 증가하는지 주목하시오. DDT는 지속성이기 때문에 먹이사슬의 상부 영양단계에 축적된다.

도는 지역에 살포한 원래 농도보다 2000배까지 나타났다. 초기 농도는 낮았던 것이 상위 영양단계에 있는 동물에게는 치명적이 될 정도로 높아졌다. 이것은 새에게 특히 문제가 되었는데, 그 이유는 DDT가 알 껍질의 생산을 방해하여 깨지기 쉽게 만들었다. 이 문제는 먹이사슬의 꼭대기에 있는 육식성 새들에게 더 널리 나타났다. 모든 맹금들이 어느 정도 영향을 받았겠지만, 어류를 먹이로 하는 종들이 가장 심하게 영향을 받았다. 독수리, 물수리, 가마우지, 그리고 펠리컨이 특히 민감한 종이였다(그림 12.20). 어류를 먹는 새들의 많은 개체군의 감소와 연결되어 있어서, DDT의 제조와 사용은 1970년대 초에 미국에서 금지되었으며 지금은 전 세계에서 대부분 사용이 금지되어 있다.

갈색 펠리컨, 흰머리 독수리, 물수리, 그리고 가마우지를 포함한 주로 어류를 먹는 여러 종의 개체군이 지속성 유기화합물의 생물증폭에 의하여 심각하게 영향을 받았다. 대부분의 지속성 살충제와 다른 몇 가지 화학물의 통제와 제한으로, 이들 체내에 이러한 화학물의 수준은 감소하였으며, 개체군도 다시 회복되었다. 흰머리독수리는 멸종위기종 목록에서 제외되었으며, 펠리컨도 그 범위의 일부 지역에서 멸종위기종 목록에서 제외되었다.

오늘날도 사람들에게(특히 어린이와 가임기의 여성) 어떠한 종류의 어류를 먹지 말라고 경고하는 권고에서 생물증폭 문제의 증거를 볼 수 있다. 이는 주로 먹이 사슬의 꼭대기에 있는 포식성 어류의 메틸수은 수준 때문이다.

12.10 개체군의 특징 (Population Characteristics)

개체군(population)은 동일한 종의 생물 집단이 같은 장소와 같은 시간에 있는 것이다. 예는 앞마당에 있는 많은 민들레, 도시 하수구에 있는 쥐 개체군, 뉴욕시에 사는 사람의 수 등이다. 큰 규모에서는 세계의 모든 사람은 인간 개체군을 구성한다. 종과 개체군은 종이 개체군이기 때문에 서로 관련되어 있다. 종은 특정 종류의 생물의 가장 큰 가능한 개체군이다. 개체군이라는 용어는 종종 공간이나 시간을 특정하여 종의 일부를 지칭하는데 이용된다. 예를 들어 도시 인구의 크기는 하루 동안 시간에 따라 변하며 시 경계를 어디로 정하느냐에 따라 변화한다.

유전적 차이(genetic difference)

지역 개체군은 종의 작은 부분이기 때문에, 같은 종의 다른 개체군은 차이를 보일 것을 기대할 수 있다. 유전자 빈도(gene frequency)는 특징을 나타내는 특정한 유전자가 개체군의 개체에서 얼마나 자주 나타나는가를 측정하는 것이다. 같은 종의 두 개체군은 때로는 매우 다른 유전자 빈도를 가진다. 예를 들어 모기의 많은 개체군은 높은 살충제 저항 유전자 빈도를 보일 수 있는 반면 다른 개체군은 그렇지 않다. 인간의 키에 대한 유전자

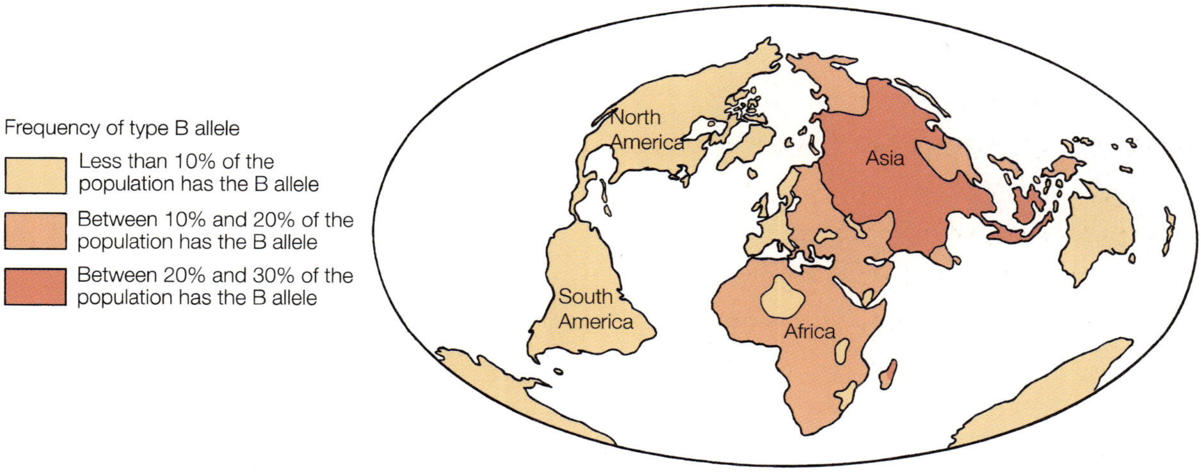

그림 12.21 B형 피의 대립유전자는 세계에 균질하게 분포되어있지 않다. 이 지도는 B형의 대립유전자가 아시아 일부에 흔하며 중동과 일부 유럽과 아프리카로 전파된 것을 보여준다. 아메리카로는 아주 적은 대립유전자의 흐름이 있었다.

의 빈도는 다른 모든 인간 개체군에 비하여 특정한 아프리카 부족에서 크게 나타난다. 그림 12.21은 B형 혈액에 대한 유전적 정보의 빈도가 하나의 인간 개체군과 다른 개체군이 현저하게 다른 것을 보여준다.

나이 구조(age structure)

개체군의 다른 특징은 개체군의 각 나이에 속하는 생물 수인 연령분포(age distribution)이다. 부가하여 생물은 다음 범주로 나뉘기도 한다.

- 생식 전 유생 – 곤충 유생, 식물의 씨앗, 또는 아기
- 생식기 성체 – 성숙한 곤충, 씨앗을 생산하는 식물, 또는 초기 성인기의 사람
- 생식 능력이 없는 생식 후 성체 – 씨앗을 떨어뜨린 1년생 식물, 산란한 연어, 노인

개체군은 셋으로 균등하게 나뉘는 것은 아니다(그림 12.22). 어떤 경우에는 개체군이 주로 한 연령 집단으로 이루어질 수 있다. 만약 개체군의 대부분이 생식전이면, 빠른 개체군의 성장기는 생식 전 개체들이 성적 성숙에 도달한 미래에 예견될 것이다. 만약 개체군의 대부분이 생식기면, 개체군은 빨리 성장할 것이다. 만약 개체군의 대부분이 생식 후라면, 개체군의 감소가 예견될 것이다. 짧은 기간만 생존하고 높은 번식률을 가진 많은 생물은 몇 주 또는 몇 개월 사이에 현저하게 변하는 연령분포를 가질 것이다. 예를 들어 많은 새들은 여름기간에 돌풍 같은 번식 활동을 보인다. 따라서 여름 다른 시기에 특정한 종의 새 개체군을 채집하면, 생식기와 생식 전 개체의 매우 다른 비율을 볼 수 있을 것이다.

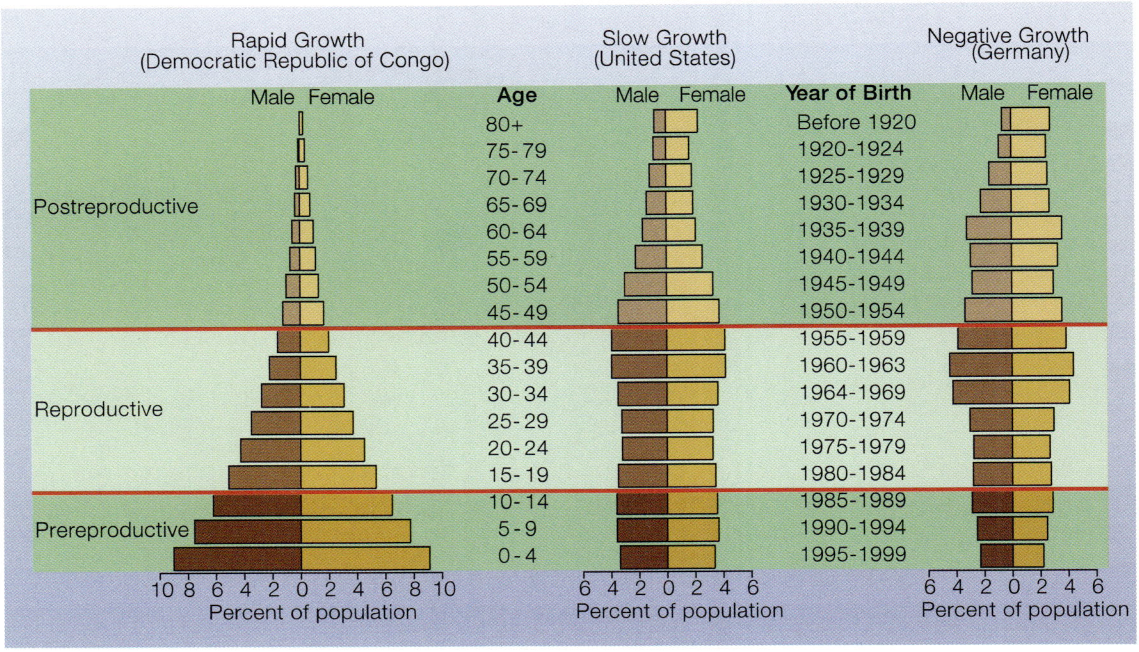

그림 12.22 세 범주(생식전, 생식기, 생식후)의 상대적인 개체수는 개체군의 장래 성장에 대한 좋은 단서이다. 콩고 민주공화국은 생식할 성인이 될 많은 수의 젊은 개체가 있다. 따라서 이 인구는 매우 빠르게 성장할 가능성이 크다. 미국은 큰 비율의 생식기 개체와 적당한 수의 생식후 개체를 보인다. 따라서 이 인구는 서서히 성장할 가능성이 높다. 독일은 감소하는 수의 생식기 개체와 매우 작은 수의 생식전 개체를 보인다. 따라서 이 인구는 감소하기 시작하였다.

그림 12.23 교미하는 북방 코끼리 바다표범(*Mirounga angustirostris*) 같은 일부 수컷 동물은 암컷의 하렘을 방어한다; 따라서 이 집단의 성비는 수컷 당 여러 암컷이다.

성비(sex ratio)

개체군은 성비도 다를 수 있다. 성비는 개체군에서 암컷의 수에 대한 수컷 수의 비율이다. 강한 짝결합이 일어나는 새와 포유류에서는 성비는 거의 일대일이다(1 : 1). 강한 짝결합을 가지지 않는 포유류나 새는 성비가 수컷에 비해 암컷이 클 수 있다. 특히 사냥을 당하는 종에서 그러한데, 그 이유는 수컷이 암컷에 비하여 총을 많이 맞아서 암컷의 생존비율이 높게 나타난다. 수컷은 여러 암컷을 수정할 수 있기 때문에 암컷이 수컷보다 많더라도 개체군은 크게 유지될 수 있다. 바다사자, 말, 그리고 엘크 등 많은 동물 종들은 한 마리의 수컷이 암컷 무리를 유지하는 교미 체계를 가진다. 이러한 작은 집단의 성비는 1:1 비율에서 크게 다르다(그림 12.23). 일부 수컷 바다표범은 15마리의 암컷 무리를 유지할 수 있다. 수컷의 수가 암컷의 수를 능가하는 경우는 극히 드물다.

A 밀집한 종묘

B 덜 조밀한 성체 나무

그림 12.24 lodgepoe 소나무 종묘의 개체군은 서로 가까이 많은 수의 개체로 이루어져 있다(A). 나무가 자라면서 약한 나무가 많이 죽고, 개체군 밀도는 감소하게 된다(B),

개체군 밀도(population density)

개체군의 성비에 관계없이 대부분의 종은 많은 수의 자손을 생산할 수 있어, 한 지역에 생물의 집단을 구성한다. 개체군 밀도는 단위 면적당 어느 종의 생물수이다. 어떤 개체군은 제한된 공간에 매우 밀집되는 반면, 어떤 개체군은 잘 분산된다. 개체군 밀도가 증가하면서 개체군 구성원 사이에 생활을 위한 필수품에 대한 경쟁이 증가한다. 경쟁의 강도가 증가하면서 환경의 변화를 유발하고 분산을 유도하는 것을 종종 개체군 압력이라고 한다. 새로운 지역으로 개체가 분산되는 것은 원래 지역의 압력을 줄여줄 수 있으며 새로운 개체군의 정립으로 이어진다. 동물 중에는 분산 과정에 참여하는 것은 종종 어린 개체이다.

식물 개체군에서 분산은 개체군 압력을 줄일 수 없다; 대신에 약한 개체의 사망이 개체군 밀도를 감소시킨다. 북미 서부원산 소나무에서 어린나무는 화재가 발생한 지역에 정착하여 어린 나무의 숲이 울창하게 확립된다. 나무들이 나이가 들어가면서 작은 나무들은 많이 죽는다. 남은 나무들은 개체군 밀도가 떨어지면서 크게 성장한다(그림 12.24).

12.11 개체군 성장 곡선(The Population Growth Curve)

대부분 생물 종들은 높은 번식 능력을 가지고 있기 때문에, 환경 조건이 허락하면 개체군은 성장하는 경향이 있다. 예를 들어, 생쥐 한 쌍의 한배의 새끼 수가 보통 넷이라고 하면, 네 마리는 여덟 마리를 생산할 것이고, 이들은 16마리를 생산하고, 계속 진행될 것이다. 그림 12.25는 **개체군 성장곡선**(population growth curve)으로 알려진 시간에 따른 개체군 크기의 변화 도표를 보여준다. 이러한 종류의 곡선은 이전에 이용되지 않았던 지

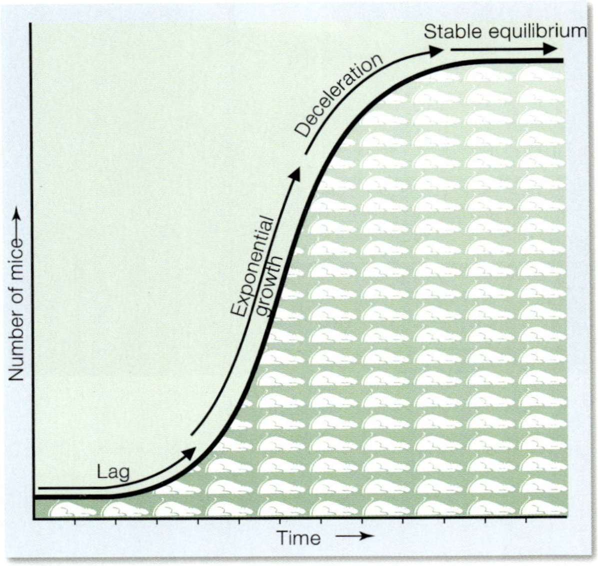

그림 12.25 이 생쥐 개체군에서 성장이 거의 없는 시기를 유도기라고 한다. 이는 원래 개체군이 번식하기 시작하면서 개체군의 빠른 성장이 뒤따르며; 이 시기를 지수성장기라고 한다. 궁극적으로 감소기에 개체군 성장을 느려지기 시작하며 개체군은 안정된 평형에 이르게 되고, 이 시기는 출생률과 사망률이 동일하다.

역에 종이 도입되었을 상황에 특유한 것이다.

개체군 크기의 변화는 새로운 생물이 개체군에 가입되는 속도와 떠나는 속도를 비교하여 결정된다. 천 개체 당 번식에 의하여 개체군에 가입되는 새로운 개체의 수를 **출생률**(natality)이라고 한다. 천 개체 당 사망에 의하여 개체군을 빠져나가는 수를 **사망률**(mortality)이라고 한다. 작은 수의 생물(두 마리 생쥐)이 처음 어느 지역에 침입하면 번식이 생기기 전에 개체군 크기가 작고 비교적 일정한 시기가 있다. 개체군 성장곡선의 이 부분을 **지체기**(lag phase)라고 한다. 지체기 동안 출생률과 사망률은 둘 다 낮다. 지체기는 번식이 즉각적인 사건이 아니기 때문에 일어난다. 동물이 어느 지역에 가입된 이후에도 교미를 하고 새끼를 생산해야 한다. 코끼리, 사슴, 그리고 많은 종류의 식물 등 성숙하고 자식을 생산하는데 오랜 시일이 걸리는 생물은 지체기가 연 단위로 측정된다. 생쥐의 예를 들면 지체기는 몇 주이다. 첫배의 새끼가 생산되면 그들은 몇 주 이내에 번식할 수 있게 된다. 게다가 원래의 어미도 이 기간 동안 추가로 한배 또는 두 배의 새끼를 생산할 수 있을 것이다. 이제는 한번 이상 번식한 생쥐 여러 쌍을 가지게 된다. 여러 쌍의 생쥐가 번식하면서 사망률은 낮게 유지되면서 출생률은 증가한다; 따라서 개체군은 계속 증가하는(가속하는) 속도로 성장한다. 개체군 성장곡선의 이 부분을 **지수성장기**(exponential growth phase)라고 한다.

생쥐(또는 다른 어떤 생물)의 수는 환경의 어떤 요인이 궁극적으로 제한이 되고 사망하는 숫자가 늘어나게 하여 점점 더 빠른 속도로 증가하지 못한다. 동물의 경우 먹이, 물, 또는 둥지 장소의 공급이 부족하거나, 포식자나 질병이 많은 개체를 죽이게 된다. 식물은 물, 토양의 영양분, 또는 태양광이 부족하게 된다. 환경 압력이 증가하면서, 출생이나 이주에 의하여 개체군에 가입되는 수는 감소하고 사망이나 이주에 의하여 떠나는 숫자는 증가하게 된다. 이 결과 **감속기**(deceleration phase)라고 하는 개체군 성장의 감소가 일어난다. 결국 번식이나 이입에 의하여 개체군에 가입하는 개체 수는 사망이나 이주에 의하여 떠나는 개체수와 동일하게 되어, 개체군 크기는 안정된다. 이 시점에서 종종 출생률의 감소와 사망률의 증가가 동시에 일어난다. 개체군 성장곡선의 이 부분은 **안정평형기**(stable equilibrium phase)라고 불린다. 그렇지만 이 시기에도 개체군은 아직 출생, 사망, 이주, 그리고 개체의 혼합이 변화한다는 것을 인식하는 것이 중요하다; 그러나 개체군의 크기는 변하지 않는다.

12.12 개체군 크기의 제한(Population-Size Limitations)

개체군은 무한히 증가할 수 없다; 결국에는 일부 요인 또는 요인들의 집합이 개체군 크기를 제한하여 안정된 평형기나 심지어는 개체군 크기의 감소를 가져온다. 무한한 개체군 성장을 방지하는 증명할 수 있는 요인들을 **제한요인**(limiting factors)이라고 한다. 개체군에 작용하는 모든 다른 제한요인들을 일괄하여 **환경저항**(environmental resistance)이라고 하며, 어느 지역이 부양할 수 있는 최대 개체군을 그 지역의 **수용용량**(carrying capacity)이라고 한다. 일반적으로 작고 짧은 수명을 가진 생물은 변동을 거듭하는 개체군을 보여주며 수용용량에 도달하지 않으며, 반면에 긴 수명을 가진 큰 생물은 최적의 개체군 크기에 도달하여 오랜 기간 동안 유지된다(그림 12.26). 삼림생태계는 크게 변화하고 수용용량에 좀처럼 도달하지 않는 많은 곤충 종의 개체군을 가지지만, 특정한 나무 종이나 올빼미나 사슴과 같은 큰 동물의 수는 비교적 일정하다.

그러나 수용용량은 변하지 않는 수가 아니다. 종종 기후변동, 질병의 유행, 산불, 또는 홍수와 같은 환경의 변화는 특정 종에 대한 수용용량을 변화시킬 수 있다. 수서 생태계에서 수용용량을 결정하는 주요 요인 중 하나는 물에 있는 영양분의 양이다. 영양분이 풍부한 지역에서는 다양한 종류의 생물 수가 많다. 종종 해류나 육상의 빗물의 영양분 수준의 변동이 일어나며, 식물과 동물 개체군도 따라서 변동된다. 게다가 어느 한 종의 수용용량에 부정적인 영향을 주는 변화는 다른 종의 수용용량을 증가시키기도 한다. 예를 들어 성숙한 숲을 베어내어 어린 나무들의 성장이 증가하면 새싹을 먹이로 이용하는 사슴과 토끼의 수용용량은 증가하지만, 반면에 성숙하고 과일을 생산하는 나무를 먹이원으로 이용하고 늙고 구멍이 있는 나무를 피난처로 이용하는 다람쥐의 수용용량은 감소한다.

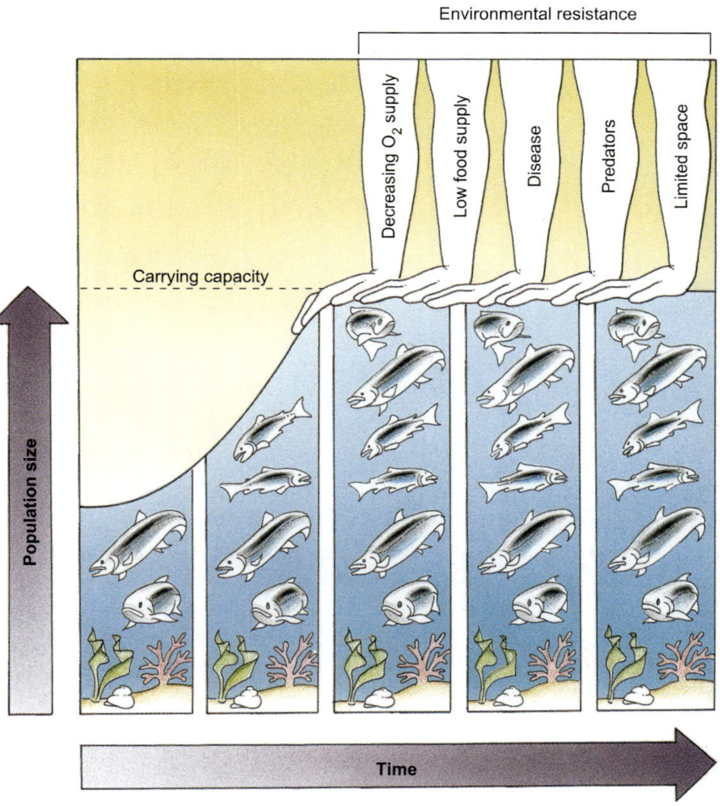

그림 12.26 먹이, 산소공급, 질병, 포식자, 그리고 공간과 같은 환경의 수많은 요인들이 주어진 지역에서 생존할 수 있는 수, 즉 지역의 수용용량(carrying capacity)을 결정한다. 개체군을 제한하는 환경 요인들을 총체적으로 환경저항이라고 한다.

12.13 인구성장의 제한 요인 (Limiting Factors to Human Population Growth)

오늘날 세계 인구에 대하여 다양한 의견을 듣게 된다. 한편으로는 인구가 빠르게 성장한다고 듣는다. 대조적으로 일부 유럽 국가는 감소하는 인구를 가진다고 듣는다. 다른 국가들은 출생률과 사망률이 모두 낮아서 인구의 노령화를 우려한다. 잡지와 텔레비전에서 세계에 굶는 사람들이 있은 것을 본다. 동시에 많은 나라에서 음식의 과다와 비만문제에 대한 토론을 듣는다. 일부는 심지어 현재 세계에서 가장 중요한 문제는 인구가 증가하는 속도라고까지 이야기 하였다; 다른 사람들은 성장하는 인구는 상품의 시장을 제공하고 경제적인 혜택이라고 주장한다. 어떻게 이러한 상충되는 정보의 집합체를 조화시킬 것인가?

세계 인구는 2010년도 중반에 68억 명으로 추산되었으며, 2012년에는 70억, 2044년에는 90억으로 성장할 것으로 기대된다. 이러한 성장의 분포는 그러나 균일하지 않을 것이다. 인구는 두 개의 상당히 다른 부분으로 나뉜다: 유럽, 북미, 오스트레일리아, 뉴질랜드, 그리고 일본과 같은 경제적으로 발달한 국가와 개발도상국이다. 이 두 집단의 국가 사이에는 뚜렷한 대조가 존재한다. 표 12.2는 이러한 차이의 일부를 강조하였다.

선진국, 개발도상국, 또는 전세계 인구를 고려하든지 상관없이, 인구는 동일한 성장 양상을 따르며 다른 생물의 개체군과 마찬가지로 동일한 종류의 제한요인에 작용을 받는다는 것을 깨닫는 것이 중요하다. 과거 수천 년간의 인구성장 곡선을 살펴보면, 인구는 수천 년간 낮고 일정하게 유지되었지만 지난 이백년 사이에 폭발적으로(10억 명에서 67억 명으로) 증가하였다는 것을 판단할 수 있다(그림 12.27). 예를 들어 콜럼버스가 미대륙을 발견하였을 때 아메리카의 토착민 인구는 약 백만 명이었으며 수용능력에 부근으로 추정되었다. 2011년에 발표된 미국 인구조사에 의하면 미국의 인구는 3억 1천 2백만이었다. 이 사실은 인간이 다른 동물 종과 다르다는 것을 의미하는가? 인구는 영원히 성장할 수 있을까?

표 12.2 선진국과 저개발국의 인구특성 비교

인구 특성	선진국	저개발국	의미
총인구 (2010)	12.37 억	56.56 억	저개발국가가 지구 인구의 거의 82%를 차지한다.
2025 예상인구	12.90 억	68.19 억	저개발국가가 훨씬 빨리 성장한다.
출생률	인구 천명당 11명 출생	인구 천명당 22명 출생	저개발국가의 출생률이 높다.
사망률	인구 천명당 11명 사망	인구 천명당 8명 사망	선진국의 인구가 나이가 많기 때문에 사망률이 더 높다.
총출산률	여성의 생애동안 1.7명 출산	여성의 생애동안 2.7명 출산	저개발국가의 여성이 선진국의 여성에 비하여 거의 두 배의 어린이를 가진다.
유아사망률	천명 출생당 6명 사망	천명 출생당 50명 사망	저개발국가의 유아사망률이 훨씬 높다.
15세 이하의 백분율	17	30	저개발국가의 인구가 나이가 젊다.
65세 이상의 백분율	16	6	선진국이 나이가 많다.
증가율 (%)	0.2	1.4	인도가 세계에서 가장 인구가 많은 국가가 될 것이며 2025년 중국을 추월할 것이다.

Source : Data from the Population Reference Bureau, 2010 World Population Data Sheet

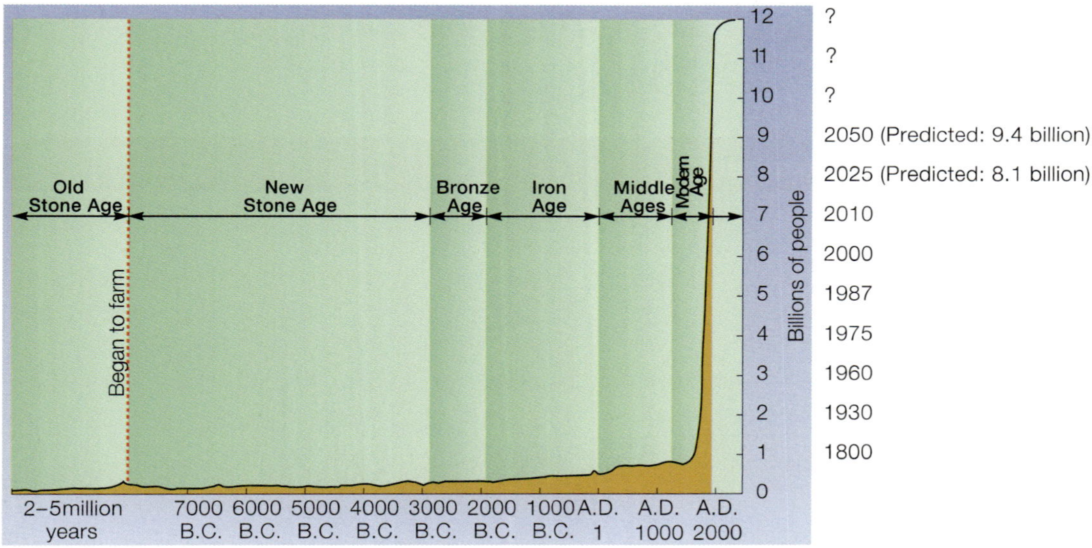

그림 12.27 인간의 수는 1800년에서 1930년 사이에 두 배가 되었으며(10억에서 20억으로), 1975년에 다시 두 배(40억), 2025년에 다시 배가될 것으로 추정된다. 지구의 궁극적인 수용용량에 도달하기 전에 인간의 수가 얼마동안 배가될 수 있을 것인가?

인류는 다른 동물과 전혀 다르지 않다. 인구는 환경의 수용용량에 의하여 정해진 상한이 있지만, 인구는 기술적 변화와 다른 종을 대체하여 수용용량을 상향할 수 있었기 때문에 천문학적으로 증가할 수 있었다. 인구의 지수성장기의 대부분은 위생의 개선, 질병의 통제, 농업 방법의 개선, 그리고 자연생태계를 인공 농경생태계로 변형한 것의 결과이다. 그러나 이러한 조건도 제한이 있다. 결국에는 인구의 성장곡선을 안정시킬 일부 제한요인이 있게 될 것이다. 원자재와 에너지를 우리의 능력 이상으로 증가시킬 수 없을 뿐 아니라, 우리가 생산하는 폐기물이나 우리와 상호작용하는 다른 생물을 무시할 수 없다. 궁극적인 제한 요인은 아마도 식량을 생산하는 능력일 것이다. 농업 생산의 개선은 인구성장과 보조를 맞추지 못하고 있다. 실제로 선진국의 많은 곳에서 잉여식량에도 불구하고, 세계의 많은 곳에서 식량의 공급이 부족하다.

인간은 기본적인 면에서 대부분의 다른 생물과 다르다: 인간은 특정한 행동방침의 결과를 예측할 수 있다. 현재의 기술과 의학 지식은 인구를 조절하고 세계 인간의 건강과 복지를 개선하는데 이용될 수 있다. 그런데 왜 인구는 계속 성장하여 인간이 고통 받고 우리가 사는 환경에 스트레스를 주는가? 그 이유는 인간은 선택의 자유가 있는 사회적 동물이기 때문에, 우리는 비감정적이고, 비이기적이고, 생물학적인 관점에서 최선으로 생각되는 것을 하지 않는 경우가 빈번하다. 인간은 역사적, 사회적, 문화적, 인종적, 그리고 개인적인 고려에 기초하여 결정을 내린다. 인구 전체를 위하여 최선인 것이 자신 개인을 위해서는 나쁠 수 있다. 인구를 조절하는데 있어서 연관된 가장 큰 문제는 생물학적인 문제가 아니라 철학자, 신학자, 정치가, 그리고 사회학자의 노력을 필요로 한다. 인구가 증가하면 정치적, 사회적, 생물학적 문제도 증가할 것이다; 개인의 자유가 줄어들고, 자원에 대한 경쟁이 격렬해지고, 기근과 기아가 더욱 많아질 것이다. 인구를 조절하는데 필요한 지식과 기술은 가용하지만, 의지가 아직 없다. 무엇이 궁극적으로 인구의 크기를 제한할 것인가? 자원의 부족, 에너지의 부족, 폐기물의 축적, 인류 사이의 경쟁, 또는 가족 크기의 이성적인 계획일까?

Science and Society

정부정책과 인구조절

정부의 활동은 국가의 인구증가 양상에 상당한 영향을 미칠 수 있다. 어떤 나라는 부부가 자녀를 가질 것을 권장하는 정책을 가지고 있다. 미국의 세법은 자녀의 부모에게 세금의 유리점을 제공하여 간접적으로 출산을 장려한다. 유럽의 일부 국가들은 미래 노동연령대 인구의 부족을 우려하여 출산을 장려하는 방법을 고려하고 있다.

중국과 인도는 세계 인구의 41%를 점하는 가장 인구가 많은 두 국가이다. 둘 다 10억 이상의 인구를 가지고 있다. 그러나 중국은 인구를 조절하기 위한 단계를 취하여 현재는 여성 당 1.6명(인구 보충수준 미만임)의 총 출산율을 보이고, 반면에 인도는 2.6명의 총 출산율을 보인다. 총 출산율은 여성의 일생을 통하여 태어나는 자녀의 평균 숫자이다. 이 두 국가의 총 출산율 차이는 지난 50년 동안 정책결정의 차이에 따른 결과이다. 중국의 인구 정책 역사는 어떻게 정부 정책이 시민들의 생식활동에 영향을 미치는지를 볼 수 있는 흥미로운 연구이다. 중화인민국화국이 1948년 설립되었을 때, 많은 중국사람이 많은 재화와 용역을 생산할 수 있고, 생산은 경제 번영의 핵심이기 때문에 정부의 공식 정책은 출산을 장려하는 것이었다. 경제 성장이 느렸던 1949년에서 1955년 사이에 인구는 5억 4천만 명에서 6억 1천 4백만으로 증가하였다. 결과적으로 정부는 정책을 변경하여 인구 제한을 추진하기 시작하였다.

최초의 가족계획 프로그램은 1955년에 어머니와 자녀의 건강을 증진하기 위한 수단으로 시작되었다. 출산율은 감소하였는데, 다른 사회적 변화에 의해 광범위한 기근이 발생하여 1950년대 후반에서 1960년대 초반에는 사망률은 증가하고 출산율은 낮았다.

현재의 가족계획 정책은 1971년 완 시 샤오(wan xi shao) 캠페인을 착수하면서 시작되었다. 번역하면 이 어구는 나중에(晩, 만혼), 길게(稀, 긴 출산 간격) 그리고 적게(少, 소수의 자녀)를 의미한다. 이 프로그램의 일환으로 법적 혼인 연령이 상향되었다. 농촌지역의 여성과 남성은 각각 23세와 25세로; 도시지역의 여성과 남성은 각각 25세와 28세로 상향되었다. 이 정책은 1970년에서 1979년 사이에 거의 50%에 달하는 출산율의 감소를 가져왔다.

이 프로그램은 출생률을 감소하는데는 효과가 있었지만, 예측하지 못한 결과가 있었다: 성비가 남자 선호로 변화하였다. (자녀의 성비는 대략 120명의 소년 대 100명의 소녀이다.) 무엇이 이러한 변화의 원인인지 명확하지 않다: 그러나 많은 사회와 마찬가지로 아들에 대한 강한 사회적 욕망이 있다. 이러한 아들에 대한 욕망으로 인하여 많은 사람들은 다음 중 한 가지 이상이 그 원인으로 생각한다: 여성 태아가 남성에 비하여 낙태가 더 빈번하다; 태만으로 인하여 여아의 유아사망률이 높을 수 있다; 또는 여아는 남아에 비하여 입양으로 더 자주 포기한다. 최근에 중국 정부는 이러한 불평등에 대하 정책변화로 대응하였다. 공공 정보원, 건광관리 종사자의 조언, 소규모 재정적 장려금은 모두 여아를 기르는 것이 사회적으로 만족스럽게 만드는데 목적을 두고 있다.

대조적으로 같은 50년 동안 인도는 인구를 조절하는데 성공을 하지 못하였다. 2000년에 2020년까지 총 출산율을 여성 당 3.2명의 자녀에서 2명(대체 수준)으로 내리는 목표를 포함하는 새로운 계획이 베일을 벗었다. 과거에 정부 프로그램에서 강조한 것은 불임과 피임제 사용 목표를 달성하는 것이었는데, 이것은 성공적이지 못하였다. 오늘날 다양한 주에서 피임제를 사용하는 부부의 비율은 52.6에서 72.6% 범위이다. 이 새로운 계획은 사람들의 삶의 질을 개선하는데 중점을 두고 있다. 주된 추진력은 유아와 모성사망을 줄이고, 예방할 수 있는 질병에 대하여 어린이를 예방접종하고, 소녀들이 학교에 다니도록 장려하는 것이다. 건강의 증진은 많은 수의 출산에 대한 인지된 필요를 없애줄 것으로 희망한다. 2001년 인구조사에 의하면 인도여성 중 읽고 쓸 수 있은 비율은 54.16%였다. 여성의 교육 상태를 개선하는데 중점을 두는 것은 다른 개발도상국의 경험과 관련이 있다. 많은 다른 국가에서, 여성 교육 수준의 증가는 낮은 출산율과 관련이 되어있다.

총 출산율이 단지 10년 사이에 3.2에서 2로 감소될 수 있다고 생각하는 것은 너무 낙관적으로 보이지만, 2010년 총 출산율이 2.72로 감소하였다. 이는 용기를 주는 신호이며 모성과 자녀의 건강을 증진하고 여성의 교육 수준을 높이는 것을 강조하는 프로그램들은 다른 국가의 총 출산율을 감소하는데 매우 효과적이었다.

12.14 인구의 증가와 지구 생태계 (Human Population Growth and the Global Ecosystem)

인구의 증가는 지구 생태계에 큰 결과를 가져왔다. 인구의 크기가 증가하면서, 더욱 많은 자원이 인간에게 전환되어 다른 생물이 이용할 수 있는 자원은 줄어들었다. 지구 표면의 거의 대부분이 인간의 활동에 의하여 영향을 받았다. 토지 표면의 80% 이상이 농경지와 방목지, 관리된 삼림, 도시 공간, 그리고 수송 통로 등 인간의 이용을 위하여 변형되었다. 농업을 지탱할 수 있는 거의 모든 땅은 삼림이나 초지로부터 곡물을 재배하기 위하여 전환되었다. 해양도 상당히 영향을 받았다. 대부분의 어류 개체군은 남획되거나 최대한으로 어획되고 있다.

인류가 육상이나 수서 생태계를 인간의 사용을 위하여 전환하면, 이러한 생태계는 다른 원래의 거주자가 이용할 수 없다. 이러한 서식지 파괴는 멸종에 의한 생물다양성의 감소와 인간과 자원을 가지고 경쟁하는 종의 멸종위기를 초래하였다. 예를 들어 북미의 들소 개체군은 몇몇 보호지역에 한정되어 있는데, 그 이유는 거의 대부분의 초지가 농업과 방목을 위하여 전환되었기 때문이다. 해양에서의 서식지 파괴 또한 일어난다. 어류를 포획하기 위해 해저를 끄는 추가 달린 저인망의 사용은 어로활동이 높은 지역의 해저를 크게 변형시켰다.

다른 인간의 활동도 지구에 전체적으로 영향을 미친다. 지구기후변화는 대기 중 이산화탄소, 메탄, 그리고 다른 온실 기체의 증가와 연결되어 있다. 지구의 일반적인 온난화를 가져오는 온실 기체의 증가는 빙하를 녹게 하고, 강우 양상에 영향을 미치고, 해수면 상승을 초래한다. 이러한 변화는 생물군계에 현저한 변화를 유발할 수 있는 가능성이 있다. 대기 중 이산화탄소의 증가는 화석연료의 사용과 삼림 파괴의 직접적인 결과이다. 메탄의 증가도 많은 부분 소화관으로부터 메탄을 방출하는 가축과 물에 잠긴 논에서 발생하는 분해에 기인한다.

게다가 DDT, 폴리염화바이페닐(PCBs), 다른 많은 화합물과 같은 지속성 오염물질과 발전소에서 석탄을 태우면서 발생되는 수은은 지구전체적인 순환을 보이며 전세계의 인간과 다른 동물에서 나타난다. 많은 종류의 해양 어류가 증가된 수은 수준을 보인다.

생활양식도 영향의 정도에 영향을 미친다. 에너지와 다른 자원의 소비도 선진국에서 개발도상국에 비하여 훨씬 높다. 선진국은 세계 인구의 20% 미만이지만, 세계 에너지의 60% 정도를 소비한다. 미국은 세계 인구의 5% 미만이지만 세계 에너지의 25% 정도를 소비한다. 선진세계의 사람들에 의한 재화와 용역의 소비는 지구적인 영향을 미친다. 사람의 식량 소비 습관도 광범위한 영향을 미친다. 브라질의 우림은 선진국에 판매하기 위한 쇠고기를 생산하기 위한 방목지를 조성하기 위하여 불태워진다.

인구가 꾸준히 증가하면서, 더 많은 식량을 기르고, 더 많은 소비자 제품을 생산하고, 더 많은 에너지를 공급하기 위한 압력도 증가한다. 이러한 요구는 지구의 천연자원에 대한 압력을 증가시킬 것이다.

요약

생태학은 어떻게 생물이 환경과 상호작용하는지를 연구하는 학문이다. 환경은 생태계 내에서 상호 연관된 생물과 무생물 요소로 구성된다. 모든 생태계는 태양으로부터 끊임없는 에너지의 유입이 있어야만 한다. 생산자 생물은 태양 에너지를 포획하여 생물량으로 변환시킬 수 있다. 초식동물은 생산자를 먹으며 이들은 육식동물에게 먹히고, 육식동물은 다른 육식동물에게 먹힐 수 있다. 먹이사슬의 각 단계를 영양단계라고 한다. 먹이사슬에 관련된 다른 종류의 생물은 잡식동물이라고 하며, 이들은 식물과 동물 먹이를 모두 먹고, 분해자는 죽은 유기물과 노폐물을 분해한다. 모든 생태계는 커다란 생산자 기반을 가지고 초식동물, 1차 육식동물, 2차 육식동물 순으로 연속적으로 작은 에너지를 가진다. 그 이유는 에너지가 하나의 영양단계에서 다음 단계로 전달될 때 약 90%의 에너지가 생태계에서 손실되기 때문이다. 군집은 어느 지역에서 상호작용하는 생물 개체군으로 구성된다. 생물은 먹이 사슬의 여러 면에서 상호 연관되어 서로 맞물린 먹이망을 형성한다. 이러한 맞물림으로 인하여 군집의 한부분에서의 변화는 다른 곳에 영향을 미칠 수 있다.

주요한 육상기반의 지역 생태계를 생물군계라고 한다. 온대 낙엽수림, 한대 침엽수림, 온대 우림, 열대 우림, 열대 건조림, 지중해성 관목지대, 온대 초원, 사막, 사바나, 그리고 툰드라가 생물군계의 예이다. 수서 생태계는 해양, 담수, 그리고 하구 군집으로 나뉠 수 있다.

군집의 각 생물은 서식지라고 하는 특정한 공간을 점유하며 적소라고 알려진 특정한 기능적 역할을 가진다. 생물의 서식지는 보통 주변의 몇몇 현저한 요소에 대하여 설명된다. 적소는 물리적 환경과 다른 생명체와의 수많은 상호작용을 포함하고 있기 때문에 설명하기 어렵다.

생물 간의 상호작용은 몇 가지 범주에 들어맞는다. 포식은 한 생물(포식자)이 다른 생물(먹이)이 죽어서 먹히는 대가로 이익을 얻는 것이다. 기생은 한 생물(기생생물)이 다른 생물(숙주)의 내부나 표면에 서식하며 양분을 얻음으로써 혜택을 받는 것이다. 편리공생 관계는 한 생물은 도움을 받지만 다른 생물은 영향을 받지 않을 때 존재한다. 상리공생 관계는 생물 둘 다 혜택을 받는다. 경쟁은 관련된 생물 둘 다 피해를 받게 되며, 한 종이 다른 종보다 피해를 많이 받아 멸종될 수 있지만, 다른 적소로 진화하거나 강제적으로 이주할 수도 있다.

많은 원자들이 생태계를 통하여 순환된다. 생명체의 탄소 원자는 광합성에 의하여 포획되어, 먹이로서 생물에서 생물로 전달되어, 호흡에 의하여 대기로 방출된다. 질소는 대기에서 유래하며, 질소고정 세균에 의해 포획되어, 일련의 생물을 통과하여 전달되어, 궁극적으로 탈질화 세균에 의하여 대기로 방출된다. 인은 암석에서 기원하며 생물에 이용되고 결국은 퇴적물로 침전된다.

개체군은 특정한 장소와 특정한 시간에 서식하는 동일한 종의 생물 집단이다. 개체군은 유전자 빈도, 연령 분포, 성비, 그리고 개체군 밀도에서 서로 다르다. 전형적인 개체군 성장곡선은 개체군이 매우 서서히 상승하는 지체기와, 뒤이어 개체군이 가속되는 속도로 증가하는 지수성장기, 그리고 감속기에 개체군 성장이 안정화되고 환경의 수용용량에 도달하여 개체군 성장이 정지하는 안정된 평형기에 도달한다.

하나의 종으로서 인류는 다른 생물과 마찬가지로 동일한 제한과 영향을 가진다. 그러나 인간은 판단과 예측을 할 수 있기 때문에, 의식적인 인구 제한을 통하여 인구 통제의 가능성을 제안한다. 인간활동은 지구 생태계에 많은 충격을 가져왔다. 이러한 것들은 서식지 파괴, 오염물질의 방출, 기후 변화, 그리고 생물다양성의 감소를 포함한다.

개념 적용

1. 에너지가 한 영양단계에서 다음 영양단계로 전달될 때 몇 % 정도의 에너지가 각 전달시마다 손실되는가?
   a. 10
   b. 50
   c. 7
   d. 90

2. 어떤 지리적 지역이 온대 낙엽수림이나 온대 초원을 부양할 수 있을지를 결정하는 주된 요인은?
   a. 강수량
   b. 겨울의 혹독함
   c. 토양의 깊이
   d. 서식하는 동물의 종류

3. 다음 중 어떤 생물이 두 번째 영양단계에 위치하는가?
   a. 단풍나무
   b. 뱀
   c. 균류(fungus)
   d. 코끼리
4. 무기분자에서 유기분자를 생성하는데 다음 중 어떤 기작이 필요한가?
   a. 동물의 호흡
   b. 이산화탄소를 방출하는 분해자 생물
   c. 식물에 의한 이산화탄소의 흡수
   d. 식물을 먹는 초식동물
5. 두 종의 생물의 동일한 적소(niche)를 점유할 때 생기는 것은?
   a. 상리공생이 초래된다.
   b. 경쟁이 매우 치열할 것이다.
   c. 두 종 모두 절멸할 것이다.
   d. 두 종 모두 서식지를 확대할 것이다.
6. 만약 질소고정 세균이 절멸하면 어떤 결과가 올 것인가?
   a. 질소 공급원이 없기 때문에 지구상의 생명은 즉시 정지될 것이다.
   b. 지구상의 생물은 영원히 지속할 것이다.
   c. 이용가능한 질소가 감소하면서 지구상의 생물은 서서히 쇠퇴할 것이다.
   d. 단백질만 감소할 뿐 지구상의 생물은 변화하지 않을 것이다.
7. 당신은 신체의 유기분자를 위한 질소를 어떻게 획득하는가?
   a. 호흡을 통해 공기로부터
   b. 마시는 물로부터
   c. 먹는 음식의 탄수화물로부터
   d. 먹는 음식의 단백질로부터
8. 많은 식물(꽃)들은 곤충에게 꿀을 제공한다. 곤충은 꽃을 수분해준다. 곤충과 식물사이의 관계는 무엇인가.?
   a. 기생(parasitism)
   b. 편리공생(commensalism)
   c. 상리공생(mutualism)
   d. 포식(predation)
9. 개체군 밀도가 증가하면 다음 어떤 현상이 나타나는가?
   a. 출생률이 증가한다.
   b. 사망률이 감소한다.
   c. 개체군은 지수성장을 하게 된다.
   d. 개체는 밀도가 높은 곳에서 이주한다.
10. 주로 생식기전 개체로 이루어진 개체군은 어떤 현상을 보이는가?
   a. 장래 빠르게 증가할 것이다.
   b. 절멸하게 된다.
   c. 거의 나타나지 않는다.
   d. 여러 세대동안 안정을 유지한다.
11. 아래 네 집단의 성비가 열거되었다. 다른 모든 조건이 동일하다면(현재의 개체군 크기를 포함하여), 어떠한 개체군이 장래 가장 크게 성장할 것인가?
   a. 1 male : 1 female
   b. 2 male : 1 female
   c. 1 male : 2 female
   d. 3 male : 1 female
12. 현재 세계 인구는 어떠한 상태에 있는가?
   a. 인구 감소
   b. 서서히 꾸준한 증가
   c. 안정된 평형
   d. 빠른 성장
13. 생태계의 먹이생물의 종류와 수는 어떻게 특징지어질 수 있는가?
   a. 생물적 요인
   b. 무생물적 요인
   c. 에너지 요인
   d. 생태적 필수물
14. 다음 중 어느 것이 맞는 위계순서로 나열되어 있는가?
   a. 생태계, 군집, 개체, 개체군
   b. 생태계, 군집, 개체군, 개체
   c. 군집, 생태계, 개체, 개체군
   d. 개체, 개체군, 생태계, 군집
15. 다양한 영양단계를 에너지에 의해 고려할 때 다음 짝들의 첫 번째가 두 번째의 윗 단계에 위치하는 것은?
   a. 생산자, 육식동물
   b. 초식동물, 육식동물
   c. 일차 소비자, 생산자
   d. 초식동물, 생산자

답 : 1.d 2.a 3.d 4.c 5.b 6.c 7.d 8.c 9.d 10.a 11.c 12.d 13.a 14.b 15.d

생각을 위한 질문

1. 생태계를 통한 에너지의 흐름을 서술하시오.
2. 다음은 생태계에서 어떠한 역할을 하는가: 태양광, 식물, 열역학의 제2법칙, 소비자, 분해자, 초식동물, 육식동물, 잡식동물.
3. 육식동물보다 초식동물의 생물량이 더 많은 이유는?
4. 다음 생물 군계(biome)를 나타내는 몇 가지의 생물적, 무생물적 요인을 나열하시오: 온대 낙엽수림, 한대 침엽수림, 사막, 툰드라, 열대우림, 사바나.
5. 에너지는 생태계를 통하여 재사용될 수 있는가? 이유는?
6. 당신의 적소(niche)를 설명하시오.
7. 기생충, 공생생물, 그리고 상리공생생물의 공통점과 차이점은 무엇인가?
8. 식물, 초식동물, 분해자, 기생동물을 포함하는 군집을 통한 탄소의 흐름을 추적하시오.
9. 질소순환에서 박테리아의 4가지 다른 역할을 설명하시오.
10. 어떤 종류의 생물이 환경의 수용용량에 의해 개체군 크기가 제한되는가?
11. 경쟁이 치열하다면, 어떻게 경쟁하는 생물들이 둘 다 지속적으로 생존할 수 있는가?
12. 인간의 개체군 성장곡선은 다른 동물과 어떠한 차이가 있는가?
13. 강에 새로운 다리를 건설한 결과로서 변화하는 3가지 환경요인을 나열하시오.
14. 농경에 의해 생산자의 수와 종류의 다양성이 감소할 경우 그 들판에서 초식동물의 종류는 어떻게 될 것인가?
15. 주변을 돌아보고 볼 수 있는 식물과 동물의 다양한 종류를 확인하시오. 이러한 생물들이 어떻게 상호작용하는 가에 기초하여 먹이망(food web)을 작성해 보시오.

심층 분석

1. 많은 도시들은 많은 사슴 개체군으로 심각한 문제를 가지고 있다. 사슴은 정원의 식물을 먹고 치명적인 교통사고를 유발한다. 당신은 도시의 사슴 개체군 문제를 해결하기 위하여 고용된 상담역이다. 개체군 성장의 원리에 대하여 학습한 것을 이용하여 적용될 수 있는 두 가지의 대안을 설명하시오.
2. 황은 모든 생물 특히 단백질에 존재한다. 탄소와 질소 순환에 대하여 학습한 것을 기초로 황 순환에 대하여 개요를 고안하시오.
3. 많은 사람들은 화석연료에 대한 대체물로 생물연료(biodiesel, 에탄올, 등)의 사용을 옹호한다. 그들은 이러한 연료가 환경피해를 줄여주고 재생가능하다고 제안한다. 생태계를 통한 에너지의 흐름에 대하여 당신이 알고 있는 지식과 생물다양성에 대한 농경의 영향에 기초하여, 생물연료 생산 옹호자에 다하여 어떠한 종류의 질문을 할 수 있는가?
4. 멸종위기종을 보호하는 과정에 대하여 어떻게 할 수 있는지 기술하시오.
5. 다른 사람에 대한 당신의 사회적 상호작용을 생물 사이에서 일어나는 생태적 상호작용의 종류와 비교하시오. 다음 관계로 간주될 수 있는 사회적 상호작용의 예를 나열하시오.

   상리공생(mutualism) 기생(parasitism)
   편리공생(commensalism) 경쟁(competition)

탐구 초대

세계 인구의 특성

인구통계국(Population Reference Bureau)은 세계인구자료표를 포함하는 웹사이트를 유지하고 있다. 인구통계국은 매년 새로운 자료표를 생성한다. 다음 웹사이트(http://www.prb.org)에서 세계인구 자료표를 구하시오. 어느 국가가 다음에 해당하는가?

1. 가장 높은 유아사망률
2. 가장 높은 총출산율
3. 가장 낮은 기대수명

열거한 국가를 비교하시오. 어떠한 점에서 서로 유사한가? 어느 국가가 다음에 해당하는가?

1. 가장 낮은 유아사망률
2. 가장 낮은 총출산율
3. 가장 높은 기대수명

13 멘델유전학과 분자유전학

찰스 다윈(Charles Darwin)은 인간의 안면 표현이 보편적이라고 제안하였다. 현재의 진행되는 연구는 이 가설을 지지한다. 연구결과 안면 표현은 유전적으로 결정된다는 것을 알게 되었다.

우리는 특정한 혈액형이나 머리카락 색깔을 가지는가? 왜 어떤 사람은 부모와 동일한 피부 색깔을 가지는데, 다른 사람은 부모와 다른 피부 색깔을 가지는가? 왜 꽃은 그렇게 다양한 색깔을 나타내는가? 왜 식물, 동물, 그리고 미생물의 세대는 자신의 종류와 그렇게 똑 같이 보이는가. 유전적으로 변형된 생물은 무엇이며, 어떻게 생산되는가? 멘델유전학과 분자유전학을 이해하면 이러한 질문과 많은 다른 질문들에 더 잘 답변할 수 있다.

핵심 개념 모든 생명체는 한 세대에서 다음 세대로 전달되는 분자 유전 정보를 유지한 결과로서만 생존하고 번식한다.

1부. 현대 멘델 유전학 (Mendelian Genetics Updated)

이 장은 두 부분으로 나뉜다. 첫 부분은 멘델 유전학을 이해하는데 필요한 기본개념을 소개하고, 2부는 분자유전학에 관련된 주제를 다룬다.

13.1 유전학, 감수분열과 세포 (Genetics, Meiosis, and Cells)

유전자(gene)는 특징을 결정짓는 DNA의 부분이다. 감수분열과 생식을 통해 유전자는 한 세대에서 다음 세대로 전달될 수 있다. 유전자, 어떻게 유전자가 특성을 만드는지, 그리고 특성이 어떻게 계승되는지를 연구하는 것이 **유전학**(genetics)이라 불리는 생물학의 분야이다. 유전과 특성이 한 세대에서 다음 세대로 어떻게 전달되는가에 대한 법칙을 최초로 체계적으로 연구한 사람은 성 아우구스티누스 수도회 수도사인 그레고르 멘델(Gregor Mendel; 1822－1884)이다. 멘델의 업적은 1900년대까지 일반적으로 받아들여지지 않았는데, 독립적으로 연구한 세 사람이 멘델이 30년 이상 전에 공식화한 아이디어의 일부를 재발견하였다. 그의 초기 업적으로 인하여 그레고르 멘델이 공식화한 법칙을 따르는 유전 양식을 연구하는 것을 종종 **멘델 유전학**(Mendelian genetics)이라고 한다.

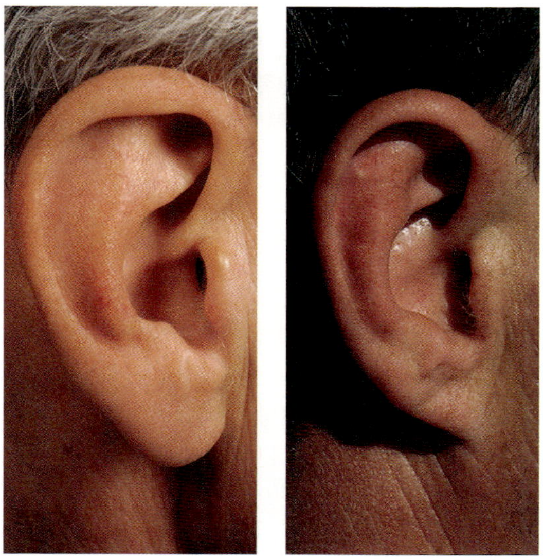

A B

그림 13.1 귓불이 자유로운가(A) 또는 달라붙어있는가(B)는 유전된 유전자에 의존한다. 유전자가 자신을 발현하면서 그들의 작용은 다양한 조직과 기관의 발달에 영향을 미친다. 어떤 사람의 귓불은 다른 사람들처럼 머리의 양쪽에서 분리되지 않는다. 유전자가 어떻게 복잡한 성장 양식을 조절하고 왜 어떤 유전자는 다른 유전자와 다르게 기능하는지는 아직 명확하지 않다. 학급 학생들 사이에 얼마나 많은 변이를 볼 수 있나요?

이 장을 이해하기 위해서는 몇몇 기초 용어를 알아야 한다. 이미 접한 용어는 유전자이다. 멘델은 유전자를 부모로부터 자손(자식, 자손, 또는 후계자)에게 전달될 수 있는 입자로 생각하였다. 오늘날 유전자는 실제로 DNA 뉴클레오타이드의 특정한 서열로 이루어졌다는 것을 알고 있다. 입자 개념이 전적으로 부정확한 것은 아닌데, 그 이유는 특정한 유전자는 장소(locus)라고 하는 염색체 상의 특정한 장소에 위치하기 때문이다. 유전학을 연구할 때 이러한 입자 또는 유전자가 어떻게 부모에서 자손이나 자식에게 전달되는지 연구한다.

기억해야 할 다른 중요한 개념은 모든 유성생식하는 생물은 이배체($2n$) 시기를 가진다는 것이다. 생식체는 반수체(n)이고 대부분의 생물은 이배체이기 때문에 감수분열 동안 이배체에서 반수체로의 변환은 중요한 과정이다.

$$2(n) \rightarrow \text{meiosis } (n) \rightarrow \text{gametes}$$

이배체 세포는 각각의 부모로부터 한 벌씩 계승한 두 벌의 염색체를 가진다.

$$n + n \text{ gametes} \rightarrow \text{fertilization} \rightarrow 2n$$

따라서 각자의 개체는 각 종류의 두 염색체와 각 특성에 대한 두 개의 유전자를 가지는데, 하나는 어머니 그리고 하나는 아버지로부터 왔다. 성 세포가 감수분열에 의해 생산될 때 이배체가 반수체로 축소된다. 따라서 감수분열에 의해 생산된 성 세포는 감수분열을 시작할 때 이배체에 있던 각 상동 짝의 하나만의 염색체를 가진다. 이배체 생물은 보통 반수체 난자가 반수체 정자에 의해 수정되어 생긴다. 따라서 생물은 각 유형의 하나의 유전자를 각각의 부모로부터 물려받는다. 예를 들어 우리는 귓불 모양에 대해 두 개의 유전자를 가지는데, 하나는 아버지의 정자와 함께 다른 하나는 어머니의 난자에서 왔다(그림 13.1).

13.2 단일 유전자 유전 양상(Single-Gene Inheritance Patterns)

이배체 생물에는 유전자의 두 가지 다른 형태가 있을 수 있다. 사실상 개체군 내에는 각각의 유전자에 대해 여러 개의 대체형태 또는 **대립형질**(allele)이 있을 수 있다. 유전자라는 용어는 일반적으로 유전물질을 지칭하는데 사용되는데 비해서, 대립형질은 특정한 성질에 대해 유전물질의 대체형태를 구체적으로 일컫는다. 사람에게는 예를 들면 귓불 형태에 대해 두 개의 대립형질이 있다. 하나의 대립형질은 살이 많고 자유롭게 매달린 귓불을 형성하고, 다른 대립형질은 귓불이 얼굴 옆에 달라붙어 매달리지 않는 형태를 형성한다. 나타나는 귓불의 유형은 각각의 부모로부터 받은 대립형질(유전자)의 유형과 이 대립형질이 서로 상호작용하는 방식에 의해 결정된다. 대립형질은 상동염색체의 같은 쌍에 하나씩 존재한다. 이러한 상동염색체는 동일한 위치 즉 locus에 존재한다(그림 13.2).

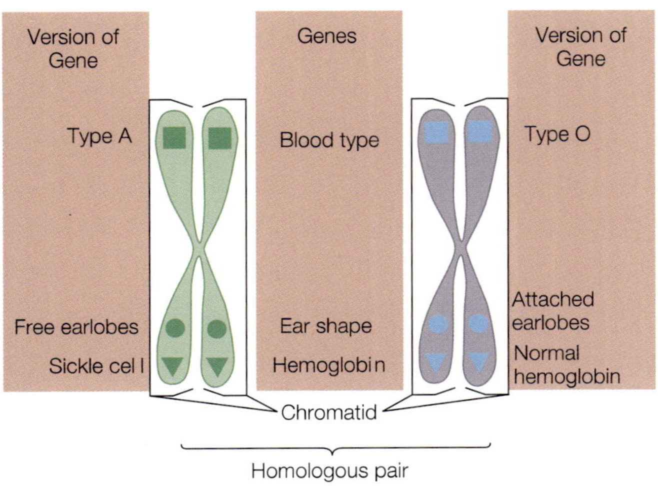

그림 13.2 상동염색체는 같은 장소에 같은 특징의 유전자를 포함한다. 부착된 귓불의 대립유전자는 염색체의 귀-형태 locus에 위치하며 자유로운 귓불의 대립유전자는 상동염색체 짝의 다른 멤버의 귀-형태 locus에 위치한다. 다른 두 유전자는 헤모글로빈 구조(정상 적혈구와 낫 모양 적혈구 세포의 대립유전자)와 혈액형(A와 O형 혈액형의 대립유전자)이다. 여기에 나타낸 예는 단지 설명을 위한 목적이다. 이러한 특정한 유전자가 이러한 염색체에 있는지 실제로는 모른다.

유전체(genome)는 생물의 특성에 대한 완전한 목록을 특징짓는데 필요한 모든 유전자의 세트이다. 유전체라는 용어는 두 가지로 사용된다. 유전체는 세포의 이배체($2n$) 또는 반수체(n) 염색체 수를 나타낼 수 있다. 강의 시 어떠한 의미로 사용하는지 명확하게 해야 한다. 생물의 **유전자형**(genotype)은 생물에 있는 유전자의 목록을 의미한다. 유전자형은 세포의 DNA 암호로 되어있으므로, 따라서 생물의 유전자형을 볼 수는 없다. 대부분 생물의 완전한 유전자형을 아직 알 수는 없지만, 특정한 성질을 결정하는 유전자의 존재를 알아낼 수는 있다. 예를 들어 귓불 모양에 대한 두 가지의 대립형질에는 세 가지의 가능한 유전자형 조합이 있다. 유전자형은 보통 대문자와 소문자로 표기한다. 귓불 형질의 경우 달라붙지 않은 귓불은 "*E*"로 달라붙은 귓불은 "*e*"로 표시한다. 어떤 사람의 유전자형은 (1) 달라붙은 귓불의 두 대립형질(*ee*), (2) 하나의 대립형질은 달라붙은 귓불이고 다른 하나는 달라붙지 않은 귓불(*Ee*), 또는 (3) 달라붙지 않은 귓불의 두 대립형질(*EE*)일 수 있다.

개인에게 이러한 세 가지의 유전자형이 어떻게 보일 것인가? 생물의 관찰 가능한 성질은 **표현형**(phenotype)이라고 하며 대립형질의 각각 조합이 어떻게 표현되는지(나타나는지)의 방식에 의해 결정된다. 유전자는 화학반응을 조절하고 지시하거나 생물의 구조 구성요소가 되는 생산 분자(단백질)를 생산하여 자신을 표현한다. 대립형질의 조합이 자신을 표현하는 방법은 생물의 환경에 의해서도 영향을 받는다. 유전자 표현이라는 어구는 개인의 물리적 외관으로 자신을 나타내기 위하여 유전자가 단백질을 합성하는 정도를 나타낸다.

달라붙은 귓불의 두 개 대립형질을 가진 사람은 자유롭게 매달리지 않은 귓불을 가진다. 달라붙은 귓불 대립형질과 달라붙지 않은 귓불을 하나씩 가진 사람은 달라붙지 않은 귓불의 표현형을 가질 것이다. 달라붙지 않은 귓불 대립형질 두 개를 가진 사람도 달라붙지 않은 귓불을 가질 것이다. 유전자형은 세 가지이지만 표현형은 두 가지만 있는 것을 주의하라. 달라붙지 않은 귓불 표현형을 가진 사람은 다른 유전자형을 가질 수 있다.

대립형질		유전형	표현형
E	달라붙지 않은 귓불	*EE*	달라붙지 않은 귓불
e	달라붙은 귓불	*Ee*	달라붙지 않은 귓불
		ee	달라붙은 귓불

일부 대립형질의 표현은 동일한 유전자의 다른 대립형질의 존재에 의해 직접 영향을 받는다. 개인의 특정한 대립형질 쌍에 대하여, 두 부모로부터 온 두 개의 대립형질은 동일하거나 동일하지 않다. 예를 들면 *EE*나 *ee*처럼 특정한 성질에 대하여 두 개의 동일한 대립형질의 조합을 가지고 있는 사람은 그 특징에 대한 **동형접합체**(homozygous)이다. 주근깨에 대하여 두 개의 대립형질을 가지고 있는 사람은 그 특징에 대하여 동형접합체라고 한다. 주근깨가 없는 것에 대하여 두 개의 대립형질을 가지고 있어도 동형접합체라고 한다. 어떤 생물이 동형접합체인 경우, 특성은 특정한 방법으로 표현된다. 달라붙지 않은 귓불에 대하여 동형접합체인 사람은 달라붙지 않은 귓불을 가지고, 달라붙은 귓불에 대한 동형접합체인 사람은 달라붙은 귓불을 가진다.

예를 들면 *Ee*처럼 특정한 유전자에 대하여 두 개의 다른 형태의 대립형을 가지고 있을 때 그 사람을 **이형접합체**(heterozygous)라고 한다. 이형접합체의 개인은 한쪽 부모로부터 하나의 대립형을 다른 부모로부터 다른 대립형을 받는다. 예를 들어 주근깨 대립형질 하나와 주근깨가 없는 대립형질 하나를 가지고 있으면 이형접합체라고 한다. 생물이 이형접합체이면 두 개의 다른 대립형질이 상호작용하여 특성을 결정한다. 대립형질에 의하여 형성되는 표현형은 두 개의 다른 대립형질이 어떻게 상호작용하느냐에 따라 변화한다.

A Closer Look

부지런히 연구하는 유전학자들

그레고르 멘델의 연구가 1900년대 초에 "법칙"으로 받아들여진 이후, 유전학자들은 많은 중요한 발견을 하였다. 이 분야는 1950년대와 1960년대 사이에 분자유전학 시대가 나타난 이래 새로운 생명을 변화시키거나 그저 단순히 흥미 있는 정보로 정말로 폭발하였다. 이 발견 중 일부는 특정한 성질이나 조건의 원인이 되는 실제의 유전자의 존재를 밝혔다. 다른 발견들은 유전자가 발현되는지 또는 어떻게 발현이 변형되는지를 조절하는 요인들 설명하는 것을 도와주었다.

유전학 분야에서 종사하는 과학자들이 최근에 밝혀낸 몇 가지를 보여준다.

- 항생제만 먹도록 하는 유전자를 가진 특정한 토양 세균이 발견되었다. 이는 이러한 세균이 인간과 가축 병원균과 가까이 연관되어 살기 때문에 우려가 된다.
- 헌팅턴 병을 일으키는 유전적 장애는 뇌의 뉴런을 파괴하지만, 이는 암세포를 파괴하는 역할도 한다. 헌팅턴 병을 앓고 있는 사람은 다른 사람들보다 암에 걸릴 확률이 낮다. 헌팅턴 유전자는 하나 이상의 효과를 가지고 있는 것으로 보인다.
- 길들여진 개의 "우성 검정색" 모피 색깔의 유전은 통산적인 모피 착색에 관여하는 유전자와 다르지만 상호작용하는 유전자를 포함한다. 이 유전자의 변이는 노랑-, 검정, 그리고 얼룩색의 개 품종 간의 색깔 차이의 원인이 된다. 이와 동일한 유전자가 다른 종에서는 미생물을 파괴하는데 도움을 주는 단백질(β-defensin)을 생산한다. 늑대의 검정모피 색깔의 존재는 검정 모피 색깔을 가진 개와 회색 늑대 사이의 가끔 일어나는 교배의 결과이다.
- DISC1 유전자 (Disrupted-in-Schizophrenia 1 ; 정신분열증 환자의 유전자에서만 망가져 있다는 뜻)는 정신분열증, 우울증, 쌍극성 장애(조울증), 그리고 자폐증의 사례와 밀접하게 연관되어 있다.

13.3 유전의 단순한 모델-우성과 열성 대립형질 (A Simple Model of Inheritance-Dominant and Recessive Alleles)

표 13.1

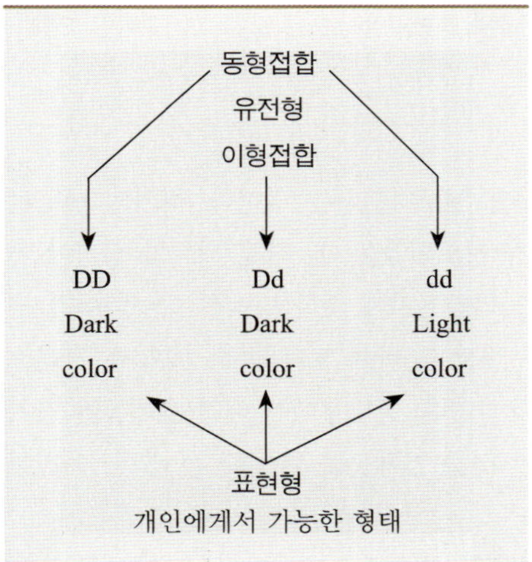

표현형은 각각의 부모로부터 받은 대립형질(유전자)의 유형과 이러한 대립형질들이 작용하는 방식에 따라 결정된다. 유전자형으로부터 표현형을 예측하는 간단한 법칙은 짝 중에 하나의 대립형질이 발현되고 다른 것이 숨겨질 때 서술된다. 이는 우성과 열성이라는 유전 유형이다. **우성 대립형질**(dominant allele; 귓불의 E처럼 대문자로 표기)은 그 특징에 대하여 다른 대립형질의 효과를 덮어 가린다(표 13.1). 예를 들어 달라붙지 않은 귓불에 대한 대립형질 하나와 달라붙은 귓불에 대한 대립형질 하나를 가진 사람은 달라붙지 않은 귓불의 표현형을 가진다. 이때 달라붙지 않은 귓불이 우성이다. **열성 대립형질**(recessive allele; e처럼 소문자로 표기함)은 다른 대립형질과 함께 존재할 때 다른 것에 의하여 그 작용이 흐리게 된다; 즉 다른 대립형질에 의하여 덮어 가려진다. 예를 들어 이형접합체인 사람(달라붙지 않은 귓불에 대한 대립형질 하나와 달라붙은 귓불에 대한 대립형질 하나(Ee)은 달라붙지 않은 귓불의 표현형을 가진다. 달라붙지 않은 귓불에 대한 대립형질이 우성이다. EE나 Ee는 달라붙지 않은 귓불의 표현형을 가지지만, 열성 표현형은 두 개의 열성 대립형질이 존재할 때(ee)만 관찰할 수 있다.

많은 사람들은 열성 대립형질에 대하여 공통적인 오해를 하고 있다. 하나는 열성 대립형질이 나쁘거나 해롭다는 것이다. 열성 유전자가 필연적으로 나쁜 것이라고 생각하지 마라. **열성이라는 용어는 유전자의 중요성이나 가치와는 전혀 상관이 없고 단순히 어떻게 표현되는가만 이야기한다. 열성 대립형질은 유전될 가능성이 낮지만 자신을 표현하기 위해서는 동형접합체 조건에 존재해야만 한다.** 이는 열성 대립형질이 더 적게 관찰되게 한다. 두 번째 오해는 열성 대립형질이 개체군에서 덜 빈번하게 나타난다는 것이다. 이는 항상 그런 것이 아니다. 사람 손가락의 숫자는 유전자에 의하여 결정된다. 이 유전자의 열성 대립형질은 다섯 손가락이다. 우성 대립형질은 6개이다. 명백히, 다섯 손가락 대립형질을 가진 사람이 여섯 손가락을 가진 사람보다 훨씬 많기 때문에 다섯 손가락 대립형질이 인구 중에 더 빈번하다.

13.4 멘델의 유전 법칙(Mendel's Law of Heredity)

유전 문제는 어떤 대립형질이 부모로부터 자식에게 전달되고 어떻게 다양한 유형의 자손이 생산되는가를 결정하는데 관련된다.

성 아우구스티누스 수도회의 수도사 그레고르 멘델은 유전의 결과를 예측하는 방법을 개발하였다. 멘델은 보통 완두콩 나무(*Pisum sativum*)의 특정 성질의 유전 유형을 보여주는 실험을 하였다. 그의 연구로부터 멘델은 어떠한 형질이 우성이고 어떠한 것이 열성인지 결론을 내렸다. 멘델의 결과를 일부 표 13.2에 나타내었다.

표 13.2 완두콩 나무에서 우성형질과 열성형질

특징	우성 대립유전자	열성 대립유전자
나무의 크기	큰 키	작은 키
콩깍지 형태	통통함	잘록함
콩깍지 색깔	녹색	노란색
콩의 표면	둥근 모양	주름진 모양
콩의 색깔	노란색	녹색
꽃 색깔	자주색	흰색

멘델의 연구가 독특한 것은 한 번에 하나의 형질만 연구하였다는 것이다. 과거의 연구는 동시에 수많은 형질을 추적하려고 하였다. 이 연구가 시도되었을 때, 전체 세트의 성질이 연구하기에 너무 부담이 되어 어떻게 자손이 형질을 물려받는지에 대한 명백한 아이디어가 생길 수 없었다. 멘델은 형질을 자줏빛 또는 흰색 꽃 색깔, 노란색 또는 녹색 콩깍지, 그리고 키가 큰 또는 작은 콩나무로 명백한 양자택일을 사용하였다. 콩나무에서 여러 세대동안 자가수분이 일어나면, 여러 성질에 대하여 동형접합체인 식물 개체군을 확보할 수 있다. 이러한 개체군은 순수 혈통이라고 한다.

멘델은 자주색 꽃 색깔을 가진 완두콩의 순수 혈통을 가지고 수술(anther)을 제거하여 자가수분하지 못하도록 폐기하였다. 그리고나서 순수혈통의 흰색 꽃나무의 수술을 취하여 수술

이 없는 자주색 꽃에 수분을 하였다.

수분된 꽃이 씨앗을 생산하였을 때, 멘델은 채집하고, 라벨을 붙이고, 씨를 뿌렸다. 씨들이 발아하고 성장하여, 머지않아 꽃이 피었다.

이 교배의 결과로 모든 식물이 자주색 꽃을 피었다는 것을 알면 놀랄 것이다. 멘델 시절의 유력한 가설의 하나는 자주색과 흰색이 혼합되어 부모의 자주색 보다는 연한 꽃을 피웠을 것이라고 예측했을 것이다. 다른 가설은 자손이 흰색과 자주색 꽃의 혼합으로 나타났을 것으로 예측했을 것이다. 모든 자손이 부모 한쪽과 같은 꽃이 피고 다른 한쪽의 부모는 전혀 나타나지 않은 예측하지 못한 결과는 멘델이 다른 특성을 검토하도록 하고 또한 그의 나머지 연구의 많은 부분의 기초를 형성하였다. 멘델은 다른 특징에 대한 순수 품종을 이용하여 실험을 반복하였다. 순수 품종의 키 큰 식물을 순수 품종의 난쟁이 식물과 교배하였다. 노란 꼬투리를 가진 식물을 녹색 꼬투리를 가진 순수 품종과 교배하였다. 결과는 모두 동일하였다: 자손은 한 부모의 특징을 나타냈으며 다른 부모의 특성은 보이지 않았다.

다음에 멘델은 흰색과 자주색 교배의 자손(모두 자주색)을 서로 교배하여 3대가 어떻게 나타나는지 관찰하였다. 원래의 흰색 부모의 특징은 완전히 상실되었을까? 2대의 교배는 한쪽의 흰색 부모를 가졌던 자주색 꽃을 수분하여 이루어졌다. 이 교배에서 생산된 종자를 채집하여 재배하였다.

꽃이 피었을 때 3/4은 자주색 꽃이 피었고 1/4은 흰색 꽃이 피었다.

이 자료를 분석한 다음, 멘델은 특징이 한 세대에서 다음 세대로 어떻게 전달되고 그들이 각 개체에서 어떻게 표현되는지 몇 가지 유전법칙을 고안하였다.

멘델의 우성의 법칙(law of dominance) – 생물이 주어진 형질에 대하여 2개의 다른 대립유전자를 가질 때, 다른 대립유전자를 가리고 발현되는 대립유전자를 우성이라고 한다. 발현이 가려지는 유전자를 열성이라고 한다.

멘델의 분리의 법칙(law of segregation) – 이배체 생물로부터 생식체가 형성될 때, 형질을 조절하는 대립유전자는 다른 생식체로 서로 분리되어, 독립성을 유지한다. 유전자의 부모 대립유전자는 감수분열 때 생식체로 분리된다.

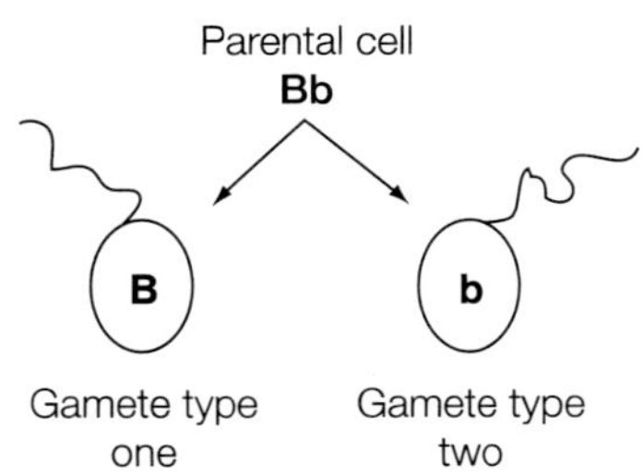

멘델의 독립유전의 법칙(law of independent assortment) – 한 쌍의 대립유전자 부분은 다를 대립유전자 쌍의 부분과 독립적으로 서로 분리된다. 다시 말하면 두 유전자가 분리된 염색체일 때, 하나의 대립유전자가 어디로 가는지는 다른 대립유전자가 어디로 가는가에 의하여 영향을 받지 않는다.

People Behind the Science

Gregor Johann Mendel (1822-1884)

그레고르 요한 멘델은 유전의 기본 법칙을 발견한 오스트리아의 수도승이며, 그의 업적의 중요성은 그의 사후까지 인정되지 못하였지만, 현대 유전학의 기초를 닦았다.

멘델은 1822년 6월 22일 오스트리아 하이젠도르프에서 시골 농부의 아들로서 요한 멘델로 태어났다. 그는 올로모우츠 철학학원에서 2년을 공부하고, 그 후 1843년 모라비아의 브룬에 있는 성 아우구스티누스 수도원에 들어가 그레고르라는 이름을 얻었다. 1847년 성직자로 임명되었다. 종교수행 중에 멘델은 과학에 대해 독학을 하였다. 1850년 교사자격을 얻기 위해 시험을 보았으나 낙방하였고, 1851년 대수도원장이 그에게 비엔나 대학에 가서 물리, 화학, 수학, 동물학, 그리고 식물학을 배우도록 하였다. 그는 대학을 1853년 떠나서 1854년 브룬의 수도원에 돌아왔다. 그는 그 후 1868년까지 지역 기술고등학교에서 자연과학을 가르쳤으며, 그 기간 동안 더 상급학교에서 가르칠 수 있는 교사자격을 획득하기 위하여 다시 시도를 하였으나 실패하였다. 이 1954년부터 1868년 사이가 멘델이 유전에 대한 과학적인 업적을 대부분 수행한 기간이다. 그는 1868년 브룬 수도원의 대수도원장으로 선출하였으며, 행정업무로 인하여 더 이상의 과학연구는 할 시간이 없었다. 멘델은 1884년 1월 6일 사망할 때까지 브룬의 대수도원장으로 있었다.

멘델은 1956년 유전의 기본법칙을 발견하도록 한 실험을 시작하였다. 그의 연구의 대부분은 그가 수도원의 정원에서 재배한 식용 완두콩(*Pisum* sp.)을 대상으로 수행하였다. 그는 각 식물을 조심스럽게 자가수분시키고 포장하였으며(곤충에 의한 우발적인 수분을 막기 위하여), 식물이 생산한 종자를 수집하여, 종자의 자손을 연구하였다. 그는 작은 콩은 오로지 작은 콩 자손만을 생산하며 이 2세대에 의하여 생산된 종자도 작은 콩만을 생산한다는 것을 발견하였다. 그러나 멘델은 큰 콩으로는 큰 콩과 작은 콩 자손이 모두 생산되고 큰 콩의 1/3 정도가 순종이라는 것을 알게 되어, 이로부터 큰 콩에는 순종과 순종이 아닌 두 종류가 있다고 결론을 내렸다. 다음에 그는 작은 콩을 순종의 큰 콩과 교배를 하여, 발생한 종자를 심어서 이 2세대를 각각 자가수분시켰다. 그는 1세대의 모든 자손은 큰 콩이었지만 이 1세대의 자손을 자가수분한 결과는 1/4이 순종의 작은 키, 1/4은 순종의 큰 키, 1/2는 혼성의 큰 키의 혼합으로 나타났다. 멘델은 완두콩의 꽃 색깔, 종자의 모양, 그리고 꽃의 위치 등 다른 특성도 연구하여, 키와 마찬가지로 이러한 형질의 유전에 간단한 법칙이 지배한다는 것을 알아냈다. 그의 발견으로부터 멘델은 각 부모 식물이 특정한 형질을 결정하는 요인에 기여하며 자손에서 요인들의 짝은 형질의 합병을 가져오지 않는다고 결론을 내렸다. 이러한 결론은 차례로 유명한 분리의 법칙과 독립유전의 법칙을 공식화하도록 하였으며, 이는 현재 유전의 두 가지의 기본적인 법칙으로 인식되고 있다.

멘델은 1865년 자연과학 연구의 브룬 학회에 그의 발견을 보고하였으며, 다음 해에 그 결과를 요약한 식물 잡종의 연구라는 논문을 출반하였다. 그러나 그의 연구의 중요성은 그 당시에는 인정되지 않았다. 1900년대에 들어서 그가 사망한지 16년이 지나서야 위고 드브리스, 칼 에리히 코렌스, 그리고 에리히 체르마크 폰 세이세네그 등에 의하여 그의 연구가 재발견되고서야 멘델은 명성을 얻었다.

멘델이 연구를 할 때, 생물학자들은 염색체나 DNA 또는 유사분열이나 감수분열에 대해 전혀 알지 못하였다. 멘델은 각각의 유전자가 다른 유전자와 분리되었다고 가정하였다. 그가 연구를 위하여 선택한 특징은 대부분 별도의 염색체에서 발견되었다는 것은 운이 좋았다. 만약 둘 또는 그 이상의 유전자가 동일한 염색체에 위치하였다면(연계된 유전자), 그는 그의 법칙을 고안하지 못하였을 것이다. 염색체와 DNA의 발견으로 멘델의 법칙은 수정되었으나, 유전학의 기초를 형성한 것은 멘델의 연구이다.

13.5 유전 문제를 해결하는 단계 : 단일인자 교배 (Steps in Solving Heredity Problems : Single-Factor Crosses)

인간은 왜 자손 식물이나 동물이 그들의 부모를 닮거나 닮지 않는지 이해하는데 오랜 관심을 가져왔다. 멘델의 연구는 이러한 질문에 대답하는 한 가지 방법을 고안하는데 도움이 되었다. 우리가 고려하려는 첫 번째 문제는 가장 쉬운 유형인 **단일인자 교배**(single-factor cross)이다. 단일인자교배(monohybrid cross: mono = 하나; hybrid = 조합)는 하나의 특징이 한 세대에서 다음 세대로 추적되는 유전자 교배 또는 짝짓기이다.

예를 들어, 인간에서 투렛 증후군(TS; Tourette syndrome)) 대립유전자는 우성 대립형질로 유전된다. 수세기 동안 이 유전 장애를 나타내는 사람들은 유별난 행동으로 인하여 악마에 홀렸다고 생각되었다. 이러한 운동과 말의 형태 또는 경련성 운동 무의식적이며 가벼운 형태(다리 떨기, 눈 깜박임, 얼굴의 경련)부터 불경한 외침, 머리 경련, 침 뱉기, 단어의 강박적인 반복, 또는 심지어는 개처럼 짖는 더 심한 형태까지 변화한다. 이 증상은 도파민이라는 두뇌 전달물질의 과잉 생산에서 나타난다.

단일인자 문제 : 만약 부모가 모두 이형접합체(하나의 대립유전자는 투렛 증후군을 가지고 다른 대립유전자는 투렛 증후군을 가지지 않음)일 경우, 투렛 증후군이 아닌 자식을 가질 확률은 어떻게 되는가? 투렛 증후군을 가질 확률은?

1단계 : 각각의 대립유전자에 대해 기호를 부여한다.

보통 대문자가 우성 대립유전자를 나타내고 소문자는 열성 대립유전자를 나타낸다. 투렛 증후군에 대해서는 T, 아닌 경우에는 t를 사용한다.

대립유전자	유전형	표현형
T 투렛	TT	투렛 증후군
t 정상	Tt	투렛 증후군
	tt	정상

2단계 : 각 부모의 유전형을 결정하고 교배를 나타낸다.

부모 모두 이형접합체이므로, 아버지의 유전형은 Tt이다. 어머니의 유전형 또한 Tt이다. 그들 사이의 ×는 교배를 나타낸다.

$$Tt \times Tt$$

3단계 : 각 부모가 생산할 수 있는 모든 가능한 종류의 생식체를 결정한다.

생식체는 반수체임을 명심하라; 따라서 배수체 세포인 부모의 두 개 대신에 생식체는 하나의 대립유전자만 가진다. 아버지는 투렛 증후군 대립유전자와 정상 대립유전자를 모두

가지고 있어도 항상 나타나지는 않는다.

오해 : 우성 유전자를 가지고 있으면, 그 형질이 나타날 것이다.

실제로 형질에 대한 우성 대립유전자를 가지고 있다고 해서 그것이 보인다는 것을 의미하지는 않는다. 침투도(penetrance)는 대립유전자가 존재할 때 발현되는 빈도이다. 침투도를 이해하는 것은 "만약 모든 사람들이 이 유전자를 가지고 있다면, 왜 이러한 조건을 가지고 있는 사람들이 많이 보이지 않는가?"하는 질문에 대답하는데 도움을 줄 것이다. 예를 들어 이형접합체의 남성이 투렛 증후군(TS)의 90% 침투도를 보인다고 하면; 이는 투렛 증후군에 대한 우성 대립유전자를 지닌 남성의 90%가 TS의 진단을 받기에 충분한 형질을 발현한다는 것이다. 여성 개체군에는 60−70%만의 침투도를 보인다.

가지고 있기 때문에, 생식체의 반은 투렛 증후군 대립유전자를 가지고 나머지 반은 정상 대립유전자를 가질 것이다. 어머니도 동일한 유전형을 가지기 때문에 어머니의 생식체도 아버지의 생식체와 동일할 것이다.

유전 문제에서 푸네트 사각형이 사용된다. **푸네트 사각형**(Punnett square)은 특정한 교배에서 자손의 유전형과 표현형의 확률을 결정할 수 있도록 한다. 감수분열 과정으로 인하여 각 생식체는 각 특징에 대하여 하나만의 대립유전자를 받는다는 것을 기억하시오. 따라서 아버지는 T 또는 t의 정자를 생산할 것이다; 어머니도 T 또는 t의 난자를 생산할 것이다. 아버지에 의해 생산될 수 있는 생식체는 사각형의 왼쪽에 나열하고 어머니의 생식체는 위에 나열한다. 이 예에서 푸네트 사각형은 아버지로부터 온 하나의 우성 대립유전자와 열성 대립유전자가 왼쪽 편에 나타난다. 어머니로부터 온 대립유전자는 위쪽에 나타난다.

여성 유전형 Tt
가능한 여성배우체 T와 t

남성 유전형 Tt / 가능한 남성배우체 T와 t		T	t
	T		
	t		

4단계 : 이러한 생식체가 결합할 때 나타날 수 있는 모든 유전자 조합을 결정한다.
이 교배로부터 나타날 수 있는 가능한 대립유전자의 조합을 결정하기 위해서는 단순히 각각의 빈 사각형을 각 부모로부터 제공될 수 있는 대립유전자로 채우면 된다.

	T	t
T	TT	Tt
t	Tt	tt

5단계 : 가능한 각 유전자 조합의 표현형을 결정한다.
이 문제에서 TT, Tt, 그리고 Tt의 세 자손이 투렛 증후군을 가진다. 따라서 문제에 대한 답은 자손이 투렛 증후군을 가질 확률은 3/4이며, 투렛 증후군이 없을 확률은 1/4이다. 모든 단일 요인 문제는 이 방법으로 해결될 수 있다; 문제에서 유일한 변이는 대립형질의 종류와 부모가 생산할 수 있는 가능한 배우체의 유형의 수이다.

13.6 유전의 복잡한 모델 (More Complex Model of Inheritance)

지금까지는 두 대립유전자간의 우성과 열성에 의해 결정되는 표현형을 고려하였다. 사실상 대부분의 유전 양상이 이러한 단순한 양상에 부합되지 않기 때문에 우성/열성 유전은

A Closer Look

그 형질은 어머니를 탓하세요!

진핵세포에서 대부분의 DNA는 핵에 위치한다. 이 유전물질이 세포에서 대부분의 생화학적 과정을 조절한다. 오랫동안 미토콘드리아도 mtDNA라는 DNA를 가지고 있다는 것이 알려졌다 이 유전물질은 핵에 위치한 유전물질과 공동으로 작용한다. 그러나 감수분열의 결과로 정자가 형성될 때 흥미로운 일이 발생한다. 모든 미토콘드리아는 정자의 머리 부분이 아닌 목 부분에 포장된다. 정자가 2차 난모세포로 침투할 때 머리는 들어가지만 목에 있는 대부분의 미토콘드리아는 밖에 남는다. 따라서 아버지는 자식에게 미토콘드리아 유전정보를 거의 기여하지 않는다. 어머니의 미토콘드리아 DNA에 돌연변이가 일어나면 이러한 비정상적인 특징은 자식에게 전달된다. 아버지의 미토콘드리아 DNA에 돌연변이가 일어나면 이러한 비정상적인 특징은 자식에게 투과되지 않는다. 이러한 예외적인 전달 방법을 미토콘드리아(또는 모계) 유전이라고 한다. 미토콘드리아 유전자를 통하여 전달되는 비정상적인 특징은 미토콘드리아가 진핵세포에서 ATP의 주된 기원이 되기 때문에 근육 약화와 관련되어 있다. 레버의 유전성 시신경장애라는 희귀한 유전적 이상을 가진 사람은 20세쯤에 시작되는 성인 초기에 시신경의 사망으로 갑자기 중앙 시력을 상실하는 증상을 보인다. 남성과 여성 모두 영향을 받을 수 있다.

또 다른 치명적인 실수?

오해 : 모든 돌연변이는 치명적이다.

사실상 이는 사실이 아니다. (1) 돌연변이는 아무런 영향도 미치지 않을 수 있다; 이는 의도했던 아미노산을 동일한 아미노산으로 대체할 수 있다. (2) 돌연변이는 치명적이 아닐 정도로 대사를 방해하지 않는 새로운 단백질을 초래할 수도 있다. (3) 돌연변이는 사용되지 않는 유전자에 일어날 수 있다.

아마도 가장 흔치않은 유전모델일 것이다. 대부분의 상황에서 표현형은 받은 대립형질(유전자)의 유형에 의해서만 결정될 뿐 아니라 유전자들이 어떻게 서로 상호작용하고 환경이 어떻게 표현에 영향을 주는가의 대체수단에 의해서도 결정된다. 일반적으로 인정되는 6가지의 유형이 있다: X 염색체 연관 특성, 공동우성, 불완전 우성, 다중 대립형질, 다유전자성 유전, 그리고 다변발현 등이다.

X 염색체 연관 유전자(X-linked genes)

동일한 염색체에 위치한 대립유전자는 함께 유전되는 경향이 있다. 그들은 연관되었다고 한다. 감수분열 I기의 전기 I에서 일어나는 교차에 의하여 연관된 유전자를 분할시킬 수 있다. 교차는 어머니와 아버지로부터 공여되는 상동염색체 사이에 일어나며, 유전자의 혼합을 가져온다. 두 유전자가 염색체 상에서 가까이 있을수록 함께 유전될 가능성이 크다.

사람과 다른 많은 생물은 두 종류의 염색체를 가진다. 상염색체(22쌍)는 성 결정에 관련되지 않으며 염색체의 상동짝의 모든 단위(both members)에 있는 동일한 형질에 대한 대립유전자를 가진다. 성염색체는 생물의 성을 조절하는 염색체 쌍이다. 인간과 다른 몇 동물은 X 염색체와 Y 염색체 두 가지 종류의 염색체를 가진다. Y 염색체는 X염색체보다 훨씬 짧으며 인간의 X 염색체에서 나타나는 형질을 약간 가지고 있다. Y 염색체에 위치하는 하나의 유전 특징은 고환을 결정하는 유전자인 SRY를 포함한다. 여성은 두 개

A Closer Look
근위축증과 유전학

대부분의 유전자는 수천 뉴클레오타이드 염기쌍으로 이루어져 있기 때문에, 이 서열에는 많은 다른 변화가 다중의 악성 유전자 산물을 초래할 수 있으며, 따라서 비정상적인 표현형을 나타낸다. 동일한 유전자는 많은 다른 악성 형태를 가질 수 있다. 표현형적 특징이 특정한 성질에 대한 많은 다른 대립유전자에 의하여 결정될 수 있다는 사실은 유전적 이종성으로 불린다. 예를 들어 가장 많이 알려진 근위축증(muscular disease; MD)의 두 가지 형태는 뒤센형과 베커형 근위축증이다. 뒤센형 근위축증(DMD)은 심한 진행성 근육 무력화와, 어린 시기에 시작되는 다리의 장딴지에 가성 근육 위축증(퇴화)의 출현, 그리고 30대에 사망의 가능성이 매우 높은 것이다. 베커씨 근위축증(BMD)는 동일한 근위축증 유전자에 나타나지만 다른 위치에서 나타나는 돌연변이에 의해 발생한다. BMD는 MD의 가벼운 형태이다.

의 X 염색체를 가지고 있을 때 생산되며 이는 SRY 유전자가 없기 때문이다. 남성은 보통 하나의 X 염색체와 하나의 Y 염색체가 있을 때 생산된다.

X 염색체에 함께 나타나는 유전자를 **X 염색체 연관**(X-linked)이라고 한다. Y 염색체가 X 염색체보다 짧기 때문에 X 염색체의 비교되는 부분에서 나타나는 대리형질을 많이 가지고 있지 않다. 따라서 남성에서는 Y 염색체에 상응하는 대립유전자가 없기 때문에 유일한 X 염색체의 단일 대립형질이 발현될 것이다. 인간의 Y 염색체 연관 형질은 SRY 유전자이다. 이 유전자는 배의 생식선이 남자의 정소로 분화되는 것을 조절한다. 대조적으로 X 염색체에는 백 개 이상의 유전자가 있다. 일부 X 염색체 연관 유전자는 색 결핍(color blindness; 과거에는 색맹으로 불리었음), 혈우병, 갈색 치아, 그리고 최소한 두 형태의 근위축증(Becker's and Duchenne's) 등의 비정상 형질을 초래할 수 있다.

CONCEPTS APPLIED 당신은 맛을 잘 보는 사람인가요?

어떤 사람은 페닐티오뇨소(PTC)라는 화합물을 맛볼 수 있는 능력을 유전 받고, 다른 사람은 PTC를 맛볼 수 없다. 강사께 PTC를 스며들게 한 종이를 달라고 하세요. 이 종이 조각을 혀 위에 놓으세요.

쓴맛을 느끼면 맛을 볼 수 있는 사람입니다. 느끼지 못하면 맛을 보지 못하는 사람입니다. 쉽게 만날 수 있는 가족에게 충분한 조각을 가져가세요. 조부모, 부모, 형제자매, 자식, 숙모, 그리고 숙부 등이 포함될 수 있습니다. 가족 구성원을 시험한 다음에 아래와 같은 가계도를 그려보시오. 가족 구성원의 유전형을 결정할 수 있을까요? PTC를 맛볼 수 있는 것은 우성형질인가요 아니면 열성형질인가요? 아니면 우성이 결여된 사례일까요? 아니면 다른 형질과 연관이 되어있을까요?

가계도에서 원은 여성을 그리고 사각형은 남성을 나타낸다. 부모의 부호는 수평의 교배선으로 연결되고, 자손은 부모 아래 수평선으로 나타낸다. 맛을 느끼는 개인은 막힌 부호로, 느끼지 못하는 개인은 열린 부호로 나타낸다. 당신의 가계도를 만들어 보시오. 이 분석을 위해서는 혈통적(생물학적) 친척만 사용할 수 있다.

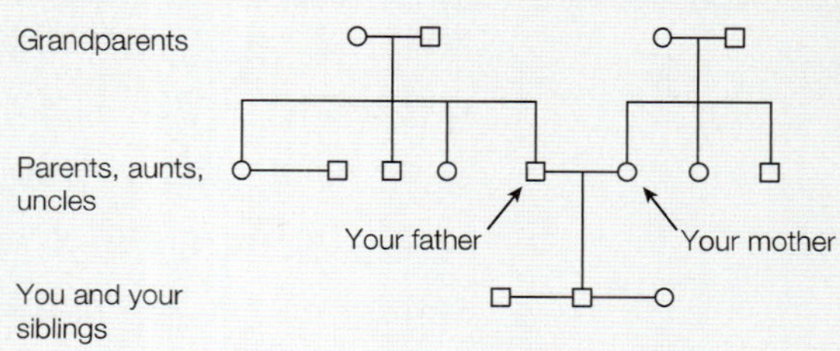

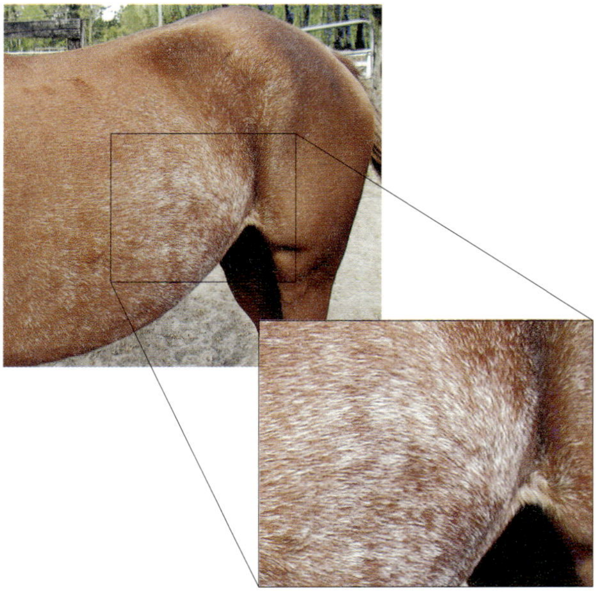

그림 13.3 아랍 종 말의 색깔은 roan(섞인; 얼룩색)이라고 부르는 공동우성 색깔 양상을 나타낸다. 흰색과 붉은색의 털이 서로 옆에 나타나는 장소가 신체에 있는 것을 주목하시오.

A $F^R F^R$

B $F^W F^W$

C $F^W F^R$

그림 13.4 이 금어초의 색깔은 꽃잎 색깔에 대한 두 대립유전자인 F^W와 F^R에 의하여 결정된다. 대립유전자가 서로 상호작용하는 방식에 따라서 세 가지 다른 표현형이 있다. 이형접합체 조건에서 어느 대립유전자도 다른 대립유전자에 우성이 아니다.

공동우성(codominance)

일부 유전 상황에서 대립형질이 서로 우성도 열성이 아니고 이형접합체 개체에서 둘 다 발현된다. 이러한 유전 양상을 공동우성이라고 한다. 공동우성의 경우 각 대립형질의 표현형이 이형접합체 조건에서 발현된다. 결과적으로 이형접합체 유전형을 가지고 있는 사람은 동형접합체인 부모 누구와도 매우 다른 표현형을 나타낼 수 있다. 공동우성 대립유전자의 경우 모두 대문자 부호가 사용되며 다른 대립형질을 나타내기 위하여 윗 첨자를 추가한다. 대문자는 각 대립유전자가 다른 대체 대립형질이 존재할 때에도 각 대립형질이 어느 정도 표현형으로 탐지될 수 있다는 사실을 주의시킨다. 예를 들어 말, 소, 그리고 다른 동물의 외피 색깔(C)은 표현형적으로 얼룩색이 될 수 있다. 얼룩색 유전자는 색깔에 상관없이 다른 체모 사이에 흰색 털을 추가한다. 얼룩색 유전자는 어느 색깔에도 적용될 수 있다. 가장 흔한 기본 얼룩색은 빨강색이다. 색깔은 두 종류의 다른 색깔을 가진 개별 체모의 결과이다. 붉은색 얼룩색은 서로 섞인 붉은 색과 흰색의 털을 모두 가진다. 진정한 붉은 색의 동물은 C^RC^R, 붉은 얼룩색은 C^RC^W, 그리고 진정한 흰색은 C^WC^W 유전형을 가질 것이다(그림 13.3).

불완전 우성(incomplete dominance)

부분 또는 **불완전 우성**으로 알려진 유전 형태에서는 대립유전자가 우성 관계를 가지지 않는다. 교배의 결과는 동형접합체인 부모 어느 쪽과도 다르지 않은 중간의 표현형이다.

불완전 우성의 다른 예는 말의 특정 색에서 나타난다. 팔로미노 말과 벅스킨 말은 기본적인 색깔 유전자(C^{cr})에 대하여 크림 색깔의 대립형질을 나타낸다. 이러한 말에서 C^{cr} 대립유전자는 털 색소를 노란색으로 희석한다. 동형접합체 조건($C^{cr}C^{cr}$)의 말을 크리멜로라고 부르며; 검정색과 붉은색 색소가 하나의 털에 섞여서 노란색을 나타낸다.

불완전 우성의 고전적인 예는 금어초 꽃잎의 색깔을 포함하는 식물을 포함한다. 유전자 산물은 상호작용하여 혼합된 결과를 만든다. 이 꽃의 색깔에는 두 개의 대립유전자가 있다. 둘 다 열성이 아니기 때문에 이 대립유전자를 나타내는데 전통적인 대문자와 소문자를 사용할 수 없다. 대신 흰색 꽃잎의 대립유전자는 F^W 부호로, 붉은색 꽃잎의 대립유전자는 F^R 부호로 나타낸다(그림 13.4). 이 두 대리유전자의 가능한 조합은 세 가지이다.

유전형	표현형
F^WF^W	흰색 꽃
F^RF^R	붉은색 꽃
F^RF^W	분홍색 꽃

다중 대립형질(multiple alleles)

지금까지 우리는 A, a와 같이 두개의 대립유전자에 의해 결정되는 특징에 대해서만 논의하였다. 그러나 하나의 형질에 대해 둘 이상의 다른 대립유전자가 있을 수 있다. 특정한 형질을 조절하는 동일한 유전자(대립유전자)의 모든 다양한 형태를 다중 대립유전자라고 한다. 그러나 한 사람은 그 특징에 대하여 최대 3개의 대립유전자만을 가질 수 있다. 다중 대립유전자에 의해 결정되는 특징의 좋은 예는 ABO 혈액형이다. 혈액형에는 세 종류의 대립유전자가 있다.

대립유전자

I^A = 혈액은 적혈구 표면에 A형 항원을 가진다.

I^B = 혈액은 적혈구 표면에 B형 항원을 가진다.

i = O형 혈액은 적혈구 표면에 A나 B항원을 전혀 가지지 않는다.

I^A와 I^B는 적혈구에 부착된 항원성 탄수화물을 나타내는 기술적인 용어로서 면역원이다. 대립유전자는 인간 염색체 9번에 위치한다. ABO식이 혈액형에 이용되는 유일한 것이 아니나, Rh, MNS, 그리고 Xg식 혈액형 등도 있다.

ABO 체계의 다중 대립유전자 예의 가운데서 A와 B는 한 개체에 함께 있을 때 공동우성을 보인다. 그러나 A와 B는 둘 다 O 대립유전자에 대해 우성이다. 이러한 세 종류의 대립유전자는 6가지 다른 방법으로 짝지어 조합될 수 있으며, 네 가지의 다른 표현형을 나타낸다.

유전형	표현형
$I^A I^A$	A 혈액형
$I^A i$	A 혈액형
$I^B I^B$	B 혈액형
$I^B i$	B 혈액형
$I^A I^B$	AB 혈액형
ii	O 혈액형

다중 대립유전자 문제는 단일요인 문제와 같이 작용한다. 몇 가지 예가 이 장 마지막의 실전문제에 있다.

다유전자성 유전(polygenic inheritance)

지금까지는 단일 유전자의 단일 장소에 있는 대립유전자에 의해 결정되는 표현형 특징만 고려하였다. 그러나 일부 특징은 몇 군데의 다른 장소(loci; 다른 염색체나 단일 염색체의 다른 장소)에 있는 유전자들의 상호작용에 의하여 결정된다. 이를 **다유전자성 유전**이라고 한다. 대립유전자의 많은 다른 쌍들이 함께 작용하여 특징을 결정한다. 인간의 피부색은 이러한 유전 유형의 좋은 예이다. 몇몇 전문가에 의하면 피부색의 유전자는 최소한 세 곳의 염색체 장소 또는 'loci'에 위치한다. 각각의 이러한 loci에서 짙은 색의 대립유전자가 옅은 색의 대립유전자에 대해 우성이다. 따라서 얼마나 많은 짙은 색의 대립유전자가 존재하는가에 따라서 다양한 종류의 피부색이 가능하다(그림 13.5).

다유전자성 유전은 본질이 경사를 나타내는 특징을 결정하는데 매우 일반적이다. 피부색의 예에서, 그리고 다른 많은 형질도 마찬가지로, 특징들은 어느 양쪽의 기준에서 분류될 수 없고, 얼마나 많이 또는 어느 정도 만큼의 기준으로 표현형의 변이가 분류될 수 있다. 예를 들어 사람의 키는 큰 변이를 보인다. 큰사람과 작은 사람만 있는 것이 아니라 커다란 범위를 가진다. 어떤 사람은 1 m 밖에 안 되고 어떤 사람은 2 m 이상 크다. 이러한 정량적 형질은 아마도 많은 수의 다른 유전자에 의하여 결정될 것이다. 지능도 심한 저능부터 천재까지 현저하게 변화한다. 많은 이러한 형질은 식사, 질병, 사고, 그리고 사회적 요인과 같은 외부 환경요인에 의해서 영향을 받을 수 있다. 이들은 다중유전자성 유전 유형의 단지 몇 가지 예이다.

Locus 1	d^1d^1	d^1D^1	d^1D^1	D^1D^1	D^1d^1	D^1d^1	D^1D^1
Locus 2	d^2d^2	d^2d^2	d^2D^2	D^2d^2	D^2d^2	D^2D^2	D^2D^2
Locus 3	d^3d^3	d^3d^3	d^3d^3	d^3d^3	D^3D^3	D^3D^3	D^3D^3
Total number of dark-skin genes	0	1	2	3	4	5	6

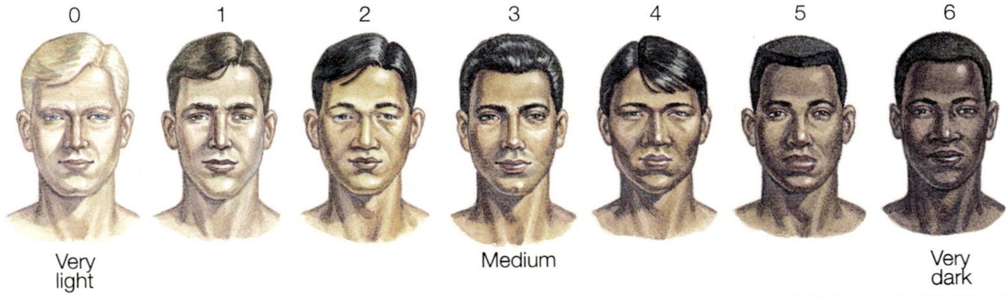

그림 13.5 인간의 피부색은 다중유전자(polygenic) 유전의 예이다. 각각 진한 색과 밝은 색 대립유전자를 가진 여러 개의 다른 피부색 유전자가 다른 염색체에 위치한다. 진한 "D" 대립유전자의 전체 숫자가 피부색에 가산적인 효과를 나타낸다. 그림의 윗부분은 다른 피부색을 나타내는 유전자형의 예를 보여준다. 진한 "D" 대립유전자의 수가 다른 유전자에 "D" 대립유전자가 어떻게 분포되어있는가 보다 더 중요하다.

Connections . . .

피부색, 유전자 빈도의 변화, 그리고 자연선택

수세기 동안 인간을 피상적인 형질에 따라 인종으로 분류하였다. 가장 명백한 것 중의 하나가 피부색이다. 다음의 설문지를 작성하면 인종에 따라 자신을 확인하도록 하는 범주를 찾을 수 있을 것이다. 피부색은 당신이 백인인가, 아프리카계 미국인인가, 라틴 아메리카계 사람인가, 아니면 혼혈인가를 결정할 때 항상 맨 먼저 생각난다. 언제 인류가 다른 피부색으로 발달하였는가? 어떠한 요인이 다른 색의 집단의 사람을 형성하고 안정화되게 하였는가?

물론 피부색은 유전자에 의해 조절된다. 사실상 색소 생산의 폴리진 유전에는 여러 유전자가 관련되어 있다. 과학자들은 이 시작은 약 4만 년 전 유럽의 현대 인류가 북쪽으로 멀리 이주하면서 흰색이 되기 시작한 것으로 생각하였다. 흰 피부는 태양광이 피부에 쉽게 투과하도로 한다고 가설을 세웠다. 이는 UV가 많이 투과되게 하여 뼈의 성장과 다른 많은 필수적인 경로에 사용되는 비타민 D의 생산을 자극한다. 명백히 흰 피부를 만드는 SLC24A5라고 하는 유전자는 많은 유럽인들에게서 확인되었다(아시아인에게는 없음). 피부색에 사용되는 단백질 생산을 조절하는 이 유전자에는 두 가지 형태가 있다. 이 두 대립유전자에 의해 생산되는 단백질은 단지 하나의 아미노산만 차이가 난다. 거의 대부분의 아프리카인과 동아시아인은 이 유전자의 검은 형태를 보유하며, 유럽인의 98%는 흰 유전자를 가지고 있다. DNA를 면밀히 분석한 결과 흰 유전자의 근원은 과거에 생각했던 것 보다 최근인 6천년에서 1만2천 년 전에 돌연변이가 일어나 유럽 인구에서 빈도가 증가한 것으로 제안되었다.

다발현성(pleiotropy)

하나의 유전자는 하나의 산물만 생산하지만, 종종 개인의 표현형에 다양한 영향을 미치기도 한다. 이를 다발현성이라고 한다. **다발현성**(pleiotropy; pleio = 변할 수 있는)은 하나의 유전자가 표현형에 대한 다중의 효과를 나타낸다. 다발현성의 좋은 예는 아브라함 링컨 미국 대통령에게 나타났던 병으로 의심되는 마르팡 증후군이다(그림 13.6). 마르팡은 신체의 연결조직의 장애이지만 눈, 심장, 혈액, 골격, 그리고 폐 등 다른 많은 기관에도 영향을 미칠 수 있다. 증상은 긴 팔과 거미 손가락을 가진 크고 마른 신체, 척추측만(척추의 만곡), 그리고 가슴 벽의 침하 등이다. 마르팡 증후군을 보이는 많은 사람들은 눈의 수정체의 위치가 벗어나 근시이다. 눈의 흰 부분(공막)이 푸른빛을 보이기도 한다. 심장 문제는 동맥의 확장과 비정상적인 심장판막을 포함한다. 동맥류(aortic aneurysm)라고 하는 대동맥의 약하고 확장된 부분의 파열로부터 대동맥이 파열되어 사망에 이를 수도 있다. 따라서 마르팡 증후군을 유발하는 대립유전자는 신장, 시력, 그리고 다른 형질 등 다중의 효과를 나타낼 수 있다.

다발현성의 다른 예는 유전적 비정상 PKU(페닐케톤뇨증)이다. 이 예에서 하나의 유전자는 많은 식품에 흔히 있는 페닐알라닌 아미노산을 세포가 대사하는 경로와 관련된 많은 화학반응에 영향을 미친다(그림 13.7 참조).

이 유전적 비정상에서 사람은 페닐알라닌 아미노산을 티로신 아미노산으로 변환시킬 수 없다. 신체에 페닐알라닌의 축적은 신경계의 정상적인 발달을 방지한다. 그러한 개인은 PKU를 앓고 정신적으로 지능발달이 늦어진다. 의학계에서는 PKU를 앓고 있지만

Connections . . .

유전자, 발달, 그리고 진화

현대 유전학의 중요한 발견 중 하나는 모든 생물에서 나타나는 유전자의 종류가 눈에 띄게 유사하다는 것이다. 이는 생물의 진화를 이해하는데 중요한 함축된 의미를 가진다. 돌연변이 과정을 통하여 일단 새롭고 가치 있는 유전자가 생성되면 진화적 자손에서 보존된다. 한 예는 호메오 유전자로 알려진 유전자 집단이다. 이 유전자들은 발생 중인 배아의 어느 쪽이 머리이고 어느 쪽이 꼬리인지 정의하는 것을 보조하여 생물의 신체가 어떻게 발달하는지를 조절한다. 배아가 발달하고 정규 신체 부분이 형성되면, 호메오 유전자는 각 부분이 무엇으로 되는지를 정의하는 것을 돕는다. 곤충에서 한 부분은 촉수가 되고, 반면에 다른 부분은 날개나 다리가 된다. 호메오 유전자는 수백 년 동안 동물유전학도에게 인기 있는 종이었던 초파리(*Drosophila melanogaster*)에서 최초로 발견되었다. 초파리는 몇 가지 이유로 유전연구에 이상적이다: 실험실에서 기르기 쉽고 저렴하고, 새로운 세대가 10일마다 생산될 수 있으며, 많은 수의 자손이 생산된다.

이제는 호메오 유전자가 좌우대칭인 모든 생물의 동일한 발달과정을 조절하는 것으로 알려졌다. 이 경향은 너무 압도적이어서 일부 과학자들은 호메오 유전자의 한 종류인 *Hox* 유전자의 존재가 동물계를 정의하는데 사용되어야 한다고 제안하였다.

동일한 기능을 가지고 본질적으로 동일한 유전자는 초파리, 지렁이, 성게, 촌충, 그리고 사람 등 매우 다른 동물에서 발견된다. 이는 초파리의 연구가 사람과 다른 동물에서 동일한 유전자가 어떻게 기능하는지를 알아내는데 이용될 수 있다는 것을 의미한다. 호메오 유전자가 배아의 발달과 세포분화를 조절하는데 관련되어 있기 때문에, 이러한 연구는 인간의 배아발달 이상을 유인하는 원인이나 암과 같은 다른 질병을 확인하는 것을 돕는데 이용될 수 있다.

A

B

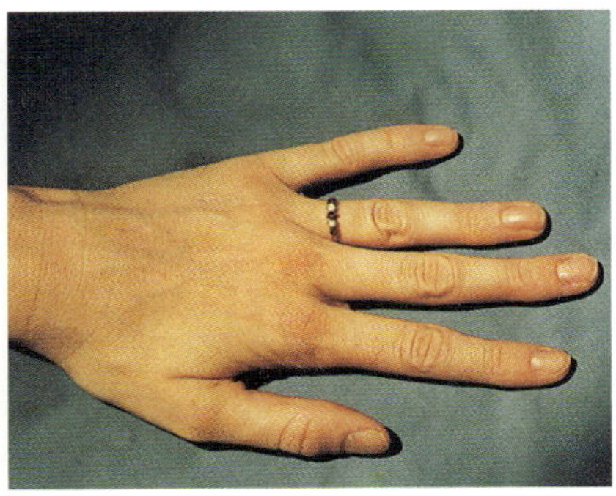

C

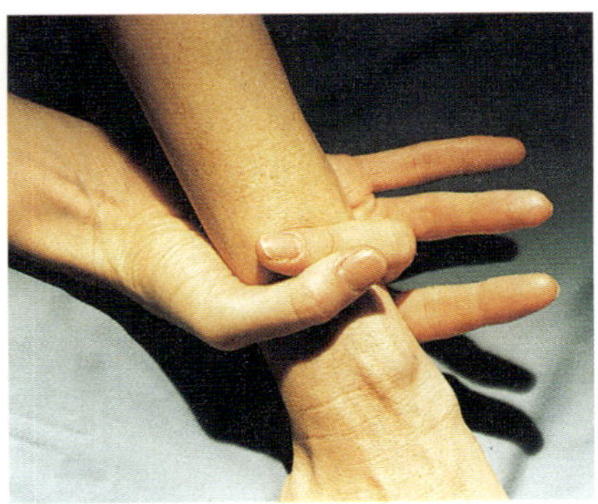

D

그림 13.6 미국에서 약 4만명(만명 당 1명)의 사람이 상염색체 우성 이상을 가지고 있는 것으로 추정된다. 마르팡 증상을 가지고 있는 사람의 신체와 얼굴의 일반적인 마른 외모(A)와 전 미국 대통령인 에이브러햄 링컨을 주목하시오. 그림 (C)와 (D)는 비정상적으로 긴 손가락을 나타낸다.

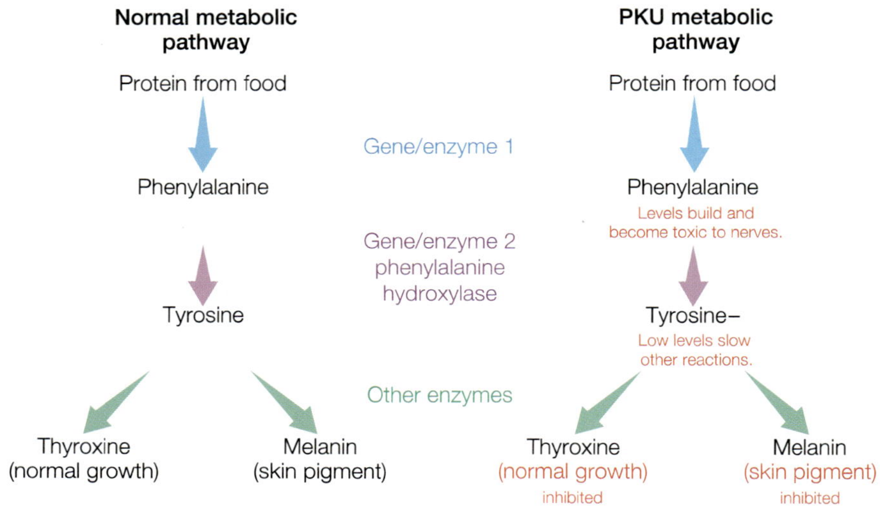

그림 13.7 PKU는 12번째 염색체에 위치한 열성의 이상이다. 왼쪽의 도표는 정상적인 경로가 어떻게 작용하는지 보여준다. 오른쪽의 도표는 비정상 경로를 나타낸다. 페닐알라닌 하이드록실라아제 효소가 돌연변이 유전자로 인하여 생산되지 않으며, 페닐알라닌 아미노산은 티로신으로 변환될 수 없고 페닐피루브산으로 변환되어, 체액에 축적된다. 페닐피루브산의 축적은 신경세포의 사멸을 초래하며 궁극적으로 정신 지체를 가져온다. 페닐알라닌이 티로신으로 변환되지 않기 때문에, 경로의 뒤따르는 반응도 영향을 받게 된다.

그들의 상태를 모르는 성인이 많을 것으로 우려하고 있다. PKU로 진단받은 어린아이들은 평생 동안 추적되지 않으며, 많은 부모는 자식들에게 그러한 사실을 이야기 하지 않는다. 이러한 어린이들이 어른이 된 다음에 그들은 쉽게 의료 이력을 알아차리지 못한다. 문제는 여성 PKU 환자가 임신을 하여 본인이나 의사가 그녀의 의료 이력을 알지 못하여 적절한 출산 전 간호를 받지 못할 때 나타난다.

유전자 표현에 대한 환경의 영향(environmental influences on gene expression)

유전학의 복잡한 면의 하나는 대립형질의 표현형의 표현이 생물의 유전형보다는 훨씬 많은 것에 의존한다는 것이다. 때로는 물리적 환경이 우성이나 열성 대립유전자가 발현되는지 되지 않는지를 결정한다. 예를 들어 사람의 주근깨 유전자는 피부가 햇볕에 노출되지 않으면 완전히 발현되지 않는다(그림 13.8). 다른 예는 6손가락인데(다지증; polydactylism), 사람의 다섯 손가락 대립유전자에 대해 우성이다. 6손가락을 대립유전자로 받은 사람의 일부는 제법 완전한 여섯 번째 손가락을 가지고; 다른 일부는 작은 돌출부처럼 나타난다. 다른 경우에 우성 대립유전자는 정상적인 새끼손가락처럼 구부릴 수 없는 새끼손가락을 형성하기도 한다. 그러나 그러한 대립유전자를 유전 받은 것으로 생각되는 모든 사람이 굳은 새끼손가락을 가지는 것은 아니다. 어떤 경우에는 이 우성 특징이 발현되지 않거나 한손에만 나타나기도 한다. 따라서 대립유전자가 가체에서 발현되는 정도에는 변이가 있다. 유전학에서는 이것을 변이성 발현도라고 한다. 이의 좋은 예는 신경섬유종증 유형 I (NF1)라는 유전적 비정상에서 나타난다(그림 13.9). 어떤 경우에 이는 개체군에서 전혀 발현되지 않을 수 있다. 이를

A B C

그림 13.8 많은 유전자의 발현은 환경에 의해 영향을 받는다. 고양이 검은 털의 대립유전자(A)는 온도에 민감하며 차갑게 유지되는 신체의 일부분에서만 발현된다. (B와 C) 주근깨의 대립유전자는 사람이 태양광에 노출되었을 때 더 완전히 발현된다.

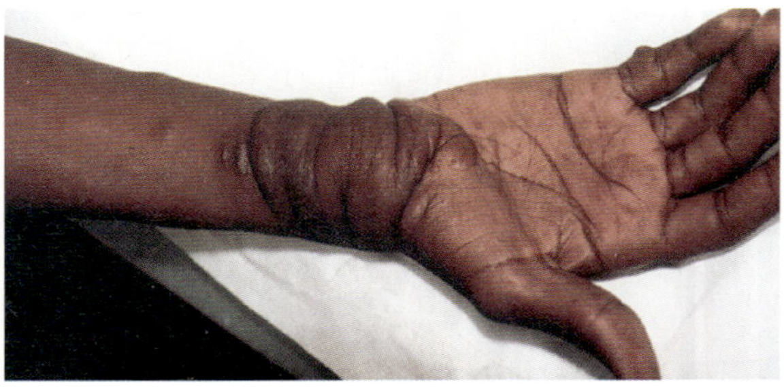

그림 13.9 신경성 섬유종 I (Neurofibromatosis I)은 양성 섬유종 피부종양, 카페오레 반점, 동공의 결절, 그리고 악성 종양 등 많은 형태로 나타난다. 이는 표현도에 있어서 극히 변화가 크다; 즉 거의 느낄 수 없거나 또는 광범위할 수 있다. 상염색체 우성 형질은 돌연변이와 정상적으로 종양형성을 야기하는 유전자의 활동을 억제하는 단백질 (신경피브로민) 생산의 결과이다.

침투성의 부족이라고 한다. 다른 유전자와 이 우성 대립유전자와 상호작용하여 표현의 변이를 일으킬 수 있다.

내부 외부 환경요인들도 유전자의 발현에 영향을 미칠 수 있다. 예를 들어 수정이 되었을 때 남성은 목소리 높이를 언젠가는 결정할 유전자를 받을 것이다. 그러나 이러한 유전자는 사춘기 이후에 다르게 발현된다. 사춘기 때 남성호르몬이 분비된다. 이러한 내부환경의 변화는 굵은 남성 목소리를 가져온다. 이러한 호르몬을 생산하지 않은 남성은 늦게까지 높은 높이의 목소리를 보유한다. 여성에서도 부신 분비샘의 기능이상 남성 호르몬을 다량 분비하게 하면 비슷한 변화가 나타날 수 있다.

식사도 개인의 표현형에 영향을 미칠 수 있는 외부 환경요인이다. 혈액의 포도당이 적절히 대사되지 않아 소변으로 빠져나가는 대사 장애인 진성 당뇨병(*diabetes mellitus*)은 유전적 기반이 있다. 당뇨병의 가족력이 있는 일부사람은 이 병의 형질을 물려받은 것으로 생각된다. 그들은 식사에 포함된 당의 양을 줄임으로써 질병이 시작되는 것을 지연시킬 수 있다는 증거가 있다.

후성유전학과 유전자 발현(epigenetics and gene expression)

후성유전학(epigenetics)은 세포의 DNA 변화가 아닌 요인으로 유발되는 유전자 발현의 변화를 연구하는 학문이다. 이 용어는 “유전자에 추가하여”라는 의미이다(예, 세포의 유전자가 다르게 발현되도록 하는 비유전적 요인). 후성유전적 변화가 생기면 세포의 생활주기 동안 지속될 수 있고 다음 세대로까지 전달될 수도 있다. 이는 세포(예, 줄기세포)가

분화과정을 거칠 때 일어난다. 줄기세포는 신체의 어떤 종류의 세포로도(예, 근육, 뼈, 또는 피부 세포) 될 수 있는 능력이 있어서 다능성(pluripotent)으로 불린다. 그러나 일단 분화되면 다른 종류의 세포로 될 수 있는 능력을 상실하며 그들이 분열하여 생긴 세포도 마찬가지이다. 예를 들어 다능성 세포가 근육 단백질 유전자를 발현하고 인슐린 유전자를 발현하지 않는다면, 이 세포는 인슐린을 생산하는 세포가 아니라 근육세포로 분화할 것이다. 다음은 후성유전학적 영향을 미칠 수 있는 사건의 네 가지 예이다.

1. 유전자의 사이토신에 메틸기를 첨가하면 메틸사이토신으로 바뀐다. 메틸사이토신은 단백질 합성 시 읽혀질 수 없기 때문에 유전자는 발현되지 않는다.
2. 유전자 주변의 히스톤 형태의 변경. 히스톤의 모양을 바꾸는 것은 분화된 세포가 분화된 상태로 유지되고 다능성 세포로 돌아가지 않도록 한다.
3. 이미 전사된 단백질이 유전자로 돌아가서 계속 발현될 수 있도록 한다.
4. RNA를 원래 유전자에 의해 결정되지 않은 서열로 결합시키는 것.

일부 화합물은 후성유전적 발암물질로 생각된다; 그들은 세포가 종양을 일으킬 수 있도록 할 수 있지만, 유전자의 뉴클레오타이드 서열은 변경하지 않는다. 예는 살진균제로 사용되는 염화탄화수소와 일부 니켈을 함유하는 화합물을 포함한다.

2부. 유전학의 분자적 기초 (The Molecular Basis of Genetics)

분자 유전학은 50년밖에 되지 않았으나 매우 빠르게 발전하는 학문이다. DNA 구조와 기능에 대한 이해는 생물의 유전을 우리에게 유리하도록 조절할 수 있는 인간의 능력에 크게 기여하였다.

13.7 중심 정설(Central Dogma)

과학자들이 핵산의 화학적 조성을 이해하기 시작하면서, 어떻게 DNA와 RNA가 유전, 세포 구조, 그리고 세포 활동에 연결되는지를 이해하기 위한 시도가 있었다. 생겨난 개념은 센트럴 도그마이다. 이 신념은 다음 형태로 적을 수 있다.

DNA ⟵ (replication) ⟵ DNA ⟶ (transcription) ⟶ RNA ⟶ (translation) ⟶ Proteins ⟶ Structural / Carrier / Enzymatic/hormonal

이 개념도가 말하는 것은 모든 것의 중심은 세포의 유전물질인 DNA이며, (왼쪽으로 가면서) 이는 **DNA 복제**(DNA replication)라는 과정을 통해 자기 복제를 할 수 있다. 오른쪽으로 가면 DNA는 RNA의 생성을 지시할 수 있으며(transcription; **전사**라고 함),

RNA는 다음에 **번역**(translation)이라는 과정에서 단백질 분자의 합성에 관련된다.

DNA 복제는 유사분열과 감수분열의 세포분열 과정을 준비하는 세포에서 나타난다. 복제가 없으면 딸세포는 생명을 유지하는데 필요한 정보의 보고를 받을 수 없을 것이다. 전사과정은 RNA가 형성된 DNA 부분의 복사물인 RNA 한 가닥의 형성을 가져온다. 일부 RNA 분자는 다양한 생화학적 과정에 연관되며, 다른 일부는 RNA 정보를 단백질로 합성하는데 이용된다. 구조 단백질은 세포의 소재(깃털, 콜라겐, 털)로 이용되며, 다른 단백질들은 화학반응을 지시하고 통제하는데(효소 또는 호르몬) 또는 분자를 여기저기로 운반(헤모글로빈)하는데 이용된다.

효소를 만드는 것은 전사와 번역의 과정에 의한다. 각각의 특정한 효소분자는 DNA 뉴클레오타이드 서열 형태의 청사진 또는 유전자로부터 만들어진다. 세포에서 만들어지는 수천의 효소 중 일부는 전사와 번역이 일어나게 하는 도구이다. 이 과정에 의하여 생성되는 효소는 더 많은 효소를 만드는 과정을 수행한다!

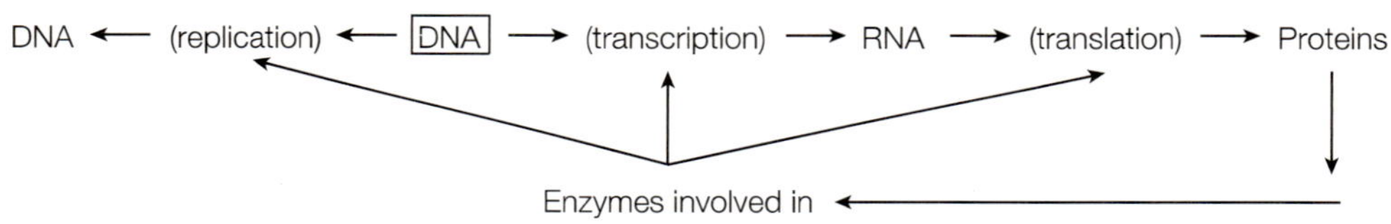

도구가 더 많은 도구를 만들기 위해 만들어진다. 이는 DNA 복제에서도 마찬가지이다. DNA 청사진으로부터 전사와 번역에 의해 만들어진 효소는 유전 물질의 정확한 복제물을 만들기 위한 도구로 이용된다. 더 많은 청사진이 만들어져서 세포의 다음 세대가 그들의 조절 단백질과 구조 단백질을 만드는데 필요한 유전정보를 가지게 될 것이다. DNA, RNA, 그리고 효소가 작용을 적절히 하지 않으면 우리가 알고 있는 생명은 발생하지 않을 것이다.

DNA는 유전자로서 기능할 수 있도록 하는 네 가지의 성질을 가지고 있다. DNA는 (1) 자신의 복제물을 만들도록 지시하여 복제한다; (2) 돌연변이, 또는 화학적인 변화를 일으키고, 이러한 변화를 다음 세대로 전달한다; (3) 세포와 생물의 특징을 결정하는 정보를 저장한다; (4) 이러한 정보를 이용하여 세포 또는 생물의 작용에 필수적인 구조 및 조절 단백질의 합성을 지시한다.

DNA와 RNA의 구조(the structure of DNA and RNA)

핵산 분자는 **뉴클레오타이드**라는 단량체로 구성된 거대하고 복잡한 중합체이다. 각 뉴클레오타이드는 탄소 다섯 원자를 포함하는 당 분자(sugar, S), 인산기(phosphate group, P), 그리고 질소를 함유한 염기(base, B)라고 하는 분자로 이루어져 있다(그림 13.10). 핵산을 뉴클레오타이드에 이용된 당의 종류와 질소함유 염기에 기초하여 두 개의 주된 집단으로 나눌 수 있다(예, DNA와 RNA).

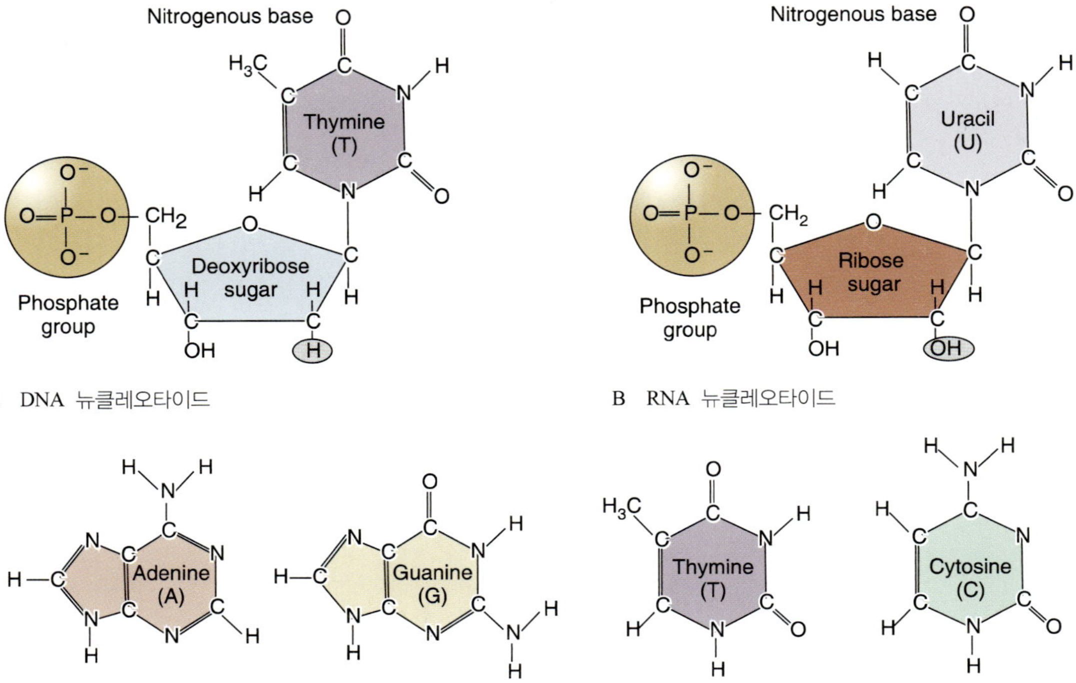

A DNA 뉴클레오타이드

B RNA 뉴클레오타이드

C DNA에서 나타나는 네 종류의 질소를 함유한 염기

그림 13.10 (A) 뉴클레오타이드는 모든 핵산 분자의 기본적인 구조단위이다. DNA의 티민 뉴클레오타이드는 인산, 데옥시리보오스 당, 그리고 질소를 함유한 염기인 티민(T)으로 구성되어 있다. 뉴클레오타이드의 인산기가 원 안에 P로 약자로 적혀져 있는 것을 주목하시오. (B) RNA 우라실 뉴클레오타이드는 인산, 리보오스 당, 그리고 질소를 함유한 염기인 우라실(U)로 구성되어 있다. 당의 차이와 염기가 서로 어떻게 다른지 주목하시오. (C) 이러한 기본 구성요소(인산, 당, 그리고 염기)를 이용하여 세포는 다섯 종류의 흔한 뉴클레오타이드를 구성할 수 있다. 여덟 가지 모두를 설명할 수 있는지?

세포에서 DNA는 단백질 합성의 원본 청사진으로 기능하는 핵산이다. DNA는 데옥시리보오스 당; 인산기; 그리고 아데닌, 구아닌, 사이토신, 그리고 티민(A, G, C, T)의 질소를 함유한 염기를 포함한다. RNA는 단백질의 합성에 직접 관련된 핵산의 종류이다. RNA는 리보오스 당; 산기; 그리고 아데닌, 구아닌, 사이토신, 그리고 우라실(A, G, C, U)의 질소를 함유한 염기를 포함한다. RNA에는 티민이 없고 DNA에는 우라실이 없다.

DNA와 RNA는 하나 더 다른 점이 있다. DNA는 실제로 이중 분자이다. DNA는 돌출된 염기들 사이에 서로 결합된 두 개의 유연한 가닥으로 구성되어 있다. 두 가닥은 꼬인 사다리를 닮은 서로 꼬인 코일형태인 이중 나선을 이룬다(그림 13.11). 분자의 이 두 가닥은 서로 맞물린 조각그림 맞추기 조각처럼 꼭 맞고 수소결합이라고 하는 약한 화학적 힘에 의하여 안정화되어 서로 묶여있다. 네 종류의 염기는 항상 정해진 방법으로 짝을 이룬다. 아데닌(A)은 티민(T)과, 구아닌(G)는 사이토신(C)과 결합한다. 큰 분자들(A와 G)은 작은 분자들(T와 C)과 짝을 이루어 두 상보적인(짝을 이룬) 가닥이 평행하게 유지되도록 한다. 이러한 염기쌍을 **상보적 염기**(complementary bases)라고 한다.

A : T 그리고 G : C

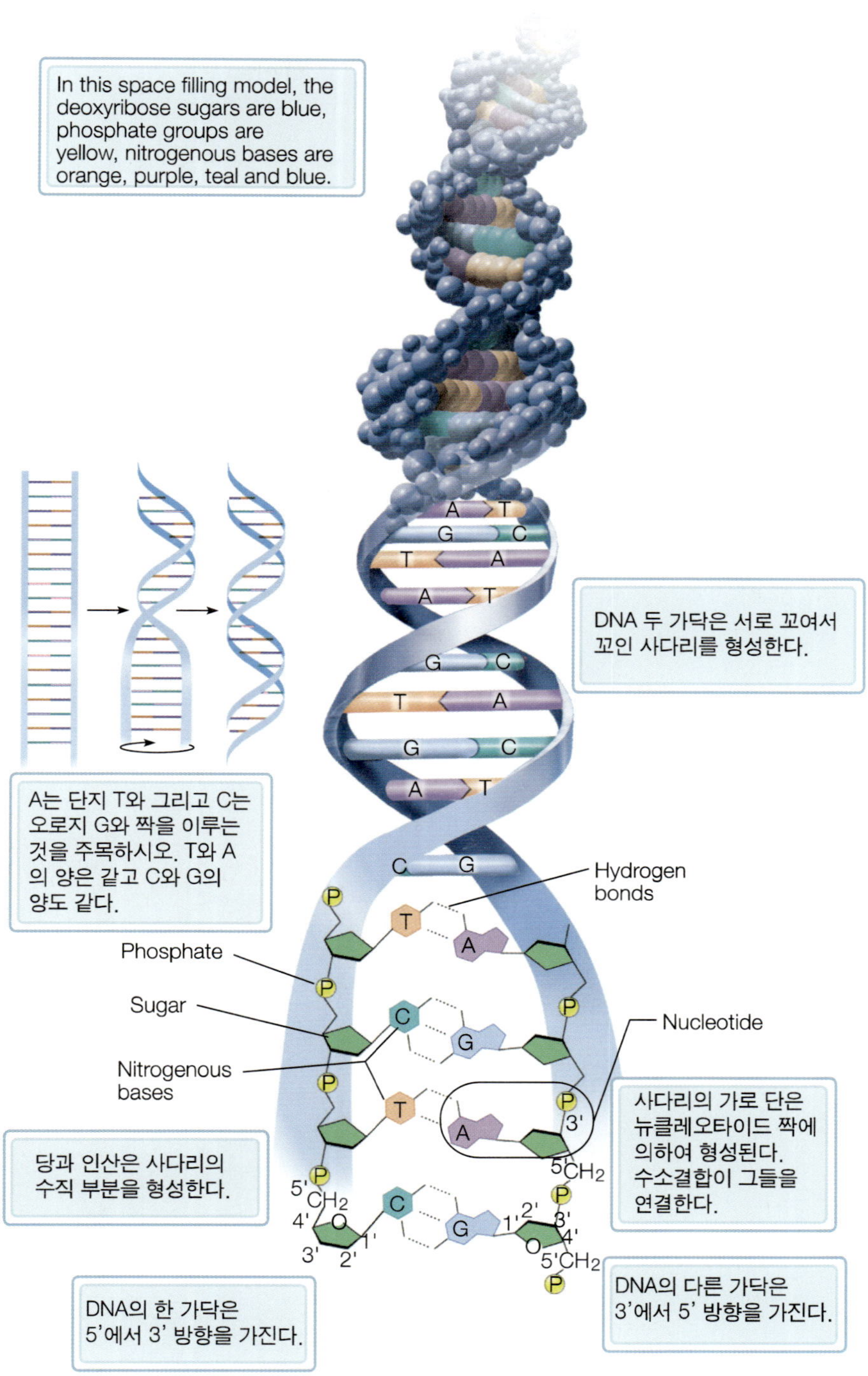

그림 13.11 중합체를 형성한 데옥시리보핵산(DNA)은 나선형 분자이다. 각 가닥의 뉴클레오타이드는 공유결합에 의하여 연결되어 있다. 두 개의 평행한 가닥들은 염기짝을 형성한 질소 염기 사이의 수소결합에 의해 연결된다.

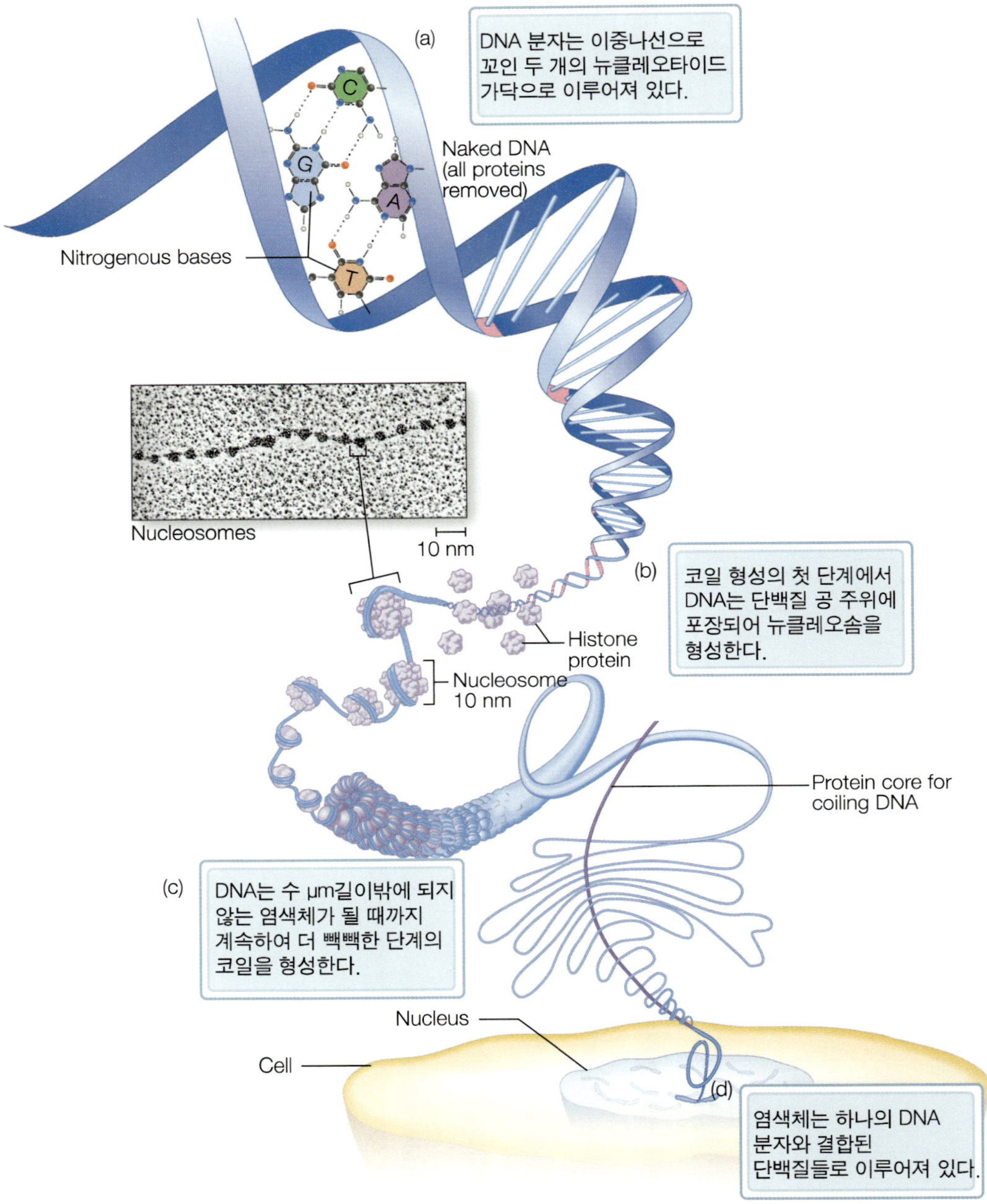

그림 13.12 진핵세포 생활주기의 특정한 단계에서 DNA는 단단하게 감겨서 염색체를 형성한다. 염색체를 형성하기 위해서 DNA 분자는 여러 히스톤 단백질 집단 주위에 포장된다. 히스톤과 DNA는 함께 뉴클레오솜이라는 구조를 형성한다. 뉴클레오솜은 코일 형태로 쌓여서 염색체를 형성한다.

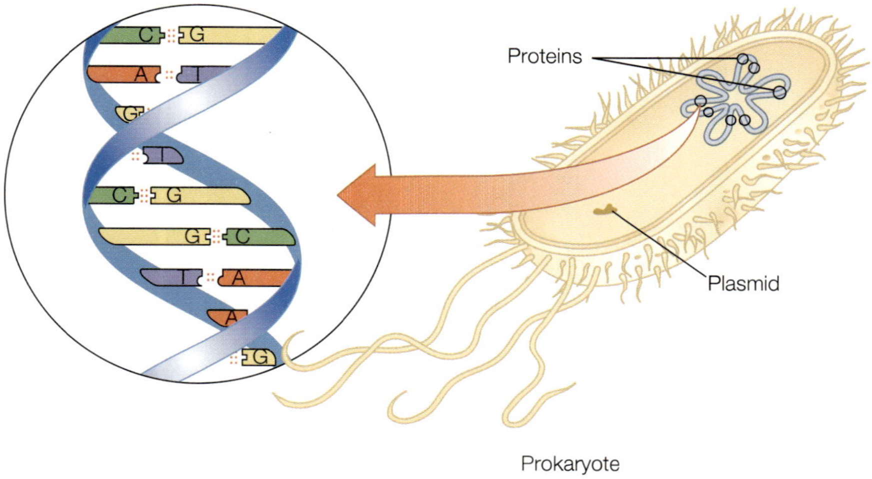

그림 13.13 원핵세포(세균)의 핵산은 진핵세포와 비교하여 다른 종류의 단백질을 가진다. 추가하여 거대한 핵단백질 분자의 끝은 서로 겹쳐서 결합하여 고리를 이룬다. 부가적인 작은 DNA 고리는 플라스미드인데, 이는 세포의 일상 생활에 비필수적인 유전자를 포함한다.

네 종류의 다른 DNA 뉴클레오타이드(A, T, G, C)를 특정한 순서로 조합하여 안정된 DNA 분자 형태로 메시지를 작성할 수 있다. 네 개의 DNA 뉴클레오타이드는 세 글자 단어를 구성하는 알파벳으로 이용된다. 이 암호를 이해하기 위해서는 한 방향으로 읽는 것이 필요하다. 반대 방향으로 읽는 것은 문장을 거꾸로 읽는 것이 의미가 없는 것처럼 항상 의미가 없다.

인간과 다른 진핵생물의 유전물질은 이중 나선의 DNA 가닥이며 그 주변에 길게 히스톤 단백질이 부착되어 있다. 진핵생물 염색질 섬유가 응축되고 혹이 많은 몸체로 꼬이면 염료로 염색하여 현미경으로 쉽게 관찰된다. 염색질 섬유가 이렇게 꼬이면 **염색체**(chromosome)라고 한다(그림 13.12B). 세균의 유전물질 또한 이중 나선의 DNA이지만, 분자의 끝이 서로 연결되어 고리를 이루며 응축된 염색체를 형성하지 않는다(그림 13.13).

각각의 염색질 DNA 가닥은 각각의 가닥이 다른 화학적 암호를 가지고 있기 때문에 다르다. 암호화된 DNA는 세포의 중앙 도서관 역할을 한다. 수만의 메시지가 이 정보 저장소에 있다. 이 정보는 세포에게 (1) 어떻게 영양분의 소화에 필요한 효소를 만들 것인가, (2) 어떻게 영양분을 대사하고 해로운 노폐물을 제거하는 효소를 제조할 것인가, (3) 어떻게 세포 부분을 수리하고 조립할 것인가, (4) 어떻게 건강한 자손을 번식할 것인가, (5) 언제 그리고 어떻게 환경의 유리하고 불리한 변화에 반응할 것인가, (6) 어떻게 생명의 필수적인 기능을 조화시키고 조절할 것인가 하는 것을 세포에게 가르쳐 준다. 만약 이러한 기능중 하나라도 제대로 수행되지 않으면 세포는 죽을 수 있다. DNA를 상실한 세포를 고려하면 세포 내에 필수적인 DNA를 유지하는 중요성이 명확해진다. 예를 들어 성숙하여 핵을 상실한 인간의 적혈구는 신체에 산소와 이산화탄소를 운반하는데 전문화된다. DNA가 없으면 자신을 유지하는데 필요한 필수적인 세포 구성요소를 제조할 수 없다. 적혈구는 120일 정도 생존하는데 생활사의 초기에 생산한 효소만을 가지고 기능한다. 이러한 효소들이 없어지면 세포는 죽는다. 전문화된 세포는 DNA를 상실하는 순간부터 죽어가기 때문에, 적혈구는 적혈소체(RBC; Red blood corpuscle), 즉 죽어가는 작은 붉은 물체로 말하는 것이 더 옳다.

DNA 복제(DNA replication)

모든 번식하는 세포는 완전한 세트의 유전물질을 유지하여야하기 때문에, 자손에게 전달하기에 충분히 확보하기 위해서는 DNA의 배가가 필요하다. DNA 복제는 딸세포로 분배하기 전에 유전물질을 복사하는 과정이다. 세포가 두 개의 딸세포로 분열하면, 각각의 새로운 세포는 부모 세포 유전정보의 완전한 세트를 받아야하며, 그렇지 않으면 생존에 필수적인 단백질을 모두 만들 수 없을 것이다. 그러한 종류의 세포의 계속적인 생존을 보장하기 위해서는 정확한 복사가 필수적이다. 만약 딸세포가 정확한 복사물을 받지 못하면 거의 죽게 될 것이다.

1. DNA 복사과정은 효소가 두 가닥의 DNA 사이의 부착을 파괴하면서 시작된다. 진핵세포에서 이는 DNA 가닥 길이를 따라 수백 군데에서 일어난다(그림 13.14).
2. DNA를 따라 이동하면서 효소는 DNA 절반을 풀어준다(그림 13.14A). 수소결합이 각각을 제 위치(AT, GC)에 유지하면서, 새로운 뉴클레오타이드는 새로운 골격의 당과 인산사이에 공유결합으로 연결된다.
3. 각각 편에서 반대방향으로 진행하면서, DNA중합효소(DNA polymerase)는 DNA 가닥을 따라 내려가면서 새로운 DNA 뉴클레오타이드를 위치에 결합한다. 상대적으로 약한 수소결합이 각 뉴클레오타이드를 위치시키고, 새로운 뉴클레오타이드는 인접한 뉴클레오타이드의 새로운 골격의 당과 인산 사이의 더 강한 공유결합으로 연결한다.
4. 성장하는 사슬에 새로운 뉴클레오타이드를 빠르게 첨가하는 효소는 다른 효소와 함께

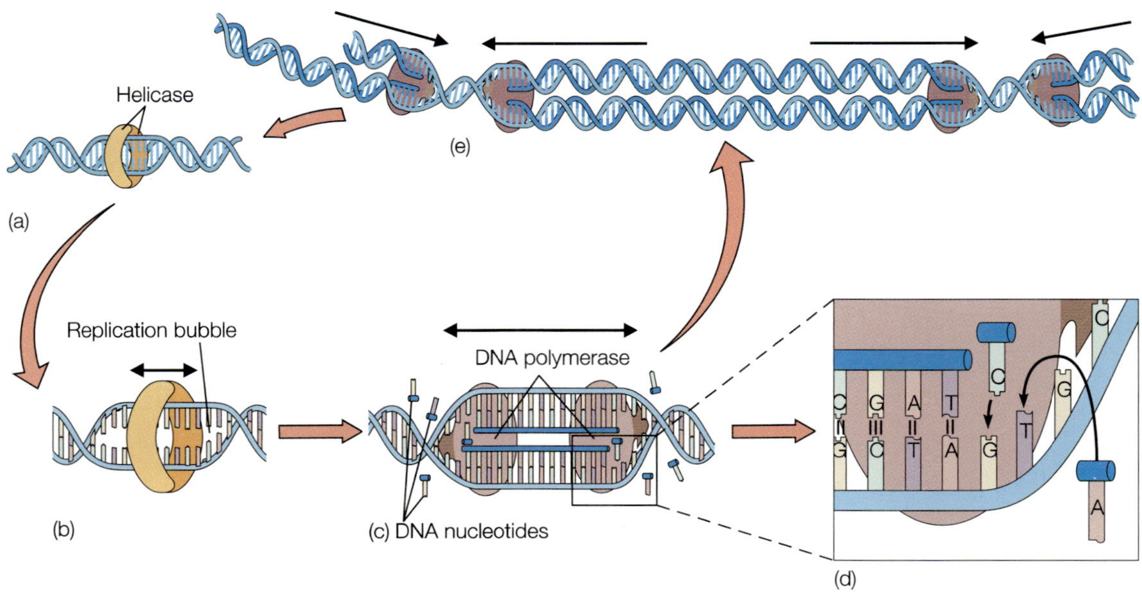

그림 13.14 (A) 헬리카아제(helicase) 효소가 DNA 분자에 결합한다. (B) 효소는 DNA 두 가닥을 분리한다. (C, D) DNA 가닥이 분리되면서 새로운 DNA 뉴클레오타이드가 DNA 중합효소에 의하여 새로운 가닥에 첨가된다. 새로운 DNA 가닥은 핵산의 염기짝 규칙에 따라 합성된다. (E) 한번에 DNA 가닥의 양쪽 방향으로 작용하면서, 세포는 DNA를 더 빨리 복제할 수 있다. 각 딸세포는 이 사본의 하나를 받는다.

작용하여 실수가 없도록 한다. 만약에 잘못된 뉴클레오타이드가 짝을 이루려고 하면 효소는 올바른 뉴클레오타이드가 결합되도록 물리친다. 만약 실수가 생겨서 잘못된 뉴클레오타이드가 짝으로 자리 잡으면, 특정한 효소가 이를 올바른 것으로 대체하는 능력이 있다(그림 13.14C).

5. 복제는 양방향으로 진행하고 염색질을 따라 여러 장소에서 일어나기 때문에 거품처럼 보인다(그림 13.14D).
6. 상보적 분자들은(AT, GC) 새로운 수소결합을 형성하여 양쪽 DNA 가닥의 노출된 질소를 함유한 염기들과 짝을 이룬다.
7. 일단 적절히 정렬되면 새로 위치한 뉴클레오타이드의 당과 인산기 사이에 결합이 형성된다. 이 과정에서 강한 당과 인산기의 골격이 형성된다(그림 13.14C).
8. 이 과정은 모든 복제 거품들이 결합될 때 까지 계속된다(그림 13.14D).

DNA의 새로운 상보가닥이 원래 DNA 가닥의 양쪽에 형성되어, 두 개의 이중나선 DNA 분자가 형성된다. 이 방식으로 원래 DNA의 노출된 질소를 함유한 염기가 새로운 DNA를 형성하는 주형 또는 양식 역할을 한다. 새로운 DNA가 완성되면, 이중나선 형태로 꼬이게 된다.

DNA 복제 과정의 완결에 의해 뉴클레오타이드 서열이 동일한 두 개의 이중나선이 만들어진다. 절반은 새로 형성되었고 절반은 원래 부모의 DNA 분자이다. 20억 개의 뉴클레오타이드에서 단지 하나만의 오류가 생기는 것으로 추산된다. 인간세포는 30억 염기쌍으로 이루어진 46개의 염색체를 가지고 있다. 이는 세포 당 평균 1.5번의 오류를 의미한다! 이것은 단지 추정이라는 것을 기억하라. 어떤 세포는 복제시 5개의 오류를 가질 수 있고, 어떤 것은 더 가질 수도 있으며, 어떤 세포는 전혀 오류가 없을 수도 있다. 어떤 오류는 중대하고 치명적일 수 있지만, 어떤 오류는 의미가 없을 수도 있다는 것에 주목하라. 이러한 오류율은 매우 작기 때문에 DNA 복제는 본질적으로 대부분 오류가 없다고 간주된다. DNA 복제 이후에 세포는 이제 두 배의 유전정보를 포함하며 한 세트의 유전정보를 두 딸세포에게 각각 분배할 과정을 시작할 준비가 되었다.

DNA의 분배는 세포 분열과 한 세트의 유전정보를 두 개의 새로운 딸세포에 분배하는 것을 포함한다. 이렇게 하여 각각의 새로운 세포는 그들의 활동을 통제하는데 필요한 정보를 가진다. 모세포는 두 개의 작은 딸세포로 내용물을 분할하면 더 이상 존재하지 않는다. 세포는 번식을 하면 실제로 죽지 않고, 단지 다시 시작할 따름이다.

DNA 전사(DNA transcription)

DNA는 책을 대출하지 않는 참고 도서관과 같은 기능을 한다. 원본의 정보는 도서관 밖에서 이용하기 위해서는 복사를 해야만 한다. DNA의 두 번째 주요한 기능은 DNA에 상보적인 단일 가닥의 RNA를 만드는 것이다. 이 작용을 전사(transcription; scribe = 글을

쓰다)라고 하며, 자료를 하나의 형태에서 다른 형태로 전달한다는 의미이다. 이 경우 자료는 DNA 언어에서 RNA 언어로 복사된다. 전사에도 DNA 복제의 정확성을 통제하는 것과 동일한 염기쌍 법칙이 전사과정에도 적용된다. 이 과정을 이용하여 DNA의 화학적 암호로 저장된 유전정보가 RNA 복사의 형태로서 세포의 다른 부분으로 운반된다. RNA가 아미노산의 조립을 지도하여 구조단백질과 조절단백질로 만드는데 이용된다. 전사과정이 없이는 세포 기능을 지시하는데 유전정보는 쓸모가 없을 것이다. 유전자로부터 많은 종류의 RNA가 합성되지만 가장 중요한 것은 전령 RNA (messenger RNA, mRNA), 운반 RNA (transfer RNA, tRNA), 그리고 리보솜 RNA (ribosomal RNA, rRNA)의 세 종류이다.

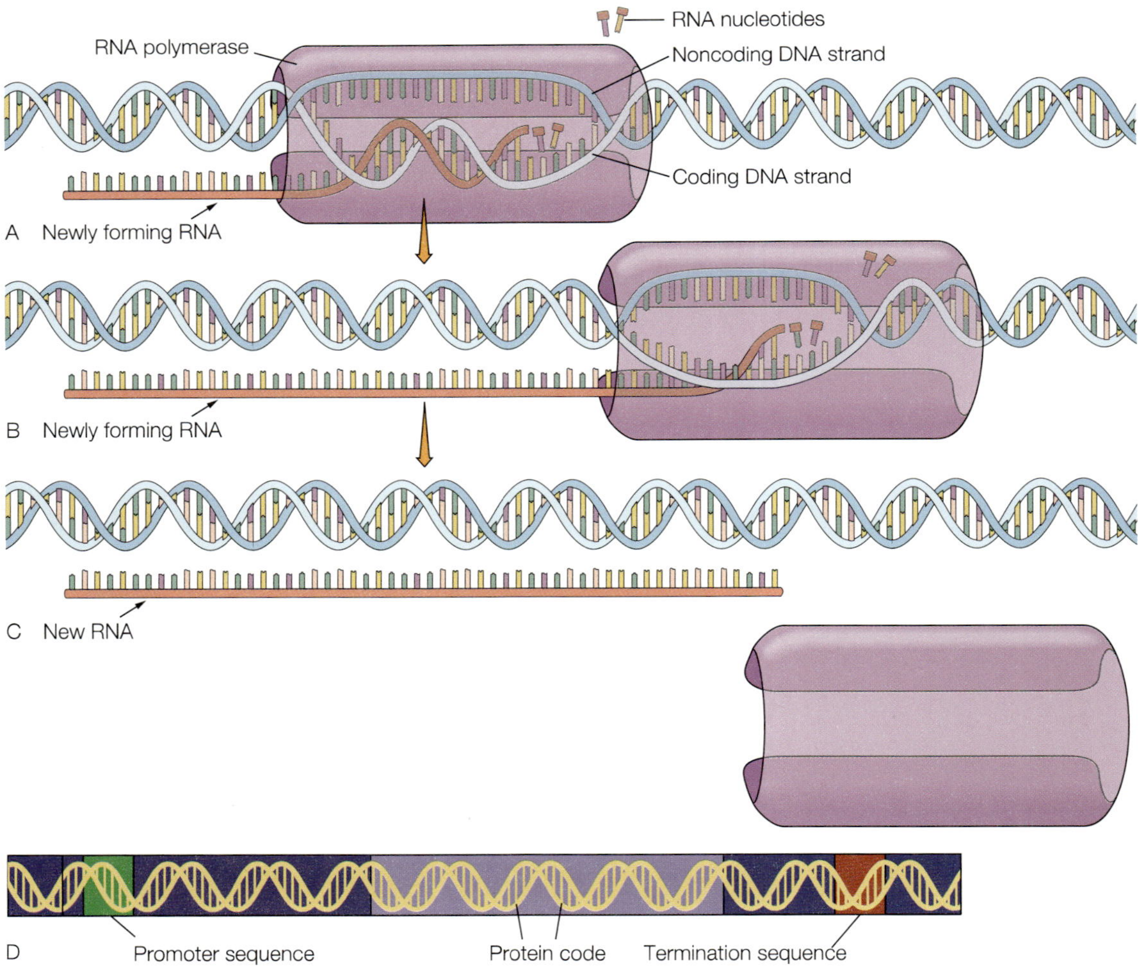

그림 13.15 이 그림은 전사 동안에 일어나는 기본적인 사건을 도해한 것이다. (A) RNA 중합효소가 DNA 프로모터 서열(D)에 부착하여 상보적인 가닥을 분리한다. 그러면 효소는 유전자의 (D) 단백질 암호화 지역을 찾기 위하여 DNA 가닥을 따라 바른 방향으로 진행한다. (B) RNA 중합효소가 암호화 가닥을 따라 내려가면서, 새로운 상보적 RNA 뉴클레오타이드가 노출된 RNA 가닥의 하나와 염기짝을 이룬다. 염기짝을 이룬 RNA 뉴클레오타이드는 DNA 뉴클레오타이드 서열과 상보적인 새로운 RNA 분자를 형성하기 위하여 RNA 중합효소에 의하여 연결된다. (D) 종결서열은 RNA 중합효소가 mRNA 전사를 마치도록 신호를 보내며, RNA는 핵을 떠나서 번역을 도울 수 있게 된다. (C) 새로 형성된(전사된) RNA는 DNA 분자에서 분리되어 세포에 의하여 이용된다.

전사는 DNA 복제와 유사한 방식으로 시작된다. DNA 가닥들이 효소에 의해 분리되어 두 가닥의 질소함유 염기 서열이 노출된다. 그러나 DNA 복제와는 달리, RNA 합성에는 두 가닥의 DNA 가닥중 주형 역할을 하는 하나에서만 전사가 일어난다(그림 13.15). 이 가닥은 DNA의 유전자 암호가닥으로도 불린다. 그러나 어떠한 가닥이 복사되는가? 전사는 어디에서 시작되고 어디에서 끝나는가? 수천의 질소함유 염기 서열 중에서 특정한 효소의 제조는 어디에서 시작되고 어디에서 끝나는가? 만약 전사가 무작위로 시작된다면, 발생되는 RNA는 암호의 정확한 복사가 아닐 수 있으며, 효소산물은 쓸모가 없거나 세포에 치명적일 수 있다. 이 질문에 대한 대답을 위해서는, 유전 정보 자체의 본질을 탐구하는 것이 필요하다.

유전정보는 DNA 분자 내의 화학적 암호형태로 존재한다. 암호화된 정보가 이용되거나 발현(expressed)되면, 이는 특정한 아미노산을 구조와 조절 폴리펩타이드와 단백질로 조립하는 것을 안내한다. DNA가 분자 언어라고 한다면, 이 언어의 각 뉴클레오타이드는 네 글자 알파벳 안의 글자라고 할 수 있다. 각 단어, 또는 암호는, 항상 세 글자(뉴클레오타이드) 길이이며, 세 글자 단어만 사용될 수 있다. **DNA 암호**(DNA code)는 20종류의 기본 아미노산 중 하나를 암호화하는 세 쌍의 뉴클레오타이드 서열이다. 이 언어의 암호 수는 세 개의 그룹으로만 이용되는 단지 네 개의 다른 뉴클레오타이드만 있기 때문에 제한되어 있다. 세 글자의 순서는 우리 언어와 마찬가지로 DNA 언어에서도 중요하다. 우리는 CAT가 TAC와 같지 않다는 것을 인식한다. 글자로 단지 네 종류의 DNA 뉴클레오타이드를 이용하여 모든 가능한 세 글자 암호가 기록된다면, 총 64개의 조합이 있을 것이다.

$$4^3 = 4 \times 4 \times 4 = 64$$

DNA 부호화 가닥에 따라 특정한 장소에 암호가 발견되고 그 서열이 의미가 있을 때 그 서열을 유전자라고 한다. 이 경우 "의미"는 유전자가 RNA 분자로 전사될 수 있고, RNA는 개별 아미노산을 폴리펩타이드로 조립하는 것을 통제할 수 있는 것을 가리킨다.

유전자가 RNA로 전사될 때, 이중나선 DNA는 풀리고 RNA 중합효소가 DNA의 프로모터 지역에 부착된다. 이 지역에서 효소가 RNA 뉴클레오타이드 조립을 시작하여 시작과 끝 부호를 포함하는 유전자의 완전한 단일가닥 사본을 만든다. DNA에 상보적인 세 쌍의 RNA 뉴클레오타이드 서열을 **코돈**(codon)이라고 한다. RNA 분자에는 티민이 없다는 것을 기억하라; 티민은 우라실로 대체된다. 따라서 DNA의 시작코드(TAC)는 RNA 중합효소에 의하여 짝이 지어져 RNA 코돈인 AUG가 될 것이다. 전사가 완결되면 새로 조립된 RNA는 DNA 주형으로부터 분리되어 세포에서 이용될 수 있게 된다; DNA는 원래의 이중나선 형태로 되감긴다. 전사과정을 요약하면 다음과 같다.

1. 전사과정은 RNA 중합효소의 일부분이 두 가닥 DNA를 나누고 사이에 부착하면서 시작된다; 효소는 두 가닥의 DNA를 풀어준다.

2. RNA 중합효소의 두 번째 부문이 DNA의 특정 지점에 부착한다. 효소는 두 DNA 가닥 중 하나를 따라 한 방향으로 진행하며, 유전자의 끝에 도달할 때까지 새로운 RNA 뉴클레오타이드를 위치시킨다. 효소는 RNA 뉴클레오타이드를 조립하여 완전한 단일 가닥 RNA 유전자의 사본을 만든다. RNA 분자에는 티민이 없고 우라실로 대체된다. 따라서 DNA의 개시코돈(TAC)은 RNA 중합효소에 의해 RNA 코돈 AUG로 짝지어진다.
3. 성장하는 사슬에 새로운 뉴클레오타이드 추가를 촉진시키는 효소는 다른 효소와 함께 작용하여 오류가 발생하지 않도록 한다.
4. 전사가 완결되면, 새로 조립된 RNA는 DNA 주형으로부터 분리되어 세포에서 이용될 수 있도록 한다; DNA는 원래의 이중나선 형태로 되감긴다.

앞에서 언급하였듯이 전령 RNA, 운반 RNA, 그리고 리보솜 RNA의 세 종류 일반적 유형의 RNA가 전사에 의하여 생산된다. 각 종류의 RNA는 특정한 유전자로부터 만들어져 리보솜에서 개별 아미노산으로부터 폴리펩타이드를 합성하는 특정한 기능을 한다. **전령 RNA (mRNA)**는 폴리펩타이드를 형성하기 위하여 어떤 아미노산이 결합되어야 할지 정확한 서열을 기술하는 유전자의 성숙한 직선 사슬의 사본이다.

운반 RNA (tRNA) 분자는 특정한 아미노산을 수집하여 리보솜으로 전달하여 폴리펩타이드가 조립될 수 있도록 한다(참고 "A Closer Look: 번역의 기본단계"). 모든 tRNA 분자는 클로버 잎처럼 생겼다. 이 모양은 tRNA가 접힐 때 형성되며, 일부 염기는 수소결합을 형성하여 분자를 결합한다. tRNA의 한쪽 끝은 특정한 아미노산에 부착할 수 있다. 분자의 중간부분에 세 쌍의 뉴클레오타이드 서열은 mRNA의 코돈과 염기쌍을 형성할 수 있다. mRNA의 코돈과 상보적인 tRNA에 있는 이 세 쌍의 뉴클레오타이드를 **앤티코돈**(anticodon)이라고 한다. **리보솜 RNA (rRNA)**는 고도로 꼬여있는 분자이며, 단백질 분자들과 함께 tRNA, mRNA, 그리고 rRNA가 집합하여 단백질을 합성하는 세포질 세포기관인 리보솜을 형성하는데 이용된다.

번역 또는 단백질 합성(translation or protein synthesis)

mRNA 분자는 생물계의 보편적인 핵산 언어로 기록된 암호화된 메시지이다. 이 암호는 한 방향으로 읽히며, 이니시에이터에서 시작된다. 정보는 번역이라고 하는 과정에 의해 아미노산을 단백질로 조립하는데 이용된다. 번역(translation)은 핵산 언어가 단백질 언어로 변화하는 것을 언급한다. mRNA 언어를 단백질 언어로 번역하기 위해서는 사전이 필요하다. 핵산 알파벳의 4 글자는 64개의 가능한 세 글자 단어를 형성하는 것을 기억하라. 단백질 언어는 20 종류의 기본 아미노산 형태의 20단어를 가진다. 따라서 각 세 쌍의 뉴클레오타이드는 하나의 아미노산을 지정하기 때문에 20가지 아미노산 분자에 비하여 충분하고 남는 뉴클레오타이드 단어가 있다.

A Closer Look

번역의 기본단계

1. mRNA 분자가 6개의 뉴클레오타이드(2개의 코돈)가 위치에 결합되도록 리보솜의 두 부분 중 작은 부분에 위치한다.
2. 이 리보솜/mRNA 조합에 큰 리보솜 단위가 추가된다.
3. 두 번째 mRNA 코돈에 부합되는 염기를 가진 tRNA가 mRNA에 부착된다. tRNA는 특정한 아미노산을 운반한다. 일단 결합되면 다른 특정한 아미노산을 운반하는 두 번째 tRNA가 이동해 들어와 첫 번째 tRNA/아미노산 바로 옆의 상보적인 mRNA에 부착시킨다.
4. 두 개의 tRNA들은 두 아미노산을 적절히 정렬하여 아미노산들이 서로 화학적으로 부착되도록 한다(박스그림 13.2)

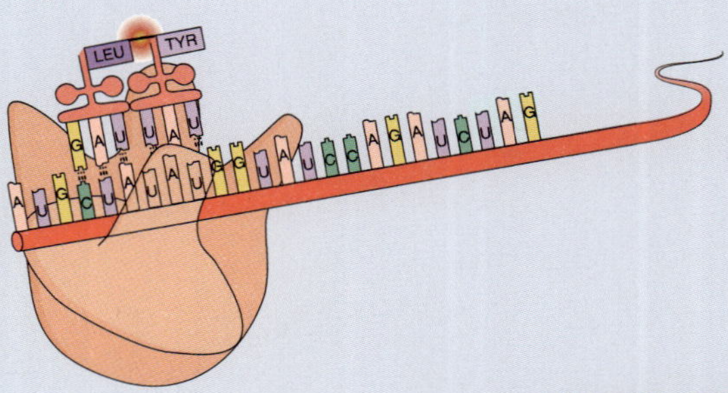

박스그림 13.2

5. 공유 펩타이드 결합에 의하여 두 아미노산이 서로 연결되면 첫 번째 tRNA가 아미노산과 mRNA 코돈으로부터 떨어진다.
6. 리보솜은 mRNA를 따라 다음 코돈으로 이동한다(첫 번째 tRNA는 세포질로 자유롭게 움직여서 다른 아미노산을 부착하여 운반한다).
7. 다음 tRNA/아미노산 단위가 리보솜으로 들어와 첫 번째 아미노산 조합의 다음의 코돈에 부착된다.
8. tRNA는 서로 화학적으로 결합될 수 있도록 아미노산들을 적절히 정렬하여 3개의 아미노산을 가진 사슬을 형성한다.
9. 3개의 아미노산이 서로 연결되면 두 번째 tRNA는 아미노산과 mRNA로부터 방출된다(이 tRNA는 세포질로 자유롭게 움직여서 다른 아미노산을 부착하여 운반한다).
10. 리보솜은 mRNA를 따라 다음 코돈으로 이동하며, 네번째 tRNA가 도착한다(박스그림 13.3).

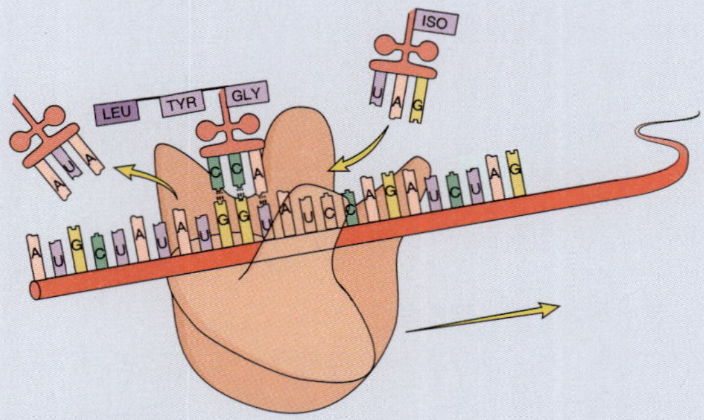

박스그림 13.3

11. 이 과정은 단백질을 형성하는데 필요한 모든 아미노산들이 올바른 순서로 서로 부착될 때까지 반복된다. 이 아미노산 순서는 DNA 유전자에 의해 암호화되었다.
12. 성장하는 아미노산 사슬에 마지막 아미노산이 부착되면, 모든 분자들(mRNA, tRNA, 그리고 새로 형성된 단백질)은 리보솜에서 방출된다. 이는 정지 mRNA 코돈에 의해 신호된다.
13. 리보솜은 자유롭게 되어 다른 단백질 합성 작용에 관여하게 된다.
14. 새로 합성된 아미노산의 사슬(새로운 단백질)은 리보솜을 떠나 작용을 시작한다. 그러나 단백질이 사용준비가 되기 위해서는 세포에 의해 변형될 필요가 있을 수 있다(박스그림 13.4).

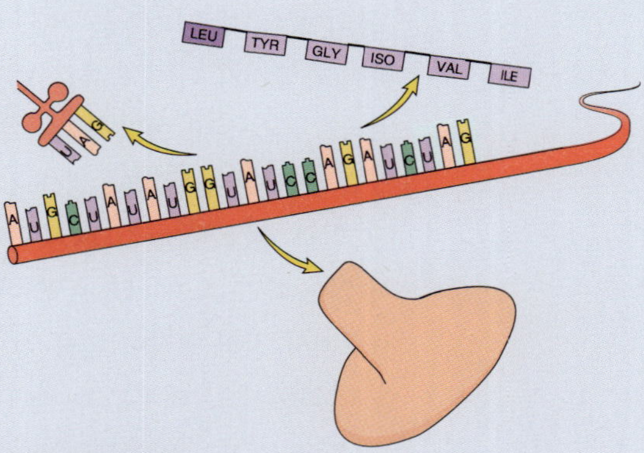

박스그림 13.4

Connections . . .

말단소립

염색체의 각 끝은 말단소립(telomere)라고 하는 뉴클레오타이드 서열을 포함한다. 인간에서 이러한 염색체 모자(cap)은 다음 뉴클레오타이드 염기쌍 서열의 여러 사본을 포함한다.

TTAGGG
AATCCC

말단소립은 염색체의 매우 중요한 부분이다:

1. 염색체 복제에 필요하다.
2. 위험한 DNAase(DNA를 파괴하는 효소) 효소로부터 염색체가 파괴되는 것을 보호한다.
3. 염색체들이 서로 끝과 끝이 결합되지 않도록 한다.

말단소체의 손실은 세포의 노화와 관련이 있고, 말단소체가 제거되지 않으면 암과 연관된다는 증거가 있다. 매번 세포가 복제될 때마다 말단소체의 일부를 상실한다. 그러나 텔로머라아제라는 효소를 가진 세포에서는 세포가 분열할 때 마다 염색체 끝에 새로운 말단소체가 첨가된다. 따라서 텔로머라아제를 가진 세포는 다른 세포와 달리 노화되지 않고, 암세포는 이 효소로 인하여 불멸이 된다. 텔로머라아제는 한 세대에서 다음 세대로 넘어갈 때 말단소체의 길이를 늘이지는 않지만 유지하도록 한다.

말단소체의 길이와 사람의 사마귀 수 사이에도 흥미로운 연관이 있다. 백 개 이상의 사마귀를 가진 사람은 노화가 늦고, 피부 주름이 적으며, 골다공증 위험이 낮다는 증거가 있다. 사마귀가 많은 사람은 말단소체의 길이가 길다. 긴 말단소체는 세포가 더 이상 분열할 수 없을 때 노화를 지연시키고 건강한 조직을 유지하도록 하는 것으로 보인다.

박스그림 13.5의 노란색 부분은 말단소체가 있는 부위를 가리킨다.

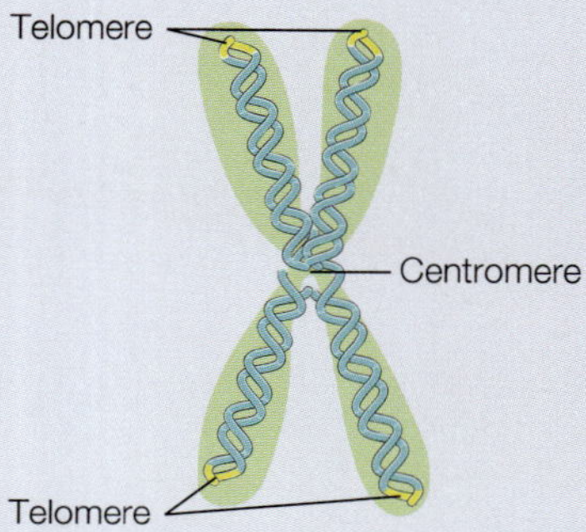

박스그림 13.5

표 13.3은 아미노산–핵산 사전이다. 하나 이상의 코돈이 동일한 아미노산을 암호화하는 것을 주목하시오. 일부는 이것이 불필요한 반복이라고 논쟁할 수도 있지만, 그러나 그러한 "동의어"는 생존 가치를 가질 수 있다. 만약 예를 들어 유전자나 mRNA가 특정한 뉴클레오타이드 염기가 다른 종류로 변경되는 손상을 입었을 경우, 적합한 아미노산이 적합한 위치에 읽혀질 가능성이 아직 있다. 그러나 그러한 변화가 모두 코돈 시스템에 의하여 보상될 수는 없고, 변화된 단백질이 생산되기도 한다. 커다란 해를 미칠 수 있는 변화가 일어날 수도 있다. 일부 손상은 전체 DNA 가닥이 파괴되어 적절치 못한 단백질이 합성되거나 전혀 합성되지 않을 수도 있다. DNA의 어떠한 변화도 **돌연변이**(mutation)라고 한다. 어떤 돌연변이는 사소해서 전혀 영향이 없을 수도 있고, 어떤 돌연변이는 해롭거나 또는 이로울 수 있다는 것을 기억하시오. 대부분의 돌연변이는 중립이거나 해롭지만, 이로운 돌연변이도 일어난다.

표 13.3 아미노산–mRNA 핵산 사전

First letter \ Second letter	U	C	A	G	Third letter
U	UUU, UUC → Phe UUA, UUG → Leu	UCU, UCC, UCA, UCG → Ser	UAU, UAC → Tyr UAA → Stop UAG → Stop	UGU, UGC → Cys UGA → Stop UGG → Try	U C A G
C	CUU, CUC, CUA, CUG → Leu	CCU, CCC, CCA, CCG → Pro	CAU, CAC → His CAA, CAG → Gln	CGU, CGC, CGA, CGG → Arg	U C A G
A	AUU, AUC, AUA → Ile AUG → Met or start	ACU, ACC, ACA, ACG → Thr	AAU, AAC → ASN AAA, AAG → Lys	AGU, AGC → Ser AGA, AGG → Arg	U C A G
G	GUU, GUC, GUA, GUG → Val	GCU, GCC, GCA, GCG → Ala	GAU, GAC → Asp GAA, GAG → Glu	GGU, GGC, GGA, GGG → Gly	U C A G

단백질 분자의 합성 장소(예, 번역 장소)는 리보솜이며, 이는 mRNA와 아미노산 소재를 운반하는 tRNA가 만나는 장소로 작용하는 세포소기관이다. 리보솜은 세포질에 자유롭게 존재하거나 소포체에 부착되어 나타나기도 한다.

따라서 mRNA는 mRNA의 코돈 서열과 함께 리보솜을 따라 이동하며 특정한 서열의 아미노산이 화학 결합할 수 있도록 한다. 이 서열은 원래 DNA에 의해 결정되었다는 것을 기억하시오.

단백질의 3차원 형태는 아마노산 서열에 의하여 결정된다. 형태는 단백질 분자의 작용을 결정한다. 단백질은 세포의 구조성분이거나 효소와 같은 조절단백질이다. 아미노산이나 그 순서의 변화는 단백질 분자의 작용을 변화시킨다. 예를 들어 인슐린 단백질은 소화효소인 트립신과 아미노산 서열이 다르다. 두 단백질 모두 인간의 생명에 필수적이며 끊임없이 그리고 정확하게 생산되어야 한다. 각각의 아미노산의 서열은 다른 유전자에 의하여 결정된다. 각각의 유전자는 DNA 뉴클레오타이드의 특정한 서열이다. DNA 서열의 어떠한 변화도 단백질의 구조에 따라서 생물의 생존에 직접적으로 변화를 가져올 수 있다.

DNA의 변경(alterations of DNA)

DNA의 몇 가지 종류의 변화는 돌연변이를 초래할 수 있다. 알려지거나 의심되는 DNA 손상의 원인을 주는 현상을 **돌연변이유발인자**(mutagenic agents)라고 한다. DNA에 손상을 주는 것으로 알려진 인자에는 특정한 바이러스(예, 파필로마바이러스), DNA의 약한 지점, X-선, 그리고 연소되는 담배에서 발생하는 화학물질과 같은 식품이나 다른 산물에서 발견되는 화학물질이다. 모두 광범위하게 연구되었으며 이들이 돌연변이를 유발한다는 데에는 의심의 여지가 없다. 염색체 이상은 DNA의 주요한 변화를 기술하는데 사용되는 용어이다. 네 종류의 염색체 이상에는 전도, 전치, 중복, 그리고 결손이 있다. 전도(inversion)는 염색체가 파괴되어 이 조각이 원래의 염색체에 재부착되지만 그 순서가 역전된 것으로 염색체가 잘려서 뒤집힌 것이다. 전치(translocation)는 DNA의 파손된 부분이 다른 염색체로 통합된 것이다. 중복(duplication)은 염색체의 부분이 복제되어 원래 부분에 순서대로 부착된 것이다. 결손(depletion) 이상은 파손된 부분이 재부착되기 전에 손실되거나 파괴된 결과이다.

일부 개체에서 유전자의 단하나 뉴클레오타이드가 변화할 수 있다. 이러한 유형의 돌연변이를 점돌연변이라고 한다. 변경된 DNA의 효과는 인간의 적혈구에서 볼 수 있다. 적혈구는 산소를 운반하는 분자인 헤모글로빈을 포함한다. 정상 헤모글로빈 분자는 알파 두 개와 베타 두 개 총 네 개 사슬의 150개 아미노산으로 구성되어 있다. 베타 사슬의 유전자 뉴클레오타이드 서열은 알려져 있으며, 따라서 이 사슬의 아미노산 서열도 알고 있다. 정상적인 개인에서의 순서는 다음과 같이 시작한다:

Val - His - Leu - Thr - Pro - Glu - Glu - Lys ....

DNA 열의 단일 뉴클레오타이드 변화는 전체 적혈구에서 새로운 아미노산 서열을 생산하는 돌연변이를 초래한다.

Val - His - Leu - Thr - Pro - Val - Glu - Lys .....

이 단일 뉴클레오타이드 변화(미스센스 점 돌연변이로 알려짐) 아미노산 하나의 변화를 초래하기 때문에 사소한 것으로 보일 수 있다. 그러나 이것이 산소 농도가 낮을 때 적혈구를 정상적인 둥근 형태에서 낫 모양으로 변형시켜 적혈구에 영향을 주는 질병인 **겸상 빈혈**(sickle-cell anemia)의 원인이다(그림 13.16). 이러한 겸상 적혈구화가 나타나면 적혈구가 모세혈관으로 부드럽게 흘러가지 않는다. 이는 적혈구가 산소를 요구하는 조직으

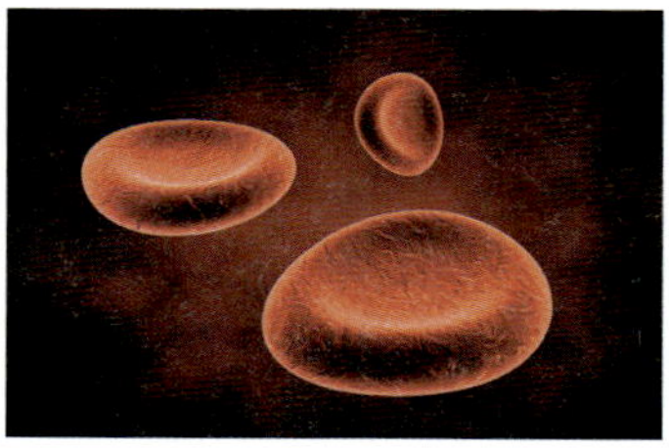

A

B

그림 13.16 (A) 정상적인 적혈구 세포를 (B) 낫 모양을 가지는 세포와 비교하여 보여준다. 낫 모양의 형성은 헤모글로빈 분자에서 아미노산 하나의 변화에 의한 결과이다.

Connections . . .

개인의 에너지 위기를 초래하는 돌연변이

10살인 라티샤 프랑클린은 그녀가 네 살 때부터 개인적인 에너지 위기를 앓았다. 라티샤는 미토콘드리아 뇌장애(MELAS)라고 하는 흔치 않은 질병의 진단을 받았다. MELAS는 mitochondrial encephalopathy lactic acidosis, and stroke-like episodes의 앞 글자를 딴 것이다. 이는 미토콘드리아 DNA(mDNA)의 돌연변이에 의해 기인한다. 미토콘드리아는 자신의 DNA를 이용하여 단백질을 생성한다. 효소들은 ATP라는 세포에 유용한 화학결합 에너지를 생산하는 것을 돕는다. mDNA는 핵에서 발견되는 염색체와는 다르다. 그들은 훨씬 작고 원형이다. mDNA의 어떠한 변화(돌연변이)라도 에너지 생산을 조절하는 신체의 능력에 광범위한 영향을 미칠 수 있다.

라티샤는 간질 비슷한 뇌졸중과 편두통 형태의 뇌장애를 앓았다. 그녀는 근육에 과다한 젖산이 원인이 되는 심한 근육통과 마비와 혼란을 가져오는 발작 같은 증상도 보였다. MELAS를 일으키고 미토콘드리아에서 일어나는 화학적 변화를 가져오는 돌연변이는 확인되었다: 그러나 치료 방법은 없다. 의술은 단지 증상을 관리할 수만 있다.

로 산소를 배달하는 것을 방해한다. 신체적 허약, 뇌손상, 관절의 통증과 뻣뻣함, 신장손상, 류머티즘, 그리고 심한 경우에는 사망까지 많은 신체적 장애가 일어날 수 있다.

DNA 구조의 변화는 성 세포에서 나타나면 다음 세대에 해로운 영향을 미칠 수 있다. DNA에 대한 일부 손상은 매우 광범위해서 전체 DNA가 파손되어 비정상 단백질의 합성이나 단백질 합성의 전체적인 결핍을 초래할 수 있다. 많은 실험에 의해 LSD(lysergic acid diethylamide) 같은 많은 마약이 돌연변이유발인자로 밝혀졌다. 염기의 수나 서열 변화의 결과인 비정상도 확인되었다. 이러한 다양한 종류의 돌연변이를 나타내는 한 가지 방법을 표 13.4에 보였다.

표 13.4 염색체 이상의 유형

정상서열	THE ONE BIG FLY HAD ONE RED EYE*
돌연변이의 유형	**서열의 변화**
미스센스	THQ ONE BIG FLY HAD ONE RED EYE
넌센스	THE ONE BIG
프레임 시프트	THE ONE QBI GFL YHA DON ERE DEY
삭제	THE ONE BIG HAD ONE RED EYE
중복	THE ONE BIG FLY FLY HAD ONE RED EYE
삽입	THE ONE BIG WET FLY HAD ONE RED EYE
팽창 돌연변이:	
부모	THE ONE BIG FLY HAD ONE RED EYE
자식	THE ONE BIG FLY FLY FLY HAD ONE RED EYE
손자	THE ONE BIG FLY FLY FLY FLY FLY FLY HAD ONE RED EYE

Based on R. Lewis, *Human Genetics, Concepts and Applications,* 2d ed., Dubuque, IA: Wm. C. Brown Publishers, 1997.

*A sentence composed of three-letter words can provide an analogy to the effect of mutations on a gene's nucleotide sequence.

13.8 DNA의 유용한 이용(Using DNA for Our Advantage)

생물공학의 발전은 과학자들에게 흥미 있는 일을 많이 할 수 있도록 하였다. 이러한 업적들이 과학자들에 의해 어떻게 성취될 수 있었는지를 이해하기 위해서는 두 가지의 핵심 전략을 탐구해야한다. (1) 생물의 유전적 변경과 (2) DNA 서열분석이다.

전략 1 : 생물의 유전적 변경(genetic modification of organisms)

성경시대 이래로 문화는 가축과 농작물의 질을 개선하기 위한 시도를 하여왔다. 더 많은 우유나 더 부드러운 고기를 생산하는 소는 건조하고 단단한 소보다 높게 평가되었다. 농작물을 개량하기 위한 초기 시도는 원하는 형질을 가진 생물을 교배하는 선발육종에 제한되었다. 유전학에 대한 이해가 증가하면서, 과학자들은 세포를 방사선 처리하여 돌연변이를 일으키고 원하는 형질인지 결정하기 위하여 선별하였다. 이 접근방법은 생물의 유전에 대하여 알 수 있는 유익한 방법이지만, 특정한 변화를 일으킬 수 있는 능력은 결여되었다. 돌연변이를 일으키는 것은 매우 단순한 우연의 과정이다. 그러나 현재는 DNA를 하나의 생물에서 다른 생물로 전이하는 생물공학의 능력을 이용하는 훨씬 더 직접적인 방식으로 결과가 달성된다. 유전자 클로닝이나 형질변환(그들의 유전적 조성을 변경시키기 위하여 생물에 새로운 유전자 서열을 도입하는 것)과 같은 기술은 과학자들이 생물에 매우 특정한 성질을 도입할 수 있도록 하였다. 이 기술은 상보적 염기쌍를 형성하도록 DNA를 조작하는 효소를 이용한다. 새로운 DNA 서열이 안정되고 숙주세포로 전달되면 세포는 유전적으로 변경되고 새로운 DNA을 읽고 효소나 다른 중요한 산물과 같은 새로운 세포 산물을 생산한다. 이렇게 생긴 새로운 형태의 DNA를 **재조합 DNA**(recombinant DNA)라고 한다. 이러한 유전적 변화를 포함하는 생물을 **유전적으로 변형**(GM; genetically modified)되었다고 한다. 유전공학자들은 살아있거나 죽은 세포로부터 뉴클레오타이드 서열을 확인하고 분리한다. 바이러스, 세균, 진균, 식물, 그리고 동물 또는 그들의 자손을 처리하여 최소한 관련이 없는 하나의 생물에서 온 유전자를 포함할 수 있도록 하였다.

이렇게 고도로 복잡한 과정이 세련되면서, 다양한 종에서 온 유전자를 유전자 클로닝이라고 하는 과정을 통해 숙주 세균이나 다른 숙주 세포에 신속하고 정확하게 접합하는 것이 가능하게 되었다. 예를 들어 재조합 DNA 과정은 당뇨병 조절에 사용되는 인간의 인슐린; 개발도상국에 결여된 필수 아미노산을 공급할 수 있는 영양적으로 풍부한 "황금쌀"; 항바이러스제로 이용되는 인터페론; 성장호르몬이 부족한 어린이의 성장을 촉진하는데 이용하는 인간 성장호르몬 그리고 성장에 연관된 뇌 호르몬인 소마토스타틴 등을 생산한다. 이러한 방법을 이용하여 2백여 종 이상의 제품이 생산되었다.

이러한 화학물질의 일부는 유전적으로 처리된 미생물로부터 소량 생산되었지만, 순무, 쌀, 콩, 감자, 목화, 옥수수, 그리고 담배는 연간 수십에서 수백 kg의 특수 화학물질을 생

그림 13.17 DNA가 어떻게 단백질을 암호화하는가에 대한 이해는 과학자들이 질병 치료법을 개발하고 또한 수확량이 많고 영양가가 높은 곡물을 개발할 수 있도록 한다.

산할 수 있다. 이러한 유전자 조작 작물의 많은 종은 증가된 영양 가치를 가지면서도 전통적인 방법으로 경작할 수 있다. 이러한 작물은 저개발 국가와 개발도상국 국가의 사람들의 식단에 결여된 필수 아미노산, 지방산, 그리고 다른 영양분을 공급할 수 있는 잠재력을 가지고 있다. 연구에 의해, 예를 들어, 순무는 인터페론(항바이러스제)을 생산하고, 담배는 인간 질병을 싸울 수 있는 항체를 생산하고, 유채씨 나무는 인간 뇌 호르몬의 공급처로 작용할 수 있고, 감자는 진짜 인간 혈액 단백질과 구별할 수 없는 인간 혈청 알부민을 생산하였다.

생물공학의 가능한 보상 중 몇 가지는 (1) 의학적으로 유용한 단백질의 추가적인 생산; (2) 인간 염색체 상 유전자의 위치를 지도화; (3) 어떻게 유전자가 조절되는가에 대한 더 완전한 이해; (4) 수확량이 많은 곡물 식물의 생산; 그리고 (5) 새로운 정원 식물의 개발 등이다(그림 13.17).

유전자 요법(gene therapy)

생물공학 분야는 과학자와 의사가 함께 협력하여 잠재적으로 유전적 장애를 치료할 수 있게 하였다. 감염성 질병과 달리 유전적 질병은 세균이나 바이러스 같은 개별적인 질병을 유발하는 생물이 아니라 특정한 장애에 대한 유전적 성향에 의하여 유발되기 때문에 병에 걸리거나 전염되지 않는다. 유전자 요법은 유전적 질병을 치료하거나 영향을 경감시키기 위해 유전자를 삽입하거나, 유전자를 삭제하거나, 또는 유전자의 작용을 조작하는 것을 포함한다. 이러한 활동은 아주 새롭고 실험적이다. 이러한 계통의 연구는 많은 사람들에게 희망을 주지만, 유전자 요법이 많은 장애에 대한 현실적인 치료법이 되기 위해서는 그전에 해결해야 할 문제점이 많이 있다.

어느 사람을 유전자 요법으로 치료하기 위한 전략은 개인의 장애에 따라 변화한다. 유전자 요법 치료를 설계할 때 과학자는 "정확히 무엇이 문제인가?"라는 질문을 자신에게 해야만 한다. 돌연변이 유전자가 전혀 작동하지 않는가? 정상적으로 작용하지만 활성이 너무 낮은가? 단백질이 너무 많이 생성되는가? 또는 어쩌면, 유전자가 독특하고 새로운 방식으로 작용하는 문제인가? 유전자 활성이 전혀 없거나 또는 너무 적은 활성이 있다면 과학자는 어떻게든 유전자의 더 활성적인 형태를 도입해야 할 것이다. 만약 활성이 너무 높거나 유전자가 새로운 활성을 가져서 문제가 된다면, 이러한 초과 활성을 먼저 중지시키고 정상 활성이 복구되어야 한다.

돌연변이 유전자의 작동을 정지시키기 위해서 과학자는 먼저 유전자를 변화시켜야 한다. 이 일은 보통 유전자의 단백질 암호 부분이나 유전자 활성에 필수적인 부분에 돌연변이를 삽입하는 것을 포함한다. 과학자들은 현재까지 얼마 동안 사람 이외의 생물에 어떤 종류의 바이러스를 이용하였다. 이 기술의 어려운 점은 세포 내 다른 유전자를 교란시켜 다른 유전자에 더 많은 돌연변이를 일으키지 않고 바로 그 유전자 하나만을 돌연변이 시켜야 한다는 것이다. 이를 달성하기 위한 신뢰성 있는 방법을 개발하는 것이 유전자 요법의 주안점이다. 일단 돌연변이 유전자가 잠재화되면 과학자는 유전자의 좋은 사본을 도입하는 일을 시작한다. 이 과정 또한 많은 어려움이 있다.

- 과학자는 교정된 DNA를 세포로 돌려보내는 방법을 찾아야 한다.
- 교정된 DNA는 세포분열시 전달되고, 다른 유전자와 간섭하지 않고, 또한 세포가 필요시 전사될 수 있도록 세포 DNA의 일부가 되어야만 한다.
- 마지막으로 교정된 DNA를 포함하는 세포가 환자에게 재도입되어야 한다.

Connections . . .

인간 유전체 프로젝트(human genome project)와 이의 적용

인간 유전체의 최초 초안은 2003년 초에 완결되었으며, 인간 염색체의 모든 23쌍에 대한 완전한 뉴클레오타이드 서열이 규명되었다. 인간 유전체 서열 규명을 통하여 인간 유전자 사전에 있는 모든 단어를 확인한 것과 같다. 분석을 계속하면 이러한 단어들의 정의－즉 이 단어들이 세포가 무엇을 할지 말해주는-를 제공해줄 것이다. 인간 유전체 프로젝트가 제공하는 정보는 질병을 진단하고 아이를 가지려고 하는 사람들을 상담하는데 점점 중요해지고 있다. 이 정보는 약이나 새로운 유전자 요법의 표적인 인간의 유전자와 단백질을 확인할 수 있다. 어느 곳에 비정상 유전자가 존재하고 정상 DNA서열에 비하여 어떻게 염기서열이 다른지를 알면, 비정상을 교정하기 위한 단계를 취할 수 있다. 인간 유전체에 대한 정의를 계속하면 새로운 종류의 단백질을 찾을 수 있고 많은 생물에 공통적인 기본 생리학적 과정과 세포생물학적 과정을 이해하는데 도움이 될 수 있다. 이런 모든 정보는 기본 생물학의 이해에 대한 폭과 깊이를 증가시킬 것이다.

원래는 인간 유전체에 10만에서 14만 정도의 유전자가 있는 것으로 추산되었는데, 이는 과학자들이 그만큼의 단백질을 찾아낼 수 있었기 때문이다. DNA 서열 자료는 벌레나 파리의 두 배밖에 되지 않는 단지 2만종의 단백질을 암호화하는 유전자가 있다는 것을 나타냈다. 인간 유전자는 선택적 접합에 의하여 여러 개의 다른 단백질을 생성할 수 있다. 선택적 접합은 과거에 기대되었던 것보다 훨씬 빈번하게 일어난다. 이러한 정보를 알면 인간의 진화에 대한 통찰력을 제공해주고 미래에 생명공학을 통하여 유전체를 가지고 연구하는데 훨씬 용이하게 할 것이다.

이러한 기술의 많은 부분은 실험적이며, 의학계는 많은 장애를 처리하는데 이러한 기술의 유용성과, 이러한 기술이 환자에게 주는 위험을 아직 평가하는 중이다.

최근에 인간의 전체 DNA 서열인 인간 유전체를 측정하는 최초의 노력이 완결되었다. 많은 과학자들은 이 정보를 이용하여 의학 치료의 진보가 더욱 빨리 일어날 수 있을 것으로 느낀다. 이러한 노력으로부터 유전체학, 전사과학, 그리고 단백질학의 새로운 세 분야의 생물학이 태동하였다. 유전체학은 DNA 서열을 연구하고 어떻게 다른 유전자와 DNA 서열이 서로 연결되는지의 중요성을 연구하는 학문이다. DNA 서열로부터 유전자가 확인되면, 전사학은 언제, 어디에서, 그리고 얼마나 많은 유전자가 발현되는가를 연구한다. 마지막으로 단백질학은 DNA 서열로부터 예측되는 단백질을 연구한다. 이러한 유형의 연구로부터 분자수준에서 어떻게 인간이 진화하였는지, 신체 전반에 걸쳐 그리고 생명주기에 걸쳐 어떻게 유전자가 사용되는지, 그리고 어떻게 하나의 단백질에서 다음으로 공통적인 주제를 확인할지 결정하는 유전자 패밀리를 확인할 수 있다.

전략 2 : 서열분석(sequencing)

생물공학의 두 번째 전략은 다른 세포들의 뉴클레오타이드 서열을 비교하는 일을 연구한다. 생물이 유전적으로 가까울수록 DNA 서열이 서로 가깝게 닮을 것이다. 염기서열 분석은 두 가지 방법으로 수행될 수 있다. 연구자는 비교를 위하여 DNA 서열을 직접 분석할 수 있다. 그러나 이는 매우 지루하고 시간이 소요되는 과정이다. 자주 이용되는 대안은 DNA의 특정 부분을 절단하여 다른 길이의 DNA 절편을 만들어서, 크기에 의하여

DNA 절편을 분리하여, 이들의 유사성과 차이점을 분석하는 것이다. 두 번째 접근방법은 DNA의 큰 길이를 빠르게 탐색하지만 정확하게는 하지 않는다. 이 방법은 생물학자들이 처음 보기에는 관련이 없어 보이는 종들의 진화적 관계를 더 잘 이해하는데 이용될 수 있다. 두 번째 범주의 연구는 중합효소 연쇄반응(Polymerase Chain Reaction; PCR), 유전자 지문법, 그리고 클로닝 같은 복잡한 기술을 이용하여 직접 DNA를 조작하는 것을 포함한다.

중합효소 연쇄반응(PCR reaction)

생물공학의 클로닝과 서열분석 전략은 PCR 기술의 발달로 커다란 도움을 받았다. 1989년 미국 과학진흥협회는 DNA 중합효소를 "올해의 분자"로 명명하였다. 중합효소 연쇄반응(polymerase chain reaction; PCR)에서 이 효소의 가치는 무시할 수 없을 만큼 매우 중요하다. PCR이 도대체 무엇이고, 어떻게 작용하고, 그것으로 무엇을 할 수 있는가?

PCR은 선택된 단편의 DNA를 복사하는 실험실 과정이다. 하나의 세포는 DNA 분석과 확인을 위한 충분한 DNA를 제공할 수 있다. 표적 서열 뉴클레오타이드의 많은 사본을 가지면 생화학자들이 DNA를 가지고 더욱 쉽게 연구할 수 있도록 한다. 건초더미 속의 하나의 바늘을 매우 많은 수로(몇 시간 내에 수천억으로) 늘려서 찾고, 인지하고, 작업하는 것을 어렵지 않게 하는 것이다. 사용할 수 있는 표본의 종류는 정액, 털, 혈액, 세균, 원생동물, 바이러스, 미라가 된 조직, 그리고 동결된 세포 등을 포함한다. 과정은 DNA 시료, 유리 DNA 뉴클레오타이드, 합성 프라이머 DNA, DNA 중합효소, 그리고 시험관과 열원과 같은 간단한 실험실 장비이다.

어떤 뉴클레오타이드(어떤 바늘)의 표적 서열을 복제할지 결정되면, 과학자는 DNA 시료를 가열하여 암호와 비암호 가닥을 분리한다. 합성 프라이머 DNA 분자를 시료에 첨가한다. 이 프라이머 분자는 표적 서열의 말단에 부착하도록 특별히 고안된 것이다. 다음에 뉴클레오타이드 혼합물을 첨가하여 새로 복제되는 DNA가 되도록 한다. DNA와 첨가된 뉴클레오타이드에 부착된 프라이머의 존재는 DNA 중합효소의 기질이 된다. 일단 첨가되면 중합효소는 하나의 부착된 프라이머 말단에서 다른 곳까지 DNA를 따라 내려간다. 효소는 새로운 DNA 뉴클레오타이드를 가닥에 결합시키고, 진행하면서 분자를 복제한다. 다른 끝에 도달하면 정지하고 표적 서열의 새로운 사본이 생성되었다. DNA 중합효소는 효소와 기질이 가용한 한에는 계속 작용하기 때문에, 이 과정은 계속되어 짧은 시간에 모두 표적 서열의 복제인 수십억의 작은 DNA 단편이 생성된다.

그래서 어떻다는 거야라고 말할 수 있을까? 그렇다면, 다음을 생각해 보시오. PCR을 사용하여 과학자들은 다음의 일을 할 수 있었다.

1. 겸상 빈혈, 암, 라임병, 에이즈, 그리고 재향군인병 같은 질병을 더 정확하게 진단할 수 있다.
2. 장기 이식 공여자와 수여자의 정합을 위한 매우 정확한 조직 분류를 수행할 수 있다.

3. 용의자 DNA를 범죄현장에서 발견된 DNA와 맞추어서 강간, 살인, 폭행, 그리고 강도와 같은 범죄 사건을 해결하는데 도움을 준다.
4. 환경 시료에서 특정한 세균을 탐지한다.
5. 환경에서 유전자 변형된 미생물의 전파를 모니터 한다.
6. 분변으로부터 온 세균을 탐지하여 수질을 점검한다.
7. 물 시료에서 바이러스를 확인한다.
8. 물에서 질병을 유발하는 원생동물을 확인한다.
9. 미생물에서 일어나는 특정한 대사 경로와 활동을 측정한다.
10. 오래전 멸종한 종의 품종, 분포 양상, 연관성, 이주 양상, 진화적 관계, 그리고 진화 속도를 측정한다.
11. 친자확인 소송을 정확하게 확정한다.
12. 기억상실증 사례의 신원을 확인한다.
13. 이민 목적의 친척관계로서 사람의 신원을 확인한다.
14. 특정한 세균에서 인간의 항체를 생성하는 기초를 제공한다.
15. 유전병을 앓고 있는 개인에게 이식할 수 있는 유전자를 복제하는 기초를 제공한다.
16. 인간 유전체에 특이한 뉴클레오타이드 서열을 확인한다(인간 유전체 프로젝트의 일부로 현재 진행 중인 적용임).

줄기세포(stem cells)

줄기세포는 자기 재생을 하고 아직 결정이나 분화가 끝나지 않아서 많은 다른 세포 종류로 발달할 수 있는 잠재력을 가지고 있다. 과학자들은 핵 전달 기술을 이용하여 줄기세포를 생성할 수 있지만, 줄기세포는 자연적으로 신체 전체에서 나타난다. 줄기세포는 조직 재생, 상처회복, 암 등 많은 활동에 관련된다.

과학자들이 결정과 분화를 통제할 수 있는 능력을 가졌다면, 그 능력은 인간의 손상된 조직과 기관의 재성장을 할 수 있도록 생물의 세포를 조작하거나 세포를 생물에 삽입할 수 있도록 할 수 있을 것이다. 이는 손상된 무릎 연골의 수선, 심장마비로부터 심장 조직, 또는 척수나 두뇌 상해로부터 손상된 신경 조직 등 많은 의학적 문제의 치료를 도울 수 있을 것이다. 특정한 종류의 세포가 죽거나 적절히 기능하지 않아 몇몇 퇴행성 질병이 발생한다. 파킨슨병은 두뇌 세포의 기능부전으로 초래되고, 많은 형태의 당뇨병은 췌장 세포의 기능부전에 기인한다. 만약 줄기세포가 이러한 기능부전 세포를 대체하는데 이용될 수 있다면, 정상적인 기능이 회복되어 질병을 치료할 수 있을 것이다.

클로닝 실험은 과학자들의 결정(determination)과 분화(differentiation)의 과정에 대한 이해를 증진하는 것을 나타내기 때문에 큰 과학적 중요성을 가진다. 결정은 세포가 어떠한 유전자를 발현할지를 선택하기위해 거치는 과정이라는 것을 되새기기 바란다. 분화된 세포는 그들이 발현하는 단백질로 인해 특정한 유형의 세포가 된다. 분화는 어느 정도

Science and Society

클로닝 – 이 용어가 실제로 무엇을 의미하는가

클론(그리스어 klon은 어린 가지를 의미함)이라는 용어는 유전자, 세포, 또는 생물과 같은 생물학적 실체의 정확한 복제를 의미한다. 이 용어는 결과가 얻어진 방법이 아니라 결과를 가리킨다. 많은 완전한 생물이 자신을 클론한다(예, 세균은 무성 이분법을 수행하고, 많은 식물은 식물번식이라고 하는 무성생식 방법을 통해 클론적으로 번식한다). 실험실에서 고양이(박스그림 13.6), 양, 또는 다른 생물의 정확한 복제를 하는 과정을 기술적으로 "체세포핵전이(somatic cell nuclear transfer)"라고 한다. 체세포 핵전이의 목적은 인간이나 다른 성체를 복제하는 것이 아니라 클론 세포계열을 확립하는 것이다. 이 기술에서 성체 공여자의 체세포 핵을, 핵을 제거한 난세포에 전달하는 것이다. 이러한 병합세포가 실험관(*in vitro*; *vitro*는 유리라는 뜻임)에서 수주일간 배양하면 클론된 세포계열이 생산된다(예, 인간의 배아 줄기세포). 이들은 다양한 의학적으로 가치 있는 치료요법이나 연구(예, 특정한 유전적 또는 다른 질병을 조사하는 것)에 이용될 수 있다. 번식 클로닝(reproductive cloning)이라고 하는 다른 기술을 이용하면 병합세포는 숙주나 대리모의 자궁에 이식되어 핵을 제공한 완전한 개체의 유전적 사본이나 클론으로 발달할 수 있다. 이러한 방법으로 고양이, 양, 쥐, 원숭이, 돼지, 소, 토끼, 당나귀, 사슴, 말, 어류, 그리고 개구리 등 많은 종류의 동물들이 복제되었다. 로버트 드니로, 그렉 키니어, 그리고 레베카 롬진-스타모스가 출연한 가드센드 영화에서 사고로 죽은 여덟 살 먹은 아들의 클론을 동의하지만 클론이 이상하게 행동하면서 하지 말아야 했을 것을 희망한다.

토의할 문제

1. 배운 것으로부터 가드센드(Godsend)에서 나타난 것과 같은 클로닝이 가능하다고 생각하나요?

2. 이러한 행동을 하는 윤리적 도덕적 내포는 무엇인가?

3. 클론된 생물이 사람인가 아니면 고양인가가 차이가 있나요?

A

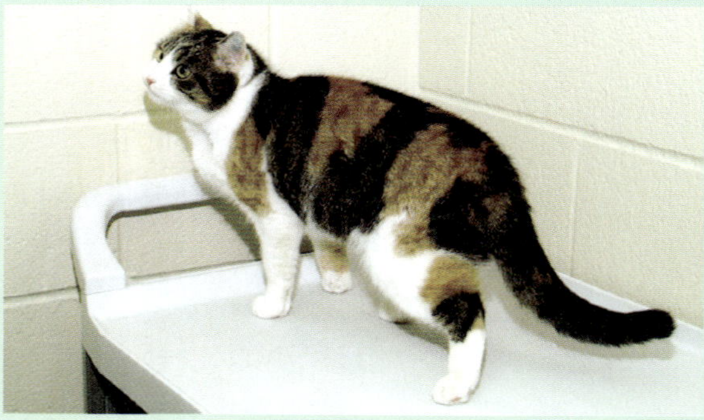

B

박스그림 13.6 대리모 어머니와 유전적 어머니인 "레인보우"로부터 클론된 고양이인 "CC." 87회의 클론된 배아로부터 CC(Copy Cat!)이 유일하게 생존하였으며 이는 양, 쥐, 염소, 그리고 돼지의 성공률과 유사하다. (A) CC가 tabby 대리모와 완전히 다르다는 것을 주목하시오. (B) "레인보우"는 CC의 유전적 공여자이며, 둘 다 암컷의 칼리코 집 짧은털 고양이이다.

영구적인 조건이다. 돌리(Dolly)와 다른 복제동물을 생산한 기술은 분화된 세포를 이용하여 세포가 완전히 새로운 생물을 생성할 수 있는데 필요한 모든 유전자를 발현할 수 있도록 결정과정을 되돌리는 것이다. 현 시점에서는 과학자들이 이것이 가능한지 확신하지 못하고 있었다.

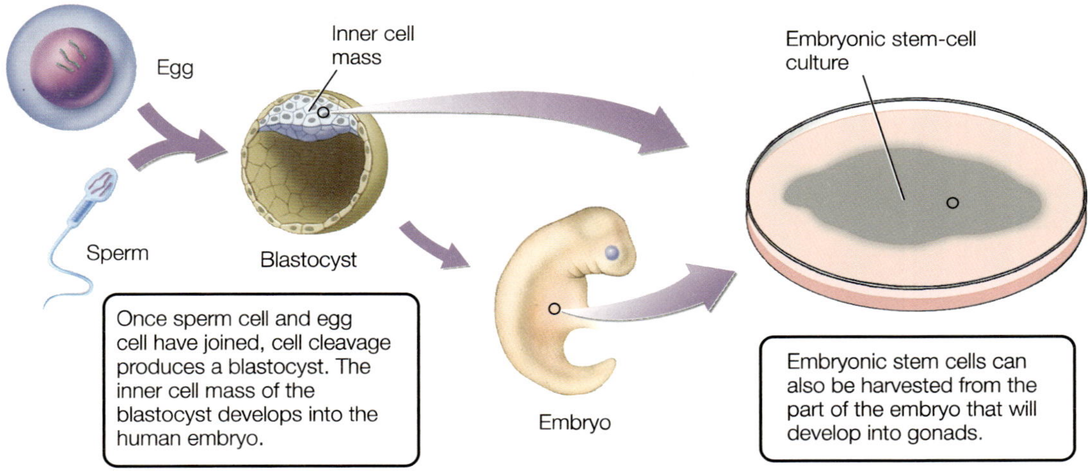

그림 13.18 난자가 정자와 수정된 다음, 세포는 분열하여 세포 덩어리를 형성한다. 이러한 세포들은 각각 배에서 어느 세포라도 될 수 있는 능력이 있다. 배아 줄기세포는 이 시점이나 결정과정의 다른 시점에서 수확될 수 있다.

배아와 성인 줄기세포(embryonic and adult stem cells)

과학자들은 줄기세포를 획득하는 다른 방법도 탐구하였다(그림 13.18). 배아 줄기세포는 배에서 획득한 세포이며 어떠한 조직유형으로 기울어 있는 결정의 중간단계에 이르렀지만 아직 특정한 세포 유형으로는 결정되지 않은 단계이다. 이 중간 결정의 예는 줄기세포가 몇 가지 유형의 신경세포중 하나로까지는 결정이 되었지만 아직 어떤 신경세포가 될지는 결정되지 않았을 때 나타난다. 이러한 유형의 줄기세포는 성인에서 나타날 수 있다. 하나의 예가 조혈 줄기세포이다. 조혈줄기세포는 혈액에서 발견되는 적혈구, 백혈구, 혈소판 같은 많은 다른 유형의 세포가 될 수 있는 능력이 있다. 이러한 종류의 줄기세포를 사용하는 단점은 이미 부분적으로 결정되어 모든 세포 종류가 될 수 있는 능력을 가지고 있지 않다는 것이다.

개인에 맞춘 줄기세포 계통(personalized stem cell lines)

과학자들은 궁극적으로 양을 복제하는데 이용된 것과 유사한 체세포 핵 전달 기술을 이용하여 체세포로부터 배아 줄기세포를 생산하는 것이 가능하리라고 희망한다. 이 기술은 환자 세포의 핵을 원래 핵을 제거한 인간의 난자로 이입하는 것을 포함한다. 인간의 난자는 성장하여 배아 줄기세포를 생성할 것이다. 결정과 분화의 과정을 조절할 수 있다면 재생의학을 통하여 새로운 조직 심지어는 새로운 기관도 발육시킬 수 있을 것이다.

정상적인 상황에서 기관이식 환자는 항상 이식 장기의 거부반응을 걱정해야하며 장기 거부를 피하기 위하여 강한 면역억제제를 복용해야만 한다. 맞춤형 줄기세포에서 발육한 조직과 기관은 환자와 면역적으로 호환성이 있는 혜택을 가진다; 따라서 장기 거부반응은 염려하지 않아도 된다(그림 13.19).

줄기세포의 잠재적인 치료 가치는 전 세계적으로 많은 의료원의 설립을 가져왔다. 이러한 의료원은 다양한 의학적 상태에 있는 환자에게 줄기세포 기반의 치료를 제공한다. 그러나

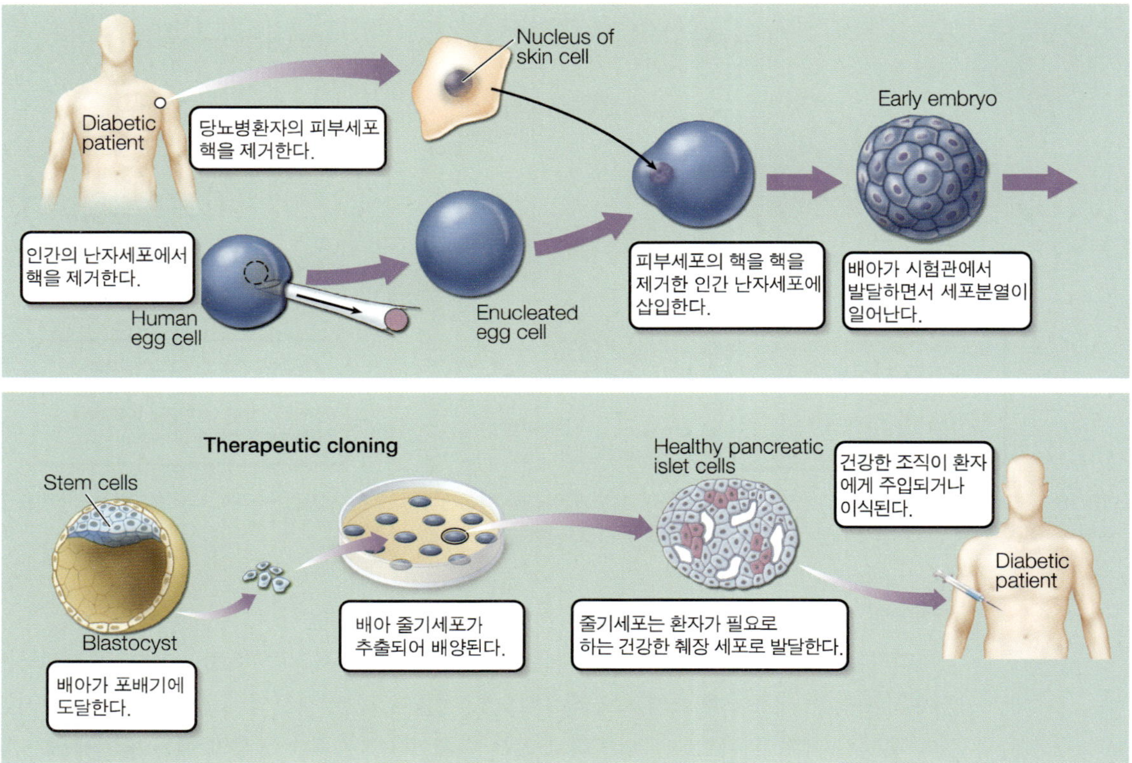

그림 13.19 생물공학의 잠재적인 이용의 하나는 맞춤형 줄기세포 계열을 생산하는 것이다. 이 응용에서는 환자의 체세포가 핵을 제거한 인간 난자에 삽입된다. 난자는 분열하여 줄기세포를 형성한다. 이러한 세포들은 배양되어 치료요법에 이용될 수 있다. 이 예에서 줄기세포는 당뇨병 환자를 치료하기 위하여 췌장 세포를 생성하는데 이용될 수 있다.

이러한 치료법의 혜택은 아직 검증되지 않았으며, 사실상 치명적인 해를 미칠 수 있는 가능성이 있다. "줄기세포 관광"은 필사적인 환자들이 그러한 치료법이 자신들의 생명을 구할 수 있으리라는 희망에서 이러한 의료원을 방문하기 때문에 이 산업을 설명하는데 사용되는 문구이다. 이 새로운 산업은 의심하지 않는 소비자에게 검증되지 않은 의술 치료를 제공하는 "의학 관광객의 덫"으로 가득 차있다. 불행히도 맞춤형 줄기세포, 줄기세포 치료법, 그리고 기관 배양은 아직 미래의 일이다.

유전자 지문법(genetic fingerprinting)

다른 유전공학의 성취인 유전자 지문법은 어느 두 사람도 동일한 뉴클레오타이드 서열을 가지고 있지 않기 때문에 개인 간의 뉴클레오타이드 서열의 차이를 보여줄 수 있다. 이것은 쉬운 것 같이 보이지만, 사람의 염색체에 있는 수백만 개의 염기쌍의 존재는 이 일을 길고 때로는 실현불가능한 과정이 되게 한다. 따라서 과학자들은 실제로 완전한 지문을 하는 것이 아니라 DNA의 특정한 짧고 반복되는 양상에만 초점을 맞춘다. 이러한 짧고 반복되는 뉴클레오타이드 서열에 초점을 맞춤으로써 두 개인으로부터 온 시료가 동일한 반복되는 부분이 있는지를 판단하는 것이 가능하다. 과학자들은 개인 사이에 크게 변화하는 것으로 알려진 작은 수의 서열을 이용하여 일치도의 특정한 확률을 얻기 위하여 이들을 비교한다. 서열이 더 유사할수록 두 시료가 동일한 사람으로부터 왔을 가능성이 높다. 서열의 유사도가 덜할수록 두 시료는 동일한 사람으로부터 왔을 가능성이 낮다. 범죄사건의 경우 범죄현장의 DNA 시료를 용의자로부터 채취한 시료와 비교한다. 만약 짧고 반복되는 서열의 100%가 일치한다면, 피의자가 범죄현장에 있었을 가능성이 매우 높고 범인일 수도 있다. 동일한 과정이 기억상실증, 살인, 또는 사고사 경우 사람의 신원을 확인하는데 이용될 수 있다(그림 13.20).

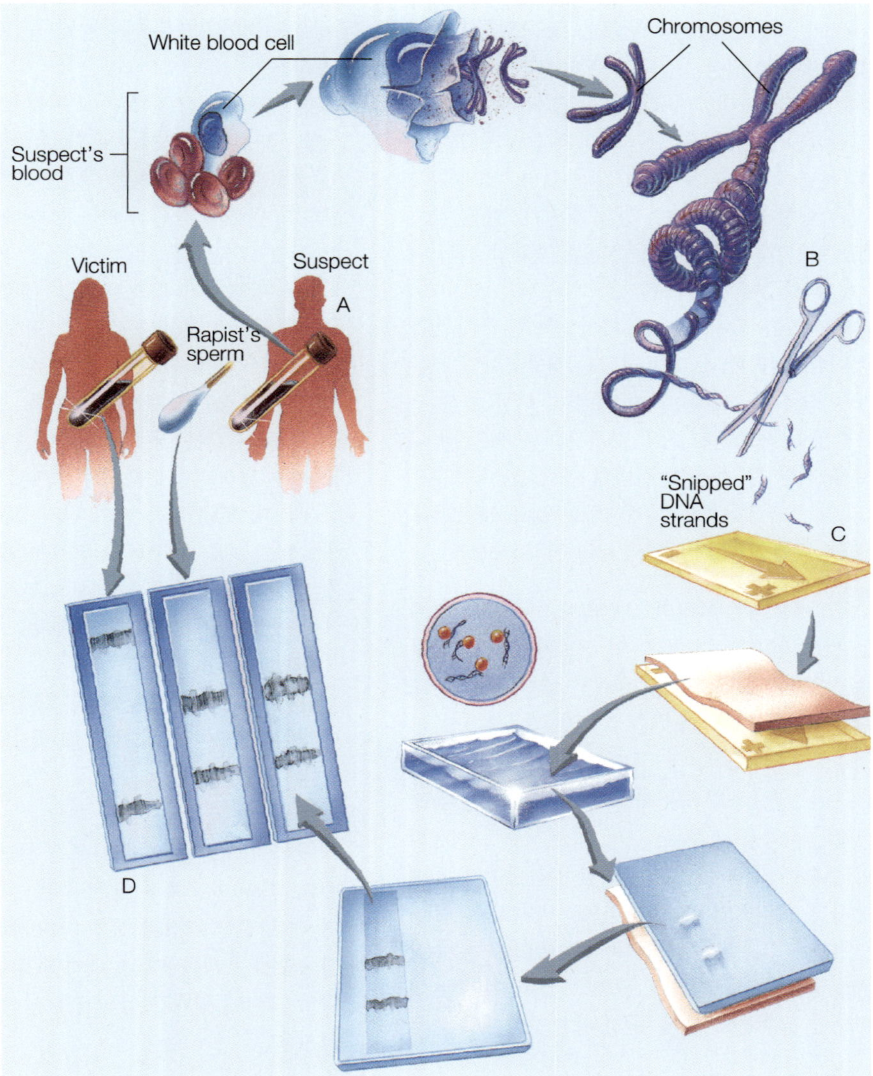

그림 13.20 모든 사람의 DNA는 독특하기 때문에 (A) 개인의 DNA 시료를 제한효소로 처리하면 다른 장소에서 잘려서 다른 크기의 DNA 조각이 나타난다. (B) 제한효소는 뉴클레오타이드의 특정한 서열이 나타나는 장소를 자르는 능력을 가지고 있다. 조각이 전기분해 젤을 가로질러 이동할 때(C), 작은 조각은 큰 조각보다 빨리 이동하여 "DNA 지문"이라는 무늬를 형성한다. DNA 서열의 개인적인 차이로 인하여, 이 부위는 사람에 따라 변화한다. 그 결과 DNA 조각을 크기에 따라 분리하는 DNA 지문은 사람에 따라 다르게 나타난다. 이 종류의 실험에는 몇 개의 대조군이 수행된다. 대조군의 하나는 희생자의 DNA의 존재이다. 이 시험을 해석하는데 이것이 왜 중요한가?

Science and Society

생물공학의 윤리(Ethics in Bioengineering)

과학의 발달은 종종 사회가 해결해야만 하는 윤리적 문제를 제시한다. 예를 들어 처음 도입되었을 때 면역과 실험관 수정은 매우 큰 논란이 되었다. 어떻게 새로운 기술이 안전하게 사용될 수 있을 것인가? 누가 혜택을 받을 것인가? 그 기술은 이윤을 얻기 위하여 사용되어야 하는가? 생물공학과 차이가 없다. 많은 사람들은 생물공학이 위험하다고 느낀다. 실험실에서 유전적으로 변형된 생물이 환경을 오염시키는 것에 대한 우려가 있다. 이러한 오염의 영향은 무엇일까? 생물공학은 또한 과학자들이 개체의 유전적 특징을 문자적으로 검토할 수 있게 한다. 개체를 특징짓는 능력은 어떻게 이용될 수 있을 것인가? 어떻게 오용될 수 있을 것인가? 다른 사람들은 생물공학이 신의 역할을 하는 것과 비슷하다고 느낀다.

생물공학의 윤리를 탐구하는 한 가지 방법은 장단점을 비교하는 것이다. 이러한 사고의 방법은 생물공학의 모든 결과와 함축된 의미를 고려한다. 어떤 것이 다른 것을 능가하는가? 이 장에서 토론된 거의 대부분의 혜택은 더 나은 의술치료를 위한 큰 가능성, 질병의 치료, 그리고 우리를 둘러싸고 있는 세계를 더 잘 이해하는 것을 포함한다. 이러한 발전을 위해 어떠한 대가를 치러야만 하는가?

- 이러한 기술의 발달은 우리의 유전정보가 공공의 기록이 된다는 것을 의미할 수 있다. 이 정보가 어떻게 잘못 이용될 수 있을까? 보험회사는 유전적 질병이 있는 개인의 보장을 거부하거나 엄청난 추가비용을 부가할 수 있다.
- 클로닝 기술은 생산성을 증가하고 영양가가 높은 유전적으로 변형된 식품을 만들 수 있다. 유전적으로 변형된 생물이 이 변화에 의해 야기되는 이상이나 통증에 의해 고통 받는다면 윤리적일까? 유전적으로 변형된 생물이 생태계의 일부가 되는 잠재적인 문제의 위험을 감수할 수 있는가? 유전적으로 변형된 종의 도입이 어떻게 생태계와 미묘한 균형을 어떻게 변경시킬 것인가?

생물공학의 윤리를 탐구하는 다른 방법은 사회가 가치를 두는 원칙을 위반하는가 물어보는 것이다. 생물공학의 어떤 면이 권리장전의 원칙을 위협하는가? 기본적인 인권은? 종교적 신념은? 삶의 질에 대한 문제는? 동물의 권리에 관한 문제는? 이러한 원칙들의 어떠한 조합이 생물공학이 윤리적이라고 판단하는 것을 도와줄 것인가?

- 유전자를 조작하는 것은 근원적으로 잘못인가? 인간은 생물공학을 안전하게 이용할 수 있을 정도로 현명한가? 이는 신만이 통제해야할 문제인가? 당신은 유전병을 예방하기 위하여 당신의 아들을 태아 때 유전적으로 변경할 것인가? 당신은 당신의 아들을 지능과 같은 바람직한 특징을 강화하거나, 또는 성을 조절하기 위하여 태아를 유전적으로 변경시킬 것인가? 당신은 하나의 상황은 도덕적으로 정당화되지만 다른 것은 아니라고 느끼는가?
- 배아 줄기세포를 채집하는 것은 근원적으로 잘못인가? 줄기세포는 많은 장애를 치료하기 위한 새로운 길을 제공할 수 있다. 여러 종류의 줄기세포 출처가 있지만, 가장 관심이 있는 것은 배아 줄기세포이다. 이러한 세포를 채집하는 것은 배아를 파괴한다. 비록 배아는 아직 환경을 인지하지 못하고 통증을 느끼지 않지만, 질병치료를 발전시키기 위하여 인간의 배아를 이용하는 것은 윤리적일까?
- 인간은 완치와 치료를 찾기 위하여 도덕적으로 구속되는가? 사람들이 아직 치료를 필요로 하는데 연구를 중단할 수 있을까?

명백히 이것들은 우리 사회가 상당기간 논쟁해야할 문제이다. 이러한 문제의 많은 수는 수십 년 동안 논란이었으며 매우 강한 감정과 매우 다른 세계관을 가져다주었다. 일상생활에서 생물공학에 대하여 많이 듣게 되면서, 생물공학의 그러한 형태가 당신에게 어떤 영향을 미칠지 고려해보시오.

요약

유전자는 생물이 나타내는 특징을 결정하는 특정한 길이의 DNA로 이루어진 유전단위이다. 특정한 유전자는 특정 염색체의 특정 장소(loci)에 있다. 생물이 나타내는 표현형(phenotype)은 유전자가 자신을 발현하는 능력 위에 환경의 효과의 결과이다.

이배체 생물은 각 특징에 대해 두 개의 유전자를 가진다. 어떤 특징에 대한 유전자의 대체 형태를 대립유전자라고 한다. 특유의 성질에 대해 여러 다른 대립유전자가 있을 수 있다. 동일한 두 개의 대립유전자를 가진 생물을 그 특징에 대해 동형접합체라고 한다; 다른 대립유전자를 가지면 이형접합체라고 한다. 어떤 대립유전자는 열성이라고 하는 다른 대립유전자에 대하여 우성이다.

때로는 두 대립유전자가 자신을 발현하고, 종종 유전자는 생물의 출현형에 하나 이상의 인식 가능한 효과를 가진다. 어떤 특징들은 여러 다른 쌍의 대립유전자에 의해 결정되기도 한다. 인간과 다른 생물에서 물려받은 표현형은 받은 대립유전자(유전자)의 종류뿐 아니라 대립유전자가 서로 상호작용하는가, 환경이 어떻게 유전자의 발현에 영향을 주는가 그리고 유전학적 요인 등 대체 수단에 의해서도 결정된다.

살아있는 세포의 성공적인 작용은 자신의 DNA에서 발견되는 유전정보를 정확하게 이용할 수 있는 능력에 의존한다. DNA의 정보를 이용하여 합성될 수 있는 효소는 세포 대사작용의 효율적인 조절에 책임을 가진다. 그러나 단백질 분자의 생산은 세포의 주된 조절분자인 핵산의 통제하에 있다. DNA와 RNA 핵산의 구조는 단백질의 구조를 결정하고, 단백질의 구조는 세포 생활주기에서 단백질의 기능을 결정한다. 단백질 합성은 DNA 암호를 특정한 단백질 분자로 해독하는 것과 리보솜에서 중간 분자인 mRNA와 tRNA를 이용하는 것을 포함한다. 이러한 분자의 코돈에 어떠한 오류도 세포의 기능에 관찰할 수 있는 변화를 가져올 수 있으며 세포의 사망으로 이어질 수 있다.

DNA 복제는 유전 물질이 정확하게 배가되는 것이다. 이 과정은 DNA의 동일한 가닥이 세포의 다음 세대로 전달되는 것을 사실상 보증한다.

DNA를 조작하는 방법은 하나의 생물에서 다른 생물로 유전자를 조절하여 전달할 수 있게 하였다. 이것은 세균이 많은 인간 유전자 산물을 생산할 수 있도록 하였다.

개념 적용

Part I

1. 표현형(phenotyle)의 예는?
   a. AB형 혈액
   b. A형과 B형에 대한 대립형질
   c. A형 혈액을 가진 정자(sperm)
   d. 빈혈을 일으키는 식사에서의 철분의 부족

2. 사람의 키는 여러 대립유전자의 상호작용에 의해 결정된다. 이는 무엇의 예인가?
   a. 상염색체(autosome)
   b. 다발현성(pleiotropy)
   c. 단일인자 교배(single-factor crosse)
   d. 폴리진 유전(polygenic inheritance)

3. 열성 X-염색체 연관 형질이 여성에서 발현되기 위해서, 그녀는 열성유전자를 어느 부모에게서 획득해야만 하는가?
   a. 양쪽 부모 다 아님
   b. 부모 모두로부터
   c. 부친으로부터만
   d. 모친으로부터만

4. 어떤 꽃에서 꽃이 붉은색 꽃잎을 가지면 보통 꽃잎 크기가 작았다. 꽃잎이 흰색, 분홍색, 또는 오렌지색인 경우에는 보통 꽃잎 크기가 컸다. 이는 다음 무엇의 결과인가?
   a. 공동우성(codominance)
   b. 폴리진 유전(polygenic inheritance)
   c. 불완전 우성(incomplete dominance)
   d. 위의 어느 것도 해당이 없음.

5. O형 혈액형의 여자와 AB혈액형의 남자 사이에서 태어난 아이가 가질 수 있는 혈액형은?
   a. AB 또는 O
   b. A, B, 또는 O
   c. A 또는 B
   d. AB, A, B, 또는 O

6. "그녀는 매우 긴 손가락과 발가락을 가지고 유달리 키

가 크다." 이 문장은 어떠한 개인의 무엇을 표현한 것인가?

a. 유전형
b. 표현형
c. 단일교배
d. locus placement

Part II

7. mRNA와 성숙한 tRNA의 차이점은?
   a. 폴리펩타이드 성분의 종류
   b. mRNA는 직선인 반면 tRNA는 클로버잎 모양이다.
   c. 암호화된 RNA의 부분
   d. 단지 분자의 나이.
8. DNA 이중가닥의 한 가닥이 mRNA로 전사되고 다른 한 가닥은?
   a. 상보적 가닥은 tRNA를 생성한다.
   b. 상보적 가닥은 불활성이다.
   c. 상보적 가닥은 이 시점에서 복제된다.
   d. 이 짧은 기간에는 돌연변이가 불가능하다.
9. 원핵과 진핵세포의 유전자 자료사이에 주된 차이점은 원핵생물이
   a. 유전자가 DNA가 아니고 RNA이다.
   b. 히스톤 단백질의 배열이 다르다.
   c. 이중 가닥의 DNA가 원형이다.
   d. 이중 가닥의 DNA가 세균에는 존재하지 않는다.
10. DNA 유전자 가닥이 CCA 염기 서열을 가질 때 DNA 복제시 어느 DNA 염기가 짝을 이룰 것인가?
    a. CCA　　b. GGU
    c. GGU　　d. GGT
11. 표 13.3의 아미노산-mRNA 핵산 사전을 이용하여 ACG 코돈은 새로운 단백질의 합성 시 어느 아미노산을 배치할 것인가?
    a. proline
    b. isoleucine
    c. glycine
    d. threonine
12. 생물공학의 어느 새로운 학문영역은 DNA 서열로부터 예측되는 단백질을 연구하는가?
    a. 인간 유전체(human genome)
    b. 코돈 기술
    c. 단백질학(proteomics)
    d. 호르몬 요법
13. 유전자, 세포, 또는 생물의 생물학적 실체를 정확히 복사하는 용어는?
    a. clone
    b. PRC
    c. 생물윤리
    d. 유전자 요법
14. 어떠한 유전자를 발현할지 세포가 선택하는 과정은?
    a. 분화(differentiation)
    b. 결정(determination)
    c. 활성화(activation)
    d. 발동(actuation)
15. DNA 손상을 일으키는 것으로 알려지거나 의심되는 현상은?
    a. 환각제(hallucinogenic agents)
    b. 활성제(activation agents)
    c. GM제
    d. 돌연변이제(mutagenic agents)

답 : 1.a 2.d 3.b 4.c 5.c 6.b 7.b 8.b 9.c 10.d 11.d 12.c 13.a 14.b 15.d

생각을 위한 질문

Part I

1. 다음 부모가 주어진 유전형을 가진 자손을 생산할 수 있는 확률은?

	부모	자손	유전형
a.	AA	3 aa	Aa
b.	Aa	3 Aa	Aa
c.	Aa	3 Aa	aa

2. 만약 자손이 Aa 유전형을 가질 때, 부모의 유전형의 가능한 조합은?
3. 사람에게서 백피증(albinism)의 대립유전자가 정상적인 피부색의 대립유전자에 비하여 열성이다.
   a. 이형접합자의 부모로부터 태어난 아이가 백피증일 확률은?
   b. 아이가 정상일 경우, 아이가 백피증 대립유전자의 보인자일 확률은?
4. 소인증(연골발육부전)은 섬유아세포 성장인자를 생성하

는 유전자의 돌연변이에 기인한다. 이 병은 상염색체 지배 장애로 유전되며 종종 새로운 돌연변이이로 나타난다. 만약 정상적인 키와 신체를 가진 부부가 다섯 자녀를 가졌을 때 이중 한명이 연골발육부전을 보이는 이유는?

5. 색맹의 여자가 정상 남자와 결혼하였다. 10자녀(사내 6, 여아 4)를 가졌을 때
   a. 몇 명이 정상적인 시력을 가질 것으로 예상되는가?
   b. 몇 명이 색맹으로 예상되는가?
6. 혈우병(hemophilia)은 피가 정상적으로 응고되는 것을 방해하는 질병이다. 혈우병은 X 염색체에 위치한 열성 대립유전자에 의하여 유발된다. 소년이 이 병을 가지고 있는데, 부모나 조부모 누구도 이 병이 없다. 부모와 조부모의 유전형은?
7. 말의 얼룩색은 공동우성의 예이다. 그 이유는?

Part II

8. DNA와 RNA의 차이점은?
9. DNA 메시지가 단백질로 번역될 때 발생하는 사건의 순서를 나열하시오.
10. 염색체와 점 돌연변이는 둘 다 DNA에서 일어난다. 둘의 차이점은 무엇인가? 이것은 DNA 재조합과 어떠한 연관이 있는가?
11. DNA 복제는 RNA 분자의 생성과 어떠한 차이가 있는가?
12. 만약 DNA 뉴클레오타이드 서열이 CATAAAGCA일 때, 이와 염기짝을 이루는 mRNA의 뉴클레오타이드 서열은?
13. 12번 문제의 뉴클레오타이드 서열에 의해 암호화된 단백질의 아미노산은 무엇인가?
14. 줄기세포와 관련된 생물공학의 잠재적 이용의 예를 드시오.
15. DNA 중합효소(DNA polymerase)가 하는 역할은?

심층 분석

1. 유전자 요법에는 체세포 요법과 생식세포 계열 요법의 두 가지 접근방법이 있다. 이 두 가지 접근 방법을 비교하여 대조하시오. 각 방법에 의해 제어될 수 있는 유전적 이상의 예를 드시오.
2. Mendel의 업적이 겨우 100년 남짓 전에 도입되었다는 것을 기억하는 것은 중요하다. 그러나 그 당시 과학자들은 그의 가장 기본적인 가설로부터 가장 악명 높은 유전적 이상의 일부를 조절할 수 있도록 하는 것을 이해하는 수준으로 발전시켰다. 이러한 질병의 다섯 가지 예를 열거하시오. 각각의 질병의 치료를 돕는 유전적 약품의 종류를 열거하시오.
3. 다음 질병들의 유전적 기초와 증상은 무엇인가?
   a. Kearns-Sayre syndrome
   b. Leber's hereditary optic neuropathy (LHON)
   c. Myoclonic epilepsy and red ragged fibers (MERRF)
4. 다지증은 인간 손의 가장 흔한 유전적 이상이며 세 가지 유형으로 분류될 수 있다.
   a. 이 유형들은 무엇인가?
   b. 이러한 표현형이 DNA 돌연변이로부터 시작하여, 중심 도그마(central dogma)를 따라 어떻게 이 표현형이 발현될 것인지로 끝나는 도표를 그리시오.
5. 인간과 침팬지의 유전체(genome) 차이는 약 1.5%로 알려져 있다. 현저하게 상이한 두 생물 사이에 이렇게 작은 차이가 있을 경우, 인간 사이에는 몇 % 정도의 차이가 있다고 생각하는지? 이러한 정보에 기초하여, 인간을 별도의 인종으로 구분하는 것의 타당성에 대하여 논하시오.

탐구 초대

흡연과 돌연변이: 당신은 정말 무엇을 알고 있나요?

수 십 년 동안 암은 경험적(평범한 경험에 기초하여)으로 담배와 연관이 있었지만, 최근에야 연구자들이 둘 사이의 인과관계를 입증하였다. 폐암 환자의 연구에서 60%가 p53으로 알려진 유전자의 돌연변이를 보였다. 인터넷을 이용하여 다음 질문에 답하시오:

1. p53 유전자가 무엇인가?
2. 세포자살(apoptosis) 또는 "계획된 세포 사망"은 무엇인가?
3. 담배에 포함된 화합물인 벤조피렌이 이 유전자와 어떠한 관계가 있는가?
4. p53 유전자와 폐암에 대하여 무엇이 알려져 있는가?

부록 A. 용해도표

	Acetate	Bromide	Carbonate	Chloride	Fluoride	Hydroxide	Iodide	Nitrate	Oxide	Phosphate	Sulfate	Sulfide
Aluminum	S	S	—	S	s	i	S	S	i	i	S	d
Ammonium	S	S	S	S	S	S	S	S	—	S	S	S
Barium	S	S	i	S	s	S	S	S	S	i	i	d
Calcium	S	S	i	S	i	s	S	S	s	i	s	d
Copper(I)	—	s	i	s	i	—	i	—	i	—	d	i
Copper(II)	S	S	i	S	S	i	S	S	i	i	S	i
Iron(II)	S	S	i	S	s	i	S	S	i	i	S	i
Iron(III)	S	S	i	S	s	i	S	S	i	i	S	d
Lead	S	s	i	s	i	i	s	S	i	i	i	i
Magnesium	S	S	i	S	i	i	S	S	i	i	S	d
Mercury(I)	s	i	i	i	d	d	i	S	i	i	i	i
Mercury(II)	S	s	i	S	d	i	i	S	i	i	i	i
Potassium	S	S	S	S	S	S	S	S	S	S	S	i
Silver	s	i	i	i	S	—	i	S	i	i	i	i
Sodium	S	S	S	S	S	S	S	S	d	S	S	S
Strontium	S	S	s	S	i	s	S	S	—	i	i	i
Zinc	S	S	i	S	S	i	S	S	i	i	S	i

S = soluble
i = insoluble
s = slightly soluble
d = decomposes

부록 B. 상대습도표

Dry-Bulb Temperature (°C)	Difference Between Wet-Bulb and Dry-Bulb Temperatures (° C)																			
	1	**2**	**3**	**4**	**5**	**6**	**7**	**8**	**9**	**10**	**11**	**12**	**13**	**14**	**15**	**16**	**17**	**18**	**19**	**20**
0	81	64	46	29	13															
1	83	66	49	33	17															
2	84	68	52	37	22	7														
3	84	70	55	40	26	12														
4	86	71	57	43	29	16														
5	86	72	58	45	33	20	7													
6	86	73	60	48	35	24	11													
7	87	74	62	50	38	26	15													
8	87	75	63	51	40	29	19	8												
9	88	76	64	53	42	32	22	12												
10	88	77	66	55	44	34	24	15	6											
11	89	78	67	56	46	36	27	18	9											
12	89	78	68	58	48	39	29	21	12											
13	89	79	69	59	50	41	32	23	15	7										
14	90	79	70	60	51	42	34	26	18	10										
15	90	80	71	61	53	44	36	27	20	13	6									
16	90	81	71	63	54	46	38	30	23	15	8									
17	90	81	72	64	55	47	40	32	25	18	11									
18	91	82	73	65	57	49	41	34	27	20	14	7								
19	91	82	74	65	58	50	43	36	29	22	16	10								
20	91	83	74	66	59	51	44	37	31	24	18	12	6							
21	91	83	75	67	60	53	46	39	32	26	20	14	9							
22	92	83	76	68	61	54	47	40	34	28	22	17	11	6						
23	92	84	76	69	62	55	48	42	36	30	24	19	13	8						
24	92	84	77	69	62	56	49	43	37	31	26	20	15	10	5					
25	92	84	77	70	63	57	50	44	39	33	28	22	17	12	8					
26	92	85	78	71	64	58	51	46	40	34	29	24	19	14	10	5				
27	92	85	78	71	65	58	52	47	41	36	31	26	21	16	12	7				
28	93	85	78	72	65	59	53	48	42	37	32	27	22	18	13	9	5			
29	93	86	79	72	66	60	54	49	43	38	33	28	24	19	15	11	7			
30	93	86	79	73	67	61	55	50	44	39	35	30	25	21	17	13	9	5		
31	93	86	80	73	67	61	56	51	45	40	36	31	27	22	18	14	11	7		
32	93	86	80	74	68	62	57	51	46	41	37	32	28	24	20	16	12	9	5	
33	93	87	80	74	68	63	57	52	47	42	38	33	29	25	21	17	14	10	7	
34	93	87	81	75	69	63	58	53	48	43	39	35	30	28	23	19	15	12	8	5
35	94	87	81	75	69	64	59	54	49	44	40	36	32	28	24	20	17	13	10	7

부록 C. 예제 해답

Note: Solutions that involve calculations of measurements are rounded up or down to conform to the rules for significant figures as described in appendix A.

Chapter 1

1.2

$m = 15.0$ g
$V = 4.50$ cm^3
$\rho = ?$

$$\rho = \frac{m}{V} = \frac{15.0\,\text{g}}{4.50\,\text{cm}^3} = \boxed{3.33\,\frac{\text{g}}{\text{cm}^3}}$$

Chapter 2

2.2

$\bar{v} = 8.00$ km/h
$t = 10.0$ s
$d = ?$

The bicycle has a speed of 8.00 km/h, and the time factor is 10.0 s, so km/h must be converted to m/s:

$$\bar{v} = \frac{0.2778\,\frac{\text{m}}{\text{s}}}{\frac{\text{km}}{\text{h}}} \times 8.00\,\frac{\text{km}}{\text{h}} = (0.2778)(8.00)\,\frac{\text{m}}{\text{s}} \times \frac{\text{h}}{\text{km}} \times \frac{\text{km}}{\text{h}} = 2.22\,\frac{\text{m}}{\text{s}}$$

$$\bar{v} = \frac{d}{t}$$

$$\bar{v}t = \frac{dt}{t}$$

$$d = \bar{v}t = \left(2.22\,\frac{\text{m}}{\text{s}}\right)(10.0\,\text{s}) = (2.22)(10.0)\,\frac{\text{m}}{\text{s}} \times \frac{\text{s}}{1} = \boxed{22.2\,\text{m}}$$

2.4

$v_i = 0\,\frac{\text{m}}{\text{s}}$
$v_f = ?$
$a = 5\,\frac{\text{m}}{\text{s}^2}$
$t = 6\,\text{s}$

$$a = \frac{v_f - v_i}{t} \quad \therefore \quad v_f = at + v_i = \left(5\,\frac{\text{m}}{\text{s}^2}\right)(6\,\text{s}) + 0 = (5)(6)\,\frac{\text{m}}{\text{s}^2} \times \frac{\text{s}}{1} = \boxed{30\,\frac{\text{m}}{\text{s}}}$$

2.6

$m = 20$ kg
$F = 40$ N
$a = ?$

$$F = ma \quad \therefore \quad a = \frac{F}{m} = \frac{40\,\frac{\text{kg}\cdot\text{m}}{\text{s}^2}}{20\,\text{kg}} = \frac{40}{20}\,\frac{\text{kg}\cdot\text{m}}{\text{s}^2} \times \frac{1}{\text{kg}} = \boxed{2\,\frac{\text{m}}{\text{s}^2}}$$

2.8

$m = 60.0$ kg
$w = 100.0$ N
$g = ?$

$$w = mg \quad \therefore \quad g = \frac{w}{m} = \frac{100.0\,\frac{\text{kg}\cdot\text{m}}{\text{s}^2}}{60.0\,\text{kg}} = \frac{100.0}{60.0}\,\frac{\text{kg}\cdot\text{m}}{\text{s}^2} \times \frac{1}{\text{kg}} = \boxed{1.67\,\frac{\text{m}}{\text{s}^2}}$$

2.10

$m = 0.25$ kg
$r = 0.25$ m
$v = 2.0$ m/s
$F = ?$

$$F = \frac{mv^2}{r}$$
$$= \frac{(0.25\,\text{kg})\left(2.0\,\frac{\text{m}}{\text{s}}\right)^2}{0.25\,\text{m}}$$
$$= \frac{(0.25\,\text{kg})\left(4.0\,\frac{\text{m}^2}{\text{s}^2}\right)}{0.25\,\text{m}}$$
$$= \frac{(0.25)(4.0)}{0.25}\,\frac{\text{kg}\cdot\text{m}^2}{\text{s}^2} \times \frac{1}{\text{m}}$$
$$= 4.0\,\frac{\text{kg}\cdot\text{m}}{\text{s}^2}$$
$$= \boxed{4.0\,\text{N}}$$

2.12

$G = 6.67 \times 10^{-11}\,\text{N}\cdot\text{m}^2/\text{kg}^2$
$m_e = 6.0 \times 10^{24}$ kg
$d = 12.8 \times 10^6$ m
$g = ?$

$$g = \frac{Gm_e}{d^2}$$
$$= \frac{\left(6.67 \times 10^{-11}\,\frac{\text{N}\cdot\text{m}^2}{\text{kg}^2}\right)(6.0 \times 10^{24}\,\text{kg})}{(12.8 \times 10^6\,\text{m})^2}$$
$$= \frac{\left(6.67 \times 10^{-11}\,\frac{\text{N}\cdot\text{m}^2}{\text{kg}^2}\right)(6.0 \times 10^{24}\,\text{kg})}{1.64 \times 10^{14}\,\text{m}^2}$$
$$= \frac{(6.67 \times 10^{-11})(6.0 \times 10^{24})}{1.64 \times 10^{14}}\,\frac{\text{N}\cdot\text{m}^2}{\text{kg}^2} \times \frac{\text{kg}}{1} \times \frac{1}{\text{m}^2}$$
$$= 2.44\,\frac{\frac{\text{kg}\cdot\text{m}}{\text{s}^2}}{\text{kg}}$$
$$= \boxed{2.44\,\frac{\text{m}}{\text{s}^2}}$$

Chapter 3

3.2

$w = 50$ lb
$d = 2$ ft
$W = ?$

$$W = Fd$$
$$= (50\,\text{lb})\,(2\,\text{ft})$$
$$= (50)\,(2)\quad \text{ft} \times \text{lb}$$
$$= \boxed{100\,\text{ft}\cdot\text{lb}}$$

3.4

$w = 150$ lb
$h = 15$ ft
$t = 10.0$ s
$P = ?$

$$P = \frac{wh}{t}$$
$$= \frac{(150\,\text{lb})(15\,\text{ft})}{10.0\,\text{s}}$$
$$= \frac{(150)(15)}{10.0}\,\frac{\text{ft}\cdot\text{lb}}{\text{s}}$$
$$= 225\,\frac{\text{ft}\cdot\text{lb}}{\text{s}}$$
$$= \frac{225\,\frac{\text{ft}\cdot\text{lb}}{\text{s}}}{550\,\frac{\frac{\text{ft}\cdot\text{lb}}{\text{s}}}{\text{hp}}}$$
$$= 0.41\,\frac{\text{ft}\cdot\text{lb}}{\text{s}} \times \frac{\text{s}}{\text{ft}\cdot\text{lb}} \times \text{hp}$$
$$= \boxed{0.41\,\text{hp}}$$

3.5

$m = 5.00$ kg
$g = 9.8\,\text{m/s}^2$
$h = 5.00$ m
$W = ?$

$$W = Fd$$
$$W = mgh$$
$$= (5.00\,\text{kg})\left(9.8\,\frac{\text{m}}{\text{s}^2}\right)(5.00\,\text{m})$$
$$= (5.00)(9.8)(5.00)\,\frac{\text{kg}\cdot\text{m}}{\text{s}^2} \times \text{m}$$
$$= 245\,\text{N}\cdot\text{m}$$
$$= \boxed{250\,\text{J}}$$

3.8

$m = 100.0$ kg
$v = 6.0$ m/s
$W = ?$

$$W = K.E.$$
$$K.E. = \frac{1}{2}mv^2$$
$$= \frac{1}{2}(100.0\,\text{kg})\left(6.0\,\frac{\text{m}}{\text{s}}\right)^2$$
$$= \frac{1}{2}(100.0\,\text{kg})\left(36\,\frac{\text{m}^2}{\text{s}^2}\right)$$
$$= \frac{1}{2}(100.0)(36)\,\frac{\text{kg}\cdot\text{m}}{\text{s}^2} \times \text{m}$$
$$= 1{,}800\,\text{N}\cdot\text{m}$$
$$= \boxed{1{,}800\,\text{J}}$$

Chapter 4

4.2

$T_C = 20°$
$T_F = ?$

$$T_F = \frac{9}{5}T_C + 32°$$
$$= \frac{9}{5}20° + 32°$$
$$= \frac{180°}{5} + 32°$$
$$= 36° + 32°$$
$$= \boxed{68°}$$

4.6

$m = 2$ kg
$Q = 1.2$ kcal
$\Delta T = 20$ C°
$c = ?$

$$Q = mc\Delta T \quad \therefore \quad c = \frac{Q}{m\Delta T}$$
$$= \frac{1.2\,\text{kcal}}{(2\,\text{kg})(20.0\text{C}°)}$$
$$= \frac{1.2}{(2)(20.0)}\,\frac{\text{kcal}}{\text{kgC}°}$$
$$= \boxed{0.03\,\frac{\text{kcal}}{\text{kgC}°}}$$

Chapter 5

5.3

$f = 2{,}500$ Hz
$v = 330$ m/s
$\lambda = ?$

$$v = \lambda f \quad \therefore \quad \lambda = \frac{v}{f}$$
$$= \frac{330\,\frac{\text{m}}{\text{s}}}{2{,}500\,\frac{1}{\text{s}}}$$
$$= \frac{330}{2{,}500}\,\frac{\text{m}}{\text{s}} \times \frac{\text{s}}{1}$$
$$= 0.13\,\text{m} \text{ or } \boxed{13\,\text{cm}}$$

5.5

$t = 1.00$ s
$v = 1{,}147$ ft/s
$d = ?$

$$v = \frac{d}{t} \quad \therefore \quad d = vt$$
$$= \left(1147\,\frac{\text{ft}}{\text{s}}\right)(1.00\,\text{s})$$
$$= (1147)(1.00)\,\frac{\text{ft}}{\text{s}} \times$$
$$= 1147\,\text{ft}$$

Sound traveled from the source, to a reflecting surface, the back to the source, so the distance is

$$1147\,\text{ft} \times \frac{1}{2} = \boxed{574\,\text{ft}}$$

Chapter 6

6.2

$f = 7.30 \times 10^{14}$ Hz
$h = 6.63 \times 10^{-34}$ J · s
$E = ?$

$$E = hf$$
$$= (6.63 \times 10^{-34}\text{J}\cdot\text{s})\left(7.30 \times 10^{14}\,\frac{1}{\text{s}}\right)$$
$$= (6.63 \times 10^{-34})(7.30 \times 10^{14})\ \text{J}\cdot\text{s} \times \frac{1}{\text{s}}$$
$$= \boxed{4.84 \times 10^{-19}\text{J}}$$

유사연습문제(Review Problems) 해답

Note: Solutions that involve calculations of measurements are rounded up or down to conform to the rules for significant figures described in appendix A.

Chapter 1

1.1 Answers will vary but should have the relationship of 100 cm in 1 m, for example, 178 cm = 1.78 m.

1.2 Since density is given by the relationship $\rho = m/V$, then

$$\rho = \frac{m}{V} = \frac{272\ \text{g}}{20.0\ \text{cm}^3} = \frac{272}{20.0}\ \frac{\text{g}}{\text{cm}^3} = \boxed{13.6\ \frac{\text{g}}{\text{cm}^3}}$$

1.3 The volume of a sample of lead is given and the problem asks for the mass. From the relationship of $\rho = m/V$, solving for the mass (m) tells you that the density (ρ) times the volume (V) equals the mass, or $m = \rho V$. The density of lead, 11.4 g/cm^3, can be obtained from table 1.3, so

$$\rho = \frac{m}{V}$$

$$V\rho = \frac{m\cancel{V}}{\cancel{V}}$$

$$m = \rho V$$

$$m = \left(11.4\ \frac{\text{g}}{\text{cm}^3}\right)(10.0\ \text{cm}^3)$$

$$= 11.4 \times 10.0\ \frac{\text{g}}{\text{cm}^3} \times \text{cm}^3$$

$$= 114\ \frac{\text{g}\cdot\cancel{\text{cm}^3}}{\cancel{\text{cm}^3}}$$

$$= \boxed{114\ \text{g}}$$

1.4 Solving the relationship $\rho = m/V$ for volume gives $V = m/\rho$, and

$$\rho = \frac{m}{V}$$

$$V\rho = \frac{m\cancel{V}}{\cancel{V}}$$

$$\frac{V\cancel{\rho}}{\cancel{\rho}} = \frac{m}{\rho}$$

$$V = \frac{m}{\rho}$$

$$V = \frac{600\ \text{g}}{3.00\ \frac{\text{g}}{\text{cm}^3}}$$

$$= \frac{600}{3.00}\ \frac{\text{g}}{1} \times \frac{\text{cm}^3}{\text{g}}$$

$$= 200\ \frac{\cancel{\text{g}}\cdot\text{cm}^3}{\cancel{\text{g}}}$$

$$= \boxed{200\ \text{cm}^3}$$

1.5 A 50.0 cm^3 sample with a mass of 34.0 grams has a density of

$$\rho = \frac{m}{V} = \frac{34.0\ \text{g}}{50.0\ \text{cm}^3} = \frac{34.0}{50.0}\ \frac{\text{g}}{\text{cm}^3} = \boxed{0.680\ \frac{\text{g}}{\text{cm}^3}}$$

According to table 1.3, 0.680 g/cm^3 is the density of gasoline, so the substance must be gasoline.

1.6 The problem asks for a mass and gives a volume, so you need a relationship between mass and volume. Table 1.3 gives the density of water as 1.00 g/cm^3, which is a density that is easily remembered. The volume is given in liters (L), which should first be converted to cm^3 because this is the unit in which density is expressed. The relationship of $\rho = m/V$ solved for mass is ρV, so the solution is

$$\rho = \frac{m}{V} \therefore m = \rho V$$

$$= \left(1.00 \frac{\text{g}}{\text{cm}^3}\right)(40{,}000\ \text{cm}^3)$$

$$= 1.00 \times 40{,}000\ \frac{\text{g}}{\text{cm}^3} \times \text{cm}^3$$

$$= 40{,}000\ \frac{\text{g}\cdot\cancel{\text{cm}^3}}{\cancel{\text{cm}^3}}$$

$$= 40{,}000\ \text{g}$$

$$= \boxed{40\ \text{kg}}$$

1.7 From table 1.3, the density of aluminum is given as 2.70 g/cm³. Converting 2.1 kg to the same units as the density gives 2,100 g. Solving $\rho = m/V$ for the volume gives

$$V = \frac{m}{\rho} = \frac{2{,}100\ \text{g}}{2.70\ \frac{\text{g}}{\text{cm}^3}}$$

$$= \frac{2{,}100}{2.70}\ \frac{\text{g}}{1} \times \frac{\text{cm}^3}{\text{g}}$$

$$= 777.78\ \frac{\cancel{\text{g}}\cdot\text{cm}^3}{\cancel{\text{g}}}$$

$$= \boxed{780\ \text{cm}^3}$$

1.8 The length of one side of the box is 0.1 m. Reasoning: Since the density of water is 1.00 g/cm³, then the volume of 1,000 g of water is 1,000 cm³. A cubic box with a volume of 1,000 cm³ is 10 cm (since 10 × 10 × 10 = 1,000). Converting 10 cm to m units, the cube is 0.1 m on each edge.

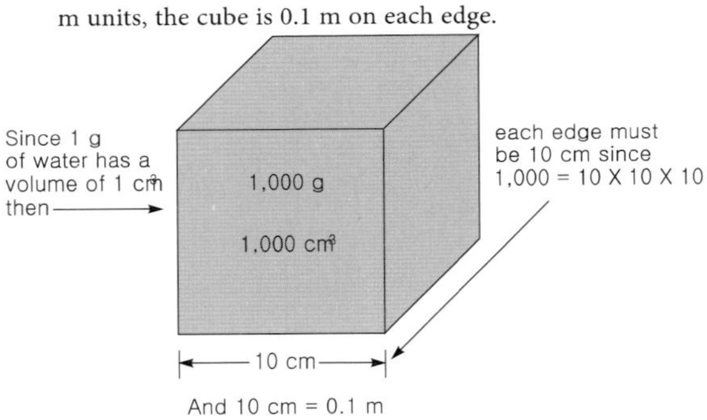

FIGURE A.4

1.9 The relationship between mass, volume, and density is $\rho = m/V$. The problem gives a volume but not a mass. The mass, however, can be assumed to remain constant during the compression of the bread, so the mass can be obtained from the original volume and density, or

$$\rho = \frac{m}{V} \therefore m = \rho V$$

$$= \left(0.2 \frac{\text{g}}{\text{cm}^3}\right)(3{,}000\ \text{cm}^3)$$

$$= 0.2 \times 3{,}000\ \frac{\text{g}}{\text{cm}^3} \times \text{cm}^3$$

$$= 600\ \frac{\text{g}\cdot\cancel{\text{cm}^3}}{\cancel{\text{cm}^3}}$$

$$= 600\ \text{g}$$

A mass of 600 g and the new volume of 1,500 cm³ means that the new density of the crushed bread is

$$\rho = \frac{m}{V}$$

$$= \frac{600\ \text{g}}{1{,}500\ \text{cm}^3}$$

$$= \frac{600}{1{,}500}\ \frac{\text{g}}{\text{cm}^3}$$

$$= \boxed{0.4\ \frac{\text{g}}{\text{cm}^3}}$$

1.10 According to table 1.3, lead has a density of 11.4 g/cm³. Therefore, a 1.00 cm³ sample of lead would have a mass of

$$\rho = \frac{m}{V} \therefore m = \rho V$$

$$= \left(11.4\ \frac{\text{g}}{\text{cm}^3}\right)(1.00\ \text{cm}^3)$$

$$= 11.4 \times 1.00\ \frac{\text{g}}{\text{cm}^3} \times \text{cm}^3$$

$$= 11.4\ \frac{\text{g}\cdot\cancel{\text{cm}^3}}{\cancel{\text{cm}^3}}$$

$$= 11.4\ \text{g}$$

Also according to table 1.3, copper has a density of 8.96 g/cm³. To balance a mass of 11.4 g of lead, a volume of this much copper would be required:

$$\rho = \frac{m}{V} \therefore V = \frac{m}{\rho}$$

$$= \frac{11.4\ \text{g}}{8.96\ \frac{\text{g}}{\text{cm}^3}}$$

$$= \frac{11.4}{8.96}\ \frac{\text{g}}{1} \times \frac{\text{cm}^3}{\text{g}}$$

$$= 1.27232\ \frac{\cancel{\text{g}}\cdot\text{cm}^3}{\cancel{\text{g}}}$$

$$= \boxed{1.27\ \text{cm}^3}$$

Chapter 2

2.1 Listing the quantities with their symbols, we can see the problem involves the quantities found in the definition of average speed:

$$\bar{v} = 350.0\ \text{m/s}$$

$$t = 5.00\ \text{s}$$

$$d = ?$$

$$\bar{v} = \frac{d}{t} \therefore d = \bar{v}t$$

$$= \left(350.0\ \frac{\text{m}}{\text{s}}\right)(5.00\ \text{s})$$

$$= (350.0)(5.00)\ \frac{\text{m}}{\text{s}} \times \text{s}$$

$$= \boxed{1{,}750\ \text{m}}$$

2.2 The initial velocity, final velocity, and time are known and the problem asked for the acceleration. Listing these quantities with their symbols, we have

$$v_i = 0\ \text{m/s}$$
$$v_f = 15.0\ \text{m/s}$$
$$t = 10.0\ \text{s}$$
$$a = ?$$

These are the quantities involved in the acceleration equation, which is already solved for the unknown:

$$a = \frac{v_f - v_i}{t}$$
$$a = \frac{15.0\ \text{m/s} - 0\ \text{m/s}}{10.0\ \text{s}} = \frac{15.0}{10.0}\frac{\text{m}}{\text{s}} \times \frac{1}{\text{s}} = \boxed{1.50\ \frac{\text{m}}{\text{s}^2}}$$

2.3 The distance (d) and the time (t) quantities are given in the problem, and

$$\bar{v} = \frac{d}{t} = \frac{160\ \text{km}}{2.0\ \text{h}} = \frac{160}{2.0}\frac{\text{km}}{\text{h}} = \boxed{80\ \text{km/h}}$$

The units cannot be simplified further. Note two significant figures in the answer, which is the least number of significant figures involved in the division operation.

2.4 Listing the known and unknown quantities:

$$m = 40.0\ \text{kg}$$
$$a = 2.4\ \text{m/s}^2$$
$$F = ?$$

These are the quantities found in Newton's second law of motion, $F = ma$, which is already solved for force (F). Thus,

$$F = (40.0\ \text{kg})\left(2.4\ \frac{\text{m}}{\text{s}^2}\right) = 40.0 \times 2.4\ \frac{\text{kg}\cdot\text{m}}{\text{s}^2} = \boxed{96\ \text{N}}$$

2.5 List the known and unknown quantities for the first situation, using an unbalanced force of 18.0 N to give the object an acceleration of 3 m/s^2:

$$F_1 = 18\ \text{N}$$
$$a_1 = 3\ \text{m/s}^2$$

For the second situation, we are asked to find the force needed for an acceleration of 10 m/s^2:

$$a_2 = 10\ \text{m/s}^2$$
$$F = ?$$

These are the quantities of Newton's second law of motion, $F = ma$, but the mass appears to be missing. The mass can be found from

$$F = ma \therefore m_1 = \frac{F_1}{a_1} = \frac{18\ \frac{\text{kg}\cdot\text{m}}{\text{s}^2}}{3\ \frac{\text{m}}{\text{s}^2}} = \frac{18}{3}\ \frac{\text{kg}\cdot\text{m}}{\text{s}^2} \times \frac{\text{s}^2}{\text{m}} = 6\ \text{kg}$$

Now that we have the mass, we can easily find the force needed for an acceleration of 10 m/s^2:

$$F_2 = m_2 a_2 = (6\ \text{kg})\left(10\ \frac{\text{m}}{\text{s}^2}\right) = 6 \times 10\ \frac{\text{kg}\cdot\text{m}}{\text{s}^2} = \boxed{60\ \text{N}}$$

2.6 Listing the known and unknown quantities:

$$m = 70.0\ \text{kg}$$
$$g = 9.8\ \text{m/s}^2$$
$$w = ?$$

$$w = mg = (70.0\ \text{kg})\left(9.8\ \frac{\text{m}}{\text{s}^2}\right) = 70.0 \times 9.8\ \text{kg} \times \frac{\text{m}}{\text{s}^2} = 686\ \frac{\text{kg}\cdot\text{m}}{\text{s}^2} = \boxed{690\ \text{N}}$$

2.7 Listing the known and unknown quantities:

$$m = 100\ \text{kg}$$
$$v = 6\ \text{m/s}$$
$$p = ?$$

These are the quantities found in the equation for momentum, $p = mv$, which is already solved for momentum (p). Thus,

$$p = mv = (100\ \text{kg})\left(6\ \frac{\text{m}}{\text{s}}\right) = \boxed{600\ \frac{\text{kg}\cdot\text{m}}{\text{s}}}$$

(Note the lowercase p is the symbol used for momentum. This is one of the few cases where the English letter does not provide a clue about what it stands for. The units for momentum are also somewhat unusual for metric units since they do not have a name or single symbol to represent them.)

2.8 Listing the known and unknown quantities:

$$w = 13{,}720\ \text{N}$$
$$v = 91\ \text{km/h}$$
$$p = ?$$

The equation for momentum is $p = mv$, which is already solved for momentum (p). The weight unit must be first converted to a mass unit:

$$w = mg \therefore m = \frac{w}{g}$$
$$= \frac{13{,}720\ \frac{\text{kg}\cdot\text{m}}{\text{s}^2}}{9.8\ \frac{\text{m}}{\text{s}^2}}$$
$$= \frac{13{,}720}{9.8}\ \frac{\text{kg}\cdot\text{m}}{\text{s}^2} \times \frac{\text{s}^2}{\text{m}}$$
$$= 1{,}400\ \text{kg}$$

The km/h unit should next be converted to m/s. Using the conversion factor from inside the front cover:

$$\frac{0.2778\frac{\text{m}}{\text{s}}}{1\frac{\text{km}}{\text{h}}} \times 91\frac{\text{km}}{\text{h}}$$
$$0.2778 \times 91\ \frac{\text{m}}{\text{s}} \times \frac{\text{h}}{\text{km}} \times \frac{\text{km}}{\text{h}}$$
$$25.2798\ \frac{\text{m}}{\text{s}}$$
$$25\ \frac{\text{m}}{\text{s}}$$

Now, listing the converted known and unknown quantities:

$$m = 1{,}400\ \text{kg}$$
$$v = 25\ \text{m/s}$$
$$p = ?$$

and solving for momentum (p),

$$p = mv$$
$$= (1{,}400\ \text{kg})\left(25\ \frac{\text{m}}{\text{s}}\right)$$
$$= \boxed{35{,}000\ \frac{\text{kg}\cdot\text{m}}{\text{s}}}$$

2.9 Listing the known and unknown quantities:

Bullet $\rightarrow m = 0.015\ \text{kg}$ Rifle $\rightarrow m = 6\ \text{kg}$

Bullet $\rightarrow v = 200\ \text{m/s}$ Rifle $\rightarrow v = ?\ \text{m/s}$

Note the mass of the bullet was converted to kilograms. This is a conservation of momentum question, where the bullet and rifle can be considered as a system of interacting objects:

$$\text{Bullet momentum} = -\text{rifle momentum}$$
$$(mv)_b = -(mv)_r$$
$$(mv)_b - (mv)_r = 0$$
$$(0.015\ \text{kg})\left(200\ \frac{\text{m}}{\text{s}}\right) - (6\ \text{kg})v_r = 0$$
$$\left(3\ \text{kg}\cdot\frac{\text{m}}{\text{s}}\right) - (6\ \text{kg}\cdot v_r) = 0$$
$$\left(3\ \text{kg}\cdot\frac{\text{m}}{\text{s}}\right) = (6\ \text{kg}\cdot v_r)$$
$$v_r = \frac{3\ \text{kg}\cdot\frac{\text{m}}{\text{s}}}{6\ \text{kg}}$$
$$= \frac{3}{6}\ \frac{\text{kg}}{1} \times \frac{1}{\text{kg}} \times \frac{\text{m}}{\text{s}}$$
$$= \boxed{0.5\ \frac{\text{m}}{\text{s}}}$$

The rifle recoils with a velocity of 0.5 m/s.

2.10 A unit conversion is needed:

$$\left(90.0\frac{\text{km}}{\text{h}}\right)\left(0.2778\ \frac{\frac{\text{m}}{\text{s}}}{\frac{\text{km}}{\text{h}}}\right) = 25.0\ \text{m/s}$$

a. $F = ma \therefore m = \dfrac{F}{a}$ and $a = \dfrac{v_f - v_i}{t}$, so

$$m = \frac{F}{\frac{v_f - v_i}{t}} = \frac{5{,}000.0\ \frac{\text{kg}\cdot\text{m}}{\text{s}^2}}{\frac{25.0\ \text{m/s} - 0}{5.0\ \text{s}}}$$
$$= \frac{5{,}000.0\ \frac{\text{kg}\cdot\text{m}}{\text{s}^2}}{5.0\frac{\text{m}}{\text{s}^2}}$$
$$= \frac{5{,}000.0}{5.0}\ \frac{\text{kg}\cdot\text{m}}{\text{s}^2} \times \frac{\text{s}^2}{\text{m}}$$
$$= 1{,}000\ \frac{\text{kg}\cdot\cancel{\text{m}}\cdot\cancel{\text{s}^2}}{\cancel{\text{m}}\cdot\cancel{\text{s}^2}}$$
$$= \boxed{1.0 \times 10^3\ \text{kg}}$$

b.

$$w = mg$$
$$= (1.0 \times 10^3\ \text{kg})\left(9.8\frac{\text{m}}{\text{s}^2}\right)$$
$$= (1.0 \times 10^3)(9.8)\ \text{kg} \times \frac{\text{m}}{\text{s}^2}$$
$$= 9.8 \times 10^3\ \frac{\text{kg}\cdot\text{m}}{\text{s}^2}$$
$$= \boxed{9.8 \times 10^3\ \text{N}}$$

2.11
$$F = \frac{mv^2}{r}$$
$$= \frac{(0.20\ \text{kg})\left(3.0\dfrac{\text{m}}{\text{s}}\right)^2}{1.5\ \text{m}}$$
$$= \frac{(0.20\ \text{kg})\left(9.0\dfrac{\text{m}^2}{\text{s}^2}\right)}{1.5\ \text{m}}$$
$$= \frac{0.20 \times 9.0}{1.5}\ \frac{\text{kg}\cdot\text{m}^2}{\text{s}^2} \times \frac{1}{\text{m}}$$
$$= 1.2\frac{\text{kg}\cdot\text{m}\cdot\cancel{\text{m}}}{\text{s}^2\cdot\cancel{\text{m}}}$$
$$= \boxed{1.2\ \text{N}}$$

2.12 Newton's laws of motion consider the resistance to a change of motion, or mass, and not weight. The astronaut's mass is

$$w = mg\ \therefore\ m = \frac{w}{g}$$
$$= \frac{1{,}960.0\dfrac{\text{kg}\cdot\text{m}}{\text{s}^2}}{9.8\dfrac{\text{m}}{\text{s}^2}}$$
$$= \frac{1{,}960.0}{9.8}\ \frac{\text{kg}\cdot\text{m}}{\text{s}^2} \times \frac{\text{s}^2}{\text{m}}$$
$$= 200\ \text{kg}$$

a. From Newton's second law of motion, you can see that the 100 N rocket gives the 200 kg astronaut an acceleration of:

$$F = ma\ \therefore\ a = \frac{F}{m}$$
$$= \frac{100\dfrac{\text{kg}\cdot\text{m}}{\text{s}^2}}{200\ \text{kg}}$$
$$= \frac{100\ \text{kg}\cdot\text{m}}{200\ \text{s}^2} \times \frac{1}{\text{kg}}$$
$$= 0.5\ \text{m/s}^2$$

b. An acceleration of $0.5\ \text{m/s}^2$ for 2.0 s will result in a final velocity of

$$a = \frac{v_f - v_i}{t}\ \therefore\ v_f = at + v_i$$
$$= (0.5\ \text{m/s}^2)(2.0\ \text{s}) + 0\ \text{m/s}$$
$$= \boxed{1\ \text{m/s}}$$

Chapter 3

3.1 Listing the known and unknown quantities:

$$F = 200\ \text{N}$$
$$d = 3\ \text{m}$$
$$W = ?$$

These are the quantities found in the equation for work, $W = Fd$, which is already solved for work (W). Thus,

$$W = Fd$$
$$= \left(200\frac{\text{kg}\cdot\text{m}}{\text{s}^2}\right)(3\ \text{m})$$
$$= (200)(3)\ \text{N}\cdot\text{m}$$
$$= \boxed{600\ \text{J}}$$

3.2 Listing the known and unknown quantities:

$$F = 440\ \text{N}$$
$$d = 5.0\ \text{m}$$
$$w = 880\ \text{N}$$
$$W = ?$$

These are the quantities found in the equation for work, $W = Fd$, which is already solved for work (W). As you can see in the equation, the force exerted and the distance the box was moved are the quantities used in determining the work accomplished. The weight of the box is a different variable and one that is not used in this equation. Thus,

$$W = Fd$$
$$= \left(440\frac{\text{kg}\cdot\text{m}}{\text{s}^2}\right)(5.0\ \text{m})$$
$$= 2{,}200\ \text{N}\cdot\text{m}$$
$$= \boxed{2{,}200\ \text{J}}$$

3.3 Note that 10.0 kg is a mass quantity and not a weight quantity. Weight is found from $w = mg$, a form of Newton's second law of motion. Thus, the force that must be exerted to lift the backpack is its weight, or $(10.0\ \text{kg}) \times (9.8\ \text{m/s}^2)$, which is 98 N. Therefore, a force of 98 N was exerted on the backpack through a distance of 1.5 m, and

$$W = Fd$$
$$= \left(98\frac{\text{kg}\cdot\text{m}}{\text{s}^2}\right)(1.5\ \text{m})$$
$$= 147\ \text{N}\cdot\text{m}$$
$$= \boxed{150\ \text{J}}$$

3.4 Weight is defined as the force of gravity acting on an object, and the greater the force of gravity, the harder it is to lift the object. The force is proportional to the mass of the object, as the equation $w = mg$ tells you. Thus, the force you exert when lifting is $F = w = mg$, so the work you do on an object you lift must be $W = mgh$.

You know the mass of the box and you know the work accomplished. You also know the value of the acceleration due to gravity, g, so the list of known and unknown quantities is:

$$m = 102\ \text{kg}$$
$$g = 9.8\ \text{m/s}^2$$
$$W = 5{,}000\ \text{J}$$
$$h = ?$$

The equation $W = mgh$ is solved for work, so the first thing to do is to solve it for h, the unknown height in this problem (note that height is also a distance):

$$W = mgh \therefore h = \frac{W}{mg}$$

$$= \frac{5{,}000 \frac{\text{kg}\cdot\text{m}}{\text{s}^2} \times \text{m}}{(102\ \text{kg})\left(9.8 \frac{\text{m}}{\text{s}^2}\right)}$$

$$= \frac{5{,}000.0}{102 \times 9.8} \frac{\text{kg}\cdot\text{m}}{\text{s}^2} \times \frac{\text{m}}{1} \times \frac{1}{\text{kg}} \times \frac{\text{s}^2}{\text{m}}$$

$$= \frac{5{,}000}{999.6}\ \text{m}$$

$$= \boxed{5\ \text{m}}$$

3.5 A student running up the stairs has to lift herself, so her weight is the required force needed. Thus, the force exerted is $F = w = mg$, and the work done is $W = mgh$. You know the mass of the student, the height, and the time. You also know the value of the acceleration due to gravity, g, so the list of known and unknown quantities is:

$$m = 60.0\ \text{kg}$$
$$g = 9.8\ \text{m/s}^2$$
$$h = 5.00\ \text{m}$$
$$t = 3.92\ \text{s}$$
$$P = ?$$

The equation $P = \dfrac{mgh}{t}$ is already solved for power, so:

a.

$$P = \frac{mgh}{t}$$

$$= \frac{(60.0\ \text{kg})\left(9.8 \frac{\text{m}}{\text{s}^2}\right)(5.00\ \text{m})}{3.92\ \text{s}}$$

$$= \frac{(60.0)(9.8)(5.00)}{(3.92)} \frac{\left(\frac{\text{kg}\cdot\text{m}}{\text{s}^2}\right) \times \text{m}}{\text{s}}$$

$$= \frac{2940}{3.92} \frac{\text{N}\cdot\text{m}}{\text{s}}$$

$$= 750\ \frac{\text{J}}{\text{s}}$$

$$= \boxed{750\ \text{W}}$$

b. A power of 750 watts is almost one horsepower.

3.6 Listing the known and unknown quantities:

$$m = 2{,}000\ \text{kg}$$
$$v = 72\ \text{km/h}$$
$$KE = ?$$

These are the quantities found in the equation for kinetic energy, $KE = 1/2mv^2$, which is already solved. However, note that the velocity is in units of km/h, which must be changed to m/s before doing anything else (it must be m/s because all energy and work units are in units of the joule [J]. A joule is a newton-meter, and a newton is a kg·m/s^2). Using the conversion factor from inside the front cover of your text,

$$\frac{0.2778 \frac{\text{m}}{\text{s}}}{1.0 \frac{\text{km}}{\text{h}}} \times 72 \frac{\text{km}}{\text{h}}$$

$$(0.2778)(72) \frac{\text{m}}{\text{s}} \times \frac{\text{h}}{\text{km}} \times \frac{\text{km}}{\text{h}}$$

$$20 \frac{\text{m}}{\text{s}}$$

and

$$KE = \frac{1}{2}mv^2$$

$$= \frac{1}{2}(2{,}000\ \text{kg})\left(20 \frac{\text{m}}{\text{s}}\right)^2$$

$$= \frac{1}{2}(2{,}000\ \text{kg})\left(400 \frac{\text{m}^2}{\text{s}^2}\right)$$

$$= \frac{1}{2} \times 2{,}000 \times 400 \frac{\text{kg}\cdot\text{m}^2}{\text{s}^2}$$

$$= 400{,}000 \frac{\text{kg}\cdot\text{m}}{\text{s}^2} \times \text{m}$$

$$= 400{,}000\ \text{N}\cdot\text{m}$$

$$= \boxed{4 \times 10^5\ \text{J}}$$

Scientific notation is used here to simplify a large number and to show one significant figure.

3.7 Recall the relationship between work and energy—that you do work on an object when you throw it, giving it kinetic energy, and the kinetic energy it has will do work on something else when stopping. Because of the relationship between work and energy, you can calculate (1) the work you do, (2) the kinetic energy a moving object has as a result of your work, and (3) the work it will do when coming to a stop, and all three answers should be the same. Thus, you do not have a force or a distance to calculate the work needed to stop a moving car, but you can simply calculate the kinetic energy of the car. Both answers should be the same.

Before you start, note that the velocity is in units of km/h, which must be changed to m/s before doing anything else (it must be m/s because all energy and work units are in units of the joule [J]. A joule is a newton-meter, and a newton is a kg·m/s^2). Using the conversion factor from inside the front cover,

$$\frac{0.2778 \frac{\text{m}}{\text{s}}}{1.0 \frac{\text{km}}{\text{h}}} \times 54.0 \frac{\text{km}}{\text{h}}$$

$$0.2778 \times 54.0 \frac{\text{m}}{\text{s}} \times \frac{\text{h}}{\text{km}} \times \frac{\text{km}}{\text{h}}$$

$$15.0 \frac{\text{m}}{\text{s}}$$

and

$$KE = \frac{1}{2}mv^2$$
$$= \frac{1}{2}(1{,}000.0\ \text{kg})\left(15.0\frac{\text{m}}{\text{s}}\right)^2$$
$$= \frac{1}{2}(1{,}000.0\ \text{kg})\left(225\frac{\text{m}^2}{\text{s}^2}\right)$$
$$= \frac{1}{2} \times 1{,}000.0 \times 225\ \frac{\text{kg}\cdot\text{m}^2}{\text{s}^2}$$
$$= 112{,}500\ \frac{\text{kg}\cdot\text{m}}{\text{s}^2} \times \text{m}$$
$$= 112{,}500\ \text{N}\cdot\text{m}$$
$$= \boxed{1.13 \times 10^5\ \text{J}}$$

Scientific notation is used here to simplify a large number and to easily show three significant figures. The answer could likewise be expressed as 113 kJ.

3.8 a. How much energy was used by a 1,000 kg car climbing a hill 51.02 m high is answered by how much work the car did. In this case, $W = Fd$ and the force exerted is the weight of the car, $w = mgh$. Thus,

$$w = mgh$$
$$= (1{,}000\ \text{kg})\left(9.8\frac{\text{m}}{\text{s}^2}\right)(51.02\ \text{m})$$
$$= 1{,}000 \times 9.8 \times 51.02\ \text{kg} \times \frac{\text{m}}{\text{s}^2} \times \text{m}$$
$$= 499{,}996\ \frac{\text{kg}\cdot\text{m}}{\text{s}^2} \times \text{m}$$
$$= 500{,}000\ \text{N}\cdot\text{m}$$
$$= 5 \times 10^5\ \text{J (or 500 kJ)}$$

b. How much potential energy the car has is found in the potential energy equation, $PE = mgh$. Note the potential energy is path independent, that is, depends only on the vertical height of the hill. Thus,

$$PE = mgh$$
$$= (1{,}000\ \text{kg})\left(9.8\frac{\text{m}}{\text{s}^2}\right)(51.02\ \text{m})$$
$$= 1{,}000 \times 9.8 \times 51.02\ \text{kg} \times \frac{\text{m}}{\text{s}^2} \times \text{m}$$
$$= 499{,}996\ \frac{\text{kg}\cdot\text{m}}{\text{s}^2} \times \text{m}$$
$$= 500{,}000\ \text{N}\cdot\text{m}$$
$$= \boxed{5 \times 10^5\ \text{J (or 500 kJ)}}$$

As you can see, the potential energy of the car is exactly the same as the amount of energy used to climb the hill.

3.9 a.

$$W = Fd$$
$$= (10\ \text{lb})(5\ \text{ft})$$
$$= (10)(5)\ \text{ft} \times \text{lb}$$
$$= 50\ \text{ft}\cdot\text{lb}$$

b. The distance of the bookcase from some horizontal reference level did not change, so the gravitational potential energy does not change.

3.10 The force (F) needed to lift the book is equal to the weight (w) of the book, or $F = w$. Since $w = mg$, then $F = mg$. Work is defined as the product of a force moved through a distance, or $W = Fd$. The work done in lifting the book is therefore $W = mgh$, and:

a.

$$W = mgh$$
$$= (2.0\ \text{kg})(9.8\ \text{m/s}^2)(2.00\ \text{m})$$
$$= (2.0)(9.8)(2.00)\ \frac{\text{kg}\cdot\text{m}}{\text{s}^2} \times \text{m}$$
$$= 39.2\ \frac{\text{kg}\cdot\text{m}^2}{\text{s}^2}$$
$$= 39.2\ \text{J} = \boxed{39\ \text{J}}$$

b.

$$PE = mgh = \boxed{39\ \text{J}}$$

c.

$$PE_{\text{lost}} = KE_{\text{gained}} = mgh = \boxed{39\ \text{J}}$$

(or)

$$v = \sqrt{2gh} = \sqrt{(2)(9.8\ \text{m/s}^2)(2.00\ \text{m})}$$
$$= \sqrt{39.2\ \text{m}^2/\text{s}^2}$$
$$= 6.26\ \text{m/s}$$
$$KE = \frac{1}{2}mv^2 = \left(\frac{1}{2}\right)(2.0\ \text{kg})(6.26\ \text{m/s})^2$$
$$= \left(\frac{1}{2}\right)(2.0\ \text{kg})(39.2\ \text{m}^2/\text{s}^2)$$
$$= (1.0)(39.2)\ \frac{\text{kg}\cdot\text{m}^2}{\text{s}^2}$$
$$= \boxed{39\ \text{J}}$$

3.11

$$KE = \frac{1}{2}mv^2$$
$$= \frac{1}{2}(60.0\ \text{kg})\left(2.0\frac{\text{m}}{\text{s}}\right)^2$$
$$= \frac{1}{2}(60.0\ \text{kg})\left(4.0\frac{\text{m}^2}{\text{s}^2}\right)$$
$$= 30.0 \times 4.0\ \text{kg} \times \left(\frac{\text{m}^2}{\text{s}^2}\right)$$
$$= \boxed{120\ \text{J}}$$

$$KE = \frac{1}{2}mv^2$$
$$= \frac{1}{2}(60.0\ \text{kg})\left(4.0\frac{\text{m}}{\text{s}}\right)^2$$
$$= \frac{1}{2}(60.0\ \text{kg})\left(16\frac{\text{m}^2}{\text{s}^2}\right)$$
$$= 30.0 \times 16\ \text{kg} \times \left(\frac{\text{m}^2}{\text{s}^2}\right)$$
$$= \boxed{480\ \text{J}}$$

Thus, doubling the speed results in a four-fold increase in kinetic energy.

3.12 **a.** The force needed is equal to the weight of the student. The English unit of a pound is a force unit, so

$$\begin{aligned} W &= Fd \\ &= (170.0\ \text{lb})(25.0\ \text{ft}) \\ &= \boxed{4{,}250\ \text{ft}\cdot\text{lb}} \end{aligned}$$

b. Work (W) is defined as a force (F) moved through a distance (d), or $W = Fd$. Power (P) is defined as work (W) per unit of time (t), or $P = W/t$. Therefore,

$$\begin{aligned} P &= \frac{Fd}{t} \\ &= \frac{(170.0\ \text{lb})(25.0\ \text{ft})}{10.0\ \text{s}} \\ &= \frac{(170.0)(25.0)}{10.0}\ \frac{\text{ft}\cdot\text{lb}}{\text{s}} \\ &= 425\ \frac{\text{ft}\cdot\text{lb}}{\text{s}} \end{aligned}$$

One hp is defined as $550\ \dfrac{\text{ft}\cdot\text{lb}}{\text{s}}$ and

$$\frac{425\ \text{ft}\cdot\text{lb/s}}{550\ \dfrac{\text{ft}\cdot\text{lb/s}}{\text{hp}}} = \boxed{0.77\ \text{hp}}$$

(Note that the student's power rating [425 ft·lb/s] is less than the power rating defined as 1 horsepower [550 ft·lb/s]. Thus, the student's horsepower must be *less* than 1 horsepower. A simple analysis such as this will let you know if you inverted the ratio or not.)

Chapter 4

4.1 Listing the known and unknown quantities:

body temperature $T_F = 98.6°$

$T_C = ?$

These are the quantities found in the equation for conversion of Fahrenheit to Celsius, $T_C = \frac{5}{9}(T_F - 32°)$, where T_F is the temperature in Fahrenheit and T_C is the temperature in Celsius. This equation describes a relationship between the two temperature scales and is used to convert a Fahrenheit temperature to Celsius. The equation is already solved for the Celsius temperature, T_C. Thus,

$$\begin{aligned} T_C &= \frac{5}{9}(T_F - 32°) \\ &= \frac{5}{9}(98.6° - 32°) \\ &= \frac{333°}{9} \\ &= \boxed{37°\text{C}} \end{aligned}$$

4.2

$$\begin{aligned} Q &= mc\Delta T \\ &= (221\ \text{g})\left(0.093\ \frac{\text{cal}}{\text{gC°}}\right)(38.0°\text{C} - 20.0°\text{C}) \\ &= (221)(0.093)(18.0)\ \text{g} \times \frac{\text{cal}}{\text{gC°}} \times \text{C°} \\ &= 370\ \frac{\cancel{\text{g}}\cdot\text{cal}\cdot\cancel{\text{C°}}}{\cancel{\text{g}}\cancel{\text{C°}}} \\ &= \boxed{370\ \text{cal}} \end{aligned}$$

4.3 First, you need to know the energy of the moving bike and rider. Since the speed is given as 36.0 km/h, convert to m/s by multiplying times 0.2778 m/s per km/h:

$$\begin{aligned} &\left(36.0\ \frac{\text{km}}{\text{h}}\right)\left(0.2778\ \frac{\text{m/s}}{\text{km/h}}\right) \\ &= (36.0)(0.2778)\ \frac{\text{km}}{\text{h}} \times \frac{\text{h}}{\text{km}} \times \frac{\text{m}}{\text{s}} \\ &= 10.0\ \text{m/s} \end{aligned}$$

Then,

$$\begin{aligned} KE &= \frac{1}{2}mv^2 \\ &= \frac{1}{2}(100.0\ \text{kg})(10.0\ \text{m/s})^2 \\ &= \frac{1}{2}(100.0\ \text{kg})(100\ \text{m}^2/\text{s}^2) \\ &= \frac{1}{2}(100.0)(100)\ \frac{\text{kg}\cdot\text{m}^2}{\text{s}^2} \\ &= 5{,}000\ \text{J} \end{aligned}$$

Second, this energy is converted to the calorie heat unit through the mechanical equivalent of heat relationship, that 1.0 kcal = 4,184 J, or that 1.0 cal = 4.184 J. Thus,

$$\frac{5{,}000\ \text{J}}{4{,}184\ \dfrac{\text{J}}{\text{kcal}}}$$

$$1.195\ \frac{\text{J}}{1} \times \frac{\text{kcal}}{\text{J}}$$

$$\boxed{1.20\ \text{kcal}}$$

4.4 First, you need to find the energy of the falling bag. Since the potential energy lost equals the kinetic energy gained, the energy of the bag just as it hits the ground can be found from

$$\begin{aligned} PE &= mgh \\ &= (15.53\ \text{kg})(9.8\ \text{m/s}^2)(5.50\ \text{m}) \\ &= (15.53)(9.8)(5.50)\ \frac{\text{kg}\cdot\text{m}}{\text{s}^2} \times \text{m} \\ &= 837\ \text{J} \end{aligned}$$

In calories, this energy is equivalent to

$$\frac{837\ \text{J}}{4{,}184\ \dfrac{\text{J}}{\text{kcal}}} = 0.200\ \text{kcal}$$

Second, the temperature change can be calculated from the equation giving the relationship between a quantity of heat (Q), mass (m), specific heat of the substance (c), and the change of temperature:

$$\begin{aligned} Q = mc\Delta T \ \therefore\ \Delta T &= \frac{Q}{mc} \\ &= \frac{0.200\ \text{kcal}}{(15.53\ \text{kg})\left(0.200\ \dfrac{\text{kcal}}{\text{kgC°}}\right)} \\ &= \frac{0.200}{(15.53)(0.200)}\ \frac{\text{kcal}}{1} \times \frac{1}{\text{kg}} \times \frac{\text{kgC°}}{\text{kcal}} \\ &= 0.064\ \frac{\cancel{\text{kcal}}\cdot\cancel{\text{kg}}\text{C°}}{\cancel{\text{kcal}}\cdot\cancel{\text{kg}}} \\ &= \boxed{6.4 \times 10^{-2}\text{C°}} \end{aligned}$$

4.5 The Calorie used by dietitians is a kilocalorie; thus, 250.0 Cal is 250.0 kcal. The mechanical energy equivalent is 1 kcal = 4,184 J, so (250.0 kcal)(4,184 J/kcal) = 1,046,250 J.
Since $W = Fd$ and the force needed is equal to the weight (mg) of the person, $W = mgh = (75.0\text{ kg})(9.8\text{ m/s}^2)(10.0\text{ m}) = 7{,}350\text{ J}$ for each stairway climbed.
A total of 1,046,250 J of energy from the french fries would require 1,046,250 J/7,350 J per climb, or 142.3 trips up the stairs.

4.6 For unit consistency,

$$T_C = \frac{5}{9}(T_F - 32°) = \frac{5}{9}(68° - 32°) = \frac{5}{9}(36°) = 20°\text{C}$$
$$= \frac{5}{9}(32° - 32°) = \frac{5}{9}(0°) = 0°\text{C}$$

Glass bowl:

$$\begin{aligned} Q &= mc\Delta T \\ &= (0.5\text{ kg})\left(0.2\frac{\text{kcal}}{\text{kg°C}}\right)(20\text{C°}) \\ &= (0.5)(0.2)(20)\ \frac{\text{kg}}{1} \times \frac{\text{kcal}}{\text{kgC°}} \times \frac{\text{C°}}{1} \\ &= \boxed{2\text{ kcal}} \end{aligned}$$

Iron pan:

$$\begin{aligned} Q &= mc\Delta T \\ &= (0.5\text{ kg})\left(0.11\ \frac{\text{kcal}}{\text{kgC°}}\right)(20\text{C°}) \\ &= (0.5)(0.11)(20)\text{ kg} \times \frac{\text{kcal}}{\text{kgC°}} \times \text{C°} \\ &= \boxed{1\text{ kcal}} \end{aligned}$$

4.7 Note that a specific heat expressed in cal/gC° has the same numerical value as a specific heat expressed in kcal/kgC° because you can cancel the k units. You could convert 896 cal to 0.896 kcal, but one of the two conversion methods is needed for consistency with other units in the problem.

$$\begin{aligned} Q &= mc\Delta T \ \therefore\ m = \frac{Q}{c\Delta T} \\ &= \frac{896\text{ cal}}{\left(0.056\frac{\text{cal}}{\text{gC°}}\right)(80.0\text{C°})} \\ &= \frac{896}{(0.056)(80.0)}\ \frac{\text{cal}}{1} \times \frac{\text{gC°}}{\text{cal}} \times \frac{1}{\text{C°}} \\ &= 200\text{ g} \\ &= \boxed{0.20\text{ kg}} \end{aligned}$$

4.8 Since a watt is defined as a joule/s, finding the total energy in joules will tell the time:

$$\begin{aligned} Q &= mc\Delta T \\ &= (250.0\text{ g})\left(1.00\frac{\text{cal}}{\text{gC°}}\right)(60.0\text{ C°}) \\ &= (250.0)(1.00)(60.0)\text{ g} \times \frac{\text{cal}}{\text{gC°}} \times \text{C°} \\ &= 1.50 \times 10^4\text{ cal} \end{aligned}$$

This energy in joules is $(1.50 \times 10^4\text{ cal})\left(4.184\frac{\text{J}}{\text{cal}}\right) = 62{,}800\text{ J}$

A 300 watt heater uses energy at a rate of $300\frac{\text{J}}{\text{s}}$, so

$\frac{62{,}800\text{ J}}{300\text{ J/s}} = 209\text{ s}$ is required, which is $\frac{209\text{ s}}{60\frac{\text{s}}{\text{min}}} = 3.48\text{ min}$,

or

$\boxed{\text{about } 3\frac{1}{2}\text{ min}}$

4.9

$$\begin{aligned} Q &= mc\Delta \ \therefore\ c = \frac{Q}{m\Delta T} \\ &= \frac{60.0\text{ cal}}{(100.0\text{ g})(20.0\text{℃})} \\ &= \frac{60.0}{(100.0)(20.0)}\ \frac{\text{cal}}{\text{gC°}} \\ &= \boxed{0.0300\ \frac{\text{cal}}{\text{gC°}}} \end{aligned}$$

4.10 To change water at 80.0°C to steam at 100.0°C requires two separate quantities of heat that can be called Q_1 and Q_2. The quantity Q_1 is the amount of heat needed to warm the water from 80.0°C to the boiling point, which is 100.0°C at sea level pressure (ΔT = 20.0 C°). The relationship between the variables involved is $Q = mc\Delta T$. The quantity Q_2 is the amount of heat needed to take 100.0°C water through the phase change to steam (water vapor) at 100.0°C. The phase change from a liquid to a gas (or gas to liquid) is concerned with the latent heat of vaporization. For water, the latent heat of vaporization is given as 540.0 cal/g.

$m = 250.0\text{ g}$

$L_{v(\text{water})} = 540.0\text{ cal/g}$

$Q = ?$

$$\begin{aligned} Q_1 &= mc\Delta T \\ &= (250.0\text{ g})\left(1.00\frac{\text{cal}}{\text{gC°}}\right)(20.0\text{ C°}) \\ &= (250.0)(1.00)(20.0)\text{ g} \times \frac{\text{cal}}{\text{gC°}} \times \text{C°} \\ &= 5{,}000\frac{\cancel{\text{g}}\cdot\text{cal}\cdot\cancel{\text{C}}}{\cancel{\text{g}}\,\cancel{\text{C°}}} \\ &= 5{,}000\text{ cal} \\ &= 5.00\text{ kcal} \end{aligned}$$

$$\begin{aligned} Q_2 &= mL_v \\ &= (250.0\text{ g})\left(540.0\ \frac{\text{cal}}{\text{g}}\right) \\ &= 250.0 \times 540.0\frac{\cancel{\text{g}}\cdot\text{cal}}{\cancel{\text{g}}} \\ &= 135{,}000\text{ cal} \\ &= 135.0\text{ kcal} \end{aligned}$$

$$\begin{aligned} Q_{\text{Total}} &= Q_1 + Q_2 \\ &= 5.00\text{ kcal} + 135.0\text{ kcal} \\ &= \boxed{140.0\text{ kcal}} \end{aligned}$$

4.11 To change 20.0°C water to steam at 125.0°C requires three separate quantities of heat. First, the quantity Q_1 is the amount of heat needed to warm the water from 20.0°C to 100.0°C ($\Delta T = 80.0$ C°). The quantity Q_2 is the amount of heat needed to take 100.0°C water to steam at 100.0°C. Finally, the quantity Q_3 is the amount of heat needed to warm the steam from 100.0° to 125.0°C. According to table 4.3, the c for steam is 0.480 cal/g°C.

$$m = 100.0\text{ g}$$
$$\Delta T_{\text{water}} = 80.0\text{ C°}$$
$$\Delta T_{\text{steam}} = 25.0\text{ C°}$$
$$L_{\text{v(water)}} = 540.0\text{ cal/g}$$
$$c_{\text{steam}} = 0.480\text{ cal/gC°}$$

$$\begin{aligned}
Q_1 &= mc\Delta T \\
&= (100.0\text{ g})\left(1.00\frac{\text{cal}}{\text{gC°}}\right)(80.0\text{ C°}) \\
&= (100.0)(1.00)(80.0)\text{ g} \times \frac{\text{cal}}{\text{gC°}} \times \text{C°} \\
&= 8{,}000\frac{\cancel{\text{g}}\cdot\text{cal}\cdot\cancel{\text{C°}}}{\cancel{\text{g}}\,\cancel{\text{C°}}} \\
&= 8{,}000\text{ cal} \\
&= 8.00\text{ kcal}
\end{aligned}$$

$$\begin{aligned}
Q_2 &= mL_{\text{v}} \\
&= (100.0\text{ g})\left(540.0\frac{\text{cal}}{\text{g}}\right) \\
&= 100.0 \times 540.0\frac{\cancel{\text{g}}\cdot\text{cal}}{\cancel{\text{g}}} \\
&= 54{,}000\text{ cal} \\
&= 54.00\text{ kcal}
\end{aligned}$$

$$\begin{aligned}
Q_3 &= mc\Delta T \\
&= (100.0\text{ g})\left(0.480\frac{\text{cal}}{\text{gC°}}\right)(25.0\text{ C°}) \\
&= (100.0)(0.480)(25.0)\text{ g} \times \frac{\text{cal}}{\text{gC°}} \times \text{C°} \\
&= 1{,}200\frac{\cancel{\text{g}}\cdot\text{cal}\cdot\cancel{\text{C°}}}{\cancel{\text{g}}\cdot\cancel{\text{C°}}} \\
&= 1{,}200\text{ cal} \\
&= 1.20\text{ kcal}
\end{aligned}$$

$$\begin{aligned}
Q_{\text{total}} &= Q_1 + Q_2 + Q_3 \\
&= 8.00\text{ kcal} + 54.00\text{ kcal} + 1.20\text{ kcal} \\
&= \boxed{63.20\text{ kcal}}
\end{aligned}$$

4.12 a. Step 1: Cool the water from 18.0°C to 0°C.

$$\begin{aligned}
Q_1 &= mc\Delta T \\
&= (400.0\text{ g})\left(1.00\frac{\text{cal}}{\text{gC°}}\right)(18.0\text{ C°}) \\
&= (400.0)(1.00)(18.0)\text{ g} \times \frac{\text{cal}}{\text{gC°}} \times \text{C°} \\
&= 7{,}200\frac{\cancel{\text{g}}\cdot\text{cal}\cdot\cancel{\text{C°}}}{\cancel{\text{g}}\,\cancel{\text{C°}}} \\
&= 7{,}200\text{ cal} \\
&= 7.20\text{ kcal}
\end{aligned}$$

Step 2: Find the energy needed for the phase change of water at 0°C to ice at 0°C.

$$\begin{aligned}
Q_2 &= mL_{\text{f}} \\
&= (400.0\text{ g})\left(80.0\frac{\text{cal}}{\text{g}}\right) \\
&= 400.0 \times 80.0\frac{\cancel{\text{g}}\cdot\text{cal}}{\cancel{\text{g}}} \\
&= 32{,}000\text{ cal} \\
&= 32.0\text{ kcal}
\end{aligned}$$

Step 3: Cool the ice from 0°C to ice at −5.00°C.

$$\begin{aligned}
Q_3 &= mc\Delta T \\
&= (400.0\text{ g})\left(0.50\frac{\text{cal}}{\text{gC°}}\right)(5.00\text{ C°}) \\
&= 400.0 \times 0.50 \times 5.00\text{ g} \times \frac{\text{cal}}{\text{gC°}} \times \text{C°} \\
&= 1{,}000\frac{\cancel{\text{g}}\cdot\text{cal}\cdot\cancel{\text{C°}}}{\cancel{\text{g}}\cdot\cancel{\text{C°}}} \\
&= 1{,}000\text{ cal} \\
&= 1.0\text{ kcal}
\end{aligned}$$

$$\begin{aligned}
Q_{\text{total}} &= Q_1 + Q_2 + Q_3 \\
&= 7.20\text{ kcal} + 32.0\text{ kcal} + 1.0\text{ kcal} \\
&= \boxed{40.2\text{ kcal}}
\end{aligned}$$

Chapter 5

5.1

$$\begin{aligned}
v &= f\lambda \\
&= \left(10\frac{1}{\text{s}}\right)(0.50\text{ m}) \\
&= 5\frac{\text{m}}{\text{s}}
\end{aligned}$$

5.2 The distance between two *consecutive* condensations (or rarefactions) is one wavelength, so $\lambda = 3.00$ m and

$$\begin{aligned}
v &= f\lambda \\
&= \left(112.0\frac{1}{\text{s}}\right)(3.00\text{ m}) \\
&= 336\frac{\text{m}}{\text{s}}
\end{aligned}$$

5.3 a. One complete wave every 4 s means that $T = 4.00$ s. (Note that the symbol for the *time of a cycle* is T. Do not confuse this symbol with the symbol for temperature.)

b.

$$\begin{aligned}
f &= \frac{1}{T} \\
&= \frac{1}{4.0\text{ s}} \\
&= \frac{1}{4.0}\,\frac{1}{\text{s}} \\
&= 0.25\,\frac{1}{\text{s}} \\
&= \boxed{0.25\text{ Hz}}
\end{aligned}$$

5.4 The distance from one condensation to the next is one wavelength, so

$$v = f\lambda \therefore \lambda = \frac{v}{f}$$
$$= \frac{330\ \frac{\text{m}}{\text{s}}}{260\ \frac{1}{\text{s}}}$$
$$= \frac{330}{260}\ \frac{\text{m}}{\text{s}} \times \frac{\text{s}}{1}$$
$$= \boxed{1.3\ \text{m}}$$

5.5 **a.** $v = f\lambda = \left(256\ \frac{1}{\text{s}}\right)(1.34\ \text{m}) = \boxed{343\ \text{m/s}}$

b. $= \left(440.0\ \frac{1}{\text{s}}\right)(0.780\ \text{m}) = \boxed{343\ \text{m/s}}$

c. $= \left(750.0\ \frac{1}{\text{s}}\right)(0.457\ \text{m}) = \boxed{343\ \text{m/s}}$

d. $= \left(2{,}500.0\ \frac{1}{\text{s}}\right)(0.137\ \text{m}) = \boxed{343\ \text{m/s}}$

5.6 The speed of sound and time are given and you are looking for a distance.

$$v = 1{,}100\ \text{ft/s}$$
$$t = 4.80\ \text{s}$$
$$d = ?$$

Calculating the total distance the sound traveled,

$$v = \frac{d}{t} \therefore d = vt$$
$$= \left(1{,}100\frac{\text{ft}}{\text{s}}\right)(4.80\ \text{s})$$
$$= (1{,}100)(4.80)\frac{\text{ft}}{\text{s}} \times \text{s}$$
$$= 4{,}800\ \text{ft}$$

Since the sound travels from you to the cliff, then back to you, the cliff must be half the total distance:

$$\frac{4{,}800\ \text{ft}}{2} = \boxed{2{,}400\ \text{ft}}$$

5.7 The speed of the sound and the time between the lightning and thunder are given:

$$v = 1{,}140\ \text{ft/s}$$
$$t = 4.63\ \text{s}$$
$$d = ?$$

The distance that a sound with this velocity travels in the given time is

$$v = \frac{d}{t} \therefore d = vt$$
$$= \left(1{,}140\frac{\text{ft}}{\text{s}}\right)(4.63\ \text{s})$$
$$= (1{,}140)(4.63)\frac{\text{ft}}{\text{s}} \times \text{s}$$
$$= \boxed{5{,}280\ \text{ft or 1 mile}}$$

5.8 **a.**

$$v = f\lambda \therefore \lambda = \frac{v}{f}$$
$$= \frac{1{,}125\ \frac{\text{ft}}{\text{s}}}{440\ \frac{1}{\text{s}}}$$
$$= \frac{1{,}125}{440}\ \frac{\text{ft}}{\text{s}} \times \frac{\text{s}}{1}$$
$$= 2.56\frac{\text{ft}\cdot\cancel{\text{s}}}{\cancel{\text{s}}}$$
$$= \boxed{2.6\ \text{ft}}$$

b.

$$v = f\lambda \therefore \lambda = \frac{v}{f}$$
$$= \frac{5{,}020}{440}\ \frac{\text{ft}}{\text{s}} \times \frac{\text{s}}{1}$$
$$= 11.4\ \text{ft} = \boxed{11\ \text{ft}}$$

Chapter 6

6.1 Energy is related to the frequency and Planck's constant in equation 6.1, $E = hf$.

$$\text{For } n = 6, E_H = 6.05 \times 10^{-20} \text{ J}$$
$$\text{For } n = 2, E_L = 5.44 \times 10^{-19} \text{ J}$$
$$E = ?\text{J}$$

$$\begin{aligned} E &= E_H - E_L \\ &= (-6.05 \times 10^{-20} \text{ J}) - (-5.44 \times 10^{-19} \text{ J}) \\ &= \boxed{4.84 \times 10^{-19} \text{ J}} \end{aligned}$$

6.2

$$\text{For } n = 6, E_H = -6.05 \times 10^{-20} \text{ J}$$
$$\text{For } n = 2, E_L = -5.44 \times 10^{-19} \text{ J}$$
$$h = 6.63 \times 10^{-34} \text{ J·s}$$
$$f = ?$$

$$\begin{aligned} hf = E_H - E_L \therefore f &= \frac{E_H - E_L}{h} \\ &= \frac{(-6.05 \times 10^{-20} \text{ J}) - (-5.44 \times 10^{-19} \text{ J})}{6.63 \times 10^{-34} \text{ J·s}} \\ &= \frac{4.84 \times 10^{-19}}{6.63 \times 10^{-34}} \frac{\cancel{\text{J}}}{\cancel{\text{J}}\text{·s}} \\ &= 7.29 \times 10^{14} \frac{1}{\text{s}} \\ &= \boxed{7.29 \times 10^{14} \text{ Hz (violet)}} \end{aligned}$$

6.3 $(n = 1) = -13.6$ eV

Since the energy of the electron is -13.6 eV, it will require 13.6 eV (or 2.17×10^{-18} J) to remove the electron.

6.4

$$q/m = -1.76 \times 10^{11} \text{ C/kg}$$
$$q = -1.60 \times 10^{-19} \text{ C}$$
$$m = ?$$

$$\begin{aligned} \text{mass} &= \frac{\text{charge}}{\text{charge / mass}} \\ &= \frac{-1.60 \times 10^{-19} \text{ C}}{-1.76 \times 10^{11} \frac{\text{C}}{\text{kg}}} \\ &= \frac{-1.60 \times 10^{-19}}{-1.76 \times 10^{11}} \cancel{\text{C}} \times \frac{\text{kg}}{\cancel{\text{C}}} \\ &= \boxed{9.09 \times 10^{-31} \text{ kg}} \end{aligned}$$

Chapter 7

7.1 Recall that the number of outer energy level electrons is the same as the family number for the representative elements:

a. Li: 1
b. N: 5
c. F: 7
d. Cl: 7
e. Ra: 2
f. Be: 2

7.2 The same information that was used in question 1 can be used to draw the dot notation:

(a) B with 3 dots
(b) Br with 7 dots
(c) Ca:
(d) K·
(e) O with 6 dots
(f) S with 6 dots

7.3 The charge is found by identifying how many electrons are lost or gained in achieving the noble gas structure:

a. Boron 3+
b. Bromine 1−
c. Calcium 2+
d. Potassium 1+
e. Oxygen 2−
f. Nitrogen 3−

7.4 The name of some common polyatomic ions are in box table 7.2. Using this table as a reference, the names are

a. hydroxide
b. sulfite
c. hypochlorite
d. nitrate
e. carbonate
f. perchlorate

7.5 The Roman numeral tells you the charge on the variable charge elements. The charges for the polyatomic ions are found in box table 7.2. The charges for metallic elements can be found in tables 7.2 and 7.3. Using these resources and the crossover technique, the formulas are as follows:

a. $Fe(OH)_3$
b. $Pb_3(PO_4)_2$
c. $ZnCO_3$
d. NH_4NO_3
e. $KHCO_3$
f. K_2SO_3

7.6 Box table 7.3 has information about the meaning of prefixes and stem names used in naming covalent compounds. (a), for example, asks for the formula of carbon tetrachloride. Carbon has no prefixes, so there is one carbon atom, and it comes first in the formula because it comes first in the name. The *tetra*-prefix means four, so there are four chlorine atoms. The name ends in *-ide,* so you know there are only two elements in the compound. The symbols can be obtained from the list of elements on the inside back cover of this text. Using all this information from the name, you can think out the formula for carbon tetrachloride. The same process is used for the other compounds and formulas:

a. CCl_4
b. H_2O
c. MnO_2
d. SO_3
e. N_2O_5
f. As_2S_5

7.7 Again using information from box table 7.3, this question requires you to reverse the thinking procedure you learned in question 6.

a. carbon monoxide
b. carbon dioxide
c. carbon disulfide
d. dinitrogen monoxide
e. tetraphosphorus trisulfide
f. dinitrogen trioxide

7.8 **a.** $2\ SO_2 + O_2 \rightarrow 2\ SO_3$
b. $4\ P + 5\ O_2 \rightarrow 2\ P_2O_5$
c. $2\ Al + 6\ HCl \rightarrow 2\ AlCl_3 + 3\ H_2$
d. $2\ NaOH + H_2SO_4 \rightarrow Na_2SO_4 + 2\ H_2O$
e. $Fe_2O_3 + 3\ CO \rightarrow 2\ Fe + 3\ CO_2$
f. $3\ Mg(OH)_2 + 2\ H_3PO_4 \rightarrow Mg_3(PO_4)_2 + 6\ H_2O$

7.9 **a.** General form of XY + AZ → XZ + AY with precipitate formed: Ion exchange reaction.
b. General form of X + Y → XY: Combination reaction.
c. General form of XY → X + Y + . . . : Decomposition reaction.
d. General form of X + Y → XY: Combination reaction.
e. General form of XY + A → AY + X: Replacement reaction.
f. General form of X + Y → XY: Combination reaction.

7.10 **a.** $C_5H_{12}(g) + 8\ O_2(g) \rightarrow 5\ CO_2(g) + 6\ H_2O(g)$
b. $HCl(aq) + NaOH(aq) \rightarrow NaCl(aq) + H_2O(l)$
c. $2\ Al(s) + Fe_2O_3(s) \rightarrow Al_2O_3(s) + 2\ Fe(l)$
d. $Fe(s) + CuSO_4(aq) \rightarrow FeSO_4(aq) + Cu(s)$
e. $MgCl_2(aq) + Fe(NO_3)_2(aq) \rightarrow$ No reaction (all possible compounds are soluble and no gas or water was formed)
f. $C_6H_{10}O_5(s) + 6\ O_2(g) \rightarrow 6\ CO_2(g) + 5\ H_2O(g)$

용어사전

A

abiotic factors nonliving parts of an organism's environment

absolute humidity a measure of the actual amount of water vapor in the air at a given time—for example, in grams per cubic meter

absolute scale temperature scale set so that zero is at the theoretical lowest temperature possible, which would occur when all random motion of molecules has ceased

absolute zero the theoretical lowest temperature possible, which occurs when all random motion of molecules has ceased

acceleration a change in velocity per change in time; by definition, this change in velocity can result from a change in speed, a change in direction, or a combination of changes in speed and direction

acetylcholine a neurotransmitter secreted into the synapse by many axons and received by dendrites

acetylcholinesterase an enzyme present in the synapse that destroys acetylcholine

acid any substance that is a proton donor when dissolved in water; generally considered a solution of hydronium ions in water that can neutralize a base, forming a salt and water

acid-base indicator a vegetable dye used to distinguish acid and base solutions by a color change

acquired characteristics characteristics an organism gains during its lifetime that are not genetically determined and therefore cannot be passed on to future generations

active transport use of a carrier molecule to move molecules through a cell membrane in a direction opposite that of the concentration gradient; the carrier requires an input of energy other than the kinetic energy of the molecules

adenine a double-ring nitrogenous-base molecule in DNA and RNA; the complementary base of thymine or uracil

adenosine triphosphate(ATP) a molecule formed from the building blocks of adenine, ribose, and phosphates; it functions as the primary energy carrier in the cell

aerobic cellular respiration the biochemical pathway that requires oxygen and converts food, such as carbohydrates, to carbon dioxide and water; during this conversion, it releases the chemical-bond energy as ATP molecules

alcohol an organic compound with a general formula of ROH, where R is one of the hydrocarbon groups; for example, methyl or ethyl aldehyde an organic molecule with the general formula RCHO, where R is one of the hydrocarbon groups; for example, methyl or ethyl

alkali metals members of family IA of the periodic table, having common properties of shiny, low-density metals that can be cut with a knife and that react violently with water to form an alkaline solution

alkaline earth metals members of family IIA of the periodic table, having common properties of soft, reactive metals that are less reactive than alkali metals

alleles alternative forms of a gene for a particular characteristic (e.g., attached-earlobe and freeearlobe are alternative alleles for ear shape)

alpha particle the nucleus of a helium atom (two protons and two neutrons) emitted as radiation from a decaying heavy nucleus; also known as an alpha ray

alternation of generations a term used to describe that aspect of the life cycle in which there are two distinctly different forms of an organism; each form is involved in the production of the other, and only one form is involved in producing gametes

amino acids organic molecules that join to form polypeptides and proteins

amplitude the extent of displacement from the equilibrium condition; the size of a wave from the rest (equilibrium) position

anaphase the third stage of mitosis, characterized by dividing of the centromeres and movement of the chromosomes to the poles

angle of incidence angle of an incident (arriving) ray or particle to a surface; measured from a line perpendicular to the surface (the normal)

angle of reflection angle of a reflected ray or particle from a surface; measured from a line perpendicular to the surface (the normal)

angular momentum quantum number in the quantum mechanics model of the atom, one of four descriptions of the energy state of an electron wave; this quantum number describes the energy sublevels of electrons within the main energy levels of an atom

anorexia nervosa a nutritional deficiency disease characterized by severe, prolonged weight loss for fear of becoming obese

anther the sex organ in plants that produces the pollen that contains the sperm

antibody a globular protein molecule made by the body in response to the presence of a foreign or harmful molecule called an antigen; these molecules are capable of combining with the foreign molecules or microbes to inactivate or kill them

anticodon a sequence of three nitrogenous bases on a tRNA molecule capable of forming hydrogen bonds with three complementary bases on an mRNA codon during translation

antinode region of maximum amplitude between adjacent nodes in a standing wave

apoptosis also known as "programmed cell death"; death of specific cells that has a genetic basis and is not the result of injury

aromatic hydrocarbon organic compound with at least one benzene ring structure; cyclic hydrocarbons and their derivatives

assimilation the physiological process that takes place in a living cell as it converts nutrients in food into specific molecules required by the organism

atom the smallest unit of an element that can exist alone or in combination with other elements

atomic mass unit relative mass unit (u) of an isotope based on the standard of the carbon-12 isotope, which is defined as a mass of exactly 12.00 u; one atomic mass unit (1 u) is 1/12 the mass of a carbon-12 atom

atomic number the number of protons in the nucleus of an atom

atomic weight weighted average of the masses of stable isotopes of an element as they occur in nature, based on the abundance of each isotope of the element and the atomic mass of the isotope compared to carbon-12

autosomes chromosomes that typically carry genetic information used by the organism for characteristics other than the primary determination of sex

autotroph an organism that is able to make its food molecules from inorganic raw materials by using basic energy sources such as sunlight

B

Balmer series a set of four line spectra, narrow lines of color emitted by hydrogen atom electrons as they drop from excited states to the ground state

base any substance that is a proton acceptor when dissolved in water; generally considered a solution that forms hydroxide ions in water that can neutralize an acid, forming a salt and water

basilar membrane a membrane in the cochlea containing sensory cells that are stimulated by the vibrations caused by sound waves

basin a large, bowl-shaped fold in the land into which streams drain; also a small enclosed or partly enclosed body of water

beat rhythmic increases and decreases of volume from constructive and destructive interference between two sound waves of slightly different frequencies

benign tumor an abnormal cell mass that does not fragment and spread beyond its original area of growth

benthic aquatic organisms that live on the bottom

beta particle high-energy electron emitted as ionizing radiation from a decaying nucleus; also known as a beta ray

binding energy the energy required to break a nucleus into its constituent protons and neutrons; also the energy equivalent released when a nucleus is formed

binomial system of nomenclature a naming system that uses two Latin names, genus and specific epithet, for each type of organism

biodiversity the number of different kinds of organisms found in an area

biogenesis the concept that life originates only from preexisting life

biological species concept the concept that species can be distinguished from one another by their inability to interbreed

biology the science that deals with the study of living things and how living things interact with things around them

biomass (energy) any material formed by photosynthesis, including plants, trees, and crops, and any garbage, crop residue, or animal waste; the mass of living material in an area

biotic factors living parts of an organism's environment

blackbody radiation electromagnetic radiation emitted by an ideal material (the blackbody) that perfectly absorbs and perfectly emits radiation

Bohr model model of the structure of the atom that attempted to correct the deficiencies of the solar system model and account for the Balmer series

boiling point the temperature at which a phase change of liquid to gas takes place through boiling; the same temperature as the condensation point

boundary the division between two regions of differing physical properties

British thermal unit the amount of energy or heat needed to increase the temperature of 1 pound of water 1 degree Fahrenheit (abbreviated Btu)

bulimia a nutritional deficiency disease characterized by a binge-and-purge cycle of eating

C

calorie the amount of energy (or heat) needed to increase the temperature of 1 gram of water 1 degree Celsius

Calorie the nutritionist's "calorie"; equivalent to 1 kilocalorie

cancer any abnormal growth of cells that has a malignant potential

capillaries tiny blood vessels through the walls of which exchange between cells and the blood takes place

carbohydrates organic compounds that include sugars, starches, and cellulose; carbohydrates are used by plants and animals for structure, protection, and food

carbon cycle the series of processes and organisms through which carbon atoms pass in ecological systems

carbon film a type of fossil formed when the volatile and gaseous constituents of a buried organic structure are distilled away, leaving a carbon film as a record

carbonation in chemical weathering, a reaction that occurs naturally between carbonic acid(H_2CO_3) and rock minerals

carcinogens agents responsible for causing cancer

carnivores animals that eat other animals

carrier protein proteins that pick up molecules from one place in a cell or multicellular organism and transport them to another; for example, certain blood proteins

carrying capacity (ecosystem) the optimum population size an area can support over an extended period of time

cast sediments deposited by groundwater in a mold, taking the shape and external features of the organism that was removed to form the mold, then gradually changing to sedimentary rock

cathode rays negatively charged particles (electrons) that are emitted from a negative terminal in an evacuated glass tube

cell the basic structural unit that makes up all living things

cell membrane the outer-boundary membrane of the cell; also known as the plasma membrane

cell nucleus the central part of a cell that contains the genetic material

cell plate a plant-cell structure that begins to form in the center of the cell and proceeds to the cell membrane, resulting in cytokinesis

cell wall an outer covering on some cells; may be composed of cellulose, chitin, or peptidoglycan depending on the kind of organism

cellulose a polysaccharide abundant in plants that forms the fibers in cell walls that provide structure for plant materials

Celsius scale referent scale that defines numerical values for measuring hotness or coldness, defined as degrees of temperature; based on the reference points of the freezing point of water and the boiling point of water at sea-level pressure, with 100 degrees between the two points

centrifugal force an apparent outward force on an object following a circular path that is a consequence of the third law of motion

centrioles organelles composed of microtubules located just outside the nucleus

centripetal force the force required to pull an object out of its natural straight-line path and into a circular path; centripetal means "center seeking"

centromere the unreplicated region where two chromatids are joined

chemical bond an attractive force that holds atoms together in a compound

chemical change a change in which the identity of matter is altered and new substances are formed

chemical energy a form of energy involved in chemical reactions associated with changes in internal potential energy; a kind of potential energy that is stored and later released during a chemical reaction

chemical equation concise way of describing what happens in a chemical reaction

chemical reaction a change in matter where different chemical substances are created by forming or breaking chemical bonds

chemistry the science concerned with the study of the composition, structure, and properties of substances and the transformations they undergo

chloroplast an energy-converting, membranous, saclike organelle in plant cells containing the green pigment chlorophyll

chromatid one of two component parts of a chromosome formed by replication and attached at the centromere

chromatin areas or structures within the nucleus of a cell composed of long, loosely arranged molecules of deoxyribonucleic acid (DNA) in association with proteins

chromosomal aberrations changes in the gene arrangement in chromosomes; for example, translocation and duplication mutations

chromosomes complex tightly coiled structures within the nucleus composed of various kinds of histone proteins and DNA that contains the cell's genetic information

class a group of closely related orders found within a phylum

cleavage furrow an indentation of the cell membrane of an animal cell that pinches the cytoplasm into two parts

clones genetically identical individuals that were reproduced asexually

cochlea the part of the ear that converts sound into nerve impulses

coding strand one of two DNA strands that serves as a template, or pattern, for the synthesis of RNA

codon a sequence of three nucleotides of an mRNA molecule that directs the placement of a particular amino acid during translation

combination chemical reaction a synthesis reaction in which two or more substances combine to form a single compound

commensalism a relationship between two organisms in which one organism is helped and the other is not affected

community all of the kinds of interacting organisms within an ecosystem

compaction the process of pressure from a depth of overlying sediments squeezing together the deeper sediments and squeezing out water

competition a kind of interaction between organisms in which both organisms are harmed to some extent

complementary base a nitrogenous base in nucleic acids that can form hydrogen bonds with another base of a specific nucleotide

complex carbohydrates macromolecules for med as a result of the chemical combining of simple sugars (monomers) to form polysaccharides; for example, starch

compound a pure chemical substance that can be decomposed by a chemical change into simpler substances with a fixed mass ratio

concentration an arbitrary description of the relative amounts of solute and solvent in a solution; a larger amount of solute makes a concentrated solution, and a small amount of solute makes a dilute concentration

condensation (sound) a compression of gas molecules; a pulse of increased density and pressure that moves through the air at the speed of sound

condensation (water vapor) when more vapor or gas molecules are returning to the liquid state than are evaporating

condensation point the temperature at which a gas or vapor changes back to a liquid

conduction the transfer of heat from a region of higher temperature to a region of lower temperature by increased kinetic energy moving from molecule to molecule

consistent law principle the laws of physics are the same in all reference frames that are moving at a constant velocity with respect to each other

constancy of speed principle the speed of light in empty space has the same value for all observers regardless of their velocity

constructive interference the condition in which two waves arriving at the same place, at the same time and in phase, add amplitudes to create a new wave

consumers organisms that must obtain energy in the form of organic matter

control group the situation used as the basis for comparison in a controlled experiment

control processes mechanisms that ensure that an organism will carry out all metabolic activities in the proper sequence (coordination) and at the proper rate (regulation)

controlled experiment an experiment that allows for a comparison of two events that are identical in all but one respect

convection transfer of heat from a region of higher temperature to a region of lower temperature by the displacement of high-energy molecules; for example, the displacement of warmer, less dense air (higher kinetic energy) by cooler, more dense air (lower kinetic energy)

covalent bond a chemical bond formed by the sharing of a pair of electrons

covalent compound chemical compound held together by a covalent bond or bonds

crest the high mound of water that is part of a wave; also refers to the condensation, or highpressure part, of a sound wave

crossing-over the process that occurs when homologous chromosomes exchange equivalent sections of DNA during meiosis

crude oil petroleum pumped from the ground that has not yet been refined into usable products

cycle a complete vibration

cyclone a low-pressure center where the winds move into the low-pressure center and are forced upward; a low-pressure center with clouds, precipitation, and stormy conditions

cytokinesis division of the cytoplasm of one cell into two new cells

cytoplasm the more fluid portion of the protoplasm that surrounds the nucleus

cytosine a single-ring nitrogenous-base molecule in DNA and RNA; complementary to guanine

D

data measurement information used to describe something

daughter cells two cells formed by cell division

daughter chromosomes chromosomes produced by DNA replication that contain identical genetic information; formed after chromosome division in anaphase

daughter nuclei two nuclei formed by mitosis

decibel scale a nonlinear scale of loudness based on the ratio of the intensity level of a sound to the intensity at the threshold of hearing

decomposers organisms that use dead organic matter as a source of energy

decomposition chemical reaction a chemical reaction in which a compound is broken down into the elements that make up the compound into simpler compounds or into elements and simpler compounds

denature a change in the chemical and physical properties of a molecule as a result of the breaking of chemical bonds within the molecule; for example, the change in egg white as a result of cooking

denitrifying bacteria bacteria capable of converting nitrite (NO_2^-) to nitrogen gas (N_2), which is released into the atmosphere

density the compactness of matter described by a ratio of mass per unit volume

deoxyribonucleic acid (DNA) a polymer of nucleotides that serves as genetic information; in prokaryotic cells, it is a double-stranded DNA loop and contains attached HU proteins, and in eukaryotic cells, it is found in strands with attached histone proteins; when tightly coiled, it is known as a chromosome

deoxyribose a 5-carbon sugar molecule; a component of DNA

destructive interference the condition in which two waves arriving at the same point at the same time out of phase add amplitudes to create zero total disturbance

dew condensation of water vapor into droplets of liquid on surfaces

dew point temperature the temperature at which condensation begins

diet the food and drink consumed by a person from day to day

diffuse reflection light rays reflected in many random directions, as opposed to the parallel rays reflected from a perfectly smooth surface such as a mirror

diffusion net movement of a kind of molecule from an area of higher concentration to an area of lesser concentration

diploid having two sets of chromosomes: one set from the maternal parent and one set from the paternal parent

direct proportion when two variables increase or decrease together in the same ratio (at the same rate)

disaccharides two monosaccharides joined together with the loss of a water molecule; examples are sucrose (table sugar), lactose, and maltose

dispersion the effect of spreading colors of light into a spectrum with a material that has an index of refraction that varies with wavelength

DNA code a sequence of three nucleotides of a DNA molecule

DNA polymerase an enzyme that bonds DNA nucleotides together when they base pair with an existing DNA strand

DNA replication the process by which the genetic material (DNA) of the cell reproduces itself prior to its distribution

to the next generation of cells
domain a classification group above that of kingdoms
dominant allele an allele that expresses itself and masks the effects of other alleles for the trait
Doppler effect an apparent shift in the frequency of sound or light due to relative motion between the source of the sound or light and the observer
double bond covalent bond formed when two pairs of electrons are shared by two atoms

E

echo a reflected sound that can be distinguished from the original sound, which usually arrives 0.1 s or more after the original sound
ecology the branch of biology that studies the relationships between organisms and their environment
ecosystem an interacting unit consisting of a collection of organisms and abiotic factors
ejaculation the release of sperm cells and seminal fluid through the penis
elastic strain an adjustment to stress in which materials recover their original shape after a stress is released
electric generator a mechanical device that uses wire loops rotating in a magnetic field to produce electromagnetic induction in order to generate electricity
electrical energy a form of energy from electromagnetic interactions; one of five forms of energy-mechanical, chemical, radiant, electrical, and nuclear
electrical force a fundamental force that results from the interaction of electrical charge and is billions and billions of times stronger than the gravitational force; sometimes called the "electromagnetic force" because of the strong association between electricity and magnetism
electron subatomic particle that has the smallest negative charge possible and usually found in an orbital of an atom, but gained or lost when atoms become ions
electron configuration the arrangement of electrons in orbitals and suborbitals about the nucleus of an atom
electron dot notation notation made by writing the chemical symbol of an element with dots around the symbol to indicate the number of outer orbital electrons
electron pair a pair of electrons with different spin quantum numbers that may occupy an orbital
electrostatic charge an accumulated electric charge on an object from a surplus or deficiency of electrons; also called "static electricity"
element a pure chemical substance that cannot be broken down into anything simpler by chemical or physical means; there are over one hundred known elements, the fundamental materials of which all matter is made
endocrine glands secrete chemical messengers into the circulatory system
endocrine system a number of glands that communicate with one another and other tissues through chemical messengers transported throughout the body by the circulatory system
endoplasmic reticulum (ER) folded membranes and tubes throughout the eukaryotic cell that provide a large surface upon which chemical activities take place
endosymbiotic theory a theory suggesting that some organelles found in eukaryotic cells may have originated as free-living prokaryotes
energy the ability to do work
English system a system of measurement that originally used sizes of parts of the human body as referents
entropy the measure of disorder in thermodynamics
environment the surroundings; anything that affects an organism during its lifetime
enzymes protein molecules, produced by organisms, that are able to control the rate at which chemical reactions occur
epigenetics the study of changes in gene expression caused by factors other than alterations in a cell's DNA.
epiphyte a plant that lives on the surface of another plant without doing harm
equation a statement that describes a relationship in which quantities on one side of the equal sign are identical to quantities on the other side
eras the major blocks of time in Earth's geologic history: the Cenozoic, Mesozoic, Paleozoic, and Precambrian eras
erosion the process of physically removing weathered materials; for example, rock fragments are physically picked up by an erosion agent such as a stream or a glacier
essential amino acids those amino acids that cannot be synthesized by the human body and must be part of the diet (e.g., lysine, tryptophan, and valine)
esters class of organic compounds with the general structure of RCOOR′, where R is one of the hydrocarbon groups—for example, methyl or ethyl; esters make up fats, oils, and waxes, and some give fruit and flowers their taste and odor
estrogen one of the female sex hormones that cause the differentiation of typical female internal and external genital anatomy; responsible for the changes in breasts, vagina, uterus, clitoris, and pelvic bone structure at puberty
ether class of organic compounds with the general formula ROR′, where R is one of the hydrocarbon groups—for example, methyl or ethyl; mostly used as industrial and laboratory solvents
Eubacteria the domain in which are found organisms commonly known as bacteria
Eucarya the domain in which are found all eukaryotic organisms
eukaryotic cells one of the two major types of cells; characterized by cells that have a true nucleus, as in plants, fungi, protists, and animals
euphotic zone the upper layer of the ocean, where the Sun's rays penetrate
evaporation process of more molecules leaving a liquid for the gaseous state than returning from the gas to the liquid; can occur at any given temperature from the surface of a liquid
evolution the continuous genetic adaptation of a population of organisms to its environment over time

excited state as applied to an atom, describes the energy state of an atom that has electrons in a state above the minimum energy state for that atom; as applied to a nucleus, describes the energy state of a nucleus that has particles in a state above the minimum energy state for that nuclear configuration

experiment a re-creation of an event in a way that enables a scientist to gain valid and reliable empirical evidence

experimental group the group in a controlled experiment that is identical to the control group in all respects but one

exponential growth phase a period of time during population growth when the population increases at an accelerating rate

external energy the total potential and kinetic energy of an everyday-sized object

external parasite a parasite that lives on the outside of its host

F

facilitated diffusion diffusion assisted by carrier molecules

Fahrenheit scale referent scale that defines numerical values for measuring hotness or coldness, defined as degrees of temperature; based on the reference points of the freezing point of water and the boiling point of water at sealevel pressure, with 180 degrees between the two points

family (elements) vertical columns of the periodic table consisting of elements that have similar properties

family (organisms) a group of closely related genera within an order

fats organic compounds of esters formed from glycerol and three long-chain carboxylic acids that are also called triglycerides; called fats in animals and oils in plants

fatty acid one of the building blocks of true fats and phospholipids; composed of a longchain carbon skeleton with a carboxylic acid functional group at one end; for example, linoleic acid

fiber natural (plant) or industrially produced polysaccharides that are resistant to hydrolysis by human digestive enzymes

first law of motion every object remains at rest or in a state of uniform straight-line motion unless acted on by an unbalanced force

first law of thermodynamics a statement of the law of conservation of energy in the relationship between internal energy, work, and heat

fluids matter that has the ability to flow or be poured; the individual molecules of a fluid are able to move, rolling over or by one another

food chain a sequence of organisms that feed on one another, resulting in a flow of energy from a producer through a series of consumers

food web a system of interlocking food chains

force a push or pull capable of changing the state of motion of an object; since a force has magnitude (strength) as well as direction, it is a vector quantity

formula describes what elements are in a compound and in what proportions

formula weight the sum of the atomic weights of all the atoms in a chemical formula

fossil any evidence of former life

fossil fuels organic fuels that contain the stored radiant energy of the Sun converted to chemical energy by plants or animals that lived millions of years ago; coal, petroleum, and natural gas are the common fossil fuels

free-living nitrogen-fixing bacteria soil bacteria that provide nitrogen compounds that can be taken up by plants through their roots

freezing point the temperature at which a phase change of liquid to solid takes place; the same temperature as the melting point for a given substance

frequency the number of cycles of a vibration or of a wave occurring in one second, measured in units of cycles per second (hertz)

freshwater water that is not saline and is fit for human consumption

freshwater communities aquatic communities that have low salt concentrations

front the boundary, or thin transition zone, between air masses of different temperatures

functional group the atom or group of atoms in an organic molecule that is responsible for the chemical properties of a particular class or group of organic chemicals

fundamental charge smallest common charge known; the magnitude of the charge of an electron and a proton

fundamental forces forces that cannot be explained in terms of any other force; gravitational, electromagnetic, weak, and strong nuclear force

fundamental frequency the lowest frequency (longest wavelength) that can set up standing waves in an air column or on a string

fundamental properties a property that cannot be defined in simpler terms other than to describe how it is measured; the fundamental properties are length, mass, time, and charge

G

gases a phase of matter composed of molecules that are relatively far apart moving freely in a constant, random motion and have weak cohesive forces acting between them, resulting in the characteristic indefinite shape and indefinite volume of a gas

gasohol solution of ethanol and gasoline

gene a unit of heredity located on a chromosome and composed of a sequence of DNA nucleotides

gene flow the movement of genes from one generation to another or from one place to another

gene frequency a measure of how often a specific gene for a characteristic shows up in the individuals of a population

gene pool all of the genes of a population of organisms

genetically modified (GM) organisms that contain genetic changes

generative processes actions that increase the size of an individual organism (growth) or increase the number of individuals in a population (reproduction)

genetic recombination the gene mixing that occurs as a result of sexual reproduction **genetics** the study of genes, how genes produce characteristics, and how the characteristics are inherited

genome a set of all the genes necessary to specify an organism's complete list of characteristics

genotype the catalog of genes of an organism, whether or not these genes are expressed

genus (plural, genera) a group of closely related species within a family

geothermal energy energy from beneath Earth's surface

glycerol an alcohol with three hydroxyl groups per molecule; for example, glycerin(1, 2, 3-propanetriol)

glycogen a highly branched polysaccharide synthesized by the human body and stored in the muscles and liver; serves as a direct reserve source of energy

glycol an alcohol with two hydroxyl groups per molecule; for example, ethylene glycol, which is used as an antifreeze

Golgi apparatus a stack of flattened, smooth, membranous sacs; the site of synthesis and packaging of certain molecules in eukaryotic cells

gonad a generalized term for organs in which meiosis occurs to produce gametes; ovary or testis

gonadotropin-releasing hormone (GnRH) a hormone released at puberty by the hypothalamus that stimulates the pituitary gland to release luteinizing hormone (LH) and follicle-stimulating hormone (FSH)

ground state energy state of an atom with electrons at the lowest energy state possible for that atom

groundwater water from a saturated zone beneath the surface; water from beneath the surface that supplies wells and springs

growth-stimulating hormone (GSH) a hormone produced by the anterior pituitary gland that stimulates tissues to grow

guanine a double-ring nitrogenous-base molecule in DNA and RNA; the complementary base of cytosine

H

habitat the place or part of an ecosystem occupied by an organism

halogen member of family VIIA of the periodic table, having common properties of very reactive nonmetallic elements common in salt compounds

haploid having a single set of chromosomes resulting from the reduction division of meiosis

hard water water that contains relatively high concentrations of dissolved salts of calcium and magnesium

Hardy-Weinberg concept the concept that population must be infinitely large, have random mating, no mutations, no migration, and no selection for specific characteristics in order to prevent evolution from taking place

heat a measure of the internal energy that has been absorbed or transferred from one body to another

heat of formation energy released in a chemical reaction

Heisenberg uncertainty principle you cannot measure both the exact momentum and the exact position of a subatomic particle at the same time—when the more exact of the two is known, the less certain you are of the value of the other

hemoglobin an iron-containing molecule found in red blood cells, to which oxygen molecules bind

herbivores animals that feed directly on plants

hertz unit of frequency; equivalent to one cycle per second

Hertzsprung-Russell diagram diagram to classify stars with a temperature-luminosity graph

heterotroph an organism that requires a source of organic material from its environment; it cannot produce its own food

heterozygous describes a diploid organism that has two different alleles for a particular characteristic

homeostasis the process of maintaining a constant internal environment as a result of constant monitoring and modification of the functioning of various systems

homologous chromosomes a pair of chromosomes in a diploid cell that contain similar genes at corresponding loci throughout their length

homozygous describes a diploid organism that has two identical alleles for a particular characteristic

hormones chemical messengers secreted by endocrine glands to regulate other parts of the body

horsepower measurement of power defined as a power rating of 550 ft·lb/s

host an organism that a parasite lives in or on

hot spots sites on Earth's surface where plumes of hot rock materials rise from deep within the mantle

humidity the amount of water vapor in the air; see relative humidity

hurricane a tropical cyclone with heavy rains and winds exceeding 120 km/h

hydration the attraction of water molecules for ions; a reaction that occurs between water and minerals that make up rocks

hydrocarbon an organic compound consisting of only the two elements hydrogen and carbon

hydrocarbon derivatives organic compounds that can be thought of as forming when one or more hydrogen atoms on a hydrocarbon have been replaced by an element or a group of elements other than hydrogen

hydrogen bonding a strong bond that occurs between the hydrogen end of one molecule and the fluorine, oxygen, or nitrogen end of another molecule

hydronium ion a molecule of water with an attached hydrogen ion, H_3O

hypothesis a tentative explanation of a phenomenon that is compatible with the data and provides a framework for understanding and describing that phenomenon

I

immune system a system of white blood cells specialized to provide the body with resistance to disease; there are two types, antibody-mediated immunity and cellmediated immunity

impulse a change of motion is brought about by an impulse;

the product of the size of an applied force and the time the force is applied

incandescent matter emitting visible light as a result of high temperature; for example, a lightbulb, a flame from any burning source, and the Sun are all incandescent sources because of high temperature

incident ray line representing the direction of motion of incoming light approaching a boundary

incomplete dominance describes a situation in which the phenotype of a heterozygote is intermediate between the two homozygotes on a phenotypic gradient; that is, the phenotypes appear to be "blended" in heterozygotes

incus the ear bone that is located between the malleus and the stapes

independent assortment the segregation, or assortment, of one pair of homologous chromosomes independently of the segregation, or assortment, of any other pair of chromosomes

index fossils distinctive fossils of organisms that lived only a brief time; used to compare the age of rocks exposed in two different locations

index of refraction the ratio of the speed of light in a vacuum to the speed of light in a material

inertia a property of matter describing the tendency of an object to resist a change in its state of motion; an object will remain in unchanging motion or at rest in the absence of an unbalanced force

infrasonic sound waves having too low a frequency to be heard by the human ear; sound having a frequency of less than 20 Hz

initiation code the code on DNA with the base sequence TAC that begins the process of transcription

inorganic chemistry the study of all compounds and elements in which carbon is not the principal element

insulators materials that are poor conductors of heat-for example, heat flows slowly through materials with air pockets because the molecules making up air are far apart; also, materials that are poor conductors of electricity-for example, glass or wood

intensity a measure of the energy carried by a wave

interference phenomenon of light where the relative phase difference between two light waves produces light or dark spots, a result of light's wavelike nature

intermolecular forces forces of interaction between molecules

internal energy sum of all the potential energy and all the kinetic energy of all the molecules of an object

interphase the stage between cell divisions in which the cell is engaged in metabolic activities

interstitial cell-stimulating hormone (ICSH) the chemical messenger molecule released from the pituitary gland that causes the testes to produce testosterone, the primary male sex hormone; same as follicle-stimulating hormone in females

ion an atom or a particle that has a net charge because of the gain or loss of electrons; polyatomic ions are groups of bonded atoms that have a net charge

ion exchange reaction a reaction that takes place when the ions of one compound interact with the ions of another, forming a solid that comes out of solution, a gas, or water

ionic bond chemical bond of electrostatic attraction between negative and positive ions

ionic compounds chemical compounds that are held together by ionic bonds; that is, bonds of electrostatic attraction between negative and positive ions

ionization process of forming ions from molecules

ionized an atom or a particle that has a net charge because it has gained or lost electrons

isomers chemical compounds with the same molecular formula but different molecular structure; compounds that are made from the same numbers of the same elements but have different molecular arrangements

isotope atoms of an element with identical chemical properties but with different masses; isotopes are atoms of the same element with different numbers of neutrons

J

jet stream a powerful, winding belt of wind near the top of the troposphere that tends to extend all the way around Earth, moving generally from the west in both hemispheres at speeds of 160 km/h or more

joule metric unit used to measure work and energy; can also be used to measure heat; equivalent to newton-meter

K

Kelvin scale a temperature scale that does not have arbitrarily assigned referent points, and zero means nothing; the zero point on the Kelvin scale (also called absolute scale) is the lowest limit of temperature, where all random kinetic energy of molecules ceases

ketone an organic compound with the general formula RCOR′, where R is one of the hydrocarbon groups; for example, methyl or ethyl

keystone species species in an ecosystem that affects many aspects of the ecosystem and whose removal causes significant alteration of the ecosystem

kilocalorie the amount of energy required to increase the temperature of 1 kilogram of water 1 degree Celsius; equivalent to 1,000 calories

kilogram the fundamental unit of mass in the metric system of measurement

kinetic energy the energy of motion; can be measured from the work done to put an object in motion, from the mass and velocity of the object while in motion, or from the amount of work the object can do because of its motion

kinetic molecular theory the collection of assumptions that all matter is made up of tiny atoms and molecules that interact physically, that explain the various states of matter, and that have an average kinetic energy that defines the temperature of a substance

kingdom a category within a domain used in the classification of organisms

L

lack of dominance the condition of two unlike alleles both expressing themselves, neither being dominant

lag phase a stage of a population growth curve during which both natality and mortality are low

lake a large inland body of standing water

large intestine the last portion of the food tube; primarily involved in reabsorbing water

latent heat refers to the heat "hidden" in phase changes

latent heat of fusion the heat absorbed when 1 gram of a substance changes from the solid to the liquid phase, or the heat released by 1 gram of a substance when changing from the liquid phase to the solid phase

latent heat of vaporization the heat absorbed when 1 gram of a substance changes from the liquid phase to the gaseous phase, or the heat released when 1 gram of gas changes from the gaseous phase to the liquid phase

latitude the angular distance from the equator to a point on a parallel that tells you how far north or south of the equator the point is located

law of conservation of energy energy is never created or destroyed; it can only be converted from one form to another as the total energy remains constant

law of conservation of mass same as law of conservation of matter; mass, including single atoms, is neither created nor destroyed in a chemical reaction

law of conservation of momentum the total momentum of a group of interacting objects remains constant in the absence of external forces

law of dominance when an organism has two different alleles for a trait, the allele that is expressed and overshadows the expression of the other allele is said to be dominant; the allele whose expression is overshadowed is said to be recessive

law of independent assortment members of one allelic pair will separate from each other independently of the members of other allele pairs

law of segregation when gametes are formed by a diploid organism, the alleles that control a trait separate from one another into different gametes, retaining their individuality

line spectrum narrow lines of color in an otherwise dark spectrum; these lines can be used as "fingerprints" to identify gases

linear scale a scale, generally on a graph, where equal intervals represent equal changes in the value of a variable

lines of force lines drawn to make an electric field strength map, with each line originating on a positive charge and ending on a negative charge; each line represents a path on which a charge would experience a constant force and lines closer together mean a stronger electric field

linkage group genes located on the same chromosome that tend to be inherited together

lipid large, nonpolar, organic molecules that do not easily dissolve in polar solvents such as water; there are three different types of lipids: true fats (pork chop fat or olive oil), phospholipids (the primary component of cell membranes), and steroids (most hormones)

liquids a phase of matter composed of molecules that have interactions stronger than those found in a gas but not strong enough to keep the molecules near the equilibrium positions of a solid, resulting in the characteristic definite volume but indefinite shape of a liquid

liter a metric system unit of volume usually used for liquids

littoral zone the region in a lake with rooted vegetation

locus the spot on a chromosome where an allele is located

longitudinal wave a mechanical disturbance that causes particles to move closer together and farther apart in the same direction that the wave is traveling

loudness a subjective interpretation of a sound that is related to the energy of the vibrating source, related to the condition of the transmitting medium, and related to the distance involved

lymph liquid material that leaves the circulatory system to surround cells

lymphatic system a collection of thin-walled tubes that collects, filters, and returns lymph from the body to the circulatory system

lysosome a specialized, submicroscopic organelle that holds a mixture of hydrolytic enzymes

M

magnetic quantum number from the quantum mechanics model of the atom, one of four descriptions of the energy state of an electron wave; this quantum number describes the energy of an electron orbital as the orbital is oriented in space by an external magnetic field, a kind of energy sub-sublevel

malignant tumor an abnormal, nonencapsulated growth of tumor cells that may spread to other parts of the body

malleus the ear bone that is attached to the tympanum

manipulated variable in an experiment, a quantity that can be controlled or manipulated; also known as the independent variable

mass a measure of inertia, which means a resistance to a change of motion

mass number the sum of the number of protons and neutrons in a nucleus defines the mass number of an atom; used to identify isotopes; for example, uranium 238

masturbation stimulation of one's own sex organs

matter anything that occupies space and has mass

meanders winding, circuitous turns or bends of a stream

measurement the process of comparing a property of an object to a well-defined and agreed-upon referent

mechanical energy the form of energy associated with machines, objects in motion, and objects having potential energy that results from gravity

meiosis the specialized pair of cell divisions that reduces the chromosome number from diploid (2n) to haploid (n)

melting point the temperature at which a phase change of solid to liquid takes place; the same temperature as the freez-

ing point for a given substance
Mendelian genetics the pattern of inheriting characteristics that follows the laws formulated by Gregor Mendel
menopause the period when the ovaries stop producing viable secondary oocytes and the body becomes nonreproductive
menstrual cycle (menses, menstrual flow, period) the repeated building up and shedding of the lining of the uterus
messenger RNA (mRNA) a molecule composed of ribonucleotides that functions as a copy of the gene and is used in the cytoplasm of the cell during protein synthesis
metabolism the total of all the chemical reactions and energy changes that take place in an organism
metabolic processes the total of all chemical reactions within an organism; for example, nutrient uptake and processing, and waste elimination
metal matter having the physical properties of conductivity, malleability, ductility, and luster
metaphase the second stage in mitosis, characterized by alignment of the chromosomes at the equatorial plane
metastasize the process of cells of tumors moving from the original site and establishing new colonies in other regions of the body
meter the fundamental metric unit of length
metric system a system of referent units based on invariable referents of nature that have been defined as standards
microvilli tiny projections from the surfaces of cells that line the intestine
mineral (geology) a naturally occurring, inorganic solid element or chemical compound with a crystalline structure
minerals (biology) inorganic elements that cannot be manufactured by the body but are required in low concentrations; essential to metabolism
miscible fluids two or more kinds of fluids that can mix in any proportion
mitochondrion a membranous organelle resembling a small bag with a larger bag inside that is folded back on itself; serves as the site of aerobic cellular respiration
mitosis a process that results in equal and identical distribution of replicated chromosomes into two newly formed nuclei
mixture matter composed of two or more kinds of matter that has a variable composition and can be separated into its component parts by physical means
model a mental or physical representation of something that cannot be observed directly that is usually used as an aid to understanding
mold the preservation of the shape of an organism by the dissolution of the remains of a buried organism, leaving an empty space where the remains were
molecule from the chemical point of view, a particle composed of two or more atoms held together by an attractive force called a chemical bond; from the kinetic theory point of view, smallest particle of a compound or gaseous element that can exist and still retain the characteristic properties of a substance
momentum the product of the mass of an object times its velocity
monomer individual, repeating units or segments of complex molecules that chemically combine to form long chainlike molecules called polymers; for example, monosaccharides link to form polysaccharides
monosaccharides simple sugars containing 3 to 6 carbon atoms; the most common kinds are 6-carbon molecules such as glucose and fructose
mortality the number of individuals leaving the population by death per thousand individuals in the population
motor neurons those neurons that carry information from the central nervous system to muscles or glands
motor unit all of the muscle cells stimulated by a single neuron
multiple alleles a term used to refer to conditions in which there are several different alleles for a particular characteristic, not just two
mutagen any chemical, object, or energy that causes a change in the genetic information of an organism
mutagenic agent anything that causes permanent change in DNA
mutation any change in the genetic information of a cell
mutualism a relationship between two organisms in which both organisms benefit

N

natality the number of individuals entering the population by reproduction per thousand individuals in the population
natural frequency the frequency of vibration of an elastic object that depends on the size, composition, and shape of the object
natural selection the processes that encourage the passage of beneficial genes and discourage the passage of harmful or unfavorable genes from one generation to the next
negative electric charge one of the two types of electric charge; repels other negative charges and attracts positive charges
negative ion atom or particle that has a surplus, or imbalance, of electrons and, thus, a negative charge
net force the resulting force after all forces have been added; if a net force is zero, all the forces have canceled each other and there is not an unbalanced force
neutralized acid or base properties have been lost through a chemical reaction
neutron neutral subatomic particle usually found in the nucleus of an atom
newton a unit of force defined as kg·m/s 2 that is, a 1 newton force is needed to accelerate a 1 kg mass 1 m/s^2
niche the functional role of an organism
nitrifying bacteria bacteria that can convert ammonia (NH_3) into nitrite-containing (NO_2^-) compounds, which in turn can be converted into nitrate-containing (NO_3^-) compounds
nitrogen cycle nitrogen in the atmosphere is acted on and used by many bacteria and other organisms and ultimately returned to the atmosphere

nitrogenous base a category of organic molecules found as components of the nucleic acids; there are five common types: thymine, guanine, cytosine, adenine, and uracil
noble gas members of family VIII of the periodic table, having common properties of colorless, odorless, chemically inert gases; also known as rare gases or inert gases
node regions on a standing wave that do not oscillate
noise sounds made up of groups of waves of random frequency and intensity
nonmetal an element that is brittle (when a solid), does not have a metallic luster, is a poor conductor of heat and electricity, and is not malleable or ductile
normal a line perpendicular to the surface of a boundary
nuclear energy the form of energy from reactions involving the nucleus, the innermost part of an atom
nuclear fission nuclear reaction of splitting a massive nucleus into more stable, less massive nuclei with an accompanying release of energy
nuclear force one of four fundamental forces, a strong force of attraction that operates over very short distances between subatomic particles; this force overcomes the electric repulsion of protons in a nucleus and binds the nucleus together
nuclear fusion nuclear reaction of low-mass nuclei fusing together to form more stable and more massive nuclei with an accompanying release of energy
nuclear membrane the structure surrounding the nucleus that separates the nucleoplasm from the cytoplasm
nucleic acids complex molecules that store and transfer genetic information within a cell; constructed of fundamental monomers known as nucleotides; the two common forms are DNA and RNA
nucleoli (singular, nucleolus) nuclear structures composed of completed or partially completed ribosomes and the specific parts of chromosomes that contain the information for their construction
nucleons name used to refer to both the protons and neutrons in the nucleus of an atom
nucleoproteins the double-stranded DNA with attached proteins; also called chromatin fibers
nucleosomes histone clusters with their encircling DNA
nucleotide the building block of the nucleic acids, composed of a 5-carbon sugar, a phosphate, and a nitrogenous base
nucleus (atom) tiny, relatively massive and positively charged center of an atom containing protons and neutrons; the small, dense center of an atom
numerical constant a constant without units; a number
nutrients molecules required by the body for growth, reproduction, or repair
nutrition collectively, the processes involved in taking in, assimilating, and utilizing nutrients

O

obligate intracellular parasites infectious particles (viruses) that can function only when inside a living cell
octet rule a generalization that helps keep track of the valence electrons in most representative elements; atoms of the representative elements (A families) attempt to acquire an outer orbital with eight electrons through chemical reactions
offspring descendants of a set of parents
oils organic compounds of esters formed from glycerol and three long-chain carboxylic acids that are also called triglycerides; called fats in animals and oils in plants
olfactory epithelium the cells of the nasal cavity that respond to chemicals
omnivores animals that are carnivores at some times and herbivores at others
orbital the region of space around the nucleus of an atom where an electron is likely to be found
order a group of closely related families within a class
organ a structure composed of two or more kinds of tissues that perform a particular function
organ system a group of organs that performs a particular function
organelles cellular structures that perform specific functions in the cell; the function of an organelle is directly related to its structure
organic acids organic compounds with a general formula of RCOOH, where R is one of the hydrocarbon groups; for example, methyl or ethyl
organic chemistry the study of compounds in which carbon is the principal element
organism an independent living unit
osmosis the net movement of water molecules through a selectively permeable membrane
osteoporosis a disease condition resulting from the demineralization of the bone, resulting in pain, deformities, and fractures; related to a loss of calcium
out-of-Africa hypothesis states that modern humans (*Homo sapiens*) originated in Africa, as had several other hominid species, and migrated from Africa to Asia and Europe and displaced species such as *H. erectus* and *H. heidelbergensis* that had migrated into these areas previously
oval window the membrane-covered opening of the cochlea, to which the stapes is attached
overtones higher resonant frequencies that occur at the same time as the fundamental frequency, giving a musical instrument its characteristic sound quality
overweight person whose weight is outside his or her healthy range, by either gaining or losing weight, he or she will become healthier; a BMI of 25 or more
oxidation the process of a substance losing electrons during a chemical reaction; a reaction between oxygen and the minerals making up rocks
oxidation-reduction reaction a chemical reaction in which electrons are transferred from one atom to another; sometimes called "redox" for short
oxidizing agents substances that take electrons from other substances
oxytocin a hormone released from the posterior pituitary that

causes contraction of the uterus

P

paleontology the science of discovering fossils, studying the fossil record, and deciphering the history of life

Paleozoic a geologic era; time of ancient life, meaning the fossils from this time period are very different from anything living on Earth today

pancreas an organ of the body that secretes many kinds of digestive enzymes into the duodenum

parallels reference lines on Earth used to identify where in the world you are northward or southward from the equator; east and west running circles that are parallel to the equator on a globe with the distance from the equator called the latitude

parasite an organism that lives in or on another organism and derives nourishment from it

parasitism a relationship which involves one organism living in or on another living organism from which it derives nourishment

parts per billion concentration ratio of parts of solute in every 1 billion parts of solution (ppb); could be expressed as ppb by volume or as ppb by weight

parts per million concentration ratio of parts of solute in every 1 million parts of solution (ppm); could be expressed as ppm by volume or as ppm by weight

Pauli exclusion principle no two electrons in an atom can have the same four quantum numbers; thus, a maximum of two electrons can occupy a given orbital

pelagic describes aquatic organisms that float or swim actively

percent by volume the volume of solute in 100 volumes of solution

percent by weight the weight of solute in 100 weight units of solution

period (geologic time) subdivisions of geologic eras

period (periodic table) horizontal rows of elements with increasing atomic numbers; runs from left to right on the element table

period (wave) the time required for one complete cycle of a wave

periodic law similar physical and chemical properties recur periodically when the elements are listed in order of increasing atomic number

peripheral nervous system the fibers that communicate between the central nervous system and other parts of the body

permeability the ability to transmit fluids through openings, small passageways, or gaps

permineralization the process that forms a fossil by alteration of an organism's buried remains by circulating groundwater depositing calcium carbonate, silica, or pyrite

petroleum oil that comes from oil-bearing rock, a mixture of hydrocarbons that is believed to have formed from ancient accumulations of buried organic materials such as remains of algae

pH scale scale that measures the acidity of a solution with numbers below 7 representing acids, 7 representing neutral, and numbers above 7 representing bases

phagocytosis the process by which the cell wraps around a particle and engulfs it

pharynx the region at the back of the mouth cavity; the throat

phase change the action of a substance changing from one state of matter to another; a phase change always absorbs or releases internal potential energy without a temperature change

phases of matter the different physical forms that matter can take as a result of different molecular arrangements, resulting in characteristics of the common phases of a solid, liquid, or gas

phenotype the physical, chemical, and behavioral expression of the genes possessed by an organism

phospholipids a class of complex water-insoluble organic molecules that resemble fats but contain a phosphate group (PO_4) in their structure; a component of cellular membranes

photoelectric effect the movement of electrons in some materials as a result of energy acquired from absorbed light

photon a quantum of energy in a light wave; the particle associated with light

photosynthesis a series of reactions that takes place in chloroplasts and results in the storage of sunlight energy in the form of chemicalbond energy

phylum a subdivision of a kingdom

physical change a change of the state of a substance but not the identity of the substance

phytoplankton planktonic organisms that carry on photosynthesis

pitch the frequency of a sound wave

Planck's constant proportionality constant in the relationship between the energy of vibrating molecules and their frequency of vibration; a value of 6.63×10^{-34} Js

plankton aquatic organisms that are so small and weakly swimming that they are simply carried by currents.

plasma (biology) the watery matrix that contains the molecules and cells of the blood

plasma (physics) a phase of matter; a very hot gas consisting of electrons and atoms that have been stripped of their electrons because of high kinetic energies

plasma membrane the outer-boundary membrane of the cell; see cell membrane

pleiotropy the multiple effects that a gene may have on the phenotype of an organism

point mutation a change in the DNA of a cell as a result of a loss or change in a single nitrogenous-base

polar molecule a molecule that has a negative charge on one part and a positive charge on another part

polyatomic ion ion made up of many atoms

polygenic inheritance the concept that a number of different pairs of alleles may combine their efforts to determine a characteristic

polymers huge, chainlike molecules made of hundreds or thousands of smaller repeating molecular units called monomers

polypeptide chain polymers of amino acids; sometimes called proteins

polysaccharides polymers consisting of monosaccharide units joined together in straight or branched chains; starches, glycogen, or cellulose

pond a small body of standing water, smaller than a lake

porosity the ratio of pore space to the total volume of a rock or soil sample, expressed as a percentage; freely admitting the passage of fluids through pores or small spaces between parts of the rock or soil

positive electric charge one of the two types of electric charge; repels other positive charges and attracts negative charges

positive ion atom or particle that has a net positive charge due to an electron or electrons being torn away

potential energy energy due to position; energy associated with changes in position (e.g., gravitational potential energy) or changes in shape (e.g., compressed or stretched spring)

power the rate at which energy is transferred or the rate at which work is performed; defined as work per unit of time

precipitation water that falls to the surface of Earth in the solid or liquid form

predation a relationship between two organisms that involves the capturing, killing, and eating of one by the other

predator an organism that captures, kills, and eats another animal

pressure defined as force per unit area; for example, pounds per square inch (lb/in^2)

prey an organism captured, killed, and eaten by a predator **primary carnivores** carnivores that eat herbivores
and are therefore on the third trophic level

primary coil part of a transformer; a coil of wire that is connected to a source of alternating current

primary consumers organisms that feed directly on plants—herbivores

primary oocyte the diploid cell of the ovary that begins to undergo the first meiotic division in the process of oogenesis

primary spermatocyte the diploid cell in the testes that undergoes the first meiotic division in the process of spermatogenesis

principal quantum number from the quantum mechanics model of the atom, one of four descriptions of the energy state of an electron wave; this quantum number describes the main energy level of an electron in terms of its most probable distance from the nucleus

principle of uniformity a frame of reference that the same processes that changed the landscape in the past are the same processes you see changing the landscape today

prions proteins that can be passed from one individual to another and cause disease

probability the chance that an event will happen, expressed as a percent or fraction

producers organisms that produce new organic material from inorganic material with the aid of sunlight

progesterone a hormone released by the corpus luteum that is important in maintaining the lining of the uterus

prokaryotic cells one of the two major types of cells; they do not have a typical nucleus bound by a nuclear membrane and lack many of the other membranous cellular organelles; for example, members of the Eubacteria and Archaea

promoter a region of DNA at the beginning of each gene, just ahead of an initiator code

proof a measure of ethanol concentration of an alcoholic beverage; proof is double the concentration by volume; for example, 50 percent by volume is 100 proof

properties qualities or attributes that, taken together, are usually unique to an object; for example, color, texture, and size

prophase the first phase of mitosis during which individual chromosomes become visible

proportionality constant a constant applied to a proportionality statement that transforms the statement into an equation

protein synthesis the process whereby the tRNA utilizes the mRNA as a guide to arrange the amino acids in their proper sequence according to the genetic information in the chemical code of DNA

proteins macromolecular polymers made of smaller molecules of amino acids, with molecular weight from about six thousand to 50 million; proteins are amino acid polymers with roles in biological structures or functions; without such a function, they are known as polypeptides

proton subatomic particle that has the smallest possible positive charge, usually found in the nucleus of an atom

protoplasm the living portion of a cell as distinguished from the nonliving cell wall

pseudoscience use of the appearance of science to mislead; the assertions made are not valid or reliable

psychrometer a two-thermometer device used to measure the relative humidity

Punnett square a method used to determine the probabilities of allele combinations in an offspring

pure substance materials that are the same throughout and have a fixed definite composition

pure tone sound made by very regular intensities and very regular frequencies from regular repeating vibrations

Q

quad 1 quadrillion Btu (10^{15} Btu); used to describe very large amounts of energy

quanta fixed amounts; usually referring to fixed amounts of energy absorbed or emitted by matter (singular, quantum)

quantities measured properties; includes the numerical value of the measurement and the unit used in the measurement

quantum mechanics model of the atom based on the wave nature of subatomic particles, the mechanics of electron waves; also called wave mechanics

quantum numbers numbers that describe energy states of an electron; in the Bohr model of the atom, the orbit quantum numbers could be any whole number 1, 2, 3, and so on out from the nucleus; in the quantum mechanics model of the atom, four quantum numbers are used to describe the energy state of an electron wave

R

radiant energy the form of energy that can travel through space; for example, visible light and other parts of the electromagnetic spectrum

radiation the transfer of heat from a region of higher temperature to a region of lower temperature by greater emission of radiant energy from the region of higher temperature

range the geographical distribution of a species

rarefaction a thinning or pulse of decreased density and pressure of gas molecules

ratio a relationship between two numbers, one divided by the other; the ratio of distance per time is speed

real image an image generated by a lens or mirror that can be projected onto a screen

recessive allele an allele that, when present with a dominant allele, does not express itself and is masked by the effect of the dominant allele

recombinant DNA DNA that has been constructed by inserting new pieces of DNA into the DNA of another organism, such as a bacterium

redox (chemical) reaction short name for oxidation-reduction reaction

reducing agent supplies electrons to the substance being reduced in a chemical reaction

reduction division (also **meiosis**) a type of cell division in which daughter cells get only half the chromosomes from the parent cell

referent referring to or thinking of a property in terms of another, more familiar object

reflected ray a line representing direction of motion of light reflected from a boundary

reflection the change when light, sound, or other waves bounce backward off a boundary

refraction a change in the direction of travel of light, sound, or other waves crossing a boundary

regulator protein proteins that help determine the activities that will occur in a cell or multicellular organism; for example, enzymes and some hormones

relative humidity ratio (times 100 percent) of how much water vapor is in the air to the maximum amount of water vapor that could be in the air at a given temperature

reliable a term used to describe results that remain consistent over successive trials

replacement chemical reaction reaction in which an atom or polyatomic ion is replaced in a compound by a different atom or polyatomic ion

replacement (fossil formation) process in which an organism's buried remains are altered by circulating groundwaters carrying elements in solution; the removal of original materials by dissolutions and the replacement of new materials an atom or molecule at a time

representative elements name given to the members of the A-group families of the periodic table; also called the main-group elements

reservoir a natural or artificial pond or lake used to store water, control floods, or generate electricity; a body of water stored for public use

resonance when the frequency of an external force matches the natural frequency of a material and standing waves are set up

response the reaction of an organism to a stimulus

responsive processes those abilities to react to external and internal changes in the environment; for example, irritability, individual adaptation, and evolution

reverberation apparent increase in volume caused by reflections, usually arriving within 0.1 second after the original sound

ribonucleic acid (RNA) a polymer of nucleotides formed on the template surface of DNA by transcription; three forms that have been identified are mRNA, rRNA, and tRNA

ribose a 5-carbon sugar molecule that is a component of RNA

ribosomal RNA (rRNA) a globular form of RNA; a part of ribosomes

ribosomes small structures composed of two protein and ribonucleic acid subunits; involved in the assembly of proteins from amino acids

RNA polymerase an enzyme that attaches to the DNA at the promoter region of a gene and assists in combining RNA nucleotides when the genetic information is transcribed into RNA

rock a solid aggregation of minerals or mineral materials that have been brought together into a cohesive solid

rock flour rock pulverized by a glacier into powdery, silt-sized sediment

rotation the spinning of a planet on its axis

runoff water moving across the surface of Earth as opposed to soaking into the ground

S

salivary amylase an enzyme present in saliva that breaks starch molecules into smaller molecules

salt any ionic compound except one with hydroxide or oxide ions

saturated air air in which an equilibrium exists between evaporation and condensation; the relative humidity is 100 percent

saturated molecule an organic molecule that has the maximum number of hydrogen atoms possible

saturated solution the apparent limit to dissolving a given solid in a specified amount of water at a given temperature; a state of equilibrium that exists between dissolving solute and solute coming out of solution

scientific law a relationship between quantities, usually described by an equation in the physical sciences; is more important and describes a wider range of phenomena than a scientific principle

scintillation counter a device that indirectly measures ionizing radiation (alpha, beta, gamma, etc.) by measuring the flashes of light produced when the radiation strikes a phosphor

sea a smaller part of the ocean with characteristics that distinguish it from the larger ocean

second law of motion the acceleration of an object is directly proportional to the net force acting on that object and inversely proportional to the mass of the object

second law of thermodynamics a statement that the natural process proceeds from a state of higher order to a state of greater disorder

secondary carnivores carnivores that feed on primary carnivores and are therefore at the fourth trophic level

secondary consumers animals that eat otheranimals-carnivores

secondary oocyte the larger of the two cells resulting from the unequal cytoplasmic division of a primary oocyte in meiosis I of oogenesis

secondary spermatocyte cells in the seminiferous tubules that go through the second meiotic division, resulting in four haploid spermatids

sediments accumulations of silt, sand, or gravel that settled out of the atmosphere or out of water

segregation the separation and movement of homologous chromosomes to the opposite poles of the cell

selectively permeable the property of a membrane that allows certain molecules to pass through it, but interferes with the passage of others

semen the sperm-carrying fluid produced by the seminal vesicles, prostate glands, and bulbourethral glands of males

sensory neurons those neurons that send information from sense organs to the central nervous system

shell model of the nucleus model of the nucleus that has protons and neutrons moving in energy levels or shells in the nucleus (similar to the shell structure of electrons in an atom)

shells the layers that electrons occupy around the nucleus

shock wave a large, intense wave disturbance of very high pressure; the pressure wave created by an explosion, for example

simple harmonic motion the vibratory motion that occurs when there is a restoring force opposite to and proportional to a displacement

single bond covalent bond in which a single pair of electrons is shared by two atoms

single-factor cross a genetic study in which one characteristic is followed from the parental generation to the offspring

soil a mixture of unconsolidated weathered earth materials and humus, which is altered, decayresistant organic matter

solids a phase of matter with molecules that remain close to fixed equilibrium positions due to strong interactions between the molecules, resulting in the characteristic definite shape and definite volume of a solid

solubility dissolving ability of a given solute in a specified amount of solvent, the concentration that is reached as a saturated solution is achieved at a particular temperature

solute the component of a solution that dissolves in the other component; the solvent

solution a homogeneous mixture of ions or molecules of two or more substances

solvent the component of a solution present in the larger amount; the solute dissolves in the solvent to make a solution

soma the cell body of a neuron, which contains the nucleus

sonic boom sound waves that pile up into a shock wave when a source is traveling at or faster than the speed of sound

sound quality characteristic of the sound produced by a musical instrument; determined by the presence and relative strengths of the overtones produced by the instrument

speciation the process of generating new species

species a group of organisms that can interbreed naturally to produce fertile offspring

specific heat each substance has its own specific heat, which is defined as the amount of energy (or heat) needed to increase the temperature of 1 gram of a substance 1 degree Celsius

speed a measure of how fast an object is moving—the rate of change of position per change in time; speed has magnitude only and does not include the direction of change

spin quantum number from the quantum mechanics model of the atom, one of four descriptions of the energy state of an electron wave; this quantum number describes the spin orientation of an electron relative to an external magnetic field

spontaneous generation the theory that living organisms arose from nonliving material

spontaneous mutation a change in the DNA of an organism for which there is no known cause

stable equilibrium phase a stage in a population growth curve following rapid growth in which there is both a decrease in natality and an increase in mortality so that the size of the population is stable

standard atmospheric pressure the average atmospheric pressure at sea level, which is also known as normal pressure; the standard pressure is 29.92 in or 760.0 mm of mercury (1,013.25 millibar)

standard unit a measurement unit established as the standard upon which the value of the other referent units of the same type are based

standing waves condition where two waves of equal frequency traveling in opposite directions meet and form stationary regions of maximum displacement due to constructive interference and stationary regions of zero displacement due to destructive interference

stapes the ear bone that is attached to the oval window

starch a group of complex carbohydrates (polysaccharides) that plants use as a stored food source and that serves as an important source of food for animals

stem cells cells that have not yet completed determination or differentiation, so they have the potential to develop into many different cell types

steroids a group of lipid molecules characterized by an arrangement of interlocking rings of carbon; they serve as hormones that aid in regulating body processes

stimulus any change in the internal or external environment of an organism that it can detect

strain adjustment to stress; a rock unit might respond to stress by changes in volume or shape, or by breaking

stream body of running water

stress a force that tends to compress, pull apart, or deform rock; stress on rocks in Earth's solid outer crust results as Earth's plates move into, away from, or alongside each other

structural protein protein molecules whose function is to provide support and shape to a cell or multicellular organism; for example, muscle protein fibers

structural similarities one of the characteristics of living things; describes the fact that all living things are composed of cells, either prokaryotic or eukaryotic

sublimation the phase change of a solid directly into a vapor or gas

subspecies regional groups within a species that are significantly different structurally, physiologically, or behaviorally yet are capable of exchanging genes by interbreeding with other members of the species

supersaturated containing more than the normal saturation amount of a solute at a given temperature

symbiosis a close physical relationship between two kinds of organisms

symbiotic nitrogen-fixing bacteria bacteria that live in the roots of certain kinds of plants, where they convert nitrogen gas molecules into compounds that the plants can use to make amino acids and nucleic acids

synapse the space between the axon of one neuron and the dendrite of the next, where chemicals are secreted to cause an impulse to be initiated in the second neuron

synapsis the condition in which the two members of a pair of homologous chromosomes come to lie close to one another

T

taxonomy the science of classifying and naming organisms

telophase the last phase in mitosis, characterized by the formation of daughter nuclei

temperature how hot or how cold something is; a measure of the average kinetic energy of the molecules making up a substance

termination code the DNA nucleotide sequence at the end of a gene with the code ATT, ATC, or ACT that signals "stop here"

testosterone the male sex hormone produced in the testes that controls male sexual development

theory a broad, detailed explanation that guides the development of hypotheses and interpretations of experiments in a field of study

theory of natural selection the idea that some individuals within a population will have favorable combinations of genes that make it very likely that those individuals will survive, reproduce, and pass their genes to the next generation

thermometer a device used to measure the hotness or coldness of a substance

third law of motion whenever two objects interact, the force exerted on one object is equal in size and opposite in direction to the force exerted on the other object; forces always occur in matched pairs that are equal and opposite

thymine a single-ring nitrogenous-base molecule in DNA but not in RNA; it is complementary to adenine

thyroid-stimulating hormone (TSH) a hormone secreted by the pituitary gland that stimulates the thyroid to secrete thyroxine

thyroxine a hormone produced by the thyroid gland that speeds up the metabolic rate

tissue a group of specialized cells that work together to perform a specific function

transcription the process of manufacturing RNA from the template surface of DNA; three forms of RNA that may be produced are mRNA, rRNA, and tRNA

transfer RNA (tRNA) a molecule composed of ribonucleic acid; it is responsible for transporting a specific amino acid into a ribosome for assembly into a protein

transition elements members of the B-group families of the periodic table

translation the assembly of individual amino acids into a polypeptide

transparent term describing materials that allow the transmission of light; for example, glass and clear water are transparent materials

transportation the movement of eroded materials by agents such as rivers, glaciers, wind, or waves

transverse wave a mechanical disturbance that causes particles to move perpendicular to the direction that the wave is traveling

triglyceride organic compound of esters formed from glycerol and three long-chain carboxylic acids; also called fats in animals and oils in plants

triple bond covalent bond formed when three pairs of electrons are shared by two atoms

trophic level a step in the flow of energy through an ecosystem

trough the low mound of water that is part of a wave; also refers to the rarefaction, or lowpressure part of a sound wave

true fats also known as neutral fats; a category of lipids composed of glycerol and fatty acids; for example, pork chop fat or olive oil

tumor a mass of undifferentiated cells not normally found in a certain portion of the body

U

ultrasonic sound waves too high in frequency to be heard by the human ear; frequencies above 20,000 Hz

unit in measurement, a well-defined and agreedupon referent

universal law of gravitation every object in the universe is attracted to every other object with a force directly proportional to the product of their masses and inversely proportional to the square of the distance between the centers of the two masses

unsaturated molecule an organic molecule that does not contain the maximum number of hydrogen atoms; a molecule that can add more hydrogen atoms because of the presence of double or triple bonds

uracil a single-ring nitrogenous-base molecule in RNA but not in DNA; it is complementary to adenine

V

vacuole a large sac within the cytoplasm of a cell, composed of a single membrane

vagina the passageway between the uterus and outside of the body; the birth canal valence the number of covalent bonds an atom can form

valence electrons electrons of the outermost shell; the electrons that determine the chemical properties of an atom and the electrons that participate in chemical bonding

valid a term used to describe meaningful data that fit into the framework of scientific knowledge

vapor the gaseous state of a substance that is normally in the liquid state

variables changing quantities usually represented by a letter or symbol

velocity describes both the speed and direction of a moving object; a change in velocity is a change in speed, in direction of travel, or both

vibration a back-and-forth motion that repeats itself

viroids infectious particles that are composed solely of a small, single strand of RNA

virtual image an image where light rays appear to originate from a mirror or lens; this image cannot be projected on a screen

virus a nucleic acid particle coated with protein that functions as an obligate intracellular parasite

vitamins organic molecules that cannot be manufactured by the body but are required in very low concentrations for good health

volume how much space something occupies

W

warm front the front that forms when a warm air mass advances against a cool air mass

water table the boundary below which the ground is saturated with water

watershed the region or land area drained by a stream; a stream drainage basin

watt metric unit for power; equivalent to J/s

wave a disturbance or oscillation that moves through a medium

wave equation the relationship of the velocity of a wave to the product of the wavelength and frequency of the wave

wave front a region of maximum displacement in a wave; a condensation in a sound wave

wave mechanics alternate name for quantum mechanics derived from the wavelike properties of subatomic particles

wave period the time required for two successive crests or other successive parts of the wave to pass a given point

wavelength the horizontal distance between successive wave crests or other successive parts of the wave

weak acid acids that only partially ionize because of an equilibrium reaction with water

weak base a base only partially ionized because of an equilibrium reaction with water

wind a horizontal movement of air that moves along or parallel to the ground, sometimes in currents or streams

work the magnitude of applied force times the distance through which the force acts; can be thought of as the process by which one form of energy is transformed to another

Z

zooplankton small, weakly swimming animals of many kinds

찾아보기

원자량표 (탄소-12 기준)

원소명	기호	원자번호	원자량
Actinium	Ac	89	(227)
Aluminum	Al	13	26.9815
Americium	Am	95	(243)
Antimony	Sb	51	121.75
Argon	Ar	18	39.948
Arsenic	As	33	74.922
Astatine	At	85	(210)
Barium	Ba	56	137.34
Berkelium	Bk	97	(247)
Beryllium	Be	4	9.0122
Bismuth	Bi	83	208.980
Bohrium	Bh	107	264
Boron	B	5	10.811
Bromine	Br	35	79.904
Cadmium	Cd	48	112.40
Calcium	Ca	20	40.08
Californium	Cf	98	242.058
Carbon	C	6	12.0112
Cerium	Ce	58	140.12
Cesium	Cs	55	132.905
Chlorine	Cl	17	35.453
Chromium	Cr	24	51.996
Cobalt	Co	27	58.933
Copper	Cu	29	63.546
Curium	Cm	96	(247)
Dubnium	Db	105	(262)
Dysprosium	Dy	66	162.50
Einsteinium	Es	99	(254)
Erbium	Er	68	167.26
Europium	Eu	63	151.96
Fermium	Fm	100	257.095
Fluorine	F	9	18.9984
Francium	Fr	87	(223)
Gadolinium	Gd	64	157.25
Gallium	Ga	31	69.723
Germanium	Ge	32	72.59
Gold	Au	79	196.967
Hafnium	Hf	72	178.49
Hassium	Hs	108	(269)
Helium	He	2	4.0026
Holmium	Ho	67	164.930
Hydrogen	H	1	1.0079
Indium	In	49	114.82
Iodine	I	53	126.904
Iridium	Ir	77	192.2
Iron	Fe	26	55.847
Krypton	Kr	36	83.80
Lanthanum	La	57	138.91
Lawrencium	Lr	103	260.105
Lead	Pb	82	207.19
Lithium	Li	3	6.941
Lutetium	Lu	71	174.97
Magnesium	Mg	12	24.305
Manganese	Mn	25	54.938
Meitnerium	Mt	109	(268)
Mendelevium	Md	101	258.10
Mercury	Hg	80	200.59
Molybdenum	Mo	42	95.94
Neodymium	Nd	60	144.24
Neon	Ne	10	20.179
Neptunium	Np	93	(237)
Nickel	Ni	28	58.71
Niobium	Nb	41	92.906
Nitrogen	N	7	14.0067
Nobelium	No	102	259.101
Osmium	Os	76	190.2
Oxygen	O	8	15.9994
Palladium	Pd	46	106.4
Phosphorus	P	15	30.9738
Platinum	Pt	78	195.09
Plutonium	Pu	94	244.064
Polonium	Po	84	(209)
Potassium	K	19	39.098
Praseodymium	Pr	59	140.907
Promethium	Pm	61	144.913
Protactinium	Pa	91	(231)
Radium	Ra	88	(226)
Radon	Rn	86	(222)
Rhenium	Re	75	186.2
Rhodium	Rh	45	102.905
Rubidium	Rb	37	85.468
Ruthenium	Ru	44	101.07
Rutherfordium	Rf	104	(261)
Samarium	Sm	62	150.35
Scandium	Sc	21	44.956
Seaborgium	Sg	106	(266)
Selenium	Se	34	78.96
Silicon	Si	14	28.086
Silver	Ag	47	107.868
Sodium	Na	11	22.989
Strontium	Sr	38	87.62
Sulfur	S	16	32.064
Tantalum	Ta	73	180.948
Technetium	Tc	43	(99)
Tellurium	Te	52	127.60
Terbium	Tb	65	158.925
Thallium	Tl	81	204.37
Thorium	Th	90	232.038
Thulium	Tm	69	168.934
Tin	Sn	50	118.69
Titanium	Ti	22	47.90
Tungsten	W	74	183.85
Uranium	U	92	238.03
Vanadium	V	23	50.942
Xenon	Xe	54	131.30
Ytterbium	Yb	70	173.04
Yttrium	Y	39	88.905
Zinc	Zn	30	65.38
Zirconium	Zr	40	91.22

· 양성렬
서울대학교 자연과학대학 해양학과
미국 University of Southern California,
Biological Sciences
현) 광주대학교 간호학과 교수

· 안병권
전남대학교 화학공학과
일본 고베대학교 자연과학연구학과 이학박사
현) 초당대학교 교양학부 교수

· 최충석
인하대학교 공과대학 전기공학과
인하대학교 공과대학 전기공학과 공학박사
현) 전주대학교 공과대학 소방안전공학과 교수

· 황한열
연세대학교 물리학과
연세대학교 핵물리학 이학박사
현) 목원대학교 소방안전관리학과 교수

Integrated Science, 6th

자연과학개론 정가 28,000원

인 쇄 2013년 3월 3일 초판 1쇄
발 행 2016년 3월 10일 초판 2쇄
저 자 Bill W. Tillery · Eldon D. Enger · Frederick C. Ross
역 자 양성렬·안병권·최충석·황한열
발행인 정우용
발행처 도서출판 동화기술
경기도 파주시 문발동 파주출판도시 500-13(광인사길 201)
Tel (031)955-4211~6 donghwae@kornet.net
Fax (031)955-4217 www.donghwapub.co.kr
(등록) 1977년 12월 19일/9-16호

Korean Language Edition Copyright © 2013 by McGraw-Hill Korea, Inc.
Printed in Korea
ISBN 978-89-425-1752-7

불법복사는 지적재산을 훔치는 범죄행위입니다.
저작권법 제97조 5(권리의 침해죄)에 따라 위반자는 5년 이하의 징역 또는 5천만원 이하의 벌금에 처하거나 이를 병과 할 수 있습니다.

Periodic Table of the Elements

Key

element name	Hydrogen	
	1	atomic number
symbol of element	**H**	
	1.008	atomic weight

Metals

Semiconductors

Nonmetals

Alkali Metals: IA (1); Alkaline Earth Metals: IIA (2); Transition Elements: IIIB (3) – IIB (12); Halogens: VIIA (17); Noble gases: VIIIA (18)

Period	IA (1)	IIA (2)	IIIB (3)	IVB (4)	VB (5)	VIB (6)	VIIB (7)	VIIIB (8)	VIIIB (9)	VIIIB (10)	IB (11)	IIB (12)	IIIA (13)	IVA (14)	VA (15)	VIA (16)	VIIA (17)	VIIIA (18)
1	Hydrogen 1 **H** 1.008																	Helium 2 **He** 4.003
2	Lithium 3 **Li** 6.941	Beryllium 4 **Be** 9.012											Boron 5 **B** 10.81	Carbon 6 **C** 12.01	Nitrogen 7 **N** 14.01	Oxygen 8 **O** 16.00	Fluorine 9 **F** 19.00	Neon 10 **Ne** 20.18
3	Sodium 11 **Na** 22.99	Magnesium 12 **Mg** 24.31											Aluminum 13 **Al** 26.98	Silicon 14 **Si** 28.09	Phosphorus 15 **P** 30.97	Sulfur 16 **S** 32.07	Chlorine 17 **Cl** 35.45	Argon 18 **Ar** 39.95
4	Potassium 19 **K** 39.10	Calcium 20 **Ca** 40.08	Scandium 21 **Sc** 44.96	Titanium 22 **Ti** 47.87	Vanadium 23 **V** 50.94	Chromium 24 **Cr** 52.00	Manganese 25 **Mn** 54.94	Iron 26 **Fe** 55.85	Cobalt 27 **Co** 58.93	Nickel 28 **Ni** 58.69	Copper 29 **Cu** 63.55	Zinc 30 **Zn** 65.38	Gallium 31 **Ga** 69.72	Germanium 32 **Ge** 72.61	Arsenic 33 **As** 74.92	Selenium 34 **Se** 78.96	Bromine 35 **Br** 79.90	Krypton 36 **Kr** 83.80
5	Rubidium 37 **Rb** 85.47	Strontium 38 **Sr** 87.62	Yttrium 39 **Y** 88.91	Zirconium 40 **Zr** 91.22	Niobium 41 **Nb** 92.91	Molybdenum 42 **Mo** 95.96	Technetium 43 **Tc** (98)	Ruthenium 44 **Ru** 101.1	Rhodium 45 **Rh** 102.9	Palladium 46 **Pd** 106.4	Silver 47 **Ag** 107.9	Cadmium 48 **Cd** 112.4	Indium 49 **In** 114.8	Tin 50 **Sn** 118.7	Antimony 51 **Sb** 121.8	Tellurium 52 **Te** 127.6	Iodine 53 **I** 126.9	Xenon 54 **Xe** 131.3
6	Cesium 55 **Cs** 132.9	Barium 56 **Ba** 137.3	Lanthanum 57 **La** 138.9 †	Hafnium 72 **Hf** 178.5	Tantalum 73 **Ta** 180.9	Tungsten 74 **W** 183.8	Rhenium 75 **Re** 186.2	Osmium 76 **Os** 190.2	Iridium 77 **Ir** 192.2	Platinum 78 **Pt** 195.1	Gold 79 **Au** 197.0	Mercury 80 **Hg** 200.6	Thallium 81 **Tl** 204.4	Lead 82 **Pb** 207.2	Bismuth 83 **Bi** 209.0	Polonium 84 **Po** (209)	Astatine 85 **At** (210)	Radon 86 **Rn** (222)
7	Francium 87 **Fr** (223)	Radium 88 **Ra** (226)	Actinium 89 **Ac** (227) ‡	Rutherfordium 104 **Rf** (267)	Dubnium 105 **Db** (268)	Seaborgium 106 **Sg** (271)	Bohrium 107 **Bh** (272)	Hassium 108 **Hs** (270)	Meitnerium 109 **Mt** (276)	Darmstadtium 110 **Ds** (281)	Roentgenium 111 **Rg** (280)	Copernicium 112 **Cn** (285)	113 – (284)	114 – (289)	115 – (289)	116 – (293)	117 – (294)	118 – (294)

Inner Transition Elements

†Lanthanides 6	Cerium 58 **Ce** 140.1	Praseodymium 59 **Pr** 140.9	Neodymium 60 **Nd** 144.2	Promethium 61 **Pm** (145)	Samarium 62 **Sm** 150.4	Europium 63 **Eu** 152.0	Gadolinium 64 **Gd** 157.3	Terbium 65 **Tb** 158.9	Dysprosium 66 **Dy** 162.5	Holmium 67 **Ho** 164.9	Erbium 68 **Er** 167.3	Thulium 69 **Tm** 168.9	Ytterbium 70 **Yb** 173.1	Lutetium 71 **Lu** 175.0
‡Actinides 7	Thorium 90 **Th** 232.0	Protactinium 91 **Pa** 231.0	Uranium 92 **U** 238.0	Neptunium 93 **Np** (237)	Plutonium 94 **Pu** (244)	Americium 95 **Am** (243)	Curium 96 **Cm** (247)	Berkelium 97 **Bk** (247)	Californium 98 **Cf** (251)	Einsteinium 99 **Es** (252)	Fermium 100 **Fm** (257)	Mendelevium 101 **Md** (258)	Noblelium 102 **No** (259)	Lawrencium 103 **Lr** (262)

Values in parentheses are the mass numbers of the most stable or best-known isotopes.

Names and symbols for elements 113–118 are under review.